科學专著：大科学工程

国家蛋白质科学研究(上海)设施的设计与研制

主　编　雷　鸣
副主编　张荣光

上海科学技术出版社
Shanghai Scientific & Technical Publishers

图书在版编目(CIP)数据

国家蛋白质科学研究(上海)设施的设计与研制 / 雷鸣主编.—上海：上海科学技术出版社，2018.12
(科学专著：大科学工程)
ISBN 978-7-5478-4179-2

Ⅰ.①国… Ⅱ.①雷… Ⅲ.①蛋白质—科学研究—基础设施建设—研究—中国 Ⅳ.①Q51

中国版本图书馆 CIP 数据核字(2018)第 206294 号

本书出版受“上海科技专著出版资金”资助

封面照片由崔一鸣、高馨提供

国家蛋白质科学研究(上海)设施的设计与研制
主　编　雷　鸣
副主编　张荣光

上海世纪出版(集团)有限公司
上　海　科　学　技　术　出　版　社　出版、发行
(上海钦州南路 71 号　邮政编码 200235　www.sstp.cn)
上海中华商务联合印刷有限公司印刷
开本 787×1092　1/16　印张 33　插页 34
字数 700 千字
2018 年 12 月第 1 版　2018 年 12 月第 1 次印刷
ISBN 978-7-5478-4179-2/Q·61
定价：278.00 元

内容提要

国家蛋白质科学研究(上海)设施(NFPS)是我国为适应对蛋白质结构与功能的重大基础科学研究需要,把蛋白质科学研究推向世界一流水平,在“十一五”和“十二五”期间兴建的国家重大科技基础设施,其中包括九大系统的先进科学仪器装置和大型成套设备,即规模化蛋白质制备系统、蛋白质核磁共振分析系统、集成化电镜分析系统、质谱分析系统、复合激光显微镜系统、分子影像系统、数据库与计算分析系统,还有位于“上海光源”(SSRF)内的蛋白质晶体结构分析系统和蛋白质动态分析系统(统称“五线六站”)。

本书围绕该设施建设的目的意义,规划、审批、建筑安装、工艺测试和系统验收过程,各个系统的具体设备配置、性能、运行原理、操作特点和使用维护的注意事项,以及在设施开放服务过程中用户所取得的举世瞩目的成果,全面进行了介绍与阐释,帮助读者理解该设施在蛋白质研究以及其他相关研究中的巨大应用潜力,掌握具体使用其中设备仪器的方式方法,懂得它在世界同类设施中名列前茅的地位。为此,撰稿人员提供了大量表格、实物照片、示意图,细致描述了建筑安装进程、测试流程和实验结果,力求让专业读者对设施有全面周详的了解。对于书中所涉及的一些较为专门的科学概念,亦以脚注形式加以简明扼要的解释。

本书撰稿人就是参加 NFPS 建设、维护和开放服务,同时利用 NFPS 设备开展研究的科技人员,其目标读者为生物物理学与分子生物学特别是涉及蛋白质研究各学科领域的研究和教学人员及学生、材料科学与单分子技术的研究教学人员及学生。由于本书较为注重语言上的深入浅出,在行文上把平实的轮廓性介绍与深入的分析结合起来,因此相信也能供其他对我国大科学工程感兴趣的读者阅读,以了解我国这一大科学设施之概貌。

编写人员名单

主　编：雷　鸣

副主编：张荣光

撰稿人：于　洋　王　艳　王鑫艳　孔亮亮　邓　玮
刘志军　许先慧　牟　波　苏　晨　李俊睿
李　娜　吴　萍　何淑芳　汪利俊　张盈怡
张　珺　张蔚哲　周晓洁　姚德强　袁青宁
高　馨　唐雨钊　曹　禹　彭　超

《科学专著》系列丛书序

进入21世纪以来，中国的科学技术发展进入到一个重要的跃升期。我们科学技术自主创新的源头，正是来自科学向未知领域推进的新发现，来自科学前沿探索的新成果。学术著作是研究成果的总结，它的价值也在于其原创性。

著书立说，乃是科学研究工作不可缺少的一个组成部分。著书立说，既是丰富人类知识宝库的需要，也是探索未知领域、开拓人类知识新疆界的需要。特别是在科学各门类的那些基本问题上，一部优秀的学术专著常常成为本学科或相关学科取得突破性进展的基石。

一个国家，一个地区，学术著作出版的水平是这个国家、这个地区科学研究水平的重要标志。科学研究具有系统性和长远性、继承性和连续性等特点，科学发现的取得需要好奇心和想象力，也需要有长期的、系统的研究成果的积累。因此，学术著作的出版也需要有长远的安排和持续的积累，来不得半点的虚浮，更不能急功近利。

学术著作的出版，既是为了总结、积累，更是为了交流、传播。交流传播了，总结积累的效果和作用才能发挥出来。为了在中国传播科学而于1915年创办的《科学》杂志，在其自身发展的历程中，一直也在尽力促进中国学者的学术著作的出版。

几十年来，《科学》的编者和出版者，在不同的时期先后推出过好几套中国学者的科学专著。在20世纪三四十年代，出版有《科学丛书》；自20世纪90年代以来，又陆续推出《科学专著丛书》《科学前沿丛书》《科学前沿进展》等，形成了一个以刊物名字样科学为标识的学术专著系列。自1995年起，截至2010年“十一五”结束，在科学标识下，已出版了25部专著，其中有不少佳作，受到了科学界和出版界的欢迎和好评。

为了继续促进中国学者对前沿工作做有创见的系统总结，“十二五”期间，《科学》的编者和出版者决定对科学系列学术著作做新的延伸，将科学专著学术丛书扩展为三个系列品种，即《科学专著：前沿研究》《科学专著：生命科学研究》《科学专著：大科学工程》，继续为中国学者著书立说尽一份力。*

随着中国科学研究向世界前列的挺进，我们相信，在科学系列的学术专著之中，一定会有更多中国学者推陈出新、标新立异的佳作问世，也一定会有传世的名著问世！

周光召

《科学》杂志编委会主编

2011 年 5 月

* 出版者注：在 2017 年，科学专著学术丛书又增加了第四个系列品种——《科学专著：自然资源》。

序

生命科学是21世纪自然科学中极为重要的学科，众多科学问题的解决有待于生命科学研究的突破。这个领域的挑战和机遇并存。生命科学与人类健康和疾病，与农业、林业、畜牧水产业生产，与国防安全有着密切的关系。蛋白质是由基因编码、由多种氨基酸聚合而成的生物大分子，是一切生命活动的承担者，也是生物体最重要的组成成分和生命活动最基本的物质基础。生物体的生长发育、遗传变异、认知与行为、进化与适应性等一切生命科学问题的奥秘，都可以而且必须从蛋白质及其与其他生物分子的相互作用中，找到证据和答案。生命科学的突破有赖于从整体角度，在分子、细胞、组织和器官等各个不同水平上认识蛋白质。随着"人类基因组计划"的实施与生命科学进一步的发展，对蛋白质结构及功能的系统性阐明，成为生命科学领域的下一个重要目标，由此促成了蛋白质科学的飞跃式发展。从结构与功能上对蛋白质进行全面分析，有助于人类了解和回答生命科学中的重大基础理论问题，也有助于人类从根本上阐释各类重大疾病的发生发展机理，进一步推动疾病的检测与治疗，延缓衰老和提高全人类的生活质量，有助于提高农作物、畜产品、水产品的产量与质量。蛋白质科学与技术的突破，也将推动生命科学产业的发展。蛋白质药物包括抗体药物及疫苗，无疑对医药产业有着举足轻重的影响力。在全球竞争的大背景下，世界各发达国家纷纷建立或计划建立先进的大型科研设施，以支持本国的蛋白质科学研究。

习近平总书记曾说，我们国力增强了，要有凝心聚力办大事的自信，关键是要把最好的资源配置起来，让各类人才的智慧充分发挥，聚天下英才而用之，通过大家一个个人生梦、事业梦的实现，促进整个中国梦的实现。生命科学研究作为我国实现伟大复兴的重要一环，仍然存在一些亟待解决的突出问题。为切实推进我国的生命科学研究，2008年11月，国家发展和改革委员会批准投资建设国家蛋白质科学研究（上海）设施（NFPS），希望通过这一研究设施的建设，创建我国蛋白质科学研究与技术创新的基地，形成具有国际一流水平和综合示范作用的蛋白质科学研究支撑体系，全面提升我国蛋白质科学研究能力。此项目成为我国生命科学领域的第一个大科学工程项目。目前，设施已顺利建设完成，并且高质量地通过了国家验收。国家蛋白质科学研究（上海）设施的建设与落成，是我国生命科学领域大科学装置建设史上的一件大事，标志着中国的蛋白质科学研究基础设施进入了第一梯队。她集成了具有不同空间和时间分辨能力的仪器与设备，形成了蛋白质研究的先进体系，在分析精度、检测极限和处理通量上均取得了突破，其中包括可以获得原子分辨率尺度的三维结构信息的同步辐射光源装置、可以阐明蛋白质相互作用动态界面及相互作用过程中动力学特征的核磁共振设备、可以解析高分子量蛋白质复合物的电子显微镜技术设备等。

国家蛋白质科学研究（上海）设施主要建成九大系统，实现了蛋白质结构研究五大能力的提升，即规模化蛋白质制备能力、多尺度结构分析能力、多层次动态研究能力、蛋白质修饰与相互作用分析能力、数据库与计算分析能力。这五大研究能力的提升，极大地增强了中国科研的实力，并将随着实际需求的加大和不断进行的后续完善与改进，从源头上拓宽我国科学技术自主创新的渠道。

经过多年发展，我国蛋白质科学研究领域涌现出一批优秀的专业人才，而且在管理机制方面积累了经验。国家蛋白质科学研究（上海）设施在建设过程中汇集了其中的科研及管理英才，在建筑安装、设备采购、用户调研、工艺验收等方面均取得了非常大的成功。这本由国家蛋白质科学研究（上海）设施原主任雷鸣研究员组织撰写的专著《国家蛋白质科学研究（上海）设施的设计与研制》，从科学和技术层面，系统地总结了该大科学装置的设计与研制经验，是为我国其他大型基础类科学研究设施建设提供宝贵借鉴的书籍，同时向我国生命科学领域的科学家们介绍了这一先进技术平台的性能特点、测试操作和突出应用成果。我作为生命科学研究领域的一员，很荣幸地参与了国家蛋白质科学研究（上海）设施的立项建设过程。我的实验室和全国数百个实验室一样，很多科研工作是基于此设施开展与进行的，也得到了设施工作人员的专业指导。他们的辛勤工作和无私奉献，大大推动了课题的进展。作为中国蛋白质研究力量的一分子，我对我国蛋白质科研设施的长足进步倍感欣慰和自豪，对设施的建设者及运行管理者充满敬意，在此深表感谢。

党的十九大提出新时代坚持发展中国特色社会主义的战略任务，要实现建成社会主义现代化强国的宏伟蓝图，实现中华民族伟大复兴的中国梦，必须拥有强大的科技实力和创新能力。国家蛋白质科学研究（上海）设施是探索生命科学奥秘的“国之利器”，也是我们迈向世界科技发展前列的得力阶梯。她的自主创新居于国际领先水平，她也正在为我国生命科学领域的科学家们作出辛勤的奉献。我相信，她将持续为科学研究提供并且创造强有力的支撑，以推动我国的生命科学事业不断登上新的高峰。

施蕴渝

中国科学院院士

中国科学技术大学教授

2018 年 10 月 23 日

前　言

子曰“工欲善其事，必先利其器”。在我国由制造大国向创造大国转型的重要时期，如何将中国的科学研究打造成支撑国家建设的强劲引擎，可谓科学界头等大事之一。为善成此事而打造一批具备超强探索力的科研设施，并形成刺向前沿、揭示未知的“国之利器”，不仅体现了国家的战略需求，也是中华民族为全人类文明所作出的贡献。在这一时代背景下，国家蛋白质科学研究（上海）设施应运而生，标志着我国在生命科学领域从跟随者向先行者的角色转换。

蛋白质作为最重要的生物分子，是生物功能的主要执行者，也是生命活动的承载体。认识蛋白质不仅是人类了解自身的必经之路，而且是对抗疾病、改善健康的关键一环。我国曾举全国之力，为蛋白质科学作出过重要贡献，然而囿于国力所限以及人才匮乏的事实，数十年来只能在西方科学家的背影后面亦步亦趋，反复用纪念曾经的成就来掩盖长期停滞不前的尴尬。经过长时间的国力发展与技术积累，中国的“蛋白质人”终于迎来了属于自己的发展契机！一方面，我国的制造能力足以支撑以蛋白质科研为核心的设备建造，同时多年的引才计划形成了合理的人才储备，使得蛋白质科研设施的建设具备了现实性；另一方面，精准医学在21世纪突飞猛进，需要强大的蛋白质科学基础设施提供理论支撑和实现技术。这意味着，蛋白质科研设施将不是一个精致而昂贵的“科学家玩具”，而会成为关乎人民健康水平提高和生活质量改善的创新工厂。由此，人们足可理解蛋白质科研设施建设的必要性。

蛋白质分子是在空间折叠上高度复杂、时间过程上高度动态，同时还处于高度交互的信息与物质网络之中的生物大分子。理解蛋白质的功能运转和调节方式，意味着需要拥有物理、化学、生物数据采集与分析之强大能力的复杂仪器系统。这些系统的任何子模块的设计与制造，都是相当困难的工程，更遑论为发挥这些系统的最大能力，需要将所有的模块集成化，来形成联动大装置。这就使整个设施的建设难度成数量级地增长。为了克服这样的困难，我们将全国乃至全球范围内处于各个子系统的专家和技术人员集中整合成为精干的设计与建设队伍，使过去各自为战的“小分队”，在建设中逐步形成为蛋白质科学技术的“联合舰队”，克服了诸多技术困难，终于形成了本设施的九大技术系统，即规模化蛋白质制备系统（第 2 章）、蛋白质核磁共振分析系统（第 5 章）、集成化电镜分析系统（第 6 章）、质谱分析系统（第 7 章）、复合激光显微镜系统（第 8 章）、分子影像系统（第 9 章）、数据库与计算分析系统（第 1—9 章相关内容）及位于上海光源内的“五线六站”——蛋白质晶体结构分析系统（第 3 章）和蛋白质动态分析系统（第 4 章）。经过不断改善与磨合，具备了五大蛋白质科研能力——规模化蛋白质制备能力、多尺度结构分析能力、多层次动态研究能力、修饰与相互作用分析能力、数据库与计算分析能力，能够全面支撑我国蛋白质科学研究所面临的大部分技术与仪器需求。

除了技术上需要克服的种种困难，在大科学设施的建设过程中，大量的非技术性困难也是现实的问题。设施建设是为了支持创新，但其本身就是一项前无古人的创新性工作。如何调动技术人员积极性，如何形成适应大联合系统所需的新型管理制度，如何应对旧科研体制的滞后性所带来的阻力与干扰，都是建设人员需要殚精竭虑、不断创新，有时甚至作出妥协，才能一一加以处置的问题。

本专著的第 1 章总括介绍了建设这样国际先进的蛋白质研究大科学设施的重大意义、主要目标和决策及实施过程，从第 2 章到第 9 章具体介绍各个技术系统的原理、配置、性能、安装调试和开放服务情况，第 10 章介绍设施开放服务的管理制度建设，还有用户通过使用设施所取得的若干尤其突出的成果。编写的具体分工如下：第 1 章，汪利俊、曹禹、高馨；第 2 章，牟波、邓玮、张珺；第 3 章，姚德强、张蔚哲；第 4 章，李娜、唐雨钊、周晓洁；第 5 章，刘志军；第 6 章，孔亮亮、袁青宁、张盈怡、李俊睿；第 7 章，彭超、吴萍、苏晨；第 8 章，于洋、何淑芳、王艳；第 9 章，王鑫艳；第 10 章，许先慧。

国家蛋白质科学研究（上海）设施的建设已经一曲终了，但是它的运行正是发轫之初，前途尚远。在这样一个时刻，我们全体蛋白质设施的设计者、建设者和运行者再次坐在一起，将过去 9 年时间里所做的种种努力加以总结回顾，将我们的欣然所得与无奈之舍，均原原本本地呈现于读者面前，希望能让热爱蛋白质研究的科学家们了解本设施的特点，更好地利用这一

“利器”以善佳事；希望能为准备或者正在进行科学设施建设的同行们提供参考，使他们的建设过程更加顺利，成果更加辉煌；也希望普通的读者看到我们这本书，能够对我国的科学设施建设工作有所了解，感受我国蛋白质科研事业的谟烈与艰辛。当然，我们更希望自己亲手建设的蛋白质设施，能够跨越险滩、直济沧海。愿她在征途上从此一帆风顺，与其他的科研院所携手，助力中华民族之伟大复兴！

雷 鸣 张荣光

2018 年 5 月 1 日

目　录

第 1 章　总　论

蛋白质是由基因编码、多种氨基酸聚合而成的生物大分子，是所有生命形式与生命活动的主要物质基础与功能执行者。蛋白质研究的突破，将促进揭示生命现象的本质；从根本上阐明人类重大疾病的机理，为临床诊治提供新的方法和途径；推动医药、生物能源、生物材料等新型生物技术产业的发展。为此，我国的"中长期科技发展战略规划"把蛋白质研究列为基础研究四大科研计划之一，并把建设蛋白质科学研究设施纳入国家重大科技基础设施计划。

国家蛋白质科学研究(上海)设施(National Facility for Protein Science in Shanghai，NFPS；以下简称"上海设施")围绕蛋白质科学研究的前沿领域和我国生物医药、现代农业等产业发展的需求，建设高通量、高精度、规模化的蛋白质制取与纯化、结构分析、功能研究等大型装置，实现技术与设备的集成化、通量化和信息化，成为我国蛋白质科学研究和技术创新的基地，形成具有国际一流水平和综合示范作用的蛋白质科学研究支撑体系，全面提升我国蛋白质科学的研究能力。

上海设施于 2008 年 11 月 14 日批复立项，2010 年 12 月 26 日正式开工，2014 年 3 月建成，2015 年 7 月通过国家验收，主体位于上海市浦东新区张江高科技园区。在建设过程中，上海设施通过关键技术自主创新、设备自主研制、系统优化等多种综合举措，集成了具有不同空间和时间分辨率的仪器与设备，形成了蛋白质研究的先进技术体系。设施拥有用于蛋白质结构研究的九大技术系统，包括① 规模化蛋白质制备系统；② 蛋白质晶体结构分析系统；③ 蛋白质核磁共振分析系统；④ 集成化电镜分析系统；⑤ 蛋白质动态分析系统；⑥ 质谱分析系统；⑦ 复合激光显微镜系统；⑧ 分子影像系统；⑨ 数据库与计算分析系统以及单列的动物设施。上海设施自主研发了多项国内首创、国际一流的蛋白质研究技术和方法，在分析精度、检测极限和处理通量上均取得突破。它是当今全球生命科学领域首个综合性的大科学装置，集先进科学装置和大型设备之大成，是探索生命奥秘的"国之利器"。

上海设施以中国科学院上海生命科学研究院(以下分别简称"中科院"和"上海生科院")作为项目法人，由生物化学与细胞生物学研究所(以下简称"生化细胞研究所")具体实施管理；2017 年 9 月，其依托的法人单位变更为中科院上海高等研究院，并划归张江实验室管理。

1.1　国内外发展趋势与现状

蛋白质是最主要的生命活动载体和生物功能执行者，要揭示生命的奥秘就必须研究蛋白质，因此蛋白质科学已成为生命科学与生物技术的关键领域。蛋白质研究有助于阐明疾病机理，探索临床诊治的新途径；揭示农作物生长发育规律，为优质高产农作物的新品种选育提供技术储备；推动诸多新型生物技术产业的发展，提高我国的综合国力。蛋白质科学研究将以其对经济和社会发展所作出的基础性、战略性和关键性贡献，为研究解决人口、健康、农业、环境生态、国家安全等重大问题发挥作用。

生命科学在其迅速的发展中，对蛋白质结构研究设施产生了巨大的需求，体现在诸多方面。

1.1.1　规模化蛋白质制备

蛋白质表达与纯化是蛋白质科学的基础。无论进行结构测定还是功能分析，获得高纯度、高活性的表达纯化产物，总是蛋白质科学深入研究的第一步。传统的实验室规模的蛋白质表达与纯化工作，通常效率比较低，几个月才得到若干种甚至仅一种蛋白质。随着“人类基因组计划”的完成和后基因组时代的到来，研究者不再停留于传统的蛋白质生产方式上。例如，“国际结构基因组学计划”的一个重要目标就是大规模表达与纯化全部人体蛋白质和若干种模式生物的全部蛋白质。当前，规模化生产蛋白质的技术，已经成为研究人员推进蛋白质科学研究的重要手段。美国、欧洲、日本的大型蛋白质研究计划，均把蛋白质表达与纯化的规模化与自动化作为重要研究内容，并把膜蛋白的表达与纯化作为下一阶段的突破口。目前要高效而经济地纯化得到足够量的不同蛋白质，仍受制于以下几个环节：① 准确地获得基因组全长的基因编码序列；② 高效而经济地构建表达载体，使之适合于不同体系、不同研究目的之表达与纯化需要；③ 设计合适的原核、真核、无细胞表达体系(系统)，并在产业化水平上进行重组蛋白质的高表达；④ 筛选适于进行高通量纯化和固相化的标签蛋白质。因此，目前国际上生命科学的大规模研究设施，首先要解决的问题就是提高生产与纯化蛋白质的能力。

1.1.2　多尺度蛋白质结构研究

不同的蛋白质具有不同的三维结构，而不同的蛋白质结构又决定了蛋白质特定的功能。因此，蛋白质结构研究是蛋白质科学的核心内容之一。结构生物学采用许多方法对生物大分子的结构进行研究，其中X光晶体衍射是当前在原子水平上确定生物大分子结构的最有效手段。从首次确定鲸鱼肌红蛋白结构开始[1]，在大约50年的时间内，已有超过4万个生物大分子的结构被确定，并存储到蛋白质数据库中，其中超过3.4万个结构(占已知蛋白质三维结构的84.8%)是采用X光晶体衍射技术测定的(由核磁共振技术和电镜技术所测定的结构数分别为14.8%和0.34%)[2]。随着晶体制备、数据收集、计算与图像处理软件系统的不断完善和自动化能力的不断提高，X射线晶体衍射已成为蛋白质三维结构研究中的常规技术手段。

“人类基因组计划”的实施，同样引起结构生物学的革命性发展，即大规模和高通量的蛋白质结构解析，由此形成了结构基因组学。在结构基因组学研究中，蛋白质-蛋白质复合物以及蛋白质机器的三维结构解析，代表了蛋白质结构生物学研究的发展方向。由于蛋白质-蛋白质复合物结构复杂，分子量大，生长出的晶体往往具有很大的晶胞尺寸，衍射能力弱，故几乎所有研究对象均须依托高亮度同步辐射光源，才可能获得具原子分辨率尺度的三维结构信息。同时，对有重要生物学功能的膜蛋白，基本上也只能依靠同步辐射蛋白质晶体学方法，来实现其结构的测定。因此，同步辐射技术已成为当前推动蛋白质结构测定快速发展之最重要因素。同步辐射 X 光的强度，是目前常规实验室转靶 X 光机所产生 X 光强度的 100 万倍以上。同时，同步辐射 X 光的波长连续可调性及光束高准直性，也是普通 X 光源无法比拟的。这对蛋白质晶体学产生的直接效果是：晶体衍射的分辨率(resolution)和数据质量显著提高，对晶体尺寸的要求明显降低，数据收集速度明显加快，相位解析手段也极大地得到加强。最近 10 年，依托同步辐射光源测定的晶体结构，已占到现有蛋白质结构总数的 65%。缘于此，各发达国家纷纷建立以同步辐射装置为基础的蛋白质科学研究设施。

核磁共振(nuclear magnetic resonance, NMR)技术也是蛋白质结构研究的重要技术之一[3]，其优点是蛋白质样品不需要结晶，可直接在溶液中进行结构测定。在细胞生理过程中，存在许多低亲和力的蛋白质-蛋白质相互作用，它们往往在分子调控过程中起到关键作用，由这种弱的相互作用形成的蛋白质复合物是瞬时和动态的。核磁共振技术适于在原子分辨率水平上阐明这种蛋白质相互作用的动态界面，以及蛋白质相互作用过程中的动力学特征。

电子显微镜(electron microscope, EM)对于高分子量蛋白质复合物的结构解析具有独特作用。在用低温电子显微术和三维重构技术解析蛋白质结构方面，迄今已分化发展出 3 种具有不同特点和适用范围的方法——蛋白质电子晶体学、单颗粒样品的三维重构以及电子断层术(electron tomography, ET)。蛋白质电子晶体学利用电子显微镜的成像功能和电子衍射功能，从蛋白质的二维晶体获取结构信息，以解析蛋白质的三维结构。由于易获得膜蛋白的二维晶体，而不易获得其三维晶体，因此蛋白质电子晶体学在解析膜蛋白方面有很大潜力。电子断层术主要用于分子量巨大的蛋白质复合物及小细胞器的结构测定。用此法可以对处在细胞中原位的目标直接进行测定，从而不仅可测定该蛋白质复合物的结构，也可获得其与周围环境联系的结构信息。此外，还可利用低温电镜较高的时间分辨率，研究蛋白质的动态结构变化。

1.1.3 蛋白质动态研究的技术与装置日趋成熟

所有蛋白质在执行其生物功能时，都依赖于特定的结构，而细胞内的蛋白质结构是随时间、空间与环境因素而动态变化的。因此，用静态的或单一的技术来进行蛋白质结构研究，显然还不能够真正揭示生命的动态性特征。更重要的是，蛋白质在各个层次上的变化可以相互影响，进而最终影响蛋白质或蛋白质群的功能。可以将蛋白质的这种多层次变化总称为“蛋白质动态行为”，它称得上是生命复杂性的分子基础。

在当前研究蛋白质动态过程与相互作用的主要手段中，基于同步辐射光源的技术是最有发展前途的。例如，X射线小角散射是目前唯一能用来动态测量生物大分子形状的方法，如蛋白质折叠过程等。它还是研究溶液中生物分子相互作用以及结构柔韧性的强有力手段，这对于理解生物体系中分子间的信息传递至关重要。结合由晶体学方法得到的各组成分子的高分辨结构信息，可以对超分子复合物中各组分之间的相互作用进行深入研究。生物分子的散射实验通常需要在溶液状态下进行，这种散射信号弱，必须采用高强度的X光才能开展有意义的研究。在第三代光源上开展此研究，研究的范围和时间分辨都将得到数量级的提升，时间分辨可以达到亚毫秒甚至微秒水平。

红外光谱学可以分析生物分子如蛋白质、核酸、糖类、脂类以及生物膜结构等的振动、转动和分子间相互作用的能级跃迁；可以分析单晶、多晶、无定形和溶液等各种形态的样品，从而在生物分子的晶体学分析数据和溶液状态的核磁共振(NMR)分析数据之间搭建联系的桥梁。红外光谱跃迁的时间尺度是皮秒，远小于NMR分析的时间尺度，因此红外光谱具有研究快时间分辨的生物分子结构动力学的能力。同步辐射红外光源拥有宽光谱范围、高光谱亮度和脉冲时间结构等主要优点。它进行全光谱辐射，覆盖了从近红外到远红外的整个波段。其脉冲时间结构可以利用来开展时间分辨的动力学研究。如前所述，核磁共振技术也是当前用于研究蛋白质动态行为之主要手段。

蛋白质在执行功能时，通常伴随着磷酸化等修饰的发生。这些修饰导致蛋白质的结构发生改变。因此，研究蛋白质的修饰，乃是研究蛋白质结构及功能的一个重要内容。此外，随着生命科学研究的进展以及对复杂生命体系认识的不断深化，当前的蛋白质科学研究已经不能只是孤立地去研究某个或某些蛋白质结构；而系统地、整体地去研究蛋白质相互作用的网络及其功能，已成为正确认识复杂生命体系和人类疾病发生及发展的必由之路。在对蛋白质修饰与相互作用的分析技术方面，以质谱技术为核心的研究技术，已成为当前国际上蛋白质科学的重要组成部分。

1.1.4　数据库与计算系统成为重要的手段

随着实验方法的改进和技术的发展，酵母双杂交系统、质谱仪、蛋白质芯片等实验手段被越来越广泛地应用在蛋白质结构、功能和相互作用的研究上，在这方面积累了大量的数据，为研究新的蛋白质的结构和功能打下了基础。这些数据大都通过公共数据库实现共享。在国际上，美国、欧洲和日本在生命科学数据库建设方面居于领先地位，如美国国家信息技术中心(The National Center for Biotechnology Information, NCBI)包括核酸、蛋白质、基因组、结构信息和一大批数据挖掘工具在内的整合的生命科学公共数据库，瑞士的蛋白质数据库(Swiss - Prot)，欧洲分子生物学实验室的蛋白质功能域数据库(Interpro)，以及由美国国家卫生研究院(National Institutes of Health, NIH)资助的蛋白质整合数据库(UniProt)等。

国际公共的蛋白质数据库，都包含多类型的蛋白质数据。这些数据库不仅数据数量庞大，而且数据类型众多，不同类型数据之间关系复杂，难以进行深层次的数据加工。目前的趋势是，以蛋白质数据库为中心，整合蛋白质科学研究各个专题项目所生成的实验数据，并建立数据之间的关联。建设数据整合平台，不仅能满足日常数据管理的需求，完成多个数据库之间的衔接，而且能为蛋白质数据分析提供统一的数据管理平台，从而极大提高蛋白质科学数据的服务能力和服务质量。

随着对复杂生命体系认识的深化和海量数据的产生，计算生物学已成为当前生命科学的一个新兴前沿学科。此学科从大量的实验数据中，通过计算机处理和数学模拟来形成理论模型。它不仅有助于了解复杂生命系统中的所有成分以及它们之间的动态关系，还可以通过建立数学模型，帮助预测生命系统在外界干扰之下的行为。

1.2 建设的必要性

我国的蛋白质科学研究领域经过多年发展，已经在专业队伍、科研装备和管理体制等方面积累了一定基础，集聚了一批优秀的科技人才，取得了一批达到国际一流水平的研究成果。然而，我国的蛋白质科学研究在整体上仍落后于国际先进水平，滞后于经济发展的要求，不能适应当前国际竞争的形势。造成我国蛋白质科学研究不足之处的因素是多方面的，其中我国生命科学研究的基础设施建设滞后和依然薄弱，是制约我国蛋白质科学研究与发展的关键问题之一。

要对蛋白质高度特异的时空表达调控、复杂多样的结构、精致巧妙的功能调节以及广泛而精确的动态相互作用进行深入研究，必须改变静止的、孤立的、单系统的研究方式，转而从多层次、动态变化、系统和整体的角度，去研究蛋白质之间以及蛋白质与其他生物大分子和小分子之间的关系，以便更加深入地探究生命活动之本质。目前，我国的蛋白质基础研究设施、研究技术和仪器设备布局分散，严重制约了蛋白质科学研究以及生物技术和生物产业的发展，必须采用多种研究技术和试验装置的系统技术集成，来构建完整的研究系统，从而提供我国在蛋白质科学研究方面所急需的规模化研究能力；而建设蛋白质科学研究的综合性基础设施，是实现这一期望之必要手段。

上海设施主要建设蛋白质结构研究的 9 个系统，即① 规模化蛋白质制备系统(见第 2 章)；② 蛋白质晶体结构分析系统(见第 3 章)；③ 蛋白质核磁共振分析系统(见第 5 章)；④ 集成化电镜分析系统(见第 6 章)；⑤ 蛋白质动态分析系统(见第 4 章)；⑥ 蛋白质修饰与相互作用分析系统(见第 7 章)；⑦ 复合激光显微镜系统(见第 8 章)；⑧ 分子影像系统(见第 9 章)；⑨ 数据库与计算分析系统(见第 1—9 章相关内容)。在其中，规模化蛋白质制备系统是整个蛋白质结构研究的重要基础与保障，为此将建成基于大肠杆菌、昆虫细胞、酵母、哺乳动物细胞和无细胞表达系统等多条高效的蛋白质样品制备工作线，以及基于自动化集成的结晶筛选、制备和表征的多条高效的蛋白质晶体制备工作线(①)。蛋白质的三维结构、动力学及其相互作用，是研究蛋白质功能的基础，也是基于结构的药物设计和药物筛选的基础(②)。依托同步辐射光源装置建设“五线六站”*，建设核磁共振波谱仪(③)和电子显微镜等装置(④)，建设光学显微装置(⑦)和分子影像装置(⑧)，提高蛋白质三维结构研究和动态研究的能力，包括对活体蛋白质分子进行研究的能力(⑤)。建设蛋白质修饰与相互作用的分析系统。以质谱技术为核心，实现对蛋白质修饰与相互作用的分析、规模化鉴定和定量分析(⑥)。由蛋白质科学研究产生的数据不仅数量庞大而且类型众多，不同类型数据之间的关系复杂，难以进行深层次的数据加工。通过建设数据库与计算分析系统，建立以大型的蛋白质科学数据为核心的信息综合数据库体系，整合上海设施蛋白质科学研究生成的实验数据，并建立数据之间的关联，提供数据分析的统一管理平台，进而提高蛋白质科学数据的服务能力和服务质量(⑨)。

在上海设施的 9 个系统中，规模化蛋白质制备系统是整个蛋白质结构研究的重要基础与保障。目前，蛋白质结构研究的特点已发生了下列变化：① 研究的规模加大，速度加快，新的目标蛋白质不断被发现；② 对目标蛋白质的分析难度明显增加，蛋白质复合物和膜蛋白的比例加大。在此基础上，大规模表达并纯化蛋白质样品，成为研究的必要前提。当前面临的最主要难题之一是可溶性蛋白质样品的表达以及高纯度蛋白质样品的制备。在蛋白质研究的许多领域，例如在结构生物学领域，蛋白质样品的制备能力已成为限制发展的主要瓶颈之一。为此建成多条制备蛋白质样品的高效工作线，以满足高效率制备非标记蛋白质和膜蛋白的需求。

蛋白质的三维结构、动力学及其相互作用，是研究蛋白质功能的基础，也是基于结构的药物设计和药物筛选的基础。X 射线晶体衍射仍是当前蛋白质结构分析的最主要方法。但是对于蛋白质复合物和膜蛋白来说，晶体的生长往往十分困难，一方面难以得到有序性好、外观尺寸较大的晶体，另一方面晶胞的尺寸通常比较大，晶体衍射能力弱。这就要求建造能够对微小晶体以及晶胞达到 500 nm 的超大分子复合物进行结构测定的研究装置，同时还要考虑能够快速高效地完成蛋白质结构测定的技术装置。作为世界上最先进的第三代同步辐射光源之一的上海光源**，能在晶体结构分析所需要的波长范围提供高亮度的 X 光，很好地满足这一需求。

蛋白质-蛋白质或蛋白质-配体之间通常是很弱的亲和相互作用，作用时间也是短程的。在这方面的研究需要核磁技术，它能够在非常广的时间尺度上研究生物大分子(包括蛋白质)的位点特异的热力学/动力学特性。核磁共振方法能够广泛应用于研究蛋白质与配体之间的相互结合关系，特别是弱亲和的相互作用，从而在筛选药物的先导化合物方面具备无与伦比的优势。

对于在光合作用、DNA 修复和细胞周期、免疫系统分子网络调控、细胞内膜转运、神

* “五线六站”即复合物、微晶体、高通量晶体结构分析线站和 X 射线小角散射、时间分辨红外谱学线站。其中时间分辨红外谱学线站又分为时间分辨红外光谱实验站以及红外显微谱学与成像实验站 2 个部分，但是共用 1 根光束线。因此，一共有 5 根光束线、6 个实验站，简称为五线六站。

** 上海光源(Shanghai Synchrotron Radiation Facility，SSRF)是第三代中能同步辐射光源，由中科院和上海市人民政府共同倡议和建设，由中科院上海应用物理研究所承建，坐落于上海市浦东张江高科技园区，包括 1 台 150 MeV 电子直线加速器、1 台全能量增强器、1 台 3.5 GeV 电子储存环和已开放的 13 条光束线、16 个实验站。

经信号转导等重要生命过程中蛋白质功能的结构基础和调控关系，研究涉及巨大分子量的重要膜蛋白或蛋白质复合物，必须采用高性能电子显微镜。此外，通过开发和应用高分辨三维结构解析的新方法与新技术，并结合常规的生化技术，可望解释病毒入侵、复制和组装的分子机制；结合 X 射线晶体学嵌入（docking）技术和生物信息学结构预测拟合（fitting）技术，可以研究重要病毒靶标蛋白质的原子分辨率的三维结构，并在如此研究基础上，进行基于结构的计算机辅助抗病毒药物设计。

各种蛋白质的功能活动，都离不开蛋白质动态分析技术。X 射线小角散射可用于研究蛋白质折叠等许多生命活动的动力学过程。已有研究组利用“北京同步辐射装置”* 的 X 射线小角散射线站，在这方面开展了一些研究工作。但是，目前的实验条件（光源亮度）限制了这方面研究工作的进展。深入的研究需要高性能的 X 射线小角散射实验装置。红外光谱学也是蛋白质动态分析研究的重要手段之一。红外光谱（包括远红外）覆盖了生物分子的振动、转动和分子间相互作用的能级跃迁，因此成为分析生物物质中化学成分、生物分子结构和构象、生物分子间相互作用以及电荷和能量转移的强有力工具，适合研究快时间分辨的生物分子结构动力学。

通过蛋白质科学的基础数据平台，实现该领域相关数据整理、加工和提炼的自主化与本地化。在用户使用上海设施及其数据平台基础上，全国形成一批拥有自主知识产权的蛋白质科学数据库，这对于我国科学家长期以来进行的蛋白质功能研究，是极好的信息集成与知识参照框架。在目前我国缺乏有分量的自主知识产权生物学数据库情况下，这些数据库的建立必然会极大地提高我国在蛋白质相关研究领域的国际地位。国际公共的蛋白质数据库，实现了一定程度的数据整合，并在此基础上不断提出和完善更符合实际需求的数据交换标准，这正是国内公共数据库目前需要完善之处。根据蛋白质大科学的数据数量庞大、类型众多和关系复杂的特点，有必要以蛋白质数据库为中心，整合研究中生成的实验数据和建立数据之间的关联，以满足日常数据管理的需求，并通过数据管理平台大大提高蛋白质科学数据的服务能力与服务质量。

蛋白质科学研究的数据需要多样化的分析方法和工具。这些工具的运行环境有很大差异，对蛋白质结构的研究者提出了较高的信息技术能力要求。以蛋白质科学的数据管理平台为基础，开发蛋白质科学数据的统一分析平台，不仅能够降低对研究人员的信息技术能力要求，提高数据分析的速度与质量，还能够给蛋白质科学研究提供新思路，提升我国科研的创新能力。数据库与计算分析系统的建设是整合其他系统，保障设施高效运行之必要条件，建成后也将更有利于上海设施服务于全国各地。

每一种单一的研究技术和仪器设备，仅具备特定的空间分辨率和时间分辨率。相对

---

* 北京同步辐射装置（Beijing Synchrotron Radiation Facility，BSRF）是利用同步辐射光源进行科学研究的装置，是对社会开放的大型公用科学设施，是我国凝聚态物理学、材料科学、化学、生命科学、资源环境及微电子等交叉学科开展科学研究的重要基地。BSRF 建有 3 个实验大厅，共有 5 个插入件、14 条光束线和实验站，提供从真空紫外到硬 X 波段的同步辐射光，提供 X 射线形貌术、X 射线成像、X 射线衍射、X 射线小角散射、漫散射、生物大分子结构、X 射线荧光微分析、X 射线吸收精细结构、光电子能谱、圆二色谱、软 X 射线刻度和计量、中能 X 射线光学、高压结构研究的技术手段。

于蛋白质结构及功能在空间尺度和时间尺度上所呈现出来的复杂性与多样性来说，相关研究仅具备有限的技术解决能力，因此需要通过多种研究技术和试验装置的系统集成，为我国提供蛋白质结构研究所急需的规模化研究能力。

综上所述，随着后基因组学研究的迅速发展以及中国科研能力的提升，我国对科研基础设施的需求在进一步加大。我国目前与蛋白质结构和功能研究相关的科研设施水平，已不能满足国内科研的需求。因此，必须加快相关基础设施建设，为国内的蛋白质科研提供硬件及技术的支持。

1.3　上海设施建设的目标

上海设施建设的总体目标是：以创新技术集成的大型科学装置和先进仪器设备为基础，以现代信息和网络技术为支撑，形成服务于全国蛋白质结构研究的重大与关键技术设施，跻身于国际上最大的综合性蛋白质结构研究设施之列，成为具有重大国际影响力并作出重大贡献的国家蛋白质结构研究与开发基地。

1.3.1　科学技术目标

根据国际生命科学的发展趋势、我国的蛋白质科学研究现状与需求，以及目前的研究技术基础和条件，要把上海设施建设成为一个国家重大科技的基础研究基地，推动我国的蛋白质结构研究能力实现7个方面的战略转变。

第一，从单个蛋白质结构研究向复合物结构研究转变，使研究能力从个别蛋白质分子的研究转向对生物体和细胞内众多种类蛋白质复合物和蛋白质机器的系统的规模化研究，以便更全面地揭示生命现象和生命活动的复杂性。

第二，从蛋白质定性研究向定量研究转变，使研究能力从描述蛋白质分子的种类和性质，转向注重蛋白质的数量变化和动力学行为，以便进一步推动蛋白质科学的精确化。

第三，从蛋白质结构的静态研究向动态研究转变，使研究能力从对蛋白质分子静态结构的经典描述，转向注重对蛋白质分子组装、修饰和转运的实时研究，以便更深刻地阐明生物体内蛋白质的活动过程。

第四，从离体研究向活体研究转变，使研究能力从孤立地描述单纯蛋白质分子，转向注重阐明蛋白质分子在生物体内的活动，以便更真实地揭示生理与病理活动。

第五，从单一生命科学研究向跨学科交叉研究转变，开展蛋白质科学与数理科学、分析科学、信息科学、计算机科学等非生命学科的交叉融合，促进我国蛋白质科学的新思想、新知识诞生。

第六，从小规模、单一型研究向大规模、复合型研究转变。目前国内普遍存在的是以研究室或研究组的小规模和单一研究技术为主的“包产到户”的研究模式。随着上海设施的建立，将形成基于大规模、复合型研究技术体系的集约化研究中心。

第七，从主要依赖国外技术向自主创新转变，开展关键技术的原始性创新、技术与设备体系的集成创新，以及引进设备升级改造的再创新，推动我国蛋白质科学研究新技术与新方法的确立。

1.3.2 设施建设目标

根据上述科学目标，设施的具体建设目标是：以蛋白质科学发展中的瓶颈问题和共同技术需求为重点，通过各个层次的技术创新，与上海第三代同步辐射光源进行整合及优势技术互补，重点进行 5 个方面的蛋白质结构研究能力建设。

第一，规模化的蛋白质制备能力。建立和发展规模化的基因表达与蛋白质纯化技术平台，从而对试验样品实现从载体构建、转染、细胞培养、诱导表达，到菌体破碎、产物抽提、蛋白质纯化与结晶等的全过程自动化与精密控制，并实现规模化的抗体制备。

第二，多尺度的结构分析能力。建立和发展从原子、分子到生物大分子复合物、从亚纳米到纳米以及微米尺度等的结构研究平台，从而可以开展对蛋白质单分子元件及其复合物、膜蛋白复合物、蛋白质机器等超大分子复合物乃至细胞器结构等的综合研究。

第三，多层次的动态研究能力。建立和发展包括 X 射线小角散射、红外光谱学和核磁共振波谱学在内的动态分析技术平台；建立和发展包括单分子技术、纳米技术、示踪技术以及分子标记技术等先进技术在内的分子影像技术平台；建立和发展包括细胞与活体层次在内的蛋白质结构与功能分析研究的技术平台。通过这些平台的技术支持，旨在开展对蛋白质折叠、转运、降解等动态平衡过程，以及对细胞信号转导等活体功能过程中蛋白质时空定位及其相互作用网络的研究。

第四，蛋白质修饰与相互作用的分析能力。建立和发展规模化分离鉴定和高精度、定量化检测蛋白质的研究平台，从而能够开展对细胞内成千上万种蛋白质的翻译后修饰及相互作用等动态行为的规模化定量研究。

第五，数据库与计算分析能力。建立和发展海量实验数据搜集、分析与整合的数据软件系统，形成具有国际先进水平的国家蛋白质科学研究综合数据库；建立和发展高性能的计算与系统生物学技术条件平台。通过这两部分构成一个完整的信息处理与计算中心，从而能够构建复杂生物系统的数学模型，并高效率地进行蛋白质动力学特性、相互作用预测、分子设计、复杂生物系统模拟仿真等的研究。

1.4 建设历程

1.4.1 建筑安装工程

2008 年 11 月 14 日《项目建议书》得到批复后，主要实施了项目建筑安装的一系列前期工作。

① 2008 年 12 月 4 日完成道路红线划示；2008 年 12 月 8 日完成河道蓝线划示。

② 2008 年 12 月 24 日取得浦东新区规划管理部门的《项目选址意见书》；出于土地使用权属原因，延期至 2009 年 7 月 14 日。

③ 2009 年 1 月 15 日委托上海市房屋土地测绘中心完成土地权属测绘。

④ 2009 年 3 月 11 日上海市建设工程招标投标管理办公室受理建设项目报建。

⑤ 2009 年 4 月 9 日取得上海市房屋土地规划管理局《建设项目用地预审的批复》(沪规土资预〔2009〕第 0107 号)。

⑥ 2009 年 9 月 21 日国家环境保护部以环审〔2009〕431 号文《关于蛋白质科学研究设施(上海设施)项目环境影响报告书的批复》,同意项目进行建设。

2010 年 7 月 1 日,国家发展和改革委员会以发改高技〔2010〕1387 号文《关于蛋白质科学研究(上海)设施国家重大科技基础设施项目可行性研究报告的批复》,批复了蛋白质科学研究(上海)设施国家重大科技基础设施项目可行性研究报告。随后于 8 月 26 日,中科院以科发建复字〔2010〕67 号文《关于蛋白质科学研究(上海)设施国家重大科技基础设施项目初步设计及概算的批复》,同意上海设施的初步设计及概算。根据批复,在建筑安装上又进行了以下的前期工作。

2010 年 10 月 15 日上海市气象局以沪防雷〔2010〕(建初)字第 0138 号文《关于蛋白质科学研究(上海)设施国家重大科技基础设施项目防雷部分的扩初设计审核意见》,同意防雷部分设计。

上海市卫生局 2010 年 11 月 1 日以沪卫建项发字(2010)第 0892 号文《关于中科院上海生命科学研究院蛋白质科学研究设施可行性研究报告(含初步设计)的审核意见》,同意了项目的初步设计;2011 年 4 月 14 日以沪卫建项发字(2011)第 257 号文《关于中科院上海生命科学研究院蛋白质科学研究(上海)设施施工图设计的审核意见》,同意了项目按图施工。

2011 年 2 月 9 日浦东新区环保市容管理局以(2011 年度)编 009,同意项目的初步设计。

2011 年 2 月 12 日浦东新区民防办公室以 11－036 号核定单,同意办理规划手续。

2011 年 4 月 14 日上海市公安局浦东分局以(2011)浦公交建字第 042 号,同意交通设计。

浦东新区规划局 2010 年 7 月 19 日以沪浦规书张〔2010〕006 号,同意项目选址意见书;8 月 26 日以沪浦规地张〔2010〕021 号,核发项目建设用地规划许可证;12 月 9 日以沪浦规建张(2010)FA31011520109342 号,核发地下部分工程规划许可;2011 年 7 月 12 日以沪浦规建张(2011)FA31011520119267 号,核发地上部分工程规划许可。

2010 年 12 月 24 日《(桩基)施工许可证》获批,2011 年 9 月《(上部)施工许可证》获批。

1.4.2　技术部*

2010 年 6 月,完成政策研究与管理规定的编制工作。主要研究了《中华人民共和国政府采购法》《中华人民共和国招标投标法》《中华人民共和国合同法》《政府采购进口产

* 技术部是指负责管理运行除“五线六站”之外各种设备的技术部门。

品管理办法》《中央级新购大型科学仪器设备联合评议工作管理办法》等政策法规；完成编制《工程实施及管理计划 V0 版》《NFPS 设备采购管理办法》《NFPS 招投标管理办法》《NFPS 合同管理办法》等管理规定。

2010 年 7 月，完成设备采购管理软件的设计，从而能够有效地掌握采购进度详情，在计划时间内完成概算部分的采购和验收工作；实时了解每个系统工艺设备的采购进度和安装进度；掌握每个采购合同的执行进度及应付情况，便于制定付款计划；掌握原计划采购的执行情况，以及新增加采购的执行情况与金额；记录所有的出库信息，为将来财务对账、资产管理 ARP* 系统入库和固定资产的管理工作，提供详细的信息与准确的数据；记录所有预付账款及已付账款，为财务对账提供依据，并及时掌握金额支付的进度、工艺设备合同的执行情况；记录所有录入信息，便于各职能部门据以制定统计报表。

2010 年 10 月，启动用户调研工作。根据 2010 年 8 月 27 日上海设施筹建阶段动员暨工作安排会议上的部署，工程办公室** 配合技术部的各系统设计师，全面展开工艺设备采购前的用户调研工作。分别前往合肥、北京、武汉等地各研究所、高校及上海各相关单位进行用户调研。调研范围以 2011 年拟采购的大型设备为主，主要包括 X 射线衍射系统、冷冻电镜(cryo-electron microscope，cryo-EM)、核磁设备、液相色谱/质谱仪、共聚焦显微镜、高通量细胞分析仪等设备。收集了大量有价值的用户意见与经验，并汇总形成了设备调研报告，为工艺设备的采购、招标、安装、调试提供了有效的参考依据。

2010 年 11 月，启动了供应商调研工作。上海设施组织召开了部分所需设备的采购信息发布会，供应商代表共 34 人参加了会议。发布会后，约 20 家供应商根据信息发布的内容，提供了符合建设需求的技术解决方案及相关材料。

2010 年 12 月，完成“工程建设零级”等的计划编制。完成工程建设零级计划、建筑安装部 1 级计划、线站部 1 级计划、技术部 1 级计划、建设管理保障计划、人才引进培养专项计划、试运行衔接计划、建设与运行条件保障计划等各项计划的编制。

1.4.3 主要项目建设过程

1.4.3.1 2011 年度

上海设施组织完成光束线站的工程设计及变更。

在工程实施阶段，认真组织进行基于初步设计及概算的工程设计。工程建设经理部于 2011 年 8—9 月上旬组织连续 3 次会议，审议光束线站的设计变更内容，协调投资调整意见。报经工程建设领导小组同意后，履行初步设计及概算调整，报国家财政部调整年度进口设备许可。

2011 年 9 月 22 日工程建设领导小组召开会议，批准包括光束线站在内的上海设施工程建设设计变更的请求。

---

* ARP：Academia Resource Planning(中国科学院资源规划项目)。

** 工程办公室和技术部平行，在上海设施建设过程中负责协调各部门的工作。

变更的内容包括：以光束线站为重点，优化实验站设计，增加或提升测角头、探测器、自动上样机械手的配置，进一步提高检测的精度与效率。

上海设施光束线实验站工程的各项任务基本完成，并增加了实验站投资。

在光束线（包括插入件、前端区及光学棚屋）建设方面，完成了工程设计、方案评审及采购加工。其中，5 月完成各光束线工程设计的内部审核；7 月签署完成光束线插入件部件的加工采购合同；7 月完成光束线前端区部件的招标及加工采购合同；7 月完成光束线关键部件的招标、加工采购合同。完成 3 台插入件设计。9 月，2 台 U20 插入件的加工基本完成，其中一台 U20 插入件已开始离线组装，另一台 U25 插入件也在加工中。前端区部分完成工程设计并通过国内专家评审，完成对加工厂商工程图纸的审核，开始部件加工。确认了光束线中液氮冷却单色器、水冷单色器、压弯机构、反射镜（平面镜/柱面镜）等关键部件的技术参数及技术说明书，完成合同的签订；部分设备完成方案评审，开始进入加工。同时，束线辐射防护棚屋经屏蔽计算、辐射防护追迹，确定了技术方案。完成微晶体线站和高通量线站的棚屋加工。

在实验站建设方面，完成了实验站的工程设计，并于 2011 年 7 月通过中科院上海生科院组织的实验站工程设计及初步设计国内专家评审。8 月完成实验站优化设计，准备开始招标采购。12 月 31 日上海生科院与上海应用物理研究所签订光束线站研制合同的补充协议，落实了光束线实验站的增加投资 1 400 万元。

2011 年 7 月 25 日，在上海举办上海设施光束线实验站工程设计的国内专家评审会。

1.4.3.2 2012 年度

2012 年年底以前，全面完成 2012 年度光束线站的工程建设任务。完成 2 台 U20 插入件及 1 台 U25 插入件的组装、调试及隧道内安装；完成微晶体、高通量及 canted 双光束线* 的前端区设备的验收、组装、调试及隧道内安装；完成红外束线隧道内设备的加工、验收、组装及调试；完成自行研制驱动器的各项性能测试，开始小批量加工；完成微晶体、高通量及 canted 双光束线辐射防护棚屋的安装和红外束线的钢结构棚屋安装；完成衍射仪及探测器等实验站关键设备的采购合同。将“生物大分子晶体学实验站”原设计（大面积 CCD 探测器、常规精度衍射仪以及投入使用的部分线站，还有无晶体原位扫描功能的机械手），优化调整为大面积 CMOS** 探测器，高精度、高整合度衍射仪以及在 3 条线站投入使用并且在微晶体线站增加的具晶体原位扫描功能的机械手。这些在提升数据质量的同时，大大提高了线站的使用效率。

1.4.3.3 2013 年度

2013 年完成全部光束线的插入件、前端区、束线等部分的设备安装及调试；完成全部

---

* 为节约和充分利用有限的插入件资源，目前世界上很多第三代同步辐射装置采用了将 2 个插入件光源呈一定夹角级联后，放置于同一个直线节，然后用不同的光学元件将光束分别引出至各自实验站的方法。这样的 2 条光束线，称为 canted 双光束线。目前业内约定俗成，不翻译 canted。

** CCD：charge-coupled device（电荷耦合装置）。CMOS：complementary metal oxide semiconductor（互补金属氧化物半导体）。

光束线的通光调束，指标基本达到设计目标；实验站设备基本到货并得到安装，其中高通量光束线的机械手和探测器于 2014 年 2 月完成安装；光束线（红外光束线和 X 射线小角散射线部分）开始束线和实验站的设备通光联调。

1.4.3.4 2014 年度

完成基本设备的安装与调试，对各个线站的整体性能参数加以调试和优化，完成"五线六站"的整体性能测试与设备验收。"五线六站"的测试参数均达到线站的设计目标。

1.4.4 设施技术部的建设过程

1.4.4.1 2011 年度

2011 年 9 月 22 日领导小组第二次会议批复《蛋白质科学研究（上海）设施系统设计变更申请》，其中涉及蛋白质核磁共振分析系统、蛋白质修饰与相互作用分析系统、规模化蛋白质制备系统等技术系统。2011 年 10 月 27 日获得国家财政部关于核磁谱仪变更进口许可的批复。

2011 年完成了如下任务：① 完成上述系统及设备项目资金的预算申报并获批复；完成进口许可的专家论证、申请及批复。② 完成 X 射线、冷冻透射电镜、核磁共振仪、质谱仪、共聚焦显微镜、高通量分选仪等设备的用户调研及专家论证。③ 完成冷冻透射电镜、核磁共振仪、共聚焦显微镜、高通量分选仪、荧光细胞分选仪等设备的商务谈判。④ 完成规模化蛋白质制备系统、蛋白质核磁共振分析系统、蛋白质修饰与相互作用系统、实验站及动物设施的优化设计与变更程序，确保工程建设领导小组顺利召开会议与进行审批。⑤ 完成冷冻透射电镜、共聚焦显微镜、高通量分选仪、荧光细胞分选仪、质谱仪、核磁共振仪的招标任务。

1.4.4.2 2012 年度

2012 年 8 月 21 日经理部会议批复《蛋白质科学研究（上海）设施各系统优化设计调整的申请》，其中涉及规模化蛋白质制备系统、分子影像系统、动物设施等技术系统。2012 年 10 月获得财政部关于 2012 年招标设备进口许可的批复，完成如下任务：① 完成上述系统项目资金预算申报并获批复；完成进口许可的专家论证、申请及批复。② 完成高通量自动化蛋白质真核表达系统、高通量自动化克隆构建系统、高通量自动化蛋白质纯化系统、高压冷冻机、单光子共聚焦显微镜、超高分辨率显微镜、液相色谱/高分辨质谱仪、小动物化学发光荧光成像系统等设备的用户调研及专家论证。③ 完成②所述设备的商务沟通。④ 完成规模化蛋白质制备系统、分子影像系统、动物设施的优化设计调整及经理部会议的召开与审批。⑤ 完成②所述设备的招标与合同签订。

1.4.4.3 2013 年度

2013 年 5 月，第一台大型设备进场；6 月 300 kV 冷冻透射电镜进场；7 月 900 MHz 核磁设备进场；12 月转盘式共聚焦显微镜进场并完成安装调试。2013 年基本完成小型配套仪器设备的选型、采购和到货。截至 2013 年年底，大型设备基本完成安装调试工作，小型设备基本完成采购与到货工作。

1.4.4.4　2014 年度

2014 年 4 月 11 日，上海设施通过了中科院条件保障与财务局（简称“条财局”）组织的工艺测试，2014 年 5 月 9 日通过了工艺设备验收。2014 年 5 月，上海设施技术部开放试运行。2014 年 6 月 19 日，上海设施通过了中科院组织的工艺验收。2015 年 7 月 28 日，上海设施通过国家验收，正式开放运行。

1.4.5　设施建设的重要节点

2008 年 11 月 14 日，国家发展和改革委员会批复《蛋白质科学研究设施国家重大科技基础设施项目建议书》。

2009 年 2 月 9 日，中科院批准成立上海设施工程建设领导机构。

2009 年 2 月 16 日，上海设施工程建设经理部在中科院上海生科院生化细胞研究所组织召开第一次用户研讨会。

2009 年 9 月 21 日，国家环境保护部批复《蛋白质科学研究（上海）设施项目环境影响报告书》。

2009 年 11 月 25 日，上海设施工程建设项目奠基仪式在沪举行。

2010 年 7 月 1 日，国家发展和改革委员会批复《上海设施国家重大科技基础设施项目可行性研究报告》。

2010 年 7 月 27 日，上海设施工程建设领导小组第一次会议在北京稻香湖景酒店召开。

2010 年 8 月 26 日，中国科学院批复上海设施国家重大科技基础设施项目初步设计及概算。

2010 年 12 月 26 日，上海设施国家重大科技基础设施项目开工仪式在上海浦东张江高科技园区内隆重举行。

2010 年 12 月 26 日，上海生科院和上海应用物理研究所在上海生科院生化细胞研究所举行上海设施光束线站研制项目合同签字仪式。

2011 年 9 月 21 日，上海设施工程建设领导小组第二次会议在北京中科院机关召开，会议审议同意上海设施工程建设设计变更方案。

2011 年 12 月 29 日，上海设施技术部核磁、电镜等大型设备采购合同在上海签订。

2012 年 4 月 29 日，上海设施土建主体结构封顶，次年 1 月 A 楼和 B 楼获 2012 年度上海市优质工程（结构工程）奖。

2013 年 5 月 20 日，上海设施技术部首批大型仪器 120 kV 及 200 kV 电镜运抵现场。

2013 年 5 月 27 日，上海应用物理研究所承建的高通量光束线（BL17B）进行首次小束流调试，6 月 6 日成功地将聚焦的单色 X 光引入实验站，并在实验站样品点位置处观察到聚焦光斑图像。

2013 年 6 月 6 日，上海设施技术部首台大型设备(原子力显微镜)在上海市浦东新区海科路园区试运行。

2013 年 7 月 31 日，国内首台 900 MHz 核磁共振谱仪顺利运抵上海设施。

2014 年 4 月 11 日，上海设施通过了中科院条财局组织的工艺测试。

2014 年 6 月 19 日，上海设施通过了中科院条财局组织的工艺验收。

2014 年 10 月 22 日，上海市环境保护局批复同意上海设施试运行申请。

2014 年 11 月 21 日，上海市浦东新区规划土地局颁发上海设施竣工规划验收合格证。

2015 年 1 月 8 日，上海市城乡建设和管理委员会通过了上海设施工程建设竣工验收备案。

2015 年 7 月 28 日，上海设施通过国家验收。

1.5　科学意义和社会效益

上海设施是具有上海光源专用光束线站("五线六站"，含蛋白质晶体结构分析系统和蛋白质修饰与相互作用分析系统)、电镜分析系统、核磁分析系统、质谱分析系统、规模化蛋白质制备系统、复合激光显微镜系统、分子影像系统和数据库与计算分析系统的国家重大科技基础设施。上海设施是国际一流的蛋白质科学研究支撑体系，也是全球生命科学领域中以各种大型科学仪器和先进技术集成为核心的首个综合性大科学装置，被誉为探索生命奥秘的"国之利器"。

上海设施项目法人为中科院上海生科院，目前其依托法人变更为中科院上海高等研究院。设施位于上海浦东张江高科技园区内，项目总建筑面积约为 33 000 m^2，在地理位置上分为海科路园区和位于上海同步辐射光源的"五线六站"两个部分。上海设施完成总投资 7.56 亿元(国家投资 5.5 亿，上海市相应地投资 1.5 亿，项目法人单位自筹 0.56 亿)，设施工艺设备总计 1 416 台/套，建设期 3 年。上海设施于 2010 年 12 月 26 日正式动工，2014 年 3 月竣工，2015 年 7 月 28 日通过国家验收。

上海设施是继上海光源之后，第二个落户张江的国家重大科技基础设施。它从正式开放运行以来，所发挥的作用日益凸显。

在《国家创新驱动发展战略纲要》中，明确我国应发展先进有效、安全便捷的健康技术，以应对重大疾病和人口老龄化的挑战；促进生命科学、中西医药、生物工程等多领域的技术融合，提升重大疾病防控、公共卫生、生殖健康等技术保障能力。同时更明确地指出，要建设一批支撑高水平创新的基础设施和平台，研发高端科研仪器设备，提高科研装备的自给水平。上海设施聚焦国家重大战略需求，积极开展生物大分子机器研究中新技术的开发和新装备的设计，努力实现基础研究与技术研发的"协同进化"，在国际竞争中占得先机。

上海设施通过关键技术的自主创新、设备的自主研制、系统的优化等举措，自主研发了国内首套将软件控制、硬件设备和生物应用整合起来的规模化蛋白质制备系统，实现了蛋白质制备全流程的高度集成和流水线作业，居于国际领先地位。

在国内首次成功研制了级联双插入件光束线，自主研制了级联前端区关键设备、红外引出镜等光学部件。蛋白质微晶体光束线采用了创新的束线光学设计，实现了微聚焦光斑尺寸的灵活调节。微聚焦和复合物这 2 条晶体学线站在国内首次实现了无快门数据收集和数据处理以及结构测定的自动化，提高了线站的使用效率。建成了国内首条基于同步辐射三代光源的小角 X 射线散射和红外生物专用线站，小角线站配备了自动样品装置、无散射狭缝以及数据自动分析处理程序包，实现了自动上样、数据采集和结果输出。各光束线的技术指标与总体性能均达到国际同类线站的先进水平。

针对核磁系统，成功开发了基于分子片段重组的蛋白质结构解析新方法；针对质谱分析系统，成功开发了非变性方法，可鉴定分子量为 700 kDa* 的蛋白质复合物；针对电镜系统，实现了无结晶状态下对生物大分子样品的近原子分辨率的观察和结构重建。这些都达到国际领先水平。

“功以才成，业由才广”。上海设施依托上海生科院生化细胞研究所，坚持人才优先发展，着力创造良好环境，聚天下英才而用之。上海设施现有团队成员 155 人，其中学术带头人 16 人，包括中组部“千人计划”3 人，获国家“杰出青年”科学基金资助者 3 人，中组部“青年千人计划”5 人，中科院“百人计划”和“引进杰出技术人才”6 人。

学术带头人作为首席科学家共承担国家科技部重大科学研究计划 3 项，科研团队承担中科院战略性先导(B 类)专项“生物超大分子复合物结构、功能与调控”近 1/3 的研究任务，形成了一支国际上有竞争力的蛋白质科学研究团队。开放运行以来，上海设施的科研团队依托设施开展相关研究，取得了一系列重要的研究成果，发表在《自然》(*Nature*)、《科学》(*Science*)等一系列国际权威学术期刊上。其中代表性的成果包括：揭示 MLL 家族蛋白质甲基转移酶活性调节的分子机制[4]；发现肿瘤免疫治疗新方法[5]；揭示线粒体 Ca^{2+} 单向转运蛋白(MCU)的结构机制等[6]。

作为国家级创新基地，上海设施面向国内外用户开放，支撑国家科技创新战略，吸引包括中科院兄弟院所、国内高等院校、国际医药企业等各界 200 多家单位，以及来自美国、法国、西班牙等欧美各地 3 500 多人次的优秀科学家，依托设施进行 1 300 多项重大前沿研发创新课题的研究。

上海设施于 2014 年 5 月开放试运行，2015 年 7 月 28 日通过国家验收，正式面向国内外用户开放。截至 2016 年 6 月，上海设施已累计运行超过 185 000 h**。设施用户、设施科研团队、设施技术团队均取得一系列重要成果，发表 *SCI* 论文 70 余篇，包括在《自然》《科学》《细胞》(*Cell*)上发表论文 16 篇，其中仅 2016 年上半年就有 10 篇，研究成果涉及生物化学与分子生物学、结构生物学、细胞生物学、生物物理学、微生物学、药学、化学生物学等生命科学各领域。上海设施对基础研究领域的支撑作用日益凸显。其中有代

* Da 即道尔顿(dalton)，是常用的非法定原子或分子质量单位。1 Da = 1，1 kDa = 1 000 Da。

** 本书中时间计量单位，秒用 s、分用 min、时用 h、日用 d 表示。

表性的用户成果包括酵母剪接体分子机制[7]、DNA 甲基化机制、埃博拉病毒[8]、光合作用超级复合物结构、细胞焦亡分子机理[9]、HIV 病毒包膜刺突三聚体的分子机理等[10]。

上海设施还致力于推进国际学术活动与用户技术培训。截至 2016 年 6 月,The Frontier NCPSS Series 前沿论坛* 成功举办系列国际会议、讲座、用户培训等学术交流活动 30 余次,参与人员逾 2 000 人次,逐渐成为高端技术人才的培养及聚集高地。2015 年 12 月 1 日,高端用户会议在上海设施顺利召开,高端用户计划正式启动,吸引了香港大学,以及来自法国尼斯大学和西班牙国家生物技术中心的高端研究人员来上海设施开展合作研究。上海设施自落户张江以来,积极对接企业的研发需求,带动了辉瑞、诺华、维珍医药、药明康德、美迪西等一批企业的研发中心,在单克隆抗体、转化医学等新药研发和大健康创新上突飞猛进,增强了“张江药谷”** 在生物医药研发创新和产业化上的国际竞争力与影响力,带动了张江科学城健康产业集群的发展。

科技创新和科学普及是实现创新发展的两翼。上海设施以提高全民科学素质为己任,深入实施“公民科学素质行动”,把普及科学知识,弘扬科学精神,传播科学思想,倡导科学方法作为义不容辞的责任,积极宣传设施建设进展及开放运行成果,提高设施的社会知名度。2014 年 5 月 23 日在新建成的海科路园区举行了“媒体开放日”活动,首次正式公开面向媒体亮相。来自中央和上海市的近 20 家媒体的记者实地进行调研采访,展示了国家级重大科技基础设施的风采。上海设施与上海市科学技术委员会共同策划制作了科普纪录片《看清蛋白质》,面向公众播放,对上海设施进行了多角度、立体式的宣传。

在 2015 年度,上海设施承办了 3 场“上海科普大讲坛”系列讲座,吸引了学生和市民约 500 余人前来聆听,主讲人的精彩讲解得到听众的好评。在历年的“中科院公众科学日”期间,上海设施精心筹备,面向社会公众开展形式多样的科普活动,受到广泛赞誉。在中科院组织的首届“科普微视频创意大赛”中,上海设施作品《进击的“小蛋”》荣获最佳创意三等奖。据不完全统计,大众媒体对上海设施宣传报道 160 余次,涉及媒体 30 余家;接待来访 300 余次,来访人数超过 5 000 人次。

1.6 推进分类改革,“率先行动”争创一流

“大科学中心”建设是中科院实施“率先行动”计划的研究所分类改革举措之一。上海设施积极参与分类改革,并于 2014 年 11 月,依托“中科院上海大科学中心”,作为首批试点正式启动筹建。上海大科学中心致力于建设开放共享的公共大型科技创新平台,规划和布局大科学装置与设施的长远发展,聚集国内外相关科研力量,支撑前沿交叉领域的科学研究,产出重大原创性成果,开展高水平国际合作,推进“产学研”深度融合,创新和研发相关重大关键技术,集聚和培养高层次人才,成为我国科学创新基地、技术创新基

* The Frontier NCPSS Series 前沿论坛是关注蛋白质前沿技术的系列国际会议、讲座和用户培训。

** 国家上海生物医药科技产业基地——张江生物医药基地,位于上海张江高新技术产业开发区的核心园——张江高科技园区,基地重点集聚和发展生物技术与现代医药产业领域的创新企业,被誉为“张江药谷”。

地和人才聚集高地，成为具有全球影响力和世界一流水平的科学中心。

上海设施已成为张江国家重大科技基础设施集群当中的重要组成部分，将同其他设施一起，在国家实验室、张江综合性国家科学中心和张江科学城的建设中，增强国家基础设施的显示度与凝聚力，形成总体合力，产生聚集效应，成为中国自主创新的源泉、全球创新网络的关键节点。它对于探索上海如何建成有全球影响力的科创中心之新模式，亦具有重要意义。

“工欲善其事，必先利其器”。上海设施在运行开放中积极探索和实践重大科技基础设施开放共享的运行模式和管理机制，采取多种措施加强重大科技基础设施向社会的开放力度，充分发挥设施对科技创新的服务与支撑作用，充分释放服务潜能，提高科技资源利用效率，为实施创新驱动发展战略提供有效支撑。

参考文献

[1] Kendrew J C, Bodo G, Dintzis H M, et al. A three-dimensional model of the myoglobin molecule obtained by X-ray analysis. Nature, 1958, 181(4610): 662 - 666.

[2] Rose P W, Beran B, Bi C, et al. The RCSB protein data bank: Redesigned web site and web services. Nucleic Acids Res, 2011, (Database Issue): D392 - D401.

[3] Storey P. Introduction to magnetic resonance imaging and spectroscopy. Methods Mol Med, 2006, 124: 3 - 57.

[4] Li Y, Han J, Zhang Y, et al. Structural basis for activity regulation of MLL family methyltransferases. Nature, 2016, 530(7591): 447 - 452.

[5] Yang W, Bai Y, Xiong Y, et al. Potentiating the antitumour response of CD8(+) T cells by modulating cholesterol metabolism. Nature, 2016, 531(7596): 651 - 655.

[6] Oxenoid K, Dong Y, Cao C, et al. Architecture of the mitochondrial calcium uniporter. Nature, 2016, 533(7602): 269 - 273.

[7] Wan R, Yan C, Bai R, et al. The 3.8 Å structure of the U4/U6.U5 tri-snRNP: Insights into spliceosome assembly and catalysis. Science, 2016, 351(6272): 466 - 475.

[8] Wang H, Shi Y, Song J, et al. Ebola viral glycoprotein bound to its endosomal receptor Niemann-Pick C1. Cell, 2016, 164(1 - 2): 258 - 268.

[9] Ding J, Wang K, Liu W, et al. Pore-forming activity and structural autoinhibition of the gasdermin family. Nature, 2016, 535(7610): 111 - 116.

[10] Dev J, Park D, Fu Q, et al. Structural basis for membrane anchoring of HIV - 1 envelope spike. Science, 2016, 353(6295): 172 - 175.

第 2 章　规模化蛋白质制备系统

2.1　规模化蛋白质制备系统概述

规模化蛋白质制备系统由规模化克隆和蛋白质可溶性筛选、多种体系蛋白质表达、大规模蛋白质纯化、蛋白质性质表征、自动化结晶和观察 5 个功能模块构成(图 2 - 1)。5 个模块既具有相对独立性，又可进行有机组合，高效率地实现从基因到蛋白质、从蛋白质到晶体的多条工作路线，具有良好的实用功能，并具有出现故障时快速替代的能力，可以满足实际运作中用户的不同需求。整个系统不但在高通量和自动化方面有很大创新，同时也保留了将来适应科研需求，进行系统性能更新与扩展的可能余地。其中，每个功能模块由一系列自动化设备整合而成，每个设备的整合又通过一系列的仪器部件连接完成，所有的设备和部件通过系统集成的方式进行整合，从而形成具有特定功能的研究装置。通过自动化调控各个模块、设备系统、仪器部件独立或协同地发挥作用，完美解决了蛋白质结构和功能研究过程中的两大瓶颈问题，即高通量蛋白质样品的制备和高衍射质量的蛋白质晶体制备。

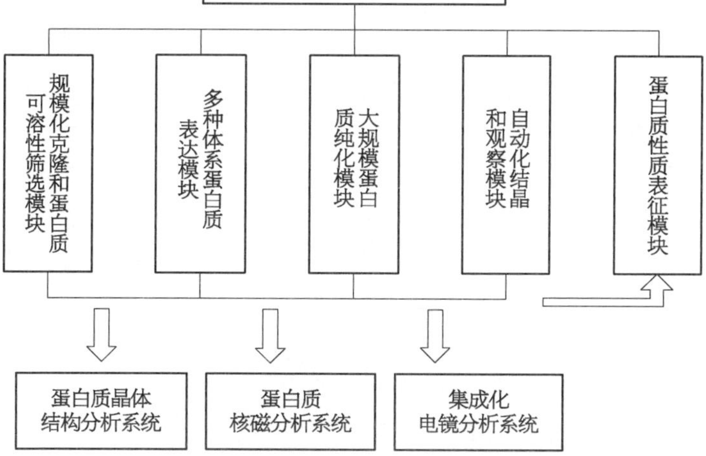

图 2 - 1　规模化蛋白质制备系统构成图

2.2　系统建设目标、技术方案和验收指标

2.2.1　建设目标

高通量自动化生物技术，就是使用自动化的仪器设备来实现生物实验操作，取代传统手工实验操作来探索生物学问题的技术[1]。高通量自动化使得科技人员在短时间内自动化地完成大规模重复性实验操作成为可能，而且可靠性高，这对于目前的生命科学研究具有重大意义。大量的生命科学研究涉及细胞中各种蛋白质的功能、结构、相互作用以及翻译后修饰的相关研究等，而进行这些研究需要获得可供实验的高纯度蛋白质，为提供这一物质基础需要进行大量的蛋白质基因克隆构建以及重组蛋白质的表达和纯化等一系列实验。传统的手工实验方法，不仅操作过程繁杂而重复，会耗费巨大人力物力及宝贵的科研时间，还可能引入人为错误，造成实验的不可重复性。

国外多个大学及研究中心，都设立了配备高度自动化仪器的生物设施中心，以满足生物实验中日益增长的高通量自动化操作需求。高通量自动化这一概念也已从传统的高通量药物筛选，扩展到生物学的各个方向，涵盖多种生物学实验，如高通量的自动化PCR（polymerase chain reaction，聚合酶链式反应）体系的构建、自动化 ELISA（enzyme linked immunosorbent assay，酶联免疫吸附测定）系统、自动化结晶系统等，大大提高了实验效率，降低了成本，消除了人为误差，推动了科学技术的发展。然而，国内科研界的自动化，尚处于起步阶段，绝大多数传统生物实验仍由科研工作者手动完成。自动化仪器在我国医药领域已有一定的应用，虽然绝大部分只是基本的小型液体处理系统，但取得了良好的使用效果，自动化仪器已是生物制药公司必不可少的研发工具。

我们将自动化引入规模化蛋白质制备系统中，大大节省了人力物力还有科研时间，并将引入人为错误造成实验不可重复的概率降到最低。该系统中的单个技术设备，大部分已经实现了商品化，所以关键的建设内容是：将不同的设备和部件通过系统集成的方式进行整合，从而形成完整的研究装置系统。

规模化蛋白质制备系统是全球首例汇集了整套从克隆构建、蛋白质表达、蛋白质纯化，到结晶筛选观察等高通量、自动化设备的大型系统。该系统采用自动化高通量技术与多种蛋白质表达系统研究策略相结合的设计框架，在不同表达系统的自动化模块之间设置反馈途径，对特定的目标蛋白质可根据不同表达系统的反馈信息及时调整克隆、表达和纯化的策略，以便尽快获得大量高纯度和高质量的蛋白质样品，进而为下一步蛋白质生化结构测定和功能研究提供物质基础。本套高通量自动化生物技术设备，是蛋白质科学研究领域中全球首例的综合性高通量自动化系统，填补了国内生命科学领域自动化技术应用方面的空白，在技术开发、理论摸索、基础研究以及实际应用等方面，对我国的蛋白质科学研究工作都会产生不可估量的巨大推动作用。

本平台建立和发展了规模化的克隆构建、基因表达与蛋白质纯化的技术平台，从而实现从载体构建、转染、细胞培养、诱导表达到菌体破碎、产物抽提、蛋白质纯化、样品测试等流程全过程的自动化与精密控制。在实现规模化蛋白质制备的同时，该系统所产生的蛋白质样品，不仅用于后续的结构分析研究，也为蛋白质的动态分析、修饰与相互作用

研究等系统提供了样品，是结构和功能分析系统的基础。

2.2.2　技术方案

在用户提交靶基因后，科技人员根据研究目标的性质、要求和用途，选择合适的样品制备路线。首先采用规模化克隆和可溶性筛选模块，进行表达载体的构建和蛋白质的小量表达，判断蛋白质的表达量和可溶性。该过程是由机器人控制、由软件系统实现结构基因组学研究的高通量、无人干预的自动化仪器运行。从 PCR 到可溶性筛选(2 个工作周：10 d)，该模块能够完成克隆构建，并且试表达分析 384 个重组蛋白质的可溶性，每年可以完成近 1 万个重组蛋白质的可溶性表达分析。该模块主要针对原核细胞表达系统，一旦得到表达量高且具可溶性的克隆表达菌株，则进入下一模块，进行大规模的样品制备。若通过原核表达系统无法成功，则考虑采用真核(昆虫、哺乳动物)细胞表达系统。

在完成蛋白质表达筛选以后，放大生产则由蛋白质中量表达模块完成。该模块由一系列摇床、低温培养箱和发酵罐组成，设计容量确保每天能够完成约 15 个样品的表达用于结构研究，约 10 个样品的表达用于功能研究，每年可以实现近 6 000 个蛋白质表达的制备水平。大量蛋白质纯化模块，由一系列蛋白质纯化仪通过串联或并联的方式组成，设计容量同样确保每天能够完成约 15 个样品的纯化用于结构研究，约 10 个样品的纯化用于功能研究，每年进行近 6 000 个蛋白质纯化的制备能力。对纯化后的样品，通过蛋白质性质表征模块研究其理化性质，并评估其质量。如评估合格，则将其应用于本系统和其他系统的结构与功能研究。

规模化蛋白质制备系统的另一重要组成部分，是建设从蛋白质到高衍射质量蛋白质晶体的快速制备能力，这是蛋白质晶体结构研究中的限速步骤。该解决方案由自动化蛋白质结晶和观察模块组成，通过应用高通量自动化仪器解决其中的难点。该模块由一系列自动化蛋白质结晶机器人、晶体观察机器人和晶体衍射仪组成，设计容量确保每天能够完成约 20 个蛋白质样品(750 个条件/蛋白质)的结晶条件筛选，每天约 100 颗蛋白质晶体的衍射质量筛选，年研究能力达到 5 000 个样品的结晶条件筛选和 25 000 颗晶体的衍射筛选的容量。

综上，整个平台采用高通量策略和多种表达系统并行的运行方式，对特定目标蛋白质实现快速克隆、表达和纯化条件的筛选，并通过大量蛋白质纯化获得大量高纯度和高质量的蛋白质样品，快速完成自动化晶体筛选，获得高衍射质量的蛋白质晶体，满足蛋白质结构测定和功能研究之需要(图 2-2)。

2.2.3　验收指标

① 蛋白质表达载体构建的能力：设计容量达到平均每天构建 300 个蛋白质表达载体，并进行蛋白质可溶性表达水平分析。

② 蛋白质表达和纯化的能力：设计容量达到平均每天表达和纯化 15 个蛋白质样品(毫克级)用于蛋白质结构测定和抗体生产；每天表达和纯化 100 个蛋白质样品(微克级)

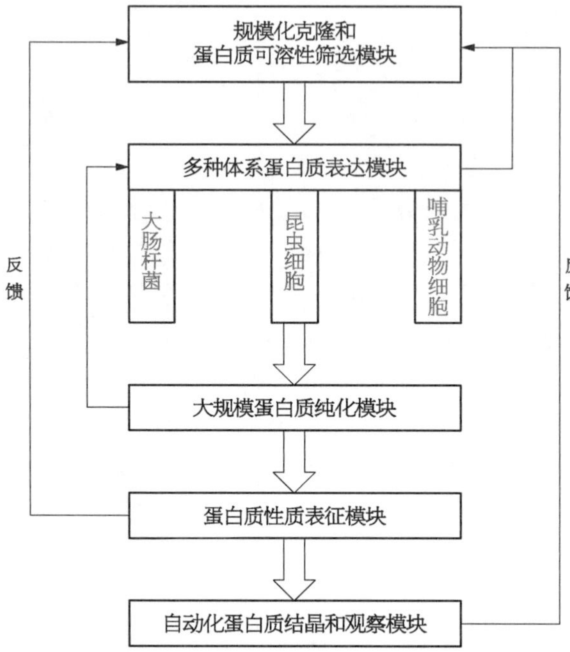

图 2－2　规模化蛋白质制备系统技术方案图

用于蛋白质功能分析；每年表达和纯化 5～10 个重要的蛋白质复合物和膜蛋白用于结构与功能研究。

③ 蛋白质结晶条件筛选的能力：设计容量达到平均每天设置 20 个蛋白质样品的结晶条件筛选，每个样品的筛选条件为平均 750 个。

④ 蛋白晶体衍射质量筛选的能力：设计容量达到平均每天筛选 100 颗蛋白质晶体的衍射质量，选取具有高衍射能力的晶体用于同步辐射光源的衍射数据收集和结构测定。

2.3　规模化克隆和蛋白质可溶性筛选模块

2.3.1　技术方案

随着大规模基因组测序技术的进步，各个物种的基因测序工作相继完成，对基因及其编码的蛋白质产物的结构与功能研究，也已经成为当今生命科学中的热点。基因大规模克隆和蛋白质表达的需求，给后基因组学时代的研究带来了巨大挑战，这就更需要对有利于高通量和自动化的方法予以技术支持。不少较新的技术，如蛋白质在细胞内的过量表达、异源表达以及蛋白质定位分析等，均需要将全长或部分基因亚克隆* 到载体中，如果采用传统的构建方法，不仅操作烦琐，而且会耗费大量的时间和资金。高通量、自动

* 亚克隆是指从原有克隆中筛选出更有针对性的性状的克隆，或者指从大的遗传物质片段中选取特定小的片段的克隆。

化的克隆构建系统，具有操作方便、适用于不同大小目标片段的克隆、保真度高和费用低等特点，完全能够满足上海设施在蛋白质样品制备方面的巨大需求。

随着全实验室自动化技术的发展与革新，将功能独立的仪器按照实验步骤串联或并联起来，构成流水线作业的组合，形成大规模的全自动化生产流程，这已成为一种国际趋势[2]。为了实现实验室的规范化和标准化管理，我们引入轨道式机械臂，提高了整个流程的全自动化生产工艺水平和数据跟踪管理能力，充分发挥了条码技术和实验室信息系统的优势，减少了人工操作环节，并提高了结果的准确性和稳定性，提高了工作效率和管理水平。通过这些机器与高通量自动化克隆构建系统的有机整合，实现了全自动化无人值守操作，极大提高了系统的生产效率，并保障了样品信息的跟踪管理。

规模化克隆和蛋白质可溶性筛选模块，能够自动化并且连续地完成 PCR 体系的建立及反应，质粒酶切、连接、转化和抽提，高通量地进行克隆构建。该模块主要由自动化液体处理设备、自动化细胞培养及恒温孵育设备、PCR 处理及反应设备、实验耗材供给设备、低温存储设备、机器人控制管理设备及编程控制软件系统组成。各设备系统由一个或多个自动化仪器部件组成，可独立执行相应的功能，也可整合使用[3]。这套高通量自动化克隆构建系统的平面设计和立体效果如图 2－3、图 2－4 所示，现对各设备系统分别作具体介绍如下。

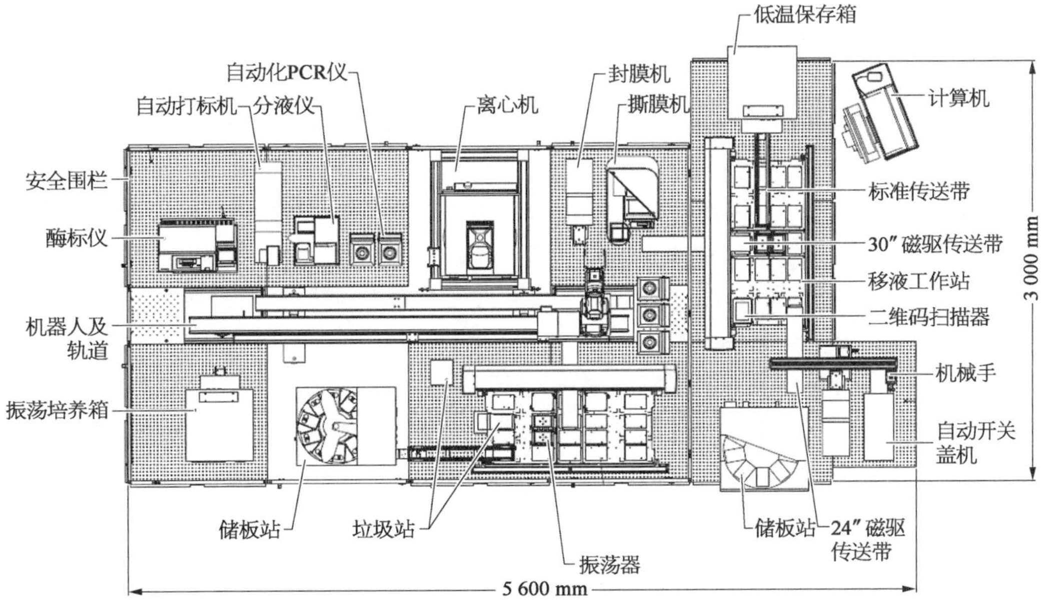

图 2－3 高通量自动化克隆构建系统设计平面图

（1）自动化液体处理设备是平台的核心运行部分，它不仅能执行各种复杂的移液操作，还可完成一些特殊的实验任务，如二维管条码扫描、振荡混匀、孵育、柱吸附法的真空抽滤、磁珠分离等。主要配置包括：双机械臂；96 通道加样器；8 通道加样器；移板机械手；恒温孵育模块；振荡模块；自动灌冲式试剂槽；真空抽滤模块；磁分离模块。

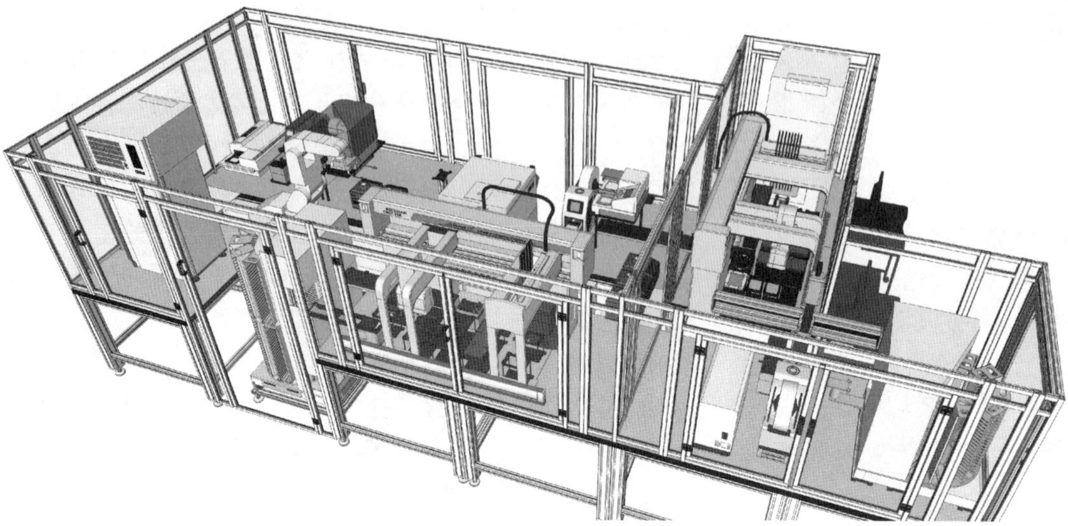

图 2-4　高通量自动化克隆构建系统立体效果图

(2) 自动化细胞培养及恒温孵育设备能够完成细胞的培养、反应孵育等实验任务。每块细胞培养板都由工业机器人传送到培养箱，细胞培养的程序由时序管理软件统一编辑和控制，并进行优化。

(3) 本模块内整合了为结构基因组克隆构建研究而提供的自动化 PCR 处理设备。液体处理工作站完成 PCR 反应体系的构建。PCR 板加盖密封后，由机器人运送至电动 PCR 仪中，自动进行 PCR 反应。

(4) 实验室耗材供给设备是整个模块的资源供应核心。通过与工业机器人配合，在程序的控制下自动将指定的板来往运输于存储架和工作站台面的指定板位。

(5) 机器人的控制和管理设备是一款工业级的延伸型机械手臂，可通过它在液体处理工作站两侧整合多台第三方设备。

规模化克隆和蛋白质可溶性筛选模块的设计流程为：首先，用 PCR 仪进行基因片段克隆，PCR 得到的片段和所要用的载体都需要在 37℃ 水浴中进行内切酶消化；然后，基因片段和载体连接(16℃ 水浴)好后转化(42℃ 水浴)到克隆用的大肠杆菌菌株中；转化后的菌液被涂布在有相应抗生素的平板上，平板一般在恒温培养箱(可调温度型)中培养过夜；第二天平板上会长出克隆，自动化挑取若干克隆，在小摇床中进行培养；构建成功的质粒经扩大培养后进行质粒抽提。主要流程可参考图 2-5。

2.3.2　安装和调试

根据基因克隆技术和蛋白质表达纯化的实验流程，设施科技人员对自动化产品和用户进行了深入细致的调研，并进行了严谨的流程分析和方案论证，自主设计了自动化克隆表达系统(图 2-6)。此系统包括 5 套高通量自动化系统，即高通量自动化克隆构建系统、高

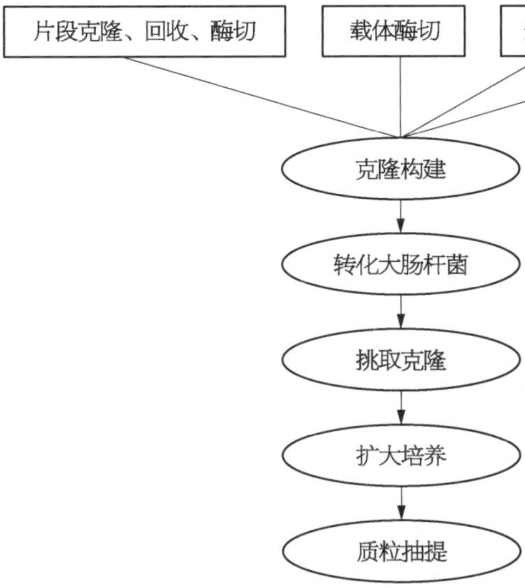

图 2－5　规模化克隆和蛋白质可溶性筛选模块设计流程图

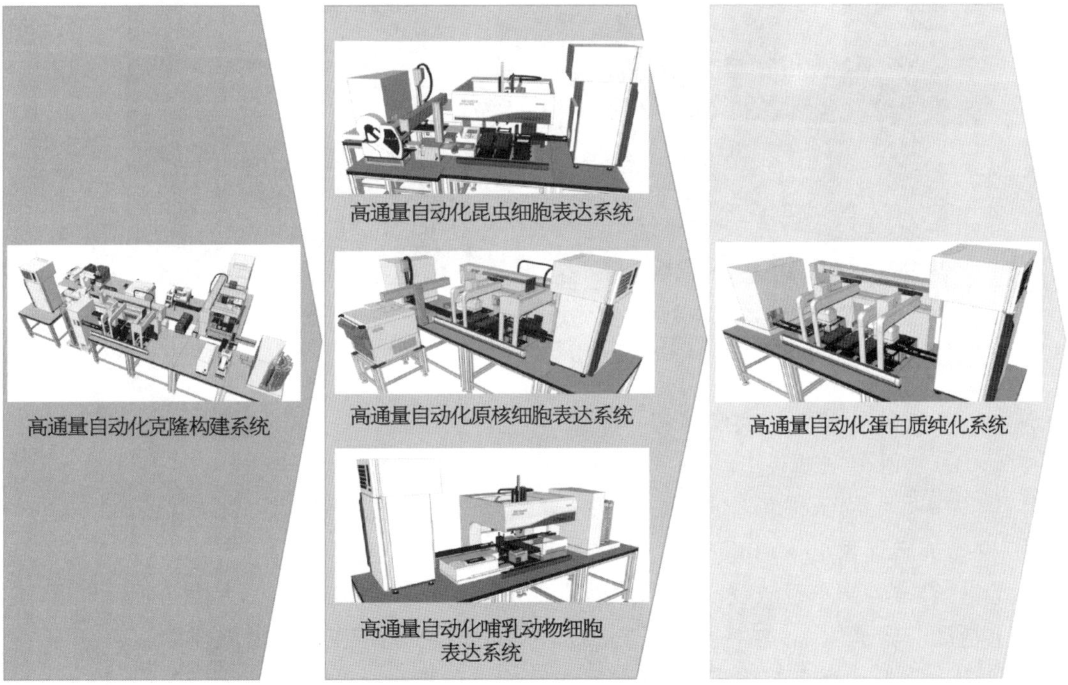

图 2－6　自动化克隆表达系统构成图

通量自动化大肠杆菌表达系统、高通量自动化昆虫细胞表达系统、高通量自动化哺乳动物细胞表达系统和高通量自动化蛋白质纯化系统。2012 年年底，上海设施经过多次论证评审，最终确定了 5 套高通量自动化系统的设计方案，并进行了公开招标。2013 年 9 月，设施科技人员顺利完成了工厂验收试验(factory acceptance test, FAT),并根据仪器设备安装条件(空间、电力、通信、气压、UPS* 布局、地面承重、散热装置、水质及用量等),完成实验室的规划和改造。2013 年 10 月所有仪器设备到货,11 月底完成所有仪器设备的安装并开始运行调试。2014 年 1 月圆满完成现场验收试验(site acceptance test, SAT),同时对实验项目进行运行测试。高通量自动化克隆构建系统是规模化克隆和蛋白质可溶性筛选模块的核心部分。经仔细严谨的实验测试,科技人员顺利完成了高通量自动化克隆构建系统的安装调试(图 2-7)。

图 2-7　高通量自动化构建系统安装调试(彩图见图版第 1 页)

2.3.3　克隆构建系统实验流程

2.3.3.1　PCR 前准备

① 从 4℃低温保存箱中取出二维码样本管(胶塞盖),在自动化离心机上以 4℃ 1 000 r/min 转速离心 1 min。

② 将二维码样本管放在二维码扫描器上,扫描读取样本管条码,然后在自动化开关盖机上自动打开胶塞盖,并将开盖后的样本管放置在移液工作站的低温模块上。

③ 从 4℃低温保存箱中取出 PCR 引物母板,在自动化离心机上以 4℃1 000 r/min 转速离心 1 min,然后放在移液工作站的低温模块上。

④ 从自动化储板站中取出 PCR 引物子板,放置在移液工作站的低温模块上。

* UPS: uninterruptible power system(不间断电源)。

⑤ 使用移液工作站的96通道移液头，从PCR引物母板中转移100 μl引物至PCR引物子板，将引物子板封膜后放入4℃的低温保存箱中。

⑥ 从低温保存箱中取出放有PCR混合液的微孔板，在自动化离心机上以4℃ 1 000 r/min转速离心1 min，然后放在移液工作站的低温模块上。

⑦ 从自动化储板站中取出PCR反应板，并放置在移液工作站的低温模块上。

⑧ 从放有PCR混合液的微孔板中转移20 μl PCR混合液至PCR反应板，丢弃PCR混合液的微孔板。

⑨ 使用灵活8通道从二维码样本管中吸取2 μl模板DNA，加入PCR反应板。

⑩ 将二维码样本管盖上胶塞盖，并放回低温保存箱内。

⑪ 使用灵活8通道从PCR引物母板中吸取2 μl引物，加入PCR反应板。

⑫ 将PCR引物母板封上膜，并放回低温保存箱内。

⑬ 将PCR反应板在常温下以1 000 r/min转速离心1 min。

⑭ 将PCR反应板封上膜，并转移到PCR后区，放入电动PCR仪进行PCR反应。

2.3.3.2 PCR反应

运行电动PCR反应程序：

95℃ 5 min

95℃ 30 s

60℃ 30 s

72℃ 40 s } 30个循环

72℃ 5 min

10℃ 5 min

2.3.3.3 PCR产物纯化（磁珠法）

① 将PCR反应板放在撕膜机上撕去膜，然后放在PCR后区的移液工作站上。

② 从后区储板站中分别取出磁珠溶液板、洗脱液板、消化反应板、片段分析板，放在PCR后区的移液工作站上。

③ 使用移液工作站的96通道移液头，将磁珠溶液板反复混合重悬磁珠溶液后，吸取45 μl磁珠溶液，加入PCR反应板。

④ 用96通道移液头充分混合磁珠溶液和PCR反应产物，然后在室温下静置5 min。

⑤ 将PCR反应板放在磁力架上，静置2 min以充分吸附磁珠。

⑥ 将PCR反应板的上清液吸取丢弃。

⑦ 从自动填充储液槽中吸取200 μl 70%乙醇至PCR反应板，在室温下静置30 s。

⑧ 将PCR反应板的上清液吸取丢弃。

⑨ 将步骤⑦和⑧重复操作1次。

⑩ 将PCR反应板从磁力架上取下，从洗脱液板中吸取35 μl洗脱液，加入PCR反应板，并多次混合。

⑪ 将PCR反应板放在磁力架上，静置1 min，以充分吸附磁珠。

⑫ 从 PCR 反应板中吸取 30 μl 纯化后的产物至消化反应板。

⑬ 从 PCR 反应板中吸取 1 μl 纯化后的产物至片段分析板。

⑭ 将 PCR 反应板和片段分析板放回后区储板站，手动操作将片段分析板取出，置于基因片段分析仪(fragment analyzer)上，进行电泳分析。

2.3.3.4　消化目标基因

① 从 4℃低温保存箱中分别取出有限制性内切酶的微孔板和有缓冲液的微孔板，以 1 000 r/min 转速并在 4℃下离心 1 min，然后放置于 PCR 后区移液工作站的低温模块上。

② 使用移液工作站的 96 通道移液头，从微孔板中吸取 1 μl 限制性内切酶，加入消化反应板。

③ 从微孔板中吸取 5 μl 缓冲液，加入消化反应板。

④ 从后区储板站中取出放有水的储液槽，吸取 14 μl 水，放入消化反应板。

⑤ 将消化反应板加上盖子，以 1 000 r/min 转速并在常温下离心 1 min。

⑥ 将消化反应板放入振荡培养箱中，在 37℃下培养 2 h。

⑦ 将放有限制性内切酶和缓冲液的微孔板，分别放到后区储板站上。

2.3.3.5　DNA 产物纯化(磁珠法)

① 将上述消化反应板取出并去盖。

② 使用移液工作站的 96 通道移液头将磁珠溶液板反复混合重悬磁珠溶液后，吸取 45 μl 磁珠溶液，加入消化反应板。

③ 用 96 通道充分混合磁珠溶液和 DNA 反应产物，然后在室温下静置 5 min。

④ 将消化反应板放在磁力架上，静置 2 min，以充分吸附磁珠。

⑤ 将消化反应板的上清液吸取丢弃。

⑥ 从自动填充储液槽中吸取 200 μl 70%乙醇至消化反应板，在室温下静置 30 s。

⑦ 将消化反应板的上清液吸取丢弃。

⑧ 将步骤⑥和⑦重复操作 1 次。

⑨ 将消化反应板从磁力架上取下，从洗脱液板中吸取 50 μl 洗脱液，加入消化反应板并多次混合。

⑩ 将消化反应板放在磁力架上，静置 1 min，以充分吸附磁珠。

⑪ 从后区储板站中取出 DNA 产物纯化板，并放置在后区的移液工作站的低温模块上。

⑫ 从消化反应板中吸取 50 μl 纯化后的产物至 DNA 产物纯化板。

⑬ 将磁珠溶液板、洗脱液板、消化反应板放回后区储板站。

2.3.3.6　连接反应

① 从后区储板站中取出连接反应板，并放在后区移液工作站上。

② 从装有水的储液槽中吸取 8 μl 水到连接反应板。

③ 从 4℃低温保存箱中取出连接酶保存板，以 1 000 r/min 转速并在 4℃下离心 1 min，放在后区移液工作站的低温模块上。

④ 从连接酶保存板中吸取 2 μl 连接酶到连接反应板中，将连接酶保存板放回 4℃低温保存箱中。

⑤ 从 4℃低温保存箱中取出载体板，以 1 000 r/min 转速并在 4℃下离心 1 min，在二维码扫描器上读取样本管二维码信息，移去胶塞盖，放在后区移液工作站的低温模块上。

⑥ 使用灵活 8 通道从载体板中吸取 2 μl 载体，加入连接反应板，将载体板盖上胶塞盖，并保存于 4℃的低温保存箱。

⑦ 使用灵活 8 通道从 DNA 产物纯化板吸取 8 μl 加入连接反应板并反复混合，将 DNA 产物纯化板放回后区储板站。

⑧ 将连接反应板以 1 000 r/min 转速并在常温下离心 1 min。

⑨ 将连接反应板放在电动 PCR 仪中，在 16℃下反应 1 h。

2.3.3.7 转化

① 从 4℃低温保存箱中取出感受态细胞板，以 1 000 r/min 转速并在常温下离心 1 min，放在后区移液工作站的低温模块上。

② 将连接反应板放回后区移液工作站的低温模块上。

③ 从后区储板站中取出细胞培养板，放在后区移液工作站上。

④ 从感受态细胞板中吸取 100 μl 感受态细胞到连接反应板，在 4℃下孵育 30 min。

⑤ 将连接反应板放回电动 PCR 仪，在 42℃下热激 90 s。

⑥ 快速取出连接反应板并放到移液工作站的低温模块上，孵育 5 min，移取所有的液体至细胞培养板。

⑦ 使用自动分液仪，将 1 000 μl 培养基加入细胞培养板。

⑧ 将细胞培养板封上透气膜。

⑨ 将细胞培养板放入振荡培养箱中，在 37℃下振荡培养 1 h。

⑩ 振荡培养后，取出细胞培养板以 1 000 r/min 转速并在常温下离心 5 min，在撕膜机上撕去透气膜，吸取上清液并丢弃。

⑪ 使用自动分液仪，将 50 μl 培养基加入细胞培养板。

⑫ 充分混合后，将细胞培养板置于振荡培养箱中培养。

⑬ 将装有水的储液槽、连接反应板、感受态细胞板放回后区储板站。

2.3.3.8 细胞涂布和挑取

① 使用微生物克隆挑选系统，将细胞均匀涂布到 QTray 细胞培养板上。

② 将 QTray 细胞培养板在 37℃培养箱中静置培养 16 h。

③ 使用微生物克隆挑选系统，挑取大肠杆菌单克隆至新的 96 孔细胞培养板。

2.3.3.9 单克隆培养

① 从后区储板站中取出有单克隆的细胞培养板、抗生素板，并放在后区的移液工作站上。

② 使用自动分液仪，将 1 200 μl 培养基加入 96 孔细胞培养板。

③ 使用灵活 8 通道，从抗生素板吸取 5 μl 抗生素到 96 孔细胞培养板。

④ 将 96 孔细胞培养板封上透气膜，在振荡培养箱中并在 37℃下，以 300 r/min 转速培养 16 h。

⑤ 将抗生素板放回后区储板站。

2.3.3.10　质粒抽提

① 从后区储板站中取出 96 孔细胞培养板、质粒抽提板、RE1 溶液板、L2 溶液板、N3 溶液板、PUR4 溶液板、质粒样本板，放入后区的移液工作站上。

② 将质粒样本板放在二维码扫描器上读取样本管条码信息。

③ 将 96 孔细胞培养板在自动化离心机上以 2 500g * 的离心力，离心 10 min。

④ 离心后，将 96 孔细胞培养板在撕膜机上撕去膜，吸取上清液并丢弃。

⑤ 从 RE1 溶液板中吸取 100 μl 到 96 孔细胞培养板，在振荡器上以 1 200 r/min 转速充分振荡重悬 5 min。

⑥ 从 L2 溶液板中吸取 100 μl 到 96 孔细胞培养板，在振荡器上以 600 r/min 转速充分振荡 5 min。

⑦ 从 N3 溶液板中吸取 100 μl 到 96 孔细胞培养板，在振荡器上以 600 r/min 转速充分振荡 10 min。

⑧ 将 96 孔细胞培养板封上膜，在自动化离心机上以 4 600g 的离心力，离心 20 min。

⑨ 取出 96 孔细胞培养板，在撕膜机上撕去膜。从 96 孔细胞培养板中吸取上清液至质粒抽提板。

⑩ 从 PUR4 溶液板中吸取 90 μl 到质粒抽提板，在振荡器上以 600 r/min 转速充分振荡 3 min。

⑪ 将质粒抽提板置于磁力架上 15 min。

⑫ 吸取质粒抽提板的上清液并丢弃。

⑬ 从自动填充储液槽中吸取 200 μl 70% 乙醇至质粒抽提板，然后在室温下静置 30 s。

⑭ 将质粒抽提板的上清液吸取丢弃。

⑮ 将步骤⑬和⑭重复操作 1 次。

⑯ 将质粒抽提板在室温下静置，充分晾干，蒸发掉乙醇。

⑰ 将质粒抽提板从磁力架上取下，加入 40 μl 洗脱溶液并多次混合，在 37℃下静置 5 min，然后以 1 200 r/min 转速，振荡 5 min。

⑱ 将质粒抽提板放在磁力架上，静置 1 min 以充分吸附磁珠。

⑲ 将质粒抽提板中产物全部吸出至质粒样本板。

⑳ 将细胞培养板、质粒抽提板、RE1 溶液板、L2 溶液板、N3 溶液板、PUR4 溶液板、质粒样本板放回后区储板站。

---

* g 为重力加速度，$g = 9.8\ m/s^2$。离心操作中，常以 g 作为系数来表述离心力的大小。

2.3.4 测试方法和结果

根据上述自动化实验流程，使用专业的自动化控制软件系统进行图形化实验编程(参见“下载图 2-1 高通量自动化 PCR 程序”“下载图 2-2 高通量 PCR 产物纯化及重组转化程序”“下载图 2-3 高通量质粒抽提程序”“下载图 2-4 蛋白质可溶性筛选程序”*)，分别进行生物样本的高通量 PCR 实验、重组质粒抽提测试。测试情况如下。

① 在高通量自动化克隆构建系统上经过生物样本测试，成功运行并完成了 96 个样本的 PCR 反应，采用常规电泳的结果如图 2-8 所示。

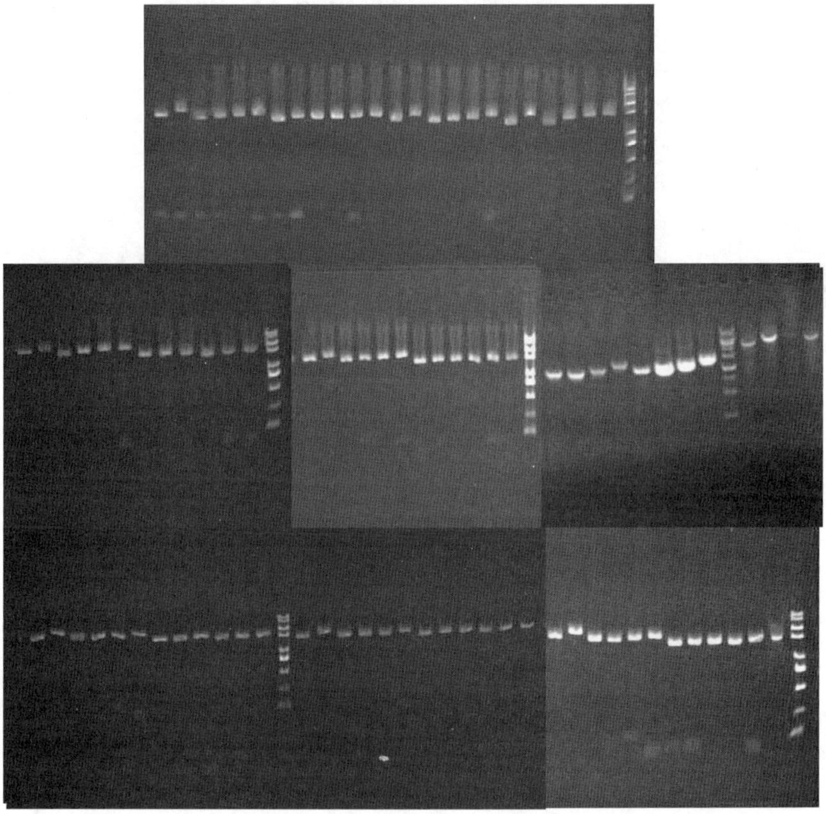

图 2-8 高通量自动化 PCR 电泳结果显示

② 用生物样本运行高通量 PCR 产物纯化及重组转化和高通量质粒抽提程序，结合使用微生物高通量筛选仪器，经过常规电泳验证，成功提取了重组质粒(图 2-9)。

③ 蛋白质可溶性筛选可以和高通量小量蛋白质纯化采取相同的实验，可以通过高通量自动化蛋白质纯化系统完成。

④ 规模化克隆和蛋白质可溶性筛选模块的验收指标为：设计容量达到平均每天构

* 下载网址为 http://www.sstp.cn/index.php? m=content&c=index&a=lists&catid=103，或者在上海科学技术出版社官方网站(http://www.sstp.cn/)主页界面上找到“课件/配套资源”栏目，点击“更多内容”。请从列表中找到本书书名，点击“下载”。本书中“参见”或“详见”的所有下载图，均在同一个 zip 压缩文件中。

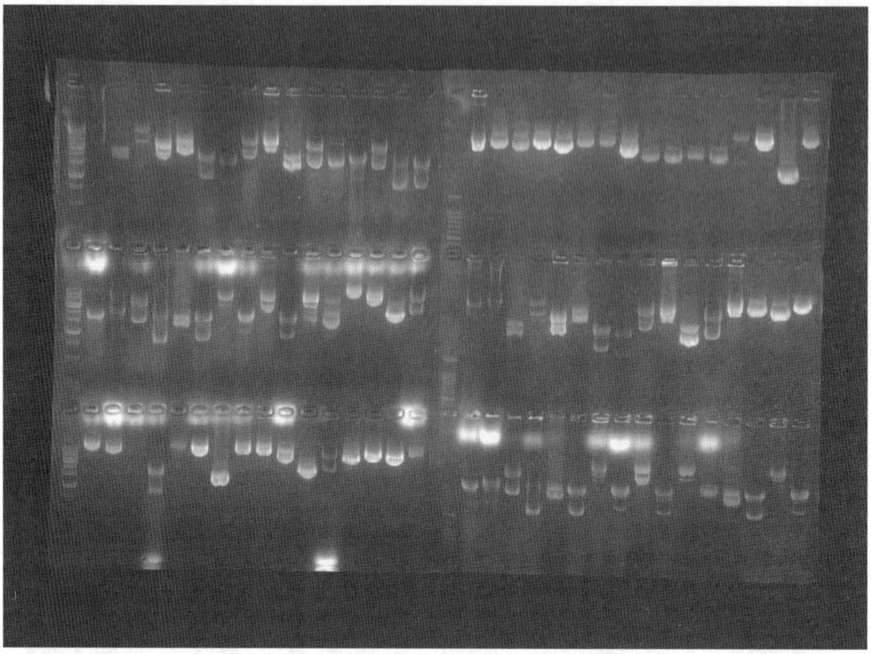

图 2-9　高通量质粒抽提电泳结果显示

建 300 个蛋白质表达载体，并进行蛋白质可溶性表达水平的分析。

经过实际生物样本的运行测试，本系统自主设计并与自动化生产厂家合作搭建的高通量自动化克隆构建系统，能够成功地达到验收的各项指标。

2.4　多种体系蛋白质表达模块

2.4.1　技术方案

目前的蛋白质表达系统，主要有大肠杆菌表达系统、酵母表达系统、昆虫细胞表达系统、哺乳动物细胞表达系统以及较为新颖的无细胞表达系统等[4-6]。鉴于无细胞表达系统消耗高、产量低、重复性差等不利因素，而酵母表达系统的作用完全可以被昆虫细胞表达系统和哺乳动物细胞表达系统所替代，设施科技人员在设计方案上引入了大肠杆菌表达系统、昆虫细胞表达系统和哺乳动物细胞表达系统与自动化蛋白质表达系统相结合。

随着机械工程和自动化相关技术及方法的不断更新，以及它们与生命科学众多研究领域不断地深入交叉，高通量和自动化已经渗透到生命科学的各个分支当中，并且在生命科学的众多领域得到广泛应用。如何利用真核表达系统进行高通量、自动化的大规模蛋白质样品表达筛选，是蛋白质科学相关领域科学家所关心的问题之一。之前受制于传统克隆构建方法的低下效率，以及自动化技术不成熟导致的高额成本，上述问题一直未能得到很好解决。如今，在高通量自动化克隆构建系统的基础上，设施科技人员与相关自动化生产厂家共同开发了高通量自动化真核细胞表达系统，该系统可以实现高通量的蛋白质真核细胞表达和可溶性检测，快速筛选目标蛋白质的表达条件，为放大实验进行大量和规模化的蛋白质制备打下基础。

所谓多种体系蛋白质表达模块，包括原核细胞（大肠杆菌）和真核细胞（昆虫细胞、哺乳动物细胞）两大系统。由于蛋白质的表达具有个性化的特征，因此难以建立普适性的解决方案。采用多种体系的蛋白质表达模块，可以综合各种表达系统的特点，发挥体系集成的优势。在该模块中，科技人员会优先尝试将目标蛋白质在大肠杆菌系统中进行可溶性表达的筛选，如果成功则进行后续的蛋白质纯化、表征和结晶实验，反之则将目标基因克隆至昆虫细胞、哺乳动物细胞等真核细胞表达系统中，重新筛选蛋白质的可溶性表达情况。多种体系蛋白质表达模块的构成及设计流程请见图 2－10。

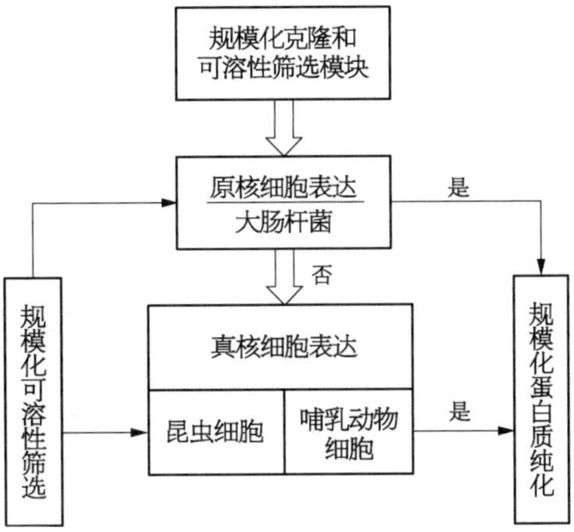

图 2－10　多种体系蛋白质表达模块的构成及设计流程图

2.4.2　原核细胞表达系统

虽然原核细胞（大肠杆菌）表达系统容易形成包涵体，无翻译后修饰功能，但由于其遗传背景清楚，基因工程操作方便，商品化表达载体种类齐全，表达效率高，应用也最广泛，因此科技人员会优先尝试将目标蛋白质在大肠杆菌体系中进行可溶性表达的筛选。科技人员决定选择大肠杆菌作为表达系统后，首先需要进行质粒构建，进一步将重组质粒转化到大肠杆菌菌株中，转化后，采用微生物高通量筛选设备进行自动化的克隆挑选，之后通过加入 IPTG* 对这些质粒上自带的启动子进行诱导，从而使得目标蛋白质得以大量表达。这部分工作可以利用规模化克隆和可溶性表达筛选模块的相关设备来完成，最后运用自动化蛋白质纯化系统从表达产物细胞中小量纯化出目标蛋白质，快速获得目标蛋白质可溶性表达条件。原核细胞表达系统设计流程见图 2－11。

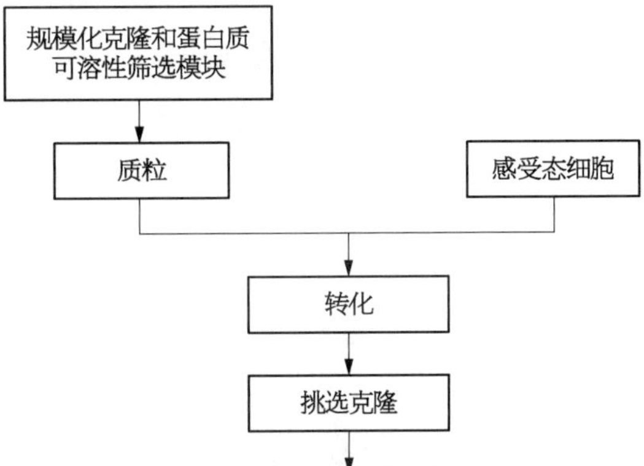

图 2－11　原核细胞表达系统设计流程图

* IPTG：isopropyl β-*d*-thiogalactoside（异丙基硫代半乳糖苷），是一种作用极强的诱导剂。

2.4.2.1　安装和调试

经设施科技人员与厂家工程师紧密合作，通过严格的 FAT 及 SAT 验收流程，并经仔细严谨的调试，顺利完成了高通量自动化大肠杆菌表达系统的安装调试(图 2－12、图 2－13、图 2－14)。

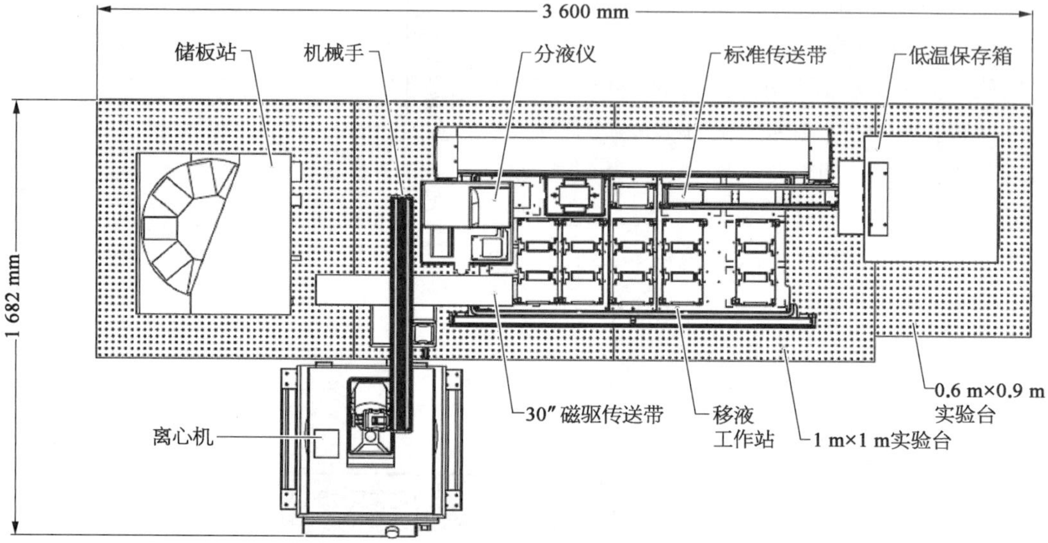

图 2－12　高通量自动化大肠杆菌表达系统设计平面图

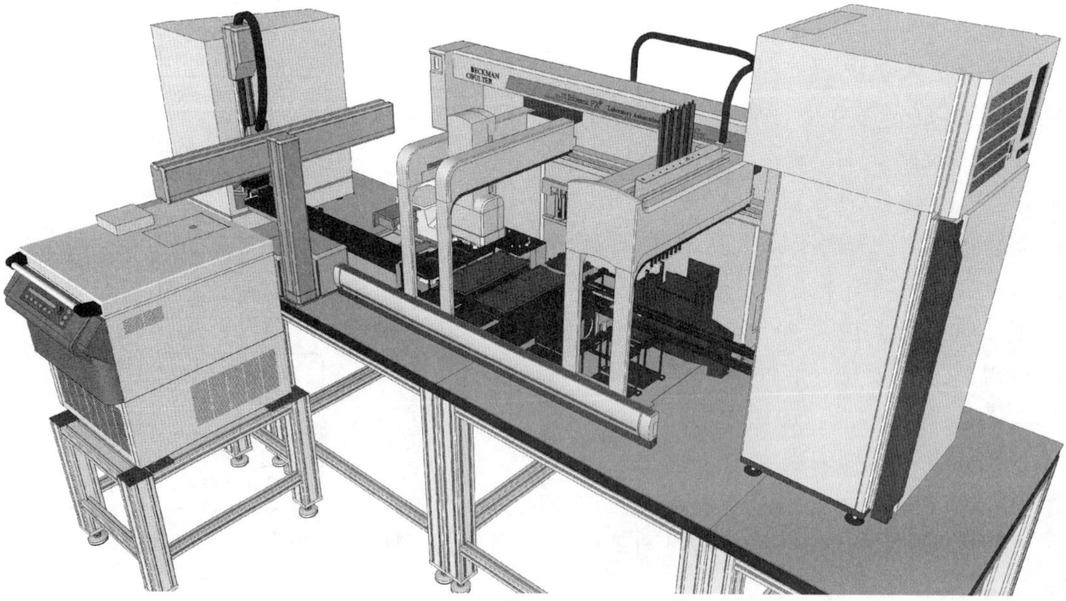

图 2－13　高通量自动化大肠杆菌表达系统立体效果图

图 2-14　高通量自动化大肠杆菌表达系统安装调试

2.4.2.2　原核细胞表达系统的实验流程

① 微生物高通量筛选系统将待表达的克隆挑取至 96 孔深孔板(1 ml/孔)。

② 经自动化培养箱过夜培养后,用高通量自动化原核细胞表达系统进行转接培养。

③ 酶标仪(酶联免疫检测仪)自动监测 OD* 值 0.5,移液工作站加入 IPTG 至终浓度 100 μmol/L,经 16℃自动培养过夜后,转入储板站。

④ 从储板站中取出细胞培养板,在常温下以 6 000g 的离心力,离心 5 min。

⑤ 离心后将细胞培养板放在移液工作站上,吸取上清液并丢弃。

⑥ 使用自动分液仪,将 200 μl 裂解液加入细胞培养板中。

⑦ 将细胞培养板置于移液工作站的低温模块上,重悬细胞悬液。

⑧ 从储板站中取出超声操作板,置于移液工作站的低温模块上。将细胞培养板中所有悬液,转至超声操作板。

⑨ 将超声操作板放在 4℃振荡低温保存箱内。

⑩ 离线(手动)操作**:手动操作取出超声操作板放在冰盒上,并手动封上膜,置于超声破碎仪上进行超声操作,超声完成后在低温下以 1 000 r/min 转速离心 1 min,手动撕去膜。

⑪ 从 4℃振荡低温保存箱中取出超声操作板,以 4 600g 的离心力,离心 5 min。

⑫ 将超声操作板置于移液工作站的低温模块上,从 4℃振荡低温保存箱中取出大肠杆菌表达产物板,放在移液工作站的低温模块上。将超声操作板的上清液全部吸出至大

---

* OD:optical density(光密度)。生物学上一般利用细菌在 600 nm 波长处的吸光值来测量细菌培养液的浓度。OD 值如果在 0.6~0.8,表明细菌处于旺盛生长的对数生长期。

** 离线(手动)操作是相对于自动化在线操作而言。在自动化系统上,自动处理称为在线,手动操作称为离线。

肠杆菌表达产物板。

⑬ 将大肠杆菌表达产物板，放回 4℃振荡低温保存箱中。

2.4.2.3　测试方法和结果

用微生物高通量筛选系统，将待表达克隆挑取至 96 孔深孔板，过夜培养后，使用高通量自动化原核细胞表达系统进行转接、培养、OD 值检测、诱导表达和培养。根据上述自动化实验流程，使用专业的自动化控制软件系统进行图形化实验编程(参见“下载图 2－5abc　高通量自动化大肠杆菌表达程序”，下载网址见 31 页脚注)，并按照顺序开展相应的生物样品实验。

采用高通量自动化蛋白质纯化系统，对原核细胞表达系统产生的菌体进行蛋白质抽提，以验证原核表达效果，蛋白质电泳结果如图 2－15。由此可见，本系统能成功进行高通量原核细胞的小量蛋白质表达，以及蛋白质可溶性筛选。

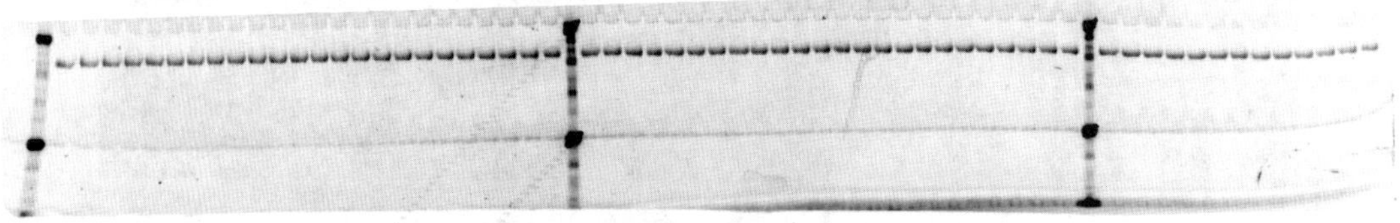

图 2－15　高通量自动化蛋白质纯化系统的蛋白质电泳图

2.4.3　昆虫细胞表达系统

昆虫细胞表达系统是一种广泛使用的真核细胞表达系统。与原核细胞表达系统相比，昆虫细胞表达系统的最大优点是，外源蛋白质可进行真核的翻译后修饰，使蛋白质的表达量与可溶性得到改善。目前，昆虫细胞的大规模悬浮培养技术已较为成熟，广泛应用于科研和生产等领域。相比于原核细胞表达系统，昆虫细胞对设备的要求相对较高，其培养和传代等基本操作要求严格的无菌环境，须在恒温无菌室和生物安全柜中进行。

本系统引入自动化机械臂完成病毒扩增、昆虫细胞感染以及荧光定量 PCR 鉴定等操作。为提高细胞表达的通量，并且适用于自动化仪器的处理，使用 6 孔板进行昆虫细胞培养和病毒扩增。首先，科技人员将规模化克隆和蛋白质可溶性筛选模块产生的重组杆状病毒质粒(bacμlovirus plasmid, bacmid)转染进入昆虫细胞，病毒生成后自动完成滴度(titer)测定及病毒浓缩收集。用收集的病毒感染昆虫细胞以表达蛋白质，自动化地进行细胞培养，使蛋白质得以充分表达，之后进行细胞破碎离心，取裂解上清液，进入大规模蛋白质纯化模块。同时，这套系统还兼有病毒扩增的功能。昆虫细胞表达系统的设计流程见图 2－16。

自动化液体处理设备是系统的核心运行部分，执行各种复杂的移液任务，如 qPCR* 反应体系构建、病毒感染等工作。自动化细胞培养及恒温孵育的设备，能够完成细胞培养、反应孵育等实验任务。自动化离心机进行病毒的收集。自动化实验室耗材供给设备

* qPCR: real-time quantitative PCR detecting system(实时荧光定量 PCR 检测系统)。

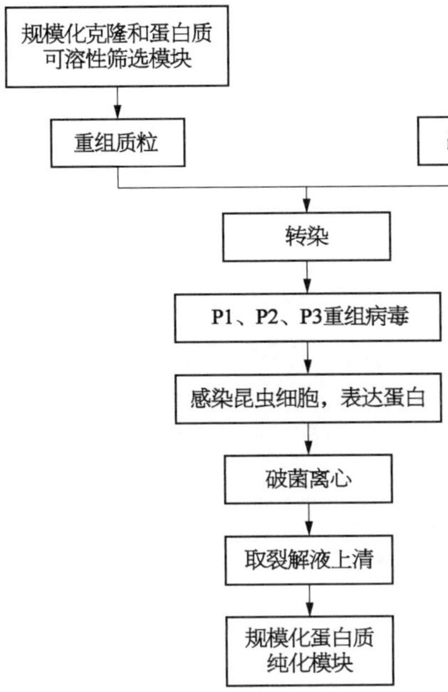

图 2-16 昆虫细胞表达系统设计流程图

作为整个模块的资源供应核心，自动将指定的板来往运输于存储架和工作站台面的指定板位（图 2-17、图 2-18）。同时，配套辅助设备还有荧光定量 PCR 仪、培养摇床、生物安

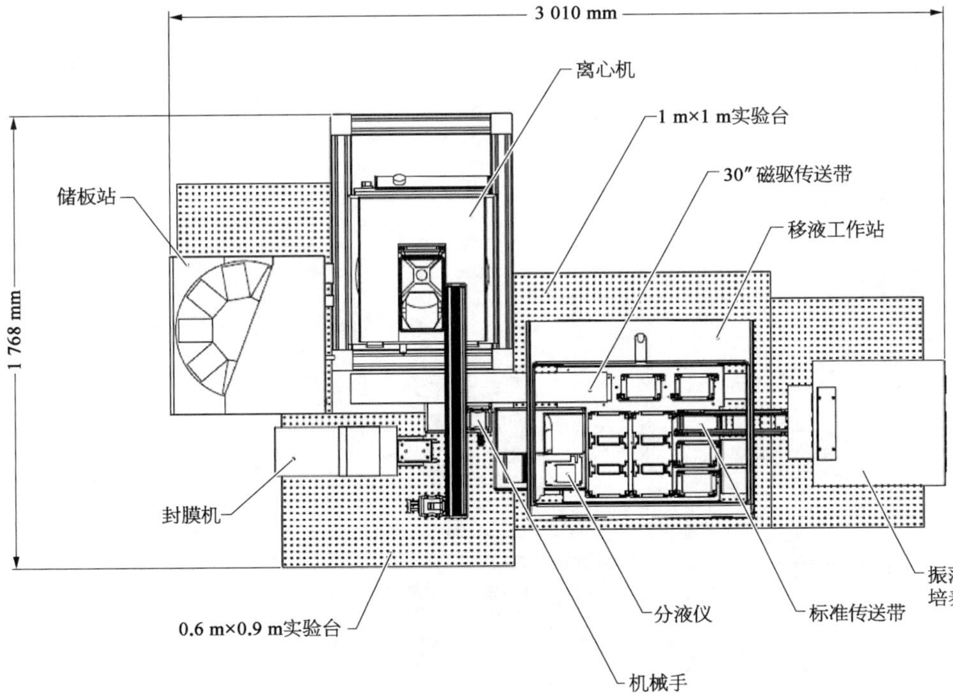

图 2-17 高通量自动化昆虫细胞表达系统设计平面图

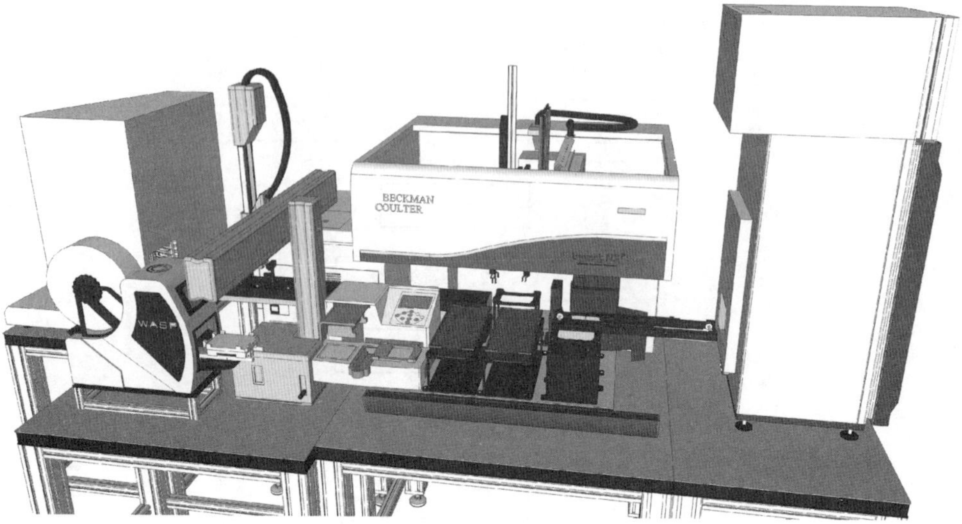

图 2－18　高通量自动化昆虫细胞表达系统立体效果图

全柜、倒置显微镜、培养箱、细胞计数仪等。

2.4.3.1　安装和调试

设施科技人员与厂家工程师紧密合作，通过严格的 FAT 及 SAT 验收流程，并经仔细严谨的调试，顺利完成了高通量自动化昆虫细胞表达系统的安装调试(图 2－19)。

图 2－19　真核细胞表达系统(昆虫细胞)安装调试

2.4.3.2　昆虫细胞表达系统的实验流程

1. 转染和 P1 病毒产生

① 使用自动分液仪在 6 孔板里加入 2 ml 昆虫细胞液。

② 将 6 孔板置于 27℃的振荡培养箱培养 1 h。

③ 培养完成后，将 6 孔板中的培养基全部吸出丢弃。

④ 从储板站中取出昆虫培养基储液槽，吸取 2.5 ml 培养基加入 6 孔板。

⑤ 从昆虫培养基储液槽中，吸取 100 μl 培养基到 96 孔转染脂质体反应板。

⑥ 从储板站中取出装有转染脂质体的 96 孔板，吸取 5 μl 转染脂质体到 96 孔转染脂质体反应板。

⑦ 将 96 孔转染脂质体反应板以 1 000 r/min 转速并在常温下离心 1 min。

⑧ 在室温下把 96 孔转染脂质体反应板静置 5 min。

⑨ 从昆虫转染脂质体培养基储液槽中，吸取 100 μl 培养基到 96 孔杆状病毒(bacμlovirus)反应板。

⑩ 从储板站中取出杆状病毒 DNA 样本管到移液工作站上，吸取 1 μl 杆状病毒 DNA 到 96 孔杆状病毒反应板，并充分混合杆状病毒 DNA 和培养基。

⑪ 将 96 孔杆状病毒反应板以 1 000 r/min 转速并在常温下离心 1 min。

⑫ 离心后，将 96 孔杆状病毒反应板的溶液全部吸取至 96 孔转染脂质体反应板，并充分混合。

⑬ 将 96 孔转染脂质体反应板以 1 000 r/min 转速并在常温下离心 1 min。

⑭ 在室温下把 96 孔转染脂质体反应板静置 30 min。

⑮ 将 96 孔转染脂质体反应板的溶液，全部加入 6 孔板中，并充分混合。

⑯ 将 6 孔板封上透气膜，并放入 27℃的振荡培养箱中，培养 3～5 h。

⑰ 手动操作撕去 6 孔板的透气膜。

⑱ 将 6 孔板中所有培养基全部吸出丢弃。

⑲ 从储板站中取出装有完全生长培养基的储液槽，吸取 2 ml 培养基到 6 孔板中。

⑳ 将 6 孔板封上透气膜，并放入 27℃的振荡培养箱中，培养 72 h。

㉑ 重悬 6 孔板的昆虫细胞液，将所有的培养基转至 24 孔 P1 收集板。

㉒ 将 24 孔 P1 收集板在常温下以 2 000*g* 的离心力，离心 5 min。

2. P2 病毒产生

① 从储板站中取出 24 孔 P2 板，使用自动分液仪在 24 孔 P2 板里加入 4.75 ml 昆虫细胞液。

② 从 24 孔 P1 收集板中吸取 250 μl 上清液至 24 孔 P2 板。

③ 将 24 孔 P2 板封上透气膜，并放入 27℃振荡培养箱中，以 300 r/min 转速，振荡培养 96 h。

④ 将 24 孔 P2 板以 2 000*g* 的离心力并在常温下离心 5 min。

3. P3 病毒产生

① 从储板站中取出 24 孔 P3 板，使用自动分液仪在 24 孔 P3 板里加入 4.75 ml 昆虫

细胞液。

② 从 24 孔 P2 板中吸取 100 μl 上清液至 24 孔 P3 板。

③ 将 24 孔 P3 板封上透气膜，并放入 27℃的振荡培养箱中，以 300 r/min 转速，振荡培养 96 h。

④ 将 24 孔 P3 板在常温下以 2 000*g* 的离心力，离心 5 min。

⑤ 从储板站中取出 24 孔 P2 收集板，将 24 孔 P3 板中的所有液体，转至 24 孔 P2 收集板。

4. qPCR 前准备

① 从 24 孔 P2 收集板中吸取 500 μl 杆状病毒 DNA 至 96 孔苯酚提取板。

② 从苯酚储液槽中吸取 500 μl 至 96 孔苯酚提取板，并充分混匀至形成乳液状。

③ 将 96 孔苯酚提取板在 4℃下以 4 600*g* 的离心力，离心 5 min。

④ 离心后，将 96 孔苯酚提取板的上层水溶液，转移至 96 孔提取收集板。

⑤ 从 TE* 溶液储液槽中吸取 250 μl 至 96 孔苯酚提取板，充分混匀至形成乳液状。

⑥ 将 96 孔苯酚提取板在 4℃下以 4 600*g* 的离心力，离心 5 min。

⑦ 离心后，将 96 孔苯酚提取板的上层水溶液，转移至 96 孔提取收集板。

⑧ 从苯酚-氯仿-IAA** 溶液储液槽中，吸取 700 μl 至 96 孔提取收集板，充分混匀至形成乳液状。

⑨ 将 96 孔提取收集板在 4℃下以 4 600*g* 的离心力，离心 5 min。

⑩ 离心后，将 96 孔提取收集板的上层水溶液，转移至 96 孔苯酚-氯仿-IAA 收集板。

⑪ 从氯仿-IAA 溶液储液槽中，吸取 700 μl 至 96 孔苯酚-氯仿-IAA 收集板，充分混匀至形成乳液状。

⑫ 将 96 孔苯酚-氯仿-IAA 收集板，在 4℃下以 4 600*g* 的离心力，离心 5 min。

⑬ 离心后，将 96 孔苯酚-氯仿-IAA 收集板的上层水溶液，转移至 96 孔氯仿-IAA 收集板。

⑭ 从预先低温处理的 95%乙醇储液槽中，吸取 1.4 ml 至 96 孔氯仿-IAA 收集板。

⑮ 从 3 mol/L pH 5.2 乙酸钠储液槽中，吸取 70 μl 至 96 孔氯仿-IAA 收集板，并充分混合。

⑯ 将 96 孔氯仿-IAA 收集板，在 4℃下放置 30 min。

⑰ 将 96 孔氯仿-IAA 收集板，在 4℃下以 4 600*g* 的离心力，离心 10 min。

⑱ 将 96 孔氯仿-IAA 收集板的上清液，全部吸取至废液槽。

⑲ 从预先低温处理的 95%乙醇储液槽中，吸取 200 μl 至 96 孔氯仿-IAA 收集板。

⑳ 将 96 孔氯仿-IAA 收集板，在 4℃下以 4 600*g* 的离心力，离心 10 min。

---

* TE 缓冲液由 Tris-HCl 和 EDTA 配制而成，在加入少量酸或碱时可抵抗 pH 改变，主要用于溶解核酸，能稳定储存 DNA 和 RNA。经典的 1×TE 缓冲液的组成浓度：10 mmol/L Tris-HCl + 1 mmol/L EDTA，pH=8.0。

** IAA：iodoracetamide（碘乙酰胺）。

㉑ 将 96 孔氯仿-IAA 收集板的上清液，全部吸取至废液槽。

㉒ 将步骤⑲—㉑重复操作 2 次。

㉓ 将 96 孔氯仿-IAA 收集板，在室温下静置 30 min。

㉔ 从 TE 溶液储液槽中，吸取 50 μl 至 96 孔氯仿-IAA 收集板，并充分混匀。

㉕ 从 96 孔 PCR 工作液(4℃)管中，吸取 5 μl 至 qPCR 反应板。

㉖ 从 96 孔氯仿-IAA 收集板，吸取 3 μl DNA 溶液至 qPCR 反应板，并充分混匀。

㉗ 使用灵活 8 通道，按照预设的表格依次加入 1 μl 引物至 qPCR 反应板。

㉘ 将 qPCR 反应板在常温下以 1 000 r/min 转速离心 1 min。

㉙ 将 qPCR 反应板离线手动操作封膜，并放入 qPCR 仪中进行 qPCR 实验。

5. 细胞表达

① 使用自动分液仪，将 3 ml 昆虫细胞加入 24 孔细胞表达板。

② 使用灵活 8 通道，从 24 孔 P2 收集板吸取相应的液体至 24 孔细胞表达板。

③ 将 24 孔细胞表达板封上透气膜并离线培养。培养条件为，在 27℃且湿度可控的培养箱中，以 300 r/min 转速，培养 72 h。

④ 将 24 孔细胞表达板，在常温下以 4 000*g* 的离心力，离心 5 min。

⑤ 将 24 孔细胞表达板的全部上清液，转移至废液槽，并将 24 孔细胞表达板置于移液工作站的低温模块上。

⑥ 从裂解液储液槽中，吸取 200 μl 至 24 孔细胞表达板，并充分混匀。

⑦ 离线(手动)操作：将 24 孔细胞表达板封上膜，并放入微孔板超声破碎仪中，进行超声破碎。

⑧ 将 24 孔细胞表达板，在常温下以 6 000*g* 的离心力，离心 30 min。

⑨ 将 24 孔细胞表达板的上清液，吸取至 96 孔上清液 PCR 板。将 24 孔细胞表达板，置于移液工作站的低温模块上。

2.4.3.3　测试方法和结果

1. 测试方法

自动化昆虫细胞蛋白质表达，采用 Bac-to-Bac 杆状病毒表达系统*[7]。它利用高通量的自动化操作，向昆虫细胞系SF9转染带有外源目标蛋白质基因的杆状病毒质粒，以产生病毒。经逐级扩增后，再用病毒感染细胞系SF9或 High5 来生产目标蛋白质。

(1) 向昆虫细胞系SF9，转染带有外源目标蛋白质基因的杆状病毒质粒，培养 4～5 d 以获得 P1 病毒

利用碱裂解及异丙醇沉淀法，获得转染级的外源目标蛋白质基因杆状病毒质粒。利用昆虫细胞培养基(非动物源)，培养昆虫细胞系SF9，使其达到对数生长，细胞存活率在 95%以上。利用高通量自动化系统，使用转染试剂(如 CellFectin)，将杆状病毒质粒转染

---

* Bac-to-Bac 杆状病毒表达系统是一种快速、高效产生重组苜蓿银纹夜蛾核型多角体病毒(AcNPV)的技术。这种系统利用细菌转座子原理，可以在大肠杆菌内完成重组病毒的构建。取名为 Bac-to-Bac 表达系统，意即从细菌(bacterium)到杆状病毒(bacμlovirus)，从而革命性地改变了重组昆虫杆状病毒的构建方法。

到 SF9，培养 5 h 后换新鲜的昆虫细胞培养基(非动物源)，继续培养 4～5 d 以获得 P1 病毒。

(2) P1 病毒逐级感染 SF9 细胞，以获得 P2 及 P3 病毒；利用荧光定量 PCR 方法，检测 P3 病毒滴度

利用高通量自动化系统收集 P1 病毒上清液，按照 1∶20 的比例，重新感染 SF9 细胞，继续培养 4～5 d 以获得 P2 病毒；再利用相同的方法获得 P3 病毒。取 20 μl 病毒，利用磁珠法提取 DNA，随后利用荧光定量 PCR 进行绝对定量分析，绘制标准曲线，以检测 P3 病毒滴度。

(3) 利用 P3 病毒感染 SF9 细胞，进行蛋白质的表达

利用高通量自动化系统，将处于对数生长、存活率在 95%以上的 SF9 细胞，种入 24 孔深孔板。根据病毒滴度，加入合适量的病毒，使感染复数 (multiplicity of infection, MOI) = 10。继续培养 2～3 d 后，收集细胞，裂解后利用高通量自动化蛋白质纯化系统，提取目标蛋白质。

2. 测试结果

(1) P1 病毒获取

根据上述自动化实验流程，使用专业的自动化控制软件系统进行图形化实验编程，并按顺序开展相应的生物样本实验(参见“下载图 2-6　高通量昆虫细胞表达程序—转染和 P1 病毒产生”，下载网址见 31 页脚注)。

高通量自动化流程运行完整的程序需要 8 h，可以同时转染 96 个不同的杆状病毒质粒。

(2) P3 病毒获取

使用专业的自动化控制软件系统进行图形化实验编程，并使用生物样本产生 P3 病毒(参见“下载图 2-7　高通量昆虫细胞表达程序—P2 病毒产生”“下载图 2-8　高通量昆虫细胞表达程序—P3 病毒产生”，下载网址见 31 页脚注)。

(3) P3 病毒滴度测定

将标准品稀释至不同浓度，作为模板进行 PCR 反应。以标准品拷贝数的对数值为横坐标，以测得的 *C*t 值* 为纵坐标，绘制标准曲线。对未知样品进行定量时，根据未知样品的 *C*t 值，即可在标准曲线中得到样品的拷贝数。得到 P3 病毒的滴度约为 3×10^8，具体结果如图 2-20 所示。

(4) 昆虫细胞表达蛋白

将昆虫细胞裂解后纯化目标蛋白质样品，利用高通量蛋白质电泳鉴定的结果如图 2-21。

采用高通量自动化昆虫细胞表达系统进行自动化昆虫细胞蛋白质表达时，可以同时表达 96 种不同的蛋白质。其中转染过程需 8 h，随后需 4～5 d 产生 P1 病毒；利用 P1 病

* *C*t 值：threshold cycle(阈值循环)，是荧光水平达到阈值时的 PCR 循环数。

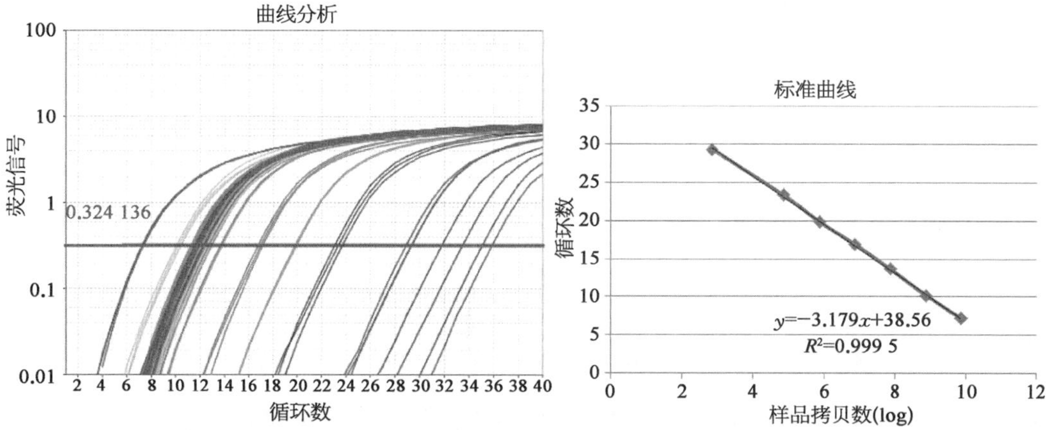

图 2-20 实时荧光定量 PCR 数据的扩增曲线分析和标准曲线(彩图见图版第 1 页)

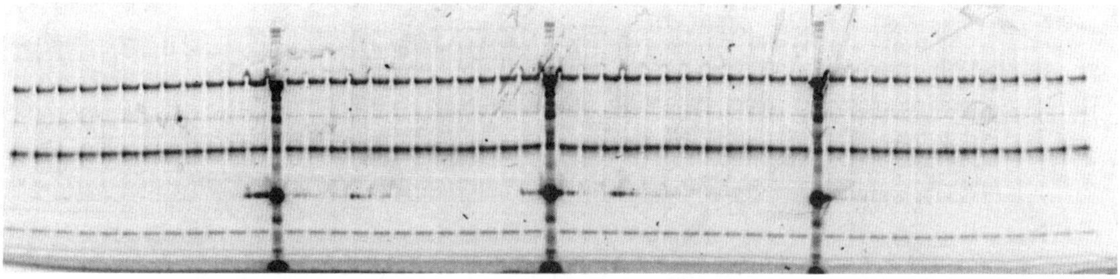

图 2-21 高通量自动化昆虫细胞蛋白质表达的纯化电泳图

毒重新感染 SF9 细胞以获得 P2 和 P3 病毒,需 8～10 d;利用 P3 病毒感染 SF9 或 High5 细胞以表达蛋白质,需 2～3 d;全程实验流程至少需 18～20 d。

当满足测试所需的保障条件时,高通量自动化昆虫细胞表达系统的各项基本指标均已满足要求,可以制备滴度约为 10^8 数量级的 P3 病毒,并且可以成功地感染宿主细胞,以得到目标蛋白质的表达。该系统达到了预期的相关设备工艺验收指标要求。而且相对于手动实验来说,采用高通量自动化系统大大提高了实验效率和成功率,降低了由于人为错误造成实验的不可重复性,实现了高通量、低错误率的外源蛋白质表达。

2.4.4 哺乳动物细胞表达系统

哺乳动物细胞表达系统可以进行分泌型和非分泌型蛋白质的表达,其产生的目标蛋白质具有天然立体结构,翻译后修饰方式与人体内源表达的蛋白质完全一致;但是该表达系统的目标蛋白质,表达量低、培养成本较高。将外源基因导入哺乳动物细胞,主要有 2 种方法:一是以感染性病毒颗粒感染宿主细胞,二是通过脂质体法、显微注射法、磷酸钙共沉淀法及 DEAE* 葡聚糖法等非病毒载体的方式,将基因导入细胞中。

* DEAE: diethylaminoethyl dextran gel(亲水性交联葡聚糖离子交换剂)。

腺病毒法哺乳动物细胞表达之相关设备，与昆虫细胞表达系统的设备类似；而针对脂质体法哺乳动物细胞表达，科技人员设计了整套高通量自动化哺乳动物细胞表达系统（图 2－22、图 2－23），包括质粒转染、挑取克隆、扩大培养、保种等步骤。同时，配套辅助设备有高通量哺乳动物细胞克隆自动挑选仪、生物安全柜、培养摇床、倒置显微镜、细胞计数仪、CO_2 培养箱等。腺病毒法哺乳动物细胞表达的设备和昆虫细胞表达的设备类似。脂质体法哺乳动物细胞表达系统的设计流程如图 2－24 所示。

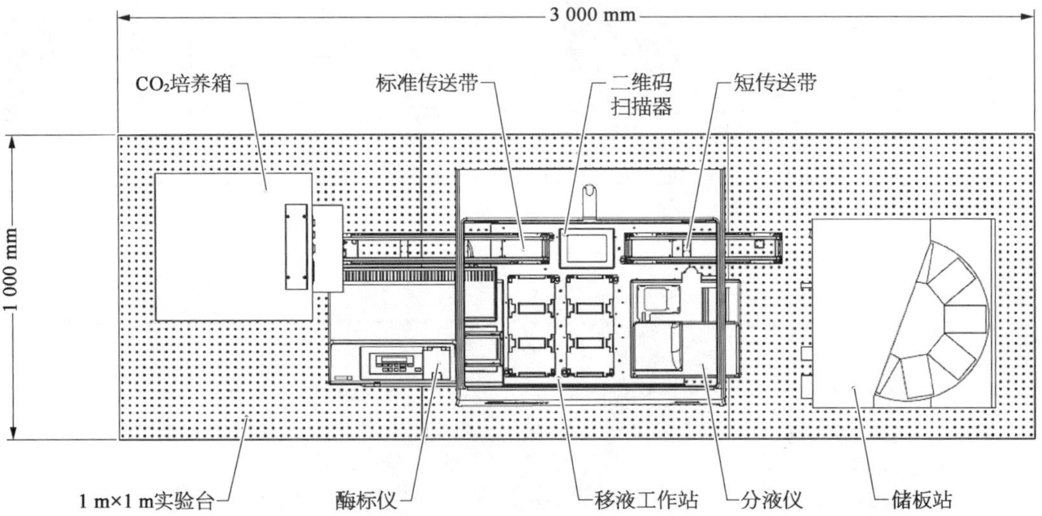

图 2－22　高通量自动化哺乳动物细胞表达系统设计平面图

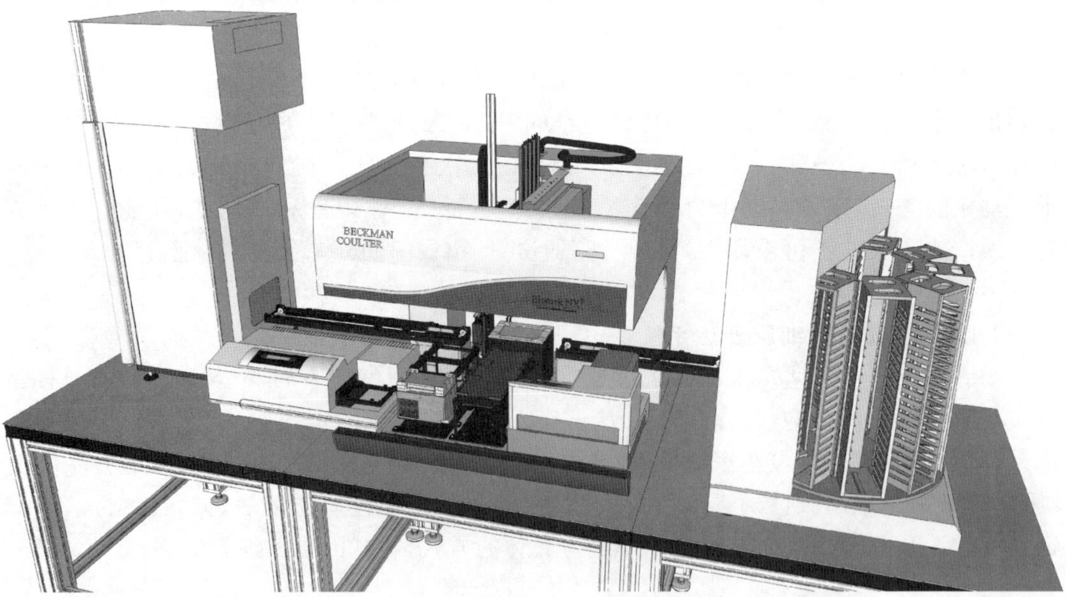

图 2－23　高通量自动化哺乳动物细胞表达系统立体效果图

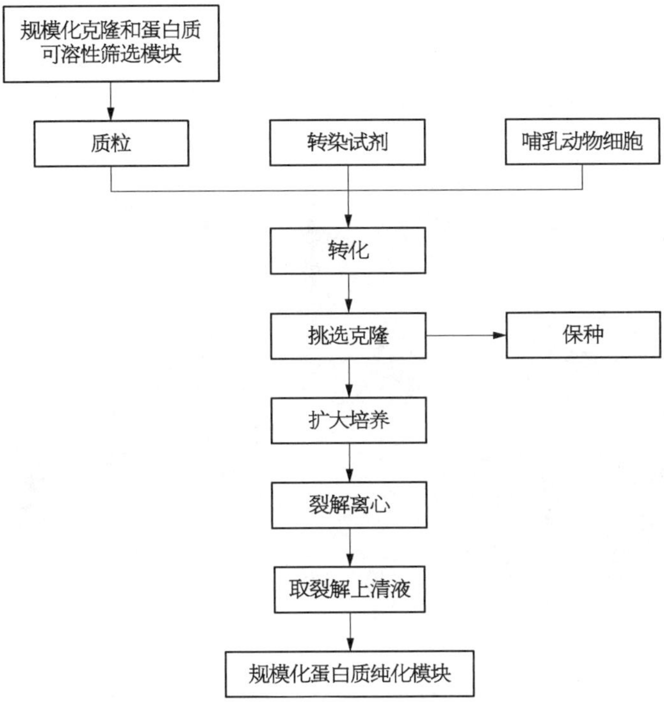

图 2-24 哺乳动物细胞表达系统设计流程图

自动化的哺乳动物细胞蛋白质表达，采用悬浮 293 瞬转系统，通过自动化操作，向悬浮 293 细胞系转染带有外源目标蛋白质基因的质粒，来生产目标蛋白质。采用高通量自动化哺乳动物细胞表达系统进行自动化哺乳动物细胞蛋白质表达时，1 个批次可以同时表达 96 种不同的蛋白质，也可以对同一种蛋白质使用 96 种不同的表达条件进行表达筛选，或者对多种蛋白质和多种表达条件组合进行表达筛选，以快速确定目标蛋白质的表达情况。其中转染过程需 6～8 h，随后需 2～3 d 积累蛋白质；后续的蛋白质抽提和检测需 1 d，实验全程需 4～5 d。

2.4.4.1 安装和调试

设施科技人员与生产厂家工程师紧密合作，通过严格的 FAT 及 SAT 验收流程，并经仔细严谨的调试，顺利完成了高通量自动化哺乳动物细胞表达系统的安装调试（图 2-25）。

2.4.4.2 实验流程

① 离线操作：将 50 ml 离心管中的哺乳动物细胞离心，去掉上清液，进行细胞计数并计算浓度。加入 10 ml 培养基到 50 ml 离心管，轻轻混匀，然后分装 100 μl 哺乳动物细胞至 96 孔细胞板。将 96 孔脂质体和培养基板、96 孔质粒板在常温下以 1 000 r/min 转速离心 1 min，并将 96 孔质粒板开盖。

② 从储板站中取出 96 孔细胞板、96 孔质粒和脂质体反应板、96 孔脂质体和培养基板、96 孔质粒板。

图 2-25　高通量自动化哺乳动物细胞表达系统安装调试

③ 在二维码扫描器上读取 96 孔质粒板的二维码信息，然后放在移液工作站的低温模块上，将 96 孔质粒和脂质体反应板以及 96 孔脂质体和培养基板放在移液工作站上。

④ 从 96 孔脂质体和培养基板(第 4 列)中吸取 50 μl OptiMEM 培养基至 96 孔质粒和脂质体反应板。

⑤ 从 96 孔质粒板中吸取 6 μl(约 0.64 μg)质粒，至 96 孔质粒和脂质体反应板，并充分混匀。

⑥ 从 96 孔脂质体和培养基板(第 3 列)中吸取 600 μl OptiMEM 培养基至自己的第 2 列。从 96 孔脂质体和培养基板(第 1 列)中吸取 12 μl OptiMEM 培养基至自己的第 2 列，充分混匀，并在室温下静置 5 min。

⑦ 从 96 孔脂质体和培养基板(第 2 列)中吸取 51 μl 培养基和脂质体至 96 孔质粒和脂质体反应板，并轻轻混匀，在室温下静置 20 min，以促使 DNA-脂质体形成配合。

⑧ 将所有的转染培养基从 96 孔质粒和脂质体反应板吸取至 96 孔细胞板，并轻轻混匀。

⑨ 将 96 孔细胞板加盖，并置于 37℃的 CO_2 培养箱中，静置培养 5～6 h。

⑩ 离线手动操作：将 96 孔细胞板在常温下以 1 000 r/min 转速离心 1 min。

⑪ 将 96 孔细胞板去盖，并移除上清液至废液槽。

⑫ 使用自动分液仪，加入 100 μl 培养基至 96 孔细胞板，轻轻混匀。

⑬ 将 96 孔细胞板加盖，并置于 37℃的 CO_2 培养箱中，静置培养 20 h。

⑭ 从储板站中取出 96 孔抗生素板，放在移液工作站上。

⑮ 将 96 孔细胞板去盖，从 96 孔抗生素板中吸取 2～6 μl 抗生素至 96 孔细胞板。

⑯ 将 96 孔细胞板加盖，并置于 37℃的 CO_2 培养箱中，静置培养 20 h。

⑰ 离线手动操作：将 4 ml 半固体培养基加入 6 孔板(共 16 块)，从 96 孔细胞板中吸取 100 μl 至 6 孔板(共 16 块)，轻轻混匀。

⑱ 离线手动操作：将 6 孔板(共 16 块)加盖，并置于 37℃的 CO_2 培养箱中，静置培养 9～12 d。

⑲ 离线手动操作：将 6 孔板(共 16 块)去盖，使用手动移液器分液 200 μl 培养基至 96 孔板(共 8 块)，运行高效细胞克隆筛选系统，并挑取荧光表达量最高的 8 个单克隆至 96 孔板(共 8 块)。

⑳ 从储板站中取出上一步操作中荧光表达量最高的 8 块 96 孔板。

㉑ 将 96 孔板(共 8 块)加盖，并在 37℃的 CO_2 培养箱中，静置培养 24 h。

㉒ 将 96 孔板(共 8 块)去盖，并在酶标仪上自动读取荧光值。

㉓ 从储板站中取出 24 孔表达细胞板(共 12 块)。

㉔ 将 24 孔表达细胞板去盖，并使用自动分液仪，加入 500 μl 培养基。

㉕ 使用灵活 8 通道，从 96 孔板(共 8 块)的 8 个重复孔中挑取 3 个荧光值最高的细胞，加入 24 孔板(共 12 块)。

㉖ 将 24 孔表达细胞板加盖，并放在 37℃的 CO_2 培养箱中，静置培养 24 h。

㉗ 从储板站中取出 384 孔检测板。

㉘ 将 24 孔表达细胞板去盖，并吸取 40 μl 培养基至 384 孔检测板，在酶标仪上检测荧光值。

㉙ 从储板站中取出 6 孔细胞培养板和 384 孔培养检测板。

㉚ 将 6 孔细胞培养板去盖，并使用自动分液仪加入 2 000 μl 培养基(共≤48 块)。

㉛ 从 24 孔表达细胞板中挑取 2～3 个荧光值最高的细胞至 6 孔细胞培养板(共≤48 块)。

㉜ 将 6 孔细胞培养板加盖，并放在 37℃的 CO_2 培养箱中，静置培养 24 h。

㉝ 将 6 孔细胞培养板去盖，并吸取 40 μl 培养基至 384 孔检测板，在酶标仪上检测荧光值。

㉞ 从 6 孔细胞培养板中，吸取 1 000 μl 至 96 孔挑取表达板 1—3。

㉟ 将 6 孔细胞培养板继续置于 CO_2 培养箱中静置培养。

㊱ 离线手动操作：将 96 孔挑取表达板 1—3 封膜，并在 4℃下以 4 000 r/min 转速离心 5 min，将上清液丢弃，并用 4℃预冷的裂解液重悬细胞。

㊲ 离线(手动)操作：在 4℃条件下，将 96 孔挑取表达板 1—3 的上清液，转移至 96 孔 PCR 板 1—3。

㊳ 将 96 孔 PCR 板 1—3 封膜，并置于微孔板超声破碎仪上进行超声破碎。

㊴ 将 96 孔 PCR 板 1—3 在 4℃下以 1 000 r/min 转速离心 1 min，移去封膜。在 4℃条件下，转移悬液至新 96 孔板 1—3 内。

㊵ 根据预纯化结果，从 6 孔细胞培养板中吸取 4 000 ml 培养液至 T75 培养瓶中。

2.4.4.3　测试方法

准备生长状态良好的悬浮 293 细胞，密度在(1～5)×10^6 个细胞/ml，存活率在 95% 以上，手动操作离心去除上清液(常温下以 800 r/min 转速离心 4 min)，用无双抗*、无血清的培养基(如 DMEM)重悬细胞，使细胞密度调整为 2×10^6 个细胞/ml。然后采用下述方法进行细胞表达和鉴定。

① 利用高通量自动化哺乳动物细胞表达系统，将准备好的悬浮 293 细胞分装到 8 块 24 深孔板中，每个孔 5 ml。

② 使用移液工作站，将质粒 DNA 按 5 μg/孔的计算量，加入 96 深孔板中。吸取 1 ml 无双抗、无血清的培养基，加入 96 深孔板中，充分混匀后加入 15 μl 转染试剂(如 PEI)至 96 深孔板，并立即混匀，混匀后在室温下静置 20 min。共准备 2 块 96 深孔板。

③ 静置后，将上述溶液全部加入放有细胞的 24 深孔板中，然后振荡培养 4～6 h。

④ 手动操作离心并弃去上清液(常温下以 800 r/min 转速离心 4 min)，然后使用表达培养基重悬 CHO 细胞**，并在 CO_2 培养箱中振荡培养 48～72 h。

⑤ 细胞培养后将细胞裂解离心，在高通量自动化蛋白质纯化系统上进行蛋白质收集纯化。然后使用高通量蛋白质电泳仪检测蛋白质表达情况。

2.4.4.4　测试结果

根据上述自动化实验流程，科技人员使用专业的自动化控制软件系统，进行图形化实验编程(参见“下载图 2-9　高通量哺乳动物细胞表达程序”，下载网址见 31 页脚注)，并使用生物样本进行测试。裂解细胞后纯化目标蛋白质样品，通过高通量蛋白质电泳仪进行 SDS-PAGE 胶(聚丙烯酰胺凝胶电泳)鉴定，蛋白质电泳结果如图 2-26 所示。

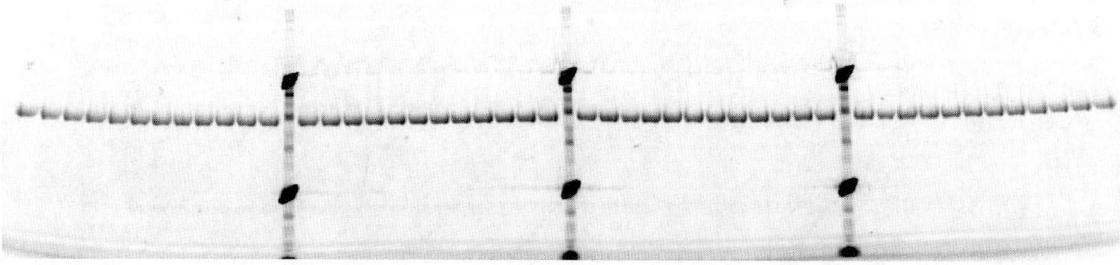

图 2-26　高通量自动化哺乳动物细胞表达蛋白质的纯化电泳图

采用高通量自动化哺乳动物细胞表达系统进行哺乳动物细胞蛋白质表达时，可以高效表达不同的蛋白质，或进行表达载体的筛选及组合筛选，成功获得微克级的蛋白质表达，为放大实验确定条件。

* 双抗指青霉素混合液和链霉素混合液，用于细胞培养，抑制细菌生长，避免细胞污染。

** CHO 细胞：Chinese hamster ovary cell(中国仓鼠卵巢细胞)。

自动化哺乳动物细胞表达系统的各项基本指标均满足要求，可以成功感染宿主细胞而得到目标蛋白质，达到预期的相关工艺验收指标要求。相对于手动实验来说，自动化哺乳动物细胞表达系统大大提高了实验通量，使大规模的蛋白质筛选制备成为可能，同时也提高了实验的效率，降低了因人为错误而造成实验的不可重复性。

2.5　大规模蛋白质纯化模块

由于蛋白质的多样性和个性化特征，不同蛋白质的纯化方法通常也不相同，通常需要根据蛋白质的物理和化学性质，来合理组合使用亲和层析、离子交换层析、疏水作用层析、凝胶过滤层析和磁珠法等各种纯化方法，这样才能获得足够纯度和最大得率的目标蛋白质。

对于前期通过高通量自动化原核与真核细胞表达系统所得到的大批量样品，如何对其表达量、可溶性等性状进行规模化的初步鉴定，成为一个重要的问题。为了同时满足微克级与毫克级的快速蛋白质纯化需求，在本模块中引入 2 种纯化模式：小量蛋白质规模纯化系统和中量蛋白质规模纯化系统。小量蛋白质规模纯化系统的最大通量为，可以对 96 个微克级样品同时进行自动化纯化，并可以选择使用 3 种不同的方法(真空抽滤法、PhyTips 法* 和磁珠法)进行纯化，在短时间内对这些样品的某些功能性状进行初步确定，为后续的科研工作提供更加翔实和可信的数据资料。本平台经过大量的考察调研，与自动化生产厂家合作开发了一套高通量自动化蛋白质纯化系统。该系统最大通量为，可以对 96 个样品进行自动化的微克级亲和层析纯化(图 2－27、图 2－28)。

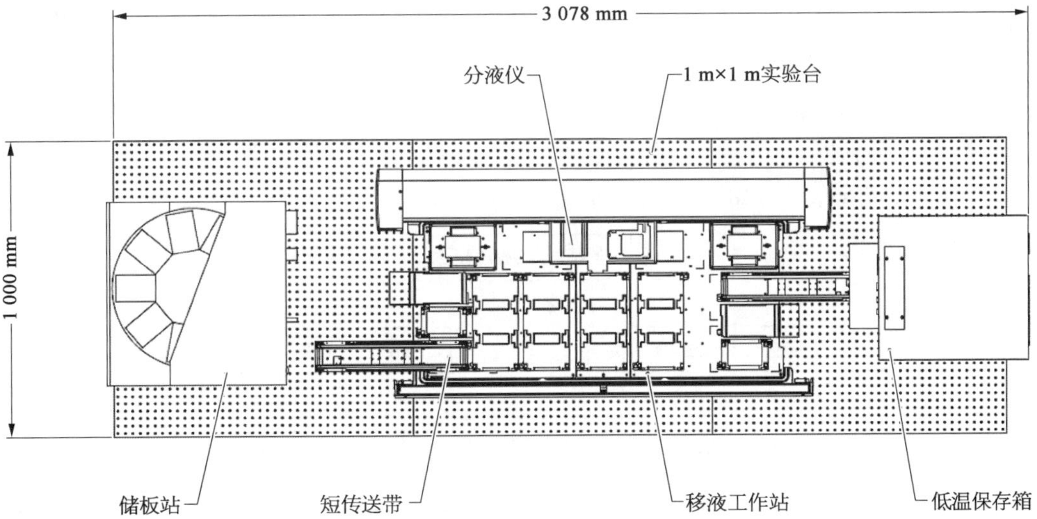

图 2－27　高通量自动化蛋白质纯化系统设计平面图

* PhyTips 法是 PhyNexus 公司开发的一种独特的微型工程蛋白质和抗体纯化技术，使研究人员能够定期纯化和富集样品的量达到 1 ml。PhyTip 色谱柱以其独特设计，允许低至 10 μl 的洗脱体积，从而产生高达 50 倍的富集因子，纯化蛋白质浓度可达 5 mg/ ml。

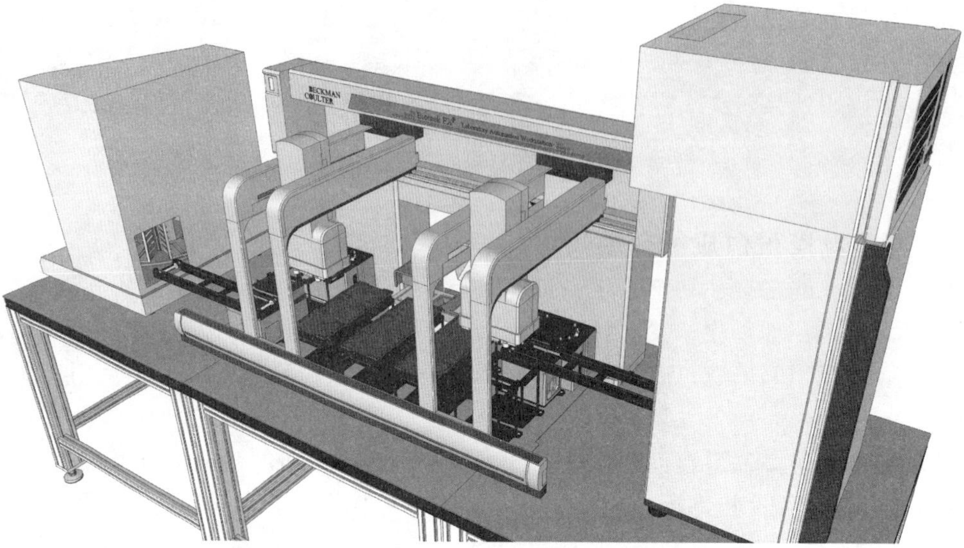

图 2－28　高通量自动化蛋白质纯化系统立体效果图

当需要制备结构研究的毫克级蛋白质样品时，可选择中量蛋白质规模纯化系统，可同时对 8 个样品进行自动化纯化，同时配套蛋白质纯化仪，能够快速进行蛋白质鉴定的工艺流程，让实验者在相同的时间内完成更多的事情。该系统真正实现了自动化地在线配置缓冲液，加快工艺开发，提高实验通量。整合的相关软件可以实现从最少的实验中获取最多信息；能在紧凑的时间期限内确保操作安全性；成功实现纯化样品的平稳放大。科技人员专门设计了低温房间，用于放置蛋白质纯化仪及相关辅助设备，从而不再需要具有相同功能的层析冷柜。

中量蛋白质规模纯化系统利用各设备的并联和串联运行，确保每天能够完成约 25 个毫克级样品的纯化，用于结构研究；约 20 个样品的纯化，用于功能研究。大规模蛋白质纯化模块的设计流程，如图 2－29 所示。

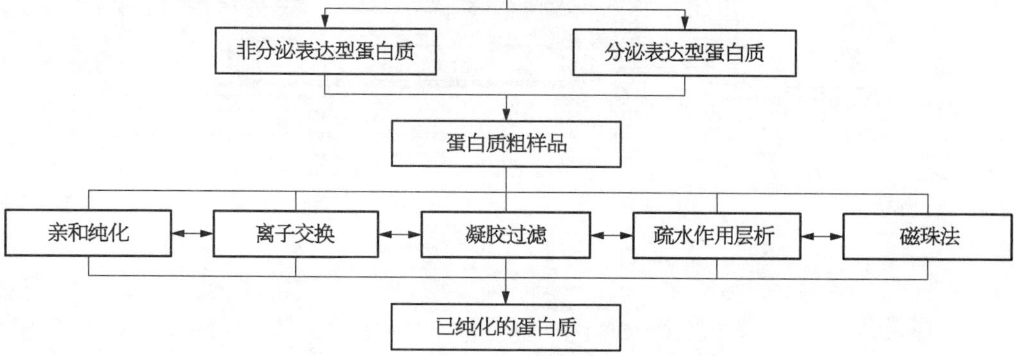

图 2－29　大规模蛋白质纯化模块设计流程图

2.5.1 安装和调试

设施科技人员与生产厂家工程师紧密合作，通过严格的 FAT 及 SAT 验收流程，并经仔细严谨的调试，顺利完成了高通量自动化蛋白质纯化系统的安装调试（图 2-30）。

图 2-30 高通量自动化蛋白质纯化系统安装调试

2.5.2 蛋白质纯化实验流程

采用一种带填料的吸头，进行高通量、小规模蛋白质纯化，这是蛋白质纯化的一种方法。可以对上述 3 个表达系统产生的小量菌体及细胞进行纯化，以确定目标蛋白质的可溶性。

① 将 PBS* 缓冲液储液槽、96 孔上清液板、96 孔清洗液板 1、96 孔清洗液板 2、96 孔洗脱液板，从 4℃低温保存箱中取出，放在移液工作站的低温模块上。

② 平衡：用带填料的吸头，在 PBS 缓冲液的储液槽中，吸排液 200 μl。以流速 8.3 μl/s 反复吸排。每轮吸排步骤后，暂停 10 s。

③ 捕获：用带填料的吸头，在 96 孔上清液板反复吸排 50 μl。以流速 8.3 μl/s 反复吸排。每轮吸排步骤后，暂停 10 s。

④ 纯化：用带填料的吸头，在 96 孔清洗液板 1 反复吸排 200 μl。以流速 8.3 μl/s 反复吸排，每轮吸排步骤后，暂停 10 s。采用同样的操作，在 96 孔清洗液板 2 中进行纯化。

⑤ 洗脱：用带填料的吸头，在 96 孔洗脱液板反复吸排 40 μl。以流速 4 μl/s 反复吸

* PBS：phosphate buffer saline（磷酸盐缓冲液）。PBS 一般作为溶剂，起溶解保护试剂的作用，是生物化学研究中使用最广泛的一种缓冲液，主要成分为 Na_2HPO_4、KH_2PO_4、NaCl 和 KCl。

排，每轮吸排步骤后，暂停 10 s。

⑥ 将 96 孔蛋白质酶板从 4℃的低温保存箱中取出，并放在移液工作站的低温模块上。

⑦ 从储板站中取出 96 孔消化板和 96 孔电泳板。

⑧ 从 96 孔洗脱液板中吸取 10 μl，分别至 96 孔消化板和 96 孔电泳板。

⑨ 从 96 孔蛋白酶板中吸取 1 μl 至 96 孔消化板，并将 96 消化板置于室温 20 min。

⑩ 使用自动分液仪加入 2.5 μl 5×SDS 上样染料，至 96 孔消化板和 96 孔电泳板。

⑪ 离线(手动)操作：利用高通量蛋白质电泳仪鉴定目标蛋白质。

2.5.3　测试方法和结果

根据上述自动化实验流程，科技人员使用专业的自动化控制软件系统进行图形化实验编程(参见“下载图 2 - 10　高通量自动化蛋白质纯化系统实验流程”，下载网址见 31 页脚注)，并使用生物样本进行测试。对于在多种体系蛋白质表达模块中产生的细胞，通过高通量自动化蛋白质纯化系统抽提，成功实现了目标蛋白质的快速获得与鉴定。

2.6　蛋白质性质表征模块

对前面 3 个模块所获得的蛋白质样品，展开进一步的功能研究。本平台利用蛋白质性质表征模块的相关仪器设备，对蛋白质稳定性、纯度、均一性和聚集状态进行系统而严格的分析，以确定蛋白质样品是否符合进一步研究的要求。此外，对蛋白质复合物的组成、稳定性、各组分的相互作用关系进行表征和分析，会有利于寻找到形成稳定复合物的合适条件，以便做进一步的结构与功能研究。由此可见，高质量、高性能、高灵敏度的蛋白质性质表征设备，对于后续实验研究的成功与否，将会起到极为重要的作用。

以往常见的检测生理状态下蛋白质或核酸等生物大分子分子量的仪器，主要包括快速液相色谱仪、离心沉降仪和动态光散射仪等，但是受各自条件的限制，存在分辨率低、测量范围有限(以凝胶排阻层析为原理的快速液相色谱仪)、操作复杂且重复性差(以离心沉降为原理的分析型超速离心机)、结果受环境和操作者影响较大(以分子布朗运动为原理的动态光散射仪)等问题。静态光散射仪是以激光粒度检测技术为基础，用于表征聚合物绝对分子量的新型仪器。该仪器解决了绝对分子量测定中存在的诸多问题，使得分子量表征更加客观与可靠。同其他分子量表征仪器相比，静态光散射仪具有更高的灵敏度、准确度及更广泛的适用性，除了可得到大分子物质的绝对分子量、分子粒径和分子形状以外，还可得到分布、分支、聚集状态及黏度参数等信息，并可监测反应的动力学过程。

以表面等离子共振技术或生物膜干涉技术等原理为基础的生物传感技术，能够用以实时跟踪生物分子间的相互作用，有效地观察小分子-蛋白质复合物的形成，可以为 2 个甚至多个反应物的结合过程提供更多细节信息，是了解 2 种分子结合的特异性，计算 2 种分子结合力、结合速度以及结合稳定性，观察生物分子结合过程中共有多少个协同者和参与者的先进技术。而且，各种生物传感器具有针对性，可用以满足用户不同的实验目的。

等温滴定微量热法用于研究生物大分子之间的相互作用，提供生物大分子相互作用的热力学机理，而这些信息是采用其他方法所不能提供的，因此等温滴定微量热仪是蛋白质性质表征模块的重要组成部分。

该模块主要是通过可调波长紫外分光光度计、高效液相仪、动态光散射仪、静态光散射仪、生物传感器、等温滴定微量热仪和酶标仪等，分别对蛋白质样品进行定量、纯度、二级结构和聚集状态的分析。如果表征的结果表明，样品不符合进一步研究的要求，那就需要根据蛋白质的性质和下一步研究的要求，对蛋白质样品的表达、分离纯化和存储条件（包括缓冲液、pH、浓度等）进行优化，并再次进行表征，直至符合要求。另外，对蛋白质复合物的组成、稳定性、各组分内的相互作用关系进行表征和分析，以寻找合适的条件形成稳定的复合物，供进一步的结构与功能研究。蛋白质性质表征模块的设计流程如图 2－31 所示。

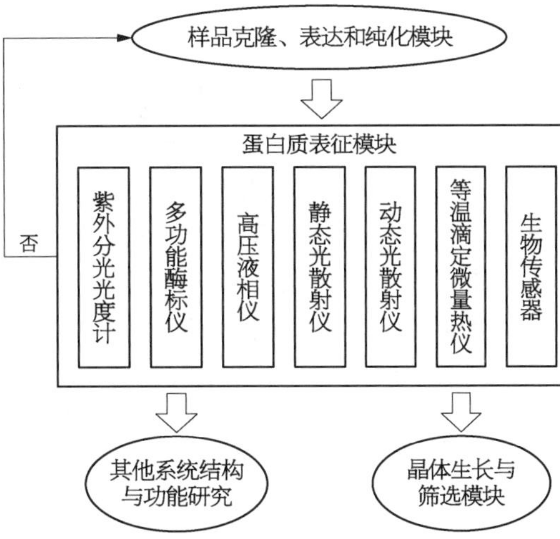

图 2－31　蛋白质性质表征模块设计流程图

蛋白质性质表征模块经过生物样品的实验，各种仪器运行正常，并得出良好的实验结果，具备表征多种蛋白质性质的能力。

2.7　自动化结晶和观察模块

蛋白质结晶是指溶液中的蛋白质分子经过一定规则排列堆积，形成有序聚集体的过程。其结构特征是有序的结构框架与溶剂分子共同形成空间网状结构。影响蛋白质结晶的因素非常复杂，大致分为物理因素、化学因素和生物化学因素等。目前蛋白质结晶方法学仍是一门经验科学，尚没有一套完整的理论和方法，能够指导结构生物学家成功地获得高衍射质量的晶体[8]。高通量的结晶条件尝试，仍是获得晶体最有效的手段。自动化结晶和观察模块主要采用气相扩散法进行蛋白质结晶，具体的流程如图 2－32 所示。该方法的原理是水分子从低浓度结晶液自发转移到高浓度结晶液池中，导致溶液中蛋白质浓度缓慢升高而生成晶体。自动化结晶和观察模块主要由 1 套自动化结晶溶液配制机器人、2 套自动化蛋白质结晶机器人、2 套自动化晶体观察机器人、1 台原位蛋白质晶体衍射仪、3 间恒温恒湿的晶体房组成。该模块对于经过规模化克隆构建、蛋白质表达和纯化而浓缩收集的蛋白质溶液，通过一系

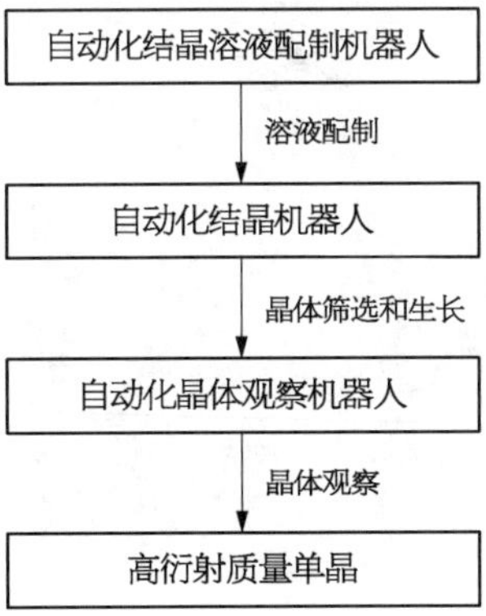

图 2－32　自动化结晶和观察模块设计流程图

列仪器设备的组合运用，进行大规模的蛋白质晶体条件筛选。

自动化结晶溶液配制机器人，是一个用于蛋白质结晶筛选生产的全自动液体处理系统，最多可配有 30 个精确的注射器泵，每一个都带有 9 个位点的气门头。该装置可 1 次容纳多达 60 种不同的储存溶液，可准确根据程序的设定，配制多种不同的结晶溶液，自动配制初期结晶溶液并优化结晶组合条件。

自动化蛋白质结晶机器人，是一个专门用于自动化晶体生长的高通量蛋白质结晶工作站。该机器在配置上增加了脂立方(lipidic cubic phase，LCP)功能，可以克服任何黏性溶液的不同流动性，而非接触式的加样头可以快速分配蛋白质溶液，也可以在添加了试剂的蛋白质结晶溶液中再次加入各种促进剂，使得结晶过程变得更加多元化，并配有大体积蛋白质结晶专用配液分液移液头，方便结晶溶液的配液和分液工作。

在晶体培养方面，科技人员将晶体条件筛选和晶体培养，从传统低通量手工的工作模式，转型到现代化高通量、自动化和严格控制的程序化模式。自动化晶体观察机器人实现了微米级精确蛋白质晶体培养、精确的恒定温度和振动隔离；提供多达 1 000 个晶体培养板的存储和培养空间；可进行精准的实验样本自动定位、智能影像捕捉拍摄，以及定时全自动化、高质量图像采集和晶体成长过程观察；晶体培养板用一维条形码进行记录和跟踪，所记录的蛋白质晶体照片存储在数据库内，多用户可同时通过网络使用数据库来观察晶体照片(图 2 - 33)。自动化晶体观察机器人不仅可独立运转，而且可同时与 2

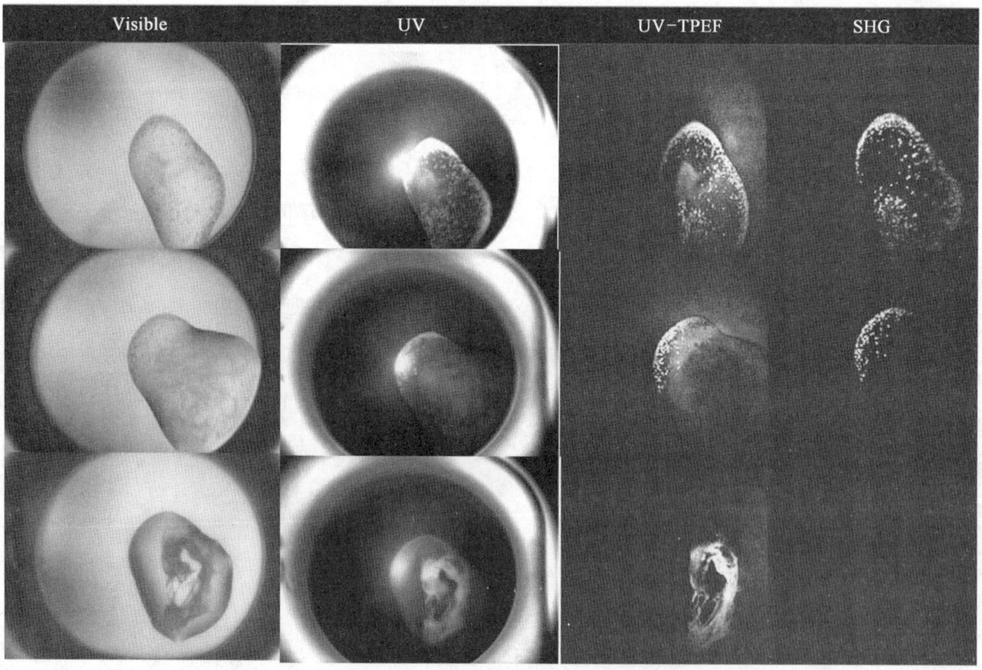

图 2 - 33　通过自动化晶体观察机器人所见的晶体图像

Visible：可见；UV：紫外；UV - TPEF：双光子激发紫外荧光(two photon excited UV fluorescence)；SHG：二次谐波发生(second harmonic generation)。

个或更多晶体培养箱连接。科技人员同时设计了专门的房间，用于自动化结晶筛选与观察，以及放置晶体培养板。该房间经过特殊设计，可以保持恒定的温度与湿度，分别在 4、16 和 20℃满足结晶筛选与观察以及放置结晶板的特殊需求。

原位蛋白质晶体衍射仪，是一种对多孔结晶板中的蛋白质晶体进行原位表征和 X 射线衍射分析的仪器。该仪器将光学成像和 X 射线衍射集成在一个紧凑的系统中。光学成像可以直观地定位和选择用于衍射的目标晶体，或记录晶体的生长过程，并通过内置的微焦斑光源、光学器件和 CCD 检测器，对选定的晶体进行原位衍射实验。科技人员采用原位蛋白质晶体衍射仪，对多孔结晶板中正在生长的蛋白质晶体进行 X 射线衍射实验，达到平均每天筛选 100 颗蛋白质晶体的衍射质量，并分析是否为单晶、晶体的衍射能力以及晶胞参数等（图 2－34），记录各项参数，选取具有高衍射能力的晶体，用于同步辐射光源的衍射数据收集和结构测定。

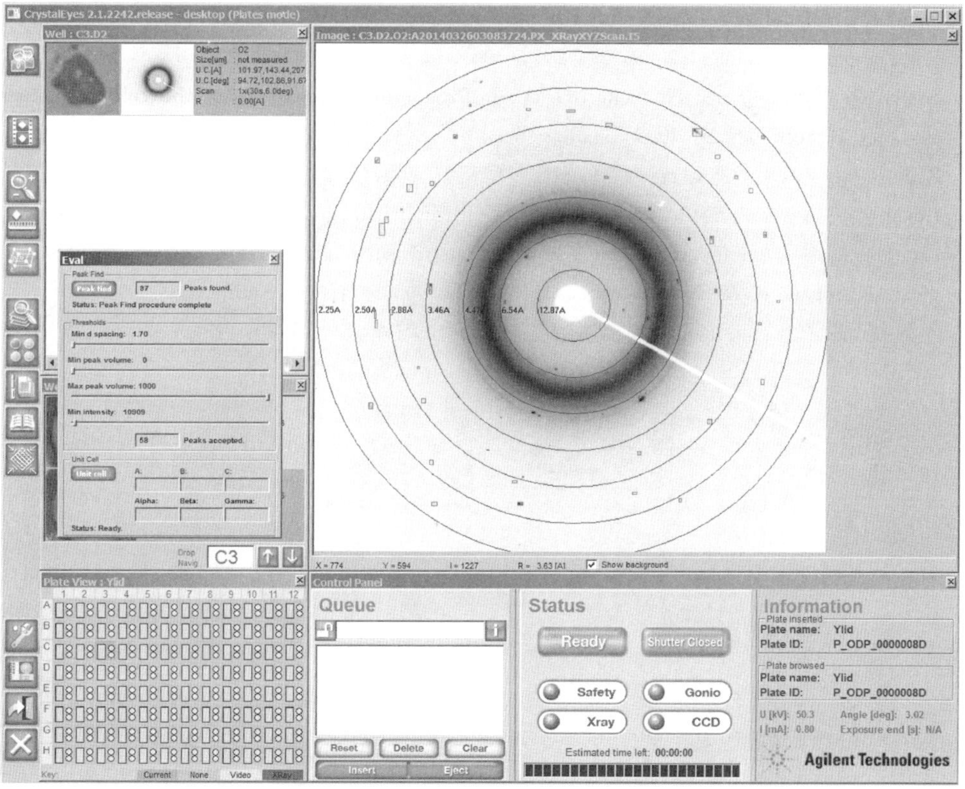

图 2－34 原位蛋白质晶体衍射仪 YLID 蛋白质晶体衍射效果
（详见下载图 2－34，下载网址见 31 页脚注）

自动化结晶和观察模块经过蛋白质结晶筛选、晶体培养观察和原位衍射测试，仪器设备均正常运行和满足实验要求，达到设计的性能指标。

规模化蛋白质制备系统通过对当前自动化尖端技术方法的引进与合作研发，成功建立了包括规模化基因克隆、蛋白质表达与纯化、蛋白质性质表征与结晶观察的技术平台，可以实现从质粒构建、转化或转染、细胞培养、诱导表达，到菌体破碎、产物抽提、蛋白质纯化及结晶筛选与优化等对实验样品的全过程自动化与精密控制。该系统的蛋白质制备能力不仅为后续的蛋白质结构分析系统，同时也为蛋白质的动态分析、修饰与相互作用等研究提供了样品，是整个蛋白质结构与功能分析系统之坚实基础。

参考文献

[1] Belval R. et al. Conception through build of an automated liquids processing system for compound management in a low-humidity environment. Journal of Laboratory Automation, 2012, 17(6): 458 - 468.

[2] 钱春晖.全实验室自动化的发展雏形.医学影像与检验，2011，24(10)：326.

[3] 郭健.全自动样本前处理系统与临床实验室自动化.中华检验医学杂志，2015，28(10)：981 - 983.

[4] Arnold L, et al. Production of recombinant proteins by microbes and higher organisms. Biotechnology Advances, 2009, 27: 297 - 306.

[5] Szaflarski W, Sujka P, Nowicki M, et al. Production of proteins in the cell-free expression systems. Biotechnologia, 2009, 1: 86 - 97.

[6] 唐香山，张学文.酿酒酵母表达系统.生命科学研究，2004(2)：106 - 107.

[7] Luckow V A, Lee S C, Barry G F, et al. Efficient generation of infectious recombinant baculoviruses by site-specific transposon-mediated insertion of foreign genes into a baculovirus genome propagated in *Escherichia coli*. J Virol, 1993, 67: 4566 - 4579.

[8] 王岸娜，苏子豪，等.蛋白质结晶研究进展.河南工业大学学报：自然科学版，2014，35(5)：107 - 113.

第 3 章　蛋白质晶体结构分析系统*

蛋白质晶体结构分析系统，由位于上海同步辐射光源的 BL17B1、BL18U1 和 BL19U1 光束线站构成。该系统主要针对蛋白质晶体结构的测定展开研究。3 条线站是针对不同类型的晶体设计而建造的，其中 BL17B1 是高通量晶体结构线站，主要针对大量的常规蛋白质晶体；BL18U1 是蛋白质微晶体结构线站，主要针对 5～10 μm 的微小晶体；BL19U1 是蛋白质复合物晶体结构线站，主要针对大晶胞的蛋白质晶体。

3.1　科学目标与建设目标

3.1.1　科学目标

同步辐射 X 光一诞生，就成为当前推动蛋白质结构测定快速发展之最重要因素。它提高了蛋白质晶体衍射的分辨率(resolution)和数据质量，降低了对晶体尺寸的要求，加快了衍射数据收集的速度，增强了相位解析的手段。相比于实验室转靶 X 光机，利用同步辐射光源测定晶体结构，已成为晶体结构测定的重要手段。目前这一趋势还在进一步加强。

由于蛋白质晶体的生长是一个非常复杂和困难的过程，对很多蛋白质，尤其是膜蛋白来说，晶体生长十分困难，因此难以得到有序性好、尺寸较大的晶体。如果能够对微小的晶体进行结构测定，则可以大大提高晶体结构测定的成功率与效率。当前国际上蛋白质晶体学线站发展的一个主要方向就是，实现高亮度、小光斑的光束，以便有效测定晶体尺寸小到 5～10 μm 的蛋白质晶体结构。

蛋白质复合物的结构是阐释相互结合的蛋白质的功能之基础，蛋白质复合物的结构研究已成为结构生物学研究的重要前沿领域之一。其发展目标是要研究越来越复杂的蛋白质复合体系，乃至具有系统功能的分子机器、细胞器，如病毒、核糖体复合物等。由于蛋白质复合物结构复杂，分子量大，生长出的晶体往往具有很大的晶胞尺寸，衍射能力弱，故几乎所有的研究对象均须利用高亮度同步辐射光源，才可能获得具原子分辨率尺度的三维结构信息。所以，研究这类晶体的三维结构，对同步辐射光源提出了更高的要求，即高通量和低发散度(也称发散角)。从目前国际上该领域的发展状况来看，能够测定晶胞尺

* 本章的撰写得到上海光源帮助。

寸达到 300 nm 的蛋白质复合物结构，将可较好地满足超大生物分子复合物结构测定的需求。

随着生命科学和生物技术的发展，对蛋白质结构信息的需求越来越强烈。另一方面，随着蛋白质表达与结晶技术的发展，获取蛋白质晶体的效率不断提高，对蛋白质晶体结构测定的效率要求也越来越高。高度自动化的蛋白质晶体衍射数据采集，已成为当前国际先进光源的生物大分子晶体学光束线站之主流趋势。

3.1.2　建设目标

以上海光源的蛋白质晶体结构分析系统为基础，建设蛋白质微晶体结构线站(BL18U1)、蛋白质复合物晶体结构线站(BL19U1)、高通量晶体结构线站(BL17B1)，形成每年测定 150 个以上蛋白质结构的能力。

3.1.2.1　蛋白质微晶体结构线站(BL18U1)

生物大分子晶体单色光衍射实验的最常用波长范围为 5～18 keV，这个波长范围覆盖了生物大分子晶体学中常用的重元素的吸收边，如 Se(硒)、Br、Zn、Cu、Fe 的 K 吸收边，Hg、Pt(铂)的 L 吸收边*，以及 S(硫)反常散射实验的最佳波长。在此选择 5～18 keV 作为束线的主要工作能区。蛋白质微晶体结构线站在保证入射光高通量的前提下，照射至样品处的光斑尺寸尽量小，以便能够测定外形尺寸小的蛋白质晶体结构。按照目前的设计，聚焦光斑最小尺寸可达到 10 μm 以下。

由于光束的发散角与光斑尺寸是相互关联的，在保持光子通量(photon flux，也称光通量)损失基本不变的情况下，要得到更小的光束发散角，就必须增大聚焦光斑尺寸。在此提出，光束的垂直发散角要求为 0.25 mrad，水平发散角要求为 0.7 mrad，这应该能够充分满足各类高分辨实验的要求。更小的光束发散角可通过采用狭缝进一步限束的方式来得到，但相应的光子通量也会有所降低。

低发射度第三代光源上的波荡器(undulator)所产生的同步辐射 X 射线束，具有很高的亮度和非常好的光束准直性。在能量范围能够覆盖的前提下，波荡器已成为当前国际上所有第三代同步辐射装置上的生物大分子晶体学光束线的首选光源。

3.1.2.2　蛋白质复合物晶体结构线站(BL19U1)

随着结构基因组学研究的进展，蛋白质复合物的三维结构解析，成为蛋白质结构生物学研究的发展方向。研究这类晶体的三维结构，往往要求同步辐射光源具有高通量和低发散角。

利用准直性很好的 X 射线光束进行衍射实验，可以大大减小由于蛋白质晶体的不完整性而引起的衍射点展宽，显著提高衍射实验数据的信噪比，从而大大提高结构测定的分辨率，对于生物大分子复合物的晶体尤其是如此。目前的生物大分子晶体实验数据收集，大多采用单轴(位于水平面内)旋转法。减小光束的发散角，可大大降低蛋白质晶体的镶嵌度

---

* K、L 是指原子的电子壳层编号，由 K 壳层电子被激发而形成的吸收边称为 K 吸收边，由 L 壳层电子被激发而形成的吸收边称为 L 吸收边。

(mosaicity)对衍射分辨的影响,这一显著的特点近几年来正越来越得到学术界的充分认识。目前国际上正在建造或设计中的生物大分子晶体学光束线,都把小的光束发散角作为一项重要指标。蛋白质复合物晶体结构线站的主要技术特点是,在保持高通量的前提下,实现光束的高准直性。其主要目标是测定晶胞尺寸达到 300 nm 的超大分子复合物结构,相应地要求光束发散角至少小于 0.2 mrad。在此,以 0.1 mrad 作为光束线站设计目标。

3.1.2.3 高通量晶体结构线站(BL17B1)

随着结构基因组学研究的进展,生物学家开始对蛋白质结构进行大规模的研究,而随着蛋白质结晶技术的发展,获取蛋白质晶体的效率也逐步提高,所以对光束线机时(beam time)的要求也越来越多,高度自动化已成为国际趋势,也成为此条光束线之主要目标。同时,本条光束线还必须能够实现生物大分子晶体学的主要实验方法——多波长反常散射法。该方法要求光束线的能量分辨率达到 10^{-4},能量调节范围比较大,能够覆盖大部分蛋白质所含重元素的吸收边。由于蛋白质晶体的衍射能力比较弱,要想采集较高分辨率的衍射数据,还须有较高的光子通量。

3.2 系统构成与系统设计

本系统包括 3 个具有不同功能的蛋白质晶体结构线站:① 针对微小蛋白质晶体结构测定的蛋白质微晶体结构线站(BL18U1),其目标是要能够有效地测定尺寸小到 5～10 μm 的蛋白质晶体结构;② 针对蛋白质复合物的晶体结构线站(BL19U1),其目标是要能够实现晶胞尺寸达到 300 nm 的蛋白质复合物结构测定;③ 具有高度自动化功能的高通量晶体结构线站(BL17B1),实现快速、规模化、高效率的蛋白质晶体结构筛选与测定。系统构成见图 3-1。

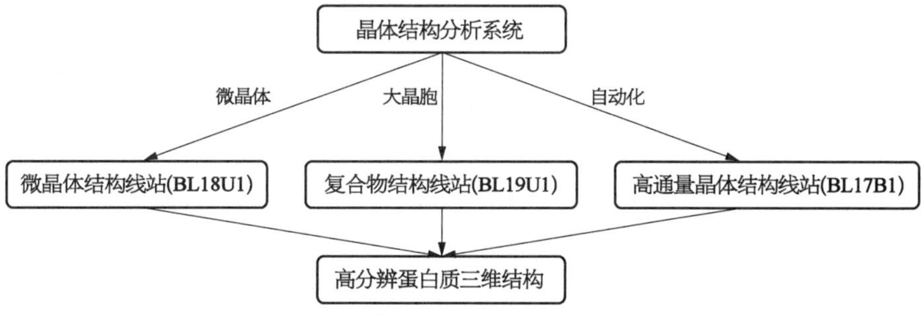

图 3-1 蛋白质晶体结构分析系统的构成图

3 条光束线站的主要设计指标见表 3-1。

表 3-1 上海设施蛋白质晶体学光束线站的主要设计指标

参 数	蛋白质微晶体结构线站(BL18U1)	蛋白质复合物晶体结构线站(BL19U1)	高通量晶体结构线站(BL17B1)
光子能量范围	5～18(keV)	7～15(keV)	5～20(keV)

（续表）

参　　数	蛋白质微晶体结构线站（BL18U1）	蛋白质复合物晶体结构线站（BL19U1）	高通量晶体结构线站（BL17B1）
能量分辨率	$\leqslant 2\times10^{-4}$（12 keV）	$\leqslant 2\times10^{-4}$（12 keV）	$\leqslant 3\times10^{-4}$（12 keV）
样品处光子通量	$\geqslant 5\times10^{11}$ phs/s*（12 keV @300 mA**）	$\geqslant 1.5\times10^{12}$ phs/s（12 keV @300 mA）	$\geqslant 5\times10^{11}$ phs/s（12 keV @300 mA）
聚焦光斑大小（FWHM***）	$\leqslant$10 μm×5 μm（$H\times V$，@12 keV）	$\leqslant$120 μm×80 μm（$H\times V$，@12 keV）	$\leqslant$120 μm×180 μm（$H\times V$，@12 keV）
光束发散角	$\leqslant$0.7 mrad×0.25 mrad（$H\times V$，@12 keV）	$\leqslant$0.1 mrad×0.1 mrad（$H\times V$，@12 keV）	$\leqslant$1.5 mrad×0.2 mrad（$H\times V$，@12 keV）

3.3　蛋白质微晶体结构线站（BL18U1）

BL18U1 由三大部分构成：① 光源点与前端区；② 光束线；③ 实验站。

3.3.1　光源

辐射光源的性质与光束线最终所能提供束流的品质密切相关，束线设计首先要选择合适的光源。对于 3.5 GeV 的电子能量，要在 5～18 keV 能区获得高亮度的同步辐射光，须采用短周期波荡器，并利用波荡器产生的高次谐波，来覆盖所需要的能量范围。

上海光源储存环的电子轨道设计所允许的最小间隙为 6 mm。若要得到连续的光子能量（波长）覆盖范围 5～18 keV，波荡器的周期长度要求不小于 2.4 cm。

3 种不同周期长度的波荡器（U26、U25、U24），其亮度与通量曲线如图 3－2 所示。从图中可以看出，在相同的总长度条件下，周期长度越短，整个能区的平均亮度越高，但是调谐能力下降，光子能量连续可调范围在低能端受到限制。综合各方面因素，选取 U25 波荡器作为束线光源。U25 波荡器朝低能端可较为容易地覆盖 5 keV，并具有进一步延伸到 4 keV 的潜力，能很好地满足基于元素 S 反常散射的单波长反常散射（SAD）****法对光子能量的要求，并可包括 Cr（铬）和 Mn 的 K 吸收边以及 I、Xe（氙）、Cs（铯）和 Ba

* phs/s 即 photons/s（光子/秒），为光子通量的计算单位。

** @表示在后面所示的情况下，例如@300 mA 是指在 300 mA 情况下。

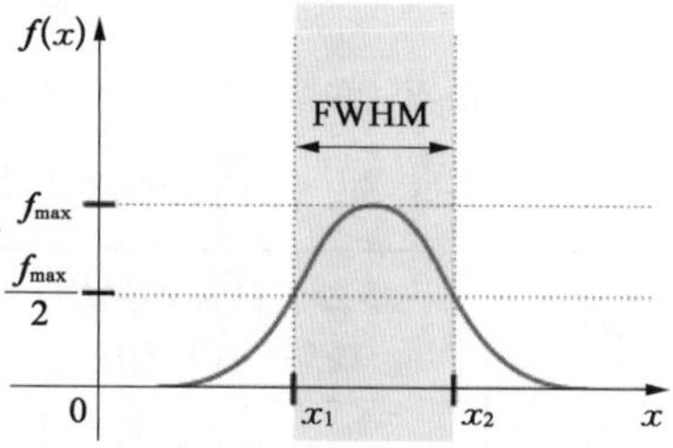

*** FWHM 即半高宽（full width at half-maximum），见图示。max：最大。

**** SAD：single-wavelength anomalous dispersion（单波长反常散射）。

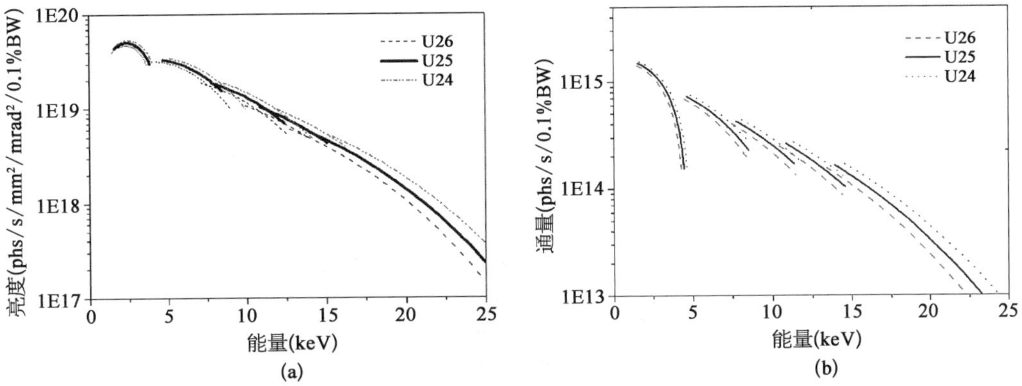

图 3-2 U24、U25、U26 波荡器的亮度和通量曲线 * (彩图见图版第 2 页)

其中波荡器总长度均为 2 m,最小磁隙为 6 mm。(a) 利用 XOP 程序计算得到的不同周期长度的波荡器的亮度;(b) 利用内部程序计算得到的通量曲线。

的 L 吸收边,且具有较高的亮度和相对较低的最大热功率。因此,我们选用 U25 波荡器作为光源。光源和波荡器的参数见表 3-2。

表 3-2 光源和 U25 波荡器参数

储存环电子束参数				波荡器参数	
电子能量	3.5 GeV	周期数	80	光子亮度(12 keV)	8.4×10^{18} phs/mrad²/mm²/s/0.1%BW
平均流强	200 mA	周期长度	2.5 cm	光子总通量(12 keV)	4.1×10^{14} phs/s/0.1%BW
单束团流强	5 mA	峰值磁场	≥0.85 T	辐射总功率	3.36 kW
水平发射度	3.9 nm·rad	最小磁隙	6.0 mm	光源辐射范围(FWHM)	0.5 mrad×0.2 mrad ($H\times V$)
σx	158 μm	基波能量	1.5~3.0 keV	中心光锥辐射张角(FWHM@12 keV)	80 μrad×20 μrad ($H\times V$)
$\sigma' x$	33 μrad	谐波次数	3~9	中心光锥光子通量(80 μrad×20 μrad@12 keV)	3.0×10^{14} phs/s/0.1%BW
σy	9.9 μm				
$\sigma' y$	4.0 μrad	相位误差(rms)	≤3°	等效光源尺寸(FWHM)	380 μm×25 μm ($H\times V$)

利用 XOP 程序计算得到的 U25 波荡器辐射功率密度角分布,如图 3-3 所示。

* BW 代表带宽(band width)。纵坐标的"E 数值"(或"E+/-数值")表示 10 的多少次方,这是计算机数据处理的输出中约定的数值表示方式。

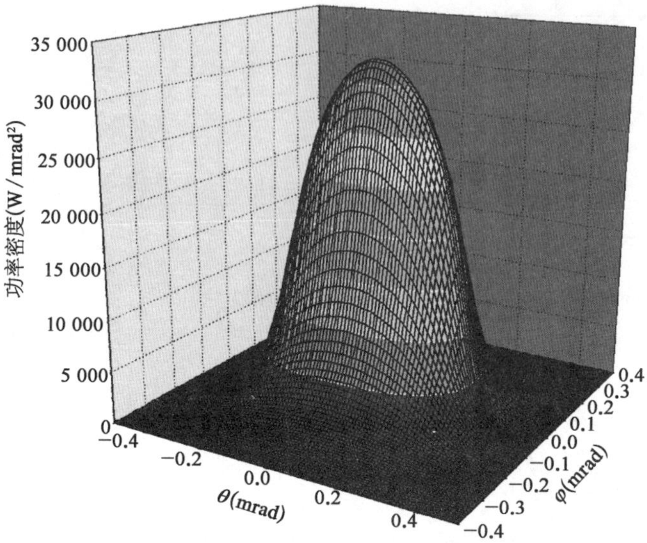

图 3－3　U25 波荡器辐射功率密度角分布(彩图见图版第 2 页)

3.3.2　前端区

前端区上连电子储存环，下接光束线，是两者的连接纽带。安全、可靠和稳定地运行，这是其最基本的设计要求。其作用主要如下。

① 同步光束的尺寸限制：将储存环提供的同步光，按束线的要求进行质和量的取舍，并输送至束线。

② 高热负载吸收：在满足束线要求基础上，处理掉多余的热功率，以减少束线中光学元件所承受的热负荷。

③ 元件的安全保护：保证光束不会打在未加保护和冷却的元件上。

④ 真空保护、过渡：为储存环、束线提供双向真空连锁保护，并且过渡从束线到储存环之间一系列不同的真空状态。

⑤ 人身保护：为实验大厅的工作人员及仪器设备，提供可靠的辐射屏蔽。

⑥ 光束位置测量：可以实时精密地监测 X 光光束的位置与方向。

上海光源的首批线站，已经分别对弯铁和插入件的前端区进行了标准化设计。蛋白质微晶体光束线站(也简称微晶线站)的前端，将直接使用插入件的前端区设计方案。前端区内主要部件的布局如图 3－4 所示。考虑到储存环隧道内的辐射损伤，前端区的元件主体均采用全金属材料，而且是超高真空环境下所选用的不锈钢或无氧铜。

3.3.2.1　总体布局(图 3－4、图 3－5)

自弯铁真空室出口法兰(flange)后依次为：储存环接口阀门(V1)；前置光阑(PreM)；四刀光位置探测器 1(XBPM1)；活动光子挡光器 1(PS1)；固定光阑 1(FM1)；荧光探测器(M1)；气动阀 2(V2)；快阀(FS)；四刀光位置探测器 2(XBPM2)；固定光阑 2(FM2)；荧光

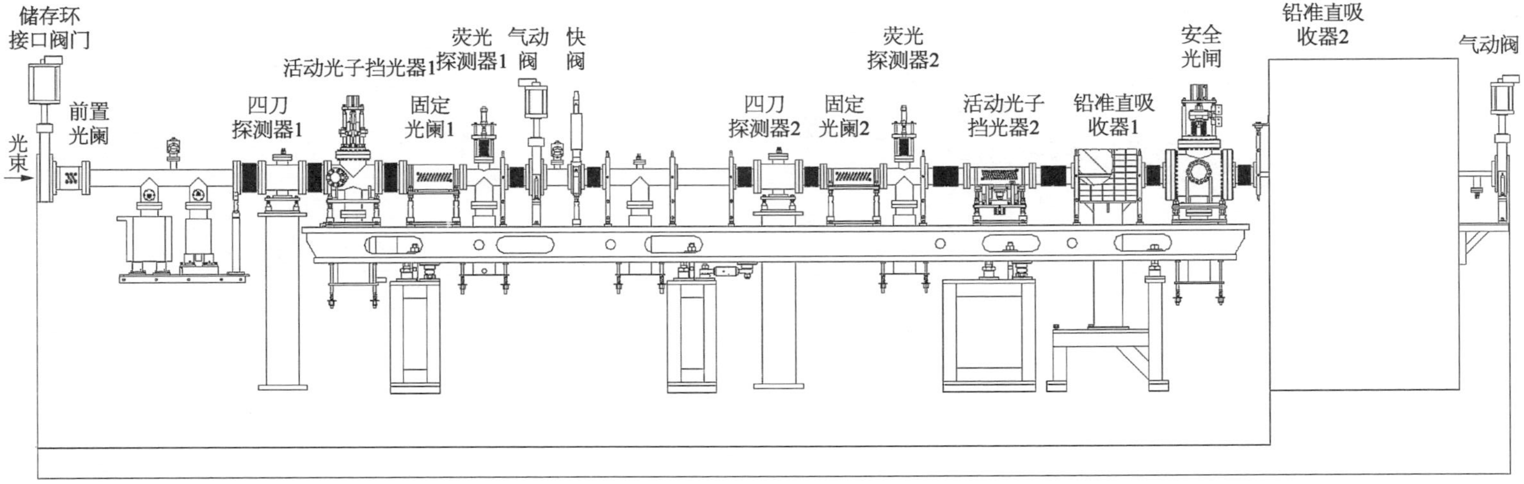

图 3-4 前端区内的主要部件的布局图

储存环接口阀门：V1;前置光阑：PreM;四刀探测器 1：XBPM1;活动光子挡光器 1：PS1;固定光阑 1：FM1;荧光探测器 1：M1;气动阀 2：V2;FS：快阀;四刀探测器 2：XBPM2;固定光阑 2：FM2;荧光探测器 2：M2;活动光子挡光器 2：PS2;铅准直吸收器 1：CLM1;安全光闸：SS;铅准直吸收器 2：CLM2;气动阀 3：V3。

探测器(FM2);活动光子挡光器 2(PS2);铅准直吸收器 1(CLM1);安全光闸(SS);铅准直吸收器 2(CLM2);气动阀 3(V3)。其中气动阀也称阀门。

3.3.2.2　工作模式

前端的工作模式分为 3 种:正常通光运行状态;用户停光进入光学棚屋的待机状态;前端因故障停止运行状态。如图 3-5 所示。

(1) 运行状态:所有能切断光束的元件处于打开状态,即所有阀门、活动光子挡光器、安全光闸等都处于打开状态,使光束能够顺利传至下游光束线实验站。

(2) 待机状态:用户欲进入光学棚屋时,如果不动易发生真空泄漏的部件,可仅放下活动光子挡光器 2(PS2)和安全光闸(SS);如要进入光学棚屋调节上述元件,为确保储存环真空安全,在放下活动光子挡光器(PS2)和安全光闸(SS)的同时,关闭阀门(V3)。此时,储存环、插入件(insert device,ID)处于供光状态,前端处于待机状态。

(3) 停机状态:前端与储存环直接相连,而且运动部件较多,如果真空、气路、水路等的任一系统发生故障,该前端及整条光束线必须停止运行。为避免使储存环及其他束线也同时停止运行,在这种情况下,如果是 ID 前端,则 ID 间隙拉开,活动光子挡光器 1(PS1)及阀门 2(V2)落下、关闭;如果是弯铁(bending magnet,BM)前端,则活动光子挡光器 1(PS1)及阀门 2(V2)落下、关闭,储存环及其他束线继续运行。

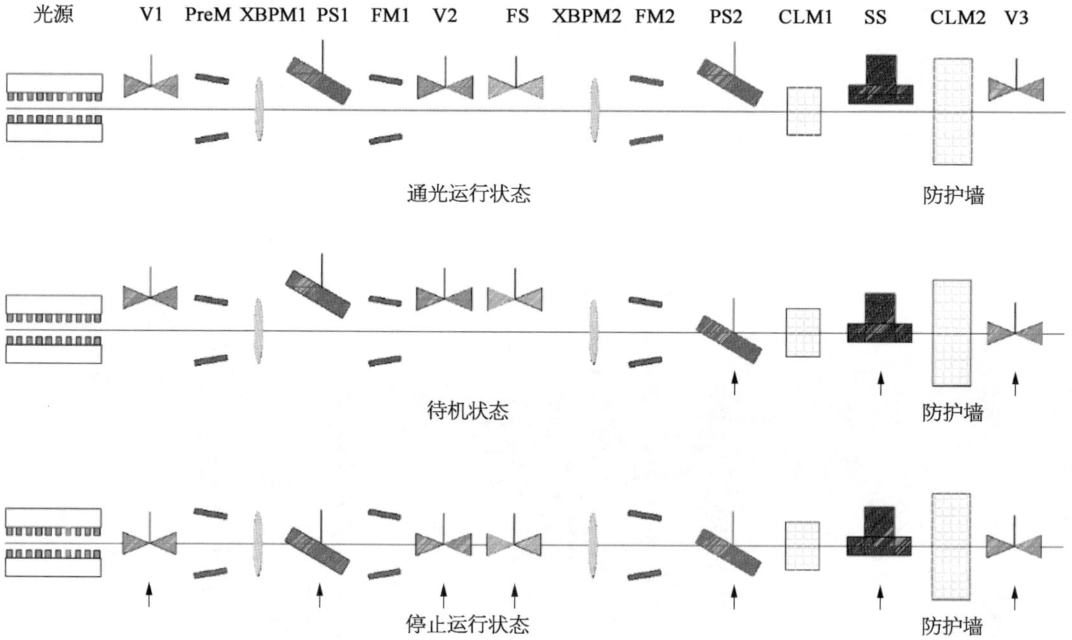

图 3-5　蛋白质微晶体结构线站的前端区工作模式图

在束线突发真空泄漏事故时,联锁保护系统会快速反应,剔除束流,关闭快阀(FS),与此同时前端所有阀门(V2、V3)、活动光子挡光器(PS1、PS2)和安全光闸(SS)会落下关闭。此时如果前端阀门(V1)可以打开,则储存环可视自身情况决定运行与否。而在这两种情况下,前端都要停止运行,等待维修和恢复,即处于停机状态。

3.3.2.3 辐射追迹

1. 同步光追迹

第三代同步辐射的高热负载,是前端区首要且须着重解决的问题,前端区应尽可能消除不必要的热负载,减轻对下游光学元件的压力。束线对通过前端区的同步光张角,要求为 0.3 mrad×0.15 mrad。

同步光追迹主要是模拟光束在各个位置的束斑大小,根据光源的功率分布,按束线的要求进行合理的分配与取舍,同时结合束流联锁阈值,模拟束流漂移时光束的极限运动,最终确定各主要受光元件的位置、孔径、长度等。如图 3-6 和图 3-7 所示。按图示的几何布局,经前端区限束后的同步辐射光最大张角为 0.3 mrad×0.15 mrad。

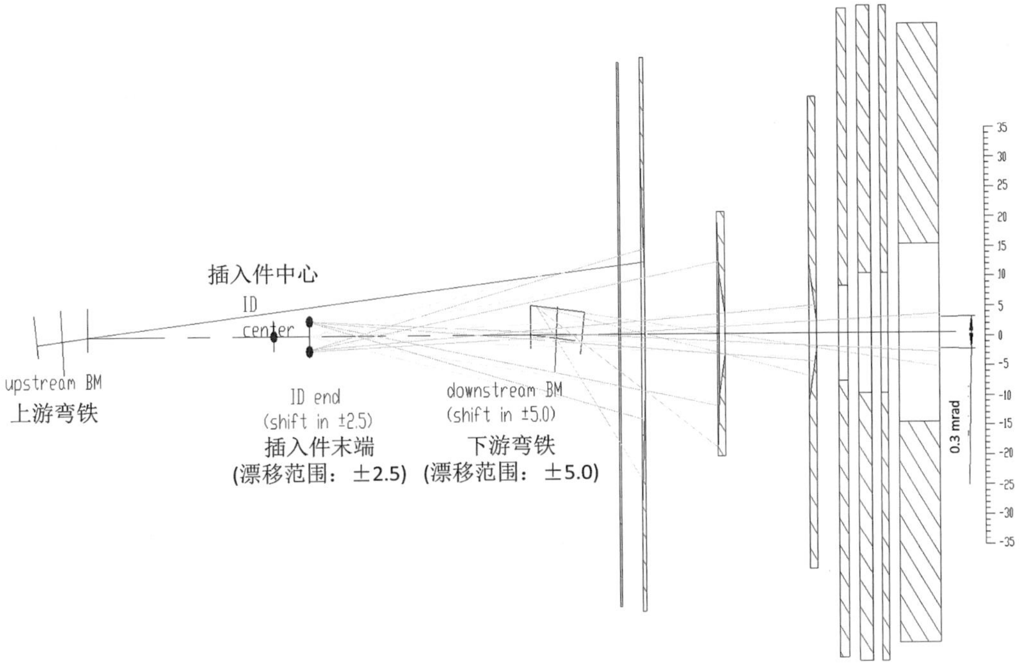

图 3-6 蛋白质微晶体结构线站前端区的同步光追迹(水平方向)
(详见下载图 3-6,下载网址见 31 页脚注)

2. 轫致辐射*追迹

辐射屏蔽保护设计,需要进行轫致辐射的计算、追迹,以确保安全光闸落下时,工作人员在屏蔽墙外所接收到的剂量处于安全范围内。其中铅准直吸收器主要用于阻挡除中心锥以外的辐射,而安全光闸在放下状态要能够挡住铅准直吸收器无法挡住的中心锥

* 轫致辐射又称刹车辐射或制动辐射,原指高速运动的电子骤然减速时发出的辐射,后来泛指带电粒子与原子或原子核发生碰撞时突然减速发出的辐射。

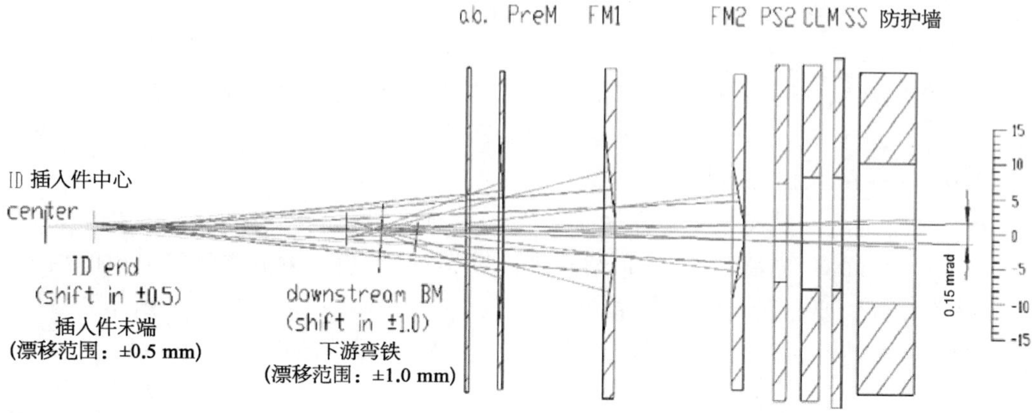

图 3－7　蛋白质微晶体结构线站的同步光追迹(垂直方向)(详见下载图 3－7，下载网址见 31 页脚注)

韧致辐射。以掠入射*进入铅准直吸收器的韧致辐射，则用附加的铅块阻挡。最后确定安全光闸、铅准直吸收器的尺寸，以及进入束线(incident beam)需要束线屏蔽的辐射范围。追迹结果如图 3－8 和图 3－9 所示。按照目前的设计，通过前端区传到光束线区域的最大韧致辐射张角为 23 mrad×5 mrad($H\times V$)。

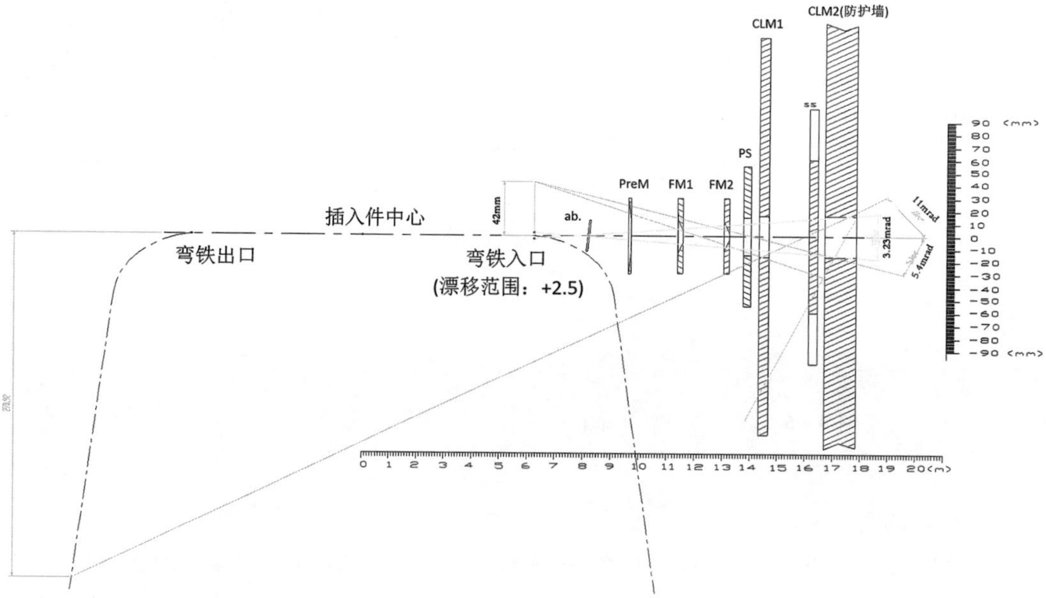

图 3－8　蛋白质微晶体结构线站前端区的韧致辐射追迹(水平方向)
(详见下载图 3－8，下载网址见 31 页脚注)

* 掠入射是指光从一种介质向另一种介质传播时，入射光与介质交界面几乎平行的情况。参见 71 页脚注。

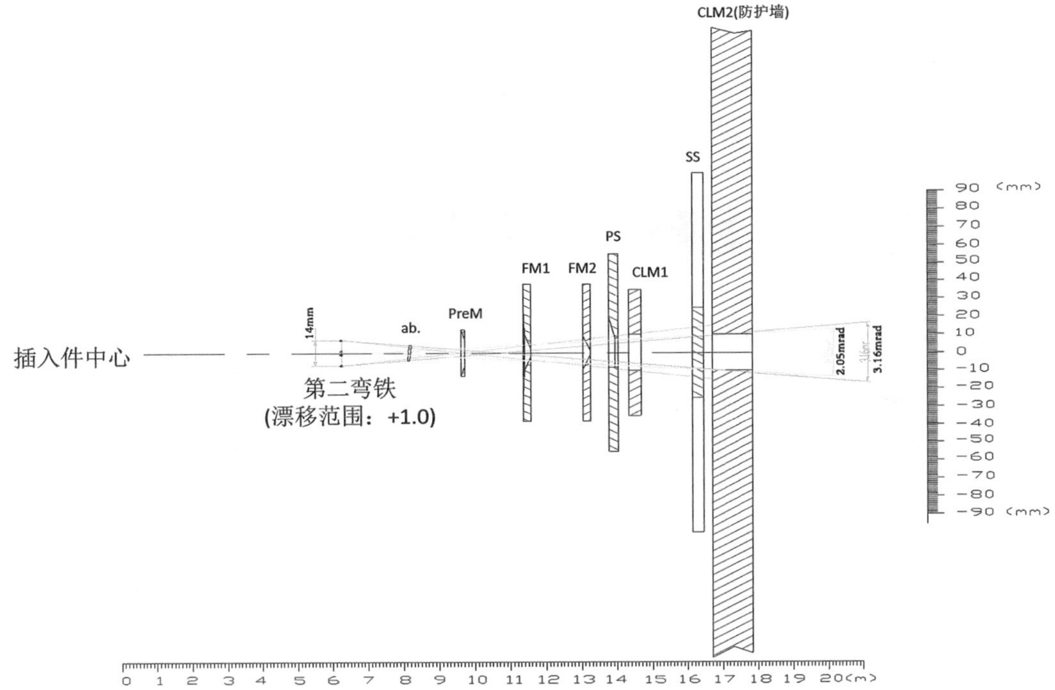

图 3-9 生物大分子光束线前端区的轫致辐射追迹(垂直方向)
(详见下载图 3-9,下载网址见 31 页脚注)

3.3.3 光束线

3.3.3.1 光学系统

U25 波荡器中心锥的辐射张角很小,约为 60 μrad × 30 μrad。中心锥以外的辐射弥散,对样品处的光强几乎没有贡献,但热功率很高,要尽可能加以阻挡吸收。从波荡器产生的辐射,经前端区的限束光阑后,其出射光束发散角为 0.3 mrad × 0.15 mrad ($H \times V$),再经光束线水冷狭缝,限制成发散角为 0.10 mrad × 0.05 mrad ($H \times V$) 的光束。所以,不必采用前置准直镜对光束进行准直,就能够达到多波长反常散射(multi-wavelength anomalous dispersion, MAD)实验所需的约 10^{-4} 的能量分辨。

经过前端区限束的光束,入射到双晶单色器晶体上。光束经过单色器晶体选取所需要的波长后,经由一个侧向放置的柱面镜在子午方向反向压弯形成的超环面镜(即马鞍面镜),在垂直方向进行聚焦,在水平方向进行散焦;最后经由一个压缩比较大的柱面镜,对光斑进行水平方向的聚焦,聚焦的焦点在实验站样品处。束线光学结构原理如图 3-10 和图 3-11 所示。目前国际上类似光束线的设计,一般采取大压缩比的 K-B 镜聚焦,以获得小光斑。由于光束线的总长度有限制,这种大压缩比的聚焦模式通常像距(聚焦镜距样品点的位置)很短,不便于实验站内设备的安装和调节。这条束线所采取的这种光学设计,在水平方向的聚焦模式与光学显微镜的放大原理类似。它巧妙地利用二级放大原理,在实现微

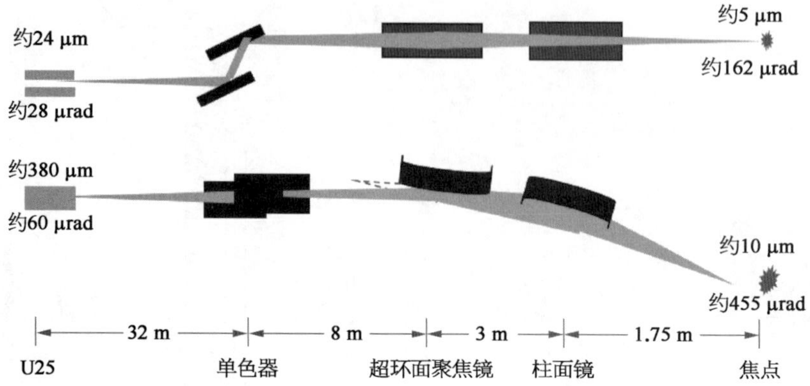

图 3 - 10　蛋白质微晶体光束线的光学设计原理示意图(彩图见图版第 3 页)

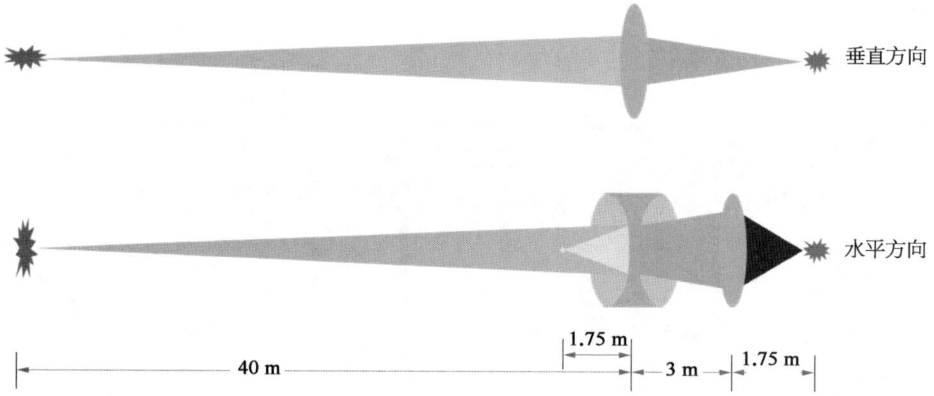

图 3 - 11　微晶线站的聚焦模式示意图(彩图见图版第 3 页)

小光斑的同时,很好地兼顾了聚焦镜与样品点的距离。同时,这种设计很好地利用了超环面镜弧矢方向面形误差对聚焦光斑的尺寸影响不大,以及波荡器光源垂直方向尺寸较小的特点,即压缩比不用太大,垂直方向的光斑尺寸就能达到 6 μm 左右。

在束线设计中,将超环面聚焦镜侧向放置,即利用超环面镜的弧矢弯曲,来实现光束的垂直聚焦;利用反向压弯的超环面镜(马鞍面镜)凸起的子午曲面,来实现光束的水平发散。在距光源点 43 m 的地方,侧向放置一块压缩比较大的柱面镜,在水平方向对光束进行聚焦。采用这样的几何光学布局,不仅可大大降低聚焦镜面形误差* 对垂直方向聚焦光斑尺寸的影响,而且使最终的出射光束平行于水平面。这对于束线安装、准直、调试以及实验站的布局,会带来很大方便。

束线光学设置(不包括前端区)如图 3 - 12 所示。

在如上所述的光学系统中,直接影响光束性能的主要参数有,单色器晶体的热形变

* 面形误差就是聚焦镜的实际表面与理想表面之间的偏差。

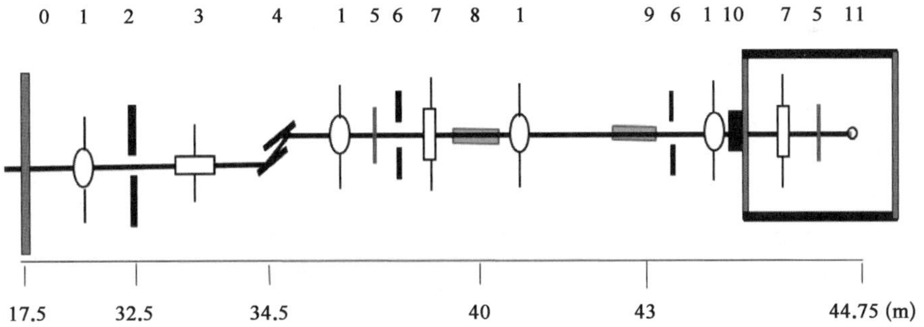

图 3-12　微晶线站的束线光学设置

0：防护墙；1：γ 准直吸收器；2：白光水冷狭缝；3：白光荧光靶组件；4：双平晶单色器；5：铍窗；6：精密四刀狭缝；7：单色光的光束位置监测器(BPM)及荧光靶组件；8：超环面聚焦镜；9：柱面镜；10：光闸；11：实验站。

误差、聚焦镜的面形误差、铍窗的透射率等。下面将分别对这些参数的要求进行计算分析，并介绍主要光学设备。

1. 双晶单色器

单色器采用无色散排列、固定出口高度的结构[*]，其主要参数与指标的要求列于表 3-3。单色器运动机构的原理是：布拉格转轴位于第一晶面中心(也可选择使布拉格转轴位于第二晶体表面或者其他地方，但是对单色器结构须作相应的调整)。做布拉格扫描时，第二晶体可沿着 Y 轴和 Z 轴方向运动，使得出射光位置不变。单色器采用间接液氮冷却，用同一个冷却回路对第一晶体和第二晶体进行串联冷却。第二晶体接收的热负载远小于第一晶体(主要是散射光)，对第二晶体进行冷却主要是为了使 2 块晶体保持在基本相同的温度。对双晶单色器运动机构的技术要求，见表 3-4。

表 3-3　双晶单色器的物理参数及性能指标

工作能区	5～20 keV	布拉格角[**]范围	5～30°	入射/出射高差	约 25 mm
能量分辨率	$\leqslant 2\times10^{-4}$	可承受最大热功率	≥200 W	高差变化	≤10 μm
最小能量步长	$\leqslant 10^{-5}$ eV	可承受最大热功率密度	≥30 W/mm²	第一晶体参考尺寸	15 cm×3 cm×3 cm
真空度	$\leqslant 10^{-7}$ Torr[***]	热形变	≤5 μrad	第二晶体参考尺寸	15 cm×3 cm×3 cm

* 单色器有 2 块晶体。2 块晶体的排列是无色散的(n, $-n$)排列，这里 n 代表一组衍射面的指数。单色器出口的高度是固定的。

** 布拉格角：Bragg angle。

*** Torr(托)为常用非法定真空度单位。1 Torr = 1 mmHg = 133.32 Pa。

表 3－4　双晶单色器运动机构的主要技术指标要求

参　　数	调节范围	最小步长/分辨率	重复精度
布拉格角(θ)	－3～35°	≤0.18″	±0.5″
第一晶体垂直移动(Z_1)	80 mm	2 μm	<10 μm
第二晶体移动(Y_2)	120 mm	2 μm	< 10 μm 5″/平直度*
第二晶体移动(Z_2)	50 mm	2 μm	< 10 μm 5″/平直度
第一晶体和第二晶体滚角调节(T_{Y1}和 T_{Y2})	±1°	0.15″	±1″
第二晶体投角调节($\Delta\theta_2$)	±1°	0.01″	±0.1″
整体摆角调节(Φ_2)	±4°	0.001°	0.01°

2. 聚焦镜

本线站用到的 2 个聚焦镜——超环面镜和柱面镜，是侧向放置的。主要的物理参数和性能指标见表 3－5。精密压弯机构是聚焦镜的技术关键，本系统采用的是四点压弯技术。聚焦镜方位调节分为位置与角度调节两部分，镜体方位角(T_X，T_Y，T_Z)由镜箱内的微调机构加以实现。调节机构的技术指标，列于表 3－6。

表 3－5　聚焦镜物理参数及性能指标

反射镜	超环面镜	柱面镜
镀层材料	铑(Rh)/Si	Rh/Si
镀层厚度	50 nm	50 nm
反射镜有效尺寸(长×宽)	850 mm×1.5 mm	850 mm×1.5 mm
镜体尺寸长×宽×厚	1 000 mm×40 mm×50 mm	1 000 mm×40 mm×50 mm
弧矢半径	26.8±0.5 mm	∞
子午弯曲半径	800 m ～ ∞	500 m ～ ∞
源距	40 m	43 m
像距	－2～－1.5 m(H) 4.25 m(V)	1.25 m
表面粗糙度	≤0.3 nm	≤0.3 nm
弧矢面形误差	≤10 μrad	≤5 μrad
子午面形误差	≤1.0 μrad	≤1.0 μrad
掠入射角	3.5 mrad (2.5～4.5 mrad 可调)	3.5 mrad (2.5～4.5 mrad 可调)

* 5″/平直度是指在单色器第二晶体运动过程中保持晶面与起点处晶面之间的平直度小于 5″。

(续表)

反射镜	超环面镜	柱面镜
截止能量	22 keV	22 keV
最大接收角($H \times V$)	0.09 mrad×0.1 mrad	0.08 mrad×0.1 mrad
工作能区	5～20 keV	5～20 keV

表 3-6 聚焦镜调节机构的技术指标要求

参　　数	调节范围	最小步长/分辨率	重复精度
水平移动 x/ 垂直移动 z	25 mm	1 μm	5 μm
镜体投角 T_x	±0.3°	0.2″	2″
镜体滚角(T_Y) 镜体摆角(T_Z)	±1°	0.5″	5″

3. 白光狭缝和光束位置监测器

在光束线上，采用 1 个水冷白光狭缝和 2 个单色光狭缝。水冷白光狭缝位于单色器之前，用于限定入射光束张角和减轻单色器上的热负载。水冷白光狭缝需要承受的热功率接近 2 kW，功率密度也很高(正入射时约 90 W/mm^2)。束线采用水冷掠入射四刀结构*，受光面上的功率密度约为 5 W/mm^2。单色光狭缝位于单色器之后，用于阻挡杂散光及限定出射光束的张角。当必要时，利用该狭缝减小出射光束的发散角，还能进一步提高能量分辨率，降低相应的光子通量。单色光狭缝采用四刀口结构，不冷却。束线中安装一个白光荧光靶，位于白光狭缝之后，用于检测入射白光束的形状和中心位置，便于白光狭缝开口和中心位置的设定。由于入射白光束的功率密度高，白光荧光靶采用掺杂(掺有杂质的)金刚石膜产生荧光，配以 CCD 相机(电荷耦合器件摄像机)进行在线观察。白光荧光靶需要冷却。

光束线中采用了 3 个单色光光束位置监测器(beam position monitor, BPM)，分别用于监测单色器、超环面聚焦镜和柱面聚焦镜的出射光束位置。这 3 个 BPM 也是单色器和聚焦镜调试及束线反馈调节所需要的。监测聚焦镜出射光束的 BPM，距离聚焦镜越远越灵敏，可以安装在实验站内近光束线的末端处。单色光 BPM 拟采用金属膜四象限光电二极管型 BPM，并配以单色光荧光靶组件，用以实时监测光束的位置和在必要时检测光束的形状。光束照射在 Ti(钛)、Al 等金属膜上，薄膜会散射部分 X 射线。在薄膜后面用 4 个高灵敏度的光电二极管阵列，接收被散射的 X 射线。对所产生的光电流信号进行相应的差分计算，可得到同步光束入射在薄膜上的位置信息。通过测量光电流总强度，还

* 水冷掠入射四刀结构：水冷表示用水流冷却；掠入射是指光从一种介质向另一种介质传播，入射角接近于 90°，即入射光与介质交界面几乎平行；四刀结构是指由独立运动的 4 个刀片所组成的结构。

可得到入射光强信息，因此这类 BPM 同时可用于光强监测。所选取的金属膜很薄（约 1 μm），对光束几乎没有任何影响。狭缝与 BPM 的主要参数与指标要求，列于表 3－7。

表 3－7 狭缝与 BPM 的主要指标要求

参 数	水冷白光狭缝	单色光狭缝	BPM
行程（水平）(mm)	±10	±10	±10
行程（垂直）(mm)	±5	±5	±5
重复精度（水平）(μm)	10	5	5
重复精度（垂直）(μm)	5	5	2
分辨率（水平）(μm)	2	1	
分辨率（垂直）(μm)	1	1	
最大热吸收功率（W）	1 500		
最大热功率密度（正入射）(W/mm^2)	150		

4. 铍窗

整个光束线上采用 2 个铍窗组件，分别安装在聚焦镜前面和光束线末端。前一个铍窗厚度为 50 μm，用于隔离聚焦镜的超高真空和单色器的高真空；第二个铍窗厚度为 250 μm，将光束线管道真空与外界大气环境隔开。为避免铍膜的氧化，铍窗另加 Kapton 膜（聚酰亚胺薄膜，厚度约 20 μm）隔离，以免直接暴露在大气中。铍窗和 Kapton 膜之间充氦气（He），长度 2～3 cm 即可，其对光束的吸收可以忽略。对光束线上不同部分的真空，有不同要求，采用真空差分系统来保证。光束线上晶体单色器真空室的真空度最低，为 10^{-7}～10^{-8} Torr。前端区上游部分靠近储存环，真空度要好于 10^{-9} Torr，单色器下游聚焦镜处的真空度须达到 10^{-9} Torr。由于束线较长，束线设计上已留有足够的空间，以安装差分泵。利用简单的差分，就可以满足前端区和聚焦镜的超高真空及其他区域的高真空要求。避免采用高功率水冷铍窗，不但简化了束线结构，也降低了造价。

3.3.3.2 光束性能分析

光线追迹软件 SHADOW，能较好地模拟实际的光传输过程。其计算结果可作为实际光学性能的参考。用 SHADOW 追迹软件对光源点及束线的性能进行了模拟，模拟计算中已包括图 3－12（69 页）所示的各个光学部件的影响与贡献，并已考虑了单色器热形变和聚焦镜面形误差的影响。追迹结果表明，通过调节超环面聚焦镜在水平方向上的压缩比和狭缝开口大小，可使样品处聚焦光斑的尺寸在 10 μm×5 μm～25 μm×15 μm 之间变化，相应的样品处光子通量在 2×10^{11}～10^{12} phs/s（12 keV@300 mA）的范围内。下面只介绍在聚焦光斑尺寸为 10 μm×5 μm 条件下光束线的各项指标。

1. 光源点特性

SHADOW 模拟得到的光源点大小约为 0.38 mm×0.024 mm（图 3－13），光源点中心光锥的发散角约为 60 μrad×28 μrad（图 3－14）。

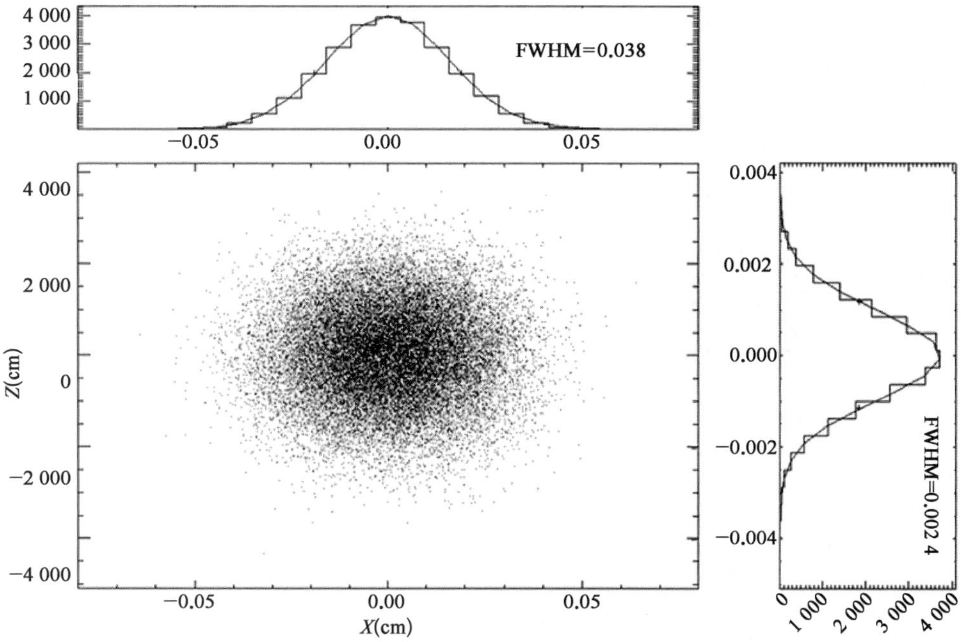

图 3 - 13 微晶线站光源点尺寸

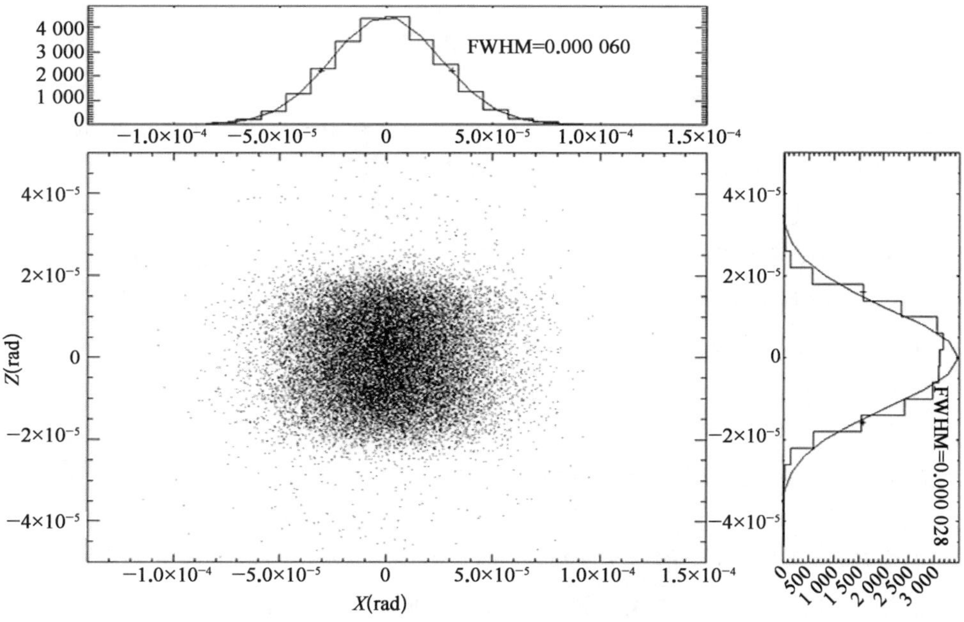

图 3 - 14 微晶线站光源点中心光锥发散角

2. 能量分辨率和光子通量

利用 SHADOW 模拟计算了在 12 keV 时的谱分布曲线(图 3－15)。由 $\Delta E/E$ 计算出 12 keV 处的能量分辨率为 1.74×10^{-4}。

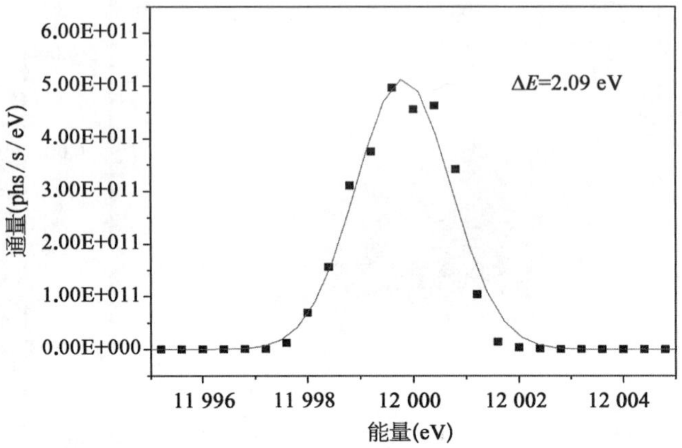

图 3－15　微晶线站单色器设置为 12 keV 时的能谱曲线

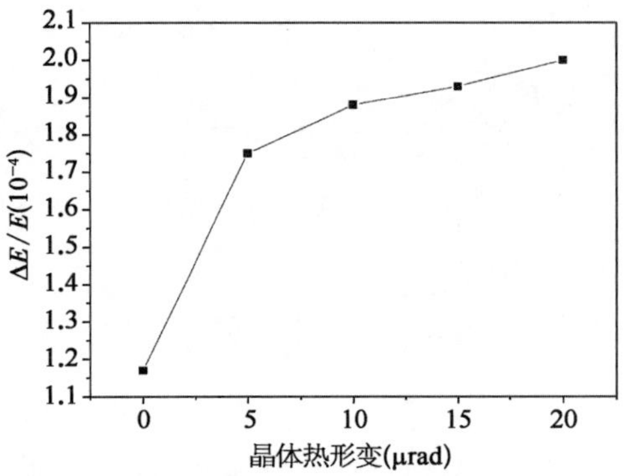

图 3－16　微晶线站晶体热形变对单色器分辨率的影响(12 keV)

单色器第一晶体的热形变,会对能量分辨率有较大影响。在光束性能的模拟计算中,对于晶体的热形变误差均采用球形凸起近似,按不利的情形(热凸起)来分析能量分辨率的变化情况。利用 SHADOW 软件计算得到的不同晶体的热形变面形误差对能量分辨率的影响,如图 3－16 所示。由此图可以看出,当晶体的热形变面形误在 20 μrad 以内时,能量分辨率均小于 2×10^{-4}。用 SHADOW 模拟计算的样品处光子通量约为 5×10^{11} phs/s。

3. 聚焦光斑尺寸

用 SHADOW 模拟得到的能量为 12 keV 时,最优化的聚焦光斑大小约为 10 μm×5 μm(如图 3－17 所示),此时样品处的光子通量为 2×10^{11} phs/s。当聚焦光斑尺寸放宽到 25 μm×15 μm 时,样品处的光子通量可达 1×10^{12} phs/s。

由于聚焦光斑在垂直方向上的尺寸已经很小,而且对光斑进行垂直方向聚焦的是聚焦镜的弧矢曲面,聚焦镜弧矢方向的面形误差对聚焦光斑的性能不会有明显影响,因此聚焦光斑在垂直方向的尺寸能够控制得很好。

对光束水平方向进行聚焦的是柱面镜,柱面镜的面形误差主要对聚焦光斑水平方向的尺寸有影响。图 3－18 是能量为 12 keV 时,聚焦光斑水平方向的尺寸随着柱面镜的面形误差而增大的变化曲线。当聚焦镜子午方向的面形误差控制在 1.5 μrad 以内时,水平方向的光斑尺寸均小于 13 μm(通量均大于 5×10^{11} phs/s)。

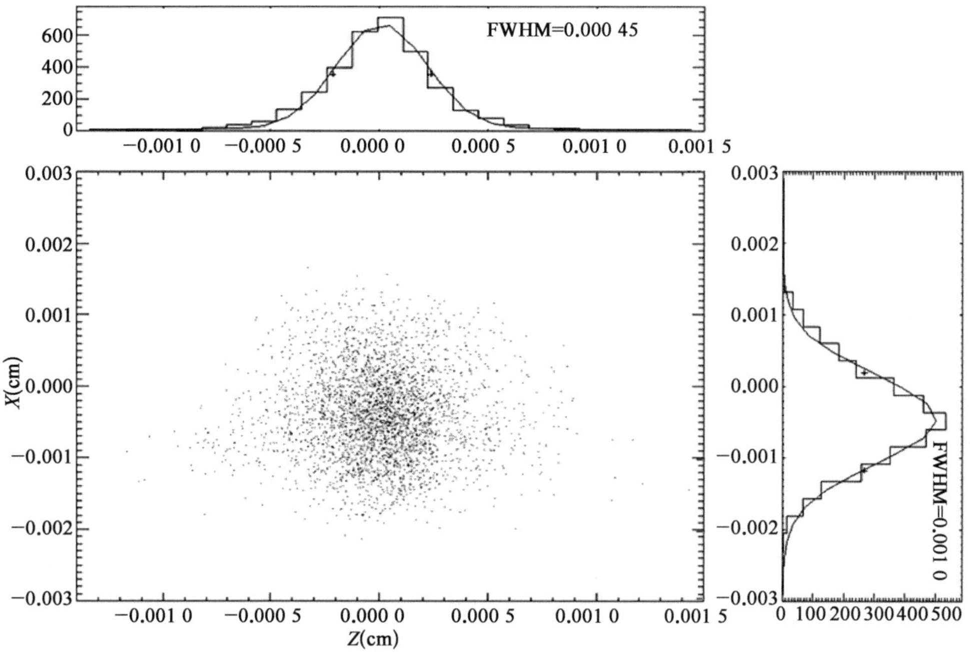

图 3-17 微晶线站的聚焦光斑尺寸

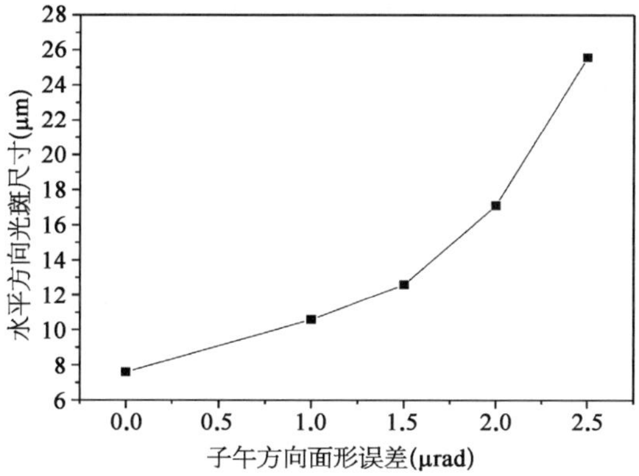

图 3-18 微晶线站聚焦光斑水平方向尺寸随柱面镜面形误差的变化曲线

4. 光束发散角

用 SHADOW 模拟得到能量为 12 keV 时聚焦光束发散角约 0.46 mrad×0.16 mrad(如图 3-19 所示),光束发散角基本上不随能量而变化。

利用设置在聚焦镜前面的精密狭缝进行限束,可以进一步减小光束的发散角。但是,样品处的光子通量也会随之下降。

3.3.4 实验站

实验站处于光束线的末端,是用户进行生物大分子晶体衍射实验的地方。生物大分

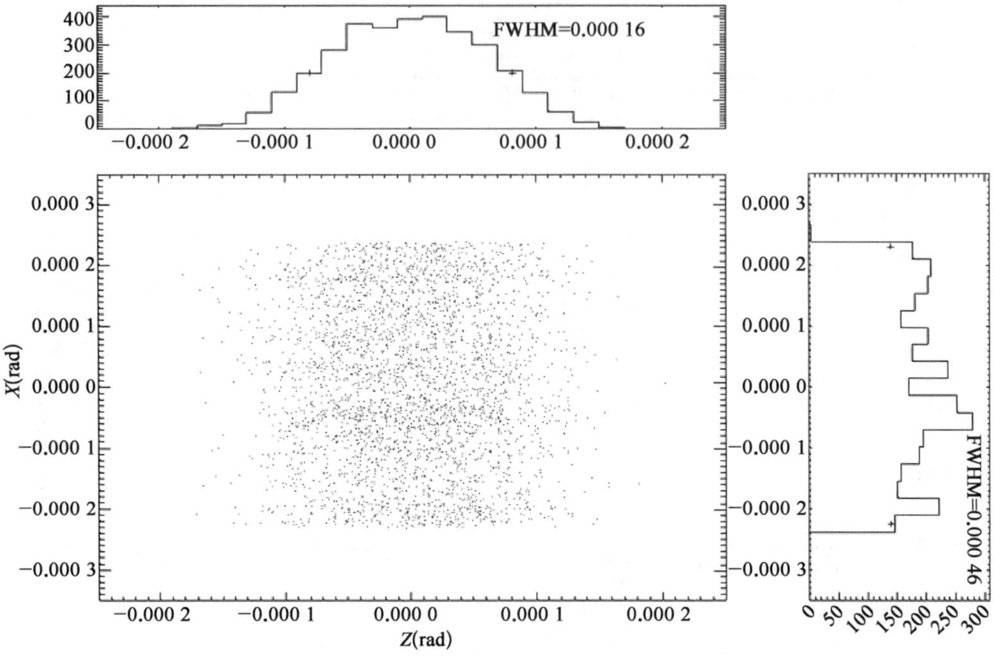

图 3－19　微晶线站的聚焦光斑发散角

子晶体学研究的是如何利用 X 射线晶体衍射的方法，求解生物大分子的三维空间结构。在生物大分子晶体学的实验中，常用的实验方法是单轴旋转法。晶体围绕着某一个垂直于 X 光入射方向的轴，小角度地旋转或者回摆。而入射到晶体上的 X 光会发生衍射，每个衍射强度通过面探测器（如图 3－20 所示）被记录下来。这样最终得到的实验结果，是一帧帧衍射图。然后，运用数学方法计算电子密度图，通过电子密度图将蛋白质分子的三维空间结构构建出来。

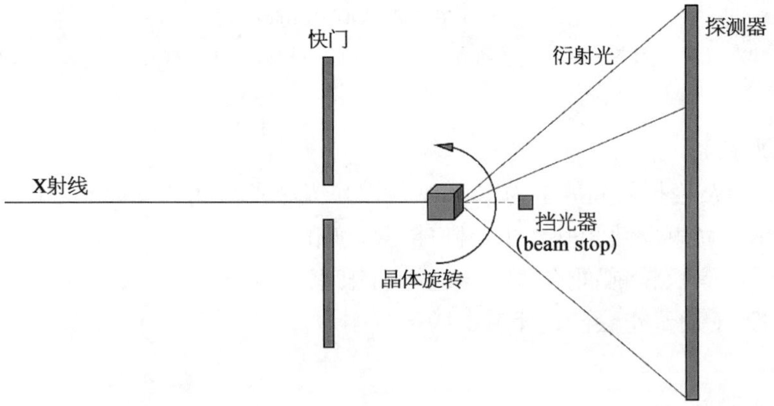

图 3－20　旋转阀实验示意图

微聚焦光束线主要是针对微晶体样品的(20 μm 以下)。与其他生物大分子晶体学实验站相比,它具有一些特殊之处。微聚焦光斑在 5～25 μm 之间。为保证在数据采集过程中,实验站光斑及样品的位置保持稳定,必须尽可能减少环境的影响,比如温度、振动等。要精确定位微小的蛋白质晶体样品,就需要高放大倍数的显微镜。要保证晶体样品在旋转过程中始终处于 X 光路中,对测角仪 φ 轴的偏心率(sphere of confusion, SOC)就有极高要求,至少要在 1 μm 以下。微聚焦光束线的光强极高,很容易造成晶体的辐照损伤。为采集一套完整的衍射数据,还须对微晶体样品作一些精确的位置移动,从而能够从同一颗晶体的不同位置,采集一套完整的数据。微晶体的一般衍射能力比较弱,因此还须配备一台高性能探测器,以便采集较高分辨率的微弱的衍射数据。所有这些都要求微聚焦实验站的各种仪器设备具有更高的性能。

3.3.4.1　实验站硬件设备

生物大分子晶体的晶胞一般比较大,相应地能够产生的衍射点也较小分子晶体多得多。所以,要采集一套完整的数据,必须采集许多帧(frame)衍射图。为提高数据的精确性,必须保证每帧衍射图的曝光时间及旋转角度相等。为此,要配备高精度的衍射仪及快门。就微晶体而言,由于其体积非常小,而且必须在旋转过程中位置始终保持不动,因而对衍射仪的要求就远较常规晶体为高。

从衍射图中得到的是衍射强度,而要得到三维结构,还需要相位信息。目前常用的解相位方法包括分子置换法(MR)[1,2]、同晶置换法(MIR/SIR)[3,4]、反常散射法(MAD/SAD)*[5-7]、直接法(direct method),以及这几种方法的结合等。除了反常散射法,其他几种方法并不需要特殊的处理,而反常散射法由于是利用反常散射效应所产生的结构因子 $\boldsymbol{F}(+)$ 和 $\boldsymbol{F}(-)$ 之间的微小差异来求解相位,故需要通过扫描反常散射原子荧光谱,来寻找反常散射信号的最大能量。高强度的 X 射线照射到生物大分子晶体样品上,会造成辐射损伤,使得晶体衍射能力降低甚至消失,因此需要采用晶体样品的低温冷却装置,以降低晶体温度,使之能够承受住较长时间的 X 射线照射,以便采集到完整的数据。

同步辐射机时非常宝贵,尤其在国内生物大分子光束线很少的情况下。因此,必须高效地利用机时。在生物大分子晶体衍射实验的过程中,筛选合适的晶体样品是一个非常耗时的过程,因此配置自动上样机器人以提高实验效率,是目前国际上生物大分子晶体学光束线站的主流趋势。对于微聚焦光束线站来说,配置了机械手以后还可以减少实验人员进出实验棚屋的次数,减少实验棚屋内的环境变化及振动。此外,实验站还包括样品观察系统、狭缝、电离室、探测器支撑、强度衰减器等设备。实验站的配置图见图 3-21。

3.3.4.2　实验站控制及数据处理

控制系统是实验站的重要组成部分。好的控制系统能够最大限度地发挥光束线及

---

* MR: molecular replacement(分子置换);MIR/SIR: multiple isomorphous replacement/single isomorphous replacement(多同晶置换/单同晶置换);MAD/SAD: multi-wavelength anomalous dispersion/single-wavelength anomalous dispersion(多波长反常散射/单波长反常散射)。

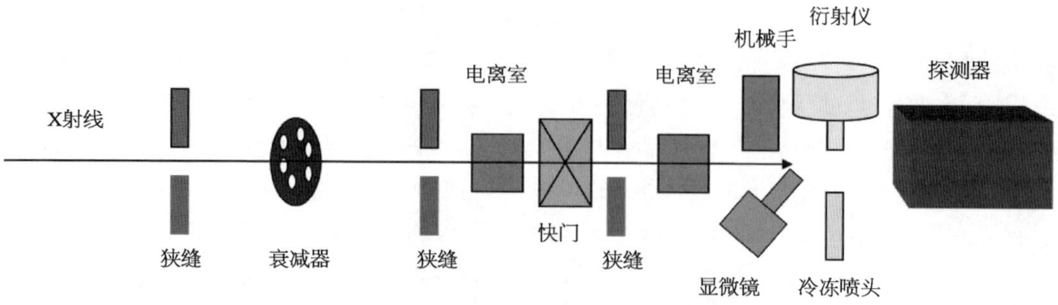

图 3-21　微晶线站实验站设备配置图

实验站的性能。实验站的控制系统是高度集成的，应该能够与光束线控制系统通信，完成束线设备调试，还必须能够控制实验站内的大部分设备，完成晶体衍射数据采集的过程。控制系统需要有荧光扫描功能，以满足反常散射实验的能量选择。控制系统需要集成自动上样机器人的控制，便于更换样品，进行样品刷选。上海光源所采用的光束线控制系统是 EPICS 软件[8]。所以，实验站的控制系统需要有与 EPICS 控制系统的接口。对控制系统来说，最重要的是实现快门与测角仪旋转轴的同步，这关系到每张衍射图曝光时间的控制，对实验数据的质量具有非常重要的影响。图 3-22 是实验站控制和数据采集系统的结构框图。操作员接口(OPI)层的监测、控制和数据采集的计算机，选用基于 LINUX 的 PC 机，输入/输出控制器(input/output controller，IOC)选用 VME/MVME5500，运动控制器选用美国 OMS 公司的 MAXv-8000。由于 CCD 的读出数据量很大，因此配备一台专用的服务器，以保存 CCD 的实验数据。

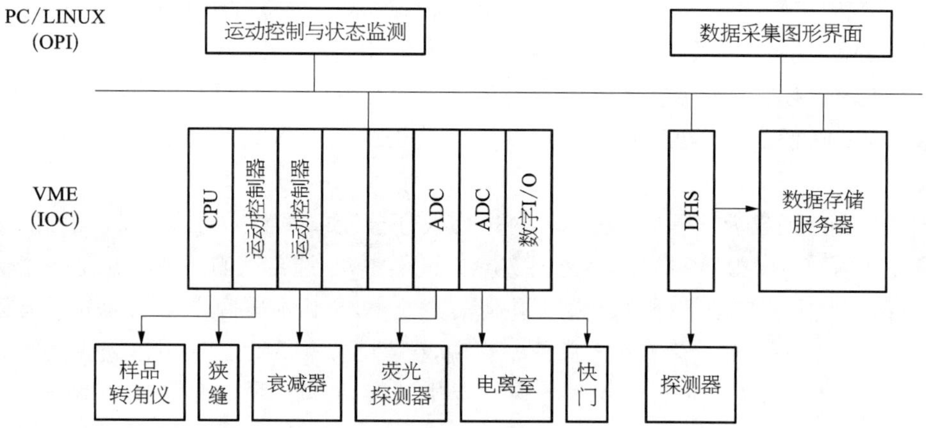

图 3-22　实验站控制和数据采集系统结构框

OPI：操作员接口(operator interface)；DHS：分布式硬件服务器(distributed hardware server)；VME：通用计算机总线(VersaModule Eurocard)；ADC：应用交付控制器(application delivery controller)。

对生物大分子晶体衍射数据的处理，主要包括以下几个步骤：衍射数据简化；相位计算；建立分子模型；修正。相应于不同的数据处理方法，有很多晶体学软件，而且不断地有新软件推出。生物大分子实验站为方便用户的使用,会安装比较常用的部分生物大分子晶体学软件,包括几个大的晶体学软件包,如 CNS、PHENIX 及 CCP4 等。还有数据简化的 HKL2000、XDS、Mosflm 等,解相位的软件 SHELXD、SHARP、SnB、OASIS 等。具体流程及各步骤所用的软件,见图 3-23。

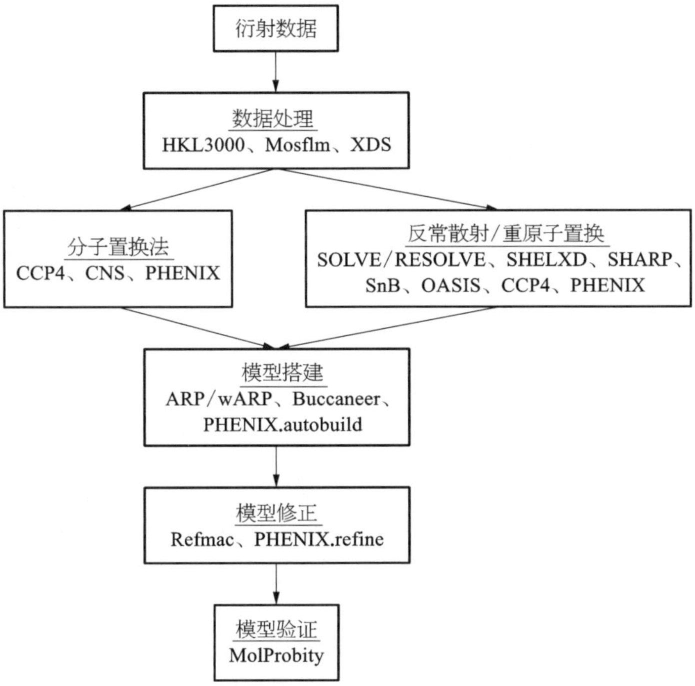

图 3-23 生物大分子晶体衍射数据的分析流程以及各步骤所需的软件

3.3.4.3 实验站主要设备

1. 衍射仪和快门

本条光束线针对小晶体(5～20 μm),因此需要测角仪具有非常高的精度。考虑使用空气轴承的旋转轴,以提高转速及旋转精度。晶体在旋转过程中必须位置始终保持不动,这要求旋转轴的偏心率(SOC)须小于 1 μm。可以沿转轴方向平移,以便将晶体移到 X 光束里面。在转轴顶端须有 $X-Y$ 移台,可将晶体样品移至转轴上。由于现在针对的是微晶体,因此要求测角仪在各个方向移动的精度都达到 1 μm(测角仪的参数见表 3-8)。快门是用于控制曝光时间的设备。快门与衍

图 3-24 MD2 衍射仪外观

图片引自 Bruker 公司的相关产品说明书。

射仪转轴之间的同步，对衍射数据的质量影响非常大。为提高同步的精确性，同步过程的控制被做到硬件中。最终的曝光时间误差要小于 5 ms。本实验站采用 MD2 衍射仪（图 3－24）。

表 3－8　MD2 衍射仪的主要参数

旋转 φ 轴		X 和 Y 轴	
类　型	气动	机械分辨率	0.27 μm/步长
分辨率	<0.000 1°/步长	编码器分辨率	0.1 μm
最大转速	120°/s	运动范围	±2.5 mm
转动范围	>360°	**Z 轴（沿旋转轴）**	
可重复性	<0.002°	机械分辨率	0.27 μm/步长
混乱度	<1 μm	编码器分辨率	0.1 μm
振荡扫描精度	<0.001°	运动范围	±15 mm
		最大速度	2 mm/s

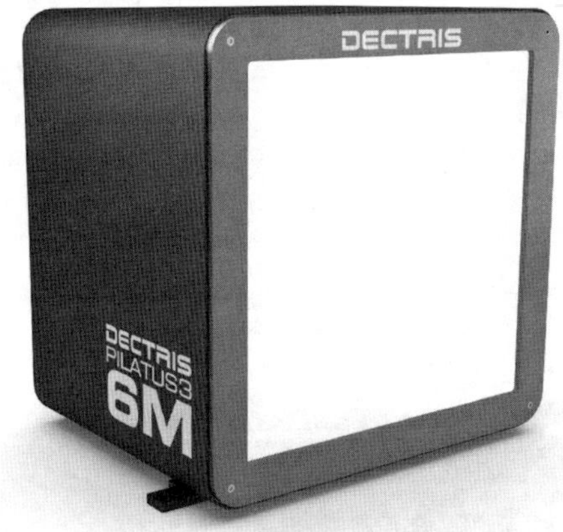

图 3－25　Pilatus3 6M 探测器图片
图片引自 Dectris 公司相关产品说明书。

2. CCD 探测器

对于生物大分子的三维结构研究来说，分辨率的推进是非常重要的。就微小晶体样品而言，对衍射分辨率和探测器面积的要求不是非常高，但值得注意的是，微小晶体的衍射能力通常较弱，因此一个高性能的 CCD 探测器是必需的。探测器和样品之间的距离必须可调，误差小于 5 μm。由于大面积 CCD 探测器的整体重量比较大，因此 CCD 的支撑台和轨道系统必须足够稳定。

本线站采用 Pilatus3 6M 探测器（图 3－25），探测器的主要参数见表 3－9。

表 3－9　探测器的主要参数

模块数量	5×12＝60
传感器	反向偏置硅二极管阵列
传感器厚度	320、450、1 000 μm
探测量子效率（DQE）（8～12 keV）	>95％
像素尺寸	172 μm×172 μm
模块尺寸	83.5 mm×33.5 mm

(续表)

存储格式	2 463×2 527=6 224 001 像素
面积	423.6 mm×434.6 mm
模块间隙	x：7 像素；y：17 像素；占总面积的 8.5%
暗电流	≤0.02 e^-/像素/s
动态范围	20 B*(0～1 048 573)
能量范围	5～36 keV
能量分辨率	500 eV
可调节阈值范围	4～18 keV
灵敏度	≥7.2 e^-/12 keV
读出速度	≤0.95 ms
刷新率	100 Hz
点扩散函数(PSF**)(FWHM)	1 像素
数据格式	Raw data、Tif、Edf、Cbf

3. *样品冷却系统*

高强度的 X 射线照射，会导致样品的辐照损伤、热变形以及样品活性的降低等，会导致收集的数据质量和完整度降低。因此，样品冷却系统是光束线站必备的设施。目前，使用低温液氮气体持续地保护样品，这是生物大分子晶体学常用的冷却手段。采用通用的液氮冷却系统，可在 100 K 至室温的范围内调节样品温度。目前，世界上大多数生物大分子实验站采用的是 Oxford Cryosystem(Oxford 冷却系统)，本实验站选用其最新产品 Oxford700 系列。冷却系统构成的示意图见图 3-26，参数见表 3-10。

表 3-10 Oxford700 样品冷却系统参数

温度范围	80～400 K(绝对温度)
氮气流量	5 或 10 L/min
液氮消耗	0.6 L/h，当气流速度为 5 L/min 时
温度稳定性	0.1 K
降温到 100 K 所需时间	20 min
传输管道长度	2 000 mm

* B：bit(比特)。
** PSF：point-spread function(点扩散函数)。

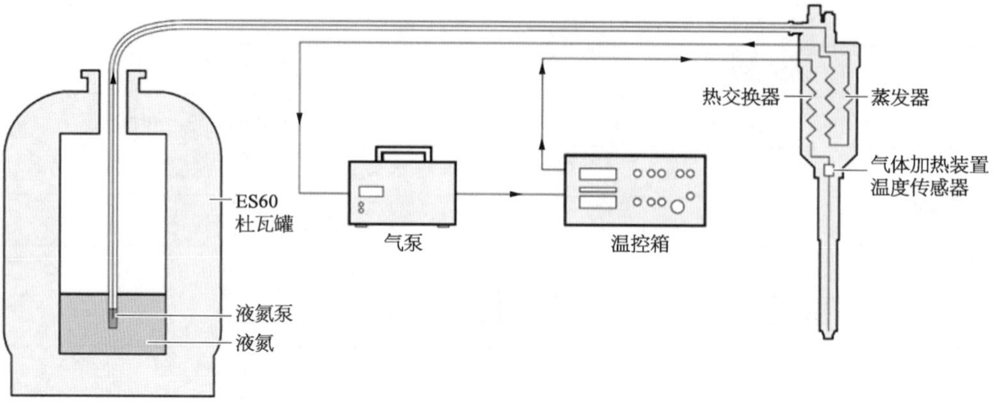

图 3－26　Oxford700 样品冷却系统

图片引自 Oxford Cryosystems 公司相关产品说明书。

4. 自动上样机器人

在晶体的生长过程中，存在着很大的随机性。因此，很多晶体需要仔细加以筛选，以找到一个合适的高质量晶体，用于数据的收集。这个过程包括：在显微镜下用纤维环挑晶体，将晶体放上衍射仪，收集衍射图像并且查看衍射质量。如果没有自动上样机器人，实验人员需要重复开启和关闭实验站的安全保护系统，以便进入实验棚屋人工更换样品，然后重新开始实验。整个过程会浪费大量的实验时间。而且频繁开启和关闭实验站棚屋，会导致实验站内温度和湿度频繁变化，开关棚屋门的振动会导致样品和一系列精密设备的轻微位移。使用自动上样机器人，每小时可检测的样品可以增至 15～20 个。本实验站采用的是 Rigaku Actor 自动上样机械手（也称自动上样机器人），其外观见图 3－27，参数见表 3－11。

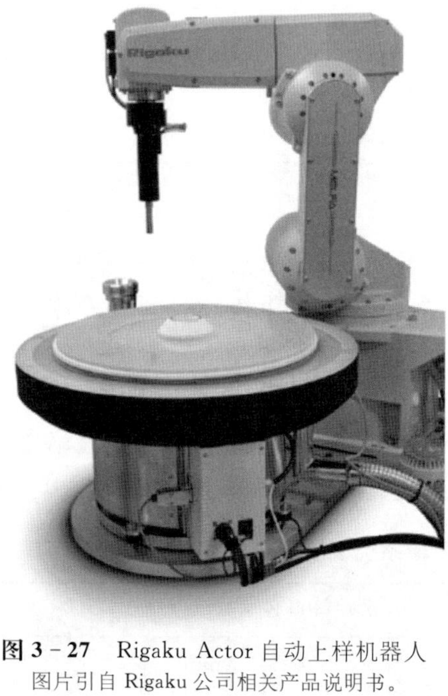

图 3－27　Rigaku Actor 自动上样机器人

图片引自 Rigaku 公司相关产品说明书。

表 3－11　Rigaku Actor 自动上样机器人参数

机　械　臂	
最大工作半径	695 mm
可重复性	± 0.020
最大载重量	5 kg
速度	最大 10 m/s

(续表)

晶体存储罐	
容量	5×16=80
样品盒	Universal Puck(型号)样品盒
晶体存储罐开盖原理	自动开盖,小孔滑盖开盖
充液氮系统	全自动
速　度	
上样取样时间	从存储位置到数据收集位置:<10 s 从数据收集位置返回存储位置:<10 s
成功率	>99.9%

5. 样品观察光学系统

本实验站的光斑和样品都非常小,因此对样品的准确定位和对X光的准确聚焦,就显得尤为重要。只有采用同轴显微镜,才能够避免视差。样品观察光学系统不仅需要有足够的精度,还要能够明确地区分晶体、溶液和尼龙环。因此,需要配置具有偏振光的可调节、高精度显微镜,该设备会和测角头设备安装在一起。

6. 狭缝和其他设备

狭缝用于控制入射光的光斑大小,并且阻挡X射线在空气中的散射。电离室可用于检测入射X光的光强。衰减器可用于降低入射光强度,以避免高能量X光导致样品的辐射损伤。这些设备沿着X射线的光路安装,并且随着X射线的入射方向而可调。

7. 数据存储和数据处理软件

100 TB(terabyte)容量的数据存储系统,能够存储大约2个月的数据实验所产生的用户数据。多台高性能工作站,被安装在实验站上,用于实验数据的处理。大多数常用的晶体学软件包,被提供给广大用户使用,例如HKL3000[9]、MOSFLM[10]、CCP4[8]、HKL2MAP[11]、SHELX[12]、PHENIX[13]、Solve/Resolve[14]、Coot[15]、Pymol[16]等。这些软件会定期升级,还可以根据用户的需求安装软件。

8. 其他辅助设施

其他辅助设施包括单独的样品准备间,以便用户准备生物大分子样品,以及一些晶体生长设施等。另外,生物大分子样品要能够在上海光源长期保存。

3.4　蛋白质复合物晶体结构线站(BL19U1)

BL19U1线站由三大部分构成:① 光源点与前端;② 光束线;③ 实验站。

3.4.1　光源

本线站需要在7~15 keV的能区,获得高亮度同步辐射光,已经测试了U18、U20、

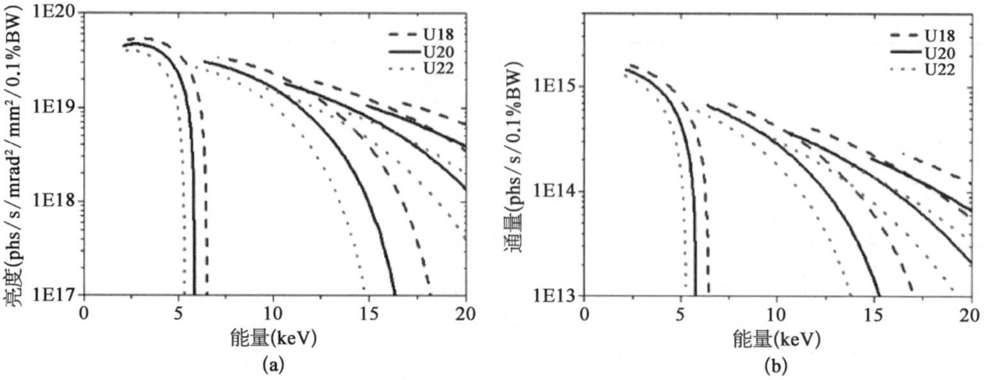

图 3-28　U18、U20、U22 波荡器的亮度和通量曲线(彩图见图版第 3 页)

其中波荡器总长度均为 1.6 m，最大 K 值为 1.942。(a) 利用 XOP 程序计算得到的不同周期长度的波荡器的亮度；(b) 利用内部程序计算得到的通量曲线。

U22 三种不同周期长度的波荡器，它们的亮度与通量曲线如图 3-28 所示。综合各方面因素，选取 U20 波荡器作为束线光源。U20 波荡器朝低能端可以覆盖 7 keV，在常用的能量 12 keV 附近具有较高的通量和亮度。其光源和波荡器参数见表 3-12。

表 3-12　光源和 U20 波荡器参数

<table>
<tr><th colspan="4">储存环电子束参数</th><th colspan="2">波荡器参数</th></tr>
<tr><td>电子能量</td><td>3.5 GeV</td><td>周期数</td><td>80</td><td>光子亮度
(12 keV)</td><td>8.4×10^{18} phs/mrad^2/mm^2/s/0.1%BW</td></tr>
<tr><td>平均流强</td><td>300 mA</td><td>周期长度</td><td>2.0 cm</td><td>光子总通量
(12 keV)</td><td>4.1×10^{14} phs/s/0.1%BW</td></tr>
<tr><td>单束团流强</td><td>5 mA</td><td>峰值磁场</td><td>≥1.04 T</td><td>辐射总功率</td><td>4.023 kW</td></tr>
<tr><td>水平发射度</td><td>3.9 nmrad</td><td>最小磁隙</td><td>6.0 mm</td><td>光源辐射范围
(FWHM)</td><td>0.5 mrad×0.2 mrad
($H\times V$)</td></tr>
<tr><td>σ_x</td><td>158 μm</td><td>基波能量</td><td>1.5～3.0 keV</td><td>中心光锥辐射张角
(FWHM@12 keV)</td><td>80 μrad×22 μrad
($H\times V$)</td></tr>
<tr><td>σ_x'</td><td>33 μrad</td><td>谐波次数</td><td>3～9</td><td rowspan="2">中心光锥光子通量
(80 μrad×
20 μrad@12 keV)</td><td rowspan="2">3.0×10^{14}
phs/s/0.1%BW</td></tr>
<tr><td>σ_y</td><td>9.9 μm</td><td></td><td></td></tr>
<tr><td>σ_y'</td><td>4.0 μrad</td><td>相位误差
(rms)</td><td>≤3°</td><td>等效光源尺寸
(FWHM)</td><td>380 μm×25 μm
($H\times V$)</td></tr>
</table>

利用 Spectra 程序计算得到的 U20 波荡器的辐射功率密度角分布，如图 3-29 所示。

3.4.2　前端区

由于复合物晶体结构的光束线和小角散射光束线共用一个直线节，因此这条光束

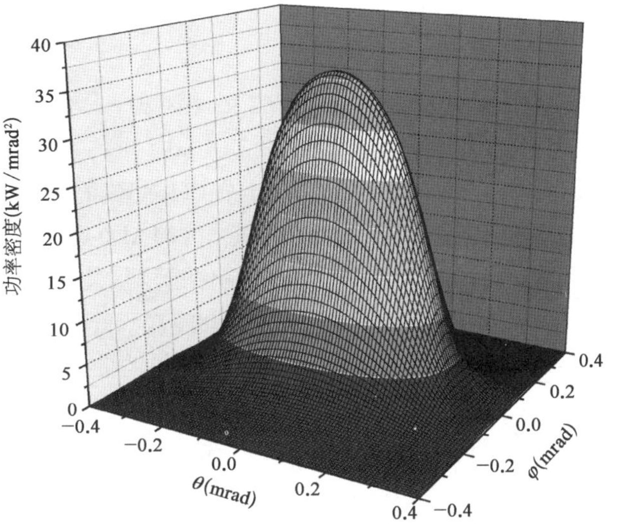

图 3-29 U20 波荡器辐射功率密度角分布(彩图见图版第 4 页)

线的前端区是一个级联插入件的公用前端区。在这 2 条线的前端区内,原来用于初步限束的固定光阑 1 在 canted 前端区中被设计成两光束的初步分束器;而仅作为挡光器使用的活动光子挡光器 2,则被设计成既挡光又限束的多用途元件。这样,2 束来自 2 个波荡器插入件的光束,从储存环真空室的一个引出光口交叠出来;经分束光阑进行初步分束,每束光束再按各束线所需的张角,经多用途的活动光子挡光器 2,限束进入束线(图 3-30)。

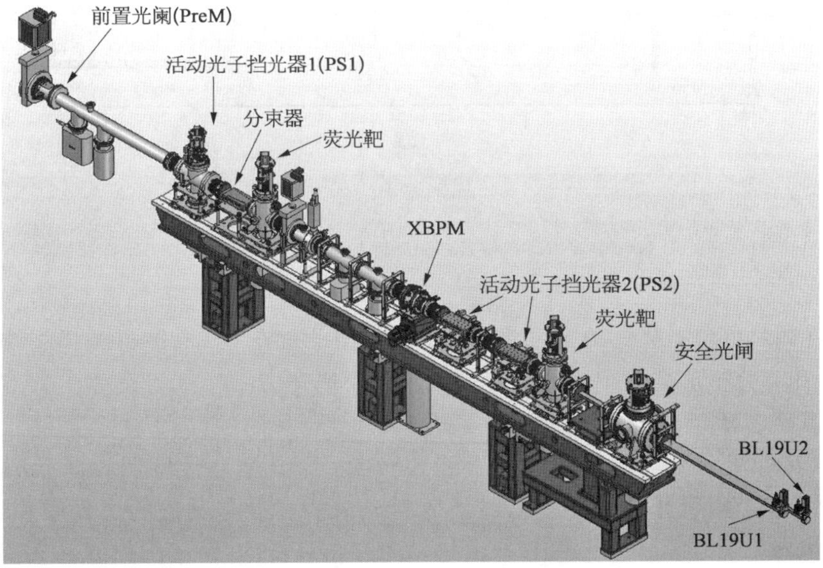

图 3-30 蛋白质复合物光束线站和小角散射光束线站结构示意图

XBPM 表示光束位置监测器。

3.4.3　光束线

3.4.3.1　光学系统

U20 波荡器中心锥的辐射张角很小，约为 62 μrad×20 μrad。从波荡器产生的辐射，经前端区限束光阑后，其出射光束的发散角为 0.3 mrad×0.15 mrad（$H\times V$），再经光束线水冷狭缝，限制成发散角为 0.1 mrad×0.05 mrad（$H\times V$）的光束，所以无须采用前置准直镜对光束进行准直，就能够达到多波长反常散射（MAD）实验所需的约 10^{-4} 能量分辨。光束入射到双晶单色器晶体上，经过单色器晶体选取所需的波长之后，由水平向下放置的超环面镜同时在水平和垂直方向进行聚焦，聚焦焦点在实验站样品处。在束线设计中，将超环面聚焦镜水平放置，即利用超环面镜的弧矢弯曲，来实现光束的水平聚焦；利用超环面镜的子午曲面，来实现光束的垂直聚焦。束线光学结构原理示意图如图 3－31 所示，束线光学设置（不包括前端区）如图 3－32 所示。

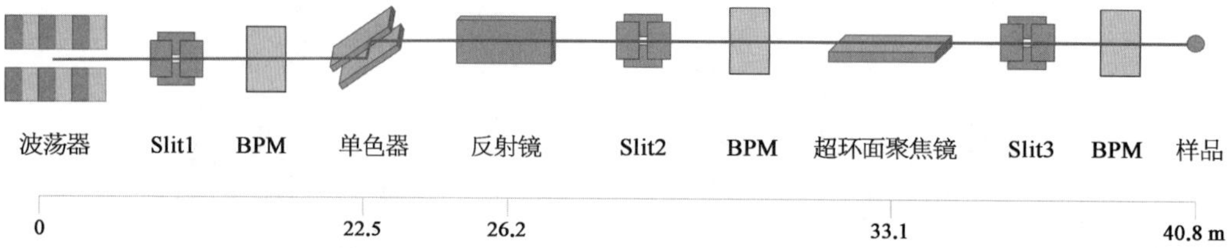

图 3－31　蛋白质复合物光束线光学设计原理示意图

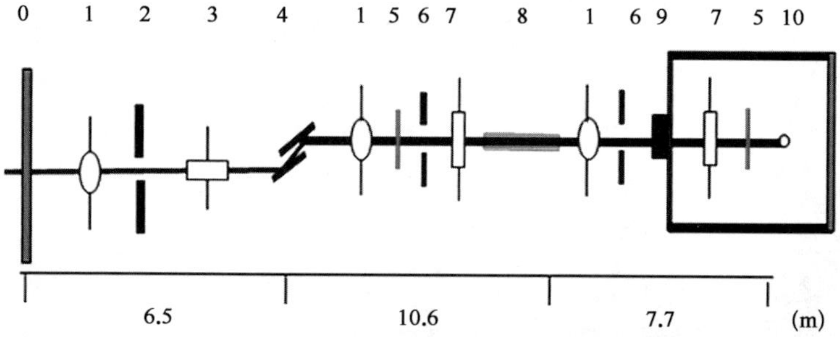

图 3－32　复合物线站束线光学设置示意图

0：防护墙；1：γ 准直吸收器；2：白光水冷狭缝；3：白光荧光靶组件；4：双平晶单色器；5：铍窗；6：精密四刀狭缝；7：单色光 BPM 及荧光靶组件；8：超环面聚焦镜；9：光闸；10：实验站。

下面将针对单色器晶体的热形变误差、聚焦镜的面形误差、铍窗的透射率这些参数要求，进行计算分析。其中主要的光学设备也如下所述。

1. 双晶单色器

单色器的主要参数与指标要求列于表 3－13。这 2 个晶体按照（n，$-n$）消色差排列。能量扫描时，出射光束的高度相对于入射光束的高度是固定的。光束高度的偏移，设置为 25 mm。第二晶体的平移方向须与晶面方向垂直，以保证出射光和入射光的高度差固定。单色器第一晶体位于波荡器后约 24 m 处。其转至 7 keV 接收角，白光狭缝张角 50 μrad×26 μrad 时，晶体表面功率密度分布如图 3－33 所示。其峰值功率密度约为

18.4 W/mm²,须使用液氮冷却。当白光狭缝全开时,根据波荡器的光阑大小 0.1 mrad×0.05 mrad,计算得单色器第一晶体上的总功率约为 170 W。

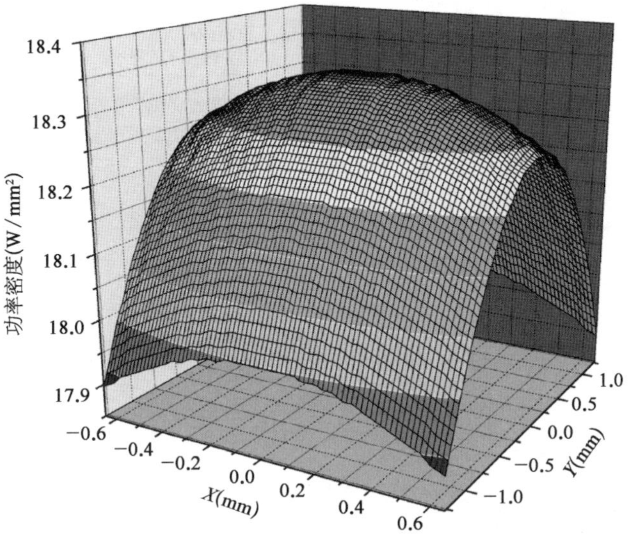

图 3-33　复合物线站单色器第一晶体表面的功率密度分布(彩图见图版第 4 页)

双晶单色器物理参数及性能指标见表 3-13,运动机构的主要技术指标要求和微晶线站相同,详见 70 页表 3-4。

表 3-13　复合物线站双晶单色器的物理参数及性能指标

工作能区	7～15 keV	布拉格角范围	5～20°	入射出射高差	约 25 mm
能量分辨率	$\leqslant 2\times10^{-4}$	可承受最大热功率	≥300 W	高差变化	≤10 μm
最小能量步长	$\leqslant 10^{-5}$ eV	可承受最大热功率密度	≥30 W/mm²	第一晶体参考尺寸	15 cm×3 cm×3 cm
真空度	$\leqslant 10^{-7}$ Torr	热形变	≤5 μrad	第二晶体参考尺寸	15 cm×3 cm×3 cm

2. 聚焦镜

本线站用到 2 种聚焦镜——水平偏转镜和超环面聚焦镜。主要的物理参数和性能指标见表 3-14。聚焦镜的精密压弯技术与 BL18U1 相同,调节机构的技术指标见 71 页表 3-6。

表 3-14　复合物线站聚焦镜参数

反　射　镜	水平偏转镜	超环面聚焦镜
镀层/镜体材料	Rh/Si	Rh/Si
镀层厚度	50 nm	50 nm

（续表）

反　射　镜	水平偏转镜	超环面聚焦镜
镜体外形尺寸（长×宽×厚）	800 mm×40 mm×50 mm	1 000 mm×40 mm×50 mm
镜体有效工作面积（长×宽）	700 mm×1.5 mm	500 mm×3 mm
弧矢半径	∞（平面镜）	47.5±0.1 mm
子午弯曲半径	∞（平面镜）	1 km～∞
表面粗糙度	≤0.3 nm	≤0.3 nm
源　距	26 m	29.7 m
像　距	∞	8.8 m
弧矢面形误差（rms*）	≤10 μrad	≤10 μrad
子午面形误差（rms）	≤1.0 μrad	≤1.0 μrad
掠入射角	3.8 mrad （3～5 mrad 可调）	3.5 mrad （3～5 mrad 可调）
截止能量	20 keV	20 keV
最大接收角（$H\times V$）	0.1 mrad×1 mrad	1 mrad×0.1 mrad
工作能区	5～20 keV	5～20 keV

3. 白光狭缝和 BPM

狭缝与 BPM 的主要参数与指标要求，列于表 3－15。

表 3－15　复合物线站狭缝与 BPM 的主要指标要求

参　　数	水冷白光狭缝	单色光狭缝	BPM
行程（水平）（mm）	±20	±20	±5
行程（垂直）（mm）	±20	±20	±10
重复精度（μm）	10	2	2
分辨率（μm）	5	1	5
最大热吸收功率（W）	1 500		
最大热功率密度（正入射）（W/mm^2）	150		

* rms：root mean square（均方根）。

3.4.3.2 光束性能分析

下面将用 SHADOW 追迹软件对光源点及束线的性能进行模拟,模拟计算中已包括图 3-32 所示的各个光学部件的影响与贡献,并已经考虑了单色器热形变和聚焦镜面形误差的影响。

1. 光源点特性

由 SHADOW 模拟得到的光源点大小,约为 0.37 mm×0.023 mm(图 3-34)。光源点中心光锥的发散角约为 62 μrad×20 μrad(图 3-35)。

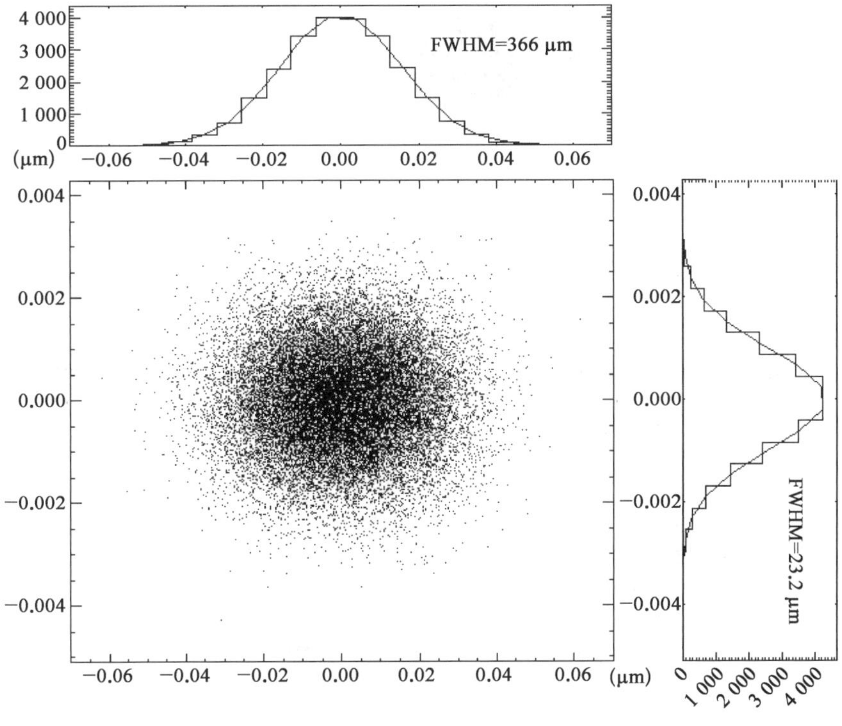

图 3-34 复合物线站光源点尺寸

2. 能量分辨率和光子通量

用 SHADOW 模拟计算了 12 keV 时的谱分布曲线(图 3-36)。不同能量处的能量分辨率如图 3-37 所示。可以看出,在整个工作能区,能量分辨率好于 2×10^{-4}。

利用 SHADOW 软件计算得到的不同晶体热形变面形误差对能量分辨率的影响,如图 3-38 所示。由此图可以看出,当晶体热形变面形误在 20 μrad 以内时,能量分辨率均小于 2×10^{-4}。

用 SHADOW 模拟计算样品处的光子通量约为 4.0×10^{12} phs/s。

3. 聚焦光斑尺寸

用 SHADOW 模拟得到的能量为 12 keV 时的聚焦光斑大小,约为 97 μm×60 μm(如图 3-39 所示)。

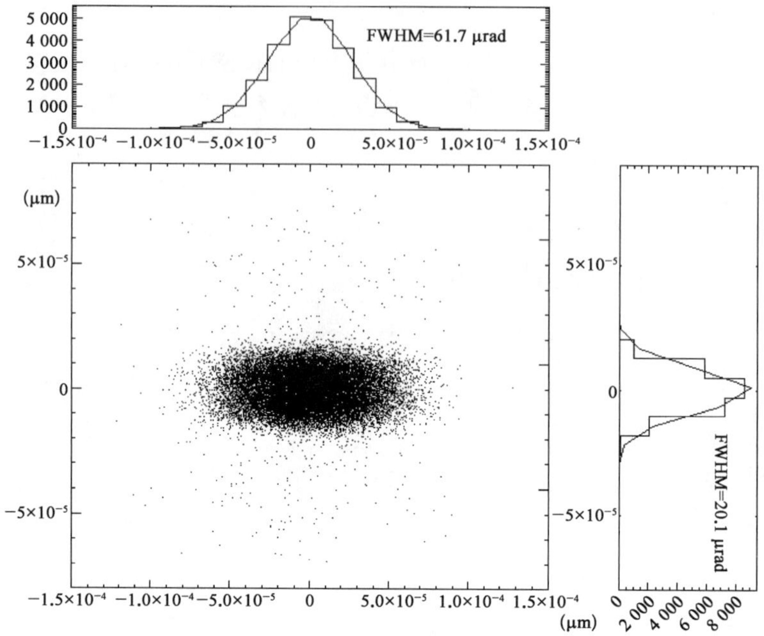

图 3－35　复合物线站的光源点发散角

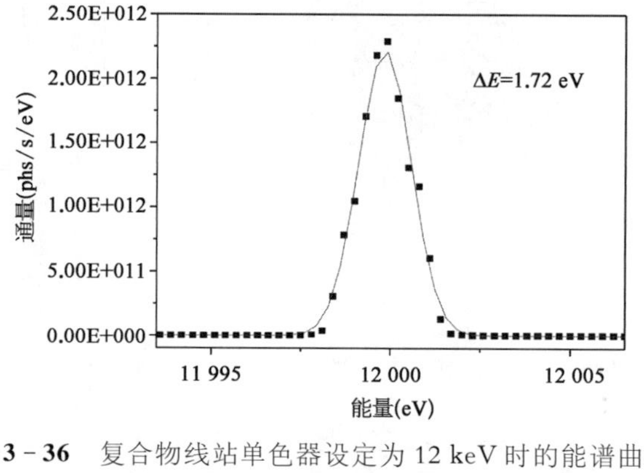

图 3－36　复合物线站单色器设定为 12 keV 时的能谱曲线

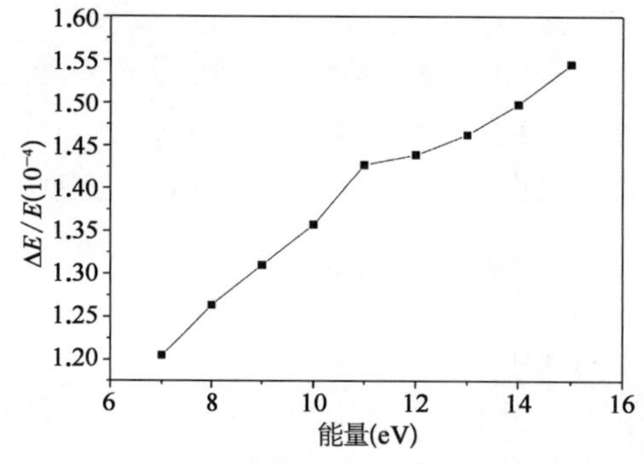

图 3－37　复合物线站能量分辨率随能量变化的曲线（按晶体热形变为 5 μrad 计算）

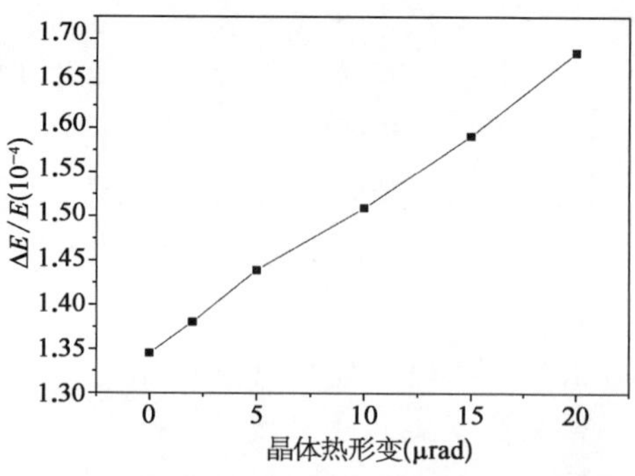

图 3－38　复合物线站晶体热形变对单色器分辨率的影响（12 keV）

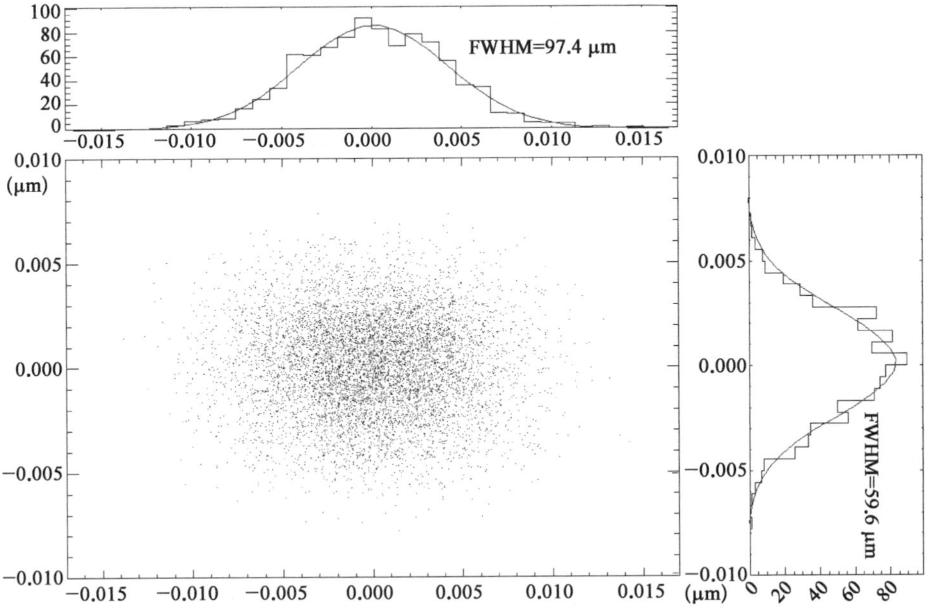

图 3-39 复合物线站聚焦光斑尺寸

对光束水平方向进行聚焦的,是聚焦镜的子午弯曲。聚焦镜子午方向的面形误差,主要对聚焦光斑垂直方向的尺度有影响。图 3-40 是能量为 12 keV 时,聚焦光斑垂直方向的尺度随着聚焦镜面形误差的增加而增大的变化曲线。当聚焦镜子午方向的面形误差控制在 1.5 μrad 以内时,垂直方向的光斑尺寸小于 60 μm。

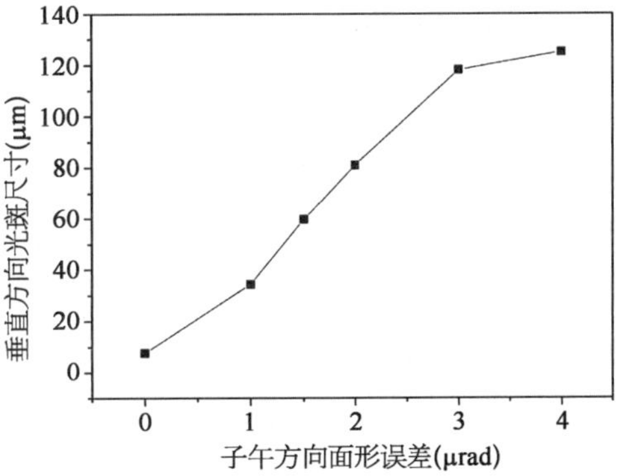

图 3-40 复合物线站聚焦光斑的垂直方向尺寸随柱面镜面形误差而变化的曲线

4. 光束发散角

用 SHADOW 模拟得到的能量为 12 keV 时的聚焦光束发散角,约为 97 μrad×66 μrad(如图 3-41 所示),光束发散角基本上不随能量而变化。

3.4.4 实验站

BL19U1 线站主要是针对蛋白质复合物、膜蛋白等,是针对分子量巨大、晶体晶胞参数很大的样品(晶胞参数 50 nm 以上)。晶胞参数大,意味着衍射点非常多。为了能将靠得很近的衍射点分开,从光源的性能来说,就要尽可能提高光的平行性;而对实验站来说,就只能加大样品到探测器之间的距离。此时,为了能够采集较高分辨率的衍射数据,就需要大面积的 CCD 探测器。另外,有些晶体可能某一方向的晶胞尺寸较大,需要调整晶体的取向,因此还需要安装 κ 型的测角头。实验站的数据收集采用与 BL18U1 线站相

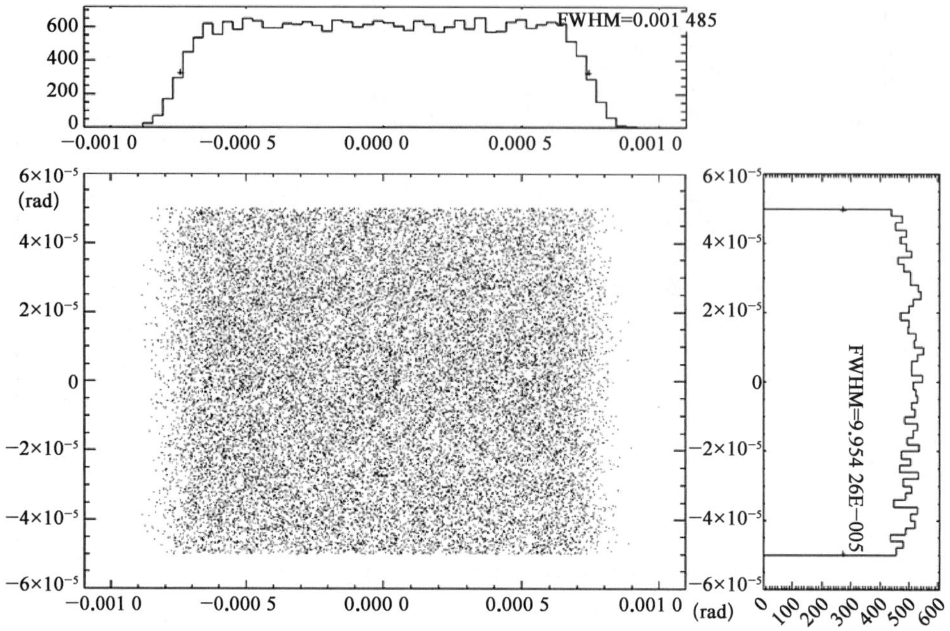

图 3 - 41　复合物线站的聚焦光斑发散角

同的单轴旋转法。

3.4.4.1　实验站硬件设备

BL19U1 实验站的配置与 BL18U1 大致相同，都配备有大面积探测器、高精度衍射仪、自动上样机械手、样品低温冷却装置等设备。此外，实验站还包括样品观察系统、狭缝、电离室、探测器支撑、强度衰减器等设备。实验站的配置图见图 3 - 42。

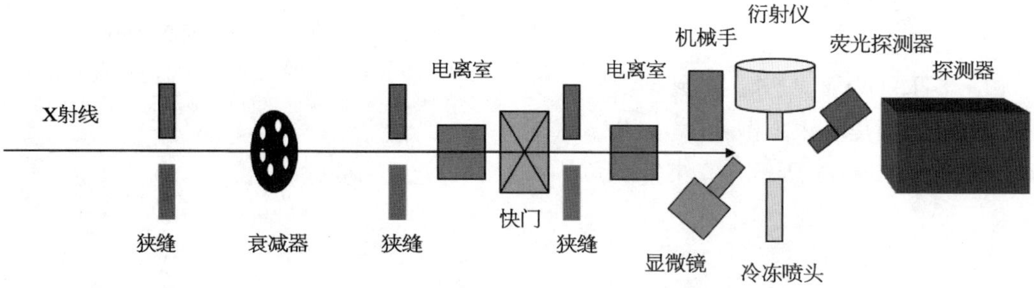

图 3 - 42　复合物线站的实验站设备配置图

3.4.4.2　实验站控制及数据处理

本实验站采用的控制系统，是上海光源通用的 EPICS 系统。控制系统设置与 BL18U1 基本相同，结构框图详见 78 页图 3 - 22，数据处理流程和各步骤用到的软件见 79 页图 3 - 23。

3.4.4.3 实验站内主要设备

实验站内的主要设备，均与蛋白质微晶体结构光束线站 BL18U1 相同，也采用 MD2 衍射仪、Pilatus3 6M 探测器、Rigaku Actor 机械手、Oxford700 样品冷却系统。具体参数见 79—83 页3.3.4.3 小节的叙述。

3.5 高通量晶体结构线站(BL17B1)

BL17B1 线站由三大部分构成：① 光源点与前端；② 光束线；③ 实验站。

3.5.1 光源

上海光源是一个先进的第三代同步辐射装置。对于一般性的蛋白质晶体来说，弯铁光源已经能够满足其高质量衍射数据采集的需要；而且弯铁光源的光子能量覆盖范围宽，调谐方便。弯铁光源作为传统的同步辐射光源，无论在高热负载吸收上，还是在安全防护等技术上都已经很成熟，工程建造难度较小，造价低，能够满足高质量衍射数据采集的需求。所以，采用弯转磁铁作为辐射光源。

弯铁光源接收角的确定，兼顾了充分利用光子通量和下游光学元件能够达到的技术要求。弯铁光源的主要技术参数见表 3-16。图 3-43 为弯铁的能谱曲线。

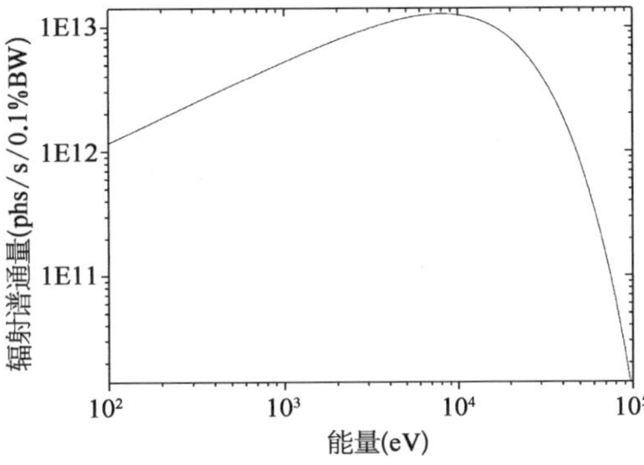

图 3-43 弯铁光源的辐射谱通量

束线接收角的水平方向为 1.5 mrad，垂直方向为 0.10 mrad。

表 3-16 高通量蛋白质晶体结构线光源的主要参数

储存环电子能量(GeV)	电子束流强度(mA)	自然发散度(nmrad)	磁场强度(T)	弯转半径(m)	光源点主要参数			
					σ_x (μm)	σ_x' (μrad)	σ_y (μm)	σ_y' (μrad)
3.5	300	3.9	1.272 6	9.167 3	70	114	22	1.97

3.5.2 前端区

3.5.2.1 总体布局

前端区内主要部件的布局，见 63 页图 3-4。

3.5.2.2 工作模式

前端区的工作模式，见 64 页图 3-5。

3.5.3 光束线

3.5.3.1 光学系统

弯铁光源的发散度(也即发散角)比较大,须采用前置准直镜对光束进行准直,才能达到实验所需的约 10^{-4} 能量分辨。束线设计采用前置准直镜作为第一个光学元件;接着是双平晶单色器,以选取合适能量的 X 射线;单色器后放置一个超环面聚焦镜,实现对光束的双向聚焦。束线的光学结构原理如图 3-44 所示。

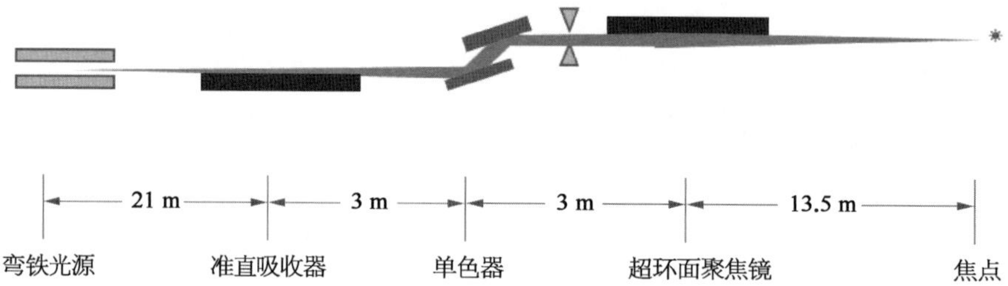

图 3-44 高通量光束线的光学设计原理示意图(彩图见图版第 4 页)

束线光学设置(不包括前端区)如图 3-45 所示。

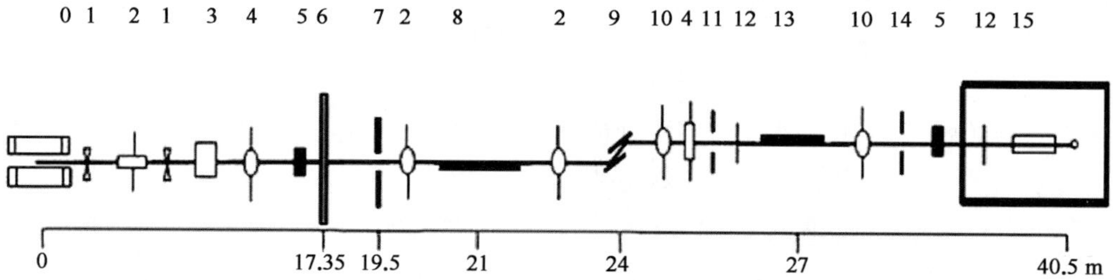

图 3-45 高通量线站的束线光学设置示意图

0：弯铁；1：光阑；2：白光荧光靶组件；3：光子光闸；4：γ 准直吸收器；5：安全光闸；6：防护墙；7：白光水冷狭缝；8：准直镜；9：水冷双晶单色器；10：单色光 BPM 组件；11：精密四刀狭缝；12：铍窗；13：超环面聚焦镜；14：狭缝快门组合件；15：样品。

主要光学设备如下。

1. 双晶单色器

单色器的主要参数与指标要求,列于表 3-17。

表 3-17 高通量线站双晶单色器的物理参数和性能指标

工作能区	5～20 keV	Bragg 角范围	5～30°	入射出射高差	约 25 mm
能量分辨率	$\leqslant 2\times10^{-4}$	可承受最大热功率	≥300 W	高差变化	≤10 μm
最小能量步长	$\leqslant 10^{-5}$(E)	可承受最大热功率密度	≥ 30 W/mm^2	第一晶体参考尺寸	10 cm×6 cm×5 cm

（续表）

真空度	≤10^{-7} Torr	热形变	≤5 μrad	第二晶体参考尺寸	10 cm×6 cm×5 cm

对双晶单色器运动机构的技术要求，与微晶线站 BL18U1 相同，见 70 页表 3-4。

2. 聚焦镜

光束线有一个水平放置的超环面镜。聚焦镜的主要物理参数及性能指标的要求，与下文准直镜参数一起，列于表 3-18。

聚焦镜的方位调节，分为位置调节与角度调节两部分。水平方向 X 与垂直方向 Z 的位置调节，可以通过镜箱的整体移动来实现。镜体方位角(T_X，T_Y，T_Z)的调节，由镜箱内的微调机构来实现。调节机构的技术指标要求，列于表 3-18。

3. 准直镜

准直镜为一由平面镜压弯而成的柱面反射镜。它一方面使光束在垂直方向上成为平行光，另一方面用于截断高能量的 X 射线。截断高能量 X 射线的特性，可用来调制单色器单色化时产生的高次谐波，并减小高能 X 射线在光束线下游光学元件上产生的热负载。

准直镜的一半反射材料采用铑(Rh)，另一半反射材料采用 Si。在 5～7 keV 的能量范围使用 Si 镀层，在 8～20 keV 的能量范围使用 Rh 镀层。在 2.8 mrad(0.16°)的掠入射角下，Rh 和 Si 的反射特性如图 3-46 及图 3-47 所示。从图中可以看出，在相应的能量范围内，Rh 和 Si 的反射率基本在 90%以上；能量大于 15 keV 时，Si 的反射率小于 3.9%，起到抑制高次谐波的作用。准直镜的主要物理参数与性能指标要求，列于表 3-19。关于准直镜的精密压弯机构，将在后文中与聚焦镜一起讨论。

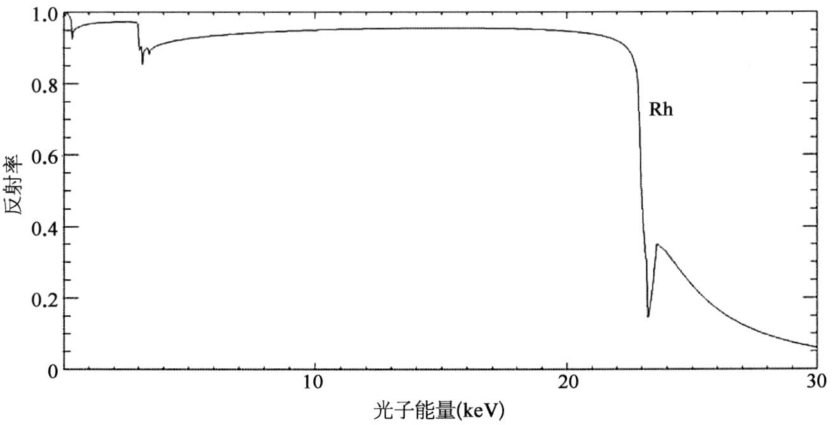

图 3-46 掠入射角为 2.8 mrad 时，反射镜镀层材料 Rh 的反射率曲线

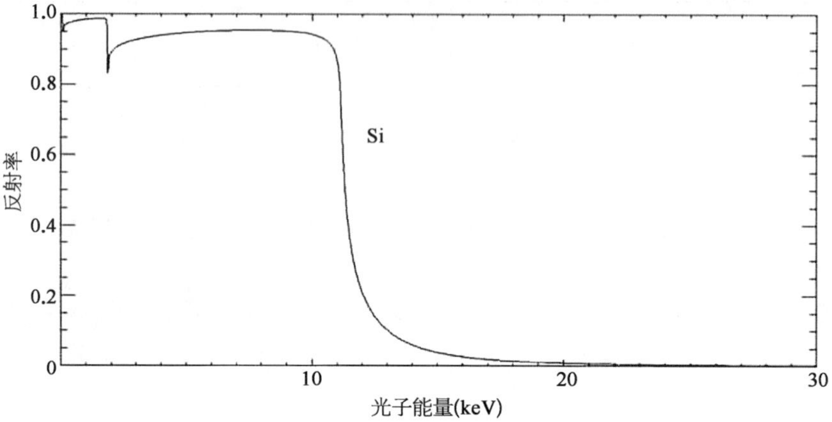

图 3－47　掠入射角为 2.8 mrad 时，反射镜镀层材料 Si 的反射率曲线

表 3－18　高通量线站聚焦镜的物理参数

反　射　镜	准　直　镜	超环面聚焦镜
镀层材料	Rh、Si	Rh
镀层厚度	50 nm	50 nm
反射镜有效尺寸(长×宽)	850 mm×80 mm	850 mm×40 mm
反射镜外形尺寸(长×宽×高)	1 000 mm×120 mm×50 mm (2 个镀层)	1 000 mm×80 mm×50 mm
弧矢方向半径	∞(压弯柱面镜)	52.2±0.5 mm
子午方向半径	15 000 m (10 000 m～∞可调)	9 186 m (5 000 m～∞可调)
源　距	21 m	28 m
像　距	∞	14 m
表面粗糙度 (rms)	≤0.3 nm	≤0.3 nm
弧矢面形误差 (rms)	≤10 μrad	≤10 μrad
子午面形误差 (rms)	≤1.0 μrad	≤1.0 μrad
掠入射角	2.8 mrad (2～4 mrad 可调)	2.8 mrad (2～4 mrad 可调)
截止能量	Si 镀层：11 keV Rh 镀层：22 keV	22 keV
工作能区	5～20 keV	5～20 keV

4. 铍窗

整个光束线上采用 2 个铍窗组件，分别安装在聚焦镜前面和光束线末端，前一个铍窗厚度为 100 μm，第二个铍窗厚度为 250 μm。为避免铍窗的氧化，铍窗另加 Kapton 膜(厚度约 20 μm)隔离。铍窗和 Kapton 膜之间充 He，长度 2～3 cm。

3.5.3.2　光束性能分析

利用 SHADOW 追迹软件对光源点及束线的性能进行了模拟，模拟计算中已包括图 3－45 所示的各个光学部件的影响与贡献，并考虑了单色器热形变和聚焦镜面形误差的影响。

1. 光源点特性

SHADOW 模拟得到的光源点大小约为 0.16 mm×0.051 mm(图 3－48)，光源点中心光锥的发散角约为 1.49 mrad×0.10 mrad(图 3－49)。

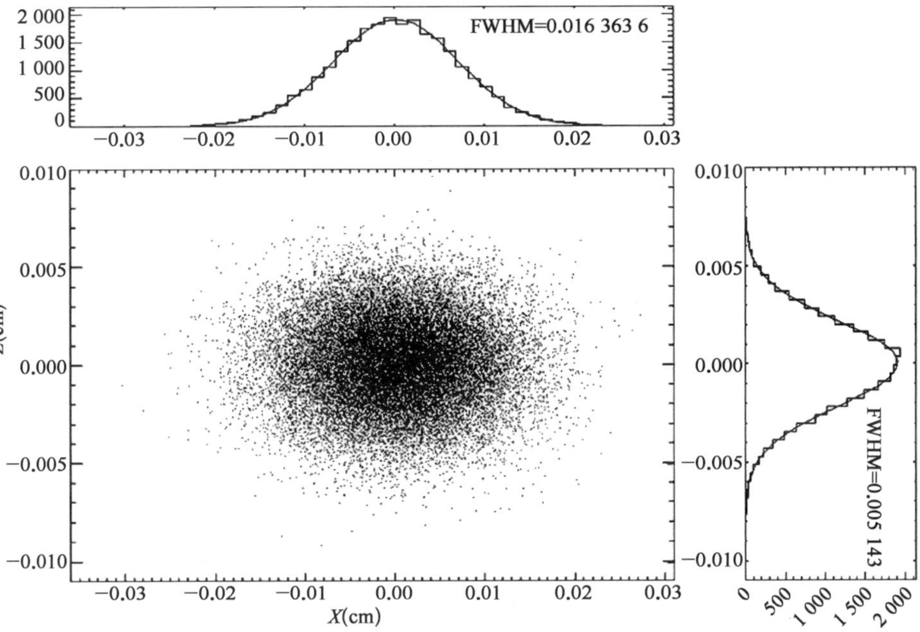

图 3－48　高通量线站光源点尺寸

2. 能量分辨率和光子通量

用 SHADOW 模拟计算了 12 keV 时的谱分布曲线(图 3－50)。不同能量处的能量分辨率如图 3－51 所示。可以看出，在整个工作能区，能量分辨率好于 2×10^{-4}。

利用 SHADOW 软件计算得到的不同晶体热形变面形误差对能量分辨率的影响，如图 3－52 所示。由图可以看出，当晶体热形变面形误在 20 μrad 以内时，能量分辨率均小于 2×10^{-4}。

用 SHADOW 模拟计算了 12 keV 时样品处的光子通量，约为 1.0×10^{12} phs/s。

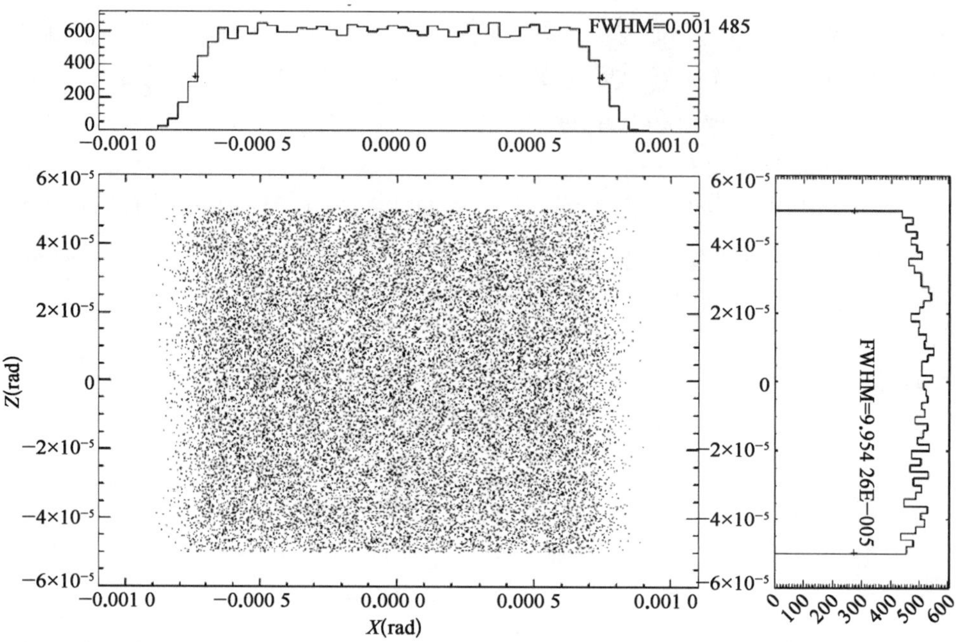

图 3-49　高通量线站的光源点中心光锥发散角

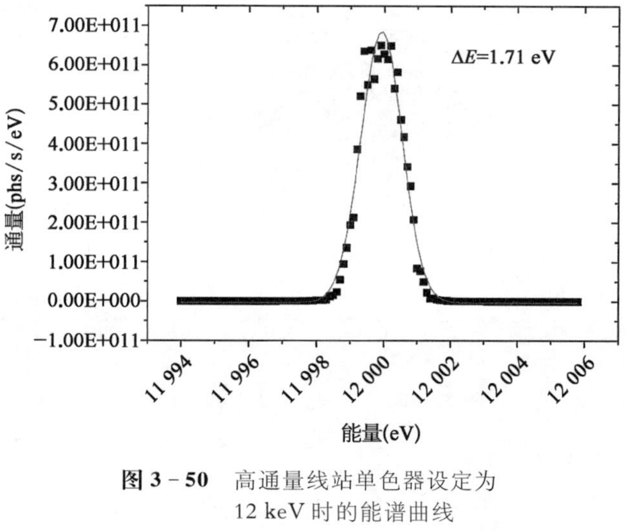

图 3-50　高通量线站单色器设定为 12 keV 时的能谱曲线

3. 聚焦光斑尺寸

用 SHADOW 模拟得到的能量为 12 keV 时的聚焦光斑大小，约为 91 μm × 134 μm（如图 3-53 所示）。

需要说明的是，对于第一晶体热形变所引起的散焦作用，可通过聚焦镜过聚焦的方式，部分地加以补偿。用 SHADOW 计算了光子能量为 12 keV 时，垂直光斑尺寸随第一

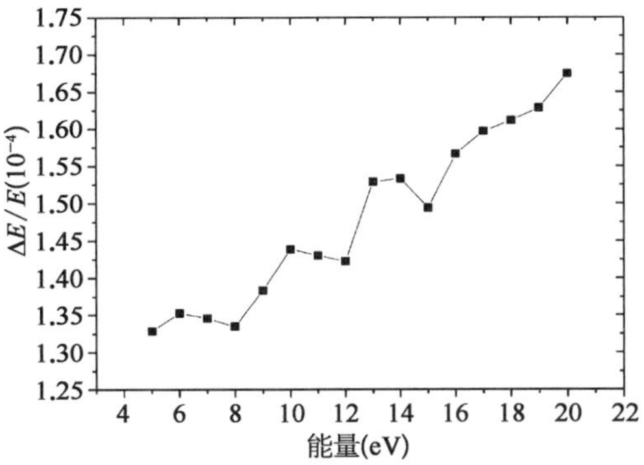

图 3-51 高通量线站能量分辨率随能量而变化的曲线(按晶体热形变为 5 μrad 计算)

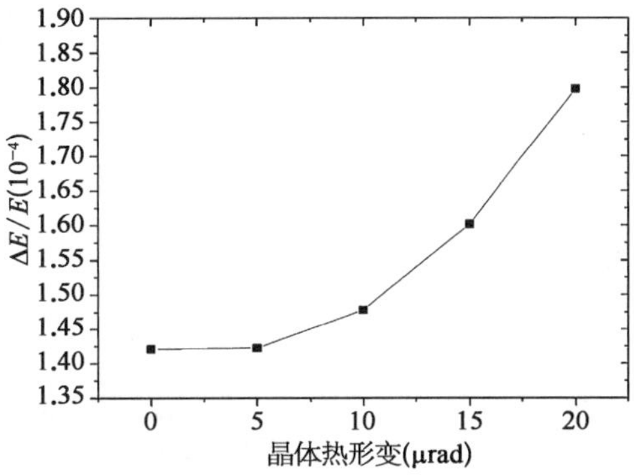

图 3-52 高通量线站晶体热形变对单色器分辨率的影响(12 keV)

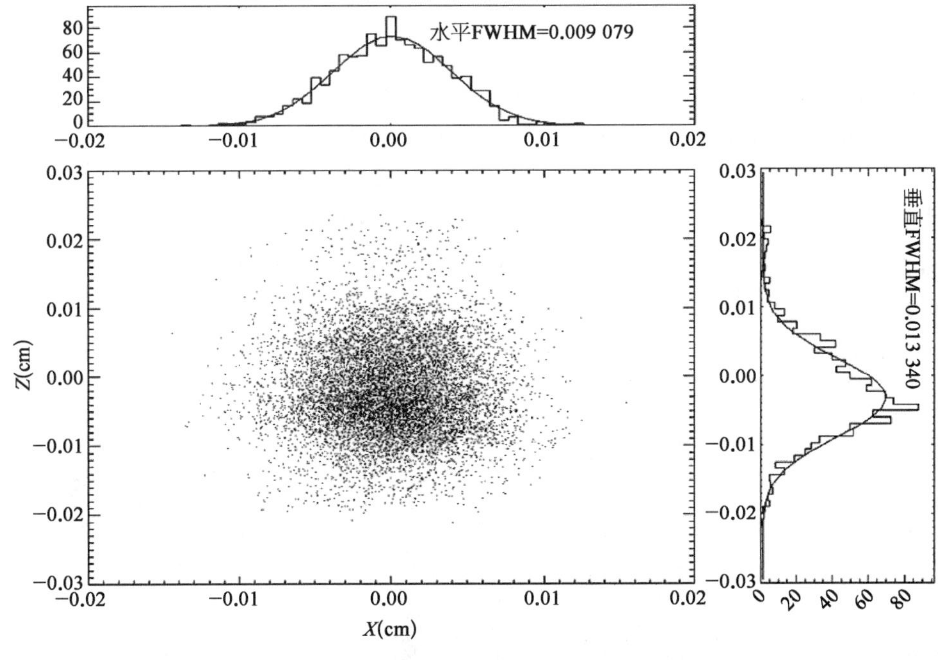

图 3-53 高通量线站的聚焦光斑尺寸

晶体热凸起形变误差的变化曲线(如图 3-54 所示)。从图中可以看出,由于采用了过聚焦方式,第一晶体没有形变时所得到的光斑尺寸并不是最小;当晶体形变在 5 μrad 左右时,聚焦效果最好。这就保证了在整个 0～10 μrad 的形变范围内,都能得到小于 150 μm 的垂直光斑尺寸。

由于聚焦镜是水平放置的,故聚焦镜的面形误差主要是对聚焦光斑垂直方向的尺寸

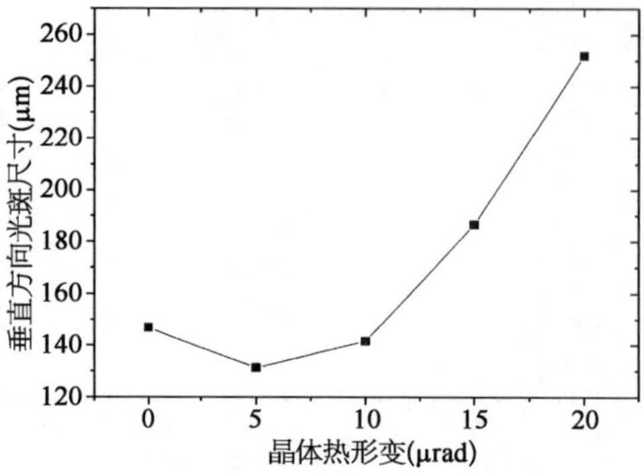

图 3-54　高通量线站晶体热形变对聚焦光斑垂直方向尺寸的影响(12 keV)

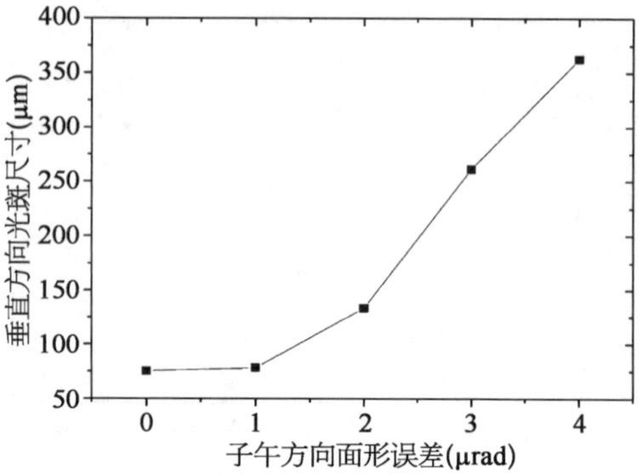

图 3-55　高通量线站聚焦光斑垂直方向尺寸随聚焦镜子午面形误差而变化的曲线

有影响,而对水平方向的尺寸没有明显影响。图 3-55 是能量为 12 keV 时,聚焦光斑垂直方向的尺寸随着聚焦镜子午方向的面形误差而增大的变化曲线。当聚焦镜子午方向的面形误差控制在 2 μrad 以内时,水平方向的光斑尺寸小于 150 μm。

4. 光束发散角

用 SHADOW 模拟得到的能量为 12 keV 时聚焦光束的发散角约为 1.20 mrad × 0.12 mrad(如图 3-56 所示),光束发散角基本上不随能量而变化。

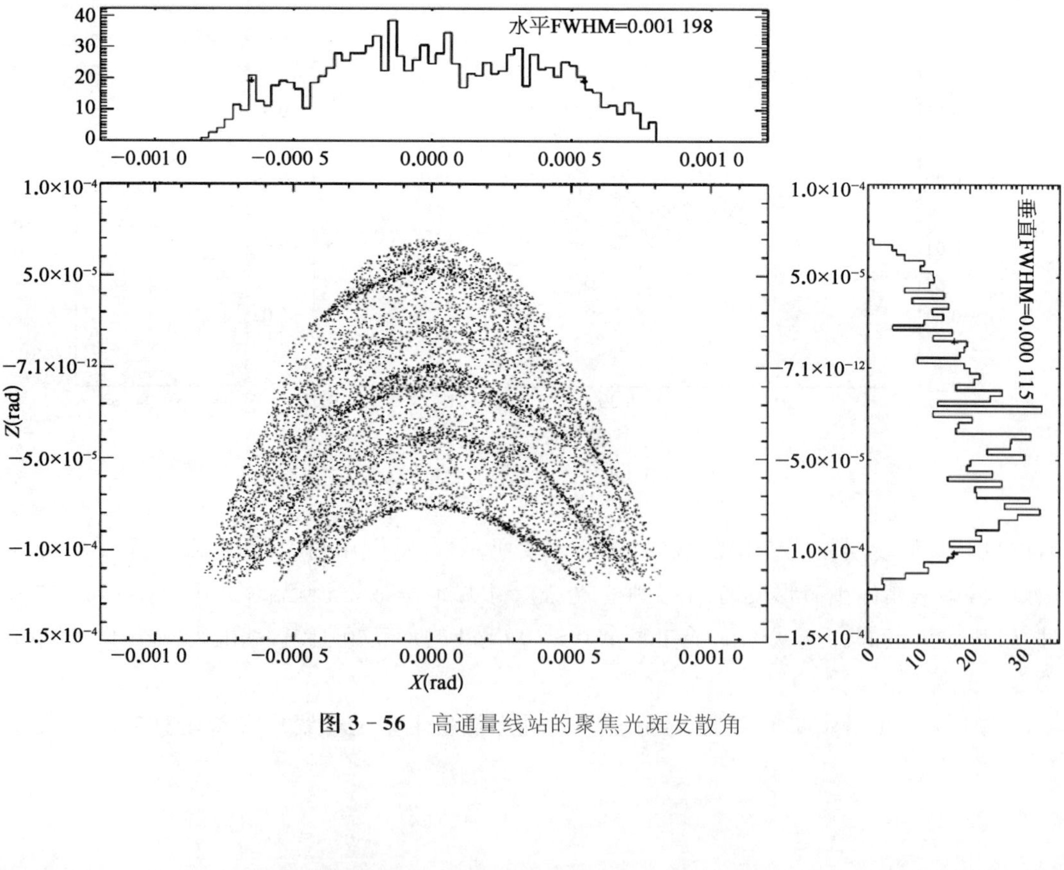

图 3-56　高通量线站的聚焦光斑发散角

3.5.4 实验站

BL17B1 线站主要针对一般蛋白质晶体样品的结构测定,但要求能够快速高效地采集衍射数据,因此要注重数据采集的自动化水平。实验站的数据采集方法,采用与蛋白质微晶体结构实验站相类似的单轴旋转法。

3.5.4.1 实验站硬件设备

BL17B1 实验站也配置有大面积探测器、高精度衍射仪、自动上样机械手、样品低温冷却装置等设备。此外,实验站还包括样品观察系统、狭缝、电离室、探测器支撑、强度衰减器等设备。配置的设备种类与 BL18U1 和 BL19U1 基本相同,配置图见 78 页图 3-21。

3.5.4.2 实验站控制及数据处理

本实验站采用的控制系统,是上海光源通用的 EPICS 系统,控制系统的设置与 BL18U1 基本相同,结构框图详见 78 页图 3-22,数据处理流程和各步骤用到的软件见 79 页图 3-23。

3.5.4.3 实验站内主要设备

1. 衍射仪和快门

本实验站与 BL18U1 和 BL19U1 均采用 MD2 衍射仪,外观见 79 页图 3-24,主要参数见 80 页表 3-8。

2. CCD 探测器

图 3-57 MarCCD MX300 探测器

图片引自 Rayonix 公司相关产品介绍材料。

高通量光束线针对一般晶体,因此拟选用的 CCD 探测器面积要大于 200 mm×200 mm,CCD 探测器到样品之间的距离必须可以调节,距离调节误差要小于 0.1 mm。本条线站采用 MarCCD MX300 探测器(图 3-57),主要性能指标见表 3-19。

表 3-19 MarCCD MX300 探测器的主要性能指标

探测面积	300 mm×300 mm
增　益	≥6 e^-/12 keV
读出噪声	≤10 e^-(12 keV 等效光子能量)
探测量子效率	>80%
点扩散函数	FWHM ≤100 μm
暗电流	≤0.01 e^-/像素/s (12 keV)
动态范围	≥40 000
灵敏度	6e^-/12 keV 光子
读出速度	0.3 s,像素大小为 110 μm 时
传感器工作温度	-80℃

3. 自动上样机械手

BL17B1 采用 IRELEC CATS 自动上样机械手(图 3 - 58)。

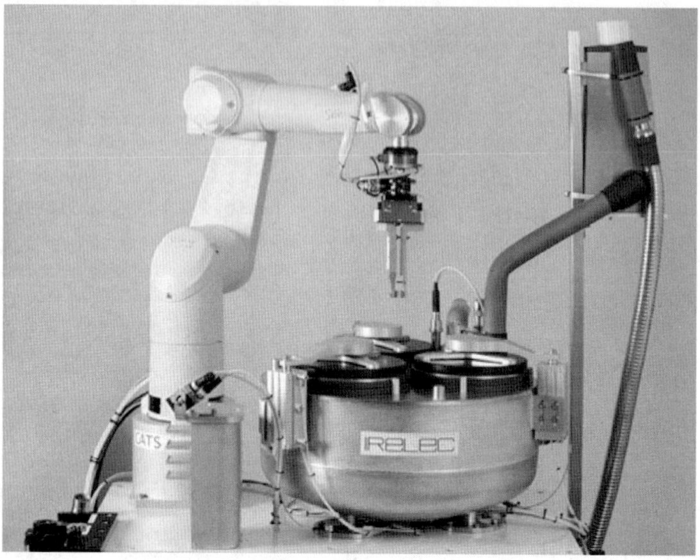

图 3 - 58　IRELEC CATS 自动上样机械手

图片引自 IRELEC 公司相关产品介绍材料。

4. 其他设备与设施

其他设备与设施均与 BL18U1 和 BL19U1 相同,参见 83 页的 3.3.4.3 下 5—8 点。

3.6　线站总体

3.6.1　总体布局

光束线站的总体布局见图 3 - 59,在环大厅 1 号门附近,线站周围有附属实验室。

3.6.2　真空系统

光束线中的许多光学部件,要求在真空系统中工作,以避免污染影响其性能。因此,真空系统对光束线的性能起着重要的作用。

前端真空以溅射离子泵作为主泵,无油分子泵作为粗抽泵,装有残余气体分压强计和冷阴极真空规。只有当前端气体分压和全压强达到一定要求时,环出口阀门 V1 才能打开。

前端真空设计要保证在 V1 打开时,储存环与 V1 衔接处的真空不受影响。前端区的真空分布如图 3 - 60 所示,其中 pi01 是无束流时的静态真空,pi02 是有同步光照射时的动态真空。

为满足储存环超高真空的全压、分压要求,前端区必须能经受原位 250℃、48 h 的烘烤。

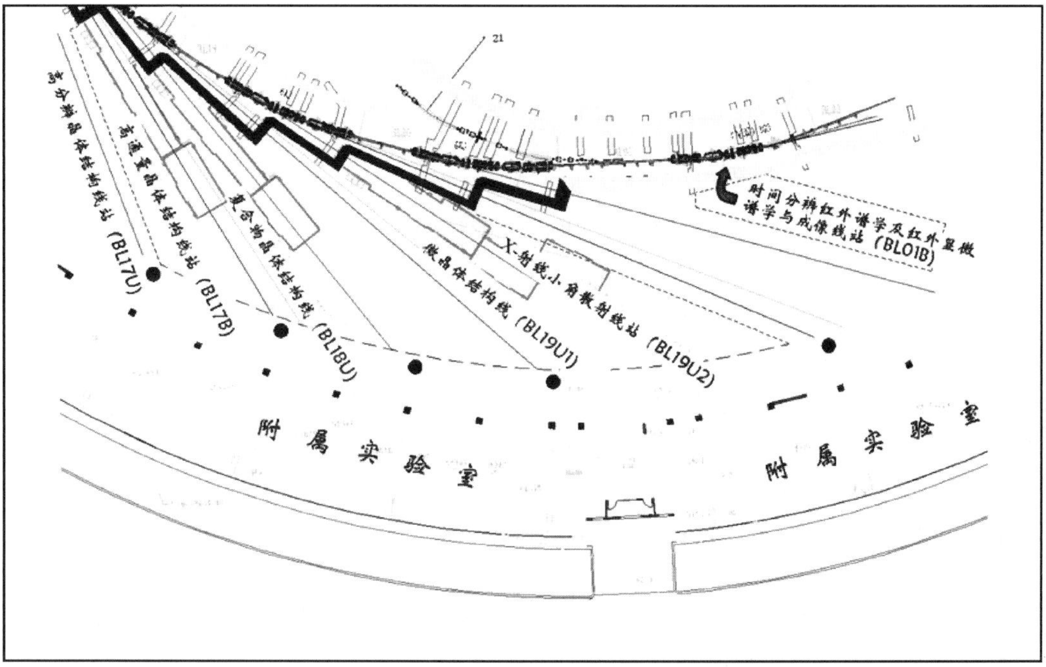

图 3-59 线站的总体布局(彩图见图版第 5 页)

要求储存环静态真空达到 10^{-10} Torr，允许运行时真空度达到 10^{-9} Torr。从图 3-60 可以看出，束线与前端区接口处的真空度达到 10^{-7} Torr 量级，已能够满足储存环的真空要求；若真空度达到 10^{-8} Torr，则能很好地满足环的真空要求。

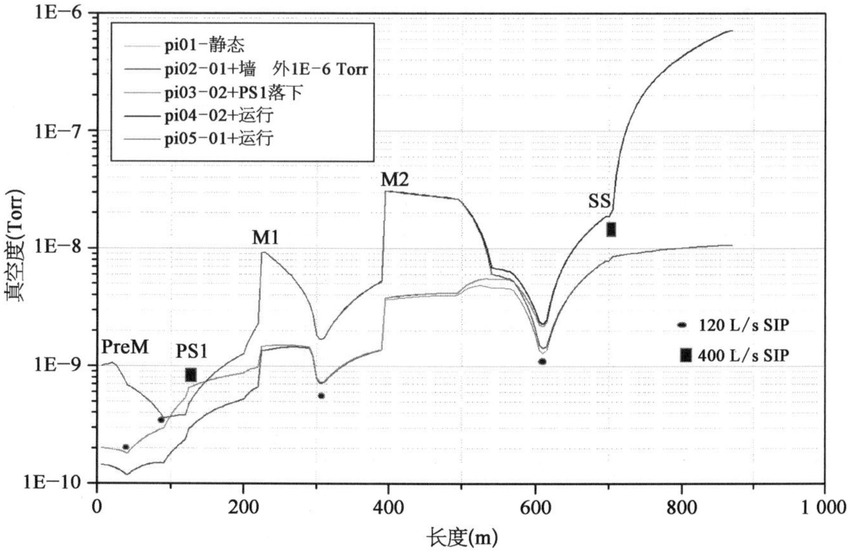

图 3-60 生物大分子光束线前端区的真空分布图(彩图见图版第 5 页)

SIP：溅射离子泵(sputter ion pump)。曲线上标注符号 PreM、PS1、M1、M2、SS，含义与 63 页图 3-4 相同。

3.6.3　辐射防护

同步辐射光束线附近的辐射，有 4 种来源。① 储存环电子束被剩余气体散射，或者电子束撞击储存环部件而产生初级轫致辐射；② 初级轫致辐射被光束线部件散射，产生次级轫致辐射；③ 初级轫致辐射和次级轫致辐射引发中子辐射；④ 插入件和相邻的弯铁产生同步辐射，以及同步辐射在光束线部件上发生散射。

上海光源采用国际上通行的辐射防护标准，即工作人员每年允许的累计照射剂量为 5 mSv。按年平均工作时间 2 000 h 估算，要求平均照射剂量率小于 2.5 μSv/h。

光束线站的辐射防护，主要由安装在光束线上的轫致辐射吸收器和线站棚屋提供。辐射防护的设计遵循如下原则：利用 γ 准直吸收器和光束线安全光闸，阻挡初级轫致辐射；利用棚屋墙防护初级轫致辐射在光束线部件上的散射所引起的次级轫致辐射，以及次级同步辐射。不允许初级轫致辐射直接照射在棚屋墙上的任何地方。γ 准直吸收器和安全光闸的径向长度，应可以防护最大流强在最低真空度(10 nTorr)情况下所产生的气体轫致辐射。棚屋铅屏蔽厚度应可以防护在正常运行情况下(1 nTorr)初级辐射所可能产生的最大次级辐射(由初级辐射在光学部件上的散射而产生)。

为了保证光束线、实验站的运行，还需要配置冷却水、压缩空气、供配电、接地、通排风、低温液氮管道等。在上海光源的一期工程建设中，已经考虑了后续线站建设相关公用设施的需求。在实验大厅各线站的引出区域，都铺设有液氮、冷却水、压缩空气、供配电、通排风等管道。只要对光束线有需求，很方便就能够把相应的管道引入光学棚屋和实验棚屋。此外，在实验大厅周边的实验室，也已为每个线站预留了 1～2 个实验准备间，用于样品的准备及辅助实验等。

3.6.4　控制系统

光束线与控制系统的布局如图 3-61 所示。

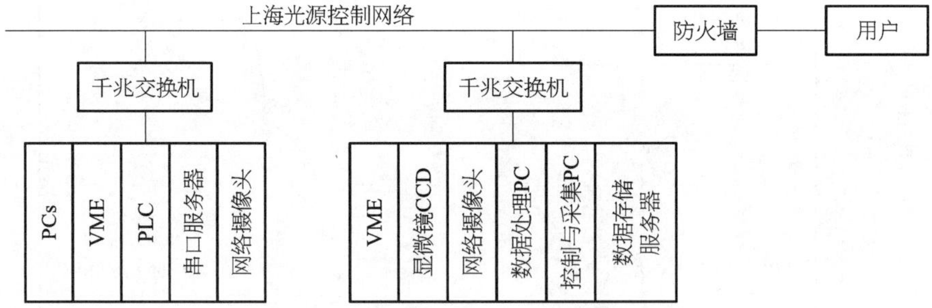

图 3-61　光束线及实验站的控制系统

PC、PCs：电脑；PLC：可编程控制器(programmable logic controller)；VME：通用计算机总线(VersaModule Eurocard)。

① 运动控制：应用 VME 机柜的运动控制器，实现光学区光学元件、实验站运动部件(比如狭缝、单色器、样品测角仪、束流衰减器)的刻度校正、运动控制和检测。

② 真空监测：应用 VME 插件 VIPC616/IP-Octal-232，通过 RS-232 协议，对整条光束线包括前端区、光学区所有真空规的真空度进行监测。

③ 状态监测：通过 PLC 模块对前端区、光学区上的设备状态进行监测，包括对水流/气流流量、温度、阀门气压等的监测。

④ 设备保护：当发生异常情况时，应用预先设定的连锁顺序，由 PLC 关闭相关的部件。

实验站控制以及数据获取系统，是实验站的重要组成部分。上海光源的光束线广泛采用 EPICS[8] 进行运动控制、状态数据获取，并使用相应的工具进行光束线的状态配置。因此，上海设施蛋白质晶体学线站也采用 EPICS 控制系统。工程人员可以使用该系统进行开发、调试，以及完成各项工作。为了设备安全、用户数据安全及用户操作方便，上海设施的蛋白质晶体学 3 条线站均采用了由斯坦福同步辐射光源（Stanford Synchrotron Radiation Lightsource，SSRL）T. M. McPhillips 等开发的 Blu-Ice[17] 控制系统，以满足用户的实验需求和结构生物学的研究需求。Blu-Ice 系统也是在国际上各大光源的生物大分子光束线上得到广泛应用的控制系统。

EPICS 是用于建立分布式控制的工具集，该系统给光束线应用程序以及分布于光束线局域网络上的设备之间的通信，提供了便捷的开发工具。EPICS 包括 3 个基本组成部分：操作界面（operator interface，OPI）；输入输出控制器（input/output controller，IOC）；连接 OPI 与 IOC 的网络（图 3-62）。IOC 可运行于 VxWorks 或者 RTERMS 等实时操作系统，硬件为 VME 机柜中的主板，也可运行于 PC 机的 Windows、MacOS 或者类 UNIX 系统，甚至可以运行在嵌入式 LINUX 系统中。IOC 层主要包括：设备驱动；分布式动态数据库（database，DB），数据库中包括多个进程变量（process variable，PV），或称记录（record）；通道访问服务器（channel access server，CA server）。设备驱动（driver）将设备（board）的状态映射到动态数据库中，动态数据库中的记录域是抽象化的设备状态，按指定的规则命名并且独一无二，而通道访问服务器允许客户端软件通过网络访问动态数据库，进而对设备进行读写操作。

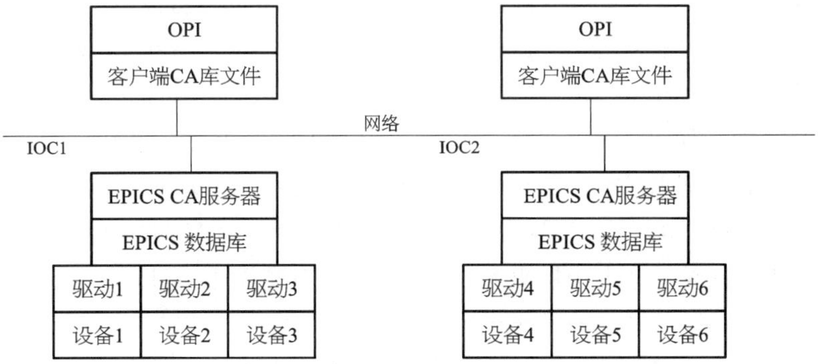

图 3-62 EPICS 系统结构

Blu-Ice 用于晶体学线站控制与数据采集系统。对于生物大分子晶体学光束线站，SSRL 的 Blu-Ice 系统是一套完整的控制与数据采集系统，能够满足蛋白质晶体衍射实验的各种需求，包括样品的上样与对中、荧光谱的采集、衍射数据的获取、光束线的控制和优化。Blu－Ice 可分为 3 层结构（图 3－63）：用户图形界面（graphic user interface, GUI）；分布式控制系统服务器（distributed control system server, DCSS）；分布式硬件服务器（distributed hardware server, DHS）。上层 GUI 以标签形式排列（Hutch、Collect、Sample、Scan* 等）；底层 DHS 完成对具体硬件的控制封装，如对电动机的控制和对各种探测器的数据获取。DHS 在控制网络中的设备专用控制计算机上运行。中间层 DCSS 有 2 个主要功能：一是存储和更新光束线状态，如所有电机的位置；二是负责把来自 GUI 的命令转发给相应的 DHS，并且把来自 DHS 的应答广播至 GUI。GUI 和 DHS 都只跟 DCSS 通信。

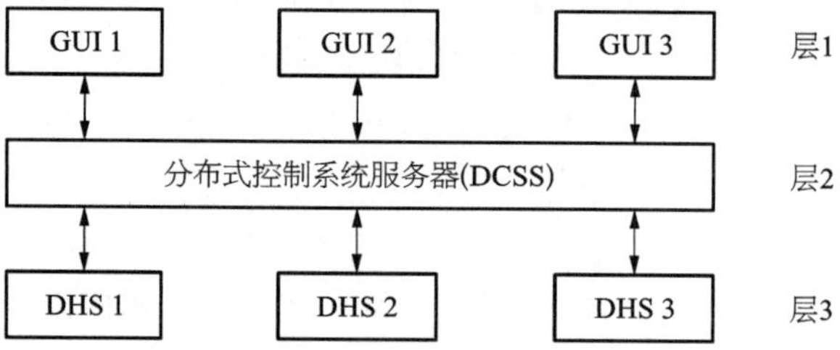

图 3－63　Blu－Ice 软件结构

通过 EPICS 网关（EPICS gateway）将 EPICS 和 Blu－Ice 两个系统进行整合，就获得了蛋白质设施晶体学线站正在使用的系统结构。光束线、实验站所有能够被 EPICS 控制的设备，都通过 EPICS 网关进行通信。实验中必不可少的样品对中（sample centering），由视频硬件服务器程序完成对图像的获取；上样机械手硬件服务器程序当中，包含对机械手状态的获取，完成用户使用机械手上下样品的指令；探测器的硬件服务器，负责监测探测器的状态，获取衍射图像，并写入指定的用户目录。为保证用户数据的隐私性及衍射图像的实时更新，在整个系统中使用 http 协议完成此类功能。该系统结构在完成控制及数据获取的前提下，会对用户数据处理部分作进一步的拓展，提供数据采集的策略，从而更大程度地提高自动化程度。该系统支持多图形界面的客户端，但只允许一个活动客户端。基于 TCP/IP 协议的 DCS 协议，使得该客户端可以很容易地在多个地方运行，从而也能够很容易地实现远程实验。Blu－Ice 系统的构成，见图 3－64。

尽管 DCSS 和一些 DHS 必须使用 C/C＋＋语言进行开发，但 Tcl/Tk 提供了快速开发用户图形界面的环境。Tcl/Tk 同时也支持跨平台的兼容性，可以支持类 UNIX、Windows、MacOS 系统。Itcl/Itk 更是提供了面向对象编程的环境。图像界面以标签（tab）的形式组合排列，给用户提供直观的操作界面。

图 3－65 是 3 条晶体学线提供给用户的操作界面中的 Hutch 标签，可用于用户设置实验参数，如能量、光斑大小，根据能量和衍射质量选择合适的衰减片厚度；通过显微镜

* Hutch：棚屋内设备的参数设置；Collect：数据采集；Sample：上样；Scan：扫描。

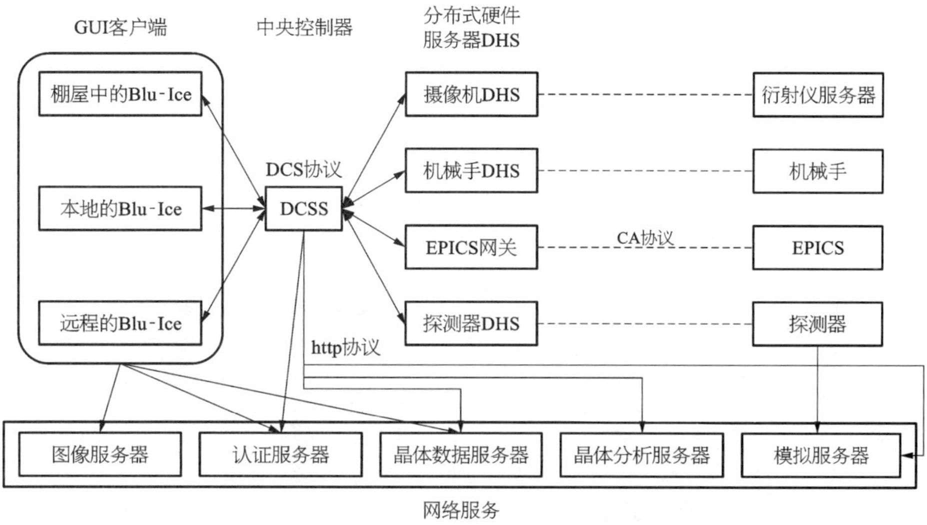

图 3-64 完整的 Blu-Ice 系统结构

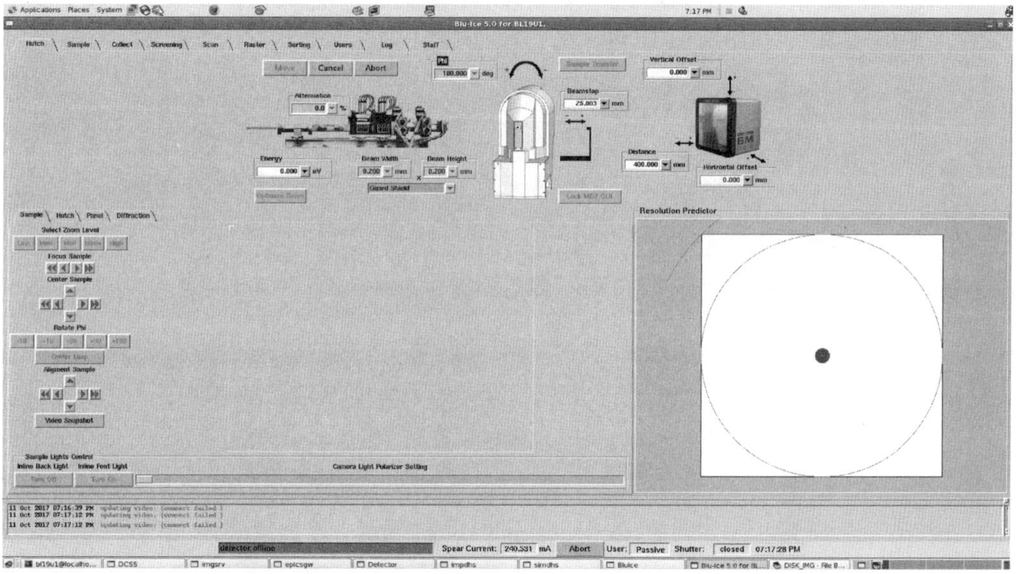

图 3-65 Blu-Ice 图形界面的 Hutch 标签(详见下载图 3-65,下载网址见 31 页脚注)

对中样品;衍射分辨率的计算可帮助用户根据实验需求调整相应的参数。图 3-66 所示的 Sample 标签,用于机械手上样。用户通过点击就可完成样品的上样,且集成了网络视频,以观察上样的全过程。图 3-67 所示的 Collect,用于采集单张衍射数据,以评估晶体质量和收集整套衍射数据。衍射数据的采集,是生物大分子晶体学线站数据采集的核心部分。单张衍射图由面探测器 CCD 来记录衍射数据。样品置于测角头上,测角头从起始角度 A 转到指定角度 B。对于单张衍射数据的采集,典型的转动范围为 0.1~1.0°,采集时间为 0.1~5.0 s;快门的开关、测角头的转动与探测器数据的采集同步,由控制器硬件来实现，从而保证数据的质量。在衍射图像的采集过程中，自动命名衍射图像，并存入用户指定的数据目录，而且动态地更新显示衍射图像。用户可在这一界面上根据其晶体样品，设定衍射图的名称前缀、数据保存目录、探测器工作模式、挡光器的距离、采集策略等。数据采集时设置的参数，自动写入衍射图像的头文件，从而保证数据处理软件正确地得到相关参数。图 3－68 是 Log(日志)标签界面，用于记录实验过程中的设备状态和用户操作。

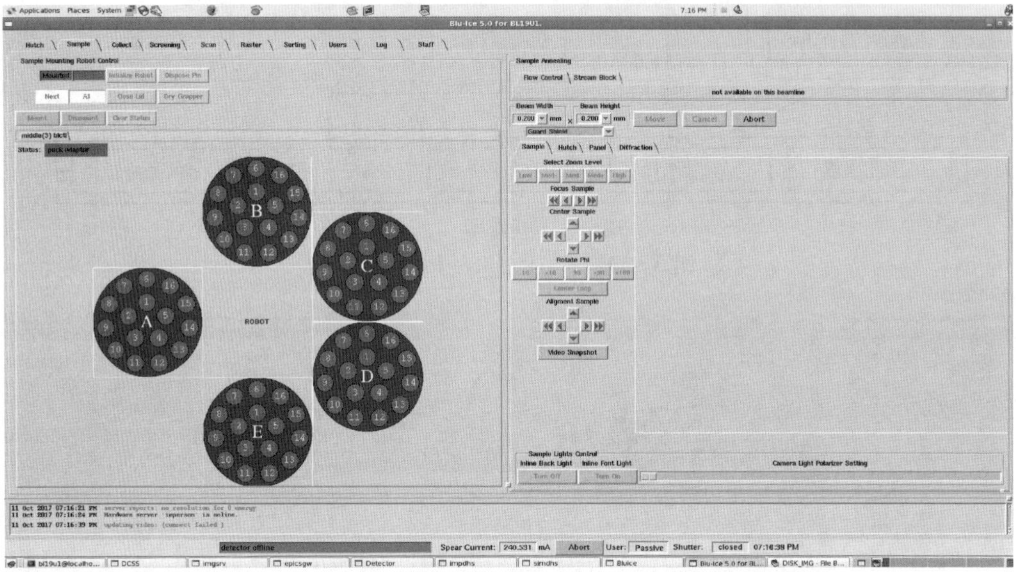

图 3－66　Blu－Ice 图形界面的 Sample 标签(详见下载图 3－66，下载网址见 31 页脚注)

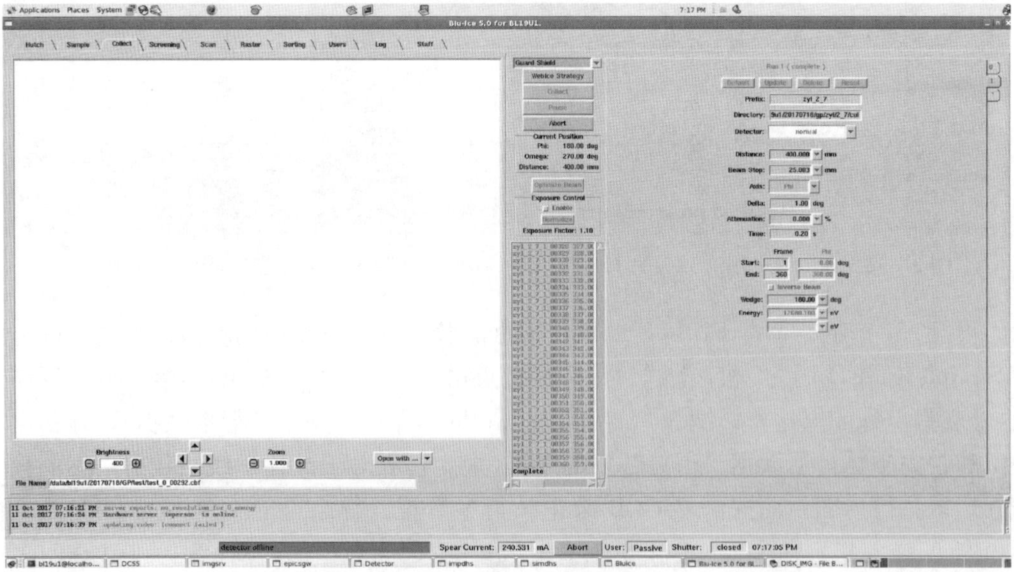

图 3－67　Blu－Ice 图形界面的 Collect 标签(详见下载图 3－67，下载网址见 31 页脚注)

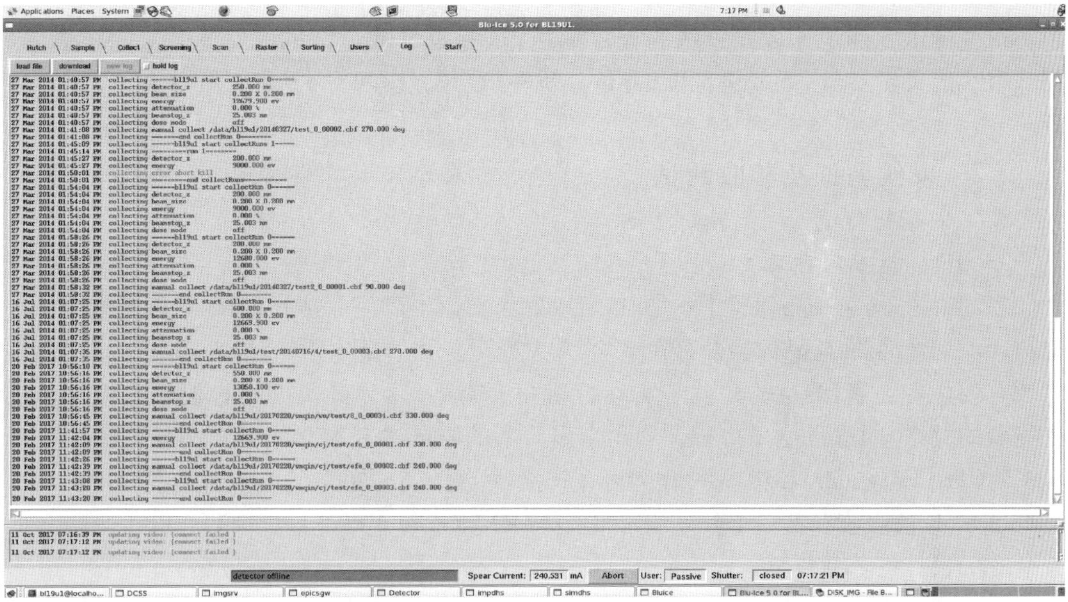

图 3-68 Blu-Ice 图形界面的 Log 标签(详见下载图 3-68,下载网址见 31 页脚注)

3.6.5 安装与调试

蛋白质晶体结构分析系统的 3 条光束线站,主要依靠研制设备,并将其按要求组装,以达到整体的目标,因此各设备的安装调试是一个重要的环节。经过上海光源首批束线建成及投入运行,已经在束线的安装和调试方面积累了丰富经验,这为制定行之有效的安装调试方案提供了基础。

3.6.5.1 部件的离线安装与调试

保证各部件自身的可靠性,这是发挥部件性能的基础。对于光束线适用的各关键部件,在离线组装之前,按照系统工程的要求,再细化为各个子系统。每个子系统预先验收,尤其对于关键设备,分为光学子系统的测试、精密机械子系统的测试、真空子系统的测试、准直子系统的测试,以及控制软硬件子系统的测试。在验收通过的基础上组装成一个设备,再测试验收设备的整体指标。

3.6.5.2 部件的在线安装

线站的安装分为机械部件的安装、安全连锁系统的安装、控制系统的安装(含强电系统的安装)和公用设施的安装。对于机械部件的安装,上海光源已经建立了三级准直安装控制网络,利用该网络可以准确地给出诸如光学元件等部件在该网络中的空间坐标,因此安装可以在理论坐标的指导下进行。各关键部件的总体安装误差,可以控制在0.1 mm之内。安全连锁和控制系统的安装,主要是根据各部件的位置、控制量的多少、信号的性质等,合理排布各类专用设备和走线方式。安装完成后,对束线整体需要进行不带光测试,确保各系统工作流畅,相互没有干扰。

3.6.5.3　在线调试

在线调试主要是完成光束线的光路调试，目标是寻找最佳的光学元件姿态参数，预测试束线的关键参数，如能量范围、能量分辨率、聚焦光斑尺寸、光束发散角等。

3.7　束线调试及验收测试

3.7.1　指标测试

3.7.1.1　能量的标定

在理论上，当第一晶体置于水平时，若入射光平行于衍射面，则仪器测量的角度即为入射角，但由于衍射面与晶体表面存在夹角，入射光可能并不是水平的，加之 Si(111)* 的晶格常数有变化等因素，测量的角度与实际衍射角会有不等，因此需要定标测量角度与单色光能量的关系，即进行能量定标。利用金属元素的吸收边是简单有效的方法之一。选择金属钛(Ti)、Fe、锆(Zr)和钼(Mo)作为测试样品，可测试 5～20 keV 的能量覆盖范围。考虑 $KMnO_4$ 的 K 边吸收存在一个独立的窄吸收峰，$KMnO_4$ 可用于能量定标和分辨率计算。

3.7.1.2　能量分辨率

光束线的能量分辨率，主要取决于双晶的摇摆曲线。若已知双晶晶体在某个能量点的摇摆曲线的半高宽(FWHM)，就可以近似估算单色器的分辨率。根据单色器的理论，分辨率为

$$\Delta E / E = \sqrt{\Delta\theta_s^2 + \Delta\theta_{sr}^2 + \Delta\theta_c^2 + \Delta\theta_m^2} \times \operatorname{ctg}\,\theta \tag{3-1}$$

其中 $\Delta\theta_s$ 是由入射狭缝高度决定的束线垂直接收角，$\Delta\theta_{sr}$ 是在晶体处看光源的垂直发散角，$\Delta\theta_c$ 是双晶体的本征衍射宽度，$\Delta\theta_m$ 包括聚焦镜像差和面形误差。测量时，入射光狭缝按照设计的数值来设置，因此所得到的摇摆曲线应该是上述 4 个因素的卷积。若认为每个因素的影响是 Gaussian 的，则得到的 FWHM 就是式 3－1 中的第一项，即

$$\Delta E / E = \Delta\theta_{meas} \times \operatorname{ctg}\,\theta \tag{3-2}$$

因此，可以根据实际获得的摇摆曲线的 FWHM，得到能量分辨率。

3.7.1.3　光子通量

利用电离室进行测试。X 射线通过电离室会产生电离电流，电流强度正比于入射 X 射线强度。此电流经过微电流放大器放大之后，再转化为相应的电压信号，输入 VME 机箱上的板卡 8004＋8414(Hytec 公司)进行模/数转换，通过计算机对其进行读数。根据电离室产生的电流信号，可以计算出射入电离室的光子通量。在测试时，将电离室紧贴铍窗放置，可以测得铍窗的光子通量，最后再归一化到 300 mA。

3.7.1.4　聚焦光斑尺寸

利用狭缝刀口扫描法获得聚焦光斑的强度分布。刀口后方的探测器给出了当前位置处的积分强度；将积分强度微分后，即得到光斑的强度分布；拟合该曲线，可得到聚焦光斑的

---

* Si(111)括号中的数字，表示在以单硅晶胞为基准建立的晶体立方系坐标下，硅晶体中各种方向上的原子排列。

FWHM。可以利用光洁铜丝进行扫描，并通过电离室测量光强变化的方法，测试光斑尺寸。铜丝安装在MD2测角头上（样品点处）。具体的测试方法是，移动铜丝，将其逐渐切入光斑，直至将光斑全部挡住，在此过程中记录铜丝后面电离室的读数变化，并以此计算光斑尺寸。分别在水平和垂直方向上对铜丝进行扫描，可以得到光斑的水平尺寸和垂直尺寸。

3.7.1.5 光束发散角

在实验站的铍窗后面到样品之间的不同位置上，测试光斑的尺寸。根据不同位置上光斑尺寸的大小，计算光束的发散角。光斑尺寸的测试方法是，利用固定在精密移动平台上的刀片，在水平和垂直方向分别扫描光斑；根据刀片后面电离室的读数，计算出光斑尺寸。

3条光束线站的测试大纲如下，微晶线站测试大纲见表3-20，复合物线站测试大纲见表3-21，高通量线站测试大纲见表3-22。

表3-20 蛋白质微晶体结构光束线站测试大纲

测试项目	设计目标	测试原理及方法	测试所需仪器设备
能量范围	5～18 keV	通过测试不同金属的吸收边，测试束线能够达到的能量范围。选择金属Ti和Zr作为测试样品，Ti的吸收边为4.97 keV，Zr的吸收边为17.998 keV，可以较好地覆盖所要求的能量范围。	① 高纯度Ti和Zr。 ② 2个电离室（开口55 mm×10 mm；电极长度140 mm）内充空气。
能量分辨率	2×10^{-4} (@12 keV)	通过测试12 keV的摇摆曲线，推算所能达到的能量分辨率。	① 高纯度Cu。 ② 2个电离室（开口55 mm×10 mm；电极长度140 mm）内充空气。
光子通量	5×10^{11} phs/s (@12 keV, 300 mA)	利用电离室进行测试。	电离室（开口55 mm×10 mm；电极长度140 mm）内充空气。
光斑尺寸	10 μm×7 μm ($H\times V$@12 keV)	利用镀金钨丝扫描，并利用电离室测量光强变化的方法，来测试光斑尺寸。将镀金钨丝安装在衍射仪的测角头上。分别在水平和垂直方向上对钨丝进行扫描，可得到光斑的水平尺寸和垂直尺寸。	① 镀金钨丝（安装在测角头上）。 ② 电离室（开口55 mm×10 mm；电极长度140 mm）内充空气。
光束发散角	0.7 mrad×0.25 mrad ($H\times V$@12 keV)	分别在铍窗后面和样品点处测试光斑尺寸。根据两处光斑尺寸的大小，计算出光束的发散角。对样品处光斑尺寸的测试方法同上一单元格。对铍窗后光斑尺寸的测试方法是，利用固定在精密移动平台上的刀片，在水平和垂直方向分别扫描光斑。	① 刀片。 ② 精密移动平台。 ③ 镀金钨丝（安装在测角头上）。 ④ 电离室（开口55 mm×10 mm；电极长度140 mm）内充空气。

表 3 - 21　蛋白质复合物晶体结构光束线站测试大纲

测试项目	设 计 指 标	测试原理及方法	测试所需仪器设备
能量范围	7～15 keV	通过测试不同金属的吸收边，来测试束线能够达到的能量范围。拟选择金属 Fe 和 Sr 作为测试样品，Fe 的吸收边为 7.112 keV，Sr 的吸收边为 16.105 keV，可以较好覆盖所要求的能量范围。	① 高纯度 Fe 和 Sr。 ② 2 个电离室（开口 55 mm×10 mm；电极长度 140 mm）内充空气。
能量分辨率	$\leqslant 2\times10^{-4}$	方法一： 通过测试 12 keV 能量点下的摇摆曲线，计算束线所能达到的能量分辨率。具体测试方法如下：将单色器的布拉格角（Bragg angle）调至相应的能量点并固定，将单色光狭缝全部放开，扫描第二晶体的投角（pitch），并用放在出口铍窗后面的电离室监测并记录投角扫描过程中光子通量的变化，得到不同能量点下摇摆曲线的宽度，并利用 110 页的式 3 - 1 和式 3 - 2，计算得到束线的能量分辨率。还可以通过测试 Cu 的吸收谱，进一步验证能量分辨率。 方法二： 测量 Cu 的 K 边吸收峰。实验设置和能量范围标定时的一样。	① 2 个电离室（开口 55 mm× 10 mm；电极长度 140 mm）内充空气。 ② 高纯度 Cu。
光子通量	5×10^{11} phs/ s/ 300 mA（12 keV）	利用电离室进行测试。	电离室（开口 55 mm×10 mm；电极长度 140 mm）内充空气和氩气。
光斑尺寸（$H\times V$）	约 0.15 mm×0.12 mm	利用刀片扫描并利用电离室测量光强变化的方法，来测试光斑尺寸。因直接在样品处安装扫描刀片不方便，将 JJSLIT（一种四刀狭缝）安装在样品点上游约 40 cm 处。具体测试方法是，先将刀片移出光路，让光斑全部通过，然后慢慢移动 JJSLIT 的刀片，使之逐渐切入光斑，直至将光斑全部挡住。在此过程中，记录刀片后面电离室读数的变化，并以此计算光斑尺寸。将刀片分别在水平和垂直方向上进行扫描，可以得到光斑的水平尺寸和垂直尺寸。	① JJSLIT。 ② 电离室。
发散角（$H\times V$）	约 0.15 mrad×0.1 mrad	分别在样品点前面狭缝 3（slit3）处和样品点前约 40 cm 的 JJSLIT 处，测试光斑尺寸。根据两处光斑尺寸的大小，计算光束的发散角。两处光斑尺寸的测试方法是，利用固定在精密移动平台上的刀片，在水平和垂直方向分别扫描光斑。根据刀片后面电离室的读数计算出光斑尺寸。	① JJSLIT。 ② 电离室。

表 3 - 22 高通量晶体结构光束线站测试大纲

测试项目	设 计 目 标	测试原理及方法	测试所需仪器设备
能量范围	5～20 keV	选择金属 Ti 和 Mo 作为测试样品，Ti 的吸收边为 4.97 keV，Mo 的吸收边为 19.999 5 keV，可以较好地覆盖所要求的能量范围。	① 高纯度 Ti 和 Mo。 ② 2 个电离室（开口 55 mm× 10 mm；电极长度 140 mm）内充空气。
能量分辨率	$\leqslant 3\times10^{-4}$	通过扫描 Cu 的吸收谱来定性测量；通过测量 12 keV 处的单色器摇摆曲线计算得到。	① 高纯铜片。 ② 2 个电离室（开口 55 mm× 10 mm；电极长度 140 mm）内充空气。
光子通量	3×10^{11} phs/s （@12 keV，300 mA）	利用电离室进行测试。	电离室（开口 55 mm× 10 mm；电极长度 140 mm）内充空气和氩气。
光斑尺寸	150 μm× 180 μm （$H\times V$）	利用光洁铜丝扫描并利用电离室测量光强变化的方法，测试光斑尺寸。铜丝安装在 MD2 测角头上（样品点处）。具体测试方法是，移动铜丝，将其逐渐切入光斑，直至将光斑全部挡住。在此过程中，记录铜丝后面电离室读数的变化，并以此计算光斑尺寸。将铜丝分别在水平和垂直方向上进行扫描，可以得到光斑的水平尺寸和垂直尺寸。	① 光洁铜丝。 ② 电离室。
光束发散角	1.5 mrad× 0.2 mrad （$H\times V$）	分别在样品点前面 150、100 cm 和样品点处，测试光斑尺寸。根据三处光斑尺寸的大小，计算光束的发散角。前两处光斑尺寸的测试方法是，利用四刀狭缝进行单刀扫描，样品点的光斑尺寸利用铜丝扫描。	① 四刀狭缝。 ② MD2。 ③ 电离室。

3.7.2 测试结果汇总

经过束线调试，3 条晶体学线站的各项指标，均达到验收指标的要求。

3.7.2.1 微晶体光束线站测试结果

测试结果汇总见表 3 - 23。

表 3-23　微晶体光束线站测试结果汇总

测 试 项 目	设计目标	实测结果
能量范围(keV)	5～18	5～18
能量分辨率($\Delta E/E$ @10 keV)	2×10^{-4}	1.8×10^{-4}
聚焦光斑尺寸($H\times V$)(μm× μm@10 keV)	10×7	9.82×4.96
光子通量(phs/ s@10keV@300 mA)	5×10^{11}	5.81×10^{11}
光束发散角($H\times V$)(mrad× mrad)	0.7×0.25	0.27×0.17

依照验收大纲，对各测试指标的验收结果如下所述。

1. 能量范围

通过测试不同金属的吸收边，测试束线能够达到的能量范围。首先使用标样 Se 标定单色器能量(图 3-69、图 3-70)，然后测试标样 Ti 和 Zr，Ti 的吸收边为 4.97 keV(图 3-71、图 3-72)，Zr 的吸收边为 17.998 keV(图 3-73、图 3-74)，可以较好地覆盖 5～18 keV 的能量范围。

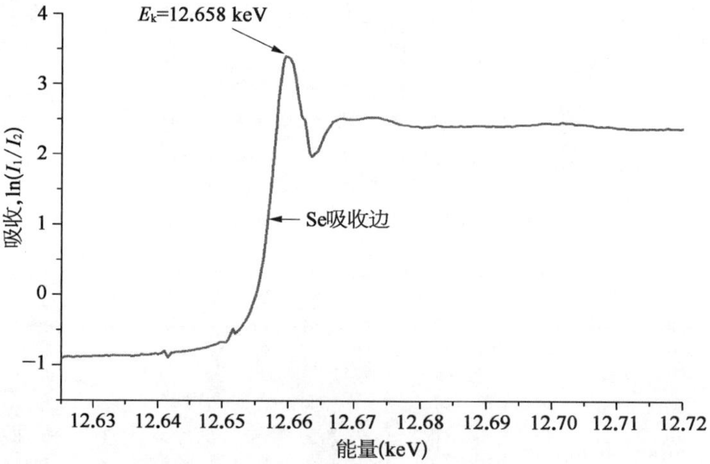

图 3-69　微晶光束线站 Se 的吸收边

单色器经过标定之后，Se 的吸收边与理论一致；Ti 和 Zr 的吸收边与理论数值略有偏差，可在以后的束线运行期间继续优化。测试结果表明，单色器的能量调节范围，可以很好地覆盖 5～18 keV。

2. 能量分辨率

光束线的能量分辨率计算，如 110 页 3.7.1.2 小节所示。对 12 keV 摇摆曲线的测试结果见图 3-75，摇摆曲线 FWHM 为 0.00 172°，布拉格角为 9.483 09°，$\Delta E/E=1.8\times10^{-4}$。

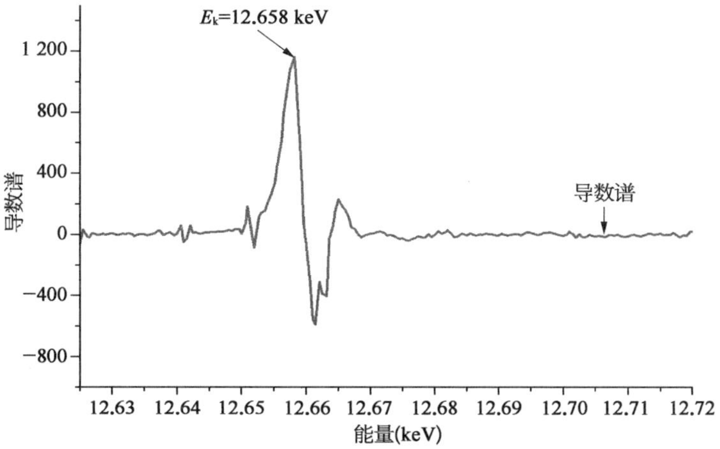

图 3-70 微晶光束线站 Se 的吸收边的导数谱

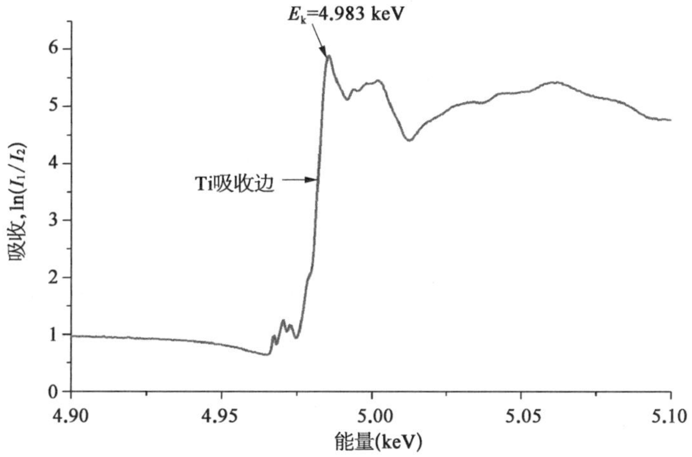

图 3-71 微晶光束线站 Ti 的吸收边

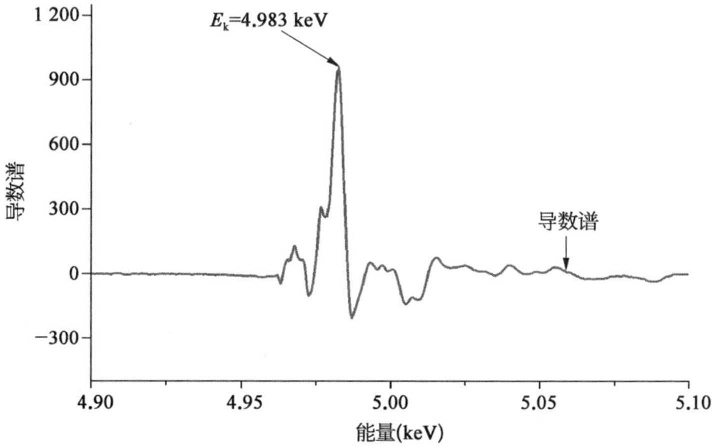

图 3-72 微晶光束线站 Ti 的吸收边的导数谱

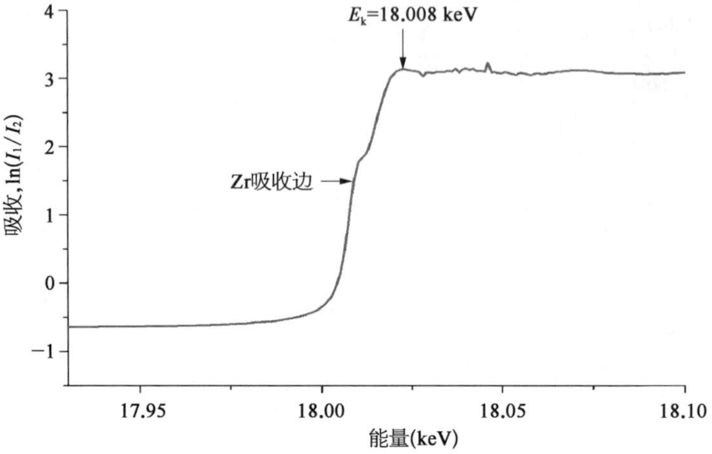

图 3-73　微晶光束线站 Zr 的吸收边

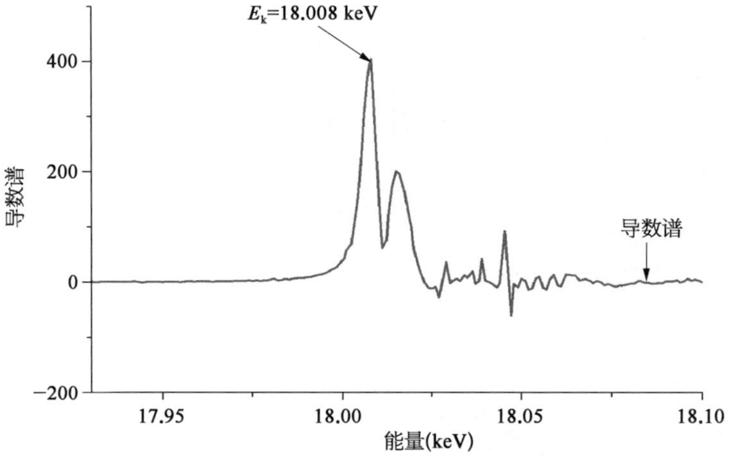

图 3-74　微晶光束线站 Zr 的吸收边的导数谱

3. 聚焦光斑尺寸

利用镀金钨丝扫描，并利用电离室测量光强变化的方法，来测试光斑尺寸。将镀金钨丝安装在衍射仪的测角头上。分别在水平和垂直方向上对钨丝进行扫描，可以得到光斑的水平尺寸和垂直尺寸。

对光斑水平尺寸的测试结果如图 3-76、图 3-77。为减小测量误差，进行 10 次测量，结果分别为 9.80、9.64、9.56、10.01、9.90、9.88、9.84、9.73、10.05、9.83 μm。光斑水平尺寸的平均值为 9.82 μm。

对光斑垂直尺寸的测试结果如图 3-78、图 3-79。为了减小测量误差，进行 10 次测量，结果分别为 4.56、4.76、5.27、5.02、4.59、5.12、5.36、4.58、5.08、5.25 μm。光斑垂直尺寸的平均值为 4.96 μm。

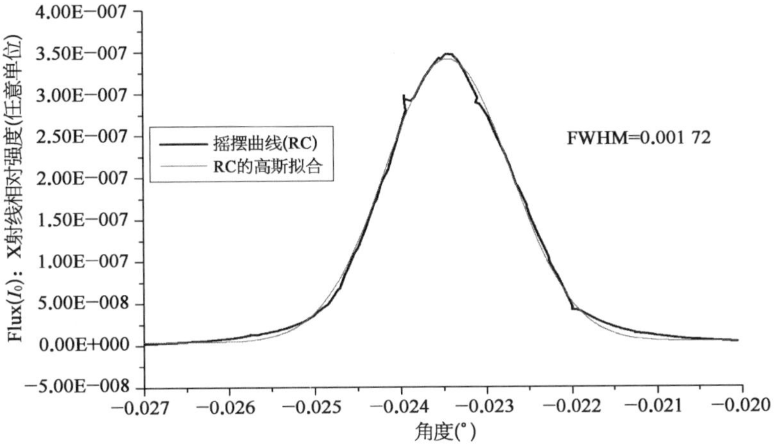

图 3-75 微晶光束线站 12 keV 摇摆曲线的测试结果(彩图见图版第 6 页)

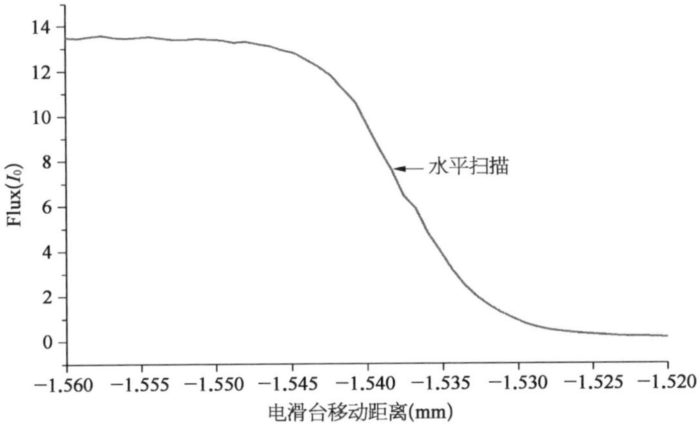

图 3-76 微晶光束线站的光斑水平尺寸的测量结果

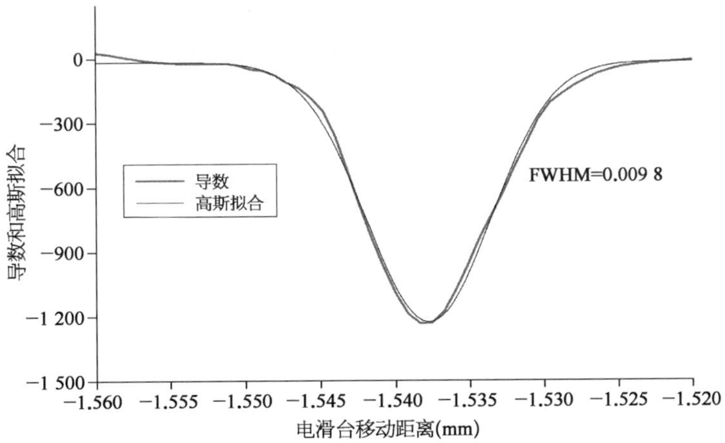

图 3-77 微晶光束线站光斑水平尺寸测量结果的导数曲线及高斯拟合(彩图见图版第 6 页)

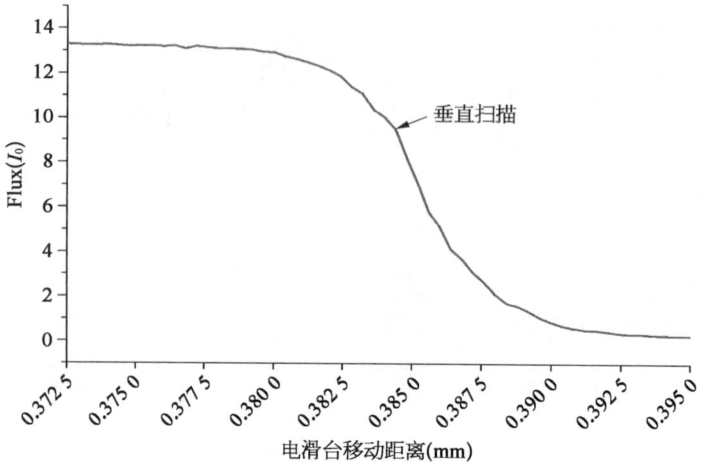

图 3－78　微晶光束线站光斑垂直尺寸的测量结果

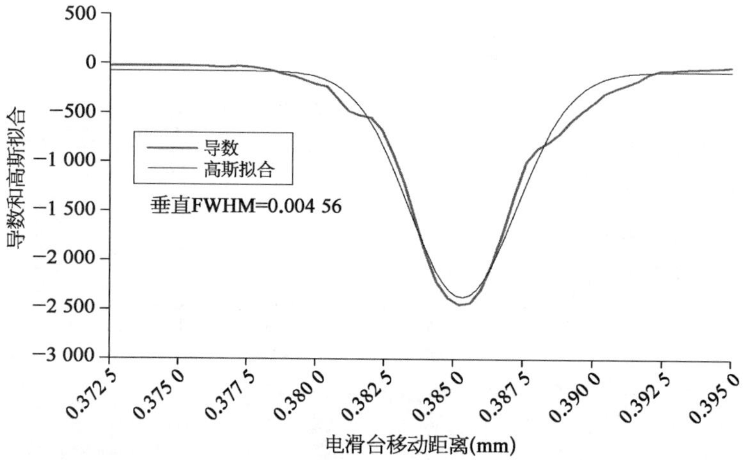

图 3－79　对微晶光束线站光斑垂直尺寸测量结果的导数曲线及高斯拟合（彩图见图版第 6 页）

4. 样品处的光子通量

利用电离室进行测试。电离室的电流值与光子通量之间的转化公式如下。

$$F_1 = \frac{R \times 6.25 \times 10^{18} \times w}{G \cdot E \cdot Ab_{air1}} \tag{3-3}$$

式中 F_1 是测量光子通量，单位 phs/s；R 是电离室读数；6.25×10^{18} 意思是 1 A 电流为每秒有 6.25×10^{18} 个电子通过导体；w 是空气平均电离能，为 33 eV；G 是电离室信号增益；E 是入射单色光光电子能量，单位 eV；Ab_{air1} 是电离室的有效吸收率。

实际运行时，X 射线由铍窗至样品处还须通过一段空气，铍窗和空气段的吸收需要计入。在 12 keV 时，铍窗（150 μm 厚）的透过率为 98.725 5%，空气（50.4 cm 长度）的透过率为 83.125 1%。考虑到测量过程中储存环运行时的流强，光子通量应该为：

$$F_S = F_1 \div C_1 \times 300 \div 0.987\,255 \div 0.831\,251 \quad (C_1 \text{ 是测量时储存环流强}) \tag{3-4}$$

为减小测量误差，进行 10 次测量。电离室读数为（$\times 10^{-6}$）：1.301 8、1.304 8、1.309 2、1.316 1、1.307 9、1.311 7、1.309 2、1.314 2、1.305 2、1.308 5。取平均值，电离室读数为 $1.308\,9\times10^{-6}$。将电离室光强计算公式写成标准程序，则如图 3-80 所示。

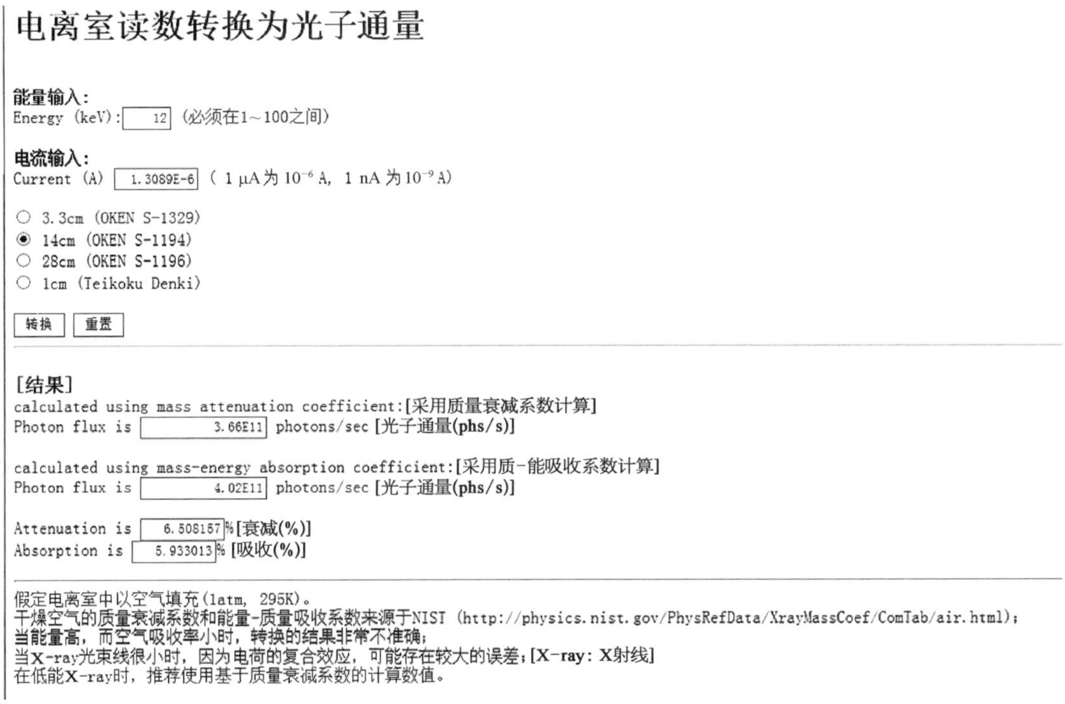

图 3-80 微晶光束线站电离室强度计算的标准程序

电离室测得的光子通量为 3.66×10^{11} phs/s。测量时的流强为 230.22 mA。计入铍窗和空气的衰减，样品处的光子通量为 5.81×10^{11} phs/s。

5. 光束发散角

分别在铍窗前的狭缝 slit3 处（距离样品点 84.5 cm）和样品点处测试光斑尺寸。根据两处光斑的尺寸大小，计算光束的发散角。对样品处光斑尺寸的测试方法同上面“4. 样品处的光子通量”。铍窗前狭缝 slit3 处光斑尺寸的测试方法是，利用狭缝水平和垂直方向的各一片刀片，分别扫描光斑。

$$\alpha = (H_1 - H_S)\times10^{-3} \div 0.845,\ \beta = (V_1 - V_S)\times10^{-3} \div 0.845 \tag{3-5}$$

式中 α 和 β 是水平和垂直的发散角，单位为 mrad；H_1 和 V_1 是狭缝处水平和垂直的光斑尺寸，单位为微米；H_S和 V_S是狭缝 slit3 处水平和垂直的光斑尺寸，单位为微米。

因为狭缝 slit3 用于限制光斑的大小，在进行光斑的水平尺寸扫描时，扫描的一个位置 −4 492 μm 是用于限制光斑大小的，所以只能向另外一个方向扫描，相应的数据处理方法也和样品点处数据处理的方法不同。狭缝处的水平和垂直光斑尺寸是 237 μm × 149 μm（图 3 - 81、图 3 - 82）。如 116 页第 2、3 自然段所述，样品点处的光斑尺寸为 9.82 μm × 4.96 μm。代入计算公式 3 - 5，光束的发散角是 0.27 mrad × 0.17 mrad。

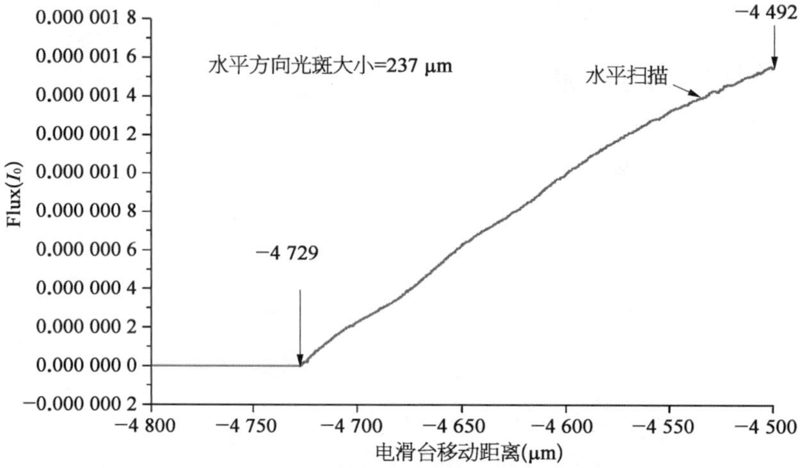

图 3 - 81　微晶光束线站样品点处光斑尺寸的水平扫描

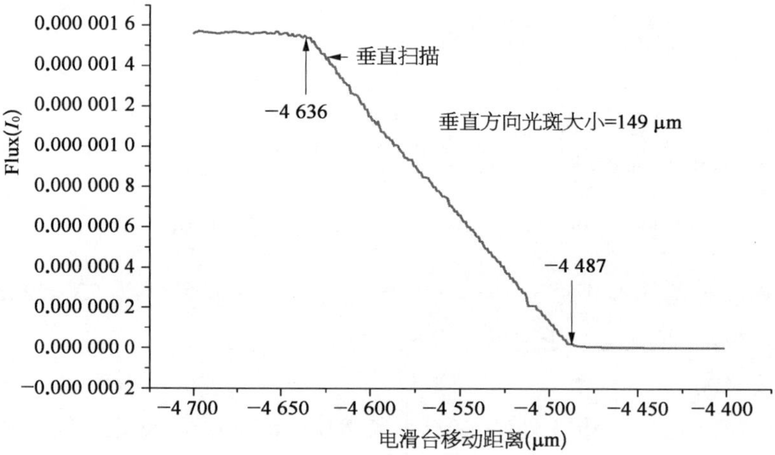

图 3 - 82　微晶光束线站样品点处光斑尺寸垂直扫描

6. 实验站测试结果

实验站的测试受多种因素影响，如晶体质量、样品点光强波动、光斑位置漂移、测角仪与快门的同步误差、测角仪偏心率所引起的晶体位移，还有诸如样品冷却的位置及距离等，非常复杂，难以一一分析。因此，测试组利用最终的实验结果（溶菌酶晶体的衍射数据采集及处理),来对实验站进行性能测试。这个结果也可反映光束线站的整体性能。

测试中收集了 3 颗溶菌酶晶体的衍射数据,包括 12 keV 的数据 1 套和 12.66 keV 的数据 2 套。3 套数据均属于高质量数据。下面以 12.66 keV 的 1 套数据为例,数据统计如图 3－83 所示。

Shell Lower limit	Upper Angstrom	Average I	Average error	stat.	Norm. Chi**2	Linear R-fac	Square R-fac	Rmeas	Rpim	CC1/2	CC*
50.00	3.88	564.9	26.9	6.9	1.096	0.074	0.132	0.079	0.026	0.990	0.998
3.88	3.08	270.3	12.5	3.9	1.009	0.081	0.122	0.086	0.028	0.993	0.998
3.08	2.69	82.8	4.0	1.7	0.752	0.084	0.108	0.089	0.028	0.993	0.998
2.69	2.44	42.3	2.2	1.1	0.880	0.100	0.119	0.106	0.034	0.993	0.998
2.44	2.27	27.7	1.5	0.9	1.029	0.180	0.000	0.195	0.073	0.991	0.998
2.27	2.13	18.0	1.1	0.7	1.082	0.137	0.159	0.145	0.047	0.985	0.996
2.13	2.03	12.3	0.9	0.6	1.104	0.164	0.181	0.174	0.057	0.981	0.995
2.03	1.94	7.5	0.6	0.5	1.131	0.208	0.225	0.220	0.070	0.977	0.994
1.94	1.86	4.4	0.5	0.4	1.115	0.265	0.275	0.280	0.088	0.968	0.992
1.86	1.80	2.8	0.4	0.4	0.991	0.341	0.340	0.362	0.117	0.940	0.984
All reflections		109.8	5.4	1.8	1.019	0.085	0.130	0.091	0.030		

图 3－83 微晶光束线站溶菌酶晶体衍射数据的 HKL3000 处理结果

Shell limit：分辨率壳层范围；lower upper angstrom：分辨率壳层上下限的分辨率 Å(意思就是，最低分辨率壳层的范围是比如 3.88～50 Å，1 Å＝0.1 nm)；Average I：平均衍射强度；Average error stat：平均误差统计；norm. linear square：正态线性均方；chi＊＊2：χ^2(卡方)；all reflections：所有衍射点。

由以上数据可见,如果蛋白质晶体的质量较高,则在 BL18U1 光束线上可采集到高质量的衍射数据,用于结构解析。

3.7.2.2 蛋白质复合物晶体的光束线站测试结果

复合物线站的测试结果汇总,见表 3－24。

表 3－24 蛋白质复合物光束线站的测试结果汇总

	设计目标	实测结果
光子能量范围(keV)	7～15	7～15
能量分辨率($\Delta E/E$)	2×10^{-4}	1.85×10^{-4}
聚焦光斑尺寸($H\times V$)(μm×μm)	≤120×80	106×41
光子通量(phs/s@300 mA)	≥1.5×10^{12}(@12 keV)	2.2×10^{12}(@12 keV，240 mA)
光束发散角($H\times V$)(mrad×mrad)	≤0.1×0.1	0.052×0.095

依照验收大纲,有关各测试指标的验收结果如下所述。

1. 能量范围

测试了 Fe 和 Zr 的吸收谱(图 3－84、图 3－85),可以较好地覆盖 7～18 keV 的能量范围(表 3－25)。

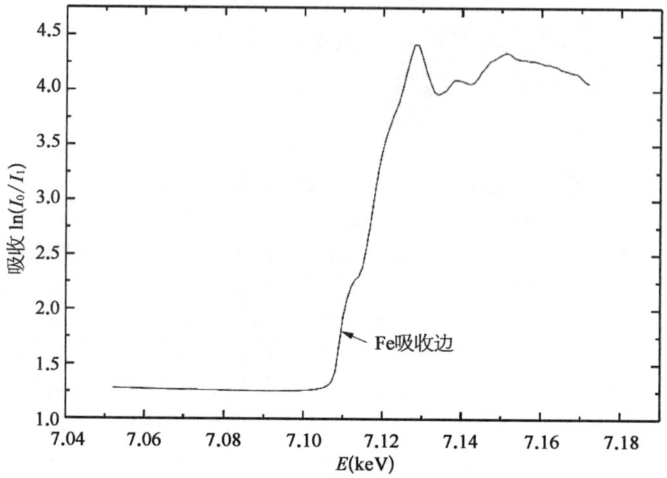

图 3－84　蛋白质复合物光束线站 Fe 吸收谱的测量结果

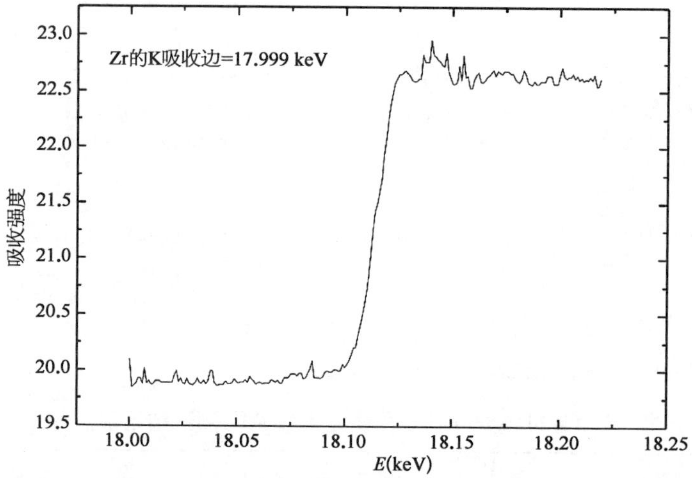

图 3－85　蛋白质复合物光束线站 Zr 吸收谱的测量结果

测试条件见表 3－26。

表 3－25　蛋白质复合物光束线站能量范围测试条件

测试元素	**Fe**	**Zr**
能量(keV)	7	18
G_{ap}(mm)	8.778	7
流强(mA)	220	5

2. 能量分辨率

摇摆曲线和吸收谱的测量结果见图 3－86。

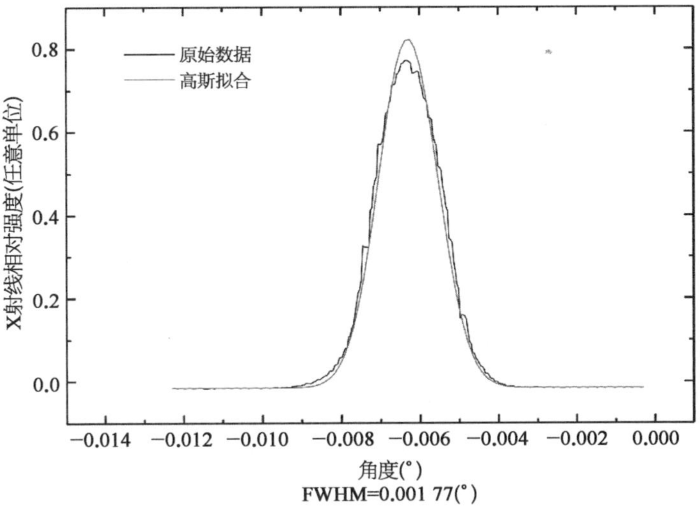

图 3－86　蛋白质复合物光束线站在 11.936 keV 处的摇摆曲线测量结果(彩图见图版第 7 页)

能量分辨率的测试结果见表 3－26。

表 3－26　蛋白质复合物光束线站的能量分辨率测试结果

E(keV)	布拉格角(°)	流强(mA)	实测值	实测值
			FWHM (°)	Δ*E* / *E*
11.936	9.535	220	0.001 77	1.85×10^{-4}

摇摆曲线的测试条件见表 3－27。

表 3－27　蛋白质复合物光束线站摇摆曲线的测试条件

能量(keV)	11.936
G_{ap}(mm)	8.778
流强(mA)	220

3. 聚焦光斑尺寸

在水平和垂直方向上测量聚焦光斑尺寸，分别如图 3－87 和图 3－88 所示。

聚焦光斑尺寸的测试条件见表 3－28。

表 3－28　蛋白质复合物光束线站聚焦光斑尺寸的测试条件

能量(keV)	11.936
G_{ap}(mm)	8.778
流强(mA)	220

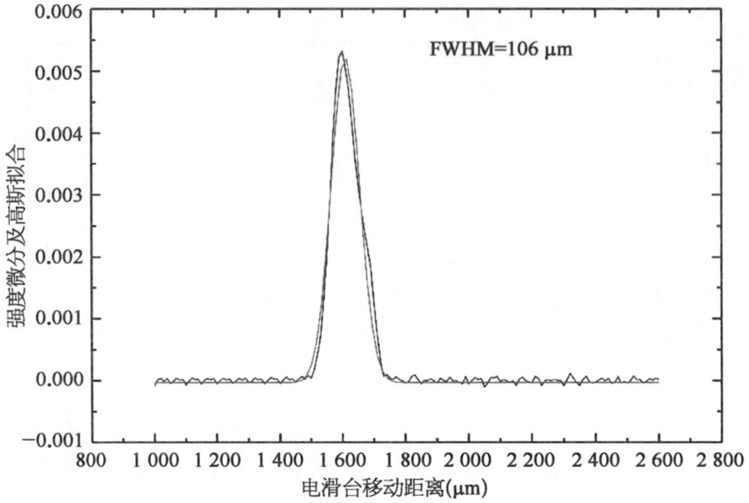

图 3－87　蛋白质复合物光束线站聚焦光斑尺寸的水平测量结果(彩图见图版第 7 页)

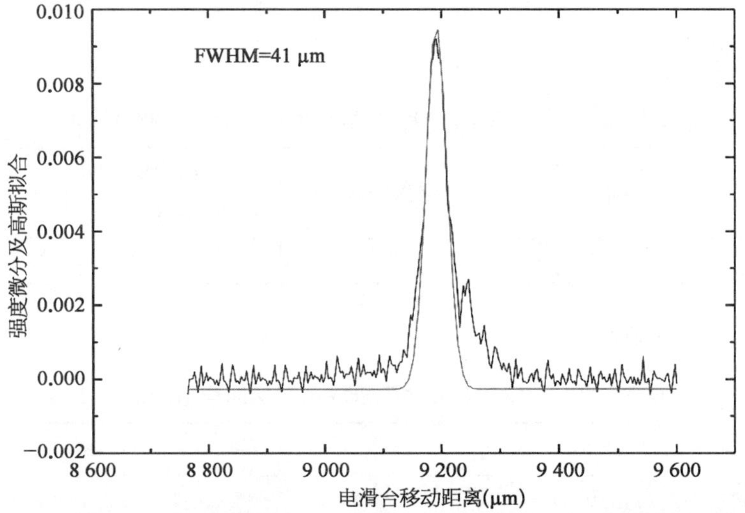

图 3－88　蛋白质复合物光束线站聚焦光斑尺寸的垂直测量结果(彩图见图版第 7 页)

4. 光子通量

测试条件见表 3－29。

表 3－29　蛋白质复合物光束线站光子通量的测试条件

能量(keV)	12
G_{ap}(mm)	8.83
电离室增益	10^6
电离室读数(V)	7.9
流强(mA)	240

5. 光束发散角

蛋白质复合物线站光束发散角的测试结果如图 3-89 和图 3-90 所示。

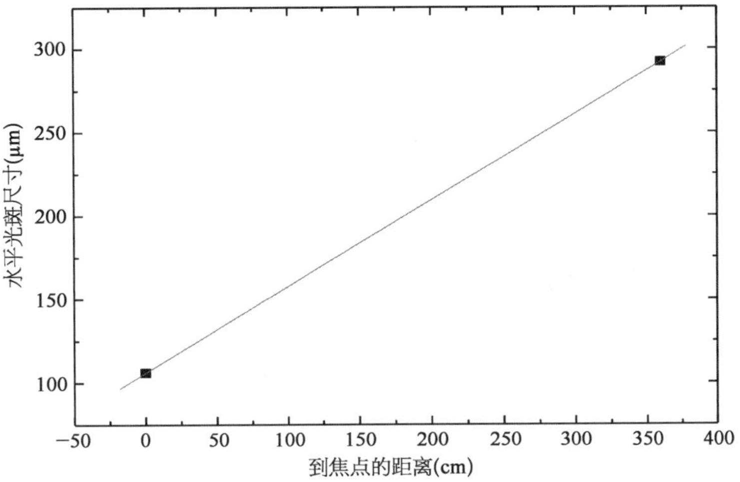

图 3-89 蛋白质复合物光束线站水平方向光束发散角的测量结果

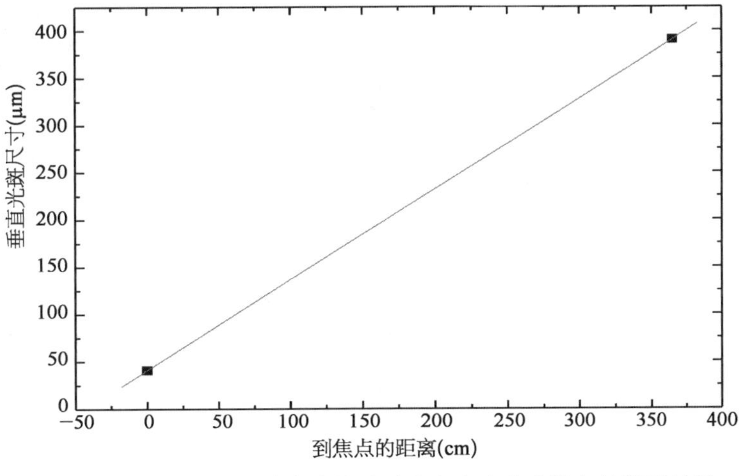

图 3-90 蛋白质复合物光束线站垂直方向光束发散角的测量结果

以此计算的水平方向发散角为 0.052 mrad(图 3-89),垂直方向发散角为0.095 mrad(图 3-90)。测试条件见表 3-30。

表 3-30 蛋白质复合物光束线站的光束发散角的测试条件

测量位置(相对焦点位置)(cm)	360	0
插入件 G_{ap}(mm)	8.778	8.778
能量(keV)	11.936	11.936

（续表）

光斑尺寸(水平方向)(μm)	292	106
光斑尺寸(垂直方向)(μm)	390	41

6. **实验站测试结果**

利用最终的实验结果(衍射数据采集),对实验站进行性能测试。这个结果也可反映光束线站的整体性能。

(1) 溶菌酶晶体的衍射数据采集及处理结果

测试中采集了 2 颗溶菌酶晶体的衍射数据,分别在 12 keV(0.103 317 nm)、12.68 keV(0.097 8 nm)下采集。数据统计见图 3-91。

Shell Lower limit	Upper Angstrom	Average I	Average error	stat.	Norm. Chi**2	Linear R-fac	Square R-fac	Rmeas	Rpim	CC1/2	CC*
50.00	3.28	1961.7	20.9	15.8	1.990	0.054	0.069	0.055	0.011	0.999	1.000
3.28	2.61	1067.6	12.1	9.7	1.682	0.049	0.058	0.051	0.010	0.999	1.000
2.61	2.28	597.9	7.4	6.2	1.497	0.053	0.059	0.054	0.011	0.999	1.000
2.28	2.07	442.0	5.7	4.9	1.523	0.058	0.062	0.059	0.011	0.999	1.000
2.07	1.92	282.8	4.2	3.7	1.445	0.065	0.071	0.067	0.013	0.999	1.000
1.92	1.81	172.5	3.0	2.7	1.199	0.072	0.078	0.074	0.015	0.999	1.000
1.81	1.72	114.4	2.2	2.1	1.077	0.081	0.086	0.082	0.016	0.999	1.000
1.72	1.64	86.3	1.9	1.8	0.997	0.088	0.093	0.090	0.017	0.999	1.000
1.64	1.58	74.5	1.8	1.7	0.958	0.095	0.101	0.097	0.019	0.998	1.000
1.58	1.52	53.9	1.6	1.6	0.847	0.110	0.116	0.112	0.023	0.998	0.999
1.52	1.48	46.7	1.5	1.5	0.783	0.118	0.122	0.120	0.024	0.998	0.999
1.48	1.43	36.5	1.4	1.3	0.724	0.134	0.137	0.137	0.027	0.997	0.999
1.43	1.40	28.3	1.2	1.2	0.681	0.157	0.161	0.160	0.031	0.996	0.999
1.40	1.36	24.4	1.2	1.2	0.646	0.175	0.173	0.178	0.035	0.996	0.999
1.36	1.33	20.5	1.2	1.2	0.625	0.202	0.197	0.207	0.043	0.994	0.999
1.33	1.30	18.1	1.2	1.2	0.593	0.221	0.212	0.226	0.045	0.995	0.999
1.30	1.28	16.8	1.2	1.1	0.588	0.241	0.246	0.246	0.048	0.993	0.998
1.28	1.25	13.3	1.1	1.1	0.543	0.285	0.295	0.291	0.057	0.990	0.997
1.25	1.23	12.0	1.1	1.1	0.525	0.314	0.325	0.320	0.062	0.989	0.997
1.23	1.21	11.1	1.5	1.5	0.507	0.352	0.356	0.361	0.076	0.972	0.993
All reflections		269.1	3.8	3.2	0.984	0.063	0.066	0.064	0.013		

图 3-91　蛋白质复合物光束线站溶菌酶晶体数据的 HKL3000 处理结果*

利用分子置换法可得到清晰的电子密度图,见图 3-92。

整体 R 因子在 6%左右,内壳层 R 因子在 5%左右,数据质量较高。由数据可见,如果蛋白质晶体的质量较高,在 BL19U1 光束线上可以采集到高质量的衍射数据,用于结构的解析。

(2) 硒代晶体的数据采集及分析

硒代晶体是重要的相位解析方法。能否可靠、有效地利用 Se 的反常散射信号来定位 Se 原子位置及解析相位,对于束线用户来说非常重要。测试中用 1 颗硒代晶体进行数据采集及分析。通过 HKL3000 的处理,可以顺利确定 Se 原子的位置及解析相位。通过自动建模,可解析结构。解析结构的电子密度如图 3-93 所示。

3.7.2.3　高通量晶体结构线站的测试结果

高通量晶体结构线站测试结果汇总,见表 3-31。

* 图内部分外文的中文解释请见 121 页图 3-83 图注。

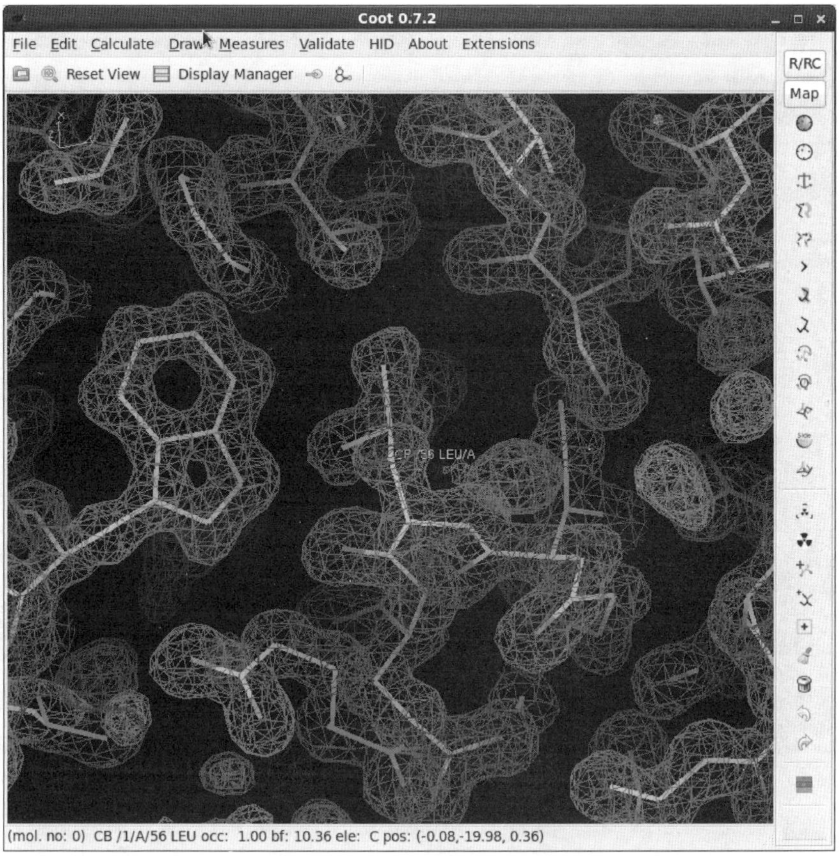

图 3－92 蛋白质复合物光束线站溶菌酶晶体分子置换得到的电子密度图
（详见下载图 3－92，下载网址见 31 页脚注）

表 3－31 高通量晶体结构线站的测试结果汇总

测 试 项 目	设 计 目 标	实 测 结 果
能量范围	5～20 keV	5～20 keV
能量分辨率（$\Delta E/E$ @12 keV）	3.0×10^{-4}	2.25×10^{-4}
聚焦光斑尺寸（μm×μm@12 keV）	150×180（$H\times V$）	144×105（$H\times V$）
光子通量	3.0×10^{11}	3.3×10^{11}
光束发散角（mrad×mrad）	1.5×0.2（$H\times V$）	1.5×0.1

1. 能量范围

选择金属 Ti 和 Mo 作为测试样品，Ti 的吸收边为 4.97 keV，Mo 的吸收边为 19.999 5 keV，可以较好地覆盖所要求的能量范围。先利用 Se 元素标定单色器的能量（图 3－94、图 3－95）。

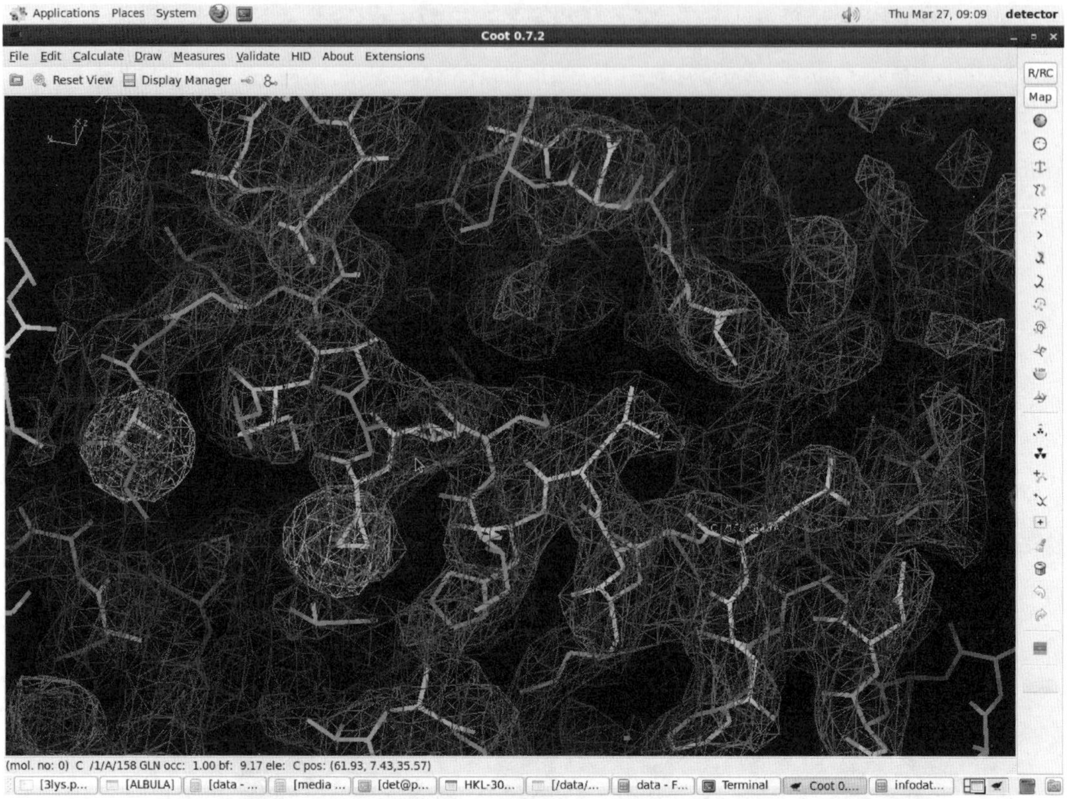

图 3 - 93　蛋白质复合物光束线站硒代数据的测试结果(详见下载图 3 - 93,下载网址见 31 页脚注)

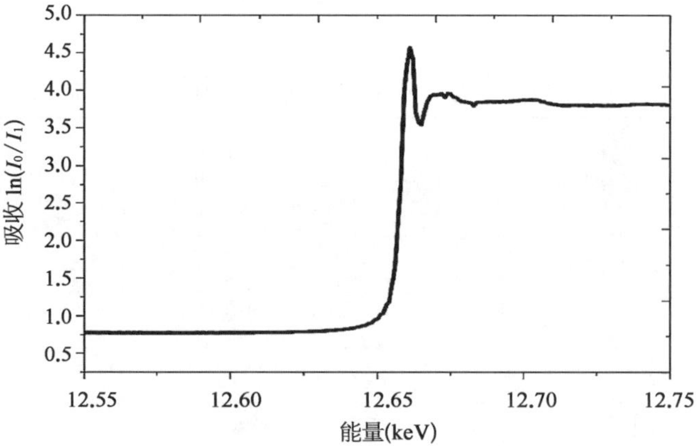

图 3 - 94　高通量晶体光束线站单色器能量标定的 Se 吸收边

利用硒(Se)元素进行标定以后,单色器的角度与能量关系在 12.658 keV 上完全一致;在其他的角度,可能会有所偏差,但不会过大。

然后测试 Ti 的吸收边(图 3 - 96、图 3 - 97)和 Mo 的吸收边(图 3 - 98、图 3 - 99)。

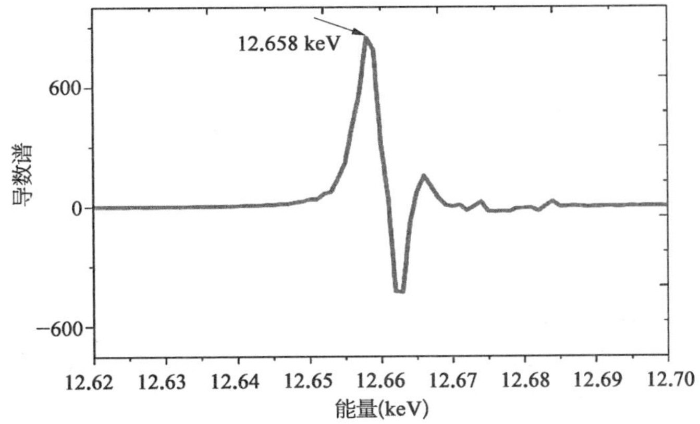

图 3-95　高通量晶体光束线站单色器能量标定 Se 吸收边的导数谱

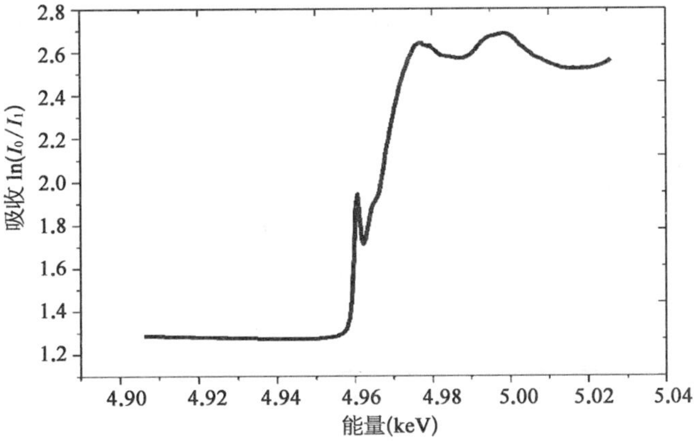

图 3-96　高通量晶体光束线站单色器能量标定的 Ti 吸收边

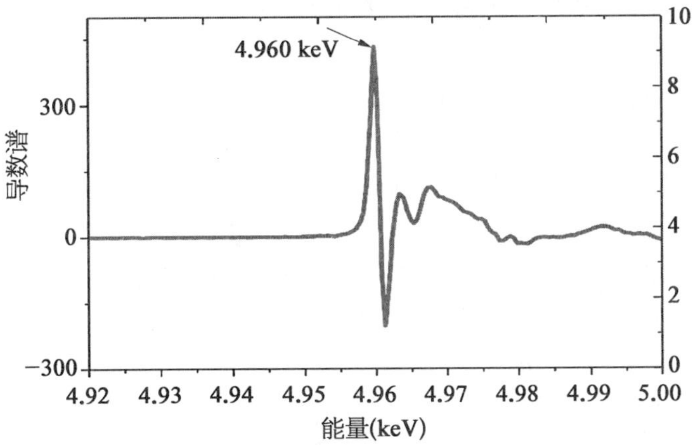

图 3-97　高通量晶体光束线站单色器能量标定 Ti 吸收边的导数谱

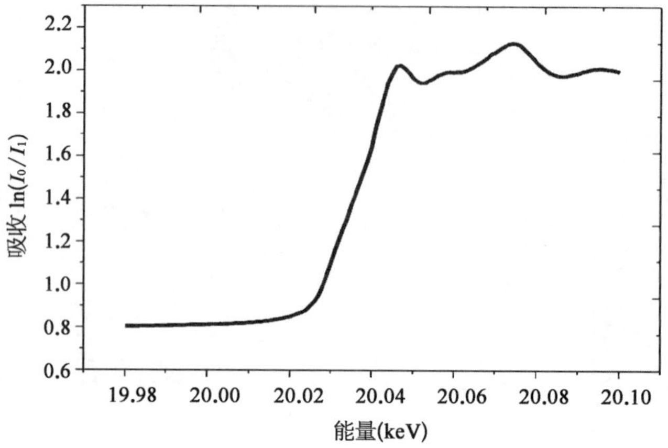

图 3-98　高通量晶体光束线站单色器能量标定的 Mo 吸收边

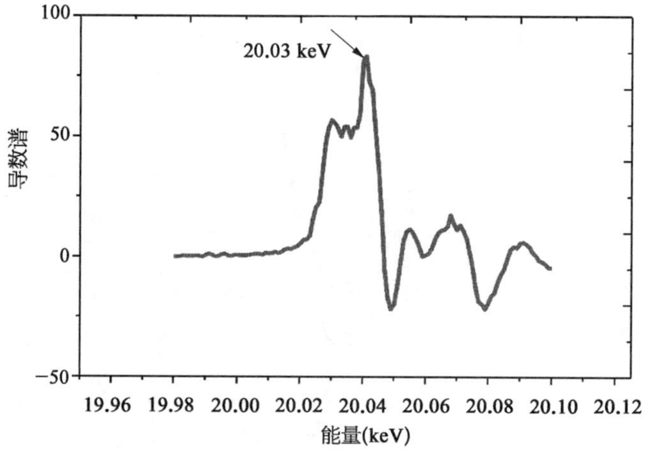

图 3-99　高通量晶体光束线站单色器能量标定 Mo 吸收边的导数谱

测试结果表明，光束线的能量调节范围能够覆盖 5～20 keV。

2. 能量分辨率

测量 Cu 的 K 吸收边，如图 3-100 所示。

根据实测结果，扫描得到的摇摆曲线半高宽(FWHM)为 0.002 15°，12 keV 时 $\text{ctg}\,\theta=5.987$，计算得到能量分辨率 $\Delta E/E=0.002\,15/180\times3.141\,6\times5.987=2.25\times10^{-4}$。

3. 聚焦光斑尺寸

光斑尺寸的测量是利用衍射仪 MD2 的测角头。将铜丝固定在其上，分别沿垂直方向和水平方向扫描光斑的光强变化。测角头位移电机的标称分辨率*为 0.27 μm，铜丝扫描的步长(step size)设定为 5 μm。

* 标称分辨率(nominal resolution)就是测角头位移电机自己的分辨率。

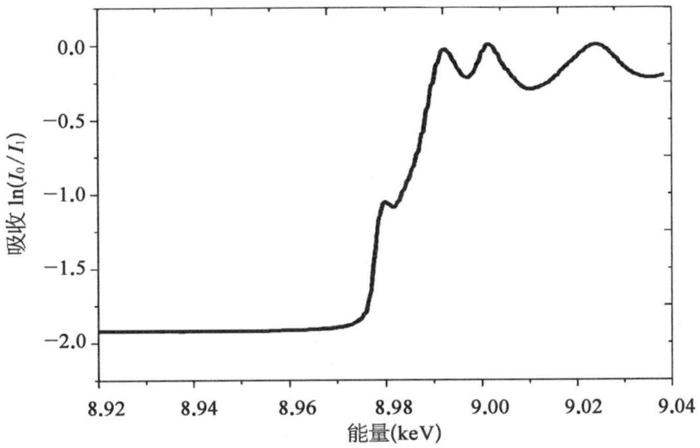

图 3-100 高通量晶体光束线站 Cu 的 K 吸收边

光斑尺寸扫描测量共 10 次，结果如图 3-102、图 3-103、表 3-32 所示。

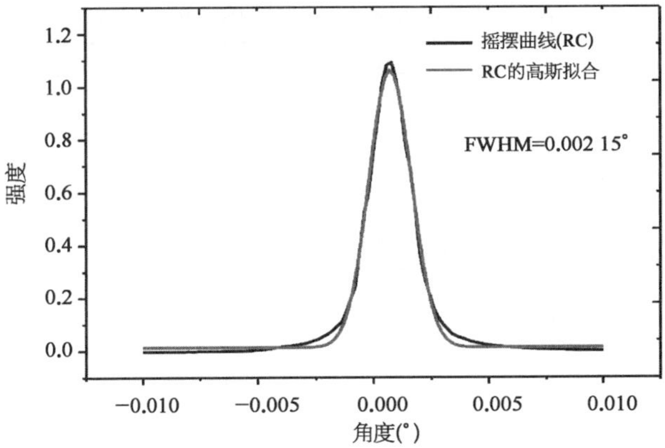

图 3-101 高通量晶体光束线站的 12 keV 摇摆曲线以及高斯拟合(彩图见图版第 8 页)

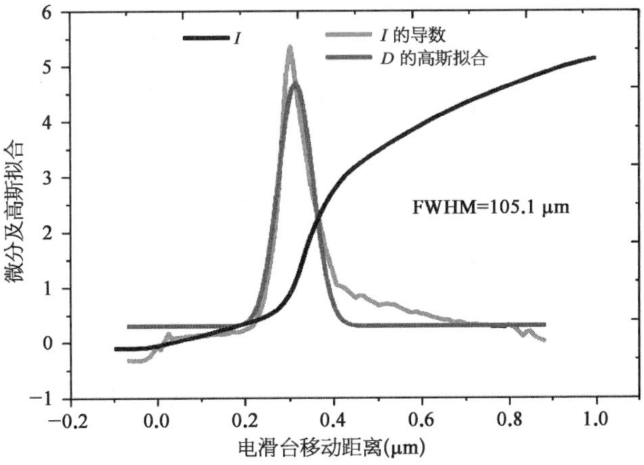

图 3-102 高通量晶体光束线站水平光斑尺寸的扫描结果(彩图见图版第 8 页)

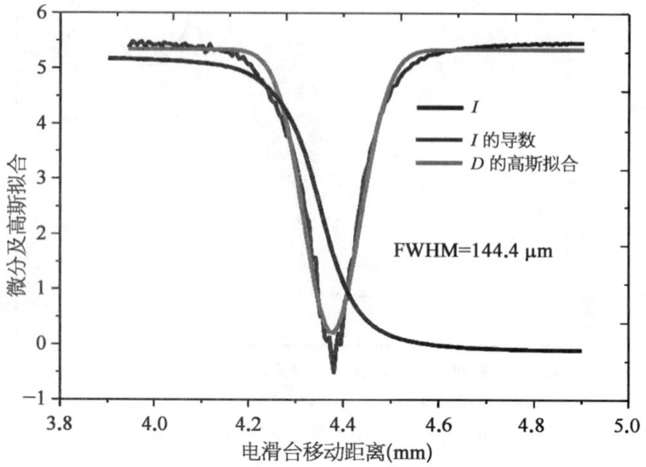

图 3－103　高通量晶体光束线站垂直光斑尺寸的扫描结果(彩图见图版第 8 页)

表 3－32　高通量晶体光束线站光斑尺寸的 10 次测量结果

	水平光斑尺寸(μm)	垂直光斑尺寸(μm)
1	144.7	105.1
2	144.4	103.2
3	145.3	105.9
4	144.7	106.0
5	144.9	105.9
6	143.8	105.8
7	143.5	105.5
8	143.8	103.8
9	143.4	106.1
10	143.7	105.0
平均值	144.2	105.2
标准偏差	0.6	0.9

水平方向光斑尺寸为 144.2 ± 0.6 μm，垂直方向光斑尺寸为 105.2 ± 0.9 μm。

4. 光子通量

与 118—119 页“4. 样品处的光子通量”给出的方法相同。考虑到实际运行时，X 射线由光束线最后的铍窗至样品，通过一段充氦管道(1 个大气压，也即 1.013×10^5 Pa)和一段 25 cm 长的空气段，其中充氦管道对 12 keV 的 X 射线的损失小于总通量的 5‰，可忽略；25 cm 的空气透过率为 90%。

$$I_{样品点} = I_{铍窗处} \times 25\% \times 300 / C_{测试} \quad (3-7)$$

铍窗处的电离室读数为 9.6×10^{-7} A。根据编写的计算界面(参见图 3-104)，计算得到在 220 mA 情况下，光子通量为 2.7×10^{11} phs/s，则焦点处的光强为 $2.7 \times 10^{11} \times 90\% = 2.4 \times 10^{11}$ phs/s。换算到 300 mA 时的光子通量为 $2.4/220 \times 300 = 3.3 \times 10^{11}$ phs/s。

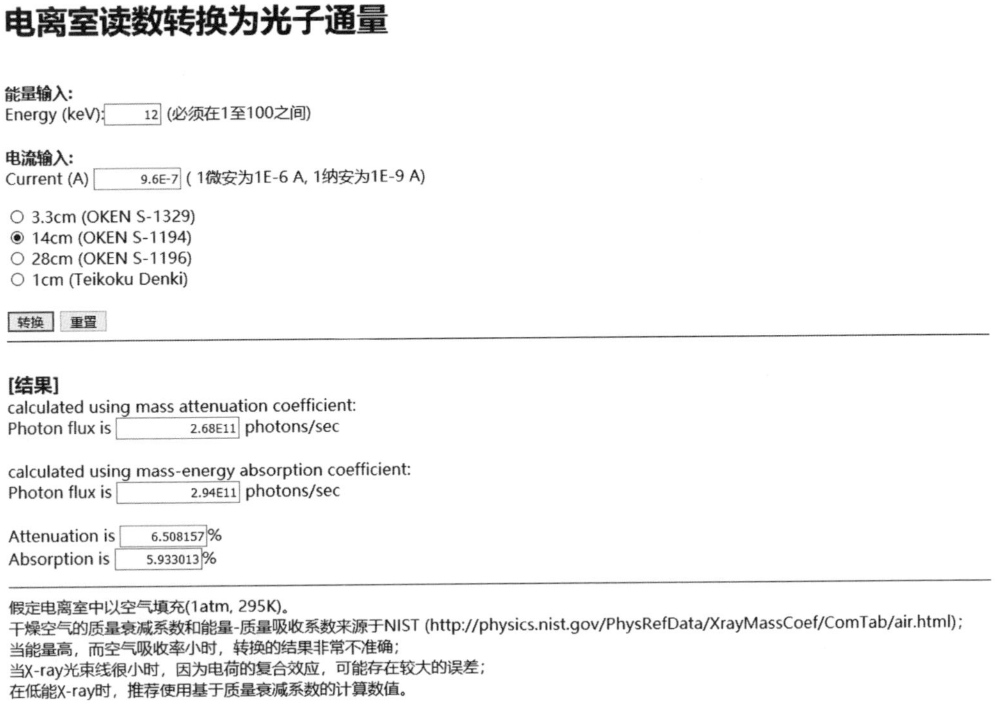

图 3-104　高通量晶体光束线站电离室强度计算公式写成标准程序*

5. 光束发散角

在焦点前 40、70 及 100 cm 处，分别用四刀狭缝(IB-C30-HV)扫描光斑大小(图 3-105)，通过拟合计算出光束的发散角(表 3-33)。

表 3-33　高通量晶体光束线站的扫描光斑大小

	水平光斑尺寸(μm)	垂直光斑尺寸(μm)
样品点	144	105
样品点前 0.4 m 处	680	133
样品点前 0.7 m 处	1 150	169
样品点前 1.0 m 处	1 600	222

* 图中"[结果]"部分英文的含义参见 119 页图 3-80 相应的部分。

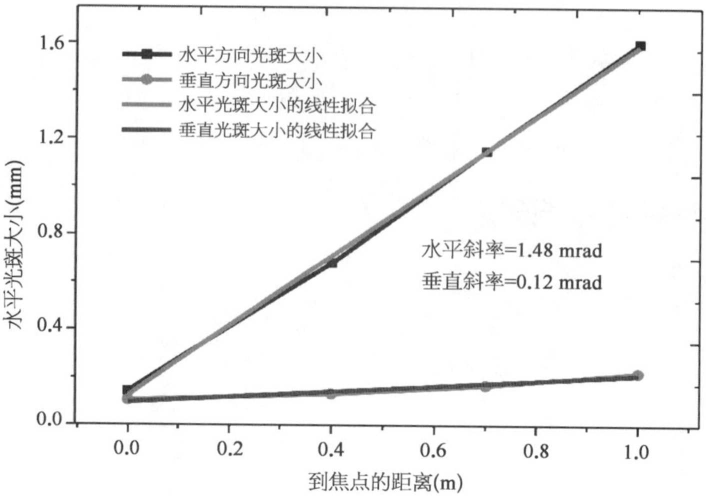

图 3 - 105　高通量晶体光束线站光束发散角的测量结果（彩图见图版第 9 页）

拟合得到水平发散角为 1.5 mrad，垂直发散角为 0.1 mrad。

6. 实验站测试结果

利用溶菌酶晶体的衍射数据采集，对实验站进行性能测试。

(1) 溶菌酶晶体的衍射数据采集以及处理结果

我们采集了 3 颗溶菌酶晶体的衍射数据，分别在 12 keV 和 9.537 keV 下采集。其中 Lys1 衍射数据是在 12 keV 下采集，Lys2 和 Lys3 的衍射数据是在 9.537 keV 下采集。统计数据见图 3 - 106。

Shell Lower limit	Upper Angstrom	Average I	Average error	stat.	Norm. Chi**2	Linear R-fac	Square R-fac	Rmeas	Rpim	CC1/2	CC*
50.00	4.29	1021.7	25.5	6.5	1.091	0.055	0.083	0.058	0.016	0.997	0.999
4.29	3.40	1349.1	34.6	10.7	1.068	0.057	0.075	0.059	0.016	0.998	0.999
3.40	2.97	801.2	19.4	6.2	0.933	0.058	0.078	0.060	0.016	0.997	0.999
2.97	2.70	424.4	10.5	4.2	0.913	0.061	0.082	0.063	0.017	0.998	1.000
2.70	2.51	299.1	7.7	3.6	0.913	0.066	0.083	0.069	0.018	0.998	0.999
2.51	2.36	228.5	6.2	3.2	0.981	0.074	0.092	0.077	0.020	0.997	0.999
2.36	2.24	263.4	9.5	6.1	2.350	0.144	0.265	0.150	0.042	0.984	0.996
2.24	2.14	159.8	7.0	4.7	1.465	0.129	0.178	0.136	0.043	0.993	0.998
2.14	2.06	131.6	7.4	5.2	1.204	0.110	0.121	0.120	0.049	0.984	0.996
2.06	1.99	94.6	8.9	7.5	1.896	0.142	0.157	0.166	0.083	0.970	0.992
All reflections		507.9	14.2	5.7	1.173	0.065	0.085	0.068	0.019		

图 3 - 106　高通量晶体光束线站的 Lys1 晶体衍射数据 *

* 图内部分外文的中文解释请见 121 页图 3 - 83 图注。

利用分子置换法，可以得到清晰的电子密度图，如图 3 - 107、图 3 - 108 所示。

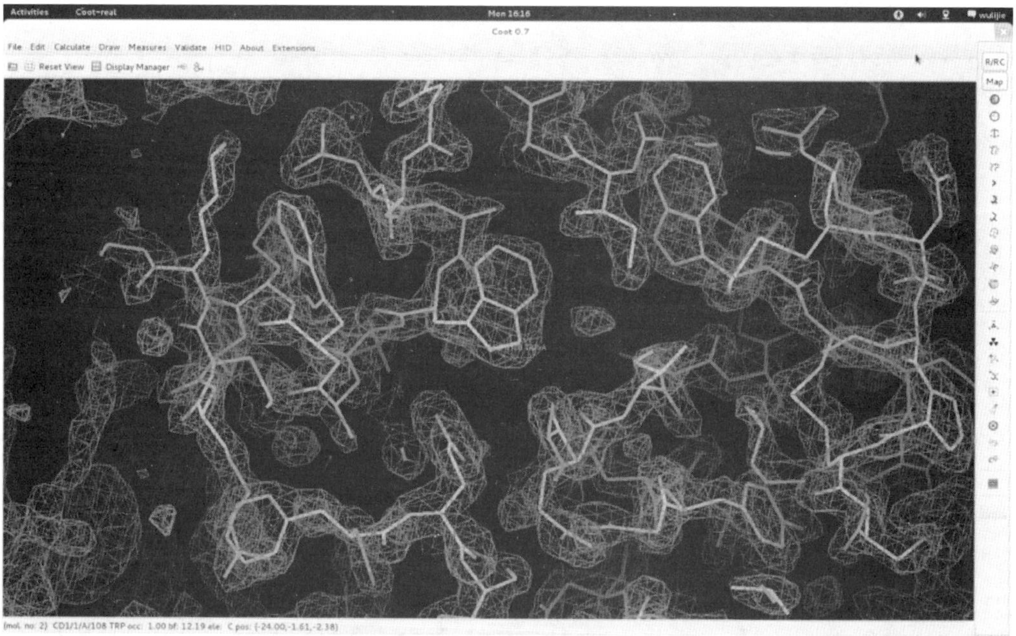

图 3 - 107　高通量晶体光束线站 Lys1 晶体分子置换得到的电子密度图之一
（详见下载图 3 - 107，下载网址见 31 页脚注）

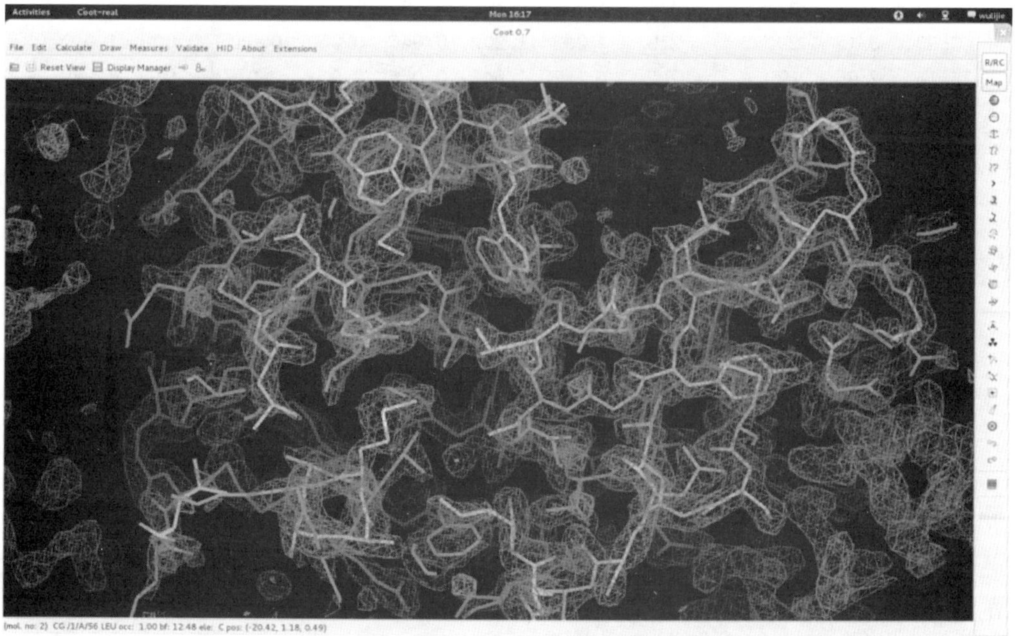

图 3 - 108　高通量晶体光束线站 Lys1 晶体分子置换得到的电子密度图之二
（详见下载图 3 - 108，下载网址见 31 页脚注）

关于 Lys2 及 Lys3 在 9.537 keV（0.13 nm）能量下采集的数据，统计分析见图 3-109、图 3-110。

Shell limit	Lower Angstrom	Upper	Average I	Average error	stat.	Norm. Chi**2	Linear R-fac	Square R-fac	Rmeas	Rpim	CC1/2	CC*
	50.00	5.38	383.7	3.6	2.4	0.840	0.028	0.031	0.029	0.006	1.000	1.000
	5.38	4.27	454.9	4.1	2.9	0.978	0.034	0.039	0.035	0.007	1.000	1.000
	4.27	3.73	550.6	6.4	4.7	1.381	0.042	0.047	0.043	0.008	1.000	1.000
	3.73	3.39	445.6	5.4	4.2	1.949	0.062	0.075	0.063	0.013	0.999	1.000
	3.39	3.15	317.7	3.4	2.6	1.578	0.059	0.067	0.060	0.011	0.999	1.000
	3.15	2.96	204.2	2.6	2.1	1.588	0.069	0.077	0.071	0.013	0.999	1.000
	2.96	2.82	135.4	2.1	1.9	1.681	0.089	0.097	0.091	0.017	0.998	1.000
	2.82	2.69	96.5	2.2	2.0	1.490	0.106	0.111	0.108	0.024	0.997	0.999
	2.69	2.59	76.5	2.8	2.7	1.222	0.103	0.106	0.108	0.031	0.995	0.999
	2.59	2.50	66.8	4.4	4.2	1.913	0.127	0.134	0.142	0.061	0.979	0.995
All reflections			283.5	3.7	2.9	1.420	0.051	0.055	0.052	0.011		

图 3-109　高通量晶体光束线站 Lys2 晶体在 9.537 keV 能量下的衍射数据*

Shell limit	Lower Angstrom	Upper	Average I	Average error	stat.	Norm. Chi**2	Linear R-fac	Square R-fac	Rmeas	Rpim	CC1/2	CC*
	50.00	5.38	325.5	3.0	2.0	0.779	0.027	0.029	0.027	0.005	1.000	1.000
	5.38	4.27	398.1	3.5	2.4	0.775	0.029	0.033	0.030	0.006	1.000	1.000
	4.27	3.73	490.3	4.2	2.9	0.889	0.033	0.038	0.033	0.006	1.000	1.000
	3.73	3.39	374.4	3.4	2.4	1.081	0.039	0.044	0.040	0.007	1.000	1.000
	3.39	3.15	290.3	2.9	2.2	1.202	0.046	0.052	0.047	0.009	1.000	1.000
	3.15	2.96	190.4	2.2	1.7	1.342	0.056	0.062	0.057	0.011	0.999	1.000
	2.96	2.82	130.2	1.8	1.5	1.725	0.077	0.084	0.079	0.015	0.999	1.000
	2.82	2.69	94.6	1.9	1.7	1.541	0.089	0.095	0.092	0.020	0.999	1.000
	2.69	2.59	76.9	2.4	2.2	1.114	0.080	0.083	0.083	0.024	0.997	0.999
	2.59	2.50	70.1	3.6	3.4	1.709	0.098	0.106	0.108	0.044	0.992	0.998
All reflections			254.2	2.9	2.2	1.154	0.041	0.042	0.042	0.008		

图 3-110　高通量晶体光束线站 Lys3 晶体在 9.537 keV 能量下的衍射数据*

对于 Lys2(图 3-109)及 Lys3(图 3-110)两颗晶体的衍射数据，从统计结果来看，总的 R 因子在 5%左右，内壳层在 3%左右，属于质量较高的数据。由此数据可见，如果蛋白质晶体的质量较高，在 BL17B 光束线上可以采集到高质量的衍射数据，用于结构解析。

（2）硒代晶体的数据采集及分析

用 1 颗硒代晶体进行数据采集及分析。可以利用 SHELXD 找出重原子，但是由于分辨率比较低(0.39 nm)，无法使用 SHELXE 解析相位。衍射图见图 3-111、图 3-112。SHELXD 分析显示，可以找到重原子，见图 3-113。

* 图内部分外文的中文解释请见 121 页图 3-83 图注。

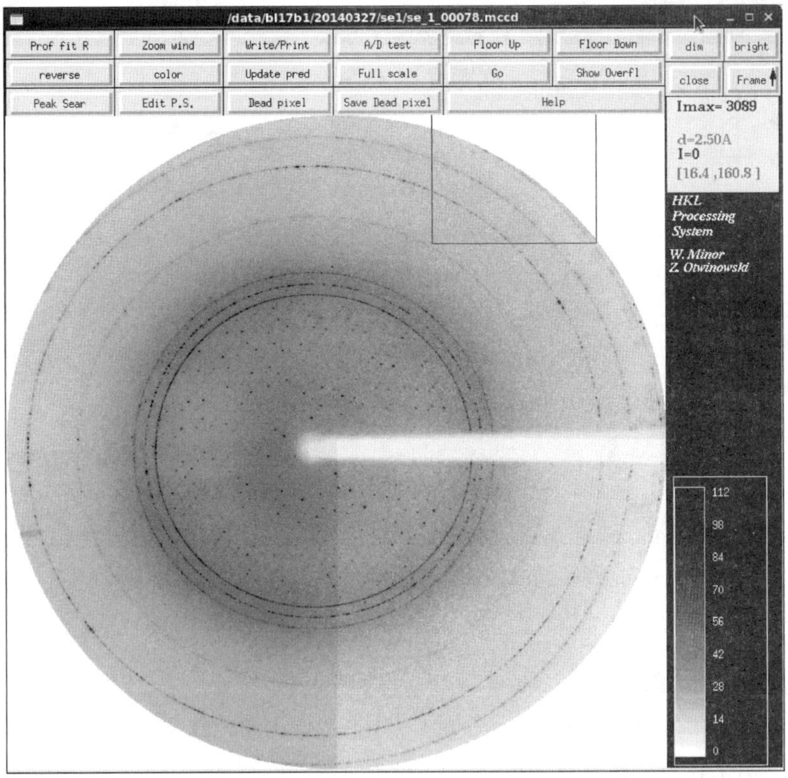

图 3－111　高通量晶体光束线站硒代晶体的衍射图（详见下载图 3－111，下载网址见 31 页脚注）

Shell Lower limit	Upper Angstrom	Average I	Average error	stat.	Norm. Chi**2	Linear R-fac	Square R-fac	Rmeas	Rpim	CC1/2	CC*
50.00	7.79	87.2	2.8	1.9	1.777	0.047	0.100	0.051	0.019	0.993	0.998
7.79	6.19	32.9	1.6	1.4	0.664	0.067	0.118	0.071	0.026	0.991	0.998
6.19	5.41	32.6	1.8	1.6	0.438	0.075	0.119	0.080	0.029	0.996	0.999
5.41	4.91	37.3	2.1	1.9	0.526	0.082	0.146	0.087	0.031	0.995	0.999
4.91	4.56	47.4	2.6	2.3	0.503	0.079	0.132	0.085	0.031	0.995	0.999
4.56	4.29	42.4	2.6	2.4	0.540	0.091	0.147	0.098	0.036	0.993	0.998
4.29	4.08	33.7	2.5	2.4	0.431	0.106	0.161	0.114	0.041	0.992	0.998
4.08	3.90	29.0	3.3	3.2	1.614	0.314	0.785	0.338	0.124	0.903	0.974
All reflections		43.1	2.4	2.1	0.810	0.098	0.235	0.105	0.038		

图 3－112　高通量晶体光束线站硒代晶体的衍射数据 *

* 图内部分外文的中文解释请见 121 页图 3－83 图注。

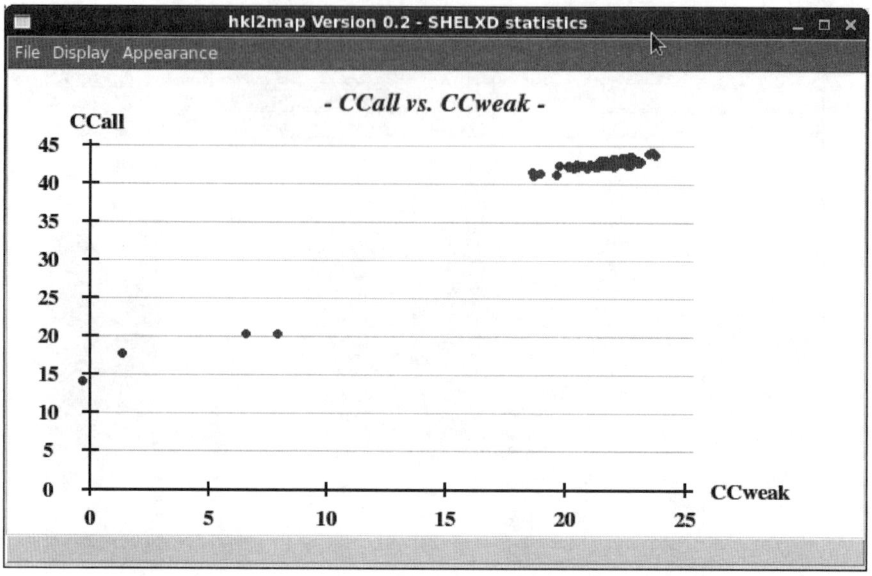

图 3-113　高通量晶体光束线站硒代数据的 SHELXD 分析结果

3.8　运行开放以及用户成果

蛋白质晶体结构分析系统自 2015 年 3 月份正式对用户开放试运行以来截至 2016 年年底，3 条线站 BL18U1、BL19U1 和 BL17B1 所提供的有效机时均超过 8 000 h，涉及全国 300 多个研究组，由此发表了超过 100 个蛋白质晶体结构[18, 19]。用户发表了很多高质量的文章，如埃博拉病毒机理研究[20]、MLL 家族蛋白质甲基转移酶活性调节的分子机制[21]、CRISPR-Cpf1 识别 crRNA 以及剪切 pre-crRNA 的机制[22]、N6 腺嘌呤甲基转移酶复合物晶体结构[23]、细胞焦亡的分子机制[24]、神经突触蛋白组织新机制[25]等。有关这些成果的详细介绍，请见 479—487 页“10.3.2　典型用户成果简介”。

参考文献

[1] Rossmann M G. The molecular replacement method. Acta Crystallogr A, 1990, 46 (Pt 2): 73-82.

[2] Rossmann M G, Blow D M. The detection of sub-units within the crystallographic asymmetric unit. Acta Crystallographica, 1962, 15(1): 24-31.

[3] Blow D M, Rossmann M G. The single isomorphous replacement method. Acta Crystallographica, 1961, 14(11): 1195-1202.

[4] Perutz M. Isomorphous replacement and phase determination in non-centrosymmetric space groups. Acta Crystallographica, 1956, 9(11): 867-873.

[5] Pannu N S, Read R J. The application of multivariate statistical techniques improves single-wavelength anomalous diffraction phasing. Acta Crystallogr D Biol Crystallogr, 2004, 60(Pt 1): 22-27.

[6] Hendrickson W A. Determination of macromolecular structures from anomalous diffraction of synchrotron radiation. Science, 1991, 254(5028): 51 - 58.

[7] Pahler A, Smith J L, Hendrickson W A. A probability representation for phase information from multiwavelength anomalous dispersion. Acta Crystallogr A, 1990, 46 (Pt 7): 537 - 540.

[8] Argonne National Laboratory. Experimental physics and industrial control system: home page. https://epics.anl.gov/index.php, 2018 - 05 - 07.

[9] HKL Research, Inc. the HKL Research, Inc. website: home page. http://www.hkl-xray.com/, 2018 - 05 - 07.

[10] Battye T G, et al. iMOSFLM: A new graphical interface for diffraction-image processing with MOSFLM. Acta Crystallogr D Biol Crystallogr, 2011, 67(Pt 4): 271 - 281.

[11] Pape T, Schneider T R. HKL2MAP: A graphical user interface for macromolecular phasing with SHELX programs. Journal of Applied Crystallography, 2004, 37(5): 843 - 844.

[12] Sheldrick G M. Experimental phasing with SHELXC/D/E: Combining chain tracing with density modification. Acta Crystallogr D Biol Crystallogr, 2010, 66(Pt 4): 479 - 485.

[13] Adams P D, et al. PHENIX: A comprehensive Python-based system for macromolecular structure solution. Acta Crystallogr D Biol Crystallogr, 2010, 66(Pt 2): 213 - 221.

[14] Terwilliger T C, Berendzen J. Automated MAD and MIR structure solution. Acta Crystallogr D Biol Crystallogr, 1999, 55(Pt 4): 849 - 861.

[15] Emsley P, Cowtan K. Coot: Model-building tools for molecular graphics. Acta Crystallogr D Biol Crystallogr, 2004, 60(Pt 12 Pt 1): 2126 - 2132.

[16] Schrödinger, LLC. The PyMOL molecular graphics system: version 2.0. https://pymol.org/2/support.html? #citing, 2018 - 05 - 07.

[17] McPhillips T M, et al. Blu-Ice and the distributed control system: Software for data acquisition and instrument control at macromolecular crystallography beamlines. Journal of Synchrotron Radiation, 2002, 9(6): 401 - 406.

[18] RCSB. Protein Data Bank (PDB): home page. http://www.rcsb.org, 2018 - 05 - 07.

[19] NIH National Institute of General Medical Sciences. BioSync: home page. http://biosync.sbkb.org/, 2018 - 05 - 07.

[20] Wang H, et al. Ebola viral glycoprotein bound to its endosomal receptor Niemann-Pick C1. Cell, 2016, 164(1 - 2): 258 - 268.

[21] Li Y, et al. Structural basis for activity regulation of MLL family methyltransferases. Nature, 2016, 530(7591): 447 - 452.

[22] Dong D, et al. The crystal structure of Cpf1 in complex with CRISPR RNA. Nature, 2016, 532 (7600): 522 - 526.

[23] Wang X, et al. Corrigendum: Structural basis of N(6)-adenosine methylation by the METTL3 - METTL14 complex. Nature, 2017, 542(7640): 260.

[24] Ding J, et al. Pore-forming activity and structural autoinhibition of the gasdermin family. Nature, 2016, 535(7610): 111 - 116.

[25] Zeng M, et al. Phase transition in postsynaptic densities underlies formation of synaptic complexes and synaptic plasticity. Cell, 2016, 166(5): 1163 - 1175 e12.

第 4 章　蛋白质动态分析系统

蛋白质动态分析系统由位于上海同步辐射光源的生物 X 射线小角散射线站 BL19U2 以及时间分辨红外谱学线站 BL01B 构成。本系统主要针对蛋白质复杂多样的结构与功能、相互作用以及动态变化过程，开展系统的研究。研究结果可从分子、细胞和生物体等多个层次上，全面揭示生命现象的本质。

4.1　同步辐射生物 X 射线小角散射线站

小角 X 射线散射(small-angle X-ray scattering, SAXS) 技术，是分析溶液状态生物大分子结构及其变化的强有力工具。自 20 世纪 30 年代开始，在物理科学、材料科学及生命科学领域内，以非晶体状态样本为研究对象，从样本小角散射图样中获取结构信息的方法学取得了长足进步[1]。从 20 世纪 70 年代开始，先进 X 射线光源、中子源以及小角散射实验室光源等科学仪器的开发与基于散射数据的计算方法学，都取得了重大发展[2]，这也直接拓展了小角散射技术在结构生物学领域的应用范围。一方面，这些应用开始初现成果，另一方面，来自许多不同领域的学者又迫切需要有一种能表征他们研究体系结构参数的方法[3]。于是，生物化学领域内对小角散射方法学及其生物应用研究的兴趣也被重新点燃[4,5]。文献搜索数据库 PubMed(http://www.ncbi.nlm.nih.gov/pubmed/)的数据统计资料显示，若采用 “SAXS” 作为关键搜索词，文章标题或者摘要中相关的生物学研究文献，从 2000 年的 63 条迅速增长到 2017 年的 12 000 条。在这样的时代背景下，依托上海生命科学研究院生物化学与细胞生物学研究所，建成了我国首条适用于生物溶液样品小角 X 射线散射研究的专用线站——BL19U2 生物小角 X 射线散射线站(biological small-angle X-ray scattering, BioSAXS)。该线站是上海设施蛋白质动态研究系统的一个重要组成部分。作为国内首条专门用于生物样本 SAXS 研究的技术平台，BL19U2 线站的建成，在我国结构生物学研究领域具有相当重要的实际意义。

4.1.1　X 射线小角散射基本原理

4.1.1.1　X 射线散射

X 射线散射的发生，是由于 X 射线与待测样品中的电子发生相互作用。在散射实验中,光源点与样品的距离以及样品与探测器的距离(L_2),都是宏观量(计量单位为"米"量级)。样品中结构不均匀性的特征尺度(d,10^0～10^3 nm),要远小于这些距离;而入射粒子的波长 λ 则更小(亚纳米量级)。在这种情况下,有所谓的菲涅耳数($d^2/\lambda L_2>>1$)。这意味着,可以将入射波和任意方向上的散射波,视作平面波来处理(图 4-1)[6]。

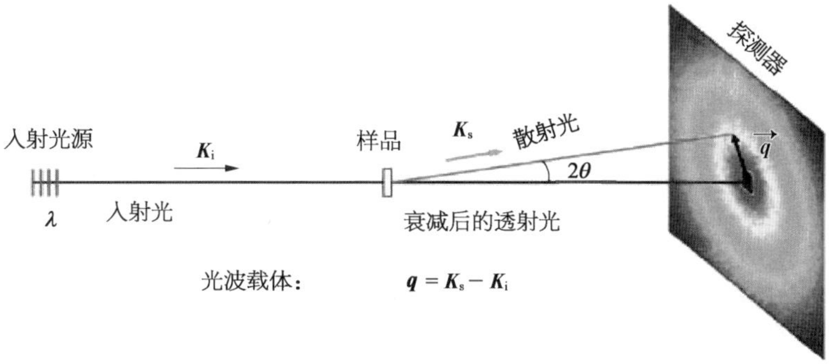

图 4-1　小角 X 射线散射的基本原理(彩图见图版第 9 页)

下角标 i 和 s,i:入射光(incident);s:散射光(scattered)。(图片改自[1]*)

当某一物体被波矢为 $k=|\boldsymbol{k}|=2\pi/\lambda$ 的单色平面波辐照时,该物体内的原子会与入射平面波相互作用,而发射球面波。本章将只讨论与结构研究相关度最高的弹性散射。在这种情况下,散射仅依赖于散射矢量 $\boldsymbol{q}=\boldsymbol{k}'-\boldsymbol{k}$。X 射线的弹性散射过程,可以使用量子力学中的一阶波恩(Born)近似来描述[7],即每一个散射源只与入射场相互作用,而不是与整体场。在散射场远小于入射场的情况下,这种动力学近似是足够精确的,因此可以忽略多级散射,而波恩近似仍然成立。

弹性散射归因于相干散射体积内的每一个散射源所产生的散射波之间的干涉。这里的相干散射体积,是指散射源在空间上的位置有相干性(如溶液中的单个蛋白质分子,见图 4-2)。散射过程涉及散射物质分布的"真实"实验室空间坐标 $\boldsymbol{r}$,与测量散射强度倒易空间中的散射矢量 $\boldsymbol{q}$ 之间的转换。在波恩近似下,这种转换满足傅里叶变换。值得强调的是,傅里叶变换满足真实空间与倒易空间之间的倒易性,即在真实空间中"尺寸"越小,在倒易空间中"尺寸"越大(图 4-3)。对于溶液来说,散射是各向同性的,散射强度只依赖于散射矢量的模 $|\boldsymbol{q}|=q=(4\pi\sin\theta)/\lambda$。

入射波与样品之间的相互作用强度,用图 4-4 所示的微分散射截面 $\dfrac{d\sigma}{d\Omega}$ 描述。微分散射截面是指,单位立体角、单位时间内的散射能量与单位面积内的入射波能量(即入射能量 I_0)之比。很明显,该比值有面积的量纲。

N 个散射源在各自的位置 r_i 产生散射波,总的散射振幅是各个散射波的叠加。单个散射波的振幅用因子 b_i 表示,即散射长度,具有长度单位厘米。物体的总散射振幅

* 标明图片出处时,方括号内数字代表本章末参考文献序号。

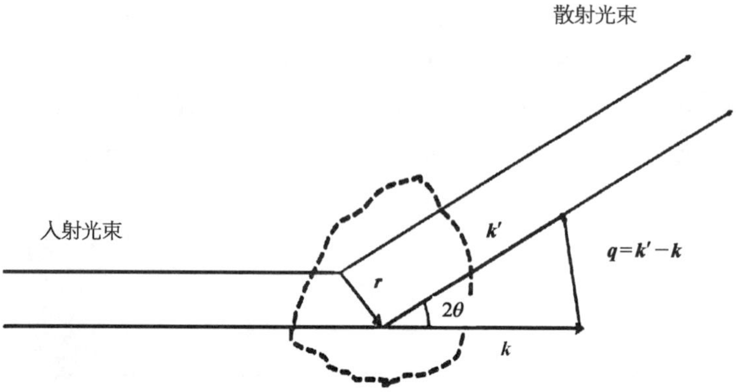

图 4－2　弹性散射示意图

两条入射光束被相距为 r 的两个散射中心散射，散射角为 2θ。不同位置处的原子发出的散射波会相互干涉，因为它们之间的相位不同。注意 $|\boldsymbol{q}| = q = 2 \cdot (2\pi/\lambda)\sin\theta = (4\pi\sin\theta)/\lambda$。(图片改自[2])

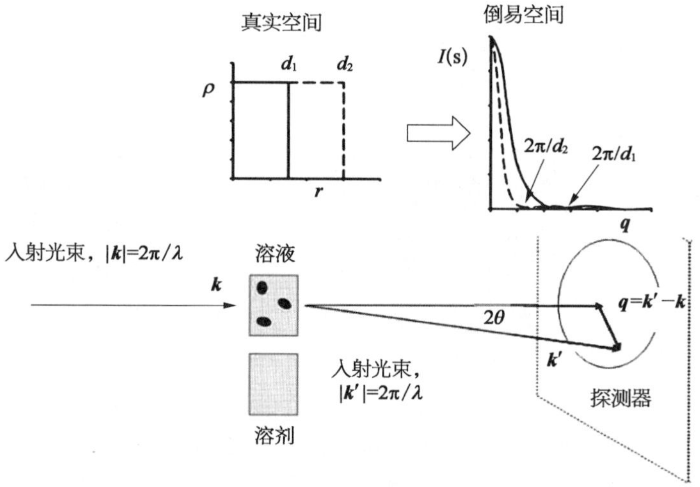

图 4－3　小角散射实验和真实空间与倒易空间之间的傅里叶变换(图片改自[2])[被授权于 Svergun and Koch (2003) © IOP Publishing Ltd，2003]

$A(\boldsymbol{q})$ 依赖于单个散射源的性质(即散射长度)和相位因子 $\exp(\mathrm{i}\boldsymbol{q} \cdot \boldsymbol{r}_i)$，表示为：

$$A(\boldsymbol{q}) = \sum_{i=1}^{N} b_i \exp(\mathrm{i}\boldsymbol{q} \cdot \boldsymbol{r}_i) \tag{4-1}$$

因此，散射振幅是散射源分布的傅里叶变换。

如果包含 N 个散射源的图像，可以有任意的取向(如气体中或溶液中的分子)，则相位因子可用如下的公式表示，其中尖括号表示球谐平均*：

$$\langle \exp(\mathrm{i}\boldsymbol{q} \cdot \boldsymbol{r}) \rangle = \frac{\sin(\boldsymbol{q}\boldsymbol{r})}{qr} \tag{4-2}$$

* 球谐平均：spherical harmonics average，表示在对散射矢量进行积分的时候采用了球谐函数 $Y_{lm}(\Omega)$。

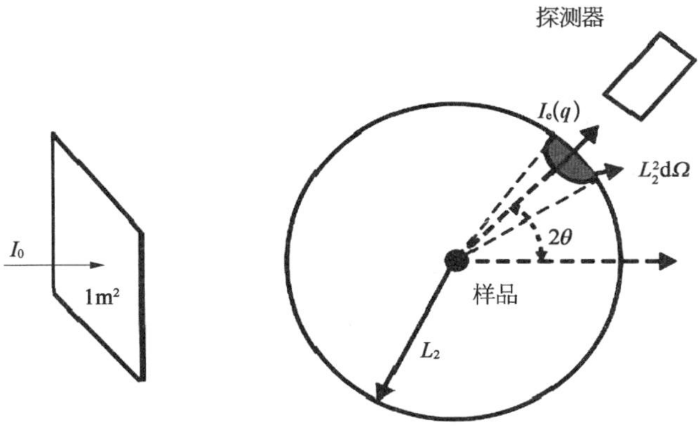

$$\frac{d\sigma}{d\Omega}=\frac{I_e(q)}{I_0}=|b^2|\ \text{当}\ q=0$$

图 4-4 散射截面的定义

$I_e(\boldsymbol{q})$表示在 2θ 方向上散射能量/(单位立体角× $\boldsymbol{s}$)；I_0表示入射能量/(单位面积× $\boldsymbol{s}$)。两者之间的比值得到散射截面的面积量纲。L_2 是样品到探测器的距离。与立体角 $d\Omega$ 相关的面积是 $L_2^2\,d\Omega$，被探测器接收的能量是 $I_{meas}(\boldsymbol{q})=\dfrac{I_e(\boldsymbol{q})}{L_2^2}=\dfrac{I_0}{L_2^2}\dfrac{d\sigma}{d\Omega}(\boldsymbol{q})$。其中 I_e 为电子的散射强度；$\boldsymbol{s}$ 为散射矢量；I_{meas}表示探测器收集到的测量散射强度。(图片改自[2])

尽管一个物体可能由一些离散的散射源所组成，但是使用连续的散射长度密度 $\rho(r)$ 去描述该物体，往往更为方便。这里 $\rho(r)$的意义是单位体积内原子的散射长度。对于硬 X 射线来说，可以只考虑 X 射线与电子的相互作用，因为电子的质量远小于质子。对于单个电子，其 Thomson 半径或经典半径为 $b=r_0=2.82\times10^{-13}$ cm。因此，对于一个置于原点，且径向电子密度分布为 $\rho(r)$的原子有：

$$b_x(q)=r_0 4\pi\int\rho(r)r^2\ \frac{\sin(qr)}{qr}dr \tag{4-3}$$

由于 $\lim\limits_{x\to0}\left(\dfrac{\sin(x)}{x}\right)=1$，原子的向前 $(q=0)$ 散射长度为 $b_x(0)=Zr_0$，其中 Z 是原子序数。

4.1.1.2 生物大分子散射

原子聚集体的散射强度，可以方便地用散射长度密度分布 $\rho(r)$表示。大分子溶液散射实验，需要独立收集溶液和溶剂的散射数据(图 4-4)。溶液的散射强度扣除溶剂的散射强度，即为样品粒子的净散射强度。假设溶剂是一个具有恒定散射密度 ρ_s的常规矩阵，则单个粒子的散射长度与相同体积溶剂的散射长度之差，被定义为散射长度密度差。用公式表示为 $\Delta\rho(r)=\rho(r)-\rho_s$。散射长度密度分布和散射振幅通过傅里叶变换相联系：

$$A(\boldsymbol{q})=F[\rho(\boldsymbol{r})]=\int_V\Delta\rho(\boldsymbol{r})\exp(i\boldsymbol{qr})d\boldsymbol{r} \tag{4-4}$$

其中积分区域为粒子体积(V)。通常来说，散射振幅 $A(\boldsymbol{q})$ 是一个复数。实验可以直接测量的是散射强度而不是散射振幅，散射强度是散射振幅的平方，$I(\boldsymbol{q})=A(\boldsymbol{q})A^{\star}(\boldsymbol{q})$，即相应于散射能量。对于单色波来说，散射强度即为在给定方向 2θ 上单位时间、单位面积内被散射的光子或中子数。从图 4-4 定义的散射截面可知，探测器测得的散射强度为：

$$I_{\text{meas}}(\boldsymbol{q})=\frac{I_e(\boldsymbol{q})}{L_2^2}=\frac{I_0}{L_2^2}\frac{\mathrm{d}\sigma}{\mathrm{d}\Omega}(\boldsymbol{q}) \tag{4-5}$$

对于单色波，在时间间隔 Δt 内，探测器单像素点面积 A 内的光子或中子计数 $N_{\text{meas}}(q)$ 为：

$$N_{\text{meas}}(\boldsymbol{q})=I_e(\boldsymbol{q})\frac{A}{L_2^2}\Delta t=I_0\frac{A}{L_2^2}\frac{\mathrm{d}\sigma}{\mathrm{d}\Omega}(\boldsymbol{q})\Delta t \tag{4-5'}$$

由于散射强度与散射截面 $\frac{\mathrm{d}\sigma}{\mathrm{d}\Omega}$ 存在正比例关系，因此接下来将散射截面也称为散射强度，尽管这样不完全精确。

现在考虑一个由相同粒子组成的聚集体，它的总散射强度依赖于粒子在样品中的分布。物体（被辐照的总体积）的总散射密度是粒子密度分布函数 $\Delta\rho(\boldsymbol{r})$ 与一个描述粒子在辐照体积内位置和方向的函数 $\mathrm{d}(\boldsymbol{r})$ 的卷积*：$\Delta\rho_{总}(\boldsymbol{r})=\Delta\rho(\boldsymbol{r})*\mathrm{d}(\boldsymbol{r})$。

根据傅里叶变换的性质，聚集体的散射振幅是两项分别做傅里叶变换之后的乘积 $A_{总}(\boldsymbol{q})=F[\Delta\rho(\boldsymbol{r})]\times F[d(\boldsymbol{r})]=A(\boldsymbol{q})F(\boldsymbol{q})$。在一定的条件下，测得的散射强度也是两项的乘积：$I_{总}(\boldsymbol{q})=I(\boldsymbol{q})S(\boldsymbol{q})$，其中第一项依赖于粒子的结构，而第二项依赖于它们的分布（见图 4-5）。

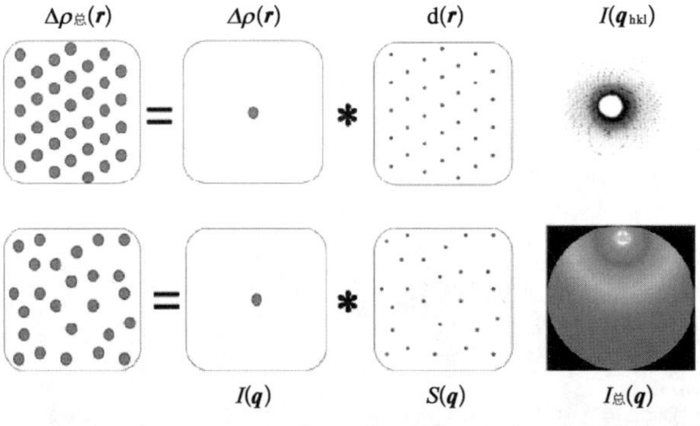

图 4-5　晶体的衍射（第 1 行）和溶液的散射（第 2 行）过程示意图

最右边为典型的探测器接收的图样（该图示例为 X 射线）；上图为晶体衍射图样；下图为溶液散射图样（注意下图中的光束并不在中心）。（图片改自[2]）

考虑两种极限情况。在一颗理想的晶体中，所有的粒子都有确定和相关的取向，并且在空间中具有规则的排列，因此须将所有单个粒子的散射振幅求和，以得到粒子间的干涉。被相干光照射的晶体，所产生的散射光也是相干的。最后的总散射强度，是由倒

* 卷积定义为一个函数在另一个函数上的加权叠加，其运算符号是 *。

易晶格所决定的光在各个方向上的重新分布。测得的离散三维函数 $I\ (\boldsymbol{q}_{hkl})$相应于单个晶胞的散射密度分布[8]。这样产生的图像通常被称为衍射(而不是散射)图样(见图 4-5 第 1 行)。如果粒子是随机分布的,并且位置和取向没有相关性,则总散射强度并不是散射振幅之和。在这种情况下,相干体积是单个粒子的体积,不同粒子产生的散射光之间没有相干性。因此,整个聚集体的散射,是一个各向同性的连续函数。它正比于单个粒子散射强度在各个方向上的平均。单分散体系的生物大分子在特定溶剂条件下所形成的稀溶液,满足上述第二种极限情况。如果溶液中的粒子是随机取向的,且同时存在相互作用(非理想的半稀释溶液),则相邻粒子之间就存在相关性,这种相关性必须被考虑。这种聚集体的散射强度仍然是各向同性的,因为粒子的取向是随机的。对于球状粒子,其散射强度可以写成两项的乘积:$I_{总}(q) = I(q) \times S(q)$。在文献中,粒子散射强度 $I(q)$ 和干涉项 $S(q)$分别称为“形状因子”和“结构因子”。在生命科学中,小角散射被用于分析溶液中大分子的结构(基于粒子散射)和分子间的相互作用(基于干涉项)。半稀释溶液中分离的两项,可以通过在不同的浓度和溶剂条件(pH、离子浓度等)下进行测试而得到。对于由多种尺寸和形状各异的粒子组成的体系,其总强度是各种粒子散射强度的加权平均。上述情况适用于有限相干的 X 射线源。对于高度相干的射线源,如一些同步辐射源,即使对于各向同性的样品,也有可能观测到各向异性的散射(表现为探测器图样上的斑点)[9]。

式 4-4 中关于框函数的傅里叶变换表明,一个尺度为 d 的物体所产生的散射强度,主要集中于 $q = 2\pi/d$ 的范围内。因此,如果散射强度在倒易空间中处于 q_{max}的范围内,则可以得到其在空间中的分辨率 $\Delta = 2\pi/q$。对于单晶来说,由于衍射强度重新分布,因此数据可以得到很高的分辨率($d \approx \lambda$)。对于从溶液样本得到的球谐函数的平均散射图样,$I(\boldsymbol{q})$通常随着散射矢量而迅速衰减,只能得到低分辨率的结果($d >> \lambda$),因此溶液散射不能获得原子的位置信息,只能得到分子的低分辨模型。因为溶液中粒子的位置取向是随机的,小角散射数据只包含非常有限的结构信息。估计值 $2\pi/q$ 只表示理论上能够收集到的结构分辨率,并非基于散射数据计算得到的分子模型实际分辨率。尽管在原则上,大分子溶液散射可得到很高的分辨率(甚至达 0.2 nm,即所谓的广角散射——wide-angle X-ray scattering, WAXS),然而在实际的数据分析过程中,即使获得了高质量的广角散射数据,也不可能构建一个如此高分辨率的唯一模型。

如前所述,小角散射产生于溶液中由 X 射线引起的电子密度浮动。溶液中生物大分子的平均分子电子密度与溶剂密度的差为 $\Delta\rho = \langle \Delta\rho(r) \rangle = \langle \Delta\rho \rangle - \rho_s$,被称作对比度。这是样本的另一重要特征。图 4-6 为对比度概念的示意图。

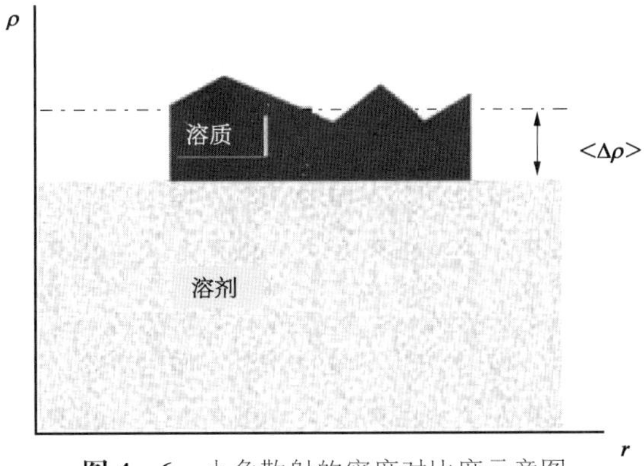

图 4-6　小角散射的密度对比度示意图

图片改自[2]。

粒子的散射密度可以表示为 $\rho(r)=\Delta\rho*\rho_C(\boldsymbol{r})+\rho_F(\boldsymbol{r})$。其中 $\rho_C(\boldsymbol{r})$是形状函数，其在粒子内部为1，在粒子外部为0，故 $\rho_F(\boldsymbol{r})=\rho(\boldsymbol{r})-<\rho(\boldsymbol{r})>$ 表示散射密度相对于其平均值的波动[10]。将此表达式代入方程4-1，散射振幅包括2部分 $A(\boldsymbol{q})=\Delta\rho\times A_C(\boldsymbol{q})+A_F(\boldsymbol{q})$，则平均散射强度可以写成3项基本散射函数之和：

$$I(q)=\Delta\rho^2 I_C(q)+2\Delta\rho I_{CF}(q)+I_F(q) \tag{4-6}$$

其中，$I_C(q)$、$I_F(q)$和 $I_{CF}(q)$分别是由粒子的形状、密度浮动、横截项而产生的散射[10]。这个方程具有普遍的意义。通过使用不同密度的溶剂(不同的 $\Delta\rho$)，可以独立地得到粒子整体外形的散射和粒子内部结构的散射。这种技术称为“对比调整”。

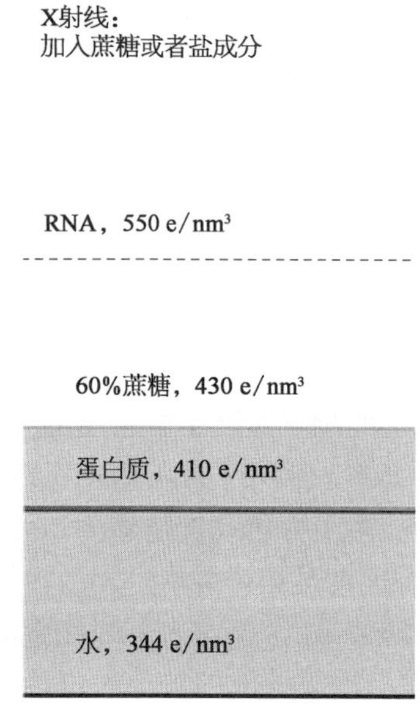

图4-7　X射线电子密度散射对比度变化的可能性

灰色区域显示了溶剂密度变化可达到的范围。X射线密度的变化可以通过添加小分子来实现。(图片改自[2])

小角散射实验的环境通常是水或水性溶液，其中可能包含一些盐或小分子。在X射线散射的情况下，水性溶液的电子密度在很大程度上依赖于这些盐或小分子。例如，纯水的电子密度是 3.34×10^2 e·nm^{-3}，* 而1 mol NaCl溶液的电子密度是 3.5×10^2 e·nm^{-3}。蛋白质的平均电子密度通常在 4.2×10^2 e·nm^{-3}左右，比纯水高出 0.854×10^2 e·nm^{-3}，比1 mol的NaCl溶液仅高出 0.701×10^2 e·nm^{-3}。一个更突出的例子是蔗糖。质量浓度为500 g/L的蔗糖溶液，电子密度为 4.00×10^2 e·nm^{-3}，蛋白质溶液仅比其高出 0.2×10^2 e·nm^{-3}。在X射线散射中，生物大分子溶液的对比度可通过改变样品环境的电子密度来控制(见图4-7)。事实上，这个性质在蛋白质晶体学的早期被用来确定血红蛋白的分子包膜[11]，后来又被成功用于小角散射，以确定番茄丛矮病特异性病毒的分子包膜[12]。原则上，X射线散射的对比度可通过对生物大分子标记重原子而得到提高，但是这种实验非常难做，罕有成功的例子。

4.1.2　生物X射线小角散射线站的科学目标与建设目标

基于上海同步辐射装置的生物X射线小角散射(biological small-angle X ray scattering, BioSAXS)光束线站BL19U2，主要面向生命科学、化学、材料学等领域，以生物大分子在自然状态下的结构、动态变化，以及生物大分子之间的相互作用为主要研究方向。该线站还同时兼顾聚合物、纳米材料以及液晶等研究对象的小角散射实验需求。BL19U2光束线重点开展液态样品的X射线小角散射工作，还有以时间分辨为主的动态过程研究工作。

---

* e表示电子。

通过测量 X 射线弹性散射在小角度范围内的强度分布，BioSAXS 线站可以获得物质内部较大尺度（约 450 nm）的结构信息。当前，BL19U2 的研究内容主要集中在下面 3 个重要方向上：① 单分散体系，即样品分子单一的溶液体系；② 多分散体系，这种情况下样品有相同的化学组成，但是形状和尺寸不同；③ 混合体系，这种体系下样品分子的形状、尺寸和化学组成都不同。对于单分散溶液，净散射强度与单个粒子在各个方向的散射平均值成正比。这个平均过程使得小角散射无法像晶体学一样得到三维的散射密度。因此，小角散射只能得到粒子内部距离分布函数 $P(r)$ 在各个方向的平均。很明显，它是个一维函数。

小角散射可以确定样品的摩尔质量（molecular weight，MW）以及整体几何参数，例如表示延展度的回转半径（radius gyration，R_g）、分子外部的最大外径（maximum diameter，D_{max}）、样品的水合体积（porod volume，V_p）。另外，算法的不断开发升级，使用户不仅可以得到样品简单的一维结构参数，还可以进一步从散射数据，计算得到可信的三维结构。这些算法的可靠性，已在很多应用中被证实。从 SAXS 数据推导出的三维结构，被用来和样品已解析的晶体结构作比较，两者的一致性非常高。依据实验收集到的 SAXS 数据，还可以通过从头计算（*ab initio*）进一步优化高分辨的分子结构以及同源结构，得到基于散射数据的较低分辨三维模型（1～2 nm）。由上述第一种情况可以得到样品分子的外形轮廓，帮助用户对分子有一个直观的认识。第二种情况是小角散射与其他互补方法的结合使用，是生物大分子复合物建模的强有力工具。尤其当研究体系的空间结构变化与缓冲液 pH 变化或者与辅助因子/离子的结合相关时，SAXS 是非常有效的结构生物学研究技术。除了建模之外，小角散射也常用于验证由其他结构学方法计算得到空间模型的准确性，定量分析低聚物的状态，以及估计混合物或多分散体系中不同组分的体积分数。

对于由 K 种不同散射长度密度（scattering length density）粒子组成的多分散体系或者混合物体系来说，其总散射强度可表示为 K 种组分的散射强度 $i_k(\boldsymbol{q})$ 的线性组合，其中 $V_k > 0$（V_k 表示溶质体积分数）：

$$I(\boldsymbol{q}) = \sum\nolimits_{k=1}^{K} V_k i_k(\boldsymbol{q}) \tag{4-7}$$

在这种情况下，总体参数反映的是各种组分总体参数的平均值。当然，单从混合体系的散射数据，是无法得到每一种组分的结构模型的。如果已知单独每一种组分的散射强度，那么从方程 4-7 可以得到混合体系中每一种组分的体积分数。小角散射技术在多分散体系中典型的应用是标定多种寡聚物混合溶液的平衡状态，该技术也适用于分析更复杂的体系，比如柔性体系以及含有柔性链的多结构域蛋白质和无序蛋白质（intrinsically disordered protein，IDP）。

根据上述要求，本光束线站的光子通量（也称光通量）必须达到 5×10^{11} phs/s 以上，能量分辨率达到 10^{-4} 数量级，能量范围为 7～12 keV（该范围覆盖常用元素 Cu - Mo 的 K 吸收边*），

* 这里的 K 对应电子轨道 K 层，表示 X 光子使 K 层一个电子电离发生共振所吸收的能量。也参见 58 页脚注。

光斑尺寸应不大于 0.5 mm×0.2 mm（$H \times V$）。

光束线采用波荡器(undulator)光源。光束线的设计目标如表 4-1。

表 4-1　光束线的设计目标

光子能量范围	7～15 keV
能量分辨	≤5×10^{-4}@12 keV
样品处光子通量	≥4×10^{12} phs/s (@12 keV,300 mA)
聚焦光斑尺寸	≤345 μm×110 μm (@12 keV)($H \times V$)
光束发散角	≤0.09 mrad×0.03 mrad (@12 keV)($H \times V$)

上述指标是根据理想状况估算出来的。考虑到实际建设中难以预测的因素,线站的设计指标如表 4-2。

表 4-2　线站的设计指标

光子能量范围	7～15 keV
能量分辨	≤5×10^{-4}@12 keV
样品处光子通量	≥1×10^{12} phs/s (@12 keV,300 mA)
聚焦光斑尺寸	≤440 μm×240 μm (@12 keV)($H \times V$)
光束发散角	≤0.18 mrad×0.06 mrad (@12 keV)($H \times V$)

X 射线小角散射技术有广泛的应用。作为国内首条溶液样品小角散射的专用线站,BL19U2 与国际同类线站的性能指标相比,已经处于国际领先水平。表 4-3 为位于上海同步辐射装置的 BioSAXS 线站与位于德国汉堡 Petra III 同步辐射装置的国际一流 BioSAXS 线站的性能指标对比。

表 4-3　BL19U2 与国际上第三代光源中的一流小角散射光束线站的性能指标对比

光束线/所属装置	能量范围(keV)	能量分辨率@12 keV	样品处光子通量(phs/s)	光斑尺寸($H\times V$)(mm×mm)
P12/Petra III	5～20	5×10^{-4}	1×10^{13}	0.20×0.12
BL19U2/上海光源	7～15	5×10^{-4}	5×10^{12}	0.44×0.24

4.1.3　生物 X 射线小角散射线站的设计——光源点与前端区

BioSAXS 的关键是获得高质量的入射 X 光。高亮度是减小样品用量和进行时间分辨测量的保证,低散射角的指标则要求入射光有良好的平行度,因此需要利用波荡器产生低发散度(发散角)的 X 光。直线节* 的光源参数见 61 页表 3-2。作为上海光源首条

* 直线节是位于 3.5 GeV 高性能电子存储环中的部件。可以根据实验设计的需求,在直线节中安装插入件,进而从电子存储环中引出不同性能的同步辐射光。

共用一个直线节引出 2 条 canted 光束线的线站，生物 X 射线小角散射光束线 BL19U2 与生物大分子复合物结构光束线 BL19U1 共用一个直线节，并采用同一块偏转镜进一步分离前端区引出的 2 束光路。因此，BL19U2 部分光学元件的参数可参考 83—93 页“3.4　蛋白质复合物晶体结构线站（BL19U1）”对应的描述。整体而言，BL19U2 是从储存环直线节引出的波荡器光源，具有高通量、低发散度和一定的相干性。对于上海光源 3.5 GeV 的电子能量，要在 7～15 keV 能区获得高亮度的同步光，就需要用短周期波荡器，并利用波荡器产生的高次谐波来覆盖所需的能量范围。

上海同步辐射装置储存环电子轨道设计所允许的最小间隙为 6 mm，若要得到连续的光子能量（波长）覆盖 7～15 keV 能级，则要求波荡器周期长度不小于 2.4 cm。3 种不同周期长度波荡器（U25、U22、U20）的亮度与通量曲线如 84 页图 3－28、85 页图 3－29 所示。平衡了波荡器长度、能区亮度、调谐能力等各方面的综合因素，BL19U2 光束线选取了 U20 波荡器作为束线光源。该波荡器在常用的能量段 12 keV 附近具有较高的通量和亮度，同时可以覆盖 7 keV 的低能区，完全可以满足 BL19U2 光束线的设计指标。

从波荡器发出的同步辐射光经过前端区后进入光束线。关于 BL19U2 光束线前端区内级联插入件、固定光阑 1、活动光子挡光器 2 各部件的功能与作用，请参考第 3 章有关复合物线站的描述（见 64—65 页“3.3.2.2　工作模式”）。前端区的安全、可靠、稳定运行，是整条光束线能够平稳运行的基础与保障。BL19U2 的前端区总体布局如 63 页图 3－4 所示，布局图中各部件的相关描述请参考第 3 章有关前端区的内容（62—65 页“3.3.2　前端区”）。与 BL19U1 光束线一样，BL19U2 前端区的工作模式分为运行状态、待机状态、停机状态 3 种模式，相关图示参见 64 页图 3－5。3 种工作模式的具体内容以及切换方式请参考第 3 章相应内容（64—65 页）。根据光束在各个位置束斑大小的同步光追迹模拟结果（参见 65 页图 3－6），确定了各主要受光元件的位置、孔径、长度等信息（参见 66 页图 3－7）。除同步光追迹外，BL19U2 生物小角 X 射线散射光束线，还针对辐射屏蔽保护设计，开展韧致辐射的计算、追迹（参见 66 页图 3－8、67 页图 3－9）。有关前端区真空的分布与相应设计指标的描述，请参考 103 页图 3－60 以及第 3 章关于真空部分的相应内容（102—103 页“3.6.2　真空系统”）。

4.1.4　生物 X 射线小角散射线站的设计——光束线

4.1.4.1　光束线的物理设计

同步辐射光经由前端区进入光束线。光束线根据实验需求，对同步辐射光进行单色化、聚焦以及真空隔离等必要的处理，将满足要求的同步辐射光输送到实验站，用于用户实验。整体光束线主要由垂直聚焦镜、水平聚焦镜、狭缝、位置探测器、真空系统、真空支架、阻挡器、光闸、光学棚屋、光束线公用设施设备以及人身与设备保护系统、辐射防护系统等组成。

简单而言，BL19U2 光束线在束线前端区出口处安装了辐射吸收器，阻挡前端区的韧致辐射。后面通过调节水冷四刀口狭缝，将光束接收角范围限制在水平 0.1 mrad 和垂直 0.05 mrad。水冷狭缝后安装了单色器，是光束线的关键光学部件之一。单色器的真空性能较差，可采用真空差分系统或者铍窗，来保证束线上下游的真空性能满足束线运行的要求。

单色器采用固定出口的双平晶单色器，单色器晶体为 Si(111)晶体。其主要物理参数及性能指标见表 4－4。

表 4－4　BL19U2 双平晶单色器的主要物理参数及性能指标

布拉格角范围	5～30°	工作能区	7～15 keV	最大接收角($H\times V$)	2 mrad×0.1 mrad
转角精度	1″	能量分辨率	$1.5\sim2.5\times10^{-4}$	入射/出射高差	25 mm
最小转动角步长	0.18″	最小能量调节步长	≤0.1 eV	高差精度	≤0.01 mm
最大吸收功率	300 W	最大热负载密度	35 W/mm²	真空度	$<10^{-7}$ Torr
第一晶体热形变	≤2 μrad	第一晶体参考尺寸	10 cm×5 cm×5 cm	第二晶体参考尺寸	10 cm×5 cm×5 cm

单色器第一晶体承受高热负载，当白光狭缝限制的光束接收角为 0.1 mrad×0.05 mrad时，晶体吸收的最大热负载功率为 160 W(波荡器 K 值＝2.0)，晶体表面的最大热负载功率密度为 25 W/mm²。因此，单色器的第一晶体采用液氮冷却。在大多数实验条件下，单色器第一晶体承受的热负载总功率小于 110 W，功率密度小于 15 W/mm²。为使第二晶体的晶面间距与第一晶体的相匹配，第二晶体也用液氮冷却。从热稳定性的要求考虑，第二晶体采用独立于第一晶体的液氮回路。2 块晶体都采用间接冷却的方式。冷却所需的液氮由液氮循环系统供给，不用制冷机，这就保证了单色器系统的稳定性。液氮冷却部件与其他部件热绝缘，可能受液氮冷却影响的部件和可能受散射光照影响的部件，均采用水冷循环，屏蔽 Compton 散射*，以保护敏感部件。单色器第二晶体上设有微调机构，可调节 2 块晶体的平行度，以及单色器出射光束方向的变化。

单色器后面安装辐射吸收器，阻挡前面吸收器泄露的轫致辐射。位于单色器后面的聚焦镜对真空度有更高的要求，因此单色器和聚焦镜之间有高低真空隔离的问题。这里同样采用铍窗或真空差分来完成。由于这里是单色光，铍窗不需要冷却。

在单色器之后放置有水平聚焦镜，其表面为镀硅(Si)反射层。水平聚焦镜使通过单色器后的单色光，水平聚焦于焦点位置(探测器表面)。光束掠入射角为 3.8 mrad，在 7～15 keV 能够起到有效抑制高次谐波的作用。聚焦比为 1∶0.87，水平聚焦镜为侧面放置的子午压弯镜。

水平聚焦镜的后面是垂直聚焦镜，其表面为镀铑(Rh)反射层。聚焦比为 1∶0.73，垂直聚焦镜为向下放置的子午压弯镜。

光束在垂直聚焦后进入小角相机系统，后者由 2 个狭缝组成。最后，通过铍窗将光束引到实验站。此处铍窗的作用主要是隔离真空和大气。光束线具体的光学元件设置如图 4－8 所示。

采用光线追迹程序 SHADOW，能够较好地模拟实际的光传输过程，其计算结果可作

* Compton 散射是指 X 射线或 γ 射线的光子跟物质相互作用时，因失去能量而导致波长变长的现象。

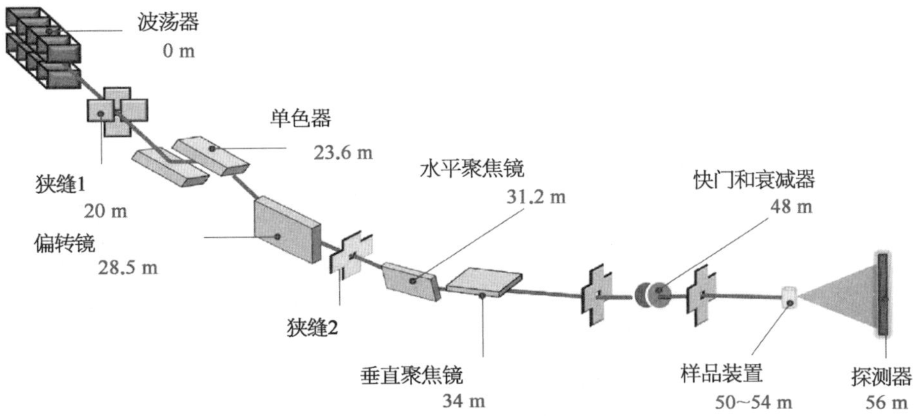

图4-8　BL19U2生物小角X射线散射线站的光学元件设置示意图

为实际光学性能的参考。用SHADOW追迹程序对光源点及光线的性能进行了模拟，模拟计算中已包括图4-8所示的各个光学部件的影响与贡献，并已考虑了单色器热形变和聚焦镜面形误差的影响。

1. 光源点的特性

根据SHADOW模拟得到的光源点，大小约为0.37 mm×0.023 mm，光源点中心光锥的发散角约为62 μrad×20 μrad（参见89页图3-34、90页图3-35）。

2. 能量分辨率和光子通量

进一步采用SHADOW模拟计算了12 keV时的光谱分布曲线，以及不同能量处的能量分辨率（参见90页图3-36和图3-37）。可以看出，在整个工作能区，能量分辨率均高于2×10^{-4}。

3. 聚焦光斑尺寸

用SHADOW模拟得到能量为12 keV时的聚焦光斑大小，约为97 μm×60 μm（参见91页图3-39和图3-40）。

4. 光束发散角

用SHADOW模拟得到能量为12 keV时的聚焦光束发散角，约为97 μrad×66 μrad（见图4-9）。光束发散角基本上不随能量而变化。

4.1.4.2　光束线主要光学部件的性能指标

光束线实现功能的主要部件是光学部件，主要包括分光元件和成像元件。在7～15 keV能区的范围内，BL19U2光束线选择了Si(111)晶体单色器；成像元件则使用2个由平面镜压弯的柱面镜，分别聚焦弧矢方向和子午方向的X射线。

1. 单色器

BL19U2 BioSAXS线站采用的单色器，为英国Oxford-Danfysik所提供。单色器第一晶体表面和布拉格转轴在位置和角度上精确重合，同时加装了Z方向平动调节机构。转轴与晶体的表面距离小于50 μm。第一晶体表面功率密度分布参见87页图3-33。对

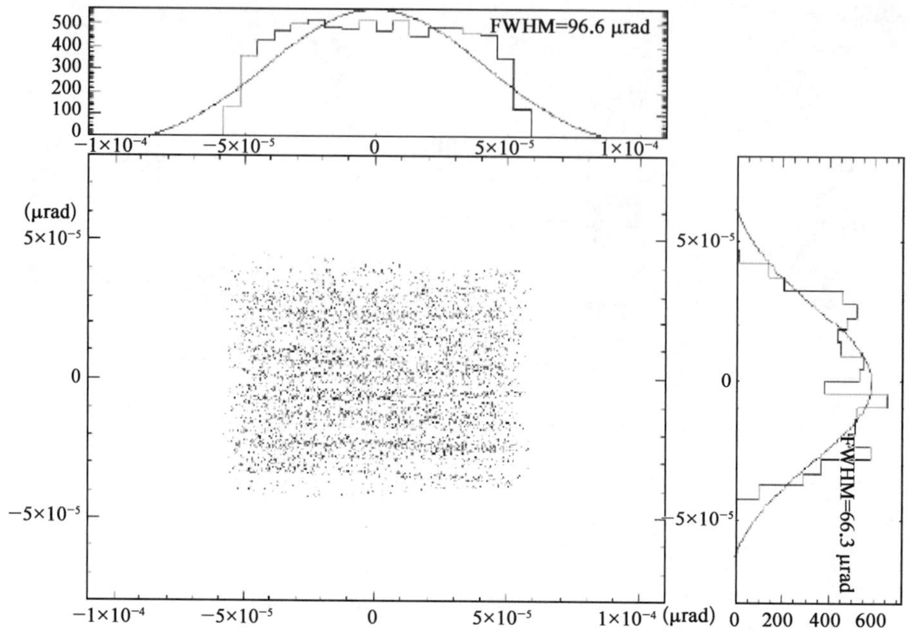

图 4 - 9　BL19U2 生物小角 X 射线散射线站在能量为 12 keV 时的聚焦光斑发散角

这样高的热功率密度，一般要用液氮冷却，才能保证晶体的热形变足够小，而不影响晶体的分辨率(resolution)。双晶单色器主要物理参数及性能指标参见表 4 - 4。

双晶单色器机械结构采用凸轮机构，其结构原理如图 4 - 10 所示。布拉格转轴位于第二晶体表面中心。作布拉格角扫描时，第一晶体支架沿特别设计的凸轮(cam)表面运动，以保持入射光在第一晶体上的照射位置和出射光的位置不变。这样的结构具有高稳定性和重复性的特点。在固定光束出口的条件下，光束在第二晶体表面的位置坐标会改

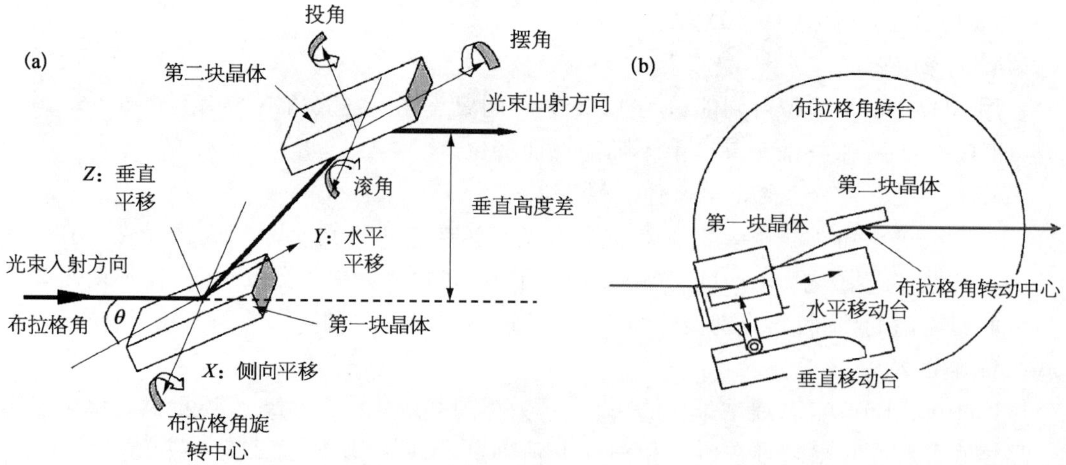

图 4 - 10　BL19U2 生物小角 X 射线散射线站的双晶单色器坐标轴定义(a)及结构原理示意图(b)

变。为简化运动机构，第二晶体选用长晶体，从而满足布拉格扫描时光束在晶体表面沿 Y 轴的运动。第二晶体的 Z 方向平动调节，用于固定光束出射高度，调整光束在垂直方向上的位置移动。BL19U2 线站光束在垂直方向上的位置偏差小于 10 μm，调节步长分辨率为 0.5 μm。第二晶体投角调节用于补偿失谐所造成的光子通量减少和光斑在垂直位置上的移动，其微调的步长分辨率为 0.05 arcsec。第二晶体滚角调节会对光斑位置以及光子通量产生影响，其微调的步长分辨率为 0.5 arcsec。

双晶单色器运动机构的主要技术指标，参见表 4-5。

表 4-5　双晶单色器运动机构主要技术指标

第一晶体 Z_1 方向调节	范　围	80 ± 1 mm
	最小步长分辨	≤10 μm
	重复精度	≤20 μm
第一晶体 Z_2 方向调节	范　围	10 mm
	最小步长分辨	0.5 μm
	重复精度	≤2 μm
布拉格角 θ	范　围	−5～40°
	最小步长分辨	≤0.5 μrad
	重复精度	5 μrad
第一晶体布拉格角微调 $\Delta\theta$	范　围	± 1°
	最小步长分辨	0.01″
	重复精度	± 0.05″
第一晶体和第二晶体滚角调节 T_{Y1} 和 T_{Y2}	范　围	± 1°
	最小步长分辨	0.5″
	重复精度	± 1″
整体摆角调节 Φ_2	范　围	± 4°
	最小步长分辨	0.001°
	重复精度	± 0.01°

2. 聚焦镜

聚焦镜是光束线上的另一个关键部件。BL19U2 生物小角 X 射线散射专用线站，采用类 K-B 镜的聚焦方案，分别在距离光源点 31.2 m 以及 34 m 的地方安装了水平聚焦以及垂直聚焦的 2 个柱面镜，在 2 个方向上对光束进行聚焦。聚焦镜的具体性能指标如下。

(1) 水平聚焦镜

水平聚焦镜的作用为：在水平方向对光束进行聚焦，同时抑制高次谐波。水平聚焦镜和位于其后端的垂直聚焦镜为一对 K-B 镜。水平聚焦镜选用侧面子午方向压弯的柱面反射镜，按照侧面放置的方式摆放。表 4－6 是反射镜的主要参数。反射镜表面镀 Rh 膜，采用 3.8 mrad 的掠入射角，在 7～15 keV 之间起到抑制高次谐波的作用，反射率如图 4－11 所示。水平聚焦镜放置于距离光源点 31.2 m 处，水平聚焦镜的聚焦比为 1∶0.87。

表 4－6　BL19U2 光束线反射镜光学元件的主要参数

反　射　镜	水平聚焦镜	垂直聚焦镜
镀层材料	Rh	Rh
镀层厚度（nm）	50	50
反射镜长度(m)	1.0	1.0
弧矢方向半径（m）	∞（压弯柱面镜）	∞（压弯柱面镜）
子午方向半径（m）	7 252(8 km～∞可调）	6 801(8 km～∞可调）
源距(m)	28.5	32.5
像距(m)	24.5	20.5
表面粗糙度（rms)(nm)	<0.3	<0.3
弧矢面形误差（rms)(μrad)	10	10
子午面形误差（rms)(μrad)	1	1
入射角（mrad)	3.8(3～4 mrad 可调）	3.8(3～4 mrad 可调）
截止能量(keV)	20	20

(2) 垂直聚焦镜

垂直聚焦镜的作用是：在垂直方向上将光束聚焦于样品；抑制高次谐波；使光束向下倾斜出射。垂直聚焦镜与水平聚焦镜类似，但垂直聚焦镜为面向下放置的子午方向压弯的柱面反射镜。与水平聚焦镜相比，因放置姿态不同，其在压弯方面的考虑也有所不同。垂直聚焦镜放置于距离光源点 34 m 处，垂直聚焦比为 1∶0.73。反射镜参数和反射率分别见表 4－6 和图 4－11。

为保证聚焦镜表面不受污染，防止污染物影响聚焦镜的反射率，聚焦镜镜箱内应保证超高真空状态，动态真空应保证好于 1×10^{-9} Torr。前面提到关键光学元件——单色器，由于受到装置要在真空中运动的相关机构限制，它的动态真空应在 10^{-6}～10^{-7} Torr。光束线上的 X 射线在束线管道内传输，由于传输距离较长，为保证尽量少的残余气体吸收，束线管道内的真空度要有比较好的高真空（$<1\times10^{-7}$ Torr）。为达到真空要求，束线基本上分为 3 个真空段。第一真空段为前端区出口到单色器入口，该段为超高真空段；第二真空段为双晶单色器，为高真空段，在单色器前后都有铍窗加以真空保护，或使用真空差分抽气；第三真空段为水平聚焦镜到光束线的出口，这一部分管道较长，真空度分布也不均匀，要求 2 个镜箱均为超高真空。

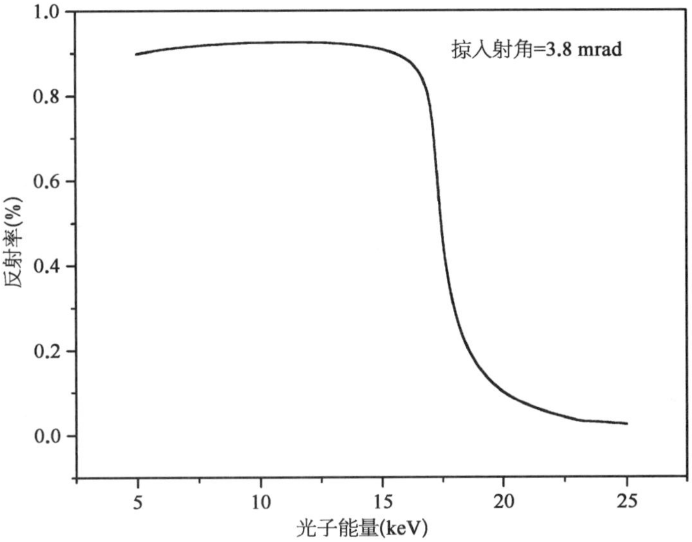

图 4-11 BL19U2 生物小角 X 射线散射线站水平聚焦镜镀 Rh 膜表面的反射率

(3) 水平偏转镜

由于 BL19U2 生物小角 X 射线散射光束线与 BL19U1 生物大分子晶体复合物光束线共用一个前端区,因此在光束线距离前端的光源点 28.5 m 的位置,安装了一块侧向放置的平面镜,在水平方向上将 X 射线偏转 7.6 mrad, 以增大 BL19U1 与 BL19U2 两条光束线之间的夹角。由于镜子不需要压弯,故运动机构的调节精度也没有聚焦镜的要求高。水平偏转镜的主要物理参数与性能指标要求列于 70 页表 3-5。调节机构的技术指标要求列于 71 页表 3-6。

4.1.5 生物 X 射线小角散射线站的设计——实验站

光学棚屋末端是实验站位置,是用户进行生物 X 射线小角散射实验的地方。SAXS 技术是检测物质微观结构的一项重要技术突破。近年来,随着同步辐射光源的应用与发展和分子生物学研究的不断深入,以及针对生物样本散射信号数据分析算法的不断进步,通过 SAXS 图谱分析蛋白质等生物大分子结构的计算方法,不再局限于简单的一维结构参数量化,而是逐渐扩展到三维结构的数据模拟[13]。现在可以根据 SAXS 散射数据,采用从头算法(*ab initio*)来获得生物大分子的较高分辨率(约 1 nm)的三维结构,因此使得 SAXS 检测技术成为其他微纳米级分辨率结构的生物学检测技术的有效补充[14]。随着越来越多的生命科学研究者开始意识到 SAXS 在蛋白质结构解析研究中所具有的重要性,该技术在生物学领域内的使用需求,也逐年呈几何级数增长[15,16]。为了更好地满足生物溶液用户对 SAXS 检测的需求,BL19U2 BioSAXS 实验站内设立了快速数据采集的探测器,以及多元化的原位样品检测装置。同时在实验数据的收集和处理方面,也实现了高效的自动化过程。生物 X 射线小角散射实验站主要由样品装置、SAXS 小角相机系统、探测器系统、电子控制系统和辅助系统组成，详情如下所述。实验站内主要设备的设计及布局参见图 4 - 12。

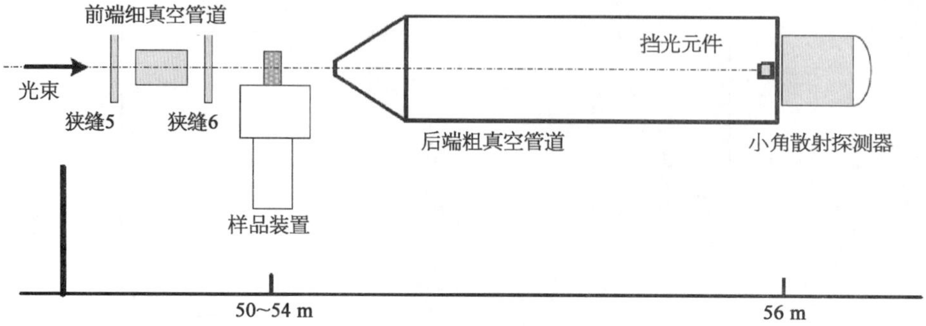

图 4 - 12　BL19U2 生物小角 X 射线散射线站实验站的主要设备设计及布局图

4.1.5.1　Pilatus 混合像素探测器系统

BL19U2 生物小角 X 射线散射线站采用 Pilatus 1M 混合像素探测器。该探测器的设计是 X 射线探测领域的一次革命性成果，能够实现最好的数据质量。该探测器将单光子计数和混合像素这两项关键技术相结合，应用于同步辐射和常规实验室光源的各个领域。单光子计数技术能够消除所有探测器的噪声，并提供优质的实验数据。在采集数据时，能够有效地排除读出噪声和暗电流的干扰。由于排除了暗电流和读出噪声，Pilatus 探测器更加适合溶液样品同步辐射线站 BL19U2 数据收集的使用。混合像素技术直接将 X 射线转换成电子信号，可以直接探测和获取数据。与其他探测器技术相比，混合像素技术能够获得更优的空间分辨率以及更高的探测效率(图 4 - 13)。这些再加上读取时间短和连续采集的特点，Pilatus 探测器可以高效地提供优质数据。

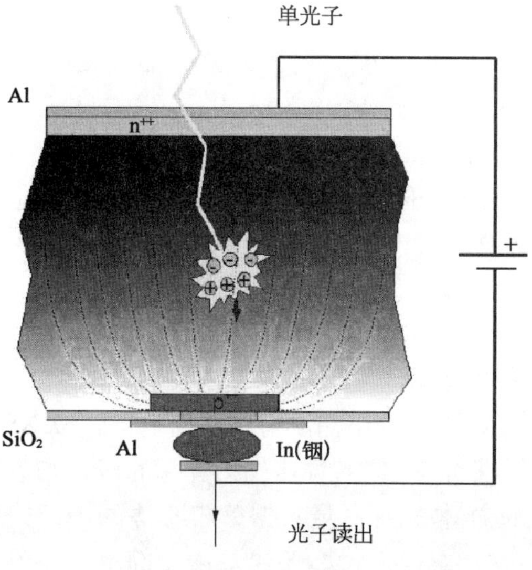

图 4 - 13　Pilatus 混合像素探测器固态传感器直接检测 X 射线光子的原理

图片改自 Dectris 公司的相关产品说明书。

混合像素探测器中，每个像素由感光像素和读出像素两部分组成。X 射线光子由感光像素直接转换为电荷信号，读出像素对电荷信号进行处理和计数。混合像素的每个独立像素中的感光像素和读出像素，都有直接的电子学连接，可以防止信号的串扰和损失，并提高探测器的灵敏度以及数据读取速度。具体探测器收集到的散射样品信号图示，参见图 4 - 14。

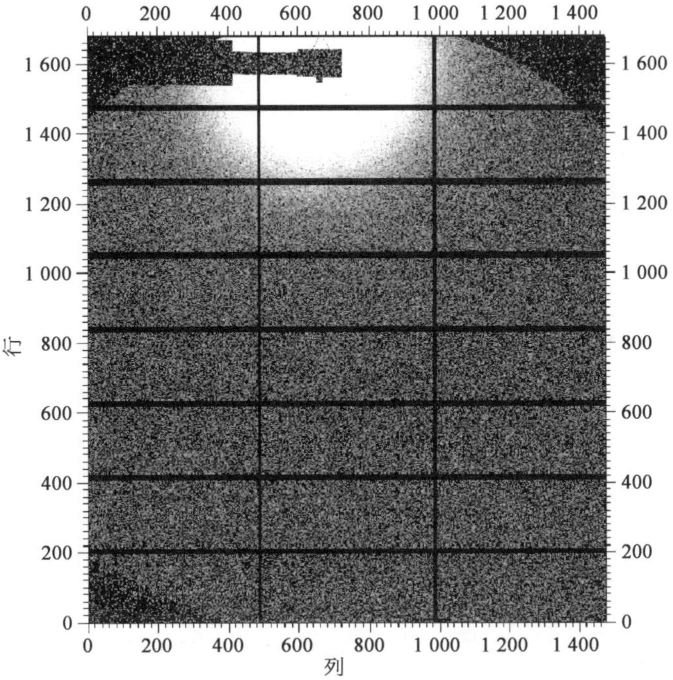

图 4-14　Pilatus 混合像素探测器小角散射信号输出图像

Pilatus 1M 混合像素探测器的技术指标和规格参见表 4-7。

表 4-7　BL19U2 光束线实验站 Pilatus 1M 探测器的技术规格

模块数目	2×5=10	有效探测面积	169 mm×179 mm
像素尺寸	172 μm×172 μm	能量范围	3～30 keV
像素数目	981×1 043=1 023 183 像素	最快读出时间	30 ms
动态范围	20 B(比特)	外观尺寸	336 mm×455 mm

4.1.5.2　小角相机设计

BL19U2 实验站小角相机的设计原则为：散射背景减少，窗口材料密封，对狭缝、快门和衰减器布局合理；管道调节方便，管道节数尽可能少，多采用快接口，设计拆装方式合理，以及容易更换真空小嘴。小角相机的设计原理示意图参见图 4-15。

为减少杂散背景信号，一般在两狭缝之间插入另外一道狭缝。BL19U2 实验站采用三狭缝小角相机系统。样品到探测器之间的距离最长为 7 m，可以根据用户实验需要以 0.5 或者 1 m 的可调距离进行设置。根据计算，得出距光源点 35 m 处的光束限制狭缝开口大小为 2.8 mm×1.75 mm($H\times V$)，49 m 处的去除杂散光狭缝(guard slit)开口大小为 1.0 mm×0.7 mm($H\times V$)。狭缝的设计参数见表 4-8。

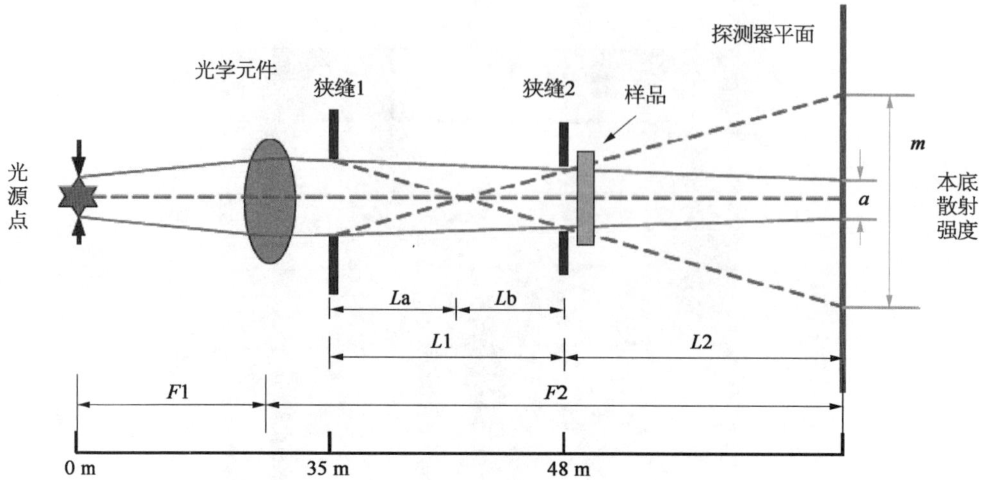

图 4-15　BL19U2 生物小角 X 射线散射线站小角相机狭缝布局的原理示意图

表 4-8　BL19U2 光束线实验站狭缝技术参数

技　术　要　求	精密单色光狭缝	技　术　要　求	精密单色光狭缝
水平开口(*H*)mm	0～10	步长(*H*)μm	1
垂直开口(*V*)mm	0～10	步长(*V*)μm	1
重复精度(*H*)μm	5	刀口重合度(mm)	全重合
重复精度(*V*)μm	5	刀口平直度(arcsec)	400
开口精度(*H*)mm	5	粗糙度(rms)μm	1
开口精度(*V*)mm	5	刀片材料	Ti/W(钨)合金

用于阻挡直通光束的挡光元件(beamstop)直径为 3 mm,采用水平和垂直运动滑台以及支撑架来实现运动调节和支撑。整个挡光元件运动机构,安装在真空腔体中。调节范围为(±25 mm)×(±25 mm)($H \times V$),调节分辨率为 2 μm,定位精度为 10 μm(约 10%探测器像素尺寸),保证挡光元件位置的准确调节,以及所测试 q 值的范围和准确度。小角相机的快门系统开口直径为 10 mm,相应时间为 20 ms。小角相机系统配套的衰减器开口直径为 10 mm,衰减过程可分三级实现 1×10^{12}～5×10^{10} phs/s@12 keV 的光强衰减目标。

4.1.5.3　隔振平台和真空管道

隔振平台用于放置小角相机真空管道,并具有一定的振动阻尼效果。真空管道用于传输散射光子,防止空气对散射信号的吸收衰减。实验站的真空管道配备了管道开口为 Φ20 mm 以及 Φ10 mm 的两种管径。真空管道的直径为 Φ350 mm。大管道长度分为 1、1.5 和 2 m,再加挡光元件部分。真空管道支架的调节范围是水平方向±75 mm,垂直方向±50 mm。采用直径为3 mm的挡光元件时，样品到探测器距离所对应的 q 值范围如表4-9所示。

表4-9 BL19U2实验站可测 q 值范围

SD* 距离	q_{min} (nm^{-1})	q_{max} (nm^{-1})
0.5	0.122	20.375
2	0.046	5.305
3	0.031	3.542
4	0.023	2.658
5	0.018	2.127
6	0.015	1.773
7	0.013	1.520

真空管道的窗口采用云母和Kapton膜密封。其中云母用于密封样品前后的真空窗口，厚度约为10 μm。Kapton膜用于密封探测器前的大真空管道窗口，厚度约为250 μm。小角相机的整体布局如156页图4-12所示。

4.1.5.4 多维运动平台

实验站的支撑平台高度为700 mm。平台上安装有滑轨，支撑管道的支架安装在滑轨上，方便根据测试样品的需求来改变真空管道的长度。管道支撑主要在靠近实验棚屋内墙的方向；支撑平台在靠近实验棚屋入口的方向，预留有一定的空间，以放置设备及进行样品操作。平台的基本结构如图4-16所示。

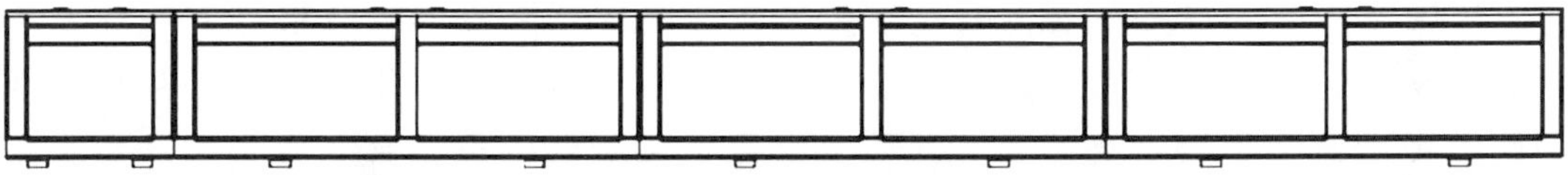

图4-16 BL19U2生物小角X射线散射线站实验站支撑平台的示意图

该平台有6个自由度，即沿 x、y、z 三个方向的平移，绕 x、y、z 三个轴的转动。平台线性运动精度好于10 μm，转角精度为0.005°。

4.1.5.5 样品装置以及样品检测环境

BL19U2实验站提供多元化的样品检测环境，适用于不同性状样品的小角X射线检测需求。先将常用的样品装置以及样品检测环境罗列如下。

1. 单一蛋白质溶液蠕动样品装置

该装置采用美国汉密尔顿(Hamilton)蠕动液体进样泵，实现溶液的取样和分配，并配合毛细管样品池，组成蠕动样品装置。样品池中整合的毛细管壁厚为10 μm，根据样品性质的

* SD：sample-to-detector distance，表示样品到探测器的距离。

不同以及实验用 X 射线能量的不同，线站提供内径为 1、1.5 以及 2 mm 的毛细管，供用户选择。对于 10 μm 壁厚的毛细管而言，散射强度按照 10 000 来计算，使散弹噪声在＜10 的范围内变化，毛细管的壁厚要在 ± 1 μm。该装置配有水浴循环低温系统，温度在 4～80℃之间可控。样品的蠕动速度为 10 μl/s。蠕动样品装置的主要部件参见图 4 - 17。

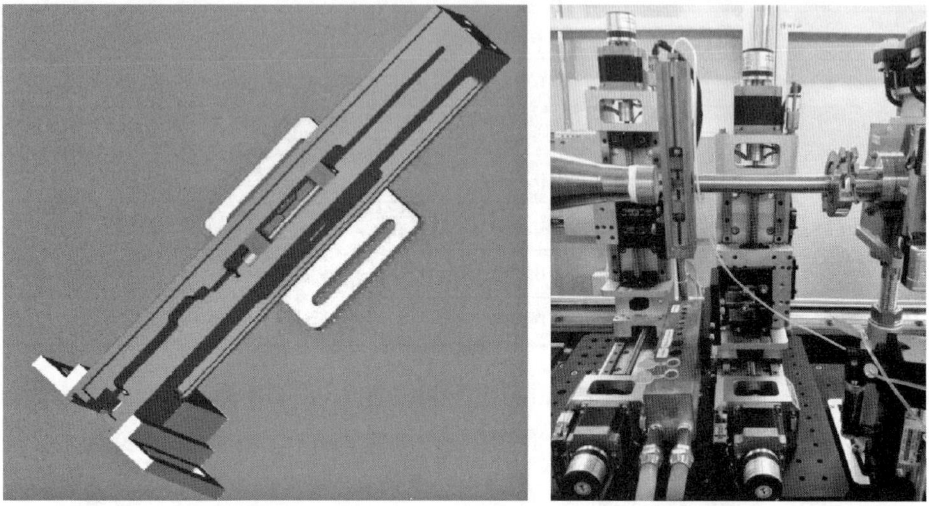

(a)　　(b)

图 4 - 17　BL19U2 生物小角 X 射线散射线站实验站的溶液样品蠕动装置

2. *真空自动溶液样品装置*

根据 SAXS 实验的基本原理，液态反应体系的散射信号，包括溶质的散射信号和溶剂的散射信号，而最后真正用于实验数据分析与大分子结构拟合的信号，则完全来自液态反应体系中溶质的散射。因此对于液态反应体系而言，在具体的 SAXS 实验操作中需要针对液态样本的溶剂以及溶剂与溶质的混合体系，进行 2 次独立的 SAXS 测量，而最后两者散射信号强度的差值，才是数据分析与结构拟合的依据[1]。这个测量过程要求完全去除液态反应体系中溶质散射信号以及实验装置可能引入的背景杂散射信号。对于液态生物样本而言，样本的主要组成成分为 C、H、O、N、P 等元素。这些原子经 X 射线照射后，对于 X 射线的散射程度非常低，从而使得液态生物样本的 SAXS 散射信号与样本缓冲液的本底散射信号之间强度的差值非常小（通常仅有不到一个数量级的强度差值）[17]。为了保证实验收集到的散射信号的准确性，BL19U2 生物 X 射线小角散射实验站通过自主研发，配备了真空自动溶液样品装置，参见图 4 - 18。

真空自动溶液样品装置的样品室为石英毛细管。整个 SAXS 测量过程确保能够在同一个样品室内完成，极大程度地避免了样品室材质（如样品室厚度以及样品室材质对 X 射线吸收程度）的差异所引入的散射信号微小差异。考虑到生物样本的特殊性，该装置整合了发光二极管(light emitting diode，LED)灯管，可以进行光照对不同光敏蛋白样品活性的影响研究。该样品装置的真空度维持在 101 kPa，样品室内的真空环境可以最

图 4-18 BL19U2 生物小角 X 射线散射线站真空自动溶液样品装置(彩图见图版第 9 页)

(a) 真空溶液样品室;(b) 自动上样机械手;(c) 高通量自动进样机械手。

大程度避免由于空气散射所引入的杂散射对实验结果的影响。同时,该真空样品室配备一套完善的自动样本装置,以保证在线站上实现任何以高通量筛选为前提的实验。采用该自动进样装置,可以同时实现 12 个 1.5 ml Ep 管、32 个 500 μl PCR 管以及 2 块 96 孔板的高通量 SAXS 筛选。

3. 高效液相色谱与小角 X 射线散射技术联用(SEC-SAXS)的溶液样品装置

为保证待测样本的均一性,提高生物样本散射数据的质量,BL19U2 生物小角 X 射线散射线站通过整合高效液相色谱层析柱技术,实现了复杂生物体系的在线分离纯化 SAXS 检测。该 SEC-SAXS 装置依托美国安捷伦(Agilent)公司生产的 1200 型高效液相色谱仪以及美国怀雅特(Wyatt)公司生产的 Dawn HELEOSII 十八角度激光光散射仪和 DynaPro Nanostar 动态光散射仪(DLS)装置。通过自主设计改造,将溶液样品经由 Agilent 高效液相色谱仪(HPLC)的单元泵(流速范围为 0.001～10 ml/min)泵入 SAXS 检测样品室,通过高强度的 X 射线来记录连续流体溶液体系内生物大分子的散射强度,进而阐释反应体系的形貌特征。Agilent 系统配备的紫外(ultraviolet, UV)检测器,可以实时监控样品的分离纯化情况。Wyatt 系统的十八角度激光光散射仪,可以同步实时提供高精度的样品粒径以及分子量信息。动态光散射仪可以同步实时提供样品粒子尺度以及分布状态信息。这些信息与收集到的生物大分子散射信号相互验证,保证了 SAXS 检测体系的均一性。装置的整体布局参见图 4-19。

4. Linkam 冷热台样品装置

针对有实验温度变化测试需求的 SAXS 用户,BL19U2 生物小角 X 射线散射实验站还配备了 Linkam HFSX350 型号的冷热台。原位冷热台的关键组件——热台,由银质加热块、测温元件以及密闭腔室组成。固体样品可直接紧固,放置于高度抛光的银质加热元件上。液体样品可注入外径小于 1.7 mm 的石英毛细管中,将其从侧面插入热台加热块通孔内,而不需要打开上盖。银质加热元件保证了极佳的热传递和温度测量。精度高于 0.1℃的铂电阻传感器提供了非常精确和稳定的温度信号。该设备的主要特点为变温

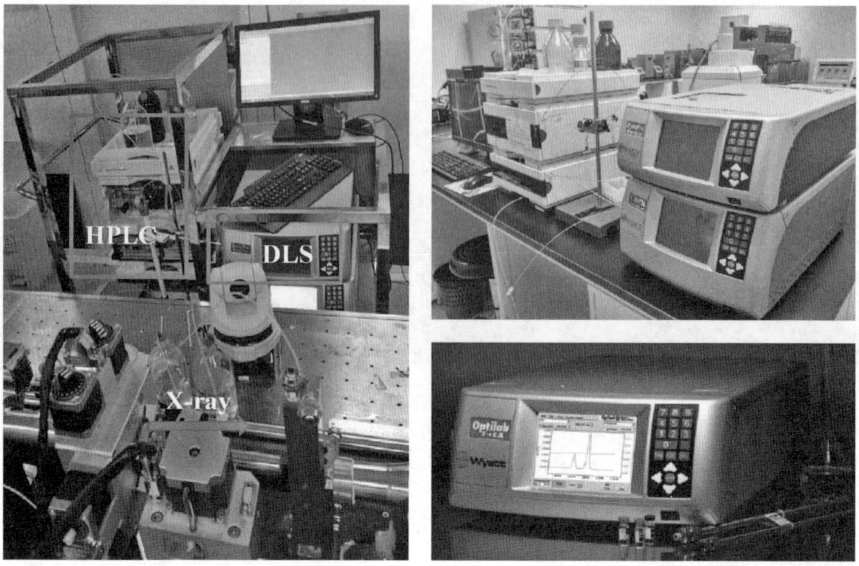

图 4-19　BL19U2 生物小角 X 射线散射线站的 SEC-SAXS 溶液样品装置(彩图见图版第 10 页)

HPLC：高效液相色谱(high performance liquid chromatography)；DLS：动态光散射(dynamic light scattering)；X-ray：X 射线。

范围宽广，可以在 -196～350℃之间以最快 30℃/min 的加热或冷却速率变温。其具体设备组成，见图 4-20。

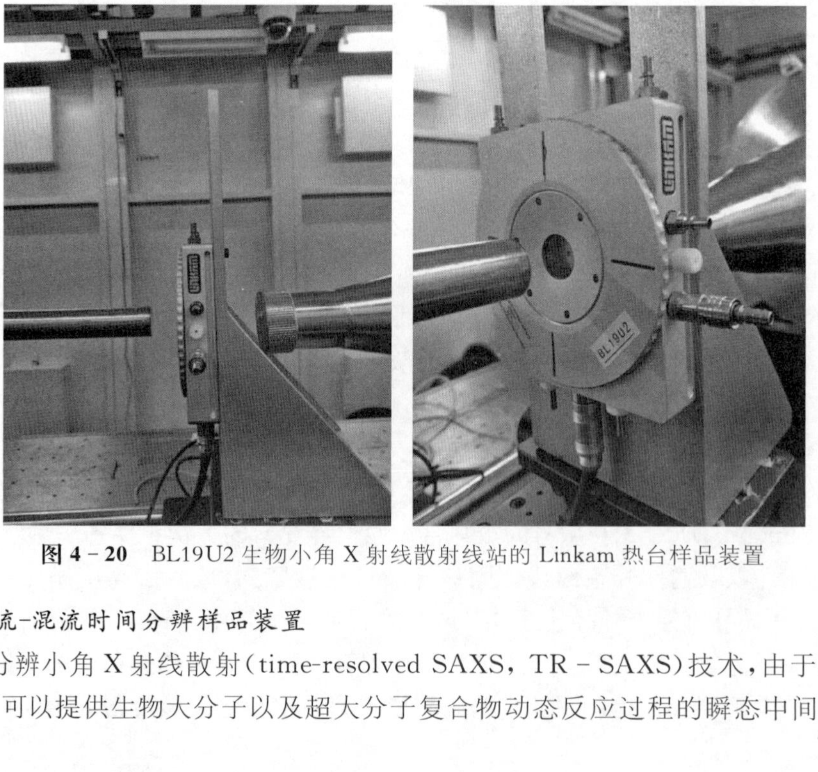

图 4-20　BL19U2 生物小角 X 射线散射线站的 Linkam 热台样品装置

5. 停流-混流时间分辨样品装置

时间分辨小角 X 射线散射(time-resolved SAXS，TR-SAXS)技术，由于具有时间分辨特性，可以提供生物大分子以及超大分子复合物动态反应过程的瞬态中间体结构信息，对于阐明重要生物大分子的折叠机理，以及针对特定生物大分子活性结构的药物设计，具有重要意义[18]。BL19U2 生物小角 X 散射实验站配备的时间分辨样本装置，依托法国比奥-罗杰（Bio - Logic）公司生产的型号为 SFM2000 的快速动力学停流-混流（stop-flow）装置而进行自主设计改造，通过高压氮气（N_2）将分装在 2 个注射器中的 2 种反应溶液，经管道快速驱动至混合室，迅速混合而相互反应，然后迅速停止混合液在样品室中的流动，进而通过高强度的 X 射线来记录反应体系的散射强度变化，以阐释反应体系的动力学过程。机械部分由样品室、样品室支架、温控系统以及进样监控系统等主要部件组成。时间分辨样品装置的主要部件如图 4 - 21 所示。

图 4 - 21　BL19U2 生物小角 X 射线散射线站的时间分辨样品装置（彩图见图版第 10 页）

该时间分辨样品装置可以混合 2 种以上的溶液样品。实验过程中的混流间隔时间小于 20 ms，样品混合比例可以在 1∶1～1∶100 之间，依据用户的测试需求设计。实验所需最少样品用量为 100 μl，测试温度在 4～80℃之间可调。

4.1.5.6　精密可调狭缝

BL19U2 生物小角 X 射线散射线站实验站的精密可调狭缝系统，采用了丹麦 JJ X - Ray 公司生产的型号为 IB - C30 - HV 的 Kratky 狭缝。在靠近样品装置的位置所设置的最后一道狭缝，采用了型号为 ACM - C8 - 1SL01 - C 的 Xenocs 无散射狭缝，用于滤除来自前端所有光学元件的不必要杂散射。整套狭缝系统除狭缝外，还包括散射附件、样品和探测器垂直运动平台等设备。狭缝移动的步距分辨率为 1 μm，重复精度为 ± 1 μm，运行精度为 ± 2 μm。几道狭缝相互作用，协同负责光束的优化，滤除冗余的杂散光。

4.1.5.7　控制和数据采集系统

控制和数据采集系统的设计框图，如图 4 - 22 所示。

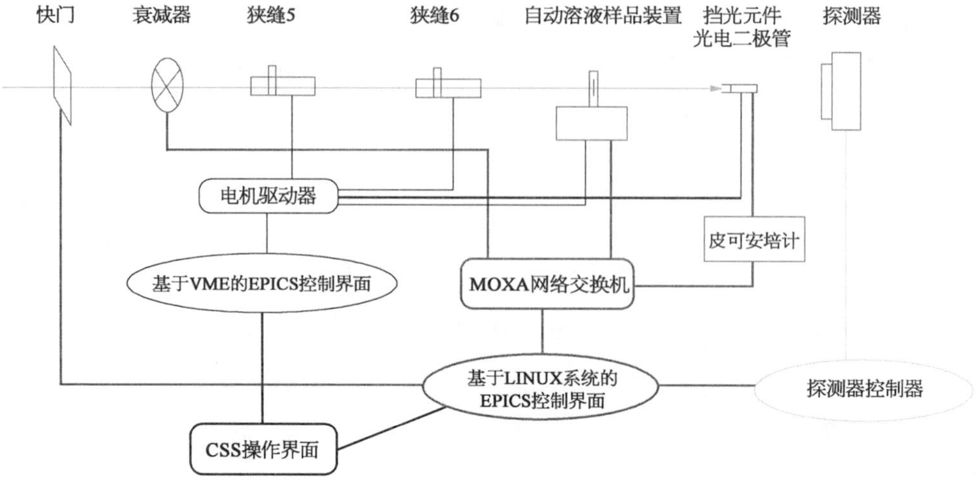

图 4-22　BL19U2 生物小角 X 射线散射线站实验站的控制和数据采集示意图

BL19U2 线站的整个系统，由 EPICS 系统控制和进行数据采集，用户界面为 EPICS 界面。通过以太网，利用一台 PC 机来控制现场设备。用户操作界面单独使用一台 PC 机。电机控制系统主要由电机、电机驱动器、电机控制器和 CPU 卡组成，其中电机驱动器选择 SLS 驱动器，电机控制器选择 MAXv8000，CPU 卡选择 MVME5500。光强检测系统主要由 RIGI 光强位置监测器/光电管、放大器、V/F 转换器和计数器组成。测量精度达到 0.1%，能够准确反映 1 mg/ml 的浓度变化。其中用于光强测量的光强及位置监测器，接收面积大于 4 mm×2 mm，探测光子的能量范围为 7～15 keV，能够响应 10^{12} phs/s 量级的光子通量，准确测量光强波动为 0.1%的光强变化。光电管的响应在 7～15 keV 的线性区，能够测量光强 0.1%的变化。集成在挡光元件上的光电管，能够响应 10^9 phs/s 的变化。低噪声电流放大器，具有 10^9 倍以上的多级放大能力，输出误差<0.01%。NIM 插件 V/F 转换器可选型号为 1 MHz/10V、1 MHz/1V、1 MHz/100 mV、1 MHz/10 mV，输入误差<0.01%，输出误差<0.02%/FS。NIM 插件计数器的输入电压为 3.3 或 5 V(TTL 信号)*，可连续计数时间>1 h，可与计算机通信(RJ45 或 RS232)。NIM 插件的多路高精度同步触控制器的输入/输出电压为 3.3 或 5 V(TTL 信号)，同相 4 路同步触发输出，反相 4 路同步触发输出，同步误差<10 ms。控制设备还配备有标准 NIM 机箱。用户操作界面参见图 4-23。

4.1.5.8　数据分析、储存系统

BL19U2 生物小角 X 射线散射实验站还配备有完善的软件库，包括光束线各元件的控制程序、小角散射实验站各系统控制程序，还有常规小角散射数据获取程序以及数据处理程序等。针对实验结果数据分析处理的关键步骤，线站为用户提供了多种主流

---

* V/F 转换器是将被测物理量经传感器转换成与被测信号成比例的电压量(V)，进而再转换为电压脉冲频率(F)的设备。NIM 插件为核仪器插件，参考国际核电子仪器标准而设计，主要用于高能物理的相关电子设备。FS 表示频率步进(frequency step)。TTL 信号是一种电平信号，采用二进制表示数据，是计算机处理器控制设备内各部分之间通信的标准技术。

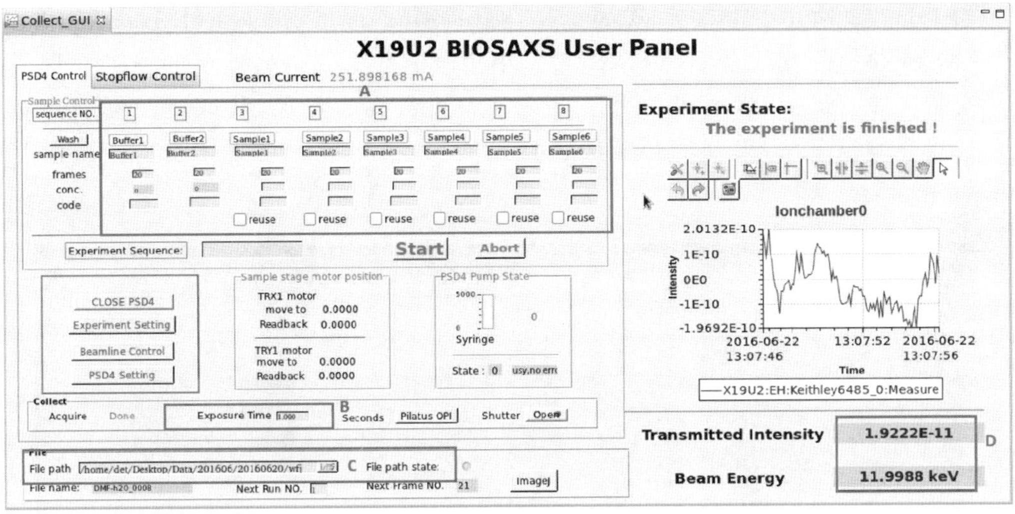

图 4－23 BL19U2 生物小角 X 射线散射线站实验站样品装置的操作控制界面示意图（详见下载图 4－23，下载网址见 31 页脚注）

BioSAXS 数据分析软件，供用户根据使用习惯进行选择。其中由美国康奈尔 BioSAXS 同步辐射线站开发的 BioXTAS RAW 程序[19]，主要用于对 2D 散射图像批量进行强度积分，获得 1D 散射曲线（见图 4－24）。

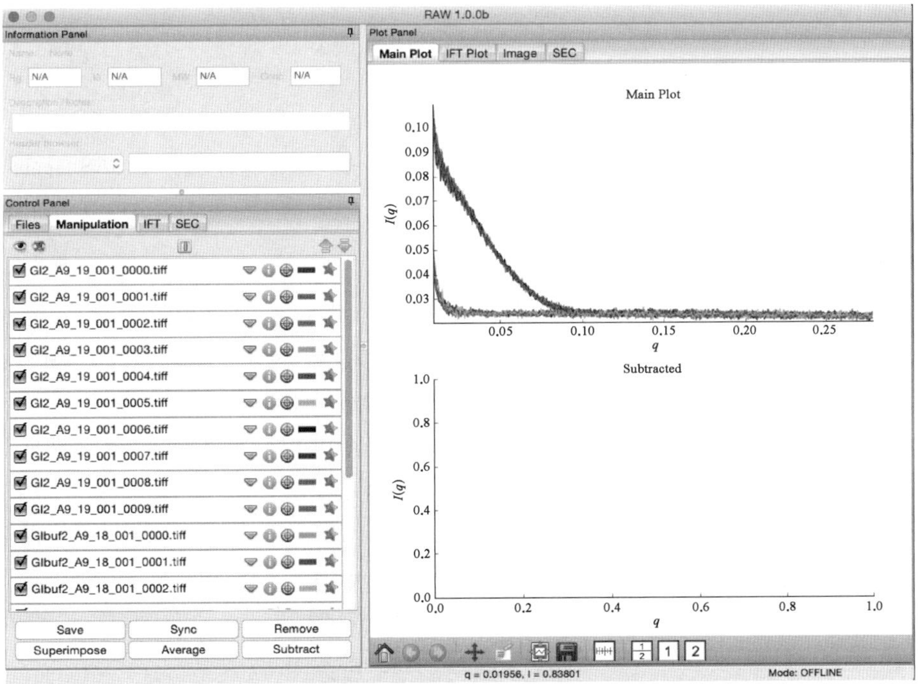

图 4－24 BL19U2 生物小角 X 射线散射线站实验站的散射数据分析程序 BioXTAS RAW（详见下载图 4－24，下载网址见 31 页脚注）

BL19U2 线站还安装了由欧洲分子生物学中心汉堡分站(EMBL - Hamburg) BioSAXS 课题组开发的基于 ATSAS[20-24] 小角散射数据分析软件包的自动数据分析处理安装文件。这样,溶液用户可以在线站收集数据的现场,获取测试样品的即时结构参数与形貌信息,更好地判断测试样品的性状,指导现场数据收集。软件图例参见图 4-25。

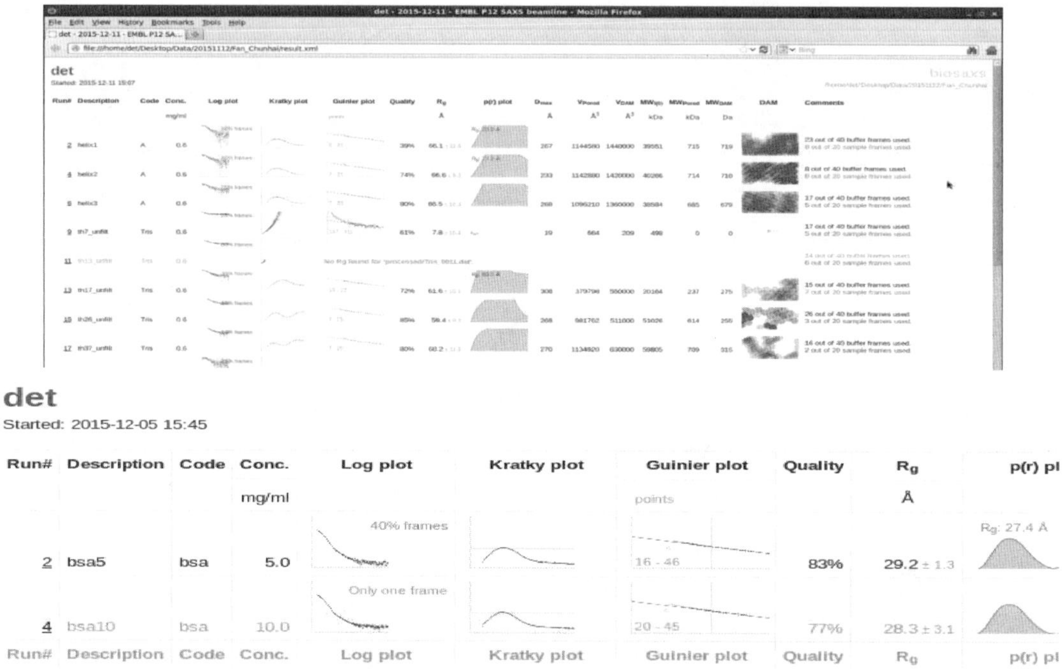

图 4-25　BL19U2 生物小角 X 射线散射线站实验站的散射数据分析程序 ATSAS pipeline (详见下载图 4-25,下载网址见 31 页脚注)

4.1.5.9　棚屋、辐射防护和安全联锁系统

BL19U2 生物小角 X 射线散射实验站棚屋,为同步辐射散射实验测量场所,由光学棚屋和实验棚屋组成。光学棚屋设置在光束线的前端,与隧道外侧锯齿墙直接相连。实验棚屋位于尾部,用于线站开展科学实验。棚屋的墙板由框架性焊接槽钢与钢铅夹芯板焊接构成。夹芯板由 6 mm 厚的内层钢板、铅板和 4 mm 厚的外层钢板焊接构成。墙板骨架采用 8# 槽钢,规格尺寸为 80 cm×43 cm×5 cm。槽钢固件与内层钢板焊接,之后用膨胀螺栓固定在地面上。棚屋的标准顶盖也是由框架性焊接槽钢与钢铅夹芯板焊接构成。顶盖骨架采用 10# 槽钢,规格尺寸为 160 cm×65 cm×8.5 cm。

线站配备有人身安全连锁系统。该系统由光束线站棚屋、安全光闸、光子光闸、启动控制装置、电控锁、带有声光报警器的搜索逻辑电路箱、棚屋门位置传感器以及带有操作面板及状态显示、搜索/复位按钮和紧急状态下切断同步辐射束流(踢束)按钮等部位的主控机柜所组成。线站人身安全连锁系统采用可编程控制器(PLC)程序控制。PLC 采用美国 Allen – Bradley 公司的 ControlLogix PLC，输入输出控制板（I/O controller，IOC）选用 Versa 总线模块欧式卡（Versa Modular Eurocard bus，VME）的 CPU 模块 MVME5500，IOC 和 PLC 之间的通信通过以太网工业协议（Ethernet/IP）实现。整个系统可在 EPICS 软件环境下运行。IOC 负责按照预定的安全控制逻辑执行，确保安全光闸、光子光闸、防护门等的安全操作，保证实验人员不受辐射伤害。

线站运行时，禁止人员进出光学棚屋。线站运行时必须在关闭光闸（SS2 或 SS1 以及 PS2）之后才能开门。只有在关门钮中的绿灯亮后按下才能关门。门关到位后绿灯熄灭。

4.1.6 生物 X 射线小角散射光束线的测试指标

根据光束线建设目标所规定的光束线参数，在建设完成后对 BL19U2 生物小角 X 射线散射光束线，进行了相关的测试与标定。

4.1.6.1 双晶单色器光子能量范围的标定

根据布拉格衍射公式 $2d\sin\theta=\lambda$ 可知，晶体对入射波的衍射，取决于晶体的结构以及入射波的波长。其中 d 表示晶体的面间距；θ 表示布拉格角。对于 Si(111) 晶体，$d=0.313\ 5$ nm。由于商业化 DCM* 存在晶体晶格常数变化、入射光与衍射面平行度差等问题，因此常采用金属元素的吸收边，来标定单色器测量角度与单色光能量的关系。考虑到 Cu 的 K 边吸收存在一个独立的窄吸收峰，用于能量定标比较合适。Cu 的 K 吸收边上的小峰应该位于 8 981.3 eV 处。经过校正后的 Cu 吸收边如图 4 – 26 所示。

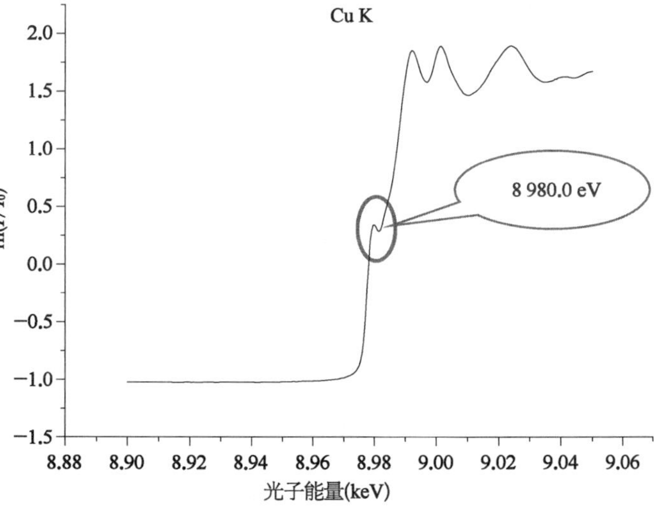

图 4 – 26 采用 Cu 吸收边标定 BL19U2 光束线的能量调节范围

为在实验上验证光子能量的范围，分别测量了金属 Fe 和 Pb 的吸收边。根据 K 边和 L2 边跃迁，两者的能量分别为 7.112 keV 和 15.200 keV。测试结果参见图 4 – 27。根据测试结果，

* DCM：double crystal monochromator（双晶单色器）。

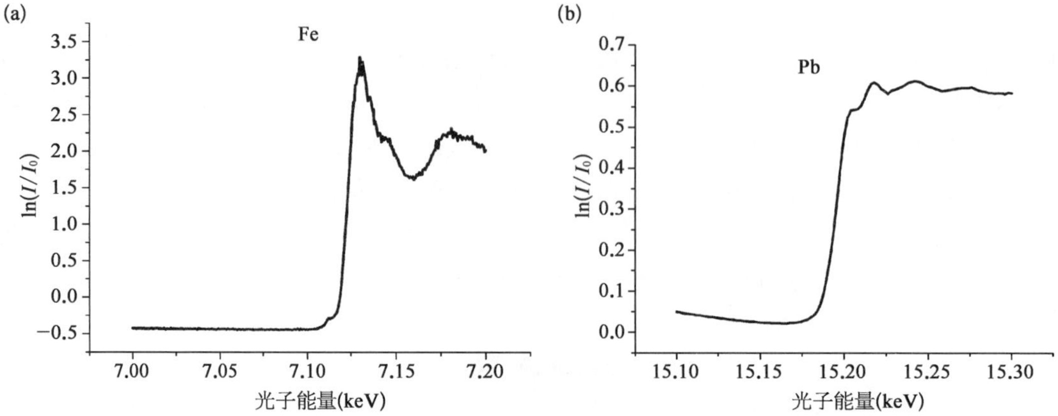

图 4-27　在 BL19U2 光束线的能量调节范围测定 Fe 和 Pb 吸收边的测量结果

布拉格转角的重复精度在 15 keV 下的误差，对于能量调节范围的影响不会超过 2 eV。

4.1.6.2　双晶单色器能量分辨率的标定

光束线的能量分辨率的测定原理及方法，可参考第 3 章相关内容(110 页“3.7.1.2　能量分辨率”)。BL19U2 生物小角 X 射线散射光束线在 12 keV 能量下的双晶单色器能量分辨率的摇摆曲线测试结果如图 4-28 所示。数据拟合使用 Origin 软件。根据软件中高斯函数的定义，摇摆曲线半高宽(FWHM)为 0.001 88，计算结果为 $\Delta E/E = 1.96 \times 10^{-4}$。

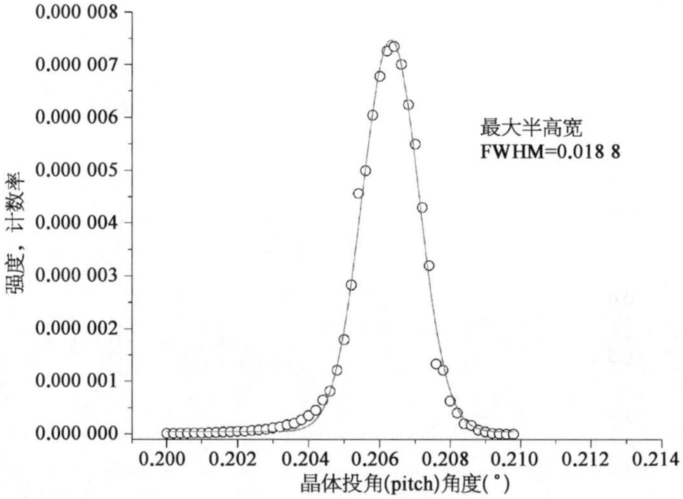

图 4-28　BL19U2 生物小角 X 射线散射线站实验站的双晶单色器能量分辨率测试结果@12 keV

4.1.6.3　聚焦光斑尺寸的测定

光斑尺寸测量，采用精密四刀狭缝和电离室测量。狭缝为 IBC30HV(JJ X-Ray 公司)的电动狭缝，刀片移动精度小于 1 μm。将狭缝放置于光束焦点位置，以一定的步长移动刀片和打开狭缝，每移动一步记录一次计数器的值。每次测量得到一个沿刀片移动方向的光强积分值,对这些数据求微分就得到光强的分布。测试结果如图 4-29、图 4-30 所示。探测器前的聚焦光斑在水平方向上的尺寸为 328 μm,在垂直方向上的尺寸为 48 μm。

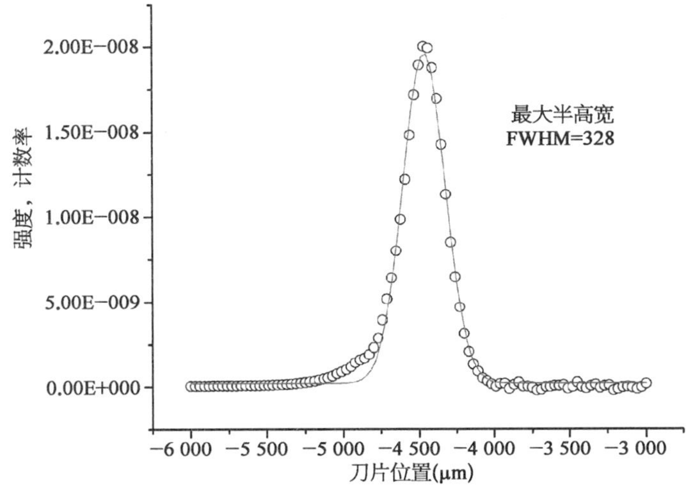

图 4-29 BL19U2 生物小角 X 射线散射线站实验站的聚焦光斑水平尺寸的测试结果

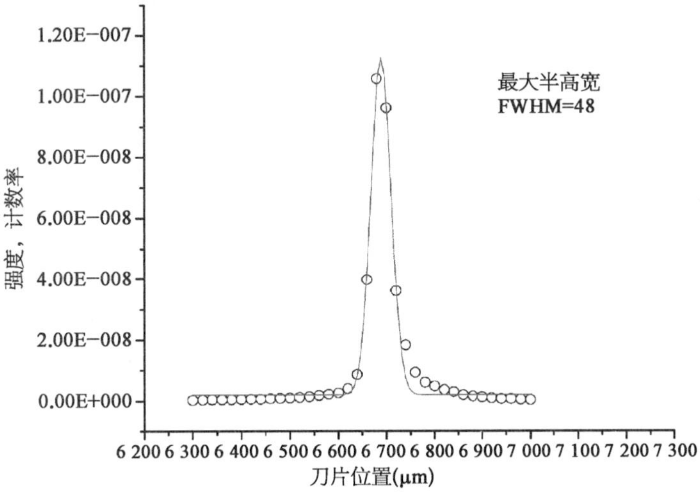

图 4-30 BL19U2 生物小角 X 射线散射线站实验站的聚焦光斑垂直尺寸的测试结果

4.1.6.4 光子通量的测定

光子通量的测量使用电离室-皮安计测量系统。在入射 X 射线光子中,穿过电离室未参加电离的光子数比例为 $e^{-\mu x}$,可以计算出实际参加电离的光子数 N_i,具体计算公式如下:

$$N_i = N(1 - e^{-\mu x}) \tag{4-8}$$

N 为入射光子总数。电离电流强度 I_0 可以表示为:

$$I_0 = N_i \frac{eE}{\varepsilon_0} = \frac{f}{BG} \quad N_i = \frac{f\varepsilon_0}{BGeE} \tag{4-9}$$

将 4－9 式代入 4－8 式得到入射光子总数的计算式

$$N = \frac{f\varepsilon_0}{(BG)eE} / (1 - e^{-\mu x}) \tag{4-10}$$

式中 f 为实测频率；B 为频率与电压转换常数。测量时使用的设备参数为 100 kHz/1 V；G 为 V/I 信号增益；μ 为气体的 X 射线线性吸收系数；e 为电子电荷常数 1.6×10^{-19} C（库仑）；ε_0 为气体的平均电离能，其中 N_2 为 36 eV，空气为 34.4 eV；E 为 X 射线光电子能量(eV)；x 为电离室长度。对 12 keV 能量而言，140 mm 空气的吸收为 $1 - e^{-\mu x} = 0.044$（根据 XOP* 计算得到）。束流强度为 240 mA。电离室内充空气。测试结果如图 4－31 所示。

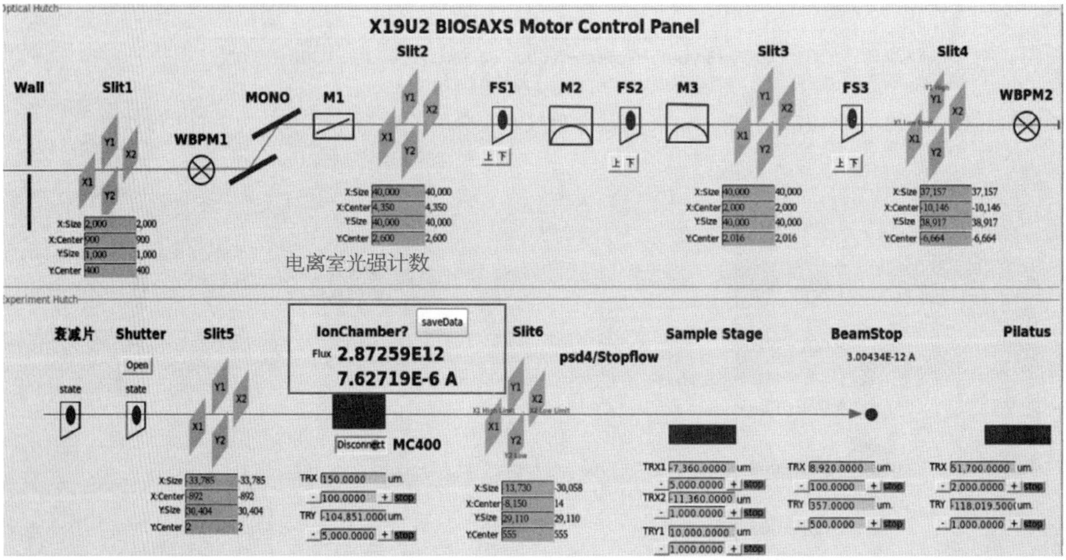

图 4－31　BL19U2 生物小角 X 射线散射线站实验站的光子通量测试拷屏结果（详见下载图 4－31，下载网址见 31 页脚注）

实际测试的结果表明，BL19U2 线站在焦点处的电离室计数为 7.5×10^{-6}@240 mA。考虑从样品处到聚焦焦点途中所经的空气段，以及 Kapton 膜吸收的影响，推导出样品处电离室计数 8.8×10^{-6} A@240 mA，计算得到 300 mA 时样品处光子通量为 4.47×10^{12} phs/s @ 12 keV@300 mA。

4.1.6.5　光束发散角的测定

通过扫描狭缝 5 和狭缝 6，得到这 2 个狭缝处光斑的水平和垂直尺寸。根据焦点处光斑的水平和垂直尺寸以及狭缝距离焦点的长度，得到光束的水平和垂直发散角。测试结果

* XOP：X－ray oriented programme，是一款用于计算 X 射线相关参数的程序。

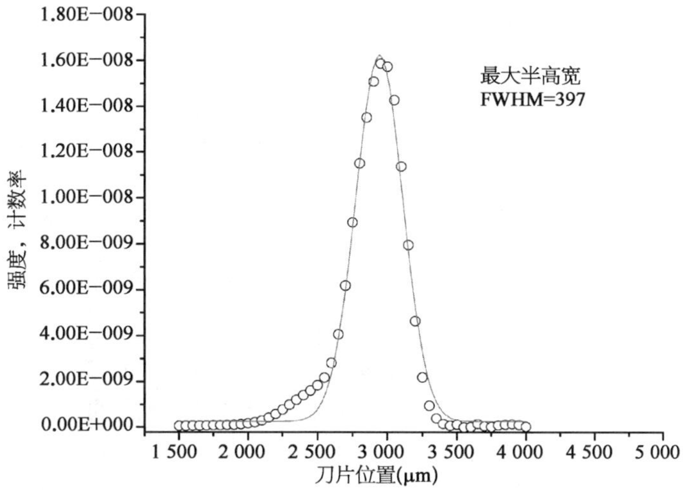

图 4-32　BL19U2 生物小角 X 射线散射线站实验站狭缝 6 处光斑的水平尺寸的测试结果

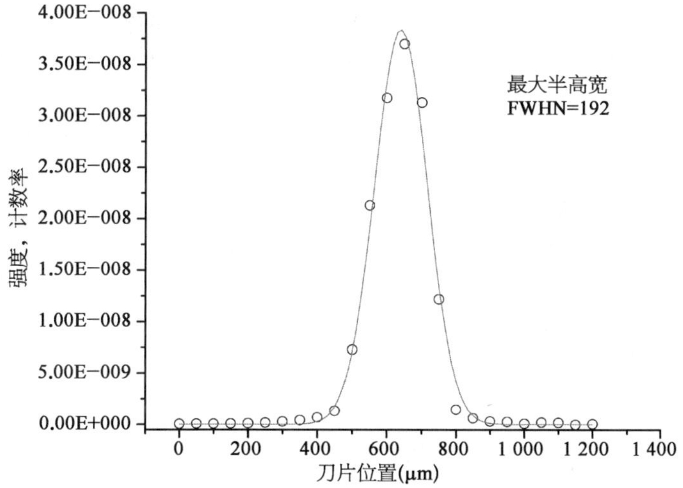

图 4-33　BL19U2 生物小角 X 射线散射线站实验站狭缝 6 处光斑的垂直尺寸的测试结果

如图 4-32、图 4-33 所示。根据测试的结果推算，焦点处光斑的水平尺寸为 337 μm，垂直尺寸为 45 μm；在狭缝 6 处光斑的水平尺寸为 397 μm，垂直尺寸为 192 μm。因狭缝 5 距离聚焦点 8 m，所以得到：焦点处的水平发散角为 8 μrad，垂直发散角为 18 μrad。

4.1.7　生物 X 射线小角散射线站的用户成果

作为国内首条生物溶液样本的小角 X 射线散射研究的技术平台，BL19U2 线站在国内的结构生物学领域占据重要的主导地位。该线站具有光子通量高、光束发散角度低的特点。自 2015 年 3 月份正式对用户开放试运行以来，它已累计提供有效机时逾 8 000 h，涉及 50 多家单位，累计接待课题组 100 余个。该平台的运行对于我国自主建立和整合生物 X 射线小角散射技术、蛋白质晶体学技术、核磁共振技术、冷冻电镜(cryo-EM)技术以及计算生物学的蛋白质结构与动力学研究平台，具有关键意义。该平台的顺利运行，拓宽了同步辐射光源在生物学领域，尤其在生物大分子结构生物学研究领域的应用范围。下面简述依托 BL19U2 生物小角 X 射线散射线站而发表的典型用户成果。

4.1.7.1　同步辐射生物 X 射线小角散射在生物大分子复合物结构生物学领域的应用研究

2016 年 5 月 25 日，国家蛋白质科学研究（上海）设施 BioSAXS 线站用户华中农业大学作物遗传改良国家重点实验室的殷平教授带领其课题组成员，在国际权威学术期刊《自然》（*Nature*）上发表了对 N6 腺嘌呤甲基转移酶 METTL3 - METTL14 蛋白质复合物晶体结构的最新研究进展。RNA N6 腺嘌呤甲基化修饰在病毒、细菌、酵母、拟南芥、水稻以及人类中普遍存在，且修饰过程非常保守。殷平课题组利用上海设施的复合物晶体结构线站（BL19U1）、X 射线小角散射线站（BL19U2），首次解析了与 RNA N6 腺嘌呤甲基化修饰功能有密切相关的甲基转移酶复合物核心成员 METTL3 - METTL14 蛋白质复合物的晶体结构（参见图 4 - 34）。研究表明，METTL3 和 METTL14 这 2 个甲基转移酶，在复合物中存在着功能分化。METTL3 主要起催化作用，而 METTL14 主要提供结合底物的平台。该研究为全面了解在生物生长发育过程中调控开关 RNA N6 腺嘌呤的甲基化修饰，奠定了基础[25]。

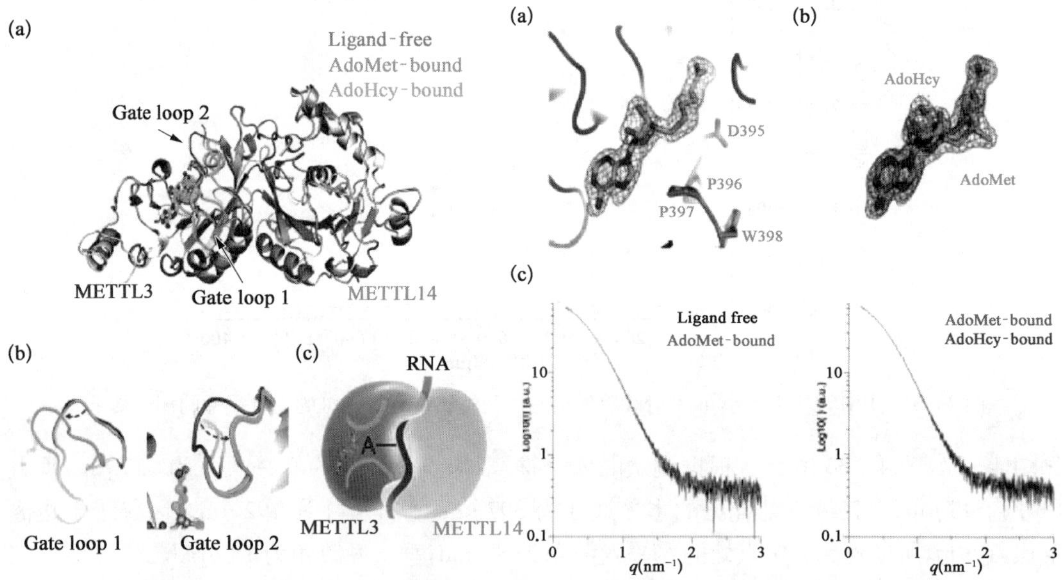

图 4 - 34　N6 腺嘌呤甲基转移酶 METTL3 - METTL14 蛋白质复合物晶体结构的 SAXS 研究（详见下载图 4 - 34，下载网址见 31 页脚注）

研究者基于已解析的 N6 腺嘌呤甲基转移酶 METTL3 - METTL14 蛋白质复合物晶体结构，采用小角 X 射线散射的方法，验证了溶液状态下该复合物在无配体添加（ligand-free）与添加 AdoMet、AdoHcy（Adomet-bound、AdoHcy-bound）2 种配体的条件下活性结构的稳定性。AdoMet：S -腺苷甲硫氨酸；AdoHcy：S -腺苷同型半胱氨酸；Gate loop：门控环。（图片引自[25]）

4.1.7.2　同步辐射生物 X 射线小角散射在生物合成化学领域的应用研究

2016 年 10 月，英国皇家化学会的《化学科学》（*Chemical Science*）杂志以封面形式报道了中国国家蛋白质科学研究(上海)设施 BioSAXS 线站用户在荧光分子探针构建与应用方面的研究进展。该工作由中科院药物研究所李佳、藏奕课题组与华东理工大学贺小鹏课题组合作完成。他们共同开发了一支可用于同时检测超分子交联蛋白的新型糖基折叠型探针。这种探针采用 2 种常用的荧光染料,促使探针在水相中形成一类"自折叠"的染料折叠体,进而在荧光探针部分引入可被花生凝集素(peanut agglatinin, PNA)与脱唾液酸糖蛋白受体(asialoglycoprotein receptor, ASGRr)识别的半乳糖。通过应用 SAXS 技术,证实了这一折叠体可通过与 PNA 的相互作用而解折叠,进而通过芘分子间的堆叠作用,形成探针/凝集素超分子交联体(参见图 4-35)。这一发现可用于检测并协同调控生物大分子的结构,对于流行性病毒的快速检测具有重要意义[26]。

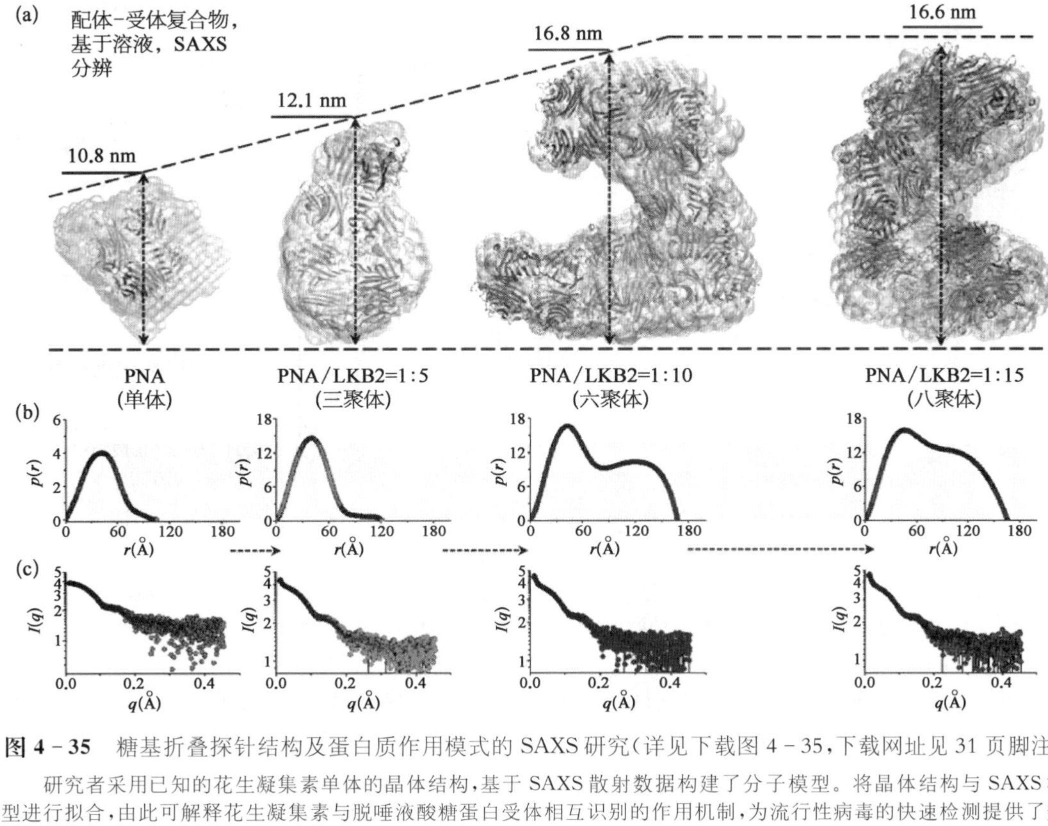

图 4-35 糖基折叠探针结构及蛋白质作用模式的 SAXS 研究(详见下载图 4-35,下载网址见 31 页脚注)

研究者采用已知的花生凝集素单体的晶体结构,基于 SAXS 散射数据构建了分子模型。将晶体结构与 SAXS 模型进行拟合,由此可解释花生凝集素与脱唾液酸糖蛋白受体相互识别的作用机制,为流行性病毒的快速检测提供了数据支持。1 Å = 0.1 nm。(图片引自[26])

4.1.7.3 同步辐射生物 X 射线小角散射与 NMR 联用解决生物学问题的应用研究

"生命在于运动"是法国著名思想家伏尔泰(Voltaire)提出的运动哲学格言。蛋白质作为生命组成的基本单元,其本身也是处于不断运动的动态过程中。作为生命活动的执行者,蛋白质只有通过运动才能执行特定的生物学功能。为了更好地了解蛋白质结构的动态变化过程,中科院武汉物理与数学研究所的唐淳率领其科研团队,发展了一种免标记的顺磁核磁技术，不仅能够在接近生理环境的溶液状态下对蛋白质的动态结构进行解析，还避免了传统顺磁核磁技术的局限性。2016 年 12 月 19 日，唐淳课题组的研究人员用这种新方法准确捕获了不同大小、不同运动特性的蛋白质体系在溶液中的动态系综结构，并借助上海设施的 BioSAXS 线站，对数据进行了验证(参见图 4－36)。相关研究成果发表在《德国应用化学杂志》(*Angewandte Chemie International Edition*)。该研究借助 SAXS 技术，完美验证了课题组开发的顺磁核磁共振技术对蛋白质系综结构分布的标记，也进一步说明了 SAXS 与核磁两者的整合研究，将在其他领域发挥越来越重要的作用[27]。

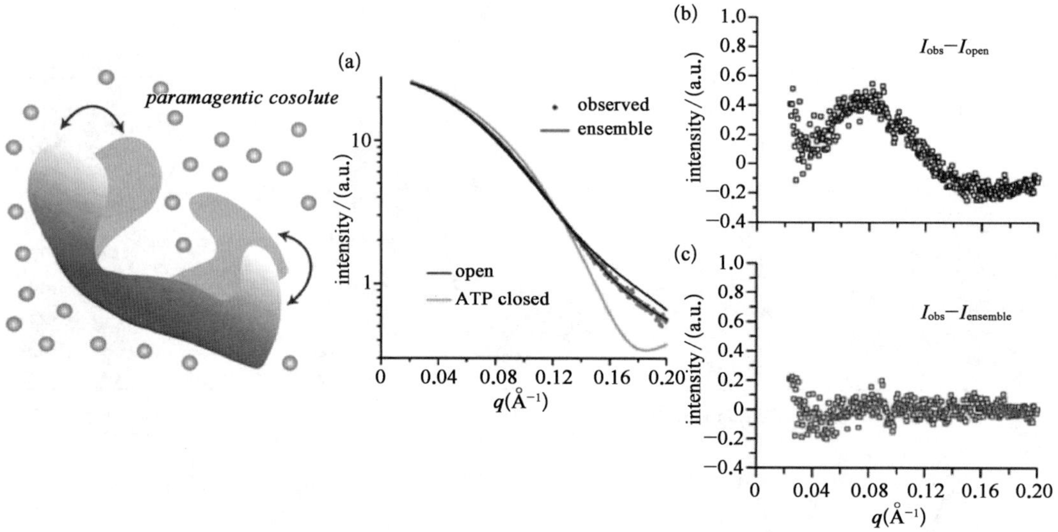

图 4－36　用 SAXS 技术与溶液顺磁弛豫增强技术研究蛋白质动态结构的应用实例
(详见下载图 4－36，下载网址见 31 页脚注)

paramagnetic consolute：顺磁探针；intensity：散射强度；a.u.：表示相对强度，无单位；observed：实验数据；ensemble：整体拟合；open：延展结构；ATP closed：在 ATP 作用下的闭合结构。(图片引自[27])

研究者充分利用了以小角 X 射线散射技术与核磁共振技术在溶液中开展测试的技术特点，基于生物大分子在溶液中动态构象变化的系综平均小角 X 射线散射曲线，通过自主开发的顺磁核磁共振技术，对蛋白质系综结构的分布进行标记，完成了对生物大分子动态结构的解析。2 种技术的有机结合，有效避免了传统的顺磁核磁技术需要对蛋白质本身进行修饰标记的限制，具有非常重要的应用意义。

4.1.7.4　基于同步辐射生物 X 射线小角散射技术的生物被膜形成机制研究

细菌生物被膜是菌体为适应环境，黏附于物体或者人体组织表面，通过分泌大量的多糖、蛋白质和核酸等胞外基质，将自身包裹在其中而形成的聚集膜样物。生物被膜与人类的健康和疾病紧密相关，比如导致牙菌斑的形成以及跟植入式医疗器械相关的感染。相比于单个的浮游细菌，生物被膜的形成会对抗生素和宿主免疫系统产生更强的抵抗，使感染慢性化和反复化，导致严重的临床问题。因此，生物被膜的形成机理一直是国内外学者研究的重点领域。2017 年 11 月 10 日，国际知名期刊 *eLife* 杂志在线发表了上海交通大学医学院附属瑞金医院、上海市血液学研究所、医学基因组学国家重点实验室蒙国宇团队的最新生物被膜研究论文。该文报道了沙门氏菌非典型菌毛 Saf 介导生物被膜形成的机制。在 *eLife* 的报道中，蒙国宇课题组通过结构生物学表征手段，获得单个 SafD 以及 3 个连续亚基 SafDAA 的高分辨率蛋白质结构，并进一步利用 SAXS 以及细胞功能实验，多角度印证了文中提出的 Saf 介导生物被膜形成的模型[28]（参见图 4-37）。

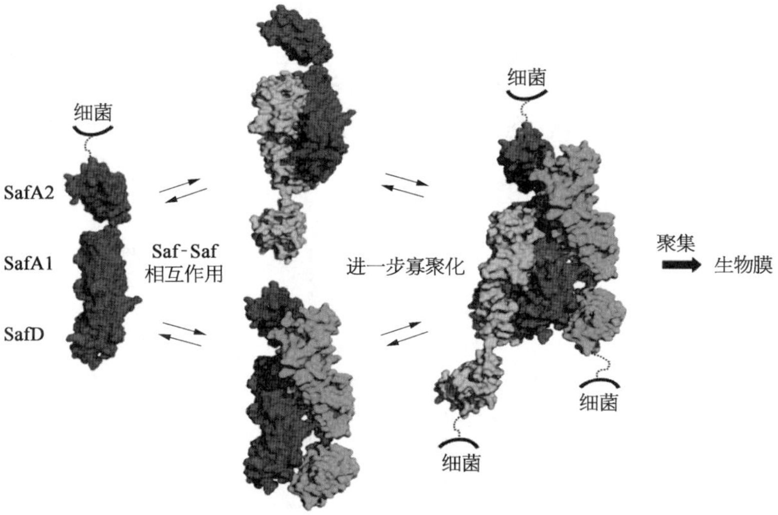

图 4-37 用 SAXS 技术研究 Saf 介导生物被膜的形成机制（彩图见图版第 11 页）
图片引自[28]。

研究者基于实验室自主解析的单个 SafD 以及 3 个连续亚基 SafDAA 高分辨率蛋白质结构，利用溶液小角 X 射线散射技术，有效表征了细菌生物被膜组装过程中的不同聚合状态组分，并进一步通过细胞功能实验，多角度印证了 Saf 介导生物被膜形成的模型。

总而言之，随着同步辐射光源和 SAXS 数据处理方法的发展和改进，通过 SAXS 检测技术与其他高分辨率结构生物学检测技术[例如晶体 X 射线衍射（macromolecule crystallograph，MX）、核磁共振（NMR）以及低温冷冻电镜（cryo-electron microscopy，cryo-EM）等]的有效结合，SAXS 作为一种新兴的结构生物学研究手段，将在结构生物学领域，特别是在多结构域蛋白质和超大复合物的溶液结构以及功能调节研究中，发挥更大的作用。

4.2 同步辐射红外谱学线站

4.2.1 科学目标与建设目标

4.2.1.1 科学目标

红外光谱作为分子光谱的重要组成部分，是一种确定物质组成和分子结构的重要工具，已被广泛应用于化学、生物、材料等领域。分子内能够引起化学键偶极矩发生变化的振动模式，均是有红外活性的。红外光谱技术能够通过检测这些振动模式，得到每种物质独特的红外光谱，用以分析物质成分、分子结构和动力学等信息。自从 20 世纪 50 年代珀金-埃尔默（Perkin - Elmer）公司生产制造出第一台低成本的商业化双光束红外光谱仪之后，红外光谱技术不断发展升级，各种新型的谱学方法、附件和技术也越来越成熟[29]。到如今，红外光谱技术已成为各大科研院所及企业科研技术部门非常普及的一种分析技术。使用红外光谱，可以对多种状态的样品进行快速分析，包括固体、液体和气体等样品；并可根据测得的红外光谱，对其成分进行定量和定性的分析[30]。

傅里叶变换红外光谱技术，在生命科学领域具有十分重要的应用，尤其是针对蛋白质二级结构、细胞生物学和组织学疾病诊断等方面的研究越来越广泛。生物样品在红外光谱中最重要的区域在 600～1 700 cm^{-1}（波数）范围内，其中包含典型的蛋白质的酰胺Ⅰ带和酰胺Ⅱ带（1 500～1 700 cm^{-1}）以及指纹区（600～1 450 cm^{-1}）。高波数区域的红外峰（2 550～3 500 cm^{-1}）主要包含脂质等物质的 C—H、S—H、N—H 和 O—H 等键的伸缩振动。这些峰一起组成了生物样品的红外光谱，反映了生物样品的组成和分子结构信息[31]。生物样品内蛋白质、多肽、核酸、磷脂和糖类均是红外光谱重要的研究对象。几十年的发展使得红外光谱成为检测二级结构、动力学、生物分子溶剂化作用等信息的有力手段。

随着傅里叶变换红外光谱技术的普及，传统红外光谱的技术局限性也越来越明显。红外光按波长可分为近红外、中红外和远红外 3 个波段，要覆盖整个红外波段的光谱，对光源的要求非常高。目前，多数的中红外光源使用碳硅棒光源（globar），它们光谱范围窄。通常，如果需要测量近红外或远红外波段的光谱，就需要切换其他的光源；而且光源亮度低，尤其在对细胞及组织进行显微成像研究时，难以进行高分辨率的红外谱学研究。而同步辐射红外光源弥补了传统光源的这些局限，它不仅亮度高、光谱范围宽和具有脉冲特性，而且它的能量、聚焦性能、偏振性和可调谐性能也都是其他光源所不可比拟的。同步辐射红外光的亮度是传统红外光源的 100～1 000 倍，光谱范围的覆盖从近红外到远红外，甚至到太赫兹波段。

同步辐射红外光的优异特点与传统的傅里叶变换红外分析方法结合到一起的同步辐射傅里叶变换红外光谱技术（synchrotron radiation Fourier transform infrared spectroscopy, SR - FTIR），是一种相对新颖的实验手段[32-36]。实验证明，在研究具有特征红外吸收的分子及化学键信息时，尤其是在研究有机物、生物物质、浓度较低或者微小的样品时，同步辐射红外技术能够提供更高信噪比、更高分辨率的红外光谱。SR - FTIR 还能够进行时间分辨动力学研究，研究者可以精确检测溶液样品中的化学键以及变化过程，如通过时间分辨实验可以监测进行中的化学反应，研究溶液中蛋白质构象变化的动态过程等。SR - FTIR 显微与成像技术也是一种无损检测生物样品、有机物及活细胞的有效手段，可以用来研究非均相样品中化合物的分布，并且具有较高的分辨率以及较高的信噪比。

同步辐射红外光由于其高亮度特性，与红外显微镜结合以后，能够达到更高的空间分辨率。这使得同步辐射红外显微与成像技术，成为研究人体及动植物细胞和组织的理想工具。这方面的应用也已经取得诸多成果，例如区分正常和异常的细胞或组织，或者探讨化学和物理激发过程的光谱反应等。这项技术也已经应用到了许多疾病的诊疗当中，包括癌症的诊断和详细分析，以及对大量慢性和退行性状况的研究，例如阿尔茨海默病、帕金森病和亨廷顿病等[37,38]。

自从1993年美国国家同步辐射光源(National Synchrotron Light Source, NSLS)的世界上第一条同步辐射红外显微光谱实验线站建成以来，目前世界上多数国家的同步辐射装置，均建设有同步辐射红外线站，共计数十条。建立时间分辨与谱学显微红外线站，能够充分结合高亮度的同步辐射红外光源和传统红外光谱技术的优点，满足生命科学、化学、药物科学、材料科学、地球科学和高压科学等领域的需求，使国内外用户得以进行高分辨的时间分辨与红外显微谱学研究，促进蛋白质科学、细胞生物学等多个学科领域的发展。

4.2.1.2　建设目标

上海同步辐射光源(Shanghai Synchrotron Radiation Facility, SSRF)也即上海光源，是中国第一台第三代同步辐射光源装置，设计指标居于国际前列，电子能量为3.5 GeV，流强200～300 mA，波长范围从远红外直到硬X射线，弯转铁磁场强度1.272 6 T[39]。基于此条件设计的红外光束线站，既是蛋白质研究上海设施又是上海光源的首条红外线站，也是目前为止唯一的一条红外线站。建设目标瞄准国际同类光束线的先进水平，红外光源覆盖1～1 000 μm的波长范围(对应的波数为10～10 000 cm^{-1})，以满足用户对各个波段范围的实验需求。

同步辐射红外谱学光束线共设计和建设2个实验站，分别为时间分辨红外光谱实验站和红外显微谱学与成像实验站。

1. 时间分辨的红外光谱实验站

同步辐射红外光光子的相干性，极易受到电子束团尺寸、储存环内束团总数、束团能量和束团间隔变化的影响。所以，控制同步辐射电子束团，有助于进行时间分辨的傅里叶变换红外谱学研究。同步辐射红外光可调的光子性能，可达到十分灵敏的时间分辨，用于诸如精确控制脉冲的时间间隔、光子的波长、脉冲的频率和宽度。每个电子束团之间，间隔约为2 ns。储存环的大小决定了环中可储存的电子束团数量。理论上，储存环可以保持任意尺寸和不同组合的电子束团，因此可针对生物和化学系统的超快过程，进行特定间隔和持续时间的纳秒级动力学研究。传统的光源缺乏足够的通量和对脉冲控制的精准性，所以无法进行同步辐射红外谱学级别的时间分辨研究。同步辐射红外光源配合尼高力(Nicolet)品牌先进的步进扫描(step-scan)系统和高灵敏度的检测器等模块，时间分辨率可达到10 ns。

应用时间分辨红外谱学，已研究了多种时间尺度内的生物物理现象。时间分辨红外谱学已经成了生命科学中研究蛋白质结构与功能之有力工具，比如蛋白质中的质子转移机理、溶液中蛋白质构象变化的动力学过程等。建立同步辐射时间分辨红外光谱实验站，将能够进一步促进该方法的改善和应用。

基于上述因素以及结合国际上同类线站的参数，本实验站的主要设计目标如下。

① 光谱范围：10～10 000 cm^{-1}。

② 最好光谱分辨：0.1 cm^{-1}。

③ 样品处光子通量：1.0×10^{13} (phs/ s/ 0.1% BW) @1 μm @300 mA(光谱仪入口处)。

④ 最小时间分辨：10 ns (步进扫描傅里叶变换红外光谱)。

2. 红外显微谱学与成像实验站

传统的红外光源由于亮度低，当光阑孔径设到 20 μm 以下时，光子通量便会大大降低，采集到的红外谱图的信噪比很差；而同步辐射红外光源的发散性很小，亮度很高，所以即使将光阑孔径降到 5 μm，也可以得到信噪比较好的谱图。理论上，使用同步辐射光源能够达到衍射极限的分辨率。另外，传统光源在一定程度上会对样品造成损伤，所以同步辐射红外显微谱学与成像技术在针对小样品区域的表征方面，具有传统红外光谱所不具备的优势。这主要体现在空间分辨率更高，微小区域内的谱图有更高的信噪比，以及可进行无损伤检测等方面。建立同步辐射红外显微谱学与成像实验站，可以开展研究的方向包括：动植物细胞及亚细胞结构；动植物组织的切片；组织医学诊断；蛋白质二级结构及动力学；药物成分及分布；土壤矿物质；高分子材料及文物鉴定等。

综合上述的因素及要求，本实验站的设计目标如下。

① 光谱范围：600～10 000 cm^{-1}。

② 最好光谱分辨：0.2 cm^{-1}。

③ 样品处光子通量：1.0×10^{13} (phs/ s/ 0.1% BW)@1 μm@300 mA(光谱仪入口处)。

④ 聚焦光斑尺寸：30 μm@1 000 cm^{-1}。

在上海设施红外线站上，利用多种方法对各类形态的样品进行研究分析，如透射模式、反射模式、衰减全反射模式等。

作为上海设施和上海光源首条以及目前唯一的红外线站，所确定的指标位于国际上同类线站的先进行列[31-34]，见表 4-10。

表 4-10　国际上同类红外光束线的典型指标

指　标 \ 装　置	ALS	NSRRC	Elettra	Dimond	Soleil*
光源	弯铁	弯铁	弯铁	弯铁	边缘和弯铁
光谱范围(cm^{-1})	200～10 000	650～4 000	5～20 000	5～10 000	200～5 000
光谱分辨率(cm^{-1})	0.125	0.125	0.2	0.07	0.125
样品处光子通量(phs/ s/ 0.1% BW)	—	2×10^{12}	约 10^{13}	9.2×10^{12} @λ = 2.1 μm	4.8×10^{13}
聚焦光斑尺寸(μm)	2～10	10×13 ($H\times V$)	<10	2～100	10×10 或 20×20

* 本表行列出国外不同光源名称。

（续表）

指标 \ 装置	ALS	NSRRC	Elettra	Dimond	Soleil
最小时间分辨（ns，步进扫描）	—	—	1	—	—

4.2.2 光源与前端区

4.2.2.1 光源

上海光源是第三代中能同步辐射光源，波长范围从远红外直到硬 X 射线。储存环与红外线站设计相关的主要参数如表 4 - 11 所示[40]。

表 4 - 11 储存环主要参数

参数	单位	数值
运行能量(E)	GeV	3.5
环周长	m	432
自然水平发射度(＊消色散)	nm · rad	3.90 (11.2＊)
耦合系数		0.01
束流流强：多束团(单束团)	mA	200～300(5)
单元数目		20
直线节：长度　数目	m	6.5×16、12.0×4
标准直线节 ID($\beta_x/\beta_y/\eta_x$)(3.9 nm · rad)	m	3.6/2.5/0.1
标准直线节 ID($\beta_x/\beta_y/\eta_x$)(8.0 nm · rad)	m	3.6/2.5/0.04
自然能量散度(σ_E)		9.7×10^{-4}
谐波数(h)		720
高频频率	MHz	499.654
自然束团长度(σ_s)(rms*)	mm	4.0
动态真空	nTorr	1.0

＊表示另一种条件下。

红外线站的光源需要尽量大地引出辐射椎。因为长波段处的光子通量受接收角的影响较大，所以在光源处需要通过较大的立体角接收，来获得较高的光子通量[33,34]。国际上同类红外光束线所采用的光源，主要有常规弯铁光源和弯铁边缘引出光源 2 类[32,35,36]。边缘辐射红外光的发散角较小，故边缘辐射的亮度比弯铁光源的亮度要高。

* rms 即均方根，参见 88 页脚注，在这里是束团长度的一种表示方法。

使用表 4－11 中上海光源储存环的相关参数，对距离辐射光源点 1.77 m（设计期间）处的常规弯铁辐射（bending magnet，BM）和边缘辐射（edge radiation，ER）光斑的空间分布进行计算。如图 4－38 所示，常规的弯铁辐射在波长 10 和 100 μm 处的红外光束，其特点是垂直发散角较大，尤其对于波长较长的远红外光，须开大接收角才能够获得更高的光子通量；而边缘辐射的发散角较小，从图中可以看到光斑成环形，中间是一暗斑。边缘辐射红外光源因发散角非常小，所以弯铁辐射的亮度更高；对于波长较长的远红外光，由于发散角较大，仍难以收集整个立体角上的光。

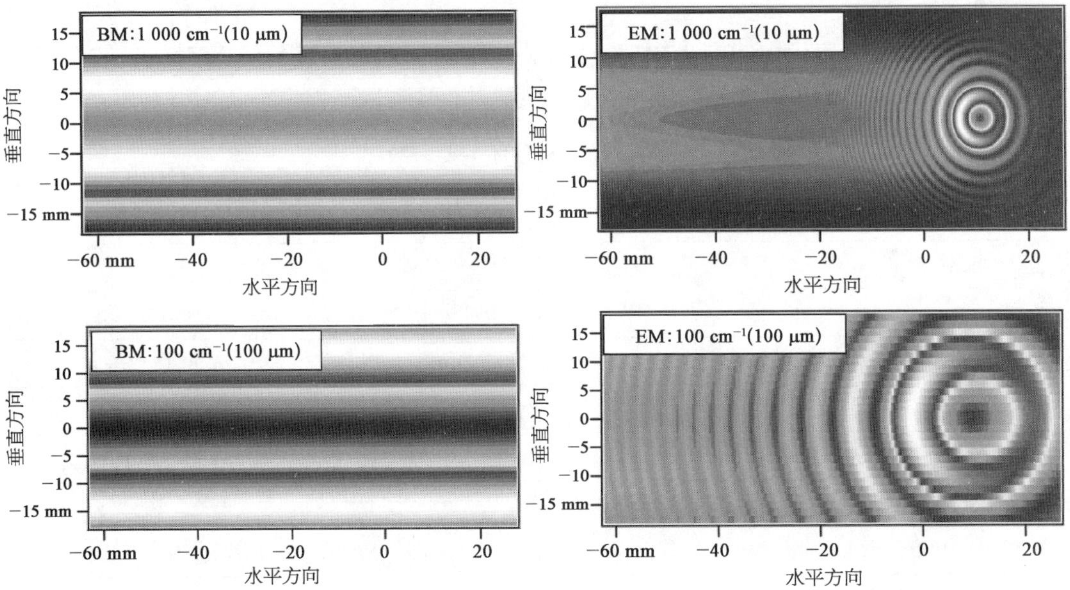

图 4－38　弯铁辐射（BM）与边缘辐射（ER）分别在 10 和 100 μm 处的光斑（彩图见图版第 11 页）

BL01B 红外光束线采用弯铁边缘引出（0°角引出）。光源的引出立体角为水平方向 40 mrad（－15～25 mrad），垂直方向 20 mrad（－10～10 mrad）。引出的同步辐射红外光除了边缘辐射，还包括部分弯铁辐射。边缘辐射在束斑的中心位置存在一个暗区，束斑为环形对称。较大的水平引出角可保证弯铁和边缘辐射都能通过。红外线站与其他同步辐射 X 射线线站的辐射引出方法有很大不同，须对储存环真空室进行改装，安装引出镜，获得更高的光子通量。

利用上海光源的储存环参数和 SRW（synchrotron radiation workshop）软件，计算流强为 300 mA（具体流强以上海光源实际运行计划为准，以下计算除非特别说明，均为流强在 300 mA 时的计算结果），设计期间使用的引出立体角为 50 mrad（－15～35 mrad），垂直方向为 20 mrad（－10～10 mrad）时，1～1 000 μm 范围内的常规弯铁辐射（BM）、边缘辐射（ER）的光子通量，并与传统的黑体辐射（black body）进行比较。如图 4－39 所示，在较小发散角的情况下，利用边缘辐射可以得到更高的通量。另外，与国际上同类的红外光束线相比，上海设施 BL01B 红外光束线的通量基本相当，如图 4－40 和表 4－10 所示。

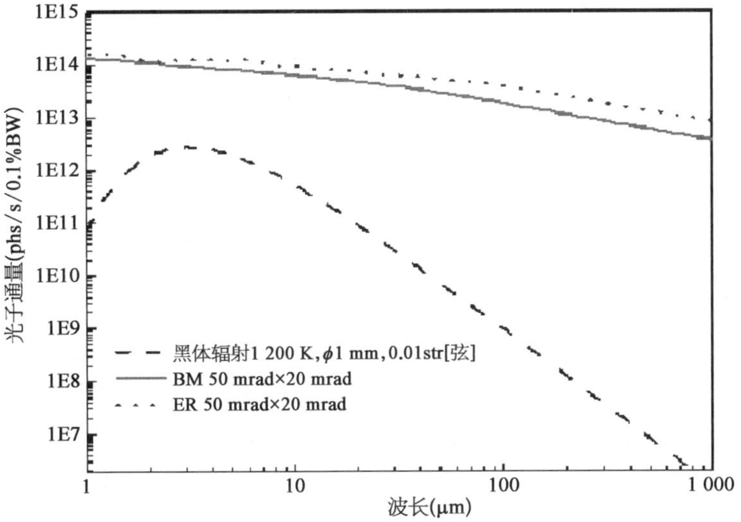

图 4-39 常规弯铁辐射(BM)、边缘辐射(ER)和黑体辐射(black body)的通量比较(彩图见图版第 12 页)

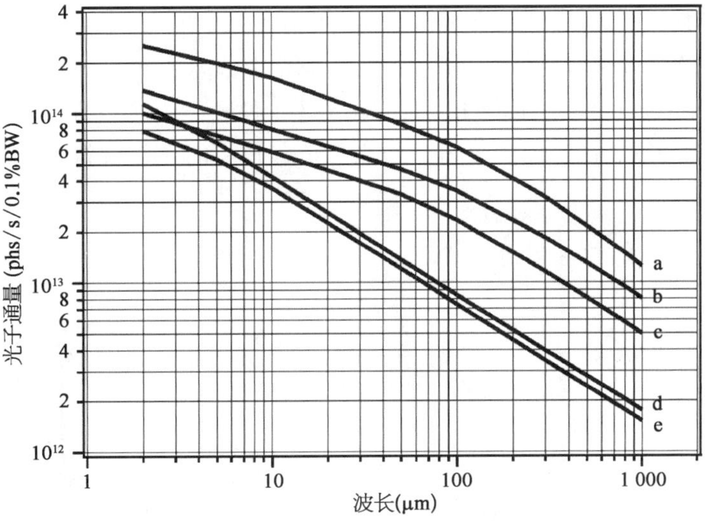

图 4-40 国际同类红外光束线的通量[35]

(a) SOLEIL(法国,2.75 GeV, 500 mA, ER+BM, 20 mrad×78 mrad);(b) Diamond(英国, 3 GeV, 500 mA, BM, 30 mrad × 35 mrad);(c) U10B, Brookhaven(美国,0.8 GeV, 500 mA, BM, 40 mrad×40 mrad);(d) ALS, Berkeley(美国,1.5 GeV,500 mA, BM, 10 mrad×40 mrad);(e) ESRF (欧洲,6 GeV, 500 mA, ER, 8.5 mrad×16 mrad)。(图片引自[35])

4.2.2.2　前端区

蛋白质设施的红外光束线，在储存环的弯铁真空室引出口安装平面引出镜，将红外光束转离高度为 1 300 mm 的电子束轨道，再经过一系列平面反射镜、超环面聚焦镜和二向色镜，将红外光束引至 2 个实验站。高能的 X 射线和紫外光经引出镜的中央狭缝透出。红外线的前端区相对简单，在整条束线上设置好隔离阀等真空保护系统，在开有高能引出缝隙的引出镜后装有固定光子吸收器。光斑形状探测器放置在系统中合适的位置，用于调试及监测。前端区真空部分设计的技术指标如下：与环连接处静态真空为 5×10^{-8} Pa；动态真空为 5×10^{-7} Pa；漏率*：$\leqslant5\times10^{-8}$ Pa・L/s。

4.2.3　光束线

4.2.3.1　光学系统

束线光学系统与澳大利亚等光源建设的红外光束线站，有一些类似之处。建设期间需要解决以下几个问题。① 尽量以最大的接收角引出，这在实施过程当中受到真空腔的限制，所以需要对真空盒进行改造，才能达到所需的最大引出立体角。② 同时，红外光束线的建设还要保证维持储存环内固有的超高真空。③ 由于同步辐射还包含有高能的 X 射线和紫外线，因此需要降低引出镜上的热负载。④ 由于系统对振动十分敏感，因此需要在最大程度上降低各光学镜的振动，同时对各光学元件的位置进行精确控制。这些问题都对光束线的设计和建设提出了较高要求。

束线光学结构布局如图 4－41 所示。为保证在所需波长范围内红外光的通量，减小气体吸收损耗，整个光束线设计在超高真空和高真空中。其中，光学系统中的第一面镜为平面引出镜 M1，距离光源点 1.815 m。它的作用是将红外光束引出，所以称为引出镜。M1 镜与入射光的方向成 45°夹角，所以 M1 镜将光束线水平偏转 90°，入射到 M2 镜上。M1 的材料为 glidcop 材料，表面镀铝。glidcop 是一种氧化铝颗粒弥散的强化铜，导热性能优良，具有较高的耐高温强度，很适合作为热负载较高的元件材料。

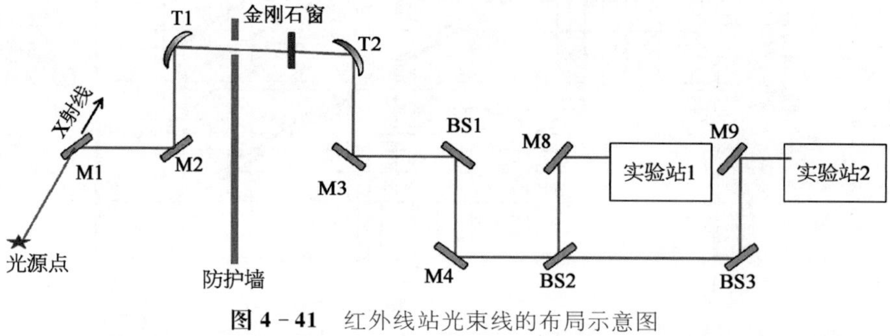

图 4－41　红外线站光束线的布局示意图

由于从光源出射的高能段的光子都打在平面镜上，因此引出镜 M1 的热负载非常大，

* 漏率的定义是单位时间内漏入系统的气体量。

初步估算的总热负载达到 3 000 W，镜面处的最大功率密度达到 205 W/mm^2。除选用上述能承受较高热负载的材料以外，还须对引出镜 M1 进行特殊处理。在 M1 引出镜的中央开一狭缝，使得高能 X 射线和紫外线透过，可以有效地减小热负载。关于此的具体设计，详见下一页“4.2.3.2　关键光学元件的热分析”。另外，引出镜的尺寸须匹配光源的出射角。光束线中其他各面镜的尺寸也要设计得足够大，使得由于衍射引起的通量损耗足够小。

红外光束经引出镜 M1 水平偏转 90°之后，入射到第二块平面镜 M2 上。M2 和 M1 相距 0.65 m，两者在同一水平面上。光束线经过 M2 垂直偏转 90°，入射到第一块超环面聚焦镜 T1 上。

T1 距 M2 镜 1.00 m，它的作用是使发散的同步辐射红外光聚焦，通过防护墙上的一个通光孔，汇聚到 W1 金刚石真空隔离窗口上。它的子午曲率半径(R_t)为 4.9 m，弧矢曲率半径(R_s)为 2.45 m。方位角精确可调。红外光束的引出口在防护墙侧面，离地面 2.3 m 的高度。束线通过 T1 镜后，光束方向变为水平方向，从防护墙的侧墙出射。

金刚石窗口 W1 主要是起到光束线和实验站之间的高低真空隔离的作用，可透过红外光。它的有效直径为 25 mm。本光束线采用人造 CVD* 金刚石作为窗口。虽然它在某些波段的透明度不如金刚石窗，但是价钱比较便宜。它具有很高的隔离强度和可靠性，可在本设计中覆盖完整的红外波段，只对有些波段有轻微的吸收，但是影响不大。为避免窗口材料的多重反射，金刚石窗口被加工成 1.0～1.5°的楔形结构。

在金刚石窗后面设置有一个可调的狭缝，其目的是限制光束大小，起到阻挡杂散光，同时兼作准直的作用。狭缝的调节精度为亚毫米级。为防止光束打到狭缝表面而形成干涉条纹，狭缝的安装与光轴形成一个微小的角度，一般在 1～3°之间。

狭缝后的下一个光学元件为一超环面镜 T2，它距离金刚石窗 0.75 m。它的作用是使光束平行出射，并且使光束在高真空管道中偏转 90°，从水平方向变为垂直向下传播。它的子午曲率半径(R_t)为 2.121 m，弧矢曲率半径(R_s)为 1.061 m。

由于光束线和实验站对光束抖动十分敏感，为提高谱仪的信号，须尽可能减少光束的抖动。在 T2 后放置一套美国“ALS 先进光源”发明的主动平面镜反馈系统，用来减少红外光束的抖动，并校正远红外区域的噪声来源。M3 和 M4 镜即用来校正光束的抖动，它们被放置在一个二维精确可调的压电陶瓷平台上。后面还有 2 个二向色镜分束器，用于反射红外光，同时透射可见光。使用 2 个位置灵敏探测器(position sensitive detector，PSD)来监测可见光束的位置。透射的可见光入射到 PSD 后，如果光束的位置发生变换，则 PSD 的信号经反馈控制电路，传送到压电陶瓷平台上，实时调节薄平面镜的两维倾角来控制光束，以保证光维持在 PSD 的中心位置。

分束器 BS2 的作用是选择将红外光束入射到不同的实验站。将 BS2 放置于红外光路中时，可以使红外光束水平偏转 90°，然后经过平面镜 M8 进入实验站 1——时间分辨

* CVD：chemical vapor deposition(化学气相沉积)，指一种通过高温下化学反应析出某些无机材料的技术。

谱学实验站。将 BS2 从光路中移出之后，红外光束沿原方向传播，然后经过 BS3 和 M9 入射到实验站 2——红外谱学显微实验站。

4.2.3.2　关键光学元件的热分析

引出镜 M1 的主要作用，是将同步辐射红外光源引出，并反射到平面镜 M2 上。同时，将高能量的 X 光、紫外光跟束线所需的红外光分离，实现热隔离。如果 M1 镜吸收了包含 X 光、紫外辐射等在内的所有光，它将承受很高的热负载，并升至很高的温度，这必然会引起 M1 镜严重变形，进而影响束线的光学性能。根据表 4－11 中储存环的相关参数，使用 SRW 软件对 M1 上的热负载分布进行模拟理论计算，所得结果如图 4－42 所示[33]。引出镜 M1 镜上 A 部分的热负载主要来源于下游弯铁，B 部分热辐射主要来源于上游弯铁。M1 镜上垂直方向和中央水平方向上的热分布曲线如图 4－43 所示。从图中可以看出，在垂直方向上，大多数的热负载集中在一个很窄的平面内。解决 M1 镜的热负载问题，主要从 M1 的制作材料、在 M1 中开设狭缝以及加入冷却水系统这三方面出发。

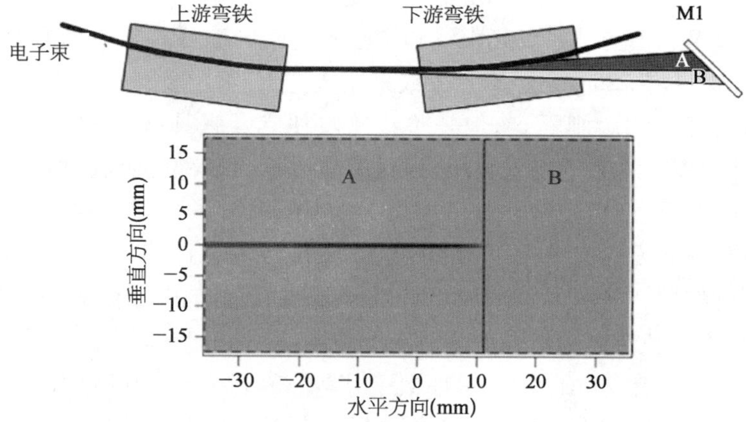

图 4－42　上游弯铁和下游弯铁及引出镜 M1 上的热负载分布

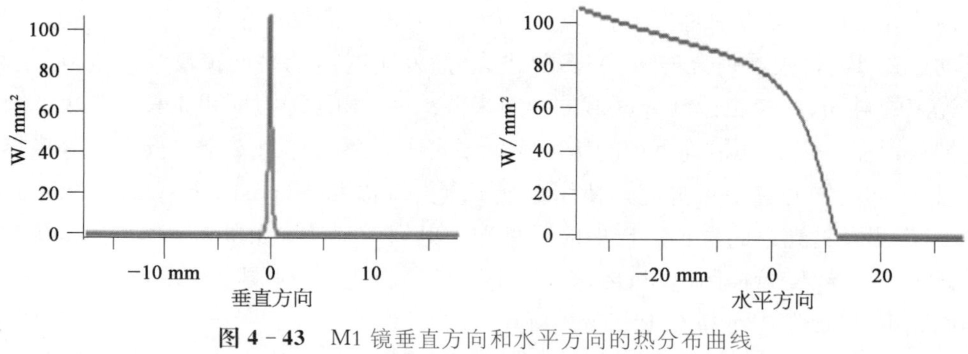

图 4－43　M1 镜垂直方向和水平方向的热分布曲线

首先，平面引出镜 M1 的基底材料使用导热性能优良的 glidcop 材料，表面镀一层 Al，大小为 140 mm×70 mm×20 mm（长×宽×高）。然后，通过在 M1 镜中开一个很窄的狭缝，使高能的 X 射线和紫外辐射透过，便可有效降低 M1 镜上的热负载。这种开狭缝的方法，也是目前许多第三代同步辐射光源红外线站所采用的方案。在狭缝的尺寸设计上，引出镜的狭缝越大，M1 镜所须承受的热负载越小。但是，狭缝的增大会使红外光的光子通量损失增大。表 4－12 是开不同狭缝时 M1 的热负载及通量损失情况。须通过协调热负载和光子通量 2 个参数，来确定狭缝的大小，最终确定宽 2.6 mm、长 110 mm（图 4－44）的狭缝最为合适。因狭缝靠近电子束的一端暴露在高能辐射中，所以必须在 M1 前面放置一个光掩模。同时，在 M1 后面使用一个 X 射线吸收器，将透过 M1 的能量处理掉。为了维护方便，M1 镜可通过一个电控平移台，在垂直方向移动。

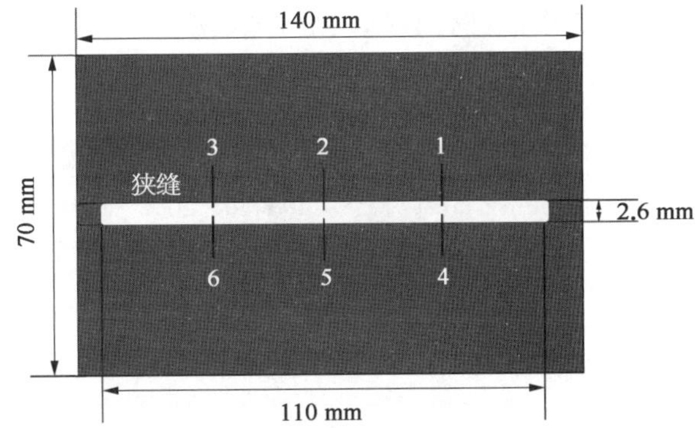

图 4－44 引出镜 M1 的结构示意图

表 4－12 开不同狭缝时 M1 的热负载和通量损失情况

狭缝尺寸	损失通量@10 μm	透过功率	镜子热负载
不开狭缝	0	2 904.48 W	2 904.48 W
开 4 mm 狭缝	21.87%	2 902.89 W	1.59 W
开 3 mm 狭缝	16.07%	2 901.41 W	3.07 W
开 2.6 mm 狭缝	13.28%	2 899.91 W	4.57 W
开 2 mm 狭缝	10.54%	2 896.89 W	7.59 W
开 1.5 mm 狭缝	7.86%	2 888.59 W	15.89 W

另外，进一步通过间接冷却水系统来降低 M1 镜的温度，减少直接水冷的振动对光束线带来的影响。冷却方法是利用一个单独的水冷却体，镜子和水冷却体通过柔软的铜片相连，避免直接水冷所带来的可能的振动问题。

为进一步保护 M1 镜，如图 4－44 所示，在 M1 镜的背面、中央狭缝的边缘处，共放置 6 个（1—6）温度传感器，深入狭缝 0.5 mm，用于监控和反馈镜子的温度变化以及热负载状况。它们对电子束轨道的变化十分敏感，并且接入安全连锁系统中。当检测到的温度超过设定的阈值之后，便会进行踢束*，保证高能光子不会损伤 M1 引出镜。

综上所述，最终引出镜 M1 的主要参数如表 4－13 所示。

4.2.3.3 光束性能分析

光学追迹能够模拟实际光线传输过程，对光束线性能进行全面评估，其计算结果可作为实际光学性能之重要参考。根据上述的光束线布局和相应的关键光学元件参数，以

* 踢束（beam-kick）：意为切断储存环内的电子束流。这是同步辐射领域通用的表达方式。

及表 4－13 中的部分数据，利用 SRW 软件，可以对主要光学元件处的光子通量和 10 及 100 μm 红外光空间分布进行计算。

表 4－13　引出镜 M1 的主要参数

尺寸（mm×mm×mm）	140×70×20	基底材料	glidcop
表面镀层	Al	面形	平面长方形， 狭缝 2.6 mm×110 mm
表面粗糙度	⩽30 nm	表面精度	λ/8@632 nm
入射角	45°	真空度(静态)	<5×10⁻¹⁰ Torr
冷却方式	间接冷却	距光源点(m)	1.815

根据计算结果，开狭缝的引出镜 M1 和超环面镜 T2 上的光斑空间分布，如图 4－45 和图 4－46 所示。从图 4－45 可以看出边缘辐射和弯铁辐射所在的不同位置和不同分布，边缘辐射为环形对称分布。波长 100 μm 的分布说明，随着波长的增加，垂直立体角限制了所接收的光子通量。这也说明，随着波长增加，由于真空腔体对立体角垂直方向的限制，远红外区域的光子通量会进一步降低。

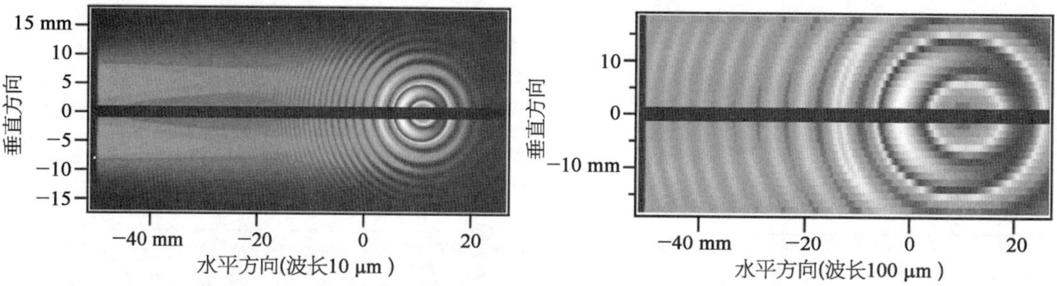

图 4－45　引出镜 M1 上光斑的空间分布(彩图见图版第 12 页)

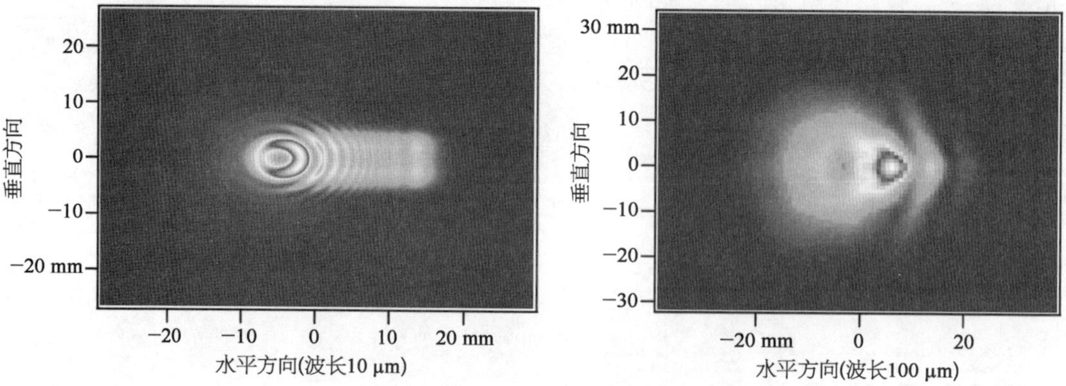

图 4－46　超环面镜 T2 上光斑的空间分布(彩图见图版第 12 页)

使用 SRW 对 4 个波长(1、10、100、1 000 μm)的同步辐射红外光通过各主要光学元件后的通量进行计算,结果如图 4-47 所示。整体来说,100 μm 以下的红外光通过各光学元件之后,通量损失较小。远红外光通过金刚石窗之后,通量明显降低。具体而言,M1 镜开狭缝之后,近红外区域的通量损失比远红外区域大。波长为 1 μm 的近红外光由于狭缝而损失了高于 30%的光子通量;而在远红外区域,如波长为 1 000 μm 的红外光,通量几乎不受影响。但是,波长为 1 000 μm 的远红外光在通过 CVD 金刚石窗之后,由于衍射和窗片尺寸的限制,光子通量大大降低。

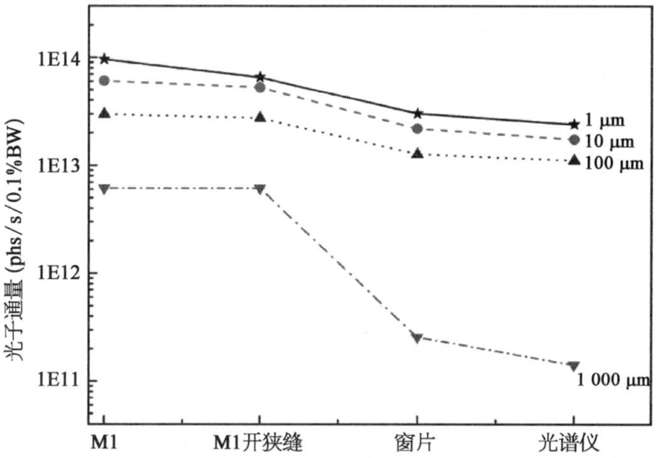

图 4-47 红外光通过各主要光学元件后的通量(彩图见图版第 13 页)

光谱仪入口的光子通量如图 4-48 所示,计算中考虑了所有镜子和 CVD 金刚石窗的尺寸、引出镜的狭缝损耗、真空管道的尺寸,以及衍射效应损耗的影响。引出镜 M1 的狭缝为 2.6 mm,反射损失 2%,假定 CVD 窗的透过率为 60%。对于波长为 10 μm 的红

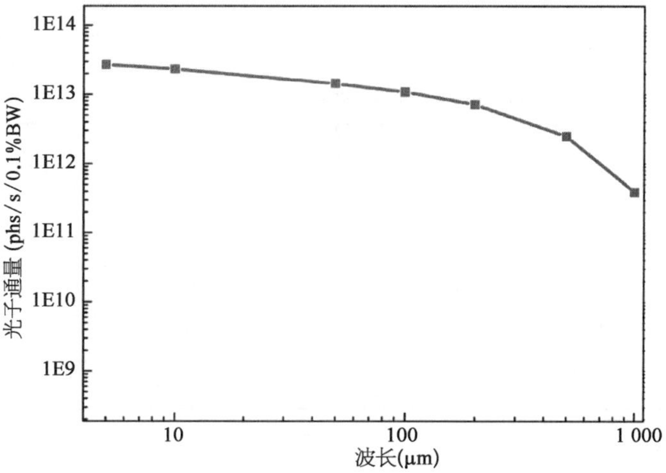

图 4-48 谱仪入口处不同波长的光子通量

外光，同步辐射光的通量在 2.0×10^{13} phs/s/0.1%BW 以上。对于波长较长的远红外光，同步辐射光的通量也比黑体辐射大约高 10^2 以上。

根据模拟结果，对时间分辨红外光谱实验站谱仪样品处的光子通量进行了估算，采用金刚石 CVD 窗片。预估谱仪内的通量损耗若为 70%（包括谱仪窗口及分束器等的损耗），则波长为 10 μm 的红外光在样品处的光子通量约为 6×10^{12} phs/s/0.1%BW，这满足设计指标。对红外谱学显微与成像实验站谱仪样品处的光子通量进行预估时，采用 KBr（溴化钾）作为谱仪窗片，考虑到谱仪的分束器损耗和 KBr 的 90%透过率等。预估谱仪内的光子通量损耗若为 45%，则波长为 10 μm 的红外光在谱仪内样品处的光子通量约为 9×10^{12} phs/s/0.1%BW。这也满足设计指标。

4.2.3.4　主要光学元件的技术参数

1. 平面镜 M2

平面镜 M2 采用 Zerodur 微晶玻璃为基底，热膨胀系数极低，表面镀金（Au），距离光源点 2.465 m，其主要参数见表 4-14。光束以 45°角入射 M2，从水平方向偏转 90°转为垂直方向，向上反射 1 m 到达 T1 超环面镜。

表 4-14　平面镜 M2 的主要参数

尺寸（mm×mm）	150×120	基底材料	Zerodur 微晶玻璃
表面镀层	Al	面　形	平面长方形
表面粗糙度	≤30 nm	表面精度	λ/8@632 nm
入射角	45°	真空度（静态）	$<5 \times 10^{-10}$ Torr
冷却方式	无	距光源点（m）	2.465

2. 超环面镜 T1

超环面镜 T1 位于隧道内。材料采用 Zerodur 微晶玻璃作为基底，表面镀 Au，其主要参数见表 4-15。光束以 45°入射，T1 使得光束从垂直方向偏转为水平方向，通过防护墙，并汇聚到真空窗上。

表 4-15　超环面镜 T1 的主要参数

尺寸（mm×mm）	180×140	基底材料	Zerodur 微晶玻璃
表面镀层	Au	面　形	超环面
表面粗糙度	≤30 nm	表面精度	λ/8@632 nm
子午曲率半径	4.900 m	弧矢曲率半径	2.450 m
入射角	45°	真空度（静态）	$<5 \times 10^{-10}$ Torr
冷却方式	无	距光源点（m）	3.465

3. 金刚石 CVD 窗口

光束线分为超高真空和高真空 2 部分，CVD 窗口的主要作用便是隔离光束线的超高真空和高真空部分。金刚石窗口具有很高的隔离强度和可靠性，透光范围可覆盖本设计中的红外波段。CVD 窗前面的前端区为超高真空部分，在 CVD 窗前放置一个全金属快阀，用于保护真空，引出镜后放置一个真空隔离阀。CVD 窗后为高真空区，真空管道采用 CF200 尺寸。

如图 4-49 所示，除了 CVD 窗的吸收之外，CVD 窗对于波长小于 500 μm 以下的红外光基本没有损耗。在大部分红外光的范围内，CVD 透过率都在 70%以上。增加 CVD 窗的尺寸，可以使远红外光的通过量得到提升，但同时会增加 CVD 窗的厚度。结合两者间的关系，选择有效直径 Φ25 mm 的 CVD 窗最为合适。

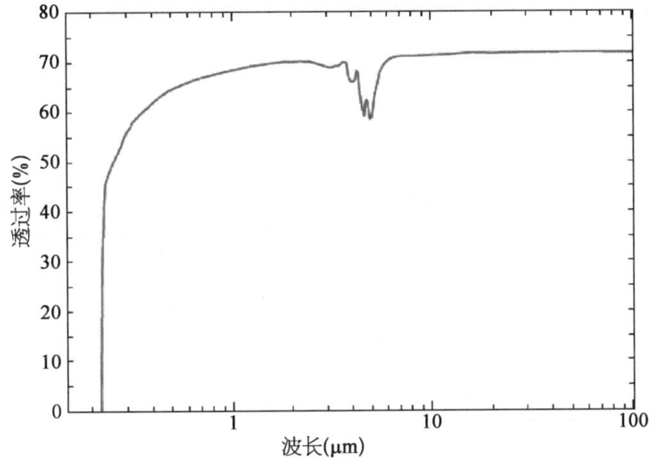

图 4-49 金刚石窗透过率

4. 可调狭缝

可调狭缝主要用于阻挡来自上游光学元件的杂散光和反射光，其主要参数见表 4-16。

表 4-16 可调狭缝的主要参数

几何尺寸及运动要求	水 平 方 向	垂 直 方 向
行程	1～50 mm	1～50 mm
刀口直线度	<100 μm	<100 μm
分辨率	100 μm	100 μm
重复精度	100 μm	100 μm
定位精度	100 μm	100 μm

5. 超环面准直镜 T2

超环面准直镜 T2 距离光源点 7.68 m，采用 Zerodur 微晶玻璃作为基底材料，表面镀 Au，其主要参数见表 4-17。以 45°角入射，使得光束偏转 90°，垂直向下出射平行光束。

表 4－17　超环面镜 T2 的主要参数

尺寸（mm×mm）	80×80	基底材料	光学玻璃
表面镀层	Au	面　形	超环面
表面粗糙度	≤30 nm	表面精度	λ/8@632 nm
子午曲率半径	2.121 m	弧矢曲率半径	1.061 m
入射角	45°	真空度(静态)	$<1\times10^{-7}$ Torr

6. 反馈镜平面镜 M3 和 M4

反馈平面镜 M3 和 M4 在防护墙外部，处在真空度较低的环境中，用于改变及调整光路方向。把它们放置在二维转动的压电陶瓷转动平台上，用作光束位置抖动的反馈和调节，要求薄而轻。M3 和 M4 分别距离光源点 8.43 和 9.283 m，光束以 45°入射，使光束方向偏转 90°，其主要参数见表 4－18。

表 4－18　反馈镜 M3 和 M4 的光学参数

尺寸（mm）	Φ50	基底材料	Zerodur 微晶玻璃
表面镀层	Au	面　形	平面
表面粗糙度	≤30 nm	表面精度	λ/8@632 nm
入射角	45°	真空度(静态)	$<1\times10^{-7}$ Torr

7. 二向色镜 BS 分束器的光学参数

分束器 BS 以 45°角入射，基底材料是一种专用的双色镀膜玻璃，可以使部分可见光透过，入射到探测器上，以反馈光束位置(表 4－19)。主要的红外光束反射到光谱仪中。

表 4－19　分束器 BS 的光学参数

尺寸（mm）	Φ100	基底材料	二向色镜
形状	圆形	面　形	平面
表面粗糙度	≤30 nm	表面精度	λ/8 @632 nm
入射角	45°	真空度(静态)	$<1\times10^{-7}$ Torr

8. 平面镜 M8 和 M9

平面镜 M8 和 M9，主要用于分别将红外光束反射到 2 个实验站的光谱仪入口处，并可用来调节红外光进入谱仪的方位和角度。它们与光源点的距离分别为 10.933 和 13.433 m，它们的基底材料为 Zerodur 微晶玻璃，表面粗糙度≤30 nm，直径为 Φ60。在红外线站建成之后的升级改造期间，由于与北京高压科学研究中心合作建造高压低温实验平台，将 BS3 和 M9 镜箱沿光束线方向移动了 1.5 m，因此 M9 与光源点的距离也增加 1.5 m。

9. 真空隔离窗

在光束线的末端放置一个真空隔离窗，用于把光束线的真空和常压下的谱仪入口处隔离开来。此真空隔离窗选择可承受一个大气压并且红外透过率高的材料。隔离窗被制作多个，材料不同，包含 CaF_2、KBr 和聚四氟乙烯（polytetrafluoroethylene，PE）窗片，分别应用于近红外（CaF_2）、中红外（KBr）和远红外（PE）波段，其适用的光谱范围如表 4－20 所示。根据实验站所需的红外波段不同，替换使用。

表 4－20 真空隔离窗的光学参数

窗 片 材 料	波段范围（cm^{-1}）
CaF_2	15 500～4 000
KBr	7 800～350
PE 窗片	625～4

10. 位置灵敏探测器

在分束器 BS1 和 BS3 的后面，分别放置 2 个位置灵敏探测器（PSD），以接收透过分束器的可见光。PSD 放置在大气中，通过可见光斑的位置来确定光束的位置。

由于光束线和实验站对机械振动十分敏感，因此需要有关光斑位置和尺寸的有效检测手段，同时尽可能简化相关调节机构，并减少调节维数。一方面，所有重要的光学镜箱，均须设计有必要的观察窗，安装可见光的图像传感器 CCD，用来监测光学元件上的光斑状况。另一方面，在聚焦镜的焦点附近安装光斑位置探测器 BPM，用来对聚焦情况以及聚焦镜的姿态进行观察与判断。可以利用可调光阑加光电二极管，对光斑的尺寸进行检测；也可使用靶加可见光 CCD，来直接观察光斑。在准直镜之后安装 BPM，其作用是检测光斑尺寸，以判断光束的平行性与准直镜的姿态。还可采用 CCD 监测的方法。

4.2.4 实验站

4.2.4.1 实验方法概述

传统的傅里叶变换红外光谱（FTIR）法，是一种比较成熟的实验手段。当红外光源与样品分子相互作用时，样品分子会对红外光产生特征性的红外吸收。检测器检测到未被吸收的光，到达检测器的光信号经过模数转换以及傅里叶变换，即可得到样品的单光束光谱；从中扣除背景的单光束光谱，即可得到样品的红外光谱。每种样品分子的吸收峰位置以及强度，均有各自的特征，可以用来对样品进行定性及定量的分析。

本光束线站采用同步辐射红外光源，引入傅里叶变换红外光谱仪中，进行时间分辨红外谱学以及红外显微与成像的实验研究。时间分辨红外光谱实验站，主要利用步进扫描技术和同步辐射的时间结构特性，使用傅里叶变换红外光谱仪进行实验，以研究生物、化学和物理等的各类动力学过程。时间分辨红外光谱实验站可通过更换光束线末端的窗片，来进行远红外、中红外和近红外各波段的红外谱学研究。红外显微谱学与成像实验站，主要利用同步辐射红外光高亮度的特性，来进行微小样品的显微与成像研究，并结合红外显微镜系统和傅里叶变换红外光谱仪来开展实验。

4.2.4.2　时间分辨红外光谱实验站的设备配置

时间分辨红外光谱实验站的关键设备，是一台赛默飞世尔（ThermoFisher）公司的 Nicolet8700 傅里叶变换红外光谱仪（图 4－50）。它放置于光学隔振平台上，并配置步进扫描（step-scan）时间分辨测量系统。Nicolet8700 谱仪的指标如表 4－21。

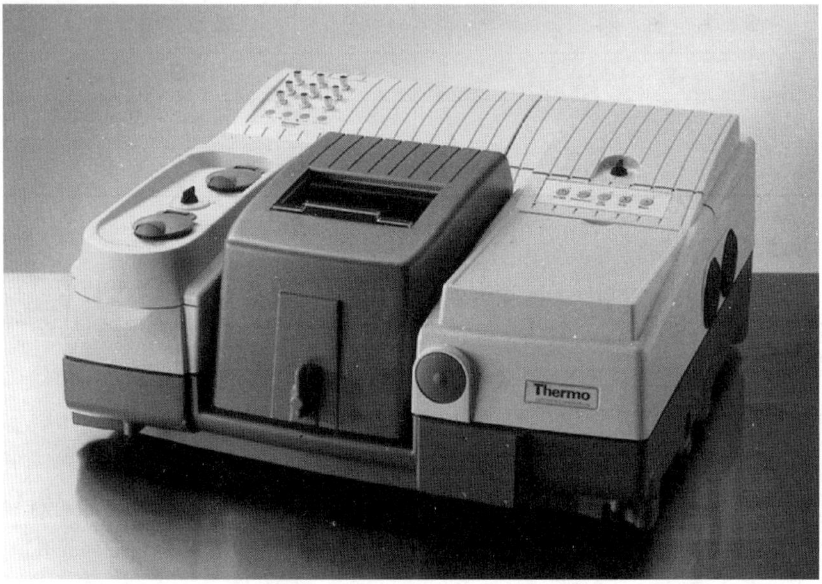

图 4－50　Nicolet8700 傅里叶变换红外光谱仪

图片引自 ThermoFisher 公司的相关产品手册。

表 4－21　Nicolet 8700 光谱仪的参数

光谱范围	27 000～10 cm^{-1}
最好分辨率	<0.07 cm^{-1}
波数精度	优于 0.01 cm^{-1}
信噪比	50 000：1(峰-峰值，4 cm^{-1}分辨率，1 min 扫描)
透光率精度	优于 0.1％透光率
快扫描	采集 90 张光谱/s(16 cm^{-1}分辨率)， 可升级为采集 130 张光谱/s(32 cm^{-1}分辨率)
时间分辨	优于 10 ns

峰-峰值：peak-to-peak value。

分束器是红外光谱仪的重要部件，其作用是将光线分成 2 束，其中一部分光束透过分束器射向动镜，另一部分光束在分束器表面反射而射向定镜。射向动镜和定镜的光束再反射回来，在分束器界面上透射和反射，组成一束干涉光。在不同的红外波段，须使用不同材料的分束器。本实验站可选用的分束器，包括用于近红外、中红外和远红外的分束器，分别是 CaF_2、KBr 和 PE 的分束器，可根据实验需要选择使用。其中，CaF_2 分束器的使用范围为 15 500～4 000 cm^{-1}，KBr 分束器的使用范围为 7 800～350 cm^{-1}，PE 分束器的使用范围为 680～30 cm^{-1}。

不同波段的红外光谱实验，所需的检测器也不同。检测器一般由光敏元件构成，光敏元件的材料不同，其工作范围也不相同，这就决定了仪器的检测波长范围。本实验站可使用的探测器包括氘代硫酸三苷肽(deuterated triglycine sulfate，DTGS)检测器、汞镉锑(mercury cadmium telluride, MCT)检测器和 Si 测辐射热仪(Si－bolometer)探测器，其参数如表 4－22 所示。其中 Si 测辐射热仪探测器的灵敏度用噪声等效功率(noise equivalent power，NEP)表示。

表 4－22　各检测器的参数

检　测　器	探测范围(cm^{-1})	灵　敏　度	运行温度
DTGS w/ KBr 窗	12 500～350	$D* > 2\times10^8$ $cmHz^{1/2}W^{-1}$	室温
DTGS w/ PE 窗	700～10	$D* > 2\times10^8$ $cmHz^{1/2}W^{-1}$	室温
MCT－A	11 700～600	$D* > 2.5\times10^{10}$ $cmHz^{1/2}W^{-1}$	液氮冷却
MCT－B	11 700～400	$D* > 5\times10^9$ $cmHz^{1/2}W^{-1}$	液氮冷却
Si 测辐射热仪	370～10	$NEP < 10^{-12}$ $WHz^{1/2}$	液氦冷却
光伏 MCT	11 700～650		液氮冷却

$D*$ 表示探测器的探测率。

其中，DTGS 检测器属于热电型，它的波长特征为曲线平坦，对各种频率的响应几乎一样。使用不同窗片的 DTGS 检测器，可检测不同的波段，室温下即可使用，价格低。缺点是响应速度较慢，灵敏度较低。

MCT 检测器属于光电导型检测器，具有较高的灵敏度，响应速度快，适于高速测量，但需液氮冷却。MCT 比 DTGS 的检测灵敏度高得多。使用 MCT 检测器时，扫描速度比 DTGS 检测器快 4 倍，信噪比提高 2 倍。MCT 检测器的噪声比 DTGS 检测器低，这主要是由于检测灵敏度的不同所致。从理论上讲，如果对分辨率的要求不高，可以用 DTGS 检测器，在室温下就可以实现测量，比较方便。而如果需要测量高分辨率的样品，那就要采用灵敏度较高的 MCT 探测器，以达到理想的效果。

但 MCT 检测器不能够用于远红外检测，而 Si 测辐射热仪是一种辐射热的测量检测器，采用美国 IRLabs 公司的产品。后一种探测器的基本单元是一个超高灵敏的热敏电阻。将该热敏电阻冷却到液氦温度，从而减小背景热噪声。任何热辐射照射到探测器上，会导致探测器温度上升，致使热敏电阻的阻值发生改变，通过放大电路的放大之后，可测量电压的变化。该检测器主要用于远红外波段的检测，在液氦冷却下使用，工作温度低，灵敏度更高。

实验站配备的步进扫描系统，主要包括① 光伏 MCT 检测器；② 慢扫描、步进扫描；③ 时间分辨选项及软件包等部分。光伏 MCT 检测器不仅灵敏度高，而且响应时间快。该检测器的光传感面积为 1 mm^2，光谱范围 4 800～850 cm^{-1}，采样速率 16 MHz，内置放大器和数字化单元，在液氮冷却下使用。时间分辨选项有 200 MHz/100 MHz 的采样速率，在单通道模式下的时间分辨率达到 5 ns，在双通道模式下的时间分辨率达到 10 ns。

除上述 Nicolet8700 傅里叶变换红外光谱仪、时间分辨步进扫描系统、检测器和分束器等关键设备外，本实验站还配置有各类红外光谱实验所需的附件，包括衰减全反射(attenuated total reflection, ATR)附件、高温高压池、固体池、液体池、气体池。ATR 附件为谱仪主样品仓所用的附件，使用衰减全反射的方法，测量样品红外光谱。

4.2.4.3　红外显微谱学与成像实验站设备配置

红外显微谱学与成像实验站的关键设备为 ThermoFisher 公司的 Nicolet6700 傅里叶变换红外光谱仪和 Continuμm 红外显微镜(图 4-51)，放置于光学隔振平台上。

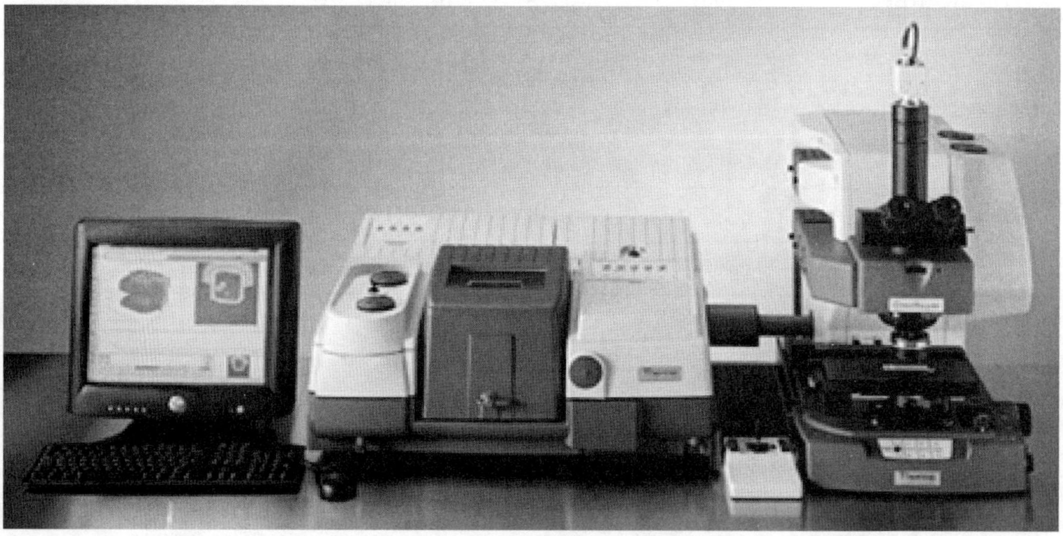

图 4-51　Nicolet6700 傅里叶变换红外光谱仪和 Continuμm 红外显微镜

图片引自 ThermoFisher 公司的相关产品手册。

Continuμm 红外显微镜的具体参数如表 4-23。该显微镜可同时安装 4 个物镜镜头，旋转切换；10×超微聚焦玻璃物镜；15×超微校正带可变厚度样品补偿的物镜；32×超微校正带可变厚度样品补偿的物镜；带有接触保护功能的 Tip 高灵敏度晶体显微 ATR 附件。并且安装有高灵敏度 MCT 检测器和近红外检测器，可进行点扫描显微成像。

表 4 - 23 Continuμm 红外显微镜参数

光谱范围	11 700～450 cm^{-1}
信噪比	峰-峰噪声值<7.2×10^{-5}吸光度，100 μm 光阑，2 min，4 cm^{-1}光谱分辨率
空间分辨率	优于 10 μm
样品台控制调整精度	1.0 μm
采样模式	透射、反射、掠角反射及衰减全反射

红外显微谱学与成像实验站主要用于中红外和近红外区域红外谱学研究，可选的分束器有 CaF_2 和 KBr 的分束器，分别用于近红外和中红外研究。红外显微镜可选的检测器为用于中红外检测的 MCT - A 检测器，以及用于近红外检测的 TEC InGaA 检测器。本实验站除上述可选的分束器和检测器之外，还可使用时间分辨红外光谱实验站所配备的各类通用样品池附件，另外还配备有 Linkam 冷热台、金刚石压池，用于谱仪主机内的 ATR 附件，以及带有接触保护的压力感应型显微 ATR 附件。Linkam 冷热台为显微镜用冷热台，可用于研究液体或者固体样品在不同温度下的红外透射光谱。金刚石压池可用于固体样品、糊状样品或黏稠样品的透射光谱测量，使样品平整，并且方便用于显微镜下样品的微区测量。线站内还配备有除湿机，以保证实验室所需以内的 70％相对湿度（relative humidity，RH）。

4.2.4.4 实验站数据采集及处理系统

红外光谱仪控制和数据采集处理的系统，使用 ThermoFisher 公司配置的 OMNIC 软件。时间分辨红外光谱实验站还专门配备有步进扫描时间分辨的（step-scan time-resolved, SST）软件模块，用于时间分辨实验的控制及数据的采集和处理分析。红外显微谱学与成像实验站使用配备有 Atlus 模块的 OMNIC 软件控制，并进行数据的采集与分析，其中 Atlus 主要用于红外显微镜的控制和数据的采集分析。

4.2.4.5 其他辅助设施

实验站还配备有样品准备和保存所需的多种设备，包括徕卡（Leica）冷冻切片机、生物组织包埋机、常温切片机、压片机、磨片机、干燥柜、小离心机、4℃及 - 20℃冰箱、光学显微镜、干燥器等辅助设施。

红外傅里叶变换光谱仪及红外显微镜，对实验室的温湿度有一定要求：1 h 内的温度变化≤1℃；1 d 内的温度变化≤2℃。实验站棚屋可满足此要求。实验室的湿度要求控制在 70％RH 以内，所以实验室配备有除湿机，以保证实验室的湿度控制。

4.2.5 线站总体

4.2.5.1 总体布局

时间分辨与谱学显微红外线站从 BL01B 单元以 0°角引出，线站棚屋布局如图 4 - 52 所示，光束线站总体布局如图 4 - 53 所示。引出镜 M1 距离光源点 1.815 m，红外光引出口在防护墙侧面 2.3 m 的高度。实验站棚屋长度约 14 m，宽度约 4.3 m。光源二期建设开始后，实验站棚屋被重新改造。实验站的棚屋主体长度变为约 9.2 m。另外附加一段 2.1 m×15.5 m 的区域，可用于样品准备，以及放置各类辅助设施和光束线控制计算机。红外线站的实验棚屋无需辐射防护。

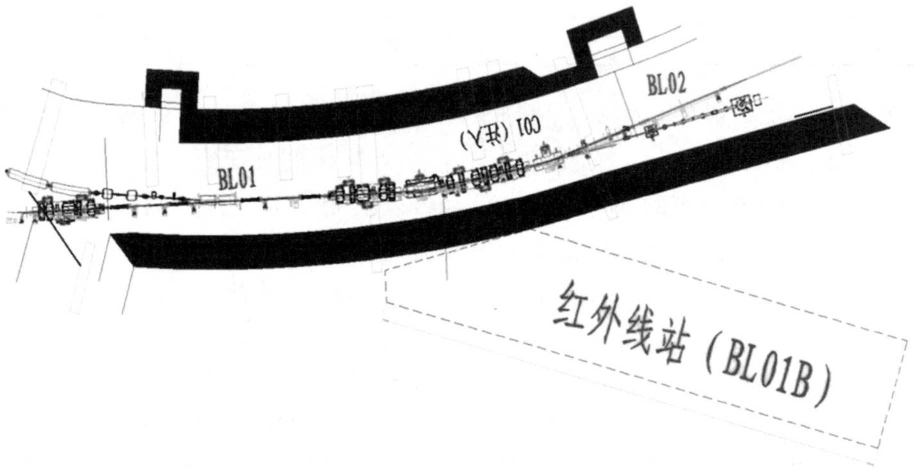

图 4－52　时间分辨与谱学显微红外线站的棚屋布局示意图（彩图见图版第 13 页）

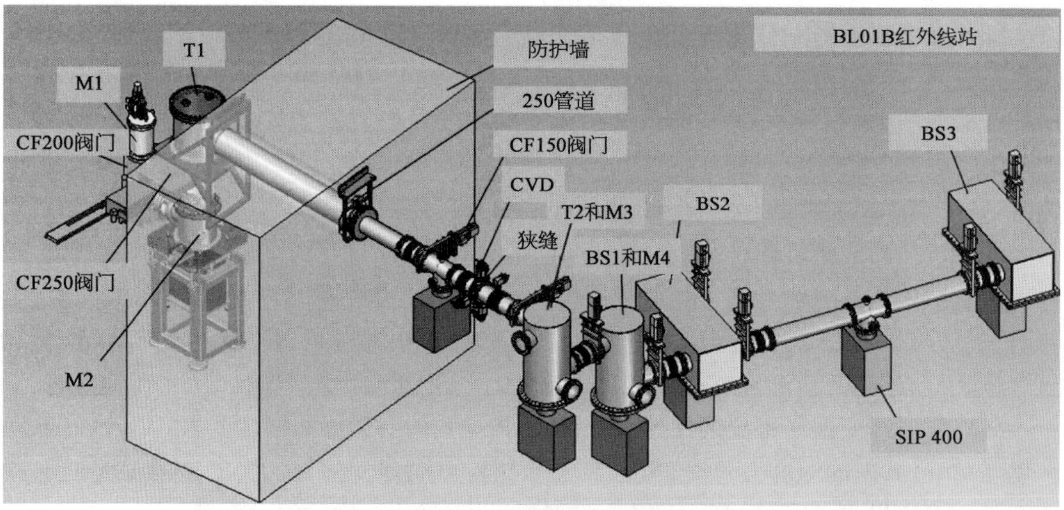

图 4－53　时间分辨与谱学显微红外线站的总体布局（彩图见图版第 13 页）

4.2.5.2　真空

光束在进入谱仪之前，须经过前端区的超高真空和金刚石窗之后的高真空 2 个区域。储存环需要维持原有的超高真空环境，这与红外光束线的光学元件位置需求，共同决定了光束线的起点在超高真空室中。超高真空区域与储存环的真空腔连接，利用 2 个离子泵维持超高真空。金刚石窗之后光束线所处的高真空区域前级泵*的真空度<100 mTorr。这段区域始于金刚石窗，到光束线管道末端结束，主要作用是除去空气中的水汽和 CO_2 对红外光谱的干扰。光束线的末端，也就是光谱仪的入口前，放置一个可透红外光的真空隔离窗，用于隔离束线部分和光谱仪的真空。

4.2.5.3 束线控制系统

光束线与实验站的控制系统如图 4-54 所示，主要有光束线部件控制、实验站仪器设备控制以及数据采集部分。其中有关实验站的数据采集和处理部分，具体见 195 页“4.2.4.4 实验站数据采集及处理系统”。

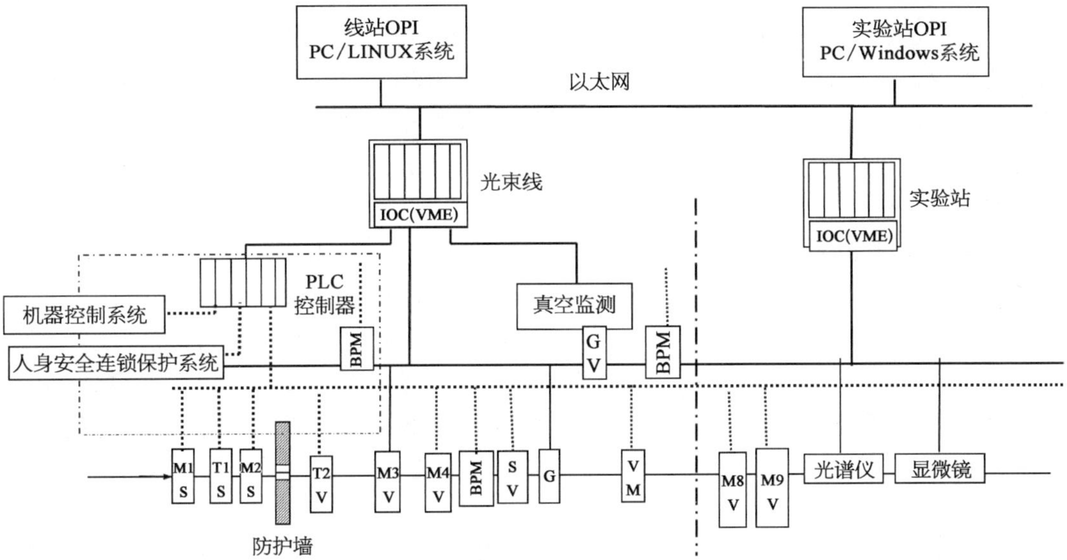

图 4-54 红外线站控制系统

M1、M2、M3、M4、M8、M9：平面偏转镜；T1、T2：超环面镜；BPM：位置探测器；S：分束器；G、V：真空计及阀；OPI：操作员计算机；IOC：输入输出控制器；VME：VME 64×总线的嵌入式系统。

上海光源储存环的电源控制系统，是基于 EPICS 系统开发运行的分布式控制系统[41]。对于红外光束线中位于防护墙之前的光学元件，一般情况下用户不会进行调节，与储存环同样使用 EPICS 进行控制。该电源控制系统为 3 层结构，包括操作员计算机(OPI)、输入输出控制器(IOC)和连接计算机与输入输出控制器的计算机网络。电源控制的 IOC 控制器是 VME 64×总线的嵌入式系统。对储存环内各光学元件的马达位置，也会进行实时反馈，并可以在计算机上通过摄像头，实时观看储存环内各个元件的状态。实验站常用元件使用可与 EPICS 系统交互的程序控制。

实验站控制主要包括实验站与束线控制系统的接口、线站硬件控制加速器接口、实验站网络及实验站控制计算机等。实验站电子学控制系统，包括各种电机控

* 抽前级真空的泵就叫前级泵，行业内常见名词。它用于维持某一真空泵的前级压强低于其临界前级压强。

制器、驱动器和控制计算机的硬件与软件系统。以上系统用于调节跟谱仪匹配的镜箱和镜子系统，通过调节光束线中各个镜子的方位角，对实验站检测器的信号进行优化调整。

4.2.5.4　束线安装与调试

光束线的安装和测试，主要分为两部分。第一部分是真空部件的安装与测试，第二部分是关键光学元件的安装与测试。在束线安装和调试工程实施的最后阶段，为保证达到光束线设计的理论指标，首先要使机械设计和加工精度达到技术指标，进而在安装和调试中也必须使用相应的技术手段，才能真正实现这些技术指标。在安装阶段还可以克服图纸设计和加工中出现的一些意料不到的问题，使光束线能够按照设计意图完成装配。调试是通过测量和观测的结果，来调节驱动机构，或者光学元件的位置与姿态，使各部件达到设计指标的要求。整个阶段将包括多个部分的工作：对运动机构的重复性和精度进行测试，对部件进行装配和对不符合装配要求的部件加以修改优化；对真空部件进行真空清洗；对系统进行极限真空测试；对关键光学元件进行准直安装；标定光谱的波长和分辨率，进行通量测试等。

其中涉及真空方面的调试，主要是在加工厂家的协助下，由真空技术人员完成的，技术难度处理及工艺已经成熟。关于部件的检测和测试方法以及仪器的使用方法基本成熟，而安装调试则是一个比较烦琐和复杂的过程。考虑到光学元件的污染，以及安装好光学元件以后的烘烤温度不能高于120℃，在光束线的调试中大致要经过真空调试、部件机构调试、安装准直到位、真空烘烤、安装光学元件和低温真空烘烤等过程，以避免光学元件被污染，或者因高温烘烤导致元件变形等安全事故。

4.2.5.5　公用设施

实验大厅的公用设施系统，将为光束线站提供冷却水、压缩空气、供配电、接地、通排风、低温液氮管道等，以确保光束线、实验站的正常运行。

1. 供配电系统

同步辐射实验大厅的公用供配电系统，可以为光束线站和辅助实验室提供动力电和照明电。线站的电站设置在环周边一层辅助实验室的区域内，总容量为2 000 kW，并将总用电量均匀分配到实验大厅线站的8个供电区域，每个区域设置1个低压配电间。光束线实验站的动力电直接从线站的低压配电间，输送到各个线站。每一个线站设置独立的供配电开关箱，然后再分配到光束线和实验站。光束线站的最大允许用电量，按40 kW设计。

公用供配电系统只提供普通电源，用于光束线站的一般设备用电、真空烘烤、棚屋空调及照明等。干净电源由普通电源加不间断电源（UPS）获得，用于光束线站精密仪器、设备和控制系统的用电。

2. 冷却水系统

线站冷却水的进水温度为30±0.5℃，光束线站水分配器进水口的水压为8 kg/cm^2，极限水压≤10 kg/cm^2。冷却水管从分支水管的接口接入，沿线站光学棚屋侧墙的桥架敷设，并在适当的位置通过棚屋迷宫窗口接入光学棚屋内。在需要冷却的束线设备附近，设置冷却水分配器，用铜管、不锈钢管或者软管，将分配器中的冷却水接到被冷却的光学部件上。冷却水分配器安装在棚屋的内侧墙上，在进水端和回水端安装水压表。

3. 压缩空气

本光束线站的真空阀门、挡光板等，都需要压缩空气驱动。实验站光谱仪需要 24 h 不间断的干燥空气吹扫。实验大厅光束线站所需的压缩空气，来自上海光源动力中心的压缩空气总站。线站压缩空气管道系统由总管、20 个干管系统和 40 个支管系统组成。线站压缩空气分支管道沿光学棚屋和实验棚屋的侧墙敷设，通过棚屋的 U 形迷宫窗口进入棚屋内，与安装在棚屋侧墙上的气体分配器相连，并用耐辐射的尼龙管或紫铜管将压缩空气输送到光束线上需要驱动的部件上。压缩空气的工作压力要求为 6～8 kg/cm^2，极限压力＜10 kg/cm^2。

4. 排气、排风和空调

光束线站的真空系统设置有真空泵废气排气管道，线站棚屋预留棚屋的排风管道接口和棚屋空调的冷冻水接口。全环分 8 个区域，设置真空泵废气排气管道、线站棚屋排风管道和棚屋空调冷冻水管路。排气、排风管道和冷冻水管路由总管、干管和支管组成。真空泵废气排气干管，沿线站棚屋敷设，支管分别接入光学棚屋和实验棚屋。棚屋排风管道和冷冻水管路预留了干管接口，需要时可再接入线站棚屋。

5. 接地和通信

上海光源的接地系统为实验大厅的光束线站提供了公共接地与弱信号接地。接地系统沿实验大厅外的技术走廊，设置 20 个公共接地盒与 20 个弱信号接地盒。弱信号接地盒采用编码和色标，以示区别。接地电阻＜0.2 Ω。光束线站的公共接地铜排* 和弱信号接地屏蔽电缆，沿线站综合桥架和棚屋桥架敷设，通过棚屋迷宫口接入棚屋内，与需要接地的设备相连。

光束线站的通信网络接口，设置在实验大厅外技术走廊辅助实验室的外墙上。线站的网络线沿综合桥架和棚屋桥架敷设，分别接入相关的系统。

4.2.6 测试与验收

束线调试完成后，红外线站的各项指标均达到验收要求。对各项验收指标指定测试方法，测试条件为电子束能量 $E = 3.5$ GeV，束流强度 $I = 240$ mA。对时间分辨红外光谱实验站和红外显微谱学与成像实验站的测试大纲，见表 4 - 24 和表 4 - 25。

4.2.6.1 时间分辨红外光谱实验站的测试与验收

时间分辨红外光谱实验站的测试大纲见表 4 - 24。

---

* 铜排是电气行业广泛应用的产品，英文为 copper busbar，在电路中起输送电流和连接电气设备的作用。

表 4 - 24　BL01B 时间分辨红外光谱实验站的验收测试大纲

测试项目	设 计 目 标	测试原理及方法	测试所需的仪器设备
光谱范围	10～10 000 cm^{-1}	测量光谱分布，全谱段强度＞0.01（格式：单光束谱图）。	傅里叶变换光谱仪
光谱分辨率	0.1 cm^{-1}	封闭在 10 cm 气体池内的 CO 气体吸收谱，光谱的全 FWHM 为所能分辨的最小分辨率。	CO 气体池（约500 Pa）；红外光谱仪
光子通量	1×10^{13}（phs / s / 0.1% BW）@ 1 μm @ 300 mA（谱仪入口处）	测试 2 个光谱仪入口处的光子通量@10 000 cm^{-1} @300 mA。红外束线通量（flux）测量示意图如图 4 - 55 所示，平行光先经过滤波片滤波（filter），再被聚焦镜聚焦到光电二极管上，由皮安计测出光电流数据。得到光电流后，可以反推导得光子通量。 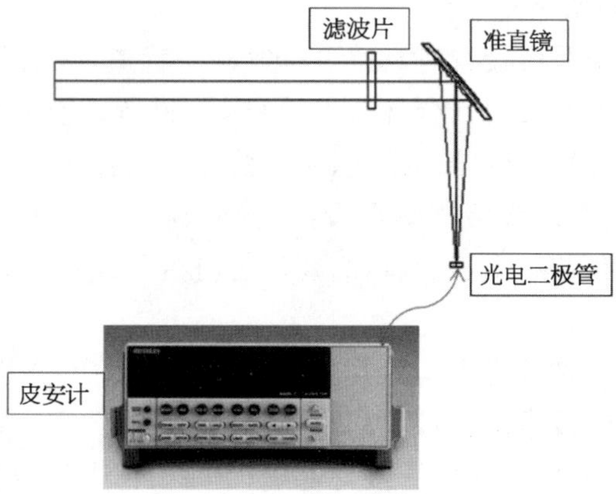 **图 4 - 55**　红外束线通量测量示意图 单个（one）光电子能量与光子波长的关系为： $E_{one} = \frac{hc}{\lambda}$　　(1) 上式中 h 为普朗克常数，c 为光速，λ 为待测光子的波长。所以，光电二极管总的（sum）输出电流应为： $I_{sum} = \int_{\lambda-0.5BW_{Filter}}^{\lambda+0.5BW_{Filter}} n(\lambda) T_f(\lambda) R(\lambda) \frac{hc}{\lambda} d\lambda + I_{DK}$　(2) 上式中，$n(\lambda)$ 是波长为 λ 时，每秒获取的光子数。$T_f(\lambda)$ 为滤波片的透过率函数，$R(\lambda)$ 为光电二极管的光谱响应函数，I_{DK} 为光电二极管的暗电流，BW_{Filter} 为滤波片的带宽。因实际需要求出的光子通量为 0.1% 带宽内每秒获取的光子数，即：	窄带滤波片；聚焦镜；标定光电二极管；皮安计

（续表）

测试项目	设计目标	测试原理及方法	测试所需的仪器设备
		$$N = \int_{\lambda-0.05\%\lambda}^{\lambda+0.05\%\lambda} n(\lambda)\mathrm{d}\lambda \quad (3)$$ 所以公式为： $$I_{\mathrm{sum}} \approx \sum_{m=1}^{M} N_m T_f(\lambda_m) R(\lambda_m) \frac{hc}{\lambda_m} + I_{\mathrm{DK}} \quad (4)$$ 上式中，$M = \mathrm{BW}_{\mathrm{Filter}}/0.1\%$ 带通(bandpass)。在实际情况下，滤波片的带宽往往会大于 0.1%带通，可以认为 N 在滤波片的带宽范围内不变。则公式 4 变为： $$I_{\mathrm{sum}} = N\sum_{m=1}^{M} T_f(\lambda_m) R(\lambda_m) \frac{hc}{\lambda_m} + I_{\mathrm{DK}} \quad (5)$$ 在计算时，T_f 和 R 的响应曲线是仪器标定参数，可以查阅相关的产品文档获得，也即： $$标定参数(\mathrm{index}) = \sum_{m=1}^{M} T_f(\lambda_m) R(\lambda_m) \frac{hc}{\lambda_m} \quad (6)$$ 当滤波片和光电二极管参数确定时，公式 6 的标定参数是一个定值。也即只要测出 I_{sum} 和 I_{DK}，即可得到该处的光子通量。 为调试方便，在束线安装中用 3 块二向色镜(Spectral Systems 公司的 DSK－965－1012)替代了原来的平面反射镜(表面镀 Au)。光束入射到实验站谱仪之前，都会被其中 2 块二向色镜反射。由于二向色镜和反射镜在 10 000 cm^{-1} 处的反射率有很大差异，在计算通量时必须扣除二向色镜的反射损失。 金镜在 10 000 cm^{-1} 处的反射率为 95%，综合考虑上述因素后，可以得到： $$光子通量(\mathrm{flux}) = \frac{I_{\mathrm{sum}} - I_{\mathrm{DK}}}{标定参数} = \frac{I_{\mathrm{sum}} - I_{\mathrm{DK}}}{6.35 \times 10^{-20}} \quad (7)$$ 测量 I_{sum} 和 I_{DK}，就可得到在某个流强下的对应光子通量，然后换算得到 300 mA 下的光子通量。	
最小时间分辨率	10 ns	测试方法：把激光二极管(厂家提供)放在红外光源的位置。用远程信号附件触发激光二极管，设置激光二极管的模式为 0110，即 90 ns 脉冲、330 μs 延迟。 厂家提供的发光二极管(LED)的对应脉宽为 90 ns，测量步进扫描实验得到的脉宽，验证系统的最小时间分辨间隔。	激光二极管；远程信号附件；红外光谱仪；光伏探测器

该实验站的验收指标如下。

① 光谱范围：10～10 000 cm^{-1}。

② 光谱分辨率：0.1 cm^{-1}。

③ 光子通量：1×10^{13} (phs/s/0.1% BW) @ 1 μm @300 mA（谱仪入口处）。

④ 最小时间分辨：10 ns。

依据测试大纲，对实验站各项验收指标的测试结果如下。

1. 光谱范围

由于不同波段范围的红外实验须在不同的窗片下进行，因此对近中红外和远红外波段的光谱分布，分开进行测试。

在测试近红外和中红外波段的光谱分布与强度时，在谱仪与光束线的接口处采用 6 mm 厚的 KBr 窗片。通过 Nicolet8700 红外谱仪入光口处引入同步辐射红外光源，分束器使用 KBr，探测器使用 MCT - A。测试的光谱范围如图 4 - 56 所示，光谱范围在 10 000～600 cm^{-1} 的范围内均满足要求，在 400 cm^{-1} 处亦满足强度要求。

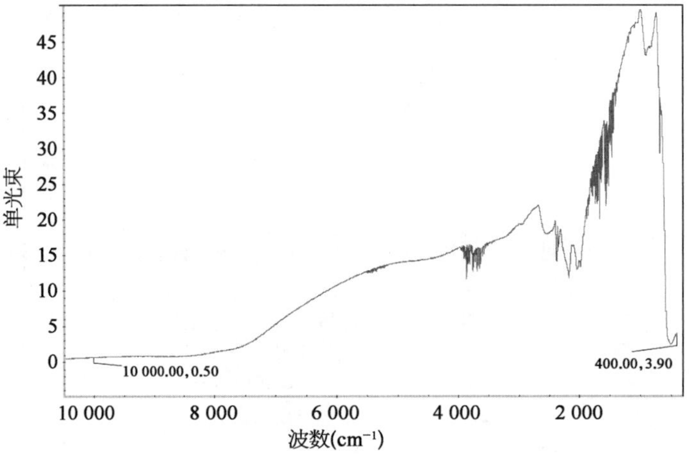

图 4 - 56　近中红外光谱范围的测试结果

测试远红外波段时，在谱仪与光束线的接口采用 6 mm 厚的 PE 窗片，分束器为用于远红外波段的固态分束器(solid substrate)，检测器为 DTGS - PE。测试的光谱范围如图 4 - 57 所示，有效的光谱范围在 600～10 cm^{-1}。

以上测试表明，时间分辨红外光谱实验站的光谱范围，满足 10 000～10 cm^{-1} 的验收指标。

2. 光谱分辨率

通过测量 CO 气体分子在中红外区域的吸收光谱，测试本实验站的光谱分辨率。在 Nicolet8700 红外谱仪上，引入同步辐射红外光源，分束器使用 KBr，检测器使用 MCT - A。将 CO 气体密封在 10 cm 气体池内，压强约为 400～500 Pa，测试 CO 气体的吸光度。测试时的光谱分辨率设为 0.125 cm^{-1}，函数选 boxcar。测试结果见图 4 - 58，选取 2 196.440 cm^{-1} 处的吸收峰，得到它的半高宽(FWHM)为 0.087 cm^{-1}。

3. 光子通量

依据时间分辨红外光谱实验站的验收测试大纲所示的原理与方法，测量并计算得出

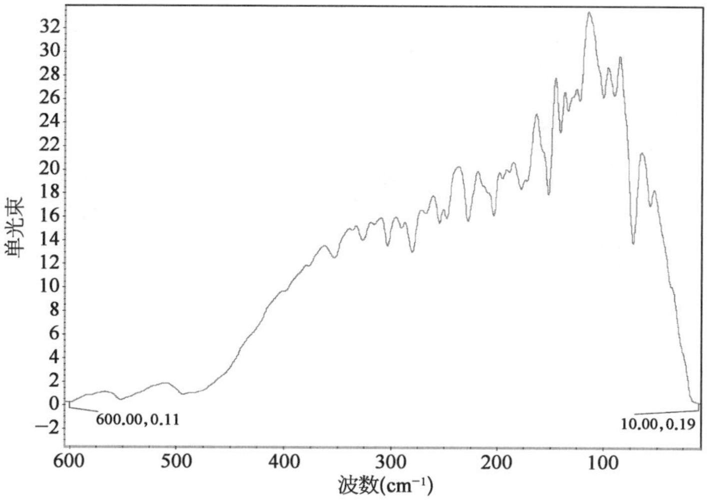

图 4-57　远红外光谱范围的测试结果

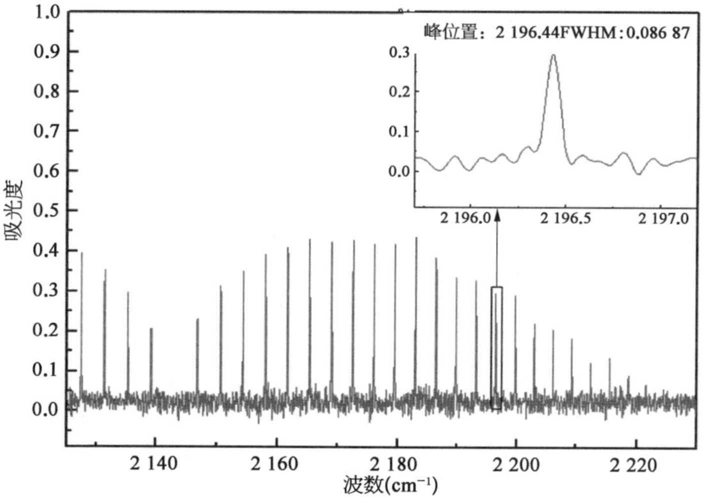

图 4-58　时间分辨实验站 CO 气体的吸收光谱

Nicolet8700 傅里叶变换红外光谱仪入口处的光电流为 $I_{sum} - I_{DK} = 0.65\ \mu A$。经计算求得光子通量为 1.0×10^{13} phs/s/0.1%BW@230 mA，换算到 300 mA 下的光子通量为 1.3×10^{13} phs/s/0.1%BW @300 mA@1 μm。

4. 最小时间分辨率

使用 Nicolet8700 光谱仪，分束器选择 KBr 分束器，检测器使用光伏 MCT 探测器，并使用激光二极管(ThermoFisher 公司提供)、远程信号附件(remote signals accessory)、时间分辨数字转换控制板(100 MHz 采样速率，10 ns 响应时间)。根据测试大纲所示的原理，得到测试结果如图 4-59abc 所示。

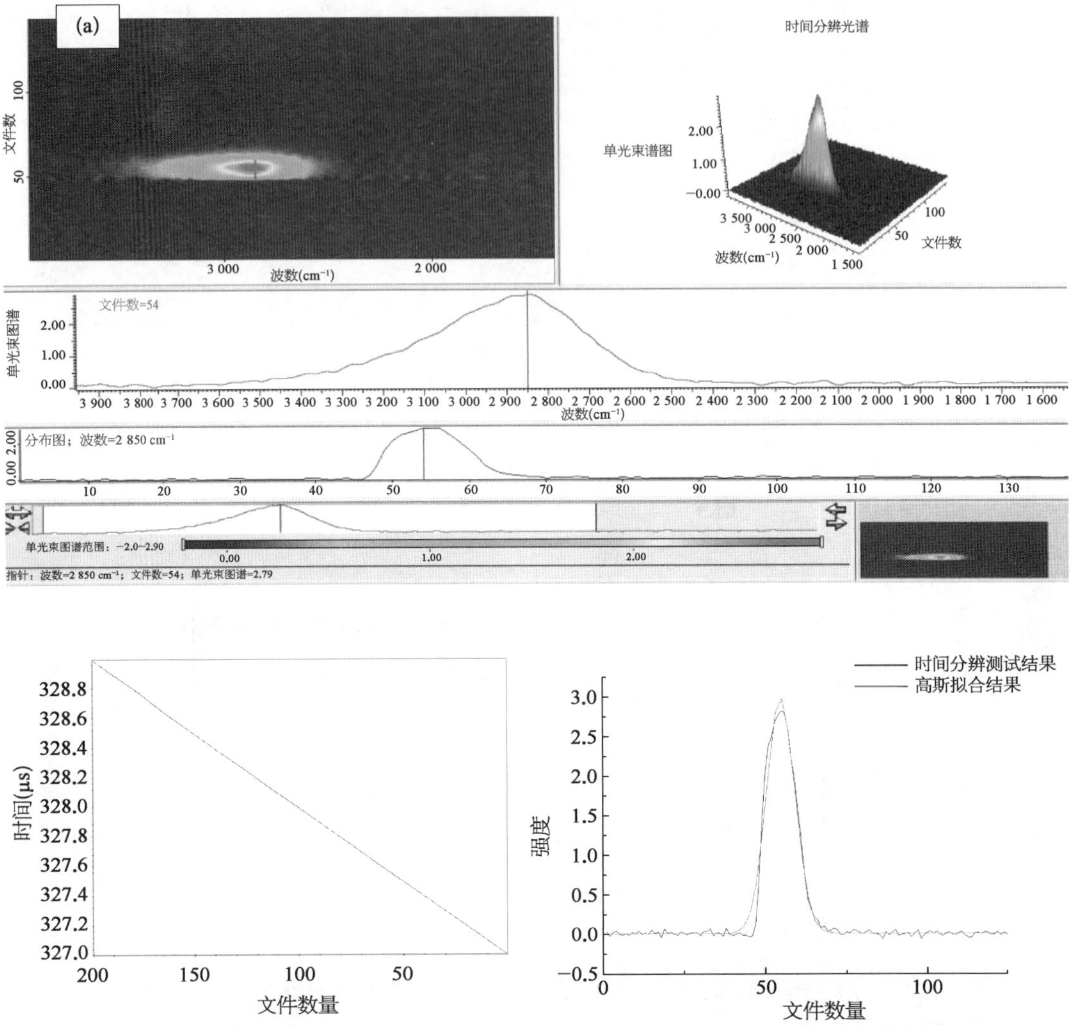

(b) 步进扫描系统的时间响应曲线　　(c) 激光二极管发光测试曲线

图 4 - 59　时间分辨红外光谱实验站的时间分辨率测试结果(彩图见图版第 14 页)

图 4 - 59a 为 OMINC 软件中 SST 模块使用步进扫描时间分辨方法采集得到的数据示意图。图 4 - 59b 的横坐标代表文件数，一共 200 个文件，纵坐标代表总共的时间 2 μs (327.0～329.0 μs)，说明每个文件的时间间隔为 10 ns。激光二极管的脉宽为 90 ns，测量步进扫描实验得到的文件数为 10 个(高斯拟合)，结果如图 4 - 59c 所示，则每个文件的时间间隔为 9 ns。考虑到实验误差，可以认为测得的系统最小时间分辨(即时间步长)和系统设置的时间分辨相符。

4.2.6.2　红外显微谱学与成像实验站的测试与验收

红外显微谱学与成像实验站的测试大纲见表 4 - 25。

表 4 - 25　BL01B 红外显微谱学与成像实验站的验收测试大纲

测试项目	设 计 目 标	测试原理及方法	测试所需的仪器设备
光谱范围	600～10 000 cm^{-1}	测量光谱分布。全谱段强度>0.01(格式：单光束谱图)。	傅里叶变换光谱仪
光谱分辨率	0.2 cm^{-1}	封闭在 10 cm 气体池内的 CO 气体吸收谱，光谱的 FWHM 值为能分辨的光谱分辨率。	CO 气体池(约 500Pa)；红外光谱仪
光子通量	1×10^{13} (phs/s/0.1% BW) @ 1 μm @ 300 mA (谱仪入口处)	与时间分辨谱学实验站光子通量测试的原理及方法相同。	窄带滤波片；聚焦镜；标定光电二极管；皮安计
聚焦光斑尺寸	30 μm@1 000 cm^{-1}	使用 Continuμm 红外显微镜对 5 μm 小孔进行面成像，观测 1 000 cm^{-1} 处的光斑形状。X,Y 方向扫描步长均为 2 μm。使用 32×物镜，扫描次数 16 次，分辨率 4 cm^{-1}。在波数 1 000 cm^{-1} 得到图像后，在光斑中心处分别在 X 方向和 Y 方向提取数据，获得对应的全宽值。	5 μm 小孔；红外显微镜

红外显微谱学与成像实验站的验收指标如下。

① 光谱范围：600～10 000 cm^{-1}。

② 光谱分辨率：0.2 cm^{-1}。

③ 光子通量：1×10^{13}(phs/s/0.1% BW) @ 1 μm @300 mA (谱仪入口处)。

④ 聚焦光斑尺寸：30 μm@1 000 cm^{-1}。

依据测试大纲，对该实验站各项验收指标的测试结果如下。

1. 光谱范围

本实验站应用中红外波段，在红外显微镜上进行测试，采用 KBr 分束器、MCT - A 检测器。如图 4 - 60 所示，光谱范围达到 400～10 000 cm^{-1}。

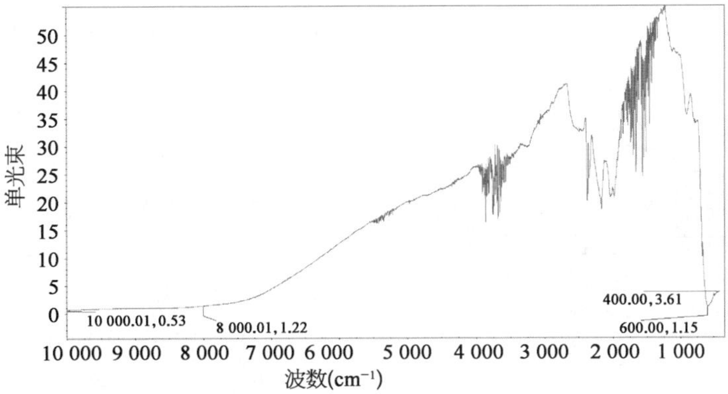

图 4 - 60　红外显微谱学与成像实验站的光谱范围测试结果

2. 光谱分辨率

按照测试大纲中所述的原理和方法，使用 KBr 分束器、MCT - A 检测器。测量封闭在 10 cm 气体池内的 CO 气体的吸收谱。如图 4 - 61 所示，在 2 176.25 cm^{-1} 处，可测量到的吸收峰 FWHM 值为 0.082 cm^{-1}。

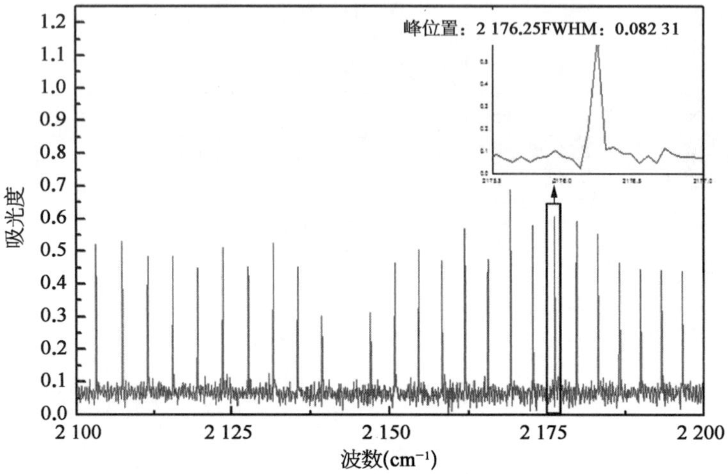

图 4 - 61　红外显微谱学与成像实验站的 CO 红外吸收光谱

3. 光子通量

同 4.2.6.1 小节所述时间分辨红外光谱实验站的测试方法(见 200—201 页表 4 - 24)，测量并计算得出红外显微谱学与成像实验站谱仪入口处的光电流为 $I_{sum} - I_{DK} = 0.94\ \mu A$，求得光子通量为 1.5×10^{13} phs/s/0.1%BW@230 mA，换算到 300 mA 下的光子通量为 1.9×10^{13} phs/s/0.1%BW@300 mA@1 μm。

4. 聚焦光斑尺寸

使用 Continuμm 红外显微镜对 5 μm 小孔进行面成像，观测 1 000 cm^{-1} 处的光斑形状。使用 32× 物镜，进行 Mapping 扫描成像。OMINC 软件设置中，X、Y 方向扫描步长均为 2 μm，扫描次数 16 次，光谱分辨率 4 cm^{-1}。所测得的三维图如图 4 - 62 所示。

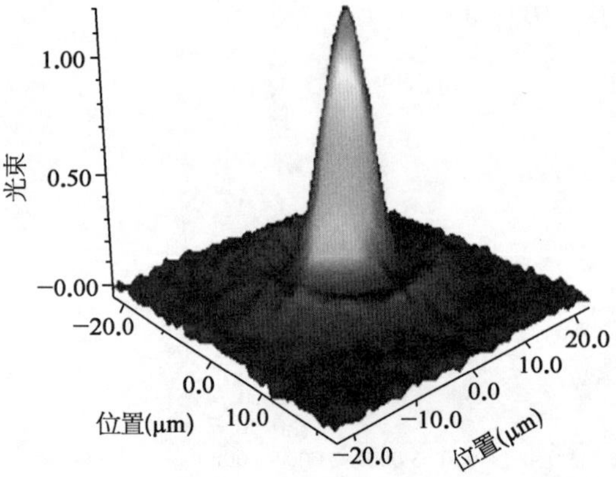

图 4 - 62　扫描 5 μm 小孔成像得到的三维图
(彩图见图版第 14 页)

得到波数 1 000 cm^{-1} 处的图像后，在光斑中心处分别在 X 方向和 Y 方向提取线扫描数据谱图，根据图 4 - 63 得到对应的全宽值约为 18 μm。结果表明，聚焦光斑尺寸为 18 μm@1 000 cm^{-1}。

根据以上测试结果，BL01B 红外线站、时间分辨红外光谱实验站和红外显微

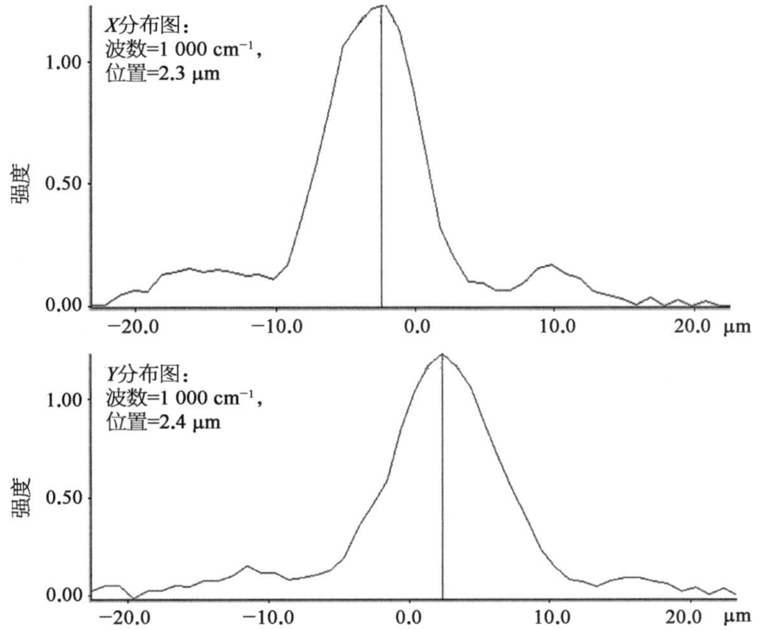

图 4-63 1 000 cm^{-1}处图像沿 X 方向和 Y 方向提取的光强分布图

谱学与成像实验站的所有指标，均达到或者超过束线的验收指标。

4.2.7 实验站升级改造

蛋白质设施红外线站运行至 2017 年 7 月以后，由于光源二期线站的建设，暑期开始进行棚屋改造。改造后，放置实验站的棚屋主体面积约为 9.2 m×4.3 m。2 个实验站位于棚屋主体内，另外附加 2.1 m×15.5 m 的区域可用于样品准备，放置各类小型设备以及备品备件等辅助设施和光束线控制计算机等。

红外线站与北京高压科学研究中心合作，在 BL01B 线站内搭建了高压低温平台，所以对光束线进行了改造。所建设的高压低温平台，位于时间分辨红外光谱实验站和红外显微谱学与成像实验站的中间。高压低温平台的光学隔振台尺寸为 1 500 mm×2 100 mm×203 mm。在 BS2 镜箱和 BS3 镜箱之间添加一段 1.5 m 长的真空管道，法兰口尺寸及管道直径均与现有管道相同，连接原管道与 BS3 镜箱。在 1.5 m 长的新管道两端放置 2 个支架，规格与现有支架相同。同时沿原光束线方向，往外平移 BS3、M9 镜箱和红外显微谱学与成像实验站 1.5 m。由于红外光束是以准直光束入射，因此延迟 1.5 m 对于光路没有大的影响，不会对显微性能有明显影响。安装完成后的调试工作，主要包括光束线的准直、真空检漏、控制线缆的重新布局、红外显微谱学与成像实验站的光路和信号调试，以及高压平台的设备调试。平台开放后，可用于高压科学的同步辐射红外研究。使用同步辐射红外来研究高压科学课题，优势十分明显，能够与硬 X 射线等多种方法形成互补，是一种在极限状态下研究材料物理与化学性能的重要手段，可用于探讨地球科学等领域的诸多课题。

目前，红外显微谱学与成像实验站在进行显微成像时，使用的是单点 MCT－A 检测器，采样模式是逐点扫描绘图(mapping)成像。这种方法的成像速度与面探测器相比，较慢且耗时较长。比如对 100 μm×100 μm 大小的区域进行显微成像，如果采用扫描次数 64 次，步长 10 μm×10 μm，光谱分辨率 4 cm^{-1}，所需逐个扫描的点 100 个，则进行成像的时间约为 50 min。目前国际上多个同步辐射设施的红外线站显微成像实验室，采用焦平面阵列检测器(focal plane array，FPA)。该种探测器能够大幅度提高成像效率和缩短成像时间，可在单次数十秒的时间内，达到上千个数据点(64×64 或 256×256)的测试，但是单张谱图的信噪比相对较差。上海设施红外线站在建设期间由于各种原因，没有选择购买和安装 FPA 检测器，而这种技术是红外成像技术发展的重要方向，也是红外显微谱学与成像实验站以后升级改造的一个重要方向。

4.2.8　同步辐射红外线站的运行开放成果

4.2.8.1　运行概况

时间分辨与谱学显微红外线站自开放以来，2015 年度用户机时 4 055 h，2016 年度用户机时 4 756.5 h，2017 年度用户机时 4 067.5 h。目前用户来自全国各大高校和研究所，所应用的领域包括生命科学、高分子材料科学、药物化学、环境科学、高压科学等。

4.2.8.2　用户成果介绍

脂肪细胞分化，是脂肪组织发育中的一个关键过程。脂肪发育异常有可能导致新陈代谢疾病，比如肥胖症、Ⅱ型糖尿病和异常血脂症。间充质干细胞是一种用来研究人类脂肪生成的理想体外模型。对早期分化过程的研究不足，导致了人们在脂肪形成过程机理上的认识困难。与一些简单的基因分析方法相比，同步辐射傅里叶变换红外光谱技术(SR－FTIR)能够提供更丰富的生物大分子变化信息。借助 BL01B 线站，上海应用物理研究所的吕军鸿研究组使用同步辐射傅里叶变换红外光谱技术，对此进行了研究。同步辐射红外光谱技术可以对间充质干细胞中的主要生物大分子，进行高分辨的无损红外检测[42]。

如图 4－64 所示，通过对 SR－FTIR 结果的分析，可以在单细胞水平上，根据间充质干细胞的光谱特征，判定它们在脂肪生成过程中所处的不同阶段。研究表明，在间充质干细胞的决定阶段，脂质的影响很大；SR－FTIR 光谱中的特征峰，可以作为判断细胞早期分化阶段之细胞状态的一个潜在标志物。此研究再次证明，在研究亚细胞标本中结构的微小变化时，SR－FTIR 是一种高灵敏度的方法，也是研究干细胞命运决定及分化的有力手段。

同步辐射红外光谱技术，在研究蛋白质二级结构方面起重要作用，同时在研究微小样品的成分方面具有高分辨率的优势。在研究再生丝蛋白方面，复旦大学的陈新课题组利用 BL01B 时间分辨与谱学显微红外线站，取得了诸多成果[43]。如图 4－65 所示，通过使用同步辐射傅里叶变换红外光谱(FTIR)技术结合 X 射线衍射技术，检测了各类再生丝蛋白纤维的结构差异，并阐释了它们的内在微观结构与宏观机械性质的关系。

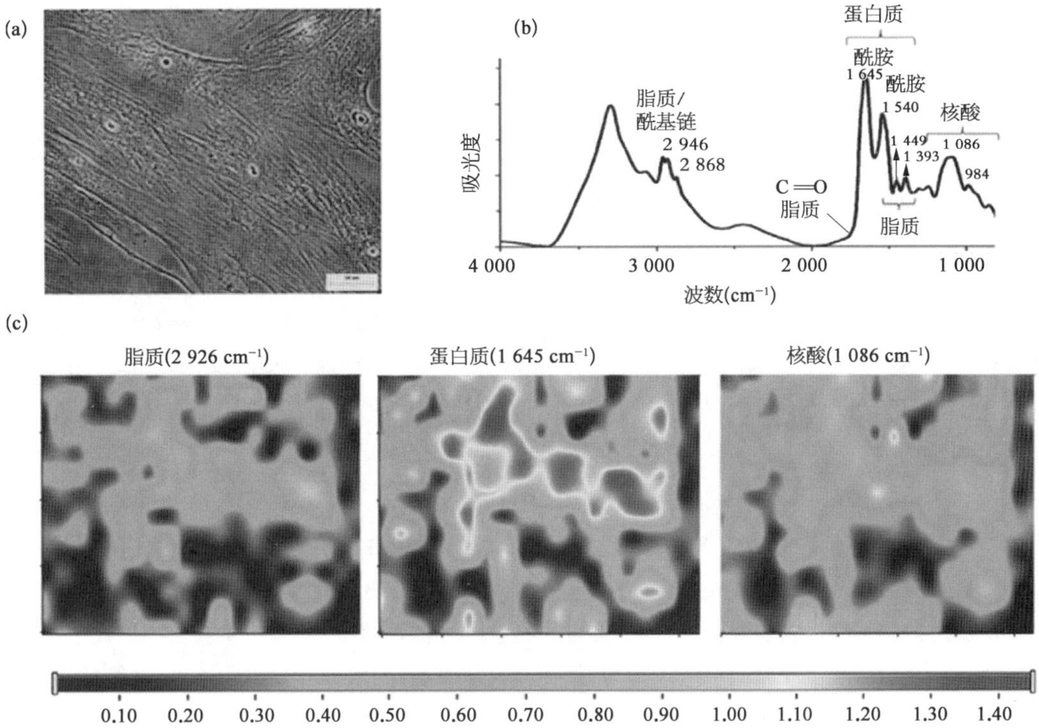

图 4-64 用同步辐射红外技术研究间充质干细胞(彩图见图版第 15 页)

图片引自[42]。

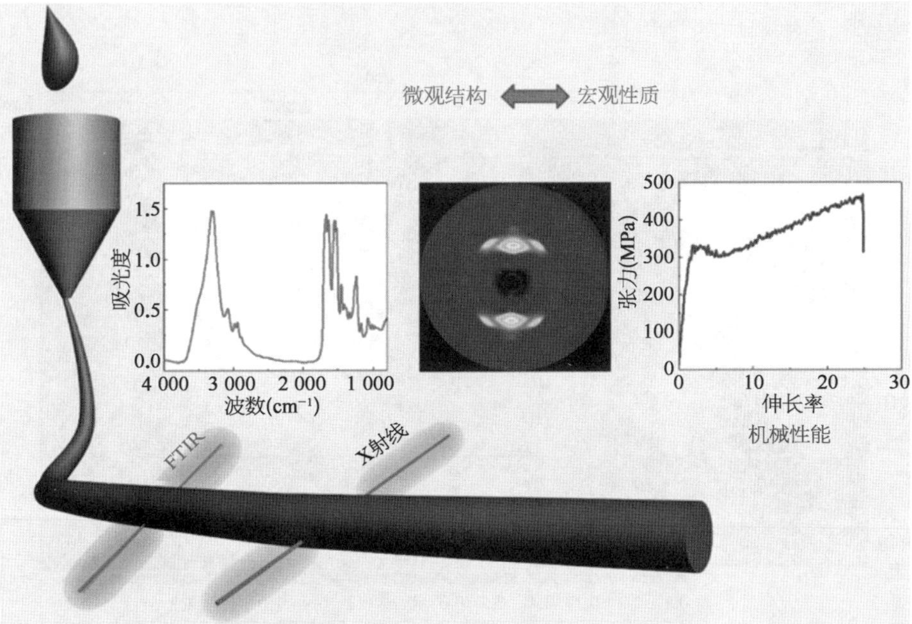

图 4-65 使用同步辐射红外显微技术研究再生丝蛋白纤维(详见下载图 4-65,下载网址见 31 页脚注)

图片引自[43]。

动物丝蛋白的机械性质及其深层机理，一直是研究者十分关注的领域。陈新课题组在实验室中使用湿法纺丝的方法，控制生产条件，研究了多种再生丝蛋白(regenerated silk fiber，RSF)纤维的结构与性质之间的关系。蜘蛛牵引丝蛋白具有优异的强度和弹性，比现存大多数人工合成的聚合物丝纤维更好。但是，天然蜘蛛丝难以被大规模地商业化生产。该项研究的主要目的，是人工生产出与天然蜘蛛牵引丝性质相当或者更优的人工丝蛋白纤维。天然动物丝纤维和人工再生丝蛋白纤维的微观结构和性质，与丝蛋白的二级结构息息相关。傅里叶变换红外光谱技术，已经多次被用来表征蛋白质和多肽的构象。同步辐射红外光谱技术，通过运用高亮度的同步辐射红外光源，在研究单根丝蛋白纤维的构象方面有着不可替代的优势。该课题为研究材料微观结构与宏观性质之间的关系，提供了重要的信息，有利于启发科研工作者设计和制备更高性能的丝纤维以及其他聚合物材料。

上海药物研究所张继稳课题组使用 BL01B 红外线站，研究了渗透泵型控释片剂薄膜中的水合诱导材料转移过程[44]。渗透泵片是基于半透膜涂层的一种良好的口服给药系统。该研究组使用同步辐射红外技术，研究了微小区域的药物薄膜中不同组分的化学分布，为研究半透膜控制的渗透泵片系统的药物释放机制，提供了有价值的信息。

如图 4－66 所示，该项研究让药片薄膜经过不同时间的水合，使用同步辐射结合扫描电镜和原子力显微镜技术，研究了其微结构和化学分布的变化。使用同步辐射红外技术的研究结果表明，薄膜中醋酸纤维素和聚乙二醇的分布，均随着水合时间的变化，发生了重大改变。又通过分析两者的比例，阐释了早期阶段由于聚乙二醇快速地转移到液体介质中，触发了药物释放的过程。

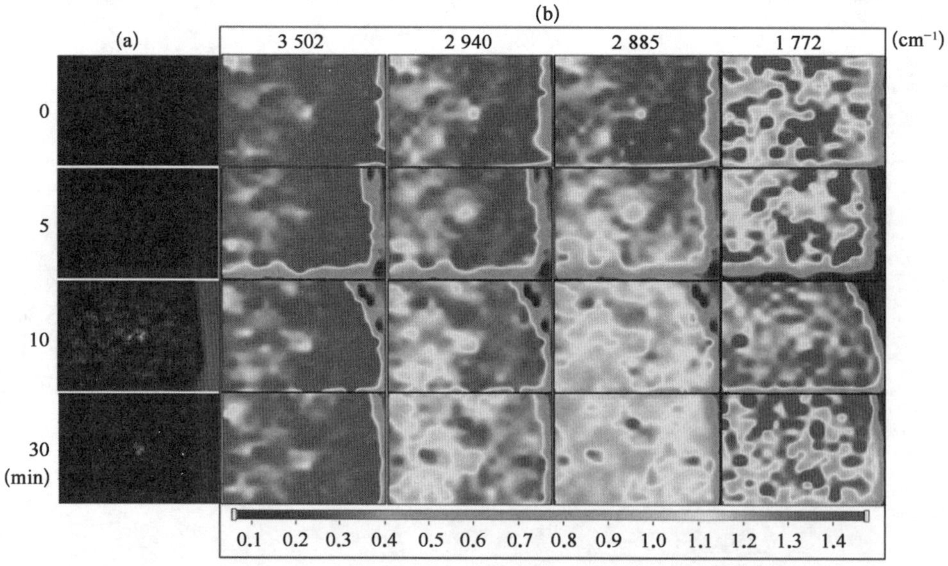

图 4－66　使用同步辐射红外技术研究药物膜中的化学分布(彩图见图版第 15 页)

图片引自[44]。

南京大学余光辉研究组使用 BL01B 红外线站，并结合微电子探针等技术对土壤样品进行原位表征，解释了土壤中 Cu 的高度异质性以及 Cu 在土壤中的络合机制[45]。研究 Cu 与土壤有机质中各类官能基团的络合机制，对研究元素 Cu 在环境中的毒性和迁移等问题有重要意义。如图 4－67 所示，该研究组对比研究了使用有机肥、无机肥和不使用肥料的土壤，并采用同步辐射红外光谱技术等手段，研究了微米级尺寸土壤颗粒中 Cu、黏土矿物、铝铁氧化物和碳官能基团在有机肥处理红壤颗粒中的分布及其高度异质性，为农田土壤重金属污染的修复机理和技术措施，提供了理论指导。该项研究也表明，同步辐射红外光谱技术结合二维相关光谱，是研究重金属、矿物和土壤中有机组分之间相互作用的有效手段。

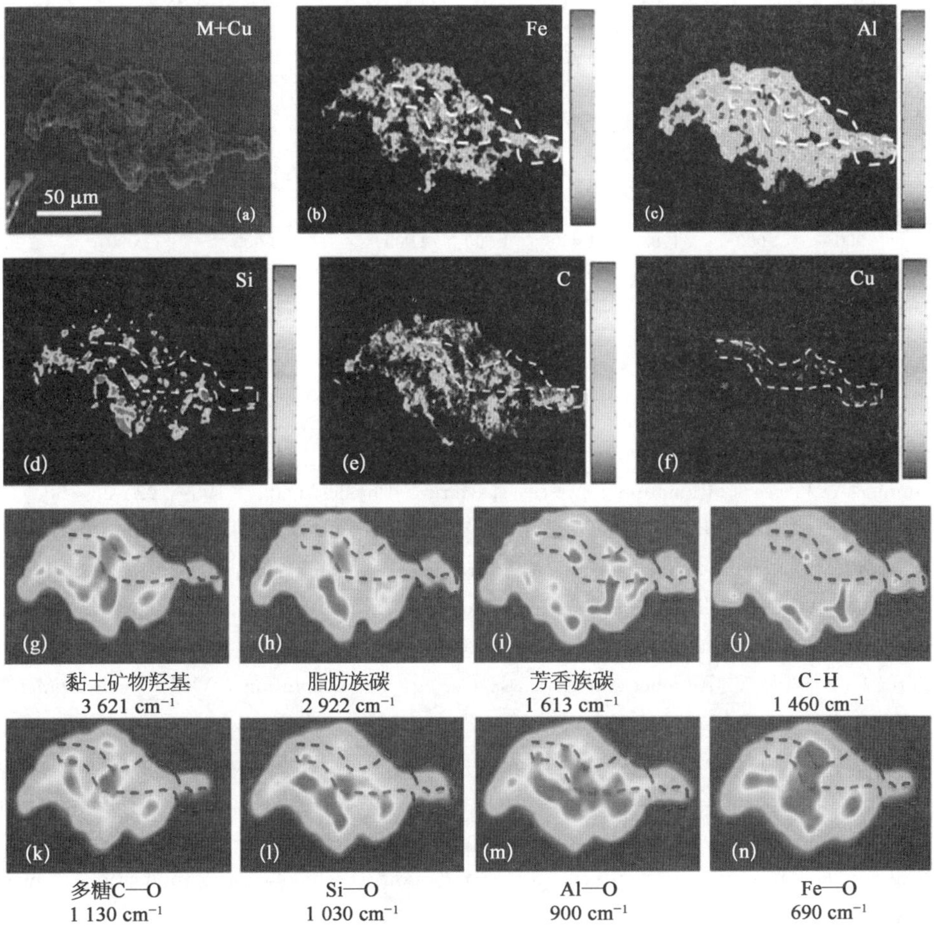

图 4－67 使用同步辐射红外光谱和电子探针技术分析处理后的土壤切片（彩图见图版第 16 页）

图片引自[45]。

有机-无机杂化钙钛矿，已经发展成为一种应用前景广阔的新型光伏材料。它具有低成本、高效能的优点。北京高压科学研究中心毛河光课题组，在对此材料的研究工作中使用了红外线站。应用有机杂化钙钛矿的光伏技术，具有高效的能量转化效率。但是，如果不能使得能带变窄，或者同时延长载流子寿命，此类技术便难以得到提升。该研究提供了一个有效的方法，能够在更低的压力条件下(约 0.3 GPa)，使得有机－无机杂化钙钛矿的能带变窄，同时使载流子寿命延长，两者达到协同提升的效果。此项成果为该领域的材料研究提供了一种新的实验方法和理论指导，如图 4－68 所示[46]。

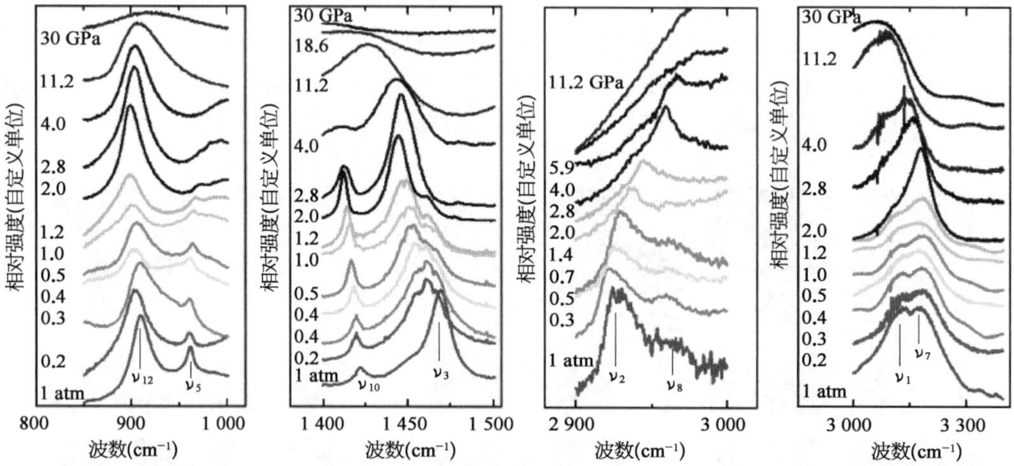

图 4－68　用同步辐射红外光谱技术研究高压下的有机-无机杂化钙钛矿光谱(彩图见图版第 16 页)
图片引自[46]。

参考文献

[1]　Guinier A. 30 years of small-angle X-ray scattering. Physics Today, 1969, 22: 25－30.

[2]　Dmitri I S, Michel H J K, Peter A T, et al. Small-angle X-ray and neutron scattering from solutions of biological macromolecules. Oxford Science Publications: IUCr, 2013.

[3]　Jacques D A, Trewhella J. Small-angle scattering for structural biology: Expanding the frontier while avoiding the pitfalls. Protein Science, 2010, 19: 642－657.

[4]　Pérez J, Nishino Y. Advances in X-ray scattering: From solution SAXS to achievements with coherent beams. Current Opinion in Structural Biology, 2012, 22: 670－678.

[5]　Takekiyo T, Yamazaki K, Yamaguchi E, et al. High ionic liquid concentration-induced structural change of protein in aqueous solution: A case study of lysozyme. Journal of Physical Chemistry B, 2012, 116: 11092－11097.

[6]　Willmott P. An introduction to synchrotron radiation: Techniques and applications. Chichester: Wiley, 2011.

[7]　Gottfried K. Quantum mechanics. New York: Benjamin W A, 1966.

[8]　Giacovazzo C, et al. Fundamentals of crystallography. New York: Oxford University Press, 1992.

[9]　Thurn-Albrecht T, Steffen W, Patkowski A, et al. Photon correlation spectroscopy of colloidal palladium using a coherent X-ray beam. Physics Review Letter, 1996, 77: 5437－5440.

[10]　Stuhrmann H B, Kirste R G. Elimination der intrapartikulaeren untergrundstreuung bei der

rontgenkleinwinkelstreuung an kompakten teilchen (proteinen). Zeitschr Physik Chem Neue Flolge, 1965, 46: 247 - 250.

[11] Bragg W L, Perutz M F. The external form of the haemoglobin molecule I. Acta Crystallography, 1952, 5: 277 - 283.

[12] Harrison S C. Structure of tomato bushy stunt virus. I. The spherically averaged electron density. J Mol Biol, 1969, 42: 457 - 483.

[13] Petri M, Frey S, Menzel A, et al. Structural characterization of nanoscale meshworks within a nucleoporin FG hydrogel. Biomacromolecules, 2012, 13: 1882 - 1889.

[14] Petri M, Menzel A, Bunk O, et al. Concentration effects on the dynamics of liquid crystalline self-assembly: Time-resolved X-ray scattering studies. J Phys Chem A, 2011, 115: 2176 - 2183.

[15] Blanchet C E, Spilotros A, Schwemmer F, et al. Versatile sample environments and automation for biological solution X-ray scattering experiments at the P12 beamline (PETRA III, DESY). J Appl Crystallogr, 2015, 48 (Pt 2): 431 - 443.

[16] David G, Pérez J. Combined sampler robot and high-performance liquid chromatography: A fully automated system for biological small-angle X-ray scattering experiments at the synchrotron SOLEIL SWING beamline. J Appl Cryst, 2009, 42: 892 - 900.

[17] Svergun D I, Koch M H J. Small-angle scattering studies of biological macromolecules in solution. Rep Prog Phys, 2003, 66: 1735 - 1782.

[18] Soren S, Richard E G, Nozomi A. synchrotron-based small-angle X-ray scattering of proteins in solution. Nature Protocols, 2014, 9(7): 1727 - 1739.

[19] Nielsen S S, Toft K N, Snakenborg D, et al. A software program for high-throughput automated small-angle X-ray scattering data reduction and preliminary analysis. J Appl Cryst, 2009, 42: 959 - 964.

[20] Petoukhov M V, Franke D, Shkumatov A V, et al. New developments in the ATSAS program package for small-angle scattering data analysis. J Appl Cryst, 2012, 45: 342 - 350.

[21] Svergun D I. Determination of the regularization parameter in indirect transform methods using perceptual criteria. J Appl Cryst, 1992, 25: 495 - 503.

[22] Petoukhov M V, Konarev P V, Kikhney A G, et al. ATSAS 2.1-towards automated and web-supported small-angle scattering data analysis. J Appl Cryst, 2007, 40: S223 - S228.

[23] Franke D, Svergun D I. DAMMIF: A program for rapid *ab initio* shape determination in small-angle scattering. J Appl Cryst, 2009, 42: 342 - 346.

[24] Volkov V V, Svergun D I. Uniqueness of *ab initio* shape determination in small-angle scattering. J Appl Cryst, 2003, 36: 860 - 864.

[25] Wang X, Feng J, Xue Y, et al. Structure basis of N6-adenosine methylation by the METTL3 - METTL14 complex. Nature, 2016, 534: 575 - 579.

[26] Li K B, Li N, Chen G R, et al. Foldable glycoprobes capable of fluorogenic crosslinking of biomacromolecules. Chem Sci, 2016,7: 6325 - 6329.

[27] Gong Z, Gu X H, Guo D C, et al. Protein structure ensembles visualized by solvent paramagnetic relaxation enhancement. International Edition Angewandte Chemie, 2017, 56(4): 1002 - 1006.

[28] Zeng L H, Zhang L, Wang P R, et al. Structural basis of host recognition and biofilm formation by *Salmonella Saf pili*. eLife, 2017, DOI: 10.7554/eLife.28619 (2017).

[29] 翁诗甫.傅里叶变换红外光谱分析.北京：化学工业出版社,2010：1－2.

[30] 宁永成.有机化合物结构鉴定与有机波谱学.北京：科学出版社,1999：322－323.

[31] Baker M J, Trevisan J, Bassan P, et al. Using Fourier transform IR spectroscopy to analyze biological materials. Nature Protocols, 2014, 9(8): 1771－1791.

[32] Creagh D, McKinlay J, Dumas P. The design of the infrared beamline at the Australian synchrotron. Vibrational Spectroscopy, 2006, 41 (2): 213－220.

[33] Ji T, Tong Y J, Zhu H C, et al. The status of the first infrared beamline at Shanghai Synchrotron Radiation Facility. Nuclear Instruments and Methods in Physics Research A, 2015, 788: 116－121.

[34] 黄君艺.上海光源红外光束线设计及性能分析：硕士学位论文.中国科学院研究生院，2012.

[35] Roy P, Rouzieres M, Qi Z M, et al. The AILES infrared beamline on the third generation synchrotron radiation facility SOLEIL. Infrared Physics & Technology, 2006, 49 (1 － 2): 139－146.

[36] Scarvie T, Andresen N, Baptiste K, et al. Noise reduction efforts for the ALS infrared beamlines. Infrared Physics & Technology, 2004, 45(705): 403－408.

[37] Diem M, Romeo M, Boydston-White S, et al. A decade of vibrational micro-spectroscopy of human cells and tissue (1994－2004). Analyst, 2004, 129(10): 880－885.

[38] Stem M R. Understanding why researchers should use synchrotron-enhanced FTIR instead of traditional FTIR. Journal of Chemical Education, 2008, 85(7): 983－989.

[39] 徐洪杰. 上海光源首批线站设计与研制. 上海：上海科学技术出版社,2015：1－312.

[40] 上海光源. 工程技术通知单：储存环 Lattice 布局和基本参数. SSRF SPC Ring/AP200501, 2005.

[41] 刘平,周永年,米清茹,等.光束线站 EPICS 数据采集系统研究.核技术,2010, 33(6): 415－419.

[42] Liu Z X, Tang Y Z, Chen F, et al. Synchrotron FTIR microspectroscopy reveals early adipogenic differentiation of human mesenchymal stem cells at single-cell level. Biochemical and Biophysical Research Communications, 2016, 478(3): 1286－1291.

[43] Fang G Q, Huang Y F, Tang Y Z, et al. Insights into silk formation process: Correlation of mechanical properties and structural evolution during artificial spinning of silk fibers. Biomaterials Science & Engineering, 2016, 2(11): 1992－2000.

[44] Wu L, Yin X Z, Guo Z, et al. Hydration induced material transfer in membranes of osmotic pump tablets measured by synchrotron radiation based FTIR. European Journal of Pharmaceutical Sciences, 2016, 84: 132－138.

[45] Sun F S, Li Y Q, Wang X, et al. Using new hetero-spectral two-dimensional correlation analyses and synchrotron-radiation-based spectromicroscopy to characterize binding of Cu to soil dissolved organic matter. Environmental Pollution, 2017, 223: 457－465.

[46] Kong L P, Liu G, Gong J, et al. Simultaneous band-gap narrowing and carrier-lifetime prolongation of organic-inorganic trihalide perovskites. Proceedings of the National Academy of Sciences of the United States of America, 2016, 113(32): 8910－8915.

第5章　核磁分析系统

5.1　核磁系统概述

蛋白质核磁共振(nuclear magnetic resonance, NMR)分析系统是整个设施中的重要组成部分。该系统的功能是利用先进的核磁共振技术，测定蛋白质溶液及固体的三维结构和动力学(dynamics)，研究蛋白质的相互作用和生物功能(如酶的作用原理)，以及基于蛋白质靶点的药物筛选与设计等。

核磁共振的最突出优点，是可以进行蛋白质溶液的三维结构解析和动力学分析[1,2]。同时，核磁共振具有多样化和灵活性的技术特点[3]，在理论和方法上还有很大的发展空间，在应用上也具有广泛的发展优势。核磁共振是在接近生理条件的溶液或者在细胞中进行样品测试的，能在纳秒到千秒这样大的时间跨度内，进行物质的动态分析，可用来研究蛋白质的瞬间和动态相互作用，并能很好地将蛋白质的结构-功能-动力学研究紧密联系起来。由于核磁共振具有能够在溶液状态或者固体状态下进行研究，能够测定蛋白质的"动态结构"等独特优势，因此核磁共振分析系统在整个的蛋白质科学研究设施中，会起到不可或缺的作用[4,5]。

目前，核磁共振技术已突破只能解析小蛋白质结构的瓶颈，研究对象扩展到了大的蛋白质及复合物、膜蛋白，还有固体或纤维蛋白质。运用横向弛豫优化谱(TROSY)、交叉弛豫增强极化转移(CRINEPT)，以及残余偶极耦合(RDC)* 等新技术[6]，已经可以解析分子量达 90 kDa 的蛋白质溶液结构，并进行纳秒到千秒时间跨度的动力学分析[7—11]。另外，按照蛋白质样品的状态，核磁共振技术可分为液体核磁共振和固体核磁共振。固体核磁共振技术也得到了较大发展，可以解析膜蛋白和纤维蛋白在固体状态下的结构，以及侧链的运动性质。值得特别指出的是，在许多细胞过程中，低亲和力的、弱的蛋白质-蛋白质相互作用($K_D>10^{-4}$ mol/L)在分子调控过程中往往起关键作用，它们形成的蛋白质复合物是瞬时的和动态的。而核磁共振技术适合在接近生理的环境下，在原子分辨率水平下，阐明这种低亲和力的、瞬态的蛋白质相互作用界面，以及蛋白质相互作用过

* TROSY：transverse relaxation optimized spectroscopy(横向弛豫优化谱)；CRINEPT：cross-correlated relaxation-enhanced polarization transfer(交叉弛豫增强极化转移)；RDC：residual dipolar coupling(残余偶极耦合)。

程中的动力学特征。因此,核磁共振技术还可用来研究蛋白质的生理功能,如酶的催化机理和蛋白质的功能调节,以及在活体状态下生物分子的功能活动和生理代谢[8,9]。

核磁系统的计划投资金额为 5 016 万元,工程建设周期 3 年。其建设内容是:建立蛋白质纯化及样品制备模块、核磁共振分析测定模块、数据分析与结构计算模块。

5.2　核磁系统的初步设计方案

5.2.1　核磁系统的建设目标、初步设计方案与性能指标

5.2.1.1　核磁系统建设目标

蛋白质核磁共振系统包括样品准备、核磁共振分析测定、数据分析与结构计算三大模块。要建立一个先进、高效和方便的核磁共振分析系统,开展高水平的蛋白质科学基础与应用研究,为国内和国际的蛋白质科学研究提供先进技术平台。同时,还要培养和造就应用先进核磁共振技术进行蛋白质科学研究的专业人才。

5.2.1.2　核磁系统初步设计方案

建立核磁共振系统,需要建造相对独立的场所和购置先进的仪器设备,并且有效地链接系统中各模块、各仪器之间的功能,发挥它们的整体效率。模块组成的总体方案见图 5-1。

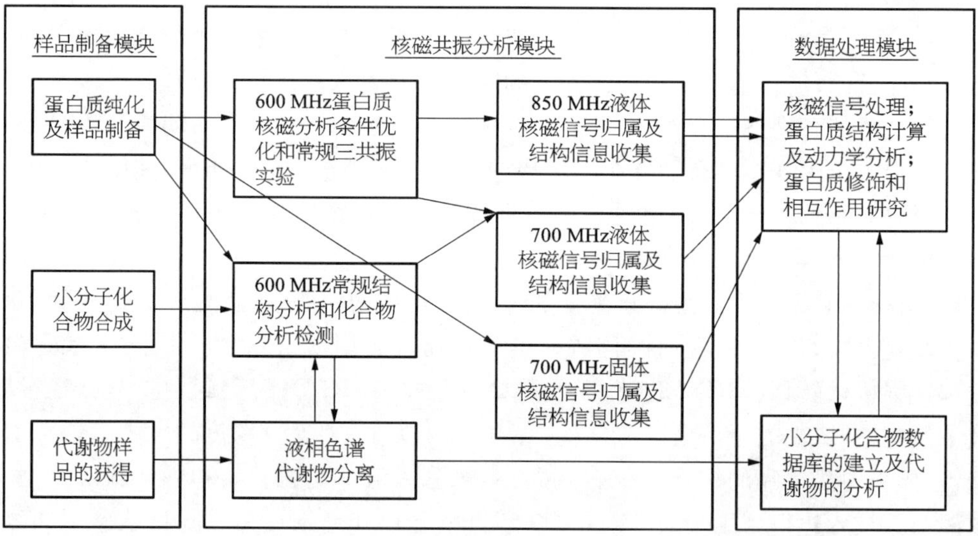

图 5-1　核磁系统初步设计的模块组成

1. 蛋白质纯化及样品制备模块

有关蛋白质表达、标记、纯化、表征和制备方面,将采用"规模化蛋白质制备系统"所提供的实验室空间和仪器设备(参见 19—56 页第 2 章)。

2. 核磁共振分析测定模块

初步设计方案计划共有 5 台核磁共振谱仪,由 4 台液体核磁谱仪和 1 台固体宽腔核

磁谱仪组成。液体谱仪包括 1 台 850 MHz、1 台 700 MHz 和 2 台 600 MHz;固体谱仪是 1 台 700 MHz 宽腔谱仪。850 MHz 和 700 MHz 这 2 台高场核磁共振谱仪,还都配备超低温探头,用于研究分子量大于 30 kDa 的蛋白质及其复合物的三维结构和动力学特性。2 台 600 MHz 核磁共振谱仪中,1 台配备超低温探头,另 1 台配备常温探头,用于常规三共振图谱收集、分子量小于 30 kDa 的蛋白质三维结构和动力学特性研究。700 MHz 高场固体宽腔核磁共振谱仪,用于进行固体膜蛋白和淀粉样纤维蛋白的三维结构和动力学分析。此外,该分析模块除了进行常规的蛋白质核磁共振结构信息收集和动力学分析之外,还预设相关接口,可以偶联其他系统的仪器设备(如液相色谱/质谱仪),用于对蛋白质配体进行快速的结构测定,对常规蛋白质进行相互作用分析,开展基于核磁共振方法的代谢产物研究及药物分析。

3. 数据分析与结构计算模块

每台仪器有计算机控制系统和系统操作软件,配备核磁共振图谱分析处理和蛋白质结构计算的专用软件,以及相关的数据库。数据存储和大型计算部分采用上海设施“数据库与计算分析系统”的大型服务器模块。本系统内配置 10 台小型服务器、30 套终端微处理机和 10 台图形处理器。该模块中配备蛋白质核磁共振图谱分析处理软件、蛋白质及其复合物的三维结构计算软件、动力学分析软件、蛋白质分子模拟软件,以及小分子化合物和代谢物的分析软件、小分子化合物化学位移数据库及代谢物数据库等相关的软件和数据库。

4. 核磁系统的主要场所建筑

① 核磁仪器间:建造约 470 m^2、净高 6 m 的独立单间建筑,为 5 台核磁谱仪提供场所,并预留 1 台高场谱仪的场所备用。

② 样品准备室:毗邻核磁仪器间,类似普通实验室,供核磁共振样品的配置或准备之用。

③ 分析计算室:类似常规计算机房和办公室,供核磁数据分析和结构计算之用。

5.2.1.3 核磁系统的性能指标

① 系统 5 台核磁谱仪每年能够测试 4 800 套(4 500 + 300*)二维谱数据、700 套(600 + 100*)三维谱数据。

② 系统达到一定规模的蛋白质样品分析和结构解析能力。每年能够分析的样品量大于 100 个蛋白质及其复合物;解析 20～30 个蛋白质的溶液三维结构,其中蛋白质复合物、膜蛋白或分子量大于 30 kDa 的蛋白质 10 个。

③ 在皮秒、纳秒、毫秒、秒、千秒的不同时间尺度内,实现对蛋白质及其复合物的动力学分析。每年能够对 20～30 个蛋白质进行动力学分析研究。

④ 实现对蛋白质与配体作用过程的精确测定,包括确定其结合部位、结合强度和变构等,在残基水平甚至原子水平上获取蛋白质结构和相互作用的动态信息。每年能够进

* 为由固体核磁共振技术测得的谱图。

行蛋白质-配体相互作用分析研究的样品达到 300～400 个。

⑤ 实现用固体核磁共振技术测定膜蛋白和淀粉样纤维蛋白之三维空间结构的能力，以及分析局部侧链运动性和配体结合性质的能力，开展生物固体核磁共振的方法学研究。每年能够进行 8～10 个固体蛋白质样品的分析研究，获得 2～3 个蛋白质或多肽的固体结构，并进行动力学分析。

5.2.1.4　核磁系统验收指标及术语说明

关于核磁系统一些具体验收指标的说明和术语，定义如下。

图谱数据量：这是关于系统运行通量的指标。括弧内数字(如上文的 4 500＋300)指液体或固体图谱数据的数量，指用核磁共振仪器采集的图谱数据，有二维和三维图谱，供蛋白质结构、动力学、相互作用和功能等的分析[1,2,4]。采集图谱数据的量与蛋白质样品和仪器的运行状态有关。一般二维图谱的采集时间平均为 30 min，三维图谱的采集时间平均为 36～48 h。系统验收前，须完成测试几十种不同类型二维和三维图谱的采集，如 HSQC、核磁滴定、异核相关、NOESY 谱、动力学数据图谱等。验收期间(按 1 个月计)要完成各种类型图谱的数据采集量，即 400 套二维谱、58 套三维谱。

NMR 样品：指$^{15}N/^{13}C/^{2}H$ 标记的蛋白质样品，用于进行溶液结构、结构变化、动力学、相互作用、酶作用机理、药物筛选等结构与功能的分析。样品可以来自本设施的规模化蛋白质制备系统，也可以是由设施外部提供的。

蛋白质溶液结构：用 NMR 方法解析的蛋白质三维结构，以具备存放 PDB 库的结构坐标数据为准[5,6]。4 台液体核磁仪具备完成指标所定的结构解析通量。系统验收前，测试几个不同分子量的标准蛋白质的图谱，以解析蛋白质的三维结构；应用先进技术如 TROSY、RDC、氘代样品、四维谱和分子间 NOE，测试和解析分子量大于 30 kDa 的蛋白质或复合物。验收期间(按第一季度计)，完成 6 个蛋白质样品的核磁数据采集与溶液结构解析。

动力学：指蛋白质在溶液中的运动性(motion)或柔性(flexibility)。包括化学键的振动、侧链基团的旋转、主链的摆动、结构域的蠕动、整体结构的翻转、蛋白质-配体的瞬时作用、蛋白质复合物和膜蛋白的运动等[7,8]。蛋白质动力学与其生物功能紧密相关。系统验收前，测试 T1/T2 和 NOE (皮秒-纳秒)、RDC(纳秒-微秒)、CPMG*(微秒-毫秒)、H/D 交换**(秒-千秒)等技术。系统建成后，具备研究各种时间尺度的动力学核磁技术。验收期间(按第一季度计)，完成 6 个蛋白质样品的动力学数据采集和动力学分析。

蛋白质-配体相互作用：包括蛋白质与蛋白质、多肽、核酸、多糖、化合物以及药物相互作用的分子机制。系统验收前，测试几十个蛋白质与蛋白质、多肽或化合物相互作用的核磁滴定，包括结合部位、结合强度和构象变化等[9]。验收期间(按 1 个月计)，要求能够完成 30 个蛋白质-配体相互作用的核磁滴定的数据采集和分析工作。

---

* HSQC：heteronuclear single quantum coherence(异核单量子相关)。PDB：Protein Data Bank(蛋白质数据银行)。NOE：nuclear Overhauser effect(核 Overhauser 效应)。NOESY：NOE spectroscopy(NOE 波谱)。CPMG：Carr-Purcell-Meiboom-Gill 脉冲序列。

** T1/T2：纵向弛豫/横向弛豫。H/D 交换：氢/氘交换。

由于固体样品的分子运动慢及各向异性,因此与液体谱相比,固体图谱的分辨率(resolution)较低。系统验收前,应用魔角旋转等技术,测试标准样品的固体高分辨率图谱,实现测定膜蛋白和淀粉样纤维蛋白的三维空间结构,分析局部侧链运动性及配体结合性质的能力[1,2]。由于固体研究方法也在不断发展中,需要测试多种固体研究技术,并进行固体方法学的研究。验收期间(按 1 个月计),对应用固体核磁共振技术的能力进行考核。

5.2.2 核磁系统的构成与设备升级变更

核磁系统的主要工艺布局见图 5-2。系统中的 3 个模块实体(场所)和作用(功能)相互连接,但又相对独立。系统运行的对象(蛋白质样品)来源于上海设施规模化蛋白质制备系统中的相关模块(参见 19 页"2.1 规模化蛋白质制备系统概述"),以及国内相关实验室的项目课题。而运行过程中所形成的大量数据,将存储在数据库与计算分析系统的大型服务器模块中。

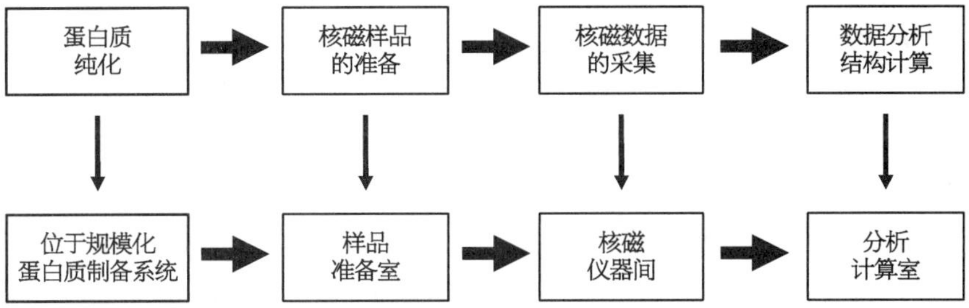

图 5-2 核磁系统初步设计的主要工艺布局

5.2.2.1 蛋白质纯化及样品制备模块

有关蛋白质表达、标记、纯化、表征和制备方面,可以采用规模化蛋白质制备系统所提供的实验室空间和仪器设备来完成(参见 22—56 页 2.3—2.7 节的有关内容)。此外,核磁系统内部还配置有样品准备室,供核磁共振样品的预处理、样品准备和滴定实验所用。

5.2.2.2 核磁共振分析测定模块的设备升级变更

蛋白质核磁共振分析系统(核磁系统)是整个设施中的重要组成部分。目标是建立一个先进、高效和方便的核磁共振分析系统,开展高水平的蛋白质科学基础与应用研究,为国内和国际的蛋白质科学研究提供先进技术平台。同时,培养一批应用前沿核磁共振技术来进行蛋白质科学研究的专业人才。系统的初步设计和变更,分别由初期的 3 位主任设计师胡红雨、许琛琦和周界文完成。性能指标和设计变更方案,经过专家组审核评定,报设施经理部批准后执行。

蛋白质核磁共振分析系统的初步设计理念是:在经费不变的条件下,尽量配置高场谱仪,以体现其先进性,并考虑固体核磁用户。根据这一理念所提出的采购计划为 5 台核磁共振仪器,包括 1 台 850 MHz 液体核磁共振谱仪、1 台 700 MHz 液体核磁共振谱仪、2 台 600 MHz 液体核磁共振谱仪、1 台 700 MHz 宽腔固体核磁共振谱仪。根据当前核磁共振技术发展的趋势以及前阶段国内外调研的结果，认为对初步设计的采购方案可作进一步完善，争取在该系统原有经费预算不变的前提下，根据核磁场强梯度系列的设计理念，形成一个合理的场强梯度的核磁谱仪系列配置，以满足各类用户的技术需求。

1. 变更理由

目前国际上蛋白质科学研究的主要热点之一，是解析大型蛋白质复合物的三维结构，因此对核磁谱仪的高场强要求也更为迫切。目前国际上最高场强的谱仪为 1 G 谱仪，已经在法国投入使用；而国际上 950 MHz、900 MHz 的谱仪也日益增多[9]。因此，原计划中的 850 MHz 谱仪已经不能满足快速发展的学科需求，计划将原初步设计中 850 MHz 液体核磁共振谱仪升级为 900 MHz 液体核磁共振谱仪。根据梯度系列的设计理念，建立 900 MHz、800 MHz、700 MHz、600 MHz 场强的液体核磁共振谱仪这样一个合理梯度，以满足各类用户的技术需求。在该系统原有经费预算不变的前提下，力争将 700 MHz 液体核磁共振谱仪升级为 800 MHz 液体核磁共振谱仪。此外，根据前期调研的结果，窄腔固体谱仪基本能够满足生物核磁的技术要求，价格上较宽腔固体谱仪要节省 150 万～200 万元人民币。因此，申请将 700 MHz 宽腔固体核磁共振谱仪，变更为 700 MHz 固/液窄腔核磁共振谱仪，所节省的预算经费可用于支持本系统内其他核磁共振谱仪的升级。总体上，该项变更在保持设计指标和经费不变的前提下，通过优化仪器配置，大大提升系统的技术水平。

2. 变更内容

原采购计划为 5 台核磁共振仪器，包括 1 台 850 MHz 液体核磁共振谱仪、1 台 700 MHz 液体核磁共振谱仪、2 台 600 MHz 液体核磁共振谱仪、1 台 700 MHz 宽腔固体核磁共振谱仪。现申请进行如下变更：在原设计指标和经费不变的前提下，计划购买 5 台核磁共振仪器，包括 1 台 900 MHz 液体核磁共振谱仪、1 台 800 MHz 液体核磁共振谱仪、1 台 700 MHz 窄腔固/液核磁共振谱仪、2 台 600 MHz 液体核磁共振谱仪。

此外，核磁分析系统初步设计总预算经费未发生变更，核磁分析系统具体验收指标未变更。总之，这一变更在兼顾初步设计的功能指标全部得到满足的同时，明显提升了核磁共振分析系统的硬件实力。900 MHz 谱仪成为当时国内最高场强的核磁设备，也是目前国内唯一的一台 900 MHz 谱仪。该变更申请征求了同行专家意见，由设施经理部和领导小组批准同意。

5.2.3　核磁设备、器件与部件

5.2.3.1　技术性能指标与设备图

围绕核磁系统的设计任务及科学指标，结合国内外核磁共振系统建设的技术水平，进行各关键设备的选型和组合优化，充分满足系统设计任务及科学指标所需容量对仪器的最低要求。考虑到系统内各模块的相互关系和内在平衡，以及它们在整个系统建设中的重要性，合理并且高效地分配和使用资金，鼓励技术的开发和软件的更新与编制，优化各相关设备的科学组合，使它们优势互补，互相配合，同时还考虑到仪器设备在正常检修和维护期间的系统运行需求。核磁系统按模块、设备和部件，分别设计如下。

1. 蛋白质纯化及样品制备模块

核磁共振样品的准备，在样品准备室中进行，通常包括蛋白质样品的溶解、离心，以及加少量重水（供锁场）、装核磁管、滴定等。

由于核磁仪器间不可以有供水系统，故需要单独的样品准备间和必要的生化仪器设备。样品准备间供核磁共振测试样品的预处理、样品的准备和滴定所用，同时用于测试前和测试后样品的保存，其中有如下的生化仪器设备。

① 水槽（供水、排水系统）：供核磁管洗涤用。

② 冰箱（4 ℃、－20℃）4 台：预留相应空间，供储存核磁样品用。

③ 标准实验操作台：基本试剂配置和简单实验操作所用。

④ 精密 pH 计 2 台：其中 1 台配备细长型 pH 探头（供检测 5 mm 核磁管样品用）。

⑤ 普通天平和精密分析天平各 1 台：供称量试剂和蛋白质干粉所用。

⑥ 小型防潮柜：供某些试剂和样品的防潮保存用。

⑦ 小型台式高速离心机 2 台：适用 Eppendorf 管 * 的离心操作。

⑧ 涡旋混合器 2 台：其中 1 台适合 5 mm 核磁管样品的混合。

⑨ 搅拌器：供配制试剂所用。

⑩ 各种优质核磁管。

2. 核磁共振的分析测定模块

该模块位于核磁仪器间内，主要由系列核磁共振谱仪组成。每台谱仪之间相对独立，相互合理配置使用，共同完成一个蛋白质样品的核磁数据采集。1 台仪器通常主要由 4 个部分组成，如图 5－3，包括超导磁体、接收系统、电脑操作台和常规或超低温探头等。

(1) 900 MHz 高分辨液体 NMR 谱仪（配置超低温探头）（1 台，见图 5－4）

主要配置如下：

① Bruker 21.14T 超导傅里叶核磁共振磁体（窄腔 54 mm）；

② 35 组室温匀场线圈；

③ Bruker AVANCE Ⅲ HD 四通道的射频发生系统；

④ *XYZ* 轴脉冲梯度场附件；

⑤ 超低温探头：5 mm $^{1}H/^{13}C/^{15}N$ TCI Triple Resonance Cold Probe 探头；

⑥ 常温探头：5 mm $^{1}H/^{13}C/^{15}N$ TXI Inverse Triple Resonance RT Probe 探头 ** (^{1}H S/N *** = 2 262 : 1；分辨率 = 0.62 Hz)；

⑦ 变温控制单元：0～80℃；

⑧ Red Hat 操作系统，TopSpin 3.2 软件包。

其主要功能是：对分子量大于 30 kDa 的常规蛋白质的图谱，以及对低溶解度、难纯

* Eppendorf 管也称 EP 管，是一种微量离心管，因最早由德国 Eppendorf 公司生产而得名。

** Triple Resonance Cold Probe：三共振低温探头。Inverse Triple Resonance RT Probe：反向三共振室温探头。RT：room temperature（室温）。

*** S/N：signal-to-noise ratio（信噪比）。

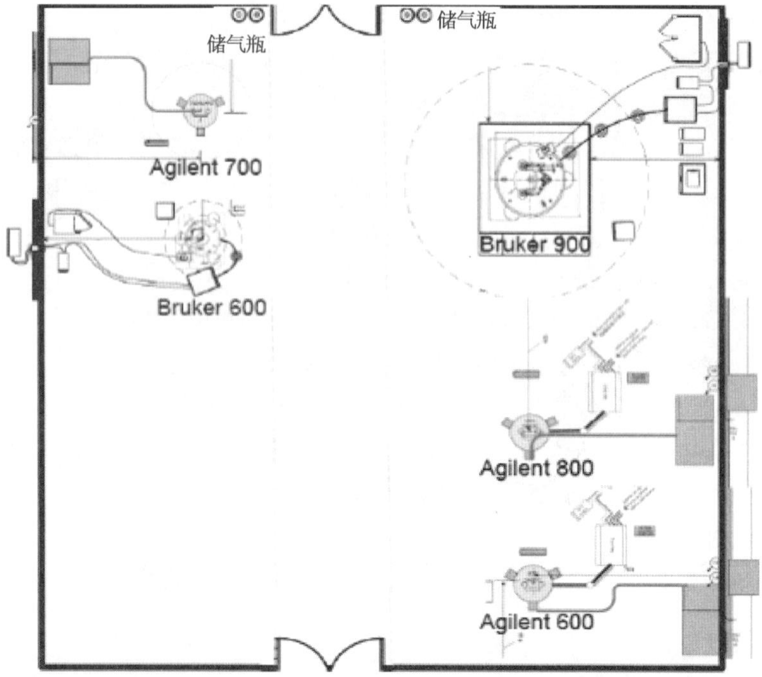

图 5-3　核磁共振谱仪在磁体大厅里的空间布局图

图 5-4　900 MHz 高分辨液体 NMR 谱仪(彩图见图版第 17 页)

化的大蛋白质和膜蛋白的图谱,进行采集和结构解析。

(2) 800 MHz 高分辨液体 NMR 谱仪(配置超低温探头)(1 台,见图 5-5)

主要配置如下：

① Agilent 18.78T 超导傅里叶核磁共振磁体(窄腔 54 mm)；

图 5－5 800 MHz 高分辨液体 NMR 谱仪

② 35 组室温匀场线圈；

③ Agilent DD2 四通道的射频发生系统；

④ *Z* 轴脉冲梯度场附件；

⑤ 超低温探头：$^{1}H\{^{13}C/^{15}N\}$ 5 mm PFG Triple Resonance 13C Enhanced Cold Probe，VT，800 NB 探头；

⑥ 常温探头：5 mm $^{1}H\{^{13}C/^{15}N\}$ PFG Triple Resonance Probe*，VT，800 NB 探头；

⑦ 变温控制单元：－20～80℃；

⑧ Red Hat 操作系统，Vnmr J4.0 软件包；

⑨ 超低温探头的制冷系统及辅助设备。

其主要功能是：对分子量大于 20 kDa 的常规蛋白质的图谱以及对低溶解度、难纯化的大蛋白质和膜蛋白的图谱，进行采集和结构解析。

(3) 600 MHz 液体 NMR 谱仪(配置超低温探头)(1 台，见图 5－6)

主要配置如下：

① Bruker 14.14T 超导傅里叶核磁共振磁体（窄腔 54 mm)；

② 35 组室温匀场线圈；

③ Bruker AVANCE Ⅲ HD 四通道的射频发生系统；

④ *XYZ* 轴脉冲梯度场附件；

* VT：variable temperature(变温)。Triple Resonance 13C Enhanced Cold Probe：三共振 13C 增强低温探头。Triple Resonance Probe：三共振探头。

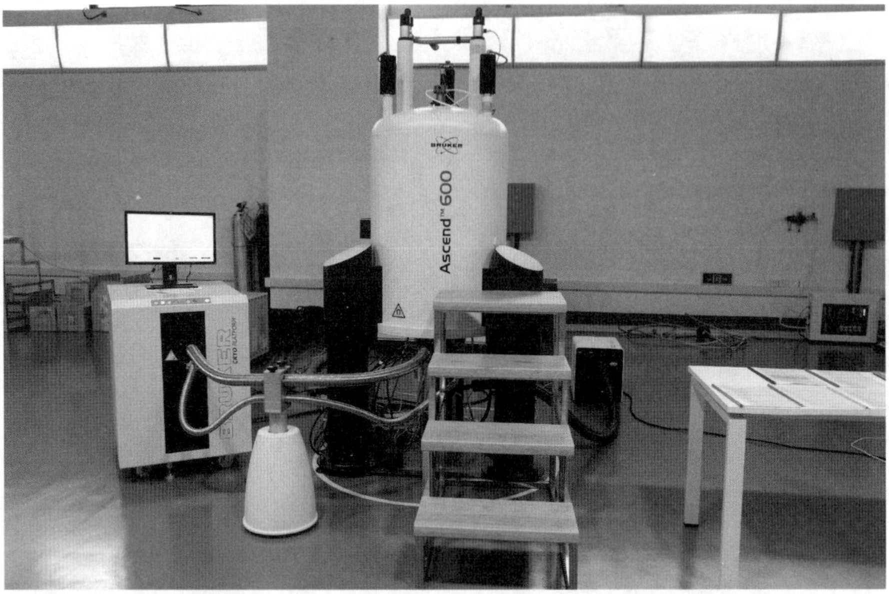

图 5-6　600 MHz 液体 NMR 谱仪(配超低温探头)

⑤ 超低温探头：5 mm $^{1}H/^{13}C/^{15}N$ TCI Triple Resonance Cold Probe 探头；(^{1}H S/N = 7 667 : 1，分辨率 = 0.47 Hz)；

⑥ 常温探头：5 mm Broadband Probehead "Smart Probe"* 探头；(^{1}H S/N = 929 : 1，分辨率 = 0.58 Hz)；

⑦ 变温控制单元：0～2 000℃；

⑧ Red Hat 操作系统，TopSpin 3.2 软件包。

其主要功能是：对常规蛋白质的三共振图谱进行采集；对低溶解度、难纯化的蛋白质和膜蛋白的图谱，进行采集和结构解析。

(4) 常规 600 MHz 液体 NMR 谱仪(1 台，见图 5-7)

主要配置如下：

① Agilent 14.14T 超导傅里叶核磁共振磁体 (窄腔 54 mm)；

② 35 组室温匀场线圈；

③ Agilent DD2 四通道的射频发生系统；

④ Z 轴脉冲梯度场附件；

⑤ 超低温探头：$^{1}H\{^{13}C/^{15}N\}$ 5 mm PFG Triple Resonance 13C Enhanced Cold Probe，VT，600 NB 探头；(^{1}H S/N = 6 105 : 1；分辨率 = 0.58 Hz)；

⑥ 常温探头：$^{1}H\{^{13}C/^{15}N/^{31}P\}$ 5 mm PFG Penta Probe(多通道探头)，VT，600 NB 探头；(^{1}H S/N = 1 102 : 1；分辨率 = 0.50 Hz)；

⑦ 变温控制单元：-75～100℃；

* Broadband Probehead "Smart Probe"：宽带探头"智能探头"。

图 5-7 常规 600 MHz 液体 NMR 谱仪

⑧ Red Hat 操作系统，Vnmr J4.0 软件包。

其主要功能是：对常规蛋白质的核磁共振图谱，进行采集和结构分析；对基于蛋白质靶点的化学小分子和药物进行分析，进行代谢产物的分析检测。

(5) 700 MHz 固体液体两用/混用高分辨 NMR 谱仪(1 台，见图 5-8)

图 5-8 700 MHz 固体液体两用/混用高分辨 NMR 谱仪

主要配置如下：

① Agilent 16.4T 超导傅里叶核磁共振磁体（窄腔 54 mm）；

② 35 组室温匀场线圈；

③ Agilent DD2 四通道的射频发生系统；

④ *XYZ* 轴脉冲梯度场附件；

⑤ 固体探头：3.2 mm HXY BioMAS 探头（3.5～25 kHz）；（^{13}C *S/N* = 115∶1；分辨率 = 9.6 Hz）；

⑥ 液体常温探头：5 mm ^{1}H{^{13}C/^{15}N} *XYZ* PFG Triple Resonance Probe，VT，700 NB 探头；（^{1}H *S/N* = 1 600∶1；分辨率 = 0.64 Hz）；

⑦ 变温控制单元：－75～100℃；

⑧ Red Hat 操作系统，Vnmr J4.0 软件包。

其主要功能是：对固体膜蛋白和淀粉样纤维蛋白进行结构和动力学解析，对固体蛋白质样品进行理论和应用研究。

（6）核磁共振谱仪配套（1 套）

需要独立的空压机房建筑，通过管道为每台核磁仪器提供压缩空气。空压机房内的空压机组由 3 台空压机组成，其中 1 台备用。通过 2 台空压机建立 2 套独立的纯净空气供应系统及管道分布，分别送到 5 台谱仪。初步确定为中间走廊两边仪器各自安排 1 套空压机系统，分别为（参考图 5－9）：A 套（走廊东边）供带超低温探头的 900 MHz、800 MHz、600 MHz 谱仪，B 套（走廊西边）供固液混用 700 MHz 和常规 600 MHz 谱仪。

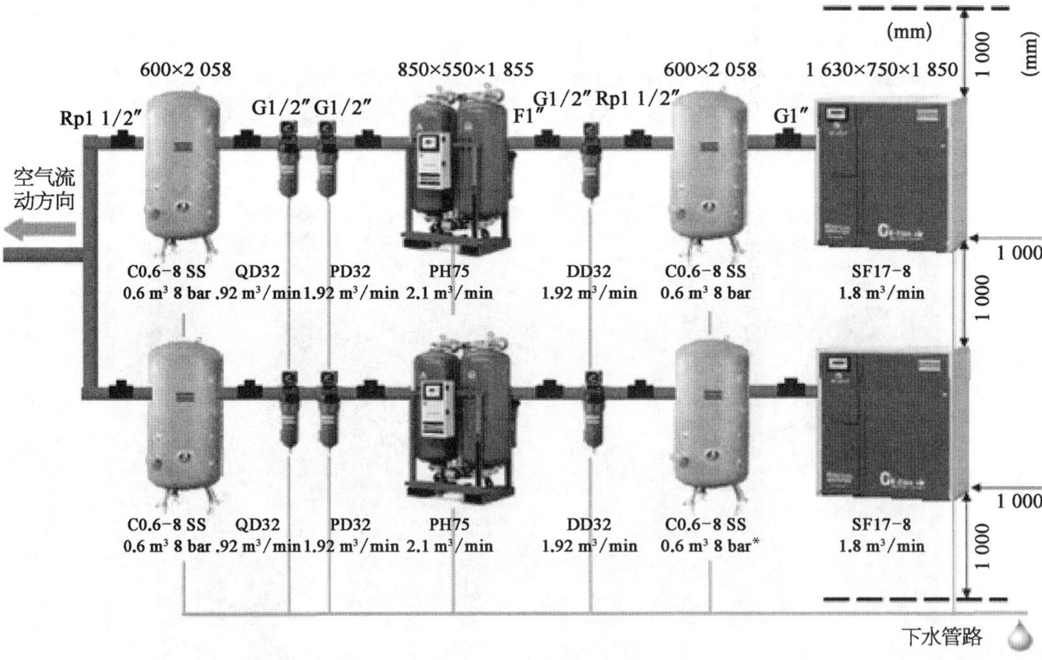

图 5－9　空压机布局图*（详见下载图 5－9，下载网址见 31 页脚注）

* bar（巴）是非法定压力单位，1 bar = 0.1 MPa。

主要配置如下：

① 无油空气压缩机组（2台）；

② 干燥空气净化和储备系统（2套）：包括管道排布；

③ 专用不间断电源(UPS)：位于附室内，为该系统提供不间断电源，起保护作用；

④ 气体供应管道系统：位于附室气体房内，为低温探头冷却系统、固体核磁仪提供氮气(N_2)或氦气(He)；

⑤ 液氮运输罐(非铁磁性材料)；

⑥ 其他小型附件。

3. 数据处理与计算分析模块

分析计算室分别由计算机房、计算室和办公室构成。核磁系统与电镜系统合用一个计算机房，其中核磁部分约占10 m^2。机房内另备有散热降温设备。

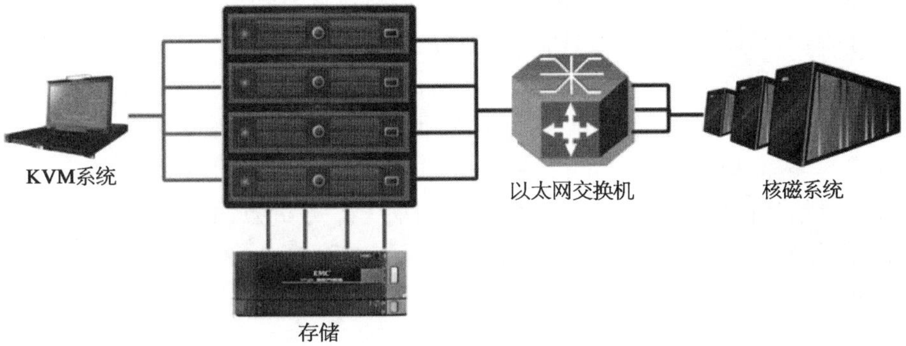

图5-10 数据处理与计算分析模块配置示意图

KVM：kernel-based virtual machine(基于内核的虚拟机系统)。

主要配置如下：

① 10台小型服务器：位于计算机房；

② 30套终端微处理机：网络线接口不少于50个；

③ 10台图形处理器；

④ 2台彩色打印机和5台网络打印机；

⑤ NMR结构计算软件。

其主要功能是：用于核磁图谱的分析处理和蛋白质溶液结构的计算及动力学模拟。核磁共振数据分析处理和结构计算的工作量大，须投入较多的人员。类似于一般的计算生物学平台(图5-10)，该模块需要具备40人同时进行计算机处理和结构解析的容量与能力。

5.2.3.2 核磁系统设计和实施的科学性分析

蛋白质是高度复杂的高聚物。与化学小分子相比，对蛋白质测量仪器也要求更精密，因此需要高场强的核磁共振谱仪。目前国际上950 MHz谱仪已经有所应用，1 G谱仪也已投入使用。然而，根据性价比推断，选用900 MHz谱仪较为适合，能够满足未来若干年内的科研需求，因此选择 900 MHz 谱仪，既能满足蛋白质研究的尖端先进性，又可以使费用支出比 950 MHz 谱仪低很多。对于大规模的蛋白质结构分析，核磁共振的采样耗时较长，结构解析所需要的采样时间较多，故需要多台不同场强的核磁谱仪同时应用。为满足国内科学家对高场强液体谱仪的需求，再选择购置 700 MHz 的液体谱仪。600 MHz 液体核磁共振仪，是目前国际上装备最多的谱仪，被需要的机时也较多，因此购置 2 台，其中 1 台可配备其他系统的相关设备（如液相色谱、质谱）与之相偶联，进一步满足代谢物和药物分析上的需要。由于核磁共振本身是一种灵敏度相对低的方法，且一般蛋白质样品的溶解度较低，或者样品的量较少，因此在 900 MHz、800 MHz 和 1 台 600 MHz 谱仪上配备超低温探头，以获得较高的灵敏度，节约采样耗时和提高仪器的利用率。

同时又考虑到固体核磁共振技术的发展及潜在应用，选取 1 台 700 MHz 固液混用谱仪。这应是一种比较前瞻的配备。欧美国家和日本等均投入大量的资源，开展这方面的理论和应用研究，并取得长足的进展。目前，应用固体核磁共振方法，已成功地解析了多个淀粉样纤维蛋白和膜蛋白的三维结构。由于应用固体核磁共振方法，样品不受相关时间的影响，因而所研究的蛋白质样品受蛋白质分子量的约束较小。同时，通过固体核磁共振，能够直接研究装在磷脂双分子层中的膜蛋白。这就使得固体核磁共振方法成为获得较高分辨率、较高稳定性的膜蛋白三维结构的方法。因此，固体核磁共振方法在较大或超大分子量的蛋白质和膜蛋白的三维结构和动力学分析方面，具有不可比拟的优势。同时，由于固体核磁共振方法不受样品弛豫过程影响，它在准确分析蛋白质不同位点之间的距离和取向信息方面，在研究蛋白质不同状态下的动力学方面，均优于 X 射线晶体衍射和液体核磁共振的方法。

中国在固体核磁共振研究方面起步较早，中科院武汉物理与数学研究所和华东师范大学在固体核磁共振研究方面曾具有较大国际影响力。但是，国内在固体核磁共振方面的研究，主要集中于物理、化学和材料方面。在生物方面，特别是蛋白质三维结构方面的研究，也从国外引进了优秀人才（如华东师范大学、复旦大学、武汉物理与数学研究所、中国科技大学等单位）。但是，国内在固体核磁共振谱仪方面的投入，远远落后于液体核磁共振谱仪。因此，非常有必要添加高场固体核磁谱仪，为相关研究人员提供必要的技术平台，以提升我国在大分子量蛋白质和膜蛋白的三维结构和动力学及其相关功能机制方面的研究水平。固液混用的 700 MHz 磁谱仪，完全可以满足常规生物样品的所有固体核磁实验需求，同时兼顾液体谱仪用户需求量较大的特点，故比单独购买固体宽腔磁体谱仪更合理与实用。

因此，蛋白质核磁共振分析系统的核心是 5 台核磁共振谱仪，以及相应的样品制备模块和数据处理与计算分析模块。系统建成后，可满足中国南方地区科研人员对高场强核磁共振仪器的需求，并且与国内（北京、武汉）已有的高场强谱仪一起，辐射全国，提高我国在生物磁共振特别在蛋白质科学领域的整体水平。

本系统三大模块所设计的仪器设备，具有国际先进性。虽然没有选取国际上目前最高场强的磁体（如 1 000 MHz），但所有谱仪的组合与配置都是比较合理的，具有发挥综合实力的效果。在以后的二期建设中，可以再考虑购置国际最先进的 1 000 MHz 谱仪。核磁谱仪可从国外进口，其他小型仪器可在国内直接购买。在核磁仪器间的建筑施工和防振、防电磁问题上，也能够满足基本要求。国际、国内也有类似的实验室建设，可供参考借鉴。

① 核磁仪器间：5 台核磁谱仪是本系统的核心设备。其中 3 台配置超低温探头，以提高仪器灵敏度。国内没有同类产品，需要进口。德国布鲁克（Bruker）和美国安捷伦（Agilent）两家核磁仪器公司，提供性能和价格相似的同类产品。

② 空压机房：包括单独的空压机房、3 台无油空气压缩机、空气净化系统以及管道。采用国产设备。诸如阿耐斯特岩田产业机械（上海）有限公司、阿特拉斯公司和山东淄博宏润工贸有限公司，以及其他的国内公司，均有类似的产品供应。空压机及管道系统由生产销售方负责建设（按照合同约定）。

③ 样品准备室：类似于常规实验室，所需的一些小型设备在国内购置。

④ 中央空调设备：采用国产设备，能够满足基本要求。

⑤ 分析计算室：是核磁数据分析和结构计算模块所必需的设备，包括多核计算机、普通微机、图形显示器、打印机等。需要通过政府采购形式购买。

综上所述，核磁系统的场地建设和设备购置均是可行的，各模块的协调方案也是合理的，基本接近最佳方案。

5.2.3.3 包装运输

所有仪器设备（包括国内和国外）的包装和运输，在采购合同中注明（见表 5－1），由供应商负责提供解决，采购方负责验收是否符合合同要求。

国外设备的运输，根据外贸合同条款的规定。一般贸易由外商或代理商负责把货物运输到买方城市港口。港口至最终用户由外贸公司办理报关和进行市内运输。特殊物品的运输和要求，可以在外贸合同签定时，签署备忘录。

在货物交接中如发现外包装有破损，由运输方出具破损单，以便与有关部门交涉。如果拿不出破损单，则拒收货物。

表 5－1 核磁仪器的基本外观数据

仪　器	最小房间高度	径向 5G 线	仪器质量	仪器高度	磁体直径	最大包装尺寸（用于房门尺寸设计参考）
900 MHz 液体	6 000 mm	3.20 m	9 500 kg（满）	3 865 mm	1 688 mm	220 cm×240 cm×300（高）cm
800 MHz 液体	5 504 mm	2.5 m	5 000 kg	2 697 mm	1 025 mm	122 cm×135 cm×226（高）cm
700 MHz 固液	3 504 mm	1.5 m	2 000 kg	2 697 mm	1 025 mm	122 cm×135 cm×226（高）cm
600 MHz 液体	3 414 mm	0.97 m	1 510 kg	2 549 mm	975 mm	122 cm×166 cm×218（高）cm

5.2.4　土建与配套建设的设计方案

5.2.4.1　核磁共振系统的基本建筑要求

所有核磁共振仪器，要求安置在单独的平房内。平房建筑面积约 470 m^2。样品准备室、数据分析与结构计算室在其他楼层。

5.2.4.2　样品准备室

总面积约 60 m^2。样品准备室在主楼底层，类似于一般标准实验室，面积约 40 m^2。样品准备室与核磁间的磁体毗邻，但分室隔开，成独立的实验室。样品准备室设有水槽和实验台。另在附近配置 20 m^2的办公室。办公室须放置基本的办公用具，有书架供放置仪器操作手册。有多个网线接口（手提电脑）和至少 2 台台式电脑，用于核磁数据的快速预览。电源为 380 V 和 220 V。

5.2.4.3　核磁仪器间

建筑物为单独平房，面积为 470 m^2，其中供核磁谱仪摆放的场所为 400 m^2，按设计可放置 6 台核磁仪器。2 间辅助室为 70 m^2，用于气体房、UPS 配电房、液氮输罐房和小办公室。平房高度 7.0 m，净高不小于 6.0 m。要求能够承重和防振。建议核磁仪器间采用单独地基，选用水泥地面。地面要求夯实，没有任何架空的部分，满足 900 MHz 仪器的承重要求（仪器重约 6 000 kg）。

1. 防电磁干扰

电磁强度干扰的峰值应小于 5×10^{-3} Gs*。

① 远离磁悬浮（>500 m）、轻轨、地铁、电车（>250 m）。

② 远离主要公路干道（>50 m，如果可能最好达到 100 m）。

③ 远离电梯、电动叉车（>10 m，最好达到 30 m）。

④ 远离磁场可突变式质谱仪（>30 m）。

2. 防地面振动

实验室地面振动加速度应小于 1 mm/s^2。

① 建议实验室选用水泥地面，地基要厚实，没有任何架空的部分。

② 远离压缩机、发电机（或供电房）、中央空调。

③ 磁体位置地面须安装减振装置。

④ 磁体位置的地下和周围避免有暗沟及各种管线。

3. 实验室地面承重

900 MHz/54 mm 超屏蔽约 6 000 kg（满），磁体直径 1 688 mm。

4. 净高

平房层高应在 7.0 m 以上，净高不小于 6.0 m。900 MHz 仪器高度为3.865 m。须考虑三脚架和升场棒的高度，最小高度为 5.3 m。空调通风口设在天花板上，避开正对磁体。

---

* 1 Gs = 10^{-4} T，后者是法定计量单位。

5. 室门和安装运输门

① 物料进出口门能够适合磁体的运输。大型卡车能够到达物料进出口,方便加液氦。

② 为方便磁体的运输和安装,需较大的门宽和门高(或临时门)。一般宽度以运输磁体的小车为准,高度以小车高度加上磁体高度为准。

③ 谱仪包装箱(900 MHz)大小为 220 cm×240 cm×300(高)cm。

④ 磁体安装运输门:要求宽 3 m×高 4 m 以上,可在安装测试完成后封闭。

⑤ 液氦运输罐门:要求门高>2.2 m,门宽为 2×1.5 m (3.0 m)。

⑥ 采取大门套小门的方式。平时只用液氦运输罐门 (小门),而磁体安装运输门(大门)仅在仪器安装或特殊时期使用。

6. 温度和湿度要求

① 温度:17~25℃,-1℃/h<波动 <+1℃/h;一般常温为 20±1℃(空调调节)。

② 湿度:55%~65%,须配备除湿机,配置几个小型功率的除湿机,避免对磁头的干扰。

③ 须安装独立的中央空调,出风口在天花板上,不要正对着磁体。

7. 电源要求

① 须按 6 台核磁仪器的要求配置,预留 1 台谱仪的电源配套。每台谱仪配置至少 3 个单相和 1 个三相插座。核磁谱仪为单相电源,超低温探头设备需要 1 个三相电源。

② 核磁共振谱仪:单相(220 V),>5 kW;插座(3 个):三相,1 个额定电流>25 A,另 2 个为 16 或 10 A;计算机:单相(220 V),2 kW。

③ UPS 电源:功率不小于谱仪,为谱仪系统和计算机系统服务。

8. 核磁共振谱仪专用地线

① 接地电阻<1 Ω。

② 专用地线和楼房及其他地线分开,由专业地线公司施工。

9. 制冷系统户外机

三台超低温探头的制冷系统需要外置户外机,在仪器相应的墙外留置 3 台户外机的位置。

10. 无供水系统

谱仪工作无需水源,放置谱仪的房间不要有各种自来水及废水管道,以免管道漏水对谱仪造成损害。

11. 气体供应

固体核磁谱仪和超低温探头设备需要有气体(N_2、He)供应。可以在气体房内放置备用气体钢瓶,通过临时管道通到工作场地。由于固体核磁仪用气体的机会多,考虑将固体核磁仪放在最靠近气体房的位置。

12. 排风口

包括可关闭的定期排风口和排气泵、氮气(N_2)排出口,以及氦气(He)固定排风口(位置可在磁体的顶端)。须安置氧气(O_2)压力表,并带有报警装置。

13. 铁磁性物体

5 高斯磁场线内没有铁磁性物体,1 高斯磁场线内没有大(250 kg)的铁磁性物体。

14. 超低温探头电源

① 850 MHz、700 MHz 和 600 MHz 谱仪各配置 1 个超低温探头。

② 氦压缩机（分子泵）：380 V（三相），8 kW。

③ 冷水机组和室外机：三相，5 kW，冷水机组可放在空压机房内。

④ 专用 UPS 电源：三相，保证停电时的低温探头氦压缩机供电，能够运转 4 h。

15. 液氦和液氮

① 液氦：国外进口，直接购买。

② 液氮：需要液氮储备罐装置和运输罐，建议园区配备液氮储备罐装置。

16. 通信与网络接通

17. 固体核磁仪的特殊要求

要求固体核磁仪摆放在辅助室（气体房）附近。须增添 FTS 冷却系统、液氮冷却系统、压缩空气系统和自压式液氮罐等。需要 N_2 供应，可用 N_2 钢瓶。

18. 园区动力需求

建议园区配置备用发电机，建立 24 h 停电预警与报警系统。

5.2.4.4　空压机房

为避免空压机的振动影响谱仪工作，须单独设置空压机房，并且安排独立的地基。空压机房面积约 20 m^2。须有备用空压机。空压机房要安装空调用于降温，以增加内部设备的使用时间。

① 无油空压机组：出气量＞200 L/min。需要干燥器和过滤器。过滤后含油量＜0.005 ppm*。

② 电源：2 个 16 A 单相插座（空压机）、2 个 10 A 单相插座（干燥器），可视空压机的类型而定。

5.2.4.5　数据分析和结构计算室

总面积约 200 m^2，由计算室、机房和办公室组成，其中机房与电镜系统合用。位于核磁电镜楼的主楼 2 楼，与核磁仪器间分开，但须有网络通信连接。要有中央空调，机房内须有降温散热装置（如另加立式空调）；计算室要求为一般的计算机室，有办公物品和网络通信。网线接口不少于 50 个，单相电源插座不少于 50 个。

5.2.4.6　核磁共振系统场所的用房设计

核磁系统基本用房情况如表 5－2。

表 5－2　核磁共振系统的基本用房情况

模　块	房间名称	位　置	使用面积（m^2）	备　注
样品制备	样品准备室、办公室	核磁电镜主楼 1 楼	60	样品初步制备、样品准备和核磁滴定；仪器的总监控和核磁数据的快速预览。

* ppm 是用溶质质量占全部溶液质量的百万分比来表示的浓度，为非法定计量单位。1 ppm＝1×10^{-4}%。

（续表）

模　块	房间名称	位　置	使用面积（m^2）	备　　注
核磁共振分析测定	核磁仪器间、辅助用房	核磁仪器间（平房）	470	摆放6台核磁谱仪和3台低温探头设备。包括UPS电源房、气体房、微型办公室，还有放置液氮罐和零部件的房间。
	空压机房	单独平房	20	放置3台空压机、空气净化系统和气体储存室。
数据处理与计算分析	计算室4间、机房、办公室2间	核磁电镜主楼2楼	170 30	三四间大小不一的计算室。计算机房与电镜系统合用，办公室供负责人和工作人员使用。
合　计			750	

5.3 核磁设备的安装、调试、验收

5.3.1 核磁设备的安装方案及过程记录

核磁间的场地建筑、电源装置、气体供应以及管道、空压机房和空压机组、中央空调设备、空调室外机和超低温探头冷却系统室外机位置，均经检验，符合要求。场地建筑的防振、防电磁干扰情况符合工艺要求的标准。仪器生产销售方须在仪器安装之前，检查场地建设和辅助配套设施，以确保场地建筑及配套符合安装要求。初安装时所用的液氦、液氮由销售方提供（合同约定）。5台仪器之间须有一定间隔（5高斯磁场线以外），具体位置由仪器生产销售方根据要求来确定。先确定磁体的具体位置，在生产销售方的指导下进行地面的减振处理。基建完工交付使用的核磁大厅如图5－11所示。这是一个长20 m、宽20 m、高6.5 m的独立空间。为了采光和洁净的要求，特别设计了室内开窗和顶棚着色的修改方案。

图5－11　基建完工交付使用的核磁仪器大厅（详见下载图5－11，下载网址见31页脚注）

核磁共振系统的 5 台仪器在大厅中的摆放平面示意图如图 5－12，图中绿色方框为减振基础地基的范围，蓝色圆圈代表每个磁体的 5 高斯磁场范围，除放置 5 台现有高场核磁谱仪外，还预留了 1/4 的面积，已经做好减振基础，为将来新的核磁设备安装，做好了地基和减振的基础准备。

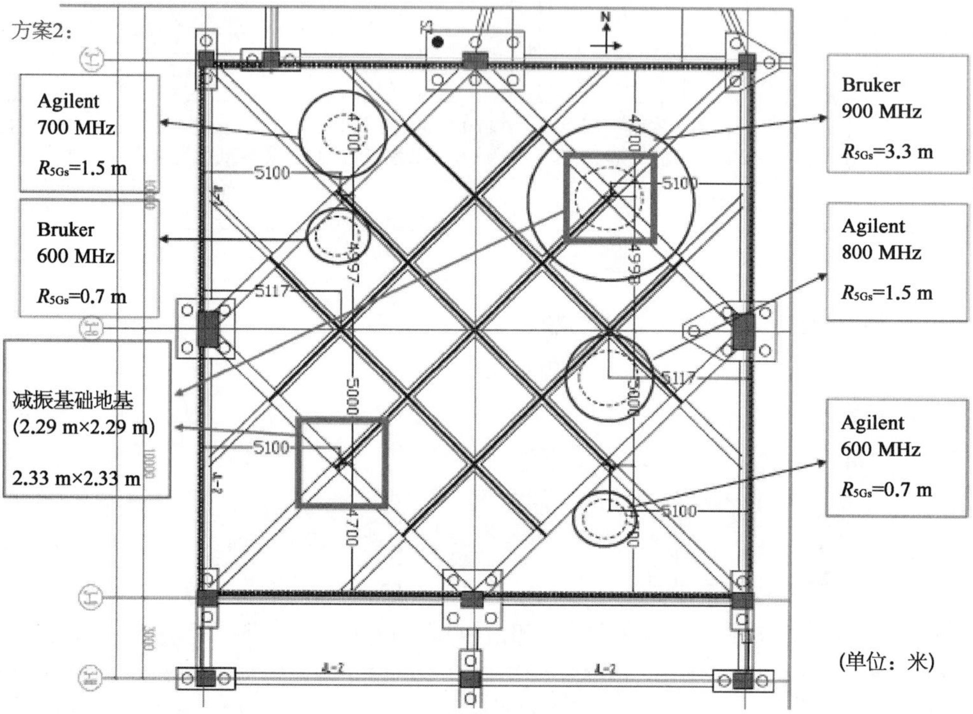

图 5－12　5 台核磁谱仪在大厅中的摆放平面示意图及减振基础位置示意图（彩图见图版第 17 页）

图 5－12 中的场地，为单间正方形平房建筑。中间为通道，便于人员和物体通行。核磁间建筑满足要求：净高 6.5 m，地基夯实，能够承重，能够防振。磁体安装完成后，再建造和安装物料进出口大门。物料进出口大门要求：共 4 扇门，宽 2×1.5 m；高 2.2 m＋1.2 m。为加液氦或者大型物体进出开 4 扇门，每扇 3.0 m×3.4 m；为平时加液氮开一扇小门，1.5 m×2.2 m。场地的通道要求无障碍，供安装时大型磁体通行，以及平常运行时液氮、液氦罐通行。

900 MHz 和 800 MHz 仪器需要建造不锈钢质阶梯，供加样和实验操作之用，如图 5－13 所示，包括侧面图和俯视图。

按照节约场地空间和使用方便的原则，把配有超低温探头的 3 台谱仪置于面积较大的一边（东边），制冷系统室的外机正好位于墙外，使得所用管道较短。将最高场谱仪（900 MHz）安排在边上，靠近主楼一侧，远离道路，其他谱仪依次排列。固液混用 700 MHz 谱仪由于需要经常的气体供应，置于靠近气体房的一侧。常规 600 MHz 谱仪由于经常用于滴定实验和预实验，置于靠近样品准备室的一侧。

(侧面图)

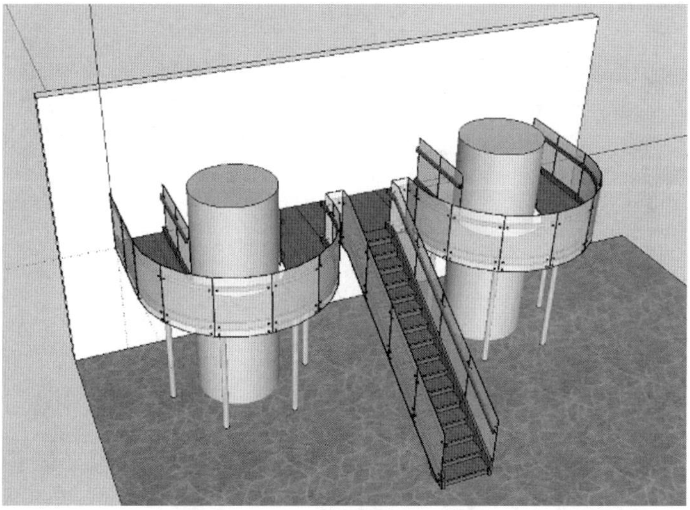

(俯视图)

图 5-13　与 900 MHz 和 800 MHz 谱仪配套的无磁性不锈钢阶梯设计图

所有 5 台核磁仪器作为一个整体，统一合同订货。一般中、低磁场仪器 6 个月内到货，高磁场仪器 9～12 个月到货，因此系统的核磁仪器安装，可分为 2 批进行。

图 5-14 是 Bruker 600 MHz 谱仪相关货物从海关到安装场地的运输过程记录。

900 MHz 谱仪的货物和安装工具比较多也比较复杂，因此德国 Bruker 厂家的工程师全程从海关陪同，运输到卸货平台，再用吊车把谱仪取出，最后用气垫平稳地把磁体移动到安装位置，如图 5-15 所示。

Agilent 800 MHz 则用龙门吊进行安装，需多人协调配合。安装过程中，既要保证当前安装磁体的位置准确无误，也要保证已安装好的其他磁体不受影响，如图 5-16 所示。

磁体安装完成后，对核磁仪器间的建筑物进行 2 次装修和场地清洁工作。5 台磁体各自的整体安装过程，从 2013 年 5 月开始，到 2013 年 9 月结束，如图 5-17 的记录所示。

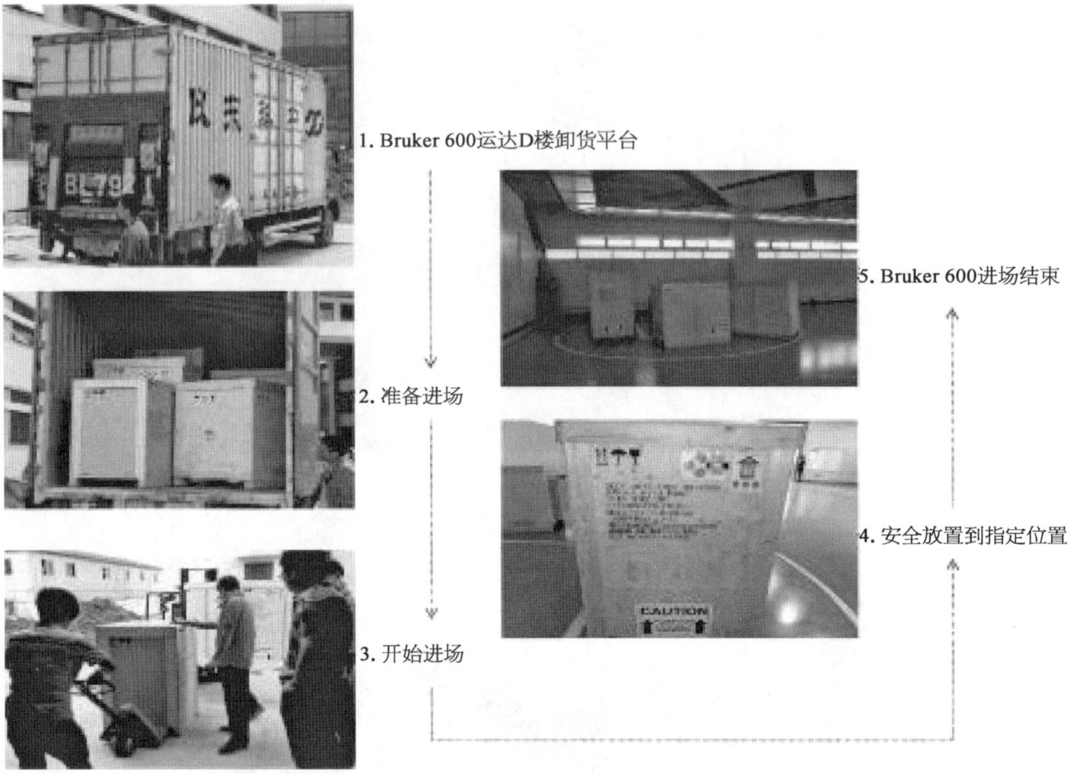

图 5－14　Bruker 600 MHz 谱仪从海关到安装场地的运输过程

图 5－15　900 MHz 谱仪到货现场

图 5 - 16 800 MHz 谱仪的安装现场

图 5 - 17 核磁谱仪到货、安装和调试的时间过程

安装完成后，开始磁体的抽真空、灌液氦与液氮、升场和调试等过程。

5.3.2 核磁设备的调试方案及过程记录

按照从设备到模块再到系统逐渐升级调试的原则，首先调试仪器设备，主要由仪器生产销售商完成；然后调试各模块的协调能力，由系统技术人员进行，主要考察模块内仪器设备的组合与链接、各仪器使用时间的均衡性和协调性。最后调试系统的模块集成效率和系统之间的协调(如跟规模化蛋白质制备系统和数据库与计算分析系统之间的关系)。

5.3.2.1　仪器设备的调试

根据合同所规定的技术指标,逐一进行调试,使每台仪器及辅助设备均达到出厂要求的主要技术指标(见图 5 - 18)。

磁体型号	核	测试样品	出厂指标	测试结果	通过
Bruker 900 MHz Cryo-Probe	^1H	0.1% EB	9 500:1	11 552:1	是
Agilent 800 MHz Cryo-Probe	^1H	0.1% ETB	7 200:1	7 383:1	是
Agilent 700 MHz RT-Probe	^1H	0.1% ETB	1 550:1	1 600:1	是
Agilent 600 MHz Cryo-Probe	^1H	0.1% ETB	5 400:1	6 105:1	是
Bruker 600 MHz Cryo-Probe	^1H	0.1% EB	7 000:1	7 667:1	是

图 5 - 18　核磁设备技术指标测试验收情况

Cryo - Probe：低温探头。RT - Probe：室温探头。EB、ETB：乙苯(ethylbenzene)。

主要调试内容如下。

① 磁体调试：要求磁场漂移在一定范围以内,液氮、液氦的日消耗量符合要求。

② 通道调试：要求每台仪器的脉冲发射通道和信号接收正常。

③ 超低温探头调试：要求满足厂商提供的技术要求,制冷系统和探头的灵敏度达到技术要求。用低浓度或含高盐样品调试低温探头的灵敏度。

④ 中央空调和空压机装置调试：须符合要求,正常运转。

⑤ 核磁图谱分析测试：利用厂家提供的标准样品,对每台仪器进行图谱采集和调试。该项由系统技术人员和生产厂家协作完成。

5.3.2.2　模块的调试

① 样品准备：主要备齐一些基本的小型仪器、实验用品、材料和试剂,调试各种样品

(如固体、液体)的配制与准备。

② 核磁数据分析和结构计算模块：主要是软件的安装和测试,与核磁仪器计算机网络接通,使之可以进行数据传输。利用新采集的核磁数据,调试软件的运行和图谱解析的状况。调试结构计算软件和蛋白质结构解析的运算速度。

③ 模块间链接调试：保证网线连通,数据传输正常,并且样品准备、数据采集和数据处理三者的联系渠道畅通。

5.3.2.3 系统运能的调试方案

选取几个不同分子量大小和溶解度的蛋白质,分别进行样品配置、核磁共振数据采集、图谱分析处理、结构计算和动力学分析。所有设备的安装调试和测试,主要在周界文的带领下,由技术主管刘志军和工程师薛红娟组织 Bruker 和 Agilent 核磁工厂的工程师完成。主要的调试内容有以下这些。

(1) 调试各种脉冲实验：同核和异核、多维图谱、TROSY 和 NOESY 谱、RDC 实验、核磁滴定、动力学分析等。

(2) 调试各种分子量的蛋白质：试验多肽(<5 kDa)、小蛋白质(5～20 kDa)、中等蛋白质(20～30 kDa)和较大蛋白质(>40 kDa)的结构测定和动力学分析操作。选取固体蛋白质和膜蛋白进行结构测试和动力学分析。与国内实验室建立联系,测试国内实验室所提供的多种液体和固体的蛋白质样品。

(3) 调试低浓度的蛋白质：用溶解度较低的蛋白质样品(如 0.1 mmol/L)进行结构测试和动力学分析。

(4) 调试高盐蛋白质样品：主要调试低温探头的工作状态及灵敏度。

(5) 调试分析计算能力：利用不同的二维、三维或四维图谱,调试分析计算软件和系统之间的协调能力。选择已知结构的蛋白质的核磁共振数据,进行图谱分析和结构计算的调试。

(6) 培训技术人员：由仪器商进行,主要目的是提高技术人员的整体操作和运行能力。

(7) 进行规章制度建设：系统管理和规章制度建设,依据中科院条财局制定的《大科学装置管理办法》和上海设施相关的管理办法,结合核磁系统和设备的实际情况,制定高效合理的规章制度,具体内容如下。

① 制定《NCPSS* 核磁实验用户课题申请表》,明确用户课题申请流程和管理办法。

② 组织系统管理人员制定并学习《国家蛋白质科学中心(上海)核磁共振谱仪的使用管理办法(试行)》。从培训制度、仪器预约制度、仪器使用管理细则、违规惩罚规则等 4 个方面制定了详细的规章制度。

③ 制定针对公司用户、外部科研用户和内部用户的不同收费标准。特别制定针对公司用户的《核磁系统仪器使用管理规则(公司版)》。

---

* NCPSS 是上海设施原称的英文缩写。

④ 根据实际情况，制定《核磁谱仪上机日志与实验记录》《核磁设备维护管理流程》和《核磁设备紧急状态处理办法》等规章制度。

⑤ 在日常实验中积极解答并排解每个用户的各种问题，帮助用户分析处理核磁谱图。先后4次组织用户集中培训与上机实践。

在2013年11月，5台核磁谱仪全部安装调试完成后，因“发明了利用核磁共振技术测定溶液中生物大分子三维结构的方法”而获得2002年诺贝尔化学奖的K. Wüthrich教授先后2次现场考察了中心的核磁共振分析系统。Wüthrich对Bruker和Agilent两家公司新核磁设备的性能，以及设备安装调试的场地保障情况，进行了详细的了解。他充分肯定了核磁系统的整体配置和900 MHz核磁谱仪对于膜蛋白科学研究的重要性，对核磁分析系统建设中所取得的进展表示赞许。

5.3.3　核磁设备的验收方案与指标

5.3.3.1　满足验收的工艺流程

核磁共振系统各模块的设备运行正常，系统中各模块相互之间连接贯通，基本满足正常科研和测试的需求。核磁系统3个模块之间的衔接关系和工艺流程与216页图5-1所示的基本相同，只是原来850 MHz液体、700 MHz液体和700 MHz固体三台谱仪换成900 MHz液体、800 MHz液体和700 MHz固体三台谱仪。

5.3.3.2　验收方案与指标

系统的仪器设备、模块安装和调试已经完成，经过一定时间的试运行后，先进行系统的自验收，然后进入系统的总体验收阶段。由上海设施邀请相应的专家，从设备、模块和系统各个层面进行验收。在设备层面，由于各设备具有相对独立性，必须达到或超过该设备的具体技术性能指标；在系统和模块层面，必须达到或超过该系统和模块的具体科学技术指标。

设施的各种设备、模块和系统调试后，通过自选和公开征求的方式选取一定数量蛋白质。试运行一段时间后，各项主要技术指标达到最初设计要求。具体技术状态指标详见216—219页5.2.1小节初步设计方案的目标和要求内容。

关于具体的验收方案，首先由系统根据前一阶段的试运行情况，向专家委员会提交相应的试运行报告。其次，由设施方、专家委员会或第三方提交具体试验样品，针对系统、模块和设备的各级技术指标进行验收试验，确保结果达到或者超过相应标准的要求。

5.3.4　核磁设备工艺验收的测试报告

5.3.4.1　概述

核磁系统的建设目的，是利用先进的核磁共振技术，测定蛋白质的溶液及固体三维结构和动力学，研究蛋白质的相互作用和蛋白质的生物功能，尤其是膜蛋白的结构与功能，以及基于蛋白质靶点的药物筛选和设计等。同时，系统负责人周界文和技术主管刘志军，也致力于核磁共振的新技术开发和新方法学研究，为用户提供生物大分子结构与功能的科学研究能力和技术支撑服务。

核磁系统共配备有 5 台核磁谱仪，包括高场核磁共振系统——液体的 Bruker 900 MHz、Agilent 800 MHz，以及 2 台中场 Bruker 600 MHz、Agilent 600 MHz 谱仪（全部配备有超低温探头）和 1 台固液通用的 Agilent 700 MHz 谱仪（配备有固体 BioMAS 探头和液体室温三共振探头），还有若干配套运行设备和计算机集群。所有设备的安装、调试、测试和技术验收工作如前所述，由本系统技术人员组织生产销售方的工程师来完成。

5.3.4.2 测试报告

进行验收实验测试和撰写工艺验收报告主要由技术主管刘志军、应用主管欧阳波和设施用户李华完成，薛红娟完成实验档案记录工作。工艺验收测试报告由系统负责人周界文主讲，上海设施组织专家组验收。

1. 蛋白质结构数据图谱采集能力

验收指标：系统 5 台核磁谱仪每年能够测试 4 800 套（4 500 + 300）二维谱数据、700 套（600 + 100）三维谱数据。

测试方法：5 台核磁谱仪均能在 1 h 内采集二维的 HSQC 或 TROSY 图谱，能在 2 d 内采集 HNCO 或 HNCA 等三维图谱。通过不同样品、不同类型的二维和三维图谱采集，如 HSQC、核磁滴定、异核相关、NOESY 谱、动力学数据图谱等，完成各种类型图谱的数据采集量。

（1）测试设备：Agilent 600 MHz

测试方法：用 $^{13}C-^{15}N$ 标记的膜蛋白 M2，采集三维的 HNCA、HNCOCA 等图谱*。

测试结果：2 d 内采集到了三维的 HNCA、HNCOCA 图谱，具有很好的图谱采集能力，如图 5-19 所示。

（2）测试设备：Agilent 700 MHz

测试方法：用 ^{15}N 标记的 Se（硒）水溶性蛋白质采集 TROSY 图谱。

测试结果：1 h 内采集到高分辨率的 TROSY 图谱，仪器已具有很好的图谱采集能力，如图 5-20 所示。

（3）测试设备：Agilent 800 MHz

测试方法：用 ^{15}N 标记的 MgATP 转运蛋白采集 TROSY 图谱。

测试结果：1 h 内采集到高分辨率的 TROSY 图谱，如图 5-21 所示。

（4）测试设备：Bruker 600 MHz

测试方法：用 $^{13}C-^{15}N$ 标记的 MgATP 转运蛋白采集 HNCO、HNCA 等图谱。

测试结果：14 d 内采集到全套主链归属的 HNCO、HNCA 等图谱，如图 5-22 所示。

---

* HNCO：一种核磁三共振谱的名称，指从 H 原子核到 N 原子核再到 CO 上的碳原子核的核磁信号传递。HNCA：一种核磁三共振谱的名称，指从 H 原子核到 N 原子核再到 CA 上的碳原子核的核磁信号传递。HNCOCA：一种核磁三共振谱的名称，指从 H 原子核到 N 原子核再到 CO 上的碳原子核最后到 CA 上的碳原子核的核磁信号传递。CO：羰基；CA：α 碳原子。

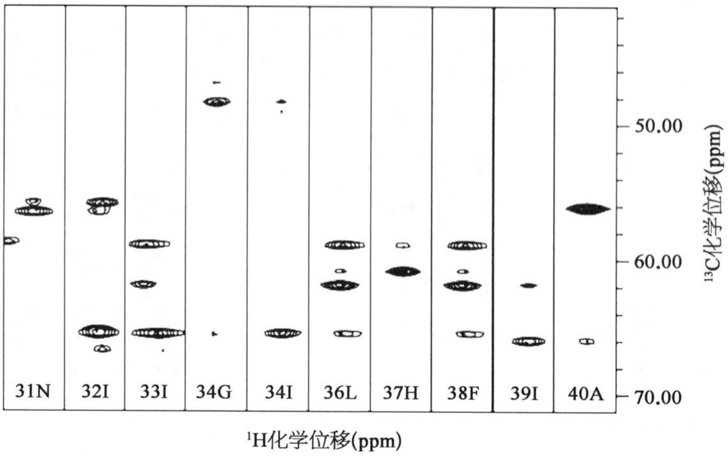

图 5-19　膜蛋白 HNCA 谱图

图下侧 31N、32I、34G、34I、36L、37H、38F、39I、40A 是对应谱图的氨基酸序列的编号和氨基酸名称代号。

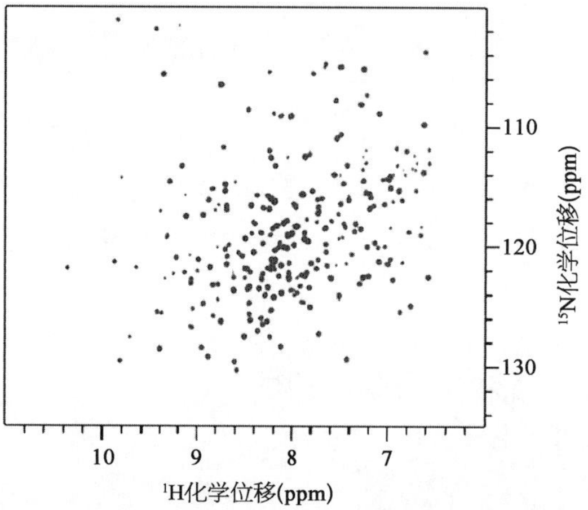

图 5-20　^{15}N 标记的 Se 水溶性蛋白质的 TROSY 图谱

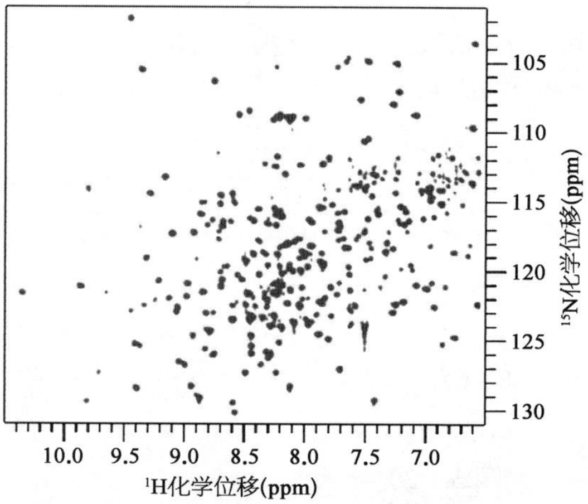

图 5-21　^{15}N 标记的 MgATP 转运蛋白的 TROSY 图谱

（5）测试设备：Bruker 900 MHz

测试方法：用^{2}H-^{15}N 标记的 MgATP 转运蛋白采集二维的 TROSY 等图谱。

测试结果：1 h 内采集到高分辨率的 TROSY 图谱。与 600 MHz 相比，其分辨率有很大的提高，如图 5-23 所示。

2. 蛋白质样品分析和结构解析能力

验收指标：每年能够进行 20～30 个蛋白质的动力学分析研究。

测试方法：能采集全套三维图谱，包括 HNCO、HNCACO、HNCA、HNCOCA、

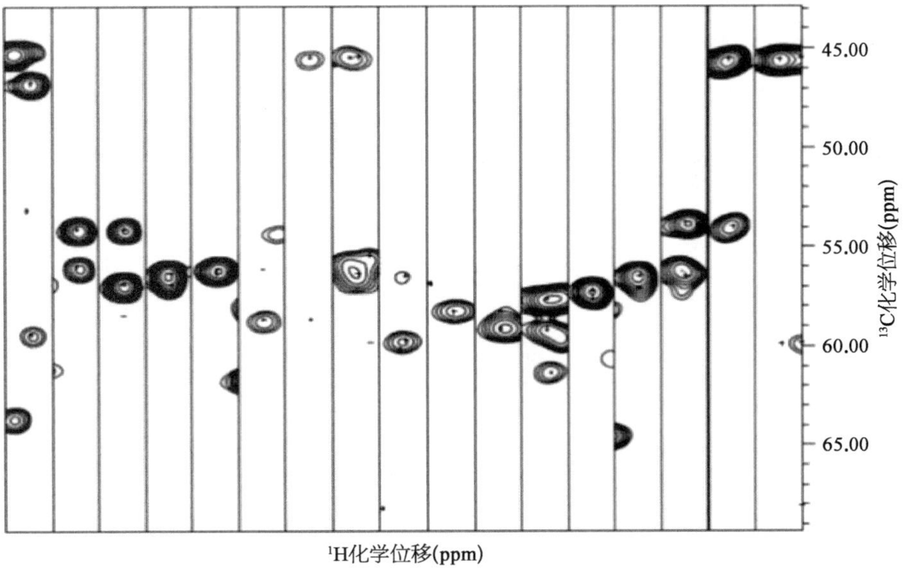

图 5-22 用$^{13}C-^{15}N$双标记的 MgATP 转运蛋白采集的 HNCA 图谱

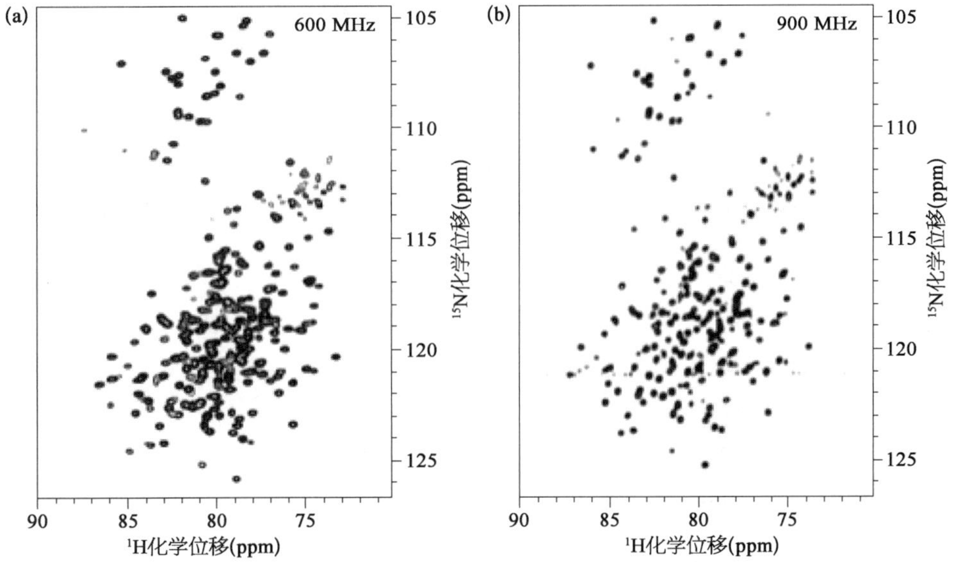

图 5-23 用$^{2}H-^{15}N$标记的 MgATP 转运蛋白，采集二维的 TROSY 等图谱

(a) 用 600 MHz 谱仪采集；(b) 用 900 MHz 谱仪采集。

HNCOCACB、HNCACB、NNOESY* 等，具备通过 NMRPipe、XEASY、CcpNmr 等软件，完成蛋白质主链归属的能力，以及使用 PRE**、RDC、NOE 等技术，测定蛋白质空间结

* HNCO、HNCACO、HNCA、HNCOCA、HNCOCACB、HNCACB、NNOESY 都是核磁共振图谱名称。

** PRE：paramagnetic relaxation enhancement(顺磁弛豫增强)。

构信息的能力，能够通过 XPLOR－NIH 等软件，计算蛋白质的三维结构。

（1）测试设备：Agilent 600 MHz

测试方法：用$^{13}C-^{15}N$ 标记的 Chimera－S31N M2 蛋白，采集三维的 HNCA、HNCOCA 等图谱。

测试结果：利用 HNCA、HNCOCA 图谱，完成了 100% Chimera－S31N M2 蛋白的主链归属，如图 5－24 所示。

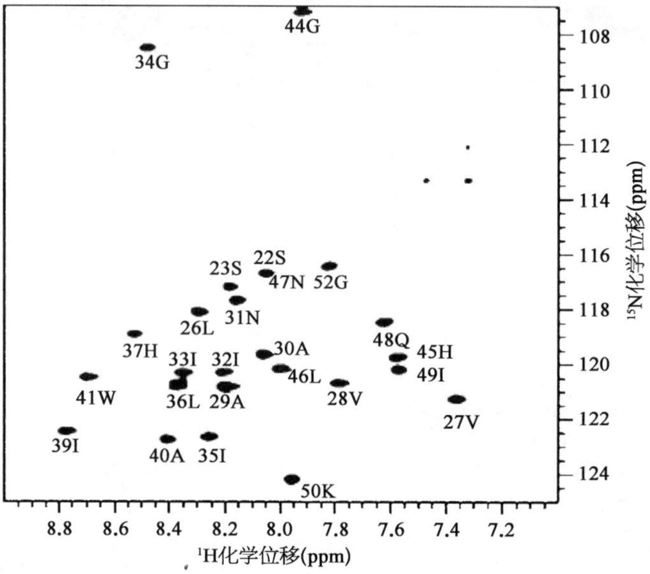

图 5－24　用$^{13}C-^{15}N$ 双标记的 Chimera－S31N M2 蛋白采集的二维谱图

（2）测试设备：Bruker 600 MHz

测试方法：用$^{13}C-^{15}N$ 标记的 MgATP 转运蛋白，采集到全套三维 HNCO、HNCACO、HNCA、HNCOCA、HNCOCACB、HNCACB、NNOESY 等图谱，利用 NMRPipe、XEASY、CcpNmr 等软件完成蛋白质的主链归属。

测试结果：确定了 80%以上的主链氨基酸残基的归属，如图 5－25 所示。

（3）测试设备：Bruker 900 MHz

测试方法：用$^{2}H-^{15}N$ 标记的 MgATP 转运蛋白，采集 NOESY 图谱。

测试结果：6 d 内采集到高分辨率的 NOESY 图谱，可以观察到 MgATP 转运蛋白与底物的 NOE 值，如图 5－26 所示。

3. 蛋白质及其复合物的动力学分析能力

验收指标：每年能够进行 20～30 个蛋白质的动力学分析研究。

测试方法：能够采集不同的动力学数据，包括测试 T1/T2、水交换实验等技术，并对采集的数据进行分析，获得蛋白质的动态信息。

（1）测试设备：Agilent 600 MHz

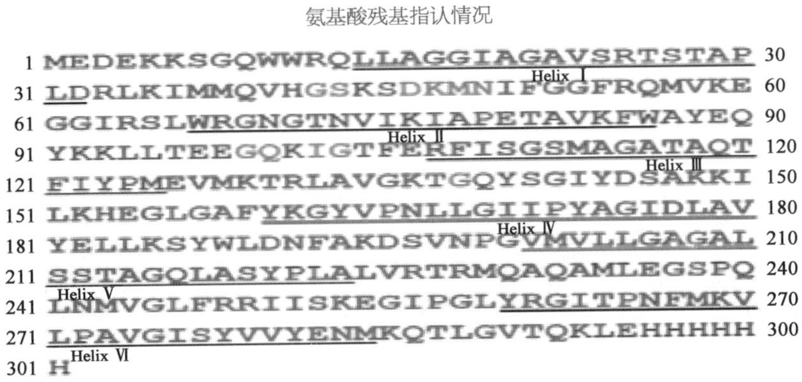

图 5-25 MgATP 转运蛋白的序列与主链氨基酸残基归属的完成情况(彩图见图版第 18 页)

红:已完成指认;绿:不确定;黑:未指认;下划线:二级结构为螺旋区域;Helix:螺旋。

测试方法:用^{15}N标记的 hltgβ7,采集一系列 T2 实验图谱。

测试结果:在不同的延迟时间下,蛋白质的不同氨基酸残基有不同的峰高,分析得到平均 T2 的时间为 67.3 ms,如图 5-27 和图 5-28 所示。

(2) 测试设备:Bruker 900 MHz

测试方法:用$^{13}C-^{15}N$标记的 MgATP 转运蛋白,采集 HNCO-水交换实验图谱。

测试结果:4 d 内采集到 WEX-HNCO 图谱,与溶剂有明显的交换,如图 5-29 所示。

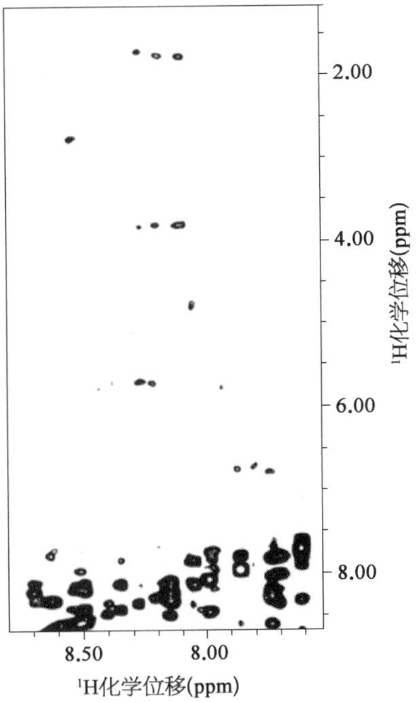

图 5-26 用$^2H-^{15}N$标记的 MgATP 转运蛋白采集的 NOESY 谱图

4. 蛋白质-配体相互作用的分析能力

验收指标:每年能够进行蛋白质-配体相互作用分析研究的样品达到 300~400 个。

测试方法:测试蛋白质与底物、抑制剂等化合物相互作用的核磁滴定。通过采集^{15}N-HSQC 或^{15}N-TROSY 谱,进行核磁滴定。根据信号的化学位移以及峰形变化,分析结合的部位和强弱。利用 NOE 和 PRE 等,实验测定结合的部位或强弱。

(1) 测试设备:Agilent 600 MHz

测试方法一:用^{15}N标记的 CD3-mut 蛋白,采集在不同 Ca^{2+} 浓度下的 TROSY 图谱。

测试结果:蛋白质的化学位移随 Ca^{2+} 浓度的变化而发生改变,如图 5-30 所示。

测试方法二:用$^{13}C-^{15}N$标记的 MgATP 转运蛋白,采集 HNCO 图谱,测定 PRE 的数据。

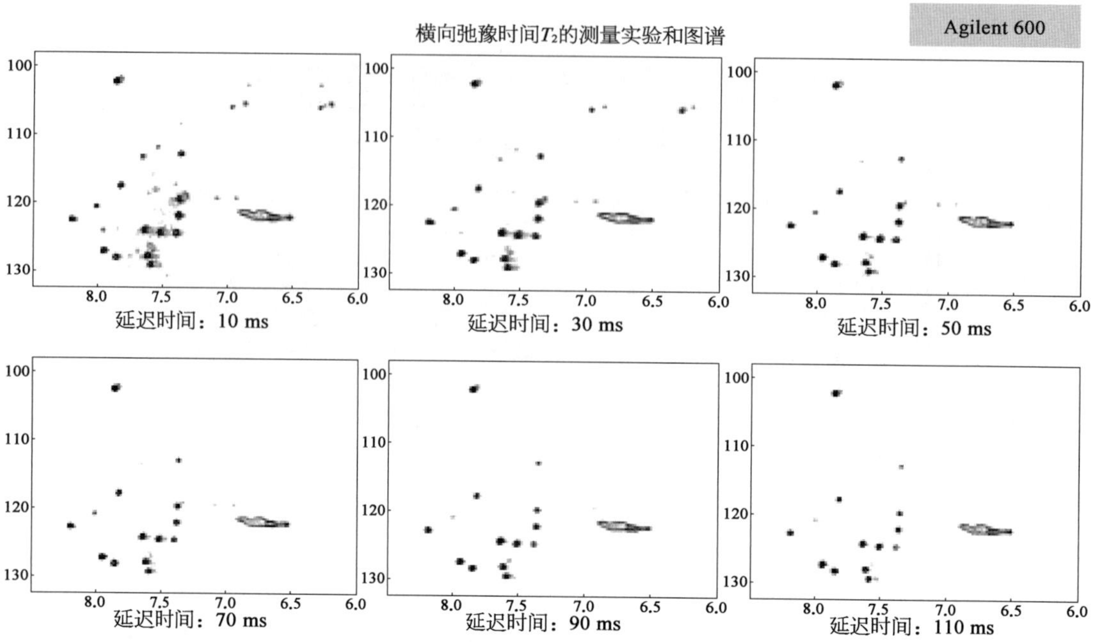

图 5－27　用^{15}N 标记的 hltgβ7，采集一系列 T2 弛豫实验图谱

横坐标是^{1}H 化学位移，纵坐标是^{15}N 化学位移，单位都是 ppm。

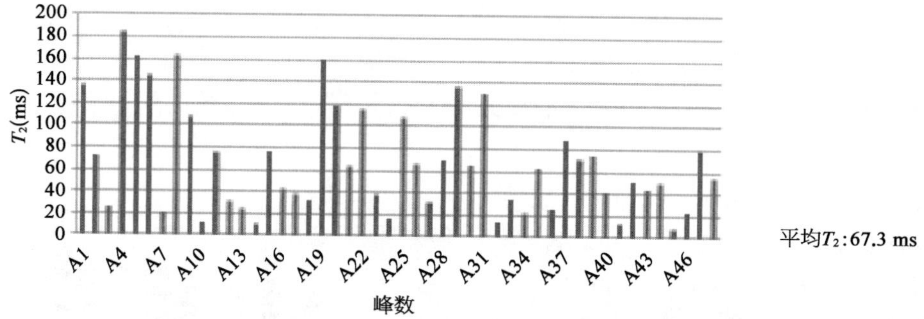

图 5－28　用^{15}N 标记的 hltgβ7，采集一系列 T_2 弛豫数据分析

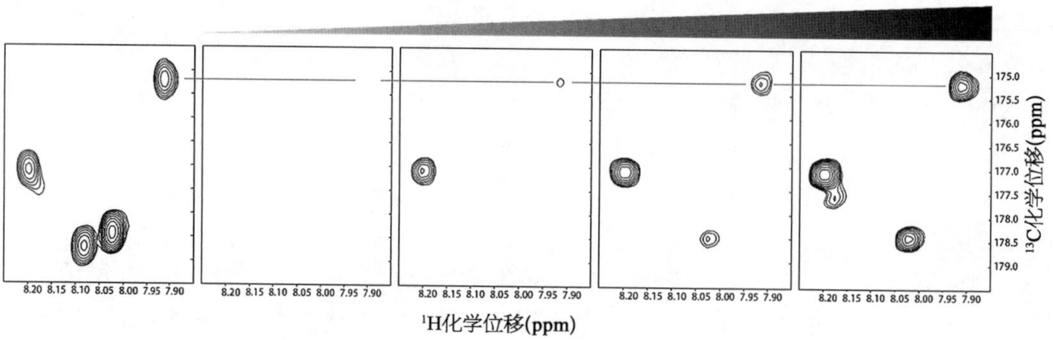

图 5－29　用^{13}C－^{15}N 标记的 MgATP 转运蛋白，采集顺磁弛豫实验图谱

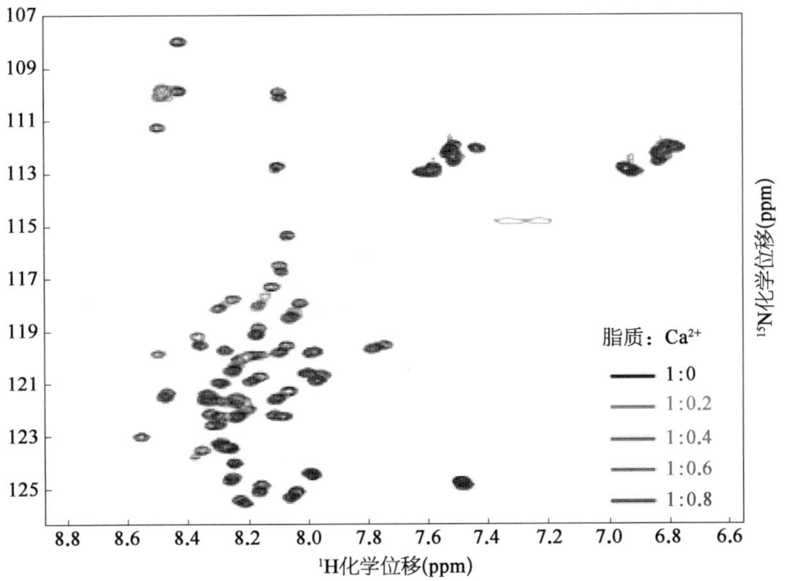

图 5-30 用^{15}N 标记的 CD3 蛋白，采集在不同 Ca^{2+} 浓度下的 TROSY 图谱(彩图见图版第 18 页)

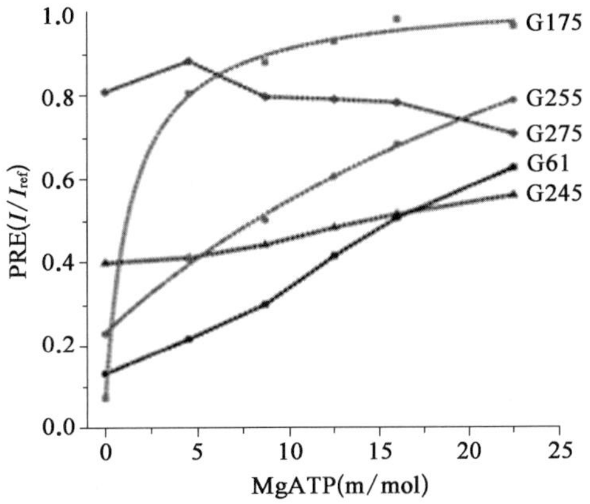

图 5-31 用^{13}C-^{15}N 标记的 MgATP 转运蛋白，测定顺磁弛豫增强(PRE)实验数据(彩图见图版第 18 页)

测试结果：每 16 h 内采集到 1 个高分辨率的 HNCO 图谱。通过一系列不同浓度的 MnATP 和 MgATP 滴定，获得不同氨基酸残基的 PRE 数值，如图 5-31 所示。

(2) 测试设备：Agilent 700 MHz

测试方法：用^{15}N 标记的 Se-2 水溶性蛋白质，采集 TROSY 图谱，加入不同浓度的小分子化合物 9301。

测试结果：Se-2 蛋白的化学位移，随着小分子化合物的加入而发生明显改变，如图 5-32 所示。

(3) 测试设备：Agilent 800 MHz

测试方法：用^{15}N 标记的 FAT 蛋白，采集 TROSY 图谱。加入不同的多肽 CD4、CD8，检测其结合与作用情况。

测试结果：采集到的 TROSY 图谱表明，CD8、CD4 的加入，引起了 FAT 蛋白个别峰的位移，说明 FAT 蛋白的结构没有发生大的变化，只有个别氨基酸受到影响。如图 5-33 所示。

(4) 测试设备：Bruker 600 MHz

测试方法：用^{13}C-^{15}N 标记的 p7 离子通道膜蛋白，采集 TROSY 相互作用图谱。

测试结果：一系列采集到的 TROSY 图谱显示了 HMA 分子与 p7 的结合，其结合位

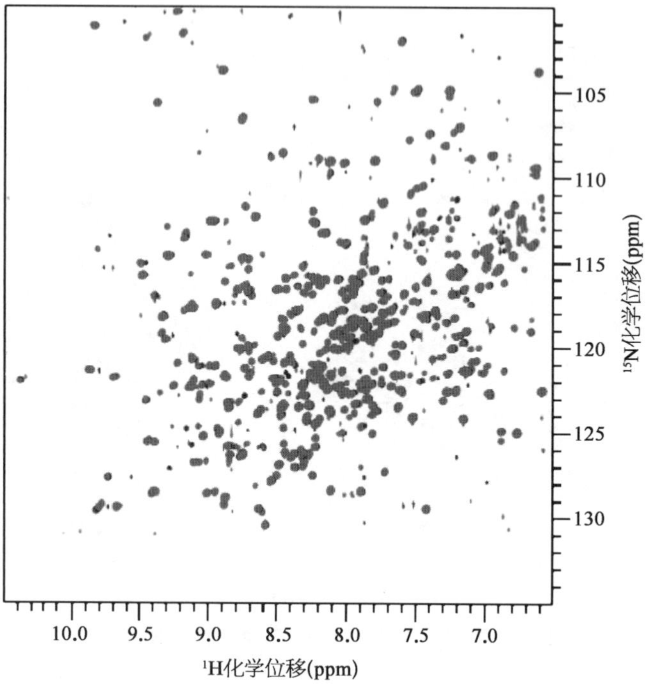

图 5-32　用^{15}N 标记的 Se-2 水溶性蛋白质，采集 TROSY 图谱，加入不同浓度小分子化合物 9301（彩图见图版第 19 页）

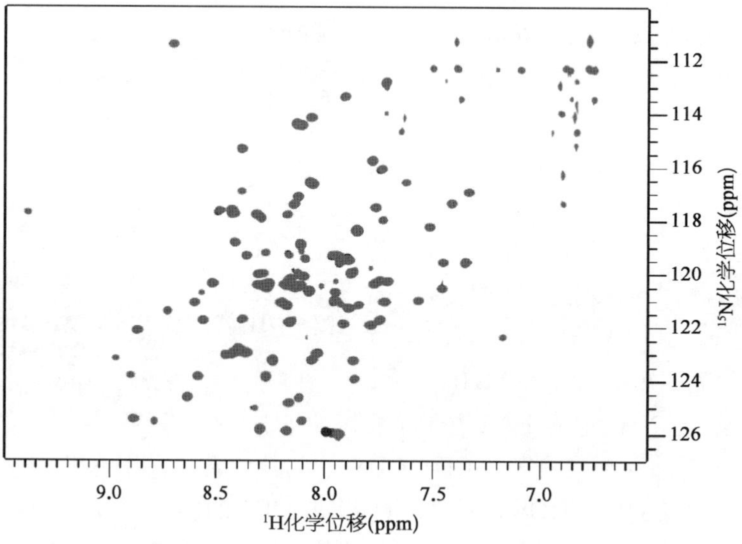

图 5-33　用^{15}N 标记的 FAT 蛋白，采集 TROSY 图谱（详见下载图 5-33，下载网址见 31 页脚注）

点与金刚烷胺类似，如图 5-34 所示。

5. 固体蛋白质的核磁共振分析能力

验收指标：每年能够进行 8～10 个固体蛋白质样品的分析研究，获得 2～3 个蛋白质

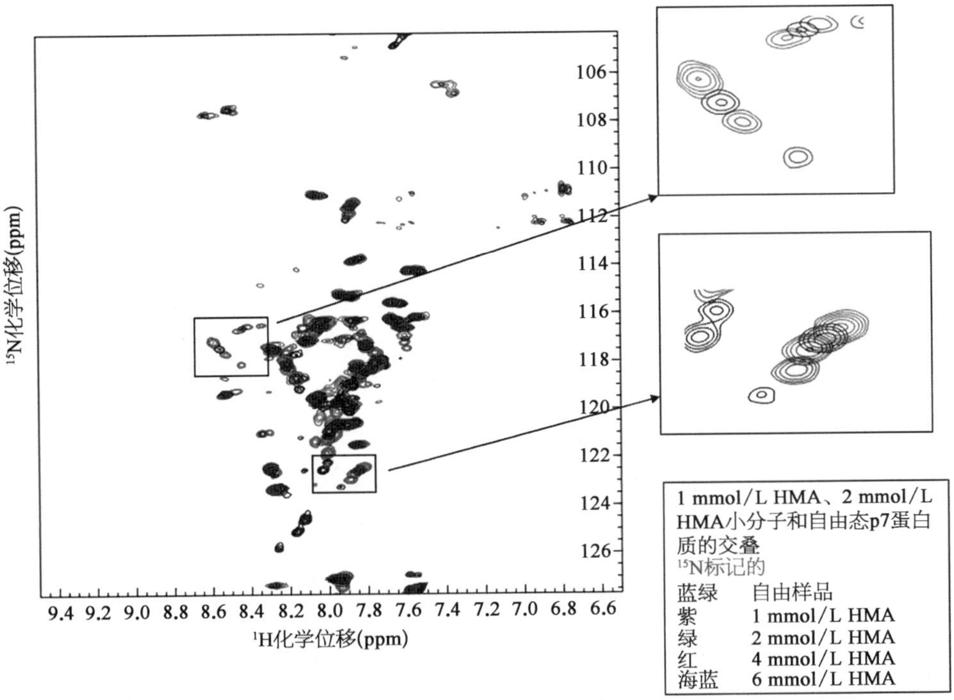

图 5-34 用^{13}C-^{15}N 标记的 p7 离子通道膜蛋白,采集 TROSY 相互作用图谱(彩图见图版第 19 页)

或多肽的固体结构,并进行动力学分析。

测试方法:固体探头安装调试完毕,可达到实验要求。

◎ 测试设备:Agilent 700 MHz

测试方法:用金刚烷胺的样品进行测试。

测试结果:具备应用固体核磁共振技术的能力。

5.3.4.3 测试结论

测试专家意见

对上海设施的蛋白质核磁分析系统,进行各项指标的测试,结果表明,目前核磁系统的 5 台核磁仪器包括 Bruker 900 MHz、Bruker 600 MHz、Agilent 800 MHz、Agilent 700 MHz、Agilent 600 MHz 已全部到位,顺利完成安装与调试,并达到如下 5 项验收指标和能力。

① 系统 5 台核磁谱仪每年能够测试 4 800 套(4 500 + 300)二维谱数据、700 套(600 + 100)三维谱数据。

② 每年能够分析的样品量,大于 100 个蛋白质及复合物。解析 20～30 个蛋白质的溶液三维结构,其中蛋白质复合物、膜蛋白或分子量大于 30 kDa 的蛋白质 10 个。

③ 每年能够进行 20～30 个蛋白质的动力学分析研究。

④ 每年能够进行蛋白质-配体相互作用分析研究的样品，达到 300～400 个。

⑤ 每年能够进行 8～10 个固体蛋白质样品的分析研究，获得 2～3 个蛋白质或多肽的固体结构，并进行动力学分析。

通过支持多个课题组完成不同的实验，满足其对核磁实验的不同要求，证明核磁系统已具备设计指标中的各种能力，达到一定规模的蛋白质样品分析和结构解析能力，具备了多种时间尺度内蛋白质及其复合物动力学的分析能力，以及应用多种手段测定蛋白质与配体相互作用的能力。

工艺验收专家：施蕴渝、金长文、王俊峰

工艺验收时间：2014 年 2 月 20 日

5.4　核磁系统的开放运行成果

5.4.1　核磁实验技术的发展与方法的建立

国际上的核磁共振设备和技术，还处在不断发展与创新的过程中，其在生命科学和医学领域亦发挥着越来越重要的作用。2013 年 12 月，上海设施建设完成并投入试运行的核磁共振设备包括：Bruker 900 MHz 和 600 MHz 谱仪、Agilent 800 MHz、700 MHz 和 600 MHz 谱仪。700 MHz 谱仪配备有液体室温探头和固体生物魔角旋转探头，而其他液体谱仪都配备有 5 mm 超低温探头和室温探头。设施于 2015 年 7 月通过工艺鉴定和国家验收，目前已具备蛋白质样品优化、溶液结构解析、动力学实验和相互作用等生物核磁共振实验的能力。

核磁系统致力于为用户提供生物大分子结构与功能的研究能力和科研服务，同时组建了一支高水平的技术团队，为非核磁专业的结构生物学家提供全面的技术支撑与服务，包括数据采集-谱图指认-结构解析的一整套服务。流程如图 5-35 所示。

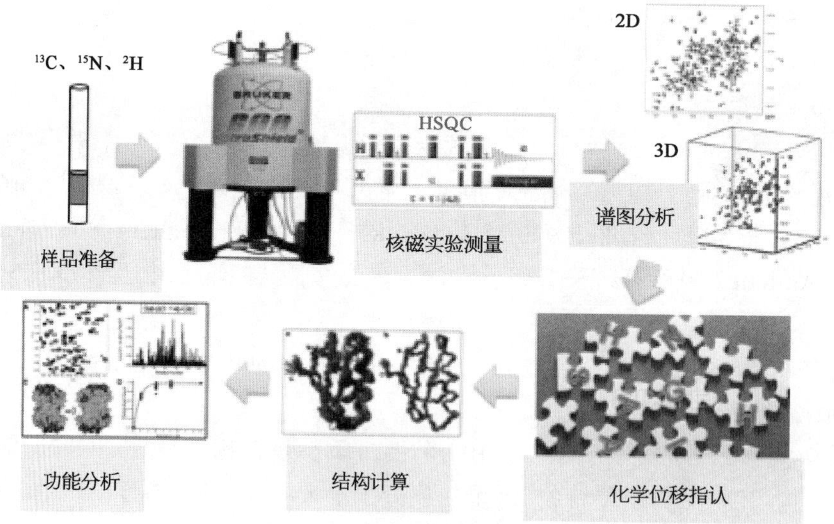

图 5-35　液体核磁共振技术从样品制备到蛋白质结构与功能研究的流程

除了常规的核磁结构解析服务外，还积极开展核磁新技术的引进发展和新方法学的开发研究。如图 5-36 所示的 TROSY 方法，是一整套 TROSY 版本的三共振实验脉冲序列。这一整套脉冲序列，来源于周界文在哈佛大学实验室的多年积累；在上海设施中，由刘志军用时 2 年 8 个月调试完成。结合 900 MHz 谱仪超高分辨率和超高灵敏度的硬件优势，这一套方法可以把液体核磁解析蛋白质结构的分子量极限，从常规方法的 40 kDa 拓展到 90 kDa。利用该方法已经成功解析了 MCU（90 kDa）和 HIV gp41（14 kDa）两个膜蛋白的核磁结构。

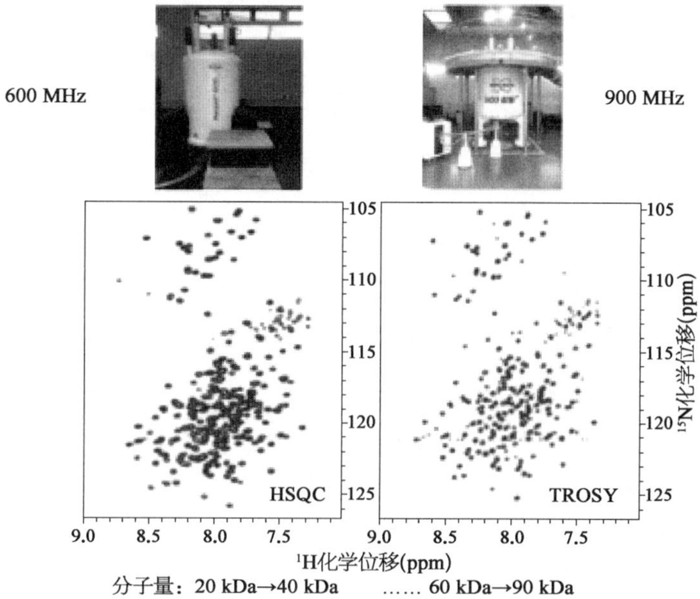

图 5-36　基于 900 MHz 高磁场谱仪的核磁共振新技术开发与对比应用

此外，在周界文和国内外同行专家的帮助下，技术主管刘志军结合用户实际样品的实验需求，已经建立起先进技术并有应用成果发表[9-19]的包括：① 常规蛋白质三共振实验和基于 NOE 的溶液结构解析方法；② 膜蛋白 TROSY 版高灵敏度三共振实验；③ 多种 NUS* 快速数据采集和波谱重构方法；④ TROSY-CPMG 弛豫扩散动力学实验；⑤ RNA 核磁实验数据采集；⑥ 基于 RDC 的膜蛋白 NMRlego 分子片段重排的新方法。如图 5-37 所示[9]。

上述新技术和新方法的引进和开发，构成了核磁系统的核心竞争力，吸引了很多优秀的用户课题前来合作，也帮助用户高效解决了技术难题。

5.4.2　核磁系统的用户开放情况与成果统计

从 2013 年开始到 2017 年 12 月，核磁系统已经为来自国内外 22 个单位的约 78 个课

* NUS：non-uniform sampling（非均匀采样）。

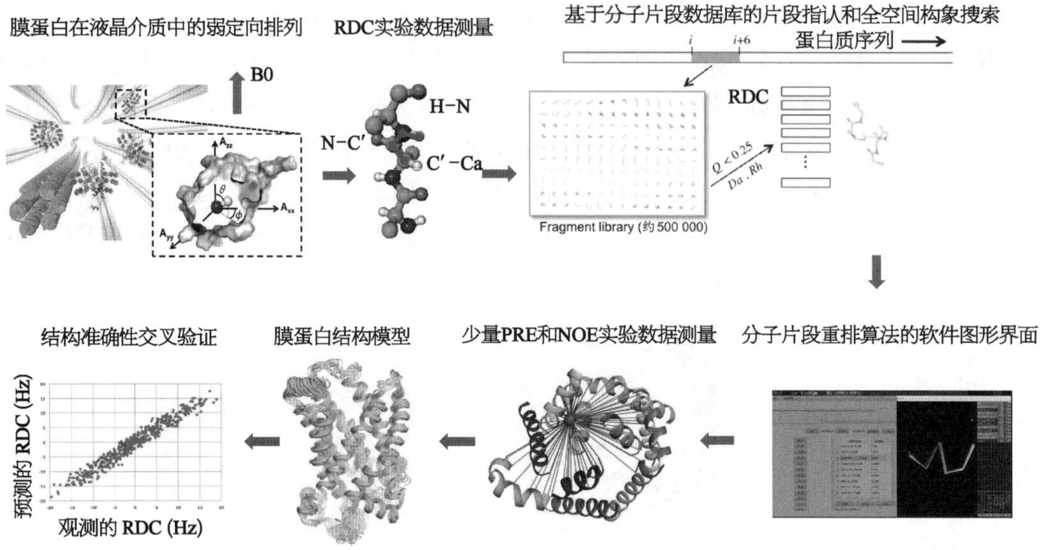

图 5-37　膜蛋白核磁共振结构解析新方法的示意图(NMRlego)(详见下载图 5-37,下载网址见 31 页脚注)

该膜蛋白和大蛋白质结构解析新方法一共由 7 个步骤组成：蛋白质在 DNA 等液晶体系中发生弱取向排列；RDC 核磁实验数据测量；构建新的膜蛋白分子片段数据库并完成检索；建立一个图形界面用于分子片段重排操作；结合 PRE 和 NOE 实验信息，完成三级结构组装；结构优化；结构数据交叉验证。fragment library：片段文库。

题(其中包括 2 个诺贝尔奖获得者的课题组)提供了蛋白质核磁实验测试和数据分析服务。从 2015 年 8 月正式运行开始，核磁系统的技术人员有刘志军、吴斌、薛红娟、姜松子和詹伟，共 5 人全职服务于设施和用户。已发表的用户成果涉及膜蛋白的结构与功能、蛋白质的动力学与功能、蛋白质-配体弱相互作用、核磁方法学研究、RNA 结构与功能研究等多个领域[9-19]。用户服务情况的统计如图 5-38 所示。

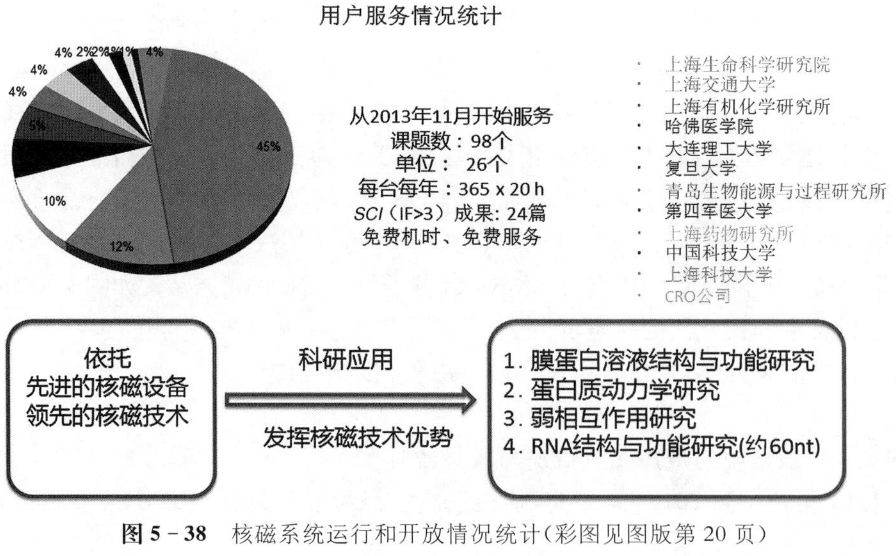

图 5-38　核磁系统运行和开放情况统计(彩图见图版第 20 页)

nt：核苷酸数(nucleotide)。

此外，在上海设施管理层的支持下，还举办了一次国际生物核磁与药物开发的研讨会暨2015年度核磁技术暑期学校。有110位国内外用户和学者来参加研讨和培训。

截至2017年12月，国内外用户已发表*SCI*论文24篇，影响因子IF＞10的论文19篇。其中有13篇文章由核磁系统技术主管刘志军提供支撑服务，同时也利用新的核磁技术方法帮助用户解决了关键技术难题，属于技术合作成果。相关文章已经在*Science*、*Nature*、*JACS*、*Angewandte Chemie International Edition*和*Structure*等国际著名期刊上发表[10-19]。

参考文献

[1] 夏佑林，吴季辉，刘琴，等. 核磁共振原理及其在生物学中的应用. 合肥：中国科学技术大学出版社，1999.

[2] 裘祖文，裴奉奎. 核磁共振波谱. 北京：科学出版社，1989.

[3] 伍越寰. 有机结构分析. 北京：中国科学技术大学出版社，1993.

[4] Rule G S, Hitchens T K. Fundementals of protein NMR spectroscopy. New York: Springer, 2006.

[5] Cavanagh J, Fairbrother W J, Palmer A G, et al. Protein NMR spectroscopy — Principles and practice. Cambridge, Massachusetts: Academic Press, 1996.

[6] Wuthrich K, Wagner G. Nuclear magnetic resonance of labile protons in basic pancreatic trypsin inhibitor. Journal of Molecular Biology, 1979, 130: 1 - 18.

[7] Bax A, Grzesiek S. Methodological advances in protein NMR. Accounts of Chemical Research, 1993, 26: 131 - 138.

[8] Blackledge M. Progress in nuclear magnetic resonance. Spectroscopy, 2005, 46: 23 - 61.

[9] Sounier R, Chou J J. Solution nuclear magnetic resonance spectroscopy. Methods Mol Biol, 2013, 955: 495 - 517.

[10] Dev J, Park D, Fu Q, et al. Structural basis for membrane anchoring of HIV - 1 envelope spike. Science, 2016, 353(6295): 172 - 175.

[11] Oxenoid K, Dong Y, Cao C, et al. Architecture of the mitochondrial calcium uniporter. Nature, 2016, 533(7602): 269 - 273.

[12] Li Y, Han J, Zhang Y, et al. Structural basis for activity regulation of MLL family methyltransferases. Nature, 2016, 530: 447 - 452.

[13] Zhang N, Wang Y, An L, et al. Entropy drives the formation of salt bridges in the protein GB3. Angew Chem Int Ed Engl, 2017, 56(26): 7601 - 7604.

[14] Li J, Wang Y, Chen J, et al. Observation of α - helical hydrogen-bond cooperativity in an intact protein. J Am Chem Soc, 2016, 138(6): 1824 - 1827.

[15] Guo X, Yan C, Li H, et al. Lipid-dependent conformational dynamics underlie the functional versatility of T-cell receptor. Cell Res, 2017, 27(4): 505 - 525.

[16] Chou J J, Fu Q, Liu Z. The structure of HIV - 1 membrane anchor and its implication to vaccine design. Chinese Journal of Cell Biology, 2016, 38(7): 765 - 769.

［17］ Feng Y，Zhang L，Wu S，et al. Conformational dynamics of apo-GlnBP revealed by experimental and computational analysis. Angew Chem Int Ed Engl，2016，55(45)：13990－13994.

［18］ Zhang N，An L，Li J，et al. Quinary interactions weaken the electric field generated by protein side-chain charges in the cell-like environment. J Am Chem Soc，2017，139(2)：647－654.

［19］ Xu D，Li B，Gao J，et al. Ligand proton pseudocontact shifts determined from paramagnetic relaxation dispersion in the limit of NMR intermediate exchange. J Phys Chem Lett，2018，9(12)：3361－3367.

第 6 章　电镜分析系统

电子显微镜系统隶属于上海设施，该系统坐落于上海浦东新区海科路园区 D 座。冷冻透射电镜技术平台，主要包括三大模块，即电镜样品制备模块、电镜数据收集模块和电镜数据处理模块（图 6－1）。样品制备模块可满足快速冷冻制样（plunge freezing）、负染样品制备、高压冷冻、超薄切片、免疫和组织细胞切片分析等制样要求。电镜数据收集模块包括：电镜稳定工作环境的建立；Tecnai G2 Spirit 120 kV、Tecnai G2 F20 200 kV 和 Titan Krios 300 kV 电镜的安装调试以及正常的运行和维护；直接电子探测相机 K2 和 Falcon Ⅱ的安装以及相位板的安装和调试；自动化收集数据软件的安装和使用，即冷冻透射图象的获得与数字化。数据处理模块可通过光缆获得数据，实时、快速地传输到大型计算机集群，进行运算、高性能图像处理、海量数据存储以及相关软件的自主开发等。冷冻电镜系统的建立，为结构学的研究提供了重要的科研基础。

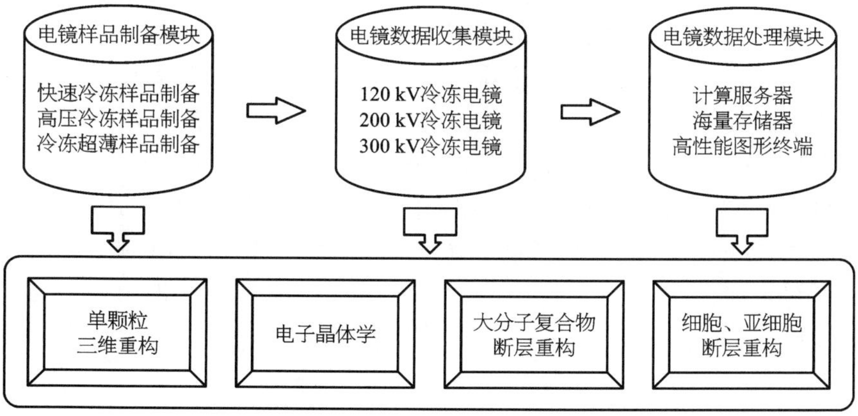

图 6－1　冷冻电镜系统技术方案图

6.1　科学目标与建设目标

6.1.1　科学目标

集成化电镜系统的建立，是为了应对结构生物学的现状和发展前景，目的在于迅速提高我国在冷冻透射电镜技术领域和三维重构技术领域的能力，将我国的蛋白质科学提高到一个新的发展水平。

冷冻透射电镜及相关的三维结构重构技术，是与X射线晶体学、核磁共振并列的结构生物学研究的重要手段。冷冻透射电镜技术的优点在于：样品不需要以晶体的形式存在；快速冷冻技术可以保存样品的真实自然结构；适合大分子复合物的中间态和瞬间结构研究；研究对象的尺度范围宽，从生物大分子到亚细胞和细胞水平。从某种意义上讲，冷冻透射电镜技术能够很好地解决其他生物学结构方法所不能解决的科学问题。

冷冻透射电镜的用途主要有3个方面。一是单颗粒三维重构，可用来获得结构上具有同一性、分子量在100 kDa以上的大分子或者大分子复合物的三维结构。目前最高分辨率已达到原子分辨率级别，可直接进行分子模型的构建。二是电子晶体学，可用来从二维晶体收集电子衍射数据，以解析三维结构。这在膜蛋白的结构解析中有重要应用，目前最高分辨率已达到0.19 nm。三是电子断层重构，用来获得结构不具备均一性的大分子复合物、细胞器或者细胞的三维结构，目前的分辨率已在纳米量级。

以蛋白质和核酸为代表的大分子，在生命体的新陈代谢过程中起重要作用。生物大分子的功能，依赖于各种瞬时或稳定的大分子复合物的功能性组装及有序分布。冷冻透射电镜技术，包括单颗粒三维重构和电子断层重构，在各种形式大分子复合物以及细胞器和细胞水平的结构研究中，具有广泛的应用。而且电子晶体学在膜蛋白的结构解析上，也具有重要的应用前景。人类基因组测序的结果显示，30%左右的序列为膜蛋白编码序列。在目前的药物研发中发现，有近70%的药物靶点为膜蛋白。但是，由于膜蛋白被疏水基团包裹，关于膜蛋白表达、纯化、结晶或核磁共振的研究，都面临很大的挑战。从纯化的膜蛋白中获得二维晶体，再利用冷冻透射电镜，获得电子衍射图谱和透射图像，以进行膜蛋白的结构解析，就成为一个很好的别样选择。

以电子断层重构为代表的冷冻透射电镜技术，为生物物质从离体(*in vitro*)到活体(*in vivo*)的研究，提供了手段。处于亚细胞和细胞水平的结构研究，是结构生物学与细胞生物学相融合的一个界面，目前正得到更多的重视和广泛的应用。

集成化电镜分析系统，主要运用冷冻电子显微镜对大分子量(＞100 kDa)的分子复合物和蛋白质机器的三维结构进行解析，分辨率可达到约0.3～0.4 nm甚至更高，同时在膜蛋白结构解析方面也具有很大潜力。它还可以原位测定细胞中的生物结构，获得这些结构与周围环境联系的信息，以分析其在生物信息传递中所起的作用。

6.1.2　建设目标

首先从目前我国生命科学研究的大趋势来看，分子医学研究迫切需要建立高分辨冷冻电镜研究平台，以研究与重大疾病相关的蛋白质分子和病原体结构，及其与细胞的相互作用，如SARS病毒、肝炎病毒、禽流感病毒、HIV等。由于这些病毒三维结构的特殊性，用其他手段研究起来比较困难，但是可以利用冷冻电镜的独特技术优势加以研究。其次，我国的结构分子生物学研究迫切需要建立这样的研究平台，以研究分子量巨大的生物大分子复合物结构，这些结构难以用现有的结构生物学研究手段（X 射线晶体学、核磁共振）来加以研究。第三，我国的细胞生物学迫切需要建立这样的平台，以研究生物大分子在细胞内的定位和结构，以及细胞器乃至整个细胞的三维结构。用常规的电子显微镜所观察到的细胞，是化学固定脱水干燥后的结构，其天然精细结构通常遭到破坏；而运用冷冻电镜技术，可以观察细胞含水状态下的超微结构，几乎接近于天然存活状态，可以测定细胞真实的精细结构。

6.2 电子显微镜

电子显微镜（electron microscope，EM）简称电镜，是研究物质超微结构、组成成分以及物质功能的一种重要工具。电子显微镜顾名思义，是与电子相关。根据电子光学原理，用电子束和电磁透镜代替光束和光学透镜，并通过荧光屏让肉眼不可见的电子束成像，能使物质的细微结构在非常高的放大倍数下成像。电镜可以获得纳米级甚至埃级（1 Å = 0.1 nm）分辨率的图像，其分辨率远高于光学显微镜。

6.2.1 电子显微镜发展历史

众所周知，1924 年德布罗意（L. V. D. de Broglie）提出了著名的假设：电子等实物粒子具有波动性。不久，这一假设便得到了实验证实。波粒二象性是指某种物质同时具备波和粒子的特性。这个概念最早由爱因斯坦（A. Einstein）于 1905 年提出，人们开始意识到光子同时具有波和粒子的双重性质。1926—1927 年，C. J. Davission 和 L. H. Germer 以及 T. Reid 使用电子衍射现象，验证了电子的波动性，发现其波长比 X 光更短。在理论上，电子显微镜可以突破光学显微镜的极限，将更多细微的构造呈现在人们眼前。1926 年，德国物理学家 H. Busch 发现，一个旋转对称、不均匀的电场或磁场，可以作为一个“透镜”，将高速运行的电子射线聚集起来，其原理类似于玻璃透镜将光束聚集起来。这些发现为电子显微镜的问世奠定了理论基础，许多学者马不停蹄地开始了相关的试验。

在 7 年以后的 1933 年底至 1934 年初，德国物理学家 E. Ruska 等人，当使用一个聚光镜，并且用短焦距的板靴式磁透镜代替空心线圈之后，制作出了世界上第一台透射电子显微镜，并获得放大 12 200 倍的铝箔与纤维的像，分辨率达到 50 nm，比光学显微镜的极限分辨率提高了 4～5 倍。1939 年 Ruska 等人在德国西门子公司研制并生产出了第一批商品电镜，其分辨率为 10 nm，共生产了 40 台。Ruska 因为在透射电子显微镜的发明中所作出的重要贡献，而获得 1986 年的诺贝尔物理学奖。

自从第一台商品电镜问世以后，人们对透射电镜的主要研究，集中在改善仪器的结构和性能，以及寻求最简单的样品制备技术等方面。随着科学技术的发展，电镜的分辨率和放大倍率也随之提高，人们又研制出不仅包含会聚透镜，还利用 2 个透镜作连续 2 次成像的短焦距磁场透镜。这种显微镜能在光学显微镜的基础上，再放大 100 倍。特别是进入 20 世纪 70 年代，电镜设计与电镜制样技术有了突飞猛进的发展，一些国家已能生产出点分辨率优于 0.3 nm、晶格分辨率可达 0.1～0.2 nm 的高分辨透射电镜。早期视野中模模糊糊的结构，在人类眼中变得清晰起来。人们直接观察生物大分子结构和重金属原子图像的愿望，得到了实现。20 世纪 80 年代，随着高空间分辨的分析电子显微学技术的发展，人们可以采用高分辨技术、微衍射、电子能量损失谱、电子能谱仪等，对很小区域（约 1 nm）进行电子成像、晶体结构、电子结构、化学成分的研究，使电镜分析技术在材料学领域得到广泛的应用。20 世纪 90 年代，由于纳米科技的飞速发展，对电子显微分析技术的要求越来越高，进一步推动了电子显微学的发展。目前，透射电镜已发展到球差校正透射电镜的阶段[1]。

进入 21 世纪以后，人类基因组计划的成功，让我们看到了破解人类健康与疾病奥秘的希望。蛋白质承载生命，在后基因组时代，我们迫切需要了解蛋白质所具有的功能；而结构决定功能，解析大分子蛋白质的结构，是生命科学领域之重点突破方向。随着快速冷冻和低温冷却技术的发展，人类迎来了冷冻电镜时代。冷冻电镜技术（cryo-electron microscopy）是 20 世纪 70 年代在英国剑桥医学研究理事会（Medical Research Council，MRC）分子生物学实验室诞生的。A. Klug 因其在晶体电子显微领域里的杰出贡献，获得了 1982 年的诺贝尔化学奖。在 20 世纪 80 年代，J. Dubochet 等人报道了一种将单粒子电子显微镜技术引向高分辨率成像之路的革命性成果。相关的研究对象非常广泛，包括病毒、膜蛋白、肌丝、蛋白质-核苷酸复合物、亚细胞器等。一方面，冷冻电子显微镜技术所研究的生物样品，既可以是具有二维晶体结构的样品，也可以是非晶体的样品，而且对于样品的分子量没有限制，这样就大大突破了 X 射线晶体学只能研究三维晶体样品和核磁共振波谱学只能研究小分子量（＜100 kDa）样品的限制。另一方面，生物样品通过快速冷冻的方法进行固定，避免了常规的样品处理过程中，化学固定、染色、脱水、金属镀膜等操作给样品构象带来的一些假象，更加接近样品的生理状态。

直接检测照相机（direct detector device，DDD）能够直接检测电子信息和记录图像，因此图像的信噪比得到了极大的提升，显著提高了电镜的分辨率。高分辨率图像处理算法的改进，不仅使电镜图像的质量有了质的飞跃，也大幅度提高了图像记录和设备读出的速度（readout rate）。DDD 相机就好像是一台摄像机，可以在短时间内拍摄多帧图像，记录整个拍摄过程，而不再像以前的电荷耦合装置（CCD）探测器或者其他的记录手段，记录图像时必须经过复杂的处理过程，只能够拍摄到一张张固定的图像。图像的质量得到了大幅度提高，又可以借助计算机，计算因电子束照射而引起的粒子移动，对产生了位移的图像进行校正，从而获得高质量的低温冷冻电镜二维图像，为高分辨率的三维结构解析提供重要的条件[2]。

6.2.2　电子显微镜的基础理论

光学显微镜的问世，对生物学、医学等学科的发展，起到了巨大的推动作用。但是，光学显微镜的最大放大倍率为 1 000 倍，继续放大并不能给出更多的结构信息，这种多余的放大被称为“空放大”。显微镜的有效放大倍率与显微镜的分辨率，是密切相关的。

6.2.2.1 分辨率

分辨率又称为分辨力或分辨本领，它表示仪器能够对邻近两点清晰地加以区分辨认的能力，用可以分辨出 2 个质点圆心的最小距离来表示。人的眼睛对明视场中相距 25 cm 的位置，能够清晰分辨的最小距离为 0.1～0.2 mm。如果想观察更微小的细节，必须利用显微镜将细节放大。光学显微镜的分辨率，可以根据阿贝(E. C. Abbe)公式求出：$d=\frac{0.612\lambda}{n\sin\ \alpha}$，其中 d 为分辨率，λ 为入射光的波长，n 为透镜和物质间介质的折射系数，α 为物体与物镜间所成的夹角(孔径角)的 1/2，0.612 为常数。普通光镜 α 的最大值为 90°，其中 $\sin\alpha=1$，镜头的 $n=1.4\sim1.6$，光源为可见光波长 500 nm。由上述公式计算出，光学显微镜的分辨率大约等于入射光源的半波长。当光学显微镜的极限分辨率为 250 nm 时，比人眼的分辨率提高了 1 000 倍。

运动的电子具有波粒二象性，与可见光相似。德布罗意提出的“物质波”假说认为，“一切物质”和光一样具有波粒二象性。根据此假说，电子也会有干涉和衍射等波动现象，这被后来的戴维森(C. J. Davisson)-革末(L. Germer)实验所证实。根据德布罗意公式 $\lambda=\frac{h}{m\theta}$ 和电子能量的计算公式 $\frac{1}{2}m\theta^2=eV$，其中 $m=9.109\times10^{-31}$ kg 为电子质量，eV 为电子能量，$h=6.626\times10^{-34}$ J · s。h 为普朗克常数，θ 为电子运动速度，应该得到的公式为 $\lambda=\frac{h}{\sqrt{2meV}}$。随着加速电压的增加，电子射线的波长进一步变短，电镜的分辨率进一步提高，加速电压与波长之间的关系如表 6 - 1 所示。

表 6 - 1 电子加速电压与电子波长的关系

加速电压(kV)	电子波长(nm)	加速电压(kV)	电子波长(nm)
100	0.003 70	300	0.001 97
200	0.002 51	1 000	0.000 87

例如，当加速电压为 100 kV 时，电子的波长为 0.003 7 nm，比光波长小 10 万倍，理论分辨率应该约为 0.002 nm。

6.2.2.2 电镜的电子光学元件

电镜的电子光学元件分为 3 类，即透镜、偏转线圈和像散校正器。

(1) 电镜的透镜是电磁透镜，是电子光学元件中最重要的部分。其结构主要是成组的线圈包含在有磁性、带有极靴的合金壳中(图 6 - 2)。电流通过线圈时，在有磁性的合金壳中形成磁场。磁场在真空的镜筒中形成透镜区域，用于聚焦电子束。透镜的质量取决于极靴*的形状。通过改变线圈中的电流大小，可以改变磁场强度，也即透镜的汇聚强

* 极靴指电磁透镜合金壳上的 2 对凸出部分，其作用是使磁场更强更均匀，聚焦能力更佳。

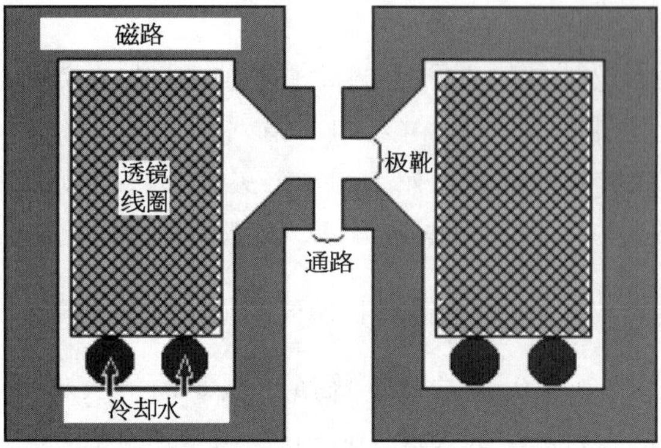

图 6-2　电磁透镜结构示意图

图片引自 FEI 公司操作手册。

度。由于线圈中的电流会产生热量，需要使用循环水保持极靴中的温度。虽然电磁透镜和光学透镜的结构完全不同，但是电磁透镜可以用基本的光学透镜原理来描述。聚光镜能够将电子束汇聚在样品上，而物镜透镜成像。中间镜和投影镜将来自物镜的初级像再次逐级放大，最终成像于荧光屏上。由物镜、中间镜与投影镜所组成的成像放大系统，不仅可以改变电镜的放大倍率，而且可以在图像模式和衍射模式之间进行切换。

（2）偏转线圈贯穿在电镜的电子通路上，可以移动和倾转电子束。线圈分为上下 2 组，每组之间相互垂直（x 和 y 方向）。通过 x 和 y 线圈之间的相互作用，电子束可以偏转到任何方向。偏转线圈有 2 个以上的集合（所谓的双偏转线圈）（图 6-3）。在多数情况下，偏转线圈只用于电镜的光路校正。使用偏转线圈有时也可达到特定的效果。例如，在暗场情况下倾转电子束，或者在 STEM 模式下移动电子束（图 6-4）。

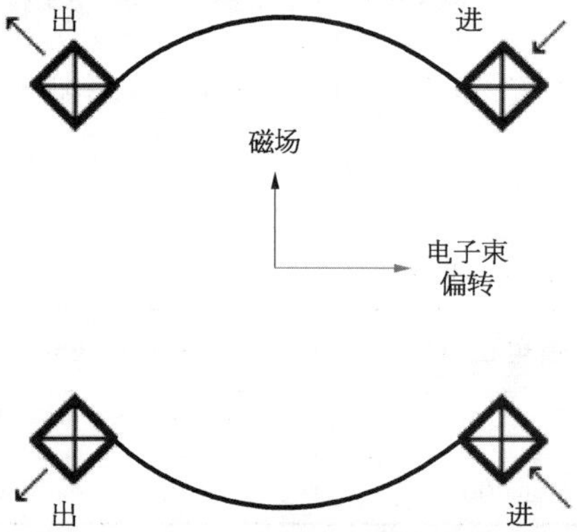

图 6-3　偏转线圈示意图

图片引自 FEI 公司操作手册。

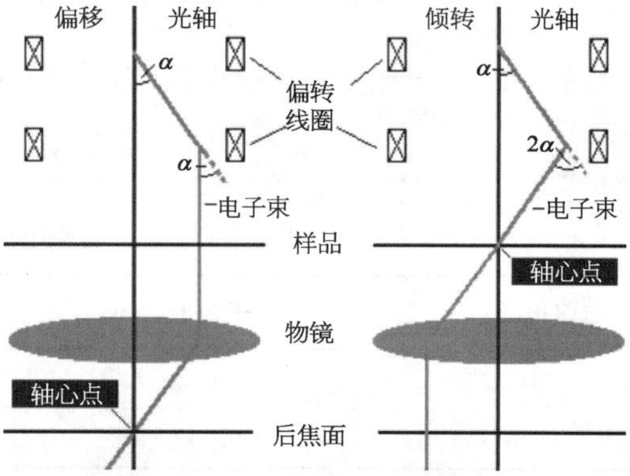

图 6-4　电子束的移动和倾转

图片引自 FEI 公司操作手册。

（3）从理论上说，磁透镜具有圆形并且非常对称的分布，然而实际上，尽管在确保制造出高质量的磁透镜方面花费了巨大的努力，却没有一个 100%完美的磁透镜显微镜。小的不均匀性、制造时的缺陷以及后期使用过程中的一些外来因素，比如粉尘黏附或者试样带电以及本身的磁性等因素，都会影响磁透镜的对称性，导致电磁透镜在纵向和横向上的磁场强度发生变化，造成磁场不对称，纵向与横向的像平面不在同一平面，两者共同形成一个最小模糊像。像散校正器正是用于校正电磁透镜的这种缺陷，从而改善图像的质量，提高电子显微镜的分辨率。

6.2.2.3　电镜的球差校正

近年来，透射电子显微镜技术有了显著的进步，最为突出的是球差校正技术的出现。

在电子显微镜中使用磁场透镜，在原理上是因为只能采用凸透镜制作，并不能像光学显微镜一样通过组合凹透镜来改善像差(如图 6－5 所示)。因此，透镜的各种像差，尤其是 3 层球面像差(球差系数，coeficient of spherical aberration，C_s)的影响，会限制透镜的分辨率。最近几年来，利用多极子校正装置来调节和控制电磁透镜的聚焦中心，从而实现对球差的校正，最终实现了亚埃级的分辨率(如图 6－6 所示)。

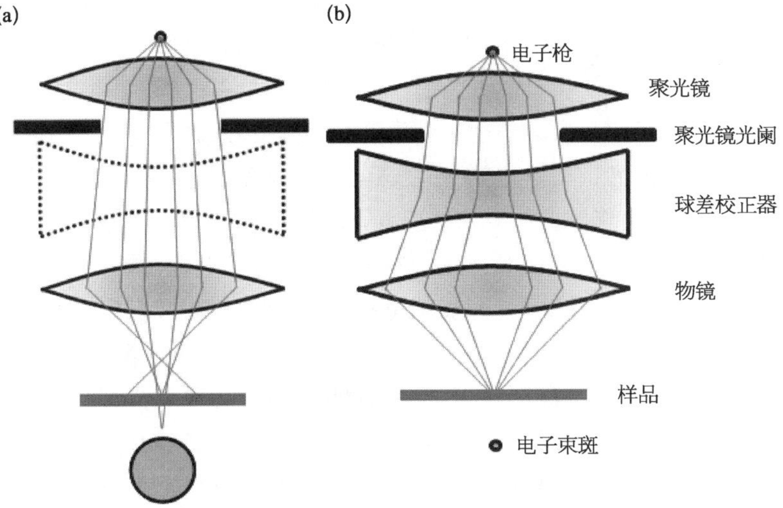

图 6－5　球差校正光路示意图

(a) 没有球差校正器；(b) 有球差校正器。(图片引自 FEI 公司操作手册)

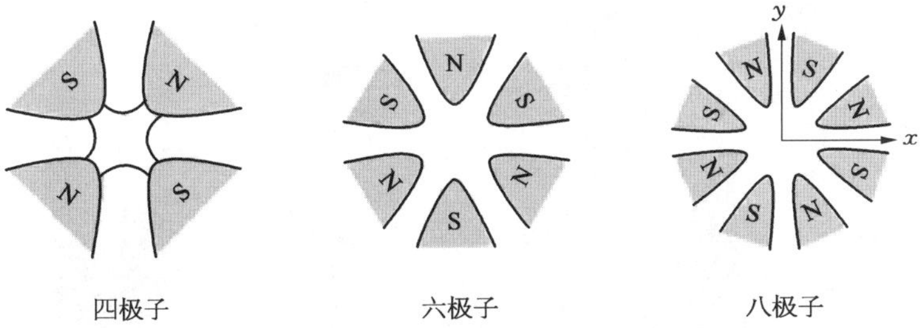

图 6－6　3 种多极子校正装置的示意图

图片引自 FEI 公司操作手册。

6.2.3　电子显微镜的基本类型及其应用

电子显微镜的诞生和应用，改变了 20 世纪的科学进程。1938 年西门子公司生产的世界第一台商品型双透镜电子显微镜投放市场。此后，世界各国广泛开展了对电镜的研制与改进。目前电镜可大致分为以下几大类。

6.2.3.1　透射电子显微镜

透射电子显微镜(transmission electron microscope，TEM)占电镜总量的 80％～

90%，其主要特点是可以观察样品内部的结构像。透射电镜有着广泛的应用。早期由于技术发展水平的限制，大家主要对透射电镜的常规功能进行研究与推广，常规电镜在材料科学、生命科学、医学诊断等新兴学科中以及临床诊断中，发挥了巨大作用。随着科学技术的发展，透射电镜的样品制备技术也日趋完善。尤其从 20 世纪 70 年代起，提出了冷冻电子显微镜技术，这项技术在 80 年代趋于成熟。电镜的应用得到了推广，扩大了生物样品的范围，不仅包括病毒、膜蛋白、肌丝、蛋白质-核苷酸复合物、亚细胞器等非晶体的样品，也包括具有二维晶体结构的样品，大大突破了 X 射线晶体学和核磁共振波谱学的研究对象限制。

但是，由于生物样品接收的电子剂量受到限制，通过冷冻透射电镜所拍摄的生物样品，普遍存在图像衬度低、样品特征难以辨识的缺点。最近发展迅猛的相位板技术，把相位板置于冷冻透射电镜的后聚焦面。该技术的引入，能够为透射束和折射束的电子波函数增加相位差，从而极大地增强电镜图像的衬度，特别适用于衬度低的冷冻生物样品。该技术能够极大地提高成像水平和信噪比，进而提高电镜二维图像处理及三维重构的精确度，对进一步提高超大分子复合物的解析水平和扩大解析范围，起到了至关重要的作用。

目前最新开发的直接电子探测相机，已被证明能够进行样品漂移校正，进而增强冷冻电镜的解析与分辨能力；通过自动图像采集系统，收集大量的二维投影数据；利用各种计算机软件程序包，由电镜的二维图像重构样品的三维结构，即进行三维重构。现在，直接电子探测器相机和相位板，已开始成为国际一流电镜实验室的必备配件，极大地增强了图像对比度，特别适用于易被电子辐照损伤的生物样品。图 6－7 为本设施配备的冷冻电镜。

图 6－7　上海设施的 Tecnai G2 F20 冷冻透射电镜(a)和高压为 300 kV 并带有球差校正器和相位板的 Titan Krios 冷冻透射电镜(b)

6.2.3.2 扫描电子显微镜

扫描电子显微镜(scanning electron microscope,SEM)主要是一束细细的电子束,一次只能扫描样品的一小块表面。为得到整个样品的图像,作为照明源的电子束必须不停地移动,一次只能看清一小块样品,最后形成完整的电镜图像。这种成像方式叫做“扫描电子”。扫描电镜可以观察表面凹凸不平的立体结构,主要利用样品表面散射回来的二次电子进行放大成像。其最大优点是景深大,图像层次丰富,立体感强。应用扫描电镜可以观察样品的表面形态,进而获得样品的三维空间图像,在材料科学和生命科学等领域有着广泛的应用(图 6-8)。

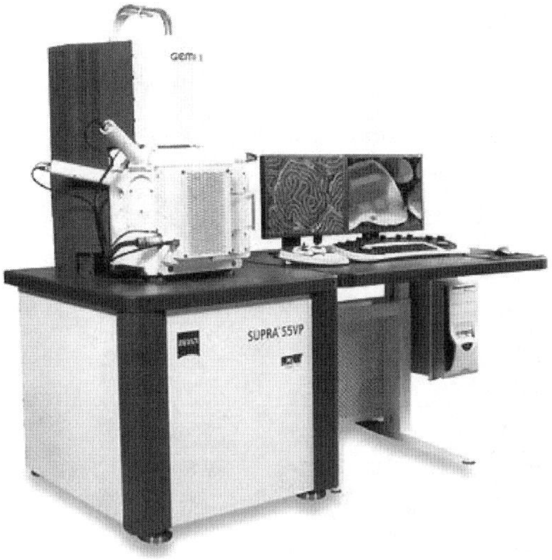

图 6-8 扫描电子显微镜

图片转引自 http://www.fd1718.com/fd1718_Product_9777217.html。

6.2.3.3 分析电子显微镜

分析电子显微镜(analytic electron microscope, AEM)可以对检测样品的化学成分进行定性或者定量的分析。目前,它主要由透射电镜配置扫描配件、能谱仪(energy dispersive spectrometer, EDS)或者波谱仪(wavelength dispersive spectrometer, WDS)组成。这类电镜除了具备透射电镜和扫描电镜的功能之外,还可以对几微米范围内的元素进行定性与定量的综合分析,在化学定量分析的科学实验中具有很大应用价值。

6.2.3.4 扫描透射电子显微镜

扫描透射电子显微镜(scanning transmission electron microscope, STEM)是配置有扫描附件的透射电镜,既可以观察透射电子像,又可以观察扫描像。它综合了透射电子显微镜和扫描电子显微镜的原理。像 SEM 一样,STEM 用电子束在样品的表面扫描,又像 TEM,通过电子穿透样品而成像。STEM 能够获得 TEM 所不能获得的一些关于样品的特殊信息。STEM 技术要求较高,并且电子光学系统比 TEM 和 SEM 都复杂。目前在 ThermoFisher 公司 Talos 和 Titan 两个产品系列中的冷冻透射电镜,都具有 STEM 的功能。

6.2.3.5 超高压电子显微镜

加速电压在 1 000~5 000 kV 的电镜,一般称为超高压电镜(high-voltage electron microscopy, HVEM)。提高加速电压使得电子束的能量加大,穿透样品的能力加强。这类电镜与普通电子显微镜相比较,更便于对厚样品和粗大析出物进行研究,标本厚度可达数微米,可大大简化制样技术。可以对样品的微观组织、结构、缺陷等进行定性和定量分析,也可以检测样品在加热、拉伸、电子辐照等条件下组织的动态变化。超高压电镜还可以拍摄一般透射电镜所不能够获得的立体图像,进一步提高分辨率,并减少标本的辐射损伤。但是,由于该镜结构复杂,体积又极为庞大(相当于两层楼房的建筑物),故价格

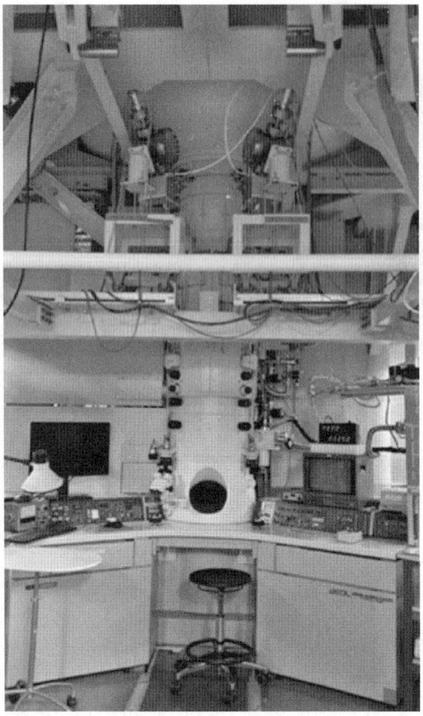

图 6－9　JEOL JEM－ARM1300 超高压电子显微镜

图片转引自中国分析测试协会网。

昂贵，目前尚不能普及（图 6－9）。

6.2.3.6　电视电镜

这类电镜是结合了电镜和电视的功能而形成的电镜，特点是通过电视荧光屏可以直接观察图像。电视电镜由镜体、电子轰击电耙、低速电子扫描管以及电视机组成，可以很方便地聚焦和进行高速摄影。这类电镜在教学和科研中有着广泛的应用。

不同种类的电镜，具有不同的功能，可以满足科学研究的不同需求。电镜的种类和电镜技术亦随着科技的发展而不断增多。电镜领域的技术革新，给材料科学和生命科学以及医药化工等领域，带来了革命性的变化，极大地推动了这些学科的发展。

6.2.4　透射电子显微镜的结构

一台透射电子显微镜，总体可分为 3 个部分，分别是电子光学系统、真空系统、电子学部分。其中，电子光学系统是电子显微镜的核心部分，真空和电子学部分是辅助系统。

6.2.4.1　电子光学系统

电子光学系统可分为照明系统、成像系统、观察和记录系统。电子从透射电子显微镜最上面的电子枪发射出来，镜筒内处于真空状态。发射出的电子在加速管中被加速，通过照明系统的电磁透镜，照射到试样上。透过试样的电子，被成像系统的电磁透镜放大、成像。可以在观察窗口观察样品像，或者通过相机记录下来。电镜的光路示意图如图 6－10 所示。

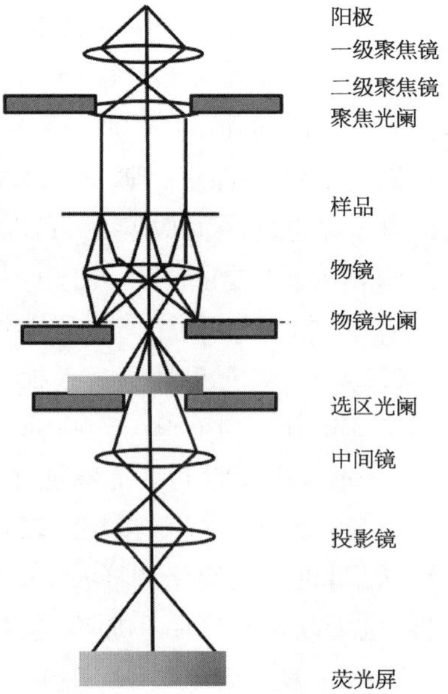

图 6－10　电镜的光路示意图

1. 照明系统

照明系统由电子枪部分和聚光镜系统所组成。它们的功能是为成像系统提供一个亮度强、尺寸小的照明光斑。亮度由电子发射的强度决定，而光斑的大小主要由聚光镜系统的性能决定。电子枪的光源亮度至少是光学显微镜的光源亮度的 10^5 倍。

（1）电子枪

电子枪是产生电子的装置，位于透射电镜的最上部。电子枪的种类不同，电子束的会聚直径、能量的发散度也不同。这些参数决定了照射到样品上电子的性质。

电子枪可分为热电子发射型和场发射型两种。在过去的热电子发射型透射电镜中，使用的是发夹式钨灯丝(图 6 - 11a)。近年来，广泛使用的是高亮度的六硼化镧(LaB_6)单晶灯丝。与钨灯丝比较，LaB_6 灯丝对于镜筒中真空度的要求更高。LaB_6 灯丝由于具有亮度高、光源尺寸和能量发射小的特点，更适合分析型透射电镜。

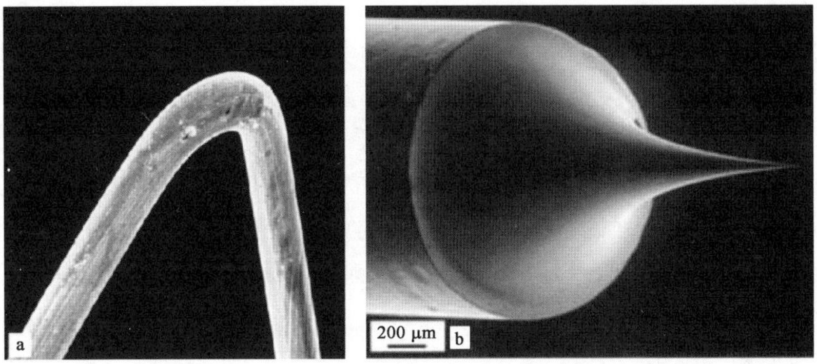

图 6 - 11 热电子发射型发夹式钨灯丝(a)和场发射型灯丝(b)

另一类电子枪称为场发射型电子枪(field emission gun，FEG)。场发射是指在金属表面加上一个强电场，金属表面的势垒变浅，由于隧道效应，金属内部的电子穿过势垒，从金属表面发射出来的现象。为了使阴极的电场集中，将尖端的曲率半径做成$<0.1\ \mu m$的尖锐形状，这样的阴极称为发射极(图 6 - 11b)。与 LaB_6 单晶灯丝的热电子发射枪相比，FEG 亮度是 LaB_6 单晶灯丝的 100 倍，光源尺寸比较小，电子束的相干性很好。目前在 ThermoFisher 公司出产的透射电镜中，FEG 有着广泛的应用，特别适于结构学的研究。

(2) 高压发生器和加速管

将电子枪所产生的电子加速，这需要高电压。产生这种高电压的装置，称为高压发生器。利用高电压加速电子的装置，就是加速管。通常，将放置高压发生器的容器称为高压缸。高压发生器和透射电镜主体是通过高压电缆连接起来的。

(3) 聚光镜和偏转系统

将加速的电子会聚，并照射到试样上的一组磁透镜，称为照明透镜系统。其功能是把有效光源会聚到样品上，并且控制该处的照明孔径角、电流密度与光斑尺寸。现在的透射电镜普遍采用双聚光系统。第一聚光镜是短焦距的强透镜，称为 C1；第二聚光镜是一个长焦距的弱透镜，称为 C2。C1 的作用是把电子束的最小交叉截面缩小，并成像在 C2 的共轭面上，而 C2 再把缩小后的光斑成像在样品上。C2 控制照明孔径角和照射面积，并为样品室提供足够的空间。光斑的大小由改变 C1 的焦距来控制，C2 只是在 C1 限定的最小光斑条件下，进一步改变样品上的照明面积。此外，一些高性能电镜(例如 ThermoFisher 公司的 Titan Krios)还有第三聚光镜，称为 C3。C3 在 C1 和 C2 的基础上，进一步提高光路的相干性，也可进一步保障电镜的平行光系统。

聚光镜系统里还装有使电子偏转的偏转线圈，可用于实现合轴、电子束倾斜、电子束移动、电子束扫描等功能。通常，偏转线圈是由两极偏转的 2 组相对的线圈所组成，可以很方便地实现电子束倾转。

2. 成像放大系统

成像系统是电镜获得高分辨率和高放大倍率的核心组件，一般由物镜、中间镜、投影镜、物镜光阑和选区衍射光阑组成。

(1) 物镜

物镜的功能是形成样品的初级放大像以及衍射谱。由于物镜是成像系统的第一级透镜，由它所造成的像差都会被中间镜与投影镜放大，因此对物镜放大后的图像质量有很高的要求。可以说，透射电镜的像的质量，几乎取决于物镜的性能。

物镜由透镜线圈、磁电路和极靴构成，极靴的形状直接影响物镜的性能。上下极靴之间可以形成旋转对称的强磁场，试样在极靴的中央。试样下面是物镜光阑，可以限制电子束孔径角，以减少球面像差，并可以遮挡散射电子而增加图像的反差。为了消除像散*，可以在下极靴的下面安装消像散器。

(2) 中间镜和投影镜

中间镜位于物镜之下、投影镜之上。它是一个可变倍率的弱磁透镜。极靴内孔较大，焦距也较长，放大倍数在 0～20 之间。中间镜的主要功能是，把物镜形成的初级像或衍射谱透射到投影镜的物平面上，再由投影镜放大到终像平面。高分辨电镜一般有 2 个投影镜。投影镜是一个短焦距的强磁透镜，使用上下对称的小孔径极靴。投影镜的作用是把中间镜形成的二次中间像及衍射谱，放大到荧光屏上，形成最终放大的电子像和衍射谱。

由物镜、中间镜和第一、第二投影镜组成的四级成像放大系统，最高放大倍率可达百万倍。在超低倍观察时，须关闭物镜电源，利用中间镜作为长焦距物镜而获得几十倍、几百倍的广视野图像，但其分辨率仍然要比相同倍率的光镜图像高。

(3) 观察记录系统

荧光屏是在铝板上涂上一层荧光粉而制得。荧光粉通常为硫化锌(ZnS)，它能发出 450 nm 的绿光。荧光屏的分辨率取决于荧光屏上 ZnS 镀层的颗粒尺寸，通常 ZnS 颗粒的尺寸为 50 μm，对于高分辨率的屏来说，ZnS 颗粒可达到 10 μm，所以荧光屏的分辨率为 10～50 μm。

电镜专用胶片曾经是最常用的成像记录方式。胶片有厚度为 25 μm 的明胶层，明胶层含有均匀分散的 10%的卤化银颗粒。胶片的分辨率为 4～5 μm，比荧光屏的分辨率高得多。胶片具有较高的像素(pixel)，其分辨率与曝光时间、电子束强度、胶片种类、显影液种类以及显影条件等有关。

现代的电镜几乎都采用 CCD 相机进行成像记录。电子束照射到相机成像板上的荧光物质后，就形成电子和空穴对，电子被荧光体的缺陷部位所捕获。当激光束照射到这种荧光物质上时，被捕获的电子就被释放在导带中，与空位再结合发光。这种光被光电

* 像散是指光束经透镜折射后，其子午细光束与弧矢细光束不能汇聚于一个点，致使成像不清晰的现象。

倍增管转变成电信号，再生成图像（图 6－12）。CCD 相机的最大好处，在于所得结果是数字图像，便于后期的数字处理。

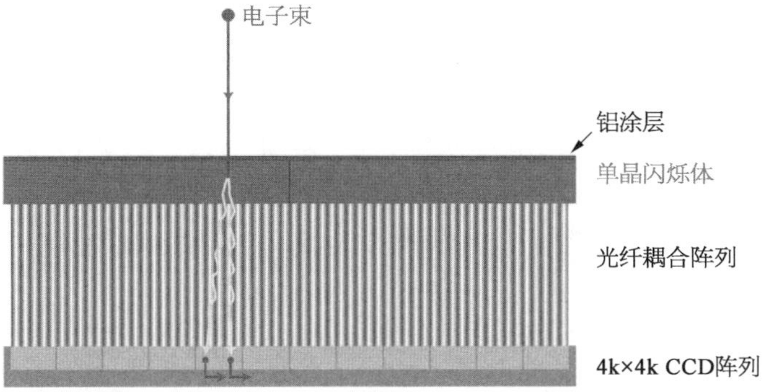

图 6－12 CCD 相机示意图（彩图见图版第 20 页）
图片引自[13]。

6.2.4.2 真空系统

在电子显微镜中，凡是电子运行的区域，都要求处在尽可能高的真空状态。如果电镜镜筒内的真空度较低，高速运行的电子与气体分子会相互作用，产生随机电子散射，削弱图像的衬度；残余气体会腐蚀炙热的灯丝，缩短灯丝的使用寿命。这样，特别在拍摄高分辨率图像时，图像的效果会受到影响。

根据功能需要，真空系统可以使用不同的真空泵。最基本的是机械泵，它可以使真空值达到 10^{-3} Torr，优点是很可靠而且较便宜，缺点是噪声大和易于污染镜筒。机械泵的工作原理为，在使用油润滑并保持机械密封的容器内，转子旋转和吸入气体，压缩后排出气体。机械泵可以从大气压开始工作，用于 TEM 的初始真空排气，以及作为油扩散泵和涡轮分子泵的前级泵。

扩散泵可以使镜筒内的真空值达到 $10^{-3} \sim 10^{-11}$ Torr。扩散泵的工作原理为，将油加热到高温，使油蒸汽从喷管高速喷出。喷射流带着气体分子，将气体分子送到排气口。扩散泵可以从比较低的真空度开始工作，抽气速率很大，所以可用于透射电子显微镜（TEM）中排气量大、放出气体多的照相室的真空抽气。

涡轮分子泵可将真空控制在 $10^{-9} \sim 10^{-11}$ Torr，工作原理是使用高速旋转的金属翼来排出气体分子，主要用于 TEM 的镜筒排气。为降低机械振动，常使用磁悬浮旋转翼的涡轮分子泵。

离子溅射泵可以使真空值达到 $10^{-9} \sim 10^{-11}$ Torr。工作原理是，让磁控管放电产生的离子溅射在钛（Ti）表面，后者放出活性分子吸附气体，使之附着在泵壁上。由于这一点，离子溅射泵不适于放出气体多的真空系统，但可用于保持高真空的系统，例如 TEM 的电子枪和镜筒排气。

真空系统中还装有各种电磁阀、气动阀，把抽气装置与镜筒联为一体。同时还配有一个空气压缩机，以保持气阀正常工作。以上装置是利用真空规作为传感器，经过一系列电子开关电路控制真空阀门，使阀门按照一定程序启动的全自动控制系统。

6.2.4.3　电子学部分

电子显微镜需要 2 个独立的电源：一个是使电子加速的小电流高压电源，另一个是电子束聚集和成像的大电流低压磁透镜电源。电源必须保持较高的电流与电压稳定性，减少电流和电压波动对分辨率的影响。电子学部分可分为安全系统、总调压变压器、透射电源系统、高压电源系统、辅助电源系统、真空电源系统。另外，为减少电镜振动对电镜拍摄图像的影响，通常在高分辨率电镜中还会增加一个减振系统。由于电镜是一个电子光学系统，电磁场的干扰会影响电流的正常使用，故解决的方法是在透射电镜外面增加一个电磁屏蔽系统，以减少外来磁场对于电镜的干扰。

近年来，在生物学领域中应用得比较广泛的冷冻电镜，增加了一个低温控制系统，该系统主要通过 2 个杜瓦瓶保持电镜镜筒和自动上样系统中的温度在液氮温度，目前在 ThermoFisher 公司出产电镜的 Titan 和 Talos 系列中广泛使用，对于生物样品结构的检测发挥了重要作用。

配备自动上样系统的 Titan Krios 和 Talos Arctica 两个系列的冷冻电镜，可以一次性转移 12 个样品到电镜系统中。自动上样系统中的样品，被保存在真空的低温环境下，以减少冰污染。2 个机械臂——cassette（垂直方向）机械臂和 cartridge（水平方向）机械臂，是自动上样系统的核心组成成分（图 6 - 13）。

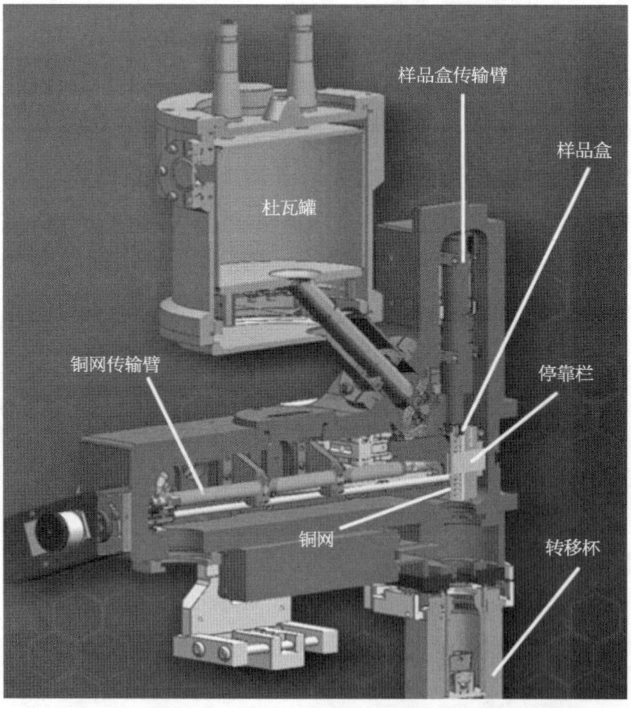

图 6 - 13　自动上样系统示意图（彩图见图版第 21 页）

图片引自 FEI 公司操作手册。

6.3 透射电镜样品的基本制备技术

光学显微镜利用试样表面对光的反射能力差异，而产生衬度；透射电镜则利用样品对入射电子的散射能力差异，而形成衬度。这不仅要求制备出的样品保证电子的穿透能力，还要求样品保持高分辨率和不失真。因此，本章主要针对各种生物样品，介绍各种电镜生物样品的制备技术。

6.3.1 常规样品的制备及超薄切片技术

在进行生物样品的超微结构研究时，常规透射电镜的生物样品制备技术是最基本也最重要的方法之一。一般常规透射电镜电子束的穿透能力较弱，故而样品的厚度不能太大。透射电镜的分辨率很高，可以观察到样品上几乎所有细微结构；在样品处理过程的任何一个环节上出现问题，都可以导致样品的超微结构失真。因此，对样品制备过程的各个环节，都要加以精心把握。

6.3.1.1 主要使用的仪器和试剂

① 多聚甲醛、戊二醛、四氧化锇(OsO_4)、醋酸铀、柠檬酸铅；

② 乙醇、丙酮、812 树脂；

③ 切片机及切片机配件、修块机；

④ 镊子、离心管、睫毛笔、滤纸。

6.3.1.2 制样方法

1. 取材

取材的方法是，将从实验动物中取出的组织，迅速放入预冷好的固定液中，使用刀片切去被镊子夹到和剪刀剪过的组织(避免机械损伤)。将组织切成 0.5～1 mm^3的立方体，或者横截面积为 1 mm^2以内的长方体。将切好的组织块转移到装有固定液的小瓶中，置于 4℃的冰箱里(可保存数周)。

2. 固定

固定的目的是在分子水平上，使被研究的组织和细胞，尽量保持接近其生理状态。常用的固定技术有化学固定法及物理固定法，前者更为普遍。化学固定是采用一定的化学试剂来达到固定的目的。它能够和细胞内的大分子物质发生交联，固定细胞内的蛋白质成分，也能保存糖类和脂类，保持细胞内成分的生理位置，从而达到把细胞的精细形态结构保存下来的目的。

不同的生物样品，其固定方法有所不同。细胞或者组织可以通过浸泡的方法来固定生物样品，大器官则往往通过灌注固定的方法。

(1) 组织固定

固定组织的主要难点在于化学固定剂的低渗透性。条件允许的话，可使用灌注固定的方法。将固定剂注入动物的血管中，或直接灌注进分离的器官。使用刀片从灌注以后的样品，切下合适大小的组织块。

(2) 浸透固定

当灌注条件不允许时，可以通过浸透的方法，快速固定小组织块。将取下的组织块放进盛有 1 ml 的 0.1%戊二醛固定液的离心管中。将离心管放进真空箱中 30 min，真空保持在 760 Torr。组织块在戊二醛溶液中固定 4 h 以上，用 0.1%PBS 溶液漂洗 5 次，每次 15 min。

（3）细胞固定

对培养细胞进行电镜观察时须固定。细胞固定的方法比较多，具体可参见文献[3]。

3. 四氧化锇固定

向漂洗过的组织中加入 0.5 ml 的 0.1% OsO_4 固定液，避光，4℃，2 h。用 PBS 缓冲溶液漂洗 2 次，每次 10 min。

4. 脱水

（1）酒精梯度脱水

用浓度梯度为 30%、50%、70%、90%的酒精，依次脱水，每次 10 min。对神经、血管可以延长脱水时间到 30 min。

（2）丙酮脱水

用浓度梯度为 90%、100%的丙酮进行脱水，每次 10 min。

5. 浸透和包埋

（1）包埋剂的配制

Epon 812 树脂的配方，一般沿用了 H. Luft 在 1961 年提出的配方。冬季和夏季的配方比例不同。以夏季配方为例，配制 10 ml 的包埋剂，成分比例为：6.2 g Epon 812、4.5 g MNA、1.4 g DDSA。待其充分混匀后，逐渐滴加 0.15 ml 的 DMP－30*，再搅拌 10 min（根据包埋剂的量，适当延长时间）。

（2）浸透

包埋剂和无水丙酮按一定的比例混合均匀，逐渐渗入组织块中。无水丙酮与包埋剂按 1∶1 混合后浸透组织块，放在摇床上振荡，浸透 1 h，也可延长到 3～4 h。然后加入纯的包埋剂，使得无水丙酮与包埋剂的比例为 1∶2，充分混合，摇床过夜。

（3）包埋

将在 65℃干燥箱内烘烤后的空心胶囊或者一些其他的包埋管取出，先滴加一滴包埋剂，取出组织块放进胶囊内的包埋剂中，保证组织块位于胶囊的底部中央位置。然后加入足量的包埋剂。

（4）聚合

将包埋好的组织块放入 37℃烤箱中 24 h，然后将其转移到 65℃的恒温箱中聚合 48 h。

6. 切片

（1）修块

一般用手工对包埋块进行修整。对于组织块较大的样品，可使用修块机进行修块。

* Epon 812：一种环氧树脂。MNA：methyl nadic anhydride（甲基内次甲基二甲酸酐）。DDSA：dodecenylsuccinic anhydride（十二烷基琥珀酸酐）。DMP－30：2，4，6－Tris（dimethylaminomethyl）phenol[2，4，6－三（二甲基氨基甲基）苯酚]。

将包埋块夹在特制的夹持器上，用锋利的单面刀片先削去顶端和组织周围多余的包埋介质，使之呈金字塔形(图 6-14)。

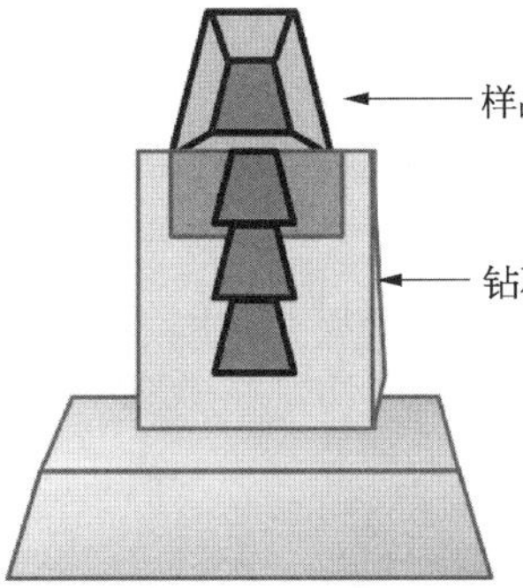

图 6-14 样品切割示意图

(2) 定位

对需要观察取材样品特殊部位的样品，在进行超薄切片前先定位。切出厚度为 1～2 μm 的半薄切片。将切片转移到滴有蒸馏水的干净载玻片上，在 60～80℃下展平烤干，用香柏油封片，使用相差显微镜进行观察和定位。寻找目标区域，把表面修成梯形或长方形，把观察部位保持在梯形或长方形的中央。梯形的底边一般为 0.5 mm，高为 0.3 mm 左右。

7. 带支持膜的载网的制备

关于超薄切片的载网，选用带有网孔的铜网。网孔越大，观察的有效面积也越大，但对切片的支持稳定性较差。覆盖支持膜的铜网，对于脆弱的切片具有重要的保护作用。理想的支持膜须厚薄适中，具有一定的强度。支持膜的制样方法有许多种，下面介绍一种常用的方法。

① 使用 2%的醋酸清洗 100 目铜网，蒸馏水清洗多次，丙酮清洗 3 次，置于通风橱中晾干。

② 无水酒精清洗载玻片，用擦镜纸擦干。

③ 在载玻片上滴入一滴 2%的 formvar 膜*-氯仿溶液，保证载玻片上 formvar 膜的厚度。

④ 载玻片垂直晾干，通常在 1～2 min 会晾干。

⑤ 用刀片将载玻片的四边划开，保证 formvar 膜能从载玻片上分离。

⑥ 以 45°角将载玻片缓慢地插入干净的蒸馏水中，formvar 膜会从载玻片上分离开，漂浮在水面。

⑦ 检查 formvar 膜的完整性及光洁程度。根据膜的颜色检测厚度，银灰色的膜厚度较为合适。

⑧ 将干净的铜网放在漂浮的膜之上，让铜网的光滑面向上，粗糙面朝向 formvar 膜。

⑨ 取出铜网晾干。

8. 超薄切片

① 将修块定位好的组织块，固定在切片机上，保持样品梯形的下底在下面，固定钻石刀与刀架的间隙角为 6°。

② 打开切片机顶灯，让钻石刀慢慢地靠近样品。关闭顶灯，打开底灯，在显微镜下可以看到样品和钻石刀，样品上出现钻石刀的反光面。

---

* Formvar 膜也称方华膜，是聚乙烯醇缩甲醛和氯醋聚乙烯醇三元共聚物的一系列产品。它具一定的支持强度，耐电子束轰击，在电镜下无结构，不与样品发生化学反应，可以被电子束穿透，适合作为电镜观测的支持膜成分之一。

③ 调整样品的角度，保证样品梯形的下底面与钻石刀平行。缓慢地移动钻石刀，使之靠近样品，直至在样品表面可以看到钻石刀的反光，并根据反光控制样品与刀之间的距离，以及钻石刀与样品之间是否平行，设定切割窗口，将钻石刀移动靠近样品，直至样品表面的反光消失(图 6－14)。

④ 设定切割条件。设定切割的速度、样品的厚度。常规样品的厚度一般在 80～100 nm 之间(切割参数如图 6－15 的右边主图所示，其中左栏数值为速度，单位 mm/s，右栏数值为样品厚度，单位 nm)。在钻石刀的水槽中加入无离子水，保证水槽上可以形成银色反光面。

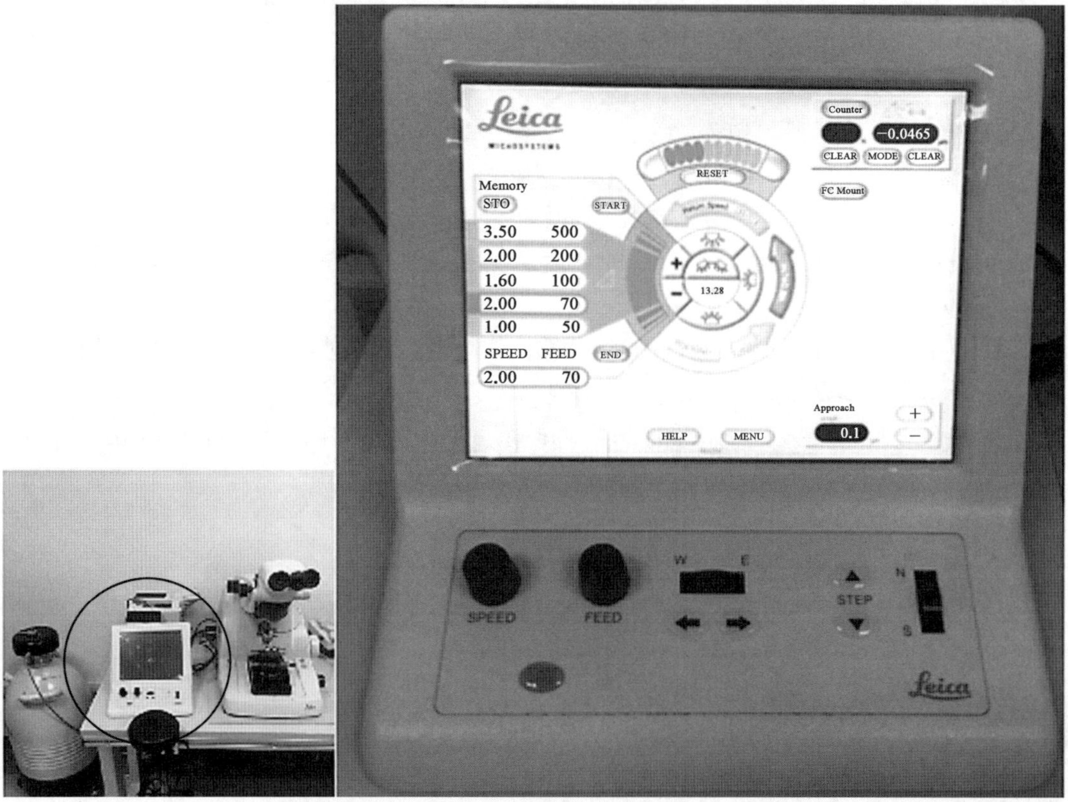

图 6－15　超薄切片机的控制面板(彩图见图版第 21 页)

Memory：记忆；STO：存储；SPEED：速度；FEED：切片厚度；START：开始；END：结束；RESET：重设；HELP：帮助；MENU：菜单；Approach：钻石刀靠近；Counter：计数器；CLEAR：清除；MODE：模式；FC Mount：FC 挂载。

⑤ 点击 Start/Stop(开始/停止)按钮，开始切片，使用睫毛笔控制切片。在正常的切割条件下，可以在水槽表面看到样品条带。

⑥ 条带足够长的时候，停止切片。将亲水化后的铜网插入水中，慢慢移动到条带的下面，将条带转移到铜网上，使用睫毛笔控制条带(保证铜网上的样品条带不重叠)。

⑦ 将捞片后的铜网放在滤纸上，保证水分被吸干，放入培养皿中保存。切片完成。

6.3.2 负染色技术

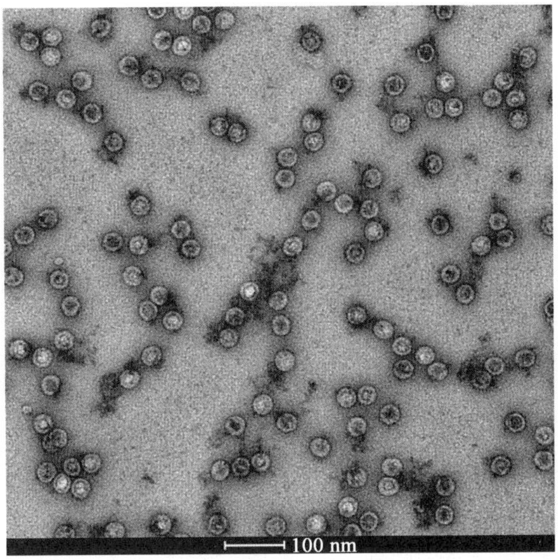

图 6 - 16 人工合成病毒衣壳的负染电镜图片(用上海设施的 Tecnai G2 Spirit 冷冻透射电镜拍摄)

负染又称阴性反差染色。它是利用高密度且在透射电镜下显示结构的重金属盐(如磷钨酸、醋酸铀等),把生物样本包围起来,在黑暗的背景中呈现出阴性反差样品的细微结构。样品结构呈透明浅色,背景为无结构的黑色或者灰色(图 6 - 16)。负染技术是在 1959 年首先由 S. Brenner 和 R. W. Horne 等人采用的,在后来的生物学研究中得到广泛应用。负染不需要经过固定、脱水、包埋和超薄切片等复杂操作,而是直接对沉降的样品匀浆悬浮液进行染色。现在这项技术广泛应用于病毒、蛋白质分子、生物大分子结构、纤维、亚细胞膜碎片、脂质体和人工膜、合成 DNA 序列以及聚合物溶液和各种纳米样品的检测。负染方法为今天病毒学的诊断作出了重要贡献,可以用来快速评价样品的纯度、样品的分离及聚合状态、蛋白质的尺寸,以及样品缓冲液的 pH 等状态对样品的影响。

负染样品所需要的支持膜为连续碳膜。碳支持膜的制样方法一直在不断改进中。1968 年 R. Valentine 及其同事使用了一种新的制样方法。他们发现,碳膜可以从云母上释放出来,直接漂浮在生物样品液滴的表面。样品可以吸附到碳膜上,而碳膜被转移到铜网上进行清洗和染色。后来又在此方法基础上,发展出不同的制样方法。

染液一般由重金属盐配制,最常用的有磷钨酸、磷钨酸钾、磷钨酸钠*、醋酸铀、甲酸铀和钼酸铵[$(NH_4)_2MoO_4$]等。染色的方法包括悬滴法、喷雾法以及漂浮法。本节主要对负染方法的步骤作简单介绍。

6.3.2.1 仪器

(1) 根据制样顺序使用的仪器有真空镀膜仪、辉光放电仪和红外灯烘烤仪。真空镀膜仪可以控制碳膜的厚度。碳棒、碳纤维或者碳电子源用来制备连续碳膜、碳塑料膜或者有孔碳膜。30～60 s 的亲水化处理,对于解决支持膜的天然疏水性问题具有重要的作用,可保证样品溶液和染液形成均匀厚度的液体薄膜。使用红外灯烘烤连续碳膜 10 min 左右,以减少水分对生物样品检测的影响。

(2) 实验中使用的耗材包括封口膜、反向镊、直镊、移液枪、剪刀、滤纸、培养皿、云母、300 或 400 目铜网、离心管。

---

* 磷钨酸: phosphotungsticacid, PTA。磷钨酸钾: kaliumphosphotungstate, KPT。磷钨酸钠: sodiumphosphotungstate, NaPT。

6.3.2.2　负染操作方法

1. 支持膜

尽管电镜耗材供应公司所供应的不同类型支持膜的铜网，可以满足大部分材料和生物样品的制样要求，但是制备合适的碳支持膜的铜网，依然是电镜制样中的一种重要技术。

碳支持膜的制备是这样的：在真空条件下，让碳沉积在干净的云母上，然后使碳膜漂浮在无离子水的表面，并沉积在电镜铜网之上。碳膜的厚度在 10 nm 左右[4]。

碳塑膜的种类较多，主要包括火胶棉(collodion)、方华膜(formvar)、聚乙烯醇缩丁醛(butvar)和聚乙烯醇缩醛(pioloform)几种。将氯仿溶液(0.1%～0.5%)滴在一块洁净的玻璃片上并晾干，用锋利的刀片在玻璃片上划开，然后将玻璃片插入无离子水中，支持膜脱离玻璃片漂浮在水面上，将铜网放在漂浮的支持膜上。水面下降后干燥，即可真空喷碳(formvar 膜的具体制备步骤可参考 6.3.1 小节中 271 页“7. 带支持膜的载网的制备”)。

薄塑料膜增加了碳支持膜的力度，在免疫标记实验过程中具有重要的支撑作用，但是塑料支持膜影响图像的质量与分辨率，因此对于连续碳膜或者有孔碳膜，可使用氯仿或者丙酮，溶解铜网上的塑料支持膜。

2. 连续碳膜的常规负染方法

① 剪取一定量的封口膜，长度依照样品的数量而定，保证每个样品之间的间距为 1.5 cm(图 6－17)。

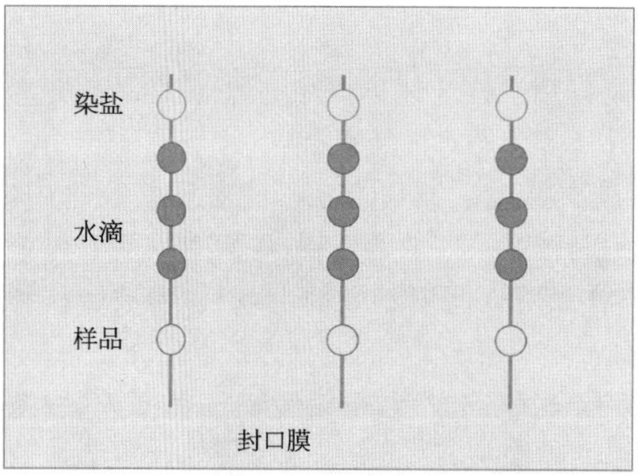

图 6－17　连续碳膜常规负染方法示意图

② 将封口膜放在干净的工作台上，去除封口膜上面的纸，使用钝器在封口膜上画多条平行直线。

③ 分别取 20 μl 样品悬浮液、蒸馏水(或者 5 mmol/L 缓冲液)、染盐溶液，液滴的数目依照样品的需要、清洗试剂的浓度而改变(连续清洗会引起碳支持膜的破损)。通常每一批样品不要多于 6～8 个铜网。

④ 用弯镊或者反镊取一个带有连续碳膜的铜网。对铜网先进行亲水化，增加碳膜表面的亲水性，保证样品和染盐在碳膜上均匀分散。将铜网放在样品液滴的表面(亲水化的铜网表面向下)。经过大约 5～60 s，在铜网的边缘，用滤纸小心地吸干铜网上多余的样品溶液。

⑤ 在样品干燥之前，使用蒸馏水水滴清洗吸附的样品，仔细吸干铜网上多余的液体。

⑥ 将铜网放在染盐溶液的表面一定时间，然后吸干多余的溶液，在红外灯下烘烤一定时间，放到合适的容器中保存(不同染盐制备的样品，储存时间不一致)，或者直接用于电镜检测。

3. 漂浮负染方法

① 取 20～60 μl 样品溶液、漂洗液、固定液和染液，放在微孔版上，保持充足的照明。

② 用剪刀剪去一小块铺有碳膜的云母，用镊子夹住一角。

③ 小心地将云母插入样品溶液中，碳膜漂浮在液滴表面，碳膜与云母不完全分开。

样品吸附在碳膜之上，然后慢慢取出云母碳膜，恢复到云母的原始位置，用滤纸将云母上多余的液体吸干。

④ 以与③相同的步骤，将云母插入清洗液中（无离子水）。如果样品需要固定，可使用 0.05%～0.01%的多聚甲醛来固定样品。

⑤ 使云母上的碳膜完全漂浮在染液之上。

⑥ 把无水酒精洗过的铜网，小心地插入漂浮碳膜的液滴之下，慢慢捞起铜网。用滤纸吸干铜网上多余的染液。

⑦ 把铜网放在红外灯下烘烤，样品干燥后可使用 TEM 进行观察。

6.3.3　快速冷冻制样技术

在低温条件下将样品固定在一层薄而透明的无定形冰（玻璃态冰）中，用电子显微镜进行成像观察，这种方法被称为“低温冷冻电镜技术”（cryo-electron microscopy，cryo-EM）。一方面，用冷冻电子显微镜技术所研究的生物样品，既可以是具有二维晶体结构的蛋白质，也可以是单颗粒；另一方面，生物样品通过快速冷冻的方法进行固定，可以使蛋白质和缓冲溶液迅速从溶液态转变为玻璃态，而玻璃态能够保持蛋白质的天然结构状态。如果以缓慢温和的冷冻速率去冷冻样品，则缓慢冷冻的过程会形成晶体冰，生物分子的结构将被晶格力彻底损坏。快速冷冻避免了常规的样品处理过程中由一系列操作对样品构象造成的假象，更加接近样品的生理状态。图 6－18 为使用本设施冷冻电镜所拍摄的冷冻脂质体样品。

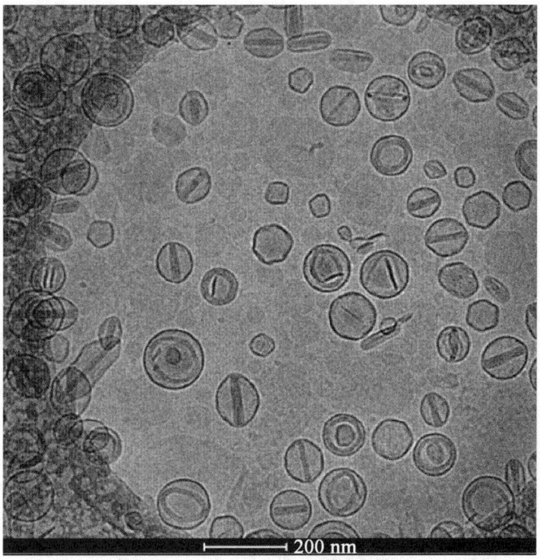

图 6－18　包裹着碳棒的脂质体的冷冻电镜图片（用上海设施的 Tecnai G2 F20 冷冻透射电镜拍摄）

“玻璃态冰”首先是由 J. Dubochet 及其同事于 20 世纪 80 年代在实验中发现的。为提高玻璃态冰的成功率，薄的蛋白质溶液必须以最快的速度冷却，才可以保证液体形成无定形、非结晶态的冰。这需要特殊的装置，将样品迅速插入冷冻保护剂中（乙烷、丙烷或两者的混合液体），保证冷却速度大于 $200\ K/10^{-4}\ s$。水由液体变成玻璃态，冷却速度为 10^5～10^6 K/s。水的导热性能不好，冰的厚度必须小于 3 μm。目前市场上存在一些手动的或者半自动的仪器，可以实现生物样品的冷冻。目前常用的冷冻制样仪器有 3 种——Vitrobot（FEI 公司）、EM GP（Leica 公司）、Cryoplunge™ 3（Gatan 公司）。仪器提供可控的温度和湿度设置，减少载网上液体的蒸发，提高冷冻制样的可重复性。

在制样过程中使用的标准载网为 3 mm 带孔支持膜的金属载网，常见的金属载网为铜网和金网，支持膜为碳膜和石墨烯。市场上的可用载网主要有：支持膜带有规则孔径的 Quantifoil 载网和 C－flat 载网；不规则孔径的 Lacey carbon（蕾丝）载网。载网的种类以及孔径的大小，主要根据样品和实验条件来选择。

6.3.3.1　仪器及试剂

① Vitrobot 自动冷冻制样仪、等离子清洗机。

② 液氮、乙烷、丙酮。

③ 冷冻镊子、大镊子、铜网、杜瓦瓶、冷冻铜网储存盒。

6.3.3.2　实验方法

① 检查自动冷冻制样仪中的无离子水量，保证样品仓中的湿度。

② 将乙醇或者丙酮清洗的铜网晾干后，辉光放电 30 s（具体时间根据仪器设定）。

③ 开启自动冷冻制样仪，设置仪器的参数，包括样品仓的温度与湿度，滤纸吸附的时间、次数和力度、滤纸吸附前和吸附后的等待时间（如图 6－19 所示）。

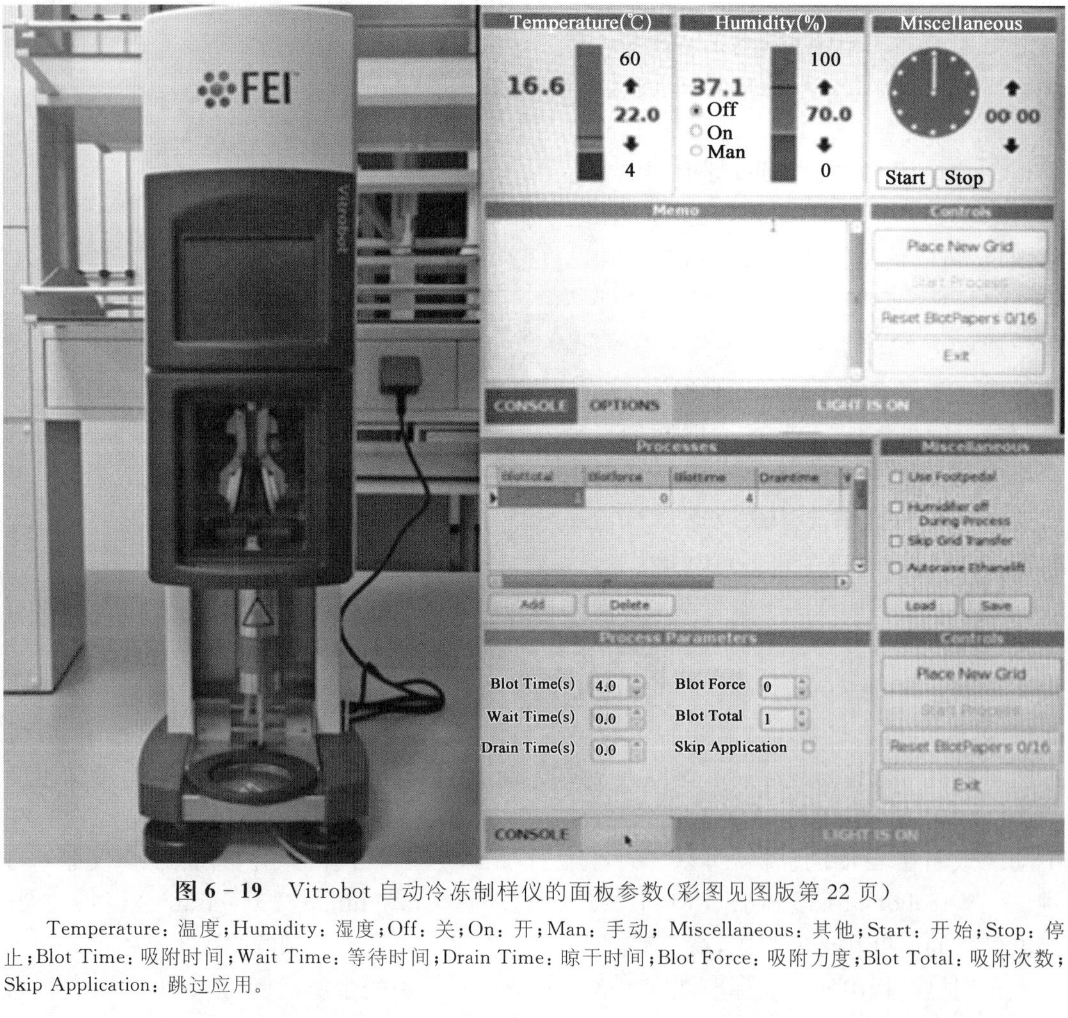

图 6－19　Vitrobot 自动冷冻制样仪的面板参数（彩图见图版第 22 页）

Temperature：温度；Humidity：湿度；Off：关；On：开；Man：手动；Miscellaneous：其他；Start：开始；Stop：停止；Blot Time：吸附时间；Wait Time：等待时间；Drain Time：晾干时间；Blot Force：吸附力度；Blot Total：吸附次数；Skip Application：跳过应用。

④ 更换自动冷冻制样仪样品仓中的 Whatman 吸水滤纸(每次保证更换样品的时间)。

⑤ 将自动冷冻制样仪杯的配件摆好(如图 6－20 所示),液氮冷却自动冷冻制样仪杯。大约 5 min 之后,铜杯中没有液氮残留。小心打开乙烷阀门(乙烷/丙烷混合气体),将乙烷气体充入自动冷冻制样仪杯内的铜杯中,几分钟之后形成液体乙烷。慢慢将乙烷加满,注意维持乙烷的液体状态。

图 6－20　Vitrobot 自动冷冻制样仪杯

⑥ 使用自动冷冻制样仪镊子夹住铜网,保证铜网的平整性。将镊子装在自动冷冻制样仪上,弯曲的铜网会引起铜网上碳膜的破裂和铜网上样品厚度的不均一。

⑦ 将自动冷冻制样仪杯转移到自动冷冻制样仪上面,通过自动冷冻制样仪样品仓旁边的样品孔上样。上样量为 1～5 μl,确定铜网的上样面为辉光放电面。

⑧ 使用自动冷冻制样仪上面的脚踏板控制自动冷冻制样仪开始运行,减少每一步所消耗的时间。冷冻结束后,保证镊子在乙烷中冷却充分。

⑨ 小心地将铜网转移到储存盒中。在转移过程中,减少样品暴露在液氮之外的时间,避免结晶冰的污染。

⑩ 冷冻后的铜网可以直接使用冷冻电镜进行观察,或者放入 50 ml 离心管,再放入液氮罐中保存。

6.3.4　冷冻负染色技术

冷冻电镜和单颗粒重构技术是研究结构生物学的重要方法之一。负染方法可提供生物样品的分子形状和分布状态等信息,但是在理论上,负染并不能提供分子内部信息,比如究竟是 α-螺旋还是 β-折叠。生物样品的负染,主要利用生物分子与分子周围染盐对电子的散射能力不同,而冷冻方法利用的是生物分子与周围玻璃态冰的衬度不同。不过,常规负染需要在空气中进行干燥脱水,因此导致样品的一些结构发生变化。为保证样品在电镜中能保持含水状态,对负染后的样品不经过干燥就直接使用电镜观察,但由于电镜镜筒的真空环境导致水分子迅速挥发,故并不能保持样品的含水状态。

虽然冷冻方法能够保持样品的含水状态,避免脱水所引起的假象,但由于利用了生物分子与周围玻璃态冰衬度不同的原理,因此冷冻含水生物样品电镜图片中的信噪比较低。改善生物样品的信噪比,是获得高质量图片的重要方向之一。负染样品被冷冻到液氮中,并在电镜中保持液氮的温度,结合水就不会出现挥发的现象,这样就克服了负染和冷冻方法的不足之处。冷冻负染方法在保持样品含水的状态下,提高了生物样品的信噪比(如图 6－21)。目前存在 2 种冷冻负染方法——M. Adrian 方法和 H. Stark 方法。第一，Adrian 冷冻负染方法与常规冷冻电镜制样的方法相似，可以保证样品在生理 pH 条件下的含水状态，但是溶液中存在饱和钼酸铵(图 6-22)。第二，Stark 方法建立在碳膜三明治(carbon-sandwich)方法之上，使用经典的醋酸铀或甲酸铀作为负染染料(图 6-23)。

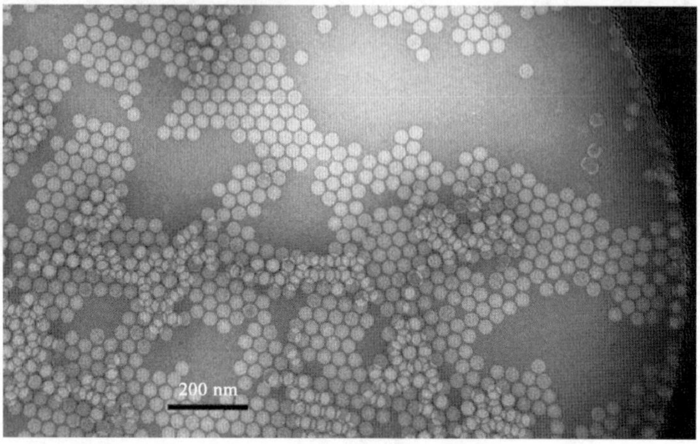

图 6-21 花叶病毒的冷冻负染照片[6]

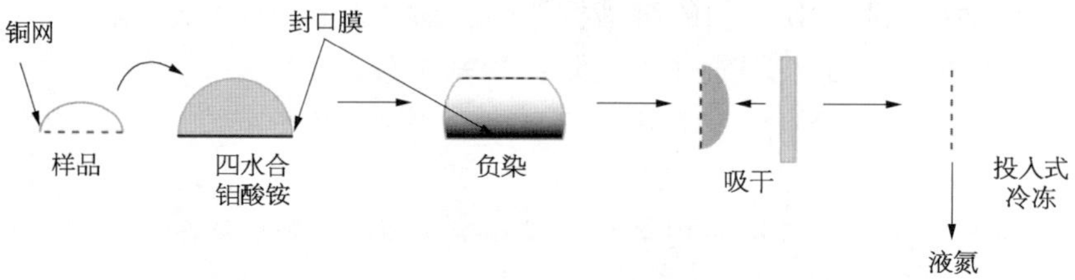

图 6-22 Adrian 冷冻负染方法的示意图

虚线表示铜网，实线表示封口膜，铜网漂浮在染盐上 10～60 s。(图片引自[5])

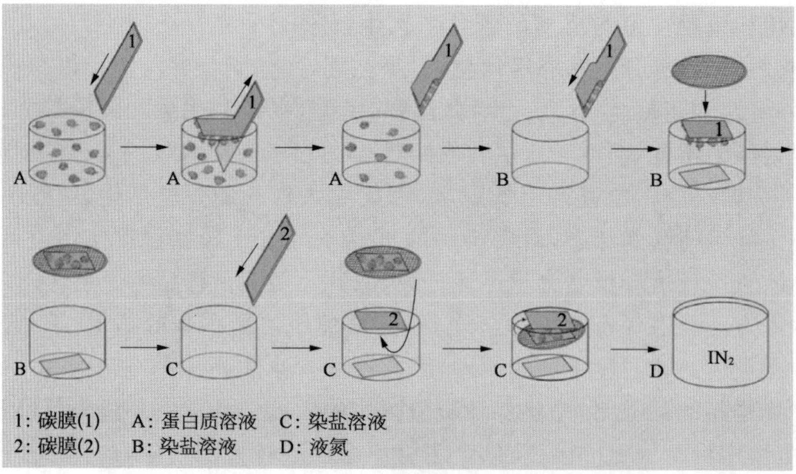

图 6-23 三明治方法的流程示意图(彩图见图版第 22 页)

图片引自[5]。

冷冻负染方法与常规的负染方法相比，保持了样品的含水状态；与冷冻方法相比，则提高了信噪比。本小节主要对 2 种方法的具体步骤进行简要介绍。

6.3.4.1　试剂和仪器

① 四水合钼酸铵、无离子水、NaOH 溶液、醋酸铀/甲酸铀溶液、碳膜。

② 铜网、镊子、离心管、培养皿、封口膜、冷冻铜网储存盒。

③ 亲水化仪器、自动冷冻制样仪。

6.3.4.2　实验方法

1. Adrian 方法

① 在 2 ml 离心管中加入 1.2 g 四水合钼酸铵。

② 加入 0.875 g 无离子水，振荡溶解。

③ 加入 0.125 ml 的 10 mol/L NaOH 溶液，振荡。溶液为饱和溶液，离心管中会存在未溶解的粉末。

④ 亲水化铜网（铜网可以为连续碳膜或者有孔碳膜）。

⑤ 在培养皿中放入方形的封口膜。在封口膜上滴上样品，将铜网放在样品液滴上，吸附 10～30 s，用干净的培养皿盖住。

⑥ 在培养皿中的封口膜上加入 80～100 μl 染盐溶液，将铜网放在染盐液体中（铜网吸附样品面向下，正对染盐）。

⑦ 铜网在染盐上吸附 10～60 s 后移走铜网。长时间的浸透有利于染盐的分布。

⑧ 尽快将铜网固定在自动冷冻制样仪，防止液体蒸发（快速冷冻制样的具体步骤参见 275—277 页“6.3.3　快速冷冻制样技术”）。

2. 三明治方法

① 将铺有碳膜的云母一端插入样品溶液中（如图 6-22 所示），不可使碳膜与云母完全分开。吸附一段时间后，将云母从样品溶液中取出，分离的碳膜重新吸附到云母表面。

② 将吸附样品的云母放入甲酸铀染液中，云母完全与碳膜分开。

③ 将铜网放到漂浮的碳膜之上，使碳膜吸附在铜网上。取出铜网。

④ 将一块带有碳膜的云母放入染液之中，使碳膜漂浮在染液上。

⑤ 将带有样品的铜网放入上面漂浮在染液之上的碳膜上，从而使蛋白质颗粒包含在 2 层碳膜之间形成的“sandwiched”（三明治或夹层）结构中。

⑥ 将铜网放置 1～2 min 后，快速冷冻制样（具体步骤参见 6.3.3 小节）。

6.3.5　聚焦离子束技术

聚焦离子束技术（focused ion beam，FIB）首先应用于半导体器件的线路检测。其原理是，将离子束（通常指镓离子束）会聚在很小的区域，通过溅射作用，使材料被高速的离子减薄。每一次离子的喷射，都会削减样品表面大约 10 nm 的厚度，从而引起样品表面厚度的降低，形成平行于离子束的表面结构。

FIB 首先于 1974 年由 R. L. Seliger 和 W. P. Fleming 提出，他们可以将离子束聚焦

在几微米的厚度。后来他们发明了镓离子(Ga^{3+})的离子扫描系统,可以聚焦到 100 nm。FIB 首先被用于检测半导体工业样品的瑕疵(如图 6-24 所示)。在 1996 年,T. Ishitani 认为 FIB 技术可应用于生物样品的制样过程中,而现在已应用于冷冻生物样品的处理过程中。这种方法可以减少样品中假象的出现(切割引起的褶皱或者刀痕),使样品保持在玻璃态。目前 FIB 是唯一一种可以切割冷冻样品而且不会引起样品压缩的方法。与切割刀方法相比,用 FIB 方法切割的样品更加光滑;即使含有一定量冰晶的样品,也可以被切割出理想的厚度。FIB 的缺点是,强离子束会造成试样损失;Ga^{3+} 轰击时,也会残留在试样中。

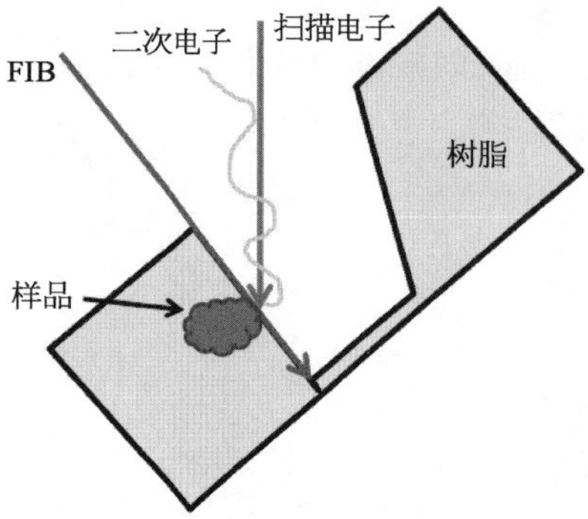

图 6-24　聚焦离子束切割示意图

6.3.6　高压冷冻+冷冻替代

冷冻固定是目前保存生物样品或者柔软的浓缩材料的最好方法。冷冻样品没有化学固定和重金属染色的假象,可以很好地保证细胞或者组织的生理状态。但是在常压、没有抗冻剂的作用下,冷冻样品厚度超过几微米就会产生大量冰晶,损坏样品结构。而在高压和冷冻保护剂的作用下,一些样品的冷冻厚度可以符合要求。高压冷冻(high-pressure freezing, HPF)的发展克服了以上缺陷,可以在保持样品生态结构的基础上,使冷冻的厚度达到 200 μm。生物样品在几毫秒的时间之内,在 2 100 bar 的压力下迅速冷冻,防止高压引起生物样品结构的改变。HPF 可以解决许多常规制样如化学固定所不能解决的问题,是生物结构学研究中的重要工具。

目前存在 4 种不同的 HPF 仪器——EM HPF100、EM PACT2(Leica)、HPM010 和 HPF Compact 02。EM HPF100、HPM010 和 HPF Compact 02 的主要原理是,液氮在高压下对包含样品的样品仓进行加压和冷冻。在室温下加入一定量的乙醇,调整压力的增加和冷冻的过程。EM PACT2 系统主要在传送液(甲基环乙烷)的作用下,对样品仓中的样品进行加压,然后在 10 bar 的压力下进行冷却。对高压冷冻后的样品根据不同的生物样品,使用不同的处理方法。这里主要就高压冷冻的使用以及后期样品的处理进行介绍。

6.3.6.1　仪器

(1) 高压冷冻仪(Wohlwend HPF Compact 02)、自动冷冻替代仪(Leica AFS2)、等离子清洗机(plasma cleaner)、50 ml 离心管、2 ml 冷冻管、镊子、滤纸、HPF 样品铝盘 A (0.1 mm/0.2 mm)和 B(0.3 mm)。

(2) 铜网:Quantifoil 铜网 R2/1 (EMS 公司)、lacey carbon 铜网 (Ted Pella 公司)、C-flat 铜网(EMS 公司)、铜网储存盒。

(3) 液氮、乙醇、锇酸、醋酸铀、柠檬酸铅、丙酮。

(4) 1%OsO_4-0.1%醋酸铀-丙酮固定液

① 5%醋酸铀-甲醇溶液：0.1 g 的醋酸铀加入 2 ml 离心管中，加入 2 ml 预冷的甲醇，涡旋至完全溶解。

② 加入 24.5 ml 的丙酮溶液到 50 ml 的离心管中，冰上预冷。

③ 取 0.2～0.3 ml 的丙酮，溶解安培瓶中 0.25 g 的 OsO_4，将溶液转移到 50 ml 离心管中。

④ 加入 0.5 ml 5%醋酸铀到 50 ml 的离心管中，混合均匀。

⑤ 把 1% OsO_4 和 0.1%醋酸铀-丙酮，分装到 2 ml 冷冻管中，迅速放到液氮中冷冻储存。

⑥ 70%甲醇配置 3%的醋酸铀溶液：加入 15 ml 双蒸水* 和 35 ml 甲醇到 50 ml 离心管中预冷。称量 1.5 g 醋酸铀，加入离心管中，在 4℃下溶解，用 0.2 μm 孔径过滤，以封口膜封口保存。

(5) 制备 Sato 铅溶液

① 0.2 g 无水柠檬酸铅、0.15 g 硝酸铅[$Pb(NO_3)_2$]、0.15 g 醋酸铅、1 g 柠檬酸钠。

② 称量 4 种试剂加入 50 ml 离心管中，再加入 41 ml 无离子水，混合均匀。加入 9 ml 1.485 mol/L 的 NaOH，直至溶液澄清。用 0.2 μm 滤器快速过滤溶液，以封口膜封口保存。

6.3.6.2 高压冷冻方法

① 开启高压冷冻仪，仪器开始冷却，样品泡沫盒中装满液氮。

② 提前使用丙酮清洗样品铝盘，在空气中晾干，放到 1-十六碳烯中保存。

③ 取出样品铝盘，滤纸吸干多余的 1-十六碳烯，表面留存一层 1-十六碳烯液体。

④ 将细胞或者组织，快速转移到 HPF 样品铝盘(carrier)中，保持样品的生理条件(温度、湿度、浓度、时间)，保证样品和铝盘表面有充分的接触。

⑤ 在铝盘中加入填充液体(1-十六碳烯)。

⑥ 从 1-十六碳烯中取出另一个铝盘盖上，注意不要有气泡。用滤纸吸取铝盘周围多余的液体(如图 6-25 所示)。

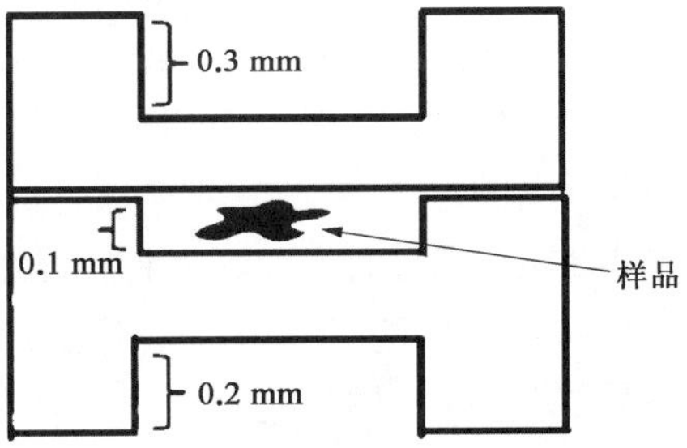

图 6-25 铝盘侧面示意图

⑦ 在高压冷冻仪中冷冻样品，保证冷冻的时间和速率。

⑧ 把样品迅速转移到装满液氮的泡沫盒，取下样品放入冷冻替代液中，然后在液氮中旋紧盖子，在储存管中储存，避免冰的污染。

⑨ 关闭仪器。

6.3.6.3 冷冻替代固定

① 开启 Leica AFS2 冷冻替代器，保证替代仓干燥。在替代仓中加入 50 ml 的乙醇，盖上盖子。

② 加入约 38 L 液氮到冷冻替代器中，开始冷却仪器。

---

* 双蒸水：distillation-distillation H_2O(ddH_2O)，就是将经过一次蒸馏后的水再次蒸馏，所得到的水。

③ 设置冷冻替代器的参数如表 6－2 所示(不同样品的冷冻替代参数有所不同)。

表 6－2　冷冻替代时间表

温度(开始)	温度(结束)	时间(h)
－90℃	－90℃	33
－90℃	－60℃	8
－60℃	－60℃	24
－60℃	－30℃	4
－30℃	－30℃	8
－30℃	－20℃	2
－20℃	－20℃	8
－20℃	4℃	2

④ 开启程序使仪器温度下降到－90℃，然后按 Pause(暂停)键。

⑤ 用预冷的镊子将存放样品的替代管转移到 AFS2 替代仓中。

⑥ 盖上盖子，按 Resume(继续)键开始程序。

⑦ 对替代后的样品进行常规的树脂包埋(包埋方法见 269—272 页“6.3.1　常规样品的制备及超薄切片技术”)。

6.3.7　冷冻切片技术

对于细胞组织的常规电镜方法，包含室温下的化学固定、脱水、树脂包埋等步骤，容易引起细胞成分的聚集以及由抽提造成的结构改变。而使用冷冻电镜，可以避免这些因素。冷冻样品不需要固定和染色，可以很好地保证含水细胞或者组织的生理状态。最近几十年，冷冻样品处理方法和电镜技术的进步，促进了结构生物学的发展。电镜成像对于组织的厚度提出了较高要求，而目前只有较少生物样品(小细菌和小细胞)可以在冷冻电镜中直接成像，而大部分生物样品(大细菌和大部分真核生物)的厚度超出 500 nm，完全超出了电子束的穿透能力。即使采用电子断层扫描方法，也不能解决上面这个难题。随着样品的倾斜，样品的厚度逐渐增加，电子束的穿透能力降低。冷冻切片可以减少样品的厚度，切割后的样品可以在冷冻电镜下观察。

冷冻电镜的限制在于，生物样品在缺失包埋剂和固定剂保护的条件下，更加容易受到电子束的损伤。锇酸和重金属染色的缺失，导致样品的对比度及信噪比降低，并且在冷冻切片过程中容易产生冷冻机械力假象，诸如切片的压缩、刀痕和裂缝等。冷冻切片太薄的话，容易产生褶皱，而厚度增加又容易导致切片断裂。玻璃态样品的切割，是一项具有挑战性的工作，也是一件耗时较多的事情。本小节主要对冷冻切片的步骤作简单介绍。

6.3.7.1　仪器和试剂

① 配备 FC7 冷冻仓的 UC7 冷冻切片机、静电发生器。

② 刀刃倾斜 35°的冷冻切片钻石刀、刀刃倾斜 45°的冷冻修块钻石刀。

③ 睫毛笔、镊子、Leica 冷冻工具、冷冻样品储存盒、冷冻铜网、冷冻胶(乙醇和异丙醇以 1∶3 混合)、PBS 稀释的葡聚糖。

④ 样本即是被高压冷冻固定在铜管或者金管中的单细胞,组织可使用铝盘加以冷冻。

6.3.7.2　方法

1. 开启冷冻切片机

① 给冷冻切片机的杜瓦瓶中加满液氮。缓慢地将泵插入杜瓦瓶中,将泵和软管连接起来,冷冻仓预冷刀至 -140℃。

② 将样品固定器插到切片机臂上,固定好螺丝。

③ 将刀架放入冷冻仓中,在刀架的左边位置放入修块刀并固定好。

④ 将刀座固定在冷冻仓最后的位置,给固定样品留出足够的空间。在上样之前,所有工具必须冷却到 -140℃,防止样品重结晶化。

2. 固定样品

① 铜管:将铜管插入样品夹中,用工具将铜管固定在样品架上。

② 金管:金管需要固定在冷冻好的样品钉上,首先切去金管闭合的一端,使用冷冻胶将金管固定在样品钉上。

③ 组织块:小心地取出冷冻好的组织块,使用冷冻胶将样品固定在预冷的样品钉上。

6.3.7.3　修块

好的修块有利于切出质量较高的冷冻切片,而修块的目的是修出一个平顶金字塔(如 271 页图 6-14)。铜管或者金管都采用质地松软的金属材料,可以直接使用钻石刀进行修块。为避免金属中杂质对钻石刀的影响,可以分别使用 2 把刀来切割金属块和样品。

① 设定样品杆的位置为 0°,样品杆上有 360°刻度,可以准确地旋转 90°。

② 样品刀的角度可使用冷冻仓前面的滚轮加以控制。在中间位置可以锁住滚轮,推荐从这个位置开始修块。

③ 设置静电发生器到最大功率,以清除刀背上不需要的样品切片。

④ 使用切片机底灯,观察样品和刀之间的距离,可以有较好的视野。

⑤ 设定修块的最大速度为 100 mm/s,正常的切片厚度为 50～500 nm。切片厚度大于 500 nm 会损害钻石刀。

⑥ 继续修块,直至样品表面光滑。样品中玻璃态冰的表面通常为黑色反光,样品的表面为白色反光。

⑦ 移动修块刀到左边,平行于样品表面,以样品的左边缘作为起始点。

⑧ 修块 20～30 μm 后,后退样品刀,右移至样品的右边,切割梯形的另一边。突出的样品的厚度不要超过 100 μm。

⑨ 松开样品杆，旋转90°，按同样的步骤切割梯形的第三边和第四边。

6.3.7.4　切片

要获得好的冷冻含水样品，需要许多条件，涉及样品的性质、刀的性质。在切片过程中产生的静电荷，可致使切片黏附在刀的边缘。通过使用静电发生器，可以清除样品表面的静电荷。另外，环境因素对于样品亦有重要的影响。最重要的是控制房间的温度与湿度。高湿度可引起样品表面结晶冰的形成。电子束并不能穿透样品表面的结晶冰，这就导致样品信息的丢失。另外，湿度也会影响静电发生器的功能。温度应该控制在20℃，湿度要低于30%。

① 固定钻石刀。将钻石刀放入刀架，移动样品杆到最上面，确保样品不会碰到钻石刀。旋转刀架90°，确保钻石刀表面正对样品。如果需要的话，可将刀架间隙角设置为6°。固定钻石刀。

② 将冷冻工具台固定在刀架上。冷冻工具台由一个压制系统和一个固定铜网的镊子组成。压制系统由2片相对的金属片组成，表面具有光滑的陶瓷，可用来夹住铜网，使之靠近钻石刀。

③ 固定铜网。使用铜网固定器，固定一个铜网。铜网冷却以后，慢慢移动铜网，使之靠近钻石刀。

④ 移动钻石刀。打开底灯，慢慢地移动钻石刀靠近样品，直至在样品表面可以看到钻石刀的反光，根据反光控制样品和刀之间的距离，以及钻石刀和样品之间是否平行。设定切割窗口，将钻石刀靠近样品，直至样品表面反光消失。

⑤ 设定切割条件。设定切割的速度、样品的厚度以及静电发生器的强度。控制面板上的设置，以及静电发生器距离钻石刀的距离，决定了静电发生器的强度。电荷较多则切片被吹飞，电荷太少则样品黏附在刀面上。

⑥ 切片和转移样品。开始自动切片，使用睫毛笔控制切片。在良好的切割条件下，可以切出条带。将条带转移到铜网上，当条带足够长时，停止切片，关闭静电发生器。

⑦ 使用压制系统将切片黏附在铜网上。切片被转移到铜网之上，移动铜网夹到最后面，放下压制系统的下面部分。将铜网放在陶瓷面上，合上压制系统的上面。

⑧ 把铜网转移到冷冻铜网储存盒中。打开冷冻铜网储存盒，使用预冷的镊子，将压制系统里面的铜网，转移到冷冻铜网储存盒中。关闭冷冻铜网储存盒，防止结晶冰的污染。对样品可以直接使用冷冻电镜进行观察。

6.3.8　免疫电镜技术

生物样品的电镜检测，需要通过切片来获得保护细胞内部结构的足够薄的切片。制备足够薄的生物组织切片，一直是生物学家追求的目标。随着常规制样方法的不断提升，生物样品的精细结构可得到更好保存。但是，生物样品检测方法的改进，并不完全符合免疫标记的制样要求。在常规制样方法不断改进的过程中，有些实验室已经开始进行冷冻切片的研究。使用蔗糖作为保护剂，用钻石刀进行切片，通过蔗糖液滴把样品转移到 formvar 膜铜网上，进行免疫标记。

醛固定后含水生物样品的冷冻超薄切片，保证了免疫标记的效率。但是，没有包埋剂的生物样品，在切片过程中会引起抗原的丢失和位置的移动。多种材料可以保护生物样品的超微结构。在使用蔗糖作为保护剂的生物材料中，可以通过改变温度来控制样品的硬度。

胶体金颗粒的使用，增加了切片的对比度和靶蛋白定位的准确性。而不同尺寸的胶体金，促进了多标记实验的发展。

在最初的研究中，使用蔗糖液滴将冷冻切片转移到铜网之上。但是通过后来的实验发现，蔗糖的表面张力会损害切片的超微结构。而在蔗糖中增加甲基纤维素，可以减小蔗糖的表面张力，从而起到改善样品超微结构的作用。

电镜的免疫化学标记，是定位细胞内蛋白质分布和丰度的一种重要方法。要在没有毁坏和抽提蛋白质结构的基础上得到细胞内信息，需要特殊的制样方法。而化学固定后的冷冻切片和冷冻固定后的冷冻切片，为免疫电镜提供了重要的支持。本小节将对免疫标记的具体流程进行简单介绍与总结。

6.3.8.1 材料和仪器

(1) 镊子、杜瓦瓶、睫毛笔、loop*、冷冻铜网、formvar 膜铜网、冷冻铜网储存盒。

(2) 液氮、蔗糖溶液、电镜样品载网(100 目)、干净的 25 mm×75 mm 的载玻片、2%和 4%的 formvar 膜溶液、200 ml 玻璃锥形烧瓶、2%含水醋酸、纯乙醇。

(3) 冷冻切片机(Leica 公司)、抗静电装置(Leica 公司)、镀膜仪、冷冻修块刀(刀刃倾斜角度为 20°)、冷冻切片刀(刀刃倾斜角度为 25°)。

(4) 样品的制备

① 4%多聚甲醛和 0.1%戊二醛溶液，溶解于 100 mmol/L 的 PBS 中(pH 7.2)。

② PBS 配置 2.3 mol/L 蔗糖溶液。

③ 手术刀片、薄剃须刀片。

④ 液氮、杜瓦瓶。

(5) 免疫标记

① PBS、小牛血清(fetal cow serum, FCS，10%)、一抗、二抗**。

② 胶体金、1%戊二醛溶液、0.12%甘氨酸溶液。

③ 封口膜。

6.3.8.2 实验步骤

(1) formvar 膜铜网的制备(参考 271 页“7. 带支持膜载网的制备”)。

(2) 化学固定样品(参考 269—270 页“2. 固定”和“3. 四氧化锇固定”)。

---

* 此处 loop 是指捞样品切片的一种工具。

** 一抗即第一反应抗体，是指能和非抗体性抗原(特异性抗原)发生特异结合的抗体蛋白质分子，种类包括单克隆抗体和多克隆抗体。二抗即第二反应抗体，是指能和抗体结合的抗体蛋白质分子，也就是抗体的抗体，其主要作用是检测抗体的存在和放大一抗的信号。

(3) 样品的冷冻

① 将组织块或者细胞块转移到 1 ml 2.3 mol/L 蔗糖溶液中,盖好盖子,在 4℃下振荡,固定过夜。

② 将浸透的组织块取出,放到干净的样品钉上,滤纸吸干多余的蔗糖。利用蔗糖将样品粘在样品钉上。用液氮冷冻样品。

(4) 冷却超薄切片机和冷冻刀

① 给冷冻超薄切片机的杜瓦瓶加液氮。缓慢地将液氮泵入杜瓦瓶中,以冷却装置。

② 选择切片机刀架,固定刀架。

③ 把修块刀和钻石切片刀固定到刀架上,间隙角为 6℃。

④ 设定切片机的温度到 -150℃(样品仓、钻石刀和样品),然后开始冷冻。

(5) 样品转移到冷冻样品仓

① 将超薄切片机冷冻到 -150℃以后,将钻石刀等工具放入冷冻仓,提前预冷。

② 快速将样品从液氮中转移到预冷的样品仓中,用蔗糖将组织块固定到样品钉上。

③ 把样品钉固定到样品台上。

(6) 修块

① 缓慢地使刀架靠近样品表面。

② 让抗静电装置靠近刀背,在修块模式下使用最大功率。

③ 设置切片窗口,切割速度最大为 100 mm/s,切片厚度 500 nm。

④ 修平包埋块前段,直至包埋块表面平滑有光泽。

⑤ 后撤修块刀,移动修块刀至样品右边,靠近包埋块,将包埋块右边切至光滑。以同样的步骤将左边包埋块修至光滑,保证样品有 1 mm×2 mm 的面积。

⑥ 样品顺时针旋转 90°,将左侧修至光滑,并以同样步骤将右侧修至光滑。

⑦ 样品逆时针旋转 90°,将样品旋转至原始位置。用预冷的钻石刀取代修块刀的位置。

(7) 切片

① 旋转刀架切换成切片刀,保持温度稳定。

② 小心地将钻石刀移动到样品的边缘,设定切割窗口。样品的下边缘为切割开始的位置,样品的上边缘为结束的位置。

③ 设定抗静电为 50%或者更少,样品的切割厚度为 80 nm,设定切割的速度在 0.6 mm/s 和 2 mm/s 之间。

④ 使用切片机控制面板上的前进键滚轮移动样品块,小心控制刀和样品之间的距离,并根据刀和样品之间的位置,调整样品的角度。然后,用精调按钮来控制样品和刀之间的距离,直至样品表面的碎屑碰到钻石刀。

⑤ 开始切片。在良好的环境下,可以切出理想的条带。

(8) 转移切片

① 出现切片的时候,使用预冷的睫毛笔,将切片转移到铜网之上。

② 对于后期用来免疫标记的铜网,使用 loop 捞起一滴甲基纤维素/蔗糖混合液。将 loop 转移到冷冻仓中,使用冷冻的液滴粘取切片。将带有切片的液滴滴在 formvar 膜铜网上,以备后期的免疫标记。

(9) 切片的储存

① 切片转移到铜网上,可以储存在 2%的明胶之上。明胶在 4℃时凝固。在用于免疫标记之前,将凝胶加热到 37℃,取走铜网。铜网必须储存在潮湿的环境中,防止切片脱水影响样品的结构。

② 如果制备好的铜网需要长期储存,可将切片黏附在载玻片上。使用 2.3 mol/L 蔗糖和 2%甲基纤维素(1∶1),将切片转移到铜网上,最后将整个载玻片放入 4℃密闭的培养皿中保存。切片周围的甲基纤维素和蔗糖溶液将会脱水干燥,并不会影响切片的超微结构。

(10) 切片的免疫标记

① 取适量大小的封口膜,在封口膜上滴上 500 μl 的 0.12%甘氨酸溶液。将铜网黏附切片的一面向下,盖在甘氨酸溶液上 5 min。

② 将铜网转移到 10%小牛血清(FCS)溶液中,为时 5 min。

③ 将铜网转移到 10% PBS 稀释的兔抗体中。用一张湿滤纸盖住抗体溶液,保持抗体周围的湿度,防止抗体的挥发。保持 20 min。

④ 将铜网放入 500 μl 的 PBS 溶液中,清洗 5 次,3 min/次。

⑤ 将铜网转移到 5 μl 结合金颗粒的抗体溶液中,盖上培养皿,保持环境湿度。

⑥ 用 PBS 清洗铜网 5 次,4 min/次。

⑦ 转移铜网到 1%多聚甲醛,保留 5 min。用 PBS 清洗,1 min/次。

⑧ 水洗 4 遍,每次 1 min,可以减少铜网上的盐沉淀。

(11) 增加对比度和干燥样品

① 将 2%的甲基纤维素和 3%的醋酸铀溶液混合均匀,配成 0.3%的醋酸铀溶液。混合之后立刻使用,始终把溶液保持在冰上。

② 将混合溶液滴在冰块上面的封口膜上,将铜网覆盖在液体之上 10 min。用无离子水清洗铜网。

③ 使用 loop 将铜网从溶液中移出,用滤纸吸干多余的溶液。

④ 把铜网放在 loop 上干燥,切片颜色介于金色和蓝色之间时表明厚度适中。铜网干燥后,使用镊子将铜网从 loop 上面拿下来,可以直接用于电镜检测。

6.4 电镜数据的收集及处理

21 世纪初,直接电子探测设备(direct electron detection device, DDD)照相机和高分辨率图像处理算法的出现,是促进低温冷冻电镜设备领域发生革命性转变之重要因素。

6.4.1　相机

6.4.1.1　直接电子探测器

直接电子探测器的制造，运用了互补金属氧化物半导体(complementary metal oxide semiconductor, CMOS)技术，这是一种大规模应用于集成电路芯片制造的技术。这种探测器包含一套滚动式快门读出装置(rolling-shutter readout mechanism)。在连续读出图像时，可达到 1 000 帧/s 甚至更高的频率。每帧的读出速率，取决于有多少模拟-数字转换器(analog-to-digital converter, ADC)能够同时将加载在每个像素点二极管上的电压数字化。这种电压是由穿过探测器的高能电子束，激发电子空穴对而形成的，因此对于探测器具有潜在的辐射损伤。在技术上，可以通过增加特殊耐辐射的材料和增加读出速率，来减少辐照损伤。另外，半导体探测器在制成晶片以后，可通过背向剪薄的方式，制造超薄形态的晶片(图 6-26)。通过这种方式，可以有效降低电子与探测器基底材料发生相互作用而产生背散射现象所带来的噪声。背向剪薄技术可以将直接电子探测器的调制传递函数(modulation transfer function, MTF)和探测量子效率(detective quantum efficiency, DQE)增加 1 倍甚至更多。背散射现象的削弱，会减弱电子作用于相机后产生的能量，从而可将探测器寿命延长 2～3 倍[7]。DQE 的提高与相机快速的读出速率，带来了诸多的优点。对于同等剂量的电子信号，更高的探测量化效率意味着增加了相机对于信号检测的敏锐性，提高了图像的信噪比；而且更高的读出速率使得探测器能够记录样品在接受电子束照射过程中的动态变化，通过算法可以计算并消除电子照射所引起的样品移动，从而得到更清晰的图像。另外，通过评估每一帧的电子剂量，能够最大化图像中有效信息(如单颗粒样品)的信噪比。这种经过算法校正的图像，能够更好地反映出每个样品单颗粒的位置和趋向，从而得到分辨率更清晰的样品三维模型，为下一轮的迭代提供更准确的颗粒趋向信息。总而言之，新一代探测器所带来的，不仅仅是探测量化效率本身的提高，更是样品中高分辨率信息所得到的保留和还原。

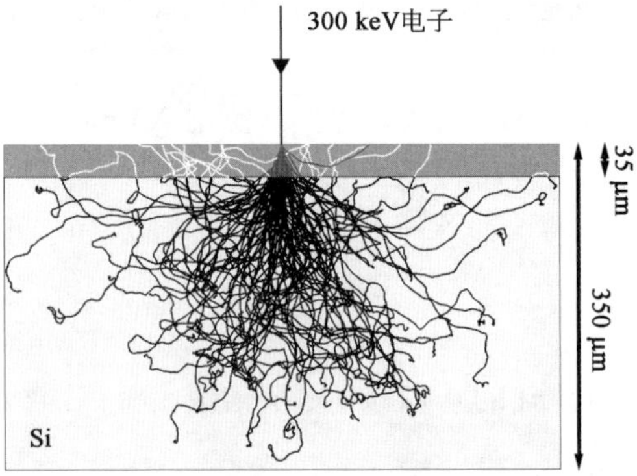

图 6-26　300 keV 电压下，电子束穿过探测器晶片时的 Monte-Carlo 分布(彩图见图版第 23 页)

通过背向剪薄至 35 μm(深灰色部分)，最终只有红色的电子轨迹成为图像上的信息，而白色的轨迹将被平均，成为噪声的一部分。图上整张硅片的厚度为 350 μm，背向剪薄后最终厚度为 35 μm。(图片引自[11])

目前市场上存在 3 家公司，生产 3 种不同品牌的 DDD 相机。DDD 相机在 300 kV 电镜上获得的图形质量，远远高于胶卷所获得的信息。3 家公司的相机都基于类似的传感器技术。Direct Electron LP 生产的 DE 系列相机，物理像素在 6.0 μm × 6.0 μm 和 6.5 μm × 6.5 μm，帧频为 30～60 帧/s。FEI 公司生产的 Falcon 系列相机，物理像素在 14 μm × 14 μm，检测器上面存在较厚的敏感层，增加了 DQE，但是目前的帧频为 18 帧/s。

Gatan 公司生产的 K2 相机,物理像素在 5 μm×5 μm,帧频为 400 帧/s(表 6-3)。

表 6-3 3 种直接电子探测器与典型的电镜高分辨成像参数[12]

直接电子探测器可以记录极低电子剂量下,每一帧图像中单个电子的轨迹。通过判断轨迹的中心位置,可以精确到小于一个像素。这个过程可以进一步提高探测量子效率(DQE)。目前,由单电子计数方式所带来的探测量子效率的提升,在较低频段更为突出,因此常用的做法是采集更高放大倍数的图像,在后期计算处理时,再以 2×2 或 3×3 的像素平均值代替 1×1 的像素值来处理。目前,Gatan K2 相机超高的读出速率,可以满足短时间内数据采集的最大化。	Direct Electron DE-20(integrating 模式)	FEI Falcon Ⅱ(integrating 模式)	Gatan K2 Summit(counting 模式)
物理像素(μm)	6.4	14	5
样品采样像素(μm)	1.0～1.3	1.7	1.0～1.4
放大倍数(相机/样品)	(50～60)k(千)×	80 k×	(35～50)k ×
图像读出频率(Hz)	20～32	17	400
探测器剂量(个电子/像素/帧)	1.4～2	3	0.012～0.02
样品剂量(个电子/Å²/s)(1 Å = 0.1 nm)	24～38	17	2.5～8
总曝光时间(s)	1.5～3.0	3	6～16

电子传感器已经发展多年,2 种技术在电镜的发展中起着重要的作用,通过电荷耦合装置(CCD)和标准互补金属氧化物半导体技术(CMOS)制造了单片有源像素传感器(monolithic active pixel sensor, MAPS)。探测量子效率是评价相机质量之重要参数。

$$DQE = (S/N)^2_{输出} / (S/N)^2_{输入}$$

DQE 表示在检测器信号转换过程中加入多少噪声,会影响图像的原始信号。即输出 S/N 与输入 S/N 的比值。DQE 被定义为空间频率函数。DQE 为 1,表示检测器在转换信号的时候没有加入噪声。对于像素化检测器来说,图像中的像素决定了相机的最大空间频率,因此对于最短的波长必须至少做 2 次采集。这被称为 H. Nyquist 频率定理。

目前新检测器的操作,可以分为 integrating(传统线性积分)和 counting(电子计数)这两种模式。在 integrating 模式下,每个像素能量的总量会被直接作为模拟电压输出。电压被数字化以后,经过暗场和明场修正,以图片形式输出。由于每个高能量电子与传感器之间的作用具有随机性，每个随机电子的能量总量变化很大。这把相机的 DQE 限制在 60%左右。在 counting 模式下，在每帧每 100 个像素中可能只有一个电子，光照的强度降低了几百倍。单个电子可以被脉冲函数或者其他复杂的函数所识别和取代，以至于每个电子具有相同的效应。在原则上，只要 S/N 足够高，就可以清晰地定位每个电子的位置。

目前市场上存在的 3 种相机系列，在 300 kV 电镜上面所获得的图像的质量，都高于胶卷(图 6-27)。DQE 在半 Nyquist 频率时 integrating 模式下为 40%～60%；但是在 Nyquist 频率的时候，则下降到 25%左右。而在 counting 模式下，可以获得理想的 DQE。对于 counting 模式来说，高频率可以避免单个像素点获得多次的电子撞击。目前在较短的曝光时间内，K2 相机在 DQE(0)的时候可以达到 80%。K2 相机的帧频大约是另外 2 个品牌相机的 10 倍。在相对低的 DQE(Nyquist)条件下，K2 相机可以使用 super-resolution(超级分辨)的模式。

在 DQE 最大的时候，每个检测器都有自己最合适的电子剂量。在高电子剂量的时候，检测器达到饱和，movie(电影)的每一帧都没有包含任何信息。同样，在非常低的电子剂量的时候，多帧叠加在一起可以得到一幅图像，输出较多的噪声。DQE 对应的电子剂量具有较大的范围，Falcon Ⅱ 的使用范围为 0.2～4.5 e/像素/帧，DE 系列相机的使用范围为 0.15～3.0 e/像素/帧[8]。K2 Summit 的使用范围为 0.002～0.025 e/像素/帧[9, 10]。

integrating 模式下饱和的电子剂量，比 counting 模式下高几百倍，所以 Falcon 和 DE 检测器在 integrating 模式下的电子剂量，可达到 2～3 e/像素/帧(pixel/frame)；然而 K2 在 counting 模式下的电子剂量，低于 0.01～0.025 e/像素/帧。实际上，Falcon 和 DE 的曝光时间范围在 1～3 s，然而对于 K2 相机来说，曝光时间一般在 6～16 s。

6.4.1.2　单电子计数

DDD 相机的发明，极大地改善了信噪比。图像的信噪比主要在 4 个方面得到了改善。第一，DDD 相机的单块集成电路活性像素传感器的探测量子效率(DQE)，优于胶片和 CCD 相机。第二，达到高帧频。相机 CMOS 技术经过了发展，可以检测并计算单电子。标准化每一个电子，进一步促进相机的 DQE。第三，由相机高帧率获得 movie 而不是单一的照片，可以部分修正电子束诱导样品的移动和扭曲。第四，具有收集 movie 数据的能力而不是单张图片的曝光。在低电子剂量时候，可以记录高分辨率信息。低分辨率信息可以耐受辐照损伤，可以经受更高的电子剂量曝光。

6.4.1.3　探测器的持续发展与待解决的问题

未来探测器的持续发展，需要解决两方面的问题。首先，探测量化效率应尽可能接近 100%。这需要实现完整探测器的单电子计数，因为电子撞击任何一个像素的概率是随机的(图 6-28)。在目前商业化的探测器中，Gatan K2/Summit 探测器的读出速度最高(表 6-3)。其次，增加探测器像素的物理尺寸。使用更大的像素时，电子在运动过程中横向作用的像素点将会减少(图 6-28 中的白点)。这种信号只含有样品的低频信息，最终被平均成为图像噪声的一部分。所以，减少这种轨迹的产生，可以有效地减少图像的噪声，提高信噪比。

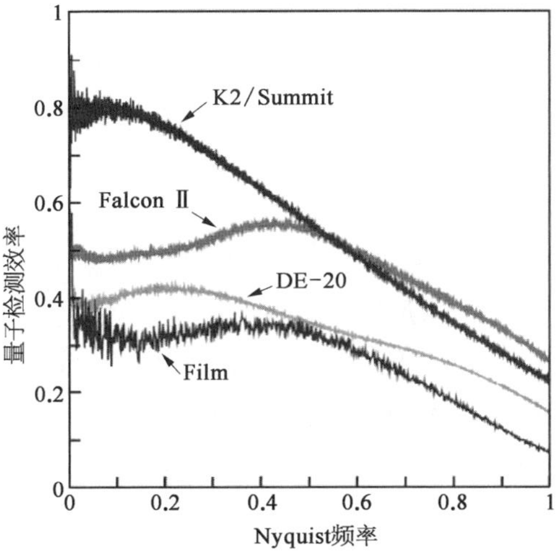

图 6-27 300 kV 下探测器的探测量化效率(DQE)对比(彩图见图版第 23 页)

绿色、红色、蓝色分别代表 DE-20 相机、FEI Falcon Ⅱ相机和 Gatan K2/Summit 相机。黑色为曝光底片。Film：底片。(图片引自[14])

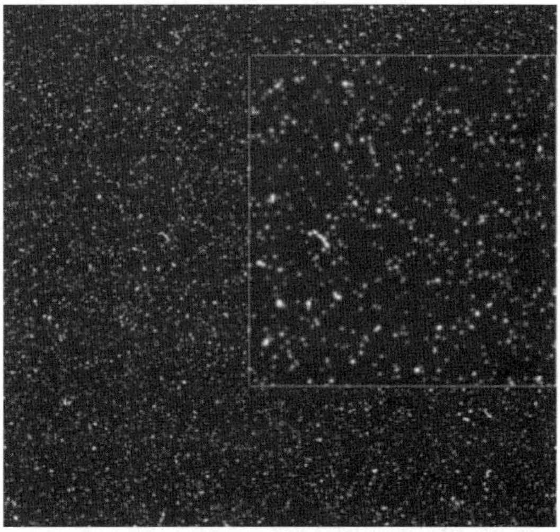

图 6-28 在 300 kV 电压下由 FEI Falcon Ⅲ探测器记录的单电子轨迹

这一帧图像含有大约 10 万个电子轨迹，约每 150 个像素点上有一个电子。(图片引自[13])

6.4.2 电镜的数据链

冷冻电镜在结构生物学领域发挥越来越重要的作用，其中 300 kV 冷冻透射电镜作为生物电镜领域的最尖端设备，是研究蛋白质或其复合物高分辨结构的主力军。目前发表在顶尖杂志上的绝大部分冷冻电镜研究结果，都是依托 300 kV 电镜完成的。这充分说明了 300 kV 电镜在该领域顶级研究工作中的决定性作用。而 300 kV 电镜数据链对于充分发挥 300 kV 电镜的性能，并挖掘其潜能，起到了非常关键的作用。

300 kV 冷冻透射电镜数据链，包含数据的收集、传输、存储和分析。各个环节分别由 DDD 相机、高速网络传输设备以及高性能存储和并行计算设备来完成。现对其数据流简要描述如下：300 kV 电镜上的 DDD 相机产生海量数据，数据首先被临时存储在相机的支持电脑上，随即通过网络设备传输到存储设备。而后，计算设备对读取存储好的数据进行校正和三维重构。其中任何一个环节出现明显短板，都会影响整个数据链的性能。

目前，300 kV 冷冻透射电镜配备的 DDD 相机，平均每秒能产生 300 MB 的数据，峰值可达到 800 MB/s。由于相机支持电脑的存储容量有限，存满之后电镜将无法正常工作，因此需要及时把数据转存到存储设备上。这对相机支持的电脑和网络设备的传输速度，以及存储设备的写入速度，提出了很高的要求。单线程 300 MB/s 以上的速度才能够满足需求。

直接电子探测相机高效的数据产出，对存储设备的容量也提出了很大的挑战。相机平均每天产生约 5 TB 数据，半年即产生约 1 PB(1 024 TB)数据。若原始数据需要保存半年时间，至少需要 1 PB 的存储容量。如果需要保存更久的时间，需要的存储容量也要相应地增加。

要加快数据的周转效率，对海量数据必须及时进行处理。目前，直接电子探测相机工作 2 d 收集的数据，可以勉强满足一个课题所需的基本数据。初步处理这些基本数据所需的时间，约为 100 000 个 CPU 小时。如果使用一台 20 核的工作站，需要半年时间才能计算完毕。

近两三年以来，随着冷冻透射电镜技术的突飞猛进，越来越多的研究机构已经或准备采购高端电镜。该领域的竞争会随着从业者的增多而更加激烈。在不久的将来，电镜使用效率的高低，将在很大程度上决定竞争的成败。然而，提升电镜数据链效率的重要性，却没有引起普遍的重视。随着相机技术的更新，必然会使数据链这块短板显得更加突出。在保证高端电镜和相机的前提下，电镜数据链的优化，代表着更强的竞争力。

6.4.2.1　电镜的数据收集

在传统使用 DM(Digital Micrograph)软件进行数据收集的过程中，需要手动找孔、调焦、调像散、拍照。随操作人员的熟练程度以及数据存储格式的不同，拍照的速度也不相同，大约在每分钟 30～40 张。

使用 DM 软件收集数据，由于每张图片都包含了明场背景(gain reference)的信息，数据量非常大，每拍 1 张照片约 6～8 个 GB。收集一套上千张的数据，需要近 10 TB 的空间，对存储容量的要求非常高。事实上，所有图片的明场背景信息都是相同的，每张图片都包含该信息。存储了大量的冗余数据，对存储空间也是一种浪费。

本电镜系统通过对比多种数据收集软件，采用 SerialEM 来进行数据收集的自动化。SerialEM 是电镜领域的一款开源的数据收集软件，可进行多种类型数据的自动化收集，满足不同类型研究的需求。数据收集的效率和存储的利用率也可由此软件得到很大的提高。使用 K2 自己的软件进行拍摄，每分钟可以拍摄 30～40 张 mrc 或 dm4 格式照片；而使用 SeiralEM 软件来收集，可收集 50 张 tif 格式的照片，效率提升 25%～30%。这对于需要大量数据才能做三维结构解析的冷冻透射电镜有巨大的意义，因为有更多的数据就有更多机会得到更高分辨率的结构。同时，利用 SerialEM 软件，可以减少冗余数据的存储(一套数据只须存储一份明场背景信息)，存储相同信息量的数据只需之前容量的 5%，从而节省了大量的存储空间，大幅提高了存储的使用效率。

6.4.2.2　数据传输

随着相机拍照速度大幅提高，电镜产生海量数据，需要巨大的带宽来加以支撑。传统的千兆局域网已远远不能满足电镜数据传输的需求。在电镜系统中组建万兆的光纤局域网，才可以满足电镜支撑的电脑、图形工作站与存储服务器之间的数据传输。

如图 6-29 所示，200 kV 和 300 kV 冷冻电镜的支撑电脑，通过万兆光纤连接到中心的存储服务器。另外，选取一台图形工作站作为文件服务器，建立网络文件系统。该图形工作站通过万兆光纤与存储服务器连接，作为文件传输的中转站，保证文件高速传输，并与其他图形工作站通过千兆局域网共享数据。用户可在任意一台图形工作站上登录，高速访问并处理自己的数据。

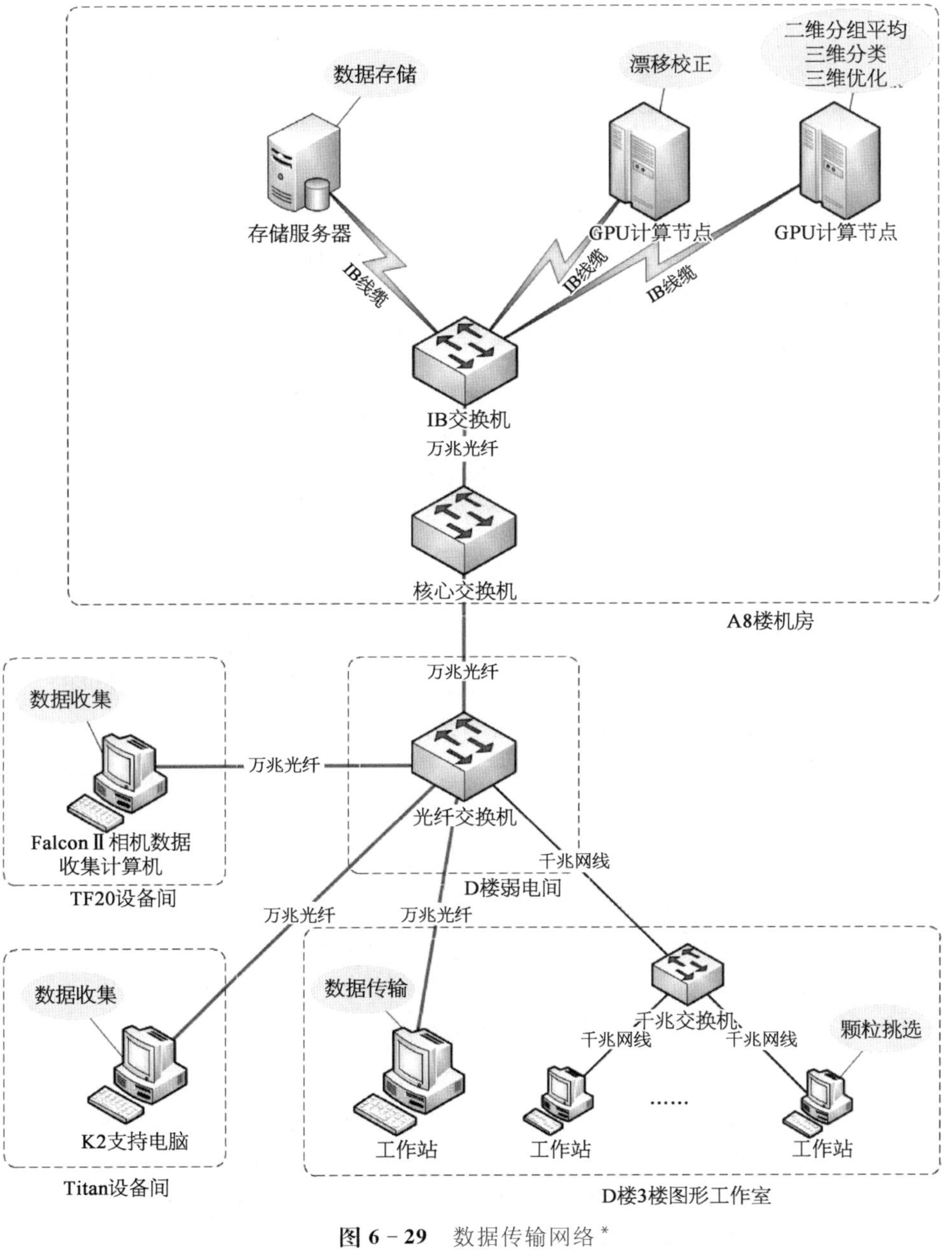

图 6－29　数据传输网络*

* GPU：图形处理器(graphics processing unit)，又称显示核心、视觉处理器、显示芯片，是一种专门在个人电脑、工作站、游戏机和一些移动设备(如平板电脑、智能手机等)上进行图像运算的微处理器。IB(infiniband)一般指IB交换机和线缆，是高速传输的网络交换机设备。

为了提高数据传输的效率,电镜系统自主开发了基于 Windows 平台的多线程批量自动化传输程序。该程序启动以后,就不再需要人工操作,即可在后台监视数据传输的源文件夹。K2 相机的每张照片由很多帧组成,每一帧都是单独的文件。为了不影响 K2 相机收集数据,当数据传输程序发现有新的图片产生时,会等待该图片的所有帧都写入磁盘完毕以后,再自动把拍好的照片传输到存储服务器,传输成功以后删除 K2 电脑的数据。该程序可以多线程并行传输,传输的速度可达 600 MB/s 以上,是单线程传输的 3 倍,大大解放了数据收集者的工作量,并保证了 K2 电脑拥有足够的存储,不影响正常使用。

6.4.2.3　数据存储

存储设备是数据读写的枢纽,起着非常关键的作用;而存储的读写速度,往往又是整个数据链的短板。电镜系统采用横向扩展存储,逐步替代传统存储,以充分发挥存储的读写效率及高可扩展性,与传统存储的架构相比,具有显著的优势。

横向扩展存储的架构,读写性能更高。传统的存储采用一个机头挂载多个存储的模式,就像动力都由火车头提供的老式火车,性能的高低受火车头的性能决定。横向扩展存储的架构,则采用每个存储节点都能单独进行读写的模式,类似动车组列车,读写效率更高。经过实地现场测试,最低配置的一套横向扩展存储,其单线程读写速度已达到 300 MB/s。

横向扩展存储的性能随着容量的增加而呈线性增加。由于横向扩展存储的每个节点都能单独进行读写,随着存储容量的扩增,存储的读写性能也随之增长。而传统存储受机头性能限制,其性能不能随着容量的扩展而线性增加。随着中心数据量的增加,性能逐渐达到瓶颈。即使扩充了容量,性能也不会再有太大的提升。

横向扩展存储自动分层的技术,有利于优化存储资源的利用。自动分层技术是指存储内部可以根据数据的使用频率,自动在后台进行数据迁移,把常用的数据放在读写性能更高的存储介质里,把不常用的数据放到高密度、读写性能相对较低的存储介质里。这样可以发挥不同类型存储介质的优势,使用起来更方便,性价比也更高。

横向扩展存储的利用率更高。一套横向扩展存储的利用率可以达到 66%,2 套存储的利用率可以达到 80%以上。随着容量的扩展,利用率可超过 90%。而传统存储的利用率只有 50%,即使购买 100 TB,也只有 50 TB 可用。

6.4.2.4　数据处理

电镜领域常用的数据漂移校正软件一次只能校正 1 张照片,无法批量处理,另外,该软件只能识别 mrc 格式的数据。而 mrc 格式的数据在数据收集的过程中效率较低,每分钟大约收集 30 张,低于 dm4 格式(40～50 张/min)和 tif 格式(50 张/min)的速度。使用 mrc 格式收集数据,会在很大程度上降低电镜的使用效率,因此用户通常会选择使用 dm4 或者 tif 的格式来保存数据,而在漂移校正时还需要转格式。

电镜系统自主开发的数据漂移校正自动化控制程序,可以把操作人员从烦琐的过程中解放出来,具有以下几个优点。

（1）进行实时自动漂移校正。该程序实时监控数据传输的目标文件夹。每张图片传输完毕以后，即可进行数据漂移校正。设置好参数以后，不需要任何人工干预。

（2）该程序可以读取 mrc、dm4 和 tif 格式文件，自动判断用户收集的数据格式。在数据漂移校正时根据不同的格式，自动提交作业到 GPU 并行计算服务器上，不需要人工介入来进行格式转换。

（3）可以自动实现 GPU 服务器的负载均衡。由于漂移校正所需要的内存比较多，如果在一个 GPU 服务器上提交了太多作业，会因内存资源不够而出错。传统的 GPU 作业调度系统只有先在一个 GPU 服务器上堆满作业以后，才会选择其他 GPU 服务器，无法使任务平均分配到每个 GPU 上，这样就不能保证作业的正常运行。该自动化控制程序可以自动判断 GPU 队列里每个 GPU 服务器执行任务的多寡，把最新的作业提交到负载最少的 GPU 上，保证每个 GPU 上都有相近数据量的作业在运行，避免资源竞争。

6.5　电镜系统的工艺测试与验收

电镜系统包含有 3 个模块——样品制备模块、数据收集模块（电镜）和数据分析处理模块。关键设备包括 3 台冷冻透射电镜、若干台高配置的制样设备以及高性能运算处理设备。

6.5.1　电子断层的三维重构分辨率

6.5.1.1　验收指标

完成 1 个或多个分辨率在 2～10 nm 的细胞或细胞器等大尺度生物结构的电子断层三维重构。

6.5.1.2　测试方法：电子断层三维重构与冷冻透射电镜观察

1. 脂质体样品制备

（1）分别取 DOPC 60 μl 和 Ni－DOPC* 20 μl，混匀之后放置在通风橱中约 2 h。

（2）待干燥后加入 Tris－NaCl** 缓冲溶液（pH 8.0），用移液枪枪头吹打均匀之后，转入脂质体微型挤出仪（Avanti Original mini-extruder design）的 250 μl 注射器中。按照脂质体微型挤出仪的使用说明，来回抽吸 10 min 左右（使用 0.2 μm 规格的过滤膜过滤）。待乳白色的脂质体液体变得均匀透明之后，转移到离心管中备用。

（3）取直径为 10 nm 的纳米金颗粒 100 μl，超声破碎 30 min 备用。

（4）取制好的脂质体 6 μl，加入金颗粒 14 μl，进行制样；或者取制好的脂质体 6 μl，加入 1 μl（浓度 0.5 mg/ml）对照蛋白质 SDK1***，5 min 后加入金颗粒 13 μl，进行制样。

2. 快速冷冻样品制备

（1）清洗铜网：将 Quantifoil 铜网（400 目）放置于干净玻璃皿内，用丙酮浸泡 1 d 之后取出铜网，用无水乙醇清洗 3 次，自然晾干。

---

* DOPC：1，2－二油酰基磷脂酰胆碱；Ni－DOPC：镍－1，2－二油酰基磷脂酰胆碱。

** Tris－NaCl：三羟甲基氨基甲烷-氯化钠。

*** SDK1：sidekick 1（细胞黏附分子伴侣蛋白 1）。

（2）亲水化铜网：取清洗过的干燥铜网1枚，利用光学显微镜观察碳膜状态，确定铜网上碳膜完整，无大面积破裂。将铜网放置于等离子清洗仪内，氢气（H_2）和氧气（O_2）为1∶1的比例。铜网亲水化10 s。

（3）用自动冷冻制样仪制备样品：用液氮液化乙烷气体，使之形成液态乙烷。利用自动冷冻制样仪快速冷冻制样设备。将点在铜网上的脂质体样品，经由液态乙烷冷冻，在毫秒时间内制成冷冻样品，使样品得以保存在与水环境极为相似的环境中。自动冷冻制样仪参数设定为：滤纸吸附时间（blot time）5 s，滤纸吸附力度（blot force）0。制样之后，样品放入液氮中保存，待电镜观察。

3. 冷冻电镜观察

设备参数与设置为：加速电压200 kV；放大倍数50 000倍；运用FEI TEM Tomography（X射线断层摄影）软件，正负倾转65°。调节相应参数，收集数据。

4. 软件重构

将电镜采集得到的mrc格式文件导入Ispect 3D软件，通过计算处理，得到样品倾转的动态结果，保存为avi格式导出。也可以重构得到rec格式文件后，再导入Amira软件渲染，最终保存为avi格式导出。

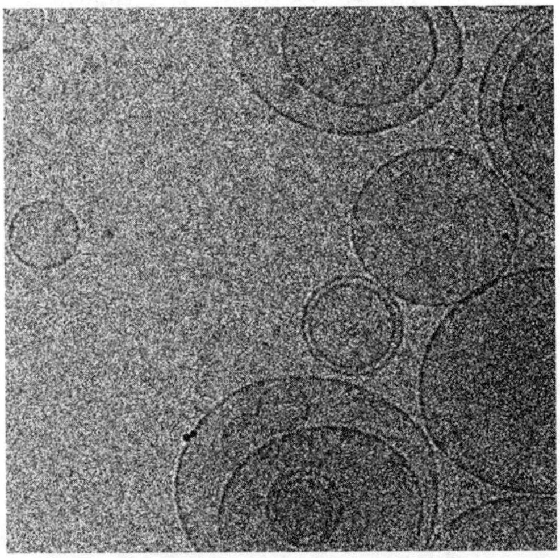

图6-30　脂质体电子断层三维重构示意图
（用上海设施Tecnai G2 F20冷冻透射电镜拍摄）

6.5.1.3　测试设备及结果

（1）测试设备：Tecnai G2 F20冷冻透射电镜。

（2）测试结果：如图6-30所示，脂质体双层膜结构清晰可见，分辨率在2～10 nm左右。

6.5.1.4　测试结论

测试结果满足测试指标。

6.5.2　可解析的分子量范围

6.5.2.1　验收指标

利用负染等方法，将可解析的分子量范围进一步延伸到100 kDa。

6.5.2.2　测试方法：负染与常温透射电镜观察

1. 蛋白质样品

蛋白质DEC-205是免疫细胞表面受体蛋白，胞外区域有180 kDa，通过镍柱亲和纯化。纯化后经过稀释，制备成浓度约50 μg/ml的蛋白质样品。

2. 负染样品制备

（1）用蛋白质样品湿润铜网：取铜网1张，用移液枪滴一滴蛋白质样品在铜网上，用滤纸将残余蛋白质样品吸走。之后，再在铜网上加入5 μl样品，静置1 min。

（2）染色：在静置1 min之后，滤纸吸走残余蛋白质溶液。加入5 μl醋酸铀染液，然后用滤纸将残余染液吸走。再次加入 5 μl 醋酸铀染液，静置 1 min 以后用滤纸吸干。

3. 透射电镜观察

高压 120 kV，放大倍数为 96 000 倍。相机参数为像素合并(binning)1，曝光时间 1 s。

6.5.2.3 测试设备及结果

(1) 测试设备：Tecnai G2 Spirit 冷冻透射电镜。

(2) 测试结果：如图 6-31 所示，白色衬度显示为蛋白质样品，深色衬度为背景。蛋白质形貌清晰可辨。

(3) 测试结论：在实验过程中，使用了分子量在 130～180 kDa 左右的蛋白质样品。运用负染方法能够清晰地拍摄到蛋白质样品的形貌特征。进而使用该方法可以将解析的分子量范围延伸至 100 kDa 左右。满足设计指标。

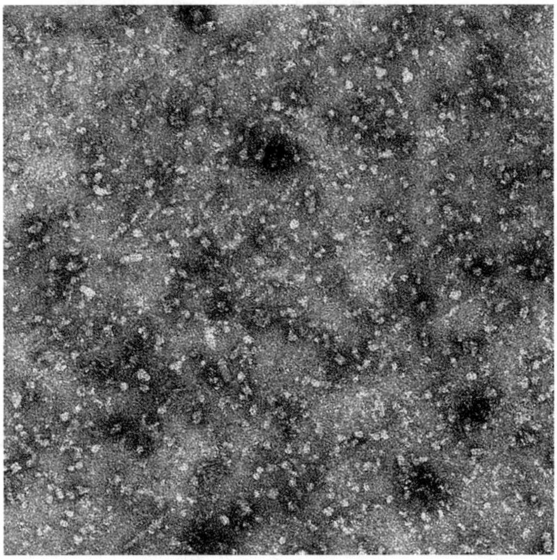

图 6-31 DEC-205 蛋白的负染样品在电子束照射下的形态特征（用上海设施 Tecnai G2 Spirit 冷冻透射电镜拍摄）

结合单颗粒重构技术，可以得到样品的三维形貌特征。

6.5.3 单颗粒三维重构能力

验收指标是：完成 1 个或多个分辨率在 0.8～1.2 nm，分子量为 200 kDa 以上的生物大分子复合物(如蛋白质分子机器、膜蛋白复合物或病毒等)的单颗粒三维重构。

6.5.3.1 肠道病毒 EV71 冷冻电镜单颗粒三维重构测试

1. 测试方法：单颗粒重构与冷冻透射电镜观察

(1) 类病毒样样品：肠道病毒 71(enterovirus71, EV71)，分子量达到 5 MDa。

(2) 电镜快速冷冻样品制备：参见 6.5.1.2 的“2. 快速冷冻样品制备”(295—296 页)。

(3) 冷冻电镜观察：设备参数与设置为：加速电压 300 kV；使用低电子剂量模式来控制样品曝光的时间和总电子剂量；使用欠焦值为 1～2 μm；Falcon 相机像素合并为 1，曝光时间为 1 s。放大倍数为 69 000 倍左右。收集数据时，选择最佳区域，确保每张照片上大约显示 50 个病毒样单颗粒。

(4) 单颗粒重构：运用 EMAN 软件，挑选电镜照片中的颗粒，通过参数输入与计算机运算，重构出样品结构，并得到相应的分辨率信息。

2. 测试设备及结果

(1) 测试设备：Titan Krios 冷冻透射电镜。

(2) 测试结果：如图 6-32 所示，经过 EMAN 软件处理和计算之后的 EV71 类病毒样样品的形貌特征，可以清晰辨认为球形颗粒状。重构后得到的分辨率如图 6 - 33 所示，为 1.145 nm。

图 6 - 32　单颗粒重构结果(彩图见图版第 23 页)

(a) EV71 病毒的三维重构结果，为球形颗粒状；(b) 类病毒样样品 EV71 的重构结果与 EV71 原壳体晶体结构的比对结果。

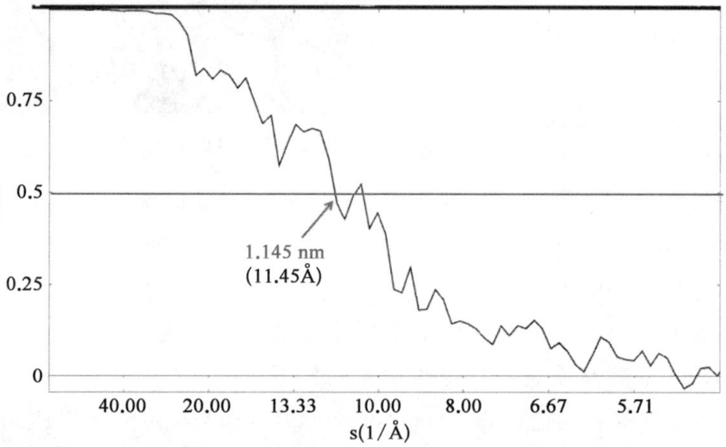

图 6 - 33　EV71 样品重构后的分辨率

这里分辨率取值依据傅里叶壳相关曲线(Fourier shell correlation, FSC)为 0.5 的标准。1 Å = 0.1 nm。

6.5.3.2　鲍鱼血蓝蛋白 HtH1 冷冻电镜单颗粒三维重构测试

1. 测试方法：单颗粒重构与冷冻透射电镜观察

(1) 超大分子复合物样品：鲍鱼血蓝蛋白 HtH1，分子量为 8 MDa，D5 对称性。

(2) 电镜快速冷冻样品制备：参见 6.5.1.2 的“2. 快速冷冻样品制备”(295—296 页)。

(3) 冷冻电镜观察：设备参数与设置：加速电压 300 kV；使用低电子剂量模式，使用欠焦值为 1～3 μm；Falcon 相机像素合并为 1，曝光时间为 1 s。放大倍数为 47 000 倍

(0.142 nm/像素)。收集数据时,选择最佳区域,确保每张照片上大约显示 30 个单颗粒。

(4) 单颗粒重构:综合运用 EMAN1 及 EMAN2 单颗粒重组软件包,共挑选电镜照片中的 3 600 个颗粒,通过参数输入并应用电镜系统的图形界面化工作站,进行三维重构运算,重构出样品的低温电镜三维结构。

2. 测试设备及结果

(1) 测试设备:Titan Krios 冷冻透射电镜。

(2) 测试结果:如图 6-34 所示,图为最终经过 EMAN1 软件处理和计算之后的 HtH1 样品的形貌特征,从中可以清晰辨认呈圆桶状。重构后螺旋(helix)的棒状结构清晰可见,此为解析水平达到亚纳米(<1 nm)量级的判断标准。根据此二级结构特征判断,分辨率在 0.8～0.9 nm(图 6-34c)。

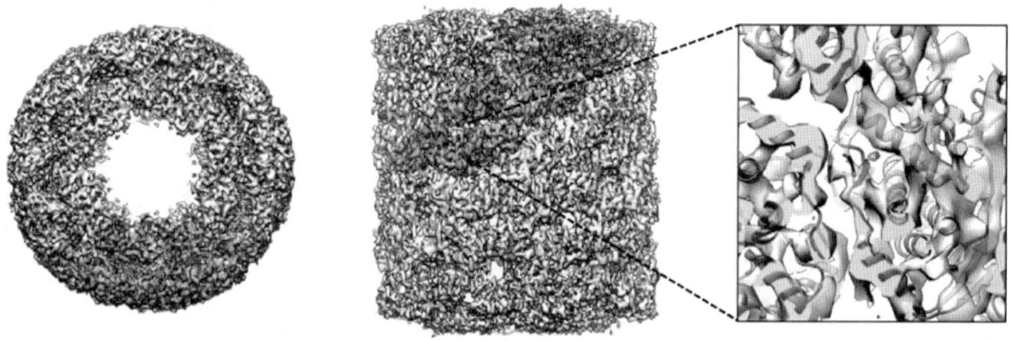

图 6-34　HtH1 样品冷冻电镜三维重构后的结构(彩图见图版第 24 页)

(a)为俯视图。(b)为侧视图,其中一个非对称性结构单元中置入了相应的同源类似物原了模型[蛋白质银行识别号(PDB ID):4 bed]。(c)为其中一个亚基结构细节的放大图。

3. 测试结论

运用病毒样品 EV71 以及超大分子复合物 HtH1 进行实验,经过单颗粒重构后得到分辨率为 1.145 nm 以及大约 0.8～0.9 nm,满足设计要求。

6.5.4　生物大分子三维重构能力的测试结论

① 样品为脂质体双层膜,采用电子断层三维重构,可清晰看到双层膜结构,分辨率达到 2～10 nm。满足设计要求。

② 利用负染方法,可清晰拍摄分子量在 130～180 kDa 之间的蛋白质样品。可进一步将解析分子量延伸至 100 kDa,以满足设计要求。

③ 运用病毒样品 EV71 与超大分子复合物 HtH1 进行实验,经过单颗粒重构后所得到的分辨率结果满足设计要求。

④ 每季度能测定 20 个三维结构,分辨率在 1 nm 或更高的达到 2 个。在样品本身的浓度与状态满足电镜数据收集的条件下,从测试过程中数据收集的时间判断,解析容量

满足设计指标。

6.5.5　测试专家意见

对上海设施集成化电镜分析系统各项指标的测试表明：系统各项指标均达到工艺验收指标要求，并可以得出以下结论。

① 系统具备对生物大分子复合物、膜蛋白复合物、蛋白质分子机器、病毒（分子量为 200 kDa 以上）等，以及对细胞、细胞器等大尺度三维结构的解析能力。

② 对单颗粒三维重构的分辨率达到 0.8～1.2 nm。

③ 对大分子复合物的电子断层三维重构的分辨率达到 2～10 nm。

④ 可解析的分子量范围进一步延伸至 100 kDa。

⑤ 利用冷冻电镜，每年具备解析至少 80 个分子量为 200 kDa 以上的生物大分子复合物、膜蛋白复合物、病毒和细胞器等的空间结构的能力，其中分辨率在 1 nm 或更高的有 6～8 个或更多。

6.6　电镜系统用户成果介绍

国家蛋白质科学研究（上海）设施是“分子细胞科学卓越中心”和“上海大科学中心”的科研装备与技术支撑平台之重要组成部分。该中心着眼于为多尺度、多水平解析超大分子复合物的高分辨率、动态及原位结构信息，提供技术支撑和设备保障，以解决生命科学研究中的重大科学问题，为全国科研用户的相关科研工作提供强有力支撑。因此，该中心建设的重点目标是，积极拓展或者提升现有平台设备的水平，将其打造成为国际一流的蛋白质科学研究实验平台。

6.6.1　机时使用情况

集成化电镜分析系统（以下简称电镜系统）是一个国家级科研服务平台，因此其用户群来自全国各地乃至国外的高端科研机构。

电镜系统从 2014 年开始运行至今，已经为来自北京大学、清华大学、复旦大学、上海交通大学、中国科技大学、上海科技大学、浙江大学、中山大学、四川大学，以及中科院药物研究所、生物物理研究所、生化细胞研究所、巴斯德研究所、遗传发育研究所、植物生理研究所、有机化学研究所、微生物研究所，还有斯坦福大学等上百家用户单位提供了科研服务（图 6 - 35）。这些用户来自结构生物学、化学、生命科学、药学等多学科领域（图 6 - 36）。仅高端电镜 Titan Krios 就已接受申请并完成课题 170 余个，3 年累计开放 16 000 h 以上，其中 2016 年累计开放 6 764 h，接受并完成 56 个课题。由于近几年冷冻电镜技术发展迅猛，电镜用户数量激增，特别是在 2017 年诺贝尔化学奖颁发给了开发出冷冻电镜技术的先驱科学家 J. Dubochet、J. Frank 和 R. Henderson 之后，用户数量发生井喷式增长。仅 2017 年的前 3 个季度，Titan Krios 就接到了 7 960 h 的用户需求。运行机时达到 7 000 h 以上（如图 6 - 37）。

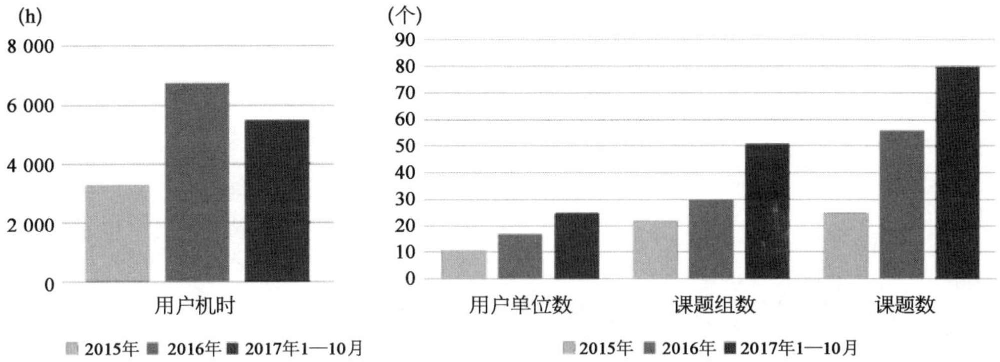

图 6-35 300 kV Titan Krios 电镜的开放共享情况(彩图见图版第 24 页)

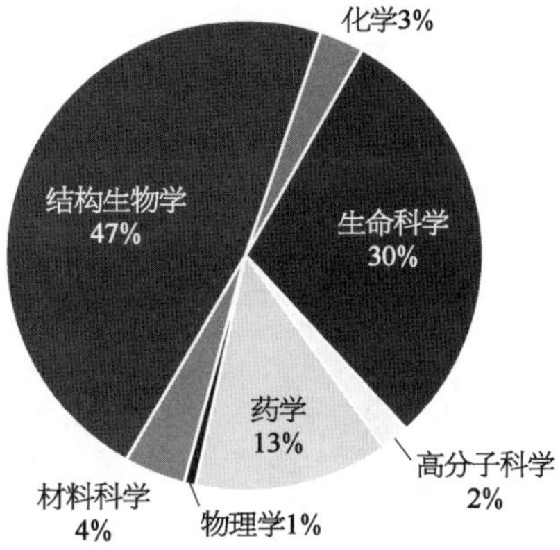

图 6-36 电镜系统用户的研究领域分布(彩图见图版第 24 页)

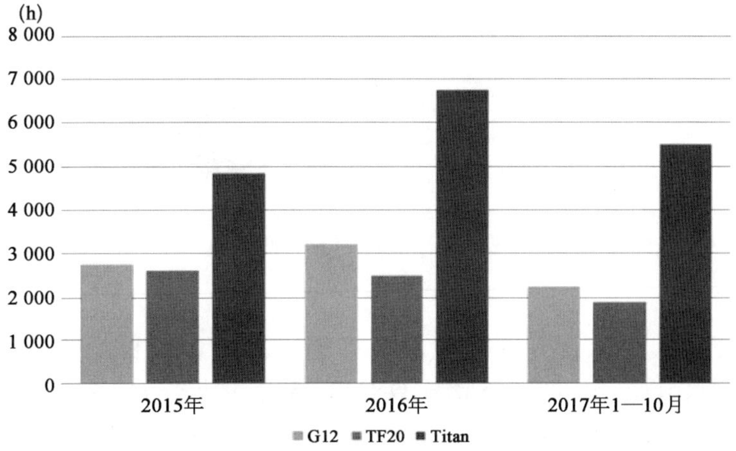

图 6-37 3 台冷冻电镜运行的机时情况(彩图见图版第 25 页)

6.6.2　用户成果介绍

自从电镜系统运行开放以来，借助于平台已经有一大批世界级成果在国际顶级期刊上发表（*Nature* 上 3 篇和 *Cell* 上 1 篇），在国内外引起很大反响。还有数十篇用户文章发表于 *Nature*、*Cell*、*Nature Structural and Molecular Biology*、*Cell Research*、*PNAS*、*PLoS Pathgens* 等国际著名专业期刊上。已经取得的部分代表性成果如下。

（1）用户中科院生物物理研究所柳振峰研究组、章新政研究组与常文瑞、李梅研究组通过单颗粒冷冻电镜技术，在 0.32 nm 分辨率下解析了高等植物（菠菜）光系统Ⅱ-捕光复合物Ⅱ超级膜蛋白复合物（PSⅡ-LHCⅡ supercomplex）的三维结构[15]。此成果荣获中国“2016 年度国家十大科技进步奖”（图 6-38）。

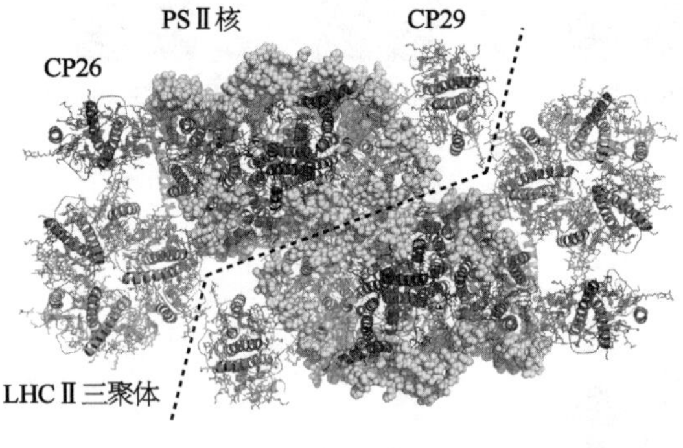

图 6-38　菠菜 PSⅡ-LHCⅡ复合物的整体结构（顶视图）（彩图见图版第 25 页）

图片引自[15]。

（2）用户中科院上海生化细胞研究所周界文课题组与丛尧课题组合作（图 6-39），采用核磁技术结合冷冻电镜技术，解析了线粒体 Ca^{2+} 单向转运蛋白（mitochondrial calcium uniporter，MCU）跨膜核心区域的三维结构[16]。

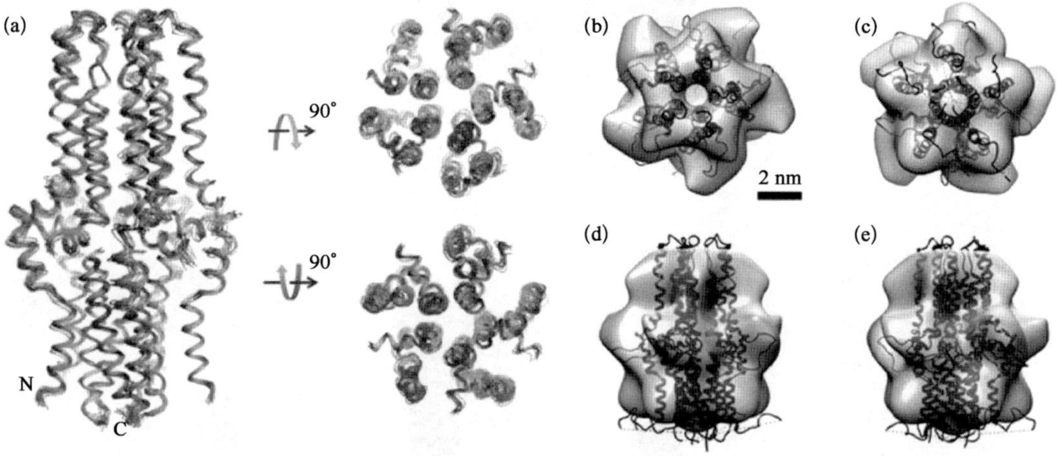

图 6-39　线粒体 Ca^{2+} 单向转运蛋白跨膜核心区域的三维结构（详见下载图 6-39，下载网址见 31 页脚注）

图片引自[16]。

（3）用户复旦大学徐彦辉课题组和丛尧课题组合作解析了从头甲基化转移酶（DNMT3A）自抑制以及组蛋白 H3 诱导 DNMT3A 激活状态下的 2 个三维电镜结构（图 6-40），首次成功揭示了 DNMT3A 蛋白酶是如何在人体基因 DNA 上精确建立甲基化修饰机制的[17]。

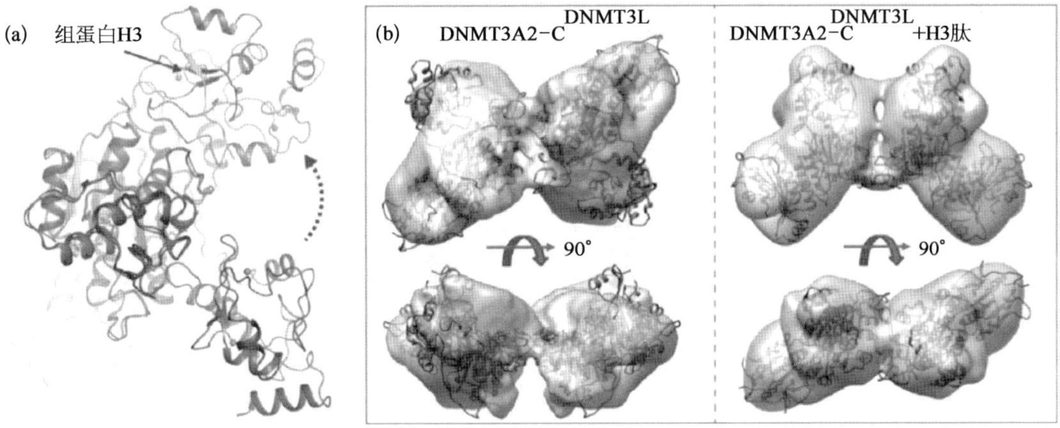

图 6-40 DNMT3A 自抑制以及组蛋白 H3 诱导 DNMT3A 激活状态下的 2 个三维电镜结构(详见下载图 6-40,下载网址见 31 页脚注)

图片引自[17]。

参考文献

[1] 章晓中.电子显微分析.北京：清华大学出版社,2006：19-43.

[2] Smith M T J, Rubinstein J L. Beyond blob-ology. Science, 2014, 345(6197): 617-619.

[3] Bozzola J J. Conventional specimen preparation techniques for transmission electron microscopy of cultured cells//Kuo J. Electron microscopy: Methods and protocols. Totowa, NJ: Humana Press, 2014: 1-19.

[4] Passmore L A, Russo C J. Chapter 3: Specimen preparation for high-resolution cryo-EM//Crowther R A. Methods in enzymology. New York: Academic Press, 2016: 51-86.

[5] De Carlo S, Stark H. Chapter 6: Cryonegative staining of macromolecular assemblies//Jensen G J. Methods in enzymology. New York: Academic Press, 2010: 127-145.

[6] Lorber B, Adrian M, Witz J, et al. Formation of two-dimensional crystals of icosahedral RNA viruses. Micron, 2008, 39: 431-446.

[7] Mcmullan G, Chen S, Henderson R, et al. Detective quantum efficiency of electron area detectors in electron microscopy. Ultramicroscopy, 2009,109: 1126-1143.

[8] Kuijper M, Van Hoften G, Janssen B, et al. FEI's direct electron detector developments: Embarking on a revolution in cryo-TEM. Journal of Structural Biology, 2015, 192: 179-187.

[9] Li X, Mooney P, Zheng S, et al. Electron counting and beam-induced motion correction enable near-atomic-resolution single-particle cryo-EM. Nat Meth, 2013, 10: 584-590.

[10] Li X, Zheng S Q, Egami K, et al. Influence of electron dose rate on electron counting images recorded with the K2 camera. Journal of Structural Biology, 2013, 184: 251-260.

[11] Mcmullan G, Faruqi A R, Henderson R, et al. Experimental observation of the improvement in MTF from backthinning a CMOS direct electron detector. Ultramicroscopy, 2009, 109:

1144 - 1147.

[12] Mcmullan G, Faruqi A R, Henderson R. Chapter 1: Direct electron detectors//Crowther R A. Methods in enzymology. New York: Academic Press, 2016: 1 - 17.

[13] Vinothkumar K R, Richard H. Single particle electron cryomicroscopy: Trends, issues and future perspective. Quarterly Reviews of Biophysics, 2016, 49.

[14] Mcmullan G, Faruqi A R, Clare D, et al. Comparison of optimal performance at 300 keV of three direct electron detectors for use in low dose electron microscopy. Ultramicroscopy, 2014, 147: 156 - 163.

[15] Wei X, Su X, Cao P, et al. Structure of spinach photosystem Ⅱ - LHCⅡ supercomplex at 3.2 Å resolution. Nature, 2016, 534(7605): 69 - 74.

[16] Oxenoid K, Dong Y, Cao C, et al. Architecture of the mitochondrial calcium uniporter. Nature, 2016, 533(7602): 269.

[17] Li N, Wu J X, Ding D, et al. Structure of a pancreatic ATP-sensitive potassium channel. Cell, 2017, 168(1 - 2): 101.

第 7 章　质谱分析系统

7.1　科学目标与建设方案

7.1.1　质谱仪的发展历程

19 世纪末期，人类在牛顿(I. Newton)力学、道尔顿(J. Dalton)物质原子理论、热力学、电磁学等物理学研究方面取得了非常大的进展，造就了物理学史上的又一个辉煌时期。在这样的物理大发现背景下，德国物理学家 E. Goldstein 于 1876 年提出了阴极射线理论。他认为在低压气体放电管玻璃壁上的辉光，是由阴极产生的某种射线引起的，并把这种射线命名为阴极射线。十多年后，W. C. Werner 进一步研究发现，阳极射线所带正电量与阴极射线所带负电量相等，并根据它们在磁场和电场影响下的运动规律，得出阳极射线由带正电的粒子组成，电荷相同时质量小的离子偏转得多，质量大的离子偏转得少。这些实验现象的发现和理论的提出，奠定了后来质谱仪原型的理论基础。

基于这些早期物理学上的重大发现，从阴极射线中发现电子的英国著名物理学家 J. J. Thomson 和他的助手 F. W. Aston 利用 Werner 的方法，通过磁场使阳极射线的粒子发生偏转，并通过电场使具有不同电荷和质量的离子分隔开——首个扇形磁场质谱计模型，就此诞生于著名的卡文迪许(H. Cavendish)实验室：使离子沿抛物线飞行，将其轨迹记录到底片上，从而测定其精确质量。并且，利用这个质谱仪的设想，他们通过实验首次证明了氖(Ne)的 2 种同位素的存在。

1919 年，Aston 完成了第一台真正意义上质谱仪的研制，它升级改造后，更能分辨 1%质量单位。借助这些具备电磁聚焦性能的质谱仪，Aston 发现了多种元素同位素，研究了 53 个非放射性元素，发现了天然存在的 287 种核素中的至少 212 种，第一次证明了原子质量亏损。并且，通过对大量同位素的研究，他阐述了“整数法则”，即：除了 H 以外的所有元素，其原子质量都是 H 原子质量的整数倍。并且，通过质谱分析，他解释了造成实际值与上述法则偏差的原因是同位素的存在。他为此荣获 1922 年的诺贝尔化学奖。

1940 年以前，质谱计作为一种分析手段被化学家采用，用于气体分析和测定化学元素的稳定同位素。从 40 年代开始，质谱法开始被用来对石油馏分中的复杂烃类混合物进行分析，并证实了复杂分子能产生确定的、可重复的质谱谱图，之后才被用于测定有机化合物的结构，开拓了有机质谱的新领域。随后，四极杆质量分析器(1953 年)、离子阱质量分析器、串联质谱系统（1954 年）和飞行时间质谱仪（1955 年）亦相继问世。特别是离子阱质量分析器中的傅里叶变换离子回旋共振质谱仪，具有超高的分辨率和准确度，而且数据采集速度快，可与多种离子化方式衔接，可进行多级质谱（mass spectrometry，MS）检测，在化合物相对分子质量测定、结构信息获取及反应机理的研究等方面，发挥着重要的作用。20 世纪 80 年代，随着快原子轰击、电喷雾和基质辅助激光解吸等新的“软电离”技术出现，质谱仪的应用被推广到高极性、难挥发和热不稳定样品，特别是蛋白质样品的分析。生物质谱仪飞速发展，已成为现代科学前沿的热点之一。

7.1.2　科学目标

20 世纪 50 年代，生命科学领域以“中心法则”的建立为标志（图 7－1），研究者们逐步开始探索控制生命活动的基本分子机理。进入 21 世纪以来，随着人类基因组计划的完成和相关质谱技术的进步，人们逐渐开始重视和开展蛋白质组学以及代谢组学的研究，乃至于进行多组学的联合研究工作，以解决生命的复杂性和多样性问题。除此之外，研究者还发现，作为生命活动基本“元件”的核酸、蛋白质和糖脂等生物大分子，同时处于机体内广泛的动态化学修饰之中，并在机体的生命活动中扮演了关键的角色（图 7－2）。而生物大分子特别是蛋白质的多种动态化学修饰，大大丰富了其在生物体内的功能作用。针对这些重要问题的研究，已成为当前生命科学最受关注的领域之一。

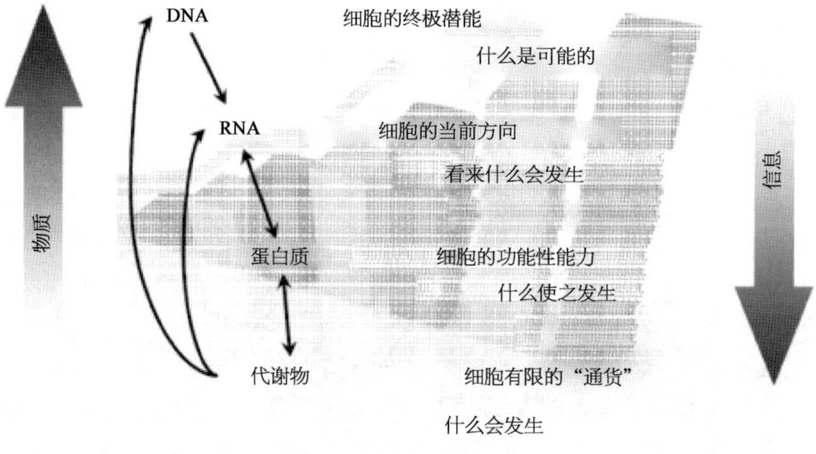

图 7－1　“中心法则”的意义

脱氧核糖核酸（deoxyribonucleic acid，DNA）反映了细胞未来的潜能，告诉你哪些事情可能发生；核糖核酸（ribonucleic acid，RNA）揭示了细胞发展的方向，告诉你哪些事情将要发生；蛋白质（protein）则显示出了细胞的各项功能元件，告诉你细胞的各项变化是由哪些元件完成的；而代谢物（metabolite）是最后发生各种变化的产物，告诉你细胞中正在发生的变化。遗传信息（information）由上而下传递，物质（material）基础由外而内展现。

质谱法是一种与光谱法并列的谱学方法。它利用微观物质在质量上的差别所带来的物理性质或现象的不同，来对微观物质进行区分。简单说来，它就是通过对微观粒子气相离子的质荷比（质量/电荷的比值）* 测量，来鉴定化合物的一种专门技术，被广泛应用于各个学科领域。人们把基于质谱技术对生物大分子特别对蛋白质的高通量研究方式，简称为蛋白质组学(proteomics)[1]。它是研究细胞或者某种生物体内所表达的全部蛋白质情况的方法，包括蛋白质表达水平、结合方式、蛋白质翻译后修饰情况等。基因组的重要性不言而喻，然而蛋白质才是执行生命体功能的基本单元，它通过形成各种复合物，组成通路网络，来行使复杂多样的生物学功能。所以，有很多生物学问题需要在蛋白质层面上进行研究和探索，而且要站在系统的层面去考察，例如蛋白质-蛋白质相互作用[2]、蛋白质的细胞定位、蛋白质翻译后修饰[3]、信号通路及代谢通路的调控和功能等。

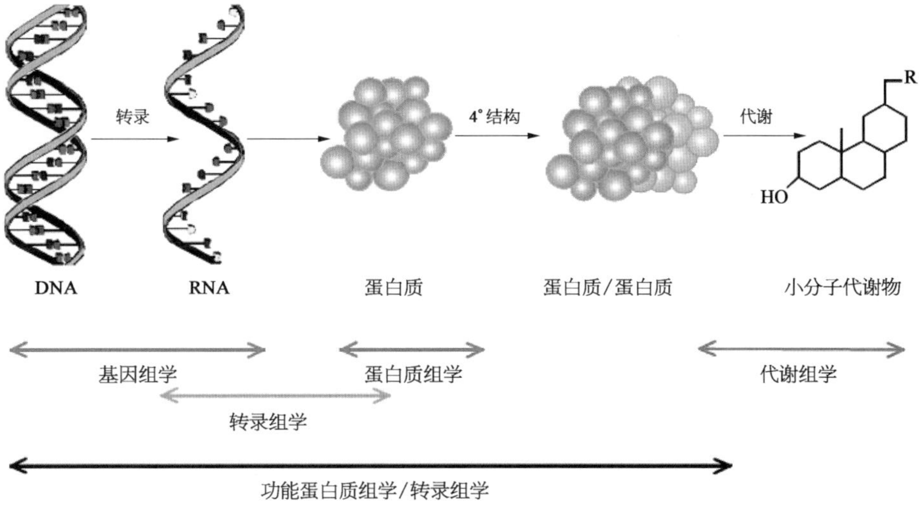

图 7-2 多组学分析：针对不同层面的组学交叉结合，开展生物学问题的研究（详见下载图 7-2，下载网址见 31 页脚注）

对脱氧核糖核酸(DNA)和核糖核酸(RNA)的研究形成了基因组学(genomics)，对蛋白质的研究形成了蛋白质组学，对小分子代谢物(small molecular metabolite)的研究逐步形成了代谢组学(metabolomics)。不同层次的研究相结合，又形成了转录组学(transcriptomics)、功能蛋白质组学和基因组学(functional proteomics/ genomics)等研究方向。

基于此发展背景，蛋白质修饰与相互作用分析系统，主要通过基于先进质谱技术的蛋白质组学方法，对蛋白质进行高分辨、高准确性的鉴定，确定蛋白质在功能系统中所起的重要作用，并结合结构分析和分子影像分析等多种技术方法，发现蛋白质的功能。通过质谱分析，定位发生在蛋白质上的修饰位点，进一步指导蛋白质结构的测定和功能分析。此外，通过对重要功能蛋白质的精确定量分析，可追踪在不同时间和处理条件下的蛋白质结构变化，从而为解释细胞活动的分子机制，筛选疾病生物标志物和药物靶点，提供分子基础。

---

* 参见 322 页脚注。

7.1.3　建设方案

系统总投资 5 340 万元，建设周期约为 3 年。计划初步建成一个国际领先的、能提供全方位蛋白质鉴定和修饰分析，并具备强大定量分析功能的蛋白质修饰与相互作用分析系统。可以为细胞活动的分子机制研究、疾病相关生物标志物的筛选和药物靶点的发现，提供很好的技术支持。

蛋白质修饰与相互作用分析系统，从生物学研究的需求上将初步建设构成 4 个基本功能模块：样本制备模块；蛋白质高分辨鉴定模块；蛋白质修饰规模化分离和定位模块；功能蛋白质及其相互作用的定量分析模块。4 个模块采取灵活的串接或并接模式，实现系统集成和优化。关键设备主要包括 11 台功能互补的高性能质谱仪。系统构成如图 7－3。

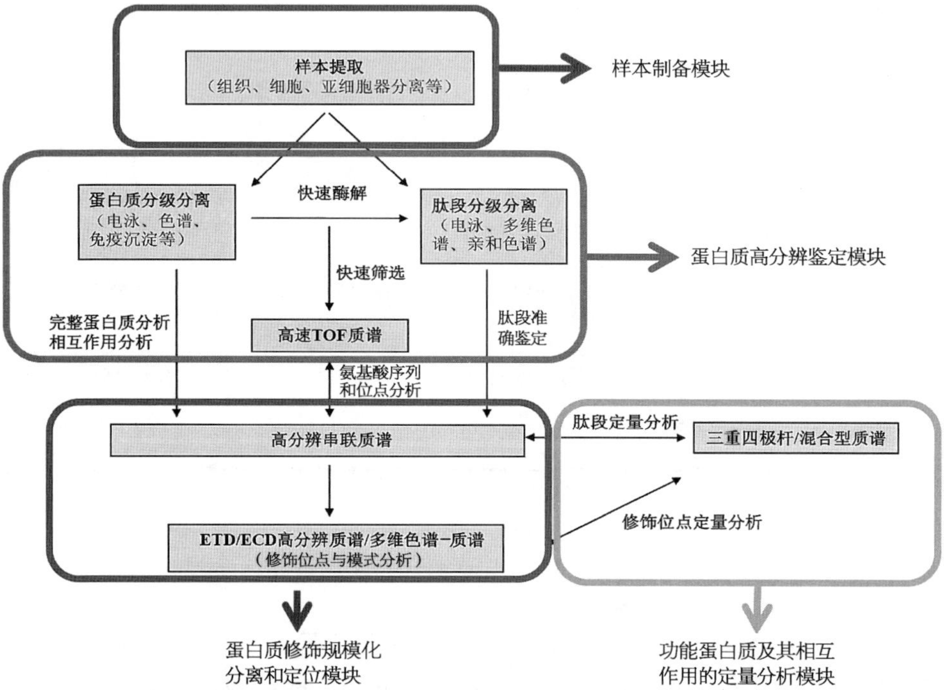

图 7－3　质谱分析系统的最初设计组成*

在样品制备模块中发展各种形式的色谱分离方法，在蛋白质水平、肽段水平和修饰水平形成多种兼容互补的样品前处理及分离平台。在蛋白质方面，形成以亲和色谱、离子交换和分子排阻等方法为主的高选择性分离模式；在肽段方面，构建基于微升和纳升规模的多维色谱系统，用于肽段的分级，从而提高蛋白质的鉴定覆盖率。

7.1.4　性能指标

系统由 4 大模块组成，模块间采用并联和串联模式，各模块间可快速切换组装，多维

* ETD/ECD：electron transfer/capture dissociation（电子转移/捕捉解离）。TOF：time of flight（飞行时间）。

色谱和质谱之间能实现在线高灵敏度串接，能快速实现对复杂样本的蛋白质高灵敏度鉴定、蛋白质修饰分析和相互作用分析，以及精确定量分析。关于预期具体指标说明如下。

7.1.4.1 样本制备模块

1. 指标

对细胞和组织样本的蛋白质提取，可达到 10 批/d。蛋白质酶解通量可达到 50 个/d。酶解时间可达 2 h 以下，可同时处理样本超过 24 个。

2. 定义

建立多种蛋白质提取模式，并实现流程化。采用微波或高压模式，使酶解时间最短降低到 2 h 以下，比现有常规速度提高 8 倍。采用多通道酶解模式，能同时处理的样本超过 24 个。对该模块选取动物（包括组织和细胞等）、植物（包括组织和细胞等）、细菌各一种模式生物作为测试对象，检测蛋白质提取的效率和速度。酶解部分选取标准蛋白质、蛋白质混合物和动物细胞样本进行测试。亚细胞分级部分采用动物组织和细胞各一种进行分级效果评价。

7.1.4.2 蛋白质的高分辨鉴定模块

1. 指标

以基质辅助激光解析串联飞行时间质谱* 和液相色谱/质谱为核心，进行蛋白质鉴定。技术规模达到 2 000 个蛋白质/d。灵敏度达到亚飞摩尔(fmol)，鉴定假阳性＜1%。对特定蛋白质鉴定氨基酸的覆盖率达到 30%以上。

2. 定义

以哺乳动物细胞或组织蛋白质酶解肽混合物为样本，蛋白质鉴定规模达到 2 000 个蛋白质/d，其肽段的假阳性率小于 1%。对标准蛋白质检测的灵敏度达到亚飞摩尔。对标准蛋白质鉴定氨基酸的覆盖率达到 30% 以上。

7.1.4.3 蛋白质修饰的规模化分离和定位模块

1. 指标

蛋白质翻译后修饰的分析规模达到 50 个位点/d，灵敏度为飞摩尔。修饰位点定位误差＜1%，蛋白质翻译后修饰的检测种类达到 10 种以上。

2. 定义

以哺乳动物细胞或组织蛋白质酶解肽混合物或标准肽混合物为样本，主要以磷酸化修饰为例，分析规模达到 50 个位点/d，修饰肽段的鉴定假阳性要小于 1%。对合成磷酸化肽段的检测灵敏度达到飞摩尔。主要以合成修饰肽、已知修饰蛋白质或哺乳动物细胞蛋白质酶解肽混合物为标准，检测包括氧化、甲基化（一甲基、二甲基、三甲基）、乙酰化、磷酸化、硝基化、亚硝基化、泛素化、类泛素化、N-糖基化、O-糖基化、脂酰化、羰基化等至少 10 种蛋白质的翻译后修饰。

---

* 基质辅助激光解吸串联飞行时间质谱：matrix-assisted laser desorption/ionization time of flight mass spectrometry，MALDI-TOF-MS。

7.1.4.4　功能蛋白质及其相互作用的定量分析模块

1. 指标

建立蛋白质体外和体内、相对和绝对定量方法。蛋白质体外和体内相对定量的规模达到 200 个/d,定量误差<30%。蛋白质绝对定量规模可达到 50 个/d,定量误差<20%。

2. 定义

以哺乳动物细胞或组织蛋白质酶解肽混合物为样本。体外相对定量是指体外稳定同位素化学标记法,如 TMT 技术或者 iTRAQ 技术[4];体内相对定量是指稳定同位素掺入培养细胞的方法,即 SILAC 技术[5]。相对定量的规模达到 200 个/d,定量误差即相对标准偏差(relative standard deviation, RSD)小于 30%。蛋白质绝对定量指以合成稳定同位素肽段为内标的多反应监测方法(MRM)*,绝对定量规模可达到 50 个/d,对标准蛋白质的定量误差<20%。

7.2　蛋白质样本制备模块

蛋白质的样品制备是蛋白质质谱分析整个流程的起始步骤,也是非常关键的一步。样本制备的好坏,决定了整个蛋白质组学分析的有效性和准确性。因此在系统建设过程中,设计了多种针对不同样本蛋白质提取的硬件配置,以及相应的蛋白质样本前处理的制备方案(图 7-4)。另一方面,对于复杂的蛋白质样本如血液等来说,适当的分级处理或者高丰度蛋白质的去除,可以降低样本的复杂性,从而提高蛋白质鉴定的效率。从分

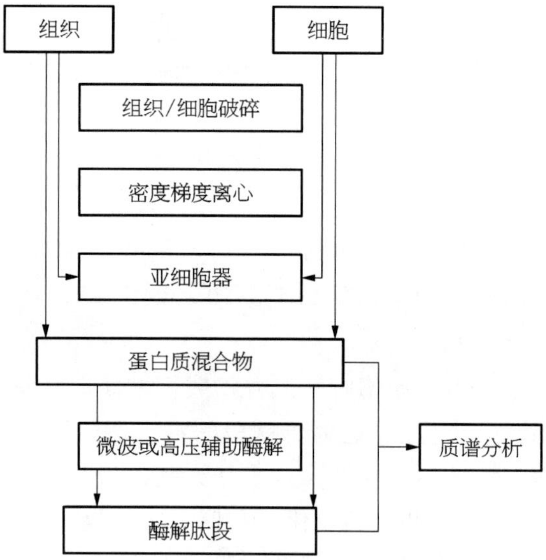

图 7-4　样本制备模块的功能组织图

*　TMT:串联质谱标签(tandem mass tag)。iTRAQ:同位素标记相对和绝对定量技术(isobaric tag for relative and absolute quantitation)。SILAC:细胞培养氨基酸稳定同位素标记技术(stable isotope labeling with amino acids in cell culture)。MRM:多反应监测方法(multiple reaction monitoring)。

级对象来看，有蛋白质和肽段两种不同水平；从分级方法看，有基于色谱的和基于电泳的两种常规方法。总体来说，样本的制备模块流程包括了蛋白质的提取、分级、酶解，以及多肽的脱盐、分级等多个步骤。

7.2.1 蛋白质样本提取

对于不同类型的样本，蛋白质的提取方法存在着较大差异性(表 7－1)。常用的细胞破碎提取方法包括机械破碎法、物理破碎法和化学处理法几个大类。针对组织样本，一般需要采用液氮研磨、组织切割、破碎等方式，系统地完成高得率蛋白质的提取，以及特异区域的细胞蛋白质提取。对细胞样本，采用较为温和的破碎方法，如细胞匀浆等方式，即可获得全细胞蛋白质。液氮研磨或者细胞匀浆所需要的仪器设备，相对来说简单。对于复杂及较难破碎的组织样本，如鸡肉组织、植物组织、细菌等来说，需要借助一些特殊的仪器如组织研磨器或者超声破碎仪来进行处理，以破碎细胞并提取蛋白质。为了满足不同类型样本的需求，质谱系统设计配置了不同通道数的组织研磨器和超声破碎仪，与常规的蛋白质提取方法组成一个完整的蛋白质提取单元。

表 7－1 常见的细胞破碎方法

机械碎裂	液氮研磨：研钵(预冷)。
	匀浆法：匀浆器(homogenizer)。
	捣碎法：如搅拌器，利用刀片高速旋转破碎细胞，或如组织研磨器，利用玻璃珠或磁珠，剧烈振荡破碎细胞。
物理破碎法	温差法：反复冻融，急热剧冷。
	压力差法：如压力破碎仪(压力循环细胞破碎)。
	超声破碎法：采用超声波 15～20 Hz，在高强度急剧震荡下破碎细胞。
化学处理法	利用各种水解酶或者变性剂如 8 mol/L 尿素、6 mol/L 盐酸胍等使细胞破碎。

7.2.1.1 组织研磨器

根据不同实验的需要，系统配置了两款不同类型的组织研磨器，包括法国 Bertin Minilys 个人型均质器(图 7－5)和 OMNI BeadRuptor24(图 7－6)样品研磨均质匀浆仪。

Minilys 是一款结构紧凑、高效小型的均质器(技术参数见表 7－2)，可快速、高效处理各类小通量生物样品(非常适合并主要用于提取 DNA、RNA、蛋白质及药物等，可有效均质动植物组织、细菌、真菌，以及孢子、毛发、骨骼、粪便、土壤等一般仪器无法对付的样品)，适于 0.5、2、7 ml 研磨管，操作方便。Minilys 采用研磨珠敲打原理，是一种可靠、高效、快速的均质方式，可依据标准的实验方案及它本身独有的三维振荡模式，达到样品均质的目的。其主要特点如下。

① 体积小巧，设计紧凑，移动方便。

② 可有效处理动植物组织及细菌、真菌等。

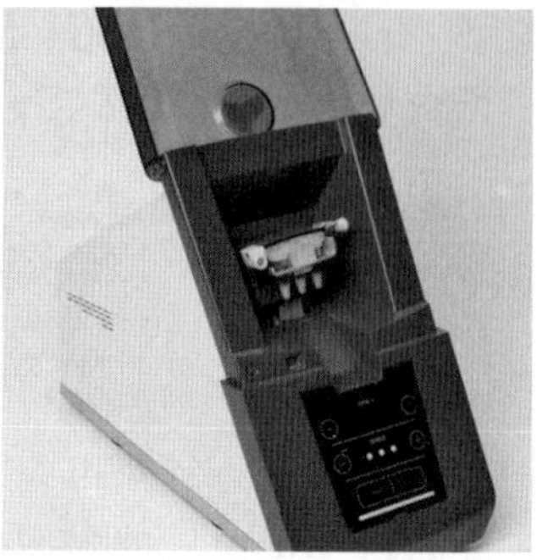

图 7-5　Minilys 个人型均质器

图片转引自 http://shop.71.net/Prod_1126907305.html。

图 7-6　OMNI BeadRuptor24 样品研磨均质匀浆仪

图片转引自上海博谊生物科技有限公司网页。

表 7-2　Minilys 个人型均质器技术参数

技　术　参　数	
尺　寸	150 mm×300 mm×300 mm
容　量	3×0.5 ml 管、2 ml 管或 1×7 ml 管
速　度	3 000、4 000、5 000 r/min
类　型	研磨珠式
运行时间	5～240 s，1 s 可调
运行方式	三维振荡
认　证	CE、UL*
电压和功率	220～110 V，50～60 Hz，<1 000 W
噪　声	<70 dB

③ 单样品管操作，不会出现交叉污染。

④ 可一次处理 3 个样品，普通样品 20～60 s 即可完全均质。

⑤ 三维振荡模式，比单纯往复式振荡效果更佳。

7.2.1.2　超声破碎仪

超声波破碎仪主要通过产生超声波能量，并利用钛（Ti）金属探头，将能量传导至液体样品。该过程导致气穴现象（微气泡在高剪切力作用下破裂），可用来处理不同类型的大样品。一般来说，可分为直接破碎和间接破碎两种方式，都是可行的，如何选择取决于具体应用。直接破碎时要将探头浸入样品容器，要能够快速和有效地处理大多数样品。间接破碎无须让探头和样品直接接触，允许用户处理封口的试管和样品瓶，需要配备角状杯来实现间接破碎（图 7-7）。系统搭载的 505 型超声破碎仪（图 7-8），能够传递更高的能量，可编程，适用于纳米技术、细胞破裂和均质应用，既可以处理小量样本，也可以处

* CE：欧盟统一认证；UL：美国保险商试验所认证。

理大量样本，具备很好的兼容性（参数见表 7－3）。有多种附件可供选择，包括单个样本的探头和间接破碎的角状杯。

间接破碎用角状杯，处理量达8个2 ml封口样品管

隔音罩外部尺寸343 mm×775 mm×330 mm(长×宽×高)

直接破碎用探头处理量达500 ml

图 7－7　不同规格探头及备件

图片转引自 http://yibiao.gongye360.com/prods_view.html?prodid=485929。

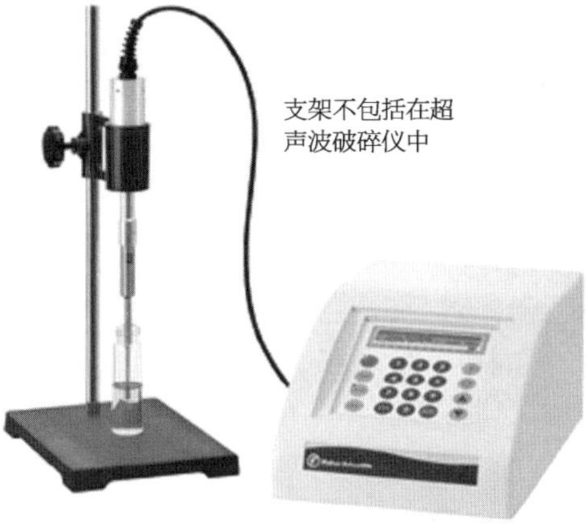

图 7－8　505 型超声破碎仪

图片转引自 https://www.tlyon.com/4642.html。

表 7－3　505 型超声破碎仪的技术参数

指　标	参　数
处理量	0.5～500 ml
功　率	500 W
可编程时段	1 s～10 h
脉冲模式	1～59 s
能量显示	瓦(W)和焦(J)

7.2.2　蛋白质样本的酶解

常规蛋白质组学技术采用的是“自下而上”(bottom up)的实验方案，蛋白质的酶解

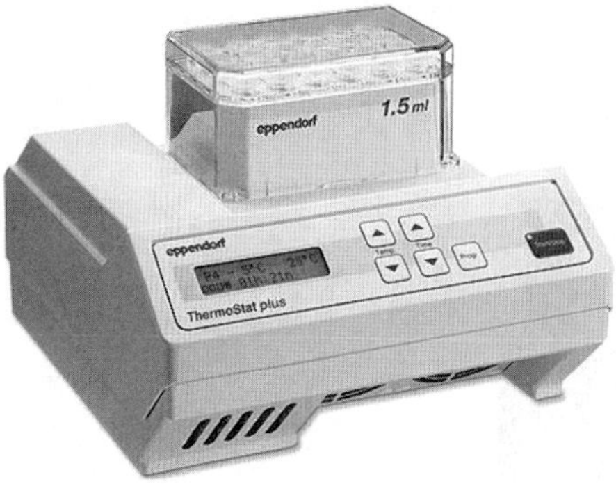

图 7-9　ThermoStat plus 振荡金属浴

图片转引自 http://yueqinghwel.m.sell.everychina.com/p-92360838-dual-thermostat-ntl-10a-10b-thermostat.html。

是其中关键的一步。如何高效地完成从较大分子量蛋白质到适合质谱检测大小的肽段的转化,会极大地影响整个实验结果的好坏。常规的处理方式采取金属振荡浴的方式,整个酶解过程通常需要酶解过夜。而采用微波酶解的方式,会大大加速这个过程,把酶解的时间从 16 h 缩短到 0.5 h,非常高效。

7.2.2.1　振荡金属浴

ThermoStat plus 振荡金属浴(图 7-9)的设计配置,可以实现对所有实验室常用样品管的方便的温度控制,同时结合了 Peltier 半导体温控技术。其最显著的特点是,具有相当大的温控范围,最高至 99℃;还配备了一个制冷装置,可使温度降到 -5℃。

ThermoStat plus 振荡金属浴可以提供适合 0.2、0.5、1.0、2.0 和 15 ml 的离心管,以及微孔板等不同类型规格样品管的加热模块,使用灵活,用途广泛。此外,ThermoStat plus 恒温孵育器还可以配置一个加热模块——Eppendorf CombiBox,适合不同形状的、高度不超过 60 mm 的容器和大口杯的温度控制(表 7-4)。

ThermoStat plus 恒温孵育器操作简便,使用方便:简单地选择温度,然后按 Start(开始)键即开始计时加热工作。对于一些特殊的应用,温度和运行时间均可以设置。在连续运行时,有多个温度和时间段可供选择。仪器特性如下。

① 对实验室所有常用的样品管,进行精确的温度调控。

② 温控范围在 -5～99℃。

③ 温度和运行时间可分别设置:在连续运行时可设置最多 4 个不同温度和 4 个不同时间段。

④ 可单独设置 2 个温度水平之间线性转变的运行时间。

⑤ 操作便捷,按键无双重功能。

⑥ 可通过 RS232 接口,控制和记录仪器运行,符合《药物非临床研究质量管理规范》(*GLP* *)标准。

⑦ 安全可靠的 24 孔可更换式加热模块,适用于 0.5、1.5 或 2.0 ml 不同体积的离心管。

⑧ 可更换式微孔板加热模块,适用于所有型号的板材,包括深孔板、96×0.2 ml PCR 管和 96 孔 PCR 板的适配板。

⑨ 适用于各类试管的可更换式加热模块,直径为 11～12 mm,高度达 30～76 mm。

* *GLP*: *Good Laboratory Practice for Non-Clinical Laboratory Studies*.

表 7-4 ThermoStat plus 振荡金属浴技术参数

指 标	参 数
温控范围	低于室温 30～99℃
温度设置范围	-5～99℃
温度准确度	0±1℃
	37±0.5℃
	90±1℃
加热速度	5℃/min
冷却速度	6℃/min：99～25℃范围
	1.5℃/min：25～-5℃范围
混匀时间	1 min～99 h 59 min，可连续运转
电 源	100～240 V，50～60 Hz
功 率	75 W
接 口	RS232 接口
尺寸（*W*×*D*×*H*）（宽×深×高）	22 cm×25 cm×12 cm
质量（不包括模块）	5 kg

7.2.2.2 微波酶解仪

微波辅助酶解技术作为一种高效快速的蛋白质酶解技术，具有作用时间短，酶解速度快，酶解产物可控等特点，大大提高了蛋白质组学与生物标志物研究中样品前处理的效率，近年来被广泛应用于蛋白组学分析及多肽分离与分析之中。其主要原理（图 7-10）是，通

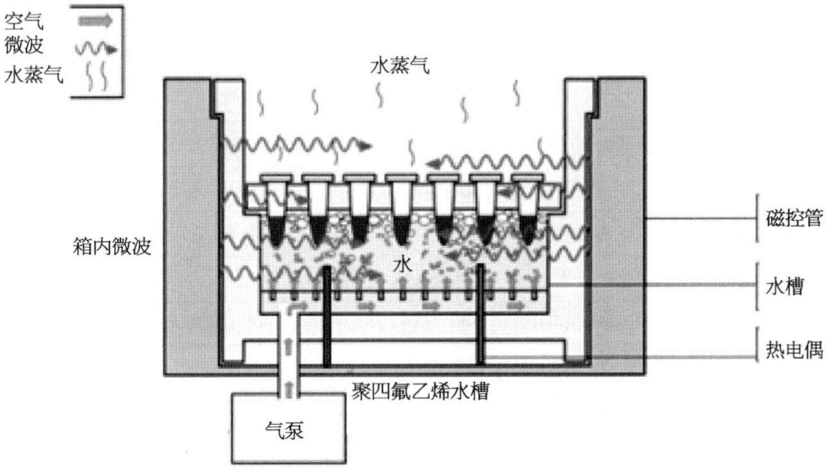

图 7-10 微波酶解仪的原理图（彩图见图版第 25 页）

图片转引自 https://product.gongchang.com/c4245/CNC1101782581.html。

过用微波照射水分子，使电能转换为高频振动能，从而使样品池中水和样品的温度，均匀快速地升高，提高了有效碰撞和反应的效率，大幅减少了反应时间。微波酶解技术适用于电泳方法的样品制备和许多酶反应实验，如蛋白质组学中的蛋白质水解、脱糖基化反应、糖蛋白聚糖分离等。该技术不仅可应用到单一样品的制备，也可以扩展到多个样品的一次性制备，可用于大规模蛋白质消化或生物标志物的研究。

质谱系统搭载了美国 CEM 公司的 CEM Discover 微波酶解仪（图 7－11），该微波酶解仪采取了第三代微波化学技术，在 300 ml 大腔体内形成环形微波（见表 7－5），并采用了 Power MAX 同步冷却技术，形成了具有多样性和精确性的多功能模块化平台。CEM Discover 环形聚焦单模微波酶解仪的环形聚焦单模技术，被公认为第三代微波化学技术。它是 CEM 公司以传统单向驻波单模（第二代技术）为基础设计的。Discover SP 单模微波合成反应器，已成为最知名的第三代微波化学技术标志。它使单模微波腔体从第二代 30 ml 扩展到 300 ml，通过 11 通道自动高精度能量调节，以及完美的定量耦合能势阱效应，实现了单模平台高效精确的量和质的飞跃，奠定了同类单模产品所无法比拟的高端地位。

图 7－11　CEM 微波酶解仪
图片引自 CEM 公司产品说明。

表 7－5　CEM 微波酶解仪技术参数

技　术　参　数	
微波输出规格	0～600 W，2 450 MHz
微波腔特性	环形聚焦单模微波（国际大奖专利）
环形腔体积	300 ml（带同步冷却端口，成像和拉曼系统）
环形场密度	900 W/L
数据端口	标准 RS232 接口，用于连接 PC 远程控制
控制软件	TimeWave 内置软件——Synergy PC 软件
温度控制系统	控制范围 0～300℃，精度 ± 0.1℃（底部检测）
压力控制系统	控制范围 0～500 psi*（35 bar），精度 ± 1 psi
压力反应罐规格	10（兼容微量 0.2～5 ml 反应）、35、80 ml
常压回流反应罐	125 ml（可带各种冷凝回流，分液漏斗和搅拌）
双重搅拌方式	原位电磁搅拌和机械搅拌（可选），速度可调
其他特点	ActiVent 系统确保 0～300 psi 自动锁定，智能压力卸压保证安全

* psi：pounds per square inch（磅/英寸^2），为非法定计量单位。1 psi = 6.895 kPa。

第三代微波化学技术，保证了反应边界条件的高定量性和重复性，突破了低温到高温、小样品到大样品、常压到高压，以及加气反应各种功能的自由扩展，使应用扩展到更多领域。它被成功地用于小分子合成、组合化学、药物化学、化工、材料、生物、中药萃取等，帮助化学家进行前沿性的研发。

Discover 系列采用目前世界上最大专利的环形聚焦单模微波腔，以均匀的定量耦合、高密度的微波场、功率的稳定性，从根本上满足了微波辅助反应中微波场的可控性和可重复性等要求。对系统温度和压力的精确控制，以及内置的反应软件，使 Discover 系统可控且使用简便，可以说从药品研发到各种有机/无机合成及化学反应机理研究，Discover 单模微波合成仪都能满足要求。

CEM Discover 环形聚焦单模微波合成系统(微波合成仪)有如下技术优势。

① 快速反应：微波比传统加热方式快 10～1 000 倍。

② 提高产率：微波比传统方法提高 50%～100%。

③ 极好的兼容性：可采用常压及高压两种反应方式，使用不同形状和体积的反应容器。

④ 完美的可扩展性：平台可扩展用于自动进样、放大反应、多肽合成、拉曼原位监控反应、超低温反应、组合化学工作站等，满足更多反应要求。

⑤ 独特的气体添加/连续流动组件，可用于加气反应和气体保护反应等特殊反应。

⑥ 专利的 Power MAX 技术：可以使化学反应体系获得更多微波能量，从而极大地提高许多困难反应及热敏反应的选择性、产率和产物纯度，并为研究新的合成路径提供条件。

⑦ 独特的反应附件：大大扩展了利用微波能量进行化学反应的范围，可以完成大部分热敏性反应，包括极高的反应速度和很高的反应产率。

7.2.3　蛋白质或多肽样本的分级

从起始样本规模看，蛋白质或多肽样本可分为半制备级（针对 1 mg 及以上样本）和微量级（针对 1 mg 以下样本）。半制备样品分级系统配备了液相色谱仪 1 套、电泳仪 1 套。微量级样品分析系统配备了微升液相色谱仪 2 套。

7.2.3.1　液相色谱仪技术指标

1. 四元泵

① 串联双柱塞，主动电磁阀设计。

② 可变冲程：20～100 μl 可调。

③ 带有在线真空脱气机。

④ 流速范围在 1～10 000 ml/min，有 1 ml/min 增量。

⑤ 流量精度：≤0.07%相对标准偏差(RSD)或≤0.02 min。

⑥ 流量准确度：±1%或 10 μl/min。

⑦ 压力范围：0～40 MPa (0～400 bar，0～5 880 psi)。

⑧ 梯度混合精度：流速在 1 ml/min 时≤0.15% RSD。

⑨ 梯度混合准确度：±0.5%。

⑩ 控制：流速，梯度时间表(流速、组成、梯度模式)。

2. 自动进样器

① 可进行编程进样，用于柱前衍生等复杂进样方式。

② 可根据样品的黏度，调节取样及进样的速度。

③ 进样范围在 0.1～100 ml。

④ 进样精度<0.25% RSD 在 5～100 ml；<1% RSD 在 1～5 ml。

⑤ 残留：无自动洗针过程 <0.1%；有自动洗针<0.05%。

⑥ 最小取样体积为 0.1 ml。

⑦ 样品黏度范围在 0.2～50 cP*。

⑧ pH 值范围在 1.0～9.5。

⑨ 软件程序控制：进样体积、自动洗针程序、柱前自动衍生程序、取样及进样速率。

3. 柱温箱

① 控温范围：室温下 10～80℃，通过宏命令可控制至 90℃。

② 控温速率：室温加热至 40℃，5 min；由 40℃降温至 20℃，10 min。

③ 控温精度：±0.15℃。

④ 柱容量：30 cm×3 根。

⑤ 性能：柱识别器记录色谱柱的使用次数及使用方法。

4. 可变波长紫外检测器(variable wavelength detector，VWD)

① 光源：氘灯。

② 波长范围：190～600 nm。

③ 狭缝宽度：6.5 nm。

④ 光谱：停流扫描。

⑤ 检测通道：1。

⑥ 波长精度：1 nm。

⑦ 基线噪声：$\pm 0.75\times10^{-5}$ AU，波长在 254 nm (1 ml/min 甲醇)。

⑧ 基线漂移：1×10^{-4} AU/h，波长在 254 nm (1 ml/min 甲醇)。

⑨ 线性范围：>2 AU。

⑩ 测量范围：>2 AUFS**。

⑪ 响应时间：0.1～20 s。

⑫ 可编程时间表：波长、峰宽、氘灯开/关、信号自动回零、峰反转、采样时间。

---

* cP(厘泊)为动力黏度辅助单位，非法定计量单位。1 cP = 10^{-3} Pa·s。

** AU：absorbance unit(吸收信号强度单位)；AUFS：absorbance unit of full scale(满刻度吸光度单位)。

⑬ 信号输出：1 个输出，100 mV 或 1 V。

5. **荧光检测器**(fluorescence detector, FLD)

① 性能：最低检测限为 10 fg 蒽。

② 光源：氙灯。

③ 激发波长：200～700 nm。

④ 发射波长：280～900 nm。

⑤ 光谱存储范围：全光谱。

7.2.3.2　等电聚焦系统(isoelectric focusing, IEF)

采用安捷伦(Agilent)公司 OFFGEL 等电聚焦系统(图 7－12)[6]，基于 pI* 的游离胶预分馏技术，便于和任何蛋白质以及多肽分离分析平台结合使用，用于相关样品的分离富集。其具体优势如下。

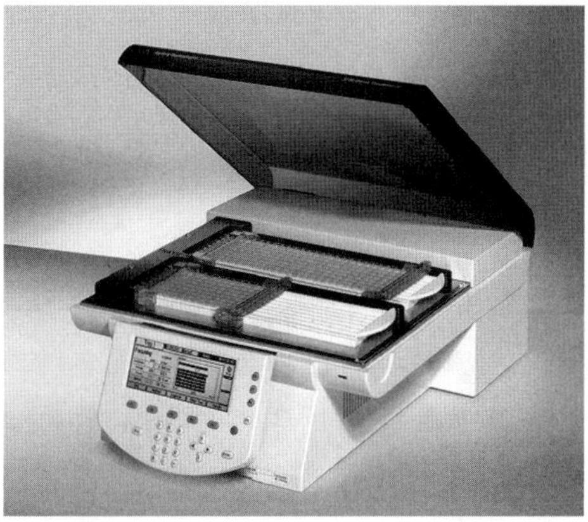

图 7－12　OFFGEL 等电聚焦系统

图片引自 Agilent 公司产品说明。

① 便于跟任何蛋白质分析平台结合使用。无论进行生物标记研究、蛋白质分离，还是进行功能蛋白质的纯化，OFFGEL 都能与任何蛋白质分析平台结合使用。整合 OFFGEL 系统的质谱分析，很容易得到高灵敏度的结果。

② 基于等电点和液相技术的 OFFGEL，易于回收样本，并应用到下游的技术操作中，如液相质谱分析。

③ 所处理的蛋白质溶液 pH 值低至 0.1 时，质谱的检测灵敏度仍旧很高。

④ 跟上下游的技术有很好的兼容性，如免疫共沉淀、液相-质谱连用或者凝胶分析技术。

⑤ pI 值可以作为质谱结果的补充参数，用于寻找被调控的转录后修饰蛋白质。

⑥ 通过仪器可以很容易地去除试验中加入的试剂，避免对电离或质谱检测造成干扰。

⑦ 在 2 个样品槽内，最多可处理 16 个样本(每个样品槽 8 个样本)。

⑧ 有宽广的上样能力，可进行 50 μg～5 mg 样本的分析，或进行低丰度蛋白质样品的富集。

⑨ OFFGEL 和传统的等电聚焦，使用了固相的 pH 梯度胶。

⑩ 避免双向电泳后蛋白质的获得和溶解所造成的蛋白质损失。

OFFGEL 等电聚焦系统的技术优势如下。

* pI：isoelectric point(等电点)。

① 溶液中的分离成分可以回收，方便了 LC/MS* 分析。

② 2 个电源设置允许同时分离 2 组浓度相差很大的样品。

③ 一次可以同时分馏多达 16 个样品。

④ 有 OFFGEL(游离胶)或 INGEL(传统 IEF)两种模式可选。

⑤ 上样量的范围宽广，在 50 μg～5 mg 之间。

⑥ 有很高的回收率，蛋白质>70%，多肽>80%。

⑦ 开放耗材：有多种固相 pH 梯度干胶条可供选择。

⑧ 可进行实时“诊断”，通过观察电流变化来判断样本的分离情况。

⑨ 简便，重现性好，容易使用 。

⑩ 可以兼容多个系统完成一系列工作，例如整合多重亲和去除系统(multiple affinity removal system，MARS)、液相质谱联用以及生物分析仪等。

7.3　蛋白质高分辨鉴定模块

7.3.1　设备设计的方案

该模块包括用于蛋白质高通量鉴定的基质辅助激光解吸串联飞行时间质谱仪(MALDI-TOF-MS)。它可以进行快速的蛋白质分子量测定和蛋白质鉴定、蛋白质/多肽谱高速扫描，采用电喷雾轨道阱和离子阱的混合模式可实现蛋白质一级质谱的高分辨率扫描和二级质谱的高速度扫描，从而对蛋白质进行进一步的高覆盖率和高可信度鉴定。基于对高分辨串联质谱的分析，可同时获得一级和二级质谱(MS1 和 MS2)的高精度图谱，确证蛋白质的鉴定信息。此外，对蛋白质进行多模式的分级，将有助于降低样本的复杂性，提高蛋白质鉴定的准确率，其中包括基于带电性质、疏水性质的液相电泳方法、液相色谱方法。在分级水平上，同时兼顾半制备到微量的样本量(图 7-13)。

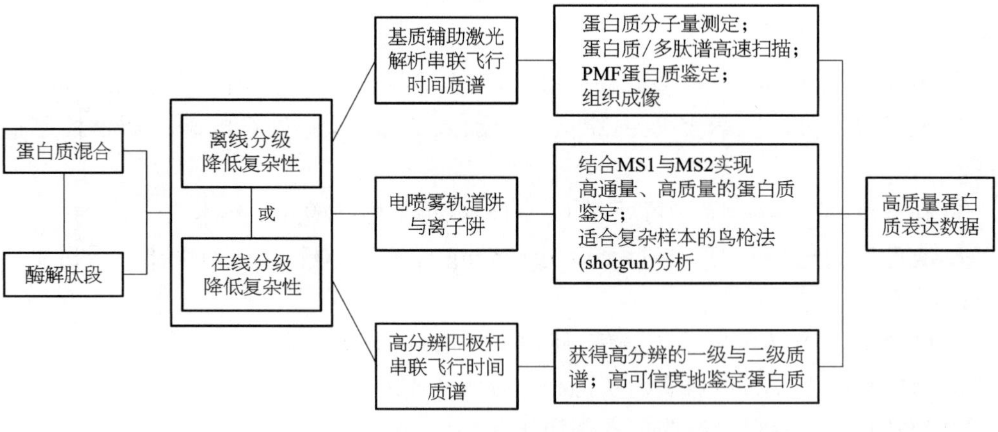

图 7-13　蛋白质高分辨鉴定模块设计方案

PMF：肽质量指纹图谱(peptide mass fingerprinting)。

* LC：liquid chromatography(液相色谱)。MS：mass spectrometry(质谱)。

7.3.2　关键设备的主要技术指标

7.3.2.1　基质辅助激光解吸串联飞行时间质谱仪 1 台(SCIEX 5800 MALDI－TOF/TOF)

5800 质谱仪(图 7－14)为蛋白质的鉴定与相对定量分析提供了快速可靠的途径。新型 1 kHz 激光器和 DynamicExit 算法，使采集速度提高 10 倍以上；OptiBeam 同轴激光器照射，将一级和二级扫描的灵敏度提高 10 倍以上；连续加热离子源以及用户可编程的源清洁技术，增加了正常运行的时间和通量。该质谱仪技术参数请见表 7－6。

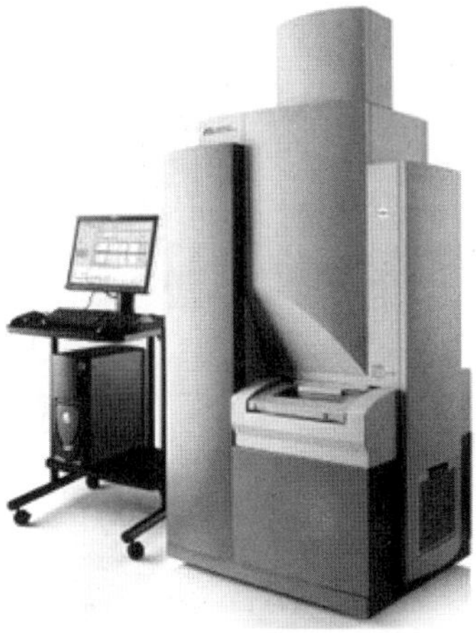

图 7－14　基质辅助激光解吸串联飞行时间(SCIEX 5800 MALDI－TOF/TOF)质谱仪

图片引自 SCIEX 公司产品说明。

表 7－6　SCIEX 5800 质谱仪的技术参数

指　　标	参　　数
质量范围	＞350 kDa
分辨率	MS 模式：线性模式，≥8 000(样品为胰岛素) 反射模式，≥35 000(样品为多肽) MS/MS 模式：8 000(宽质量范围)
灵敏度	MS 扫描模式： 线性模式：100 amol*，信噪比≥25∶1，普通 MALDI 样品板 反射模式：100 amol，信噪比≥50∶1，普通 MALDI 样品板 MS/MS 扫描模式：200 amol，信噪比≥50∶1，普通 MALDI 样品板
质量准确度	线性模式质量准确度 内标法：≤33 ppm 外标法：≤100 ppm 反射模式质量准确度 内标法：≤2.5 ppm 外标法：≤25 ppm 串联质谱模式质量准确度：≤100 ppm

* 1 amol ＝ 1×10^{-8} mol。

7.3.2.2　液相色谱/高分辨质谱仪 2 台(Orbitrap LTQ－XL/Q Exactive)

1. Orbitrap XL

Orbitrap XL 是一台结合离子阱与轨道阱的仪器(图 7－15)。出色的质量准确性和分辨能力、高灵敏度和多级质谱扫描能力(表 7－7),使它成为蛋白质鉴定的良好选择。它的高能碰撞解离室,为深入进行蛋白质组学研究提供了更多的离子碎裂方式。

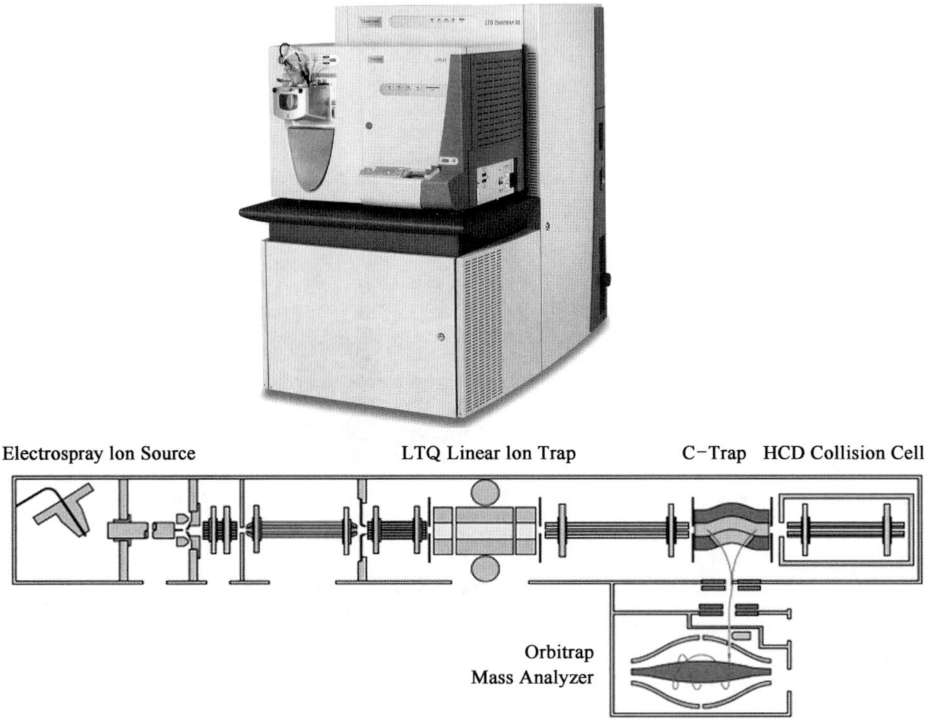

图 7－15　Orbitrap XL 质谱仪及其结构简图

Electrospray Ion Source: 电喷雾离子源;LTQ Linear Ion Trap: LTQ 线性离子阱;C－Trap: C 型阱;HCD Collision Cell: 高能碰撞诱导解离(high collision induced dissociation, HCD)碰撞池;Orbitrap Mass Analyser: 静电场轨道离子阱质量分析器。(图片引自 ThermoFisher 公司产品说明)

表 7－7　Orbitrap XL 质谱仪技术参数

指　标	参　数
扫描范围	50～2 000;200～4 000
分辨率	60 000 (m/z* =400,采集速度 1 Hz),最高分辨率为 10 万
灵敏度	亚飞摩尔(fmol)级
质量准确度	一级质量偏差<3 ppm
动态范围	>4 000(1 张谱图内)

* m/z 即质荷比,也就是带电离子质量与所带电荷的比值。

2. Q Exactive

Q Exactive(QE)质谱仪(图 7－16)结合了四极杆的质量过滤功能，与 Orbitrap 的高分辨率和稳定性优点融为一体。创新的 S 型透镜(S－lens)离子源提高了样品分析的灵敏度。S 型透镜呈逐步堆叠的环形金属片组，形成一个射频装置，能够捕获并有效地聚焦离子，形成紧密的离子束，提高离子传输的效率，使 Q Exactive 仪器在灵敏度方面远优于 LTQ－orbitrap。四极杆部件使 QE 非常适合进行分析物的靶标筛选。HyperQuad 四极杆的质量过滤功能，使分辨率和灵敏度得到较好的结合。分离母离子的范围选择，可以从 0.4 Da 到全质量范围(表 7－8)。

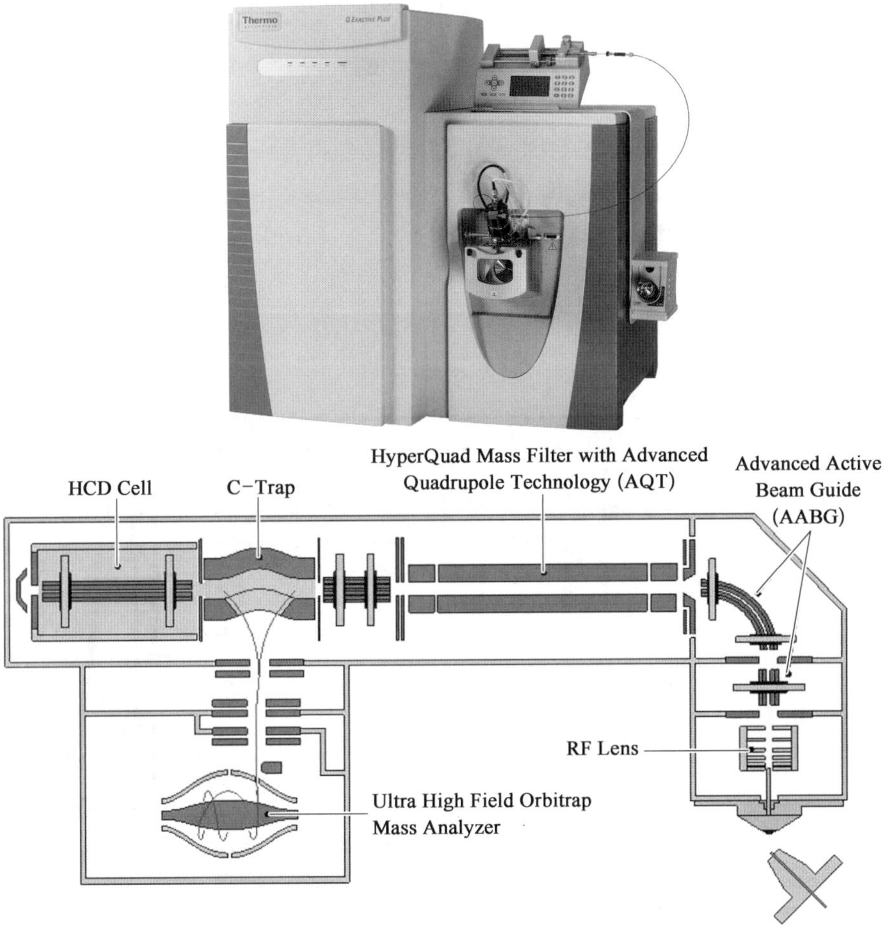

图 7－16 Q Exative 质谱仪及其结构简图

HCD Cell：高能碰撞诱导解离池；C－Trap：C 型阱；HyperQuad Filter with Advanced Quadruple Technology(AQT)：先进四极杆离子筛选过滤技术；Advanced Active Beam Guide(AABG)：先进的主动离子束传输组件；Ultra High Field Orbitrap Mass Analyser：超高场静电场轨道离子阱质量检测器；RF lens：射频透镜。(图片引自 ThermoFisher 公司产品说明)

表 7－8　Q Exactive 质谱仪的技术参数

扫描范围	50～6 000
分辨率	140 000（m/z＝200）
灵敏度	全扫描模式：500 fg 丁螺环酮，信噪比为 100∶1 SIM 模式：50 fg 丁螺环酮，信噪比为 100∶1
质量准确度	内标法：<1 ppm 均方根值 外标法：<3 ppm 均方根值
最高扫描速度	12 Hz
动态范围	5 000
极性变换	一个全周期<1 s（35 000 分辨率下一个正离子模式全扫描和一个负离子模式全扫描）

上述 2 台高分辨质谱仪，实现了对样品高质量和高准确度的检测，降低了假阳性率。它们以自己的高灵敏度和宽动态范围，可以鉴定更多的蛋白质。同时，它们还具备高效的平行检测模式，以及二级质谱的高灵敏度。

7.3.2.3　液相色谱/四极杆飞行时间质谱仪 2 台（Agilent Q－TOF 6530/6550）

（1）Agilent Q－TOF 6530 质谱仪（图 7－17）聚集了 Agilent 公司的三大核心创新技术——高精度飞行时间质谱技术、喷射流离子聚焦技术和 MassHunter 质谱工作站。它适合轮廓分析、结构鉴定、大分子和小分子定量分析等的研究。其技术参数如下。

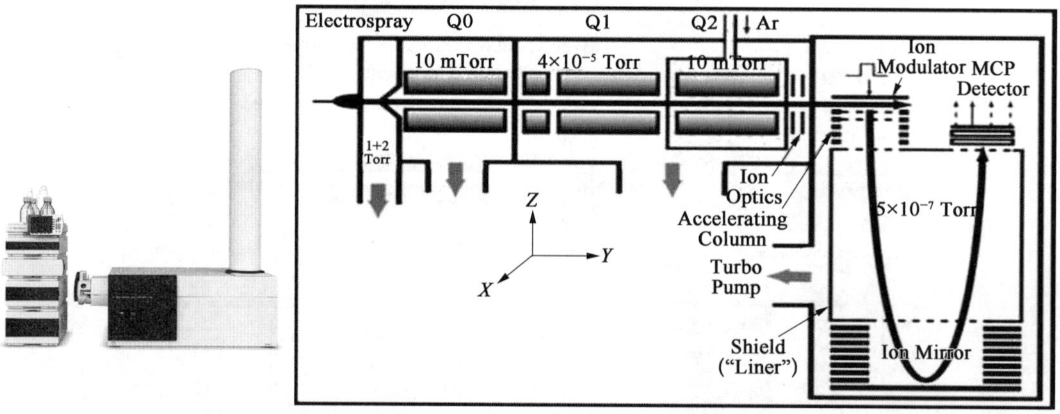

图 7－17　Agilent Q－TOF 质谱仪及其结构简图

Electrospray：电喷雾；Ion Modulator：离子束调节器；MCP Detector：微型多通道板检测器；Ion Optics：离子透镜；Accelerating Column：加速仓；Turbo Pump：涡轮泵；Shield（“Liner”）：隔离罩（“衬里”）；Ion Mirror：离子透镜。（图片引自 Agilent 公司产品说明）

① 具有高质量准确度（1 ppm）、灵敏度与扫描速度。

② 分辨率大于 20 000，将目标化合物从背景干扰中分离出来，可以实现最高 5 个数量级的谱图内动态范围。

③ 质量范围宽，质荷比（m/z）最高可达到 20 000。

④ Agilent 喷射流离子聚焦技术采用高温鞘流氮气(N_2)设计,优化了电喷雾效率。离子密度和去溶剂化效率得到了改善。提高了信噪比,对于一级和二级质谱分析,平均有 5～10 倍的信号提高。

⑤ 应用领域:加载 Agilent 喷射流离子聚焦技术的 Agilent Q－TOF 6530,具有出色的一级和二级质谱分析性能,将灵敏度、扫描速度和高质量精确度都发挥到最佳,适用于蛋白质组学、代谢组学、杂质分析、法医分析、食品安全检测和环境分析等领域。

(2) Agilent Q－TOF 6550 质谱仪(图 7－17)引入了离子漏斗技术,增强了离子化效率和离子传输速度,同时还囊括离子束压缩冷却技术、喷射流离子聚焦技术(jet stream)、GHz 高速检测器、模-数转换采集模式和双增益放大器技术于一身,成为具有高分离度、超高质量精度和飞克级灵敏度的高分辨质谱仪。其技术参数如下。

① 灵敏度为飞克级。

② 动态范围最高为 5 个数量级(一张图谱内)。

③ 扫描速度为 50 幅谱图/s。

④ Agilent 喷射流离子聚焦技术结合了改良的离子光学技术,能为高通量应用提供更高的灵敏度,并延长了最高灵敏度下的正常运行时间。

⑤ 新型的全离子 MS/MS(二级质谱)技术,用于在 TOF 和 Q－TOF 液-质联用系统上进行目标化合物和非目标化合物的筛查。

7.4 蛋白质修饰的规模化分离和定位模块

7.4.1 设备设计的方案(图 7－18)

该系统要实现对多肽和部分整体蛋白质修饰的规模化分离,以及对修饰位点的高精度定位。对磷酸化、乙酰化等不稳定的修饰模式,采用电子转移或捕获解离方法(ETD/ECD),确定肽段上的修饰数量与位置。对于组蛋白一类高度修饰的小分子量蛋白质,尝试采用超高分辨和 ETD/ECD 方法进行从上至下的解析。该模块采用合成的标准修饰肽,对磷酸化、甲基化和乙酰化等修饰形式的肽段鉴定和修饰位点分析进行测试,并对纯化的组蛋白进行从上至下的修饰解析。

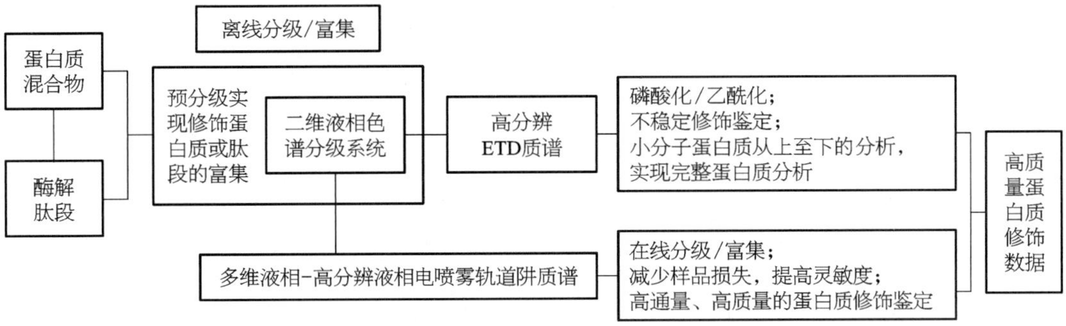

图 7－18 蛋白质修饰规模化分离和定位模块流程图

7.4.2　关键设备的主要技术指标

7.4.2.1　液相色谱/高分辨质谱仪(电子转移解离)(Orbitrap Elite - ETD)

Orbitrap Elite - ETD 高分辨质谱仪(图 7-19),结合了先进的双压线性离子阱和高场 Orbitrap 质量分析器,是一台具有空前强大分析能力的质谱仪。双压线性离子阱先进的离子光学组件,能增加灵敏度和可靠性,并具有更大的动态范围以选择母离子。ETD 组件安置在仪器的后方,提供 ETD 的离子碎裂方式。电子转移解离(ETD)和电子捕获解离(ECD),是根据肽段不同部位的电子捕获能力而定,可解离大片段和整体蛋白质,并保持修饰侧链的完整,因此与传统的碰撞诱导解离非常互补,并十分有利于对蛋白质进行从上至下的解析,以及修饰位点的分析(表 7-9)。

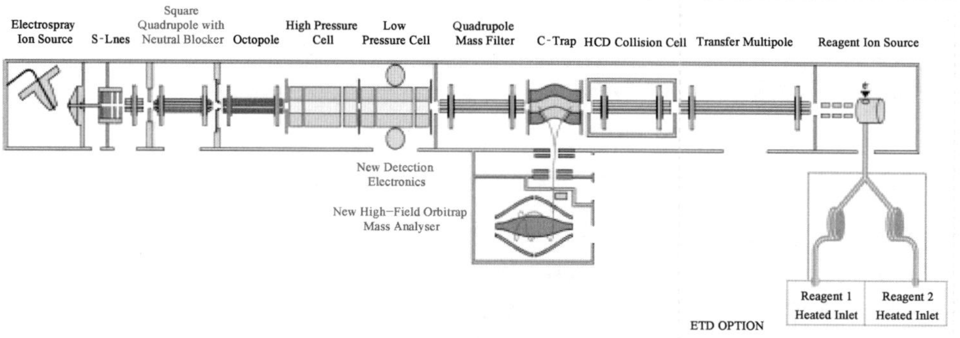

图 7-19　Orbitrap Elite ETD 质谱仪结构简图

Electrospray Ion Source:电喷雾离子源;S-Lnes:S 型透镜;Square Quadrupole with Neutral Blocker:具有中性离子阻挡功能的方形四极杆;Octopole:八极杆;High Pressure Cell:高压阱;Low Pressure Cell:低压阱;Quadrupole Mass Filter:四极杆质谱过滤器;C-Trap:C 型阱;HCD Collision Cell:高能碰撞诱导解离碰撞池;Transfer Multipole:离子传输多极杆;Reagent Ion Source:荧蒽离子盒;New Detection Electronics:新型检测电子系统;New High-Field Orbitrap Mass Analyser:新型高场静电场轨道离子阱质量检测器;ETD OPTION:ETD 碎裂可选模块;Heated Inlet:可加热进口。(图片引自 ThermoFisher 公司产品说明)

表 7-9　Orbitrap Elite 质谱仪技术参数

指　标	参　数
扫描范围	m/z = 50～2 000;m/z = 200～4 000
分辨率	60 000 (m/z = 400、FWHM 模式、扫描速度为 4 Hz) 最小分辨率:15 000 最大分辨率:240 000 (m/z = 400)
灵敏度	全扫描模式:500 fg 丁螺环酮,信噪比为 100 : 1 SIM 模式:50 fg 丁螺环酮,信噪比为 100 : 1
质量准确度	内标法:<1 ppm 外标法:<3 ppm
最高扫描速度	12 Hz
动态范围	5 000
ETD 组件	3 μl/min 注入 1 pmol/μl 血管紧张素 Ⅰ,溶液的 ETD 电离效率>15%
质谱扫描能力	可以采集 1—10 级质谱图

7.4.2.2　多维液相色谱/高分辨质谱仪(Q Exactive)

蛋白质翻译后修饰的丰度相对较低。多维液相色谱与高分辨质谱仪联用技术能够在降低分析物复杂性的同时，增强修饰检测的灵敏度。多维蛋白质鉴定技术(multi-dimensional protein identification technology，MudPIT)是一种在线多维分离技术。在线分离可减少离线分离所导致的样品损失。利用强阳离子交换(strong cation exchange，SCX)色谱对样品进行预分离，再对相应分离出来的每个肽段混合物，进行反相 C18 (reverse phase C18)色谱分离检测。

最终获得的蛋白质翻译后修饰分析的灵敏度可达到飞摩尔(fmol)，对大片段肽的分析范围达到 6 kDa。Q Exactive 是高分辨率和高精密度的质谱仪，兼具平行获取能力和高通量测序功能，可以用来鉴定未预期的蛋白质翻译后修饰，且具备宽广范围的定量性能，特别对于低丰度肽段的检测分析。

7.5　功能蛋白质及其相互作用的定量分析模块

7.5.1　模块设计的方案(图 7-20)

在肽段水平上，采用液相色谱联用三重四极杆质谱仪的多反应监测功能，实现目标肽段、目标修饰类型的相对定量和绝对定量，以监测不同时程的蛋白质变化情况。此外，目前蛋白质定量的体外标记系统，趋向于采用二级质谱的小分子标签，这类标签的检测通常在液相电喷雾/串联四极杆飞行时间质谱仪中效率最高。在蛋白质水平上，通过三重四极杆质谱仪和高分辨混合型质谱仪的结合，可望对大的肽片段乃至整体蛋白质进行多点定量分析，进一步结合离子表面共振与质谱检测，完成蛋白质相互作用的定量分析。该模块可以合成标准肽、非放射性同位素标准肽以及蛋白质复杂混合物，进行灵敏度和检测限的评价。

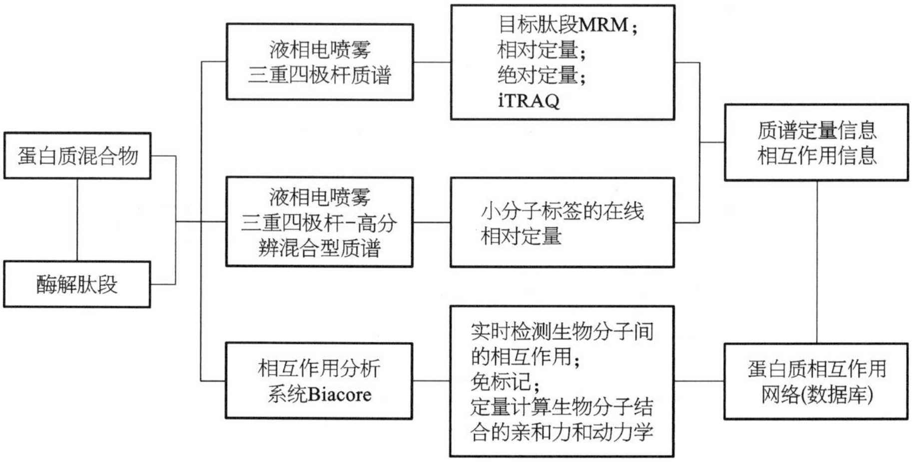

图 7-20　功能蛋白质及其相互作用的定量分析模块流程图

MRM：多反应监测扫描(multiple reaction monitoring)。

7.5.2　设备设计方案和主要设计指标

基于该类仪器开发的 MRM 扫描模式，是标准肽段的绝对定量金标准，但分析通量比较有限，因此配备了 2 台相关质谱仪，主要用于小分子标签内标的绝对定量。该套体系对于不能进行细胞标记的组织和血液样本的定量分析非常有效。

7.5.2.1　液相色谱三重四极杆质谱仪(Agilent 6490)

Agilent 6490 质谱仪性能参数见表 7－10，原理图见图 7－21。

表 7－10　Agilent 6490 质谱仪的性能参数

指　　标	参　　数
灵敏度	1 pg 利血平；液相流速为 400 μl/min；信噪比为 750：1
分辨率	3 种设定：0.7、1.2、2.5 u*
扫描速度	5 200 u/s
最小驻留时间	2 ms
动态范围	6×106
质量范围	m/z＝15～3 000

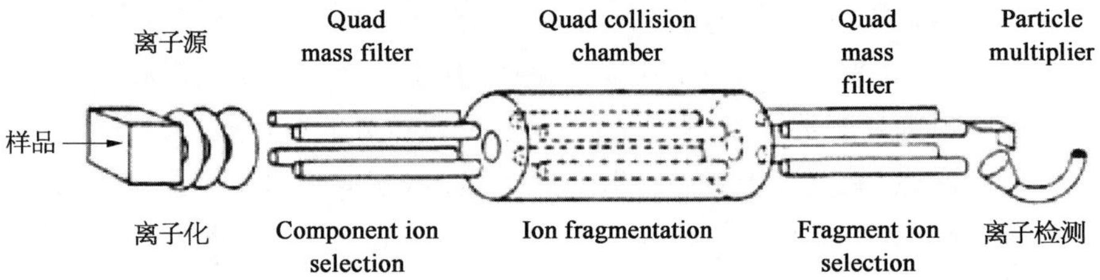

图 7－21　三重四极杆原理图

Quad mass filter：四极杆质量过滤器；Quad collision chamber：四极杆碰撞池；Particle multiplier：离子倍增器；Component ion selection：离子筛选；Ion Fragmentation：离子碎裂；Fragment ion selection：碎片离子筛选。

7.5.2.2　液相电喷雾高分辨 Q－trap 混合型质谱仪(SCIEX 6500)

SCIEX 6500 质谱仪技术指标见表 7－11，构造图见图 7－22。

表 7－11　SCIEX 6500 技术指标

技　术　指　标	具　体　参　数
电喷雾离子源流速范围	5～3 000 μl/min
大气压力化学电离源流速范围	200～3 000 μl/min
动态范围	1～4×10^6 cps**

* 见 329 页脚注。

** cps：counts per second(每秒计数)。

（续表）

技 术 指 标	具 体 参 数
扫描速度	250、1 000 和 4 000 amu*/s(线性离子阱模式)； 2 400 amu/s(四极杆模式最大值)
纳喷电喷雾离子源流速范围	0.05～2.0 μl/min
质量范围	m/z = -5～2 800(Q1/Q3 四极杆模式) m/z = -50～2 800(线性离子阱模式)
质量稳定性	在 m/z = 2 010 时 9 h 内的质量波动为 0.1 amu(正常工作温度下)
质量分辨率	>3 000(m/z = 609，250 amu/s)

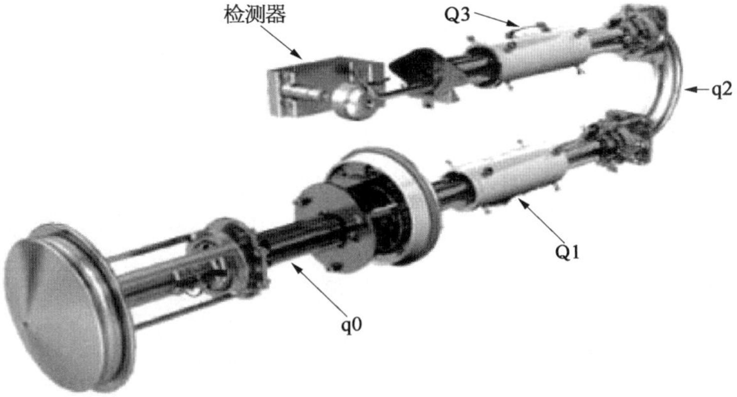

图 7-22 SCIEX 6500 质谱仪构造图(彩图见图版第 26 页)

图片引自 Lim，Tai，Lee，et al，2012，DOI：10.1007/s00216-011-5558-2。

7.6 安装调试

质谱仪属于高精密性设备。为保证设备在安装以后能够正常运行，并产生高质量的数据，必须从设备到货之时起就做好充分的准备。根据现场建设安装的情况、本系统的技术人员配备情况、每台设备的工程师情况、每台仪器的特性和对电路、气路、温度、湿度的不同需求，以及运输等因素，合理安排各台仪器的到货、安装及调试时间，并整体编排时间表，提前通知相关部门的人员，做好每个环节的准备工作。

7.6.1 设备到货

(1) 要求的现场人员：供货方(仪器安装的现场工程师或相关技术人员)、外贸公司、工程管理办公室相关人员、本系统负责人员、运输方。本系统负责人员须做好前期联络工作。

(2) 到货：尽量考虑天气因素，避开大雨天气。事先多方沟通，明确送货人、到货地

* amu：atomic mass unit(原子质量单位)，规范的单位符号为 u。

点、具体时间。

（3）卸货：参与人员明确卸货平台的位置、卸货后仪器存放的位置，保证仪器和人身的安全。必要时本系统负责人员协助联络，准备小型液压车或者推车等运输工具。

（4）验收：检查外包装情况，拍照，填写到货验收报告（图 7－23）。

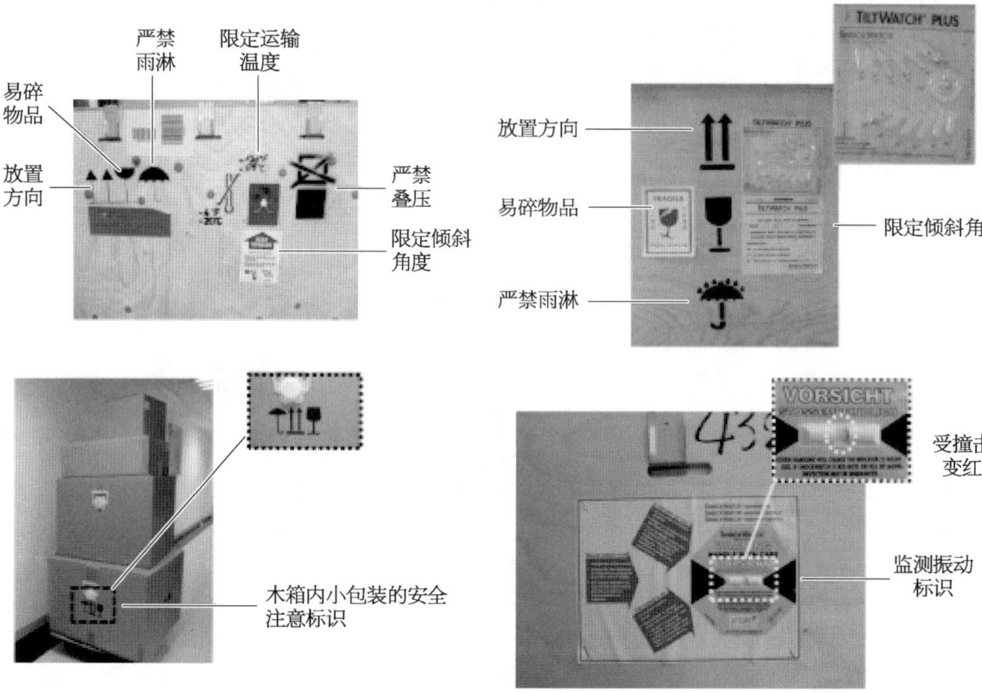

图 7－23　外包装安全标识举例

7.6.2　设备安装

这个环节要求的现场人员有：供货方现场工程师、本系统负责人员、建筑安装辅助人员。本系统负责人员做好设备安装的前期准备及配合工作。

7.6.2.1　安装条件

设备安装前，保障建筑安装工作具备仪器进场条件。根据本系统仪器的安置布局图，落实每台设备安装的具体保障条件（见表 7－12）。并请各家仪器公司相应的工程师，实地测试电路、气路是否符合要求，提前解决相关的问题。

（1）水：在本系统的仪器安装过程中需要提供超纯水。

（2）电：检查供电状态，包括容量、电压、电流、稳定情况等。

① 采用 380 V 三相交流电，并注意电压是否与仪器安装的要求相符。零地电压须小于 1 V；如果实测达不到要求，则各个房间要各配置 1 台隔离变压器。

② 不间断电源（uninterruptible power system，UPS）容量、安装状态、运行情况：B2－01 室配备 60 kVA 的 UPS，B2－02 室配备 30 kVA 的 UPS，B2－03 室配备 80 kVA 的 UPS。

表 7－12 具体每台仪器的用电和气体需求

仪器型号	用电要求	UPS 需求	气体需求
Thermo Elite	三相五线制供电，每单相电压 220 V ± 10%，频率为 50/60 Hz。	20 kVA	高纯氮、高纯氦
Thermo Elite－ETD	三相五线制供电，每单相电压 220 V ± 10%，频率为 50/60 Hz。	20 kVA	高纯氮、高纯氦
Thermo LTQ－Orbitrap XL	三相五线制供电，每单相电压 220 V ± 10%，频率为 50/60 Hz。	20 kVA	高纯氮、高纯氦
Thermo Q Exactive	单相交流电，230 V ± 10%	10 kVA	高纯氮
Waters Xevo TQ－S	220 V/50 Hz 交流单相	10 kVA	高纯氮、高纯氩
Agilent 6550 Q－TOF	220 V/50 Hz 交流单相	10 kVA	高纯氮
Agilent 6530 Q－TOF	220 V/50 Hz 交流单相	10 kVA	高纯氮
Agilent 6490 QQQ	220 V/50 Hz 交流单相	10 kVA	高纯氮
AB SCIEX 5800 MALDI－TOF/TOF	220 V/50 Hz，25 A 交流单相，带地线	10 kVA	无
AB SCIEX 6500 Q TRAP	220 V/50 Hz，25 A 交流单相，带地线	10 kVA	高纯氮

③ 电源插座的安装位置、规格及个数：根据各个仪器，配备足够个数的 16 A 插头。

（3）用气

① B2－01 室准备氮气（N_2）、氦气（He）和氩气（Ar）；B2－02 室准备 N_2；B2－03 室准备 N_2 和 He。

② 排气：质谱的真空机械泵需要对外排气，墙面须预留 10～20 cm 排气孔。

（4）温度：3 个仪器间温度保持在 20 ± 2℃，配备独立大功率空调。

（5）湿度：仪器间的相对湿度保持在 20%～40%，准备了除湿机。

（6）所有 3 个仪器间都要配备遮光窗帘。

（7）承重：600 kg/m^2。B2－03 室未达到要求，故重新安装了散力架。

（8）防尘：所有仪器房间均做了防尘处理。

（9）网络：每个房间都为设备预留了局域网接口。

11 台仪器安装的具体时间，由系统负责人员与各家工程师协调，加以有序安排。

7.6.2.2 设备进场

事先根据现场建筑安装的情况、仪器的特性等因素，确定搬运至目的实验室的具体路线，由物流公司送至指定地点，然后由工程师进行仪器的搬运、拆箱及安装。

7.6.2.3 安装验收

所有仪器设备（包括国内和国外）的安装和调试，在采购合同中有明确规定，由供应商负责提供，采购方负责验收是否符合要求。

本系统负责人员和技术人员参与检验设备安装状态，进行部件及文件的清点、拍照、文件存档，填写安装验收报告，并在仪器供应商的协助下，对各仪器进行串联和整合。以设备为最小单元，保证各设备实现初步设计的各项最低技术指标。

7.6.3　设备调试

由生产厂家出具相应的安装和调试报告，确保各安装仪器达到运行的设计要求。这个环节要求现场人员为工程师和本系统负责人员。在保障水、电、气、温度、湿度等建筑安装条件的前提下，根据系统负责人员与各家工程师的协调，有序安排仪器调试的具体时间。本系统负责人员做好设备调试的试剂耗材准备及其他配合工作，记录设备开机运行的状态，做好实验记录。

在仪器调试阶段，厂商工程师和系统技术人员提前准备试验样品，所有的调试样品(包括利血平、咖啡因、血管紧张素等)由厂商提供。系统技术人员和厂商工程师一起，按照标准流程对相应仪器的技术指标进行测试，主要性能技术指标参照每台仪器的性能说明(灵敏度、信噪比、分辨率、指定峰强度、质量稳定性等)。相关技术参数指标达到标准后，形成正式的验收报告，并由系统负责人验收。

通过对以下不同复杂程度样品的分析，调试仪器参数，使之实现预期的功能，并为每台仪器建立相应的基准。因此，系统技术人员必须配合物资供应的相关人员，在调试功能技术指标之前，备齐以下的试剂耗材。

① 不同浓度下的单一肽段(例如血管紧张素)。

② 标准肽段混合物(主要考察肽段的保留时间)。

③ 单一蛋白质酶解物(例如牛血清白蛋白*，考察其标志肽段的出峰时间、峰强度、峰宽和序列覆盖率等指标)。

④ 16 种蛋白质酶解物的混合物。

⑤ 复杂性较小的系统(例如细菌等)。

⑥ 复杂系统(例如酵母、HEK 细胞等)。

7.6.4　设备调谐校正

质谱仪主要通过控制传输过程中各个元器件的加载电压和时间，来完成离子束的高效传递、聚焦、分离以及检测。对于电压的精确控制，会大大影响最后的检测结果。所以，质谱仪需要定期对各个元器件的参数设定进行必要的优化，这个过程是质谱仪高效准确检测的基本条件。对这些参数的优化调谐，是仪器开始正常使用的必备步骤。并且，需要使用各自仪器要求的指定标准调谐液，开展相关的调试工作。

7.6.4.1　Thermo Q Exactive 系列质谱仪

(1) 离子传输(ion transfer)效率优化：质谱仪主要是利用进入检测器的离子来进行

* 牛血清白蛋白：bovine serum albumin，BSA。

测量的。只有进入足够多的离子，才能精确得到相应物质的准确信息。工作人员通过调节控制离子传输中各个元件上所加载的电压，以控制在足够短的时间内，累积到足够多的离子进行检测。

(2) 离子分离能力(quad iso mass/ res cal-rough/ narrow)：四极杆主要用于传输过程中的离子筛选工作。进入质谱仪的离子束成分比较复杂，需要除去一些杂质离子信号的干扰，或者筛选出需要进行后续检测的离子。四极杆过滤则是筛选过程中的核心步骤。相关的调谐步骤分为粗调和细调两步，来优化筛选步骤的精确性。

(3) 质量偏差校准(mass calibration)：校准仪器实际测试离子分子量大小的质量轴，偏差须小于 0.5 ppm。

7.6.4.2 Thermo Orbitrap 系列质谱仪

① 信号稳定性评价(API stability evaluation)用于诊断信号稳定性，波动要小于 10%。

② 离子传输透镜(transfer lens)各项参数的调谐，保证检测器的离子传输效率最大化。此参数一般要大于 70%。

③ 在离子肼扫描模式(IT mass and resolution)下进行正常频率扫描(normal scan rate type)，检测不同离子的质量准确度和分辨率。

④ 在离子肼扫描模式(IT mass and resolution)下进行快速频率扫描(rapid scan rate type)，检测不同离子的质量准确度和分辨率。

⑤ 离子肼中隔离离子的波形(isolation waveform)，为离子保留在离子肼和甩出离子肼时的百分比，用于检测离子的损失情况。

⑥ 优化离子肼中激活 17%离子时需要的能量(activation waveform)，同时用于检测仪器的状态。

⑦ 优化离子存储传输(storage transmission)参数，即 FT 模式* 下存储离子时的离子传输情况。

⑧ 优化报告离子的处理情况(advanced signal processing)。

⑨ 优化 FT 模式下高能量碰撞诱导解离后离子的传输情况(HCD transmission)。

⑩ 优化 FT 模式下各离子测试值与真实值的偏差，对于仪器测量的精确度进行校准(mass calibration)。

⑪ 评估优化 FT 模式下荧蒽激发的离子传输效率(reagent source transfer multipole RF** frequency)。这种电子转移解离碎裂方式，在检测样品的翻译后修饰中，可以提供一种新的碎裂能量，降低多肽离子的碎裂程度，是其他碎裂方式的一个很好补充。

7.6.4.3 Agilent Q－TOF 系列质谱仪(6530 和 6550)

质量轴校准 (单位：ppm)主要利用校正液中各个离子的真实分子量和测出的分子量进行对比，用于检测仪器的精度，要求小于 0.5 ppm(表 7－13、图 7－24)。

---

* FT 模式：傅里叶变换(Fourier transformation)模式。

** RF：radio frequency(射频)。

表 7-13　Agilent Q-TOF 系列质谱仪仪器校正后标准品的测量偏差和实际测定数值

质荷比	实测值	信　号	分辨率	半高宽 (amu)	偏　差	误差（ppm）
118.086 3	118.086 2	312 301	10 309	0.011 8	-2.1E-05	-0.17
322.048 1	322.048 2	853 140	15 378	0.021 4	0.000 112	0.35
622.029	622.028 7	939 195	20 207	0.031 2	-0.000 21	-0.34
922.009 8	922.009 8	1 247 395	22 312	0.041 8	-2.6E-05	-0.03
1 221.991	1 221.991	1 312 414	23 958	0.051 5	0.000 429	0.35
1 521.971	1 521.971	1 208 516	25 721	0.059 7	-0.000 19	-0.12
1 821.952	1 821.952	819 169	26 601	0.069 1	-0.000 23	-0.12
2 121.933	2 121.933	1 188 309	26 914	0.079 4	-2.4E-05	-0.01
2 421.914	2 421.914	975 295	27 849	0.087 6	0.000 283	0.12
2 721.895	2 721.895	900 413	28 154	0.097 3	-0.000 12	-0.04

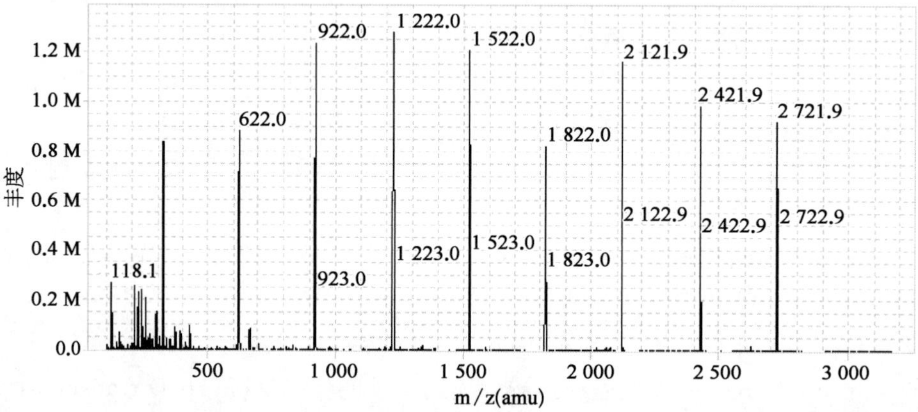

图 7-24　Agilent Q-TOF 系列质谱仪的调谐优化结果

表 7-13 和本图列举了仪器校正后标准品的测量偏差和实际测定谱图。由本图中的实测值计算出表 7-13 中的误差值，结果显示标准品测定误差均在 0.5 ppm 以内。M：百万(million)。

7.6.4.4　SCIEX 5800 MALDI-TOF/TOF 质谱仪

为检测仪器精确度，用已知不同成分的混合物样品进行测试，要求仪器能够精确检测出来，如果检测有偏差可以自行校正(图 7-25)。采用不同大小的化合物，可以测试仪器的检测范围。

混合物为：Des-arg1-bradykinin(标准多肽，序列：Pro-Pro-Gly-Phe-Ser-Pro-Phe-Arg)，分子量 904.468 0；血管紧张素(angiotensin)，分子量 1 296.685 0；ACTH(18-39)(促肾上腺皮质激素)，分子量 2 465.199 0。

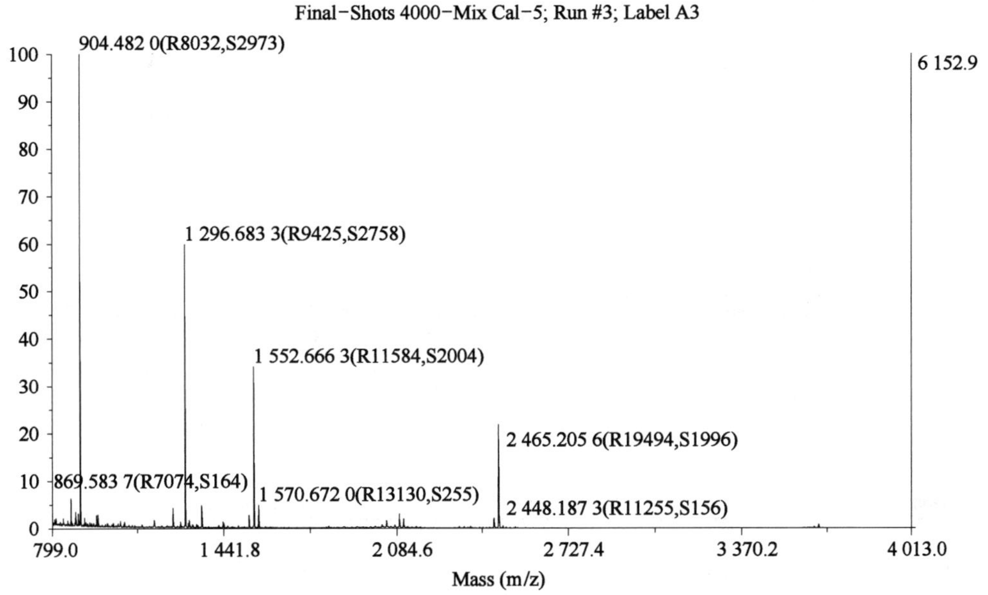

图 7-25　SCIEX MALDI-TOF/TOF 质谱仪调谐优化结果

Final-Shots：总次数；Mix Cal-5：混合标样板 5；Run＃3：序号＃3；Label：样品位置；Mass：质量。

7.6.4.5　Agilent QQQ 系列质谱仪(型号 6490)

分别调节仪器在正常模式(图 7-28)、宽窗口模式(图 7-29)和增强模式(图 7-26、图 7-27)时一级质谱和二级质谱的分辨率。仪器分辨率是分辨混合物中相邻 2 个组分的分离情况之主要指标。

1. 增强模式

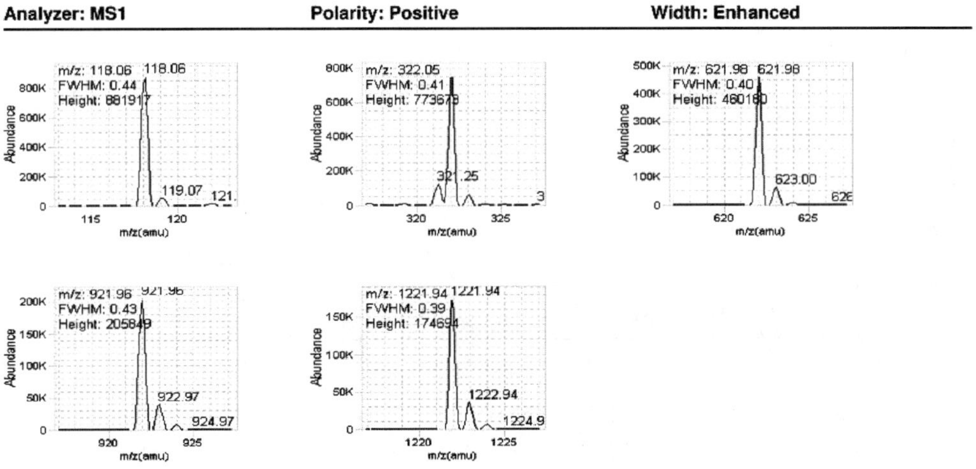

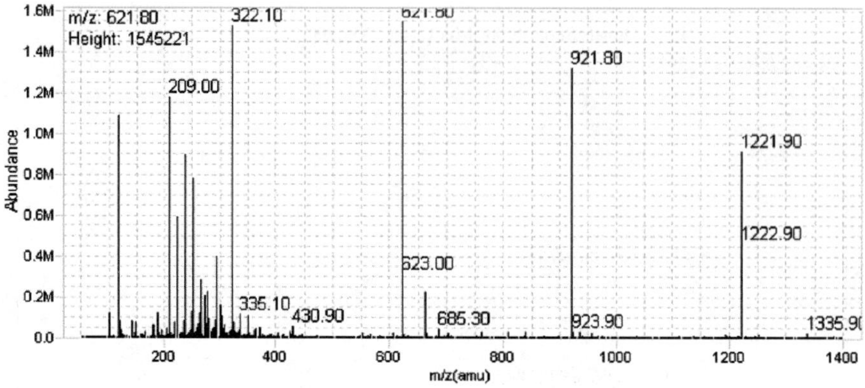

图 7-26　Agilent QQQ 系列质谱仪一级质谱调谐优化结果(增强模式)

图中列举了仪器校正后标准品的测量偏差和实际测定谱图,半峰全宽(FWHM)* 符合预期值。Abundance：丰度;Height：高度。

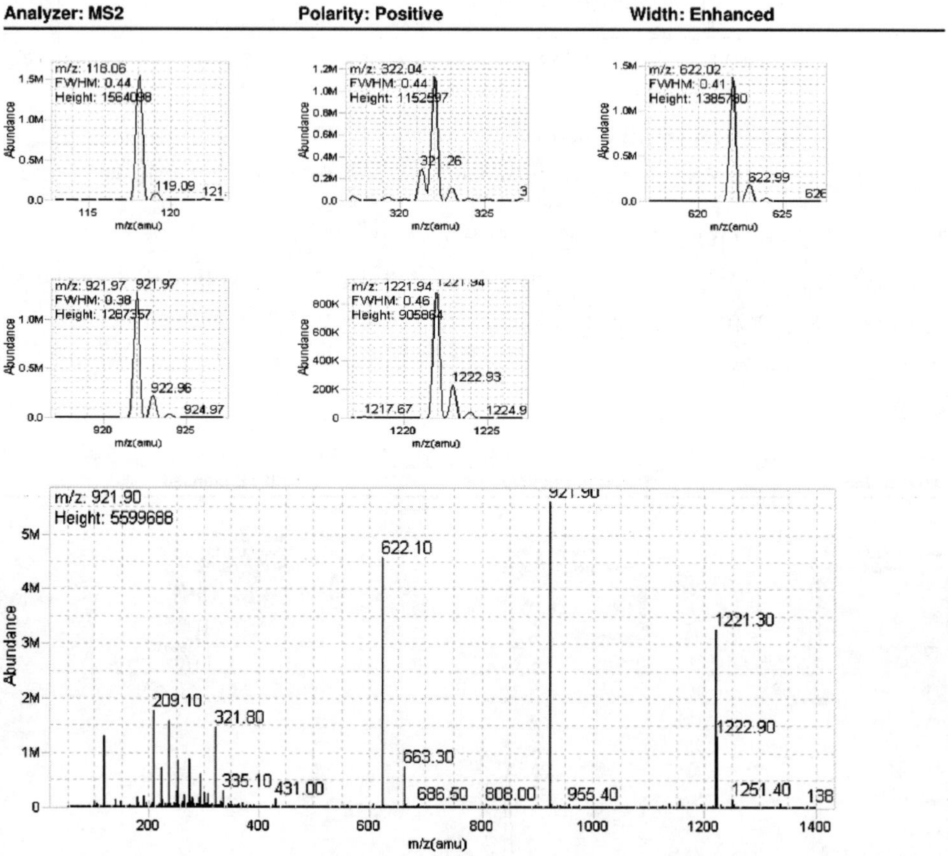

图 7-27　Agilent QQQ 系列质谱仪二级质谱调谐优化结果(增强模式)

图中列举了仪器校正后标准品的测量偏差和实际测定的谱图,半峰全宽(FWHM)符合预期值。Analyzer：分析器;Polarity：Positive,极性：正;Width：Enhanced：增强模式;Abundance：丰度。

---

* FWHM：full width at half maximum(半峰全宽,亦称半宽度、半峰宽)。参见 60 页脚注 *** 。

2. 正常模式

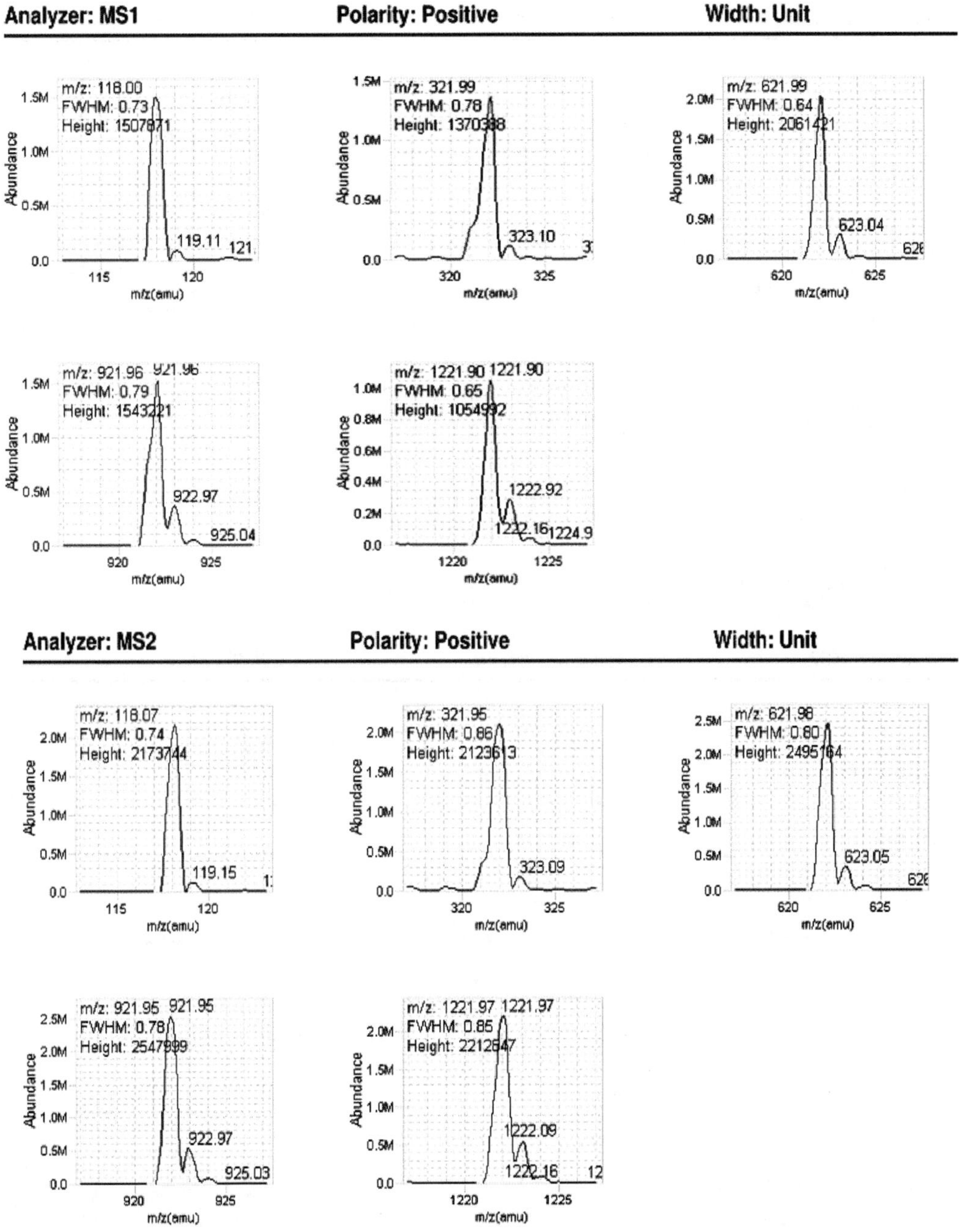

图 7-28 Agilent QQQ 系列质谱仪一级二级质谱调谐优化结果(正常模式)*

图中列举了仪器校正后标准品的测量偏差和实际测定的谱图,半峰全宽(FWHM)符合预期值。Width：Unit：正常模式。

* 图内部分外文的中文解释参见图 7-27 图注的后面部分。

3. 宽窗口模式

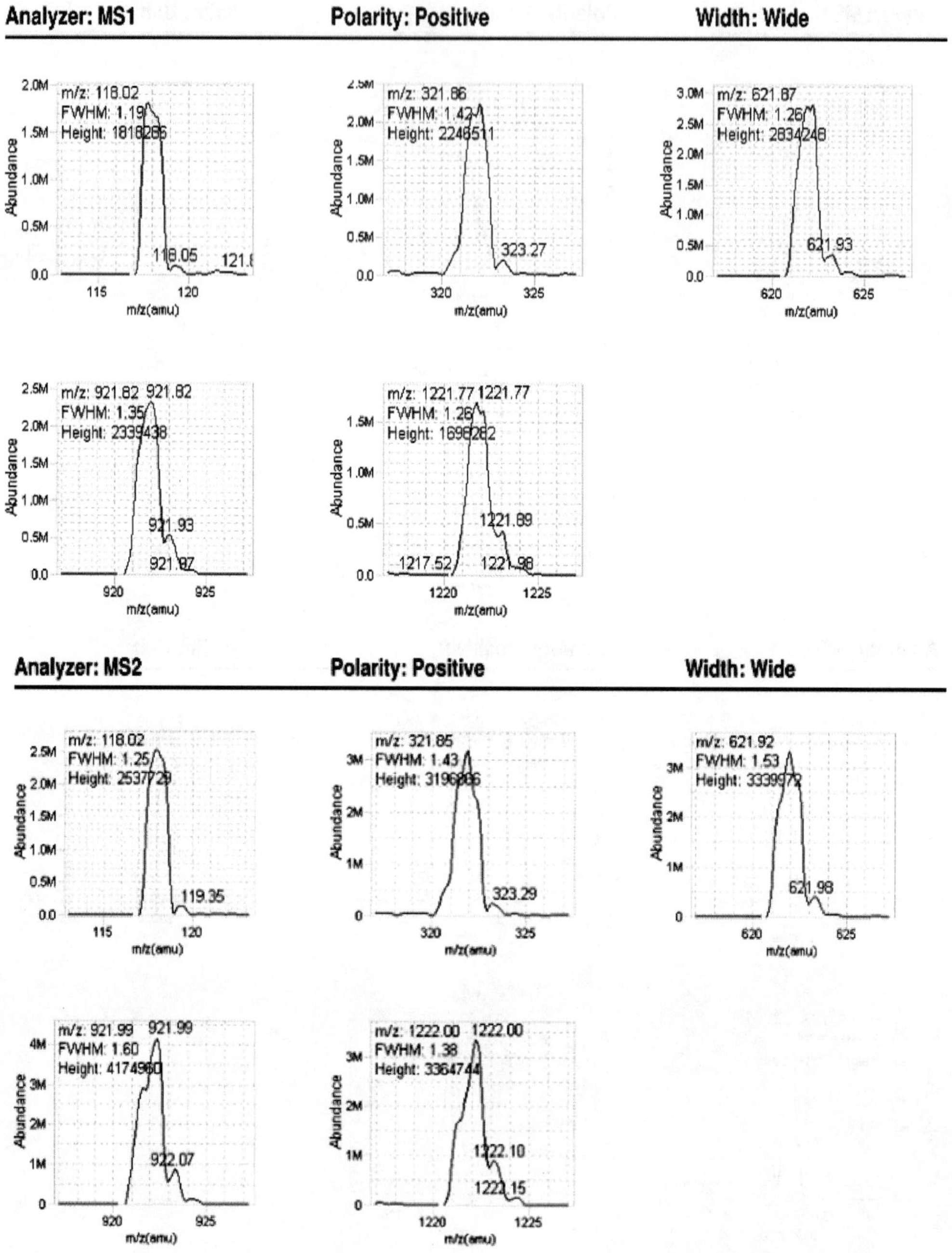

图 7－29　Agilent QQQ 系列质谱仪一级二级质谱调谐优化结果(宽窗口模式)*

图中列举了仪器校正后标准品的测量偏差和实际测定的谱图，半峰全宽(FWHM)符合预期值。Width：Wide：宽窗口模式。

* 图内部分外文的中文解释参见图 7－27 图注的后面部分。

7.7 测试验收

7.7.1 样品制备能力

7.7.1.1 性能指标

综合利用配备的相关仪器，通过各种技术方法的优化，完成相关样品制备体系方案的建立，使得对细胞样本的蛋白质提取通量可达到 10 批/d。常规蛋白质酶解通量可达到 24 个/h，酶解时间从常规的 16 h 缩短到 0.5 h 以内完成，并保证相同的样品处理的效率，实现一次同时处理样本数 12 个。

7.7.1.2 测试方案

测试主要采用 HEK293 细胞裂解液为模式生物，来研究样本。取相同质量的样品，平行处理样品，进行蛋白质沉淀、酶切和脱盐。在用胰酶酶切的过程中，比较蛋白质酶解仪微波 55℃、酶解 25 min 和常规 37℃、酶解 16 h 的样品。经过相同条件的质谱分析以后，鉴定到蛋白质和肽段的数量，用以验证短时间的微波酶解所提高的酶解效率，比起常规的酶解方法高效而省时。

实验中使用以 C18 为填料的毛细管分析柱(内径 100 μm、外径 360 μm、长 15 cm)，结合 HCD* 离子碎裂模式，来测试高分辨质谱仪对蛋白质所进行的鉴定。

具体说来，同时处理双样本，取 HEK293 细胞裂解液，冰水浴解冻后，加入三氯乙酸(trichloroacetic acid, TCA;6.1 mol)至终浓度 25%。冰水浴上放置 4 h，使蛋白质完全沉淀，离心去上清。沉淀物用预冷的丙酮清洗 3 次后，干燥；加入 8 mol/L 尿素的 Tris-HCl (pH=8.5)缓冲液，溶解蛋白质并使之完全变性。然后经过 5 mmol/L 的三(2-羧乙基)膦[Tris(2-carboxyethyl)phosphine, TCEP]室温下反应 20 min，来还原蛋白质中的二硫键，以及 10 mmol/L 碘乙酰胺(IAA)来烷基化产生巯基后，按照蛋白质：酶=1：50的比例加入胰蛋白酶，其中一半样本在 37℃下反应 16 h，另一半在微波酶解仪的作用下在 55℃下反应 25 min。对蛋白质酶解产物进行脱盐处理后，在质谱仪上进行上机分析。具体仪器条件设置如表 7-14、表 7-15 所示。

表 7-14 关键色谱参数(Easy nLC1000)

时间(min)	流速(nl/min)	梯度(%缓冲液 B)
0	300	0
4	300	0
10	300	10
150	300	45
160	300	100
168	300	100

* HCD: high-energy collision-induced dissociation(高能碰撞解离)。

（续表）

时间(min)	流速(nl/min)	梯度(%缓冲液 B)
168.5	300	0
180	300	0

缓冲液 A：99.9% H_2O，0.1% FA（$v:v$）；缓冲液 B：99.9% ACN，0.1% FA*（$v:v$）。

表 7-15　关键质谱参数(Q Exactive)

指　　标	参　　数
采集时间	180.00 min
全扫描分辨率	70 000
全扫描 AGC** target(目标)	3.00E+06
全扫描离子注入的最大时间	50 ms
全扫描范围	300～1 800 m/z
二级扫描分辨率	17 500
二级扫描 AGC target(目标)	1.00E+05
二级扫描离子注入的最大时间	100 ms
筛选范围	1.8 m/z
二级扫描范围	200～2 000 m/z
碎裂能量	nce**：27
信号强度阈值	1.00E+04
价态排除	未指定(unassigned)、1、7、8、>8
动态排除	20.0 s

所采集的原始数据，通过蛋白质组学研究专业软件 IP2 进行数据解析。

7.7.1.3　测试设备及结果

(1) 大型设备

Thermo Q Exactive。

(2) 辅助设备

4℃冰箱、低温离心机、超声仪、分析天平、涡旋仪、常温离心机、移液器、CEM 蛋白酶解仪、超低温冰箱、激光微喷雾管拉制机、显微镜、填柱泵、液相色谱仪、真空泵、烧杯、量筒、磁力搅拌器、磁力搅拌子、pH 计、恒温水浴、通风橱、微量药匙、洗瓶等。

* FA：formic acid(甲酸)。ACN：acetonitrile(乙腈)。在本章其后的有些表格和图中，缓冲液 A、B、C、D 简称为 A、B、C、D。

** AGC：autogain control(自动化离子捕获阈值)。nce：normalized collision energy(归一化碰撞能量)。

（3）主要试剂耗材

HEK293 细胞裂解液、超纯水、质谱级乙腈、质谱级甲醇、三羟甲基氨基甲烷（Tris）、尿素、醋酸铵、碘乙酰胺、三（2－羧乙基）膦（TCEP）、二硫苏糖醇（*dl*-dithiothreitol，DTT）、甲酸、丙酮、三氯乙酸、胰酶、NH_4HCO_3 等。

（4）耗材

载玻片、封口膜、0.6 ml 离心管、1.5 ml 离心管、15 ml 离心管、50 ml 离心管、移液管、100 和 250 μm 毛细管、C18 填料、无尘纸、各种量程移液器吸头、宽口瓶、棕色宽口瓶、C18 脱盐小柱、三氟乙酸、内衬管、进样瓶、色谱柱。

（5）环境保障条件

实现稳定可控的温湿度、无尘条件、UPS 电源等。

（6）测试结果及结论

常规 37℃酶解 16 h 样品，与用 CEM 蛋白酶解仪在 55℃酶解 25 min，在相同条件下进行鉴定，用相同的 IP2 软件进行数据处理，得到的结果是：通过 2 种预处理方法鉴定出的蛋白质数量分别为 1 842 和 1 978 个蛋白质。用微波加速酶解能达到与常规酶解法一样的理想效果（见表 7－16）。

表 7－16　CEM 蛋白酶解与常规酶解对比

实 验 名 称	蛋白质鉴定数	肽段鉴定数	鉴定错误率（%）
55℃下微波酶解 25 min	1 842	9 905	0.92
常规 37℃下酶解过夜	1 978	9 657	0.96

采用微波模式可以使酶解速度最快达到 0.5 h 以内，比现有常规速度提高约 32 倍。采用多通道微波酶解模式，能够同时处理的样本达 24 个/h。按照样品数量，每天可处理 10 批样品。

7.7.2　对蛋白质的高通量鉴定能力

通过质谱仪对蛋白质进行鉴定，最普遍的方法称为“鸟枪法”（shotgun）[1]。这是由美国斯克里普斯研究所的 J. Yates 于 1998 年提出的。其基本原理是，先对有待分析的蛋白质复合物进行特异性酶切，产生具一定特征的肽段复合物，并进行质谱分析，得到肽段以及肽段碎片的图谱信息。然后通过蛋白质组学软件，将理论信息和实际信息进行比对，得到蛋白质鉴定的结果。对一个蛋白质来说，2 条以上的肽段被鉴定到，就认为该蛋白质鉴定成功。在高分辨质谱技术高速发展的今天，蛋白质鉴定的数量、质量和通量也在飞速发展。

有关蛋白质鉴定能力的考察，涉及液相色谱仪的灵敏度、鉴定目标蛋白质的序列覆盖率（鉴定到的氨基酸序列占全长的百分比），以及一次性鉴定到的蛋白质数目。仪器的灵敏度对微量蛋白质的鉴定至关重要，通常使用低浓度的标准肽复合物，经液相质谱系统的分离分析之后，以复合物中所有肽段的色谱峰全被鉴定到的最低浓度，为该仪器的灵敏度标准。考察目标蛋白质的覆盖率,可全面评估蛋白质样品前处理过程和液相色谱质谱方法,其基本原理是应用“鸟枪法”的流程,对蛋白质进行鉴定,在结果中考察目标蛋白质的覆盖率。一次性蛋白质鉴定的数目是对蛋白质鉴定综合能力的全面考察。在这项考察中,质谱检测前的液相色谱分离至关重要。为了鉴定到尽可能多的蛋白质数目,二维色谱分离的方法应运而生[7,8]。此法是在常规酸性 pH 条件下的反相色谱分离(第二维)之前,根据肽段性质进行预分离,如碱性 pH 条件或者不同的盐浓度(第一维)。通常,二维分离分为在线和离线两种。在线分离是指通过设置液相色谱方法,在色谱仪上连续完成二维分离过程;而离线分离的第一维则在“线下”完成,使用固相柱或半制备液相完成对样本的第一维分离,一维分离后的样本再在液相色谱质谱系统上进行反相第二维分离。离线与在线的二维分离技术,都有很广泛的实际应用,从样本的损失和人工的方面考虑,在线二维分离无疑是具有其优势的。

7.7.2.1　灵敏度测试

使用以 C18 为填料的毛细管分析柱(内径 100 μm,外径 360 μm,长 15 cm),结合纳喷软电离技术与液质分离分析技术。具体过程是:取商业化标准肽段试剂盒(peptide retention time calibration mixture,5 pmol/μl),逐级稀释至终浓度 5 fmol/μl。通过自动进样器进样 1 或 2 μl(即 5 或 10 fmol),进行在线梯度洗脱质谱检测。具体参数如表 7-17、表 7-18 所示。

表 7-17　关键色谱参数(Easy nLC1000)

时间(min)	流速(nl/min)	梯度(%B)
0	300	0
30	300	50
32	300	100
33	300	100
34	300	0
35	300	0

缓冲液 A:99.9% H_2O,0.1% FA ($v:v$);缓冲液 B:99.9% ACN,0.1% FA ($v:v$)。

表 7-18　关键质谱参数(Q Exactive)

指　　标	参　　数
采集时间	180.00 min
全扫描分辨率	70 000
全扫描 AGC target(目标)	3.00E+06
全扫描离子注入的最大时间	50 ms

（续表）

指　　标	参　　数
全扫描范围	150～2 000 m/z
离子传输管温度	250℃

通过 Xcalibur 软件，对 15 条标准肽进行峰提取。测试设备为液相色谱仪 Easy nLC 1000 与质谱仪 Thermo Q－Exactive 联用。

7.7.2.2　结果分析

从标准蛋白质的肽段混合物出发，检测质谱仪的灵敏度。进样 5 fmol 可测到大部分肽段(13/15)。进样 10 fmol 可测到所有肽段(15/15)，峰提取如图 7－30 所示。

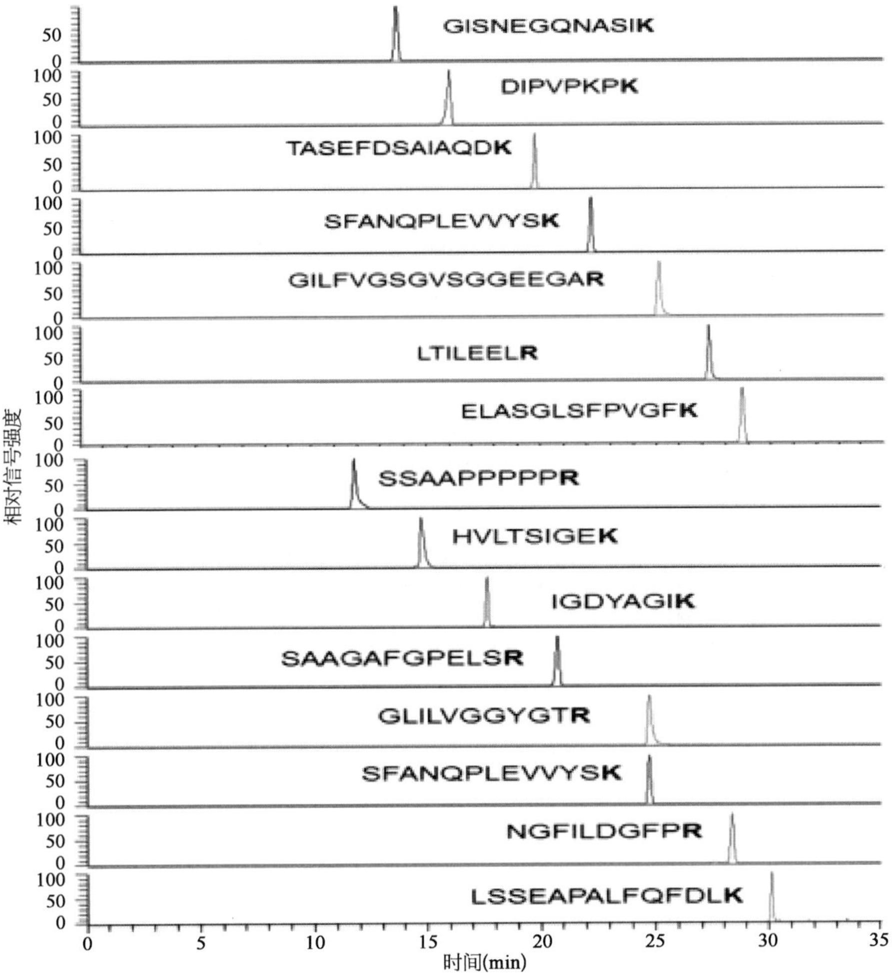

图 7－30　15 条标准肽段的检测结果(灵敏度测试)(彩图见图版第 26 页)

图内大写字母是氨基酸的单字母符号表示。

7.7.2.3　蛋白质覆盖率测试

使用 C18 为填料的毛细管反相色谱分析柱(内径 100 μm,外径 360 μm,长 15 cm),结合纳喷软电离技术与液质分离分析技术,检测蛋白质覆盖率。具体地说,将标准蛋白质牛血清白蛋白(BSA)溶于水,配制成 1 μg/μl 的溶液。加入 TCA(6.1 mol)至终浓度25%。冰浴条件下放置 4 h,使蛋白质完全沉淀,离心去上清。沉淀物用预冷的丙酮清洗3 次后,在空气中使丙酮挥发;加入 8 mol/L 尿素的 Tris－HCl(pH＝8.5)缓冲液,溶解蛋白质并使之完全变性。蛋白质的尿素溶液,经过 5 mmol/L TCEP(室温,20 min)二硫键的还原反应和 10 mmol/L 碘乙酰胺(IAA)巯基上的烷基化反应后,按照蛋白质：酶的比例为 1：50(质量：质量)加入胰蛋白酶(trypsin),37℃酶切过夜。处理好的酶切混合物上样至 C18 反相分析柱上,脱盐后在线梯度洗脱,进行质谱检测。具体仪器条件设置如表 7－19 和表 7－20 所示。

表 7－19　关键色谱参数(Easy nLC1000)

时间(min)	流速(nl/min)	梯度(%B)
0	300	0
5	300	5
90	300	45
110	300	100
115	300	100
117	300	0
120	300	0

缓冲液 A：99.9% H_2O, 0.1% FA ($v:v$);缓冲液 B：99.9% ACN, 0.1% FA ($v:v$)。

表 7－20　关键质谱参数(Q Exactive)

指　　标	参　　数
采集时间	120.00 min
全扫描分辨率	70 000
全扫描 AGC target(目标)	3.00E＋06
全扫描离子注入的最大时间	50 ms
全扫描范围	300～1 800
二级扫描分辨率	17 500
二级扫描 AGC target(目标)	1.00E＋05
二级扫描离子注入的最大时间	100 ms

（续表）

指　　标	参　　数
筛选范围	1.8
二级扫描范围	200～2 000
碎裂能量	nce：27
信号强度阈值	1.00E+04
价态排除	未指定、1、7、8、>8
动态排除	20.0 s

所得的原始数据通过蛋白质组学研究专业软件 IP2，进行数据分析。

7.7.2.4　结果分析

通过纳喷液质谱分析，鉴定到牛血清白蛋白(BSA)，且覆盖率达到 70%以上(表 7－21)。

表 7－21　BSA 覆盖率检测结果

基因位点	覆盖率	肽段数	次数	基因描述
IPI01028455.1	72.7	171	537	血清白蛋白

7.7.3　蛋白质鉴定的综合能力测试

7.7.3.1　测试方案

从提高蛋白质鉴定的数量和效率上考虑，选择在线二维色谱分离技术。其中，多维蛋白质鉴定技术(MudPIT)可实现采用串联 SCX 柱和 C18 反相分析柱的方式，简称 SCX－RP*。通过依次从低浓度到高浓度的盐，对结合在 SCX 上的肽段进行分批洗脱。每次从 SCX 洗脱下来的肽段，随后进行反相 C18 分离，并进行质谱检测。在这个方法里面，由于肽段在 SCX 和反相 C18 的分离属于正交分离，因此分离效果非常理想。MudPIT 技术的缺点是，盐会直接进入质谱。如此造成的不良后果有：① 高浓度盐容易污染质谱仪，缩短质谱仪的维护周期；② 盐的选择范围受限，必须为挥发性盐，如乙酸铵等，这在一定程度上减弱了第一维分离的洗脱能力，因此对离子化强的盐如 NaCl 等，不能应用本技术。除 SCX 柱，高 pH 洗脱也成为第一维分离的选择，简称反相-反相分离(high pH reverse-low pH reverse phase，RPRP)[9]。在此系统中，第一维色谱柱为高 pH 色谱柱。样品进入第一维色谱柱后，第一维梯度泵可以按使用者要求，自动地、阶梯式地提高有机相的比例，以便将样品中不同的疏水性肽段分批洗脱下来。从高 pH 反相柱上洗脱下的多肽，会被富集柱捕获。每批次被富集的多肽，将在第二维泵的线性梯度模式

* RP：reverse phase(反相)。

下，进入低 pH 反相分析柱，在这里经过充分分离后，样品到达离子源，进入质谱分析器。

使用 SCX 和 C18 为填料的多维液相毛细管分析柱（内径 250 μm，外径 360 μm，长约 5 cm；内径 100 μm，外径 360 μm，长 15 cm），结合纳喷软电离技术与液质分离分析技术进行检测。具体地说，HEK293 细胞的全细胞蛋白质，加入 TCA（6.1 mol）至终浓度 25%。采用与 344 页第 5—9 行描述相同的样品处理方式。处理好的酶切混合物上样至 C18 -SCX - Trap 柱上，脱盐后在线进行二维梯度洗脱（流速：300 nl/min）。SCX 柱的洗脱液为乙酸铵溶液，以 50、100、200、300、400、500、450 mmol/L（含 10%乙腈）乙酸铵溶液作为 7 步，依次将结合在 SCX 柱上的肽段，洗脱至反相分析柱上进行分离。除 SCX - RP 二维分离之外，同时测试 RPRP 二维分离的效果，将肽段在高 pH 和低 pH 条件下分别进行分离。原始质谱数据通过专业软件 IP2 进行数据分析，最后对 2 种在线二维分离方法下质谱检测到的结果数据进行比较。测试设备为 Thermo Q Exactive 质谱仪。

7.7.3.2　结果分析

从人源 HEK293 全细胞蛋白质出发，考察蛋白质的样品制备、酶解以及蛋白质质谱分析鉴定的综合能力。通过 90 min 梯度的反向色谱柱分离（见图 7 - 31、表 7 - 22、表 7 - 23），从 0.5 μg HEK293 全细胞蛋白质酶解产物中鉴定到 2 645 个蛋白质、19 204 条肽段，假阳性率小于 1%。

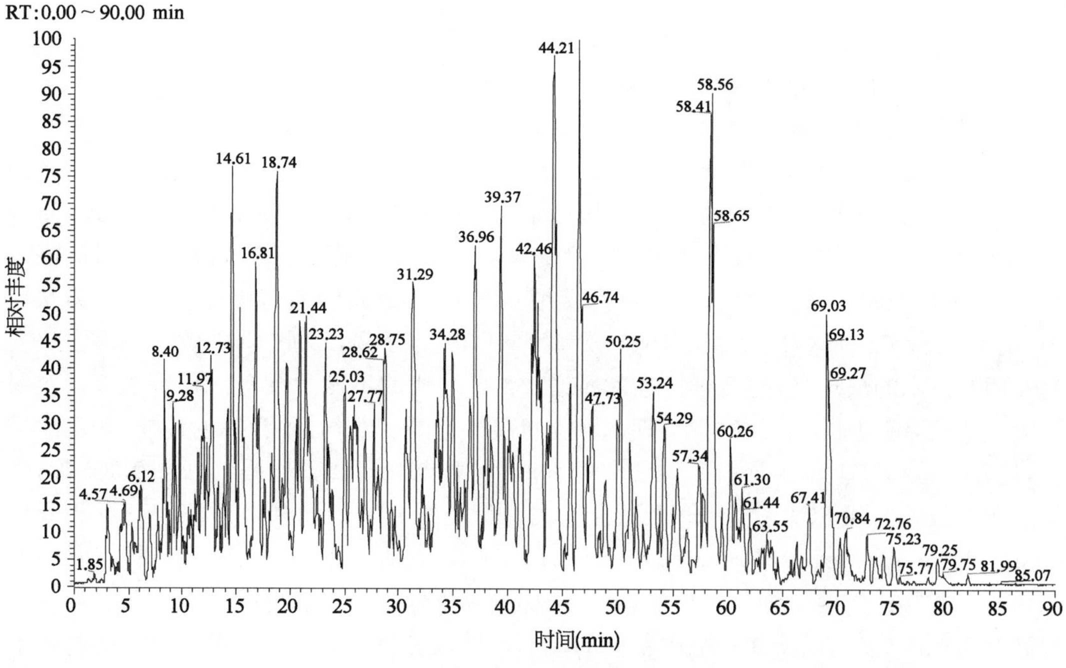

图 7 - 31　0.5 μg HEK293 全细胞蛋白质酶解产物 90 min 反相分离的色谱图

RT：保留时间(retention time)。

表 7－22　关键色谱参数(Easy nLC1000)

时间(min)	流速(nl/min)	梯度(%B)
0	300	0
3	300	4
68	300	50
80	300	100
90	300	100

缓冲液 A：99.9%H_2O,0.1%FA(v∶v)；缓冲液 B：99.9%ACN,0.1%FA(v∶v)。

表 7－23　关键质谱参数(Q Exactive)

指　　标	参　　数
采集时间	90.00 min
全扫描分辨率	70 000
全扫描 AGC target(目标)	3.00E+06
全扫描离子注入的最大时间	50 ms
全扫描范围	300～1 800
二级扫描分辨率	17 500
二级扫描 AGC target(目标)	1.00E+05
二级扫描离子注入的最大时间	100 ms
筛选范围	1.8
二级扫描范围	200～2 000
碎裂能量	nce：30
信号强度阈值	1.00E+04
价态排除	未指定、1、7、8、>8
动态排除	20.0 s

7.7.3.3　MuDPIT 与 RPRP 两种技术的比较

在 MudPIT 技术条件下(图 7－32、图 7－33、表 7－24、表 7－25)，从 10 μg 的 HEK293 全细胞蛋白质中一次鉴定到 5 754 个蛋白质、38 808 条肽段，鉴定蛋白质的假阳性小于 1%。在 RPRP 技术条件下(图 7－34、表 7－26、表 7－27)，从 10 μg 的 HEK293 全细胞蛋白质中一次鉴定到 5 667 个蛋白质、61 451 条肽段，鉴定蛋白质的假阳性小于 1%。

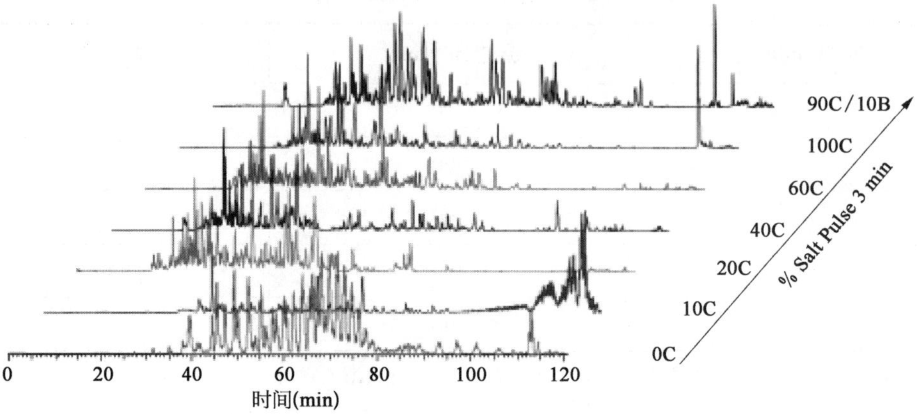

图 7－32　以 MudPIT 为基础的蛋白质鉴定(彩图见图版第 27 页)

Salt Pulse：盐脉冲梯度洗脱。

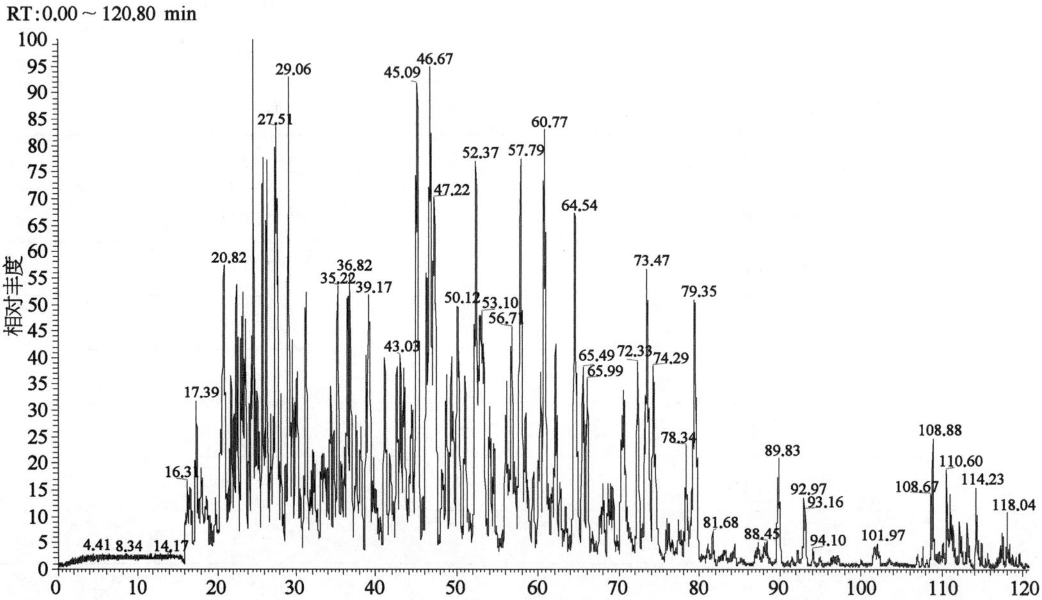

图 7－33　SCX 柱 20％缓冲液 C(100　mmol/L 乙酸铵溶液)洗脱馏分反相分离分析 120 min 的色谱图举例

表 7－24　关键色谱参数(Agilent 1200)

时间(min)	流速(ml/min)	梯　　度
0	0.15	A＝100.0％；B＝0.0％；C＝0.0％；D＝0.0％
0.99	0.15	A＝100.0％；B＝0.0％；C＝0.0％；D＝0.0％

（续表）

时间(min)	流速(ml/min)	梯　　度
1	0.15	A = 80.0%；B = 0.0%；C = 20.0%；D = 0.0%
4	0.15	A = 80.0%；B = 0.0%；C = 20.0%；D = 0.0%
4.01	0.15	A = 100.0%；B = 0.0%；C = 0.0%；D = 0.0%
10	0.15	A = 90.0%；B = 10.0%；C = 0.0%；D = 0.0%
90	0.15	A = 55.0%；B = 45.0%；C = 0.0%；D = 0.0%
100	0.15	A = 0.0%；B = 100.0%；C = 0.0%；D = 0.0%
110	0.15	A = 0.0%；B = 100.0%；C = 0.0%；D = 0.0%
111	0.15	A = 100.0%；B = 0.0%；C = 0.0%；D = 0.0%
120	0.15	A = 100.0%；B = 0.0%；C = 0.0%；D = 0.0%

缓冲液 A：99.9% H_2O，0.1% FA(v : v)；缓冲液 B：99.9% ACN，0.1% FA(v : v)；缓冲液 C：500 mmol/L 乙酸铵。

表 7-25　关键质谱参数(Q Exactive)

指　　标	参　　数
采集时间	120.80 min
全扫描分辨率	70 000
全扫描 AGC target(目标)	3.00E+06
全扫描离子注入的最大时间	100 ms
全扫描范围	300～1 800 m/z
二级扫描分辨率	17 500
二级扫描 AGC target(目标)	1.00E+05
二级扫描离子注入的最大时间	50 ms
筛选范围	1.8 m/z
二级扫描范围	200～2 000 m/z
碎裂能量	nce：27
信号强度阈值	1.00E+04
价态排除	未指定、1、7、8、>8
动态排除	30.0 s

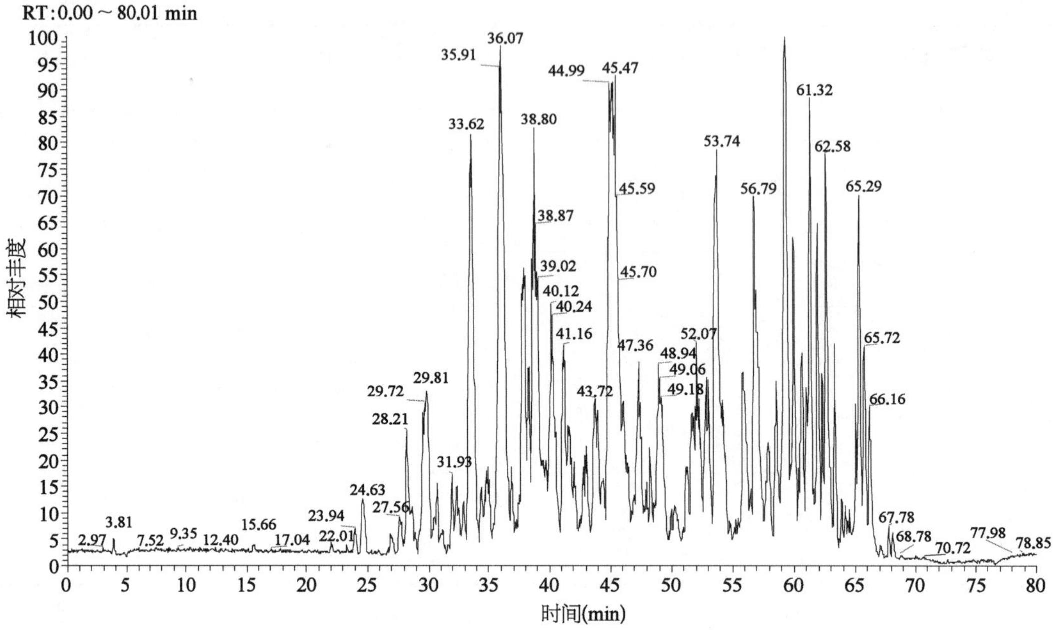

图 7 - 34　反相反相分离分析 80 min 的色谱图

表 7 - 26　关键色谱参数(Eksigent 425 LC)

时间(min)	流速(nl/min)	梯度(%B)
0	300	0
5	300	5
65	300	45
72	300	80
80	300	80

缓冲液 A：99.9%H_2O，0.1%FA($v:v$)；缓冲液 B：99.9%ACN，0.1%FA($v:v$)。

表 7 - 27　关键质谱参数(Q Exactive)

指　　标	参　　数
采集时间	80 min
全扫描分辨率	70 000
全扫描 AGC target(目标)	3.00E+06
全扫描离子注入的最大时间	100 ms
全扫描范围	300～1 800
二级扫描分辨率	17 500

（续表）

指　　标	参　　数
二级扫描 AGC target(目标)	1.00E+05
二级扫描离子注入的最大时间	50 ms
筛选范围	1.8
二级扫描范围	200～2 000
碎裂能量	nce：27
信号强度阈值	1.00E+04
价态排除	未指定、1、7、8、>8
动态排除	30.0 s

7.7.4　功能蛋白质及其相互作用的定量分析

近 10 年来，随着生物质谱技术的发展和生物信息学技术的进步，规模化地精确测量细胞内蛋白质组的表达变化，已经成为现实。与传统的蛋白质定量方法（如免疫学手段等）相比，组学规模的蛋白质定量，可以在一次实验中实现对成百上千个蛋白质的定量测定和比较分析，为规模化发现和验证疾病诊断的生物标志物，以及发展新的药物靶标，提供了重要的手段。

根据是否对蛋白质/多肽进行标记，定量蛋白质组学方法可分为标记和非标记两类；而根据定量目的之不同，又可分为相对定量和绝对定量。前者是对不同样本中相同蛋白质群表达量的相对变化进行分析，而后者是对样本中单个蛋白质或蛋白质组的绝对量或浓度进行测定。根据是否有目标蛋白质信息，可将相对定量分为非靶向相对定量和靶向相对定量。应用较为广泛的策略，也就是运用非靶向相对定量来筛选目标蛋白质序列，结合对目标蛋白质的靶向绝对/相对定量分析，为筛选潜在的疾病标志物提供数据支持。

标记定量方法是基于在蛋白质或肽段中引入稳定同位素标记（如^{13}C和^{15}N）。对肽段的同位素标记，常用的分析方法有同位素标记相对和绝对定量技术（iTRAQ）及串联质谱标签（TMT）两种。它们原理相似，标记试剂具有相同的分子质量，与肽段的伯胺发生缩合反应带上标签。进行质谱分析时，肽段标签通过合适的碎裂，产生具有差异分子量的报告离子。根据各通道的报告离子强度，进行肽段定量。关于蛋白质的同位素标记方法，应用最为广泛的是 SILAC 法，由德国马普研究所的 M. Mann 团队开发[5]。其原理简单地说，是用带有不同同位素组合的氨基酸（通常为精氨酸和赖氨酸）饲喂细胞，使各个实验条件下的细胞标记状态变得不同。在收获细胞时，按照相同的细胞数进行混合，继续后续的样品前处理以及质谱分析。由于 SILAC 技术从实验设计的源头上控制了实验误差，因而被认为是最准确的定量方法。标记定量方法保证了在同一次质谱扫描中，标记“轻”和“重”同位素的多肽具有相同的色谱行为和离子化效率。成对出现的质谱峰信号的相对强度，可以精确反映样品中多肽的丰度比例（蛋白质的比例）。

靶向绝对定量分析是对通过相对定量分析找到表达量显著变化的蛋白质，设计靶向定量方法，进行更为精准的质谱确证。常用的方法有选择性反应监测扫描（SRM）、多反应监测扫描（MRM）和平行反应监测扫描（PRM）*。平行反应监测建立在高分辨质谱平台之上，利用 Orbitrap 对某肽段的母离子和子离子进行监测。Orbitrap 提供精准的子离子信息，使 PRM 在精准度上优于 MRM。

7.7.4.1　TMT 标记定量分析实验方案

以哺乳动物的细胞蛋白质酶解肽混合物为样本，加入稳定同位素 TMT，检测质谱体外相对定量的能力及准确性。

提取丙型肝炎病毒感染和未感染的细胞的总蛋白质，酶切后进行 TMT 稳定同位素标记。然后将标记后的蛋白质进行等量混合，采用 MudPIT 方法进行质谱分析（图 7－35、表 7－28、表 7－29），通过 IP2 软件进行数据分析，由此比较丙型肝炎病毒感染不同时期细胞以及未感染细胞的蛋白质表达差异。采取测试设备 Easy nLC1000 与 Orbitrap QE 质谱联用。

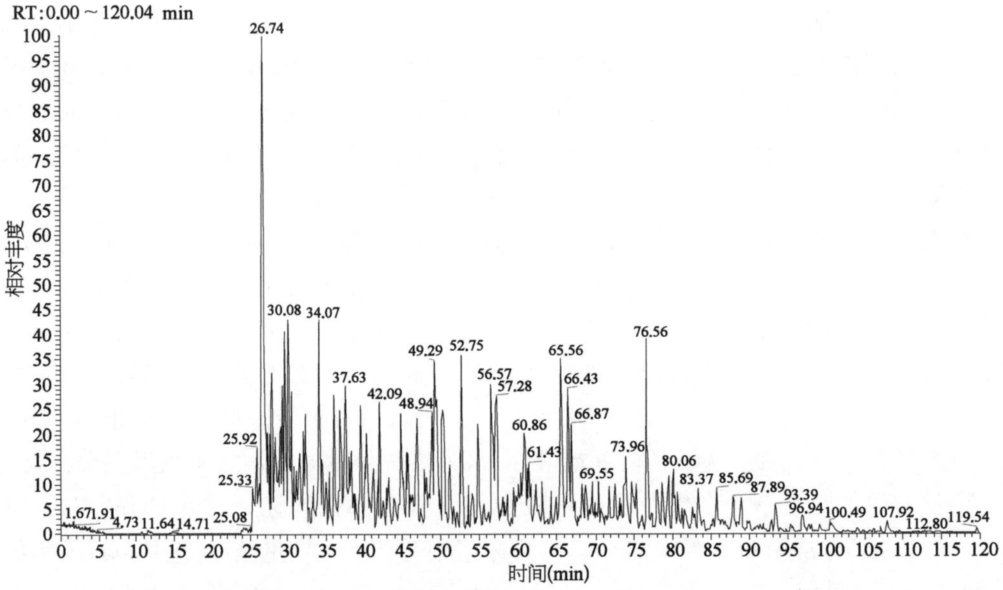

图 7－35　SCX 柱 60％缓冲液 C(300 mmol/L 乙酸铵溶液)洗脱馏分反相分离分析 120 min 的色谱图举例

7.7.4.2　结果分析

通过一次实验共鉴定到 4 954 个蛋白质，其中假阳性率均低于 1％，3 854 个蛋白质可用于定量研究。

---

* SRM：selective reaction monitoring（选择性反应监测扫描）；MRM：multiple reaction monitoring（多反应监测扫描）；PRM：parallel reaction monitoring（平行反应监测扫描）。

表 7－28 关键色谱参数(Agilent 1200)

时间(min)	流速(ml/min)	梯度
0	0.15	A＝100.0%；B＝0.0%；C＝0.0%；D＝0.0%
0.99	0.15	A＝100.0%；B＝0.0%；C＝0.0%；D＝0.0%
1	0.15	A＝80.0%；B＝0.0%；C＝20.0%；D＝0.0%
4	0.15	A＝80.0%；B＝0.0%；C＝20.0%；D＝0.0%
4.01	0.15	A＝100.0%；B＝0.0%；C＝0.0%；D＝0.0%
10	0.15	A＝90.0%；B＝10.0%；C＝0.0%；D＝0.0%
90	0.15	A＝55.0%；B＝45.0%；C＝0.0%；D＝0.0%
100	0.15	A＝0.0%；B＝100.0%；C＝0.0%；D＝0.0%
110	0.15	A＝0.0%；B＝100.0%；C＝0.0%；D＝0.0%
111	0.15	A＝100.0%；B＝0.0%；C＝0.0%；D＝0.0%
120	0.15	A＝100.0%；B＝0.0%；C＝0.0%；D＝0.0%

缓冲液 A：99.9%H_2O,0.1%FA(v : v)；缓冲液 B：99.9%ACN,0.1%FA(v : v)；缓冲液 C：500 mol/L 乙酸铵。

表 7－29 关键质谱参数(Q Exactive)

指标	参数
采集时间	120 min
全扫描分辨率	70 000
全扫描 AGC target(目标)	3.00E＋06
全扫描离子注入的最大时间	100 ms
全扫描范围	300～1 800
二级扫描分辨率	17 500
二级扫描 AGC target(目标)	1.00E＋05
二级扫描离子注入的最大时间	50 ms
筛选范围	2.0
二级扫描范围	200～2 000
碎裂能量	nce：27
信号强度阈值	1.00E＋04
价态排除	未指定、1、7、8、>8
动态排除	30.0 s

7.8　用户开放成果

上海设施的质谱系统自 2014 年 12 月对用户开放以来，陆续为全国及其他国家超过 100 个用户的 500 余个课题提供了技术服务。用户分别来自高等院校、研究院和医院等相关企事业单位。所参与用户的合作课题组已经在 *Science*[10, 11]、*Nature*[12]、*Nature Immunology*[13]、*Nature Communications*[14-16]、*Molecular Cell*[17, 18]、*PNAS*[19]、*JACS*[20] 等国际著名期刊上发表了近 40 篇文章，为多领域科学家的研究提供了有力的技术支持。

质谱系统通过对蛋白质的高分辨、高准确性的谱鉴定，可以大规模确定功能系统中起重要相互作用的蛋白质化合物；通过质谱分析来定位发生在蛋白质上的修饰位点，进一步指导蛋白质结构的测定和功能分析。此外，通过对重要功能蛋白质的精确定量分析，追踪在不同时间和处理条件下的蛋白质结构变化，可为解释细胞活动的分子机制，筛选疾病生物标志物和药物靶点，提供分子基础。

质谱系统自开放以来，为广大用户提供了蛋白质的全方位鉴定、修饰分析、定量分析和相互作用分析，为细胞活动的分子机制研究，疾病生物标志物的筛选和药物靶点的发现，提供技术平台。质谱系统还同时致力于新型质谱技术的开发与方法学研究。兹列举各分析方法的典型成果于下。

7.8.1　高分辨、高准确性的质谱分子量测定

7.8.1.1　蛋白质大小与纯度表征的辅助新材料开发

功能性水凝胶具有很多独特的功能，如生物相容性、可注射性、刺激响应性及自愈性等。这些特性使得此胶在生物医学领域具有非常广泛的应用前景。

研究人员利用生物化学工程方法，开发了一种新型的有机/无机复合水凝胶。此新型水凝胶是由类弹性蛋白多肽（elastin-like polypeptide，ELP）和生物玻璃（bioglass，BG）通过醛亚胺动态交联而成。研究人员通过多项实验证明，ELP/BG 生物复合材料的可调节凝胶特性和机械特性，具有一定的成分与浓度依赖性。其中，修饰前后多肽的质量和纯度，都是通过基质辅助激光解吸电离飞行时间质谱（MALDI - TOF - MS）来验证的（图 7 - 36）。同时，ELP/BG 水凝胶具有很好的自愈性，可以通过流变学，成功地重新连接切断的碎片。不仅如此，研究人员也验证了复合材料的生物相容性，可支持细胞的生长和附着。在未来，原位成型的 ELP/BG 复合水凝胶，有望作为可注射支架来运输细胞和药物分子，以此来促进软组织的再生[21]。

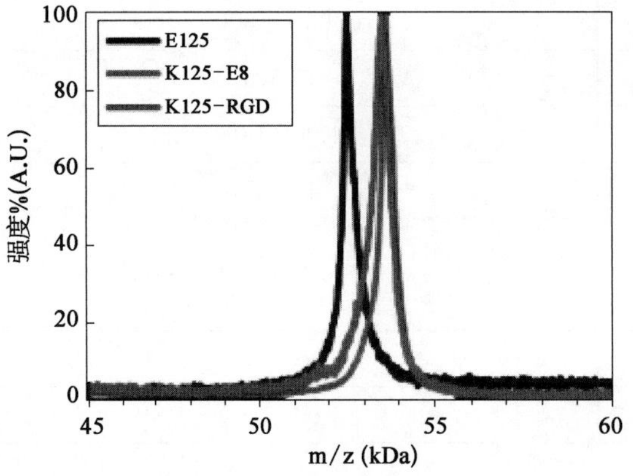

图 7 - 36　修饰前后多肽的 MALDI - TOF - MS 谱图（彩图见图版第 27 页）

7.8.1.2 高通量筛选方法助力重要酶活功能的研究

以基因组 DNA 和组蛋白的共价修饰为主要标志的表观遗传调控研究，已成为生命科学前沿快速发展的热点领域。其中，组蛋白的甲基化对于基因的转录表达、细胞的增殖分化等起着至关重要的调控作用。相关甲基化酶基因的突变，会导致多种遗传病和癌症。MLL 家族蛋白(MLL1/2/3/4、SET1A/B)是一类特异性地针对 H3K4 的甲基转移酶，其甲基转移酶活性依赖于 C 端的一个保守的 SET 结构域。

研究人员成功解析了 MLL 家族蛋白质中一系列蛋白质单体及蛋白质复合物的结构。其中，MLL 家族蛋白质的分子量，由质谱系统的 MALDI - TOF 仪器在反射模式下分析得到(图 7 - 37)。通过对比甲基化反应过程中不同阶段的 MLL 家族蛋白质和 apo MLL 蛋白质的质谱图，研究人员得出 MLL 家族蛋白质比 apo MLL 蛋白质具有更高的甲基转移酶活性。进一步，研究人员利用每个阶段质谱图中未修饰的 H3 肽段的相对信号强度的衰减，通过单指数衰减模型，得到总反应速率常数。该研究成果为深入了解 MLL 家族组蛋白甲基转移酶在复合物正确组装、活性精确调控等方面的作用，提供了坚实的结构基础[12]。

7.8.2 高精确性的生物分子定量分析

7.8.2.1 通过差异蛋白质组学解析传统的中药药理

随着传统中医药的发展，社会对中药复方的处方科学性、生产工艺的合理性、质量标准的规范化以及中成药质量稳定性等，要求日益提高。但是长期以来，由于中药复方具有成分复杂，有效成分较难确定，疗效标准不唯一等特点，中医药的国际化发展道路受到严重阻碍。

研究人员结合疏风解毒胶囊的中药药性理论，通过超高效液相色谱串联四极杆-飞行时间质谱技术(UPLC/Q - TOF - MS)整合双荧光素酶(nuclear factor-kappa B, NF - κB)报告基因系统的筛选体系，快速准确地筛选鉴定了疏风解毒胶囊中 96 种主要的化合物成分，以及潜在的 10 种抗炎活性物质，首次明确疏风解毒胶囊药效的物质基础。进而，通过 PharmMapper 数据库*，对抗炎物质进行反向分子对接，预测出疏风解毒胶囊潜在的作用分子靶点。同时，通过构建多种脂多糖(lipopolysaccharides, LPS)诱导的大鼠肺损伤的组织模型以及和炎症相关的巨噬细胞模型，结合多维蛋白质鉴定技术(MudPIT)和定量蛋白质组学技术(label-free quantification)，得到疏风解毒胶囊治疗大鼠肺损伤模型后的差异蛋白质表达数据(图 7 - 38)。最后，通过对差异蛋白质的生物信息学分析，明确了丝氨酸/苏氨酸蛋白激酶 B(AKT1)在疏风解毒胶囊治疗大鼠急性肺损伤(acute lung injury, ALI)中的核心调控作用。进一步的生物学实验证明，有多条与免疫和炎症相关的信号通路，参与了这一调控过程。该研究针对疏风解毒胶囊的药理和药效分析流程，为中药复方分析领域提供了全新的理念与标准[22]。

* 一种药物靶点数据库，是上海药物研究所刘晓峰开发的以活性小分子为探针，搜寻潜在药物靶点，从而预测小分子生物活性的反向药效团匹配方法。

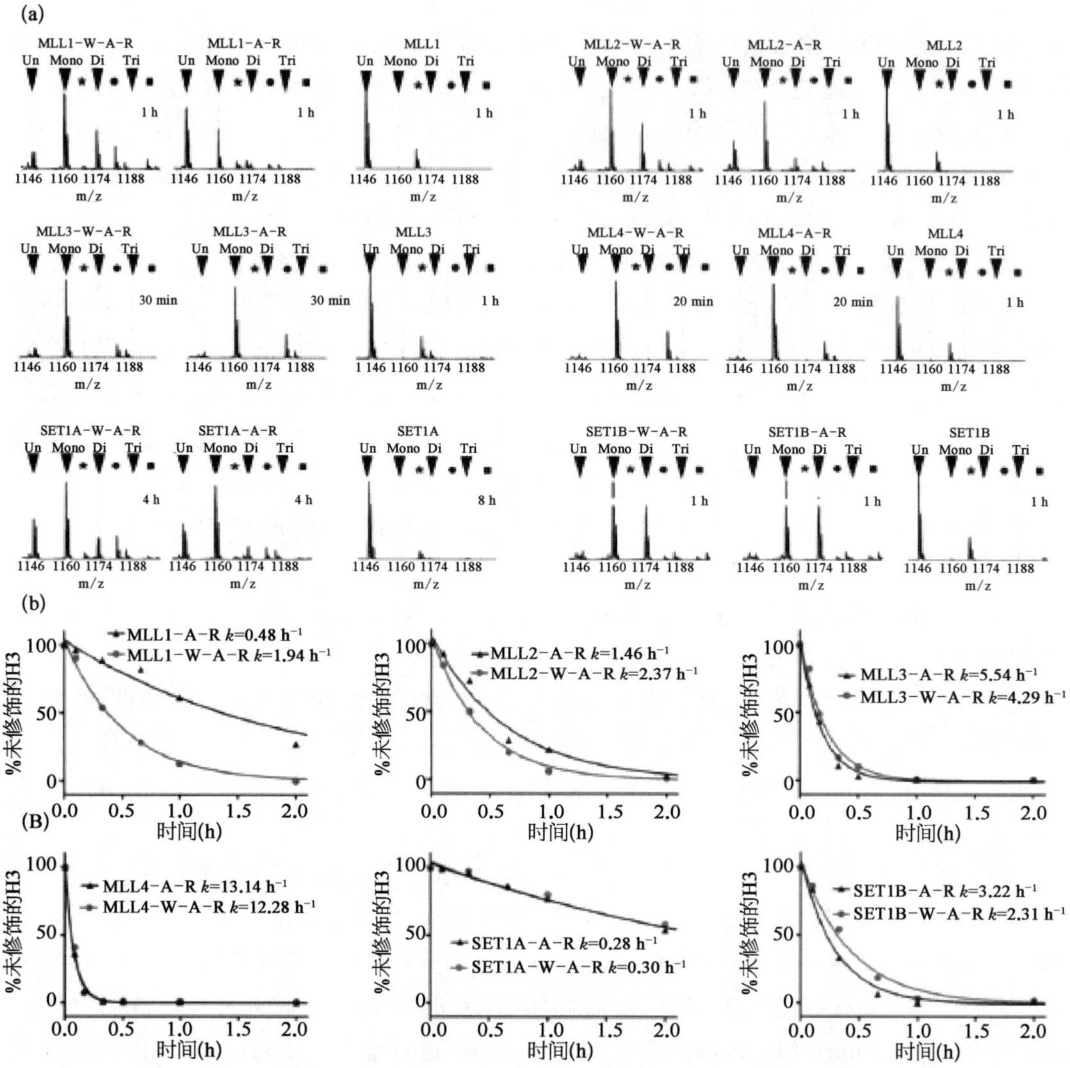

图 7-37　MLL 家族组蛋白甲基转移酶的活性分析(彩图见图版第 28 页)

(a) 不同时间点下,MLL 蛋白复合物和 MLL 蛋白自身参与的甲基化反应的质谱图。(b) 在 WDR5-ASH2L-RBBP5 或 ASH2L-RBBP5 存在时,不同 MLL 蛋白催化下,甲基化反应的速率。未修饰的:unmodified。

7.8.2.2　通过小分子定量技术诠释蛋白质的催化功能

DNA 双加氧酶 Tet3 是 Tet 蛋白家族的一个重要成员。有研究发现,*Tet3* 全身性敲除的小鼠,有部分可以发育到出生,但在出生后 24 h 内死亡。因此,若想研究 Tet3 在成年小鼠中的功能,须借助 Cre/loxP 系统* 在不同的组织中进行特异性敲除。这就带来了

* Cre/loxP 重组酶系统指的是条件性基因打靶、诱导性基因打靶、时空特异性基因打靶策略的技术核心,在新型基因打靶中获得广泛应用,是由 N. Sternberg 和 D. Hamilton 提出的。

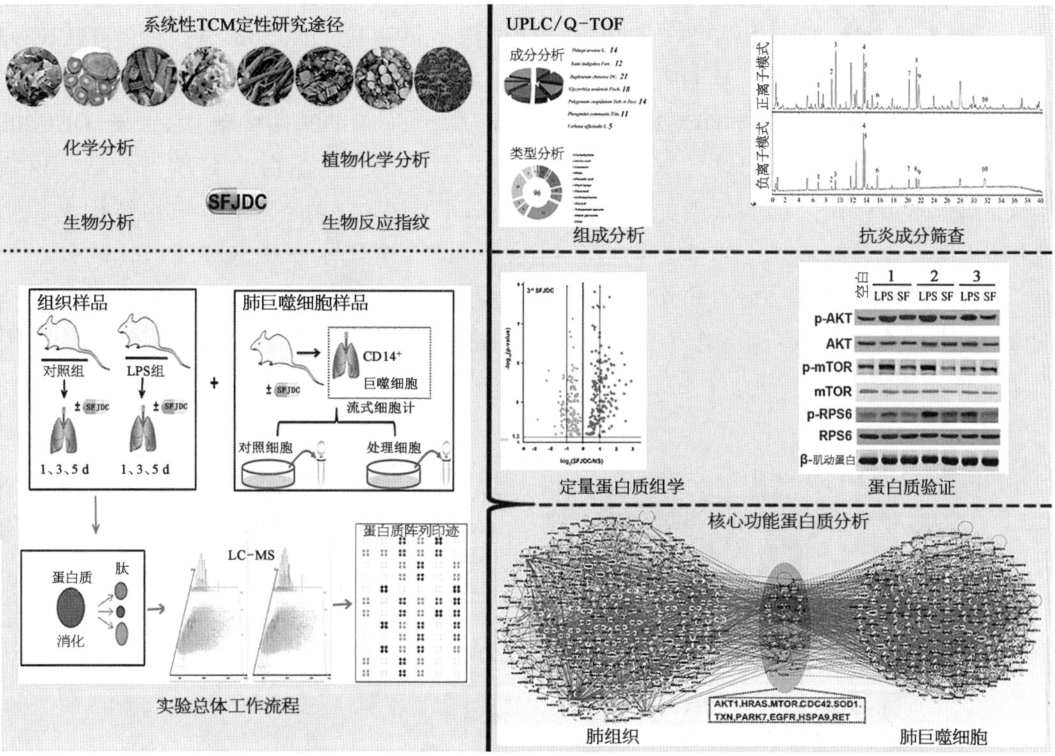

图 7-38 疏风解毒胶囊治疗大鼠急性肺损伤的分子机理研究
（详见下载图 7-38，下载网址见 31 页脚注）

一系列的问题：待研究的组织中是否存在特异性的 Cre 小鼠资源？若想在不同的组织中研究基因的功能，则需要不同的 Cre 小鼠，而条件性敲除的小鼠，交配周期长。

基于此，研究人员利用 CRISPR/Cas9 技术[23]和细胞谱系示踪技术，对小鼠 2 个细胞胚胎中的单个卵裂球，进行了基因敲除。一步法获得了 *Tet*3 基因敲除的健康嵌合小鼠，并对 *Tet*3 基因敲除后大脑皮层和海马神经元的突触传递进行了探究。在研究过程中，为检验 Tet3 蛋白在突变细胞中的功能变化，研究人员通过质谱定量分析，发现了嵌合突变小鼠体内 5-羟甲基胞嘧啶的含量显著降低，验证了突变细胞中 Tet3 蛋白的功能衰退[24]。

7.8.3 蛋白质互作网络的鉴定能力

7.8.3.1 受体研究

人体每天有大量细胞死亡。对死亡细胞的识别和清理，是维持机体稳态和避免自身免疫等疾病所不可或缺的。该过程通常是由树突状细胞、巨噬细胞等吞噬细胞参与完成的。吞噬细胞对死亡细胞的识别，需要利用其表面受体分子来实现。DEC205(CD205)是作为树突状细胞的主要标志物和胞吞受体之一，被广泛用于免疫疗法中。

研究人员通过一系列生物化学和生物物理学实验，寻找人源 DEC205 在细胞上的配体。研究人员通过质谱技术(图 7－39)，分析了用生物素化 DEC205 与凋亡的 HEK293 细胞孵育后的分离产物，以及 DEC205－Fc 与 Jurkat 细胞裂解液的免疫共沉淀样品。结果发现，角蛋白(keratin)是 DEC205 的内源性配体。进一步的实验表明，人源 DEC205 分子，可以在酸性条件下通过其 N 端结构域，特异性地识别角蛋白的 C 端结构域。这项工作表明，角蛋白作为细胞骨架的重要组成部分，不仅在维持细胞和组织的结构上起重要作用，也可作为细胞死亡的标志物被免疫系统识别，并介导一条依赖酸碱性的死亡细胞识别和清理的通路。另外，角蛋白和肿瘤之间也存在着密切联系，并被用于多种肿瘤的临床诊断。因此，DEC205 作为角蛋白受体的这一发现，也为肿瘤及相关疾病的诊疗提供了新的思路[25]。

(a)

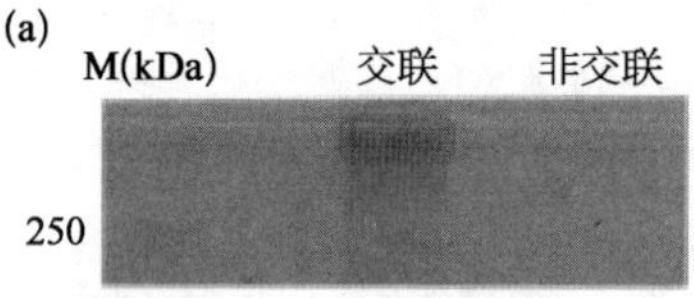

(b)

Top identified proteins	肽计数	Top identified proteins	肽计数
Keratin 1	236	Keratin 2	120
Keratin 9	179	Keratin 6b	108
Keratin 10	151	DEC205	95

(c)

识别的蛋白质	DEC205-Fe pull-down 计数	Fe pull-down 计数
Keratin 1	744	53
Keratin 10	580	43
Keratin 9	382	28
Keratin 2	380	18
Keratin 6b	284	0
Keratin 5	196	3
Keratin 6a	160	0
Keratin 6c	159	0
Keratin 14	113	12
Keratin 79	86	0
Keratin 16	80	0
Keratin 3	79	0
Keratin 13	41	0
Keratin 17	38	0
Keratin 77	33	0
Keratin 15	27	0
Keratin 78	16	0
Keratin 80	3	0
其他蛋白质	—	—

(d)

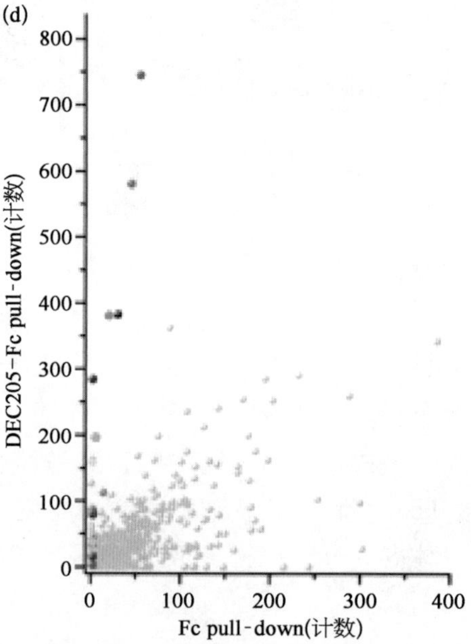

图 7－39　角蛋白(keratin)是 DEC205 的内源性配体实验*

Top identified proteins：得到鉴定次数最多的蛋白质。

7.8.3.2　环状 RNA 编码新肽段

环状 RNA 在某些病毒中普遍存在。然而，近年才在真核生物中发现这种非主流

* pull-down 是蛋白质研究的一种实验技术，即用固相化的、已标记的饵蛋白或标签蛋白，从细胞裂解液中钓出与之互作的蛋白质。

RNA 大量存在，其生物功能尚无定论。人细胞中所有的已知 mRNA，都含有 5′端帽结构。这一帽结构是大部分 mRNA 翻译所必需的。然而，在一些特殊情况如细胞应激的条件下，有些 mRNA 可以不依赖于帽结构而靠一个叫 IRES* 的顺式调控元件，从 mRNA 的中间启动翻译。这种 IRES 驱动的蛋白质翻译，在 RNA 病毒中很常见，但只在一小部分的真核细胞 mRNA 中发现。

在王泽峰组的前期工作中，发现插有 IRES 的编码绿色荧光蛋白(green fluorescent protein, GFP)的环状 RNA，可以在细胞中被翻译。而在他们新的工作中，研究人员发现了大量的环状 RNA 可作为 mRNA 来编码蛋白质。这些环状 mRNA 通过一种常见的 RNA 甲基化修饰 m6A，来驱动非帽依赖性的翻译机制，来合成蛋白质。为进一步鉴定环状 RNA 编码的内源性蛋白质，研究人员构建了一个特定的数据库，该数据库中包含了横跨全部环状 RNA 剪接位点的序列所编码的肽段。同时，结合此肽段数据库和 UniProt 中全部人源蛋白质信息，检索了 HEK293 细胞全部裂解物的串联质谱数据(图 7-40)。研究人员鉴定到了 33 条环状 RNA 剪接位点的序列所编码的肽段，并且它们都不来自任何人源蛋白质。该研究进一步拓展了环状 RNA 的功能，给蛋白质来源的多样性带来了新认识，具有重要的理论意义[26]。

7.8.3.3 生物标志物的筛选

随着医学的不断发展，人们渐渐认识到，哮喘能以不同的形式出现。哮喘的典型症状为，发作性伴有哮鸣音的呼气性呼吸困难。但是临床上，也存在没有喘息症状的不典型哮喘，其中以咳嗽为唯一症状的不典型哮喘称为咳嗽变异性哮喘(cough variant asthma，CVA)，另一种以胸闷为唯一症状的不典型哮喘称为胸闷变异性哮喘(chest tightness variant asthma，CTVA)。进而，研究人员推测，这些不同形式的哮喘病例，可能具有其独特的细胞和分子特征。

为了验证这项推测，研究人员邀请了 30 名典型哮喘(classic asthma，CA)患者、27 名 CVA 患者、30 名 CTVA 患者、30 名健康对照成人来参与这项研究，并测定了每一病人的多项指标，其中包括血清中的 IgE 含量、肺功能、痰液中的嗜酸性粒细胞数量、呼出气体中的一氧化氮(NO)含量等。同时，研究人员进一步用质谱法对诱导痰液的上清液进行了蛋白质组学分析。通过对比各项试验结果发现，CA、CVA 和 CTVA 患者血清中的 IgE 含量、痰液中的嗜酸性粒细胞数量、焦虑和抑郁评分，均明显升高，都具有嗜酸性气道炎症的普遍临床特征，而 3 类患者的样本之间并无差异。这些发现证实了，这 3 种不同的哮喘表现，具有相同的发病机理，都与嗜酸性粒细胞增多症所伴随的 T 辅助 2 型细胞(helper T lymphocyte 2，Th2)增强有关。质谱分析显示(图 7-41)，CA、CVA、CTVA 等患者的诱导痰液上清液样本中，含有超过 1 000 种蛋白质，其中有 23 种分泌蛋白质明显高于健康患者的对照组样本。根据此结果，研究人员确定了一组新的生物标志物，用于诊断哮喘，并且标记其亚型[27]。

* IRES：internal ribosome entry site(内部核糖体进入位点)。

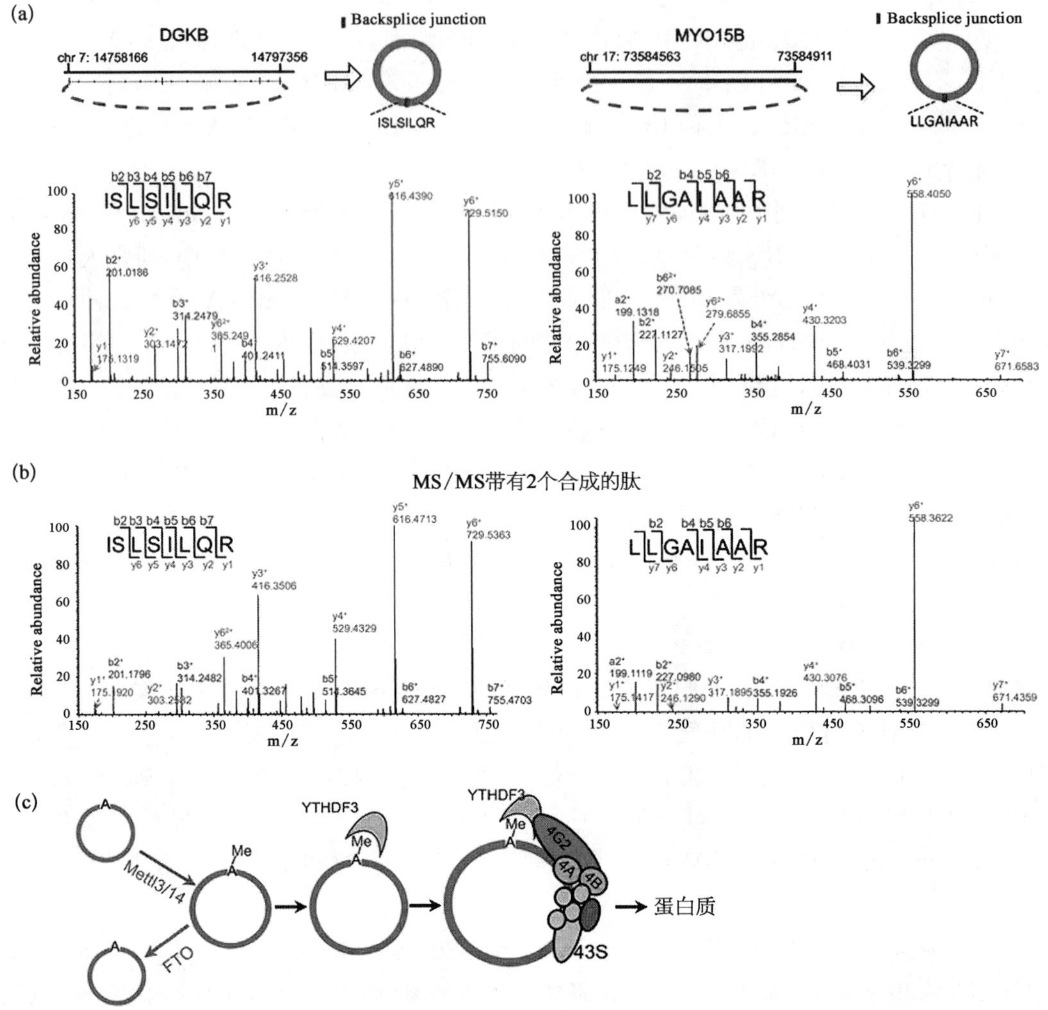

图 7-40　环形 RNA 编码的内源性蛋白质鉴定(详见下载图 7-40,下载网址见 31 页脚注)

(a) 2 个人源蛋白质 cDGKB 和 cMYO15B 的天然肽段的碰撞诱导解离质谱图;(b) 2 个人源蛋白质 cDGKB 和 cMYO15B 的人工合成肽段的碰撞诱导解离质谱图;(c) m6A 驱动下的环形 RNA 翻译过程原理图。Relative abundance:相对丰度;Backsplice junction:反向剪接点。

7.8.4　蛋白质后修饰的解析能力

7.8.4.1　抗病毒研究

有相关的研究报道,维甲酸诱导基因Ⅰ-线粒体抗病毒信号蛋白(RIG-Ⅰ-MAVS)介导的抗病毒免疫反应,在宿主对抗病原体入侵的过程中发挥重要作用,但其作用机理并未完全得到解释。

首先,研究人员以维甲酸诱导基因Ⅰ(retinoic acid-induced gene Ⅰ, *RIG*-Ⅰ)为诱饵,利用质谱技术研究 RIG-Ⅰ的相互作用对象。他们发现,含缬酪肽蛋白 p97 和 RIG-Ⅰ有一定的相互作用关系。紧接着,研究人员发现,p97 复合物类似于一个“分子桥梁”,能

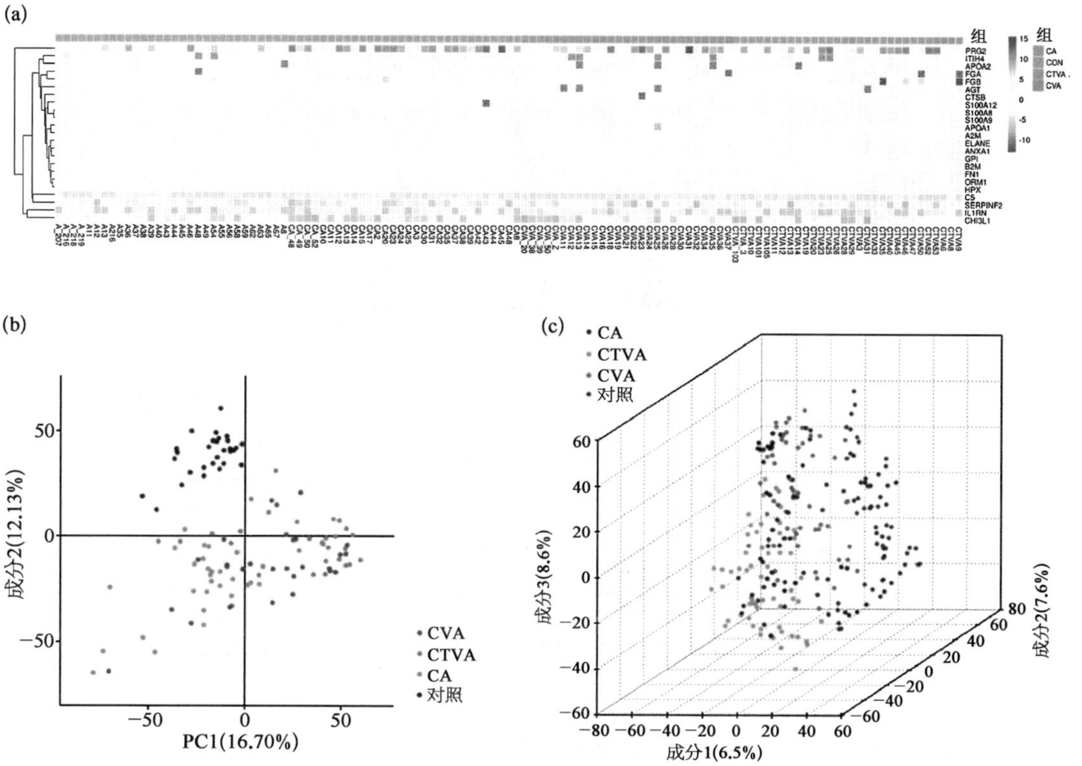

图 7－41 三类哮喘患者和健康对照组痰液的蛋白质组学分析(详见下载图 7－41,下载网址见 31 页脚注)

够同时直接结合 RIG－Ⅰ及其 E3 泛素化连接酶 RNF125,从而促进 RIG－Ⅰ发生泛素化修饰。进一步,利用质谱分析确定了 RIG－Ⅰ的第 181 位赖氨酸为其泛素化位点(图 7－42)。后续的研究发现,病毒侵染引起的 RIG－Ⅰ分子构象变化,使得其胱冬肽酶募集结构域(caspase activation and recruitment domain, CARD)暴露出来,并发生泛素化,进而大大增强 RIG－Ⅰ与 p97 复合物之间的相互作用,RIG－Ⅰ的活性会得到实时抑制。进一步的动物实验表明,利用靶向 p97 的小分子化合物抑制其 ATP 酶活性,能够促进 RIG－Ⅰ－MAVS 信号通路的激活,增强小鼠的抗病毒免疫反应。这些发现均提示,p97 复合物是抗病毒治疗的一个新的潜在药物靶点。考虑到之前已有研究表明,p97 可以作为一个抗肿瘤药物靶标,并已研发了特异性抑制剂,而且肿瘤患者在临床上往往同时需要结合抗病毒治疗,因此针对 p97 复合物的药物,有可能具有多重功能,开发前景值得期待[28]。

7.8.4.2 细胞自噬研究

自噬是广泛存在于真核细胞内的一种溶酶体依赖性降解途径,目的是实现细胞稳态和细胞器的更新。在生理条件下,细胞的基础自噬活性能够清除细胞内老化、受损的生物大分子和细胞器等,以维持正常的细胞生物学功能。在饥饿、能量缺乏等代谢应激状态下,细胞通过自噬,降解老化及受损的生物大分子和细胞器等,可获得能量来源和重建的物质,以维持细胞的基本生命活动。

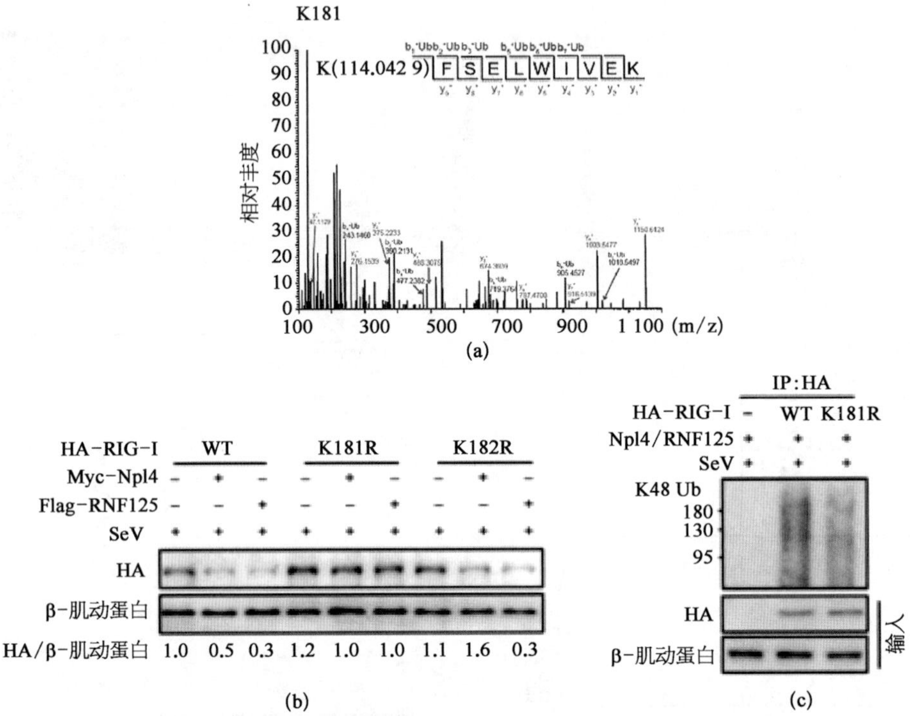

图 7-42　RIG-Ⅰ的泛素化位点分析(详见下载图 7-42,下载网址见 31 页脚注)

(a) 对共转染后 RIG-Ⅰ泛素化位点的质谱分析;(b) 对野生型和突变型 RIG-Ⅰ的免疫印迹分析;(c) 对野生型和突变型 RIG-Ⅰ的泛素化分析。

去乙酰化酶 1(Sirt1)是一种依赖于 NAD+ 的组蛋白去乙酰化酶,参与了许多重要生理功能的调节。尽管研究证实,Sirt1 激活是真核生物启动自噬,以应对外部营养物质缺乏的必要条件,但其潜在机制仍不是很清楚。

研究人员通过实验证实,糖酵解酶——甘油醛-3-磷酸脱氢酶(GAPDH),是 AMP 依赖的蛋白激酶[adenosine 5′-monophosphate(AMP)-activated protein kinase,AMPK]驱动 Sirt1 激活的一个关键介质。在葡萄糖饥饿的情况下,激活的 AMPK 使得胞质 GAPDH 磷酸化,并重新分配到细胞核中。利用质谱分析技术鉴定了 GAPDH 的磷酸化位点为 Ser122(图 7-43)。在细胞核内,GAPDH 与 Sirt1 直接互作,取代了 Sirt1 的抑制蛋白质,使得 Sirt1 被激活。阻止 GAPDH 的这种转换,可以破坏 Sirt1 的激活和自噬;而通过过表达细胞核定位的 GAPDH 来促进这种转换,则可以推动 Sirt1 的激活和自噬。因此,研究结果表明,GAPDH 是在葡萄糖缺乏条件下一个关键及中心的自噬调控因子,它经历 AMPK 依赖性的磷酸化及核转位,激活了 Sirt1 的去乙酰化酶活性[17]。

7.8.4.3　RNA 调控机制的研究

哺乳动物的细胞核,是细胞内最复杂的细胞器。它不仅含有遗传物质的染色体,也包含具有不同组分和功能的细胞核亚结构。paraspeckle(核旁斑点)是在 2002 年被

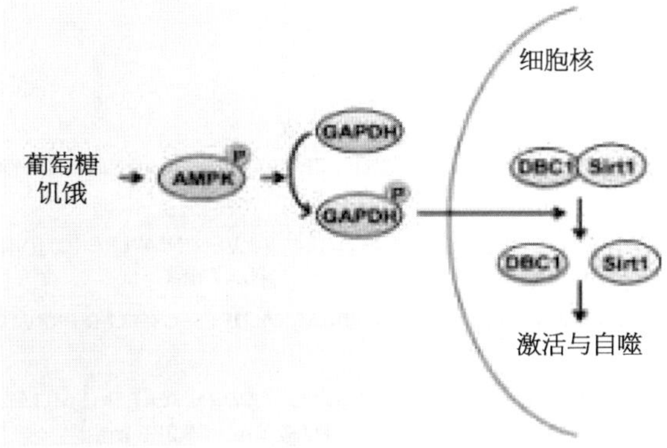

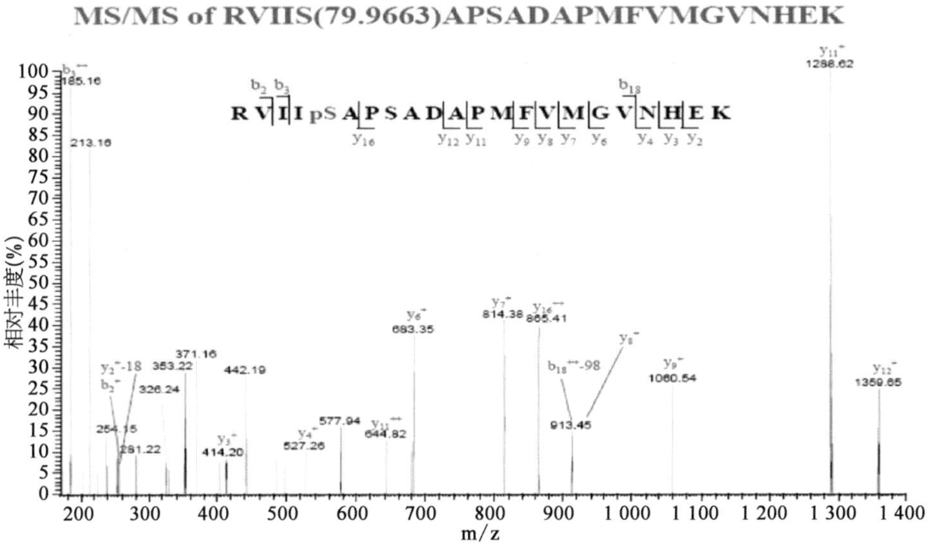

图 7-43　GAPDH-Ser122 磷酸化位点的质谱分析(详见下载图 7-43,下载网址见 31 页脚注)

发现和命名的细胞核亚结构,由长非编码 RNA 的 NEAT1 和 DBHS 家族蛋白质 PSP1a、p54nrb 和 PSF 等共同组成。NEAT1 作为 paraspeckle 的骨架分子,决定了该细胞核亚结构小体的形成。在之前的研究中发现,paraspeckle 的重要功能之一是通过核心蛋白质 p54nrb,参与调控 3′UTR 区域中含有 IRAlus 的 mRNA 的核滞留。当细胞受到刺激时,这些核滞留的 mRNA 会被运出细胞核并得到翻译。但是,对于这一过程是如何调控的,仍然未知。

研究人员通过充分的实验,阐明了蛋白质精氨酸甲基转移酶 CARM1 通过甲基化细胞核亚结构 paraspeckle 小体的核心蛋白质组分 p54nrb,并同时抑制 paraspeckle 骨架长非编码 RNA NEAT1 的转录,协同调控滞留在 paraspeckle 中含反向重复 Alu 序列(IRAlus)的 mRNA 在不同生理条件下的出核活动。不仅如此,在研究过程中,研究人员还利用质谱技术鉴定了 p54nrb 上的多个甲基化位点(图 7-44)。

该研究阐明了细胞核亚结构 paraspeckle 小体调控 mRNA 出核之谜,丰富了人们对

paraspeckle 功能、蛋白质翻译后修饰调控蛋白质- RNA 复合物、长非编码 RNA 的转录以及基因表达调控的认识[29]。

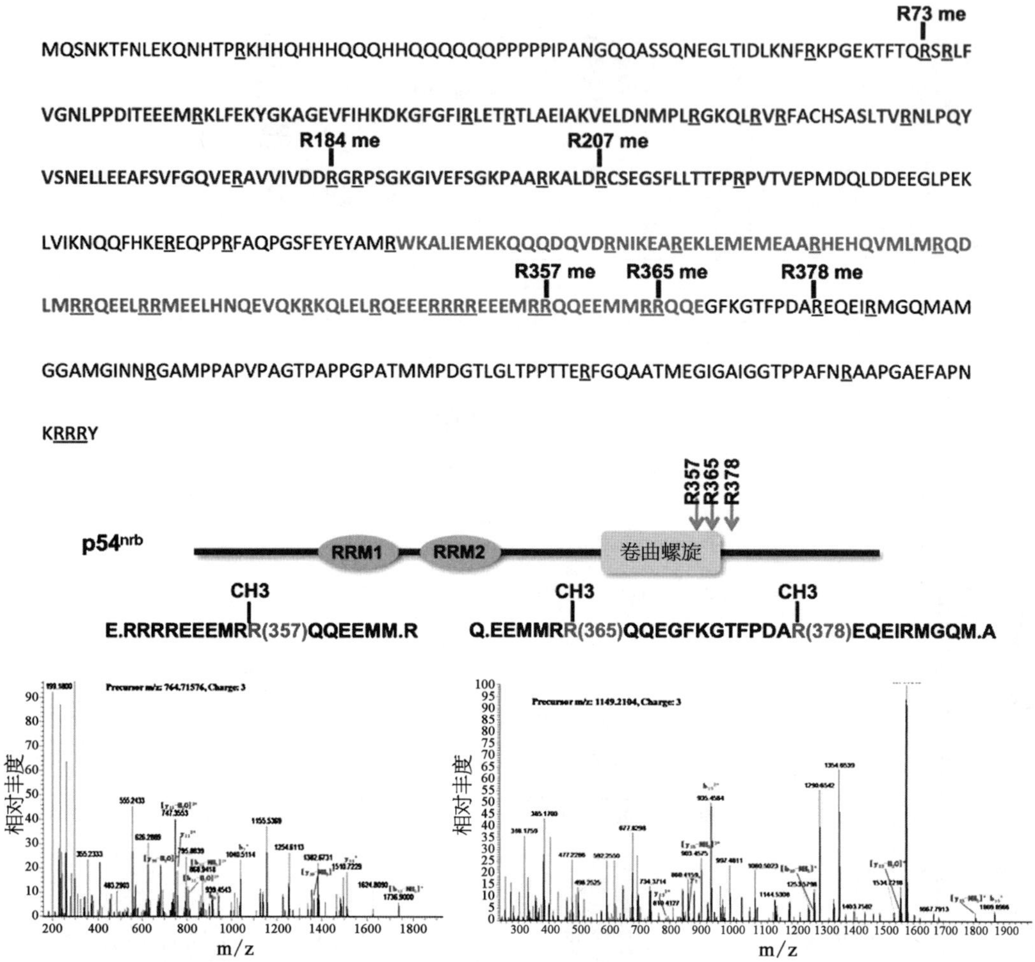

图 7－44　p54nrb 甲基化位点的鉴定(详见下载图 7－44,下载网址见 31 页脚注)

7.8.4.4　新型蛋白质翻译后修饰类型

自 1996 年以来,hedgehog(Hh)蛋白一直被认为是唯一的胆固醇修饰蛋白。20 多年来,虽然关于新的胆固醇修饰蛋白的猜想一直都有,很多实验室也不断尝试,但是从来没有新的胆固醇修饰蛋白被报道。相对于经典的翻译后修饰,胆固醇修饰作为一种特殊的修饰,一直没有很好的鉴定方法。

研究人员设计并合成了新的胆固醇分子探针。通过质谱实验(图 7－45),可以清晰地发现蛋白质 smoothened(SMO)的 Asp95(D95)残基上有一个 368.344 3 的质量数位移,刚好符合一个胆固醇的分子量(386.354 8)减去一个 H_2O 的分子量(18.010 5),表明 SMO 通过 Asp95(D95)残基上的羧基和胆固醇上的羟基形成脂键,实现胆固醇的共价修饰。这是时隔 20 年后，继第一个被胆固醇修饰的蛋白质 Hh 被发现以后，又一个被共价修饰的蛋白质，颠覆了长久以来认为 Hh 是唯一被胆固醇修饰的蛋白质的认识。同时还发现，胆固醇除了导致心脑血管病外，它在发育过程中也起重要作用。SMO 的胆固醇化，对于 Hh 信号传导和胚胎发育至关重要。胆固醇修饰对 SMO 的活化有重要意义，提示 SMO 的胆固醇修饰，可以作为治疗 Hh 相关癌症的一个新靶点[18]。

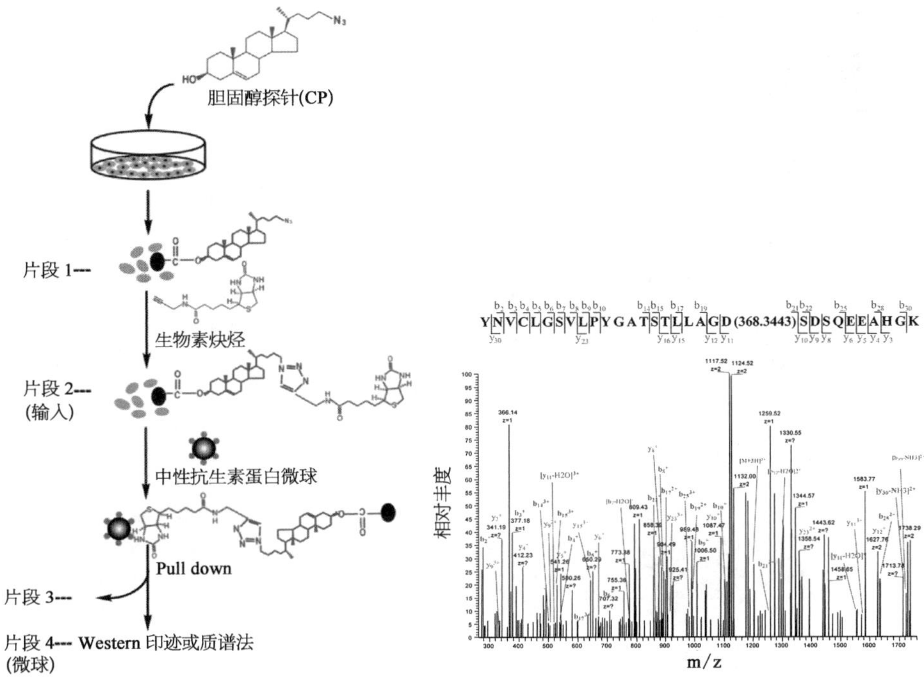

图 7-45 SMO 的胆固醇修饰分析(详见下载图 7-45，下载网址见 31 页脚注)

片段：fraction；胆固醇探针：cholesterol probe(CP)。

7.8.5 完整蛋白质及蛋白质复合物的精确分析

7.8.5.1 结构生物学

剪接体作为真核细胞中催化前体 mRNA 剪接过程的执行者，是真核生物最基本的分子机器之一，对于正常生命活动起着至关重要的作用。基因的错误剪接或剪接体的错误调控，与许多疾病相关。剪接体成分复杂多变，构象高度动态，所以对于剪接体组装及催化过程中各复合物的结构生物学研究，是最基础也最富挑战性的生物学难题之一。

质谱分析系统用户清华大学施一公课题组在 *Science* 上报道了酿酒酵母剪接体组装过程中的一个关键复合物 U4/U6.U5 Tri-snRNP 的冷冻电镜结构，并在此基础上分析了剪接体的组装机制。该研究过程中，研究人员利用高分辨质谱技术，对剪接体复合物的成分进行了准确鉴定(图 7-46)，并利用交联质谱技术，对剪接体复合物组成蛋白的分子间相互作用进行了分析。质谱数据为蛋白质复合物的结构搭建，提供了分子基础，更为酿酒酵母剪接体的结构搭建，提供了除冷冻电镜之外的最直接有效的证据[10,11]。

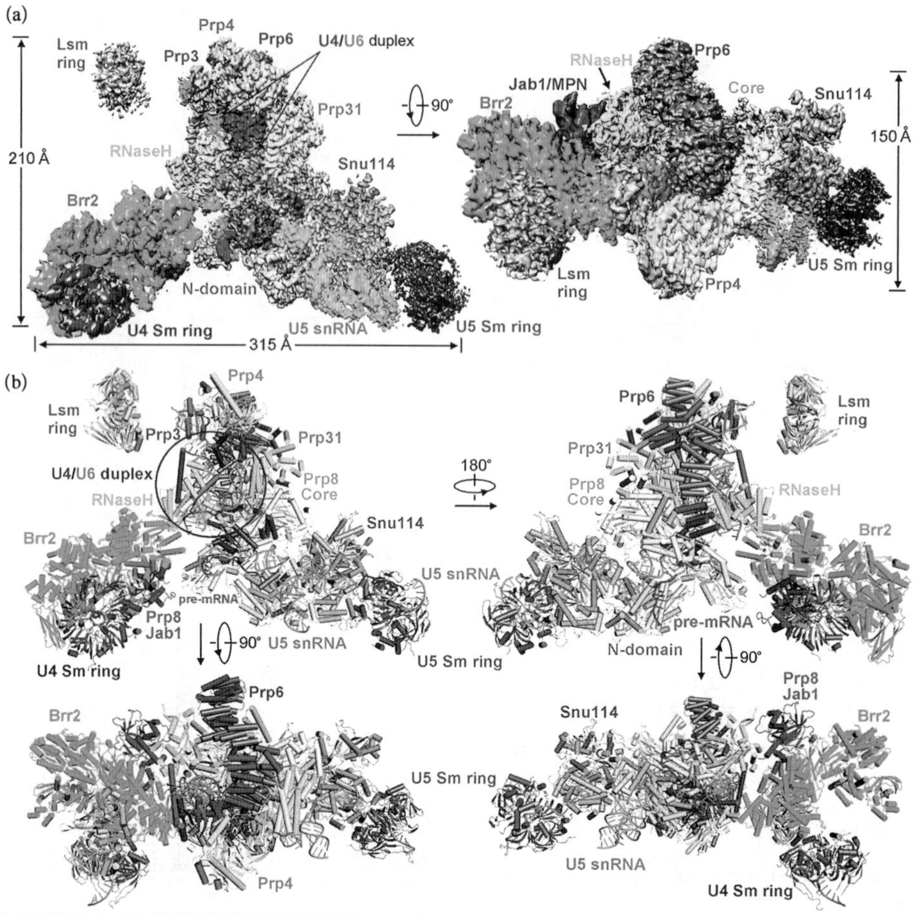

Spliceosomal subcomplex	Uniprot Acc. No.	*S. cerevisiae* protein	# peptides	PSM value	Protein located
U4/U6 snRNP	P40018	SmB1	35	399	yes
	Q02260	SmD1	27	185	yes
	Q06217	SmD2	17	282	yes
	P43321	SmD3	10	387	yes
	Q12330	SmE1	6	68	yes
	P54999	SmF	5	98	yes
	P40204	SmG	9	45	yes
	P38203	Lsm2	19	239	yes
	P57743	Lsm3	6	45	yes
	P40070	Lsm4	14	184	yes
	P40089	Lsm5	5	53	yes
	Q06406	Lsm6	8	114	yes
	P53905	Lsm7	11	114	yes
	P47093	Lsm8	11	128	yes
	P39990	Snu13	6	62	yes
	P49704	Prp31	51	592	yes
	Q03338	Prp3	62	858	yes
	P20053	Prp4	36	585	yes

Spliceosomal subcomplex	Uniprot Acc. No.	*S. cerevisiae* protein	# peptides	PSM value	Protein located
U5 snRNP	P33334	Prp8	225	2942	yes
	P32639	Brr2	200	2066	yes
	P36048	Snu114	99	1223	yes
	Q06819	Dib1	11	179	yes
	P40018	SmB1	35	399	yes
	Q02260	SmD1	27	185	yes
	Q06217	SmD2	17	282	yes
	P43321	SmD3	10	387	yes
	Q12330	SmE1	6	68	yes
	P54999	SmF	5	98	yes
	P40204	SmG	9	45	yes
Tri-snRNP specific	P19735	Prp6	119	1278	yes
	Q12420	Snu66	60	709	no
	Q00723	Prp38	15	100	no
	Q12368	Snu23	27	224	no
	P38282	Spp381	27	169	no

图 7－46　剪接体复合物组成蛋白的鉴定及其分子间相互作用的分析(彩图见图版第 29 页)

ring：环；duplex：二聚体；RNAse：RNA 酶；N－domain：N－结构域；snRNA：小核 RNA；Core：核；pre－mRNA：前体 mRNA；spliceosomal subcomplex：剪接体亚复合物；*S. cerevisiae* protein：酿酒酵母蛋白质；peptides：肽；PSM value：PSM 值；Protein located：蛋白质定位；Tri－snRNP specific：Tri－snRNP 专一；yes：是；no：否。

7.8.5.2 药物研发(小分子-蛋白质复合物)

溴结构域蛋白 4(bromodomain containing protein 4,BRD4),是一种在哺乳动物细胞中广泛表达的染色质“适配器”,可以在整个有丝分裂过程中始终结合于染色体上,募集不同的染色质修饰蛋白,广泛调控基因的表达,从而在细胞周期进程的调控、转录以及炎症等方面发挥重要作用。近年来,很多学者对 BRD4 进行了深入系统的研究,发现其表达水平失调或者功能紊乱,与多种肿瘤的发生和发展密切相关,有望成为治疗肿瘤的新靶点。

研究人员发现一种铱(Ⅲ)[Ir(Ⅲ)]配合物,它是第一种基于金属的、不可逆的 BRD4 抑制剂。通过时间分辨荧光共振电子转移实验(time-resolved fluorescence resonance energy transfer,TR-FRET),结合液相色谱串联质谱(LC-MS/MS)实验分析(图 7-47),研究人员发现,这种 Ir(Ⅲ)配合物在体外能够阻止 BRD4 与乙酰化的组蛋白之间的蛋白质-蛋白质相互作用,并且在纤维素中可以与 BRD4 结合,从而下调致癌基因的表达。染色质免疫共沉淀(chromatin immunoprecipitation, ChIP)分析结果表明,这种 Ir(Ⅲ)配合物可以调节黑色素瘤细胞中 BRD4 与染色质之间的相互作用,尤其是原癌基因的启动子。最后,在小鼠体内模型中,这个配合物在对抗黑色素瘤异种移植时,显现出有效的活性。这是第一次提出第九族金属配合物可以抑制含溴结构域和额外终端域家族蛋白质中的蛋白质间相互作用。这种 Ir(Ⅲ)配合物对于发现更多有效的抗肿瘤表观遗传药物起到很好的支撑作用[30]。

7.8.5.3 抗生素的生物合成

FR901464 是由假单孢菌 *Pseudomonas* sp. No. 2663 产生的具有高效抗肿瘤活性的天然产物。研究表明,FR901464 及其类似物,可以抑制真核细胞中前体 mRNA 的剪接,进而抑制癌细胞的生长。其良好的生物活性和独特的作用机制,吸引了化学合成、药物化学及化学生物学等学科的广泛关注。

在Ⅰ型聚酮合酶(polyketidesynthase,PKS)催化的生物合成途径中,硫酯水解酶(thioesterase,TE)功能域通常分布于 PKS 的末端,在链延伸完成之后,催化聚酮链的水解或者进一步的大环化。研究人员通过实验,首次证实了在 FR901464 聚酮链延伸的过程中,位于 PKS 内部的一个 TE 功能域行使脱水酶(dehydratase,DH)的功能,催化了顺式双键的生成。

进一步利用 LC-MS(图 7-48),分析酮体合成酶(ketosynthase,KS)介导的酰基转移反应产物。结果证明,位于 TE 功能域下游的 KS,可以选择性地将脱水之后含有顺式双键的 PKS 链,转移到后续的酰基载体蛋白(acyl carrier protein,ACP)上,进而进行下一步的链延伸。该结果不仅表明,PKS 功能域可能具有全新的功能,同时也揭示了聚酮天然产物中顺式双键形成的一种新机制[20]。

7.8.6 新型质谱技术开发

糖蛋白对维持人体正常的生理功能,发挥着举足轻重的作用。但是,糖蛋白的鉴定

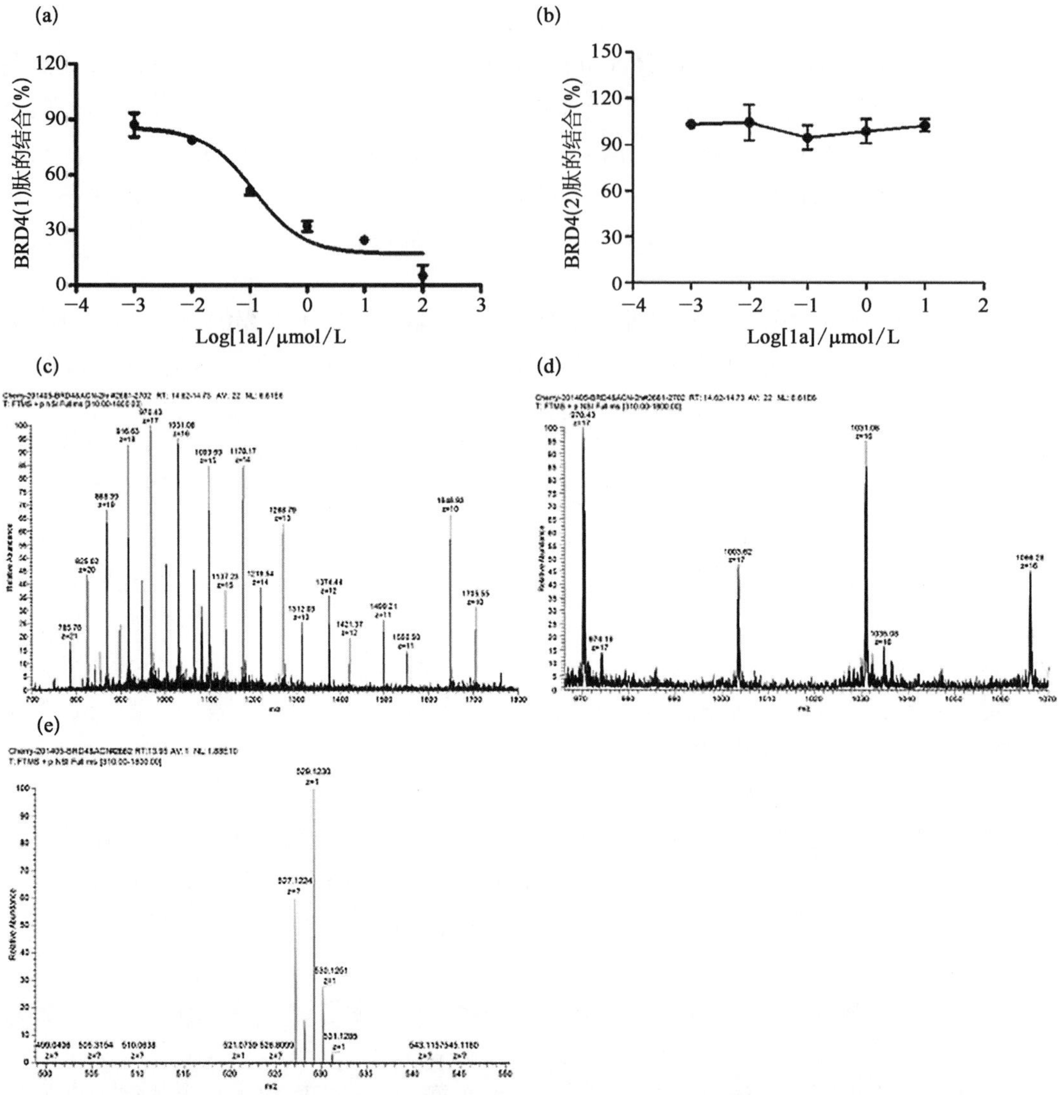

图 7－47　TR－FRET 实验结合 LC－MS/MS 实验分析 Ir(Ⅲ)配合物在体外对 BRD4 与乙酰化组蛋白之间的蛋白质-蛋白质相互作用的影响(详见下载图 7－47,下载网址见 31 页脚注)

(a,b)2 种 BRD4 的时间分辨荧光共振电子转移实验结果;BRD4(c)、BRD4 加上 Ir(铱)配合物(d)和仅含有 Ir 配合物(e)的 LC－MS/MS 分析结果。

仍是目前蛋白质组学中最困难的部分。组成糖蛋白的糖原类型多样、糖链结构复杂等原因,是阻碍糖蛋白组学研究的主要障碍。传统的糖肽鉴定的方法,分为糖原鉴定和肽段骨架鉴定两步。近年来,科学家们研发了多种质谱技术和解读完整糖肽的生物信息工具。一种方法是利用碰撞诱导解离串联质谱(collision-induced dissociation tandem mass spectrometry,CID－MS/MS)结合电子捕获解离串联质谱(electron capture dissociation tandem mass spectrometry,ETD－MS/MS)或靶向 MS3 技术,直接解读完整糖肽的质

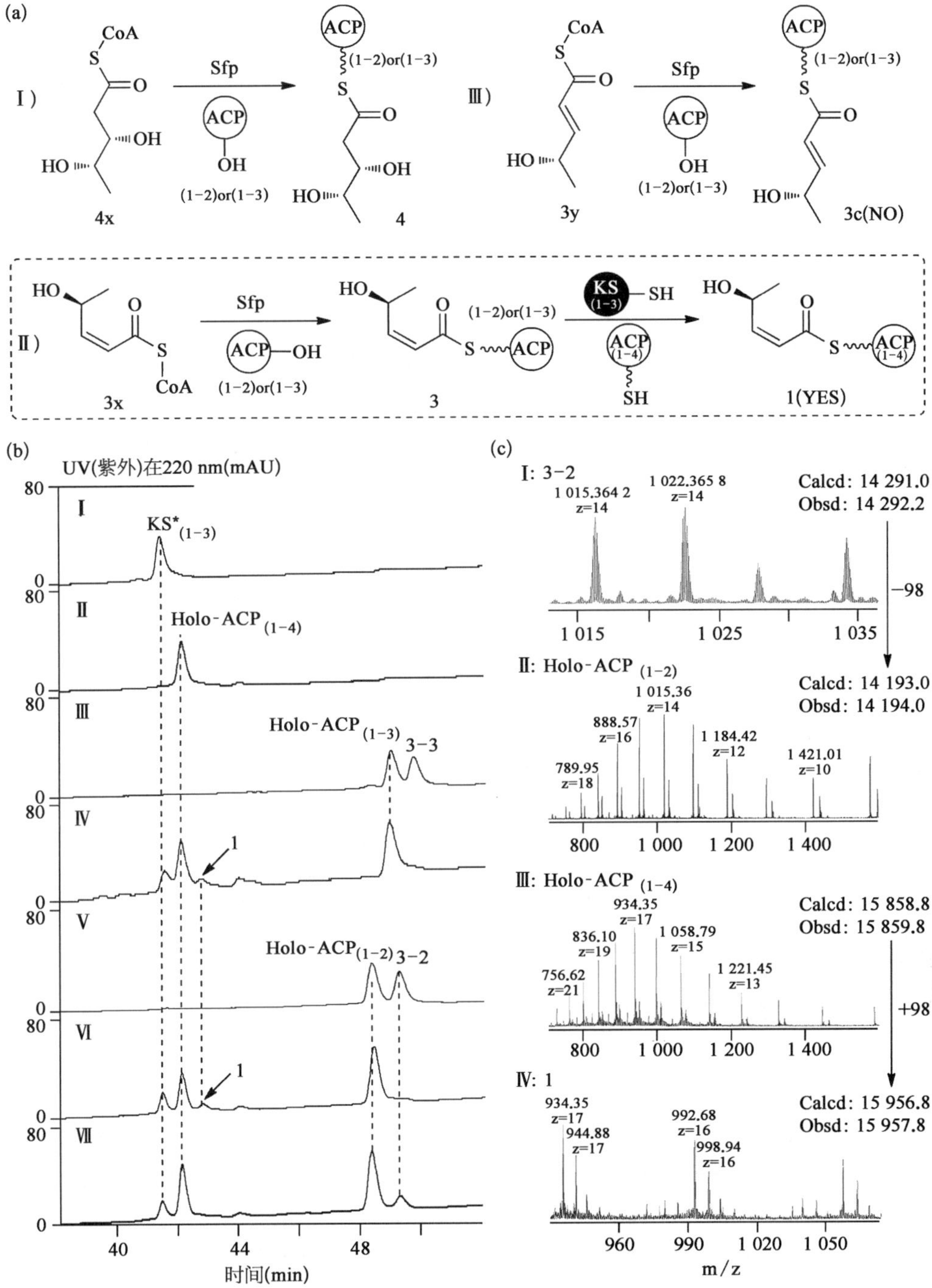

图 7-48 KS 催化的体外聚酮链转移反应过程(a)及过程中各成分的液相色谱(b)和质谱(c)分析

谱数据。另一种比较流行的质谱方法是利用 HCD -子离子- ETD(HCD - pd - ETD)方法鉴定完整糖肽。然而,用这些方法鉴定到的糖肽,即使在肽段谱图匹配分数高时,仍会发生 FDR 高的情况。

研究人员合作研发了一款解析完整 N -糖肽质谱数据的软件——pGlyco(图 7 - 49)。该软件利用了质谱采集数据的高能碰撞解离(high collision dissociation,HCD)和碰撞诱导解离(collision-induced dissociation,CID)碎片信息,实现了糖肽的鉴定解析。该软件能够解决糖蛋白组学研究中最困难的问题——糖肽骨架鉴定和高 FDR。

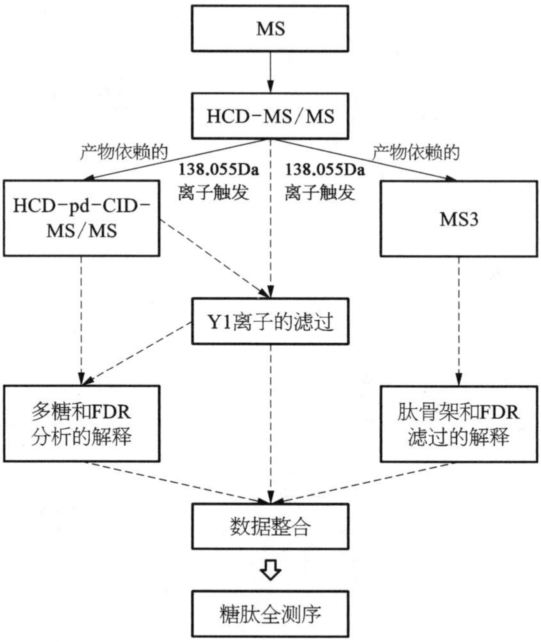

图 7 - 49　pGlyco 的工作流程

首先样品用 HCD - MS/MS 的方法分析,然后分别进行子离子依赖的 CID - MS/MS 与数据依赖的 MS3 的数据采集。pGlyco 整合 3 种互补的质谱数据所包含的独特信息。这些信息基于肽段骨架的质量数和保留时间。实线表示数据采集,虚线表示数据解读。

pGlyco 具有如下一些特点:① 利用来自 HCD - MS/MS 和 CID - MS/MS 的 2 种互补的碎片信息,来鉴定糖原;② 引入一个全新目标-诱饵库(target-decoy)方法,来计算糖原的假阳性率(false discovery rate,FDR);③ 将 HCD - MS/MS 产生的响应最高的质谱峰,在数据依赖的采集模式下进行 MS3 信息采集,从而对糖肽进行鉴定。pGlyco 通过整合上述 3 个特点,就能够用详细的质谱图谱信息,同时鉴定糖肽和肽段[31]。

接下来,研究人员广泛测试了目前最新的质谱仪器所支持的各种碎裂方式,并进行了系统性的分析与模拟,最后挑选了经过优化的阶梯能量 HCD,作为糖肽的质谱图采集方法。这种方法能够获得丰富的完整糖肽碎片信息,同时保证数据采集的效率。随后,研究人员开发了具有自主知识产权的完整糖肽检索引擎 pGlyco 2.0。pGlyco 2.0 能够充分利用阶梯能量 HCD 糖肽谱图中的碎片信息，并且在糖链、肽段和糖肽 3 个层面都进行质控，从而获得高质量的鉴定结果(图 7－50)。通过测试，pGlyco2.0 的假阳性率＜1%。而目前最常见的商用软件 Byonic，其假阳性率在特定情况下高达 20%。该质控流程为完整糖肽分析领域提供了全新的工具和标准，可以作为后续方法发展的评价指标之一。最终，研究人员使用 pGlyco2.0 的整套流程，在小鼠 5 个脏器(心、肝、脑、肺、肾)中鉴定了超过 10 000 条非冗余糖肽，是目前最大的完整糖肽数据集[16]。

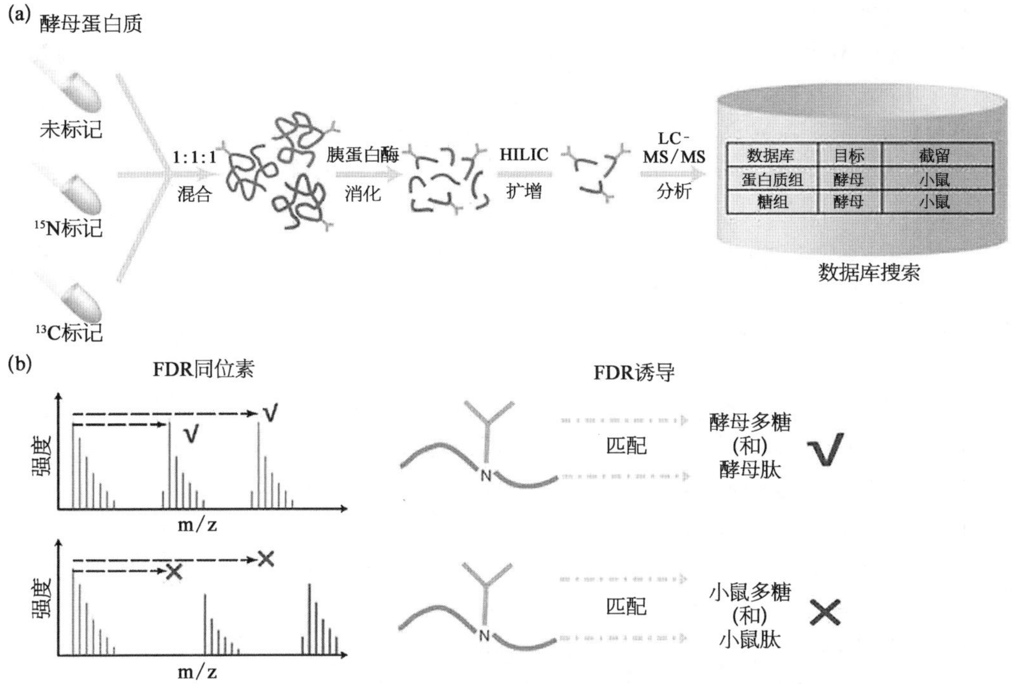

图 7－50 基于重标技术的糖肽质控新方法(彩图见图版第 30 页)

胰蛋白酶：tripsin；截留：entrapment。

总之，经过 2 年的运行，本系统用户在各个方向上都取得了较好的成果。随着本系统技术方法的进一步提升与扩展，有理由相信，将会有更多的优秀成果涌现出来。

参考文献

[1] Yates J R. Mass spectrometry and the age of the proteome. Journal of Mass Spectrometry, 1998, 33: 1－19.

[2] Choi H, Liu G, Mellacheruvu D, et al. Analyzing protein-protein interactions from affinity purification-mass spectrometry data with SAINT. Current Protocols in Bioinformatics, 2012, 8.15.1－8.15.23.

[3] Huang H, Lin S, Garcia B A, et al. Quantitative proteomic analysis of histone modifications. Chem Rev, 2015, 115(6): 2376－2418. doi: 10.1021/cr500491u.

[4] Chen X, Sun L, Yu Y, et al. Amino acid-coded tagging approaches in quantitative proteomics.

Expert Rev Proteomics, 2007, 4(1): 25 - 37.

[5] Ong S E, Blagoev B, Kratchmarova I, et al. Stable isotope labeling by amino acids in cell culture, SILAC, as a simple and accurate approach to expression proteomics. Mol Cell Proteomics, 2002, 1(5): 376 - 386.

[6] Manadas B, English J A, Wynne K J, et al. Comparative analysis of OFFGel, strong cation exchange with pH gradient, and RP at high pH for first-dimensional separation of peptides from a membrane-enriched protein fraction. Proteomics, 2009, 9(22): 5194 - 5198. doi: 10.1002/pmic.200900349.

[7] Wolters D A, Washburn M P, Yates J R. An automated multidimensional protein identification technology for shotgun proteomics. Anal Chem, 2001, 73: 5683 - 5690.

[8] Washburn M P, Wolters D, Yates J R. Large-scale analysis of the yeast proteome by multidimensional protein identification technology. Nat Biotechnol, 2001, 19: 242 - 247.

[9] Stein D R, Hu X J, McCorrister S J, et al. High pH reversed-phase chromatography as a superior fractionation scheme compared to off-gel isoelectric focusing for complex proteome analysis. Proteomics, 2013, 13: 2956 - 2966.

[10] Yan C Y, Hang J, Wan R X, et al. Structure of a yeast spliceosome at 3.6 - angstrom resolution. Science, 2015, 349: 1182 - 1191.

[11] Wan R X, Yan C Y, Bai R, et al. The 3.8 angstrom structure of the U4/U6.U5 tri-snRNP: Insights into spliceosome assembly and catalysis. Science, 2016, 351: 466 - 475.

[12] Li Y, Han J, Zhang Y, et al. Structural basis for activity regulation of MLL family methyltransferases. Nature, 2016, 530: 447 - 452.

[13] Jiao S, Zhang Z, Li C C, et al. The kinase MST4 limits inflammatory responses through direct phosphorylation of the adaptor TRAF6. Nature Immunology, 2015, 16: 246 - 257.

[14] Liang Z, Zhan Y, Shen Y, et al. The pseudokinase CaMKv is required for the activity-dependent maintenance of dendritic spines. Nat Commun, 2016, 7: 13282.

[15] Chen C, Gu P L, Wu J, et al. Structural insights into POT1 - TPP1 interaction and POT1 C-terminal mutations in human cancer. Nature Communications, 2017, 8: 14929.

[16] Liu M Q, Zeng W F, Fang P, et al. pGlyco 2.0 enables precision N-glycoproteomics with comprehensive quality control and one-step mass spectrometry for intact glycopeptide identification. Nat Commun, 2017, 8: 438.

[17] Chang C M, Su H, Zhang D H, et al. AMPK-dependent phosphorylation of GAPDH triggers Sirt1 activation and is necessary for autophagy upon glucose starvation. Molecular Cell, 2015, 60: 930 - 940.

[18] Xiao X, Tang J J, Peng C, et al. Cholesterol modification of smoothened is required for hedgehog signaling. Mol Cell, 2017, 66: 154 - 162.

[19] Dang S, Wu S, Wang J, et al. Cleavage of amyloid precursor protein by an archaeal presenilin homologue PSH. Proc Natl Acad Sci U S A, 2015, 112: 3344 - 3349.

[20] He H Y, Tang M C, Zhang F, et al. Cis-double bond formation by thioesterase and transfer by ketosynthase in FR901464 biosynthesis. J Am Chem Soc, 2014, 136: 4488 - 4491.

[21] Zeng Q, Desai M S, Jin H E, et al. Self-healing elastin-bioglass hydrogels. Biomacromolecules, 2016, 17: 2619 - 2625.

[22] Tao Z, Meng X, Han Y Q, et al. Therapeutic mechanistic studies of shufengjiedu capsule in an acute lung injury animal model using quantitative proteomics technology. J Proteome Res, 2017, 16: 4009 - 4019.

[23] Cong L, Ran F A, Cox D, et al. Multiplex genome engineering using CRISPR/Cas systems. Science, 2013, 339: 819 - 823.

[24] Wang L, Li M Y, Qu C, et al. CRISPR - Cas 9-mediated genome editing in one blastomere of two-cell embryos reveals a novel Tet3 function in regulating neocortical development. Cell Res, 2017, 27: 815 - 829.

[25] Cao L, Chang H, Shi X, et al. Keratin mediates the recognition of apoptotic and necrotic cells through dendritic cell receptor DEC205/CD205. Proc Natl Acad Sci U S A, 2016, 113: 13438 - 13443.

[26] Yang Y, Fan X, Mao M, et al. Extensive translation of circular RNAs driven by N(6)-methyladenosine. Cell Res, 2017, 27: 626 - 641.

[27] Cao C, Li W, Hua W, et al. Proteomic analysis of sputum reveals novel biomarkers for various presentations of asthma. J Transl Med, 2017, 15: 171.

[28] Hao Q, Jiao S, Shi Z, et al. A non-canonical role of the p97 complex in RIG - Ⅰ antiviral signaling. The EMBO journal, 2015, 34: 2903 - 2920.

[29] Hu S B, Xiang J F, Li X, et al. Protein arginine methyltransferase CARM1 attenuates the paraspeckle-mediated nuclear retention of mRNAs containing IRAlus. Genes Dev, 2015, 29: 630 - 645.

[30] Zhong H J, Lu L, Leung K H, et al. An iridium(iii)-based irreversible protein-protein interaction inhibitor of BRD4 as a potent anticancer agent. Chem Sci, 2015, 6: 5400 - 5408.

[31] Zeng W F, Liu M Q, Zhang Y, et al. pGlyco: A pipeline for the identification of intact N-glycopeptides by using HCD- and CID - MS/MS and MS3. Sci Rep-Uk, 2016, 6: 25102.

第 8 章　复合激光显微镜系统

距离公元 1590 年历史上第一台真正意义的显微镜诞生，已过去了整整 4 个世纪。显微镜技术伴随着光路设计、光源、荧光染料、荧光蛋白、透镜、相机、电子器件、分析软件、计算机等的综合发展，在今天已成为生命科学研究必备的工具。生命活动过程中都会伴随有信息的发生。相较于数字、符号、曲线、图表、声音等形式的信息，图像所提供的视觉直观作用，能够更充分地展现事物的本来面目，有利于人们对生命活动的理解和分析。而流式分析分选技术，则在不到 100 年的发展过程中，整合了细胞计数、免疫荧光、分光光度计、单克隆抗体技术等涉及多学科、多领域的前沿技术，可以根据所测定的各种细胞性质的不同表现，从细胞群体中将某个细胞亚群分选出来，进一步进行功能形态的或其他的研究，因而在生物学、临床医学、药物学等众多领域中得到广泛应用。2 种技术既有不同，如数据呈现的形式不同；又有相同，如都用到了免疫荧光相关技术。它们在各有特色的同时，又相互补充，成为生物学领域中细胞及组织水平结构与功能研究的不可或缺的分析手段。

复合激光显微镜系统，正是基于此而设计、规划并建设的。复合激光显微镜系统隶属于国家蛋白质科学研究（上海）设施，坐落于浦东新区海科路园区 C 座 2 楼，占地约 600 m^2，建设周期 3 年。

系统包括了转盘式激光共聚焦显微镜、超高分辨率显微镜、双光子显微成像、高通量细胞分析 4 个功能模块。转盘式激光共聚焦显微镜、随机光学重建超高分辨率显微镜、结构照明超高分辨率显微镜、双光子显微镜、单光子激光共聚焦显微镜、高通量细胞分析系统、荧光激发细胞分选仪、流式细胞仪等共计 11 台大型仪器及相应小型辅助设备和设施（参见表 8 - 1），被用来满足不同实验样品、分辨率水平、扫描深度及分析速度的需求。另外还配备 IPP、Imaris、AutoQuant 三大高效通用图像分析软件，以及 FlowJo 流式数据分析软件，可以根据实验的需求，对所取得的数据进行荧光定量分析、三维图像处理、反卷积等运算，并对流式样本数据进行多色分析、细胞周期分析、荧光补偿调节、批处理等。各个模块之间既是相对独立的，又可以结合不同的实验手段，对蛋白质的时空定位、相互作用、统计分析结果等进行相互印证，以综合研究蛋白质在生命活动中的功能。

表 8-1　复合激光显微镜系统的功能模块及设备构成图

<table>
<tr><td rowspan="12">复合激光显微镜系统</td><td>转盘式激光共聚焦显微镜模块</td><td>转盘式激光共聚焦显微镜 Zeiss Cell Observer SD</td></tr>
<tr><td rowspan="2">超高分辨率显微镜模块</td><td>超高分辨率显微镜 Nikon N-SIM</td></tr>
<tr><td>超高分辨率显微镜 Nikon N-STORM</td></tr>
<tr><td rowspan="3">双光子显微成像模块</td><td>双光子显微镜 Olympus FV1200MPE</td></tr>
<tr><td>单光子激光共聚焦显微镜 Leica TCS SP8×2</td></tr>
<tr><td>单光子激光共聚焦显微镜 Zeiss LSM 710</td></tr>
<tr><td rowspan="5">高通量细胞分析模块</td><td>高通量细胞分析仪 ThermoFisher Cellomics ArrayScan VTI 700</td></tr>
<tr><td>自动移液工作站 Beckman Biomek FXP</td></tr>
<tr><td>荧光激发细胞分选仪 BD Influx</td></tr>
<tr><td>流式细胞分析仪 BD LSR Fortessa</td></tr>
<tr><td>流式细胞分析仪 BD Calibur</td></tr>
</table>

8.1　科学目标

8.1.1　建设目标

根据国际生命科学的发展趋势和国家的战略需求，针对我国蛋白质科学研究的现状、需求以及目前的技术条件，旨在建立一个能够满足在分子、细胞和活体水平上开展蛋白质、蛋白质复合物、蛋白质机器、蛋白质网络以及相应代谢过程、信号转导和细胞活动等生命活动和过程研究之需求的完整技术设备体系。

复合激光显微镜系统，重点参与建设两方面的蛋白质科学研究能力。其一是多尺度结构分析能力：建立和发展从分子到生物大分子复合物、从纳米到微米尺度的结构研究平台，开展对蛋白质单分子元件及其复合物、膜蛋白复合物、蛋白质机器等超大分子复合物、细胞器结构的研究。二是多层次动态研究能力：建立和发展包括单分子技术、纳米技术、示踪技术以及分子标记技术等先进技术在内的分子影像技术平台；建立和发展包括细胞与活体层次在内的蛋白质结构与功能的分析研究技术平台；开展对蛋白质折叠、转运、降解等分子活动过程以及细胞信号转导等活体功能过程中关键蛋白质时空定位及其相互作用网络的研究。

因此，复合激光显微镜系统的科学目标是：主要用于研究蛋白质细胞定位、组织或细胞的微细结构和蛋白质分子在细胞内的动态过程等。它在观察活组织内蛋白质结构和功能的动态变化以及细胞网络的协同活动方面，具有突出的优势。通过建立和发展复合激光显微成像平台，建成高时空分辨率、高通量活细胞分析及原位蛋白质示踪等蛋白质功能分析系统，实现蛋白质高空间分辨率的瞬时定位，在活细胞状态下实时追踪其动态变化，并进行高通量的活细胞快速分析和分选，实现蛋白质在细胞生命活动中的动态性及多样性研究，以阐明蛋白质在活细胞中结构与功能的效应关系。

8.1.2　利用计划

自从超高分辨率成像技术出现以来，光学显微镜已经突破衍射极限(图8-1)，实验室分辨率最高可达约1 nm，可以观察从小动物到单分子水平的各类实验样品。科学家还在继续努力，从染料、荧光蛋白质、成像方式等各方面进行探索和寻求突破，以期获得更好的时间-空间分辨率和更多的应用方向。

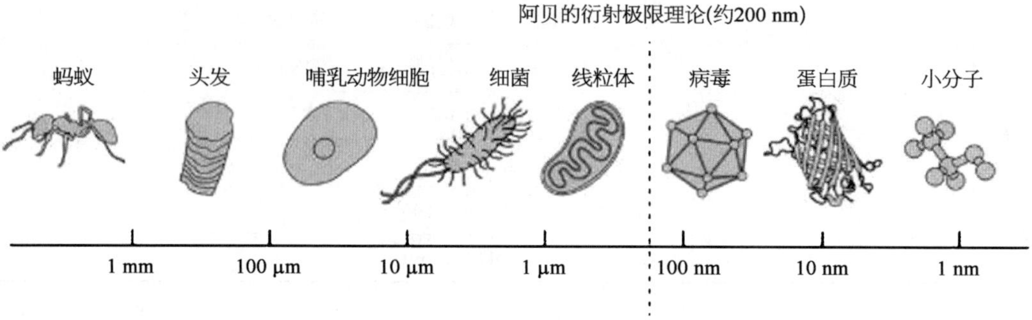

图8-1　虚线左边部分用光学显微镜可分辨，右边部分因尺寸小于衍射极限而无法用光学显微镜分辨
图片改自 Illustration © Johan Jarnestad/The Royal Swedish Academy of Sciences。

并不是所有的实验都需要高的空间分辨率，例如分辨率与速度往往就是鱼与熊掌不可兼得的两个因素，故而每一种成像技术都有其应用方向。一般来讲，不同的成像技术适用于不同的实验目的。例如对于免疫组化的实验样品，用宽场显微镜就已经足够；如果想看亚细胞结构的定位与分布，单光子激光共聚焦就可以做到；如果要做快速成像，则可以根据是细胞样品还是组织等因素，来决定是选择转盘式激光共聚焦，还是选择光片成像；如果希望观察得更深一点，则需要穿透力更好的双光子成像；如果想要观察细胞内蛋白质的结构和定位，那就可能需要结构照明显微镜(SIM)、随机光学重构显微镜(STORM)、受激发损耗显微镜(STED)* 等超高分辨率技术，分别达到约100、20和40 nm的分辨率。如果需要获取实时快速的生物效应信息，就需要使用高通量细胞分析仪。如果仅须对样品进行多参数分析，则使用流式细胞分析仪；如果需要将目标细胞从样品细胞群中分离并收集起来，则使用分选仪。

根据用户样品的类型及实验研究的目的，选择合适的实验方法和手段是极为重要的。考虑到大多数应用方向的需求，复合激光显微镜系统4个模块的各模块之间，既是相对独立的，又可以结合不同的实验手段，对蛋白质的时空定位、相互作用、统计分析结果等进行相互印证，以综合研究蛋白质在生命活动中的功能。利用转盘式激光共聚焦显微镜进行活细胞的长时间观察示踪，完成多波长、Z 轴多切片快速时间分辨的生物动态

---

* SIM：structured illumination microscopy(结构照明显微镜)；STORM：stochastic optical reconstruction microscopy(随机光学重构显微镜)；STED：stimulated emission depletion microscopy(受激发损耗显微镜)。

过程的成像工作，实现超高性能的四维和五维的实时观察记录特性，实现超高速、高分辨率的活细胞成像。通过双光子显微镜和单光子激光共聚焦显微镜，实现荧光标记细胞及深层组织蛋白质高分辨率定位；通过超高分辨率显微镜，实现超高分辨率组织切片和细胞蛋白质荧光成像；对于多孔板（96～1 384 孔板）培养细胞，可以利用高通量细胞分析仪、高性能分析软件及图像工作站，实现高通量细胞成像统计分析；通过流式细胞仪和荧光激发细胞分选仪，可以对荧光标记细胞进行高速分析及分选（图 8 - 2）。

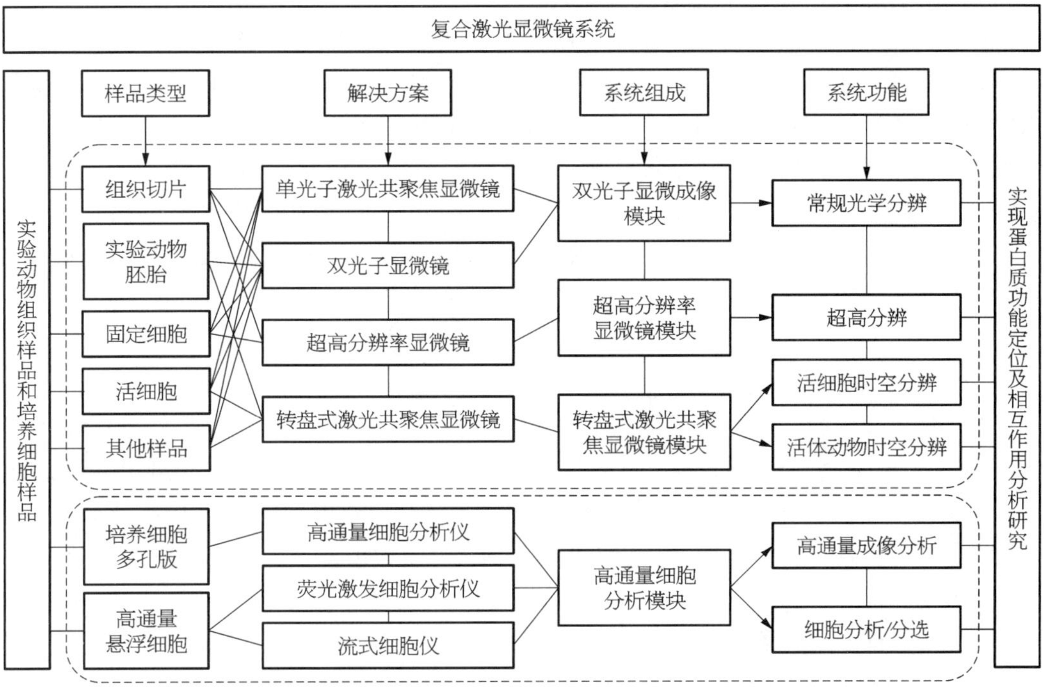

图 8 - 2 复合激光显微镜系统的构成及对应功能图

8.2 工程工艺设计

8.2.1 双光子显微成像模块

该模块由 1 套分享光路的双光子显微镜和 3 台单光子激光共聚焦显微镜组成。

单光子激光扫描共聚焦显微镜，利用针孔排除焦点以外的荧光信号，可以消除传统荧光显微镜成像中三维画面的模糊感[1]，提高图像分辨率。其功能强大，不仅可以进行普通二维多通道图像的采集，还可以做三维图像重构、多点扫描、拼图、长时程拍摄等实验，且可进行荧光漂白恢复（fluorescence recovery after photobleaching，FRAP）、荧光共振能力转移（fluorescence resonance transfer，FRET）、多色光激活（multi-color photoactivation）实验。在细胞生物学研究中，共聚焦显微镜应用广泛，不仅可用于固定细胞样品和组织样品的成像，还可用于活细胞样品的拍摄，研究单个或者多个蛋白质分子在细胞或组织中的分布及动态特性等。

双光子显微镜主要由分享双光子激光器光路的正置和倒置显微镜、双光子激光器、扫描系统和检测系统、全自动软件控制与分析系统组成。双光子成像对图像信噪比的要求高，要求电子噪声、暗电流及激光噪声等低，环境及软件界面也须得到避光处理。双光子成像具有组织穿透力强，且荧光信号不易受到漂白的特点；搭配正置和倒置 2 台显微镜，可以同时发挥其优势：正置部分用于深层组织的扫描，倒置部分用于活细胞长时程扫描。

8.2.2　转盘式激光共聚焦显微镜模块

该模块由 1 台转盘式激光共聚焦显微镜组成，包括图像采集系统、整合功能模块、图像分析系统及其他外围辅助设备。利用该模块可以对活细胞进行多维、快速、高分辨率、高信噪比和长时间的拍摄。其特有的 Yokogawa CSU－X1 微透镜增强型 Nipkow 双转盘，配合以 Dual－EMCCD、高精度压电陶瓷 *Z* 轴马达、自动对焦系统、活细胞培养装置等，可以实现活细胞双通道高速扫描。该模块还配置有全内反射荧光（total internal reflection fluorescence microscopy，TIRF）模块，轴向分辨率在 120～200 nm，是研究细胞质膜表面蛋白质及跨膜物质动态变化之有效工具[2]。

8.2.3　超高分辨率模块

超高分辨率显微镜采用特殊的超高分辨率显微激发和检测单元，可以达到 *XY* 轴上 20～100 nm 的光学分辨率。结构照明超高分辨率显微镜（structured illumination microscopy，SIM）[3]与普通激光扫描共聚焦显微镜相比，分辨率提高了 1 倍，*XY* 轴分辨率可以达到 100 nm，且对荧光染料没有特殊要求，可以实现多通道 2D－SIM 和 3D－SIM 超高分辨率成像。将超高分辨率技术与高精度的光学切片技术（100 nm 精度）相结合，可以实现生物样本的三维超分辨成像。搭配活细胞培养装置，通过它还可以在活细胞上观察超精细的图像。随机光学重构超高分辨率显微镜（stochastic optical reconstruction microscopy，STORM）[4]利用荧光染料的闪烁特性和单分子定位分析技术，将原有的光学分辨率提高 10 倍（20 nm），可以在纳米级别上观察更加精细的超微结构。因此，超高分辨率显微镜拥有广泛的用途，对细胞生物学、细胞生理学、神经生物学和结构生物学等一系列生命科学领域的发展，起到重要的推动作用。应用此技术，可以观察以前受分辨率所限而看不清的细胞器、胞内结构及蛋白质的精细定位等，实现对细胞生命活动的全新了解。这项技术还可应用于研究神经突触、神经棘上信号的产生和传导等，推进神经科学的发展。

8.2.4　高通量细胞分析模块

该模块由高通量细胞分析仪、荧光激发细胞分选仪和流式细胞仪组成。

高通量细胞分析仪是快速进行大量样品的细胞显微分析，进行活细胞命运、行为和动态变化追踪及多参数分析的必备仪器，由细胞培养系统、高性能全自动倒置荧光显微镜、高精度全电动扫描载物台、高灵敏度显微成像系统、系统控制和数据分析系统 5 个功能部分组成。

荧光激发细胞分选仪，主要由4个系统组成，即液流系统、光路系统、检测与分析系统及分选系统。它可以每秒分析或者分选上万个细胞或其他生物粒子，并能同时从一个细胞中测得多个参数。其应用范围非常广泛，细胞分选是它的重要应用之一。它根据每个细胞的光散射和荧光特征，将特定的细胞从细胞群体中分选出来。分选出的细胞可用于多种分析，包括蛋白质性质与功能的分析等，也可以结合其他显微镜模块进行深入研究。流式细胞仪可用于对样品细胞群进行高通量、单细胞、多参数的分析，通过荧光染色检测目标抗原的表达与否，以及表达量的高低。它主要由液流系统、光路系统、检测与分析系统组成。

8.3 设备的到货、安装与调试

8.3.1 设备到货前的条件保障

复合激光显微镜系统成像及流式设备，属于精密设备，价格昂贵，而且轻微的环境变化或操作失误，就会导致无法得到准确的实验数据。例如，超高分辨率显微镜 Nikon N-STORM 的 *XY* 分辨率为 20 nm，即使轻微的振动也会导致采集图像位移。因此在设备入场之前，须将设备配套的相关设施准备妥当。下面以双光子显微镜为例进行说明。

1. 设备间面积与楼板承重

双光子显微镜 Olympus FV1200MPE 由一套双光子激光器支撑正置和倒置2台显微镜的使用。在防振台的选择上，须选择较大的减振台，以方便在此之上搭建光路与放置设备，因此重量也会较大。这里除了设备间的面积以外，还需要考虑设备间楼板每单位面积内的承重。防振台重：1 572 kg；设备间面积：45.5 m^2；防振台覆盖面积：5.44 m^2，底座面积 4 m^2；单位面积承重：443 kg/m^2（含显微镜 50 kg/m^2）；现有楼板承重强度：500 kg/m^2。结论：可行。

2. 温度和湿度

温度的不稳定，会导致设备受热不均，发生轻微形变，从而影响实验的结果；尤其在活细胞成像时，焦面易因此发生漂移。较大的湿度会缩短光学元件的使用寿命。我国南方地区湿气较重，尤其在梅雨天，除湿是重中之重。工作温度：室内夏季 22±1℃，冬季 20±1℃；须安装辅助控温空调。相对湿度：40%～50%，须使用除湿机。

3. 设备间最大用电量及布线布局

根据设备正常运行时对于用电量的需求，在设备间的建设中就要决定最大用电量，并根据不同设备的不同用电需求来进行布局。设备一般要配备不间断电源（UPS），以降低突然断电造成数据丢失或者设备损坏的可能性。最大用电量：16 A×3，另外常规 10 A 若干，独立接地；不间断电源配置：20 kVA。

4. CO_2 钢瓶

对于可以做活细胞实验的设备，均须配置 CO_2 钢瓶。CO_2 钢瓶的选择有2种，一种是纯度≥99.995%的 CO_2，另一种是 5% CO_2 + 20% O_2 + 75% N_2。这里需要注意的是，与2种钢瓶配套的表头是不一样的。尤为重要的是，钢瓶须靠墙固定，防止振动引起钢瓶倾倒而造成爆炸。

5. 地面振动

在5～30 Hz频率范围内，振幅<30 μm/s；在>30 Hz范围内，振幅<60 μm/s。

6. 防尘要求

普通清洁级。如有条件，可装至10万级或万级。流式分选及细胞房建议万级。

7. 激光安全等级

4级，避免直视激光。

8. 散热

6.2 kW，活细胞实验须在空调运行的情况下进行。

9. 暗室

仪器间的整体为暗室，因设备配置有灵敏度极高的探测器。为防止操作电脑漏光并提高采图的信噪比，在显微镜上额外加黑色避光罩。

10. 其他

有充分的、温和的新风换气系统。配备网络。有门禁系统。门宽1 m，方便设备安装时进入，有独立的缓冲间。

每台设备根据其性能和配置，都会对环境有特殊的要求。在设备入场前，要确保这些条件都能够满足；否则装机之后如发现有问题，将会极大地影响实验结果，乃至设备本身。

8.3.2　设备到货及安装注意事项

系统中的单个技术设备，均已实现了商品化。大型仪器统一采用国际招标和技术综合评定，从现有的生产厂家中调研择优订购。小型辅助设备依据实际情况，从国内外公司购得。将不同的设备和部件通过系统集成的方式进行整合，从而形成完整的研究装置系统。所有仪器设备(包括国内和国外)的包装和运输、安装和调试，列入采购合同中，由供应商负责提供，采购方负责验收是否符合要求。因此在设备到货安装及厂方调试期间，我方技术人员起到参与协调、监督、记录等作用，但是禁止接触设备。供应商安装到位，并且调试认为运行正常之后，由我方技术人员在厂方工程师在场的情况下，进行性能测试。测试通过后，方可通过设备验收。

8.3.2.1　设备到货

根据现场建筑安装情况、系统技术人员配备情况、仪器的特性及运输等因素，合理安排各台仪器的到货、安装、调试时间。提前通知相关部门人员，做好每个环节的准备工作。

① 到货：考虑天气因素，避开大雨天气。

② 卸货：参与人员明确卸货平台的位置、卸货后仪器存放的位置，以保证安全。

③ 验收：检查外包装情况，拍照，记录到货情况。并详细记录，把相关资料存档。

货物交接中如发现外包装有破损，由运输方出具破损单，以便与有关部门交涉；如果无法提供破损单，则拒收货物。如果发现没有按照规定方向放置等情况，则拍照记录，并向在场各方提前告知和备案。在无法确保设备不受损，性能无影响的情况下，拒收货物。

8.3.2.2 设备安装

① 拆箱、搬运、安装实施人员：厂方工程师。

② 安装条件落实：检查供电状态，包括容量、电压、电流、稳定情况等，注意电压是否与仪器安装的要求相符，例如转盘式激光共聚焦显微镜要求电压为 380 V，流式细胞仪自带变压器。还要检查温度、湿度、振动等。

③ 安装：参与人员明确拆箱的位置、拆箱后仪器安装的位置，以保证安全。

④ 验收：系统技术人员检查拆箱情况，拍照，记录，清点，并详细存档。

8.3.3 设备调试

系统所提供的设备调试方案，由技术人员根据设备性能提出，用于测试设备是否可以达到厂家所承诺的设备功能标准。

成像设备虽然有很多种，但考察的方面主要有空间分辨率、时间分辨率、扫描深度、多维扫描/不同分析方法和应用等。因此，在常规试验样品、耗材及实验方法上有共同之处。下面将以单光子激光共聚焦显微镜为例，详细介绍耗材和方法。关于其他成像设备，则仅侧重介绍不同之处和结论数据，以突出不同成像设备应用的特长与特性。

具体调试方案如下。

8.3.3.1 双光子显微镜成像模块

共有 4 台大型设备，包括 3 台单光子激光共聚焦显微镜和 1 台双光子显微镜。

1. 单光子激光共聚焦显微镜

有 3 台，型号为 Leica TCS SP8(2 台)和 Zeiss LSM 710(1 台)，见图 8-3。

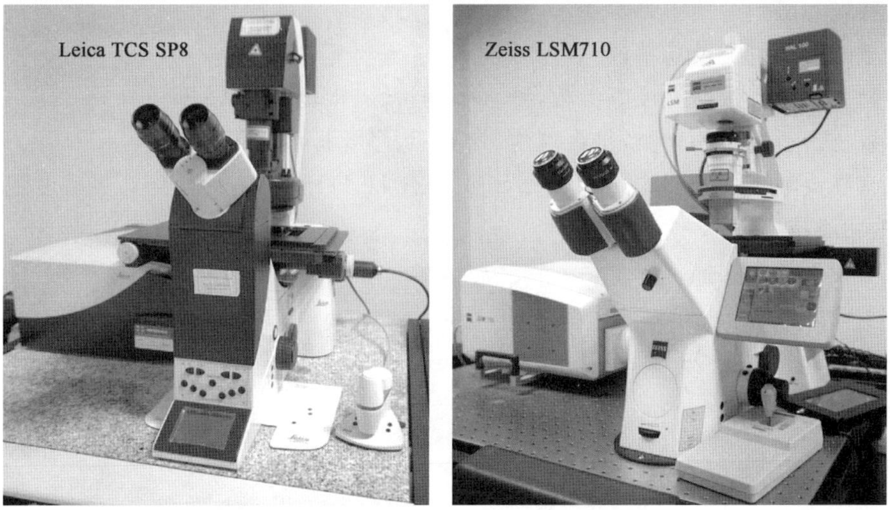

图 8-3 单光子共聚焦显微镜现场图

单光子激光共聚焦显微镜系统，是基于针孔共轭技术的显微成像系统。其特点是焦平面以外的点，不会在探测针孔处成像。这样得到的共聚焦图像，是标本的光学横断面，克服了普通显微镜图像模糊的缺点。Leica TCS SP8 显微镜配备 Leica DMI6000CS 全自动倒置荧光显微镜、405 nm 激光器和氩离子(Ar^+)激光器、561 nm 激光器和 633 nm 激光器、HyD™高灵敏度探测器。Zeiss LSM710 显微镜还配有活细胞培养装置、自动对焦系统、Big 高灵敏度探测器。该模块可进行荧光多通道多层扫描、拼图扫描、时间序列成像、荧光漂白恢复(FRAP)、荧光共振能量转移(FRET)、光谱扫描等实验,可用于细胞及组织样品的微分干涉及荧光成像、细胞和亚细胞结构的定量分析、活细胞样品的长时间观察等。

在仪器调试阶段,应提前准备如下试验样品及耗材:

① 标准尺度的荧光微球(直径 200 nm 四色荧光);

② 固定细胞样品(多荧光标记样品: DAPI/FITC/TRITC/CY5)*;

③ 固定组织样品(染色或者荧光标记组织切片,如脑片);

④ 玻璃底 35 mm 直径培养皿、CO_2 气体、培养装置;

⑤ FRAP 样片;

⑥ CFP/YFP 标记的 FRET 样片;

⑦ 荧光标记 Ca^{2+} 的样品;

⑧ 镜油、擦镜纸、盖玻片、载玻片、无水乙醇、测试标准样片等。

测试的技术指标如下:

(1) 性能技术指标

① X 轴、Y 轴及 Z 轴分辨率;

② 时间分辨率;

③ 荧光滤色块配置;

④ 激光光斑是否居中;

⑤ 激光波长种类及功率;

⑥ 镜头倍数及数值孔径等参数,镜头平场特性,视场是否均匀;

⑦ 载物台适配器的种类,是否玻片、培养皿、多孔板均可用;

⑧ 有高灵敏度探测器的,如 Leica SP8 上有 HyD 检测器,须检测其灵敏度配置。

(2) 功能技术指标

① 单荧光通道扫描;

② 多荧光通道扫描;

③ 多层(Z - stack)扫描;

④ 时间序列扫描;

⑤ 多点扫描;

⑥ 拼图扫描(stitching);

⑦ 光谱扫描;

---

* DAPI: 4′,6 - diamidino - 2 - phenylindole(4′,6 -二脒基- 2 -苯基吲哚);FITC: fluorescein isothiocyanate(异硫氰酸荧光素);TRITC: tetramethylrhodamine isothiocyanate(异硫氰酸四甲基罗丹明);CY5: cyanine 5(花氰染料 5)。

⑧ 线扫描；

⑨ 明场微分干涉相衬(differential interference contrast，DIC)拍摄；

⑩ 明场、多荧光、多点、多层长时间活细胞序列拍摄；

⑪ FRAP、漂白荧光丢失(fluorescence loss after photobleaching，FLIP)，FRET 实验及后续分析；

⑫ 软件分析功能(如三维、荧光强度、空间测量、追踪、共定位等)；

⑬ 钙流(动态荧光强度测定)；

⑭ 光漂白及光毒性。

实验方法：

① 单光子激光共聚焦显微镜在 488 nm 激光的照射下，理论 *XY* 轴分辨率约在 260 nm，因此选用已商业化标准尺寸直径 200 nm 大小的荧光微球，使用仪器对其进行扫描，可判断 *X* 轴、*Y* 轴及 *Z* 轴分辨率。

② 制作组织样品时，组织经过石蜡包埋切片或者冰冻包埋切片以后，利用染料进行染色或者荧光标记。组织切片面积一般较大，用以检验仪器的拼图扫描功能；也可不染色或标记，看明场 DIC 条件下的拼图扫描是否有明显的接缝。

③ 制作固定细胞。将活细胞固定破膜后，利用免疫荧光标记的方法，标记一个或多个荧光染料(DAPI/ FITC/ TRITC/ CY5)，进行单荧光及多荧光通道的多层扫描实验，用以检测激光波长种类和功率、镜头放大倍数与不同数值孔径的成像效果。

④ 制作活细胞样品时，最好选取贴壁细胞，铺在玻璃底直径 35 mm 培养皿上，可以将荧光蛋白接到目标蛋白质上，然后转染融合蛋白的质粒，在细胞内表达。这样的样品被用来检测仪器的多荧光、多点、多层、长时间序列拍摄。经过长时程拍摄后，观察细胞的生存及荧光情况，用以检测温控、湿度、CO_2 孵育小室是否正常，还有焦面稳定性是否得到保证。

⑤ 制作荧光标记 Ca^{2+}，用 Ca^{2+} 的染料直接标记上去即可。Ca^{2+} 由于反应速度快，被用于检测仪器的线扫描及最快扫描速度。

⑥ 利用上述实验的数据，对所得图像进行荧光强度、空间测量、追踪、共定位等软件分析，观察共聚焦设备上软件分析功能的实用性、稳定性及真实性。

⑦ FRAP 实验可利用荧光标记的活细胞样品，选取区域进行漂白，观察漂白的效果及恢复情况，利用软件分析荧光漂白的恢复情况。

⑧ FRET 实验分为 2 种。一种是将青色荧光蛋白(cyan fluorescent protein，CFP)和黄色荧光蛋白(yellow fluorescent protein，YFP)都接到目标蛋白质上，然后把融合蛋白的质粒转染到细胞中，通过漂白受体 YFP 的区域，观察 YFP 的荧光恢复情况，得出能量共振转移的效率。另一种实验需要准备 3 个样品，分别单独将 CFP、YFP 以及 CFP 和 YFP 两者接到目标蛋白质上，然后把相应的融合蛋白质粒转染到细胞。最后通过软件计算的方法，分别得出能量共振转移的效率。

2. 双光子显微镜

1 台，型号为 Olympus FV1200MPE(图 8－4)。

该显微镜系统由 1 台正置双光子显微镜和 1 台倒置单/双光子显微镜组成。倒置与正置显微镜共享双光子激光器。倒置显微镜既可以做单光子实验，也可用于双光子显微成像。倒置和正置的部分，分别可得 50% 的双光子激光，用于 2 台同时成像；也可将 100% 的双光子激光，分配给正置部分或者倒置部分。设备布置如图 8-4。

图 8-4　双光子显微镜(彩图见图版第 30 页)

从左至右依次为双光子倒置部分、双光子正置与倒置整体共享光路和双光子正置部分。

在仪器调试阶段，除常规的试验样品及耗材外，还应提前准备如下试验样品：

① 胶原丰富的组织(新鲜的小鼠尾巴)；

② 脑组织切片(200～500 μm)；

③ 斑马鱼样品、透明化处理的小鼠脑；

④ 固定细胞样品：标记 filipin(一种抗生素，标记胆固醇)。

除常规检测外，对仪器进行以下项目检测：

(1) 性能技术指标

① 双光子激光器功率；

② 磷砷化镓(GaAsP)检测器的灵敏度和滤块配置；

③ 双光子激光可变波段及可变步径；

④ 双光子激光器扫描厚度；

⑤ 双光子 *X* 轴、*Y* 轴及 *Z* 轴分辨率；

⑥ 双光子扫描速度；

⑦ 双光子用长工作距离红外高通水浸物镜效果；

⑧ *Z* 轴防漂移系统(zero drift compensator，ZDC)作用效果，看是否可以保证焦面稳定。

(2) 功能指标

① 二次谐波(非线性光学实验)；

② 厚样品扫描；

③ 软件分析功能(侧重三维重构的解析功能)。

实验方法：

① 切下小鼠的尾巴，直接放在显微镜下进行二次谐波实验，波长 880 ± 50 nm 进行扫描，找出最适激光。

② 斑马鱼样品和透明化处理的小鼠脑，主要用于检测双光子的最大扫描深度。

③ 样品为固定细胞时，活细胞须在固定破膜之后，利用免疫荧光标记的方法，flipin（一种抗生素，双光子激发波长为 720 nm）标记胆固醇，进行扫描实验。

8.3.3.2 转盘式激光共聚焦显微镜模块

共 1 台大型设备，即转盘式激光共聚焦显微镜，型号为 Zeiss Cell Observer SD。

该显微镜系统是基于微透镜增强技术的双转盘式激光共聚焦显微系统，特点是可以进行活细胞、长时程、快速、多维、多荧光通道拍摄，因此在拍摄过程中，细胞的活性及设备是否稳定是重要的检测指标。配备有 405 nm/ 488 nm/ 561 nm/ 635 nm 激光器，可支持 SD（spinning disk，转盘）采图，全内反射荧光（TIRF）光路也有光纤进入，共用光源。共有 3 个相机，转盘式激光共聚焦部分有 2 个相机。当采集双荧光通道图像时，2 个相机分别同时进行采集（如图 8－5），可满足快速成像的需求。

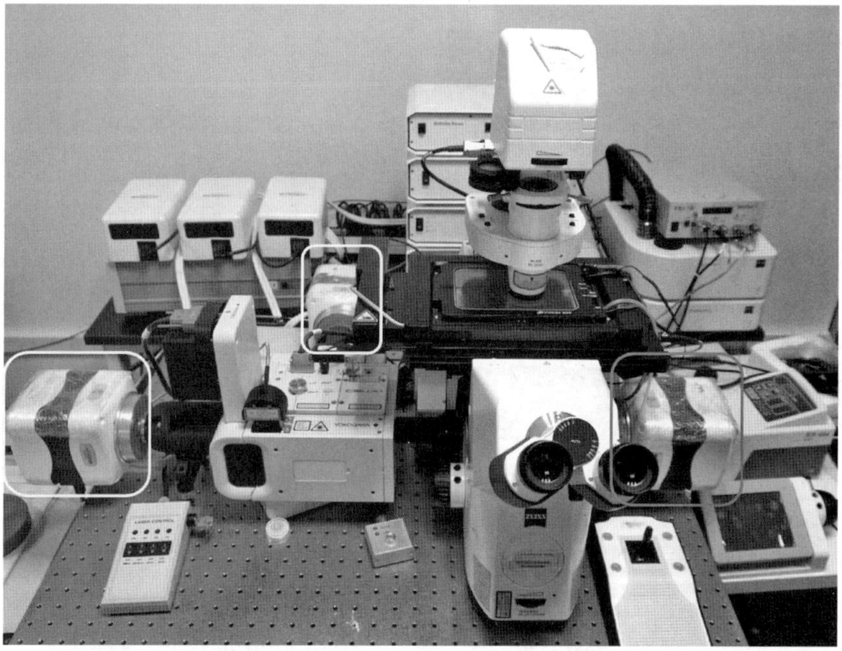

图 8－5 转盘式激光共聚焦显微镜（彩图见图版第 31 页）

黄色框内为 SD 左侧和上侧的 2 个 EMCCD（背照式冷却 CCD）。红色框内为 TIRF 光路信号采集相机。

在仪器调试阶段，除常规试验样品及耗材，还应提前准备如下试验样品及耗材。

① TIRF 样品（标记贴壁细胞的跨膜蛋白质：单标 488 nm 激发荧光素或荧光蛋白；单标 561 nm 激发荧光素或荧光蛋白；双标 488 nm 和 561 nm 激发荧光素或荧光蛋白）。

② 荧光标记 Ca^{2+} 的样品。

③ 活细胞样品(多荧光标记样品：DAPI/ FITC/ TRITC/ CY5)。

除常规项目检测外，对仪器进行以下项目检测：

(1) 性能技术指标

① 最快扫描速度。

② EMCCD* 是否具备高灵敏度、大靶面的性能，分辨率如何？

③ 焦面是否稳定？在应用完美聚焦模块情况下和不应用情况下分别检测。

④ 光漂白及光毒性。

⑤ TIRF 光路及镜头。

⑥ 色差。

(2) 功能技术指标

① 活细胞长时间序列拍摄(温控、湿度、CO_2 孵育小室)。

② 软件分析功能(如荧光强度、空间测量、追踪、共定位等)。

③ 488 和 561 nm 双通道同时 TIRF 实验；488 nm 单通道 TIRF 实验；561 nm 单通道 TIRF 实验。

④ 双相机 EMCCD 同时成像。

⑤ 钙流(最快扫描速度及动态荧光强度测定)。

关于实验方法，TIRF 样品一般是标记贴壁细胞的跨膜蛋白质，可准备双标 488 和 561 nm 激发荧光素或荧光蛋白的样品，用以做单独 488 或者 561 nm 通道的 TIRF 实验，以观察是否可以把现有分辨率提升至 TIRF 水平。由于 488 和 561 nm 波长不同，折射角度不同，2 个通道同时做 TIRF 实验，可检测仪器是否能自动切换不同的全内反射角度，从而实现双通道同时成像的目标。对上述 TIRF 实验的数据进行荧光强度、空间测量、追踪、共定位等的软件分析，观察其设备的稳定性和分辨率水平。

8.3.3.3　超高分辨率显微镜模块

共 2 台大型设备，包括 1 台 Nikon 结构照明超高分辨率显微镜(SIM)和 1 台随机光学重构超高分辨率显微镜(STORM)(图 8-6)。SIM 配备了 Ti-E 全自动倒置显微镜、405 nm/ 488 nm/ 561 nm/ 640 nm 激光器、高灵敏度 EMCCD、完美聚焦系统、压电陶瓷载物台(piezo stage)、高灵敏度 *Z* 轴控制和高性能软件控制系统，配备了 CO_2 恒温恒湿室，具有 2D-SIM、3D-SIM 和全内反射结构照明(TIRF-SIM)成像模式，可实现几乎 2 倍于传统光学显微镜的分辨率，*XY* 轴分辨率最高可达 100 nm。可进行多通道、多层扫描，对固定细胞或活细胞荧光样品及组织样品进行超高分辨率成像。随机光学重构超高分辨率显微镜(N-STORM)配置了 Ti-E 全自动倒置显微镜、高灵敏度 EMCCD、完美聚焦系统、405 nm/ Ar^+/ 561 nm/ 647 nm 激光器，具有 2D-STORM 和 3D-STORM 成像模式，可同时进行三通道扫描，*XY* 轴最大分辨率可达 20 nm，*Z* 轴分辨率最高可达

* EMCCD：electron-multiplying CCD(电子倍增 CCD)。

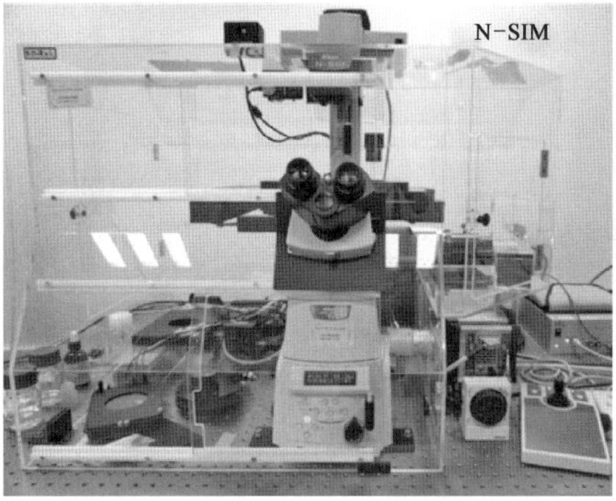

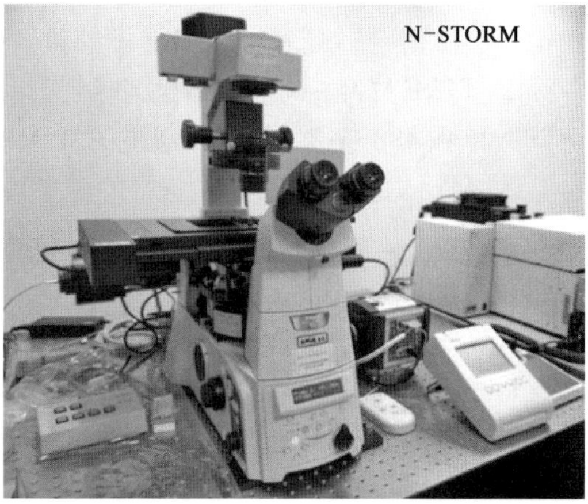

图 8-6 超高分辨率显微镜现场图

50 nm。配合光激活/光转换荧光分子，可进行多色超高分辨率显微成像，从纳米尺度研究细胞内分子结构、定位以及相互作用。

1. *超高分辨率显微镜*

1 台，型号为 Nikon N-SIM。该显微镜系统是基于结构照明技术，通过分析采用已知的高频条纹照明装置对标本照明所产生的莫尔纹，来看清楚细胞超微结构的成像系统。特点是与 Nikon CFI Apo TIRF 100×油浸物镜(NA 1.49)结合使用，最高可达到约 85nm 的空间分辨率，并能提供微小细胞内结构及其相互作用功能的细节影像。

在仪器调试阶段，除常规样品和耗材以外，还应提前准备如下试验样品。

① 100 nm 直径的荧光微球。

② TIRF 样品(标记贴壁细胞的跨膜蛋白质：单标 488 nm；单标 561 nm；单标 647 nm；双标 488、561 nm)。

除常规检测外，对仪器进行以下项目检测：

(1) 性能技术指标

① TIRF-SIM/2D-SIM/3D-SIM 模式 *XYZ* 空间分辨率；

② TIRF-SIM/2D-SIM/3D-SIM 模式扫描速度；

③ SIM 激光器种类及功率；

④ 细胞孵育小室系统是否能实现温控及持续稳定的 CO_2 供应。

(2) 功能技术指标

① TIRF-SIM 模式扫描；

② 2D-SIM 模式扫描(单荧光通道及多荧光通道)；

③ 3D-SIM 模式扫描(单荧光通道及多荧光通道的 *Z*-stack 多层扫描)；

④ 活细胞长时间存活培养(温控、湿度、CO_2 孵育小室)。

实验方法：

① 在开始实验之前，首先要进行光路校准。首先校正激光光斑的位置，其次是调节物镜，校正环位置，最后对光栅格子的位置进行校准。

② TIRF 样品一般是标记贴壁细胞跨膜蛋白质，可准备双标 488 和 561 nm 的样品，用以做单独 488 或者 561 nm 通道的 TIRF 实验，以观察 TIRF 状态下的分辨率。

③ 利用实验中所采集和获得的原始图像，通过调整重构参数，对图像进行 SIM 算法的运算，获得大约 100 nm 分辨率的超高分辨率图像。TIRF - SIM、2D - SIM、3D - SIM 均须接受测试。

2. 单分子荧光超高分辨率显微镜

1 台，型号为 Nikon N - STORM。该显微镜系统是基于随机光学重构显微技术的成像系统。其特点是具有极高的空间分辨率，横向分辨率接近 20 nm，轴向分辨率接近 50 nm，N - STORM 将光学显微镜的分辨能力延伸到了前所未有的分子水平。

在仪器调试阶段，厂商工程师和我方工作人员应提前准备如下实验样品：

① 100 nm 直径的荧光微球；

② Alexa405 - Alexa647 配对染料标记靶分子的样品；

③ Cy2 - Alexa647 配对染料标记靶分子的样品；

④ Cy3 - Alexa647 配对染料标记靶分子的样品。

对仪器进行以下项目检测：

（1）性能技术指标

① STORM 空间分辨率；

② STORM 扫描速度；

③ 激光器种类及功率；

④ Nikon CFI Apo TIRF 100× 油浸物镜（NA 1.49）（镜头平场特性如何，视场是否均匀）、STORM 滤光块配置；

⑤ TIRF 光路配置。

（2）功能技术指标

① TIRF - STORM 模式扫描；

② 2D - STORM 模式扫描；

③ 3D - STORM 模式扫描；

④ NIS AR 软件六维分析模块功能、STORM 分析模块及其他常规软件分析功能（如荧光强度、空间测量、追踪、共定位等）。

实验方法：

（1）染料制备、抗体标记

① 材料和试剂

推荐使用的二抗：

a）驴源抗大鼠二抗（AffiniPure donkey anti-rat IgG（H + L）＃712 - 005 - 153 [Jackson ImmunoResearch Europe]）；

b) 驴源抗兔二抗(AffiniPure donkey anti-rabbit IgG (H + L) #712 - 005 - 152 [Jackson ImmunoResearch Europe]);

c) 驴源抗小鼠二抗(AffiniPure donkey anti-mouse IgG (H + L) #712 - 005 - 151 [Jackson ImmunoResearch Europe])。

荧光试剂:

Alexa Fluor 647 羧酸;琥珀酸酯(Alexa Fluor 647 carboxylic acid, succinimidyl ester, 1 mg #A20006 [invitrogen])。

活化剂染料:

a) Alexa Fluor 405 羧酸,琥珀酸酯(Alexa Fluor 405 carboxylic acid, succinimidyl ester, 1 mg #A30000 [invitrogen]);

b) Cy2 染料(cy2 bis-reactive dye pack 5 vials #PA22000 [GE Healthcare]);

c) Cy3 染料(cy3 mono-reactive dye pack 5 vials #PA23001 [GE Healthcare])。

其他试剂:

a) 无水二甲亚砜(dimethyl sulfoxide, anhydrous, ≥99.9% #276855 - 100 ml [sigma-aldrich]);

b) 磷酸盐缓冲液[phosphate-buffered saline (PBS), 1×]。

设备:

a) NAP - 5 柱子(NAP - 5 columns #17 - 0853 - 02 [GE Healthcare]);

b) 蒸发器(evaporator, 例如 Vacufuge® EF27220B [Eppendorf]);

c) 振动平台(shaking platform);

d) 紫外/可见光吸收分光光度计(UV/visible absorption spectrophotometer)。

② 步骤

a) 染料储液的配制:溶解 1.0 mg Alexa 染料于无水二甲亚砜(dimethyl sulfoxide, anhydrous,DMSO)(100 μl DMF 则更好),使终浓度为 10 μg/μl, 每管分装 1 μl, - 20℃保存。CY 染料溶解一小包(1 mg)于 DMSO(20 μl DMF 则更好),每管分装 1 μl,终浓度为 50 μg/μl,4℃保存。

b) 配制标准 1 倍浓度的磷酸缓冲盐溶液(PBS 再加上 NaN_3 也就是叠氮化钠的终浓度为 2 μmol/L)、1 mol/L $NaHCO_3$、50%乙醇。用 PBS 配置终浓度为 1.25 mg/ml 的二抗。

c) 蒸干器蒸干 DMSO。二甲基甲酰胺(dimethylformamide,DMF)无须蒸干。储存染料。

d) 取出一管染料,用 DMF 稀释 5 倍。

- 1 μl 的 Alexa 染料储液加上 4 μl 的 DMF,浓度为 2 μg/μl;
- 1 μl 的 CY 染料储液加上 4 μl 的 DMF,浓度为 10 μg/μl。

e) 混合试剂:按顺序加。

- 单标:50 μl 二抗(1.25 mg/ml 溶于 PBS) + 1.5 μl Alexa647 + 6 μl 1 mol/L $NaHCO_3$;

■ 双标：50 μl 二抗(1.25 mg/ml 溶于 PBS)＋1.5 μl CY3 储液(或 4 μl 的 Alexa405 储液/5 μl 的 CY2 储液)＋0.6 μl Alexa647 储液＋6 μl 1 mol/L $NaHCO_3$ 溶液。

f) 室温下，避光，摇床反应 30 min。

g) 反应期间平衡 NAP－5 凝胶柱子(每个反应 1 根柱子)。用 PBS 过 3 次柱子，防止起泡。

h) 加大概 140 μl 的 PBS，将反应体系的体积增加至 200 μl，轻轻地混合均匀。

i) 将反应液全部加到柱子的中心，避免产生气泡。

j) 等样品全部进入柱子，加入 550 μl 的 PBS 清洗。

k) 当染料前段到达出液口，不再滴液时，将柱子放在 1.5 ml 离心管上，尽量保持柱子垂直，加 300 μl 的 PBS，收集洗脱液于 1.5 ml 离心管。

l) 所有反应重复以上实验步骤 f—k。

m) 用紫外分光光度计测定标记荧光二抗的吸光度。

n) 柱子可以回收使用。用 50 ml 的 PBS 洗脱，再加 15 ml 50%的乙醇洗脱，最后加 50%的乙醇，4℃保存。

8.3.3.4　高通量细胞分析模块

共有 5 台大型设备。

1. 高通量细胞分析仪

1 台，型号为 ThermoFisher，Cellomics ArrayScan VTI 700(图 8－7)。该分析仪包括 VTI 主机、硬件聚焦模块、活细胞培养模块、发光二极管(light emitting diode，LED)光源、控制装置及软件、共聚焦模块、明场相差观察模块。配有单孔实时加样附件，可实现边加液边实时获图的功能，用以开展实时药物刺激、钙流检测等实验。

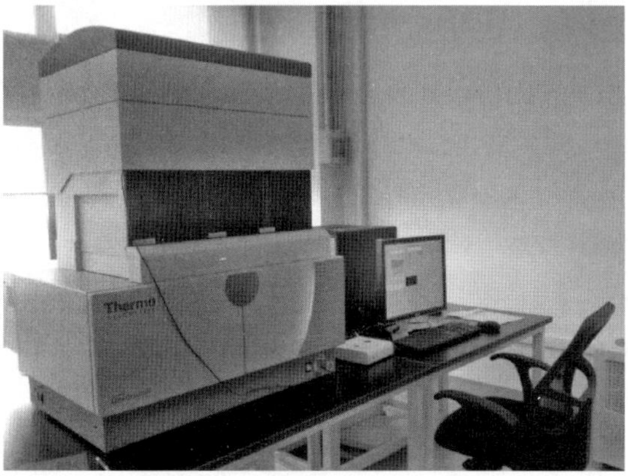

图 8－7　高通量细胞分析仪

实验样品：

① 标准样品 96 孔板和组织样品载玻片。

② 标记多色 293T 细胞样品(多荧光标记样品：DAPI/GFP，测定 GFP 转染效率样品)。

③ 标记多色固定细胞样品(多荧光标记样品：DAPI/GFP/CY3，细胞自噬样品)。

④ 组织切片样品(染色组织薄片或切片，如小鼠小肠，观察小肠淋巴 B 细胞)。

⑤ Jurcat 活细胞样品(多荧光标记样品：Hoechst/FITC/TRITC/CY5，实时药物刺激)。

对仪器进行以下项目检测：

(1) 性能指标

① 测试载物台 X、Y、Z 轴的精度及重复性。

② 最快扫描速度，即 96 孔板进行双色荧光和单色荧光扫描的速度。

③ 测试 2.5×、5×、10×、20×、40×和 63×长工作距离自动对焦物镜。

④ 自洁、抗菌、封闭的活细胞培养环境室，连续测试活体样品 120 h 以上。

⑤ 测试共聚焦成像在不同 Z 片层间距的精度值。

(2) 功能指标

滤光片系统，具有 5 组发射自动滤光片轮，无须激发滤光片，提高扫描速度。

① 测试自动加样、移液、分液、分配、洗涤、稀释的步骤，可调体积和加液方式；测试不同微孔板和载玻片，组织切片；测试最大视野校正后的扫描；测试厚底、薄底或者玻璃及有机树脂等材质的多孔板的聚焦效果。

② 对于多通道荧光扫描，同时进行 5 个荧光通道的检测，测试各通道荧光信号，及与明视野图像的叠加效果。

③ 对于单通道荧光扫描，以 Hoechst 对细胞核染色，测试能否达到 40 块 96 孔板/d；对于活细胞实时监控图像的获取，测试能否达到 8 块 96 孔板/d。

④ 对于 6 种波长的荧光图像或图像融合进行分析，以系统自带的图片进行靶点激活、空间分析和形态分析模板的分析等。

⑤ 测试分析软件，远程登录后进行 HCS(high content screening，高内涵筛选)计算。

2. 自动移液工作站

1 台，型号为 Beckman Biomek FXP(图 8-8)。自动移液工作站是配合高通量细胞分析仪，实现样品制备功能的多功能液体处理系统。同时配备自动分液器、洗板机、封膜机，全面保障多孔板细胞样品的制备技术需求。

图 8-8 自动移液工作站

实验材料：

① Biomek AP96 P20 Tips(枪头)、P250 Tips、P20 Tips、Span-8 P250 Tips 各 2 盒；

② 标准分液盒 100 μl 和细管分液盒 10 μl 各 1 个；

③ 96 孔板和 384 孔板各 6 块；

④ 100 μl 移液器和 1 000 μl 移液器各 1 支；

⑤ 超纯水 1 L，纯水 10 L。

对仪器进行以下项目测试：

（1）性能指标

① 加样范围和加样精度的变异系数(coefficient of variance，CV)值。

② 红外线光幕的反应快慢，如有物体闯入试验区时，测试机器感应后立即停止运行程序的反应时间。

③ 光学定位系统，定位是否精确、方便。

（2）功能指标

① 联机检查各部分状态。

② 编辑上枪头程序。反复上 Tips 枪头* 10 次，确保每次所有的枪头能全部上紧，并准确打回枪头盒。

③ 编辑移板程序，测试微孔板在所有自动定位器(automation labware positioner，ALP)位置之间的移板动作，确保移板的稳定。

④ 编辑移液程序，与手持移液器移液量相比较，确定移液的准确性。

⑤ 编辑移液程序，重复孔之间所移液的量相比较，确定移液的重复性。

⑥ 测试条形码读码器的扫描正确率。

⑦ 测试整合的 Multidrop Combi 自动分液器和 Biotek 405UV 洗板机，测试整体运行速度与连贯性。

⑧ 清洁整机及环境卫生，签署安装报告，完成安装。

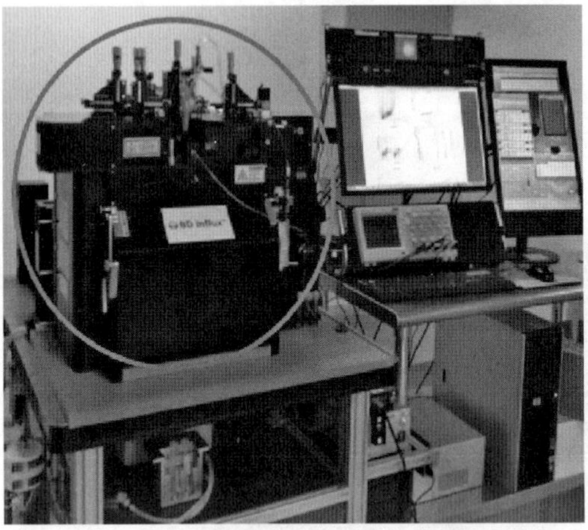

图 8－9　荧光激发细胞分选仪
（彩图见图版第 31 页）
红色圈内为流式检测和分选部分。

3. 荧光激发细胞分选仪

1 台，型号为 BD Influx(图 8－9)。该分选仪通过激光，激发高速流动的细胞或微粒所携带的荧光染料或荧光素，并检测由此产生的各种光信号，来反映各项待检测的指标。其特点是：测量速度快，特异性强，灵敏度高，并对感兴趣的细胞或者颗粒进行分拣回收[5]。

实验材料：

① 3 μm 标准尺度的荧光微球。

② 标本：活细胞悬浮液(经过免疫标记等处理)。

---

* Tip 枪头是指移液器前端可替换的吸取-灌注部分。

③ 上样管：12 mm×75 mm 管，货号 352063。

④ 接收管：12 mm×75 mm 管、15 ml 管、1.5 ml 微量管，96 孔板。

⑤ 鞘液：PBS 液(pH：7.2～7.4)。

⑥ 清洗液：NaClO 溶液(有效 Cl 含量 0.5%～1%)。

⑦ 消毒液：75%酒精。

(1) 性能指标：

① 配置 4 根激光器：488 nm 激光器(200 mW)、640 nm 激光器(120 mW)、355 nm 激光器(100 mW)、561 nm 激光器(150 mW)。4 根激光器可同时使用。具备 12 色 14 参数的检测分析能力。

② 仪器检测荧光灵敏度和信号分辨率。

③ 仪器在实验过程中的分析速度、分选速度和分选纯度。

(2) 功能指标：

① 测试 1—6 路不同细胞群多路分选，接收管可为 12 mm×75 mm 管、15 ml 管和微量管；测试 96 孔板分选。分选结束后，再进行细胞培养，或者直接在显微镜下观察分选效果。

② 测试单细胞分选能力。

③ 测试全自动实时液滴延迟校准系统。

④ 测试能否完全更换液路系统，即所有能接触到样本的管道，全部可以快速更换，以保证无污染的管道分选。

⑤ 对分选仓内进行紫外消毒，测试无菌分选。

⑥ 测试样品自动检测系统：在样品分选结束时能够自动停止分选，防止空气进入管路。

⑦ 软件系统：测试多层设门以及各种图形呈现方式；测试自动创建补偿调节窗口，设定补偿值，补偿方式为数字化矩阵补偿；测试是否支持在线补偿或脱机补偿，以及输出帧校验序列(frame check sequence, FCS)数据和 pdf 格式的检测报告。

4. 流式细胞仪

2 台，型号为 BD LSR Fortessa 和 BD Calibur(图 8-10)。流式细胞仪用于测量细胞大小、内部颗粒的性状，检测细胞表面和细胞质抗原、细胞因子、细胞内 DNA 与 RNA 含量等。它可以对群体细胞在单细胞的水平上进行分析，在短时间内检测和分析大量的细胞，并收集、储存和处理数据，从同一个细胞进行多参数的定量分析[5]。

实验材料：

① 标准尺度的荧光微球：BD CST KIT、CALIBRITE 3 COLOR KIT、CALIBRITE APC 微球。

② 荧光标记细胞样品：单标 FITC(488 nm)样品、单标 APC(640 nm)样品、单标 PerCP(488 nm)样品、三色标记样品(FTIC、APC、PerCP)。

③ 纯水。

④ 5 ml BD Falcon 上样管，货号 352008。

对仪器进行以下项目检测：

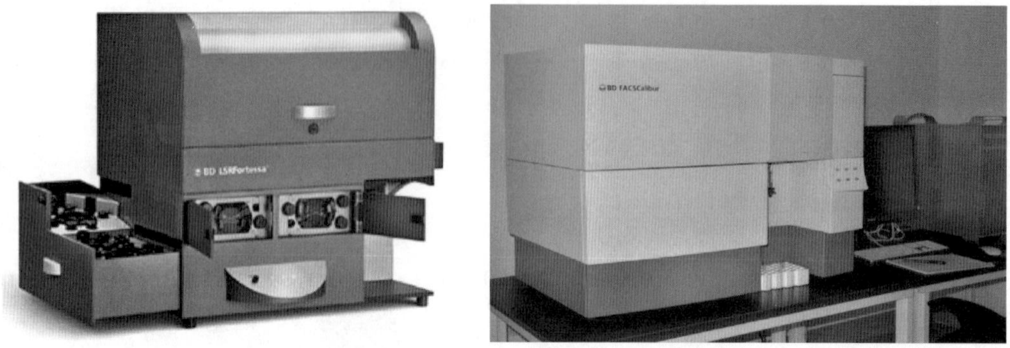

图 8-10　流式细胞仪 BD LSR Fortessa 和 BD Calibur

（1）性能指标

① 激光波长种类及功率：BD LSR Fortessa 配置 4 根激光器和 14 个检测器。BD Calibur 配置 2 根激光器和 6 个检测器。

② 光激发系统和光收集系统：在光胶耦合的石英杯流动池中激发，荧光信号通过连续反射的光信号收集器被检测，以验证激光延迟是否正确。

③ 激光是否与液流正交。

④ 荧光滤色块配置：BD LSR Fortessa 滤光片放置方式为即插即拔式，不需要任何工具。

⑤ 脉冲处理信号：可以同时分析脉冲高度、宽度、面积和时间 4 种参数。

⑥ 荧光分辨率：CV＜3％。

⑦ 补偿方式：BD LSR Fortessa 为数字化矩阵补偿、在线补偿或脱机补偿。

⑧ 荧光检测灵敏度：2 台流式分析仪在 FITC、PE、APC* 等各通道的灵敏度。

⑨ 最大分析速度：BD LSR Fortessa≥40 000 个细胞/s，BD Calibur≥10 000 个细胞/s。

⑩ 检测样品的最大流速。

⑪ 仪器性能质控：具有流式细胞仪的设置和追踪功能，能够帮助仪器完成基线设置，并且优化灵敏度和荧光分辨率，大幅减少使用者的错误。同时，通过设置不同激光器之间的信号时间延迟及优化光电倍增管（photomultiplier tube，PMT）电压，确保实验结果的一致性与稳定性。软件具有质量控制的追踪能力，因此会检测仪器状态，并给出报告。

⑫ 分析软件：软件系统能够自动化地获取程序预览，并记录多个样品的复杂数据。

（2）功能指标

① 单荧光通道检测。

② 多荧光通道检测。

③ 荧光补偿。

④ 软件分析功能，如多层设门、多种图形呈现、批量分析、设定补偿值等。

* FITC：fluorescein isothiocyanate（异硫氰酸荧光素）；PE：R-phycoerythrin（藻红蛋白）；APC：allophycocyanin（别藻蓝蛋白）。

8.4　测试与验收

复合激光显微镜系统的成像及流式设备，由于其应用的范围和方法有所不同，故每一台设备的主要性能及测试指标均有所不同。下面将按照设备的性能进行归类，并阐述不同设备的测试方法及对应的验收指标。

8.4.1　设备测试

8.4.1.1　转盘式激光共聚焦显微成像模块

转盘式激光共聚焦显微镜 Zeiss Cell Observer SD 的 Nipkow 双转盘上，分布的针孔多达 20 000 个(图 8－11)。每个针孔的大小是 50 μm，间隔为 250 μm，转盘的最大转速可达 10 000 r/min。时间分辨率除了与曝光时间、硬件配置等因素有关之外，还与相机的采集速度有关。EMCCD 的采集速度，单通道可达到 33 fps(frames per second，帧/秒)，因此在荧光强度足够的情况下，单通道在理论上的采集速度，最快为 33 fps。全内反射荧光(TIRF)是观察细胞质膜表面蛋白质、囊泡等运动的非常好的技术手段(图 8－12)，对于此设备的测试，除了成像设备常规的 *XYZ* 轴分辨率、*XY* 采图、*Z*－stack、拼图、多通道采集、多点扫描之外，主要集中于活细胞的 TIRF 实验，以及在单通道和多通道下的时间分辨率。

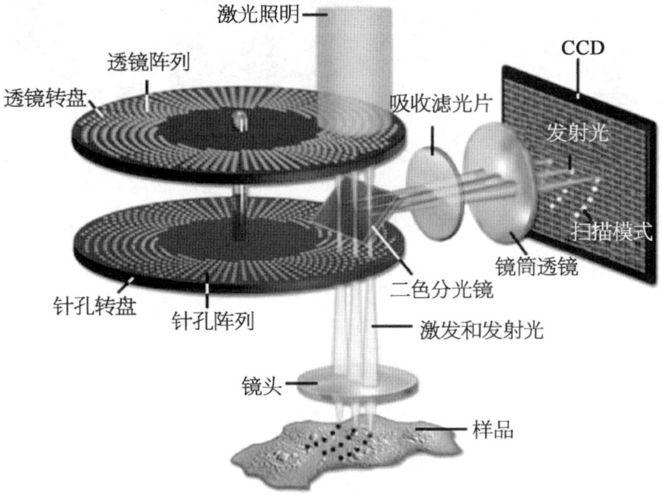

图 8－11　转盘式激光共聚焦显微镜光路图(详见下载图 8－11，下载网址见 31 页脚注)
图片改自 http://zeiss-campus.magnet.fsu.edu/tutorials/spinningdisk/yokogawa/indexflash.html 的 Figure 1。

1. 扫描速度检测

(1) 单相机扫描速度检测

选用 500 nm 微球为检测样品，使用 100× 物镜，设置曝光时间为 3 ms 时单张图片最快扫描时间为 34 ms。当把相机曝光时间设置成<3 ms 时，测试发现单张图片的最快扫描时间依旧为 34 ms(图 8－13)。由此可见，由于荧光激发、相机的读出时间和数据传输等因素的限制，34 ms 已经达到 SD 显微镜扫描速度的极限。根据该台设备最快全幅扫

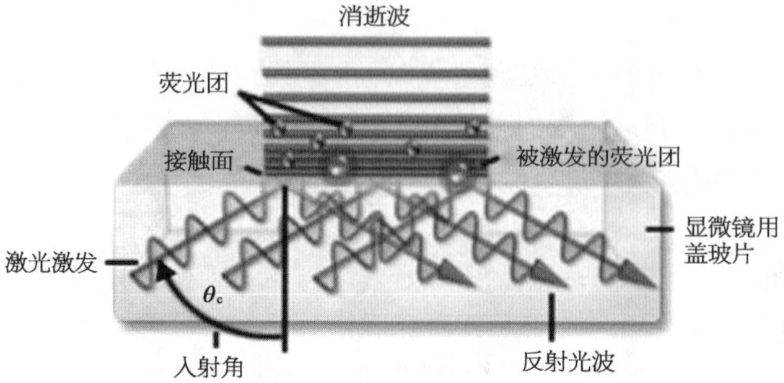

图 8-12　全内反射荧光产生的示意图(详见下载图 8-12,下载网址见 31 页脚注)

利用全内反射产生的消逝波照明样品，使照明区域限定在样品表面的一薄层范围内，因此具有其他光学成像技术无法比拟的高的信噪比和对比度,可以用来实现对单个荧光分子的直接探测。(图片改自 https://www.microscopyu.com/techniques/fluorescence/total-internal-reflection-fluorescence-tirf-microscopy 的 Figure 1)

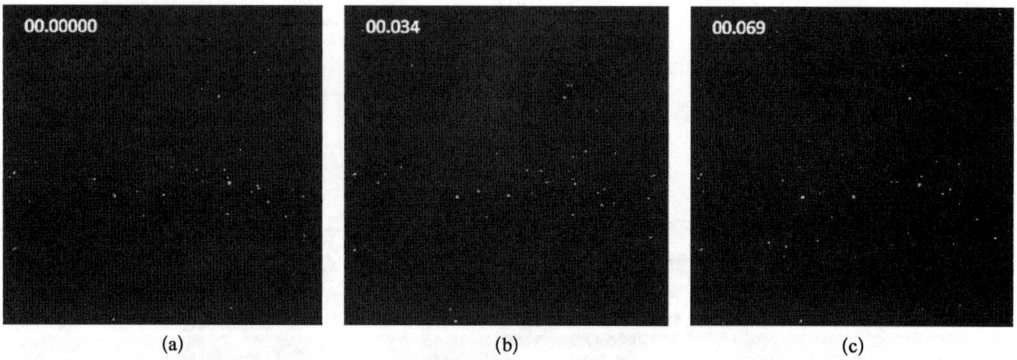

图 8-13　单个相机(camera)的时间分辨率检测(彩图见图版第 32 页)

(a) 图像采集的相对时间为 0 s;(b) 图像采集的相对时间为 0.034 s;(c) 图像采集的相对时间为 0.069 s。

描速度 30 fps 的采集要求,该台设备的时间分辨率验收结果合格。

(2) 双相机扫描速度检测

在发射光的光路上,放置了一个 561 nm 的分光镜。低于 561 nm 的发射光进入左侧相机,高于 561 nm 的发射光进入上方相机。在每个相机前,设置收集对应通道的滤色片,进一步对发射光进行筛选。因此,可同时进行双色(405/561 nm 激发;405/635 nm 激发;488/561 nm 激发;488/635 nm 激发)采集,而无损于时间分辨率(图 8-14)。

2. TIRF *活细胞成像(活细胞长时程拍摄)*

用 TIRF 技术所激发的,仅是贴近培养皿底部 120～200 nm 厚的部分,因此尤其适合研究细胞质膜或膜内附近区域单分子的动态过程。用绿色荧光标记细胞质膜表面的受体蛋白,以检测 TIRF 效果。如图 8-15 所示,a 图为 TIRF 光路成像的结果,b 图为激光垂直照射到样品上的成像结果。由图可见,TIRF 488 nm 所采集的图像,是一个圆的面;而 EPI 488 nm 采集的图像,是一个环。这说明,TIRF 成像只激发和收集靠近玻璃底的样品荧光,而当激光垂直照射到样品上时,距离玻璃底 200 nm 以外、位于细胞质膜上

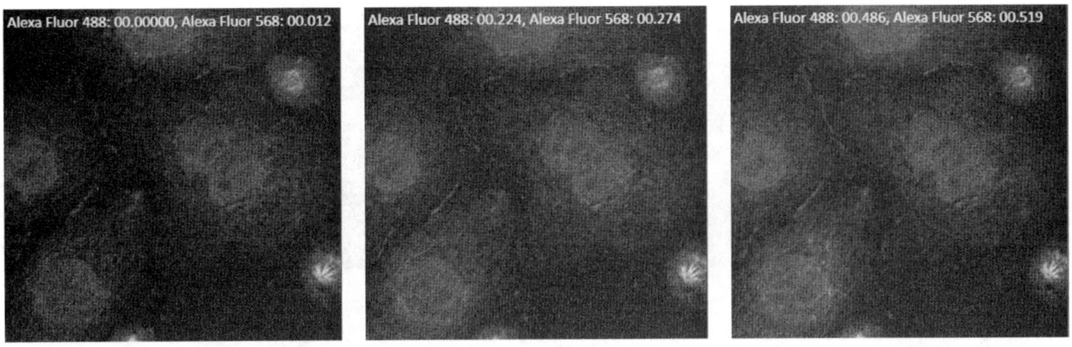

(a)　　(b)　　(c)

图 8-14　双相机同时采集的时间分辨率检测(彩图见图版第 32 页)

从左到右依次为：(a) 绿色荧光采集的相对时间为 0 s，红色荧光采集的相对时间为 0.012 s；(b) 绿色荧光采集的相对时间为 0.224 s，红色荧光采集的相对时间为 0.274 s；(c) 绿色荧光采集的相对时间为 0.486 s，红色荧光采集的相对时间为 0.519 s。

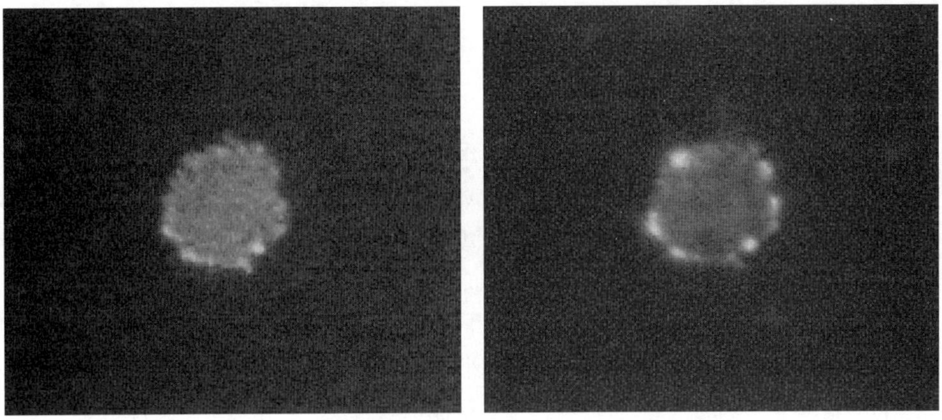

(a)　　(b)

图 8-15　TIRF 成像与共聚焦成像比较(彩图见图版第 32 页)

(a) 用 TIRF 光激发细胞质膜表面而产生的荧光成像；(b) 激光垂直照射到样品上所产生的荧光成像。

的荧光蛋白也被激发，故而呈环形。因此可证明，TIRF 实验可以在此设备上实现。

3. SD 活细胞的长时程成像

SD 活细胞长时程拍摄的测试结果显示，对于胚胎干细胞连续拍摄 72 h 后，细胞活力未减退，荧光强度与上样之初基本一样(图 8-16)。可见，SD 上的活细胞培养装置，能够为细胞生长提供恰当的温度、湿度以及 CO_2 浓度条件，且在一定的激光强度和一定的时间范围内光毒性和光漂白较小，仪器上所配置的完美聚焦系统能够保证焦平面不变。这就证明，SD 能够用于活细胞的长时程拍摄。

测试的结论是：当满足测试所需的保障条件时，Zeiss Cell Observer SD 的各项基本指标均满足要求，达到预期模块的相关设备工艺的验收指标要求；而且相对于普通共聚焦显微镜，有速度快的优势，可进行短时间内荧光信号变化的捕捉；配有 TIRF 光路，配合

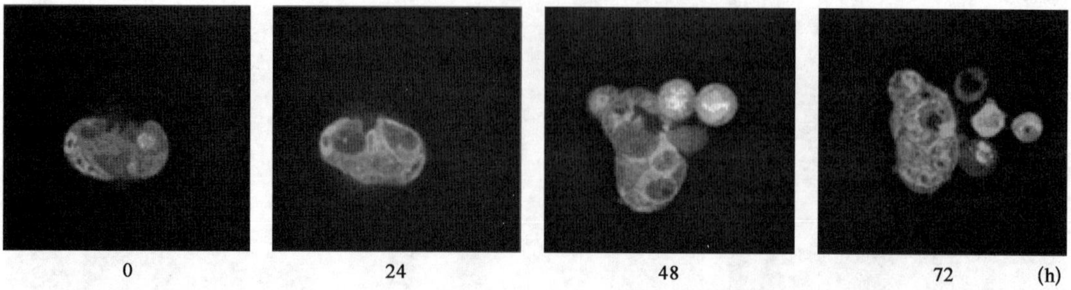

图 8－16　SD 研究单倍体胚胎干细胞的发育(彩图见图版第 33 页)

红色荧光标记为胚胎干细胞的组蛋白 H2B,绿色标记为胚胎干细胞的蛋白激酶 aurora A。从左到右依次是胚胎干细胞发育 0、24、48 和 72 h 后的荧光成像。

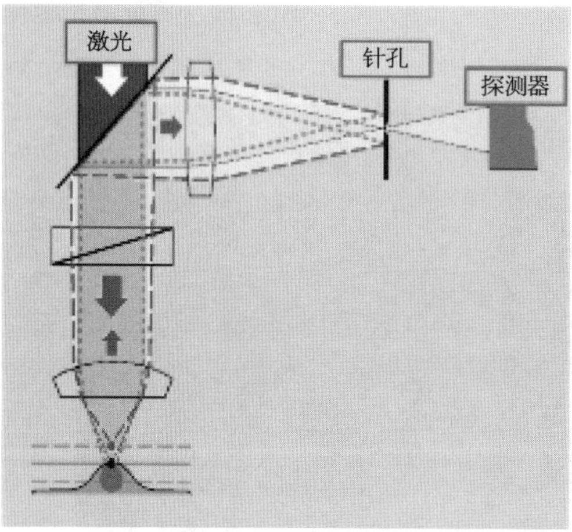

图 8－17　共聚焦显微镜的光路示意图

活细胞培养装置,可获得贴近培养皿细胞质膜上的蛋白质运动情况信息。主要用于膜蛋白运动的研究。

8.4.1.2　双光子显微成像模块

双光子显微成像模块,包括单光子激光扫描共聚焦显微镜和双光子显微镜。单光子激光扫描共聚焦显微镜,以单光子激光作为光源。激光器发出的激光,通过照明针孔形成点光源,经过透镜、分光镜形成平行光之后,通过物镜聚焦在样品上,并对样品内聚焦平面上的每一点进行扫描(如图 8－17)。样品被激发而产生的荧光,经过分光镜、透镜等被再次聚焦,到达探测针孔(pinhole)处,被后续的光电倍增管(PMT)检测到,而非聚焦光线则被探测针孔阻挡,不能通过探测针孔,因而焦面以外的荧光信号被屏蔽掉[6-7]。通过对样品 XY 轴的逐点扫描,利用计算机进行图像处理并在显示器上成像,得到所需的荧光图像。

与单光子激光扫描共聚焦不同,在双光子荧光成像中,荧光分子在高光子密度的照射下,可以几乎同时吸收 2 个长波长的光子,发射出 1 个波长较短的光子(图 8－18)[9]。为了能够激发荧光分子发射荧光,双光子成像中通常使用飞秒超短脉冲激光和高数值孔径的物镜。双光子激光经物镜聚焦到样品的一个点上,只激发样品上的一个点产生荧光,所以双光子显微镜不需要针孔滤掉非焦平面以外的光(图 8－19)。与共聚焦扫描显微镜相比,双光子荧光成像具有以下特点:① 激发、成像深度大;② 激发-发射光易分离;③ 在焦点以外发生化学发光和荧光漂白的可能性小;④ 检测灵敏度与空间定位性高。

双光子荧光显微镜分为正置和倒置 2 个部分。它们共享双光子光路,既可以各得 50％的分光,用于两部分同时成像;也可将 100％的双光子激光,用于双光子的正置或者

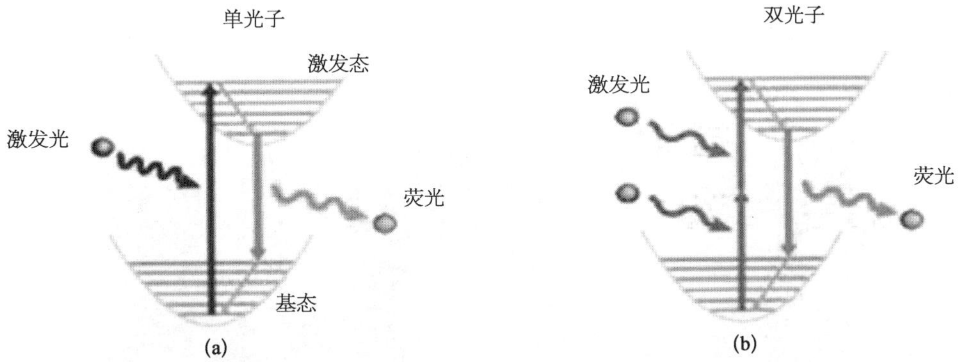

图 8 - 18 单/双光子激发荧光产生的示意图(彩图见图版第 33 页)

(a) 单光子激发产生荧光的示意图;(b) 双光子激光产生荧光的示意图。

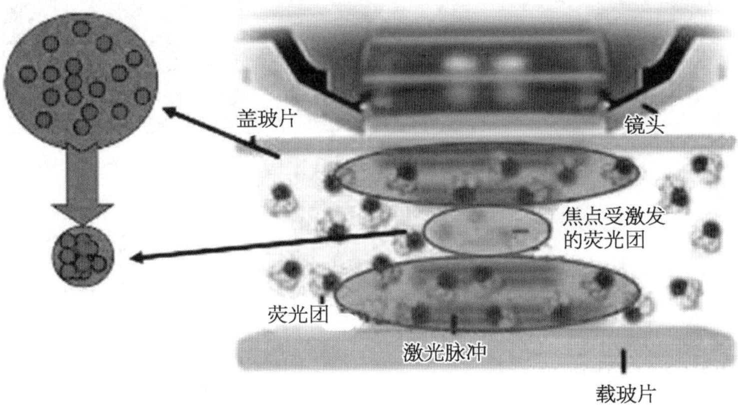

图 8 - 19 双光子照射样品示意图(彩图见图版第 33 页)

和单光子显微镜不同的是,只有在焦点的荧光基团受到激发,其他区域都没有受到激发,有效地保护了样品。(图片改自 http://www.pooher.com/xinwen/Technical/2013-06-11/434.html 的图 2)

倒置部分。其中,正置部分配置有数值孔径(numerical aperture, NA)值 0.8、工作距离 3.3 mm 的 40× 红外高通水浸物镜,以及数值孔径值 1.05、工作距离 2 mm 的 25× 红外多光子专用物镜。其中的 25× 红外多光子专用镜头,具有专门针对 680～1 100 nm 的红外光校对特性,保证了红外激光的平场性和高会聚性。

1. 双光子显微镜

准备荧光标记细胞、组织切片样品或荧光标记的标准样品、荧光微球样品,进行双光子荧光成像。另外,利用转入荧光蛋白的小型实验动物的组织或胚胎,进行双光子显微镜成像实验。

(1) 正置荧光显微镜部分(只可做双光子)

转入绿色荧光蛋白(green fluorescent protein, GFP)的小鼠大脑组织,经过透明化

SCALE VIEW－A2 处理后，放置在正置显微镜下。双光子激光器 50%的光，分到此正置显微镜上，920 nm 激发，用 25× 镜头进行深层扫描。扫描厚度为 2.2 mm，帧尺寸为 512×512（图 8－20）。

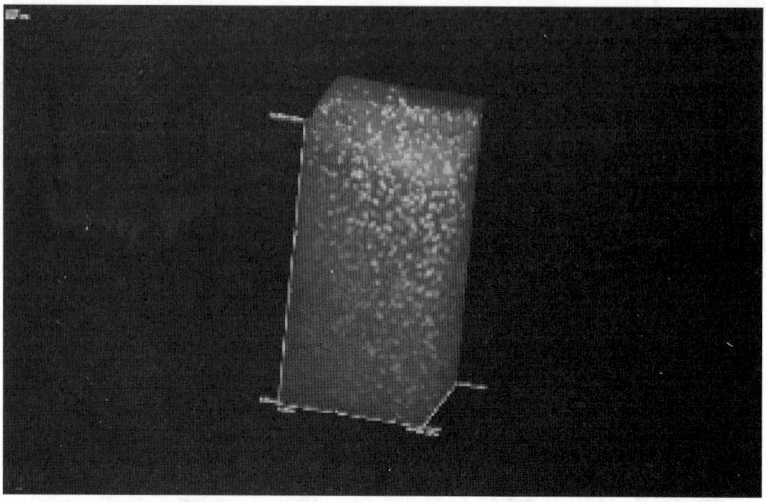

图 8－20　转入 GFP 的小鼠大脑深层扫描（彩图见图版第 34 页）

（2）倒置显微镜部分双光子成像

将双光子光路切换到 Olympus FV1200 的倒置部分，检测倒置部分的双光子实验是否可行。920 nm 激发，570～630 nm 及 380～560 nm 波段接收，用 25× 镜头进行扫描。帧尺寸为 1 024×1 024（图 8－21）。

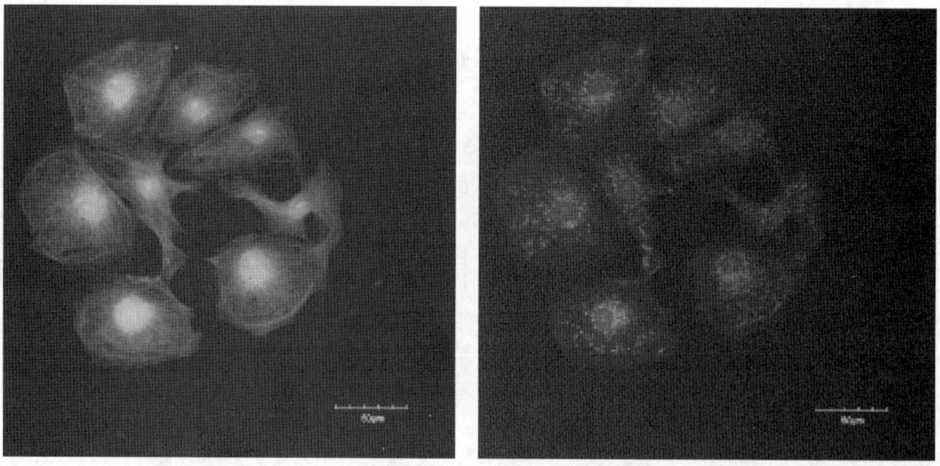

(a)　(b)

图 8－21　Olympus FV1200 倒置部分的双光子成像检测（彩图见图版第 34 页）

（a）在倒置显微镜上收集 380～560 nm 波段所获的图像；（b）在倒置显微镜上收集 570～630 nm 波段所获的图像。

测试的结论是：当满足测试所需的保障条件时，Olympus FV1200 的各项基本指标均满足要求，达到预期模块的相关设备工艺的验收指标要求。还配有活细胞装置，可进行活细胞的单、双光子拍摄。

2. 单光子激光共聚焦显微镜

(1) 空间分辨率

利用商业化的标准尺寸 200 nm 直径的荧光微球样品，使用 63× 物镜、488 nm 激发光、512×512 像素分辨率、区域放大 17 倍、400 Hz 扫描速度，对其进行扫描，通过分析获取 *XY* 轴和 *Z* 轴的分辨率。从 *XYZ* 扫描图像中随机选取 5 个荧光微球，测半高宽(FWHM)并计算平均值。现测得 Leica SP8 的 *XY* 轴分辨率为 247 nm。从 *XZY* 扫描模式的图像中选取 5 个荧光微球，测 *Z* 方向 FWHM 并计算平均值，测得 *Z* 轴分辨率为 754 nm。

(2) 扫描速度

Leica SP8 扫描一幅大小为 512×512 像素的图像，当点扫描速度为 400 Hz 时，成像速度达 1.29s/帧。

(3) 多通道扫描

选取标准样品，使用 Leica SP8 的 10× 物镜进行多通道扫描。采取依次线扫(between line)模式，扫描时利用 4 个数据采集器同时成像。对所得的图像进行观察，以确认每个采集器所获得的图像都无条纹，视场均匀，且可实现 4 个通道同时成像(图 8-22)。

利用最常用的 63× 物镜，对 1 μm 直径的四色荧光微球进行成像，然后将 4 个通道的图片进行叠加，应用 Leica 软件自带的分析功能，在荧光微球上画不同方向的直线，分析线上的荧光强度分布(line profile)，从而判断 4 个通道的重合情况以及色差的有无。如图 8-23 所示，4 个通道的重合情况较好，基本无色差。同理，可对其他物镜进行相同的测试，结果也很好，基本无色差。

(4) 多维成像

样品选取同"(3) 多通道扫描"。对其进行大区域拼图扫描及三维重构，可以观察设备是否能实现多维采集，并测试软件的自动拼图效果和三维重构效果。

利用 Leica TCS SP8 显微镜，选取 63× 物镜，512×512 分辨率，400 Hz 扫描速度，平均次数均为 1。

① 拼图扫描：区域放大倍数(zoom)值为 1，对标准样品进行 4 个荧光通道(激发光波长分别为 405、488、561 和 633 nm)与明场(激发光波长为 488 nm)的拼图扫描，拼图视野大小为 15×15 幅。所获得的拼图图像见图 8-24。通过对图像的观察，自动拼图的图像效果很好，无色差，无明显拼缝，无错位。

② 三维重构：区域放大倍数值为 0.75，对标准样品进行 4 个荧光通道(激发光同上)的三维成像，*Z* 轴移动步径(*Z*-step size)为 0.49 μm，光切片 49 层，合计 *Z* 轴厚度 23.5 μm。重构后的图像如图 8-25。软件自带三维重构模块，图像处理的效果佳。

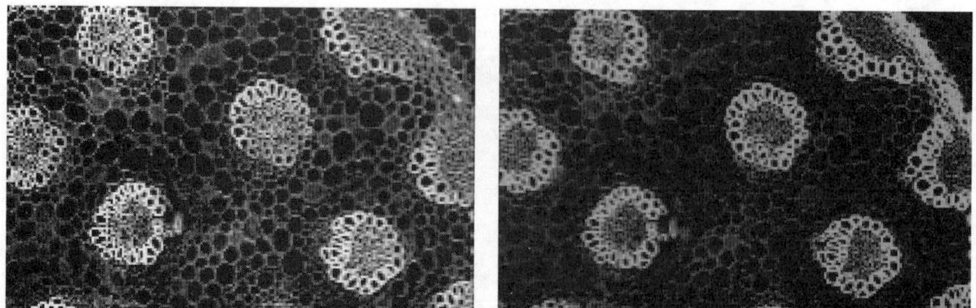

图 8-22　Leica 标样(铃兰草根部切片)的多通道扫描(彩图见图版第 35 页)

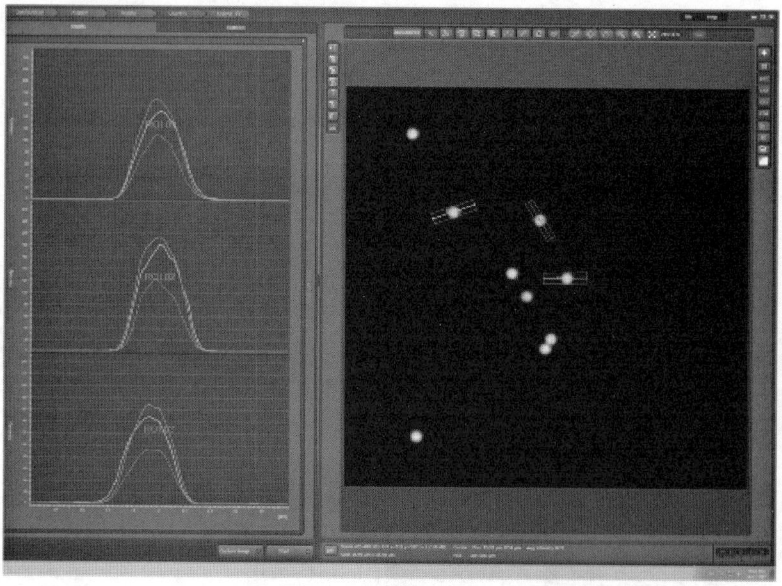

图 8-23　荧光微球图像的线强度分析示意图(彩图见图版第 35 页)

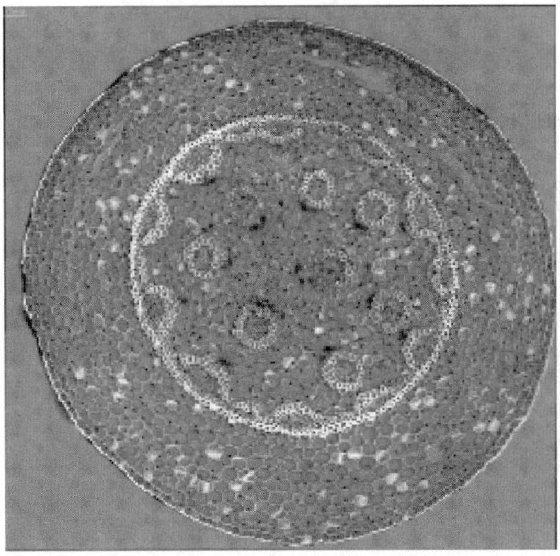

图 8-24　4 个荧光通道及明场拼图图像的重合（彩图见图版第 36 页）

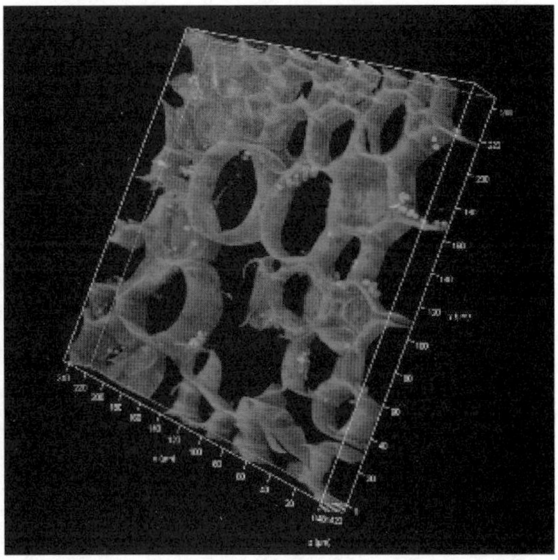

图 8-25　Leica 标样的多通道三维重构立体图像（彩图见图版第 36 页）

（5）钙流实验

Zeiss LSM710 还配有活细胞培养装置，可进行活细胞的长时程拍摄。在此过程中可给予加药刺激，适用于钙流实验。样品来自中科院上海生科院生化细胞研究所许琛琦组的郭兴东，Fluo-4 结合 Ca^{2+}，在 0.5 s 给药后，3 个感兴趣区域内的荧光强度明显增强，说明 Ca^{2+} 浓度增大（图 8-26）。

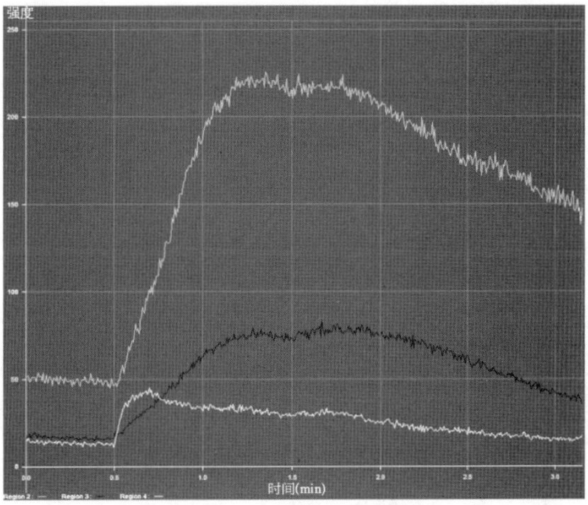

图 8-26　钙流实验（详见下载图 8-26，下载网址见 31 页脚注）

Fluo-4 结合 Ca^{2+}，在 0.5 s 给药后，3 个感兴趣区域内的荧光强度（分别以绿色、蓝色和黄色曲线表征）明显增强，说明 Ca^{2+} 浓度增大。Region：区域。

（6）FRAP 实验

样品为酵母，研究对象为纺锤丝，通过对感兴趣区域内的荧光进行漂白以及对恢复期的荧光强度进行检测，来判断纺锤丝上的蛋白质是否有运动或者相互作用。从图 8-27 可以看出，感兴趣区域在漂白后迅速恢复，说明运动剧烈。

（7）荧光共振能量转移实验

荧光共振能量转移（FRET）是指在 2 个不同的荧光分子中，如果其中 1 个荧光分子（供体，donor）的发射光谱与另一个荧光分子（受体，acceptor）的吸收光谱有一定的重叠，则当这 2 个荧光基团之间的距离合适时，供体荧光分子的激发，能够诱发受体分子发出

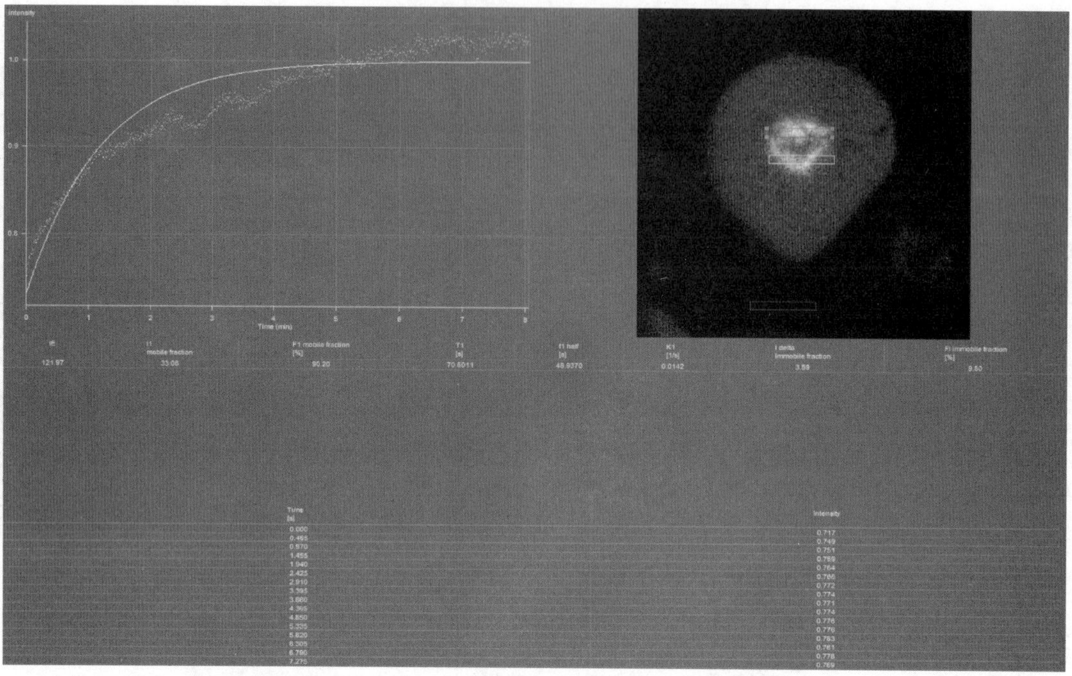

图 8－27　FRAP 实验(详见下载图 8－27,下载网址见 31 页脚注)

酵母纺锤丝,通过对感兴趣区域内荧光漂白后恢复的荧光强度检测发现,恢复迅速,说明运动强烈。

荧光,同时供体荧光分子自身的荧光强度衰减,即荧光能量由供体向受体转移。在生物体内,如果 2 个蛋白质分子的距离在 10 nm 之内,一般认为这 2 个蛋白质分子之间存在直接的相互作用。FRET 的程度与供、受体分子的空间距离紧密相关,一般在 7～10 nm 时即可发生 FRET;随着距离延长,FRET 呈显著减弱。利用 FRET 实验,可以判断 2 种蛋白质在细胞内是否有相互作用。

本次试验采用受体荧光淬灭的方法(FRET acceptor photobleaching)。选定了待分析的区域之后,软件自带的分析功能可以直接算出 FRET 效率,选定区域(ROI.01)* 的 FRET 效率达到 25.9%,细胞上受体未淬灭的区域(ROI.02)为 4.63%,而背景参照区域(ROI.03)为 0。由此可知,这 2 种待研究的蛋白质存在明显的相互作用(图 8－28)。

计算公式为:$FRET_{eff} = (D_{post} - D_{pre}) / D_{post}$　　(8－1)

其中,D_{post} 是淬灭之后供体的荧光强度,D_{pre} 是淬灭之前供体的荧光强度。

(8) 光谱扫描实验

样品为中科院生化细胞所用户廖侃组所提供的原代小鼠毛细血管内皮细胞,被标记了某种荧光素,利用 63× 物镜、633 nm 激光器激发,利用光谱扫描模式,对样品进行成

* ROI: region of interest(感兴趣区域)。

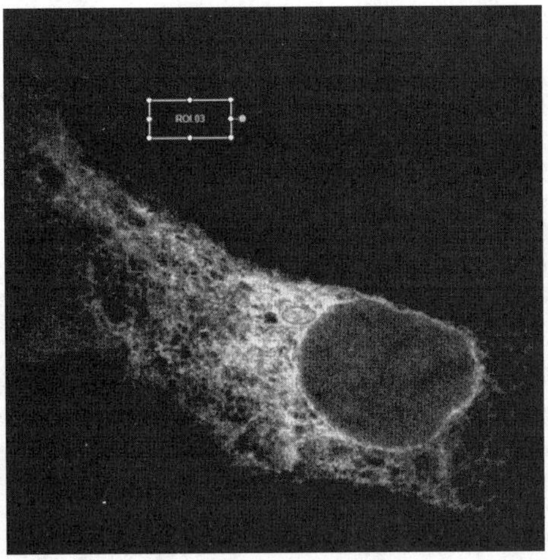

(a)

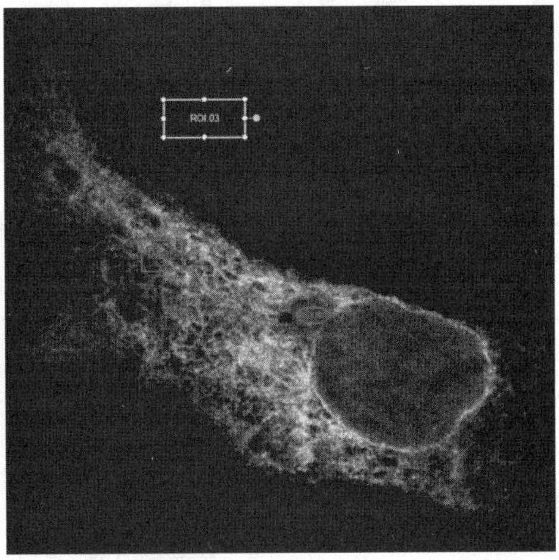

(b)

	区域 1(绿色椭圆区域) ROI.01	区域 2(红色方框区域) ROI.02	区域 3(黄色方框区域) ROI.03
淬灭前供体荧光强度	27.48	12.29	0.53
淬灭后供体荧光强度	37.09	12.89	0.49
淬灭前受体荧光强度	165.6	56.17	1.79
淬灭后受体荧光强度	10.69	56.76	1.81
效　　率	0.259	0.046 3	0

图 8－28　荧光共振能量转移受体光漂白实验(彩图见图版第 36 页)

(a) 淬灭之前的细胞图像;(b) 淬灭之后的细胞图像。表格是选定的 3 个不同区域的荧光强度和 FRET 效率。淬灭前供体: donor pre;淬灭后供体: donor post;淬灭前受体: acceptor pre;淬灭后受体: acceptor post;效率: efficiency;ROI: 感兴趣区域。

像。设定收集波段的范围为 640～745 nm,探测波宽 5 nm,每步间距为 5 nm。使用 Leica 软件自带的分析功能(stack profile),圈出一个感兴趣的区域,对所取得的图像进行荧光强度分析,可以绘制出该染料的发射波谱(见图 8－29)。峰值位置在 655 nm,而质心位置(center of mass position)在 667.2 nm。

测试的结论是:当满足测试所需的保障条件时,2 台 Leica SP8 和 1 台 Zeiss LSM 710 单光子共聚焦显微镜的各项基本指标均已满足要求,达到预期模块的相关设备工艺的验收指标要求。而且这 3 台显微镜的功能齐全,可进行多通道扫描、大区域拼图扫描、三维重构、长时程成像、光谱扫描、FRAP 实验、FRET 实验等,功能参数达标。

8.4.1.3　超高分辨率显微成像模块

1. 结构照明超高分辨率显微镜(SIM)

在 SIM 成像中,照明光路中插入空间调制器(比如光栅),物体(包括荧光标记与非荧光

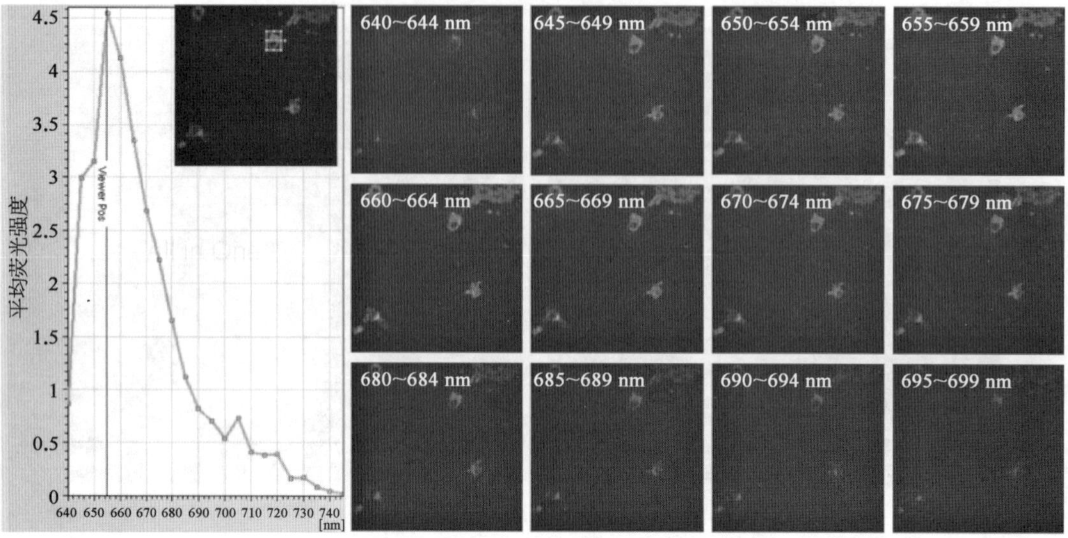

图 8-29　荧光标记细胞样品的光谱扫描(彩图见图版第 37 页)

左边图指示的是框中区域平均荧光强度与接收波长的对应曲线;右边图像为不同接收波段的对应荧光图像。

标记的样本)被调制光(类似于条形码)所照明[10]。在实验中,不同相位与方向的结构光,依次照明物体(2D-SIM 是 3 个角度、3 个相位,3D-SIM 是 3 个角度、5 个相位)。它们和物体在不同的角度混频所产生的莫尔条纹(见图 8-30)被相机依次采集,并通过特定的计算,生成超高分辨率的图像。最终重建的 SIM 图像,具有高于传统显微镜图像 2 倍的空间分辨率。SIM 超高分辨率成像技术对样品的要求少,完全兼容现有的荧光分子和荧光染料,无须改变任何实验流程,时间分辨率高。利用标准尺寸荧光微球、标准荧光标记的细胞样品,以及用户提供的荧光样品,对该设备的各项性能及功能指标进行测试。主要测试结果如下。

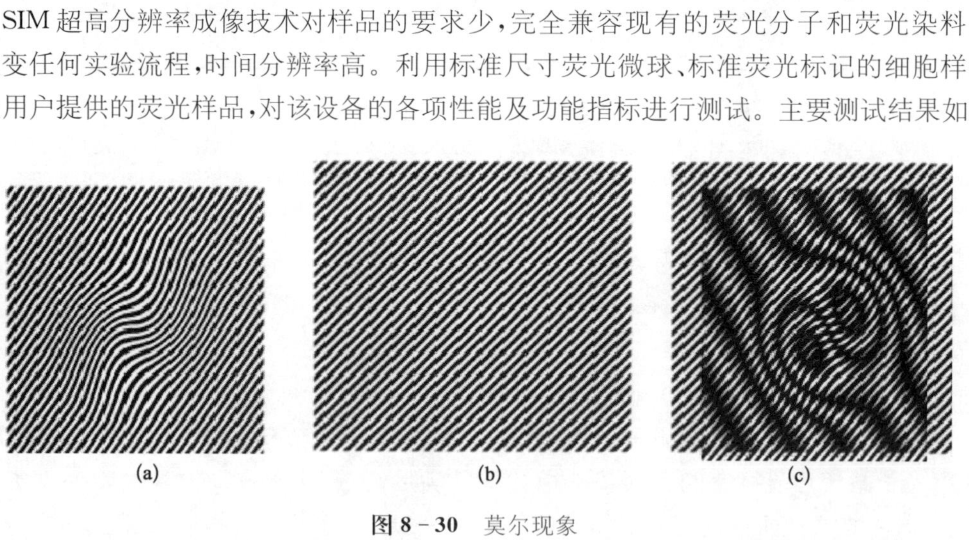

图 8-30　莫尔现象

(a) 未知结构的样品;(b) 已知结构的照明模式;(c) 莫尔条纹:2 个结构重叠,空间频率不同的地方会产生莫尔条纹,将高频信号转化为低频信号,从而可以被显微镜观察到[11]。

(1) 空间分辨率

利用 488 nm 激发光,对 100 nm 直径的荧光微球成像。通过测量荧光信号的 FWHM,

检测 SIM 成像的空间分辨率。3D - SIM 模式成像的 XY 轴分辨率可达到 110～140 nm 左右，Z 轴分辨率可达到 350～400 nm；2D - SIM 成像的 XY 分辨率可达到 100～130 nm；TIRF - SIM 成像的 XY 分辨率可达到 85～90 nm。不同波长激发光成像的分辨率略有差别。

（2）成像速度

在 3D - SIM 拍照模式、曝光 100 ms、10 MHz 和 14 B(比特)灰阶的情况下，获取 1 张超高分辨率原始图像需 2.1 s。在 2D - SIM 拍摄模式的相同条件下，获取 1 张超高分辨率原始图片需 1.34 s。合成、保存和导出图像共需 5 min 左右。根据不同的样品，需要调整重组图像的参数。因此，获得 1 张超高分辨率的图像，平均约需 15 min。每次成像都须插入相应的光栅格子进行校正，校正一次大概需 30 min。

（3）多维成像

① 多通道扫描

利用对荧光标记样品的成像，检测仪器的功能指标。通过对已有样品的成像，证实该设备可以进行多通道、多层和时间序列的超高分辨率成像。利用尼康(Nikon)软件可以对取得的图像进行简单分析，例如三维重构、荧光强度、空间测量等。

对商业化荧光标记的标准固定细胞样品，进行 SIM 成像和宽场成像，对所得的图像进行对比。SIM 图像的信噪比、对比度和分辨率均明显优于宽场图像。获得的图像如图 8 - 31 所示。

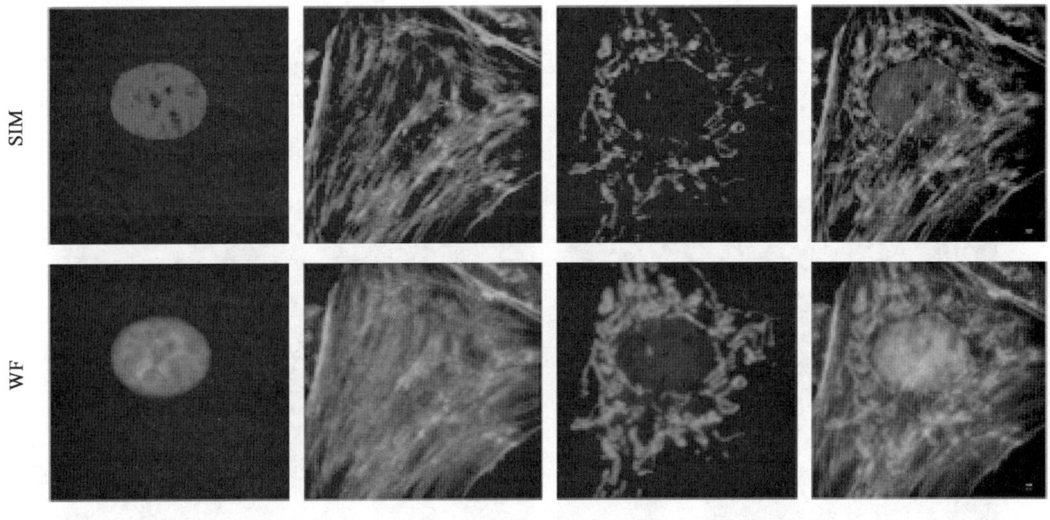

图 8 - 31 固定细胞样品的宽场及 SIM 图像的对比(彩图见图版第 37 页)

蓝色标记细胞核，绿色标记肌动蛋白(actin)，红色标记线粒体。上方代表 3D - SIM 所得的图像，下方代表宽场照明模式所得的图像。

在多色实验样品成像之前，利用校正小程序对荧光微球的多通道所得图像进行色差校正，所得校正参数可应用于实验样品的色差校正。从图 8 - 32a 可观察到 488 nm(绿色)和 561 nm(红色)通道重合较好，405 nm 通道(蓝色)和 640 nm 通道(紫红色)偏离明

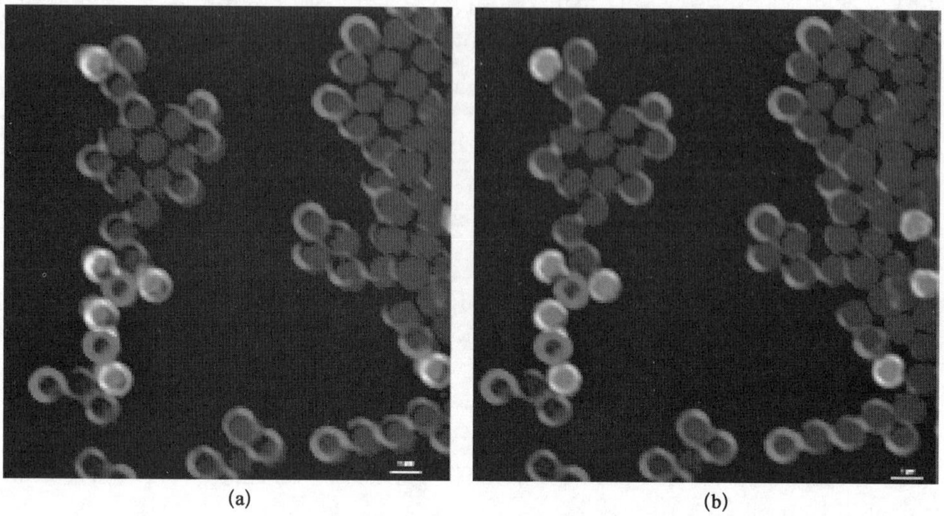

图 8－32　SIM 多通道图像的色差校正(彩图见图版第 38 页)

(a)校正之前 1 μm 直径荧光微球的四色叠加图像;(b)色差校正之后四色荧光微球的叠加图像。标尺为 1 μm。

显。经过校正程序对所得图像进行校正之后,图 8－32b 的 4 个通道重合良好。

② Z 轴多层扫描(三维重构)

对四色固定细胞样品进行多层扫描,步距为 200 nm。将整个细胞的厚度信息都覆盖,对所得的图像进行三维重构和最大荧光强度投影(见图 8－33)。可用于研究细胞内蛋白质的分布及与细胞骨架相互间的关系,从而为蛋白质的功能研究提供有力证据。从所得的图像可以看出微管(绿色)清晰的网状结构,以及待研究蛋白质在细胞内的不同分布模式。

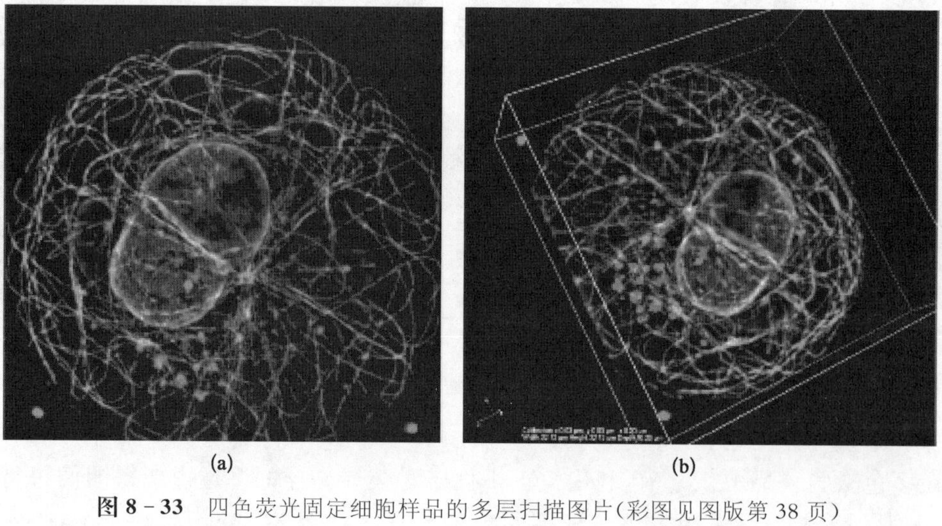

图 8－33　四色荧光固定细胞样品的多层扫描图片(彩图见图版第 38 页)

绿色标记微管,蓝色标记细胞核,红色和紫色标记的是不同的 2 种待研究蛋白质。(a) 多层图像的最大荧光强度投影;(b) 立体三维重构图。

对多色固定细胞样品进行 Z 轴多层扫描，可以在超微结构上对蛋白质之间的位置和功能关系进行研究。如图 8－34，可以从不同的角度和切面，去观察 2 种蛋白质之间的位置关系，发现红色标记的蛋白质包裹着绿色标记的蛋白质。

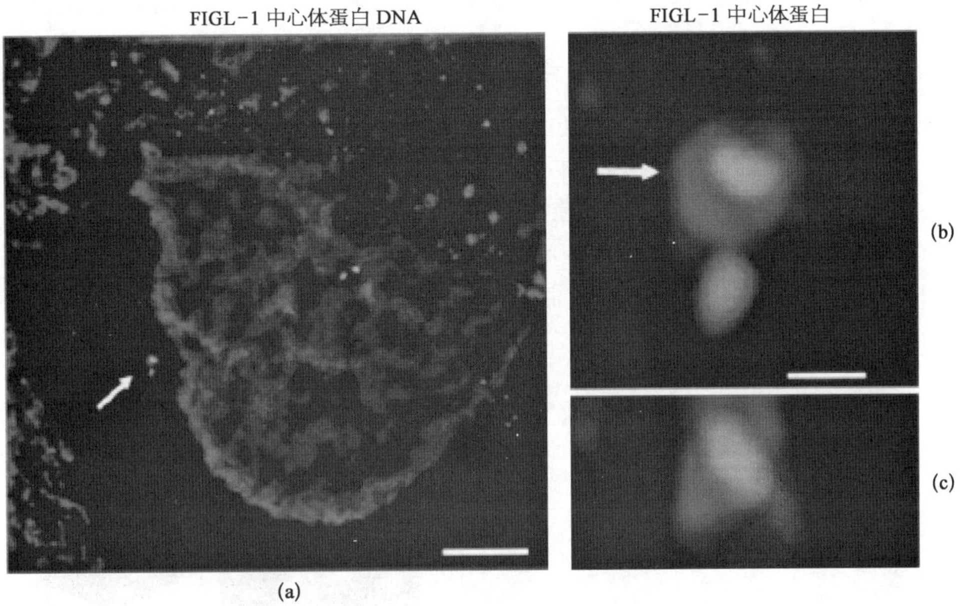

图 8－34 不同蛋白质空间分布的 SIM 图像(彩图见图版第 39 页)

(a) G2 时期的 APRE19 细胞中有被标记的 FIGL－1(红色)和中心体蛋白(绿色)，细胞核被标记蓝色。标尺 5 μm。(b) a 图箭头放大部分的图像。标尺 0.5 μm。(c) b 图箭头所指位置的纵切面图。(图片引自[12])

③ 时间序列扫描

该设备配备了活细胞培养装置，可以进行活细胞的超高分辨率成像。对转染了红色荧光

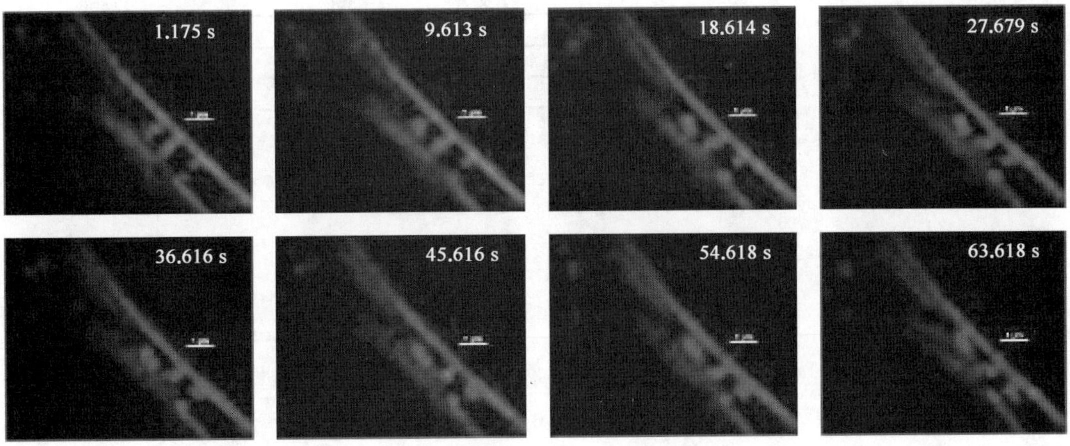

图 8－35 应用时间序列 SIM 图像观察 MEF 细胞中肌动蛋白的动态组装过程(标尺为 1 μm)(彩图见图版第 39 页)

蛋白(red fluorescent protein, RFP)融合蛋白的 MEF 细胞(由用户提供样品)进行超分辨率时间序列成像,观察活细胞中肌动蛋白(actin)的组装,时间间隔为每幅 8.8 s(图 8-35)。

测试的结论是:当满足测试所需的保障条件时,结构照明超高分辨率显微镜 N-SIM 的各项基本指标均满足要求,达到预期超高分辨率模块的相关设备工艺的验收指标要求。

2. 随机光学重构超高分辨率显微镜(N-STORM)

利用荧光分子的亮-暗态转换,使用特定波长的光激活探针,再用另一个波长的光来观察、精确定位和漂白分子。每次随机地激活和激发部分荧光分子,通过特定的算法拟合标记其位置。重复此过程,采集成千上万幅图像,对样本所有的荧光分子进行定位,重构出超分辨率图像(见图 8-36)。分辨率可以突破光学分辨率的极限,达到纳米的尺度级别[13]。STORM 成像对样品要求比较高,需要具有光闪烁性质的荧光分子,用以标记样品,且成像时需要根据所用的荧光分子,使用特制的样品缓冲液。

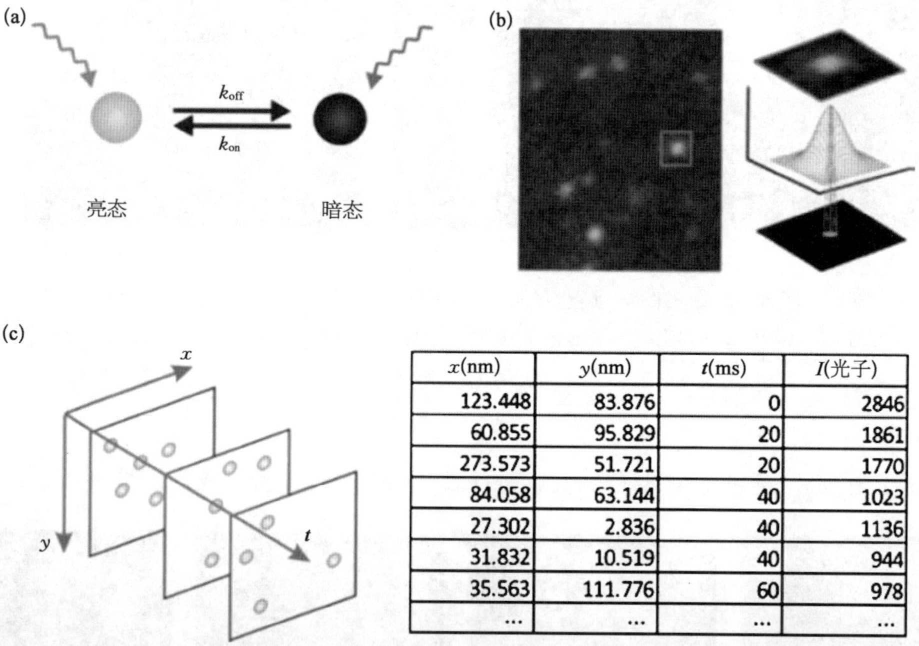

x(nm)	y(nm)	t(ms)	I(光子)
123.448	83.876	0	2846
60.855	95.829	20	1861
273.573	51.721	20	1770
84.058	63.144	40	1023
27.302	2.836	40	1136
31.832	10.519	40	944
35.563	111.776	60	978
...	...	...	...

图 8-36 单分子超高分辨率显微镜的成像原理(详见下载图 8-36,下载网址见 31 页脚注)

(a) 在照射光的作用下,光转换荧光分子实现亮-暗态的转换。(b) 一次随机激活若干个荧光分子,通过拟合点扩散函数,确定单个荧光分子的位置。(c) 通过单点的坐标,重构超高分辨率的图像。(图片引自[11])

(1) 空间分辨率

利用 Alexa647 标记的荧光二抗蛋白和 N-STORM 双标(Alexa405-Alexa647)荧光二抗蛋白,将制备的抗体均匀涂布在玻璃底的 8 孔板里。对其进行 STORM 成像,获取单分子点的定位信息,检测 STORM 成像的空间分辨率。根据单分子点坐标计算点的分布直径(FWHM 即分辨率),*XY* 轴分辨率可达到 25 nm,*Z* 轴分辨率可达到 50 nm。举例如图 8-37。

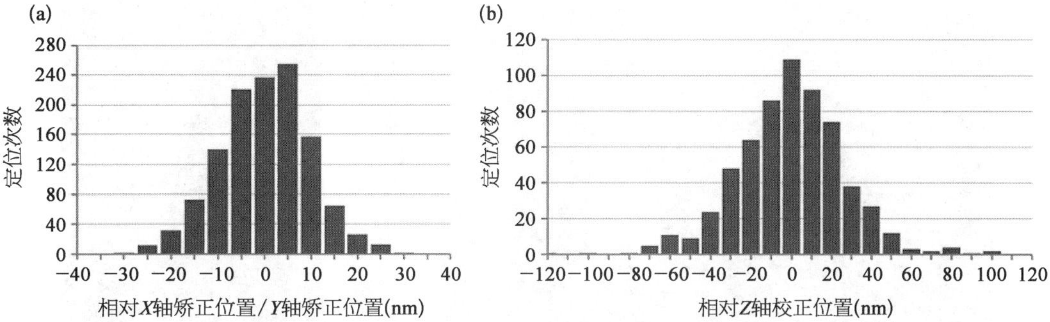

图 8－37　Alexa405－Alexa647 双标二抗的单分子点分布直径

(a)代表 xy 轴单分子点的分布直径；(b)代表 Z 轴单分子点的分布直径。数据是从 15 张 STORM 图像中选取 55 个荧光分子(对每个分子的闪烁有超过 5 次定位)进行分析的结果。(图片引自[14])

(2) STORM 的成像速度

在每帧 256×256 像素大小情况下，收一张单分子图所需的时间是 52～53 ms，一般获得 1 张超高分辨率图像，需要获取 1 万～5 万张单分子图，采图一般耗时 10～30 min，分析、合成、保存和导出图像共需要 15 min 左右，因此获得 1 张超高分辨率图像至少需要 40～60 min。而且每次成像都须配制新鲜的成像缓冲液，缓冲液的有效时间约 1～2 h。

(3) 多维成像(功能测试)

① 双色成像研究细胞骨架

使用经 Alexa405－Alexa647 和 CY3－Alexa647 染料成对标记的二抗，分别对 COS7 细胞中的微管和线粒体进行免疫荧光标记。通过 N－STORM 成像模式，对样品进行 2D－STORM 成像(图 8－38)。

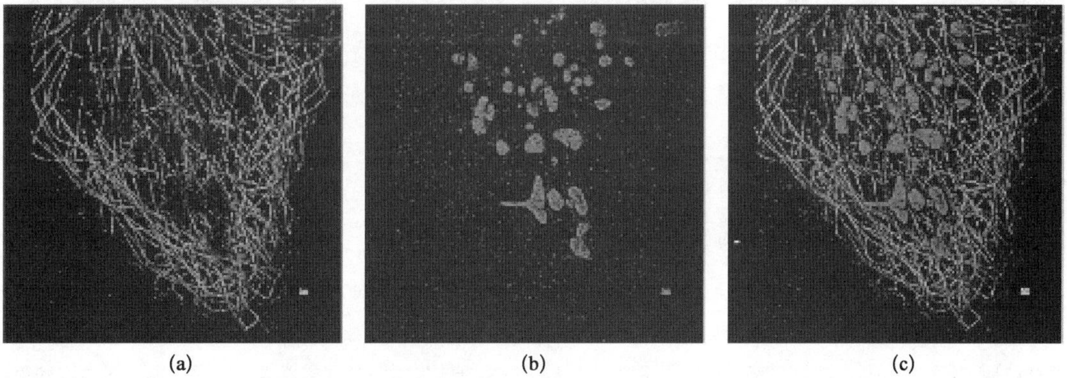

图 8－38　COS7 细胞中微管和线粒体的形态(彩图见图版第 40 页)

(a) 微管(绿色)；(b) 线粒体(红色)；(c) 重合图像。图中标尺为 1 μm。

② 通过三维重构研究染色质上蛋白质的分布

使用经 Alexa405－Alexa647 和 CY3－Alexa647 染料标记的二抗，分别对染色体上 2 种蛋白质进行免疫荧光标记(样品由南京医科大学用户提供)。通过 N－STORM 成像模

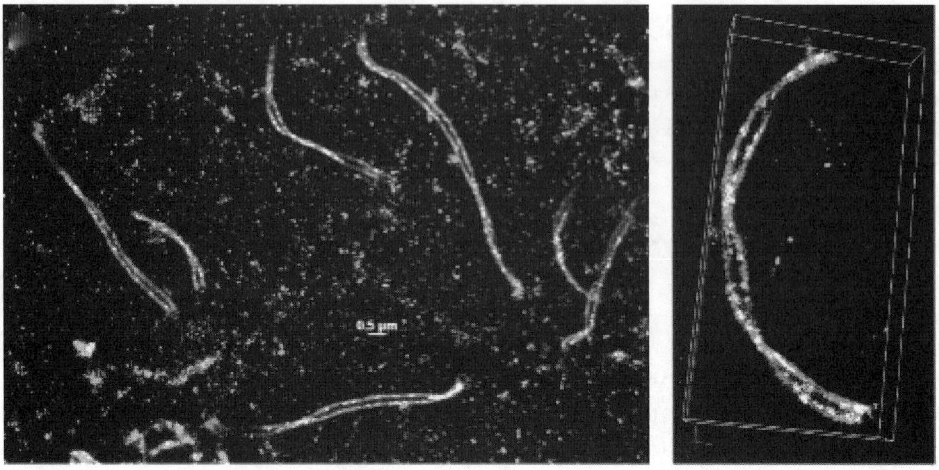

(a)　　(b)

图 8-39　染色体上的蛋白质分布(彩图见图版第 40 页)

(a) 大视野下二维图像显示染色体上 2 种蛋白质的不同分布;(b) 放大的一条染色体的三维立体图。

式,对样品进行三维扫描。研究 2 种蛋白质在染色质上的分布情况(图 8-39)。

③ 结合全内反射照明,研究细胞质膜上受体蛋白质的分布

在淋巴细胞中转染 mEos 融合蛋白,并且用 Alexa647 标记细胞质膜上的某种受体蛋白质(中科院生化细胞研究所许琛琦组的样品)。调整入射光角度,在全内反射(TIRF)照明的角度范围下,利用 STORM 对细胞质膜附近的荧光分子进行成像。研究 2 种分子在淋巴细胞质膜上的分布(图 8-40)。

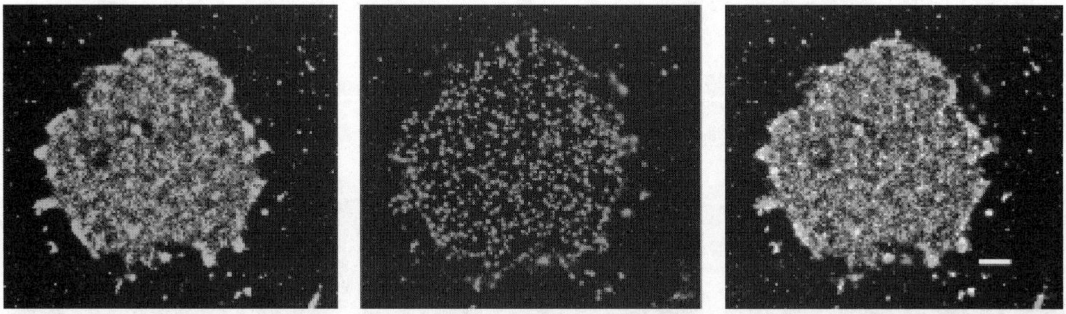

(a)　　(b)　　(c)

图 8-40　淋巴细胞质膜上 2 种分子的不同分布模式(彩图见图版第 40 页)

(a) 转染的 mEos 融合蛋白在细胞质膜上的分布;(b) Alexa 647 标记的某种受体蛋白质在细胞质膜上的分布;(c) 2 个通道的叠加图像。标尺为 1 μm。

通过对已有样品的成像,证实可以进行 2D-STORM 和 3D-STORM 模式的扫描,可以做单色和双色的 STORM 成像,而且均能得到不错的图像。

测试的结论是:当满足测试所需保障条件时,随机光学重建超高分辨率显微镜 N-STORM 的各项基本指标均已满足要求,达到预期超高分辨率模块的相关设备工艺的验

收指标要求。

8.4.1.4 高通量细胞分析模块

1. 高通量细胞分析仪

高通量细胞分析仪(ThermoFisher Cellomics Array Scan VTI 700)通过自动化的细胞成像,综合生物信息学,对群体细胞表型进行定量分析,将细胞图像转化为数值数据。

可以对不同规格微孔板和载玻片的组织样品,对固定细胞样品、固定组织样品和活细胞样品,进行最大视野校正后的扫描成像,以及进行生物学图像分析和数据统计。

(1) 硬件聚焦模块测试

① 测试 Greinar、Corning 等品牌的 6、12、24、48、96 和 384 孔微孔板和载玻片组织样品,均可以进行最大视野校正后扫描,并可以通过微调 Offset(补偿)以提高成像的聚焦效果,如图 8-41。

② 多通道荧光扫描。同时进行 6 个通道的检测,包括 5 个荧光通道和 1 个明场透射光通道。各通道的荧光信号以及明视野图像,可以叠加效果,如图 8-42 所示。

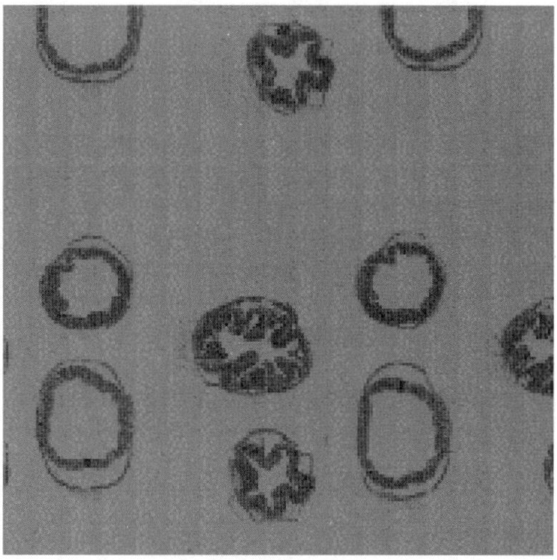

图 8-41 载玻片小肠绒毛石蜡切片 5 倍镜下成像后进行拼图

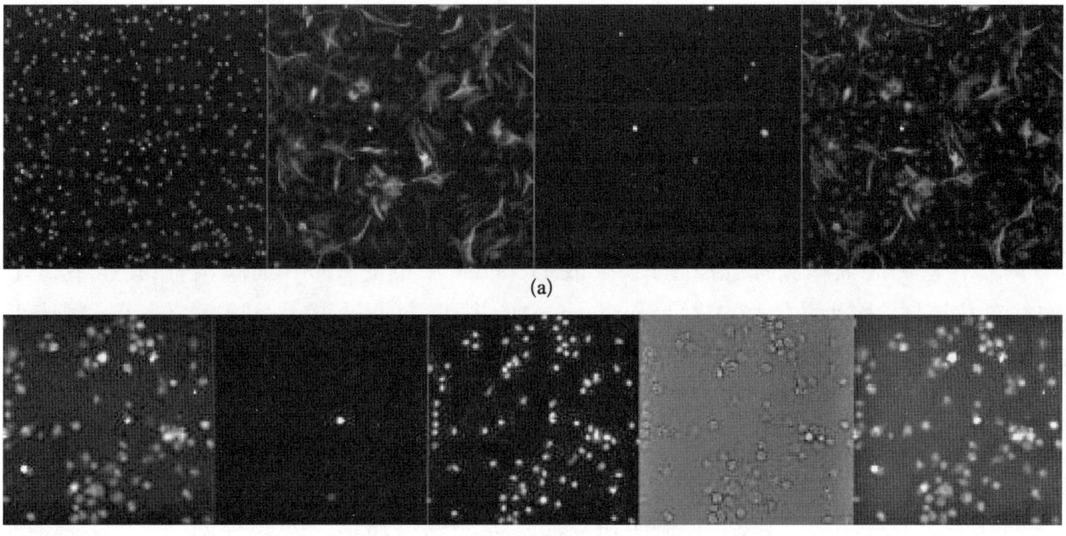

图 8-42 用高通量细胞成像仪进行多通道成像(彩图见图版第 41 页)

(a) 筛选小分子化合物库神经干细胞增殖的影响;(b) 通过观察巨噬细胞吞噬荧光标记微球,来监视淋巴细胞的活化和黏附。

③ 单通道荧光扫描。以 Hoechst 染细胞核的 96 孔板细胞样本，10× 物镜每孔 5 个视野，连续测试 4 块孔板，扫描时间分别为 7′31″、6′55″、13′6″、9′48″，平均速度为 9′20″，可以达到 45 块 96 孔板/d(耗时约 7 h，不包括换样品时间)。

④ 测试 2.5×、5×、10×、20×、40× 和 63× 长工作距离的自动对焦物镜，以及各数值孔径参数。CCD 冷却温度＜－30℃，有效像素达到 1 024×1 024。

(2) 明场相差观察模块

安装 LED 白光光源，对无荧光标记时细胞的生长和形态进行观察，消除色差、DIC 相差，可与荧光图片进行叠加展示及分析。

(3) 共聚焦模块

对于 CrEST X－Light Confocal 高速双孔转盘共聚焦系统，在测试时配合 LED 固态光源，利用 40 和 70 μm 双孔设计、防反射转盘，调节转速在 10 000～18 000 r/min。测试共聚焦成像在不同 Z 片层间距的精度值，精度达到 0.1 μm。

(4) 在位液体处理工作站

① 在 4 位的样品台上，将 96 孔板放置于 4 位样品台的 1 号位，孵育温度设置为 37℃。专用一次性枪头，以双蒸水(ddH_2O)作为测试样品，测试加样体积 3、10、50 和 200 μl，吸液速度为 50 μl/min，加至 96 孔板中，并重复做 3 次。与校正好的同量程的 Eppendorf 移液器取液进行比较，结果均一致。

② 再取 100 μl 的 ddH_2O，以每孔 20 μl 分液至 96 孔板中，比较 5 个孔的差异，结果均一致。

③ 连续取样 20 μl，选择东南西北 4 个方位的角度进行靠壁加样，至 96 孔板中。反复观察 20 次，无液滴悬挂现象。

(5) 活细胞模块

① 三维恒湿控温设置 37℃，CO_2浓度 5%，相对饱和湿度接近 100%。观察软件界面中温度和 CO_2浓度波动。－0.2℃≤温度误差≤＋0.2℃；CO_2浓度误差≤0.1%。

② 测试 Hoechst 标记的活体样品 293T 细胞。连续检测 72 h，未发现细胞有污染死亡现象。同倍数、同视野下的细胞核数目持续增长，并至饱和。

③ 为检测活细胞实时监控图像，获取 Hoechst 单染的 293T 细胞，利用在位液体工作站自动加样，采用动力学扫描(kinetic scan)的模式，每孔选取 1 个视野，在 10× 物镜下连续观察 10 s。96 孔板的完成时间为 50′35″，每天可完成 8 块 96 孔板，如图 8－43 所示。

(6) 分析工作站

① 利用系统图库中的标准图片来进行。采取 HCS View 查阅软件及 DiscScan 软件，完成 19 大类生物学应用的图像分析。

② 完成测试图像工作站、控制主机与服务器的网络通信以及与外网的连接，在网关(gate)开放的前提下，利用 HCS Explore Software 软件来进行远程分析、远程诊断和远程访问，确保随时随地可以通过互联网使用网络浏览器进行控制、分析、数据统计，进行高内涵筛选(high content screening, HCS)计算。

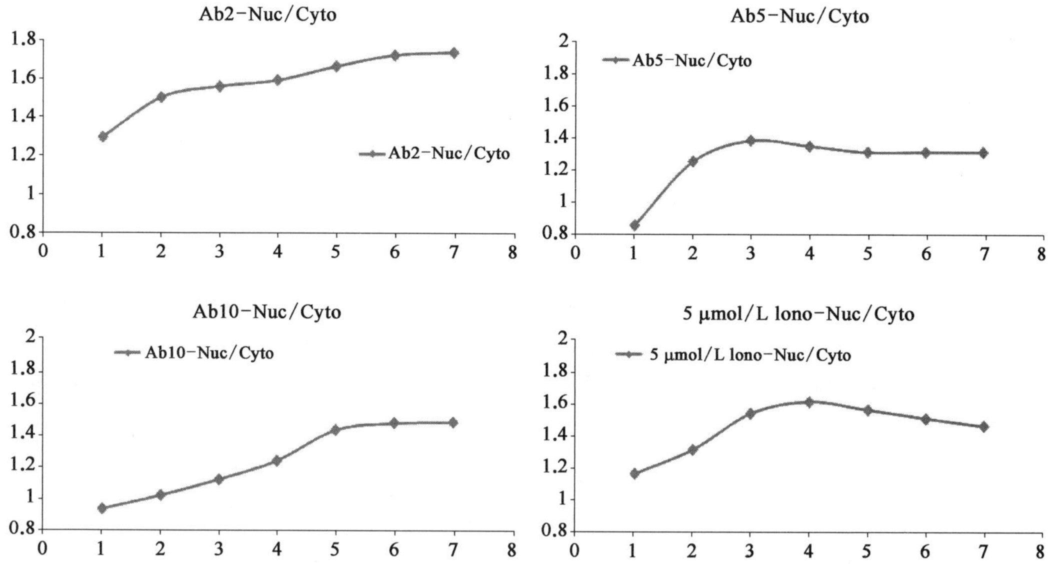

图 8-43 活细胞经机械臂的实时药物刺激

动力学扫描成像，利用 HCSExplore Software 软件，计算细胞质内 Ca^{2+} 内流入核的状态。

2. 自动移液工作站

自动移液工作站配置 96 通道移液器、移板机械手、吸头装载、条形码识别、振荡孵育、抽滤模块和红外漫反射安全保护装置，整合自动分液仪和洗板机。通过程序控制，完成高通量实验过程中所需的几乎所有液体处理工作。

(1) 编制并运行所有工具的抓取及放回程序，工具架位置识别准确性要达到 100%。

(2) 编制并运行 Gripper 抓板程序，将 96 孔板放置到所有可放置的自动定位器(ALP)上，检测所有的 ALP 位置，准确性要达到 100%。

(3) 针对用户所配置的所有工具，编制并运行移液 150、50、10、1 μl 的测试程序。用水和柠檬黄水溶液进行实际液体测试，150、50、10、1 μl 的准确性误差要均小于 3%，移液精度误差均小于 5%。并进行连续梯度稀释，在检测仪器的线性范围内，稀释梯度 CV＜5%，如表 8-2 所示。

表 8-2 柠檬黄吸收光法梯度稀释后 8 个重复孔所测光吸收值的比较

浓度(mmol/L)	1.25	0.625	0.312 5	0.156 25	0.078 125	0.039 063
ABs	3.686	2.107	1.198	0.712	0.428	0.281
ABs	3.58	2.126	1.224	0.726	0.437	0.283
ABs	3.675	2.094	1.191	0.711	0.429	0.237
ABs	3.732	2.088	1.162	0.66	0.385	0.224
ABs	3.653	2.085	1.198	0.717	0.434	0.262

（续表）

ABs	3.634	2.122	1.216	0.715	0.429	0.255
ABs	3.698	2.101	1.185	0.682	0.406	0.238
ABs	3.713	2.148	1.22	0.715	0.43	0.25
CV 值(%)	1.319 511	1.027 836	1.722 066	3.137 986	4.190 367	8.287 248

ABs：吸光度值。

（4）编制所有主动 ALP（如 Shaker、Peltier 等）的运行程序。各主动 ALP 的联机情况良好，位置识别的准确性达到 100％。

（5）测试条形码读码器，测试运行在 30％、50％、80％、100％速度下的扫描正确率达到 100％。

（6）测试整合的 Multidrop Combi 自动分液器，编写程序：移板→连续自动分液→自动加样→微孔板归位，整体运行速度和连贯性均须正常。

测试的结论是：自动移液工作站、自动分液仪、电动移液器和洗板机经测试，工作正常。以重量法和比色法测试得到的标准曲线误差以及重复性，在正常范围之内。其他的辅助设备层流罩、不间断电源（UPS）和 CO_2 培养箱的安装测试正常，使用良好。① 在高通量细胞分析仪 Cellomics 单通道荧光扫描模式下，96 孔标准样品的单视野成像时间为 3.8 min，在多通道双荧光扫描模式下为 4.2 min，基本可达到单通道和双通道扫描速度的标准。对于单通道荧光扫描，以 Hoechst 染色、96 孔板为样本，采取 10× 物镜，每孔 5 个视野，连续测试 4 块孔板，平均速度为 9′20″，可达到 45 块 96 孔板/d。② 对于活细胞实时监控图像，获取 Hoechst 单染的 293T 细胞，采取动态扫描（kinetic scan）的模式。96 孔板的完成时间为 50′35″，一天可以完成 8 块 96 孔板。高通量细胞分析仪及配套设备自动移液工作站的各项基本指标均满足要求，达到预期系统模块的相关设备工艺的验收指标要求。

3. 荧光激发细胞分选仪（BD Influx）

流式细胞仪是在光电子技术、激光技术、荧光化学、单克隆抗体技术及计算机技术等交叉融合的基础上，发展起来的一种先进的生物医学仪器设备。流式细胞术就是利用流式细胞仪对细胞进行快速、多参数分析或分选的技术。

流式细胞仪的工作原理是（图 8 - 44）：待测样本的细胞悬液，受到鞘液的包裹和约束，形成细胞液柱，当通过流式细胞仪的检测区时，细胞液柱中的细胞在入射的激光束照射下，产生前向散射（forward scatter，FSC）光和侧向散射（side scatter，SSC）光，若带有荧光素标记还会发射特定波长的荧光。这些光信号经过光电转换、放大及计算机分析系统等的处理后，以流式分析特有的数据格式储存起来。若要对目标细胞进行分选，可通过分选系统对含有目标单细胞的液滴进行充电。当液滴通过由平行板形成的静电场时，带正（负）电荷的液滴即向负（正）极偏转，没有充电的液滴垂直下落，从而使目标细胞因与其他细胞和空白液体在电荷上存在差异，而被区分并被收集[8]。

(1) 优化激光荧光通道

配制彩虹校准微球(rainbow bead)溶液,在 BD Influx 上检测微球的 RCV 值*。

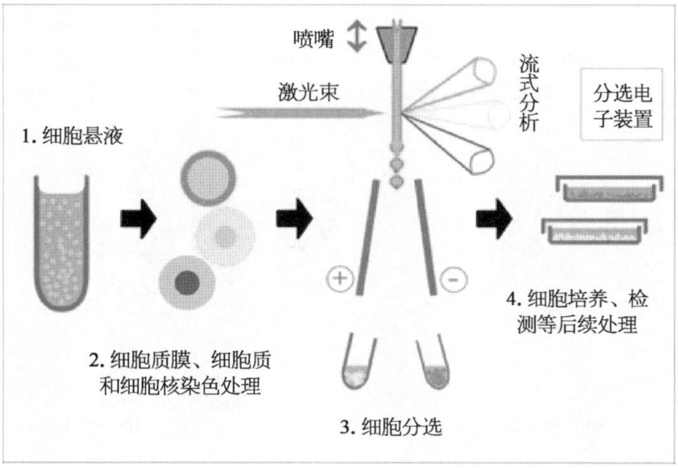

图 8-44 细胞分选原理图(详见下载图 8-44,下载网址见 31 页脚注)

单细胞悬液染色后经过喷嘴,在低压高频振荡后,多荧光激发检测后判断是否为所圈定的细胞群,经充电后在电场内偏转流入细胞收集管,完成细胞分选。(图片引自[15])

表 8-3 彩虹校准微球在不同激光器下的不同荧光通道的 RCV 值

统计:流式细胞分析仪检测		
各个群体	读取所有颗粒信息统计	
FSC	RCV	6.20
SSC	RCV	12.22
530/488	RCV	4.12
670/488	RCV	4.93
710/488	RCV	5.12
670/640	RCV	3.13
720/640	RCV	3.77
750/640	RCV	6.18
593/561	RCV	2.22
670/561	RCV	2.91
710/593	RCV	7.18
750/593	RCV	9.24
460/355	RCV	5.12
670/355	RCV	9.41

* RCV: robust CV(稳健变异系数)。

图8-45中所显示在不同激光器下的不同荧光通道的二维散点图中，彩虹校准微球的聚集状态非常好。表8-3显示所得到的RCV值大部分均小于8%，只有几个长通通道下彩虹校准微球的RCV值偏大。所以，仪器状态符合使用要求。

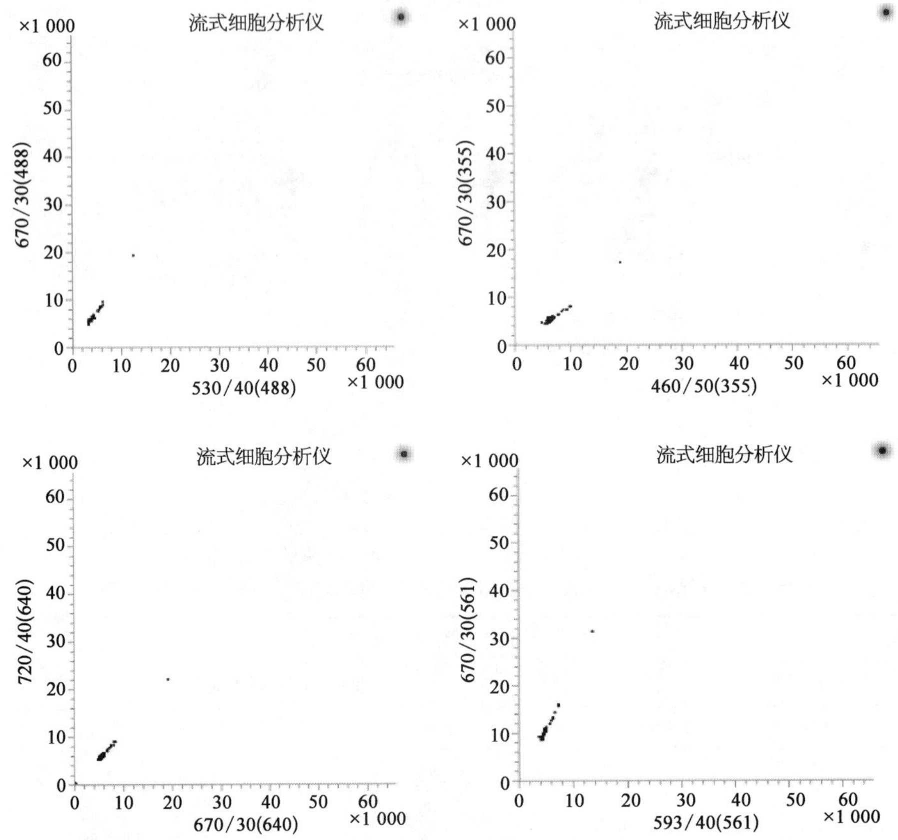

图8-45　彩虹校准微球在不同激光器下的不同荧光通道的二维散点图

(2) 优化液滴的延迟时间

配制液滴延迟校准微球(accudrop bead)溶液，在分选仪BD Influx上检测微球，在分选分布(Sort Layout)窗口下选择液滴延迟时间设置(Accudrop Setup)，通过调节分选设置(Sort Settings)窗口中的计算(Calculate)值，完成液滴延迟时间，以提高分选纯度。

如图8-46所示，经过液滴延迟优化以后，使用488 nm激光器分选胶质瘤干细胞的GFP阳性细胞群。在分群不明显的情况下，回测后的细胞纯度均能达到90%以上。所以，通过调节液滴的延迟，能有效提高分选纯度。

(3) 乳腺干细胞的分选

使用561、640 nm激光器，对双色标记的小鼠乳腺干细胞的单细胞悬浮液进行分析，对目标细胞的设门进行两路分选。

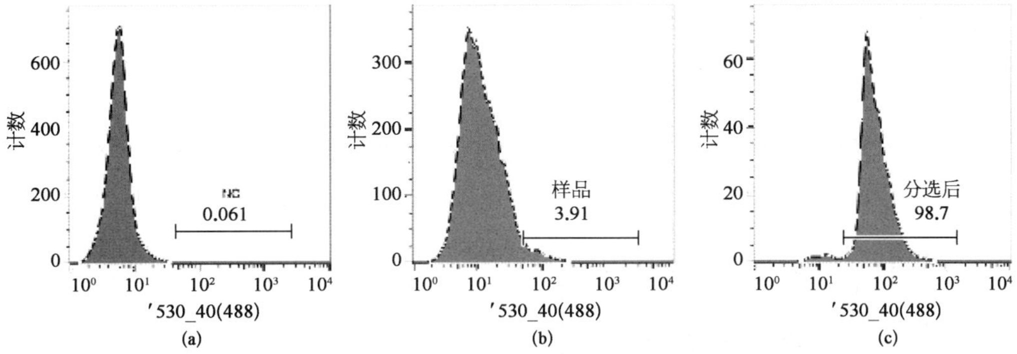

图 8－46　胶质瘤干细胞 GFP 阳性群在分选前后的结果

(a) 阴性对照流式检测图；(b) 流式分选前进行检测的结果；(c) 细胞悬液经分选后对所得分选细胞进行流式检测仪回测的结果图。

如图 8－47 所示，FSC－SSC 散点图中的细胞分为 3 群，用 P1 门选中乳腺干细胞，再用 P2 门去掉黏连的细胞，使用 P3 门将 PI 阳性的死细胞去掉，最后用 P4、P5 门分别圈出 APC 弱阳性和强阳性的细胞。

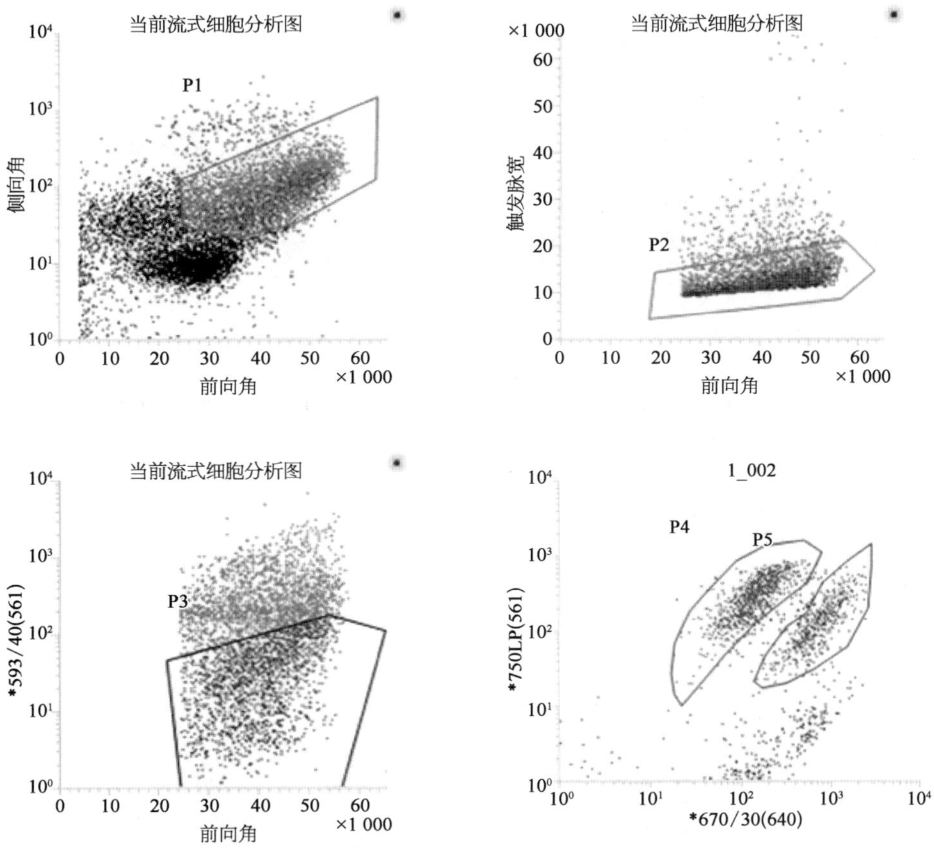

图 8－47　PI、APC 标记的小鼠乳腺干细胞(彩图见图版第 41 页)

从图 8－47 可以看出，在 640 nm 激光器下，标记 APC 的乳腺干细胞弱阳性和强阳性细胞的分群状况明显，且实验分选效果良好。

（4）肌肉干细胞的分选

使用 488、561 和 640 nm 激光器对 FITC、PerCP－Cy5.5、PI、APC、Alexa Fluor 700 标记的小鼠肌肉干细胞的单细胞悬浮液进行分析，对目标细胞设门进行两路分选（图 8－48）。

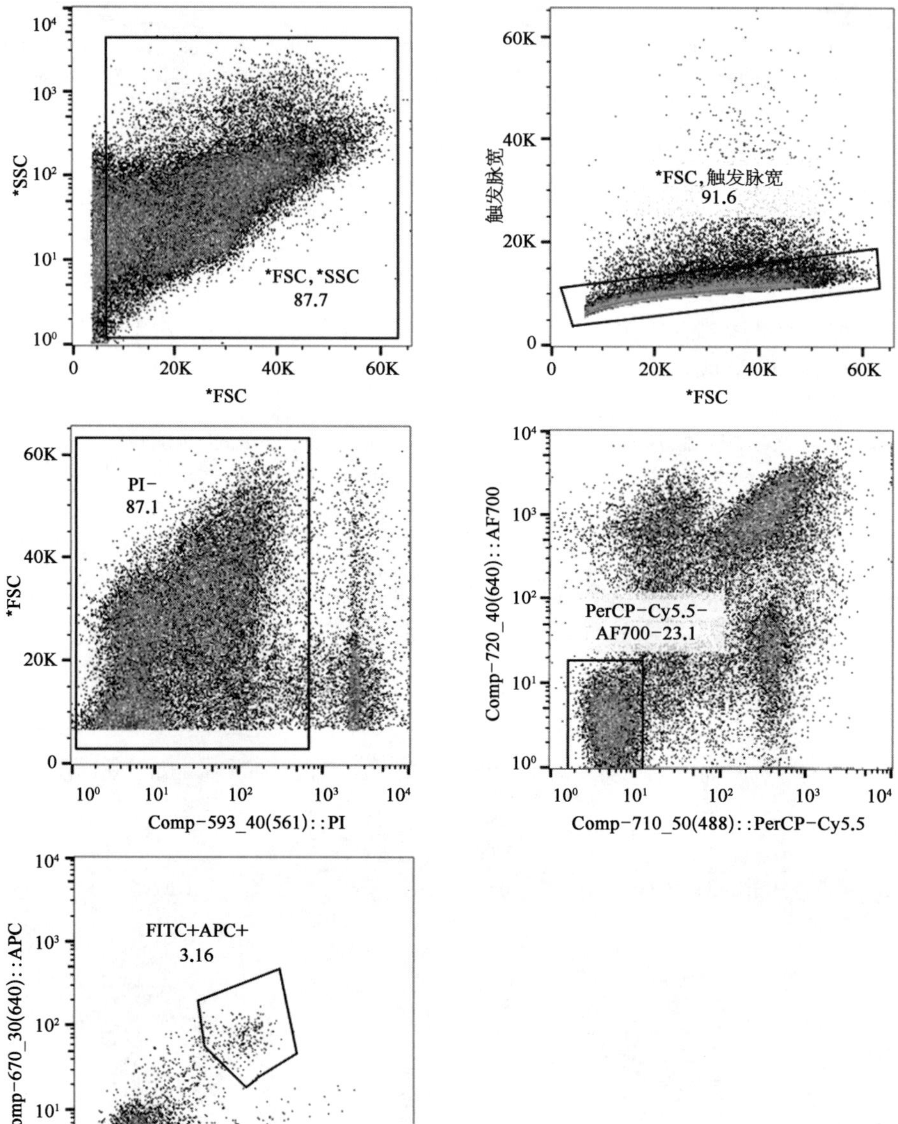

图 8－48　FITC、PerCP－Cy5.5、PI、APC、Alexa Fluor 700 标记的小鼠肌肉干细胞（彩图见图版第 42 页）

如图 8－48 所示，在 FSC－SSC 散点图上选中主细胞群后去掉黏连的细胞，在单细胞中圈出 PI 阴性的活细胞，进而圈出 PerCP－Cy5.5 和 Alexa Fluor 700 双阴性的细胞，最后圈出 FITC 和 APC 双阳性的目标细胞群。从图中可以看出，肌肉干细胞的分群状况明显，还可以看到各个细胞群所占的比例，且分选效率达到 80％以上。

（5）小鼠睾丸单倍体细胞的分选

如图 8－49 所示，首先使用 PE 标记，通过设 P3 门，找到活的小鼠睾丸 DNA 倍性细胞。在 P3 门下通过 355 nm 激光器激发，可以将细胞分为单倍体、二倍体、四倍体的细胞，分别是 P4、P7、P8 门中的细胞群。从上述测试结果可以看出，BD Influx 可以检测和分选出 Hoechst 标记的单倍体、二倍体和四倍体细胞。

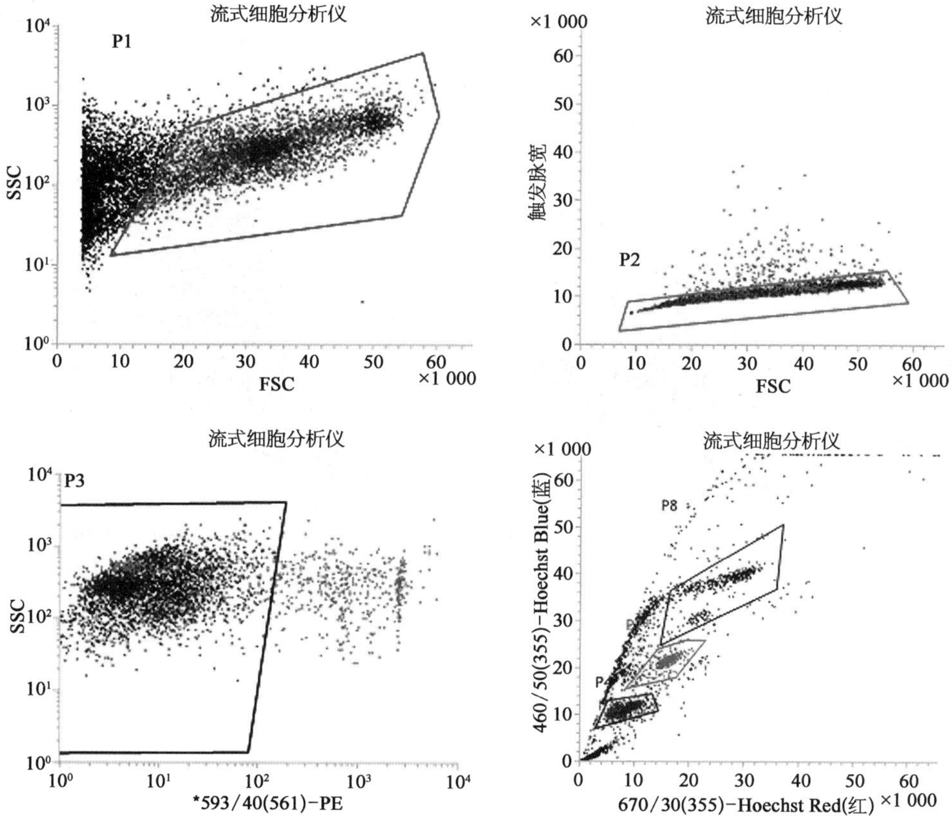

图 8－49 PI 和 Hoechst 标记的小鼠睾丸 DNA 倍性细胞(彩图见图版第 43 页)

经荧光激发分选仪(BD Influx)检测碘化丙啶(PI，检测通道为 PE 通道)相对荧光强度为阴性的活细胞。利用 355 nm 激光器检测 Hoechst 荧光强度成线性分布的 DNA 倍性细胞群，再进行下一步的分选。(图片引自[16])

测试的结论是：荧光激发细胞分选仪(BD Influx)，可以进行多路和多孔板分选，平均每个样品大约 1.5 h，每天约可以做 5 个样品。进行 96 孔板分选时，除去分析所用的时间，平均每个板仅需 0.5 h。用标准荧光微球校准时，除去长通的荧光通道，RCV 值都能够小于 8％，分选纯度能保证大于 90％。对单倍体细胞、乳腺干细胞、肌肉干细胞的单细胞悬液进行分选，也得到比较好的分析和分选结果，说明荧光激发细胞分选仪（BD Influx）符合设备工艺之各项验收指标。

4. **流式细胞分析仪 BD Calibur 和 BD LSR Fortessa**

以标准尺度的荧光微球样品测试荧光检测灵敏度；以 PI 染色的小鸡红细胞核（chicken erythrocyte nucleus，CEN）样本测试仪器荧光分辨率；对细胞样本进行免疫染色后，通过流式检测，对 2 台流式分析仪检测的数据进行分析对比。

① 荧光检测灵敏度：以标准尺度的荧光微球样品，经荧光检测，灵敏度可以达到：FITC 通道≤80MESF*；PE 通道≤30MESF；APC 通道≤70MESF；PE－Cy5 通道≤10MESF。

② 分析速度：BD Calibur 的最大分析速度≥10 000 细胞/s，最大流速≥60 L/min；BD LSR Fortessa 的最大分析速度≥40 000 细胞/s，最大流速≥60 L/min。

③ 荧光分辨率：PI 染色的 CEN 样本，G0/G1 期全峰宽 PI－Area CV 实测为 1.63，<3.0%（488 nm 激光），如图 8－50。

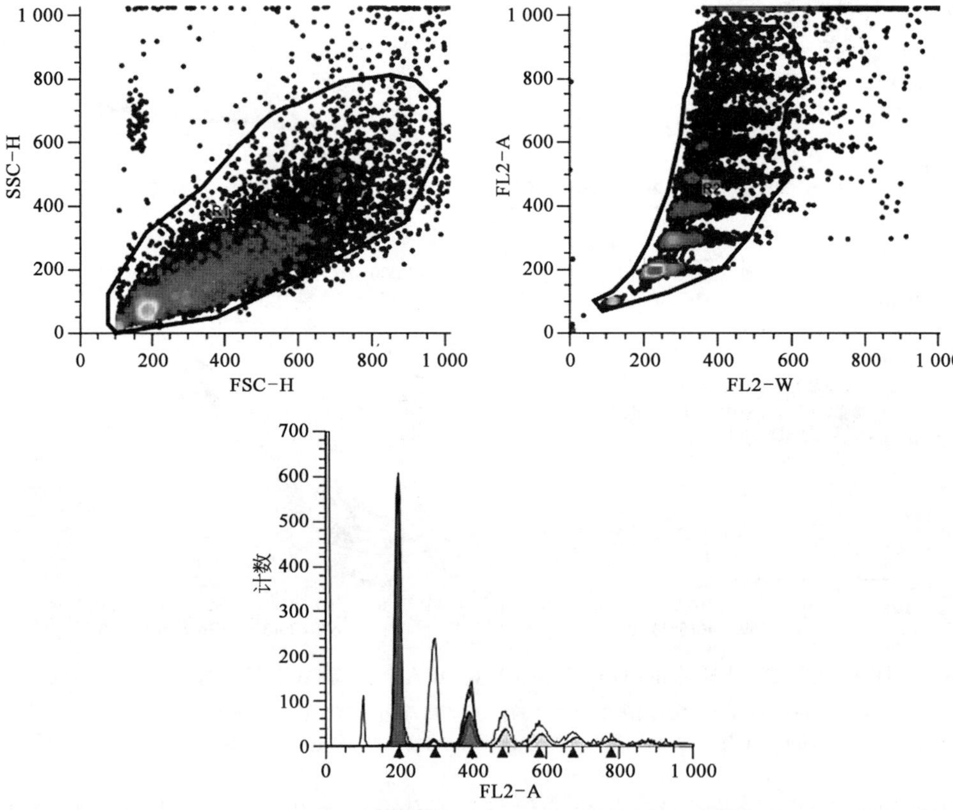

图 8－50　利用流式分析仪检测碘化丙啶（PI）染色小鸡红细胞（CEN）样本（彩图见图版第 44 页）

检测其 DNA 含量，并进行有丝分裂周期拟合，计算各周期比例。

* MESF：molecules of equivalent soluble fluorochrome（荧光灵敏度）。

④ 信号处理系统：经实验，BD LSR Fortessa 可以在硬件上的任意荧光间补偿，也可以进行软件脱机补偿，可以完全实现网络补偿。

⑤ 功能实验：观察三色免疫标记 FITC/APC/PerCP。通过流式细胞分析仪 BD Calibur 与 BD LSR Fortessa 的测试结果进行比较，2 台设备的分析图形和由分析结果得到的统计数值均一致，如图 8-51 和图 8-52。

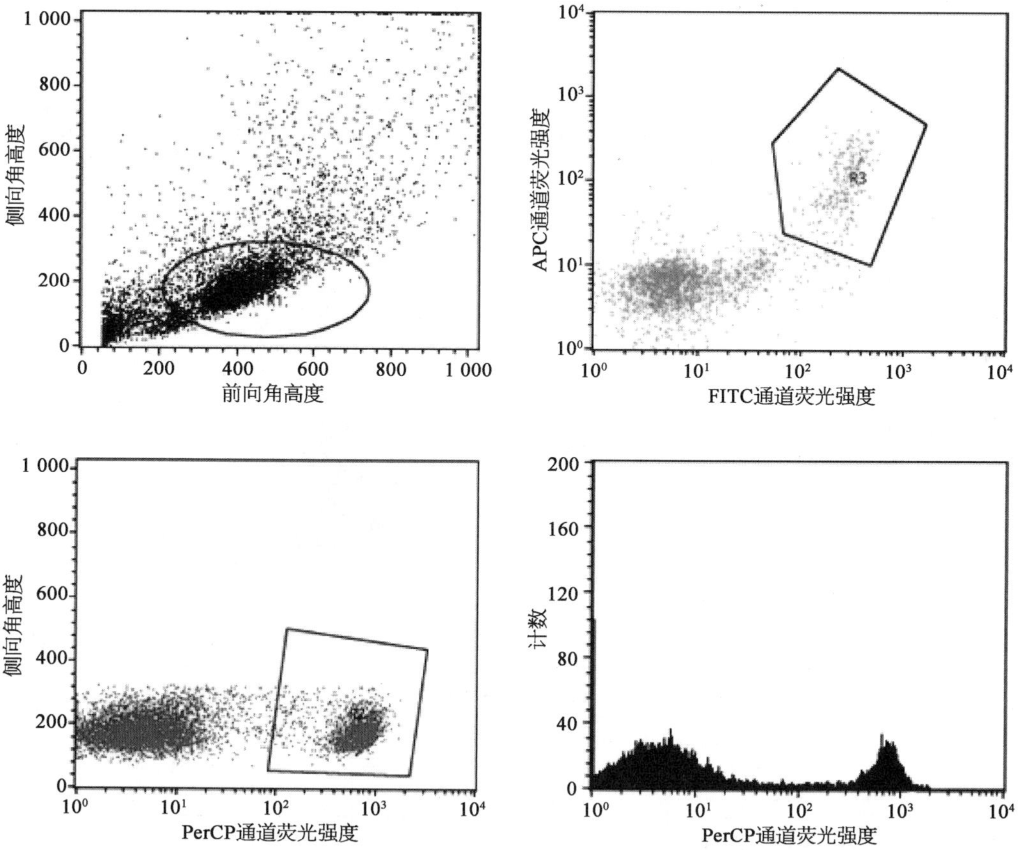

X 参数：前向角(线性)　Y 参数：侧向角参数(线性)

区域	数量	%圈中百分比	%占总数百分比	X 平均数	X 几何平均数	Y 平均数	Y 几何平均数	$P_x P_y$
R1	685	68.58	68.58	397.26	391.93	178.81	173.78	1,2
R2	418	4.18	4.18	625.25	559.28	495.67	351.06	3,7
R3	2 047	20.47	20.47	391.91	378.45	192.33	181.67	5,2

图 8-51　流式细胞分析仪 BD Calibur 测试三色免疫标记 FITC/APC/PerCP 样品（彩图见图版第 45 页）

FITC、APC 和 PerCP5.5 相对荧光强度均呈阳性的细胞，占总细胞的比例为 4.18%。

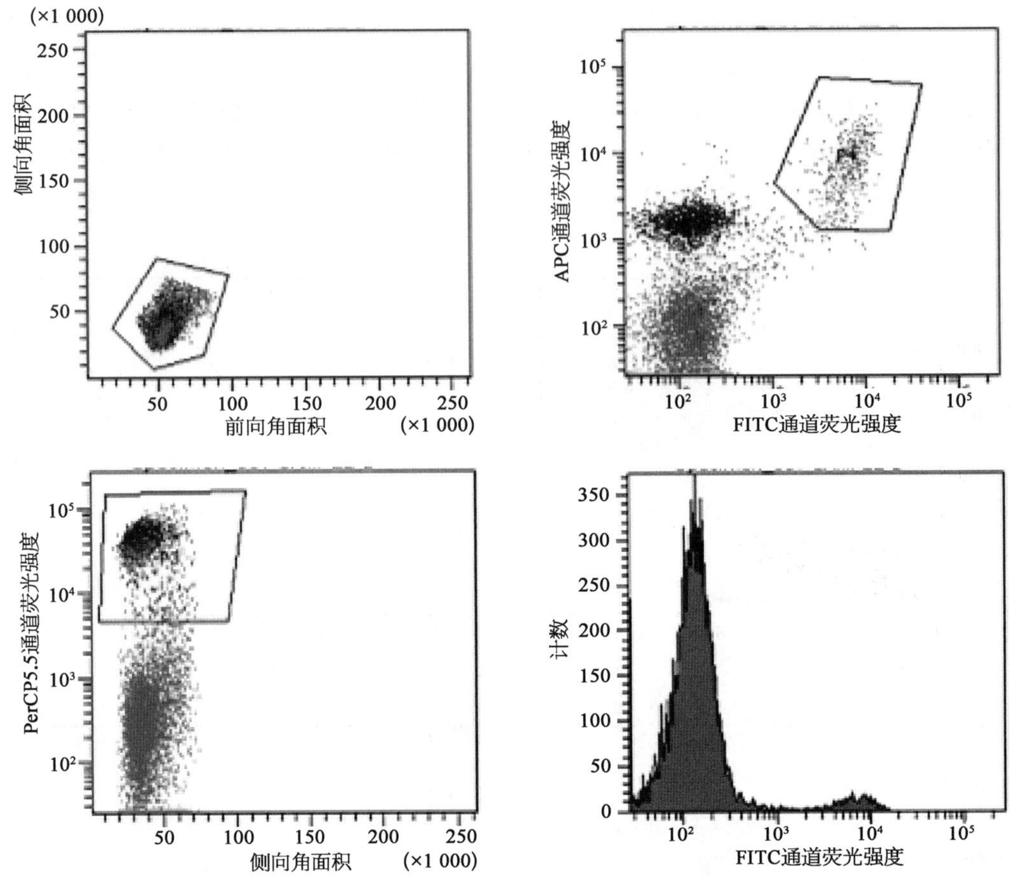

群体	数量	级数百分比	FITC通道平均值	APC通道平均值
P1	10 000	100	439	696
P2	2 540	25.4	1 325	2 570
P3	2 575	25.8	1 316	2 541
P4	400	4.0	7.169	8 250

图 8 - 52　BD 流式细胞分析仪 BD LSR Fortessa(彩图见图版第 46 页)

测试三色免疫标记 FITC/APC/PerCP 样品 FITC、APC 和 PerCP5.5 相对荧光强度均呈阳性的细胞，占总细胞的比例为 4.0%。

⑥ 用单细胞悬液进行蛋白质表达的定量检测和分析、细胞周期分析等实验。连续测试 20 个样品，平均每个样品约 4.2 min，每天可检测 100 个样品。

测试的结论是：流式细胞分析仪 BD Calibur 和 BD LSR Fortessa 多色微球试剂盒的检测结果均能通过；仪器的线性度和分辨率良好。经实验统计，平均每个样品约 4.2 min，可达到单台流式细胞分析仪每天检测 100 个样品。各项基本指标均满足要求，达到预期系统模块的相关设备工艺之验收指标要求。

8.4.2 设备验收

测试结论如表 8-4。

表 8-4 各功能项目根据设计指标进行测试所得的实测结果

测试项目	设计指标	实测结果
转盘式激光共聚焦显微成像	进行细胞蛋白质快速运输的观察和成像时，以每个实验 3～5 h 计算，每天可进行 2 个实验。如进行细胞长时程的迁移、增殖、分裂等观察和成像，实验会进行数天。	达到设计指标。
双光子显微成像	进行深度组织荧光空间定位观察和成像，以平均每个样品约需 15～16 min 计算，每天可完成约 50 个荧光样品。如果是活细胞进行较长时程蛋白质动力学研究，平均每个样品约需花费数十小时，每天可完成 1～5 个样品；如果进行固定细胞及活细胞的快速活细胞空间定位和蛋白质传输等动力学研究实验，以平均每个样品花费 30 min 计算，每天可完成 16 个样品。	达到设计指标。
	对于固定样品进行荧光标记样品的蛋白质亚细胞定位成像，以平均每个样品约需 6～10 min 计算，每天可完成约 70 个荧光样品。如果是活细胞进行较长时程蛋白质动力学研究，平均每个样品约需花费数十小时，每天可完成 1～5 个样品；如果进行快速活细胞蛋白质传输等动力学研究实验，以平均每个样品花费数十分钟计算，每天可完成 5～15 个样品。	达到设计指标。
超高分辨率显微镜	根据实验设计的要求，进行荧光样品的超高分辨率观察和蛋白质共定位分析，以平均每个样品 15～16 min 计算，30 个荧光样品/d。	使用标准荧光微球和荧光标记细胞样品进行测试，证实超高分辨率显微镜可正常采图，功能与性能技术指标基本满足要求，一共可以完成 38 个荧光样品/d。N-SIM 以平均每个样品 15～16 min 计算，30 个荧光样品/d。N-STORM 以平均每个样品 1 h 计算，可以完成 8 个荧光样品/d。
高通量细胞分析	如果只进行多孔板细胞荧光图像读取，对于 96 孔板双通道荧光标记，平均每块板约需 10 min，每天可完成 40 块板；如进行 96 孔板活细胞实时监控图像获取，每块板需 1 h，每天可完成 8 块板。	基本技术参数指标满足合同约定指标，偏差在正常范围内。自动移液工作站系统经测试，96 通道误差以及重复性在正常范围之内。高通量细胞分析仪 Cellomics 对标准样品，无论是单通道还是多通道荧光扫描成像，均可以在 10 min 内完成。一天可以完成 8 块 96 孔板固定细胞样品。

（续表）

测试项目	设　计　指　标	实　测　结　果
高通量细胞分析	开机调节仪器状态需要 3 h。进行多路分选时，平均每个样品 1.5 h，约 5 个样品/d。进行 96 孔板分选时，平均每个板需 0.5 h。用标准荧光微球校准时，RCV 值<8%，分选纯度>90%。根据需要在每个样品分选实验间隙，对仪器液流系统进行无菌灌洗，以确保样品间无交叉及严格无菌的状态。	在 BD Influx 调试过程中，使用标准荧光微球——彩虹校准微球和液滴延迟校准微球进行校准后，各个荧光通道的 RCV 值<8%，分选纯度>90%。在使用单细胞悬液进行样品分选过程中，无论是多色的分析还是 DNA 倍性的分析细胞，都能够明确地分群。单倍体细胞、乳腺干细胞、肌肉干细胞这些样品，都能够进行分选，且分选纯度能得到保证。可以进行多路和多孔板分选，平均每个样品 1.5 h，每天可以做约 5 个样品。进行 96 孔板分选时，除去分析所用的时间，平均每个板仅需 0.5 h。
	对单细胞悬液进行蛋白质表达的定量检测和细胞周期分析等流式分析实验，单管样品约 4～5 min，每天可检测至少 100 个样品。	流式细胞分析仪安装时，BD Calibur 和 BD LSR Fortessa 校准试剂的检测结果均获通过。仪器开机启动和激光器预热稳定约需 30 min，上机检测每个样品约 4.2 min。单台流式细胞分析仪，每天可检测至少 100 个样品。

测试专家的意见如下：对于复合激光显微镜系统各项指标的测试结果表明，系统各项指标均满足要求，达到工艺验收指标的要求。测试专家为邵志峰、郑平、易静。

8.4.3　档案验收

在一个设施平台系统的建设过程中，档案的管理自始至终都是非常重要的。它不仅可以完整地体现整个系统建设的过程，还可以在设备出现问题时寻根溯源，做到有据可查，有法可依，同时也可以防止人员变动所带来的信息交接疏漏。档案管理尽管过程烦琐，涉及的人员较多，但仍是不可或缺的重要一环。

8.4.3.1　建设过程档案

主要包含系统自规划建设之初的设计思路、规划方案、会议纪要、调研记录、论证报告及商务沟通和商务谈判记录。复合激光显微镜系统顺利建设完成，并对外开放良好，这离不开先行者们前期反复推敲与论证，为后续的建设指明方向。

8.4.3.2　随机资料档案

随机资料档案是指设备自入场开始，所有的设备及其包装上随带的资料，如配置单、设备使用说明书、光盘、配件、彩页等项资料。大部分用户使用的往往是比较主要的功能；但有些功能不是经常用到，就算技术人员也要从这些档案资料中查找、参考、设置，才能够使得设备百分之百地发挥其功能。同时，对于新进的技术人员来说，这些档案资料是非常好的学习和积累知识的源泉。

8.4.3.3　运行记录档案

建议为每1台大型设备(金额超过50万元人民币),设立1本单独的档案本、1本实际运行的记录本和1个文件夹。

(1) 档案本:记录从设备到货之后的所有大事,以及其中发现的问题和拟定的解决方案,如设备入场时箱体倾斜的标志变红,记录当时的情况和解决方法,让所有参与人员签字。再如正常运行以后,若光纤损坏,要相应地启动在质保期内或者非质保期内的解决方案,它们各有时间周期。设备运行几年后,需要作出适当的维修升级。如果添加某个功能模块即可解决特定的问题,则记录何时升级、升级后的结果如何等。

(2) 实际运行记录本:包含但不限于档案本的内容,记录此设备上发生的所有行为,主要有用户的使用登记及工作人员的维护记录。它们是监督用户按照规章制度和预约规则使用设备的保证。如遇设备出现问题,则可以按图索骥,锁定责任人。它们也是提醒工作人员周期性维护设备与培训用户的重要设置。用户往往会不屑于详细填写,这时就需要系统的工作人员告知其必要性,比如在机时紧张无法保证其使用同一台设备的情况下,查看设备使用设置的主要参数,在另外的设备上继续试验,也是很多用户在写科研报告时重要的参考资料。

(3) 文件夹:包括设备主要配置单、厂家工程师出具的维修单、软件及数据备份、其他与此设备相关的零散资料。

8.5　运行开放与用户成果

复合激光显微镜系统,在设备完成到货安装调试后的试运行期间,即开始接受用户实验。该系统于2015年7月28日通过国家验收,正式对用户开放运行。随着运行的稳定及用户的认可,至2016年年底,年服务课题组达55个,年服务有限机时达到近10 000 h。用户成果显著,在*Nature*、*Cell Stem Cell*等知名期刊上均有论文发表,年发表文章5～6篇。截至2017年11月,2017年度用户发表文章数达到15篇,其中一区文章8篇,二区文章5篇*。科研类用户以课题申请为主,每季度申请1次,有效期为半年。对错过季度递交申请时间段的紧急课题,提供紧急申请渠道。公司用户以外企对象为主,签订使用合同,提供机时及技术服务。目前,诺华、联合利华、和记黄埔等知名企业,均是系统的用户。下面列举几个复合激光显微镜系统用户成果的例子。

8.5.1　通过高通量、高内涵成像和共聚焦荧光显微成像,研究中药石菖蒲及其活性成分,促进成体神经发生

神经干细胞可以自我更新、增殖与分化,产生神经组织的各种细胞。神经元从神经干细胞产生的过程,被称为神经发生。在衰老、长期压力刺激或者神经系统病变的过程

---

* *SCI* 论文(*Scientific Citation Index*)是指被 *SCI* 索引收录的期刊所刊登的论文。按照期刊的影响因子、投稿难度和影响力,分为1—4区:一区一般是各领域的顶级期刊,二区是高水平期刊,三区次之,四区则更普通。

中，神经干细胞的增殖和自我更新水平下降，神经发生受阻，加速了认知功能的受损。一直以来，科学家都在寻求通过促进神经干细胞自我更新和神经发生的有效手段，来对抗衰老及神经退行性疾病相关的认知障碍。已有研究证明，通过移植胚胎神经干细胞或者体外诱导的神经干细胞，能够改善小鼠的学习记忆能力。但是，这一技术在人体上的应用，还须解决包括细胞来源和细胞功能性整合等的问题。而另一方面，利用药理学手段激活内源的神经干细胞，以达到治疗神经退行性疾病的目的，简单易行；并且可以利用药物的特异性，实现针对性的功能干预和补偿，是有望替代体内移植的新方法。

在中国传统药物中，有许多已经确认具有益智作用。其中一些中药来源的天然化合物，已报道可以在体外系统中促进神经发生，提示了这些中药益智作用的可能机制。2015 年 5 月 25 日，中科院上海生化细胞研究所裴钢研究组，在国际学术期刊 *Aging Cell* 在线版上发表了其最新研究成果[17]，报道了传统中药石菖蒲及其活性成分细辛醚，促进神经干细胞增殖和神经发生的作用及其分子机制，提示了抗衰老及延缓相关的神经退行性病

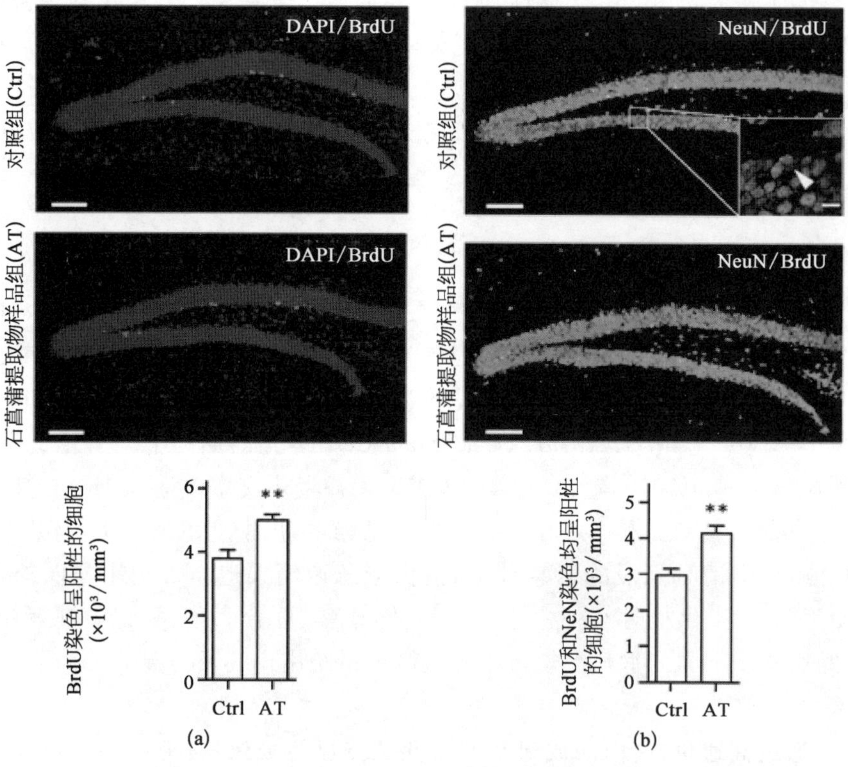

图 8－53　石菖蒲提取物(AT)促进神经干细胞(NPC)*扩增和成年小鼠海马神经的发生(彩图见图版第 47 页)

(a) 石菖蒲 AT 促进小鼠海马神经干细胞增殖，小鼠海马切片齿状回(dentate gyrus，DG)区的代表性免疫染色共聚焦显微图像和 BrdU 阳性细胞定量分析；(b) 石菖蒲促进小鼠海马神经的发生。Ctrl：对照。(图片改自[17])

---

* NeuN：neuron-specific nuclear protein(神经元特异核蛋白)。BrdU：5－bromo－2－deoxyuridine(5－溴脱氧尿嘧啶核苷)。AT：the extract of Rhizoma *Acori tatarinowii*(石菖蒲提取物)。NPC：neural progenitor cell(神经前体细胞)。

变的新策略。在裴钢和赵简的指导下，毛坚鑫和黄世超等发现石菖蒲及其活性成分细辛醚，能够促进在体神经干细胞增殖和神经发生。成年小鼠、年老小鼠以及转基因阿尔茨海默病模型小鼠在口服石菖蒲之后，海马神经干细胞的增殖和神经发生的水平明显增加，从而改善了年老小鼠和阿尔茨海默病模型小鼠的认知能力(图 8－53)。利用上海设施的高通量细胞分析仪(ThermoFisher Arrayscan Cellomics VTI 700)和共聚焦荧光显微镜(Leica SP8)，进一步的机制研究发现，石菖蒲及其组分细辛醚，能够通过调控细胞外信号调节激酶(extracellular regulated protein kinases, ERK)的级联反应，直接促进神经干细胞增殖和神经发生(图 8－54)。这一研究表明，石菖蒲及其主要成分细辛醚，可以用于防治衰老及相关的神经退行性疾病和进行再生性治疗。

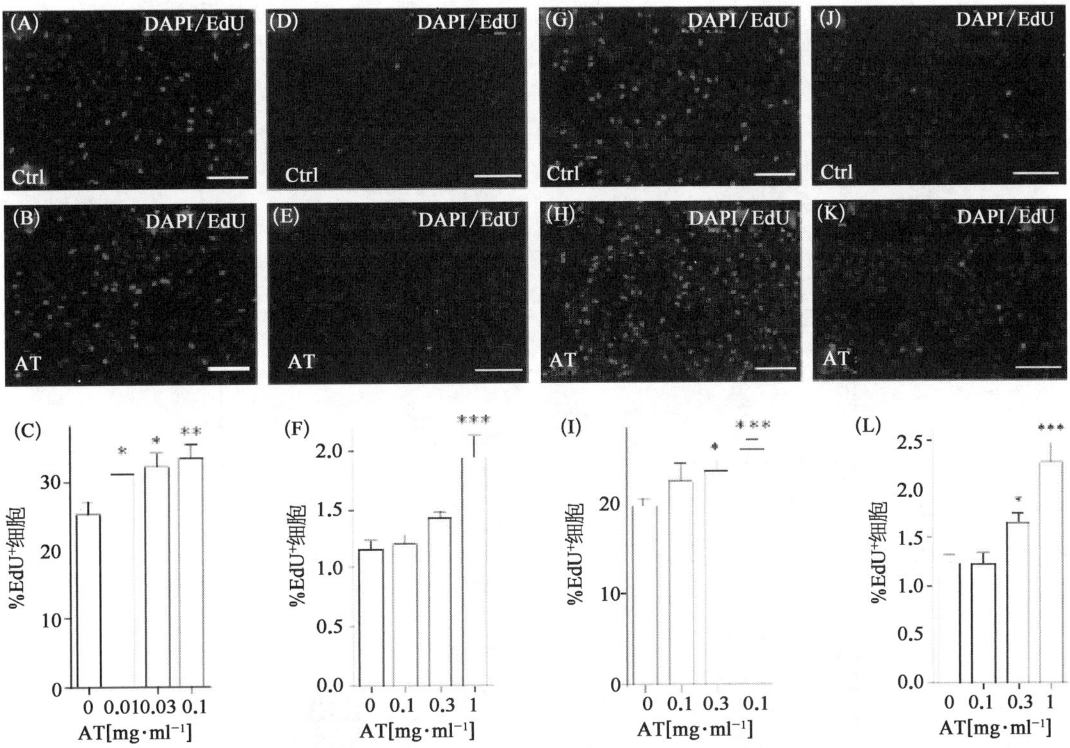

图 8－54　石菖蒲提取物可以促进神经干细胞在体外增殖(彩图见图版第 48 页)

(A—C)用不同浓度的石菖蒲提取物(AT)孵育，减少生长因子(1 ng/ ml EGF 和 1 ng/ ml βFGF)溶液中的单层成年海马神经干细胞，为时 24 h，固定前 2 h 加入 EdU * 。(A) DMSO 处理的对照组图像(EdU 为红色，DAPI 为蓝色)；(B) 0.1 mg/ ml 的 AT 处理的细胞图像；(C) 定量统计的 EdU 阳性细胞在所有细胞中所占的比例；(D—F) 用不同浓度 AT 处理无 EGF 或 βFGF 环境中单层成年海马神经干细胞，为时 14 h。(D) DMSO 处理的对照组图像(EdU 红色，DAPI 蓝色)，(B) 1 mg/ ml AT 处理的细胞图像；(G—I) 用不同浓度的 AT 孵育，减少生长因子溶液中的单层胚胎神经干细胞，为时 24 h；(J—L)用不同浓度的 AT 孵育无生长因子 EGF 或 βFGF 溶液中的单层胚胎神经干细胞，为时 14 h。(图片改自[17])

* EdU：5－Ethynyl－2′－deoxyuridine(5－乙炔基－2′－脱氧尿苷)。

8.5.2　利用共聚焦显微镜成像技术，研究小分子化合物诱导人成纤维细胞直接转化为神经细胞的新方法

终末分化的体细胞，可以通过强制表达一些特异的转录因子，而被重编程为多能干细胞，表明细胞的命运是可以逆转的。不同谱系特异的转录因子组合，还可以将人和鼠的体细胞直接转分化为心肌细胞、肝细胞或神经细胞，为疾病模型的构建以及再生医学，提供了可供选择的途径。然而，这些通过强制表达外源基因以实现重编程或转分化的方法，却限制了其应用。因此，人们一直致力于控制外源基因的表达，并尽可能减少外源转录因子的使用。已经发现，一些细胞可渗透的小分子化合物，能够促进细胞的重编程。此外，一些小分子化合物的组合，可以将小鼠的成纤维细胞诱导到多能性的状态。

2015 年 8 月 6 日，国家蛋白质科学研究（上海）设施复合激光显微镜系统用户、中科院上海生科院生化细胞研究所的裴钢研究组，在国际学术期刊 *Cell Stem Cell* 在线版上发表了最新研究成果[18]，报道了该组应用小分子化合物，组合诱导人成纤维细胞转化为神经细胞的最新成果。这种化合物诱导的人神经细胞（hciNs），具有与对照神经元相似的电生理特性，具有神经元基因表达谱特征。他们还利用小分子化合物，将家族性阿尔茨海默病患者的成纤维细胞，诱导成神经细胞（图 8－55）。由这些转化所获得的神经细胞，表现出阿尔茨海默病的部分病理特征。在裴钢、赵简以及禹永春的指导下，胡文祥、裘斌龙和关武强等人尝试通过小分子化合物的组合，将人成纤维细胞直接转分化为神经

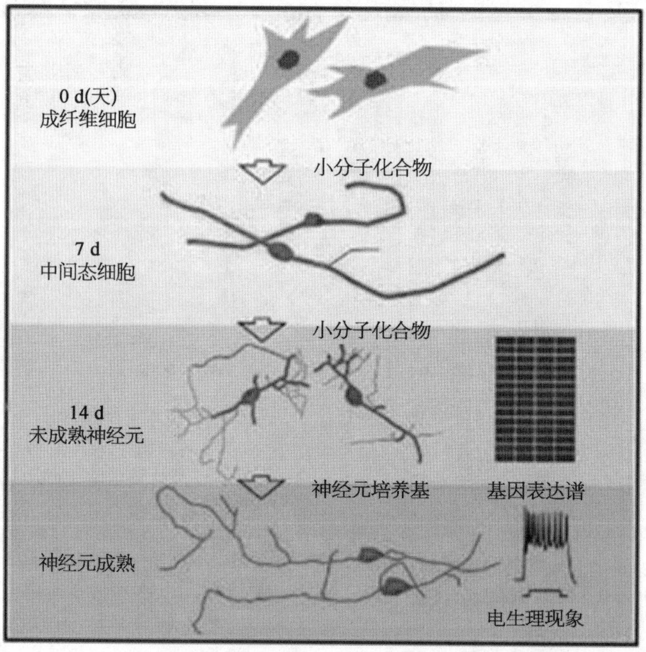

图 8－55　小分子化合物诱导人成纤维细胞向神经细胞转化的示意图
（详见下载图 8－55，下载网址见 31 页脚注）

图片改自[18]。

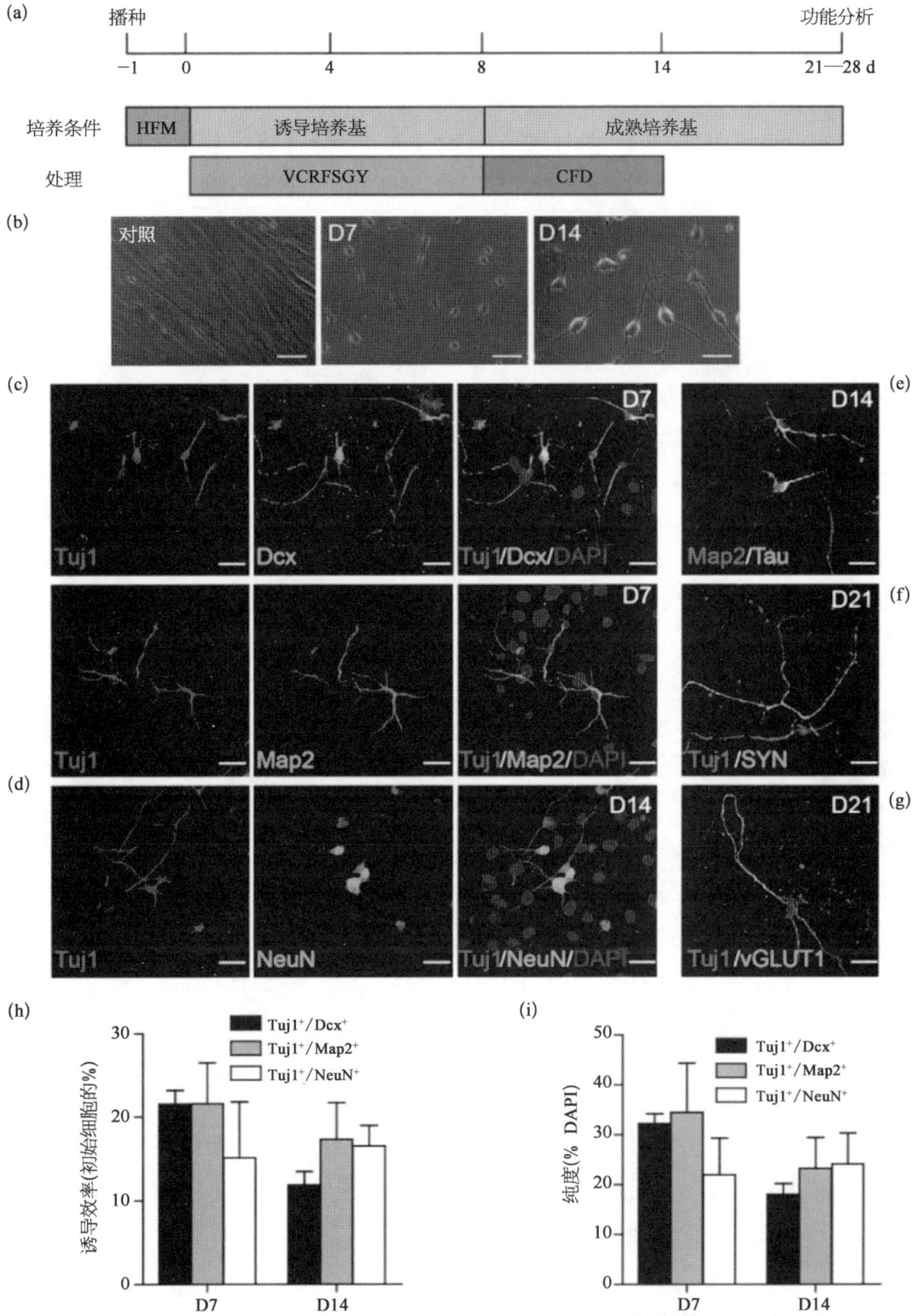

图 8-56 小分子化合物诱导产生人类神经细胞(彩图见图版第 49 页)

(a) 诱导方法;(b) 对照组人成纤维细胞(HAF)和第 7、第 14 d 的人神经细胞(hciN)的相差图像;(c) 共聚焦荧光图像显示第 7 d 人神经细胞(hciN)显示双极神经元形态,且表达 Dcx(绿色)、Tuj1(红色)和 Map2(绿色);(d—g)共聚焦图像显示人神经细胞进行神经元标记物 NeuN(d)、Tau(e)、SYN(f)、VGLUT1(g)的染色;(h) 人神经细胞诱导效率;(i) 诱导产生的 $Tuj1^+/Dcx^+$、$Tuj1^+/Map2^+$ 和 $Tuj1^+/NeuN^+$ 人神经细胞在细胞总数中的比例。(图片改自[18])

细胞。他们的成果表明，一些小分子化合物可以诱导正常人和阿尔茨海默病患者的成纤维细胞直接向神经细胞转化。化合物组合中包括分子 HDAC 抑制剂 VPA、GSK3 抑制剂 CHIR99021、TGFβ 抑制剂 repsox、cAMP 激活剂 forskolin、JNK 抑制剂 SP600125、PKC 抑制剂 GO6983 和 ROCK 抑制剂 Y-27632。利用上海设施复合激光显微镜系统的共聚焦显微镜 Leica TCS SP8 拍照观察发现，由成纤维细胞经化合物诱导转分化而获得的神经元，表现出典型神经元形态，并且表达包括神经元特异核蛋白（NeuN）和成熟蛋白质标记物突触素（synaptophysin, SYN）等一系列神经元标记物（如图 8-56 所示）。诱导产生的 hciN 细胞成熟后，表现出自发的钙瞬变特征，且能够产生重复动作电位、快速钠内向电流和自发性突触后电流等，表明 hciN 细胞可以形成功能性突触。有趣的是，研究者发现神经祖细胞基因 *Sox2*、*PAX6*、*Foxg1* 或神经巢蛋白（nestin）基因在诱导过程中未见表达，表明这一化合物诱导方法，使人成纤维细胞快速退出细胞周期，直接转分化而生成 hciN 细胞。进一步，该化合物也可用于神经疾病模型的构建。该研究组成功地应用化合物组合，将携带突变基因的家族性阿尔茨海默病患者的成纤维细胞，诱导成神经细胞。这些病人来源的 hciNs，表现出相应淀粉样蛋白分泌异常等相关的病理特征，表明该化合物的诱导策略是生成患者特异性神经细胞的可行方法，为神经系统疾病模型的构建、相关机制的研究和药物的筛选，提供了一个有用与可行的方法。

8.5.3　利用共聚焦显微镜和流式分析技术，发现在酸性环境中特异性识别凋亡坏死细胞的免疫受体

2015 年 5 月 26 日，美国科学院院刊（*PNAS*）在线发表了中科院上海生科院生化细胞研究所何勇宁研究组的研究成果[19]。该组成员曹龙兴等人结合冷冻电镜三维重构技术和相关的分子生物学方法，获得了人源 DEC205 胞外段的三维结构，并发现该分子在酸性条件和碱性条件下呈现不同的构象。在酸性条件下，该分子形成一个紧凑的双环状构象；而在碱性条件下，双环状构象被打开，呈现具有较大柔性的线性构象。进一步的生化和细胞实验表明，利用流式细胞分析仪 BD Calibur 和共聚焦显微镜 Leica TCS SP8 进行检测分析，DEC205 在酸性和碱性条件下的构象变化，与其功能直接相关。DEC205 仅在酸性条件下识别凋亡和坏死细胞，而对于正常细胞而言，DEC205 无论在酸性还是碱性条件下都不会识别。这表明，DEC205 是一个在酸性环境中特异性地识别凋亡/坏死细胞的免疫受体，也是到目前为止发现的首个具有这种功能的受体（图 8-57）。事实上，酸化与细胞凋亡、肿瘤发生以及炎症都紧密相关，因此关于 DEC205 的这一研究，意味着新的凋亡细胞清理通路。另外，由于 DEC205 已被用于针对肿瘤等抗原的免疫疗法，该研究也为相应的抗肿瘤免疫策略提供了新思路。

本成果依托上海设施的电镜分析系统、复合激光显微镜系统、规模化蛋白质制备系统等实验平台，在电镜分析系统上完成了电镜相关数据采集的实验，在复合激光显微镜系统上完成了荧光观察、流式细胞仪细胞筛选等实验，在规模化蛋白质制备系统上利用动态光散射完成了分子半径的测定等实验。

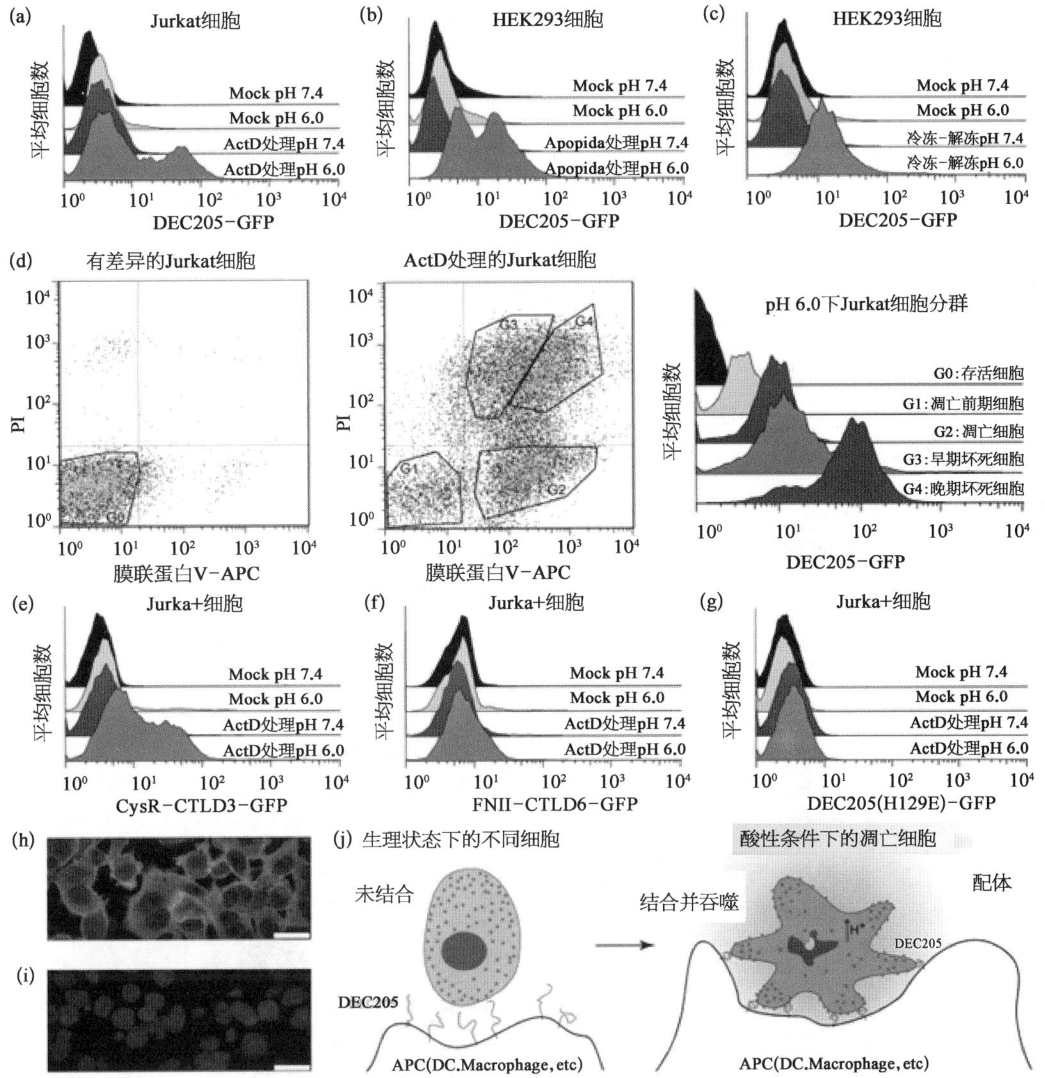

图 8-57 免疫受体分子 DEC205 在不同 pH 值环境条件下识别凋亡/坏死细胞(彩图见图版第 50 页)

(a) 通过流式分析仪 BD Calibur 检测,在酸性 pH 值环境下,DEC205-GFP 能结合放线菌素 D(ActD)处理过的人外周白血病 T 细胞(Jurkat 细胞);(b) DEC205-GFP 能在酸性 pH 环境中结合 Apopida* 处理过的 HEK293 细胞;(c) DEC205-GFP 能在酸性 pH 环境中结合冻融 HEK293 细胞;(d) 膜联蛋白 V(annexin V)-APC、PI 和 DEC205-GFP 三色荧光标记酸性条件下的 Jurkat 活细胞(左)和 ActD 处理的 Jurkat 细胞(中),右侧结果为结合 DEC205 这 2 种细胞在流式图谱中圈定的不同子集比例;(e) CysR-CTLD3-GFP(小环部分)可以在酸性条件下结合 ActD 处理的 Jurkat 细胞;(f) 在酸性或者中性条件下,FNⅡ-CTLD6-GFP(大环部分)不能结合到 ActD 处理过的 Jurkat 细胞;(g) 在酸性或者中性条件下,DEC205(H129E)-GFP 不能结合到 ActD 处理过的 Jurkat 细胞;(h) 对酸性 pH 6.0 条件下的 HEK293,固定通透处理后标记 DEC205-GFP 和 DAPI,利用激光光聚焦显微镜 Leica TCS SP8 进行成像;(i) 在 pH 7.4 的 PBS 中,对 HEK293 细胞进行固定通透处理,荧光标记 DEC205-GFP 和 DAPI,进行共聚焦成像;(j) DEC205 在酸性环境中特异地识别凋亡/坏死细胞的模式图。DC, Macrophage, etc: 树突状细胞、巨噬细胞等。(图片改自[19])

* Apopida: apoptosis inducer A(细胞凋亡诱导试剂 A)。

8.5.4　运用荧光激发流式分选技术，研究证明炎症相关的细胞因子组合，可促进肌肉干细胞在体外的长期扩增（图 8－58、图 8－59）

成体干细胞没有致肿瘤性，其使用不涉及伦理问题，具有较高的安全性，是非常有前途的再生医学治疗的细胞来源。理想的成体干细胞疗法的策略是，从患者或捐献者体内获取少量组织，分离干细胞后在体外扩增出用于移植的足够多的干细胞。这一策略有效地避免了目前疗法中“以损伤修复损伤”的问题，其关键在于建立高效扩增的功能性干细胞。但是，多数成体干细胞难以在体外进行有效的功能性扩增，因而阻碍了成体干细胞在再生医学中的应用。与多数成体干细胞类似，肌肉干细胞很难在体外扩增。同时，肌肉干细胞在体外培养后很快分化为成肌肉祖细胞，失去了在体内修复肌肉损伤的能力。这一问题是阻碍肌肉干细胞用于肌肉相关退行性疾病治疗之主要困难。

2015 年 5 月 15 日，国际专业学术期刊 *Cell Research* 在线发表了中科院上海生化细胞研究所胡苹和王红艳研究组合作研究的最新成果[20]。通过研究体内肌肉干细胞增殖的微环境，发现 T 细胞诱导的急性炎症，是肌肉干细胞增殖的重要微环境。又通过生物化学分析方法，进一步鉴定出 T 细胞所分泌的最小有效细胞因子组合，发现该细胞因子组合能够像 T 细胞一样。利用上海设施的荧光激发细胞分选仪 BD Influx，进行分离活

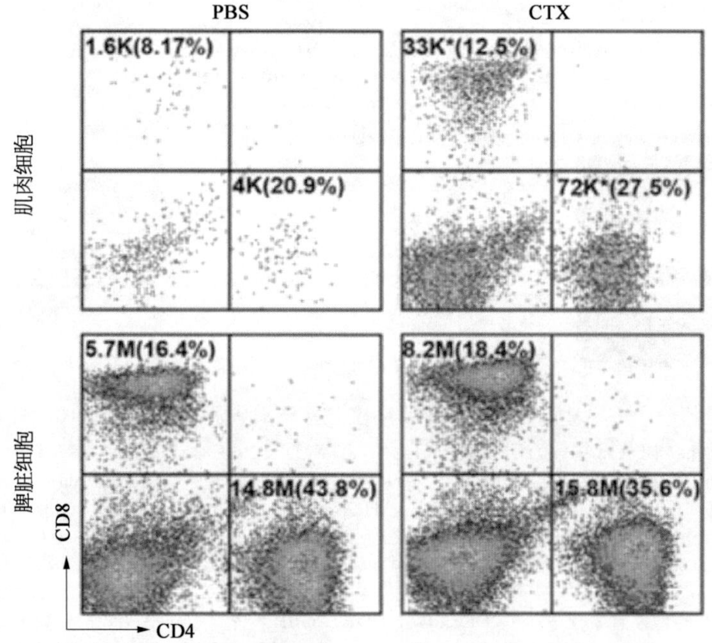

图 8－58　应用流式细胞分析仪 BD Calibur 对 T 淋巴细胞进行分析（彩图见图版第 51 页）

使用心脏毒素（cardiotoxin，CTX）诱导损伤 3 d 后，在肌肉和脾脏细胞中，T 淋巴细胞 CD4 阳性或者 CD8 阳性的细胞数均有显著变化。＊代表在统计学上具有显著性，$P<0.01$。统计结果是由 3 次独立的实验计算而来。K 为 10^3 个细胞，M 为 10^6 个细胞。（图片改自[20]）

化肌肉干细胞的操作，能有效地促进肌肉干细胞在体外的增殖和长期传代。长期培养后的肌肉干细胞，不仅保持了高效的体外分化能力，而且能在体内高效修复肌肉损伤。在损伤修复后，移植的肌肉干细胞能够回归正确的干细胞壁龛(niche)*，并修复后续的肌肉损伤。传代后的肌肉干细胞，在全基因组水平上具有与体内肌肉干细胞相似的表达谱。这一系统的建立，有效地解决了肌肉干细胞在体外培养后迅速丧失干细胞性，无法在体内修复肌肉损伤的问题，为肌肉干细胞用于再生医学治疗奠定了基础。同时，这一工作揭示了免疫细胞、急性炎症与成体干细胞之间的有机联系，为进一步深入研究免疫反应与机体再生的关系奠定了基础。

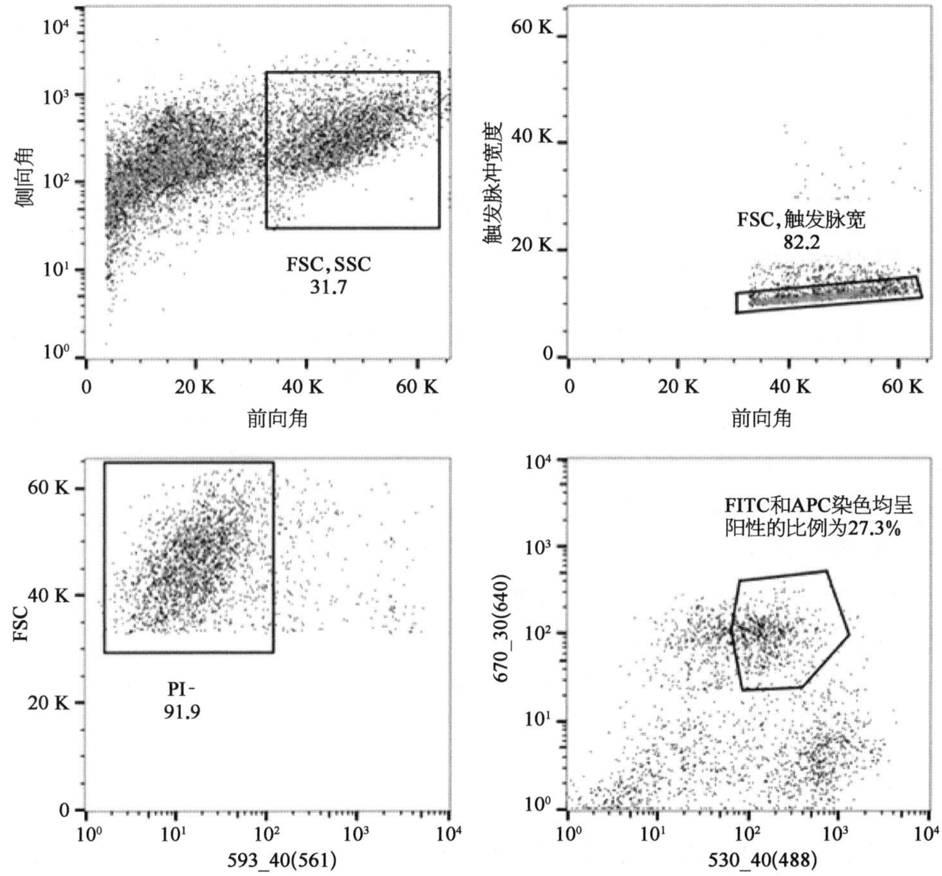

图 8-59　用荧光激发流式细胞分选仪分选肌肉干细胞(彩图见图版第 51 页)

利用胶原酶消化肌肉细胞，用荧光染料抗体 anti-CD34/FITC 和 anti-integrin-α7/APC 进行标记，圈出 PI 呈阴性的活细胞群，再通过荧光激发细胞分选仪(BD Influx)，从中分选出 FITC、APC 呈双阳性的肌肉干细胞。(图片改自[20])

---

* 干细胞壁龛是指某种锚定干细胞，并调控干细胞使之处于 G0 期的微环境。这个微环境可以是体内的，也可以是体外的，能够保护干细胞不受外部诱导分化因素的影响，而维持未分化的状态。

8.5.5　利用超高分辨率显微成像技术和活细胞成像技术，发现提高 T 细胞抗肿瘤免疫功能的新方法

人体的免疫系统负责保卫机体健康，其中 T 细胞在肿瘤的监控和杀伤中起着至关重要的作用。然而，肿瘤细胞能够通过多种机制来抑制 T 细胞的抗肿瘤活性，从而逃避免疫系统的攻击。在临床上，可以通过提高 T 细胞的活性来治疗肿瘤。目前，基于 T 细胞的肿瘤免疫治疗，已经取得巨大的成功，具有广泛的应用前景。但是现有的治疗方法仅对部分病人有效，并有一定的副作用。因此，科学家需要开发新的肿瘤免疫治疗方法，以改善疗效，并让更多的病人受益。

中科院上海生科院生化细胞研究所分子生物学国家重点实验室/国家蛋白质科学研究（上海）设施许琛琦研究组和分子生物学国家重点实验室李伯良研究组，从全新角度去研究 T 细胞的抗肿瘤免疫功能。科研人员认为，通过调控 T 细胞的"代谢检查点"，可改变其代谢状态，使之获得更强的抗肿瘤效应。2016 年 3 月 17 日，国际专业学术期刊 *Nature* 在线发表了他们的合作研究成果[21]。他们发现"代谢检查点"可以调控 T 细胞的抗肿瘤活性，并鉴定了肿瘤免疫治疗的新靶点——胆固醇酯化酶 ACAT1 以及相应的小分子药物前体，为开发新的肿瘤免疫治疗方法奠定了基础。研究人员充分利用了超高分辨率显微镜（STORM）、全内反射活细胞成像技术和共聚焦显微成像技术，将它们熟练地应用到课题的不同实验中（如图 8 - 60），从而取得了一系列实验成果。他们发现，T 细胞代谢通路中的胆固醇酯化酶 ACAT1，是一个很好的调控靶点。抑制 ACAT1 的活性，可以大大提高 $CD8^+$ T 细胞（又名杀伤性 T 细胞）的抗肿瘤功能。因为 ACAT1 被抑制后，杀伤性 T 细胞质膜上的游离胆固醇水平提高，从而让 T 细胞的肿瘤抗原免疫应答变得更加高效。同时，科研人员还利用 ACAT1 的小分子抑制剂 avasimibe 在小鼠模型中治疗肿瘤，发现该抑制剂具很好的抗肿瘤效应；并且 avasimibe 与现有的肿瘤免疫治疗临床药物 anti - PD - 1 联用后效果更佳。该项研究开辟了肿瘤免疫治疗研究的一个全新领域，证明细胞代谢对肿瘤免疫应答起到了关键作用，同时发现 ACAT1 这一新的药物靶点，揭示 ACAT1 小分子抑制剂的应用前景，为肿瘤免疫治疗提供了新思路与新方法。此研究入选"2016 年度中国科技十大成果"。

8.5.6　运用共聚焦显微成像技术，协助研究小 G 蛋白 Arl1 调控 GEF 蛋白 BIG1 定位的分子机制

膜泡运输是细胞内部以及细胞之间运输大分子物质和颗粒物质的主要途径，它在细胞的营养吸收、免疫调节、信号传导、神经传递等过程中都发挥着非常重要的作用。小 G 蛋白 Rab 家族和 Arf 家族成员，在膜泡运输过程中作为分子开关而发挥其功能作用。它们可以通过与不同效应蛋白质的结合，募集相关的蛋白质到特定细胞器上，激活下游信号通路。GEF 蛋白可以激活小 G 蛋白的活性，使之由结合 GDP 的非活性状态转变为结合 GTP 的活性状态。

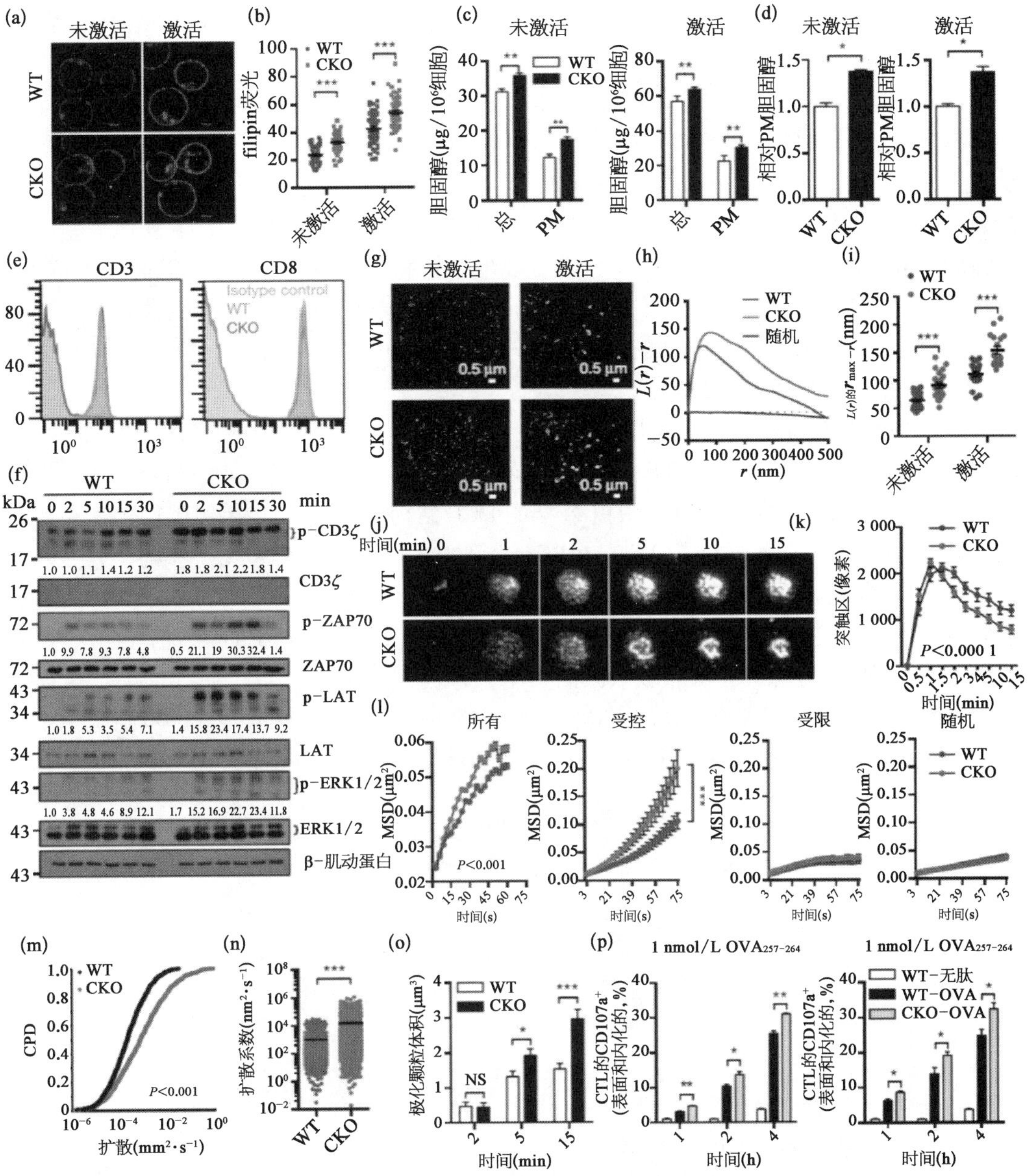

图 8-60　细胞质膜胆固醇调节 T 细饱受体聚集和免疫突触形成(彩图见图版第 52 页)

(a—d) 通过 filipin Ⅲ染色对本底水平和激活的 CD8$^+$ T 细胞的胆固醇进行定量分析(共聚焦显微成像),*Acat*1^{CKO} CD8$^+$ T 细胞质膜的胆固醇水平,比野生型 T 细胞要高。(e,f) *Acat*1^{CKO}CD8$^+$ T 细胞的 TCR 信号跟野生型细胞相比,有极大增强。本底 *Acat*1^{CKO} CD8$^+$ T 细胞的 TCR 和 CD8 表面水平并没有增加。(e) 本底野生型和 CKO CD8$^+$ T 细胞表面的 CD3 和 CD8 表达水平。(f) 4 μg · ml^{-1} anti-CD3/CD28 刺激的本底 CD8$^+$ T 细胞的 TCR 信号。(g—i) 利用单分子荧光超高分辨率显微镜(STORM)成像分析发现,本底和激活的 CD8$^+$ T 细胞质膜上的 TCR 聚集,都比野生型细胞中的要大;(j—n) 利用活细胞成像,发现 ACAT1 缺陷导致 TCR 微团更快地进行定向运动,趋向突触中心。(j,k) 全内反射荧光显微镜(TIRFM)分析平面脂质双分子层上 CD8$^+$ T 细胞的免疫突触。(i—n) CD8$^+$ T 细胞上 TCR 微团的运动参数。(o,p) 细胞溶解型颗粒的极化和脱粒水平在 *Acat*1^{CKO}CD8$^+$ T 细胞中扩大了。WT: 野生型; CKO: 条件性基因敲除;Isotype control: 同型对照。(图片改自[21])

中科院上海生科院生化细胞研究所丁建平研究组在内吞体代谢和膜泡运输过程中，对小 G 蛋白的生物学功能开展了多年的研究工作，先后测定了一些重要的小 G 蛋白，包括 Arl2、Rab5 和 Rab9 等的复合物结构，揭示了它们在膜泡运输过程中的生物学功能及其发挥功能的分子基础。近期又开展了小 G 蛋白 Arl1 调控 GEF 蛋白 BIG1 在高尔基体反式面定位机制的研究。小 G 蛋白 Arf1 调控高尔基体的膜泡运输过程，其活性受 GEF 蛋白 BIG1 的调控；而 BIG1 作为小 G 蛋白 Arl1 的效应蛋白质，通过 Arl1 被招募到高尔基体膜上，激活 Arf1。但是，Arl1 如何特异性地识别和招募 BIG1 的分子机制还不清晰。2016 年 7 月 19 日，国际学术期刊 *Journal of Molecular Cell Biology* 在线发表了丁建平研究组的最新研究成果[22]，该研究工作揭示了膜泡运输中小 G 蛋白 Arl1 介导 GEF 蛋白 BIG1 定位在高尔基体反式面的分子基础。

丁建平研究组的王嵘等人运用结构生物学方法，解析了活性状态的 Arl1 与 BIG1 的 DCB 结构域的复合物(Arl1 - GTP - DCB)晶体结构(图 8 - 61)，发现 Arl1 - GTP 通过“分子开关”结构域，特异性地结合 BIG1 蛋白 N 端的 DCB 结构域，并进一步运用生物化学和共聚焦显微成像技术，验证和分析了 Arl1 与 BIG1 之间的相互作用关系，鉴定了参与特异性识别的关键位点，发现 Arl1 与 BIG1 的相互作用方式，跟之前已报道的 Arl1 与效应蛋白质复合物的相互作用方式具有较大差异，基于研究结果提出了 Arl1 通过与 BIG1 的相互作用，招募 BIG1 到高尔基体的反式面，从而级联激活 Arf1 的分子机制模型。以上研究结果不仅揭示了这些蛋白质在内吞体代谢和膜泡运输过程中的生物学功能，同时也为进一步阐明 Arf 家族成员之间，以及与其他家族小 G 蛋白之间功能差异的分子基础，提供了重要的信息。

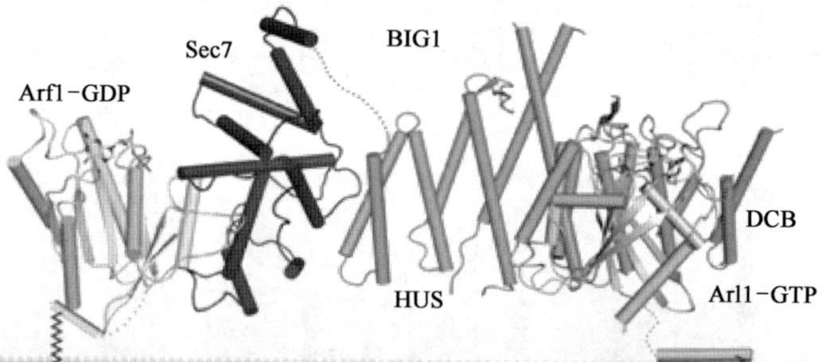

图 8 - 61　Arl1 介导 GEF 蛋白 BIG1 定位到反式高尔基体的分子模型
(详见下载图 8 - 61，下载网址见 31 页脚注)

定位在高尔基体膜上的 Arl1 - GTP，能够与 BIG1 的 DCB 结构域结合，招募 BIG1 到高尔基体反式面上。BIG1 的 Sec7 结构域继而发挥 GEF 活性，促使 Arf1 - GDP 转变为活性状态的 Arf1 - GTP。然后 Arf1 - GTP 可以招募一些效应蛋白质如 COPI 等，到高尔基体反式面，激活下游的膜泡运输过程。(图片引自[22])

8.5.7　蛋白质上海设施用户黄行许课题组成功揭示哺乳动物胚胎染色体三维结构的重编程规律

上海科技大学生命学院黄行许课题组与中科院北京基因组研究所刘江课题组合作，

利用少量细胞 Hi－C 技术，成功地绘制了小鼠雌雄配子以及不同发育阶段胚胎中染色质相互作用的图谱，揭示了哺乳动物早期胚胎发育过程中染色质高级结构动态变化的规律，相关成果于 2017 年 7 月 13 日在国际专业学术期刊 *Cell* 上在线发表[23]。

精子和卵发生受精后，细胞核中的染色体如何变化，如何变成正常的细胞染色体，是个一直未破解的科学问题。同时，了解哺乳动物发育过程中染色体高级结构的变化，有利于理解人是如何从受精卵发育成个体的。最近的研究揭示，构成染色质三维结构的单元是拓扑相关区域（topologically associated domain，TAD），它与组蛋白修饰、基因表达以及 DNA 复制有关。以 TAD 为基础形成的更高级结构，可分为 A 组分和 B 组分（compartment A/B），A 组分区域内的基因倾向于转录活化状态，而 B 组分倾向于失活状态。

基于该研究背景，黄行许课题组和刘江课题组合作，解决了使用少量细胞建立三维染色体结构图谱的难题，从而获得小鼠精子、卵子和早期胚胎染色体高级结构的高分辨率图谱。

研究结果显示（图 8－62），卵细胞不含有拓扑结构域（TAD），而在精子中普遍存在超

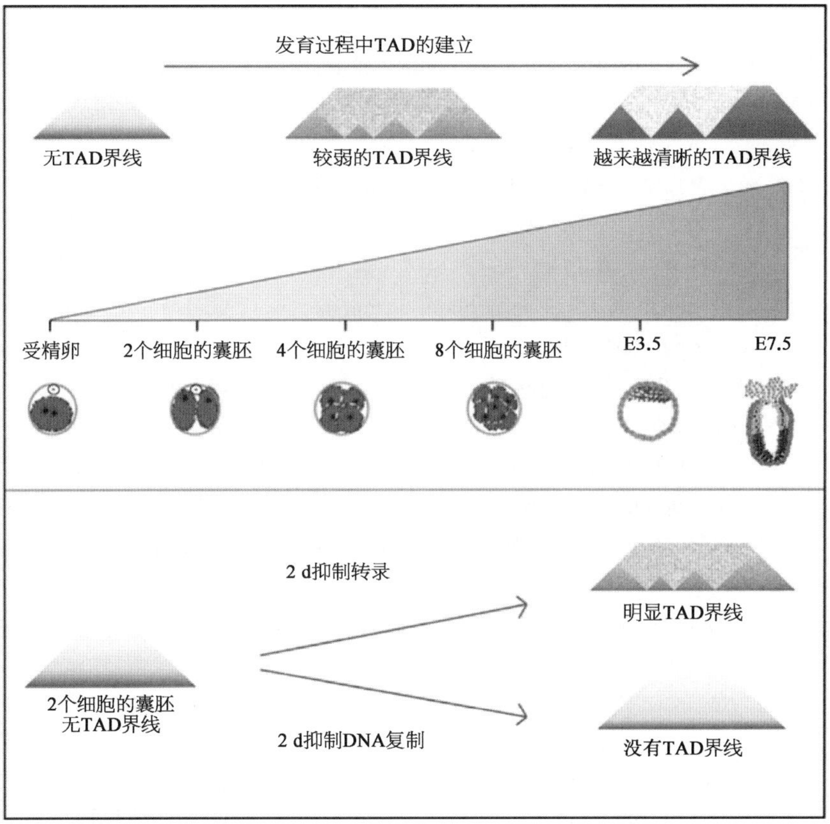

图 8－62　早期胚胎发育过程中 TAD 建立的动态变化模式图
（详见下载图 8－62，下载网址见 31 页脚注）

卵细胞不含有拓扑结构域（TAD），而在精子中普遍存在超远程染色体的相互作用。同时，受精后随着亲本基因组的融合，父源和母源的高级结构变得模糊。但是在胚胎发育进程中，TAD 逐渐建立，并在原肠胚阶段形成清晰的 TAD 界线。（图片改自[23]）

远程染色体的相互作用。同时，受精后随着亲本基因组的融合，父源和母源的高级结构变得模糊。但是在胚胎发育进程中，TAD 逐渐建立；而且在原肠胚阶段，形成清晰的 TAD 界线。研究进一步显示，染色体高级结构的建立，不依赖于受精卵基因组转录的激活，而是依赖于基因组的复制。除此之外，本研究首次发现染色体的高级结构与 DNA 甲基化的关联，并且发现早期发育的 DNA 去甲基化，也与染色体的高级结构相关。

上海设施复合激光显微镜系统，针对本研究结果中小鼠胚胎不同细胞周期的统计工作，提供了重要的技术支持。该工作中 PI 染色后小鼠胚胎的高内涵成像，是在高通量细胞分析仪 ThermoFisher Cellomics VTI 700 上进行成像和数据分析后整理得到的。

参考文献

[1] Sheppard C J, Wilson T. The theory of the direct-view confocal microscope. J Microsc, 1981, 124: 107 - 117.

[2] Axelrod D. Cell-substrate contacts illuminated by total internal reflection fluorescence. J Cell Biol, 1981, 89: 141 - 145.

[3] Gustafsson M G. Nonlinear structured-illumination microscopy: Wide-field fluorescence imaging with theoretically unlimited resolution. Proceedings of the National Academy of Sciences of the United States of America, 2005, 102(37): 13081.

[4] Rust M J, Bates M, Zhuang X. Sub-diffraction-limit imaging by stochastic optical reconstruction microscopy (STORM). Nature Methods, 2006, 3: 793 - 796.

[5] 梁智辉，朱慧芬，陈九武. 流式细胞术基本原理与实用技术. 武汉：华中科技大学出版社，2008.

[6] Spector D L, Godlman R D. Basic methods in microscopy: A laboratory manual. Cold Spring Harbor: Cold Spring Harbor Laboratory Press, 2006.

[7] White J G, Amos W B, Fordham M. An evaluation of confocal versus conventional imaging of biological structures by fluorescence light microscopy. J Cell Biol, 1987, 105: 41 - 48.

[8] Van M G, Stelzer E H, Wijnaendts-Van-Resandt R W, et al. Sorting of sphingolipids in epithelial (Madin-Darby canine kidney) cells. Journal of Cell Biology, 1987, 105(4): 1623 - 1635.

[9] Denk W, Strickler J H, Webb W W. Two-photon laser scanning fluorescence microscopy. Science, 1990, 248: 73 - 76.

[10] Gustafsson M G L. Surpassing the lateral resolution limit by a factor of two using structured illumination microscopy. J Microsc, 2000, 198(2): 82 - 87.

[11] Verveer P J. Advanced fluorescence microscopy. New York: Springer, 2014.

[12] Zhao X, Jin M, Wang M, et al. Fidgetin-like 1 is a ciliogenesis-inhibitory centrosome protein. Cell Cycle, 2016, 15(17): 2367 - 2375.

[13] Klar T A, Jakobs S, Dyba M, et al. Fluorescence microscopy with diffraction resolution barrier broken by stimulated emission. Proceedings of the National Academy of Sciences of the United States of America, 2000, 97(15): 8206 - 8210.

[14] Thompson R E, Larson D R, Webb W W. Precise nanometer localization analysis for individual fluorescent probes. Biophysical Journal, 2002, 82(5): 2775 - 2783.

[15] 孔祥涛.流式分选原理. https://wenku.baidu.com/view/8c4ec04cb307e87101f6967c.html?from=search, 2018-08-01.

[16] Wu Y, Zhou H, Fan X, et al. Correction of a genetic disease by CRISPR-Cas9-mediated gene editing in mouse spermatogonial stem cells. Cell Research, 2014, 25(1): 67-79.

[17] Mao J, Huang S, Liu S, et al. A herbal medicine for Alzheimer's disease and its active constituents promote neural progenitor proliferation. Aging Cell, 2015, 14(5): 784-796.

[18] Hu W, Qiu B, Guan W, et al. Direct conversion of normal and Alzheimer's disease human fibroblasts into neuronal cells by small molecules. Cell Stem Cell, 2015, 17(2): 204-212.

[19] Cao L, Shi X, Chang H, et al. pH-dependent recognition of apoptotic and necrotic cells by the human dendritic cell receptor DEC205. Proceedings of the National Academy of Sciences of the United States of America, 2015, 112(23): 7237-7242.

[20] Fu X, Xiao J, Wei Y, et al. Combination of inflammation-related cytokines promotes long-term muscle stem cell expansion. Cell Research, 2015, 25(6): 655-673.

[21] Yang W, Bai Y, Xiong Y, et al. Potentiating the antitumour response of CD8+ T cells by modulating cholesterol metabolism. Nature, 2016, 531(7596): 651.

[22] Wang R, Wang Z, Wang K, et al. Structural basis for targeting BIG1 to Golgi apparatus through interaction of its DCB domain with Arl1. Journal of Molecular Cell Biology, 2016, 8(5): mjw033.

[23] Ke Y, Xu Y, Chen X, et al. 3D Chromatin structures of mature gametes and structural reprogramming during mammalian embryogenesis. Cell, 2017, 170(2): 367-381.

第9章 分子影像系统

9.1 系统概述

分子影像系统是从单分子、单细胞到组织、器官、活体小动物，在多尺度和多层次水平上，并从离体和在体两个不同的角度上，分析蛋白质结构与功能的全方位分子影像系统。分子影像系统以及配套的样品制备模块，集成原子力显微镜、高精度激光双光镊、超高分辨率成像显微镜等主要的先进分子影像仪器设备，在国内乃至亚洲地区形成强有力的分子影像科研技术支撑和保障服务的大科学装置平台。

生物单分子行为研究，是指在单分子水平上对生物分子行为（包括构象变化、相互识别、相互作用等）的实时动态检测，以及在此基础上的操纵和调控等。这是分子生物学的自然延伸与必然趋势[1]。单个生物分子的尺寸，一般在纳米量级，需要应用和发展纳米科学技术，并采用一些新的技术方法和概念加以研究。同时，物质在纳米尺度下常具有不同于宏观的性质，这些性质往往在生命科学领域有着广泛的应用前景[2,3]。进行生物单分子研究有 2 个关键性的问题。第一是选择有必要用单分子方法研究，并能够取得生物和医学中突破性成果和具有重大研究意义的研究课题，如蛋白质错误折叠问题与异常生命现象、特异性分子识别单分子机制和超灵敏检测等[4]。第二是必须有相应的、集中的技术与方法支撑，如原子力显微镜技术、扫描探针显微镜技术、光（磁）镊技术、单分子荧光超高分辨率成像技术等[5,6]。发展适于活细胞研究的生物单分子成像、检测与操纵的新技术、新方法、新手段，并跟合适的生物体系研究相结合，这在单分子生物研究中显得尤为重要[2]。随着国内科研技术水平的提高和交叉学科的发展，近几年国内单分子生物学研究的需求越来越大。目前众多高校和科研院所都在逐步建立自己的单分子生物学研究团队。由于单分子生物学研究对硬件设施的要求较高，分子影像系统单分子模块的建成，既满足了各研究单位对高效率制备单分子样品以及精细检测和研究生物单分子特性的需求，又有利于资源集中优势的配置，可以有效避免重复建设及浪费。

再者，当前的生命科学越来越注重阐明蛋白质分子在生物体中的活动，尤其注重研究小鼠等模式动物中的蛋白质活动，以便更真实地揭示生理与病理的现象和规律。对活体小动物体内的蛋白质研究，主要是采用分子成像装置，检测动物体内的蛋白质行为[7]。近年来，活体分子影像技术发展非常迅速，在细胞和组织水平的各种生命活动，如细胞生长、信号转导和细胞运动以及与各种疾病特别是肿瘤、心血管和神经-精神疾病的研究及药物开发等相关的蛋白质研究中，成为不可或缺的技术手段[8]。本系统计划在上海设施建立分子影像系统活体小动物模块以及配套的动物房设施等，可极大地提高设施在蛋白质活体研究上的能力。

单分子技术在过去 20 年里，已逐渐发展成为研究分子微观尺度的表面形貌、拓扑结构、力学行为和分子活动等本征信息的有力工具[1]。在生命科学的研究领域中，小到单个蛋白质，大到单个细胞，都可以通过主要的几类单分子纳米技术，进行系统、互补的研究。分子影像系统的相关仪器设备包括原子力显微镜[9]、高精度激光双光镊[10]、磁镊[11]单分子荧光超高分辨率显微镜[5]等。本系统将致力于发展和利用这些先进的单分子纳米技术，实现支持大多数生命科学领域对蛋白质科学基础及应用问题的多尺度和多层次研究，为国内外的蛋白质科学研究提供先进的技术平台，并进一步促进该领域的技术进步以及相关纳米生物技术的产业化发展，培养蛋白质科学研究的分子影像技术专业人才。分子影像系统的对外服务和运维管理，以及其所具有的科研创新活力，都将特色鲜明、应用广泛。

分子影像系统主要建设单分子影像分析和活体小动物分子影像两大实验模块和一个样品模块。样品模块包括样品制备设备和实验动物房，不但为系统提供分子、细胞样品与实验动物，还为设施的其他系统提供在体功能研究样品及技术支撑。目标是在单分子、单细胞到组织、器官、活体动物的多尺度、多层次水平上，并从离体和在体两个不同的角度，建成分析蛋白质结构与功能的分子影像系统。该系统的建设周期为 3 年。

9.2 系统设计方案

9.2.1 系统建设目标、技术方案和性能指标

9.2.1.1 系统建设目标

系统计划建立的模块包括单分子影像分析模块、活体小动物分子影像模块以及配套的样品模块，含实验动物房等设施。

9.2.1.2 系统技术方案

分子影像系统中的 2 个模块具有相对独立性，也可以有机地进行组合，相互印证，综合研究蛋白质在生命活动中的功能。具体技术方案见图 9－1。

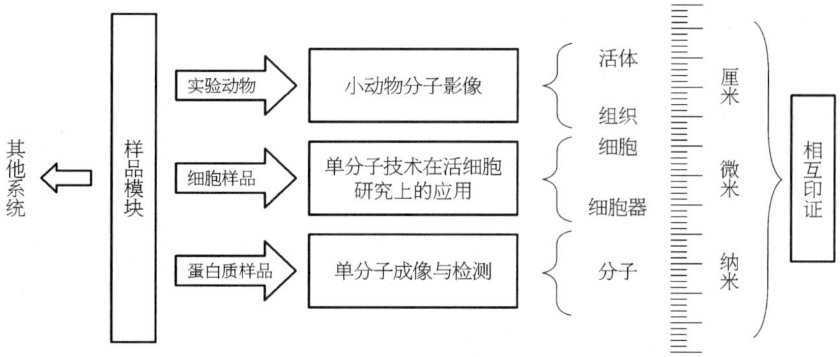

图 9－1 分子影像系统技术方案图

9.2.1.3　系统性能指标及验收说明

(1) 单分子影像分析模块：可对单个分子或者细胞表面进行三维成像，最高精度优于 1 nm。利用倒置显微镜实现荧光图像同步测量。可对单个分子进行定位操纵，精度优于 1 nm，同时检测分子的位移(或形变)和力。位移的测量精度优于 1 nm，力的测量量程宽于 0.05～100 pN(皮牛顿)，精度 50 fN(飞牛顿)。可实现时间分辨显微、荧光寿命成像、单分子光谱等功能。在标准化实验条件下，原子力显微镜、光/磁镊动态检测、单分子荧光技术可分别测量样品 20 个/d。本模块可测量样品 60 个/d(包括可对 20 个蛋白质样品进行动力学检测)。

(2) 活体小动物分子影像模块：可对活体小动物样品，利用化学发光、荧光、X 射线及超声波，提供三维成像功能。最高空间分辨率优于 10 μm，时间分辨率接近实时。在标准化实验条件下，应用化学发光/荧光、X 射线(micro - CT，微计算机断层扫描技术)及超声技术，每天可分别对 100、50、100 只小动物进行检测。本模块总共可检测小动物 200 只/d。

(3) 样品模块(实验动物房)：饲养模式为屏障系统，部分(25%)加独立通风笼盒(independent ventilation cage，IVC)。最大饲养容量：小鼠 5 000 只左右，大鼠 2 500 只左右。

在性能指标中的“标准化实验条件”，是指国际同行公认的标准化实验样品及已经过优化的、切实可行的实验条件和步骤。只有在标准化实验条件下，才能确定 1 台仪器每天测量样品的最大能力。

9.2.2　系统构成与可行性研究设计

9.2.2.1　系统构成

分子影像系统是开展蛋白质科学相关的分子影像动态示踪研究之必备基础设施。本系统的独特之处在于，将成像的分辨率提升到纳米尺度的单分子水平，以及可对活体小动物的分子影像进行实时观测。本系统将从多层次、多尺度上，全面支持蛋白质分子结构与生理功能的研究，建立单分子影像分析、活体小动物分子影像实验的模块，以及配套的样品模块，包括实验动物房等。

1. 单分子影像分析模块

单分子影像分析模块，以原子力-荧光倒置显微镜系统、高精度激光双光镊动态检测系统和超高分辨率单分子荧光检测仪器设备为支撑，并匹配相应的数据处理配套设备，以多种检测手段与方式，对单个细胞或单个生物大分子进行形貌特征、生化特征的相互印证与补充检测。

(1) 原子力显微镜

原子力显微镜(atomic force microscope，AFM)的基本原理是：将一个对微弱力极敏感的微悬臂的一端固定，另一端有一微小的探针，针尖与样品表面轻轻接触。由于针尖尖端原子与样品表面原子之间，存在极微弱的排斥力，通过在扫描时控制这种力的恒定，带有针尖的微悬臂即对垂直于样品的表面方向发生起伏运动[9]。利用光学检测法，可测得微悬臂对应于扫描各点之位置变化，从而可以获得样品表面形貌的信息。原子力显微镜的横向及纵向（即 x、y 方向）上的测量精度可达到 1 nm，与扫描电子显微镜相当；而纵向（即 z 方向）上的精度则达到 0.2 nm，高于电镜的分辨率。相对于电镜，原子力显微镜还具有提供样品的三维表面图像，不需要对样品进行特殊处理，可在常压下及液体环境下良好工作等特点，故可以用来研究蛋白质的表面三维结构及蛋白质复合物的结构。另外，为配合当今蓬勃发展的生命科学研究领域的需要，原子力显微成像也进入活细胞领域。新的生物型原子力显微镜系统，能够与多种商用倒置光学显微镜配合使用，在观测细胞光学或荧光图像的同时，进行纵向/横向大尺度的细胞表面成像[12]。这项新技术的诞生，开辟了一些全新的研究方向，例如在细胞上以超高分辨率标定膜蛋白的结构与活性等[13,14]。

本系统引进一套高端原子力显微镜与倒置显微镜的整合系统，以满足设施在蛋白质单分子和细胞成像方面的需要。原子力显微镜配备 2 台扫描器，即分子型和生物型扫描器；并选取小巧稳定、易于操作的型号，以适应生物学研究的需要。购置 2 套控制器，以便使 2 台扫描器可以同时工作。

分子型扫描器也称为扫描探针显微镜，用于超高分辨率、高稳定性及快速单分子成像。其主要技术性能指标如下。

① 扫描范围：≥10 μm×10 μm×2.5 μm。

② 系统噪声水平：<0.03 nm。

③ 传感器噪声水平（闭环扫描头）：<1 nm（XY），<0.1 nm（Z）。

④ XY 轴热漂移水平：<50 nm/℃。

⑤ 分辨率：可以持续稳定地对云母或石墨样品得到原子级分辨率。

⑥ 扫描速度：对硅片 10 μm 扫描范围的扫描速率>10 Hz，而图像不失真。

⑦ 数据通道：实时≥8 通道。

⑧ 最大解析度：≥5 120×5 120 像素。

⑨ 力测量精度：实现 10 pN 以下的力测量。

生物型扫描器主要侧重于对生物样品特别是活细胞，进行高精度三维表面成像，跟与倒置显微镜相结合的光学测量如相差、荧光、全内反射荧光等同步进行。其主要指标如下。

① 扫描器范围：XY 轴>90 μm、Z 轴>15 μm。

② 系统噪声水平：<0.1 nm。

③ 传感器噪声水平（闭环扫描头）：<1 nm（XY），<0.1 nm（Z）。

④ 最大解析度：≥5 000×5 000 像素。

⑤ 成像温度范围：室温至 80℃，工作范围 ± 0.1℃的稳定度。

⑥ 可结合多种光学技术，如明视场、相位、表面荧光、TIRF 等。

高分辨率地扫描一个蛋白质或细胞样品，约需 30 min。考虑到准备及校准仪器的时间，分子型和细胞型原子力显微系统能测量样品 20 个/d。

（2）高精度激光双光镊

分子影像系统的高精度双光镊系统，主要用于研究蛋白质等的折叠、去折叠以及分子间相互作用等生物大分子的力学特性，力学测量范围在 0.1～200 pN，时间测量精度< 1 ms，进而揭示分子微观过程的动力学机理，可操控和追踪微米介质小球，并测量记录 2 个颗粒间的作用力与运动状态等信息（图 9－2）[15]。

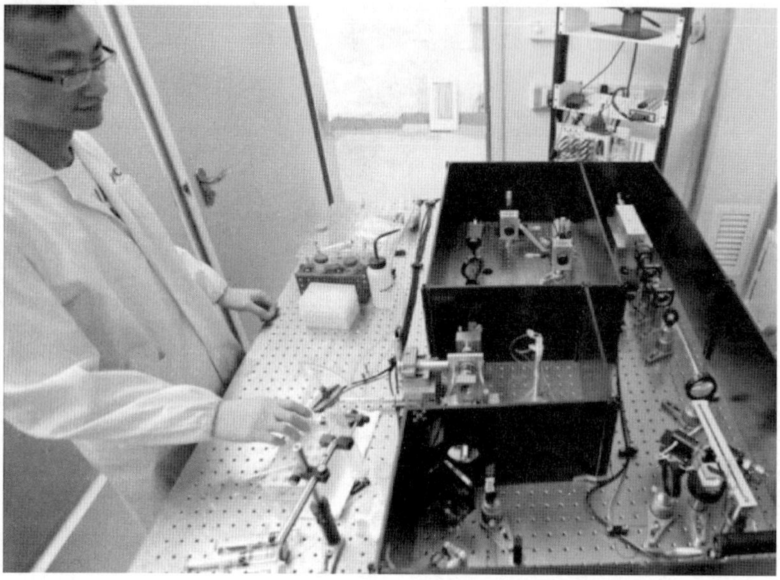

图 9－2　高精度激光双光镊

2. 样品模块

本模块由 2 部分组成——样品制备设备和实验动物房。

（1）样品制备设备：包括常用的动物解剖设备、组织切片设备、胚胎融合设备、细胞培养设备，以及制备动物及单分子实验样品所必须用到的生物安全柜、超净工作台、低速离心机、天平、pH 计、冰箱、离心机、制冰机、移液器、液氮罐、水浴锅、PCR 仪、等离子臭氧清洗机和惰性气体操作箱等。其他较大规模的蛋白质制备和细胞培养工作，将利用其他子系统已有的设备进行，而无须重复购置。由于在本系统中，活体小动物分子影像模块的主要研究对象是小鼠或者其他小动物，它们对周围环境的影响很敏感，而且实验过程必须尽可能在短时间内完成，因此动物房和生物样品准备实验室须在分子成像实验装置的附近建立，以减少从饲养间到实验装置之间运输所带来的不必要影响。屏障环境是指动物生活在气密性很好的设施环境内，设施内外的空气交流只能通过由特定通道进入与排出的空气净化单元。屏障环境用来饲养实验动物。一切进入屏障的人、动物、饲料、水、空气、铺垫物、各种用品，均须经过严格的微生物控制。进入的空气须过滤，过滤按屏障环境防止污染的要求不同而略有差别。屏障环境内通常设有供清洁物品和已使用物品流通的清洁走廊与污物走廊。空气、人、物品、动物的走向，采用单向流通路线。利用空调送风系统，形成清洁走廊→动物房→污物走廊→室外的静压差梯度，以防止空气逆向形成的污染。屏障内的人和动物尽量减少直接接触。工作人员要走专门通道，工作时应戴消毒手套，穿着灭菌工作服等防护用品。

独立通风笼(IVC)是一种气密性好，并伴有净化和机械通风的特殊笼具。它在国外被应用大约有10年，中国近年来开始推广使用。目前国内主要用它饲养无特定病原体动物级的实验大鼠及小鼠。

(2) 实验动物房：由屏障系统、各级(清洁级、SPF* 级、无菌级)实验动物饲养间、样品准备实验室、物料传递及消毒设备、温湿度控制系统、进排风机、IVC系统、生物安全柜、低温高速冷冻离心机、监控系统等组成。动物房按照国际上基本的设计施工规范自主建造，同时购置温湿度控制系统、进排风机、IVC系统等动物房的核心设备。

实验动物房的指标如下。

① 饲养模式：屏障系统，部分(25%)加独立通风笼盒(IVC)。

② 最大饲养容量：小鼠5 000只左右，大鼠2 500只左右。

③ 环境控制：高效过滤系统、屏障系统：10 000级；部分加IVC：优于10 000级。

购置常用的动物生理检测、行为记录、解剖、组织切片以及胚胎实验操作系统。

9.2.2.2 可行性分析

分子影像系统除了高精度激光双光镊以外，单个技术设备基本全部实现了商品化，可从国内外公司购得。分子影像系统建设的关键内容是：将不同的设备和部件通过系统集成的方式进行整合，从而形成完整的研究装置系统。对于大型仪器，统一采用国际招标和技术综合评定，从现有的生产厂家订购。

9.2.3 系统仪器设备、器件与部件

在系统的硬件配备上，考虑到系统内各模块的相互关系和内在平衡，合理及高效地分配及使用资金，进行关键设备技术的研发与自主创新，优化各相关设备的科学组合，同时还考虑到仪器设备正常检修和维护期间的系统运行需求。系统投资为2 770万元。分子影像系统按照模块、设备和部件分别设计如下。

9.2.3.1 单分子影像分析模块

单分子技术是在微观尺度上，用先进的物理、化学等纳米科技手段，观测示踪单个分子的新技术方法。单分子技术能够提供传统宏观实验方法所无法提供的单个分子在微环境中的个体信息，从而避免传统测量方法带来的整体平均效应。本模块紧扣当今的新技术热点，引进常用的单分子实验手段——原子力显微镜、光镊以及单分子荧光检测技术。这些技术各有所长，相互补充，使得本模块构成一个功能强大的单分子纳米技术平台。其中，原子力显微镜的特点是精确到纳米级的分子表面成像，光镊侧重于生物单分子的精确三维操纵及微小力学量和动态结构的检测，单分子荧光技术则可用于观测示踪

* SPF：specific pathogen free(无特定病原体)。

多个单分子在微环境中的动态行为。

原子力显微镜能够在大气以及液体环境中，快速并准确地观测样品表面微观（纳米及亚微米尺度）的三维形貌，同时可对样品表面的物理化学特性进行研究；能够测试多种样品表面的高分辨结构，如生物分子、活细胞、蛋白质等样品的纳米结构及快速变化的过程，可以直接在大气或液体中得到高分辨的图像及力学信息[16]。

单分子影像分析模块实时原位表征以及实时动态分析蛋白质在生物体中的活动；支持从单分子、单细胞到组织、器官、活体动物的多尺度、多层次研究；全面支持蛋白质分子动态性质与生理功能的研究，从而极大提升上海设施两个方面的能力，即多尺度结构分析和多层次动态研究的能力。

1. 原子力显微镜 Dimension Icon/FastScan AFM 性能特点

① 它是最高性能的针尖扫描方式的扫描探针显微镜（图 9-3），带 210 mm 直径的真空吸附，以及全自动样品台、多样品支持样品台。

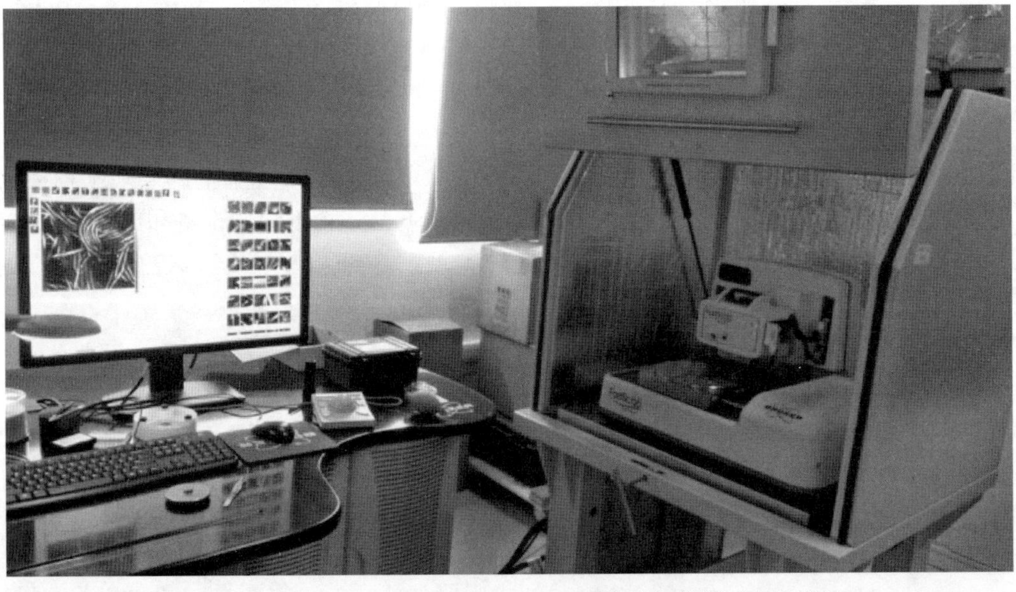

图 9-3 Dimension Icon/FastScan AFM 快速扫描原子力显微镜

② FastScan 快速扫描原子力显微镜扫描器，在轻敲模式（trapping mode）下扫描器成像速度可以快 20 倍。

③ Icon XYZ 三轴闭环扫描器，XY 方向为 90 μm，Z 方向＞10 μm。

④ 快速扫描三轴闭环扫描器，XY 方向 35 μm，Z 方向＞3 μm。

⑤ Z 方向噪声水平：开环控制＜0.03 nm；闭环控制＜0.035 nm（图像测试），＜0.05 nm（力测试）。

⑥ XY 方向定位噪声水平：开环控制＜0.10 nm，闭环控制＜0.15 nm。

⑦ 定量表面机械性能测试：不仅可以对样品表面形貌进行高分辨率成像，同时可以

对纳米机械性能(包括弹性模量和黏附力)成像。模量 1 MPa～70 GPa，黏附力 10 pN～10 μN。

⑧ 整体封闭一体式防振台。

⑨ 基本功能特点：接触模式(contact mode)、轻敲模式(tapping mode)、智能扫描模式(scanasyst mode)、峰值力轻敲模式(peak force tapping)、快速力曲线及力谱线(picoforce)、抬高模式(lift mode)、扭矩共振模式(TR－mode，tapping－TR)、高次谐波共振模式(harmonic mode)、液体环境的接触模式和轻敲模式、液体环境的智能扫描模式(ScanAsyst mode)，相位成像模式(phase imaging mode)、倾向力/横向力显微镜(LFM)、静电力显微镜(EFM)、磁力显微镜(MFM)、表面电势/开尔文显微镜(KFM)* 等。

2. Bioscope Catalyst AFM 性能特点

单分子影像分析系统的 Bioscope Catalyst 原子力显微镜(图 9－4)，实现了 AFM 与光学显微镜的完美结合与整体优化设计。它跟倒置荧光显微镜 Olympus IX73 完全兼容。Bioscope Catalyst AFM 提供液体及大气环境中的接触模式、轻敲模式、智能扫描模式等功能特点的高分辨表面测试，并实现快速力曲线及力谱线测试，同时提供在空气中应用的探针支架 Model Catalyst－ACH，以及液体环境探针支架 Model Catalyst－FCH。

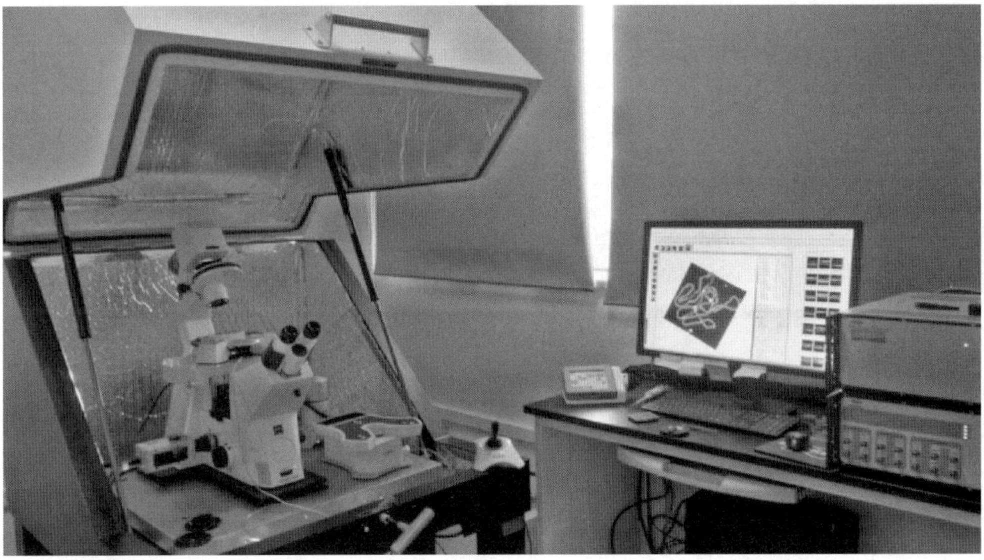

图 9－4 Bioscope Catalyst AFM 快速扫描原子力显微镜(彩图见图版第 53 页)

(1) Bioscope Catalyst 压电陶瓷扫描台：*XY* 闭环控制达到 150 μm，开环状态可达到 180 μm。高精度马达的 *XY* 样品移动台(移动范围 12.5 mm×12.5 mm)，精确控制样品与探针的相对位置。样品扫描的设计可实现与光学显微镜的最佳结合。标准的样品

* LFM：lateral force microscope(横向力显微镜)；EFM：electrostatic force microscope(静电力显微镜)；MFM：magnetic force microscope(磁力显微镜)；KFM：Kervin force microscope(开尔文显微镜)。

台可兼容高数值孔径的物镜，包括油镜等。

(2) Bioscope Catalyst 扫描头的创新设计：提供具备独有光学兼容性并可达到 Z 方向＞16 μm 的扫描器，还有低噪声的闭环控制。悬臂梁的弯曲检测采用垂直 850 nm 的激光光路，有效提高力学测试的性能，并避免与荧光信号相互干扰。

(3) Bioscope Catalyst 微量液体池：总体积小于 60 μl，可以实现快速换液。另外的培养皿液体组件的附件，可以实现培养皿液体测试。同时配有环境液体池，可将 50 mm 的玻璃培养皿或 60 mm 的塑料培养皿置于一个软性密封的体系，用来长时间地维持细胞或生物样品的生理活性，液体或气体都可以注入腔体中。可以结合其他控制液体流入的微流控制器、微量蠕动泵装置加以应用。

(4) Bioscope Catalyst 温度控制附件和细胞培养环境附件：温度控制范围从室温到 60℃，包括温度控制器及线缆、适用的载玻片（25 mm × 75 mm）、盖玻片（25 mm × 25 mm）、塑料培养皿（60 和 35 mm）、玻璃培养皿（50 mm）等。

(5) Bioscope MIRO 软件：可以实现光学图像与原子力显微镜图像及数据的同步重叠分析：可输入及重叠多个光学及 AFM 的图象，可通过软件路径注册光学及 AFM 的图像选择，可在注册的光学图像上选择区域得到 AFM 图像及数据，优化参数，储存或重新储存不同体系的文件（如不同的镜头），调整图像颜色、透明度及重叠的选项——独立的图像通道，输出重叠数据组等。

3. 高精度激光双光镊

分子影像系统的高精度双光镊系统，主要用于研究蛋白质等的折叠、去折叠以及分子间相互作用等生物大分子的力学特性，力学测量范围为 0.1～200 pN，时间测量精度＜1 ms，进而揭示分子微观过程的动力学机理，可操控与追踪微米介质小球，并测量记录 2 个颗粒之间的作用力和运动状态等信息。光路设计见图 9－5。

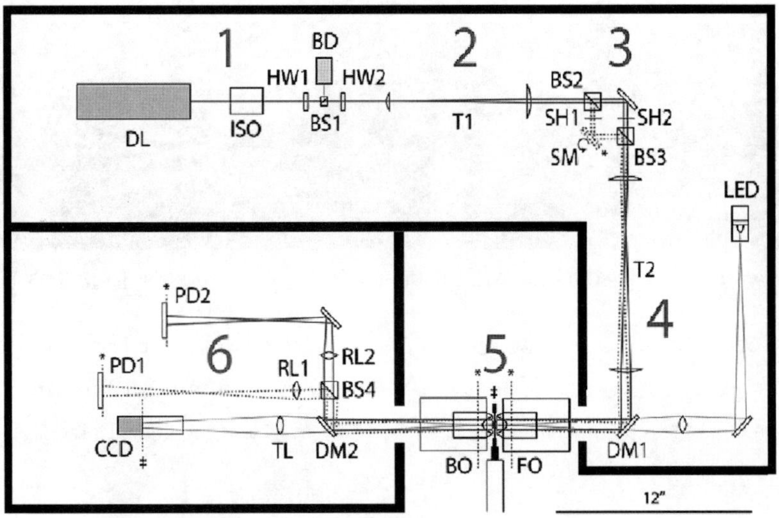

图 9－5　高精度激光双光镊的光路设计图

9.2.3.2 样品模块

本模块由 2 部分组成——样品制备和实验动物房。

样品制备设备包括常用的动物解剖切片设备、细胞培养设备以及单分子实验样品制备所必须用到的设备等。实验动物房按照国际上基本的设计施工规范自主建造，同时购置温湿度控制系统、进排风机、IVC 系统等动物房的核心设备。样品模块的重要性在于，不但为本模块提供分子、细胞及动物样品，还为设施的其他系统提供在体功能研究样品、实验动物以及必要的技术支撑。

样品制备模块包括单分子标准生化实验室，涵盖主要辅助设备和试剂耗材。

① 紫外-臭氧清洗仪；

② 等离子清洗仪；

③ 超声波加热清洗仪；

④ 惰性气体手套箱；

⑤ 粗天平、精天平、精密微量天平；

⑥ 生化培养箱；

⑦ 细胞培养箱；

⑧ 超低温冰箱；

⑨ 高速离心机；

⑩ 其他相关设备：电子防潮箱、超净工作台、磁力加热搅拌器、磁力搅拌子、通风橱、冰箱、小型离心机、台式离心机、冷冻离心机、真空干燥瓶、真空泵、真空干燥箱、探针/衬底修饰专用镊子、尖头镊子、弯头镊子、剪刀、手术刀、裁纸刀、电动助吸器、移液器、烧杯、量筒、恒温水浴、涡旋振荡器、pH 计、制冰机等。

单分子影像分析模块的全部实验环境，具备独立的设备减振基础、安静的局部隔离环境、尽可能低的系统噪声。可以实现稳定可控的温度与湿度条件，拥有 UPS 电源、空气净化系统等。

活体小动物影像分析模块，以动物房设施为独立楼栋，总建筑面积近 3 000 m^2，其中 1 楼是辅助区和部分屏障区，2 楼和 3 楼都是屏障环境。有近 10 000 个 IVC 小鼠笼位、300 个大鼠笼位，可为国内外用户提供服务。

9.3 系统安装、调试及研究计划

9.3.1 系统设备的采购、包装、运输、到货、进场

所有仪器设备(包括国内和国外)的包装及运输，打包在采购合同中。约定由供应商统一负责提供，采购方负责验收是否符合合同约定。

国外设备的运输将根据外贸合同条款规定，一般贸易由外商或代理商负责把货物运输到买方城市港口。港口至最终用户由外贸公司办理报关和市内运输，特殊物品的运输和要求可以在外贸合同签订时签备忘录。

货物交接中如发现外包装有破损，由运输方出具破损单，以便与有关部门交涉；如果

拿不出破损单，则拒收货物。

所有仪器设备(包括国内和国外)进场安装之前，均须完成现场安装方案的调研和确认、环境准备、水电气到位、技术人员就位，方可依据程序进行规范化安装和初步调试。

9.3.2　系统安装调试方案

分子影像系统由单分子影像分析模块、活体小动物分子影像模块和样品模块组成。各个模块具有相对独立性，也可有机地进行组合。商品化仪器由仪器公司的工程师负责安装，大型仪器采用国际招标和技术综合评定，从现有的生产厂家订购。仪器(特别是重大仪器)按照计划进度，应在合同约定的时间到达安装地点。所有仪器设备(包括国内和国外)的安装与调试，在采购合同中约定由供应商统一负责提供，采购方按照合同的技术性能指标进行验收。安装和调试包含 2 个层次的概念。首先是完成对仪器的安装与调试，具体由仪器供应商提供，针对具体仪器的性能指标。其次是系统技术人员在仪器供应商的协助下，对各仪器进行串联和整合，以设备为最小单元，保证各设备实现初步设计的各项最低技术指标。

本系统的大型仪器，皆为成熟的技术产品，可使用标准样品。仪器技术工程师或仪器设计师对各台仪器进行独立的测试。要选取一些常规的样品或标准样品，作为阳性对照，应用于各模块、设备和仪器，围绕各项主要技术指标进行检测，并由生产厂家或仪器设计人员出具相应的安装和调试报告，确保各安装仪器达到运行设计的要求。

对于单分子影像分析模块，可选择具备单分子检测和成像经验的用户，进行有关仪器的测试。该模块由原子力显微镜、高精度激光双光镊等仪器设备组成。具体要求该模块的相关设备达到如下技术要求。

(1) 原子力显微镜具有以下扫描模式或功能：接触模式、轻敲模式、非接触模式、相位模式、侧向力模式、力曲线测量模式、纳米刻蚀功能、纳米操纵功能。可在闭环条件下对云母或石墨取得达到原子级的稳定图像，反复成像无失真；可获得最短 50 bp(碱基对) DNA 的稳定图像；可对单个细胞表面进行三维成像，精度优于 1 nm，同步实现倒置显微镜荧光测量。

(2) 高精度激光双光镊[10]：利用 1 μm 大小的聚苯乙烯微球，在液体环境中调试激光在不同功率下的捕获操纵功能。对微球在光电探测系统中的位置进行示踪和校准，对 x、y、z 三轴进行力测量校准。利用移动平台，产生对微球的流体力，对力测量敏感度进行测定(须达到 0.05 pN)，对最大力进行测定(必须$>$100 pN)。用荧光标记的微球调试对荧光图像和明场图像的采集。用闭环三维样品平台，展示 100 μm × 100 μm × 100 μm 范围内的纳米级定位。测定微流液体样品池的给样功能，包括从室温到 60℃ 的温度控制、液体灌注、CO_2 控制等功能。最后，利用较成熟的生物样品(例如 1 000 bp 长度的 DNA 和 vWFA 结构域蛋白)测定 DNA 的拉伸和蛋白质的折叠、去折叠[15]。

9.3.3　系统研究计划

上海设施分子影像系统的各个模块与各种仪器经过安装和调试以后，各项主要技术指标达到仪器出厂的技术要求和最初设计中提出的要求。同时在仪器厂家的协助下，系统工作人员按设施设备、模块、系统各个层次，逐级进行串联、并联与调试，通过一些模式蛋白质、标准蛋白质或模式动物的测试，判定各项主要技术指标满足系统的各项制备能力要求。具体技术指标如下。

（1）单分子影像分析模块：参见444页“9.2.1.3　系统性能指标及验收说明”的（1）。

（2）活体小动物分子影像模块：可对活体小动物样品提供成像功能。在标准化实验条件下，应用化学发光/荧光、X射线技术，每天可分别对105、95只小鼠进行检测。本模块总共可检测小动物200只/d。

（3）样品模块（实验动物房）：饲养模式为屏障系统，部分（25%）加独立通风笼盒（IVC）。最大饲养容量：实际计算IVC笼位为3 072笼，屏障开架笼位为4 600笼，大鼠笼位310笼。合计有小鼠笼位7 672笼、大鼠笼位310笼，满足设计指标。

上海设施的所有仪器设备在安装和调试之后，进入试运行阶段。试运行期间基本免费开放，由相关技术人员操作仪器，技术专家予以指导，维护仪器的稳定运行。同时建立相关的实验方法。设施试运行阶段的具体方案，来源于设施内部和外部两个方面，从中进行挑选。设施内部课题出自设施内各课题组和科研技术人员提交的计划书。同时在试运行阶段，设施的所有设备面向全国各高校和科研院所开放，由感兴趣的用户提交项目计划书，这构成设施外部课题。所有被提交的设施内部和外部项目计划书，邀请相应专家予以评选，筛选合适的项目，按照相关的政策具体分配相应的时间，利用设施的仪器设备进行科学研究，并围绕系统的科学指标，进行高通量的测试，进一步优化系统的仪器设备，确保各设备达到并超过任务书中提出的设计容量与能力。

本系统致力于发展和利用自身先进的技术手段，支持大多数生命科学领域对蛋白质科学基础及应用问题的多尺度、多层次研究，为国内外蛋白质科学研究提供良好的技术平台，促进该领域的科学进步及相关生物技术的产业化发展，培养与储备蛋白质科学研究的分子影像技术专业人才。

9.4　系统测试与验收

9.4.1　满足验收的系统技术性能状态（表9-1）

表9-1　分子影像系统的验收指标

测试项目	验收指标	测试内容方法	测试所需仪器设备以及保障条件
单分子成像与检测	单分子操纵与检测模块，可以对单个分子的表面进行三维成像，最高精度优于	① 原子力显微镜检测293FT活细胞的表面三维形貌。② 原子力显微镜检测基于DNA折纸术*的正	(1) 样品制备模块测试保障条件 ① 主要辅助设备 紫外-臭氧清洗仪、等离子清洗仪、惰性气体手套箱、精密微量天

* DNA折纸术（DNA origami）是一种DNA纳米技术，其原理是利用经过精心设计的许多短单链DNA与一条长达数千碱基的DNA链杂交，在杂交过程中短单链DNA帮助长DNA链折叠成预先设计的形状，故被形象地称为DNA折纸术。

（续表）

测试项目	验 收 指 标	测试内容方法	测试所需仪器设备以及保障条件
单分子成像与检测	1 nm。可以对单个分子进行操纵，同时检测分子的位移（或形变）和力。位移的测量精度优于 1 nm，力的测量量程宽于 0.05～200 pN，精度为50 fN。在标准化实验条件下，原子力显微镜、光镊动态检测、单分子荧光技术分别可以测量样品 20 个/d。单分子操纵与检测模块，可测量样品 60 个/d（包括可对 20 个样品进行动力学检测）。	三角形和矩形二维纳米器件形貌。③ 原子力显微镜液相检测在磷脂双分子层膜上膜联蛋白 A5 单体的清晰二维结构。④ 原子力显微镜检测桑蚕丝的表面微观形貌。⑤ 原子力显微镜检测阿尔茨海默病（Alzheimer's disease，AD）的疾病相关蛋白质 GAV－9 短肽小分子在无机衬底上的一维外延生长动态过程。⑥ 原子力显微镜检测人 CD3 胞内段多肽与细胞质膜内侧的相互作用力。⑦ 光镊捕获半径为 1 μm 的聚苯乙烯微球，测量微球在光阱中受限布朗运动的功率谱，标定光镊电压位移转换系数和光阱刚度。⑧ 通过聚苯乙烯的运动功率谱，评估光镊探测位移和力的噪声水平，给出光镊的位移和测力精度。⑨ 根据光镊的横向范围，估算光镊测力范围。	平、微量药匙、电子防潮箱、超净工作台、小型离心机、磁力搅拌器、涡旋振荡器、冰箱、通风橱、超声波清洗仪、真空干燥瓶、真空泵、真空干燥箱、生化培养箱、探针修饰专用镊子、尖头镊子、剪刀、手术刀、电动助吸器、移液器、烧杯、量筒、磁力搅拌子、pH 计、恒温水浴等。 ② 主要试剂耗材 试剂：氯仿、无水乙醇、75％乙醇浓硫酸、30％过氧化氢（H_2O_2）、去离子水、超纯水、分子生物学用水、高纯 N_2、3－氨基丙基三乙氧基硅烷（sigma，A3648－100 ml）、N，N－二异丙基乙胺（sigma，387649－100 ml）、三乙胺（sigma，T0886－100 ml）、$NH_2OH \cdot HCl$ 缓冲液、缓冲液 A、PBS 缓冲液、TBS 缓冲液、NHS－PEG－MAL 短肽连接分子、多聚赖氨酸、DMEM 培养基等。 耗材：AFM 专用铁片、SNL10 探针、TESP 探针、TESPA 探针、RFESP 探针、RTESP 探针、MLCT 探针、ScanAsyst－fluid＋探针、FastScan 探针等类型探针。云母片、盖玻片、载玻片、6 孔板、12 孔板、24 孔板、封口膜、35 mm 培养皿、60 mm 培养皿、吸水纸、滤纸、毛细玻璃管、小玻璃瓶、多样品瓶、1.5 ml Ep 管、0.65 ml Ep 管、双面胶、透明胶、移液管、15 ml 离心管、50 ml 离心管等。 (2) 实验测试的环境保障条件 具有隔声效果的房间和净化工作环境，设备具有独立的设备减振基础，具有微风和超静音的精密空调，空调送风系统采用布袋送风，尽最大可能降低空气扰动带来的系统噪声，可实现稳定的温度、湿度控制，具有稳定的电压稳压装置等。 (3) 激光双光镊、激光雕刻机、精

（续表）

测试项目	验　收　指　标	测试内容方法	测试所需仪器设备以及保障条件
单分子成像与检测			密测量微天平、微量药匙、小型离心机、磁力搅拌器、磁力搅拌子、涡旋振荡器、冰箱、超声波清洗仪、尖头镊子、剪刀、移液器、紫外光源、量杯、量筒等。
小动物分子影像	可以在标准化实验条件下利用化学发光、生物荧光、X 射线，对活体小动物样品进行成像。通过化学发光/生物荧光、X 射线，每天可分别对 100 和 50 只小动物进行检测。本模块总共可检测小动物 150 只/d。	采用小鼠作为实验样品。化学发光：采用小鼠经皮下注射荧光素，作为标准样品。荧光成像：采用小鼠经皮下注射荧光蛋白基因标记的肿瘤细胞作为标准样品。	小动物生物发光的荧光成像系统、不间断电源、高压灭菌机、小鼠独立通风笼盒系统、动物生理监测系统、植入式动物生理遥测系统、解剖用荧光体视显微镜、通用小动物行为记录系统、高速离心机、胚胎融合仪、胚胎显微操作系统、振动切片机、石蜡切片机、冷冻切片机、石蜡包埋机、细胞培养箱、超净工作台、低速离心机、超低温冰箱等。
样品制备	饲养模式为屏障系统，部分（25%）加独立通风笼盒（IVC）。最大饲养容量：屏障系统小鼠饲养 7 000 笼，大鼠饲养 300 笼。	饲养设备均已到位。实际计算得 IVC 笼位 3 072 笼和屏障开架笼位 4 600 笼，大鼠笼位 310 笼。合计小鼠笼 7 672 笼，大鼠笼 310 笼。满足设计指标。	

9.4.2 系统测试

9.4.2.1 单分子影像分析模块

1. 原子力显微镜

（1）扫描成像测试

测试指标和依据：

在有足够技术人员、样品可实现同步制备的条件下，同时实现自动化快速扫描。扫描一个样品并得到稳定、高质量的图像，约需不到 20 min。原子力显微镜可以测试每种类型的样品 5 个/d，可达到(8 h/d 工作量)测量样品最大能力 10 个/d、每个样品 3～5 个图像的指标。AFM 可对单个分子的表面进行三维成像，最高精度优于 1 nm。

测试方法、测试设备及结果、测试结论：

① 原子力显微镜检测 293FT 活细胞的表面三维形貌

a）实验方法

实验使用的 AFM 探针为硅针尖，弹性力常数为 0.7 N/m（探针型号 Bruker ScanAsyst - fluid + ）。首先，在细胞房中用云母或玻璃片预先培养 293FT 活细胞，达到期望的理想检测密度。然后在成像检测之前，通过双面胶将云母或玻璃片固定在 60 mm

培养皿中。同时将 PBS 缓冲液温育至 37℃，滴加到培养皿中，保持细胞存活和一直在缓冲液体系中。最后，通过光学显微镜初步定位以后，利用原子力显微镜智能扫描模式进行液相成像，用 ScanAsyst - fluid + 检测 293FT 活细胞的表面三维形貌。

b）测试设备及结果

测试设备为原子力显微镜。测试结果见图 9 - 6。

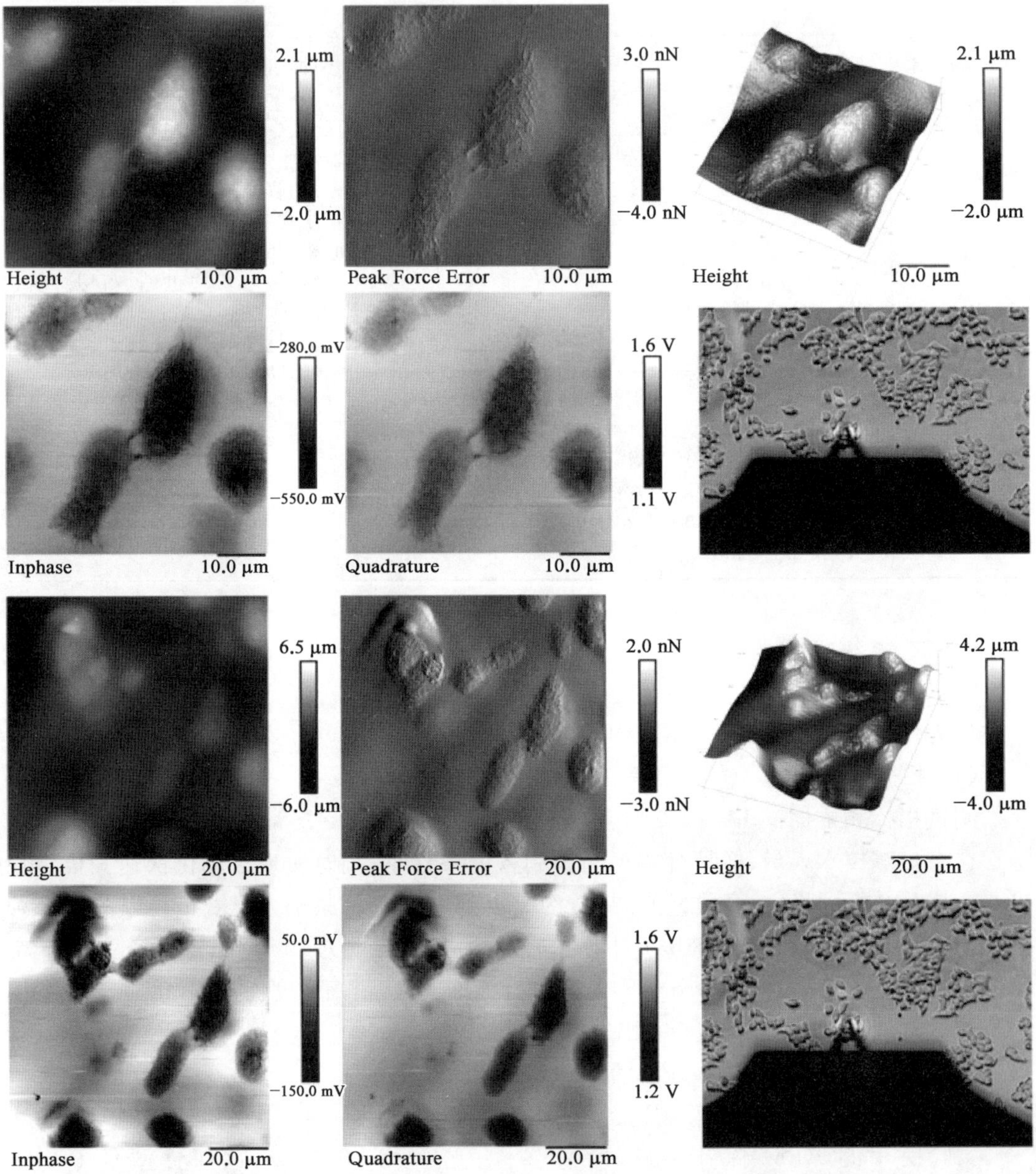

图 9 - 6　实时检测 293FT 活细胞的表面三维形貌（详见下载图 9 - 6，下载网址见 31 页脚注）

height：高度；peak force error：峰值力误差；quadrature：正交幅值；inphase：同相位。

c）测试结论

AFM 可以对单个细胞表面进行三维成像，最高精度优于 1 nm。AFM 扫描一个 293FT 活细胞样品，预先需要样品固定、温育、体系平衡，平均耗时 10 min 以上。扫描得到稳定高质量图像的整个过程，约需不到 40 min，平均一个样品 30 min。另外，补偿每次更换样品、系统参数调节、稳定实验体系或同一样品重复收集图像的时间约为 10～20 min/次。正常情况下，原子力显微镜可以测试该种样品的最大能力为 10 个样品/d。

② 原子力显微镜检测基于 DNA 折纸术的正三角形和矩形二维纳米器件之形貌

a）实验方法

实验使用 AFM 的探针为硅针尖，弹性力常数为 0.4 N/m（探针型号 Bruker ScanAsyst - air）或 0.7 N/m（Bruker ScanAsyst - fluid）。首先，利用 M13mp18 病毒单链作为脚手架链，并利用经过 Autodesk Maya 2012、Python 2.7.2、caDNAno 2.2.0、CanDo 等程序预先设计好的很多带有修饰的订书钉链，按照特定比例在 1×TAE - Mg^{2+} 缓冲液体系*中混合以后，经过 PCR 退火处理，完成 DNA 自组装的折纸过程。然后，吸取预处理结束的样品 2～5 μl，滴加到新解离的新鲜云母表面。吸附几分钟以后，利用原子力显微镜轻敲模式、接触模式、智能扫描模式进行成像，同步检测基于这种 DNA 折纸术的正三角形和矩形二维纳米器件之形貌。

b）测试设备及结果

测试设备为原子力显微镜。测试结果见图 9 - 7。

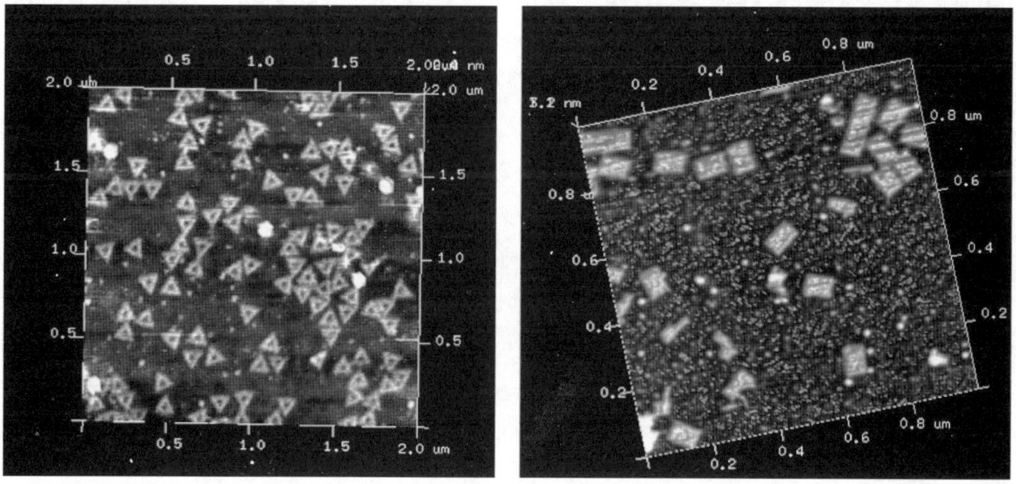

图 9 - 7 基于 DNA 折纸术的正三角形和矩形二维纳米器件之形貌（详见下载图 9 - 7，下载网址见 31 页脚注）

c）测试结论

AFM 可以对单个分子表面进行三维成像，最高精度优于 1 nm。AFM 扫描一个 DNA

* TAE 为 Tris base（三羟甲基氨基甲烷）、acetic acid（乙酸）和 EDTA（乙二胺四乙酸）这 3 种缓冲液组成成分的英文名首字母组合。

折纸术样品，并得到稳定和高质量的图像，约需不到 20 min，平均一个样品 15 min。另外，补偿每次更换样品、系统参数调节、稳定实验体系或同一样品重复收集图像的时间，约为5～10 min/次。在正常情况下，原子力显微镜测试该种样品的最大能力为 20 个/d。

③ 原子力显微镜液相检测在磷脂双分子层膜上的膜联蛋白 A5 单体的清晰二维结构

a）实验方法

实验使用的 AFM 探针为硅针尖，弹性力常数为 0.7 N/m（探针型号 Bruker ScanAsyst - fluid + ）。首先，将磷脂双分子层膜制备在新解离的新鲜云母表面，约需 30 min。然后，将预先准备好的 0.1 mg/ml 膜联蛋白（annexin）A5 混合在含有 2 mmol/L Ca^{2+} 的溶液中，滴加到细胞质膜上大约 30 min。利用原子力显微镜的智能扫描模式 ScanAsyst 进行检测，对膜联蛋白 A5 野生型在磷脂双分子层膜上形成的三聚体结构以及膜联蛋白 A5 单体的清晰二维结构进行扫描成像。

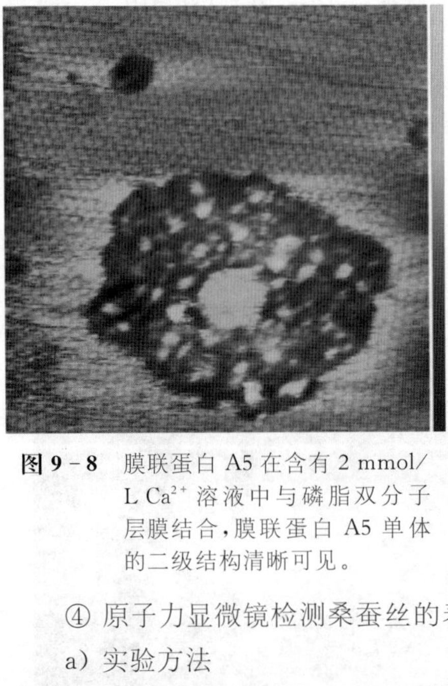

图 9 - 8　膜联蛋白 A5 在含有 2 mmol/L Ca^{2+} 溶液中与磷脂双分子层膜结合，膜联蛋白 A5 单体的二级结构清晰可见。

b）测试设备及结果

测试设备为原子力显微镜，测试结果见图 9 - 8。

c）测试结论

AFM 可对单个分子表面进行三维成像，最高精度优于 1 nm。用 AFM 扫描一个膜联蛋白 A5 样品，并得到稳定和高质量的图像，约需不到 20 min，平均每个样品 15 min。另外，补偿每次更换样品、系统参数调节、稳定实验体系或同一样品重复收集图像的时间，约为 5～10 min/次。在正常情况下，原子力显微镜测试该种样品的最大能力为 20 个/d。

④ 原子力显微镜检测桑蚕丝的表面微观形貌

a）实验方法

实验使用的 AFM 探针为硅针尖，弹性力常数为 0.4 N/m（探针型号 Bruker ScanAsyst - air）或 0.7 N/m（Bruker ScanAsyst - fluid）。首先将桑蚕丝预处理后经过化学浸泡、溶解，添加特定的缓冲液，稀释到合适的浓度，持续滴加到新鲜解离的云母表面，为时大约 10 min；然后利用原子力显微镜 QNM* 扫描模式进行快速扫描，检测桑蚕丝的表面微观形貌。

b）测试设备及结果

测试设备为原子力显微镜。测试结果见图 9 - 9。

c）测试结论

AFM 可对单个分子表面进行三维成像，最高精度优于 1 nm。AFM 扫描一个桑蚕

* QNM：quantitative nano mechanical（定量纳米力学的）。

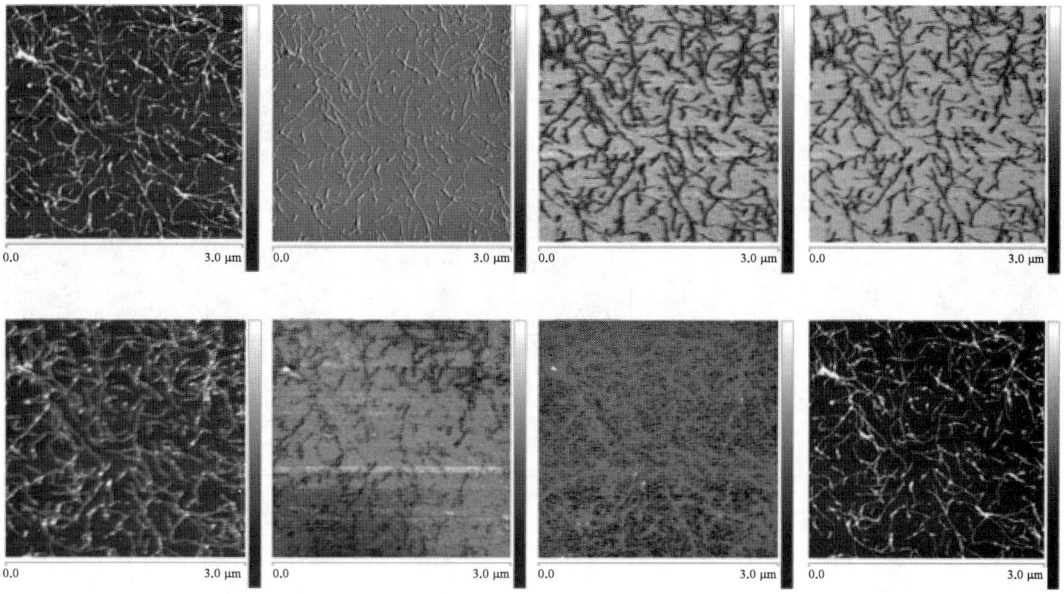

图 9-9 原子力显微镜以 QNM 模式快速扫描检测桑蚕丝的表面微观形貌(彩图见图版第 53 页)

丝样品,并得到稳定高质量的图像,约需不到 20 min,平均一个样品 15 min。另外,补偿每次更换样品、系统参数调节、稳定实验体系或同一样品重复收集图像的时间,约为 5~10 min/次。在正常情况下,原子力显微镜测试该种样品的最大能力为 20 个/d。

⑤ 原子力显微镜检测阿尔茨海默病的疾病相关蛋白 GAV-9 短肽小分子在无机衬底上的一维外延生长的动态过程

a) 实验方法

GAV-9 肽(NH_2-VGGAVVAGV-$CONH_2$)是一个与几种神经退行性疾病相关蛋白质同源的保守序列。实验主要利用原位 AFM,实时观察 GAV-9 肽在云母无机衬底上一维外延生长的动态自组装过程。

实验使用的 AFM 探针为氮化硅(Si_3N_4)针尖,是弹性力常数为 0.34 N/m(Bruker SNL 10)的 A 位置探针。首先将预先合成好的 GAV-9 多肽粉末用 10 mmol/L 磷酸缓冲液溶解,并稀释到合适的浓度,滴加一滴约 30 μl 的磷酸缓冲溶液到新解离的新鲜云母表面。使原子力显微镜在轻敲模式下工作,在获得稳定成像后,使用探针旋滴法引入 GAV-9 溶液,到预定浓度。实验环境湿度控制在 70%以上,温度保持在 22±1℃。在所有的 AFM 实验过程中,尽量保持针尖与样品之间的作用力为一个最小值。然后,利用原子力显微镜,实时原位观察 GAV-9 短肽分子在云母无机衬底上一维外延生长的动态自组装过程,进一步了解和检测多肽分子在衬底表面的动态自组装过程,以及多肽和疾病相关蛋白质在体内的折叠与积聚机制。

b) 测试设备及结果

测试设备为原子力显微镜。测试结果见图 9-10。

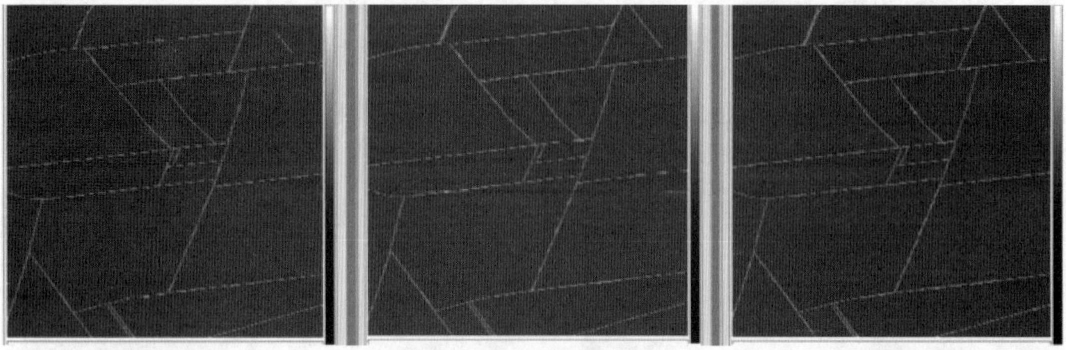

图 9-10　GAV-9 短肽小分子在无机衬底上的一维外延生长动态过程

通过设计正确的多肽序列，调控多肽与衬底之间的相互作用力，可以达到控制多肽在衬底表面按照指定方式进行自组装，并进一步制造功能性纳米结构的目的。纳米结构的形成，在本质上是一个结晶的过程。通常认为，结晶过程涉及 2 个基本步骤——成核与生长。当调节 GAV-9 短肽达到合适浓度的时候，云母表面形成一些纤维细丝。原位观察发现，纤维细丝以末端为“种子”，可以继续延伸生长，这对今后实验具有很大的借鉴意义。通过进一步调节多肽的浓度，或许可以观察到更精密的生长过程，并为进一步研究按照人们意愿操纵和构造图案提供了可能性。在实验测试过程中，AFM 设备运行稳定，最高精度优于 1 nm，同时位移测量精度优于 1 nm。即使在扫描速度较大的情况下，也能够得到较好的图像，为该课题在下一阶段的实验研究，提供了很大帮助。

c）测试结论

用 AFM 可以对单个分子表面进行三维成像，最高精度优于 1 nm。用 AFM 可以对单个分子进行操纵，同时检测分子的位移（或形变）和力，位移测量精度优于 1 nm。用 AFM 实时原位检测 GAV-9 短肽分子在云母无机衬底上一维外延生长的动态自组装过程，并进行稳定、高质量的扫描成像，整个过程约需不到 60 min，平均一个样品 50 min。在正常情况下，原子力显微镜测试该种样品的最大能力为 10 个/d。

（2）动力学测试

测试指标依据：

在有足够技术人员，样品可以实现同步制备的情况下，同时也满足标准化实验条件时，测量标准化样品得到 100 个以上的同一样品动力学测量结果，约需不到 60 min。原子力显微镜可以一天测试每种类型的样品 7～8 个，可达到每天（8 h 工作量）测量样品的最大能力为 10 个的动力学测试指标。

AFM 可对单个分子进行操纵，同时检测分子的位移（或形变）和力，位移测量精度优于 1 nm，力的测量精度范围为几十到几百皮牛（pN）。

测试方法、测试设备及结果、测试结论：

课题是用原子力显微镜检测人 CD3 胞内段多肽与细胞质膜内侧的相互作用力。

a）实验方法

实验中使用的 AFM 探针为 Si_3N_4 针尖，是弹性力常数为 0.06 N/m（Bruker SNL 10）的 D 位置探针。首先利用 PEG 链接分子* 相关基团- NHS 与探针表面的—NH_2 进行化学反应，对 NHS - PEG2000 - MAL 进行单分子修饰，连接到探针表面。随后利用 PEG 链接分子另一端的—MAL 基团与巯基—SH 进行化学反应，对预先表达纯化的 C 端带有半胱氨酸的人 CD3 胞内段多肽进行单分子修饰，连接到 PEG 链接上，从而得以将目标多肽偶联到探针上，在缓冲液中保存待测。同时，在经 100 μg/ml 的多聚赖氨酸预处理的新解离的新鲜云母表面，培养 293FT 细胞；随后用特殊剥离法和 100 μg/ml K 蛋白酶（proteinase K）处理细胞质膜表面残存的蛋白质，用 R18 等磷脂染料染色，从而标记获得 293FT 细胞内膜样品。用原子力显微镜以 QNM 扫描模式，在液相下预先扫描经过预处理的衬底表面形貌。经过初步定位以后，更换预先修饰好多肽的探针，校准探针的力学参数，在液相模式下搜索扫描面积大而且平整、经过预处理的衬底表面形貌后，打开自动坐标和定点位移窗口，选择快速力曲线工作模式，在多个定点选择和设定程序栏填写 100（即为每个点测 100 条力曲线）。接下来在成像扫描模式中选择力曲线开始（Ramp Start）按钮，在扫描的图像中点击感兴趣的位置（ROI）。软件自动操作探针在感兴趣的点上反复抬压 100 次，在接触-离开（Approach - Retract）样品的循环过程中检测多肽与内膜之间的作用力，存储数据图像以供随后的分析。定量解析人 CD3 胞内段多肽与细胞质膜内侧之间的相互作用力。

b）测试设备及结果

测试设备为原子力显微镜，测试结果见图 9 - 11。

通过新方法的样品准备，可以制得密度高、连续完整、表面较为平整的 293FT 细胞内膜。通过对大于 2 000 个相互作用力的力谱分析，最终约有 500 个力曲线的单分子统计结果显示：人 CD3 的胞内段多肽与细胞质膜内侧之间存在着较强的特异性相互作用力，大约几十到几百皮牛。突变体多肽 N 端的碱性氨基酸发生突变后，与野生型相比，相互作用力有明显降低，但是依然保持在较高水平，提示疏水相互作用也可能在其中同时发挥重要作用。

c）测试结论

用 AFM 可对单个分子进行操纵，同时检测分子的位移（或形变）和力，位移测量精度优于 1 nm，力的测量精度范围为几十到几百皮牛。AFM 实时检测一次生物分子（人 CD3 胞内段多肽与细胞质膜内侧）的相互作用力以及杨氏模量、力学性能定性、定量测试，整个过程约需不到 60 min，平均一个样品 50 min。在正常情况下，原子力显微镜测试该种样品的最大能力为 10 个/d。

2. 高精度激光双光镊

测试指标和依据：

最高精度优于 1 nm。可对单个分子进行操纵，同时检测分子的位移（或形变）和力，

---

* PEG 链接分子：PEG linker。PEG：polyethylene glycol（聚乙二醇）。

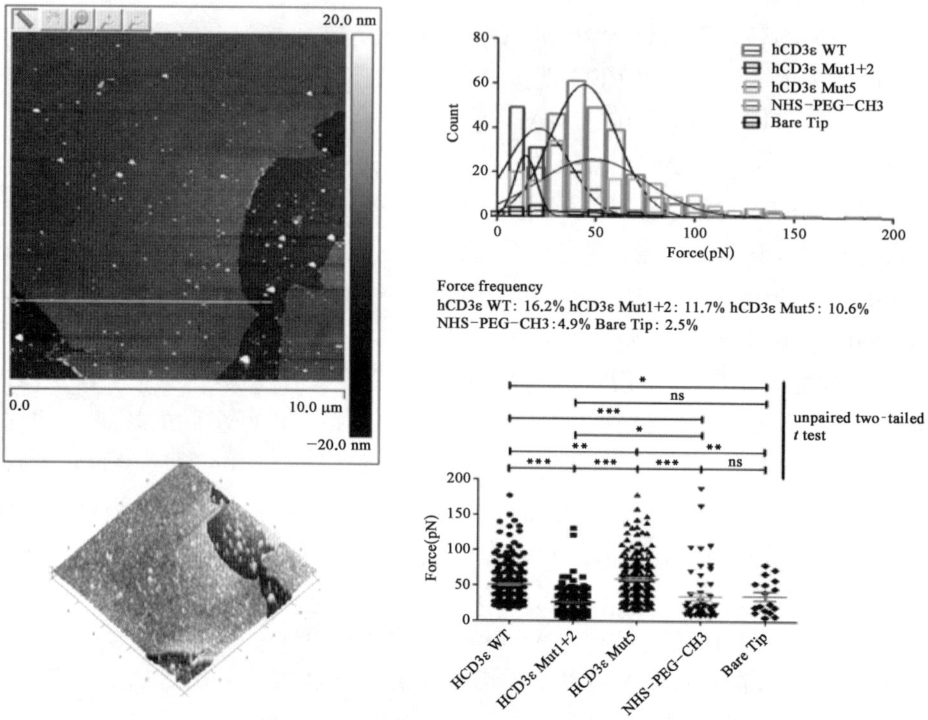

图 9 - 11　人 CD3 胞内段多肽与细胞质膜内侧的相互作用力(彩图见图版第 54 页)

height sensor：高度传感器；count：计数；bare tip：秃尖；force：力；force frequency：力频率；unpaired two-tailed t test：不配对双尾 t 检验。

位移的测量精度优于 1 nm。力的测量量程宽于 0.05～200 pN，精度为 50 fN。

测试方法：

高精度激光光镊通过偏振分束，将激光分成 2 束。其中一束为固定光束，另一束通过压电陶瓷控制转镜实现微小偏转，进而精细控制双光镊之间的相对距离，其基本原理见图 9 - 12 和图 9 - 13。高精度激光双光镊，能够精细捕获和操控微纳米尺度的微球，常被生化领域的研究者用来研究单分子的折叠动力学过程，如抗血凝蛋白的折叠和错误折叠、神经元 SNARE 蛋白复合物的单分子折叠动力学、RNA 的折叠动力学以及微小力诱导的构象变化等。在这些单分子折叠动力学过程的测量中，常用微米级粒子如聚苯乙烯微球，作为力和位移的探针。通过地高辛-抗地高辛、生物素-链霉亲和素(streptavidin)等的连接，可以将所要研究的单分子体系偶联到 2 个聚苯乙烯微球上。这样，通过高精度激光双光镊，就可以实时动态地测量单个分子的伸长量与受力；同时可以通过激光双光镊，对单分子加载一定大小的力，并能够精细改变力的大小，进一步研究在不同力的诱导下，单分子的折叠动力学过程。在这些单分子测量体系中，首先须标定光镊的精度以及测试单分子的能力。为此，采用高精度激光双光镊，捕获半径为 1 μm 的聚苯乙烯微球探针，测量微球在光阱中进行受限布朗运动时的噪声功率谱，通过洛伦兹线型拟合，可以获得包括探测器响应、光阱刚度、光镊噪声水平等的光镊探测精度信息。

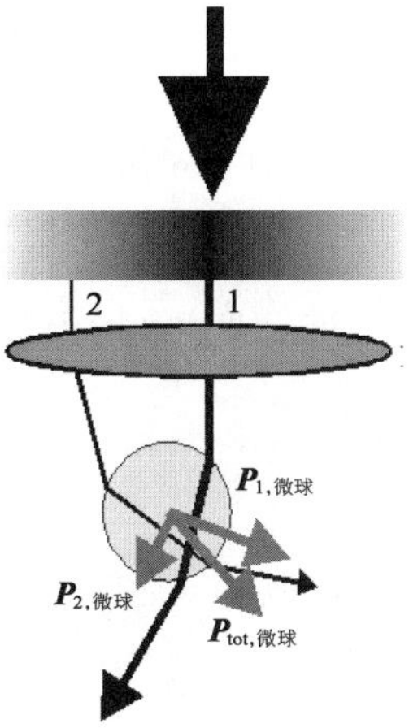

图 9-12　聚焦激光形成梯度力的示意图

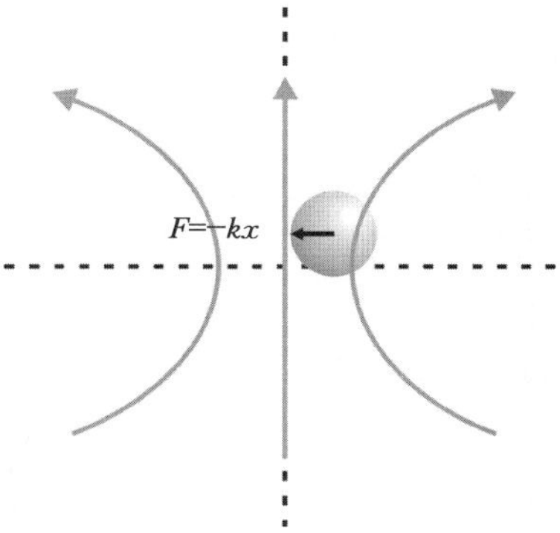

图 9-13　光镊对粒子的作用力示意图

测试设备及结果：

高精度激光双光镊的光路如图 9-14，其中捕获激光采用 1 064 nm 的近红外激光器，输出功率可达 4 W。经磁光隔离和功率调整系统后，由望远镜系统 T1 扩束。再由偏振分束系统分成 2 束激光，其中一束由压电转镜微调角度，实现 2 个光镊之间的相对运动。经角度调整后，望远镜系统 T2 将转镜共轭到捕获物镜 O1 的后焦面。2 束光经搜集物镜 O2 以及后续光路系统，分成 2 束，分别被 2 个位置传感探测器所探测。照明光采用 LED 科勒照明系统，由 CCD 对捕获的微球进行实时成像。

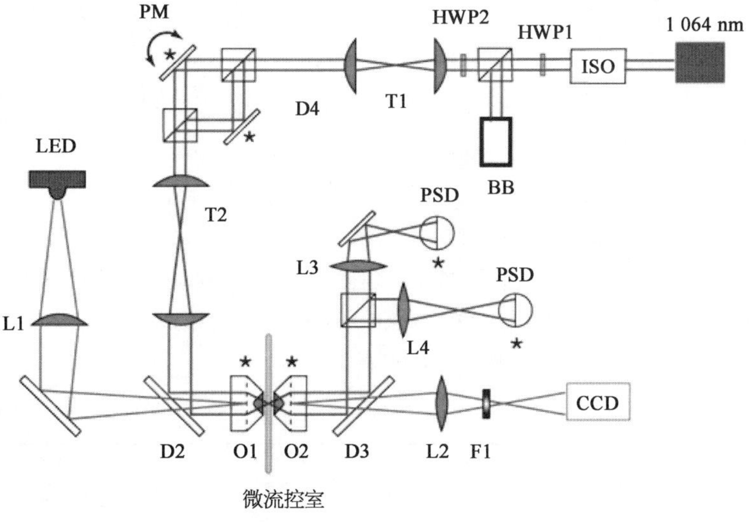

图 9-14　激光双光镊光路图

LED：发光二极管；PM：偏光片；HWP2：半波片 2；PSD：位置灵敏探测器；BB：挡光元件；ISO：隔离器；CCD：相机系统。

① 激光器：采用光谱物理公司生产的近红外激光器，型号为 CW，ND：YVO4（1 064 nm）。半导体泵的激光，最大输出功率可达 4 W，最大实际测量功率可达 5.3 W。定制带 10 m 光纤，输出波长为 1 064 nm，模式为基模的激光器。

② 显微镜物镜：采用奥林巴斯（Olympus），60× 水浸，在 1 064 nm 波长处的透过率达到 80%。

③ 位置敏感探测器：采用 DL100 - 7 PEBA3 型位置敏感探测器，对位置进行测量。经过数据采集卡，采集并记录到计算机。

④ 纳米转台：采用 MadCity Lab 公司的双轴铝制纳米转台系统（nano - MTA2X，aluminum），偏转范围为 0～5 mrad，控制精度可达 10 nrad。

⑤ 样品池控制系统：采用 Newport 公司的 ESP301 三轴控制器，控制 3 台电机，以及 3 个电机控制样品池的三维移动。电机的移动范围为 0～12 mm。可采用操作手柄，方便地移动样品池位置。

⑥ 数据采集和控制卡：采用美国国家仪器公司的 PCI - 6289，M 系列采集卡。它具有 32 路模拟输入、48 位数字输入/输出、4 路模拟输出，具有 18 B(比特)解析度。采集卡的指标为：单通道能达到 625 kS/s，多通道能达到 500 kS/s。

⑦ 显微成像系统：图像数据采集卡采用 Basler scA640 - 74fc 型相机，图像分辨率为 658×492 像素，最大采集速率为 74 帧/s。相机采用 1 394 B 线与图像采集卡相连。

⑧ 防振台：台面尺寸（长×宽×高）为 4 英尺×6 英尺×18 英寸*，型号为 TMC 784 - 751 - 02R。隔振腿均为独立设计，型号为 14M - 144 - 00。采用 SV - 14 型平台气阀。

⑨ 工业控制计算机：采用戴尔（Dell）公司的 T3600 工作站，处理器为 E5 - 1650。具有支持显微成像器件、激光器控制、数据采集卡以及转镜等硬件设备的接口，能够对数据进行实时采集和记录。显卡具有支持四屏输出的功能，其中 2 台显示器放在控制室，第三台显示器放在仪器间。

⑩ 激光切割机：采用美国 Epilog 生产的 Zing 16 激光切割系统。型号为 Zing16 - 30W CO_2 激光器，最大切割尺寸为 406 mm×304 mm。

高精度激光双光镊捕获 2 个聚苯乙烯微球的实时实验影像，如图 9 - 15 和图 9 - 16 所示。其中 2 个聚苯乙烯微球的直径约为 2 μm。

图 9 - 17 为处在光阱中的聚苯乙烯微球作受限布朗运动位移时的功率谱（红色曲线）。作为对照，蓝色曲线为光阱中没有微球时测得的激光光斑重心位置的功率谱，紫色曲线为激光关闭时测量得到的探测器的本地噪声功率谱。

激光光镊的光阱阱域约为被捕获微球的半径。对于实验所采用 1 μm 半径的聚苯乙烯微球，由激光光镊捕获聚苯乙烯微球运动位置的功率谱，可以进一步拟合得出。位置敏感探测器的电压位移转换系数为 1～2 mV/nm。在激光器输入为 1.5 W 时，光阱刚度的典型值约为 0.2 pN/nm，因此光阱的最大阱力可估算为 1 μm×0.2 pN/nm =

* 英尺和英寸均为非法定计量单位，1 英尺 = 0.304 8 m，1 英寸 = 0.025 4 m。

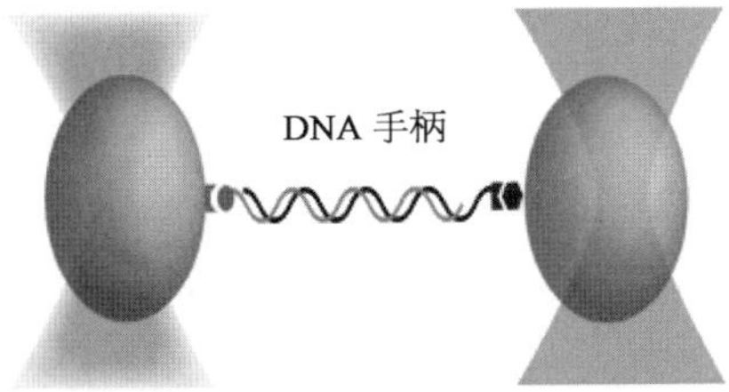

图 9-15 高精度激光双光镊示意图
（详见下载图 9-15，下载网址见 31 页脚注）

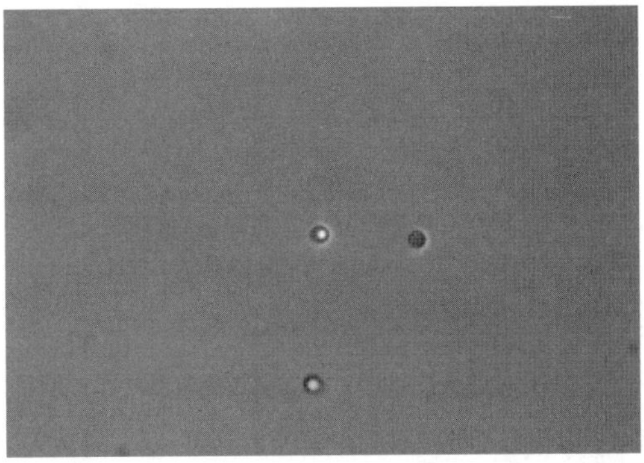

图 9-16 双光镊捕获 2 个聚苯乙烯微球示意图
（彩图见图版第 54 页）

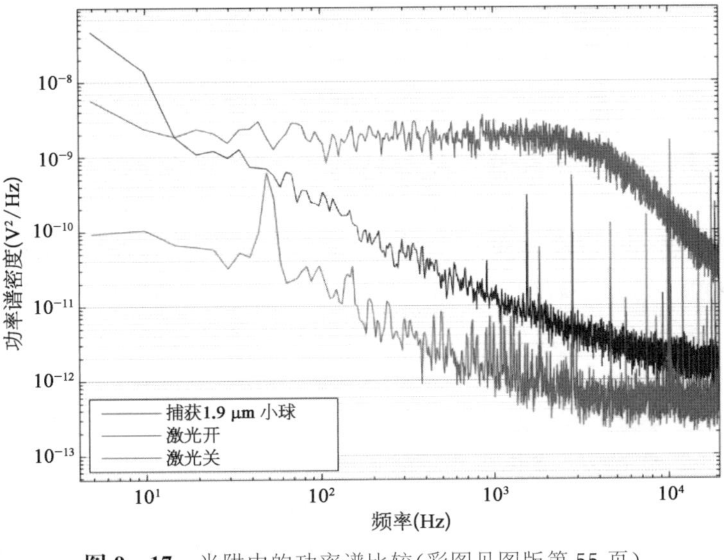

图 9-17 光阱中的功率谱比较（彩图见图版第 55 页）

200 pN，光阱的测力范围可以通过增大激光功率而适当加大。本系统激光双光镊的最大功率可达 5 W。功率谱的进一步分析表明，光镊位移探测精度约为 0.08 nm/$Hz^{1/2}$，力的探测精度为 0.08 nm/$Hz^{1/2}$ × 0.2 pN/nm = 16 fN/$Hz^{1/2}$，优于 50 fN 的设计指标。

进一步，可以直接测量位移和力的功率谱，由功率谱估算探测噪声的水平，以衡量光镊的探测精度，如图 9-18 所示。

从图 9-18 可以估算，位移探测精度约为 0.07 nm/$Hz^{1/2}$，力的探测精度为 25 fN/$Hz^{1/2}$，均优于设计指标。

在标准化实验条件下，在对单分子用品浓度和实验条件已经优化的前提下，考虑 DNA 微球的偶联，以及实验准备大约需要 1～2 h，实际测量时间按照 5 h/d 计算，在一

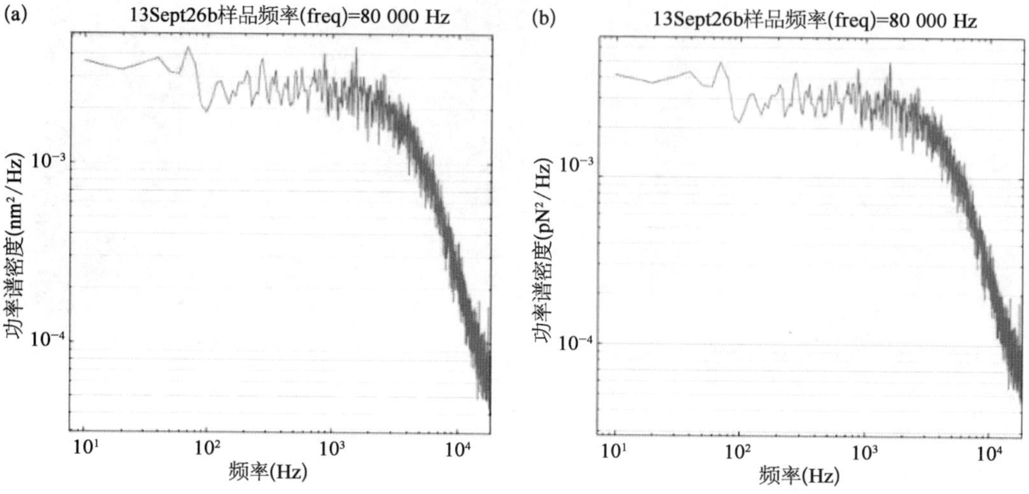

图 9－18　位移(a)和力(b)的功率谱

般蛋白质折叠动力学过程的测量中，每个态的寿命在毫秒量级，采集 15 min 数据足以解析蛋白质动态过程，因此检测样品的能力可优于 20 个/d。

测试结论：

高精度激光双光镊采用偏振分束，采用压电转镜来精细控制光阱的相对距离，可以对单个分子进行操纵，并检测分子的伸长和受力，位移的测量精度优于 1 nm，力的测量量程宽于 0.05～200 pN，精度优于 50 fN。可检测单分子样品 20 个/d，符合预期的设计指标。

9.4.2.2　小动物影像分析模块

1. 小动物化学发光荧光成像设备检测能力测试

(1) 验收指标：每天能对 100 个样品进行检测。

(2) 测试方法：将荧光素注入小鼠皮下。受试小鼠 150 只。3 人进行实验，1 人负责麻醉，1 人负责设备操作，1 人负责小鼠操作。留下 1 组小鼠，观察几天，看细胞的扩散程度。

(3) 测试结果：对小鼠脂肪垫注射标记过的肿瘤细胞，3 周后进行成像检测(腹腔注射荧光素酶底物)，结果如图 9－19 所示。

对信号区域进行信号强度测算，得到图 9－20 的结果。

继续饲养至 4 周，再次进行上述检测，得到结果如图 9－21。

对信号区域进行信号强度测算，得到图 9－22 的结果。

可以观察到，随着饲养时间的延长(3～4 周)，信号强度增加。因为信号强度与标记的细胞数量呈线性关系，故可以得出结论：标记的细胞数量增加。

(4) 测试数量：每次测试 5 只，每次大约 20 min。上午 8:30—12:00，测试 10 次，合计测试 50 只小鼠；下午 13:00—17:00，测试 11 次，合计测试 55 只小鼠。全天合计测试 105 只小鼠。

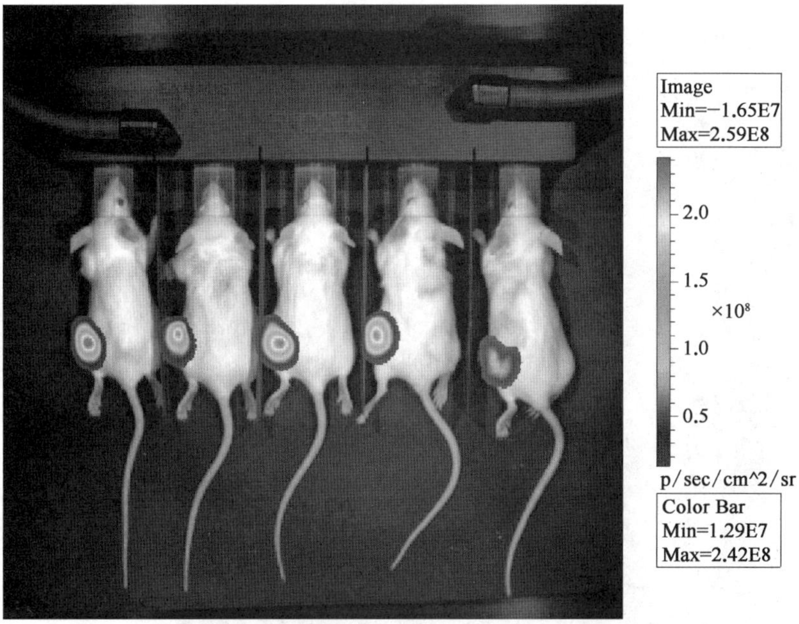

图 9－19　对小鼠注射肿瘤细胞 3 周后的成像检测成果(彩图见图版第 55 页)
Image：图像；Color Bar：对比度；Min：最小；Max：最大。

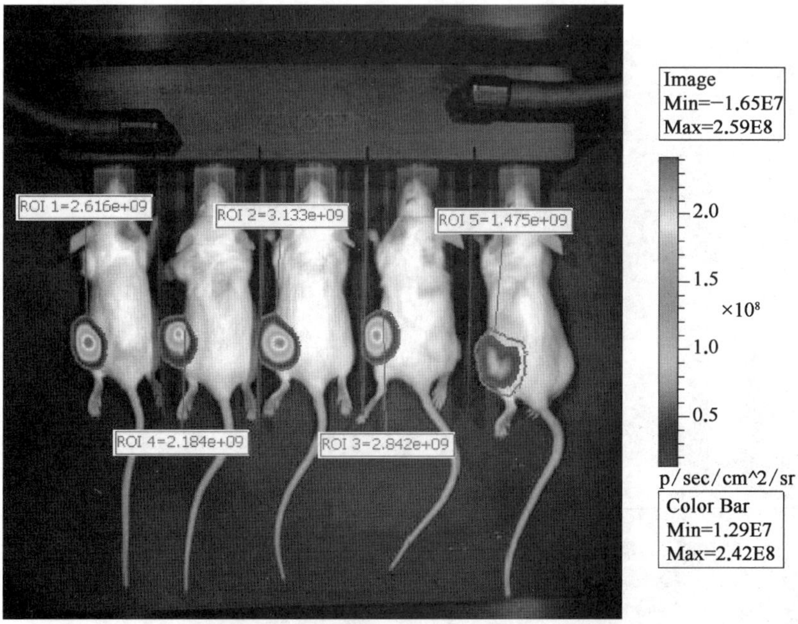

图 9－20　小鼠影像分析测试中注射 3 周后对信号强度的测算结果
(彩图见图版第 56 页)

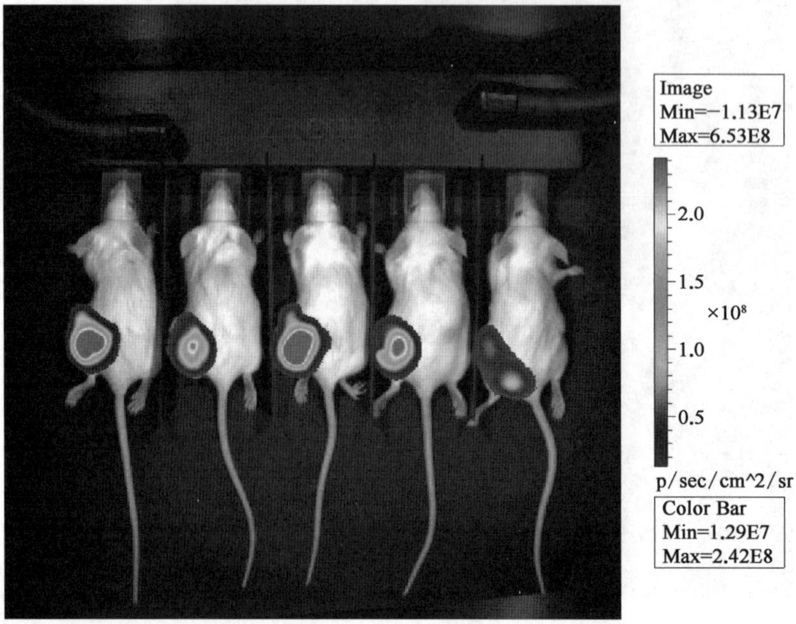

图 9－21　对小鼠注射肿瘤细胞 4 周后的成像检测结果(彩图见图版第 56 页)

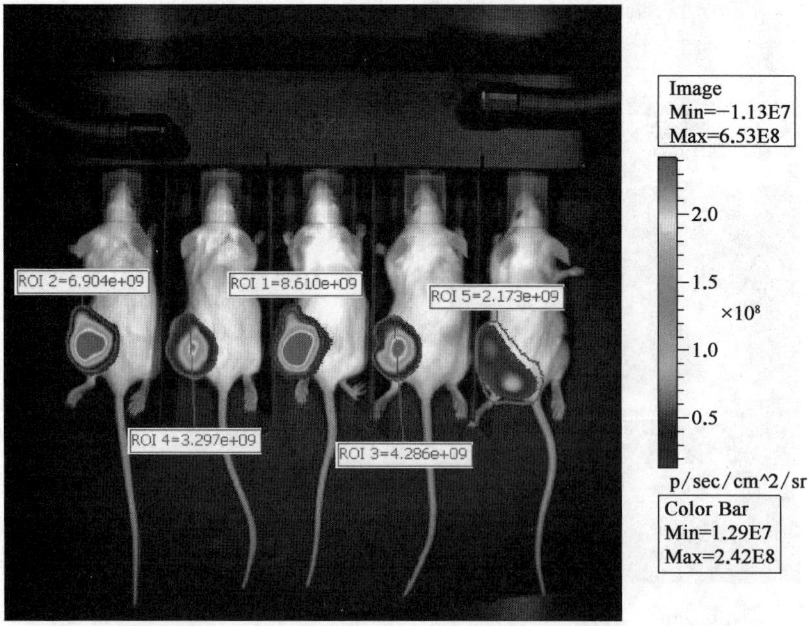

图 9－22　小鼠影像分析测试中注射 4 周后对信号强度的测试结果(彩图见图版第 57 页)

(5) 测试结论：此设备性能完好，工作正常，完全达到测试指标要求。

2. X射线辐照仪的设备测试

(1) 验收指标：每天对50个样品进行检测。

(2) 测试方法：小鼠X射线照射(见图9-23)，每次每笼5只小鼠，每次15 min左右。把小鼠放置于辐照室内，关上门进行开机辐照，上午8:30—11:30，测试9次，每次5只小鼠，合计45只小鼠；下午13:30—16:30，测试10次，每次5只小鼠，合计50只小鼠。一共测试95只小鼠。

(3) 测试结论：此设备性能完好，工作正常，完全达到测试指标要求。

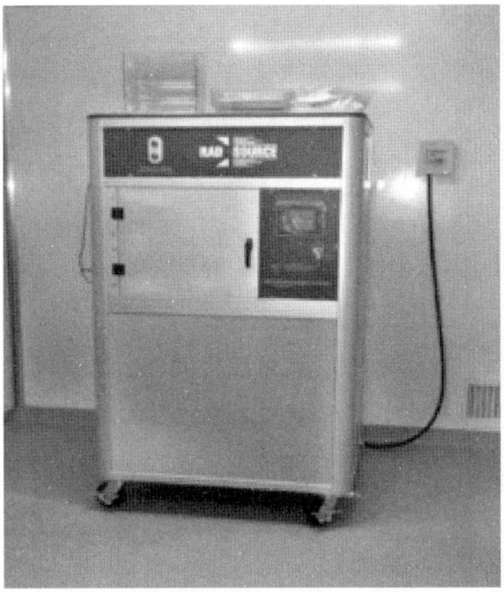

图9-23 X射线辐照仪

3. 样品制备测试

饲养设备已经到位，实际计算结果是，IVC笼位3 072笼，屏障开架笼位(见图9-24和图9-25)4 600笼，大鼠笼位310笼。合计小鼠笼7 672笼，大鼠笼310笼。满足设计指标。

图9-24 IVC(小鼠独立通风笼具)

图9-25 大鼠及小鼠的平板架饲养模式

9.4.3 系统验收

通过对上海设施的分子影像系统各项指标的测试以及分析，可以得出结论：本系统满足452—453页“9.3.3 系统研究计划”中提出的各项具体技术指标。

9.5 系统开放运行成果

建设上海设施，是中国加强科技自主创新的战略举措，是一项规模大、耗资巨、周期长、意义重要、影响深远的具有开创性的系统工程。分子影像系统的设计方案，参考了现有的国外同类设施的运行和国内研究单位的最高技术水平而初步制定，并随着新科技和新产品的发展而在一定框架范围内不断得到调整。方案力争在经费允许的条件下，不断提高主要技术指标，同时将关键技术集成和自主创新作为项目建设的必要程序，纳入管理规范，打破国外技术垄断壁垒，提高设备引进的主动性，将制造企业更新、改造、配套的能力，作为设备引进的重要依据，降低了设备选型风险，而且不断提升分子影像系统的专业技术水平和支撑能力，服务于广大用户。

分子影像系统快速扫描原子力显微镜，是国家蛋白质科学研究（上海）设施首台面向国内外用户开放运行的大型仪器设备，长期以来运行情况良好。高精度激光双光镊是上海设施自主研制建设的高精度大型仪器设备，在同类型仪器设备中，属于中国国内首台。

在国家大科学装置稳定的运行和维护经费支持下，分子影像系统自 2013 年初步建成并开放运行至今，基本实现了 100％对国内外用户开放，实际运行机时＞7 000 h（有效机时＞5 000 h，机器研究＞1 000 h），故障率＜1％。分子影像系统在 2013—2017 年间的累计开放运行中，服务了国内外共计 26 家科研院所、高等学校和企事业单位，探索类和研究类的项目课题超过 50 项，发表论文十余篇，代表性项目成果 2 项。

9.5.1　樊嘉、史颖弘课题组和王炜、曹毅课题组关于肝癌组织纳米机械特征及其分子起源的研究[17]

该成果聚焦于肝细胞癌的组织生物力学特征（图 9－26）与肿瘤复发转移的过程，中

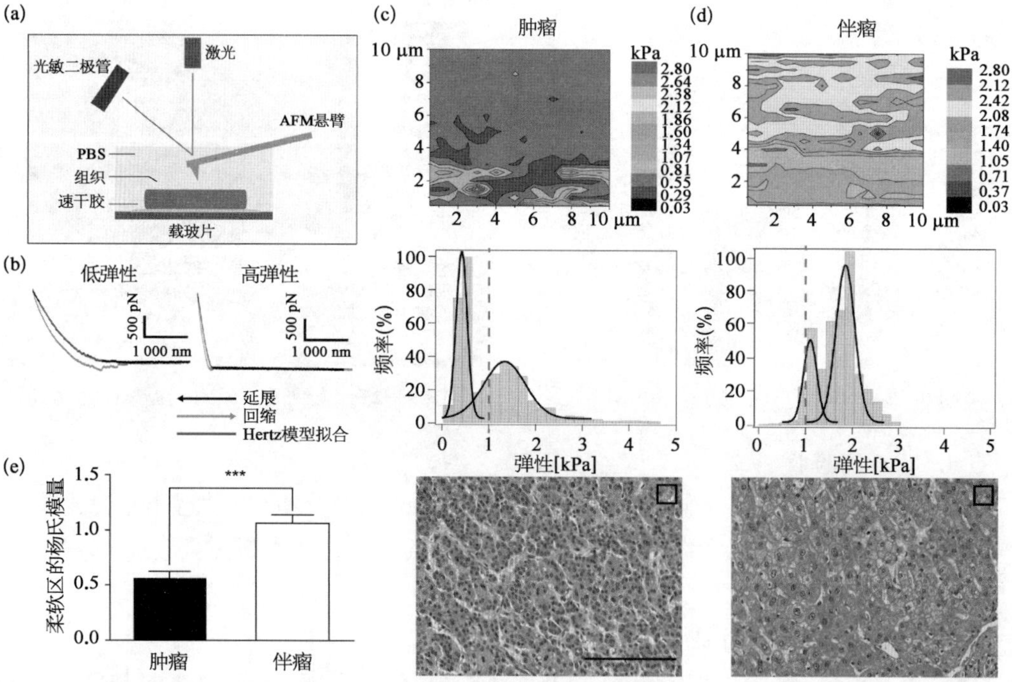

图 9－26　人体肝脏、肝细胞癌的组织生物力学特征（彩图见图版第 57 页）

(a) 用原子力显微镜检测人体肝脏实验样本弹性的方法。(b) 不同的力曲线分别表示较低和较高的弹性数据。(c) 肿瘤/肝癌组织弹性的生物力学特征。(d) 正常组织弹性的生物力学特征。(e) 正常组织和肿瘤/肝癌组织的较软区域的杨氏模量检测的统计对比数据。伴瘤：paraneoplasm。（图片引自[17]）

山医院的国家肝癌重点实验室提供了活体组织实验样本。研究基于原子力显微镜在单细胞水平上检测的有较低弹性峰值在切除取样手术后获得的肝癌组织上的杨氏模量分布,可以作为力学指纹来评价肝癌的恶性程度,而肝组织的弹性(杨氏模量)分布、改变及特定的纳米力学特点,预示了肝脏结构异常、肝硬化、肝癌和复发性肝癌的风险指数。研究发现,从正常的肝到肝硬化(liver cirrhosis)、原发性肝癌(hepatocellular carcinoma, HCC),再到复发性肝癌(recurrent HCC),其组织生物力学的弹性都逐渐减小,揭示了缺氧通过改变肝癌的生物力学,来促进肝癌细胞侵袭转移的生理病理过程(图 9-27)。肝癌的发生是一个多变性、多步骤的渐变复杂过程。鉴于此,该成果提供了一种全新的技术创新检测平台,为未来的肝细胞癌的早期诊断,提供了可资借鉴的技术方法。

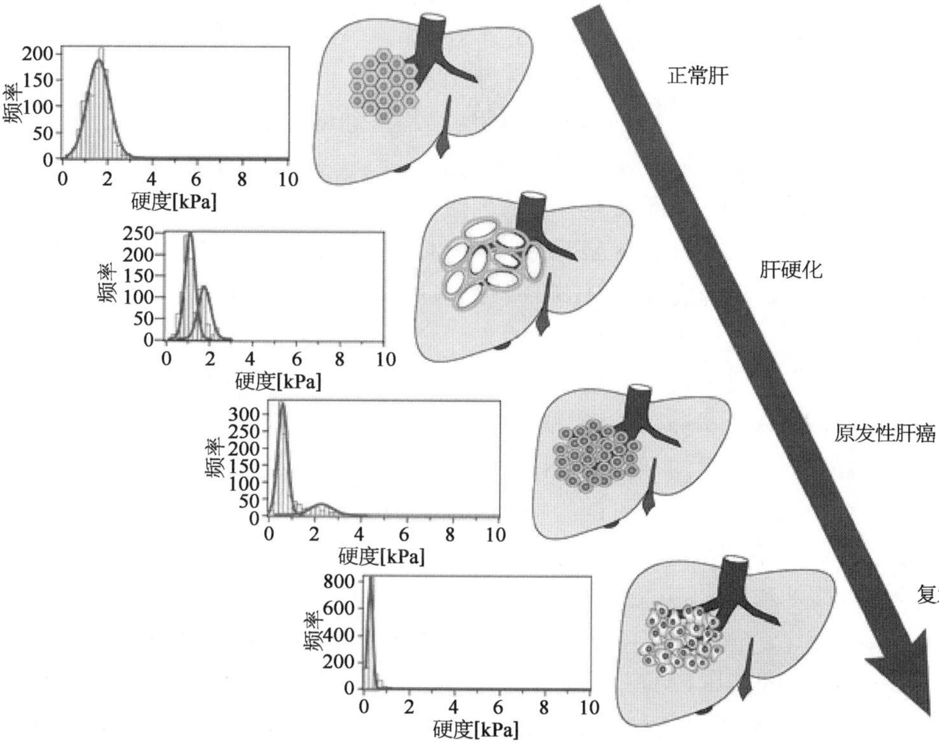

图 9-27 从正常的肝脏到肝硬化、肝癌,再到复发性肝癌(详见下载图 9-27,下载网址见 31 页脚注)

其组织生物力学的弹性逐渐减小,揭示了缺氧通过改变肝癌生物力学,来促进肝细胞癌侵袭转移的生理病理过程。(图片引自[17])

9.5.2 郭兴东、许琛琦课题组和黄文茂、曹毅课题组关于支持 T 细胞受体多样性的脂肪依赖性构象动力学的研究[18]

在获得性免疫系统中,T 细胞能够清除病原体和感染病变的细胞。T 细胞抗原受体(T-cell receptor, TCR)是 T 细胞识别"自我"和"非我"物质的主要受体,可以和抗原呈递细胞(antigen-presenting cell, APC)表面特定的 peptide(肽)-MHC 复合物(pMHC)

结合起来发挥作用。abTCR 复合物由 TCRab 异源二聚体、CD3eg、CD3ed 和 CD3zz 组成。TCR 与 pMHC 结合后，会引起 TCR 复合物中 CD3 分子胞内段免疫酪氨酸基序(immunoreceptor tyrosine-based activation motif，ITAM)中酪氨酸残基的磷酸化，随后开启下游信号。这个过程可以分为 2 个阶段，第一阶段发生 TCR 由结构关闭到结构打开的转换，第二阶段发生由 TCR 结构打开到 ITAM 磷酸化的激活态。许琛琦之前的工作表明，CD3e 和 CD3z 的胞内段含有碱性氨基酸富集区(basic rich sequence，BRS；带正电)。这些 BRS 可以通过电荷相互作用，与富含酸性磷脂(带负电)的细胞质膜内侧相互作用，使得其 ITAM 被磷脂保护起来，免于被下游的激酶磷酸化[19]。随后他们发现，在 T 细胞活化的初期，内流的 Ca^{2+} 可以通过中和细胞质膜内侧的酸性磷脂所带的负电荷，而帮助那些未结合抗原的 TCR 复合物胞内段从细胞质膜上解离下来，从而发生磷酸化，并放大初始的 TCR 信号[20]。这些研究证明了细胞质膜磷脂对 TCR 信号转导之重要调控作用。此外，TCR 复合物在接受不同的抗原刺激时，会产生不同的下游信号，从而引起不同的 T 细胞免疫反应，但产生这种功能多样性的结构基础依然不甚清楚。

为了探究该科学问题，在许琛琦、曹毅的联合指导下，郭兴东、阎成松、李华、黄文茂等人运用多种技术手段，分析了 TCR 复合物胞内段与细胞质膜磷脂结合的结构动态性。首先，他们利用单分子原子力显微镜(AFM)，检测 CD3e 胞内段(CD3eCD)与细胞质膜内侧相互作用的力学特征。研究发现，CD3eCD 从细胞质膜解离的过程中会产生特异的力谱，除了单峰力事件外，还有一定比例的双峰力事件，这表明 CD3eCD 中很可能存在 2 个与细胞质膜结合的位点。研究人员通过计算发现，除了之前鉴定的 BRS 区域外，在脯氨酸富集区(proline rich sequences，PRS) 和 ITAM 前半部分区域，还存在一个较弱的次级膜结合位点。为了验证该推测，他们随后使用核磁共振(NMR)，结合溶液 PRE* 试剂 TEMPOL，测定与磷脂结合的 CD3eCD 的构象动态特征。结果显示次级膜结合位点区域的氨基酸残基 PRE 效应相对较低，这进一步验证了次级膜结合位点的存在。而将该结合位点中的碱性残基和疏水残基突变后，发现 CD3eCD 前半段依旧与磷脂结合，而后半段却从磷脂上解离下来。最后，他们利用全内反射荧光显微镜(total internal reflection fluorescence microscope，TIRFM)和荧光共振能量转移(FRET)技术，检测不同强度抗原刺激下 CD3eCD 从细胞质膜上解离的程度，发现在不同强度的抗原刺激下，CD3eCD 从细胞质膜上的解离程度确实存在差异。这表明，不同强度的抗原确实可以使 CD3eCD 处于不同的构象态。这些实验证明，膜脂依赖的 TCR 复合物构象动态特征，很可能是 TCR 复合物传导不同刺激信号的结构基础。

该研究揭示了 TCR 复合物胞内段的结构动态性，阐明了 TCR 复合物传导不同刺激信号的结构基础(图 9－28)。

总之，经过近 5 年的建设与开放共享，本系统用户在生命科学领域取得显著成果。随着系统设备的稳定与升级、方法学的开发与应用、工作人员不断精进的技术支持、管理

* PRE：solvent paramagnetic resonance enhancement(溶剂顺磁共振增强)。

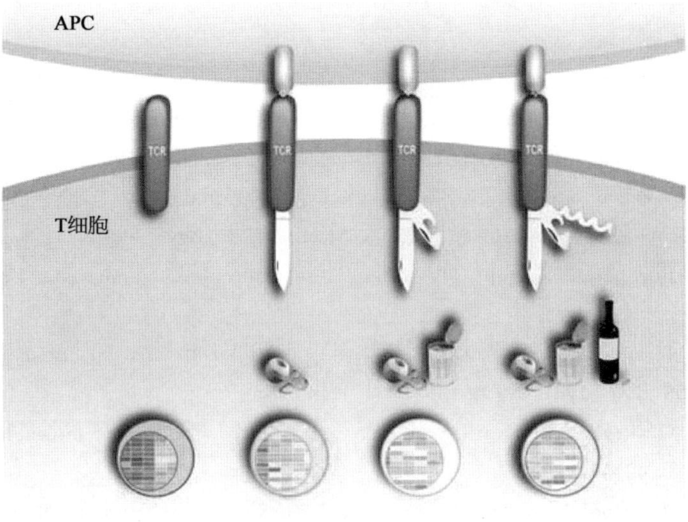

图 9-28 强弱不同的特异性抗原能够诱导 TCR 复合物产生不同的构象变化，从而产生不同的活化信号以及不同的免疫反应（详见下载图 9-28，下载网址见 31 页脚注）

图片引自[18]。

制度的不断完善，各项指标都在不断地进一步得到优化，也有越来越多的用户来到这里进行实验研究。因此有理由相信，未来将会有更多更好的成果涌现出来。

参考文献

[1] Deniz A A, Mukhopadhyay S, Lemke E A. Single-molecule biophysics: At the interface of biology, physics and chemistry. J R Soc Interface, 2008, 5: 15-45.

[2] Cornish P V, Ha T. A survey of single-molecule techniques in chemical biology. Chem Biol, 2007, 2: 53-61.

[3] Bustamante C, Chemla Y R, Forde N R, et al. Mechanical processes in biochemistry. Annu Rev Biochem, 2004, 73: 705-748.

[4] Stryer L. Biochemistry: 4th edition. New York: W. H. Freeman, 1995.

[5] Joo C, Balci H, Ishitsuka Y, et al. Advances in single-molecule fluorescence methods for molecular biology. Annu Rev Biochem, 2008, 77: 51-76.

[6] Neuman K C, Nagy A. Single-molecule force spectroscopy: Optical tweezers, magnetic tweezers and atomic force microscopy. Nature Methods, 2008, 5: 491-505.

[7] Turner D H. Conformational changes//Bloomfield V A, Crothers D M, Tinoco I, et al. Nucleic acids: Structures, properties and functions. Mill Valley, CA: University Science Books, 2000: 259-334.

[8] Albert B, Bray D, Lewis J, et al. Molecular biology of the cell: 3rd edition. New York:

Garland, 1994.

[9] Binnig G, Quate C F, Gerber C H. Atomic force microscope. Phys Rev Lett, 1986, 56: 930 - 933.

[10] Bustamante C. Recent advances in optical tweezers. Annu Rev Biochem, 2008, 77: 45 - 50.

[11] Smith S B, Finzi L, Bustamante C. Direct mechanical measurements of the elasticity of single DNA molecules by using magnetic beads. Science, 1992, 258: 1122 - 1126.

[12] Zlatanova J, Lindsay S M, Leuba S H. Single molecule force spectroscopy in biology using atomic force microscope. Progress in Biophysics & Molecular Biology, 2000, 74: 37 - 61.

[13] Kufer S K, Puchner E, Gumpp H, et al. Single molecule cut and paste. Science, 2008, 319: 594 - 596.

[14] Helenius J, Heisenberg C-P, Gaub H E, et al. Single-cell force spectroscopy. Journal of Cell Science, 2008, 121: 1785 - 1791.

[15] Bustamante C, Bryant Z, Smith S B. Ten years of tension: Single-molecule DNA mechanics. Nature, 2003, 421: 423 - 427.

[16] Müller D J, Dufrêne Y F. Atomic force microscopy as a multifunctional molecular toolbox in nanobiotechnology. Nature Nanotechnology, 2008, 3: 261 - 269.

[17] Tian M, Li Y, Liu W, et al. The nanomechanical signature of liver cancer tissues and its molecular origin. Nanoscale, 2015, 7(30): 12998 - 13010. http://pubs.rsc.org/-/content/articlelanding/2015/nr/c5nr02192h#! divAbstract, 2018 - 05 - 25.

[18] Guo X, Yan C, Hua L, et al. Lipid-dependent conformational dynamics underlie the functional versatility of T-cell receptor. Cell Research, 2017, 27(4): 505. http://www.nature.com/cr/journal/vaop/ncurrent/full/cr201742a.html, 2018 - 05 - 25.

[19] Xu C, Gagnon E, Call M E, et al. Regulation of T cell receptor activation by dynamic membrane binding of the CD3 epsilon cytoplasmic tyrosine-based motif. Cell, 2008, 135(4): 702.

[20] Shi X, Bi Y, Yang W, et al. Ca^{2+} regulates T-cell receptor activation by modulating the charge property of lipids. Nature, 2013, 493(7430): 111.

第 10 章　用户开放服务

上海设施是以各种大型科学仪器和先进技术集成为核心的规模化、系统化的技术装备体系。上海设施建立了蛋白质结构研究的九大系统(具体见第 1 页“第 1 章　总论”的第 3 自然段)。通过这些系统的研究技术设备之间的结合与互补,构成蛋白质科学研究设施建设目标中所拟定的五大研究能力：① 规模化蛋白质制备能力;② 多尺度结构分析能力;③ 多层次动态研究能力;④ 整体与定量分析能力;⑤ 数据库与计算能力。自从 2015 年 7 月 28 日上海设施通过国家验收以来,截至 2018 年 10 月底,共计为用户提供有效机时逾 458 万 h,收到用户申请超过 4 000 份,执行课题 4 229 个,服务实验人员达 2.5 万人次,用户单位 258 家。从 2014 年试运行至今,设施用户、设施内部研究团队、设施技术团队已经取得了一系列重要的成果,共发表 *SCI* 论文 502 篇,其中一区论文 279 篇,影响因子大于 10 的论文 182 篇,包括在 *Nature*、*Science*、*Cell* 上发表论文 33 篇。

10.1　用户服务管理流程

在设施建立初期,设施管理部门非常重视用户服务的管理。在梳理用户服务流程及管理制度的过程中,坚持以用户为中心,不断完善用户服务流程,加强制度建设,为能够向用户提供更加完善、便捷、高效的服务而努力。用户服务管理流程见图 10－1。

10.1.1　中国科学院重大科技基础设施共享服务平台

为了进一步规范用户服务管理,中科院条财局从 2015 年年底起,开发建立了中国科学院重大科技基础设施共享服务平台,将用户课题申请、课题评审、机时批复、实验预约、执行反馈、成果管理等步骤,集中在一个网站(lssf.cas.cn)上进行,简化了用户申请课题、执行实验的步骤与审批流程。

10.1.2　上海光源用户课题的管理系统

由于五线六站处于上海光源内,线站的用户服务要在符合共享服务平台相关规定的同时,也符合上海光源用户课题管理系统内的相关规定。在该系统内,用户可以提交实验样品信息和实验人员信息,以供安全审核。审核通过后,用户到达上海光源,可以领取

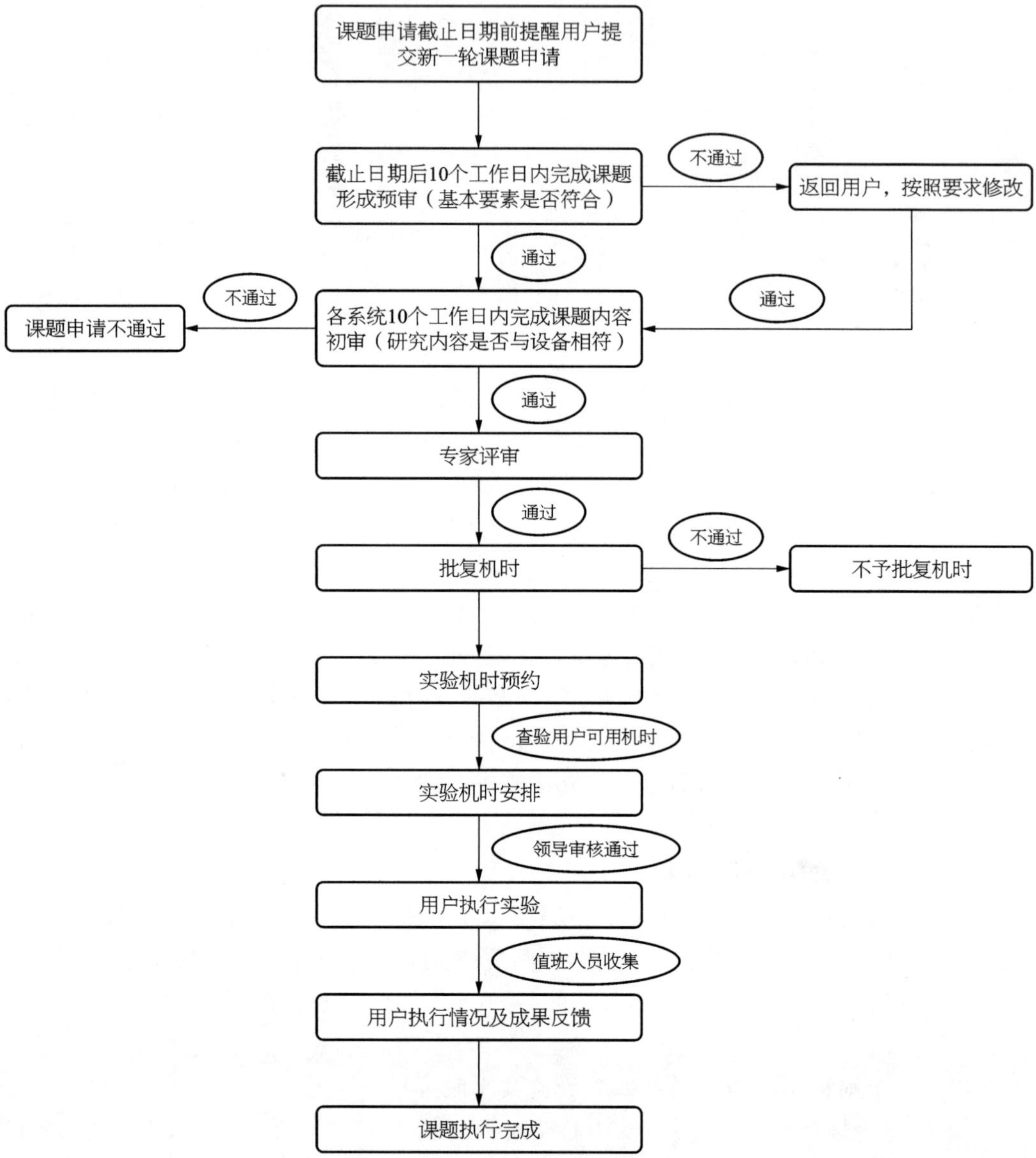

图 10-1　用户服务管理流程

用户卡和辐射剂量计，以便进行后续的实验。更多详细情况请查询网址 http://ssrf.sinap.ac.cn/proposals。

10.2　用户会议及培训

经过设施的试运行和运行，设施除了提出更多重要的运行维护举措，还不断创新，摸索出一系列提升用户体验、加强用户管理的方案。比如，设施每年举办用户学术大会及与各个系统相关的技术培训活动等。

10.2.1 上海设施用户专家小组会议

2014 年起，上海设施每年定期召开设施用户专家小组会议。来自全国近 10 个地区的 20 多名设施用户专家参会(图 10－2)。在每次会议上，专家们与上海设施的领导及技术系统的运行维护人员，针对设施上一年度的运行进展、下一年度的运行计划以及设施的考核指标，进行充分交流和讨论，不断针对设施运行维护和用户服务，提出建设性的意见和建议。

图 10－2 国家蛋白质科学研究(上海)设施用户专家小组会议(彩图见图版第 58 页)

10.2.2 上海设施用户大会

为更好地帮助上海设施与用户搭建交流的平台，加强和促进设施与用户之间的沟通合作，广泛听取专家和用户的意见及建议，改进并完善对设施用户的服务流程，推动设施服务于生命科学研究的新理论、新技术、新方法的发展，上海设施每年召开全国用户学术大会，邀请典型用户作大会报告，征集用户报告，并在会议期间组织对设施各项服务内容、服务效果的充分沟通与交流。

10.2.3 前沿系列国际会议

2014—2016 年，设施着力打造前沿系列国际研讨会议及暑期学校，为全国乃至蛋白质科学研究领域的研究者们构筑了一个高端、系统的国际技术交流与学习平台(图 10－3)。

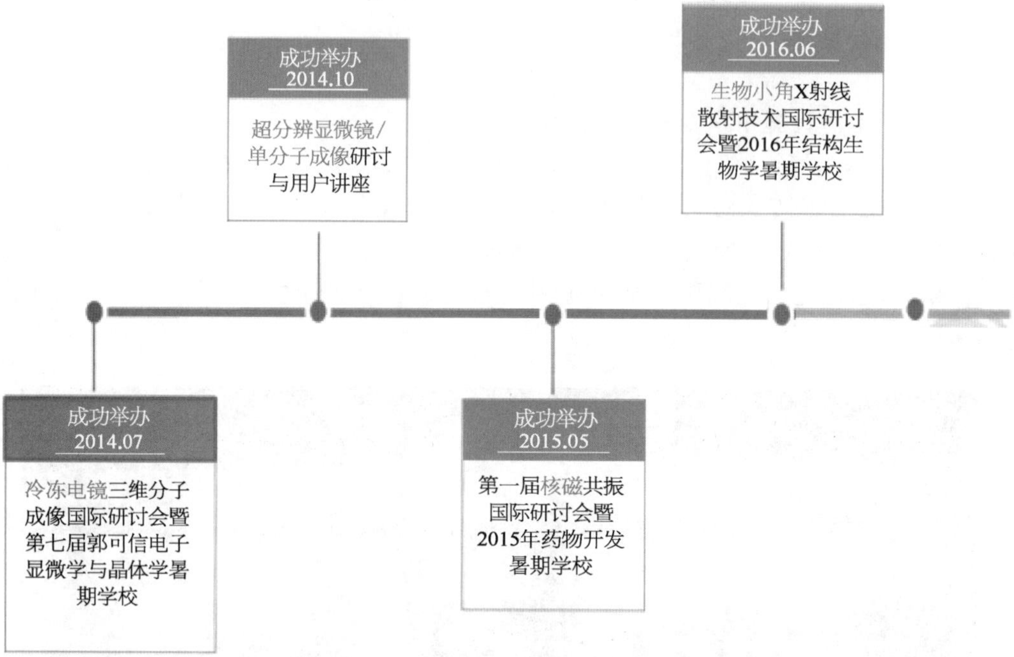

图 10－3　国家蛋白质科学研究(上海)设施前沿系列会议

2014 年,设施举办了冷冻电镜三维分子成像国际研讨会暨第七届郭可信电子显微学与晶体学暑期学校,提升了国内相关技术的发展及与海外的合作,培养了一批冷冻电镜技术的高级人才,为中国电镜行业培养了年轻技术力量,增加了技术储备。2015 年举办了第一届核磁共振国际研讨会暨 2015 年药物开发暑期学校,为中国生物大分子核磁共振波谱学领域开展国际交流合作,提供了高端学术平台,提升了国内蛋白质溶液核磁共振研究的整体水平,为中国在结构生物学领域的蓬勃发展打下了坚实基础。2016 年第一届生物小角 X 射线散射国际会议暨结构生物学暑期学校的成功举办,为中国生物分子溶液小角散射技术提供了一个示范窗口,展示了中国首条生物溶液 X 射线小角散射线站的研究实力与先进科研设施,提高了线站的国际影响力。为进一步将生物小角散射线站打造成国际一流的同步辐射线站,推动小角散射技术在中国蛋白质科学基础研究和药物开发领域的拓展与应用,奠定了坚实基础。

10.3　用户成果管理

10.3.1　用户成果管理流程

随着设施的开放程度越来越高,为用户服务的时间越来越长,用户的成果产出也越来越多。为了建立一个良好的用户成果管理体系,从 2017 年开始,设施提出了《用户成果管理流程》(图 10－4),希望通过规范用户成果的管理,形成用户成果反馈的良性循环,由此建立设施用户成果的数据库,为后续的成果转移与转化等,奠定良好的数据支持基础。

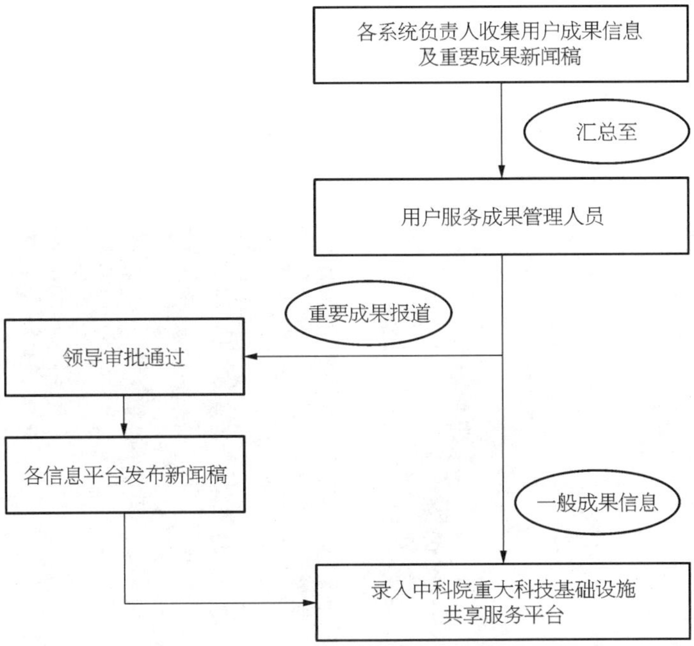

图 10－4　上海设施用户成果管理流程

10.3.2　典型用户成果简介

上海设施致力于提供持续、稳定、优质的用户服务，开展生命科学的前沿研究以及综合交叉领域的研究，大力发展蛋白质研究的新方法和新技术。上海设施用户的研究成果涉及生物学、医学、药学、材料学、资源与环境科学等多个领域，为各领域的科技创新提供了强有力的科技支撑。用户成果“率先破解光合作用超分子结构之谜”入选“2016 年中国十大科技进展新闻”，用户成果“埃博拉病毒入侵人体的机制被破解”入选“2016 年度中国医学科技十大新闻”和“2016 年度中国生命科学领域十大进展”，设施内团队成果“发现提高 T 细胞抗肿瘤免疫功能的新方法”入选“2016 年度中国科学十大进展”和“2016 年度中国生命科学领域十大进展”。现对其中有代表性的研究成果简介如下。

10.3.2.1　有关剪接体组装过程之关键复合物的重要发现

2016 年 1 月 8 日，清华大学施一公课题组[1]报道了在酿酒酵母剪接体组装过程中的一个关键复合物 U4/U6.U5 Tri－snRNP 高达 0.38 nm 分辨率的冷冻电镜结构。有关该成果的介绍请见 365—366 页“7.8.5.1　结构生物学”。

10.3.2.2　埃博拉病毒机理研究取得重大进展

2016 年 1 月 15 日，中科院微生物研究所、中国疾病预防控制中心高福研究团队在 *Cell* 上发表了他们的研究成果[2]。该研究从分子水平阐释了一种新的病毒膜融合与激发机制（第五种机制）（见图 10－5），这种新型机制与之前病毒学家们熟知的 4 种病毒膜融合激发机制都大为不同，成为近年来国际病毒学领域的一大突破。该研究为抗病毒药物设计提供了新靶点。

该研究加深了人们对埃博拉病毒入侵机制的认识，为埃博拉病毒病疫情的应对及防控，提供了重要的理论基础。

该项目的部分研究数据是通过上海设施五线六站的 BL19U1 而获得的。该成果入选“2016 年度中国医学科技十大新闻”。

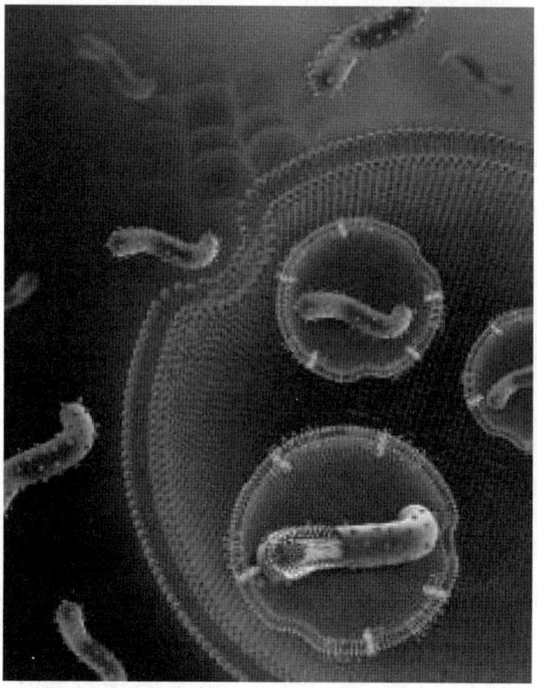

图 10－5　埃博拉病毒入侵模式图

图片引自[2]。

图 10－6　MLL 家族蛋白质甲基转移酶活性调节的分子机制图示

图片引自[3]。

10.3.2.3　MLL 家族蛋白质甲基转移酶活性调节的分子机制

2016 年 2 月 18 日，中科院上海生科院生化细胞研究所国家蛋白质科学研究（上海）设施雷鸣、陈勇研究组和中科院大连化学物理研究所李国辉研究组合作，在 *Nature* 上发表了他们的研究成果（图 10－6）[3]。该研究综合利用 X 光衍射、核磁共振和分子动力学计算模拟等多种方法，通过分析比较 MLL 家族蛋白质中一系列蛋白质单体及蛋白质复合物的结构，发现 MLL 蛋白的溶液结构是高度动态变化的。而 RBBP5－ASH2L 能够显著地使其结构固定在一种活性构象上，这种活性构象有利于底物和辅因子结合，从而增强 MLL 的甲基转移酶活性。研究为深入了解 MLL 家族组蛋白甲基转移酶在复合物中的正确组装、活性精确调控等，提供了坚实的结构基础。

上海设施五线六站、核磁共振分析系统、质谱分析系统、规模化蛋白质制备系统等，为其提供了技术支持。

10.3.2.4 肿瘤免疫治疗的新方法

2016 年 3 月 17 日，中科院上海生科院生化细胞研究所分子生物学国家重点实验室/国家蛋白质科学研究（上海）设施许琛琦研究组和分子生物学国家重点实验室李伯良研究组在 *Nature* 上发表了他们的合作研究成果（图 10－7）[4]。

T 细胞介导的肿瘤免疫治疗，是治疗肿瘤的重要武器，在临床上已取得了巨大的成功。但是，现有的基于信号转导调控的肿瘤免疫治疗手段，只对部分病人有效，因此亟须发展新的方法，让更多的病人受益。该项工作从代谢调控这一全新的角度，去研究 T 细胞肿瘤免疫反应。鉴定了胆固醇酯化酶 ACAT1 是调控肿瘤免疫应答的代谢检查点，抑制其活性可以增强 $CD8^+$ T 细胞的肿瘤杀伤能力。同时发现 ACAT1 抑制剂 avasimibe（辉瑞公司开发的用于治疗动脉粥样硬化的药物，进行了Ⅲ期临床试验）具有很好的抗肿瘤效应，并且能与现有的临床药物 PD－1 抗体进行联合治疗。该项研究发现 ACAT1 这一药物靶点及其小分子抑制剂具有应用前景，发展了新的肿瘤免疫治疗方法。

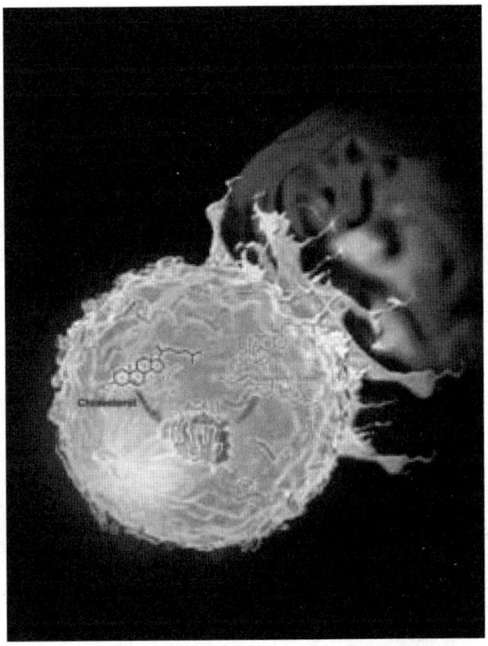

图 10－7 肿瘤免疫治疗的新方法图示
（彩图见图版第 58 页）
图片引自[4]。

科研人员通过上海设施复合激光显微镜系统获取信息，发现通过调控 T 细胞的“代谢检查点”可改变其代谢状态，使之获得更强的抗肿瘤效应功能。该成果入选“2016 年度中国科学十大进展”。

10.3.2.5 揭示 CRISPR－Cpf1 识别 crRNA 以及剪切前体 crRNA 的机制

2016 年 4 月 21 日，哈尔滨工业大学生命学院黄志伟团队在 *Nature* 上发表了他们的研究成果（图 10－8）[5]。该研究揭示了 CRISPR－Cpf1 识别 CRISPR RNA（crRNA）以及 Cpf1 剪切前体 crRNA 的成熟的分子机制。研究解析了结合 crRNA 的 Cpf1 复合物的晶体结构，确定 Cpf1 是一个呈三角形的单体，位于该结构中间的是一个带有正电荷的凹槽。结构观察发现一个紧密结合 crRNA 的六水合 Mg^{2+} 对稳定 crRNA 的构象和激活 Cpf1 的催化活性起非常关键的作用。通过比较 Cpf1 和 Cas9 复合物的结构发现，LHD 区域推测可能是双链 DNA 底物结合的 PAM 区域*。该研究发现，Cpf1 在没有 crRNA 结合的状态下，处于松散的构象；crRNA 的结合，引起 Cpf1 发生显著的构象变化。

* PAM 是目标 DNA 序列下游的一段序列。LHD：looped-out helical domain（环出螺旋区域）。

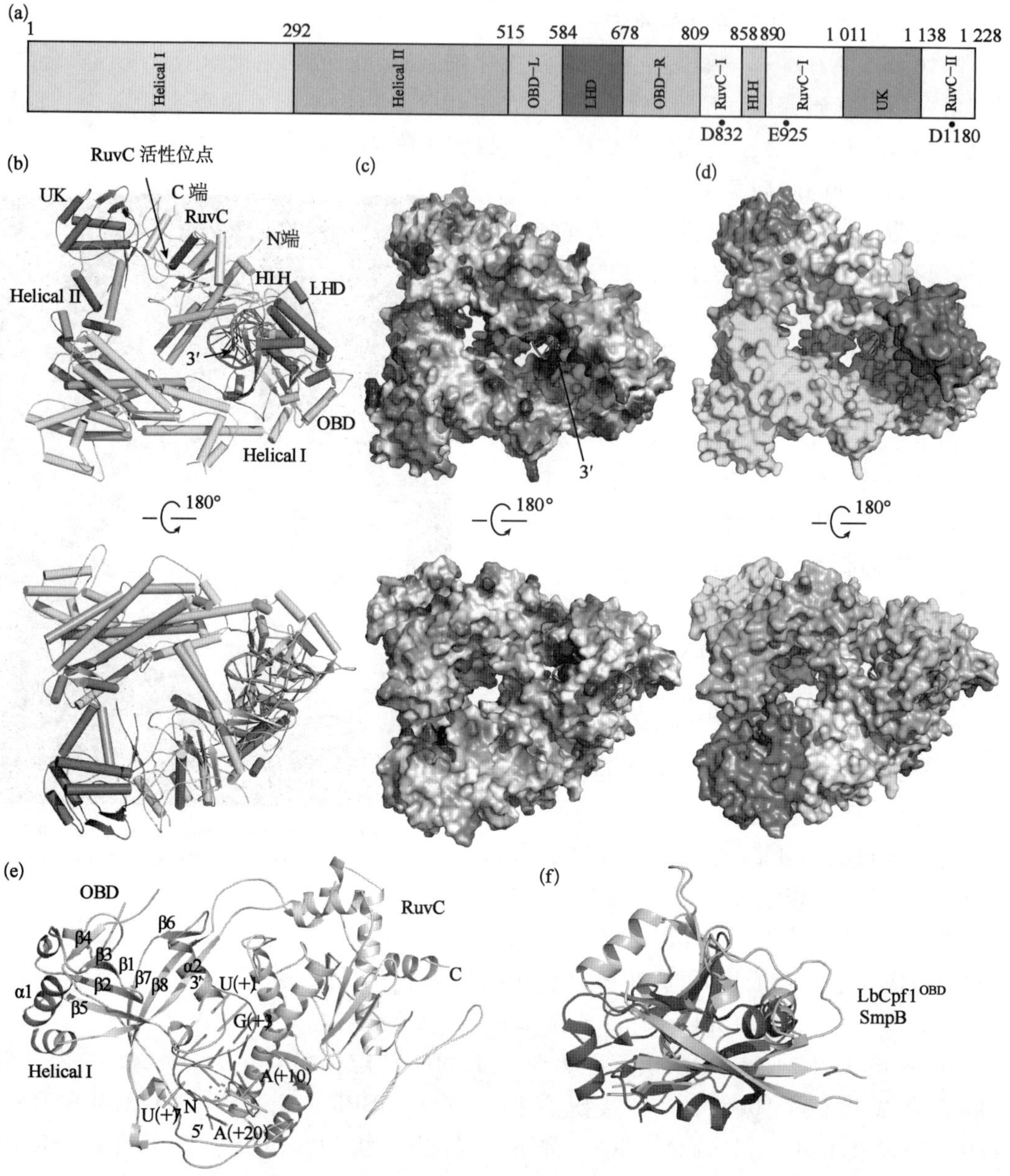

图 10-8　CRISPR-Cpf1 结合 crRNA 的复合物晶体结构(彩图见图版第 59 页)

Helical：螺旋。(图片引自[5])

该研究对认识细菌如何通过 CRISPR 系统抵御病毒入侵的分子机理，具有十分重要的科学意义；而且为成功地改造 Cpf1 系统，使之成为特异和高效的全新基因编辑系统，提供了结构基础；让人们可以更加高效地对目标基因进行“关闭”“恢复”和“切换”等精准“手术”，使得战胜癌症和艾滋病等疾病成为可能。

该研究利用上海设施的 BL19U1 线站，收集并解析了 Se-LbCpf1-crRNA_1 复合物(PDB 5id6)*的晶体结构。

10.3.2.6 揭示线粒体 Ca^{2+} 单向转运蛋白的结构机制

2016 年 5 月 3 日,中科院上海生科院生化细胞研究所/国家蛋白质科学研究(上海)设施周界文研究组及哈佛医学院 V. Mootha 研究团队在 *Nature* 上发表了他们的合作研究成果(图 10-9)[6]。

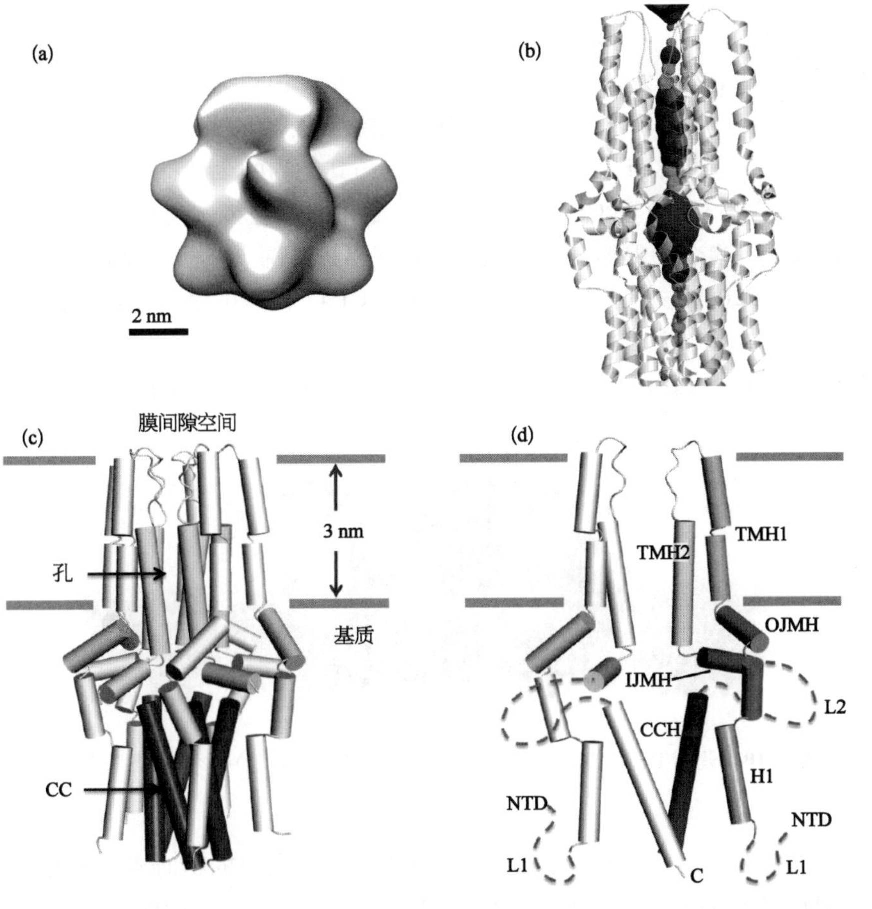

图 10-9 MCU 的通道结构(详见下载图 10-9,下载网址见 31 页脚注)

(a) 单颗粒重组获得的负染电镜图;(b) Ca^{2+} 转运通道的示意图;(c) MCU 五聚体的核磁结构示意图;(d) MCU 单体的结构组成。(图片引自[6])

MCU** 作为近年来科学界的重要发现,国内外顶尖科研团队纷纷对其分子基础展开了研究,而 MCU 体系的复杂性给这一问题的解决带来了巨大挑战。在周界文的指导下,董颖利用上海设施的电镜分析系统,通过负染电镜的方法获得了 MCU 蛋白的整体形貌,

* PDB: Protein Data Bank(蛋白质数据银行)。5id6 是结构编号。

** MCU: mitochondrial calcium uniporter(线粒体 Ca^{2+} 单向转运蛋白)。

发现 MCU 形成一个“花瓶形”的同源五聚体，然而有关 MCU 的精确结构信息仍然缺乏。为了攻克这样一个整体分子量达到 90 kDa 以上、非常具有挑战性的蛋白质结构，周界文带领核磁技术主管刘志军，依托 Bruker 900 MHz(B900)核磁谱仪，研发了一整套高效的膜蛋白核磁技术，为该结构的解析提供了强有力的技术支撑。该结构是截至该成果发表时世界上使用核磁共振技术解析出的最大的离子通道结构。

10.3.2.7　光合作用超级复合物的结构研究获重大进展

2016 年 5 月 18 日，中科院生物物理研究所柳振峰研究组、章新政研究组与常文瑞、李梅研究组在 *Nature* 上发表了合作研究成果(图 10－10)[7]。该研究通过单颗粒冷冻电子显微镜技术，首次揭示了菠菜 PSⅡ－LHCⅡ超级复合物的总体结构特征和各亚基的排布规律。研究结果解析了菠菜 PSⅡ核心复合物与其外周的主要捕光复合物 LHCⅡ三聚体、次要捕光复合物 CP29 和 CP26 之间相互装配和识别的机制与位点。并且，在对菠菜 PSⅡ－LHCⅡ超级复合物内部高度复杂的色素网络进行深入分析的基础上，发现了 LHCⅡ、CP29 以及 CP26 向核心天线复合物 CP43 或 CP47 传递能量的途径。同时，对于在光保护过程中发挥作用的潜在能量淬灭位点也进行了定位。研究结果对于进一步在分子水平理解 PSⅡ－LHCⅡ超级复合物中的能量传递时间动力学和光保护机理具有重要意义。

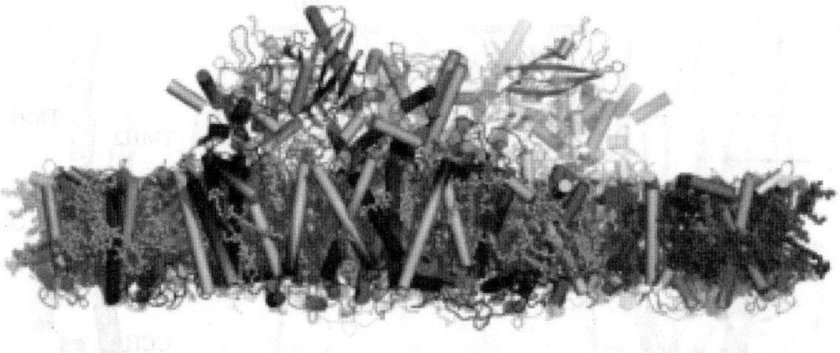

图 10－10　菠菜 PSⅡ－LHCⅡ复合物的整体结构(侧面观)(彩图见图版第 60 页)
图片引自[7]。

在该项研究中，上海设施电镜分析系统为其提供了充足的机时支持和技术支撑。由于 PSⅡ－LHCⅡ样品的制备难度大，难以重复，而且其中一个朝向的颗粒衬度差，需要做大量的前期样品筛选工作。电镜分析系统在样品筛选和前期数据收集的过程中，起到重要作用。该研究团队在设施的电镜上筛选了约 20 个 PSⅡ－LHCⅡ样品，并且收集到了约 3 500 张电镜照片，为优化样品和提高分辨率增强了信心，为进一步的突破奠定了基础。该成果入选“2016 年中国十大科技进展新闻”。

10.3.2.8　N6 腺嘌呤甲基转移酶复合物的晶体结构研究取得新进展

2016 年 5 月 25 日，华中农业大学作物遗传改良国家重点实验室殷平带领其课题组成员，在国际权威学术期刊 *Nature* 上发表了有关 N6 腺嘌呤甲基转移酶 METTL3－METTL14 蛋白质复合物晶体结构的最新科研进展[8]。有关该成果的介绍请见 172 页“4.1.7.1　同步辐射生物 X 射线小角散射在生物大分子复合物结构生物学领域的应用研究”。

10.3.2.9 揭示细胞焦亡的分子机理

2016 年 6 月 9 日，北京生命科学研究所邵峰及其合作者中科院生物物理研究所王大成研究组与国家蛋白质科学研究(上海)设施的五线六站(BL18U1/BL19U1)密切合作，在 *Nature* 上在线发表长文，揭示了 GSDMD 蛋白以及其他 gasdermin 家族蛋白质介导细胞焦亡(pyroptosis)和在天然免疫中发挥功能的分子机理(图 10-11)[9]。

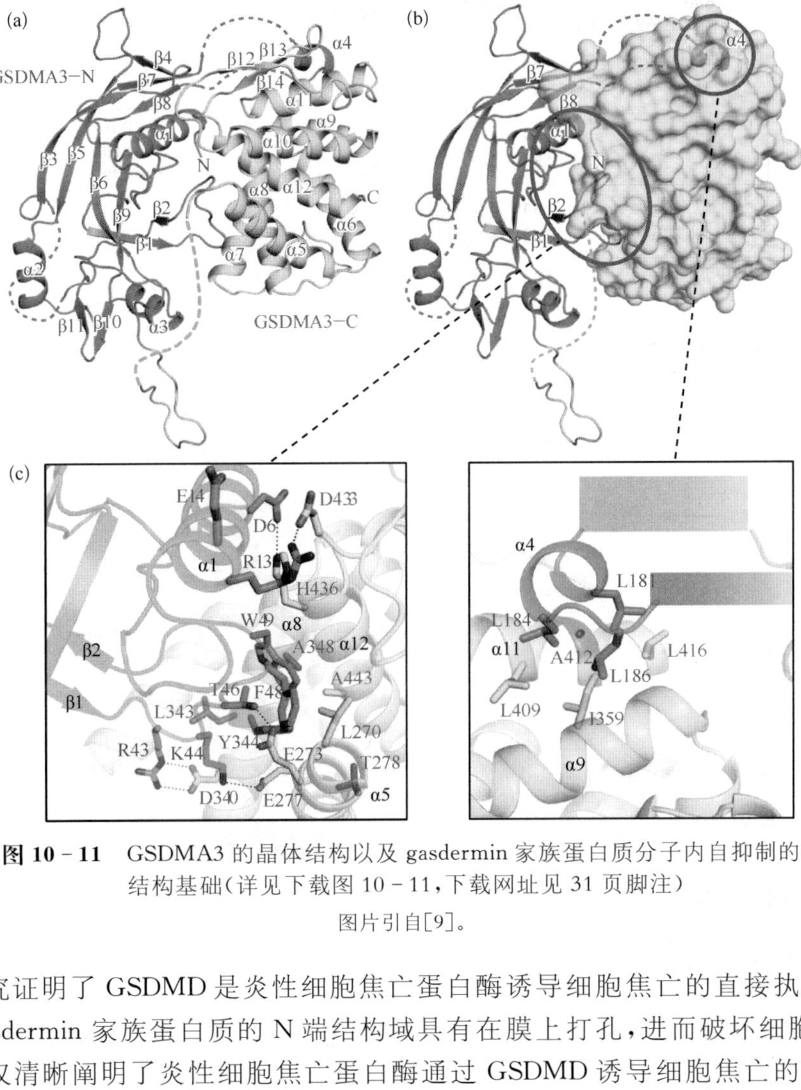

图 10-11 GSDMA3 的晶体结构以及 gasdermin 家族蛋白质分子内自抑制的结构基础(详见下载图 10-11，下载网址见 31 页脚注)

图片引自[9]。

该研究证明了 GSDMD 是炎性细胞焦亡蛋白酶诱导细胞焦亡的直接执行者，首次揭示了 gasdermin 家族蛋白质的 N 端结构域具有在膜上打孔，进而破坏细胞质膜的功能。这不仅清晰阐明了炎性细胞焦亡蛋白酶通过 GSDMD 诱导细胞焦亡的分子基础，也使细胞焦亡的概念得以重新定义为由 gasdermin 介导的细胞程序性坏死。研究结果不仅为针对 GSDMD 开发自身炎性疾病和败血症的治疗药物，奠定了坚实理论基础，也为后续研究其他 gasdermin 蛋白在程序性细胞坏死和天然免疫中可能的生理功能，开辟了道路。

10.3.2.10　HIV-1 病毒包膜刺突蛋白质的跨膜区结构研究取得进展

2016 年 6 月 24 日，中科院上海生科院生化细胞研究所/国家蛋白质科学研究（上海）设施周界文研究组与哈佛医学院 B. Chen 研究团队在 *Science* 上发表了合作研究成果（图 10-12）[10]。

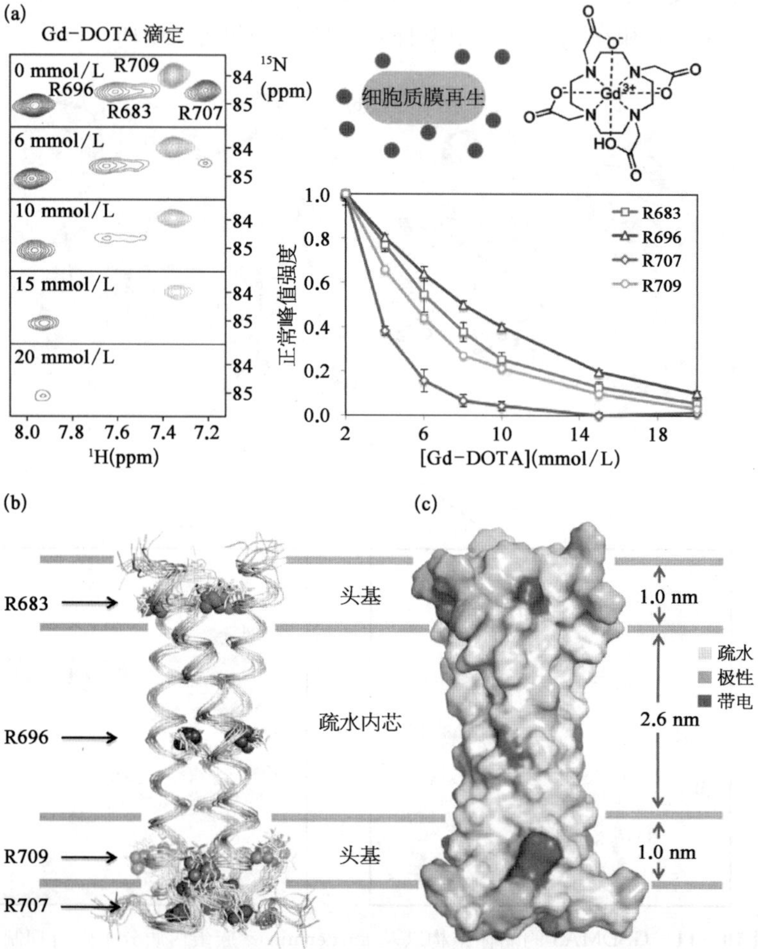

图 10-12　HIV 包膜刺突、跨膜区域的三维结构研究（彩图见图版第 60 页）

(a) 利用液体核磁共振的顺磁探针 Gd-DOTA*，测量 4 个精氨酸残基在细胞质膜内的不同包埋深度；(b)(c) HIV-1 包膜刺突 gp41 跨膜区三聚体的核磁结构示意图。(图片引自[10])

该研究采用液体核磁共振技术，首次揭示了 HIV 病毒包膜刺突（HIV-1 envelope spike）跨膜区域的精细三维结构，首次在原子水平上展示了跨膜结构区域如何锚定、稳定和调控 HIV 病毒包膜刺突三聚体的分子机理。为针对艾滋病病毒的疫苗设计，提供了

* Gd-DOTA：钆特酸葡胺，一种造影剂。

新的思路。该研究中部分关键的核磁共振实验，依托上海设施核磁系统 Bruker 900 MHz (B900)高场核磁共振谱仪来完成，核磁技术主管刘志军有针对性地优化了脉冲序列，采集了一整套高质量的核磁共振数据，为此项研究提供了强有力的专业技术服务。

10.3.2.11　揭示神经系统突触蛋白质组织的新机制

2016 年 8 月 26 日，香港科技大学生命科学部张明杰及其团队在 *Cell* 杂志上发表了其研究成果(见图 10－13)[11]。该研究首先对 PSD－95 和 SynGAP 进行了生物化学和结构生物学的分析，并解析出了 PSD－95 和 SynGAP 的复合物结构，发现 PSD－95 通过 C 端延伸的 PDZ 结构域，特异性地识别 SynGAP。该研究还在 SynGAP 的 C 端鉴定出一个卷曲螺旋结构域。通过这个结构域，SynGAP 形成同源三聚体，并能结合多个 PSD－95 分子。研究发现了一类点突变，会影响 SynGAP 在突触后致密区的定位、富集以及对神经活动的响应，并因此改变神经细胞突触的兴奋性。

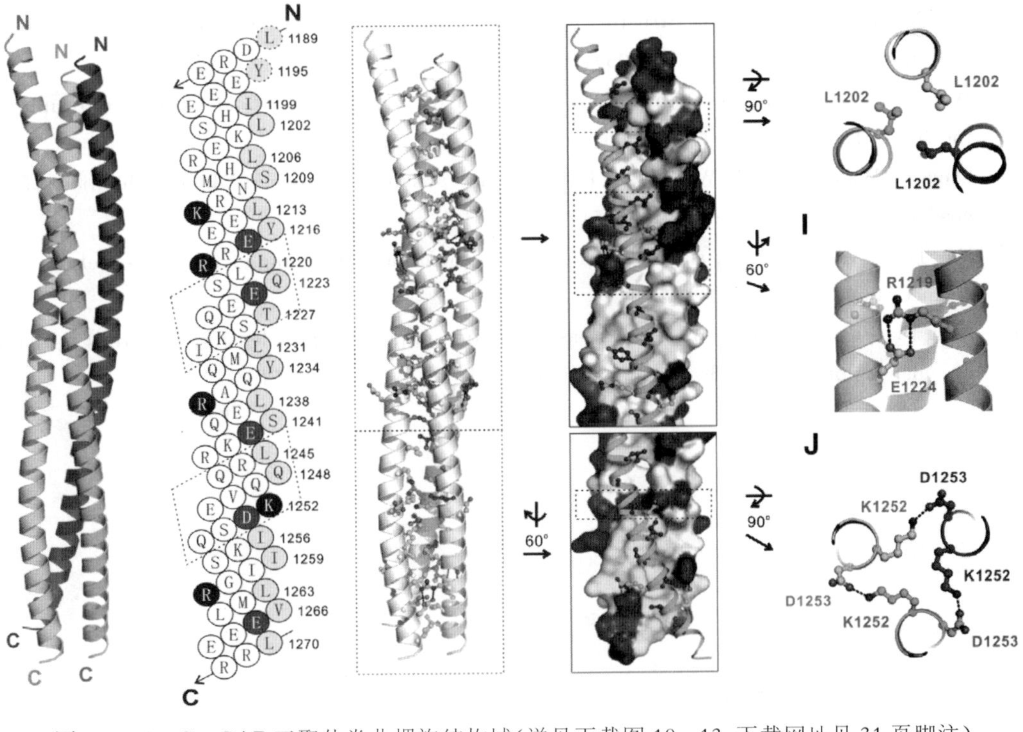

图 10－13　SynGAP 三聚体卷曲螺旋结构域(详见下载图 10－13，下载网址见 31 页脚注)

图片引自[11]。

该研究发现了一种突触蛋白质组织的新机制，将有助于理解为什么这些突触蛋白质上的遗传缺陷，会导致一系列严重且常见的中枢神经系统疾病，为此类疾病治疗方法的研发，注入了新的灵感。

国家蛋白质科学研究(上海)设施 BL19U1 线站提供的数据，支持了该研究的大量晶体测试与优化工作。

参考文献

[1] Wan R, Yan C, Bai R, et al. The 3.8 Å structure of the U4/U6.U5 tri-snRNP: Insights into spliceosome assembly and catalysis. Science, 2016, 351(6272): 466 - 475.

[2] Wang H, Shi Y, Song J, et al. Ebola viral glycoprotein bound to its endosomal receptor Niemann-Pick C1. Cell, 2016, 164(1 - 2): 258.

[3] Li Y, Han J, Zhang Y, et al. Structural basis for activity regulation of MLL family methyltransferases. Nature, 2016, 530(7591): 447.

[4] Yang W, Bai Y, Xiong Y, et al. Potentiating the antitumour response of CD8 + T cells by modulating cholesterol metabolism. Nature, 2016, 531(7596): 651.

[5] Dong D, Ren K, Qiu X, et al. The crystal structure of Cpf1 in complex with CRISPR RNA. Nature, 2016, 532(7600): 522 - 526.

[6] Oxenoid K, Dong Y, Cao C, et al. Architecture of the mitochondrial calcium uniporter. Nature, 2016, 533(7602): 269.

[7] Wei X, Su X, Cao P, et al. Structure of spinach photosystem Ⅱ - LHCⅡ supercomplex at 3.2 Å resolution. Nature, 2016, 534(7605): 69.

[8] Wang X, Feng J, Xue Y, et al. Corrigendum: Structural basis of N6-adenosine methylation by the METTL3-METTL14 complex. Nature, 2017, 542(7640): 260.

[9] Ding J, Wang K, Liu W, et al. Pore-forming activity and structural autoinhibition of the gasdermin family. Nature, 2016, 535(7610): 111.

[10] Dev J, Park D, Fu Q, et al. Structural basis for membrane anchoring of HIV - 1 envelope spike. Science, 2016, 353(6295): 172.

[11] Zeng M, Shang Y, Araki Y, et al. Phase transition in postsynaptic densities underlies formation of synaptic complexes and synaptic plasticity. Cell, 2016, 166(5): 1163.

索引

第 1 章和第 10 章

第 3 章

第 4 章

第 5 章

第 6 章

第 7 章

第 8 章

第 9 章

各章关于数据库与计算分析系统索引内容

图　　版

图 2－7　高通量自动化构建系统安装调试

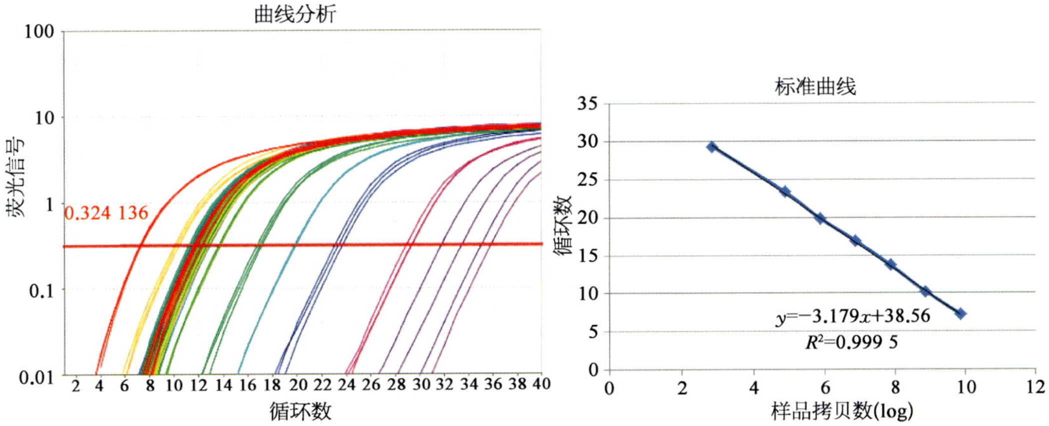

图 2－20　实时荧光定量 PCR 数据的扩增曲线分析和标准曲线

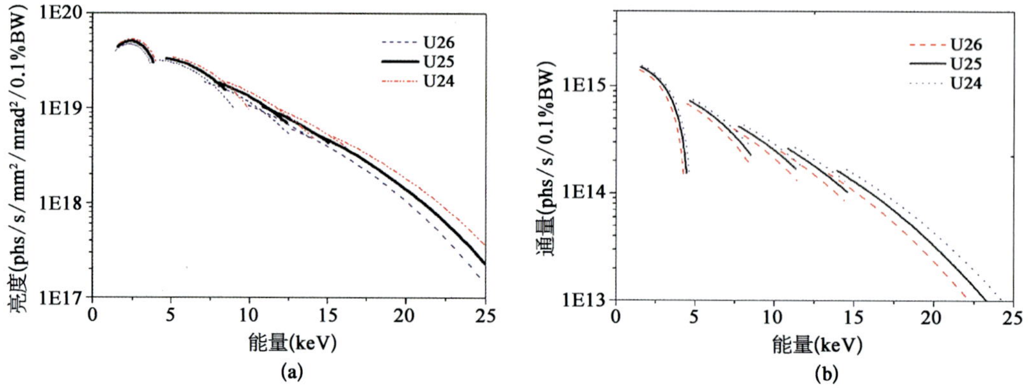

图 3-2　U24、U25、U26 波荡器的亮度和通量曲线

其中波荡器总长度均为 2 m，最小磁隙为 6 mm。(a) 利用 XOP 程序计算得到的不同周期长度的波荡器的亮度；(b) 利用内部程序计算得到的通量曲线。

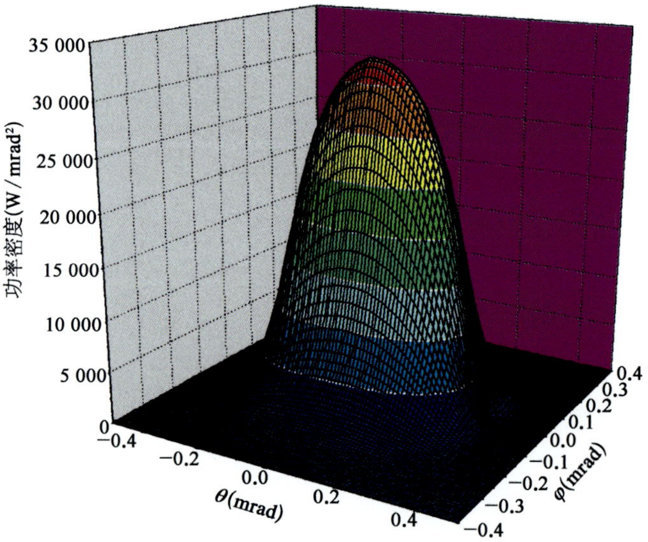

图 3-3　U25 波荡器辐射功率密度角分布

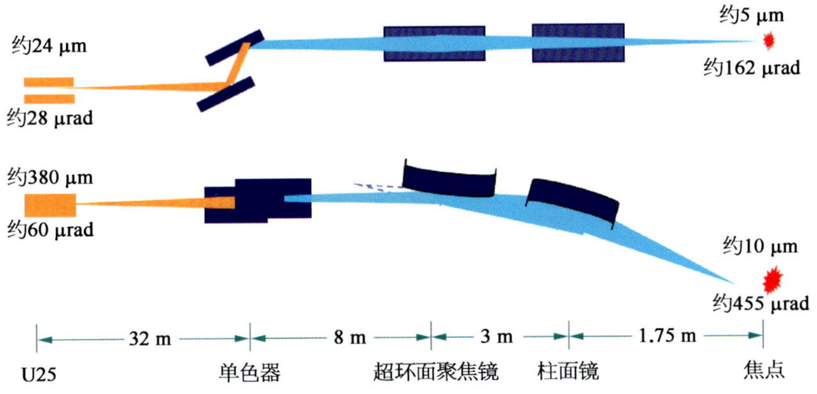

图 3-10 蛋白质微晶体光束线的光学设计原理示意图

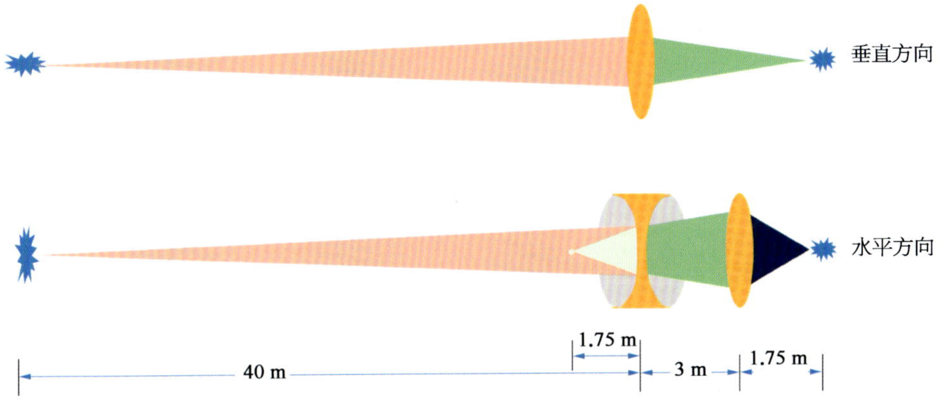

图 3-11 微晶线站的聚焦模式示意图

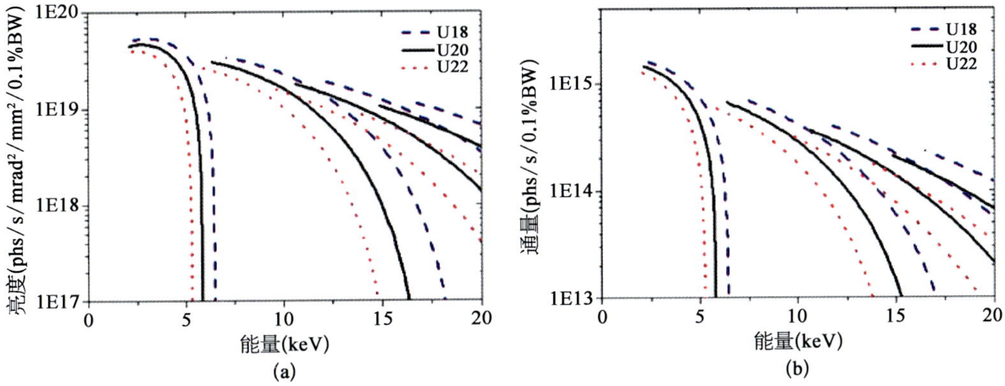

图 3-28 U18、U20、U22 波荡器的亮度和通量曲线

其中波荡器总长度均为 1.6 m，最大 *K* 值为 1.942。(a) 利用 XOP 程序计算得到的不同周期长度的波荡器的亮度；(b) 利用内部程序计算得到的通量曲线。

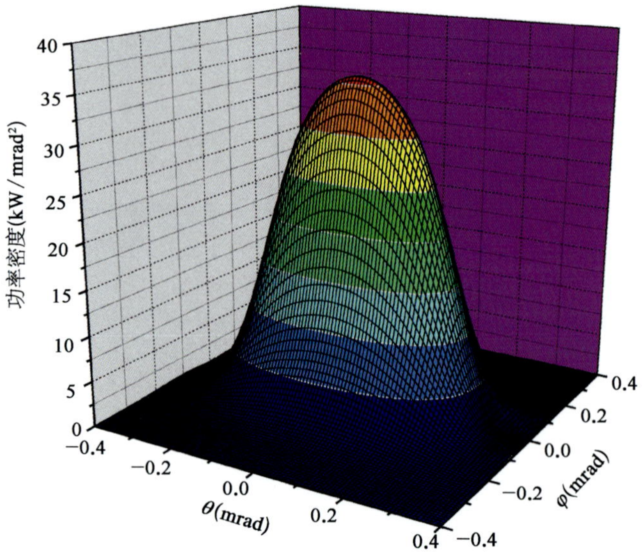

图 3-29 U20 波荡器辐射功率密度角分布

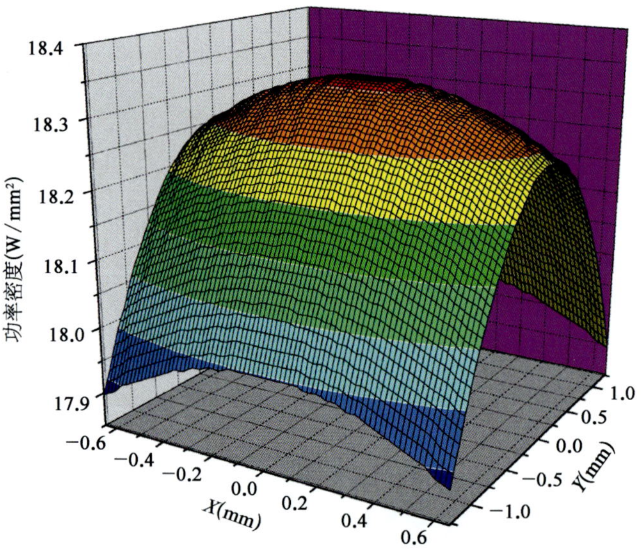

图 3-33 复合物线站单色器第一晶体表面的功率密度分布

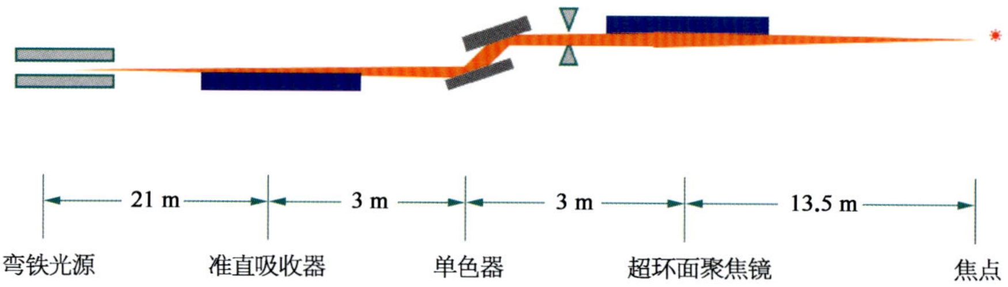

图 3-44 高通量光束线的光学设计原理示意图

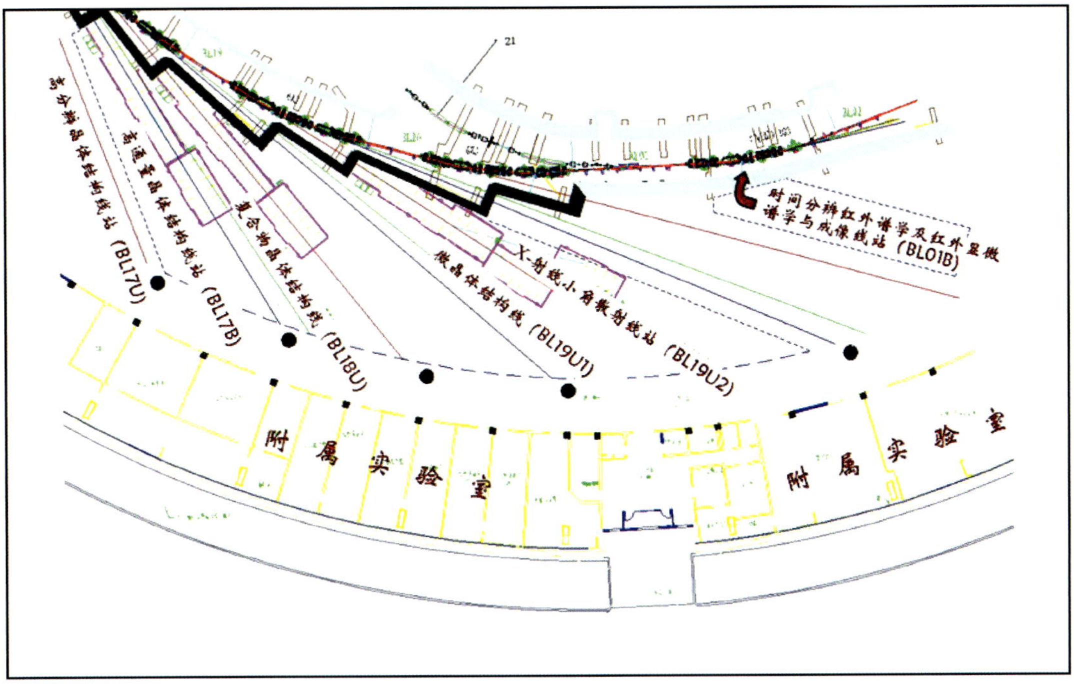

图 3-59 线站的总体布局

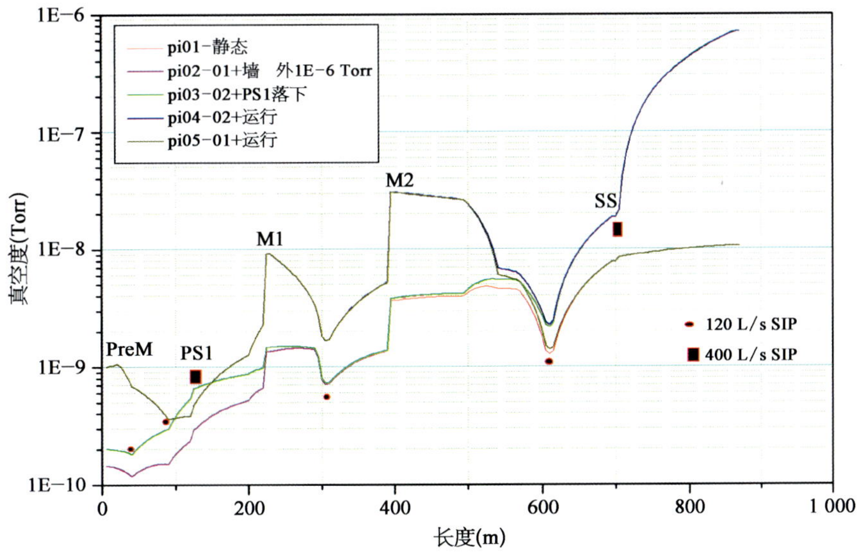

图 3-60 生物大分子光束线前端区的真空分布图

SIP：溅射离子泵(sputter ion pump)。曲线上标注符号 PreM、PS1、M1、M2、SS，含义与正文 63 页图 3-4 相同。

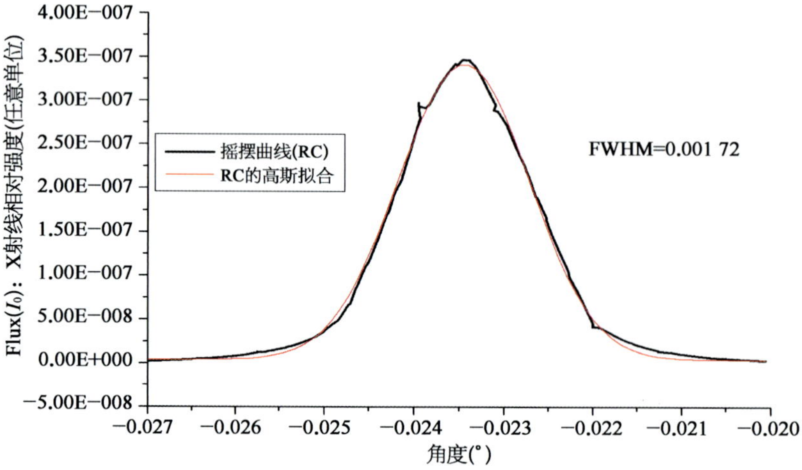

图 3－75 微晶光束线站 12 keV 摇摆曲线的测试结果

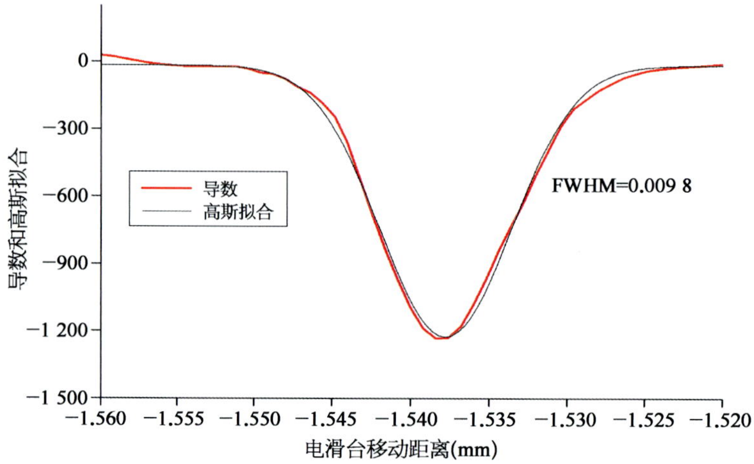

图 3－77 微晶光束线站光斑水平尺寸测量结果的导数曲线及高斯拟合

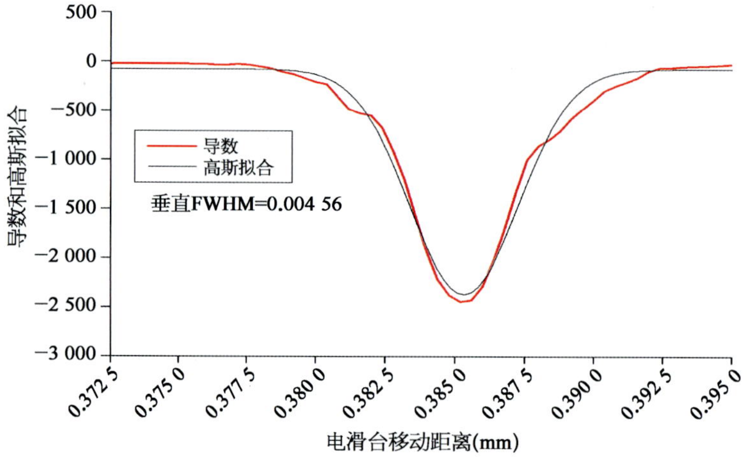

图 3－79 对微晶光束线站光斑垂直尺寸测量结果的导数曲线及高斯拟合

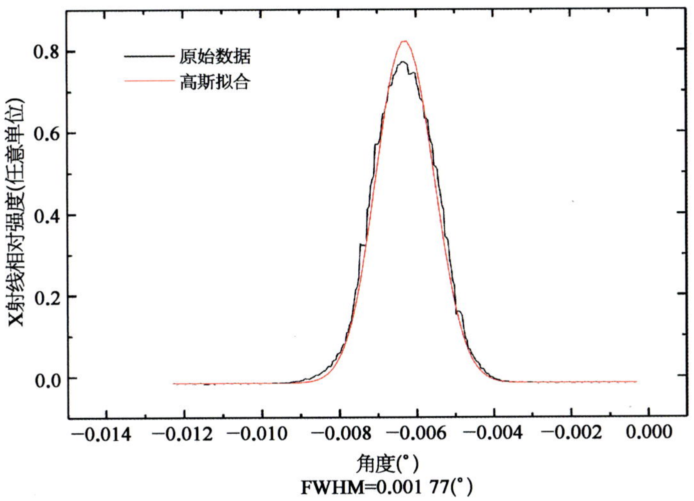

图 3-86　蛋白质复合物光束线站在 11.936 keV 处的摇摆曲线测量结果

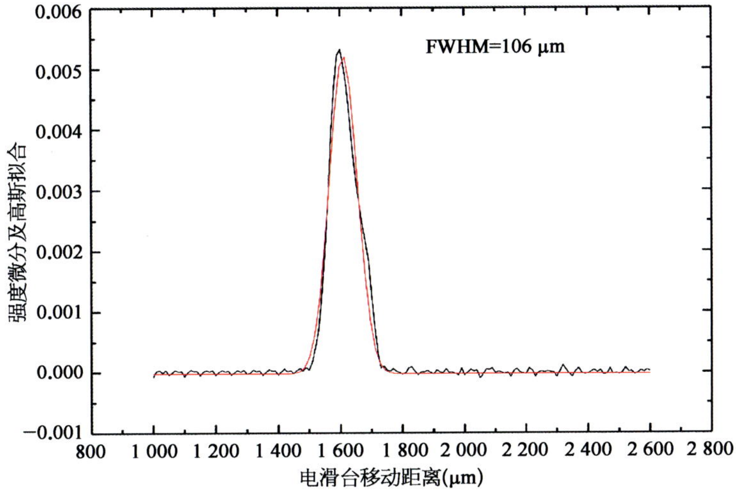

图 3-87　蛋白质复合物光束线站聚焦光斑尺寸的水平测量结果

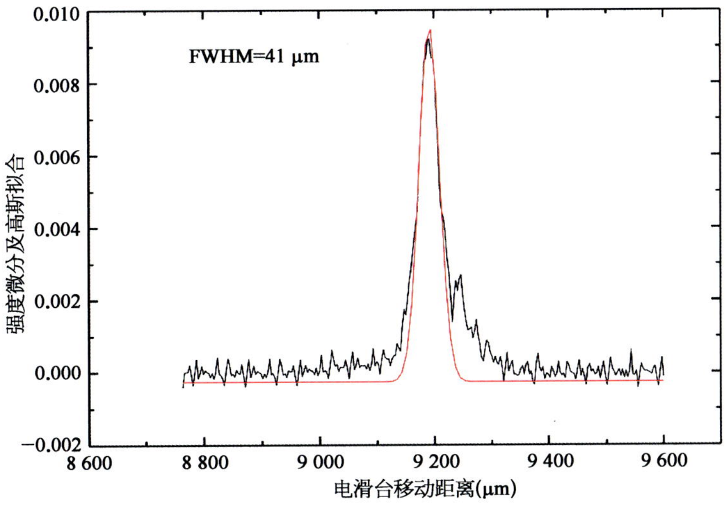

图 3-88　蛋白质复合物光束线站聚焦光斑尺寸的垂直测量结果

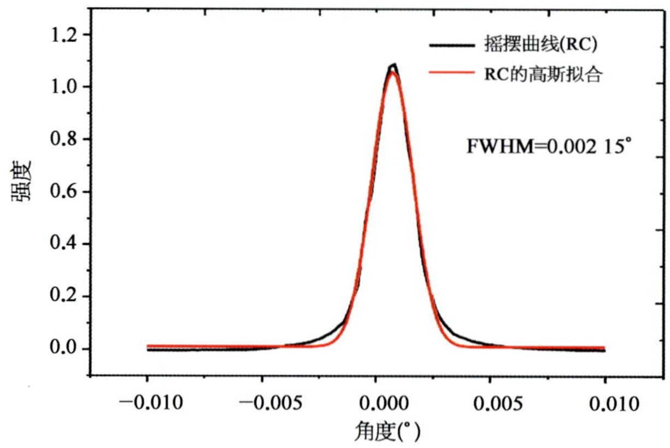

图 3-101 高通量晶体光束线站的 12 keV 摇摆曲线以及高斯拟合

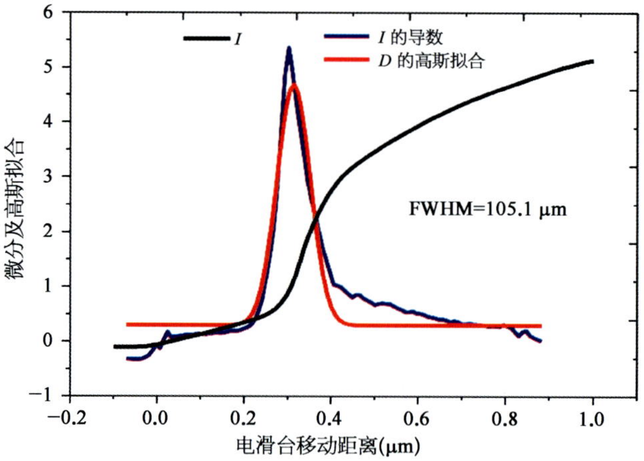

图 3-102 高通量晶体光束线站水平光斑尺寸的扫描结果

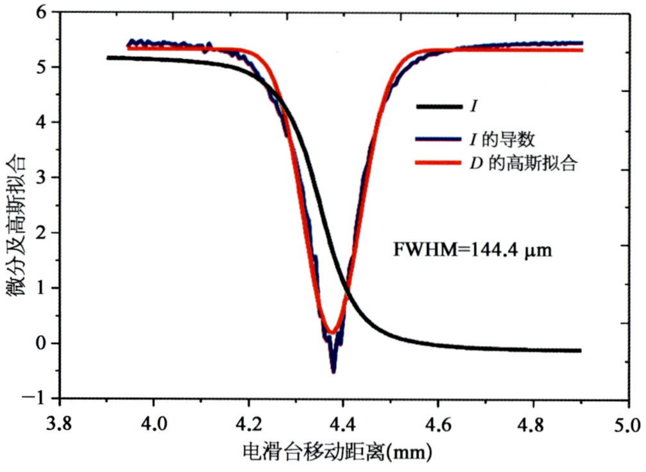

图 3-103 高通量晶体光束线站垂直光斑尺寸的扫描结果

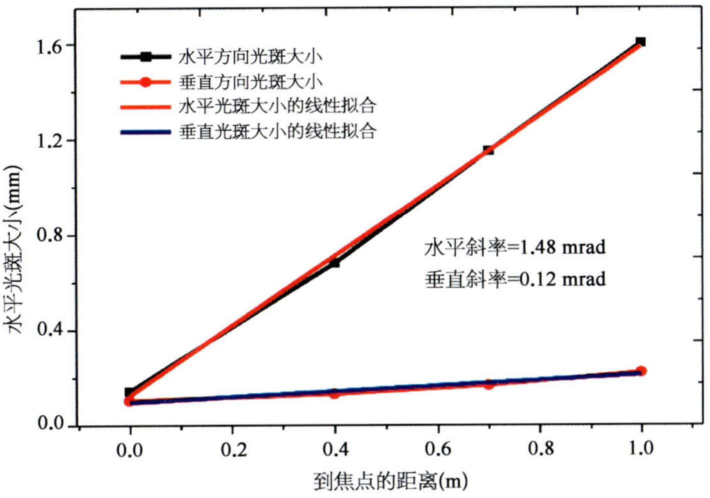

图 3－105 高通量晶体光束线站光束发散角的测量结果

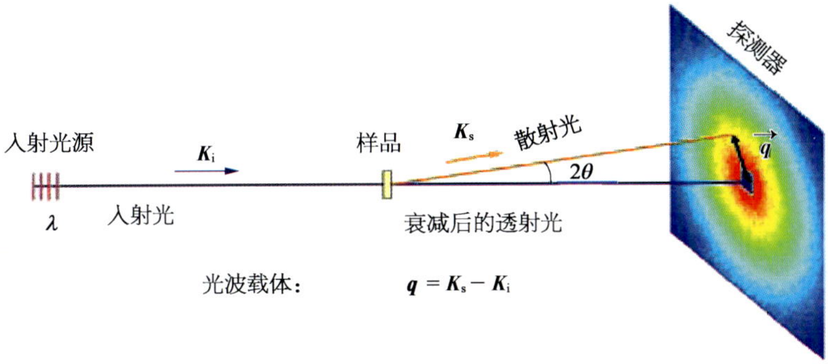

图 4－1 小角 X 射线散射的基本原理

下角标 i 和 s，i：入射光(incident)；s：散射光(scattered)。

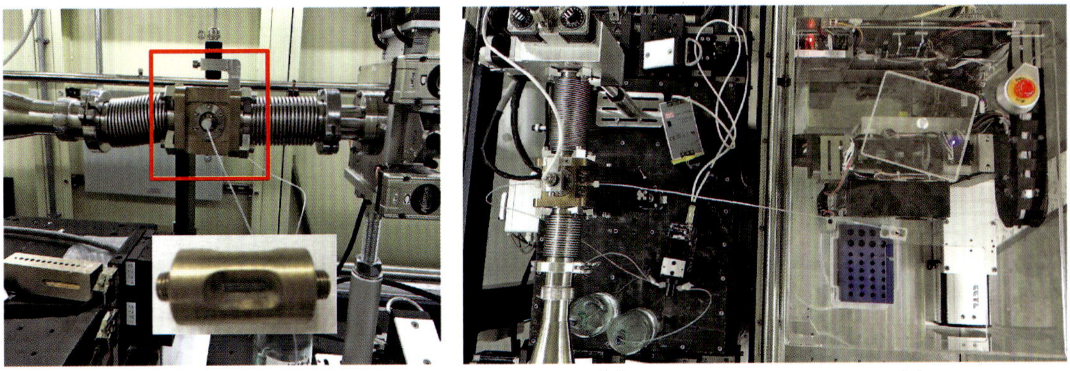

(a) (b) (c)

图 4－18 BL19U2 生物小角 X 射线散射线站真空自动溶液样品装置

(a) 真空溶液样品室；(b) 自动上样机械手；(c) 高通量自动进样机械手。

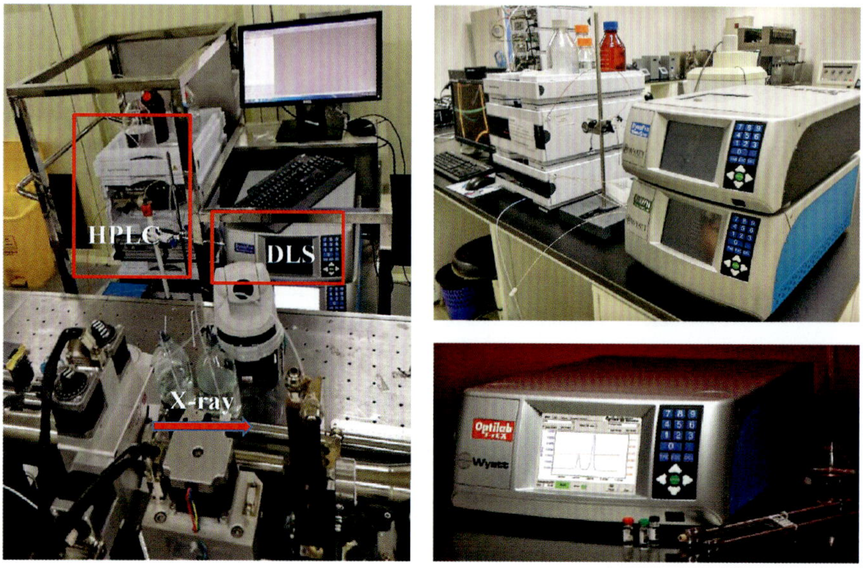

图 4-19　BL19U2 生物小角 X 射线散射线站的 SEC-SAXS 溶液样品装置

HPLC：高效液相色谱(high performance liquid chromatography)；DLS：动态光散射(dynamic light scattering)；X-ray：X 射线。

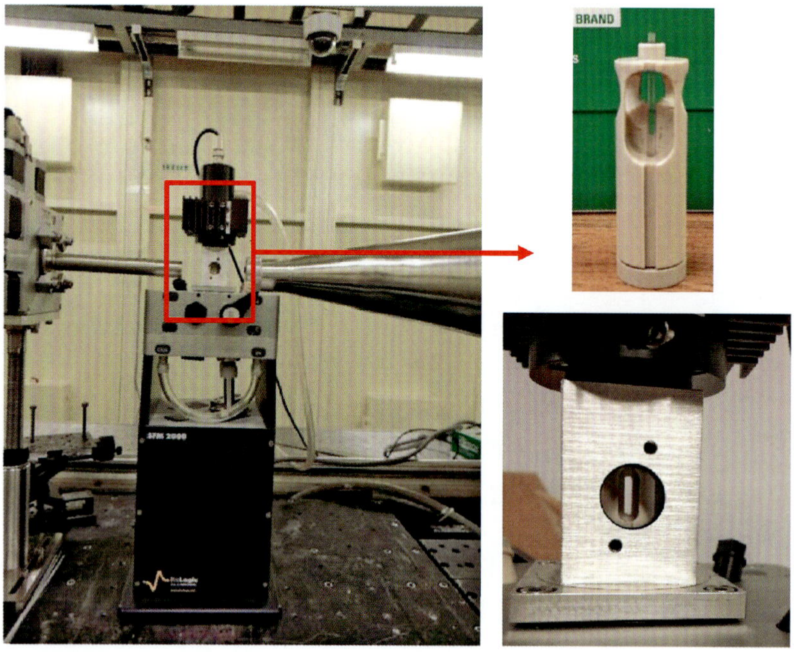

图 4-21　BL19U2 生物小角 X 射线散射线站的时间分辨样品装置

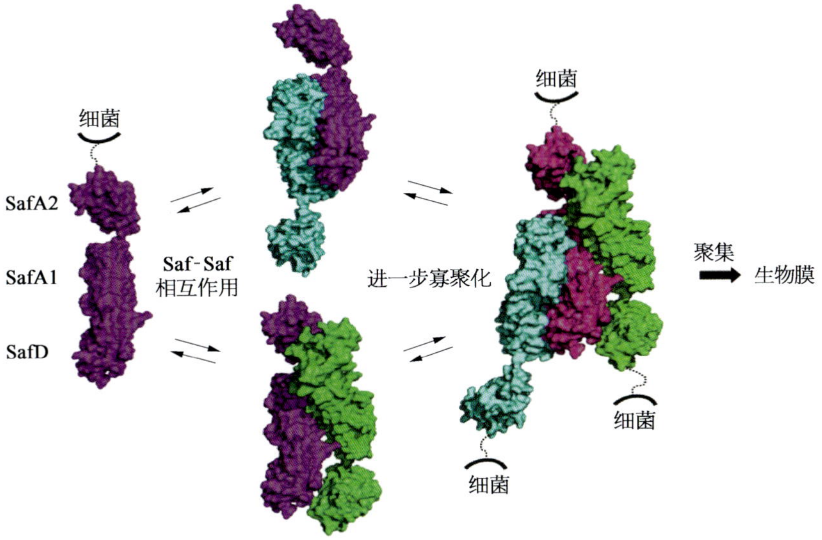

图 4－37 用 SAXS 技术研究 Saf 介导生物被膜的形成机制

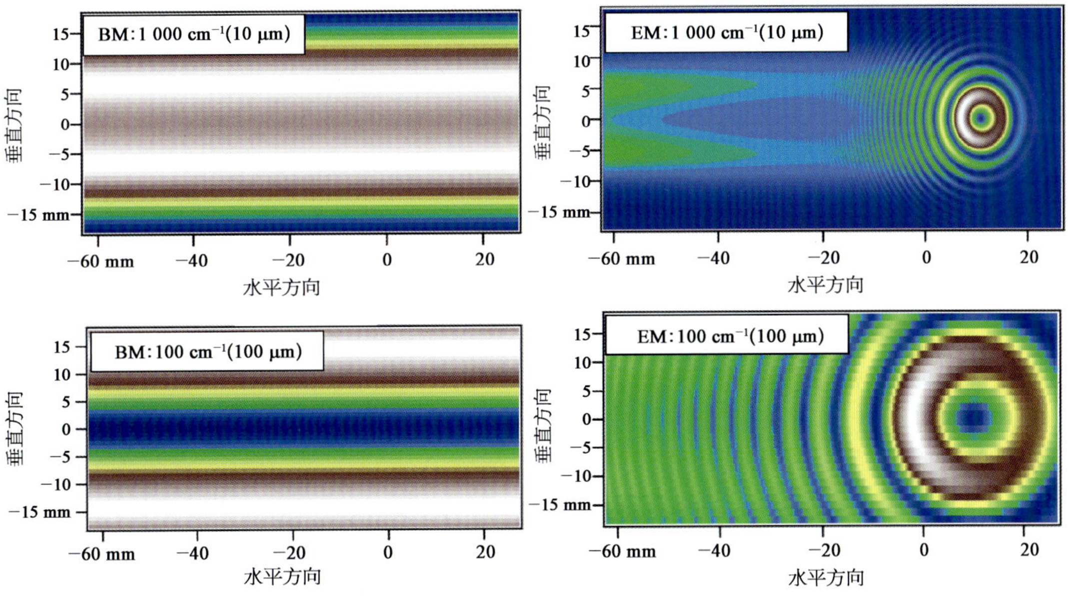

图 4－38 弯铁辐射(BM)与边缘辐射(ER)分别在 10 和 100 μm 处的光斑

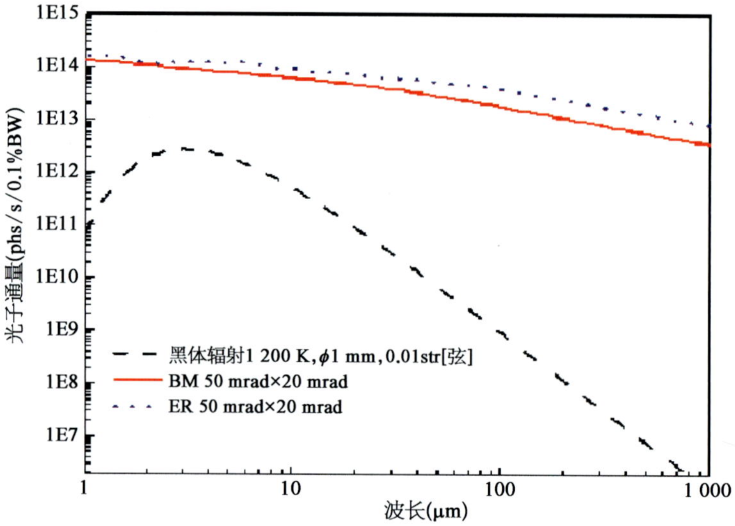

图 4-39 常规弯铁辐射(BM)、边缘辐射(ER)和黑体辐射(black body)的通量比较

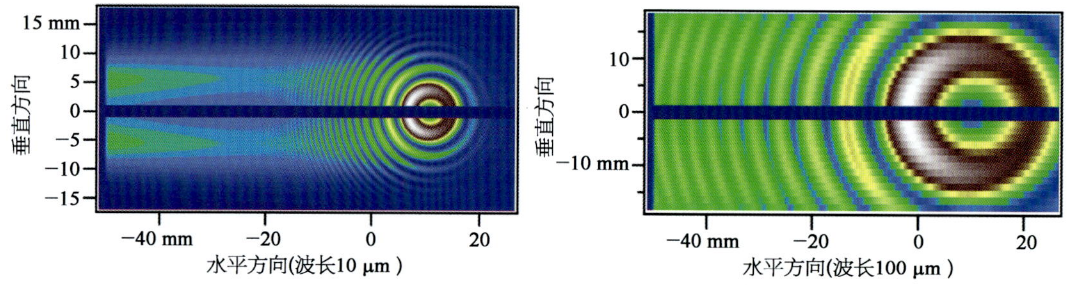

图 4-45 引出镜 M1 上光斑的空间分布

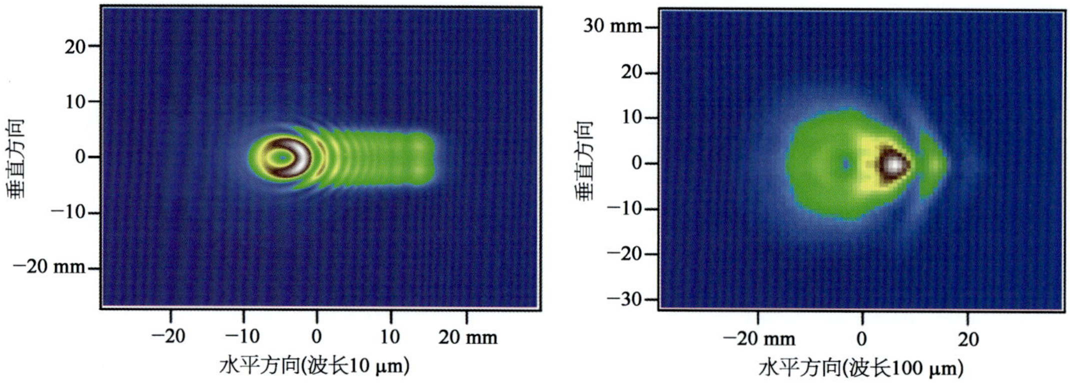

图 4-46 超环面镜 T2 上光斑的空间分布

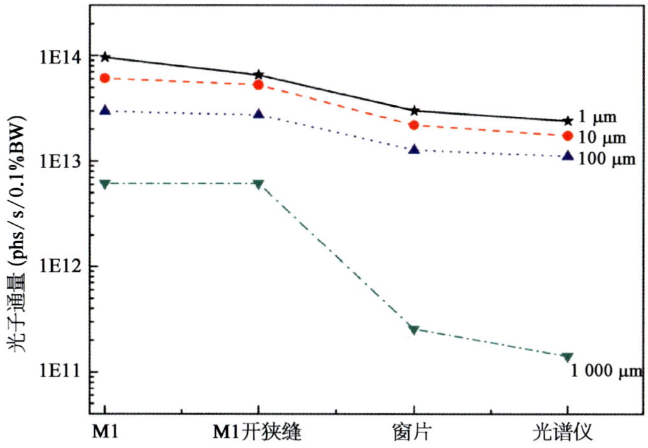

图 4－47　红外光通过各主要光学元件后的通量

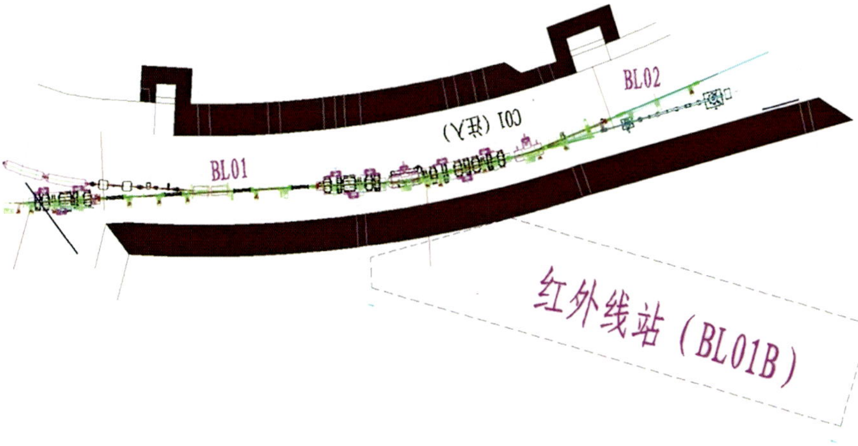

图 4－52　时间分辨与谱学显微红外线站的棚屋布局示意图

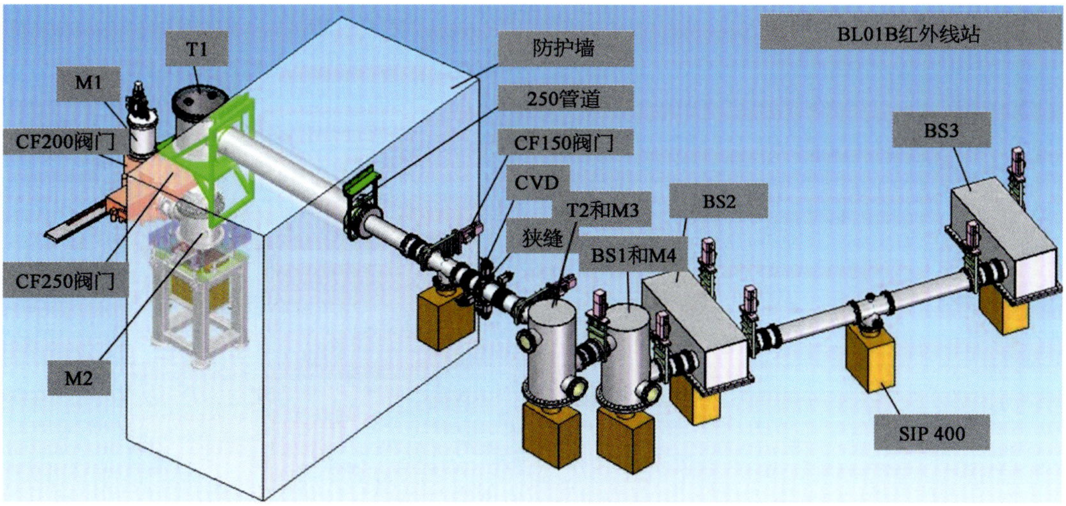

图 4－53　时间分辨与谱学显微红外线站的总体布局

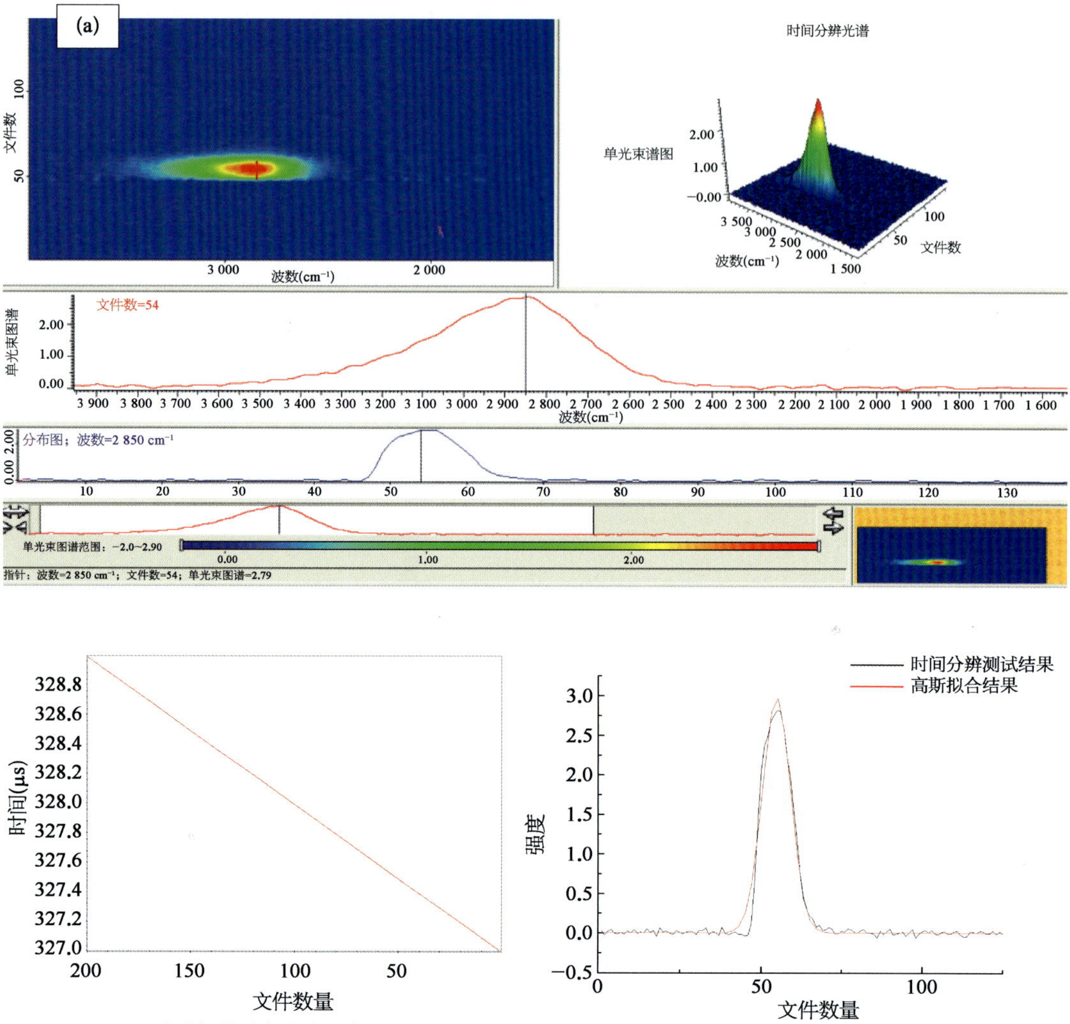

(b) 步进扫描系统的时间响应曲线

(c) 激光二极管发光测试曲线

图 4-59 时间分辨红外光谱实验站的时间分辨率测试结果

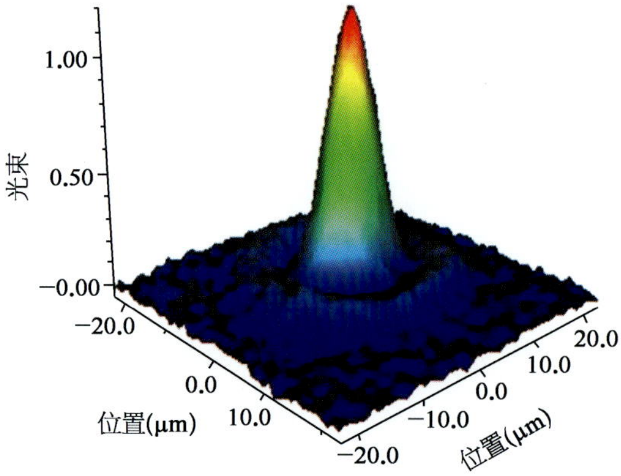

图 4-62 扫描 5 μm 小孔成像得到的三维图

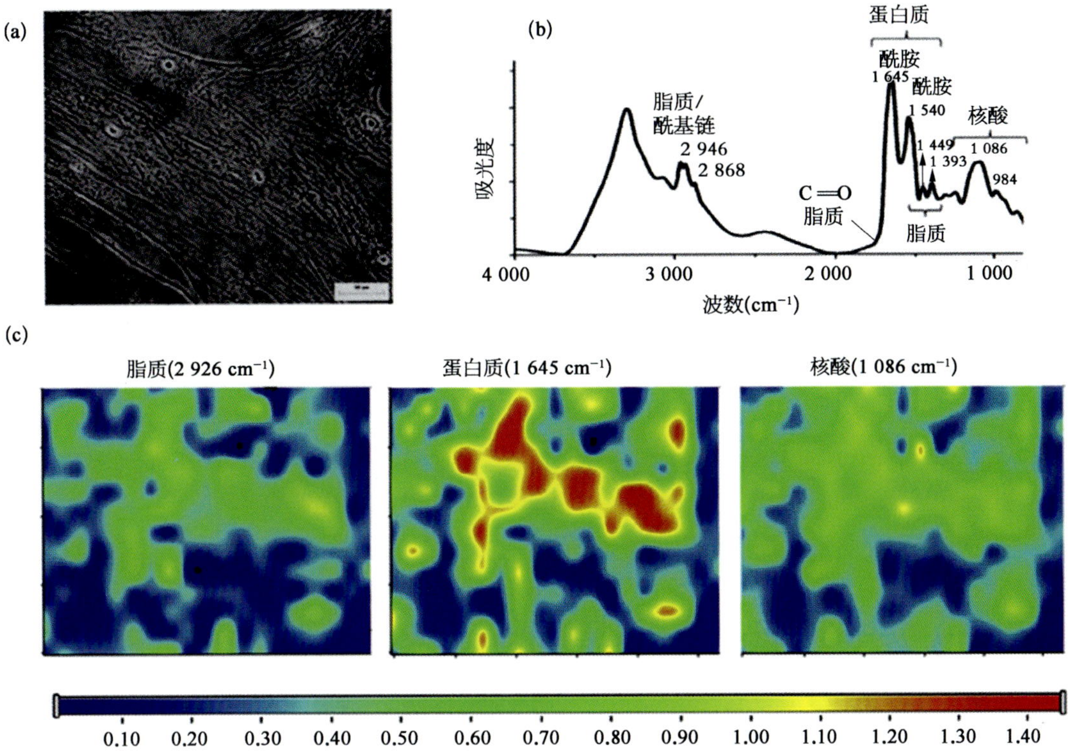

图 4-64 用同步辐射红外技术研究间充质干细胞

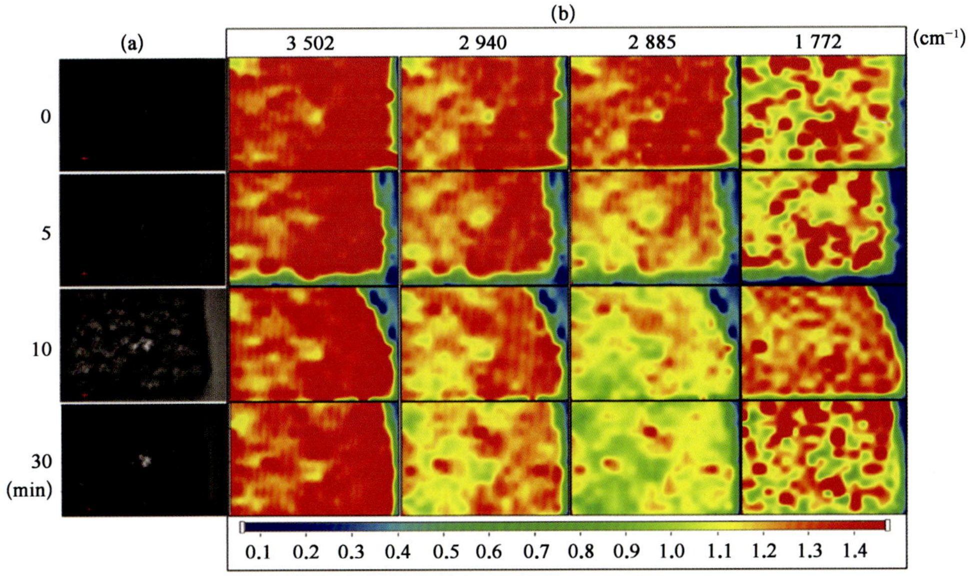

图 4-66 使用同步辐射红外技术研究药物膜中的化学分布

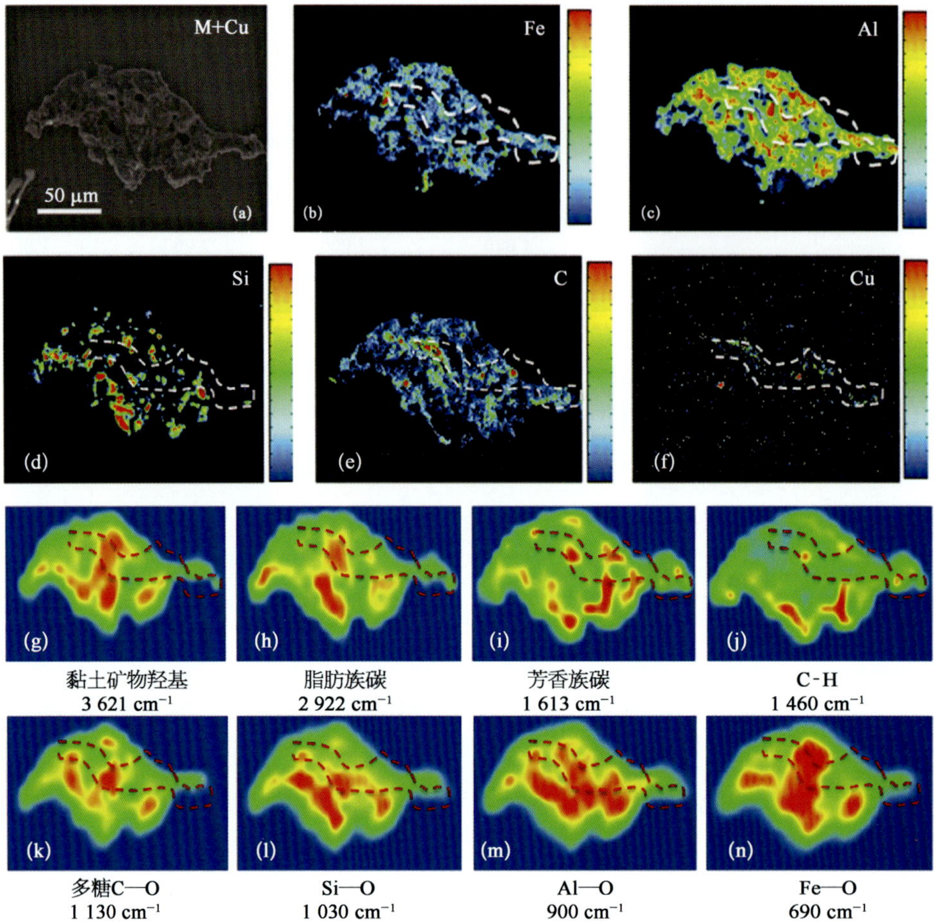

图 4-67 使用同步辐射红外光谱和电子探针技术分析处理后的土壤切片

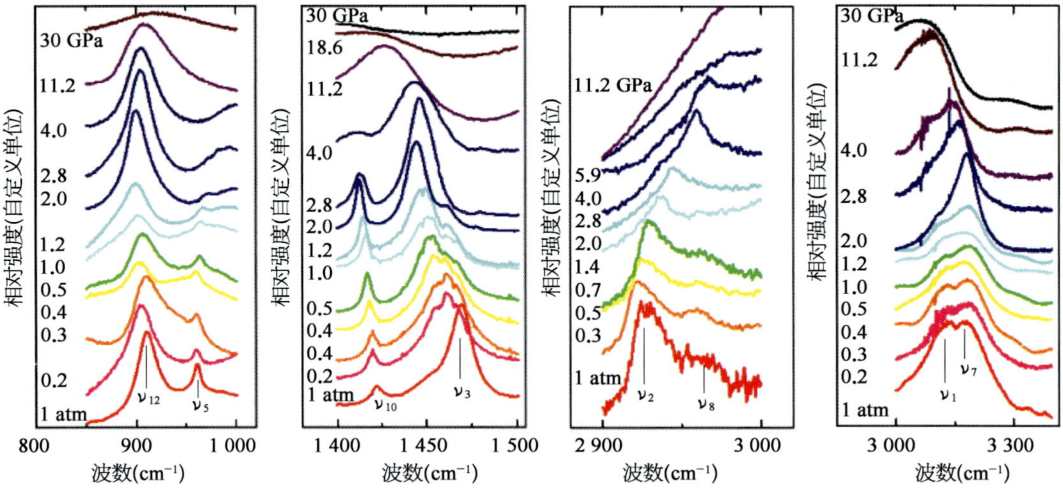

图 4-68 用同步辐射红外光谱技术研究高压下的有机-无机杂化钙钛矿光谱

图 5－4　900 MHz 高分辨液体 NMR 谱仪

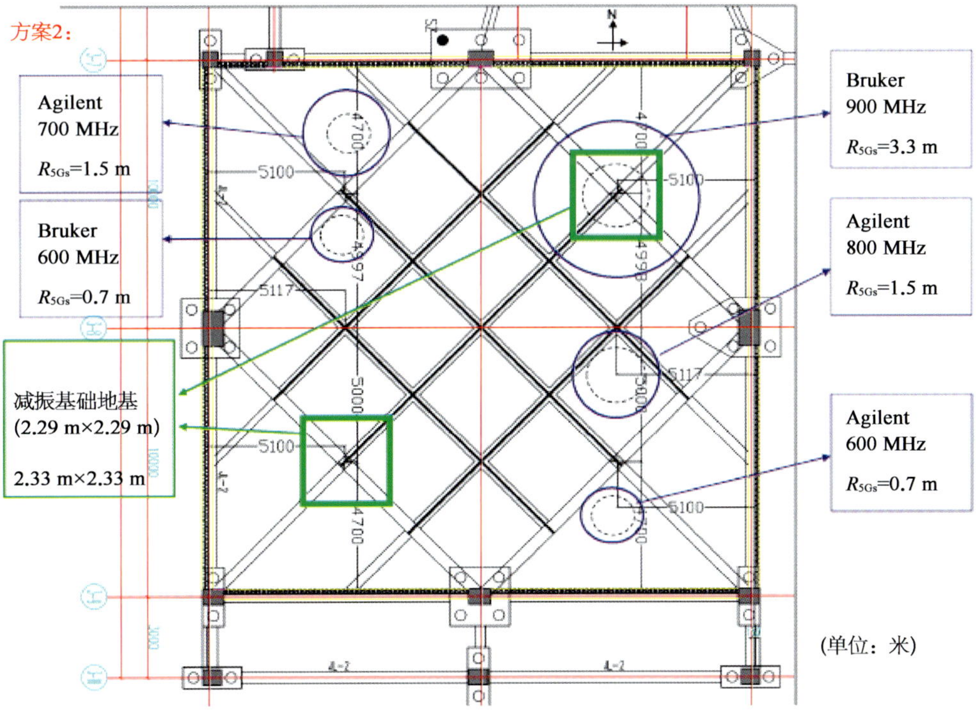

图 5－12　5 台核磁谱仪在大厅中的摆放平面示意图及减振基础位置示意图

图 5-25 MgATP 转运蛋白的序列与主链氨基酸残基归属的完成情况

红：已完成指认；绿：不确定；黑：未指认；下划线：二级结构为螺旋区域；Helix：螺旋。

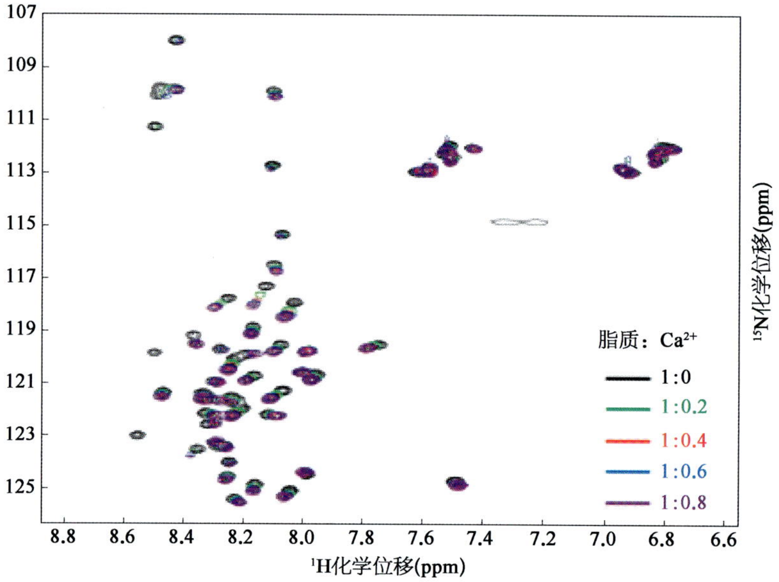

图 5-30 用^{15}N标记的 CD3 蛋白，采集在不同 Ca^{2+} 浓度下的 TROSY 图谱

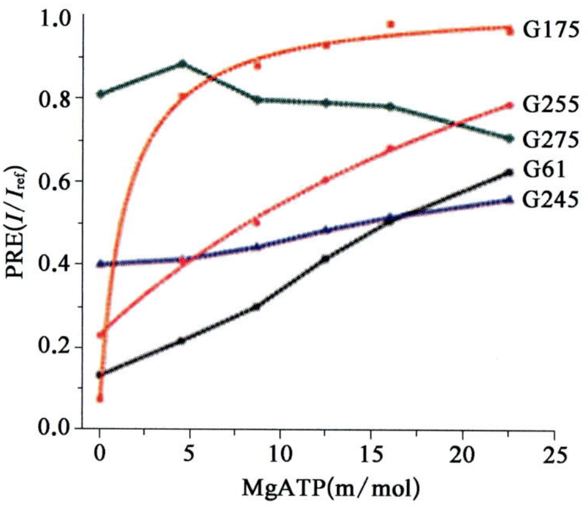

图 5-31 用^{13}C-^{15}N标记的 MgATP 转运蛋白，测定顺磁弛豫增强(PRE)实验数据

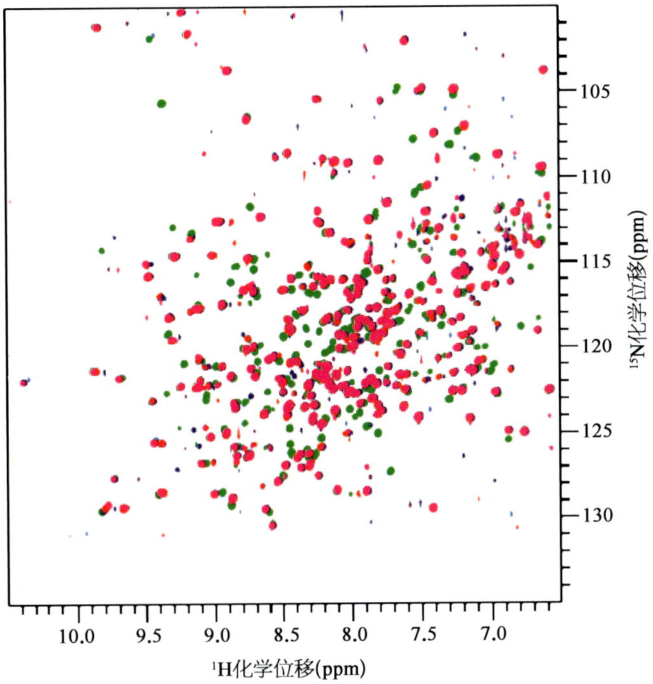

图 5-32 用^{15}N 标记的 Se-2 水溶性蛋白质，采集 TROSY 图谱，加入不同浓度小分子化合物 9301

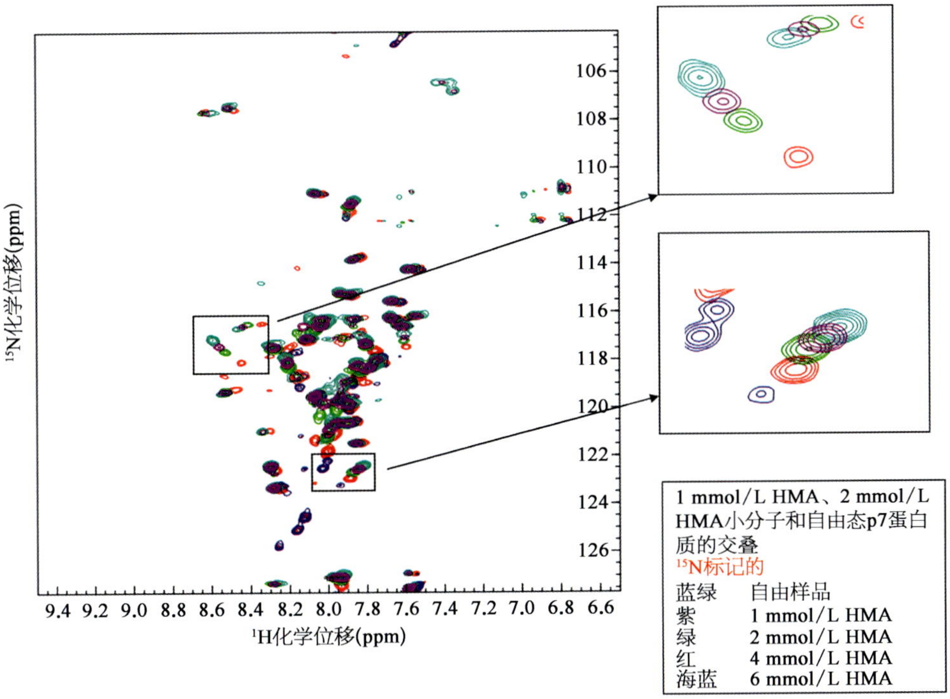

图 5-34 用^{13}C-^{15}N 标记的 p7 离子通道膜蛋白，采集 TROSY 相互作用图谱

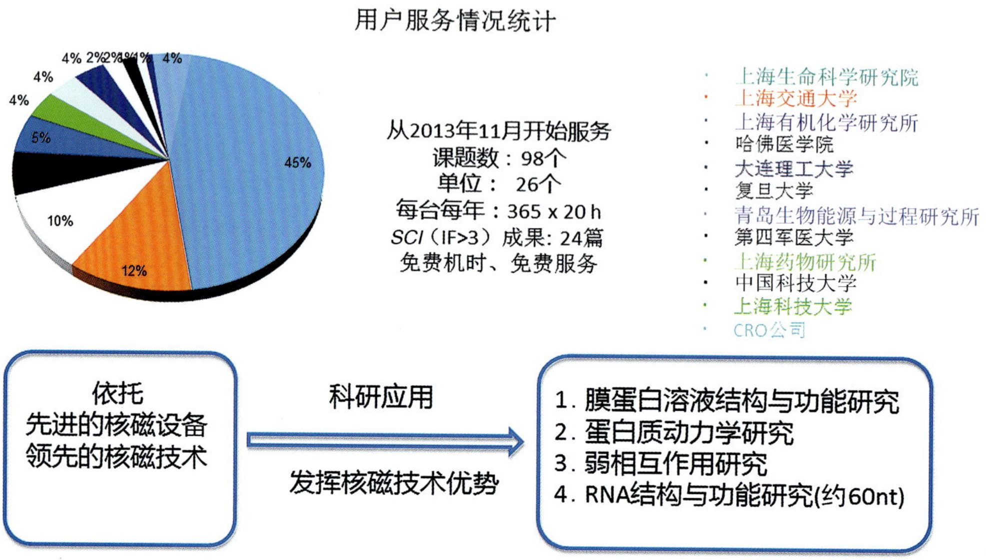

图 5－38 核磁系统运行和开放情况统计

nt：核苷酸数(nucleotide)。

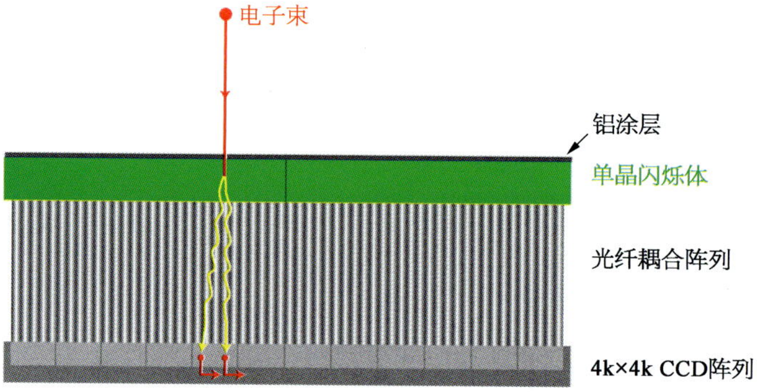

图 6－12 CCD 相机示意图

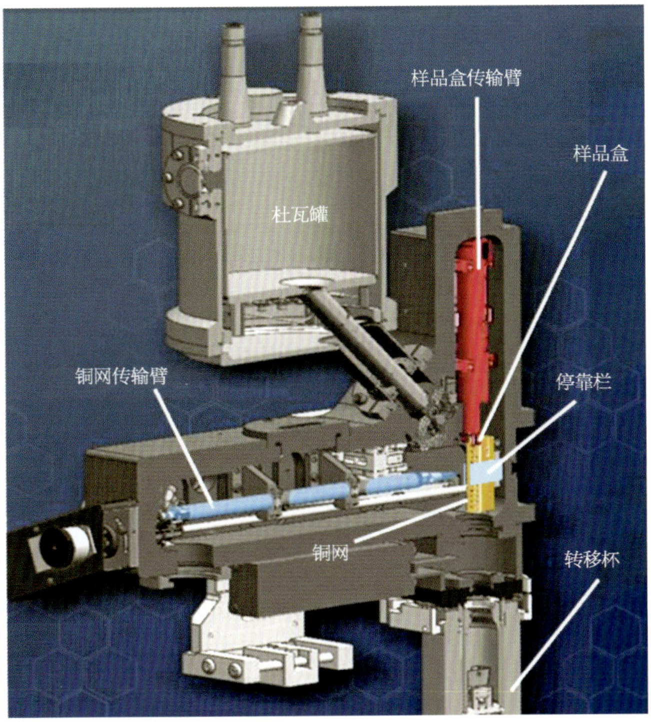

图 6 - 13　自动上样系统示意图

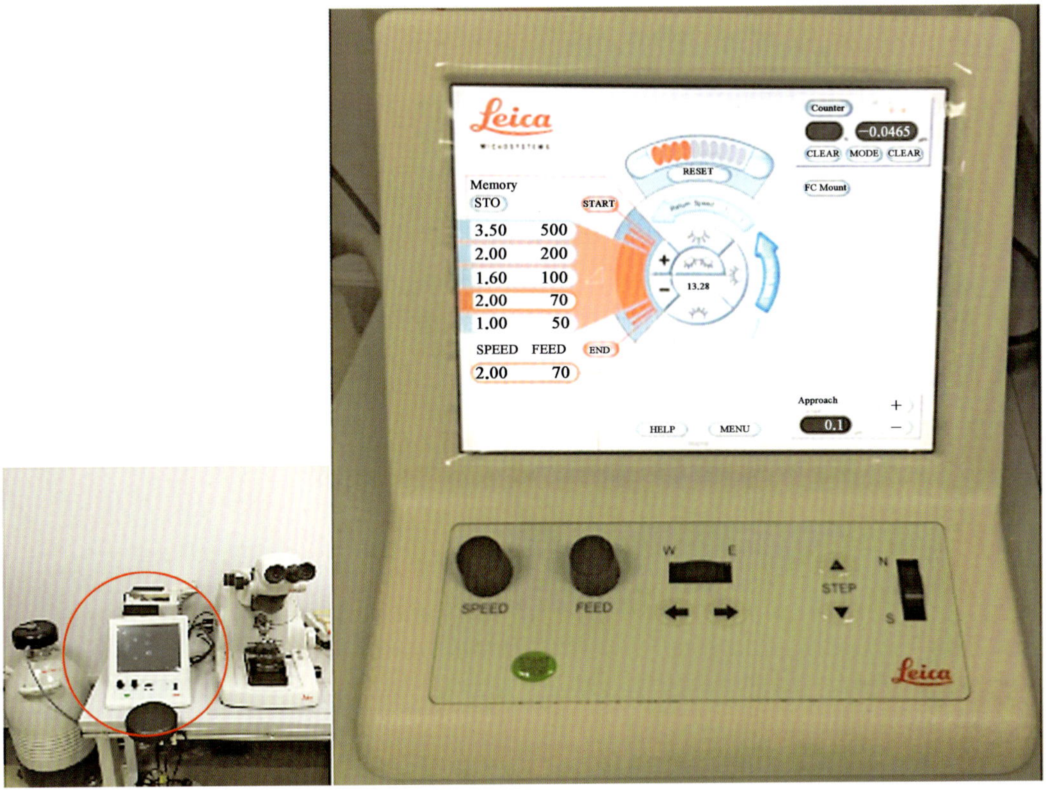

图 6 - 15　超薄切片机的控制面板

Memory：记忆；STO：存储；SPEED：速度；FEED：切片厚度；START：开始；END：结束；RESET：重设；HELP：帮助；MENU：菜单；Approach：钻石刀靠近；Counter：计数器；CLEAR：清除；MODE：模式；FC Mount：FC 挂载。

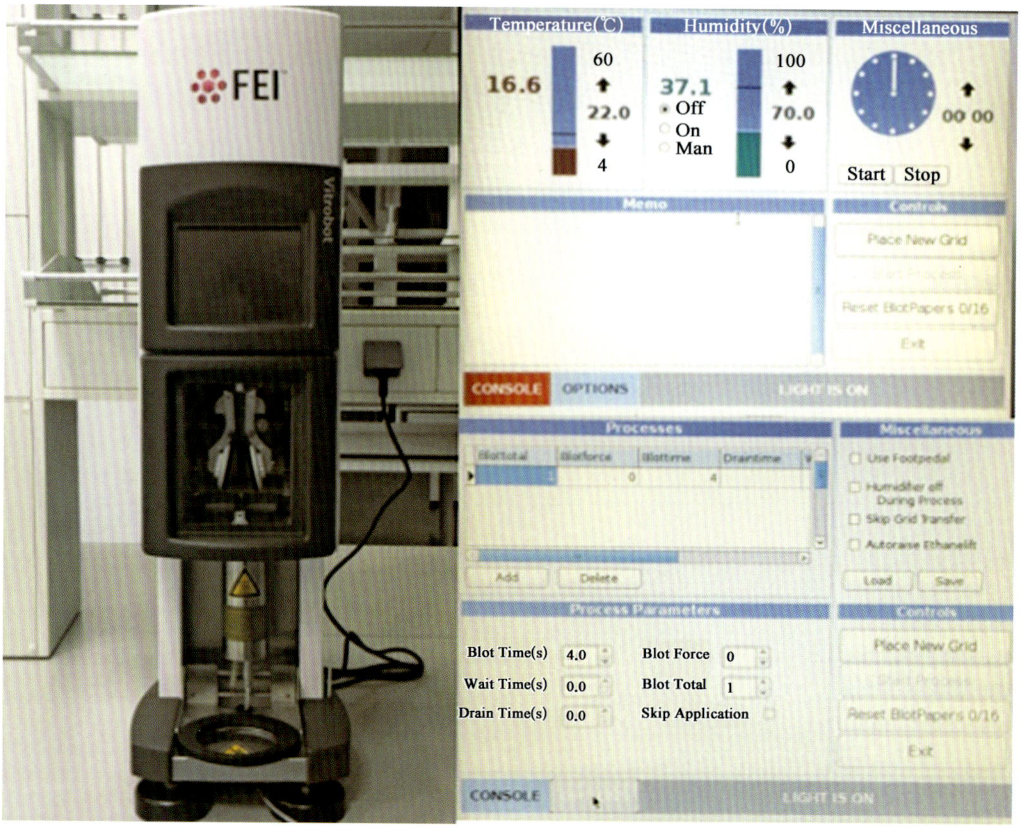

图 6-19 Vitrobot 自动冷冻制样仪的面板参数

Temperature：温度；Humidity：湿度；Off：关；On：开；Man：手动；Miscellaneous：其他；Start：开始；Stop：停止；Blot Time：吸附时间；Wait Time：等待时间；Drain Time：晾干时间；Blot Force：吸附力度；Blot Total：吸附次数；Skip Application：跳过应用。

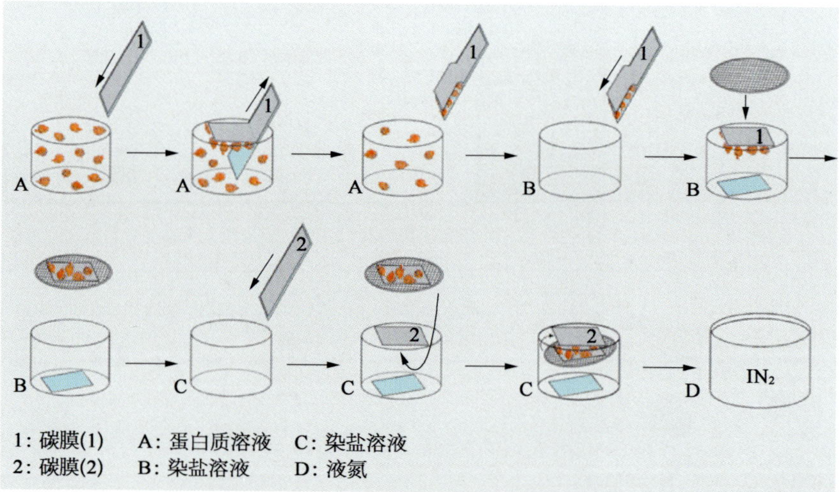

图 6-23 三明治方法的流程示意图

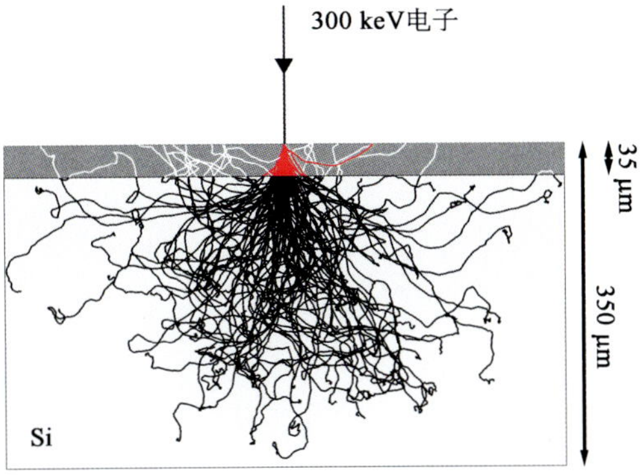

图 6－26　300 keV 电压下，电子束穿过探测器晶片时的 Monte-Carlo 分布

通过背向剪薄至 35 μm（深灰色部分），最终只有红色的电子轨迹成为图像上的信息，而白色的轨迹将被平均，成为噪声的一部分。图上整张硅片的厚度为 350 μm，背向剪薄后最终厚度为 35 μm。

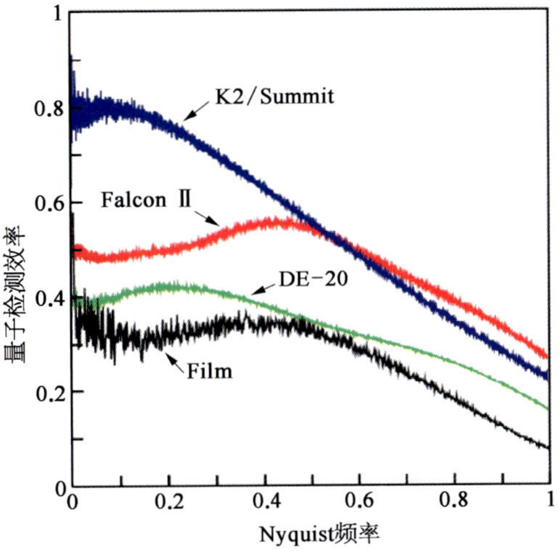

图 6－27　300 kV 下探测器的探测量化效率（DQE）对比

绿色、红色、蓝色分别代表 DE－20 相机、FEI Falcon Ⅱ 相机和 Gatan K2/Summit 相机。黑色为曝光底片。Film：底片。

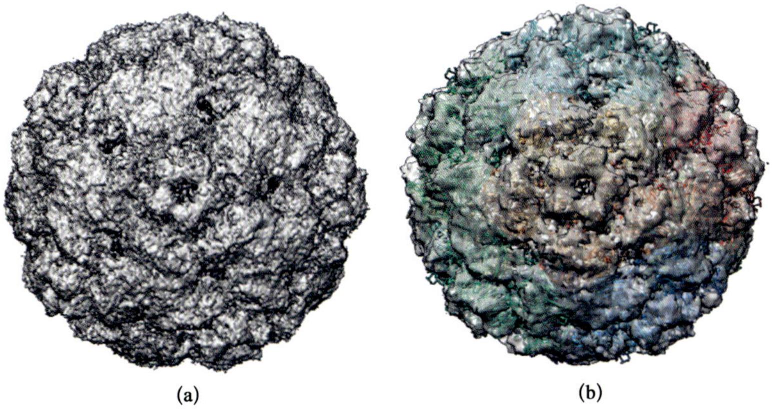

图 6－32　单颗粒重构结果

（a）EV71 病毒的三维重构结果，为球形颗粒状；（b）类病毒样样品 EV71 的重构结果与 EV71 原壳体晶体结构的比对结果。

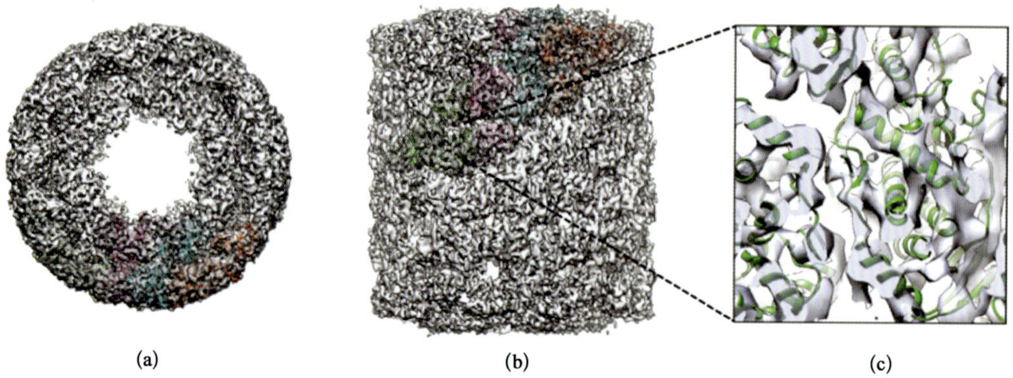

图 6－34 HtH1 样品冷冻电镜三维重构后的结构

(a)为俯视图。(b)为侧视图,其中一个非对称性结构单元中置入了相应的同源类似物原子模型[蛋白质银行识别号(PDB ID): 4 bed]。(c)为其中一个亚基结构细节的放大图。

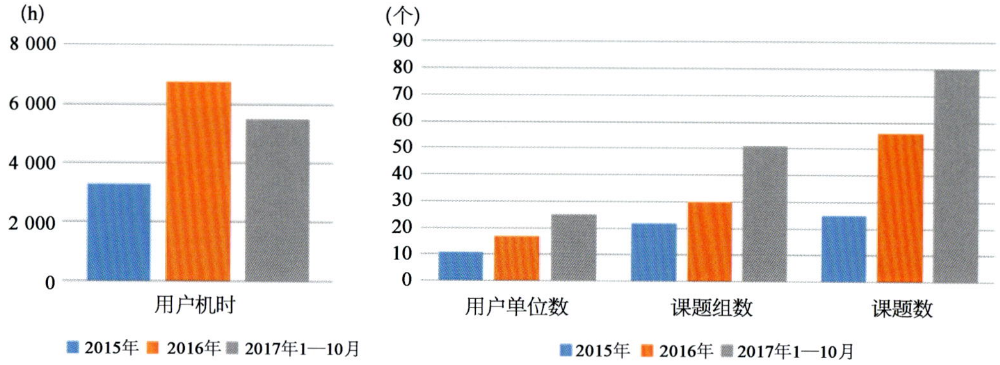

图 6－35 300 kV Titan Krios 电镜的开放共享情况

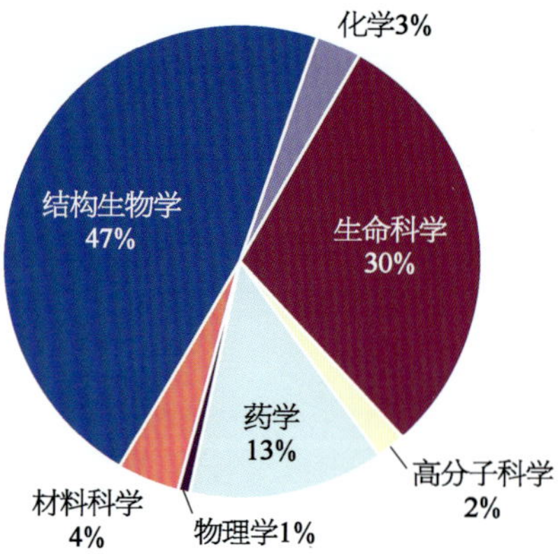

图 6－36 电镜系统用户的研究领域分布

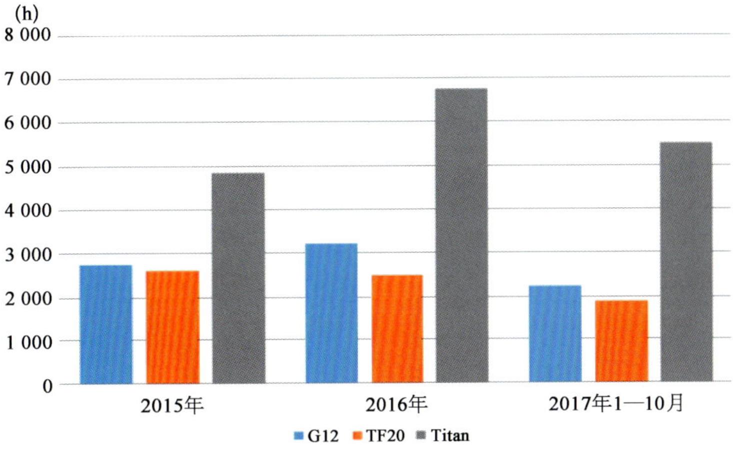

图 6－37　3台冷冻电镜运行的机时情况

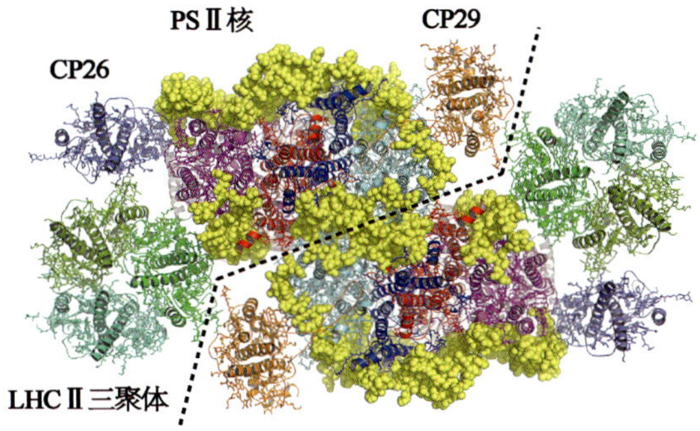

图 6－38　菠菜 PSⅡ－LHCⅡ复合物的整体结构(顶视图)

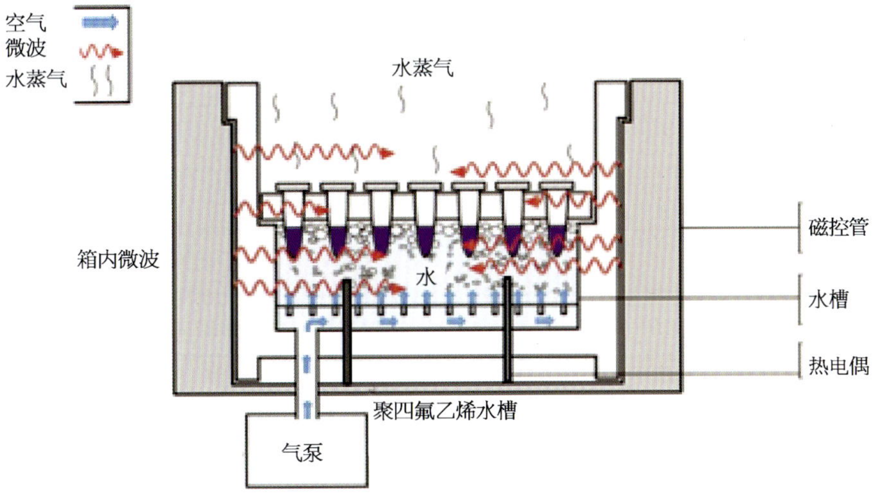

图 7－10　微波酶解仪的原理图

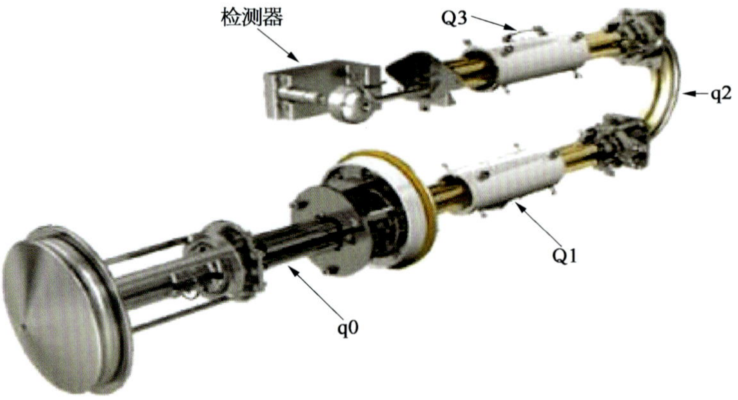

图 7 - 22　SCIEX 6500 质谱仪构造图

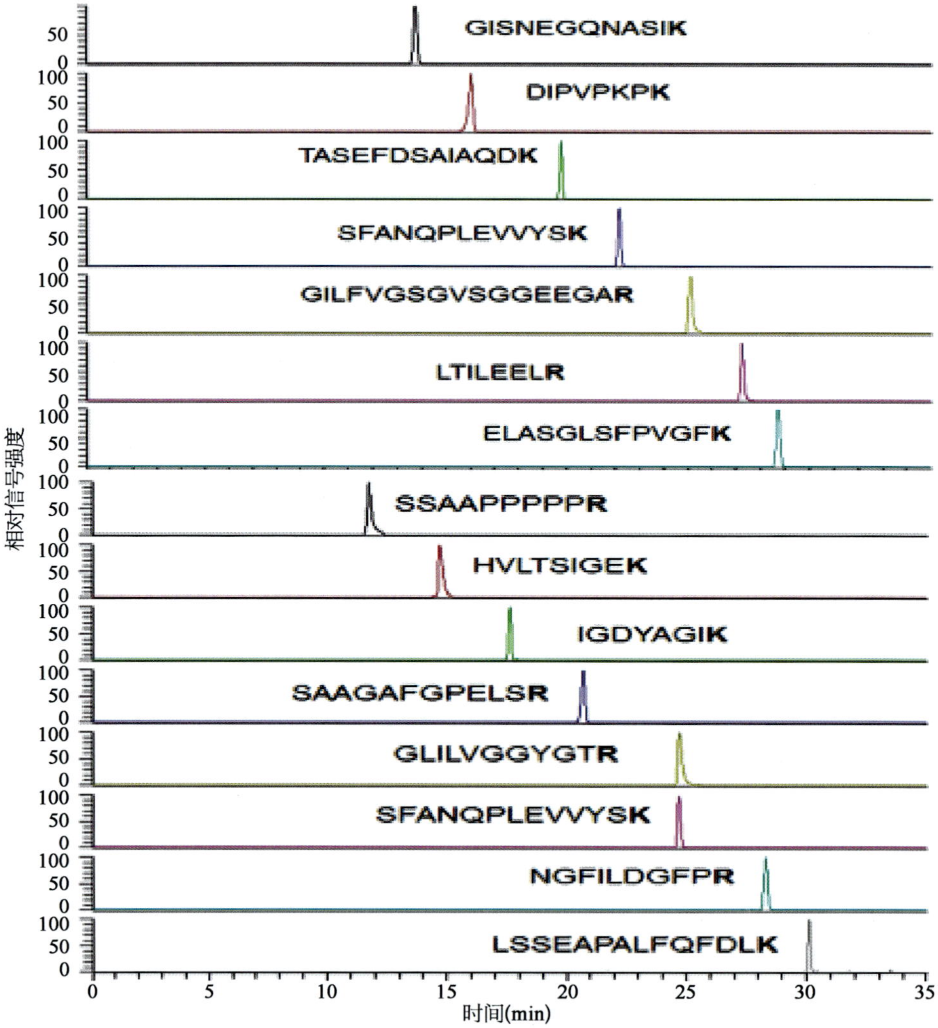

图 7 - 30　15 条标准肽段的检测结果(灵敏度测试)

图内大写字母是氨基酸的单字母符号表示。

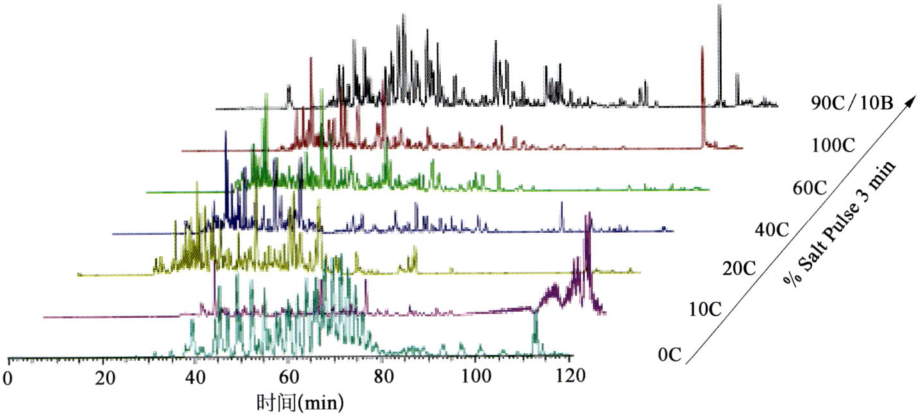

图 7－32 以 MudPIT 为基础的蛋白质鉴定

Salt Pulse：盐脉冲梯度洗脱。

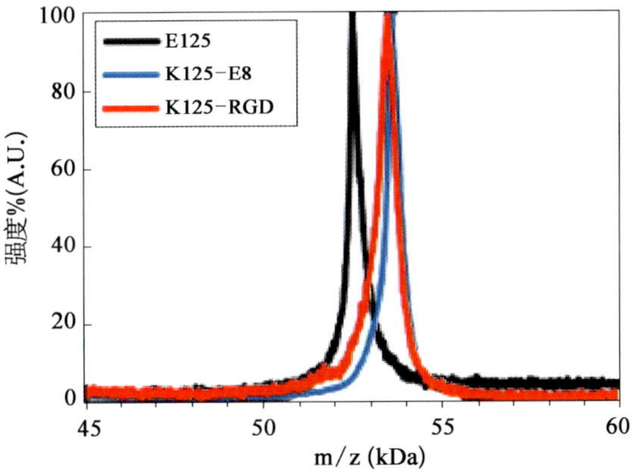

图 7－36 修饰前后多肽的 MALDI－TOF－MS 谱图

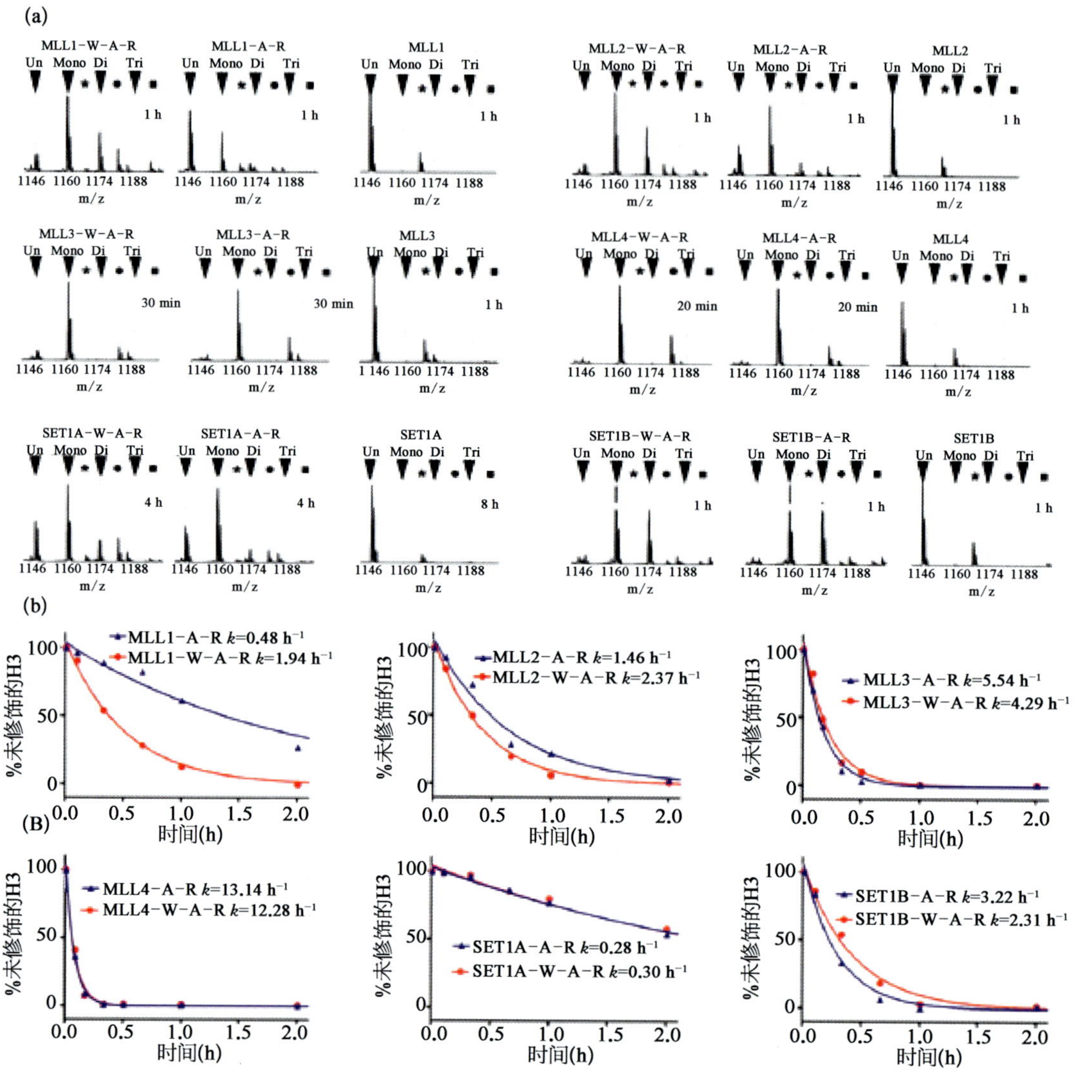

图 7-37 MLL 家族组蛋白甲基转移酶的活性分析

(a) 不同时间点下，MLL 蛋白复合物和 MLL 蛋白自身参与的甲基化反应的质谱图。(b) 在 WDR5-ASH2L-RBBP5 或 ASH2L-RBBP5 存在时，不同 MLL 蛋白催化下，甲基化反应的速率。未修饰的：unmodified。

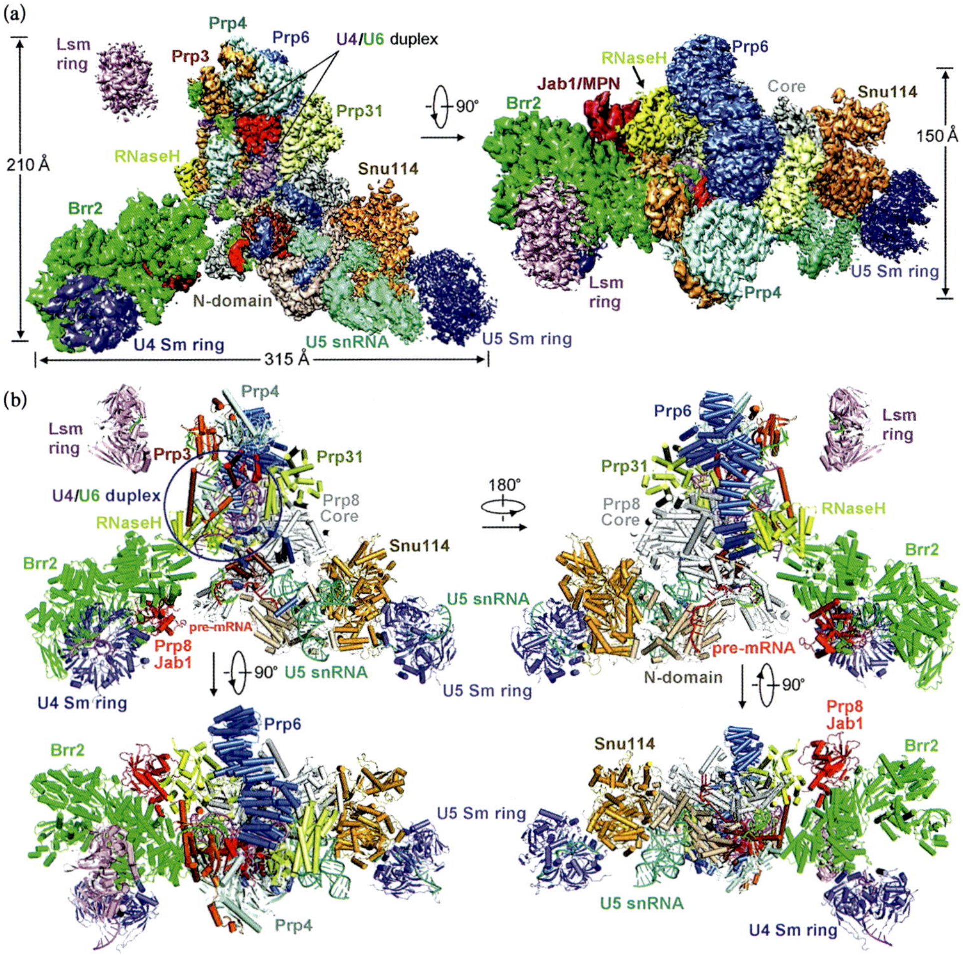

Spliceosomal subcomplex	Uniprot Acc. No.	*S. cerevisiae* protein	# peptides	PSM value	Protein located
U4/U6 snRNP	P40018	SmB1	35	399	yes
	Q02260	SmD1	27	185	yes
	Q06217	SmD2	17	282	yes
	P43321	SmD3	10	387	yes
	Q12330	SmE1	6	68	yes
	P54999	SmF	5	98	yes
	P40204	SmG	9	45	yes
	P38203	Lsm2	19	239	yes
	P57743	Lsm3	6	45	yes
	P40070	Lsm4	14	184	yes
	P40089	Lsm5	5	53	yes
	Q06406	Lsm6	8	114	yes
	P53905	Lsm7	11	114	yes
	P47093	Lsm8	11	128	yes
	P39990	Snu13	6	62	yes
	P49704	Prp31	51	592	yes
	Q03338	Prp3	62	858	yes
	P20053	Prp4	36	585	yes

Spliceosomal subcomplex	Uniprot Acc. No.	*S. cerevisiae* protein	# peptides	PSM value	Protein located
U5 snRNP	P33334	Prp8	225	2942	yes
	P32639	Brr2	200	2066	yes
	P36048	Snu114	99	1223	yes
	Q06819	Dib1	11	179	yes
	P40018	SmB1	35	399	yes
	Q02260	SmD1	27	185	yes
	Q06217	SmD2	17	282	yes
	P43321	SmD3	10	387	yes
	Q12330	SmE1	6	68	yes
	P54999	SmF	5	98	yes
	P40204	SmG	9	45	yes
Tri-snRNP specific	P19735	Prp6	119	1278	yes
	Q12420	Snu66	60	709	no
	Q00723	Prp38	15	100	no
	Q12368	Snu23	27	224	no
	P38282	Spp381	27	169	no

图 7-46 剪接体复合物组成蛋白的鉴定及其分子间相互作用的分析

ring：环；duplex：二聚体；RNAse：RNA 酶；N-domain：N-结构域；snRNA：小核 RNA；Core：核；pre-mRNA：前体 mRNA；spliceosomal subcomplex：剪接体亚复合物；*S. cerevisiae* protein：酿酒酵母蛋白质；peptides：肽；PSM value：PSM 值；Protein located：蛋白质定位；Tri-snRNP specific：Tri-snRNP 专一；yes：是；no：否。

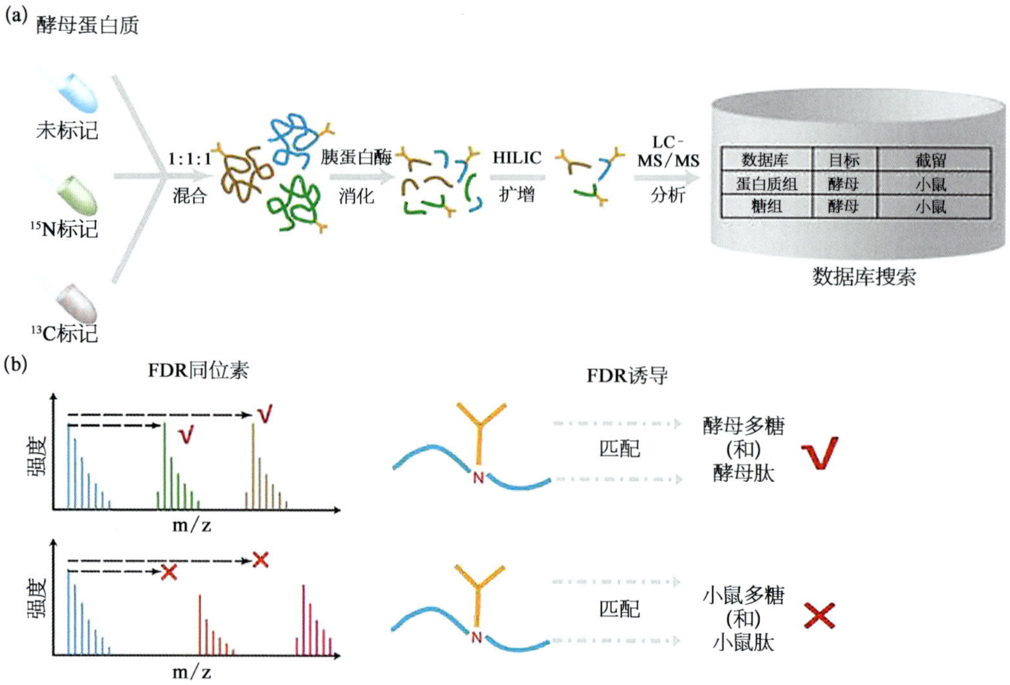

图 7－50　基于重标技术的糖肽质控新方法

胰蛋白酶：tripsin；截留：entrapment。

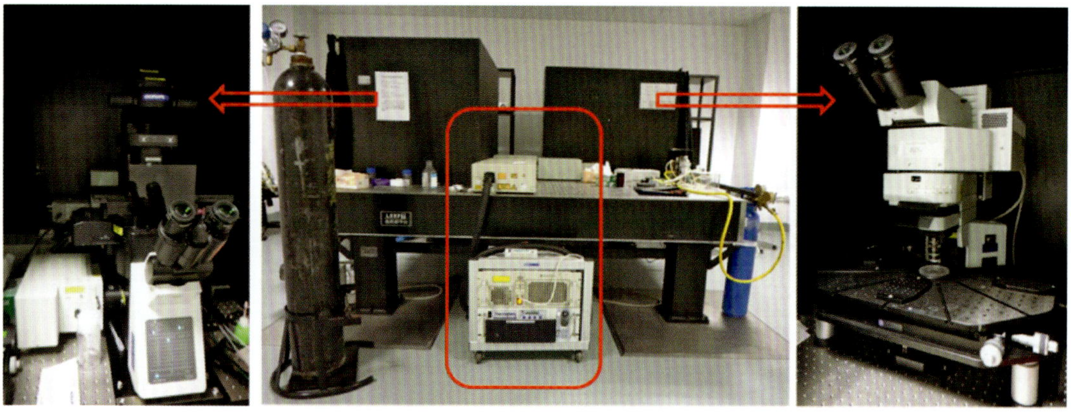

图 8－4　双光子显微镜

从左至右依次为双光子倒置部分、双光子正置与倒置整体共享光路和双光子正置部分。

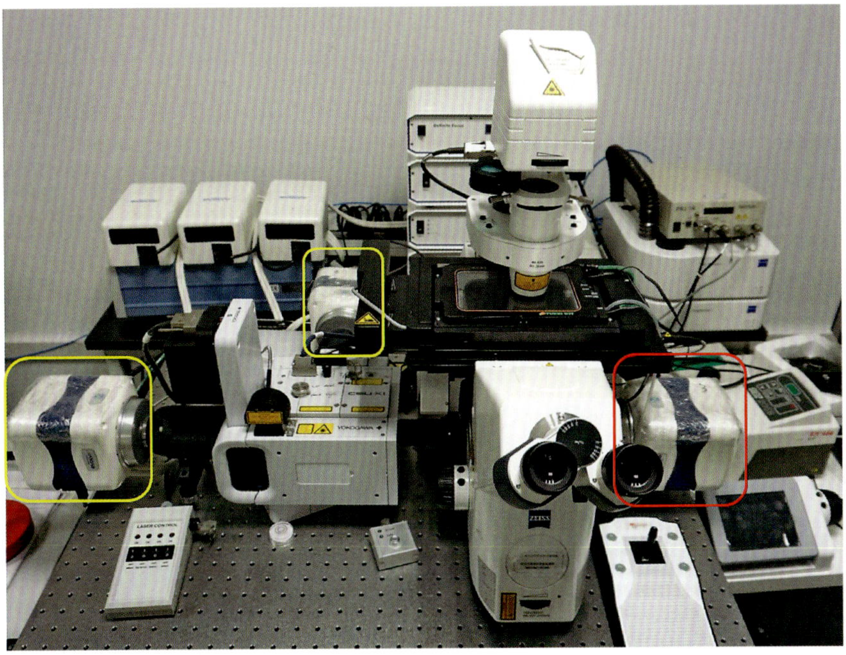

图 8-5　转盘式激光共聚焦显微镜

黄色框内为 SD 左侧和上侧的 2 个 EMCCD(背照式冷却 CCD)。红色框内为 TIRF 光路信号采集相机。

图 8-9　荧光激发细胞分选仪

红色圈内为流式检测和分选部分。

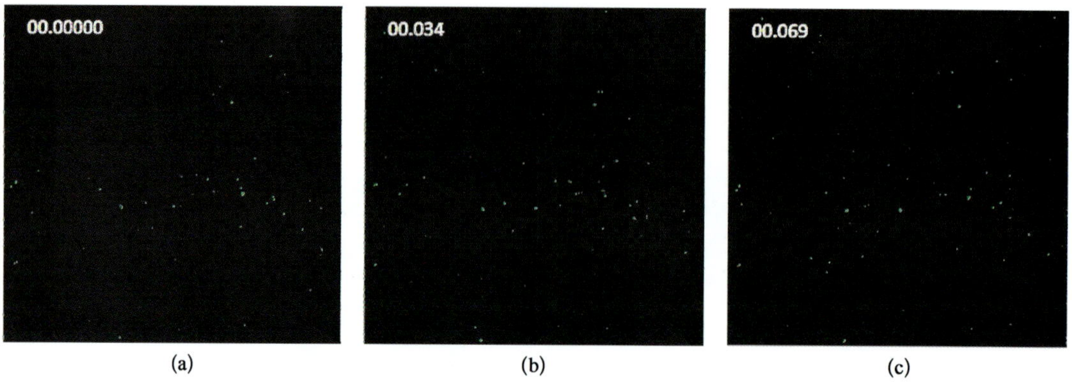

图 8-13 单个相机(camera)的时间分辨率检测

(a) 图像采集的相对时间为 0 s;(b) 图像采集的相对时间为 0.034 s;(c) 图像采集的相对时间为 0.069 s。

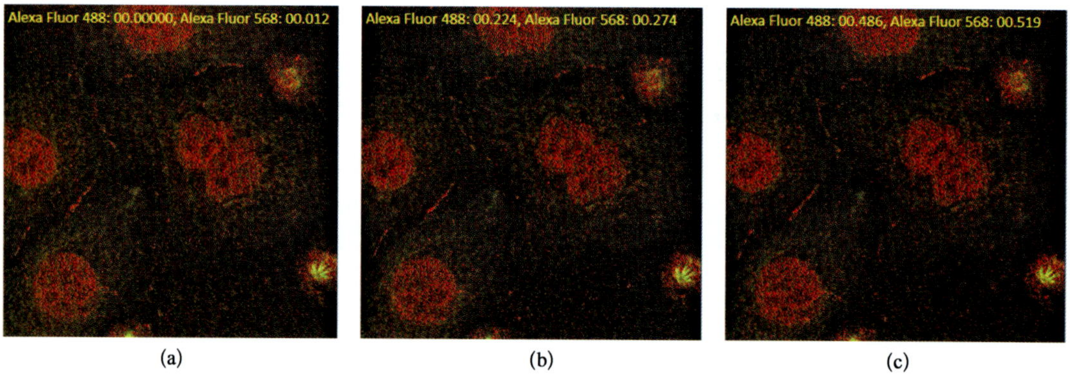

图 8-14 双相机同时采集的时间分辨率检测

从左到右依次为:(a) 绿色荧光采集的相对时间为 0 s,红色荧光采集的相对时间为 0.012 s;(b) 绿色荧光采集的相对时间为 0.224 s,红色荧光采集的相对时间为 0.274 s;(c) 绿色荧光采集的相对时间为 0.486 s,红色荧光采集的相对时间为 0.519 s。

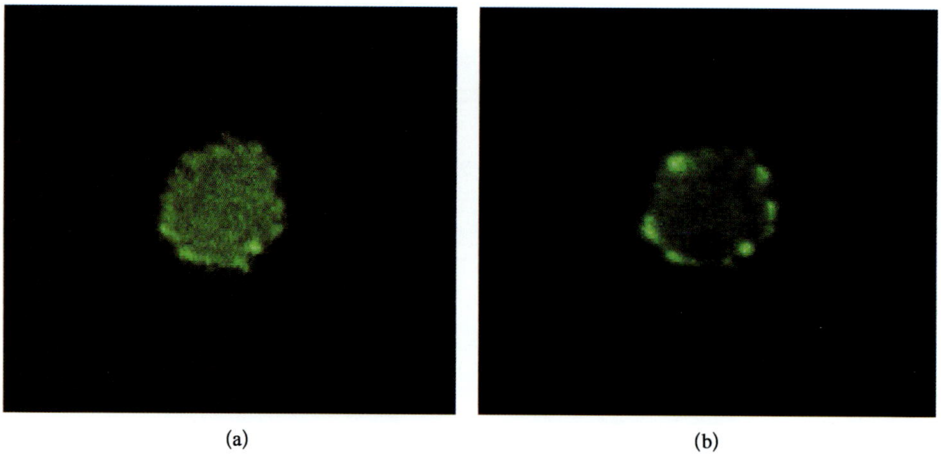

图 8-15 TIRF 成像与共聚焦成像比较

(a) 用 TIRF 光激发细胞质膜表面而产生的荧光成像;(b) 激光垂直照射到样品上所产生的荧光成像。

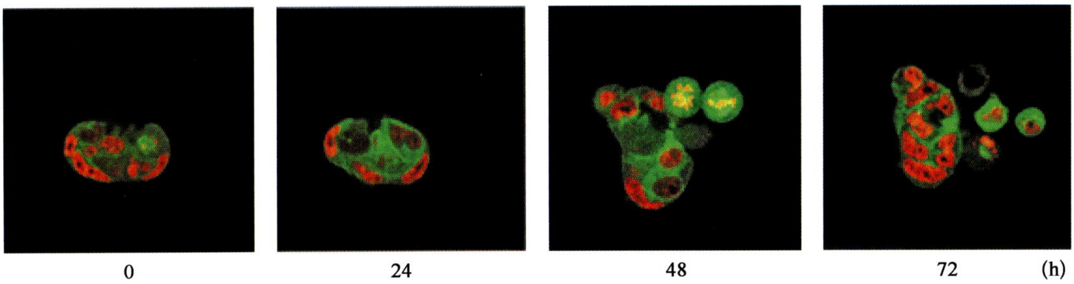

图 8－16 SD 研究单倍体胚胎干细胞的发育

红色荧光标记为胚胎干细胞的组蛋白 H2B，绿色标记为胚胎干细胞的蛋白激酶 aurora A。从左到右依次是胚胎干细胞发育 0、24、48 和 72 h 后的荧光成像。

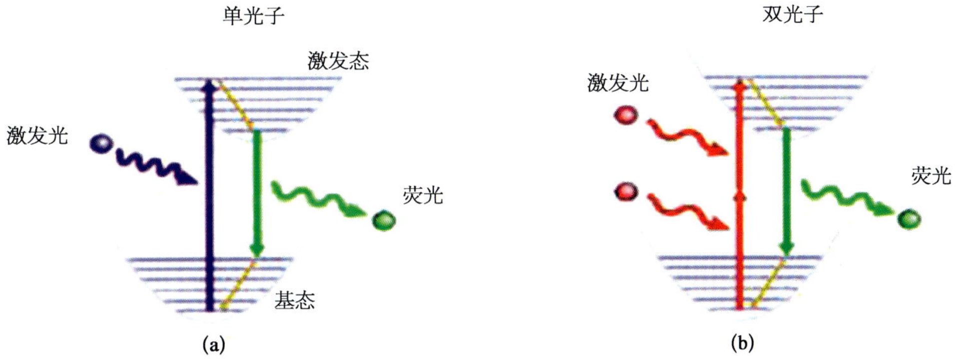

图 8－18 单/双光子激发荧光产生的示意图

(a) 单光子激发产生荧光的示意图；(b) 双光子激光产生荧光的示意图。

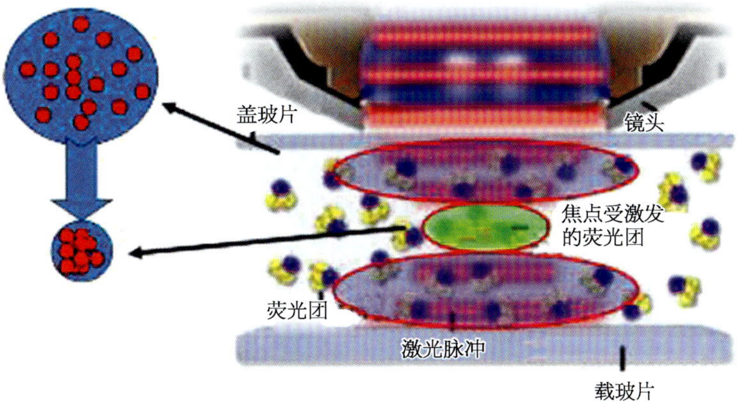

图 8－19 双光子照射样品示意图

和单光子显微镜不同的是，只有在焦点的荧光基团受到激发，其他区域都没有受到激发，有效地保护了样品。

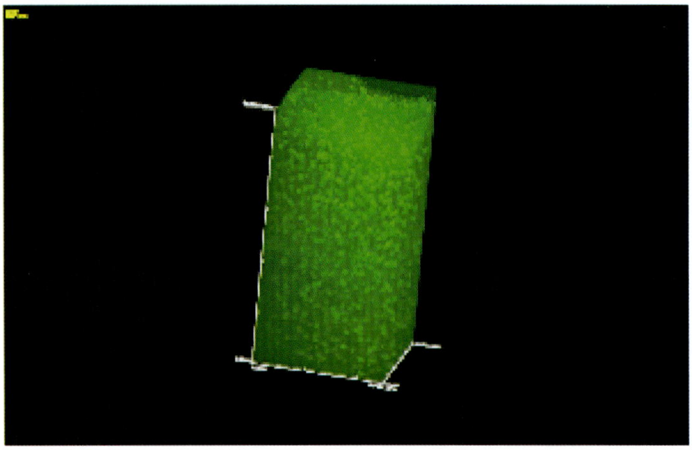

图 8-20 转入 GFP 的小鼠大脑深层扫描

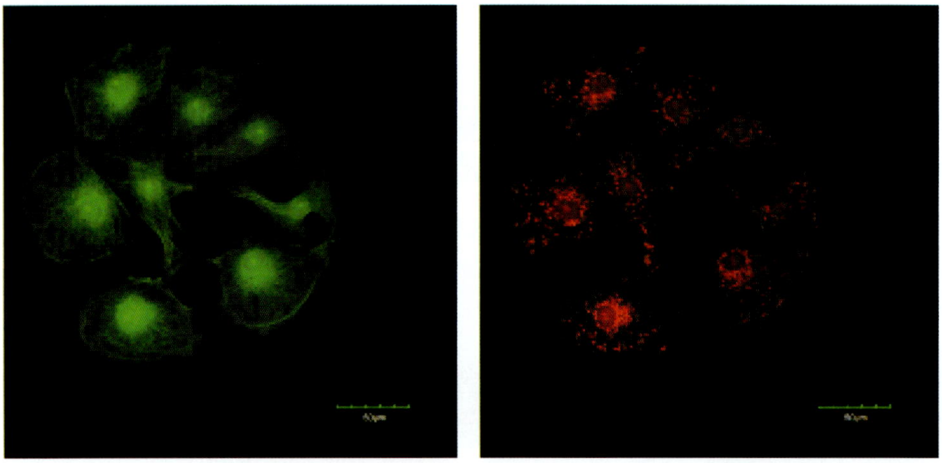

(a) (b)

图 8-21 Olympus FV1200 倒置部分的双光子成像检测

(a) 在倒置显微镜上收集 380～560 nm 波段所获的图像;(b) 在倒置显微镜上收集 570～630 nm 波段所获的图像。

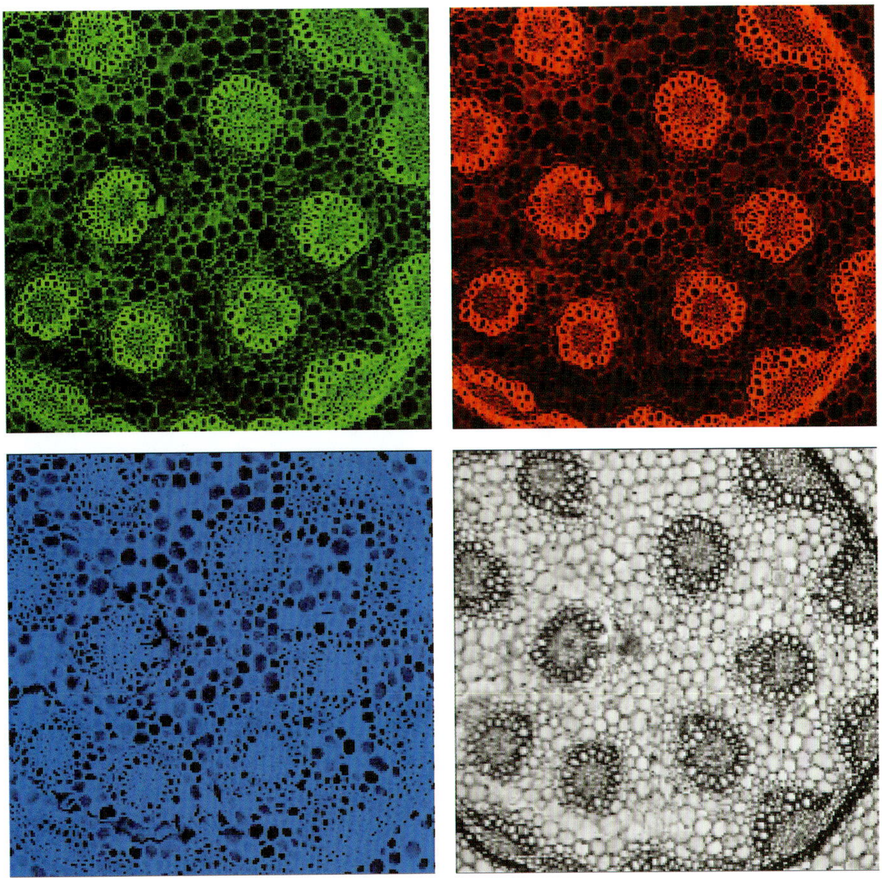

图 8－22　Leica 标样(铃兰草根部切片)的多通道扫描

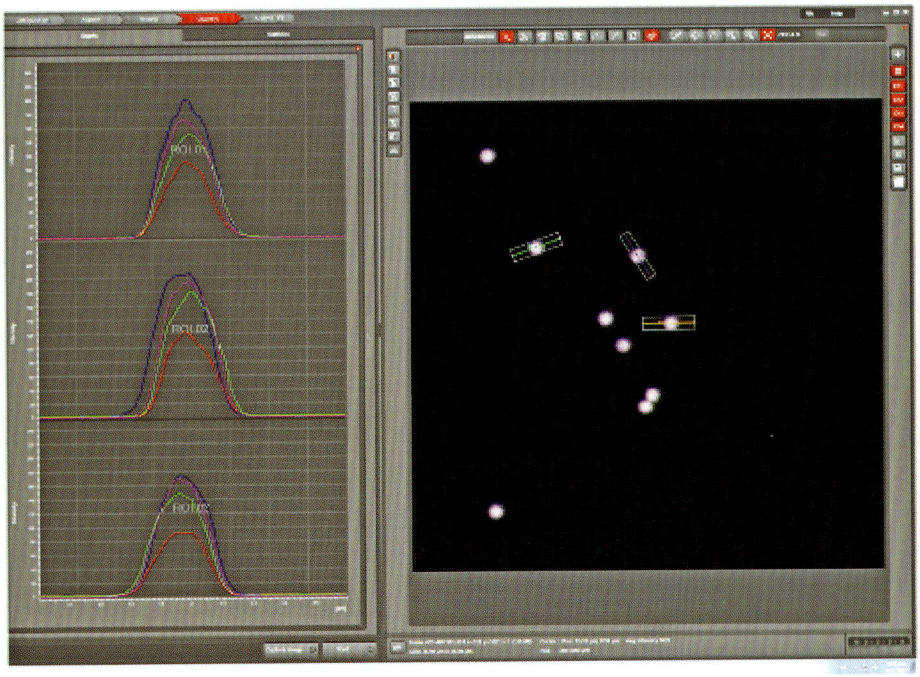

图 8－23　荧光微球图像的线强度分析示意图

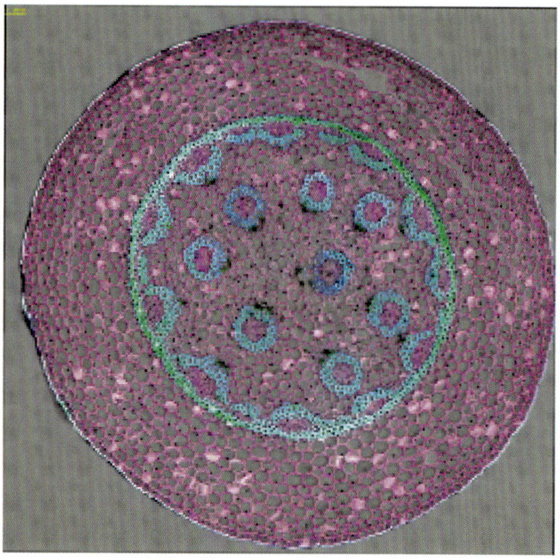

图 8－24　4 个荧光通道及明场拼图图像的重合

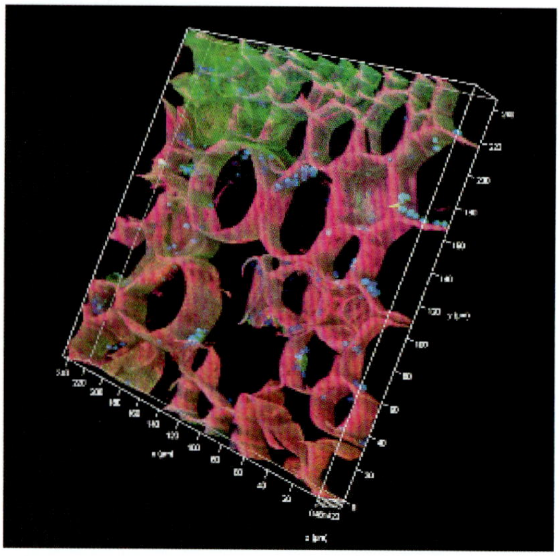

图 8－25　Leica 标样的多通道三维重构立体图像

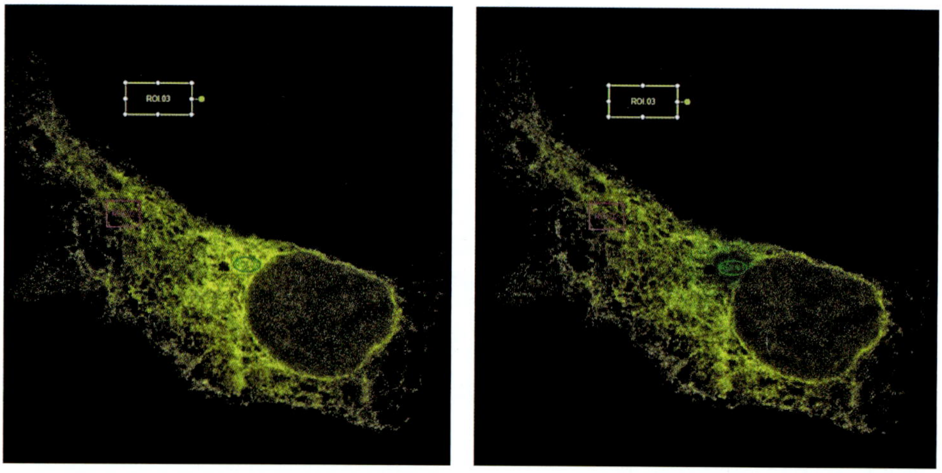

(a)　　(b)

	区域 1(绿色椭圆区域) ROI.01	区域 2(红色方框区域) ROI.02	区域 3(黄色方框区域) ROI.03
淬灭前供体荧光强度	27.48	12.29	0.53
淬灭后供体荧光强度	37.09	12.89	0.49
淬灭前受体荧光强度	165.6	56.17	1.79
淬灭后受体荧光强度	10.69	56.76	1.81
效　　率	0.259	0.046 3	0

图 8－28　荧光共振能量转移受体光漂白实验

(a) 淬灭之前的细胞图像；(b) 淬灭之后的细胞图像。表格是选定的 3 个不同区域的荧光强度和 FRET 效率。淬灭前供体：donor pre；淬灭后供体：donor post；淬灭前受体：acceptor pre；淬灭后受体：acceptor post；效率：efficiency；ROI：感兴趣区域。

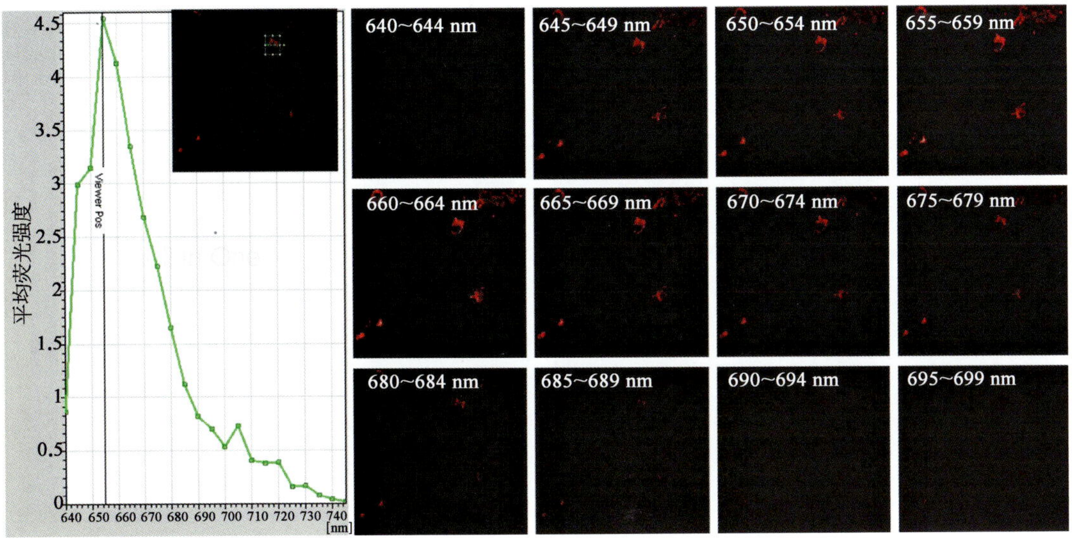

图 8 - 29 荧光标记细胞样品的光谱扫描

左边图指示的是框中区域平均荧光强度与接收波长的对应曲线;右边图像为不同接收波段的对应荧光图像。

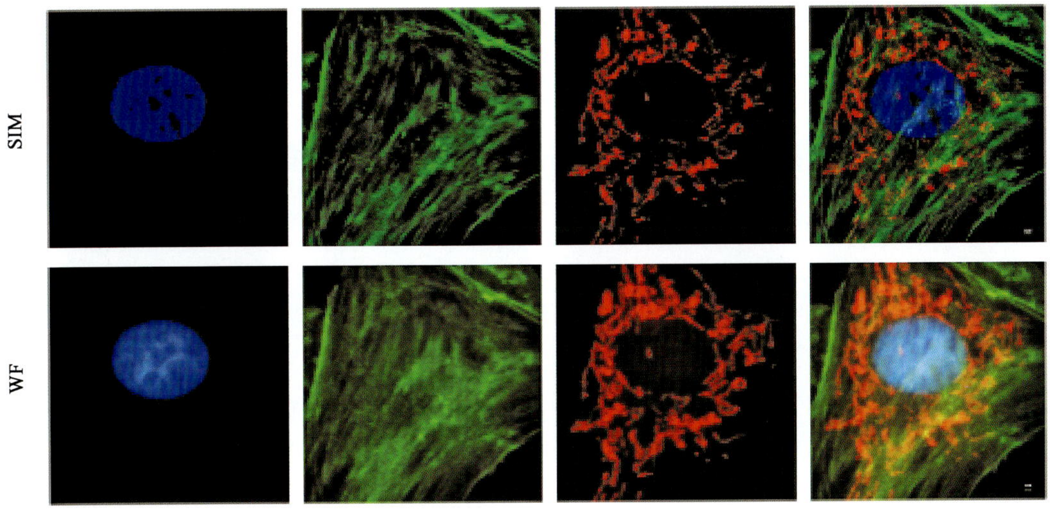

图 8 - 31 固定细胞样品的宽场及 SIM 图像的对比

蓝色标记细胞核,绿色标记肌动蛋白(actin),红色标记线粒体。上方代表 3D - SIM 所得的图像,下方代表宽场照明模式所得的图像。

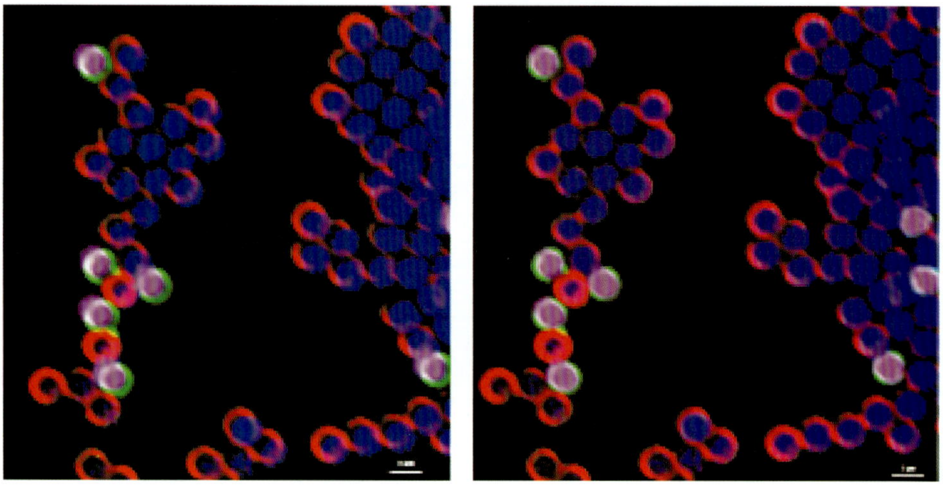

(a) (b)

图 8 - 32 SIM 多通道图像的色差校正

(a) 校正之前 1 μm 直径荧光微球的四色叠加图像;(b) 色差校正之后四色荧光微球的叠加图像。标尺为 1 μm。

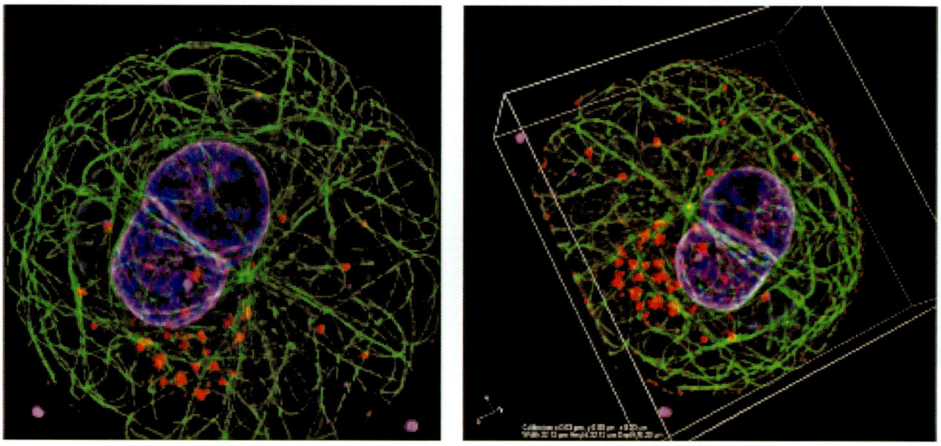

(a) (b)

图 8 - 33 四色荧光固定细胞样品的多层扫描图片

绿色标记微管,蓝色标记细胞核,红色和紫色标记的是不同的 2 种待研究蛋白质。(a) 多层图像的最大荧光强度投影;(b) 立体三维重构图。

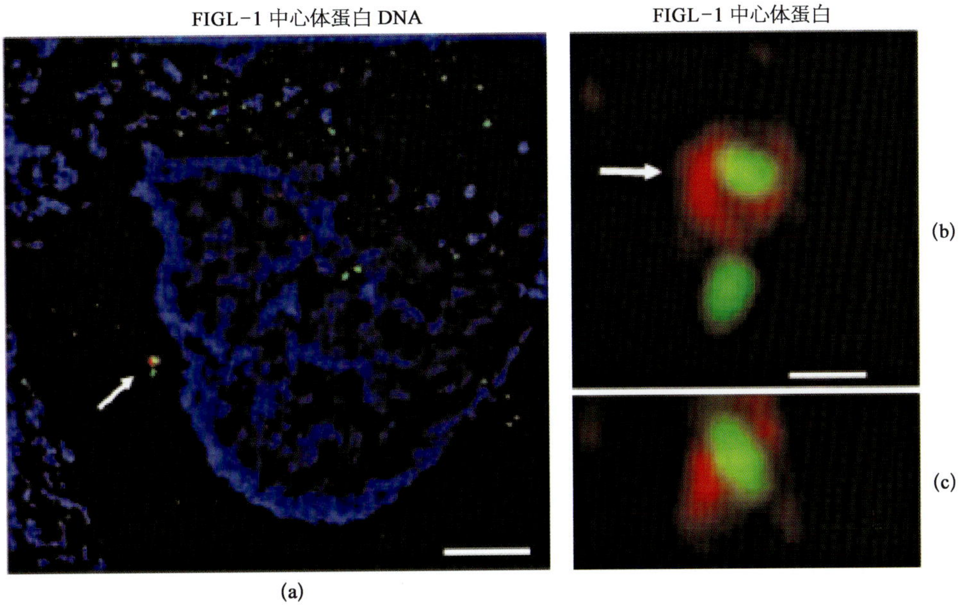

图 8-34 不同蛋白质空间分布的 SIM 图像

(a) G2 时期的 APRE19 细胞中有被标记的 FIGL-1(红色)和中心体蛋白(绿色),细胞核被标记蓝色。标尺 5 μm。(b) a 图箭头放大部分的图像。标尺 0.5 μm。(c) b 图箭头所指位置的纵切面图。

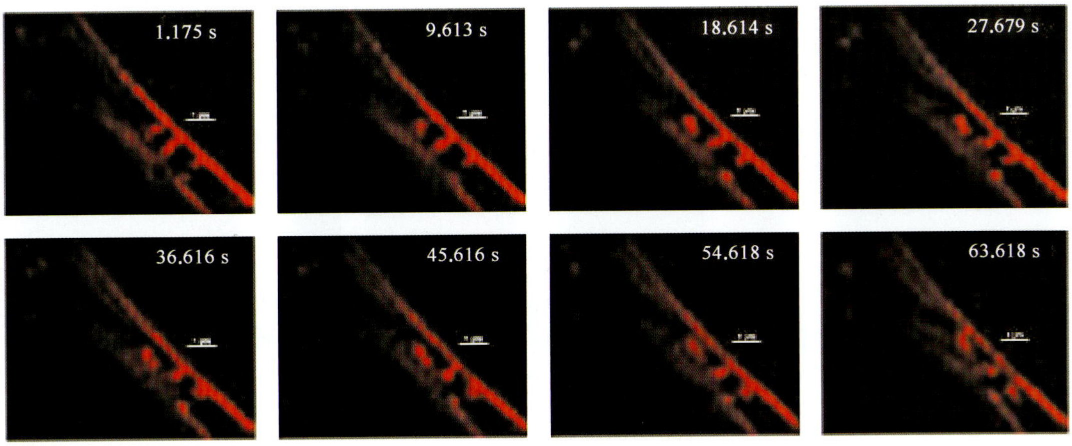

图 8-35 应用时间序列 SIM 图像观察 MEF 细胞中肌动蛋白的动态组装过程(标尺为 1 μm)

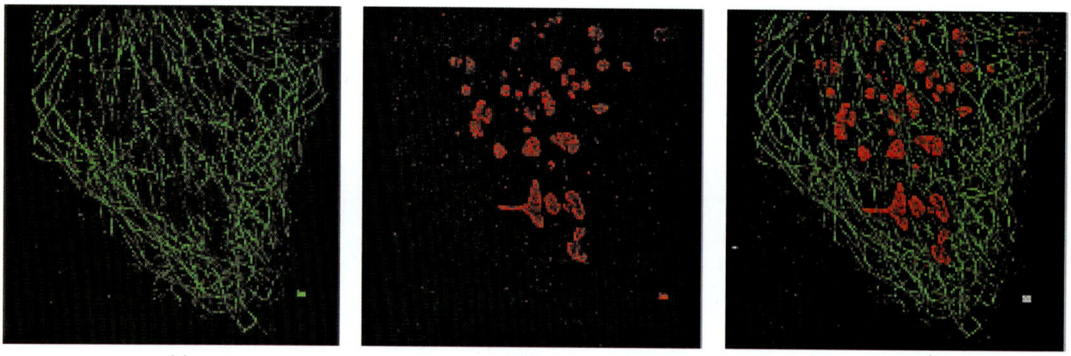

(a) (b) (c)

图 8－38 COS7 细胞中微管和线粒体的形态

(a) 微管(绿色);(b) 线粒体(红色);(c) 重合图像。图中标尺为 1 μm。

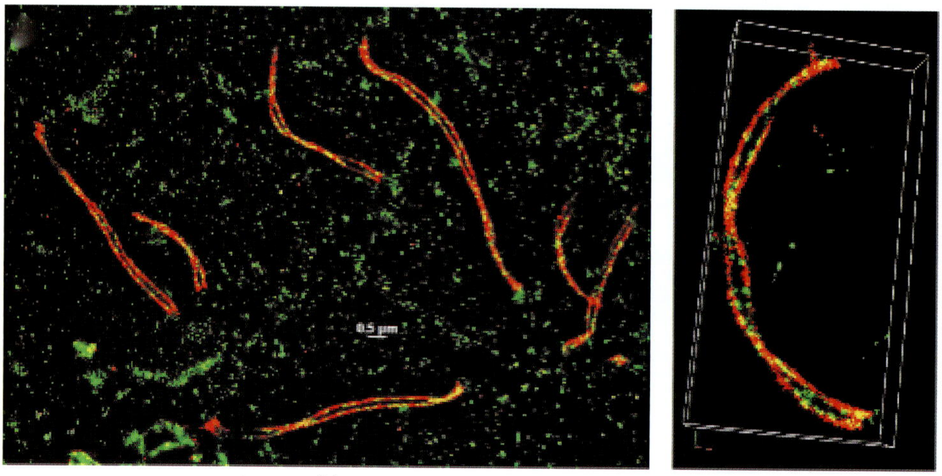

(a) (b)

图 8－39 染色体上的蛋白质分布

(a) 大视野下二维图像显示染色体上 2 种蛋白质的不同分布;(b) 放大的一条染色体的三维立体图。

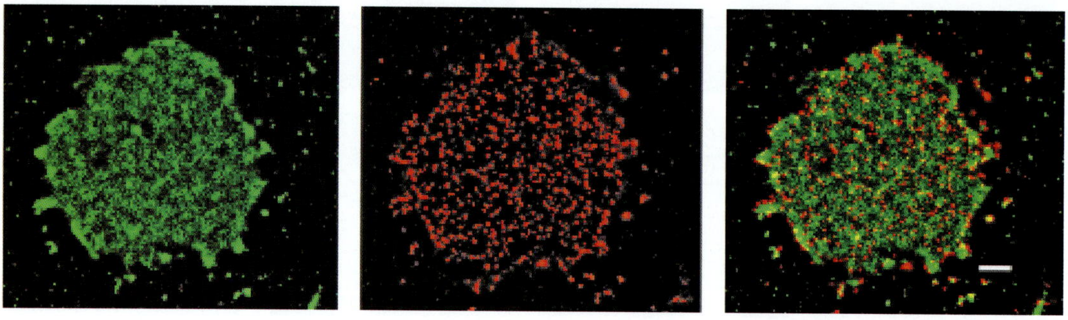

(a) (b) (c)

图 8－40 淋巴细胞质膜上 2 种分子的不同分布模式

(a) 转染的 mEos 融合蛋白在细胞质膜上的分布;(b) Alexa 647 标记的某种受体蛋白质在细胞质膜上的分布;(c) 2 个通道的叠加图像。标尺为 1 μm。

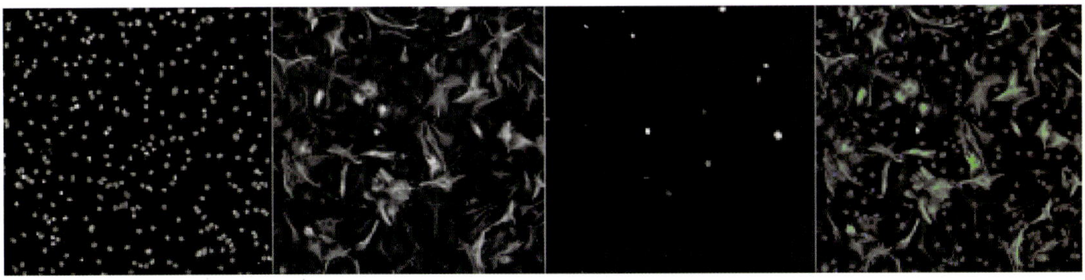

(a)

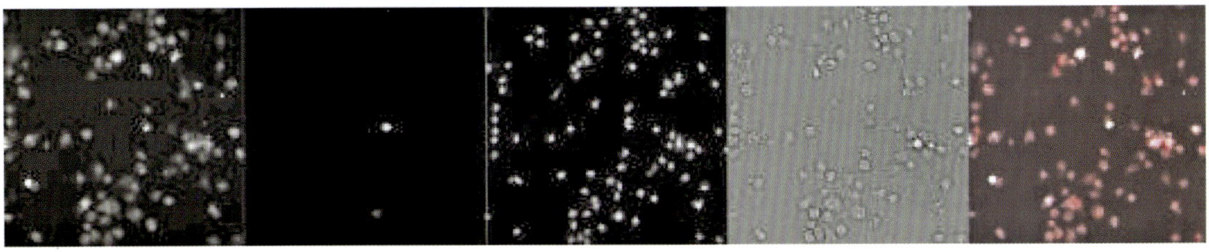

(b)

图 8－42 用高通量细胞成像仪进行多通道成像

(a) 筛选小分子化合物库神经干细胞增殖的影响；(b) 通过观察巨噬细胞吞噬荧光标记微球，来监视淋巴细胞的活化和黏附。

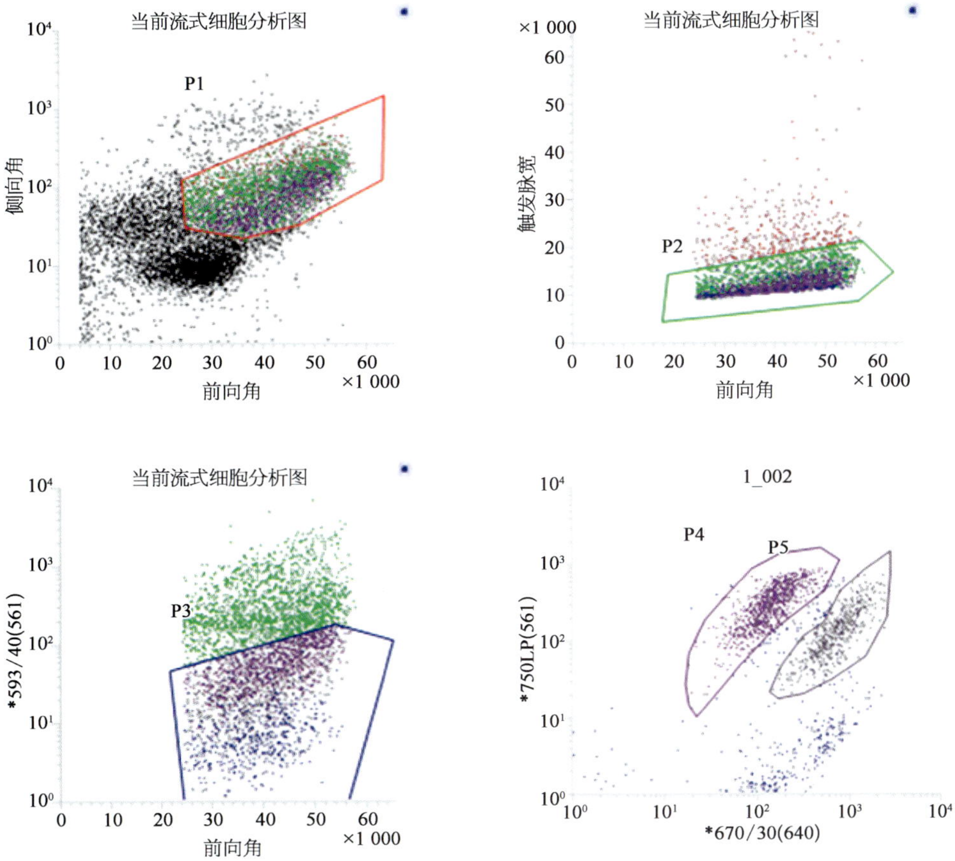

图 8－47 PI、APC 标记的小鼠乳腺干细胞

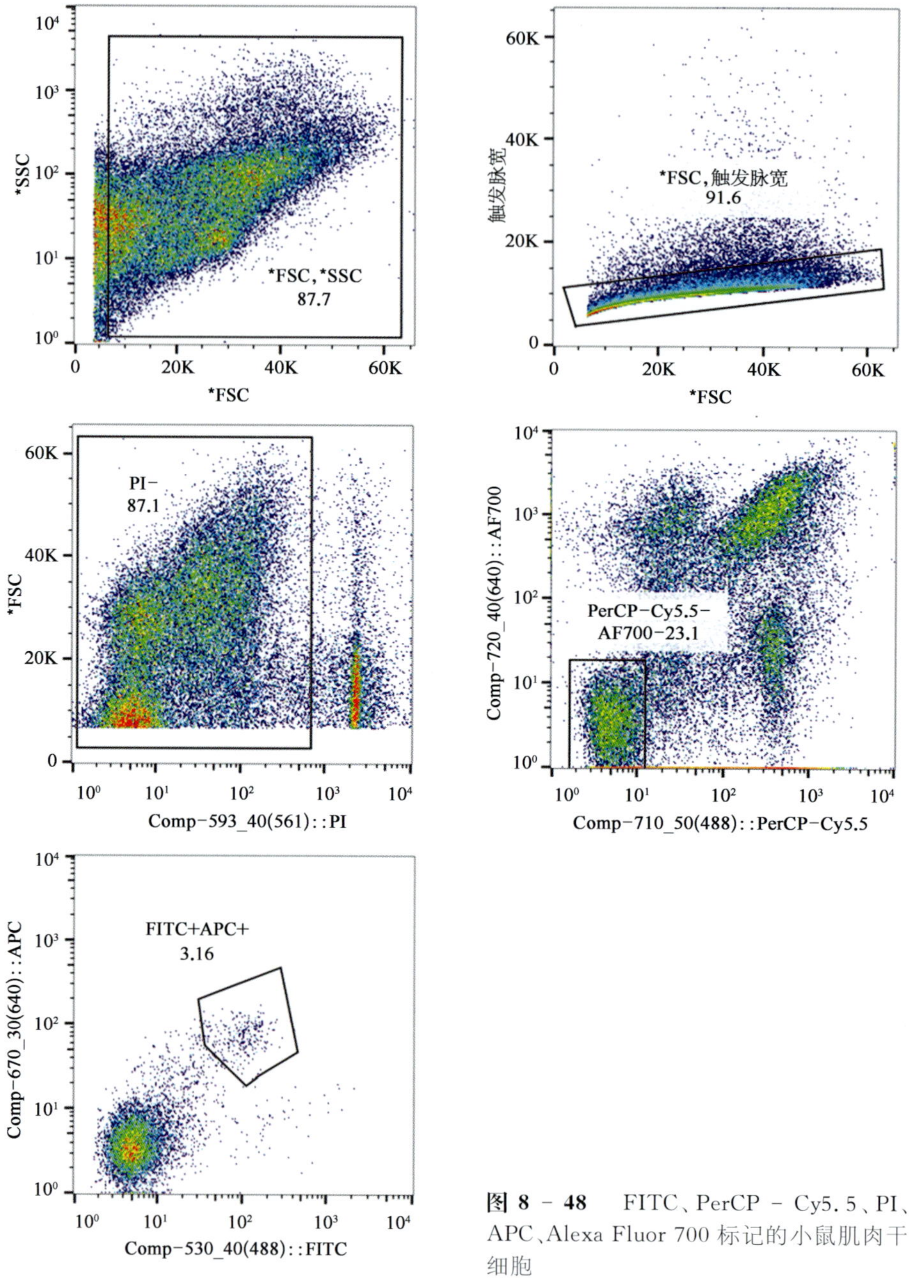

图 8 - 48　FITC、PerCP - Cy5.5、PI、APC、Alexa Fluor 700 标记的小鼠肌肉干细胞

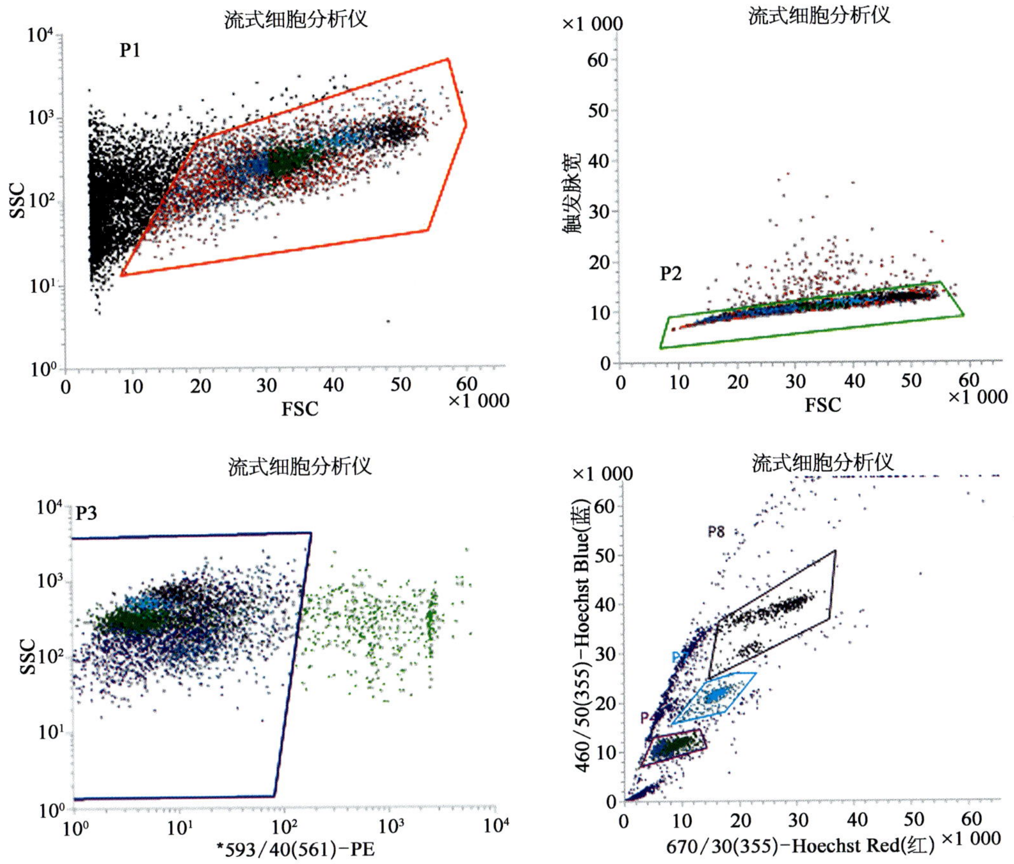

图 8-49 PI 和 Hoechst 标记的小鼠睾丸 DNA 倍性细胞

经荧光激发分选仪(BD Influx)检测碘化丙啶(PI,检测通道为 PE 通道)相对荧光强度为阴性的活细胞。利用 355 nm 激光器检测 Hoechst 荧光强度成线性分布的 DNA 倍性细胞群,再进行下一步的分选。

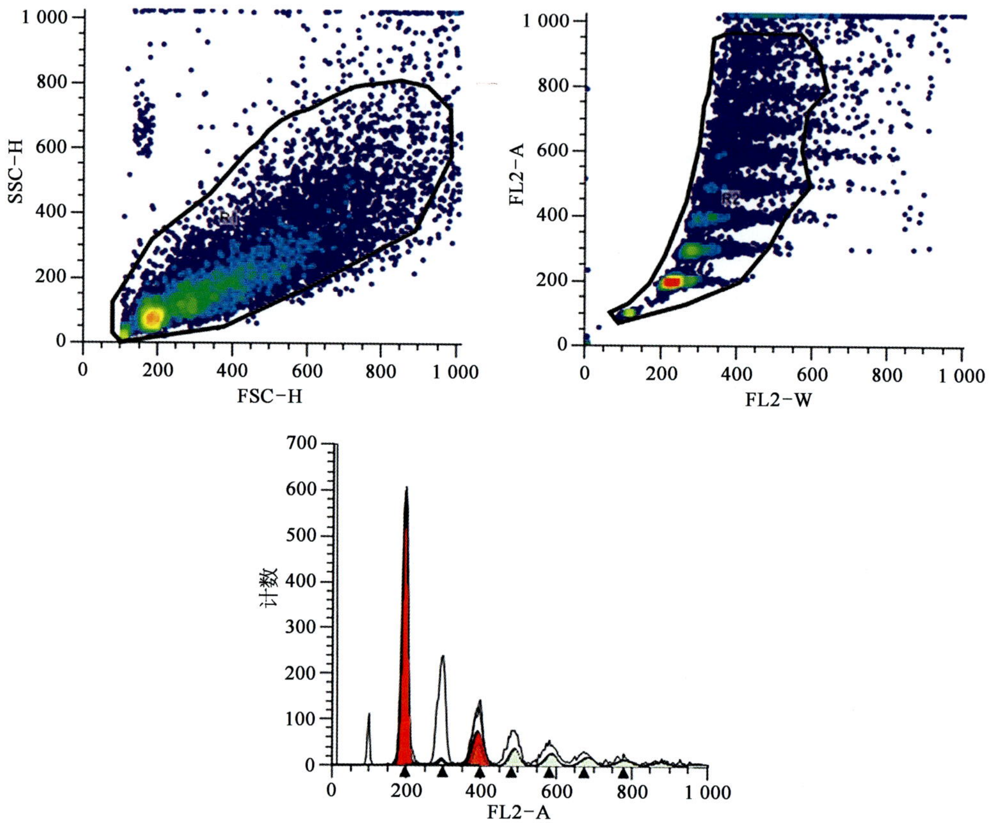

图 8-50 利用流式分析仪检测碘化丙啶(PI)染色小鸡红细胞(CEN)样本检测其 DNA 含量,并进行有丝分裂周期拟合,计算各周期比例。

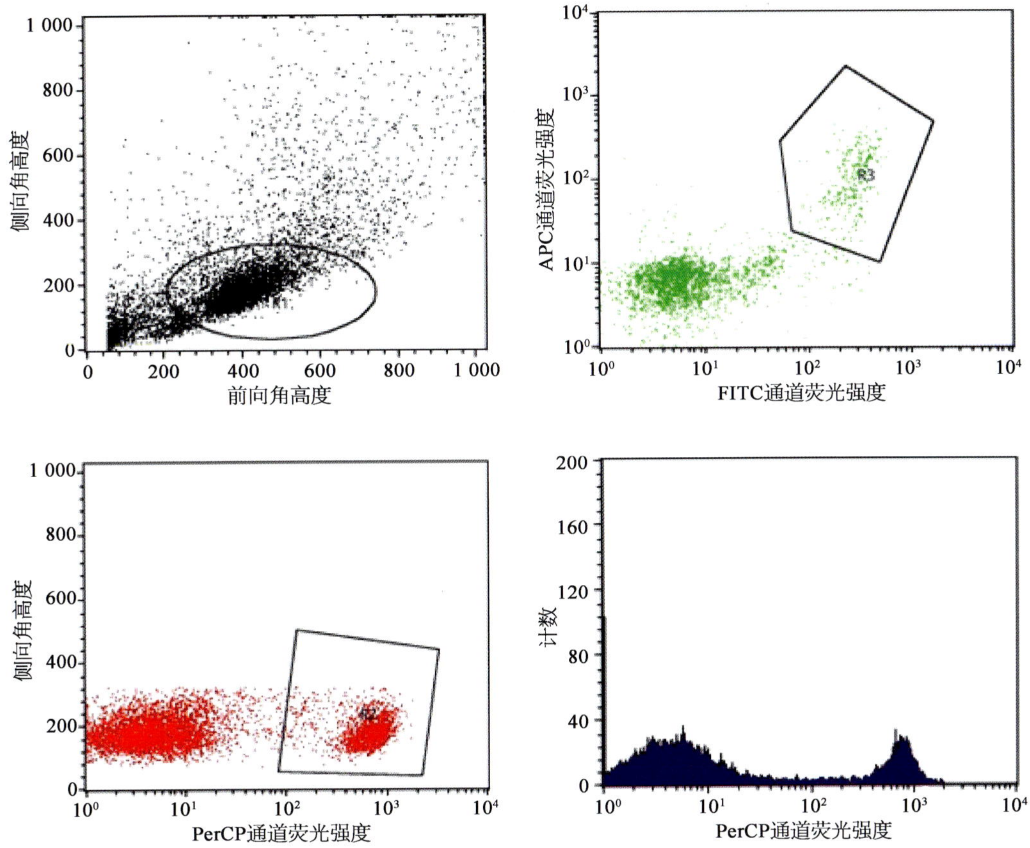

X 参数：前向角(线性)　Y 参数：侧向角参数(线性)

区域	数量	%圈中百分比	%占总数百分比	X 平均数	X 几何平均数	Y 平均数	Y 几何平均数	P_xP_y
R1	685	68.58	68.58	397.26	391.93	178.81	173.78	1,2
R2	418	4.18	4.18	625.25	559.28	495.67	351.06	3,7
R3	2 047	20.47	20.47	391.91	378.45	192.33	181.67	5,2

图 8-51　流式细胞分析仪 BD Calibur 测试三色免疫标记 FITC/APC/PerCP 样品

FITC、APC 和 PerCP5.5 相对荧光强度均呈阳性的细胞，占总细胞的比例为 4.18%。

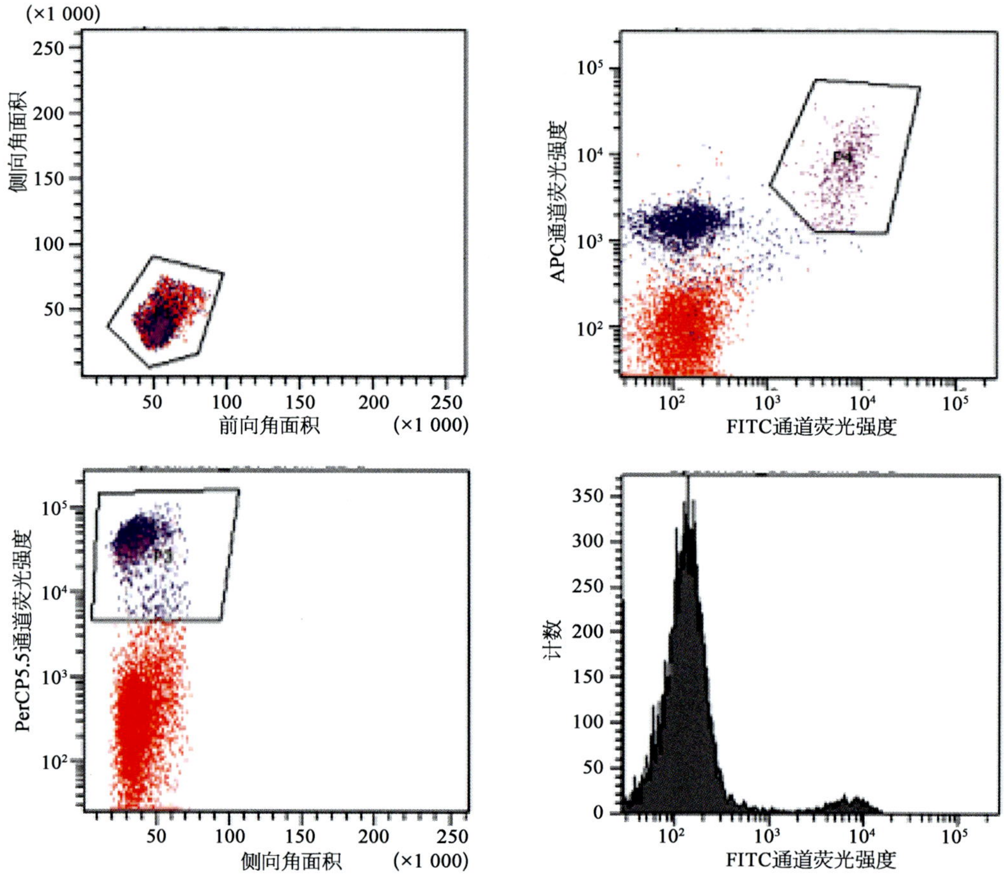

群体	数量	级数百分比	FITC通道平均值	APC通道平均值
P1	10 000	100	439	696
P2	2 540	25.4	1 325	2 570
P3	2 575	25.8	1 316	2 541
P4	400	4.0	7.169	8 250

图 8－52　BD 流式细胞分析仪 BD LSR Fortessa

测试三色免疫标记 FITC/ APC/ PerCP 样品 FITC、APC 和 PerCP5.5 相对荧光强度均呈阳性的细胞，占总细胞的比例为 4.0%。

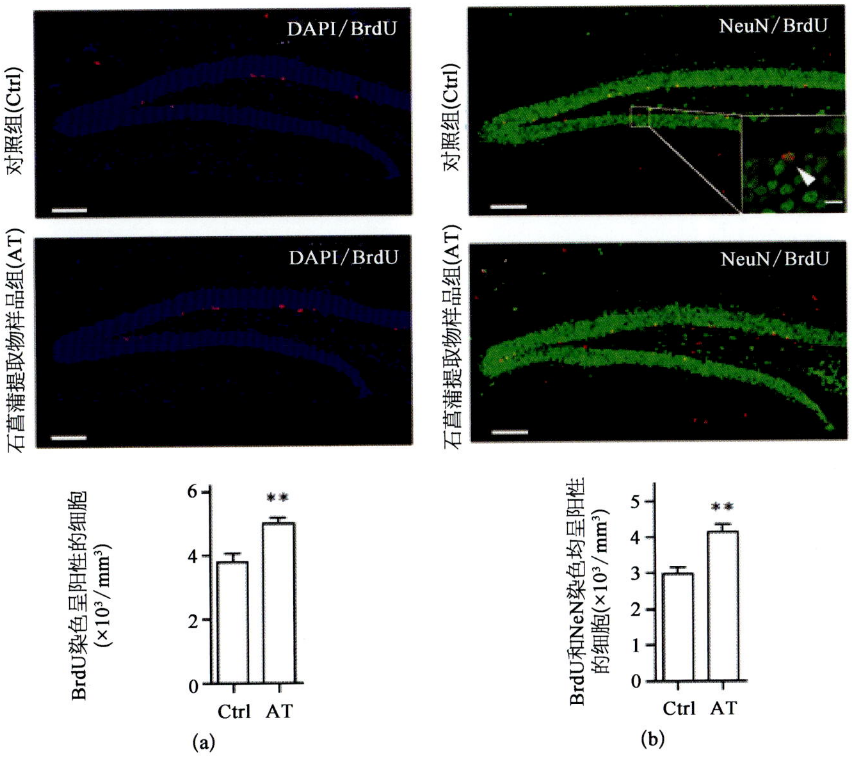

图 8-53 石菖蒲提取物(AT)促进神经干细胞(NPC)扩增和成年小鼠海马神经的发生

(a) 石菖蒲 AT 促进小鼠海马神经干细胞增殖,小鼠海马切片齿状回(dentate gyrus,DG)区的代表性免疫染色共聚焦显微图像和 BrdU 阳性细胞定量分析;(b) 石菖蒲促进小鼠海马神经的发生。Ctrl: 对照。

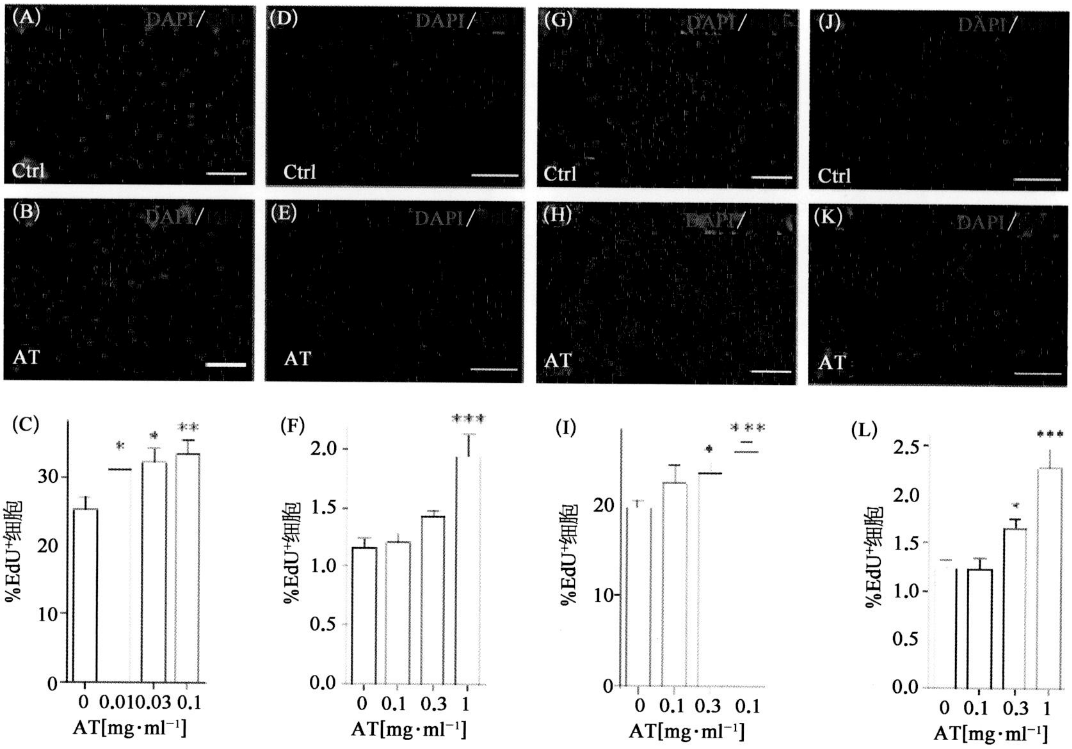

图 8-54 石菖蒲提取物可以促进神经干细胞在体外增殖

(A—C)用不同浓度的石菖蒲提取物(AT)孵育,减少生长因子(1 ng/ml EGF 和 1 ng/ml βFGF)溶液中的单层成年海马神经干细胞,为时 24 h,固定前 2 h 加入 EdU。(A) DMSO 处理的对照组图像(EdU 为红色,DAPI 为蓝色);(B) 0.1 mg/ml 的 AT 处理的细胞图像;(C) 定量统计的 EdU 阳性细胞在所有细胞中所占的比例;(D—F) 用不同浓度 AT 处理无 EGF 或 βFGF 环境中单层成年海马神经干细胞,为时 14 h。(D) DMSO 处理的对照组图像(EdU 红色,DAPI 蓝色),(B) 1 mg/ml AT 处理的细胞图像;(G—I) 用不同浓度的 AT 孵育,减少生长因子溶液中的单层胚胎神经干细胞,为时 24 h;(J—L)用不同浓度的 AT 孵育无生长因子 EGF 或 βFGF 溶液中的单层胚胎神经干细胞,为时 14 h。

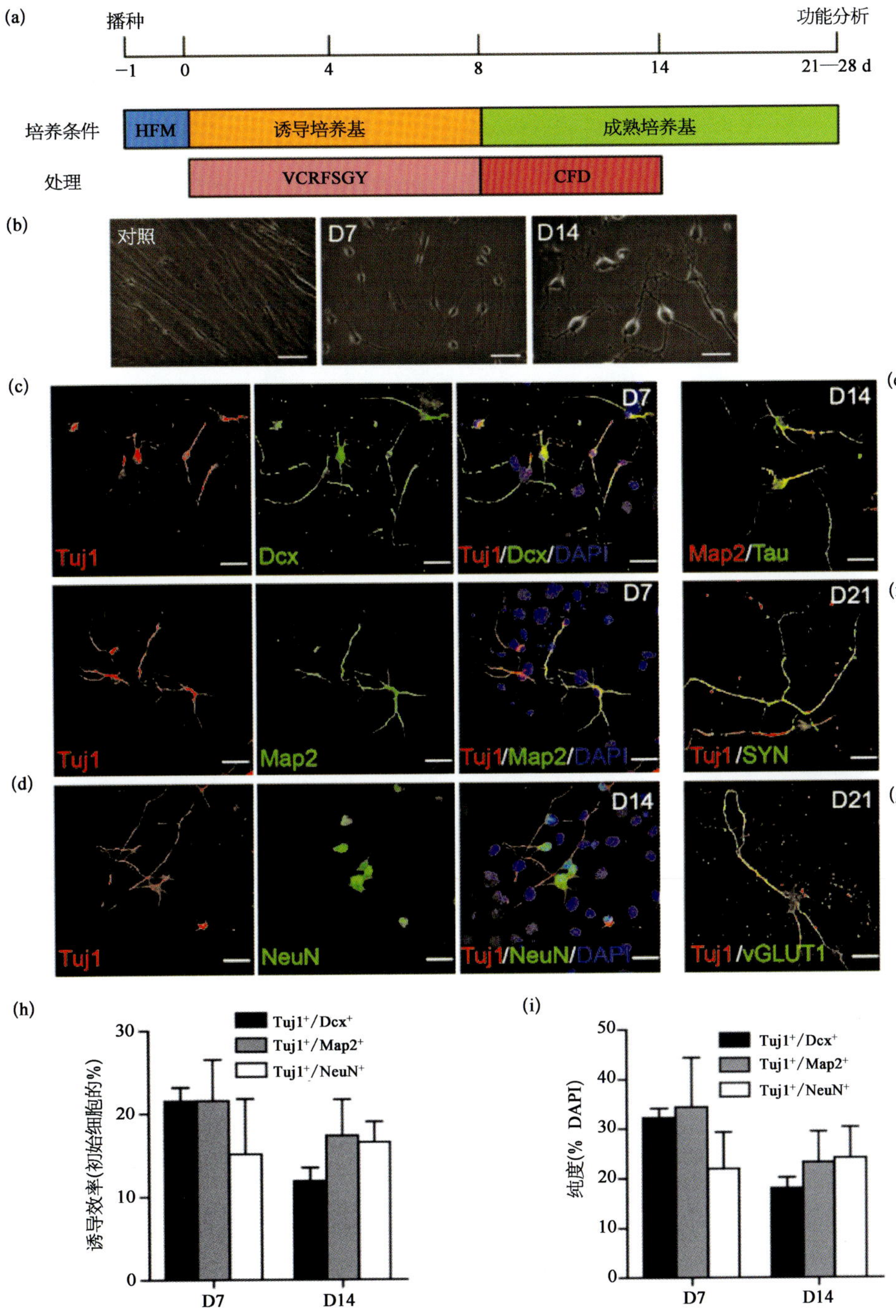

图 8－56　小分子化合物诱导产生人类神经细胞

(a) 诱导方法;(b) 对照组人成纤维细胞(HAF)和第 7、第 14 d 的人神经细胞(hciN)的相差图像;(c) 共聚焦荧光图像显示第 7 d 人神经细胞(hciN)显示双极神经元形态,且表达 Dcx(绿色)、Tuj1(红色)和 Map2(绿色);(d—g)共聚焦图像显示人神经细胞进行神经元标记物 NeuN(d)、Tau(e)、SYN(f)、VGLUT1(g)的染色;(h) 人神经细胞诱导效率;(i) 诱导产生的 $Tuj1^+/Dcx^+$、$Tuj1^+/Map2^+$ 和 $Tuj1^+/NeuN^+$ 人神经细胞在细胞总数中的比例。

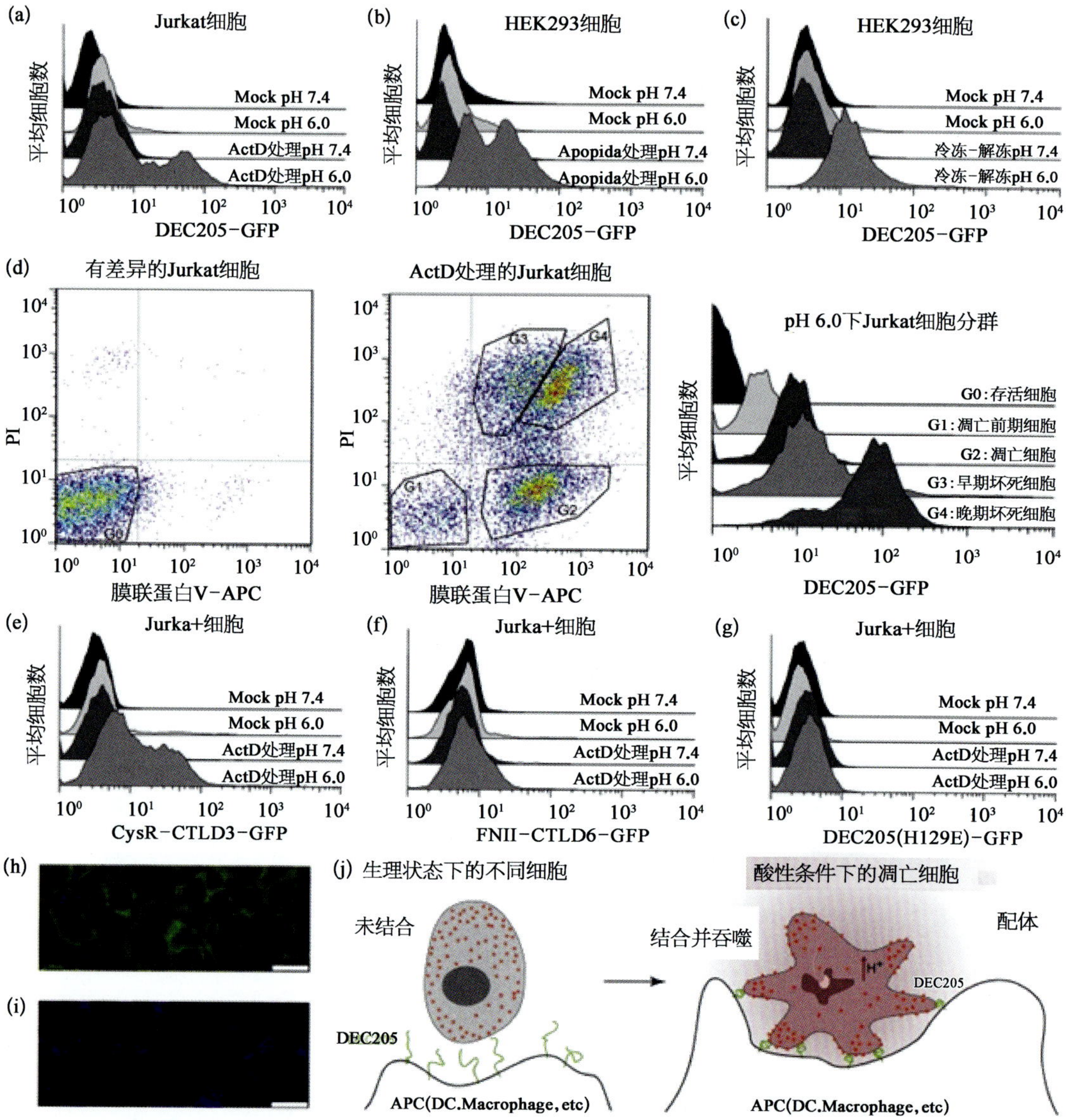

图 8-57 免疫受体分子 DEC205 在不同 pH 值环境条件下识别凋亡/坏死细胞

(a) 通过流式分析仪 BD Calibur 检测，在酸性 pH 值环境下，DEC205-GFP 能结合放线菌素 D(ActD)处理过的人外周白血病 T 细胞(Jurkat 细胞)；(b) DEC205-GFP 能在酸性 pH 环境中结合 Apopida 处理过的 HEK293 细胞；(c) DEC205-GFP 能在酸性 pH 环境中结合冻融 HEK293 细胞；(d) 膜联蛋白 V(annexin V)-APC、PI 和 DEC205-GFP 三色荧光标记酸性条件下的 Jurkat 活细胞(左)和 ActD 处理的 Jurkat 细胞(中)，右侧结果为结合 DEC205 这 2 种细胞在流式图谱中圈定的不同子集比例；(e) CysR-CTLD3-GFP(小环部分)可以在酸性条件下结合 ActD 处理的 Jurkat 细胞；(f) 在酸性或者中性条件下，FNⅡ-CTLD6-GFP(大环部分)不能结合到 ActD 处理过的 Jurkat 细胞；(g) 在酸性或者中性条件下，DEC205(H129E)-GFP 不能结合到 ActD 处理过的 Jurkat 细胞；(h) 对酸性 pH 6.0 条件下的 HEK293，固定通透处理后标记 DEC205-GFP 和 DAPI，利用激光光聚焦显微镜 Leica TCS SP8 进行成像；(i) 在 pH 7.4 的 PBS 中，对 HEK293 细胞进行固定通透处理，荧光标记 DEC205-GFP 和 DAPI，进行共聚焦成像；(j) DEC205 在酸性环境中特异地识别凋亡/坏死细胞的模式图。DC, Macrophage, etc：树突状细胞、巨噬细胞等。

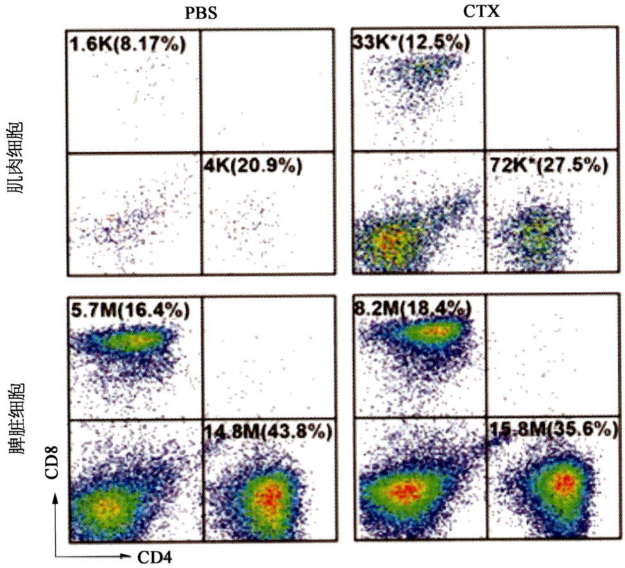

图 8-58 应用流式细胞分析仪 BD Calibur 对 T 淋巴细胞进行分析

使用心脏毒素(cardiotoxin, CTX)诱导损伤 3 d 后,在肌肉和脾脏细胞中,T 淋巴细胞 CD4 阳性或者 CD8 阳性的细胞数均有显著变化。*代表在统计学上具有显著性,$P<0.01$。统计结果是由 3 次独立的实验计算而来。K 为 10^3 个细胞,M 为 10^6 个细胞。

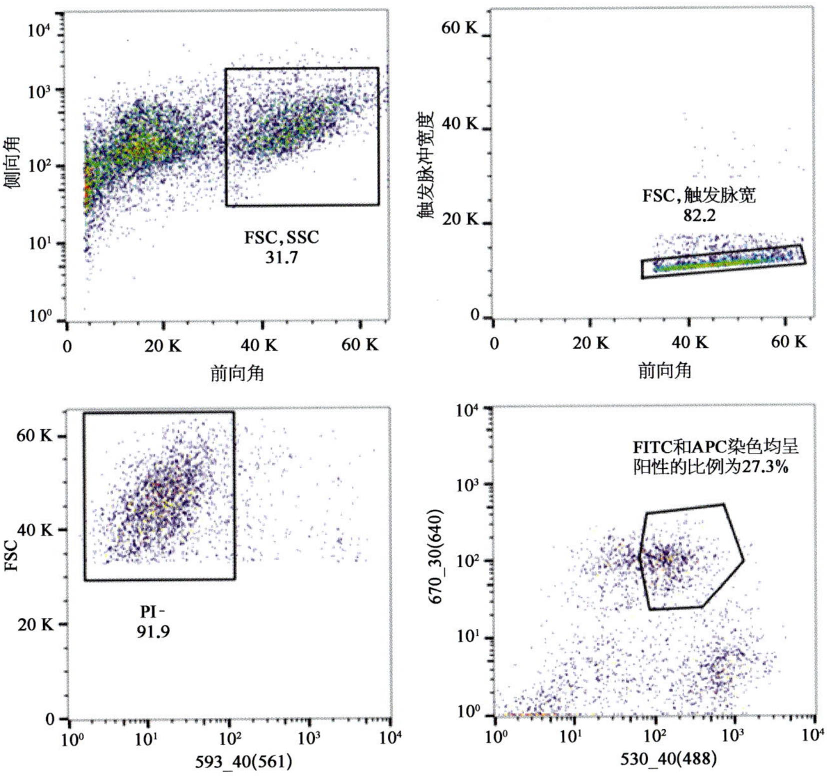

图 8-59 用荧光激发流式细胞分选仪分选肌肉干细胞

利用胶原酶消化肌肉细胞,用荧光染料抗体 anti-CD34/FITC 和 anti-integrin-α7/APC 进行标记,圈出 PI 呈阴性的活细胞群,再通过荧光激发细胞分选仪(BD Influx),从中分选出 FITC、APC 呈双阳性的肌肉干细胞。

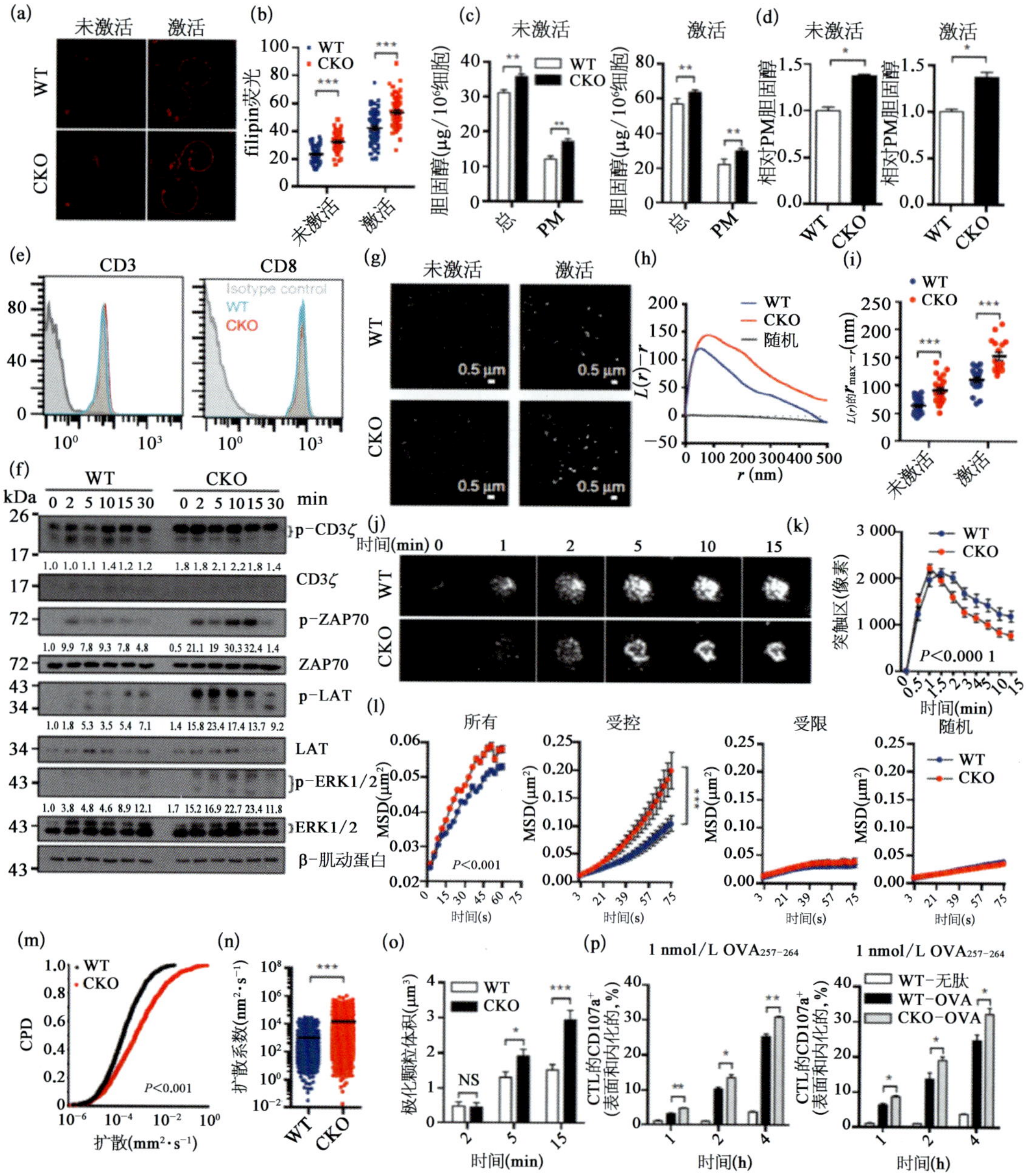

图 8-60　细胞质膜胆固醇调节 T 细饱受体聚集和免疫突触形成

(a—d) 通过 filipin Ⅲ染色对本底水平和激活的 $CD8^+$ T 细胞的胆固醇进行定量分析(共聚焦显微成像),$Acat1^{CKO}$ $CD8^+$ T 细胞质膜的胆固醇水平,比野生型 T 细胞要高。(e,f) $Acat1^{CKO}CD8^+$ T 细胞的 TCR 信号跟野生型细胞相比,有极大增强。本底 $Acat1^{CKO}$ $CD8^+$ T 细胞的 TCR 和 CD8 表面水平并没有增加。(e) 本底野生型和 CKO $CD8^+$ T 细胞表面的 CD3 和 CD8 表达水平。(f) 4 $\mu g \cdot ml^{-1}$ anti-CD3/CD28 刺激的本底 $CD8^+$ T 细胞的 TCR 信号。(g—i) 利用单分子荧光超高分辨率显微镜(STORM)成像分析发现,本底和激活的 $CD8^+$ T 细胞质膜上的 TCR 聚集,都比野生型细胞中的要大;(j—n) 利用活细胞成像,发现 ACAT1 缺陷导致 TCR 微团更快地进行定向运动,趋向突触中心。(j,k) 全内反射荧光显微镜(TIRFM)分析平面脂质双分子层上 $CD8^+$ T 细胞的免疫突触。(i—n) $CD8^+$ T 细胞上 TCR 微团的运动参数。(o,p) 细胞溶解型颗粒的极化和脱粒水平在 $Acat1^{CKO}CD8^+$ T 细胞中扩大了。WT: 野生型; CKO: 条件性基因敲除; Isotype control: 同型对照。

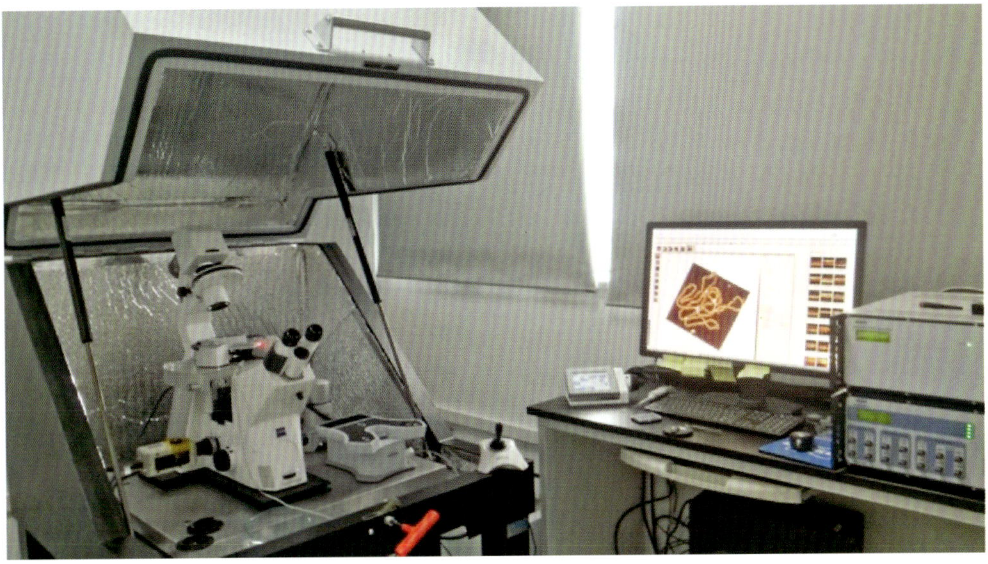

图 9-4　Bioscope Catalyst AFM 快速扫描原子力显微镜

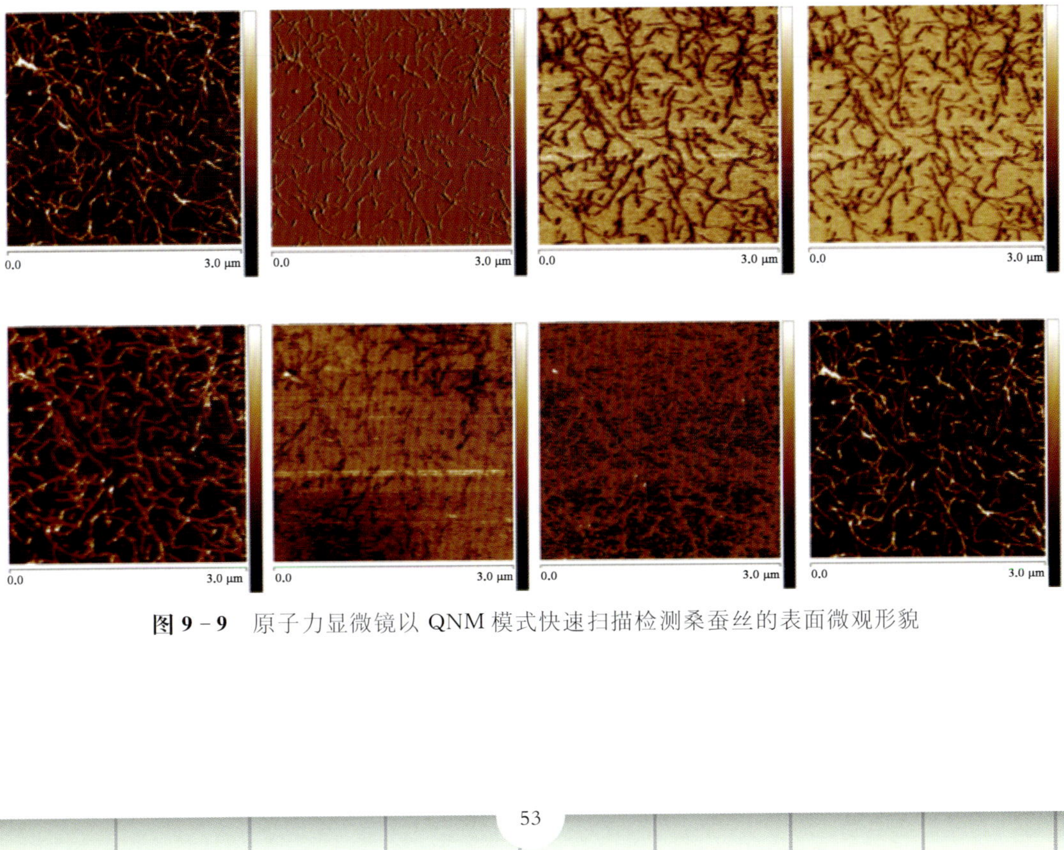

图 9-9　原子力显微镜以 QNM 模式快速扫描检测桑蚕丝的表面微观形貌

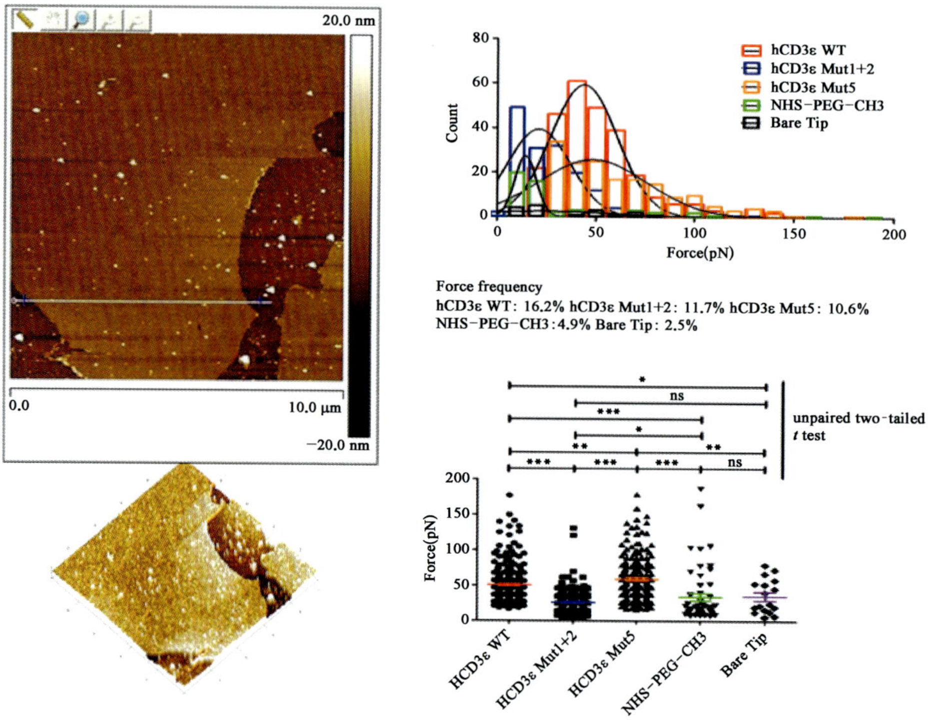

图 9 - 11 人 CD3 胞内段多肽与细胞质膜内侧的相互作用力

height sensor：高度传感器；count：计数；bare tip：秃尖；force：力；force frequency：力频率；unpaired two-tailed t test：不配对双尾 t 检验。

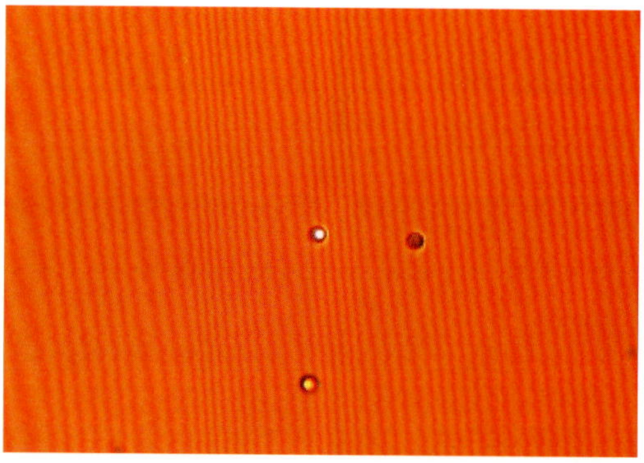

图 9 - 16 双光镊捕获 2 个聚苯乙烯微球示意图

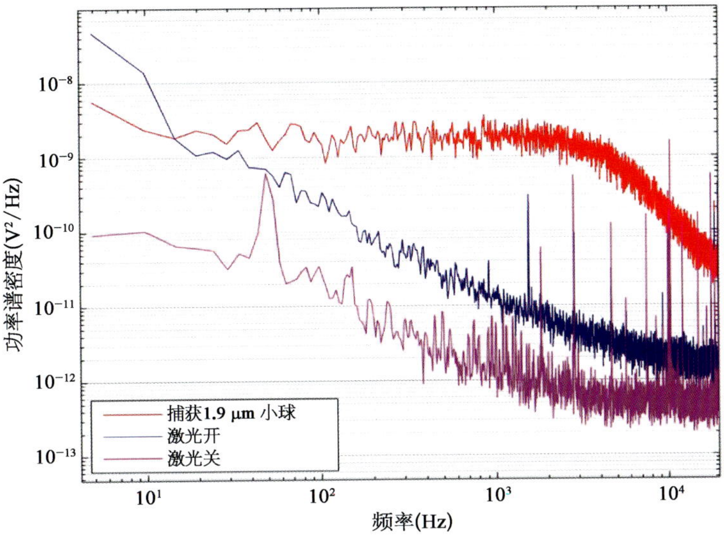

图 9－17　光阱中的功率谱比较

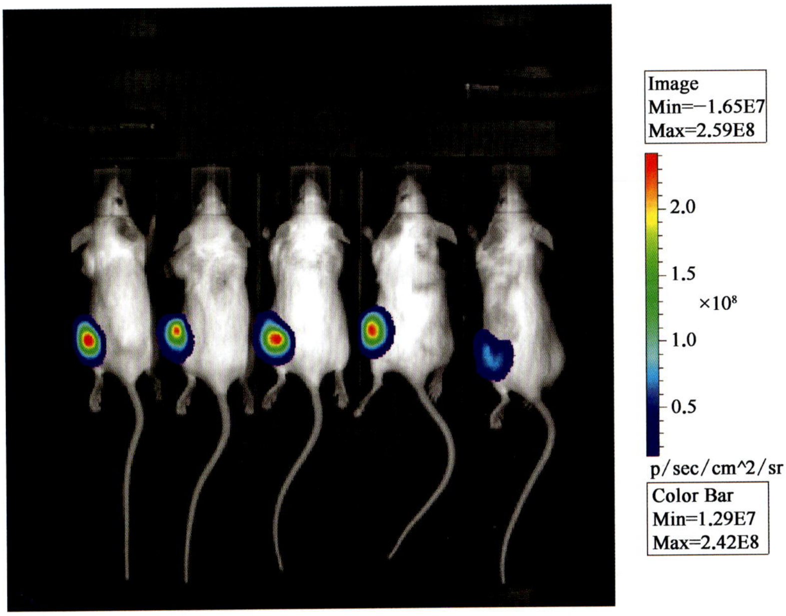

图 9－19　对小鼠注射肿瘤细胞 3 周后的成像检测成果

Image：图像；Color Bar：对比度；Min：最小；Max：最大。

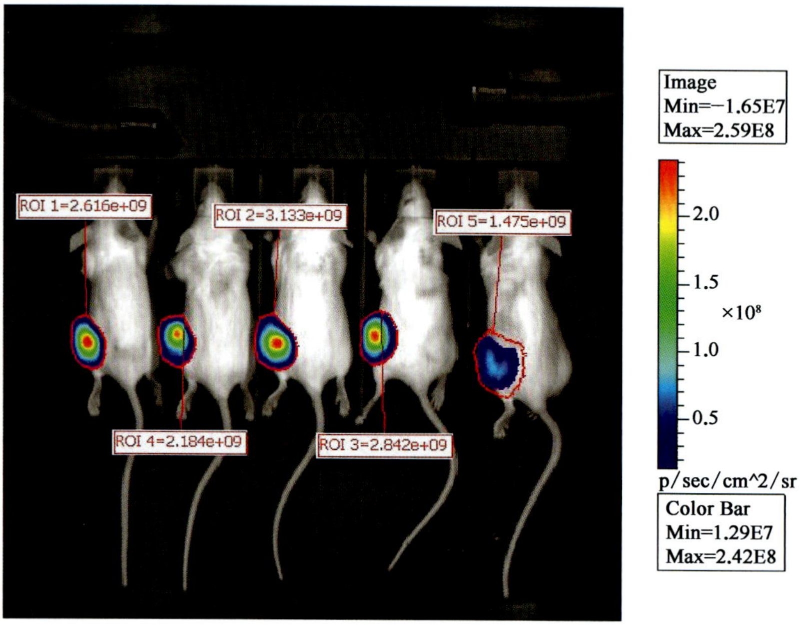

图 9-20 小鼠影像分析测试中注射 3 周后对信号强度的测算结果

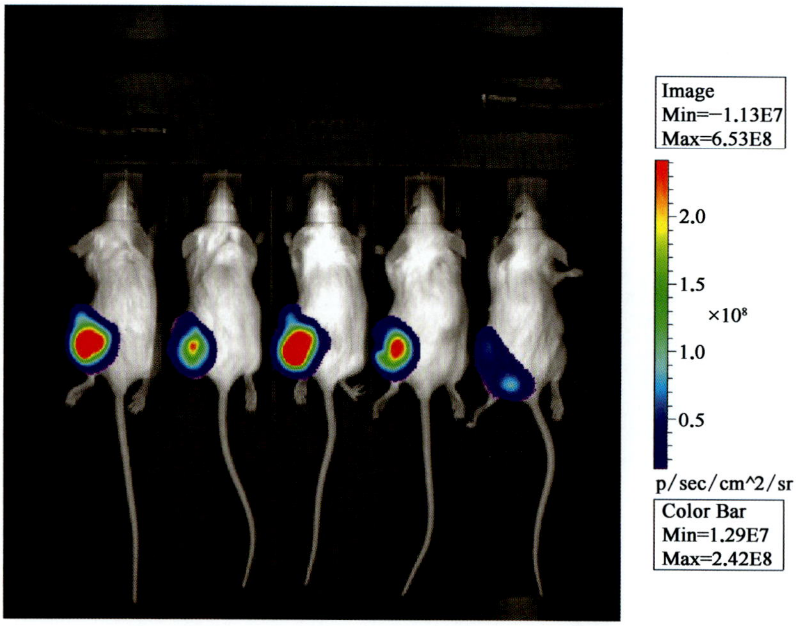

图 9-21 对小鼠注射肿瘤细胞 4 周后的成像检测结果

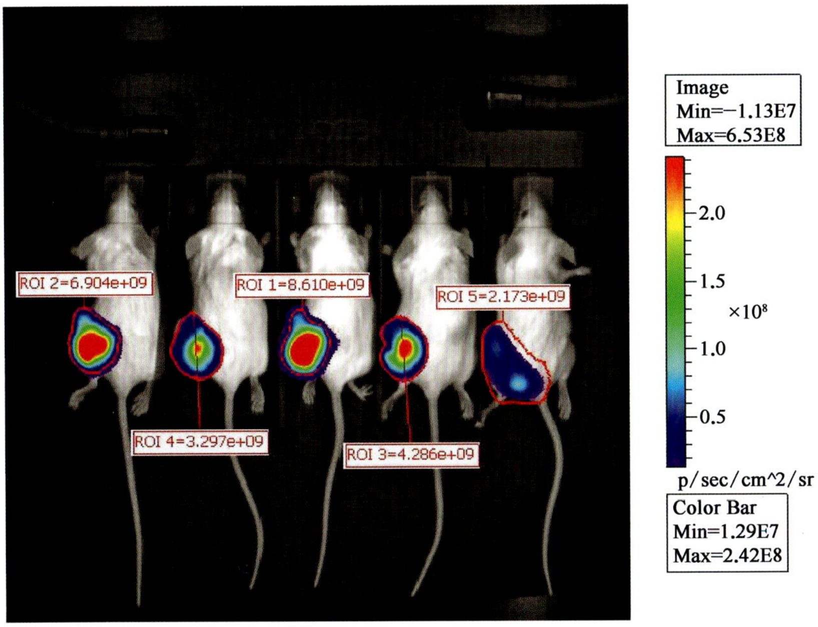

图 9-22 小鼠影像分析测试中注射 4 周后对信号强度的测试结果

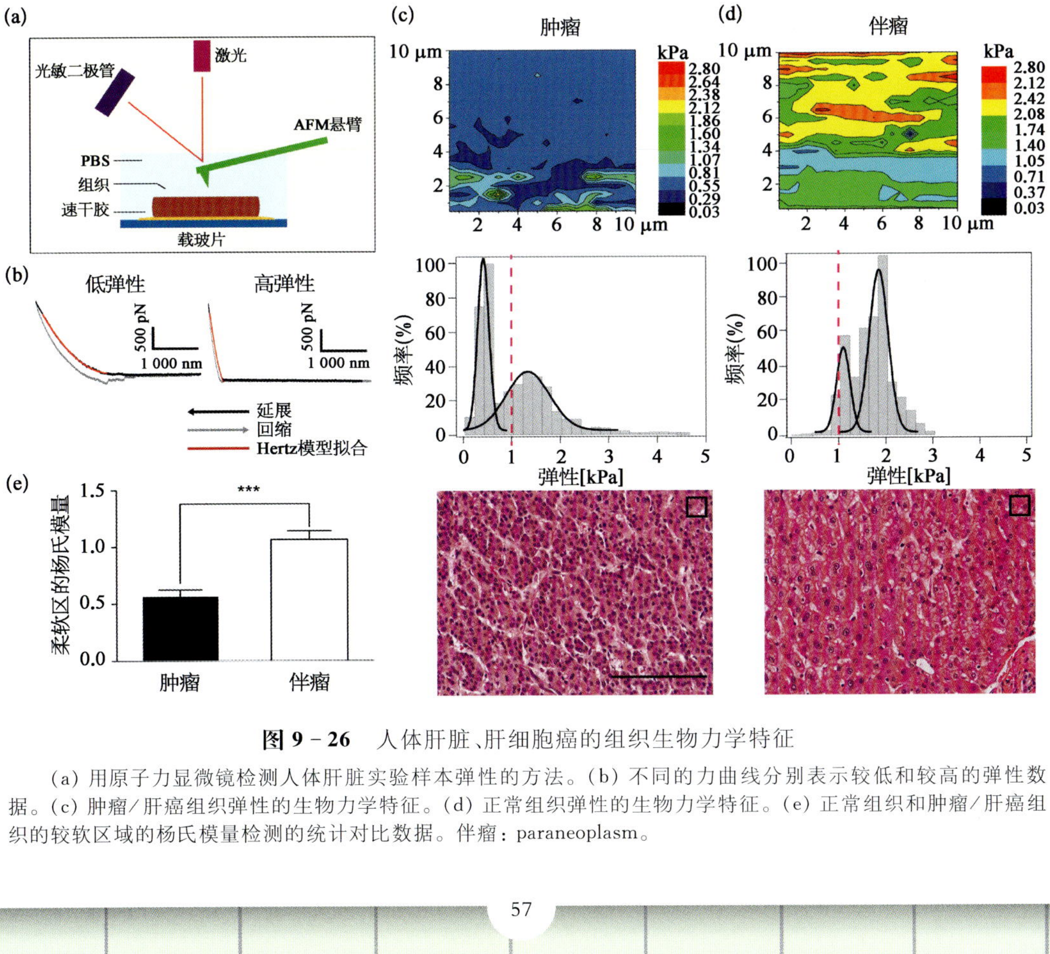

图 9-26 人体肝脏、肝细胞癌的组织生物力学特征

(a) 用原子力显微镜检测人体肝脏实验样本弹性的方法。(b) 不同的力曲线分别表示较低和较高的弹性数据。(c) 肿瘤/肝癌组织弹性的生物力学特征。(d) 正常组织弹性的生物力学特征。(e) 正常组织和肿瘤/肝癌组织的较软区域的杨氏模量检测的统计对比数据。伴瘤：paraneoplasm。

图 10－2 国家蛋白质科学研究(上海)设施用户专家小组会议

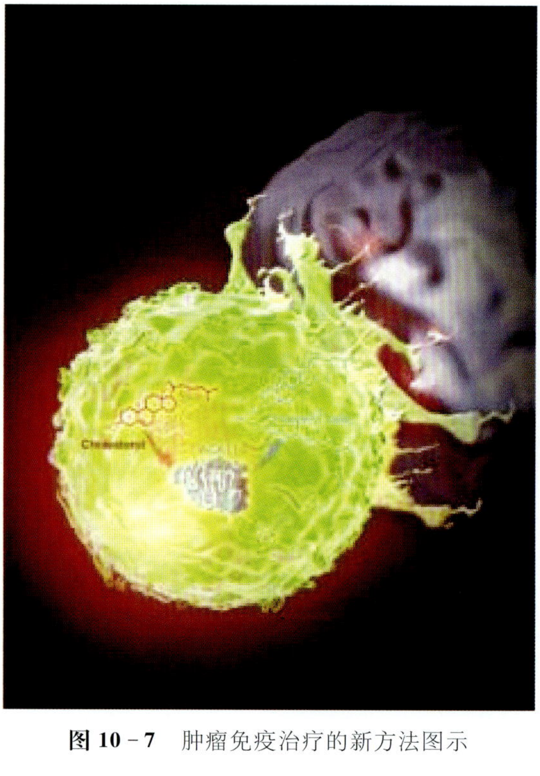

图 10－7 肿瘤免疫治疗的新方法图示

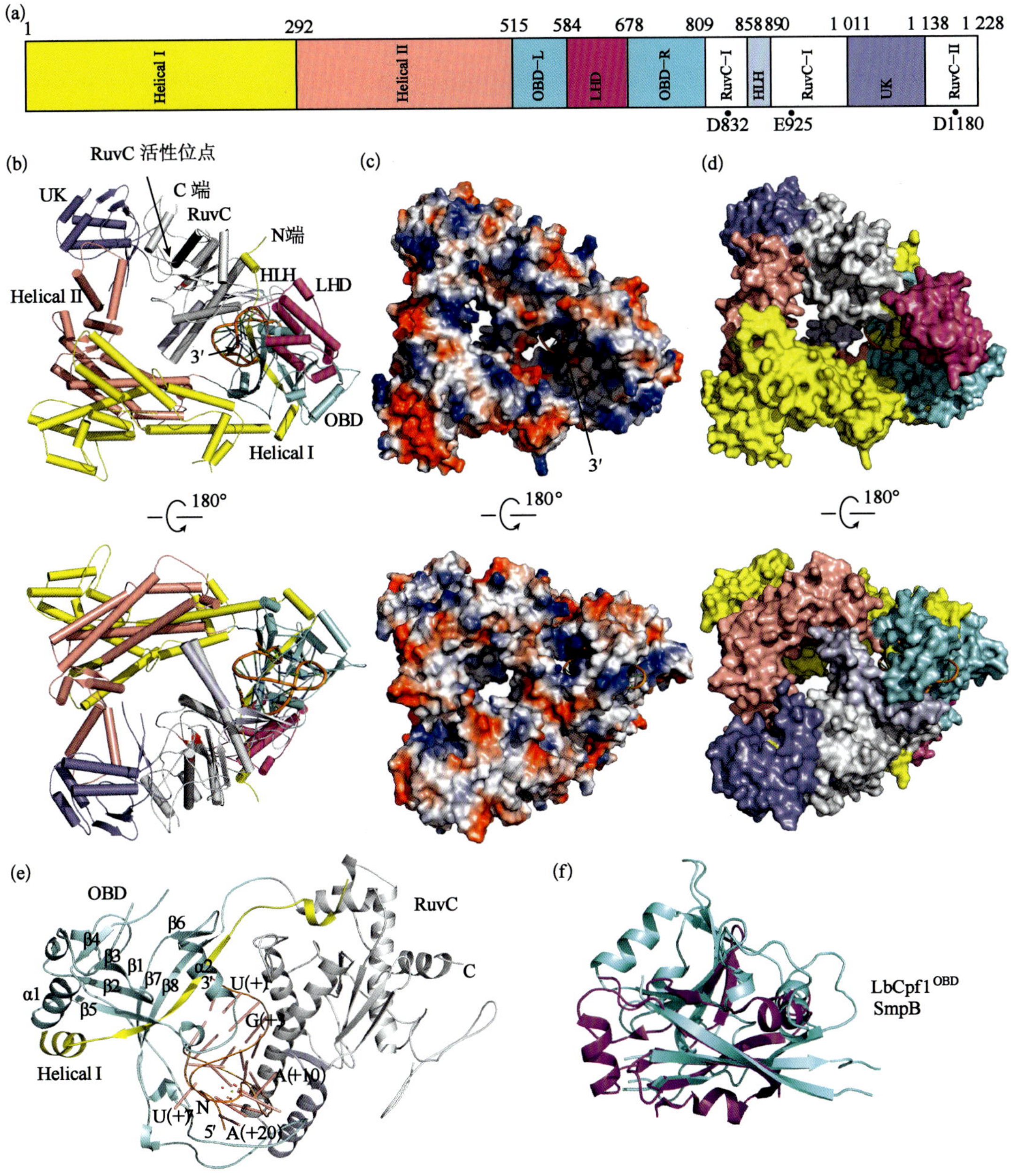

图 10－8 CRISPR－Cpf1 结合 crRNA 的复合物晶体结构

Helical：螺旋。

图 10－10　菠菜 PSⅡ－LHCⅡ复合物的整体结构(侧面观)

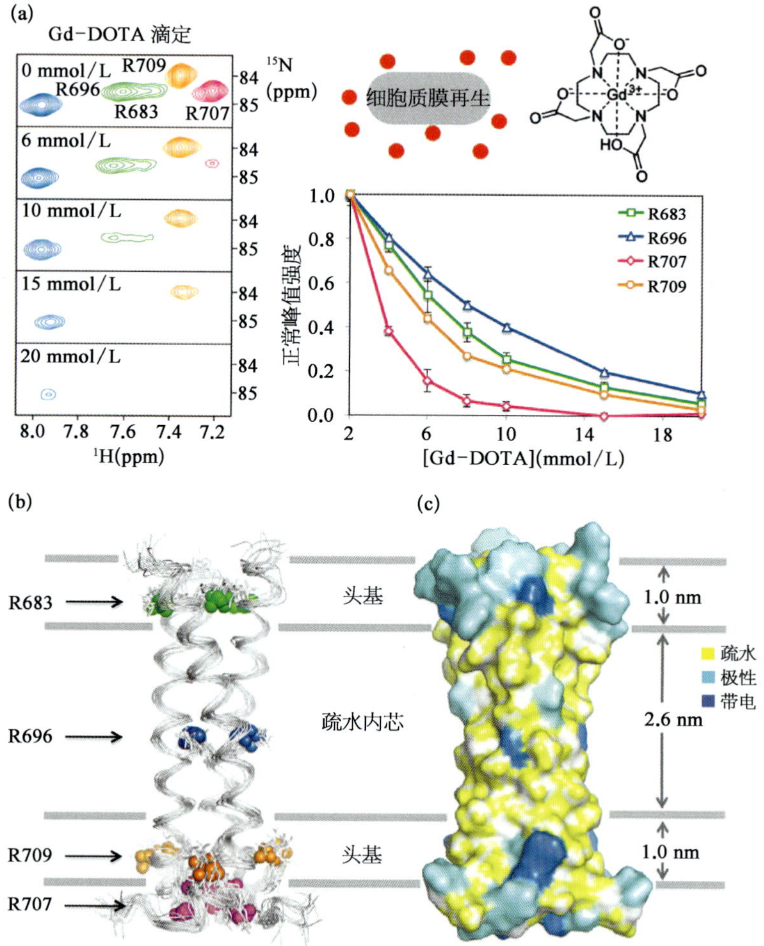

图 10－12　HIV 包膜刺突、跨膜区域的三维结构研究

(a) 利用液体核磁共振的顺磁探针 Gd－DOTA，测量 4 个精氨酸残基在细胞质膜内的不同包埋深度；(b)(c) HIV－1 包膜刺突 gp41 跨膜区三聚体的核磁结构示意图。